編委會

國家古籍整理出版專項經費資助項目

江南製造局科技譯著集成

物理學卷

第壹分冊

主編 馮立昇 段海龍

中國科學技術大學出版社

圖書在版編目(CIP)數據

江南製造局科技譯著集成.物理學卷.第壹分册/馮立昇,段海龍主編.—合肥:中國科學技術大學出版社,2017.3
ISBN 978-7-312-03811-2

Ⅰ.江… Ⅱ.①馮… ②段… Ⅲ.①自然科學—文集 ②物理學—文集
Ⅳ.①N53 ②O4-53

中國版本圖書館CIP數據核字(2015)第204824號

出版 中國科學技術大學出版社
安徽省合肥市金寨路96號,230026
http://press.ustc.edu.cn
https://zgkxjsdxcbs.tmall.com
印刷 安徽聯衆印刷有限公司
發行 中國科學技術大學出版社
經銷 全國新華書店
開本 787 mm×1092 mm 1/16
印張 43.75
字數 1120千
版次 2017年3月第1版
印次 2017年3月第1次印刷
定價 562.00圓

前言

明清時期之西學東漸，大約可分爲明清之際與晚清時期兩個大的階段。無論是哪個階段，翻譯西書均是其中重要的基礎工作，正如徐光啟所言：『欲求超勝，必須會通，會通之前，先須翻譯。』明清之際耶穌會士與中國學者合作翻譯西書，這些西書主要介紹西方的天文數學知識、地理發現，以及水利技術、機械、自鳴鐘、火礮等方面的科技知識。晚清時期，外國傳教士爲了傳播宗教和西方文化，在中國創辦了一些新的出版機構，翻譯出版西書、發行報刊。傳教士與中國學者共同翻譯了多種高水平的科技著作，重開了合作翻譯的風氣，使西方科技第二次傳入中國。清政府也設立了一些譯書出版機構，這些機構與民間出現的譯印西書的機構，使翻譯西書和學習科技成爲當時的一種時尚。明清之際第一次傳入中國的西方科技著作，以介紹西方古典和近代早期的科學知識爲主，而晚清時期翻譯的西方科技著作，更多地介紹了牛頓力學建立以來至19世紀中葉的近代科技知識。晚清時期翻譯西書之範圍與數量也遠超明清之際，涵蓋了當時絕大部分學科門類的知識，使近代科學較爲系統地引進到中國。在當時的翻譯機構中，成就最著者當屬江南製造局翻譯館。江南製造局（全稱江南機器製造總局）於清同治四年（1865年）在上海成立，是晚清洋務運動中成立的近代軍工企業。由於在槍械機器的製造過程中，需要學習西方的先進科學技術，因此同治七年（1868年），在徐壽、華蘅芳等建議下，江南製造局附設翻譯館，延聘西人，翻譯和引進西方的科技類書籍，又自設印書處負責譯書的刊印。至1913年停辦，翻譯館翻譯出版了大量書籍，培養了大批人才，對中國科學技術的近代化起了重要作用。

江南製造局翻譯館翻譯西書，最初採用的主要方式是西方譯員口譯、中國譯員筆述。西方口譯人員中，貢獻最大者爲傅蘭雅（John Fryer,1839–1928）。傅蘭雅，英國人，清咸豐十一年（1861年）來華，同治七年（1868年）成爲江南製造局翻譯館譯員，譯書前後長達28年，單獨翻譯或與人合譯西方書籍百餘部，是在華西人中翻譯西方書籍最多的人，清政府曾授其三品官銜和勳章。偉烈亞力（Alexander Wylie, 1815–1887）、瑪高温（Daniel Jerome MacGowan, 1814–1893）、林樂知（Young John Allen, 1836–1907）和金楷理（Carl Traugott Kreyer, 1839–1914）也是最早一批著名的譯員。偉烈亞力，英國人，倫敦會傳教士，曾主持墨海書館印刷事務，同治七年（1868年）入館，僅短暫從事譯書工作，翻譯出版了《汽機發軔》《談天》等。瑪高温，美國人，美國浸禮會傳教士醫師，同治七年（1868年）入館，但從事翻譯工作時間較短，翻譯出版了《金石識別》《地學淺釋》等。林樂知，美國人，同治八年（1869年）入館，共譯書8部，多爲史志類、外交類著作。金楷理，美國人，同治九年（1870年）入館，共譯書17部，多爲兵學類、船政類著作。此外，尚有衛理（Edward Thomas William, 1854–1944）、秀耀春（F. Huberty James, 1856–1900）和羅亨利（Henry Brougham Loch, 1827–1900）等西人於光緒二十四年（1898年）前後入館。除了西方譯員外，稍後也聘請了部分中國口譯人員，如吳宗濂（1856–1933）、鳳儀、舒高第（1844–1919）等，其中舒高第是最主要的一位。舒高第，字德卿，慈谿人，出身於貧苦農民家庭，曾就讀於教會學校。咸豐九年（1859年）以Vung Pian Suvoong名在美國留學，先後學習醫學、神學，同治九年（1870年）入哥倫比亞大學內外科學院學習，同治十二年（1873年）獲得醫學博士學位。舒高第學成後回到上海，光緒三年（1877年）被聘爲廣方言館英文教習，幾乎同一時間成爲江南製造局翻譯館譯員，任職34年，翻譯了二十餘部著作。中方譯員參與筆述、校對工作者五十餘人，其中最重要者當屬籌劃江南製造局翻譯館的創建并親自參與譯書工作的徐壽（1818－1884）、華蘅芳（1833－1902）和徐建寅（1845–1901）。徐壽，字生元，號雪村，無錫人。清咸豐十一年（1861年）十一月，徐壽和華蘅芳入曾國藩幕府；同治元年（1862年）三月，徐壽、華蘅芳、徐建寅到曾國藩創辦的安慶內軍械所工作，建造中國第一艘自造輪船『黄鵠』號；同治四年（1865年），徐壽參與江南製造局籌建工作；同治五年（1866年），徐壽由金陵軍械所轉入江南製造局任職，被委爲『總理局務』『襄辦局務』，主持技術方面的工作；同治七年（1868年），江南製造局附設之翻譯館成立，徐壽主持館務，并親自參加翻譯工作，共譯介了西方科技書籍17部，包括《汽機發軔》《化學鑒原》《化學考質》《化學求數》等。華蘅芳，字畹香，號若汀，江蘇金匱（今屬無錫）人，清同治四年（1865年）參與江南製造局籌建工作，是最主要的中方翻譯人員之一，前後從事譯書工作十餘年，所譯書籍主要爲數學類著作，如《代數術》《微積溯源》《三角數理》《決疑數學》等，也有其他科技著作，如《金石識別》《地學淺釋》等。徐建寅，字仲虎，徐壽的次子。受父親影響，徐建寅從小對科技有濃厚興趣，18歲時就在安慶協助徐壽研製蒸汽機和火輪船。翻譯館成立後，他與西人合譯二十餘部西方科技著作，如《汽機新制》《汽機必以》《化學分原》《聲學》《電學》《運規約指》等。同治十三年（1874年）後，徐建寅先後在龍華火藥廠、天津製造局、山東機器局工作，并出使歐洲，遊歷各國工廠，考察艦船兵工，訂造戰船。光緒二十七年（1901年），徐建寅在漢陽試製無煙火藥，因實驗室爆炸，不幸罹難。此外，鄭昌棪、趙元益（1840–1902）、李鳳苞（1834–1887）、賈步緯（1840–1903）、鍾天緯（1840–1900）等也是著名的中方譯員。

關於江南製造局翻譯館之譯書，國內尚有多家圖書館藏有匯刻本，如國家圖書館、上海圖書館、北京大學圖書館、清華大學圖書館、西安交通大學圖書館等，但每家館藏或多或少都有缺漏。

雖然先後有傅蘭雅《江南製造總局翻譯西書事略》（1880年）、魏允恭《江南製造局記》（1905年）、陳洙《江南製造局譯書提要》（1909年），以及隨不同書附刻的多種《上海製造局各種圖書總目》《上海製造局譯印圖書目錄》，以及Adrian Bennett, Ferdiand Dagenais等學者關於傅蘭雅研究中所發現、整理的譯書目錄等，但仍有缺漏。根據王揚宗《江南製造局翻譯書目新考》的統計，由江南製造局刊行者193種（含地圖2種，名詞表4種，連續出版物4種），另有他處所刊翻譯館譯書8種，已譯未刊譯書40種，共計241種。此文較詳細甄別、考證各譯書，是目前最系統的梳理，但仍有少許不足之處。比如將《化學工藝》一書兩置於化學類和工藝技術類，致使總數多增1種。又如認爲《礮法求新》與《礮乘新法》兩書相同，又少算1種。再如，此統計中有《克虜伯腰箍礮說、礮架說、螺繩礮架說》1種3卷，而清華大學圖書館藏《江南製造局譯書匯刻》本之《攻守礮法》中，附有《克虜伯腰箍礮說》《克虜伯礮架說船礮》《克虜伯船礮操法》《克虜伯礮架說堡礮》《克虜伯螺繩礮架說》，且藏有單行本5種，金楷理口譯，李鳳苞筆述。又因一些譯著附卷另有來源，可爲一種新書，如《電學》卷首、《光學》所附《視學諸器圖說》、《航海章程》所附《初議記錄》等。

在江南製造局的譯書中，科技著作占據絶大多數。在洋務運動的富國强兵總體目標下，這些譯著介紹了大量西方軍事工業、工程技術方面的知識，對中國近代軍隊的制度化建設、軍事工業的發展以及民用工程技術的發展產生了重要影響；同時又在自然科學和社會科學等方面作了平衡，翻譯傳播了西方的科學成果，促進了中國科學向近代的轉變，一些著作甚至在民國時期仍爲學者所重視；在譯書過程中厘定大批名詞術語，出版多種名詞表，體現出江南製造局翻譯館在科技術語規範化方面所作的貢獻，其中很多術語沿用至今，甚至對整個漢字文化圈的科技術語均有巨大影響；通過對西方社會、政治、法律、外交、教育等領域著作的介紹，給晚清的社會文化領域帶來衝擊，對晚清社會的政治變革也作出了一定的貢獻，促進了中國社會的近代化。此外，通過譯書活動，也培養了大批科技人才、翻譯人才。江南製造局譯書也爲其他國家所重視，如日本在明治時期曾多次派員赴上海專門收購，根據八耳俊文的調查，可知日本各地藏書機構分散藏有大量的江南製造局譯書。近年來，科技史界對於這些譯著有較濃厚的研究興趣，已有十數篇碩士、博士論文進行過專題研究。

有鑒於此，我們擬將江南製造局譯著中科技部分集結影印出版，以廣其傳。本書先是納入『2011—2020年國家古籍整理出版規劃』之『中國古代科學史要籍整理』項目，後於2014年獲得國家古籍整理出版專項經費資助，名爲《江南製造局科技譯著集成》。

對江南製造局原有譯書予以分類，可分爲史志類、政治類、交涉類、兵制類、兵學類、船類、學務類、工程類、農學類、礦學類、工藝類、商學類、格致類、算學類、電學類、化學類、聲學類、光學類、天學類、地學類、醫學類、圖學類、地理類，并將刊印的其他書籍歸入附刻各書。從已刊行之譯書內容來看，與軍事科技、工業製造、自然科學相關者最主要，約占總量的五分之四。本書收錄的著作共計162種（其中少量著作因重新分類而分拆處理），包括150種江南製造局翻譯館翻譯且刊印的與科技有關的譯著，5種江南製造局翻譯但別處刊印的著作，7種江南製造局刊印的非翻譯館翻譯或非譯著類著作。本書對收錄的著作按現代學科重新分類，并根據篇幅大小，或學科獨立成卷，或多個學科合而爲卷，凡10卷，爲天文數學卷、物理學卷、化學卷、地學測繪氣象航海卷、醫藥衛生卷、農學卷、礦學冶金卷、機械工程卷、工藝製造卷、軍事科技卷。

儘管已有陳洙《江南製造局譯書提要》對江南製造局譯著之內容作了簡單介紹，析出目錄，但缺漏不少。上海圖書館《江南製造局翻譯館圖志》也對江南製造局譯著作了一一介紹，涉及出版情況、底本與內容概述等。由於學界對傅蘭雅已有較深入的研究，因此對於傅蘭雅參與翻譯的譯著底本已有較明確的信息，然而對於其他譯著的底本考證，則尚有較大的分歧。本書對收錄的著作，一一寫出提要，簡單介紹著作之出版信息，盡力考證出底本來源，對內容作簡要分析，并附上目錄。此外，我們計劃另撰寫單行的提要集，對其中重要譯著的原作者、譯者、成書情況、外文底本及主要內容和影響作更全面的介紹。

馮立昇　鄧　亮

2015年7月23日

凡例

一、《江南製造局科技譯著集成》收錄150種江南製造局翻譯館翻譯且刊印的與科技有關的譯著，5種江南製造局翻譯但別處刊印的著作，7種江南製造局刊印的非翻譯館翻譯或非譯著類著作。

二、本書所選取的底本，以清華大學圖書館所藏《江南製造局譯書匯刻》爲主，輔以館藏零散本，并以上海圖書館、華東師範大學圖書館等其他館藏本補缺。

三、本書按現代學科分類，凡10卷：天文數學卷、物理學卷、化學卷、地學測繪氣象航海卷、醫藥衛生卷、農學卷、礦學冶金卷、機械工程卷、工藝製造卷、軍事科技卷。視篇幅大小，或學科獨立成卷，或多個學科合而爲卷。

四、各卷中著作，以内容先綜合後分科爲主線，輔以刊刻年代之先後排序。

五、在各著作之前，由分卷主編或相關專家撰寫提要一篇，介紹該書之作者、底本、主要内容等。

六、天文數學卷第壹分冊列出全書總目錄，各卷首冊列出該分卷目錄，各分冊列出該分冊目錄。

七、各頁書口，置兩級標題：雙頁碼頁列各著作書名，下置頁碼；單頁碼頁列各著作卷章節名，下置頁碼。

八、『提要』表述部分用字參照古漢語規範使用，西人的國別、中文譯名以及中方譯員的籍貫等與原翻譯一致；書名、書眉、原書内容介紹用字與原書一致，有些字形作了統一處理，對明顯的訛誤作了修改。

分卷目錄

分册目録

江南製造局科技譯著集成

物理學卷

第壹分冊

格致小引

《格致小引》提要

《格致小引》一卷，英國化學師赫施賚（Thomas Henry Huxley, 1825–1895, 今譯爲赫胥黎）著，英國羅亨利（Henry Brougham Loch,1827–1900）、寶山瞿昂來同譯，光緒十二年（1886年）刊行。該書的底本是赫胥黎之《科學導論》（《Introductory in Science Primer Series》）。

此書共分四章六十七節，第一章主要介紹對物質世界的認識；第二章論述有形物質，并以水爲例，介紹水的體積、比重、吸力等物理化學性質，水因熱量而在氣體、液體、固體之間轉變，熱因分子運動産生，物質不滅，熱脹冷縮，以及物質因化合作用而改變等；第三章論述生物體，以麥子、雞爲例分別介紹動物和植物的區別，指出生物均含有蛋白質；第四章論述無形之物，介紹知覺、情緒等與心理學有關的知識。

此書內容涉及物理學、化學、生物學、心理學等多個學科的知識，但其中物理學知識占多數，出於分卷方便之考慮，將其納入物理學卷。

此書內容如下：

第一章　論物與格物

第一節知覺與物，第二節因果，第三節緣故，第四節物性物力，第五節人造之物天生之物，第六節人所造者仍是天生，第七節因果有難知，第八節萬物有一定之道，第九節理與故之別，第十節物理當知，第十一節格致學

第二章　論有體質之物

第十二節水，第十三節一杯水，第十四節水有體積阻力重率傳動力，第十五節水是流質，第十六節水壓難縮，第十七節重之義，第十八節攝力，第十九節重之故，第二十節水之重率依其體積，第二十一節天平，第二十二節水體積等重率亦等並體質疏密，第二十三節疎密各異，

第二十四節重率之比，第二十五節輕重於水故浮沉，第二十六節喫水之數即物重數，第二十七節水周圍有壓力，第二十八節水傳動力，第二十九節水動力，第三十節水性不變，第三十一節水熱則漲，第三十二節水加熱變汽，第三十三節汽減熱變水，第三十四節水變汽體積約加一千七百倍，第三十五節空氣，第三十六節汽爲漲縮流質，第三十七節氣與汽質，第三十八節水化爲汽，第三十九節沸水至冷先縮後漲，第四十節水加大冷成冰，第四十一節冰之重率輕於水，第四十二節霜爲空氣中水結之冰粒，第四十三節冰加熱至三十二度化水，第四十四節冰水汽一物三名，第四十五節熱係質點速動所生，第四十六節水之質點，第四十七節疑辭，第四十八節水疑質點所成，第四十九節體質皆疑質點所成，第五十節原質不滅原數不增，第五十一節化合，第五十二節物化合而改其疏密，第五十三節流質化合定質，第五十四節水化石灰石膏，第五十五節金類質加其顆粒而大

第三章　論生物

第五十六節麥，第五十七節雞身各質，第五十八節麥與雞有相同之質，第五十九節植物動物常有布路他特，第六十節生字何意，第六十一節植物之長在加其身内各質，第六十二節植物長而生其類如麥子，第六十三節動物之長同於植物，第六十四節動物長而生其類如雞子，第六十五節生物異於金類之物有三

第四章　論無體質之物

第六十六節性情，第六十七節性情學有定理

格致小引

江南製造總局鋟板

格致小引

英國化學師赫施賚著
英國 羅亨利
寶山 瞿昂來 同譯

第一章 論物與格物

第一節 知覺與物 人生於世以耳司聽目司視鼻聞臭口嗜味手能捫為知覺以所聽所視所聞所嗜所捫為物

第二節 因果 物為因所知覺為果如聞馬車聲車為因聲為果餘可類推

第三節 緣故 如燒物聞氣氣奚自來出於燒燒何由

致倘見有洋火煤(即自來火)知為洋火煤所燒是洋火煤為燒物之故燒物為聞氣之故然洋火煤何來必有人所置人置洋火煤必有本意其意何以生如此設問問不能窮知因必有果果亦為因明乎此則知可盡世人不能盡知者由於不能盡明也

第四節 物性物力 如聞葱氣即知為葱持一塊鉛即覺其重皆物性然也水行水磨知水有力蛇能傷人蛇亦有力物為因性與力為物之果

第五節 人造之物天生之物 檯椅馬車汽機等為人造之物日月星辰土田山海植物動物等為天生之物

第六節　人所造者仍是天生　人造之物不過以天生者加以人功如木工造一箱木爲天生之木釘亦爲天生之鐵故爲工者當明物性與力而格致家尤當深明乎此精益求精庶藝事進格致亦進

第七節　因果有難知　物之因果有不易知者如日月星辰運行不息天有晝夜之分時有寒暑之别以及風浪之時有時無地震火山等皆非人所能測

第八節　萬物有一定之道　萬物有因必有一定之果之道如日升有時月盈必缺恒星常現四時有序動物植物生死有數此皆有一定之道非偶然也明其道卽明因

果謂爲偶然者不明其道不明因果者也譬若風折樹傷人不知者謂爲偶然知之者謂風係空氣改變折樹者風力大樹不勝傷人者人在其地也

第九節　理與故之别　物之果必有因故以石無阻可及地者爲理以重者之必墜下也鉛軟而重火石硬而脆者亦理以鉛本軟而火石本硬也夫物性物力與物之道固可謂物之理然理者祇論當然之道非論所以然之故也如當納稅不可盜竊理也然理非納稅之故與不爲盜竊之故蓋謂若非納稅苟或盜竊必有罰是以不敢不納稅不敢爲盜竊也人理與物理不同者人理或有不行而物理不可不審

第十節　物理當知　旣無偶然當知其理人不守理所行不端知理者惡焉若人不知物理何以生於世格致與藝事之興在明物性與力以便人用不能用者物過大而不能明其因果也如人不能改四時不能變植物長法然知四時與植物長之之理可以因時種植而得其利人不能使風起然風一起可行船與水磨人不能止電然有電可以引電綫引入地不爲人害不知電之理者不能爲引電綫西國諺云先知先備洵然

第十一節　格致學　觀看試驗以求物理謂之格致學

其學務求其實較平常之實益精觀看者卽求其實試驗者以天生之物化分較觀看更細人常見水結冰試問冰何以結卽格致也人常見木浮於水以格致言之木體積輕於水之等體積故也格致者非與平常有異也不過將平常之理去其謬誤得其眞諦其理旣得人卽當循理而行也

第二章　論有體質之物

第十二節　水　水之爲物人無不知其性與力與其相關之理鮮有明者故以水論

第十三節　一杯水　譬若有水一杯杯由人造水係天

生所異者透光而冷可以止渴化糖此其大略也

第十四節　水有體積阻力重率傳動力　水滿半杯即是半杯體積入以空杯水即阻之水如不得出空杯不能入物自高處墜於水水即發聲亦阻力之一證杯水傾出權杯杯輕是水有重率也以水擊物物爲之退是水有傳動力也此皆爲水之果亦即性與力之謂也凡物類此者必有體質

第十五節　水是流質　水有體質然無定形盂圓則水圓盂方則水方愛力較小能合能分瀉地必流低處

第十六節　水壓難縮　上云水有體質然有體質者可以壓縮水則不然壓水使縮壓力須大壓之難與鐵同每立方寸水加十五磅壓力僅壓少二萬分之一若以抽水筒緊切韝鞴抽滿水以壓韝鞴韝鞴難下水似稍見少者水於韝鞴邊未免漏洩非眞壓少也如抽水筒內水高一寸韝鞴平面亦方一寸須用十三噸壓力壓少十分寸之一

第十七節　重之義　取物須用力者物重故也物無阻墜下者亦以重故雨是水點如此處與足底相對之處同時落雨雨點相對同向地心重物墜下亦皆向地心有輕重者向地心之力有輕重也

第十八節　攝力　向用攝力二字意與重字無別謂重係地心所攝今知萬物皆有攝力彼此相攝譬如無萬物止有水二點每點等大徑各十分寸之一無論各距多少遠如中間無阻必彼此相攝相距愈近攝力愈大相攝之處必在半路若二點水一大一小小不敵大者之攝相攝處小者路過半若大小二點大者等於地球大者幾不動攝小者可至大者之面一點雨自雲中落下一英里甚速者地球之攝力大也兩物攝力之率以兩物輕重之率爲比萬物皆然

第十九節　重之故　人皆知物而不知重之故攝力者不過重之別名所謂與重字意無別者也物之墜非因攝力之理蓋攝力之理不過論二物如何相攝非論爲何相攝也不知攝之所以攝即不知重之所以重有人謂攝力者向地心之力物向地地攝之也然地與物彼此相攝仍不能明其故也然則二物相攝謂之攝攝向地心謂之重所謂攝力之力實不知重之故而强名之者也

第二十節　水之重率依其體積　杯中有水重於空杯者較取空杯用力也杯中水愈多費力愈大即水愈多愈重然以一點水置於手中不覺其重者非無重也一千點水有若干重即一點水重千分之一可以天平試之

第二十一節　天平　中有柱柱上有桿桿左右垂二盤盤之輕重等以一盤置物一盤以手壓平壓重若干即知物重若干物愈重壓平愈難惟以與物等重者壓之即無不平

第二十二節　水體積等重率亦等並體質疎密　以玻璃量水杯二各積水至某度以天平權之等重是水體積等重率亦等也第十八節言攝力遲速視物之重輕欲定物之重輕不在視其體積在於視其體質以積可改而質不可易也有體積多而輕者體質少也體積少而重者體質多也以體積與重率爲比即可知體質疎密譬如以一

杯水置於天平以鉛或銅或鐵爲砝碼水之體積有一杯而砝碼僅一小塊而已水與砝碼之重率等而體質疎密懸殊矣西商所用砝碼重率以水一定體積爲準如水一加倫爲英十磅水一英升爲一磅四分磅之一

第二十三節　疎密各異　一英升水爲一磅四分磅之一然以一磅四分磅之一砝碼置於英升內不能滿其量且不及半焉是金類之質較密於水亦可謂攝力較重於水也又如以量杯置水至某度（量杯有分度）以天平稱之再以沙易水亦至某度平水之砝碼太輕不能平沙再以木屑易沙如前法平水之砝碼又太重不能平木屑是等體積

者重率各異若用酒醇與油則比水輕用糖漿與水銀則比水重

第二十四節　重率之比　人常以易於取起者爲輕難於取起者爲重上節云沙比木屑重者皆以體積而言且又以等體積之水衡之而知故比水輕重若干者即可定其重率水爲重率一數有重於水二倍者爲重率二三倍者爲重率三三倍半者爲重率三倍半餘可類推故聞物之重率二即可知比水密二倍木屑油酒醇重率少於水糖漿沙水銀重率多於水少於水者爲輕多於水者爲重輕重蓋以水而定也

第二十五節　輕重於水故浮沉　以兩杯水一杯稍傾以沙一杯稍傾以木屑則沙沉而木屑浮不論若何搖動沉者終沉浮者終浮傾糖漿水銀與油亦然若以馬口鐵片入水即沉以其體積重於水之等體積也若以馬口鐵片爲罐入水即浮以其體積輕於水之等體積也以空罐權之知其若干重再實以水權之知其重有倍於此者則空罐之浮於水也宜矣鐵船之浮於水與此同理水有浮物之性且係流質故河海百川可以行船不能浮之物船可載之輪以鼓之風以送之船遂可歷重洋往來於各國

第二十六節　喫水之數即物重數　一立方寸水重二

百五十二各林半如上所云鐵罐有一百立方寸體積則與此等體積之水卽重二萬五千二百五十各林若鐵罐衹重八千四百十六各林則喫水三分之一若重一萬二千六百二十五各林則喫水一半若重一萬六千八百三十二各林則喫水三分之二皆可於罐外作記號以知之如罐喫水三十立方寸卽可知全罐重數再以指壓罐下水水有阻力指起罐亦起如罐底薄底可聳上與擲有塞空洋瓶於水內塞愈緊而瓶幾可碎者同理

第二十七節　水周圍有壓力　如以物浸於水物之周圍皆受水之壓力以軟木塞不甚緊之銅管傾滿以水木

塞可脫於是知水之壓力卽水之重力若以與此水等重之鉛條入於銅管木塞亦可脫銅管若係方形內有一方寸大傾入水一寸卽有一立方寸水重有二百五十二各林半銅管若有二尺三寸半長水滿卽重一磅若有三十四尺長水滿卽重十五磅鉛之重率多於水十一倍半若一塊鉛一立方寸大其壓力卽抵水十一立方寸半第鉛非流質衹能壓一面不能壓周圍水則不然如銅管底有木塞邊亦有木塞水皆能壓出若以雙叉彎管貯滿水此叉之水必與彼叉之水等高而壓力亦等自來水之通於各處非其水源之高卽用抽水之法與此同理

第二十八節　水傳動力　水池內積水一百寸高近水池底旁有塞門一方寸大則受壓力二萬五千二百五十各林水池底每方寸受壓力亦然水從塞門而出能衝物隨水此卽水之傳動力水少則壓力少流不遠而傳動力亦小水初出塞門水平漸遠漸向下者始則力足繼則力薄兼爲空氣所阻地心攝力之故如無空氣與攝力則水可一直平行

第二十九節　水動力　如以大筒貯滿水旁接曲尺形小管水卽由小管直上而落與平行之水不同平行者必漸漸彎曲向下直上者其動力勝於地之攝力若其相敵

水可不上不下然動力勝攝力者其暫攝力勝動力者其常蓋動力愈上愈小至不能勝攝力水卽下落其勝攝力多少卽知動力有多少動力之多少則視乎水水多力大水少力小水於人有大益亦有大害水自山上流下流愈疾力愈大可以衝巨石壞民居海若有風波浪大作損削堤岸此其害也可以旋水磨以代人工此乃益也

第三十節　水性不變　以不論何處天泉水一英升約一斤重藏之千百年依然等重難於壓少然水質非不能變兩地之水質已不同惟性無少異而已

第三十一節　水熱則漲　平常所云水重若干卽體積

若干然加熱則漲加冷則縮以熱地之水置之冷地體積較少水銀與醇酒各種流質皆然寒暑表之水銀熱則上冷則下者是也以寒暑表貯滿水銀置於滾水中上至二百十二度置於化冰內下至三十二度中間再分一百八十度此英國所用之法倫表也觀水銀上下即可知熱度多少熱水輕於冷水故以一管熱水一管冷水同傾於桶冷水在下熱水在上以六十二熱度之一英升水約一斤重者加熱體積漲多重率減少第二十二節云等體積等重者熱度皆六十二也一立方寸水重二百五十二各林半者亦熱度六十二也如增減一度即輕重三千分之一

第三十二節　水加熱變汽　觀上節即知水稍加熱其性已改如愈加熱愈改以一鍋冷水置於火漸滾而爲汽久則水盡爲汽鍋爲空矣不知者謂爲火滅水然水未曾滅惟流質變爲氣質而已若茶罐水滾不令其蓋出汽則必由嘴而出以指觸之欲傷以火漆試之欲化汽初出透光遠則如霧而化於空中

第三十三節　汽減熱變水　汽出罐嘴以冷盆罩之汽凝爲水盆將傳熱若以冷管接於嘴管中之汽盡爲水是汽與水一物而異形也

第三十四節　水變汽體積約加一千七百倍　以未變汽之水衡之知其若干重復以已變之汽衡之重則等而體積加矣一立方寸水變汽約一立方尺故云約加一千七百倍也一立方寸水重二百五十二各林半變爲汽等重是汽即水不過漲一千七百倍亦即輕於與此等體積之水一千七百倍一英升汽變水僅一千七百分之一其重則等水變汽漲力大若茶罐蓋與嘴封固不出汽罐可碎故水鍋時有炸烈也

第三十五節　空氣　以洋瓶貯滿水傾盡爲空實未嘗空也以瓶口入水水不能滿瓶者瓶內有空氣阻之也如以兩首相通之玻璃管豎於水管中之水必與管外之水

等高若以一首壓住豎於水水進管中無幾以管中空氣阻之也瓶內有空氣即不可謂空空氣有體積有阻力且有重率與傳動力是具體質之各性能隨器變形故稱流質風之動即氣之流也周圍有壓力與水無異然流質而非水質水質難壓束空氣易壓束空洋瓶水能入者壓束空氣而入也皮帶中有水難壓束有空氣可壓束多矣且亦能漲縮熱則能漲更甚於水

第三十六節　汽爲漲縮流質　觀上所論之汽可知是漲縮流質無異於空氣試以一點水置於洋瓶內除一點水外瓶內皆爲空氣以瓶加熱令一點水沸空氣漸出水

汽即滿洋瓶出瓶口未幾遇冷復凝點成水水汽輕於空氣故於空氣內能升與輕於水之物水內能浮同理

第三十七節　氣與汽質　空氣於最熱最冷時仍是氣然若加大冷與大壓力即能變流質惟凝空氣較難於凝水汽水汽熱度在二百十二度之上少則爲熱水如以有水洋瓶加熱令沸瓶口塞住水汽每立方寸重七分各林之一瓶內除水外若有水汽一百立方寸即約重十五各林冷之汽仍變水冷而速變水亦速重率亦減一百立方寸汽至九十八度僅重一各林至六十二度僅重三分各林之一至三十二冰度僅重八分各林之一二百十二度之汽與空氣同難壓少熱度減則易壓若以寬緊皮袋接於茶鑵嘴上鑵內水既沸其汽即入於袋袋口束之不令洩汽袋漲水汽熱度在二百十二度之上能抵空氣壓力袋仍漲冷則汽凝爲水不能抵空氣壓力袋漸縮至洋瓶之汽已凝水而去其塞則水外皆空空氣之入其力甚大

第三十八節　水化爲汽　以一點水置於盆內久則化爲汽與所洗衣服曬於太陽漸乾同理所化汽之疎密視乎空氣熱度江海之水恒化爲汽化汽分數亦視空氣熱度故空氣中飽有化汽之水最溼如稍冷一二度即凝數分水天熱而溼時以冷水傾於杯空氣一遇冷杯即成汽而更凝水點若洗衣服難於曬乾以空氣溼足不能再收溼也

第三十九節　沸水至冷先縮後漲　觀上所云可知水加熱漸漲沸則大漲而爲汽加冷則漸縮合於空氣熱度而止如天時極冷水縮至三十九度爲止下此復漲水之爲物異於別種流質至三十九度水之重率最大以等體積之水熱度不同者權之三十九熱度之水較重如一器中上面之水三十九度下面之水多於三十九度則上面之水沈於下下面之水少於三十九度下面之水亦浮於上以此知三十九熱度之水重率最大熱度或多或少者皆輕於此也

第四十節　水加大冷成冰　冬之夜以一杯水置於門外水漸冷至三十九度下此則最冷之水重率輕浮於上至三十二度水面即結冰如水面下之水亦至三十二度則亦結冰全體皆冰則流質變爲定質壓之甚硬加壓力則碎而可爲粉可如沙之成堆夫加熱於水成汽汽之重率與本水等加冷於水結冰冰之重率亦與本水等

第四十一節　冰之重率輕於水　杯內之冰雖與本水等重然其體積則不同矣水三十九度以下漲而結冰體積約比三十九度時大十一分之一若以等體積三十九

度之水與冰爲比如一千與九百十六之比雖水結爲冰所漲無幾而漲力則甚大若以空心彈貯滿水塞緊冰結彈碎故自來水鐵管不無漲碎之時山上時有裂石之事

第四十二節　霜爲空氣中水結之冰粒　冬天見瓦上有白粉卽霜也其凝於玻璃窗者形如細草閱之生趣取於手卽化爲水以顯微鏡觀之有顆粒甚勻窗之有霜室中空氣暖遇冷而爲水爲冰也水皆粒冰亦爲粒形成塊之冰亦然惟緊切難見而已

第四十三節　冰加熱至三十二度化水　天極冷時冰之度數三十二十俱有之若以二十度之冰取進暖室至

三十二度始化初化之水亦三十二度若以冰投於火未化時仍是三十二度猶已沸之水不能加熱終二百十二度也初生之汽亦二百十二度

第四十四節　冰水汽一物三名　冰也水也汽也形雖不同同是一物試以一立方寸水先令爲冰後令爲汽形異性同一則水重二百五十二各林半爲冰爲汽重亦如之二則阻力傳動力皆等三則輕養氣分劑數亦等每立方寸水每一千七百立方寸汽每立方寸並十一分之一冰各有輕氣二十八各林並十八分之一養氣二百二十四各林並十八分之八以外無他故昔人以所加減之熱

爲無重輕且以熱爲流質能離合各物質點而爲冷熱

第四十五節　熱係質點速動所生　人皆知物動生熱銅鈕摩擦生熱輪軸常轉生熱兩冰相摩生熱而化證據甚多靜體質亦生熱如兩杯止水一則一百度熱一則三十二度熱然則何以言熱由動生蓋非全體之動乃質點之動也質點之動如擺搖之式動度小而動力速因之生熱與出聲之理同

第四十六節　水之質點　淨水最透光全體一色然必有相切之質點以顯微鏡觀白紙其紋如蓆若以一點水玻璃片壓薄一萬分寸之一以五千倍大顯微鏡觀之尙

不能分其質點醇能化乳香乳香漆係合醇而成加水則沉爲白色定質試以一點乳香漆化於一斤水內水稍有白色而以一點乳香水用顯微鏡觀之尙不見乳香質點與淸水無異而已若其質點之徑有十萬分寸之一顯微鏡卽能觀之若水之質點小如一兆分寸之一今所有之顯微鏡卽不合用

第四十七節　疑辭　物不能格其極處不得不用疑辭如疑辭合於理或可以信如止有甲乙二人甲在背後擊乙乙雖未見卽疑是甲甲卽不服與之爭辨乙必不信是乙疑爲是甲辨爲非

第四十八節　水疑質點所成　第四十六節云無顯微鏡能觀水之質點是質點之有無似不可知然以質點而論水性已明故以所疑爲是倘質點僅有一兆分寸之一或更小於此各有愛力如稍壓少各質點必相離少許所以相離使之相離者熱也所云減熱則縮而體積小者無非令質點緊切加熱則漲體積大者無非令質點相離緊切之力卽愛力相離之力卽推力水爲流質時兩力相等加熱則推力加而質點離本分十二倍愛力爲減而成汽減熱則推力減質點更緊切而爲冰三十九度之下水仍漲者其故難明或質點相切更緊而比本點反大亦未可知今觀冰所結粒形有序而知結冰時水之質點亦依序而結水以質點而成之說雖係疑辭確有至理而格致靜動之理亦賴以明

第四十九節　體質皆疑質點所成　旣知水係質點所成而知凡有體質皆然卽如水銀亦最小質點所成稱爲流質定質氣質各視熱度之多少不論用何法化分水銀質點終是一質化學家稱爲原質然有何別質在內惟今不能知一百五十年前人皆知水是原質今則知是雜質化學家已分爲輕養二氣二氣不論熱度多少原皆是氣然加最大壓力與冷可變爲水輕養二氣各不能分故各稱原質水九分有養氣八分輕氣一分水之質點必兼此二氣而養氣多八倍化學家又信水一質點內有一點養氣二點輕氣

第五十節　原質不滅原數不增　一立方寸水加熱爲汽祇變其形不變其質水仍不滅輕重亦等如化分爲輕氣養氣亦然一立方寸水重二百五十二各林半化之得養氣二百二十四各林並百分之四十五輕氣二十八各林並百分之五此一定配合之數不可增減者也萬物皆有一定配合之數化分物之原質類如斯矣

第五十一節　化合　欲知化分水輕養二氣之法觀化學各書如以半斤墨水加入半斤淸水墨水之色已減其半而與淸水化合其成一斤水而成汽亦勻播於空氣之中至糖與沙可合而不可化水與油並不能合油輕於水必浮於上汞與水亦不能合汞重於水必沉於下鐵屑亦然冰粉入冰冷水亦不易化

第五十二節　物化合而改其疏密　醇是淸流質其形如水惟體質不同沸度亦少於水燃之有光飲之欲醉較水爲輕試以色醇加於水浮而不沉如量表貯水五分加色醇五分醇在上而水在下相交處水稍有醇色而已搖之則醇與水化初視之以爲色水然可異者有數端一醇

水相化而熱度加二體積畧少而密三沸度冰度俱少於水而多於醇醇未嘗結冰如醇之質點不與水合則加熱至醇化汽之度水中之醇先將化汽醇與水分惟與水化合甚緊故不能離水而分若加石灰於內水收於石灰然後醇得熱分水而化汽醇與水化合別成一質以醇水各質點相合而變也水與定質化合亦多如此

第五十三節　流質化合定質　如以一調羹鹽攪於水內鹽即化而不見視其水似乎無別然水若重五兩鹽若重二兩消化後必共重七兩水已化足變鹹不可再加鹽以五分水止化二分鹽也如以鹽水傾於盤內加熱化汽

鹽沉於下重與未化時等性亦不改是水祇能變其形也上所云冰粉不易化於冰水然水加熱冰粉質點可化鹽者水化易火化難火化須極大熱度然化雖有難易令質點分則一也火化之鹽與水化者無異鹹味相同觀化學書可知其理鹽水化汽後賸下之鹽成立方顆粒近火熱度足仍化爲流質再加熱化汽散於空中鹽水之沸須過二百十二度以水中之鹽能加阻熱化水爲汽之力不令水於沸度沸而化汽也與上所云水阻醇之化汽同理水中有醇能令冰度少於純水水中有鹽亦然海水結冰二十七度冰乃淡而鹽沉水中冰下之水更鹹蓋水與鹽各

質點各有化攝力也

第五十四節　水化石灰石膏　石灰本是石加熱則成灰色白而硬定質也須加極大熱度始變爲流質氣質如以一塊石灰置於盤中加水三分之一發聲而生熱石灰變爲乾粉水即不見鹽化於水定質變爲流質水化於石灰流質竟變定質若以此多加水又變爲流質水可化汽石灰沉下成顆粒鹽之顆粒中無水石灰顆粒中約有水三分之一此乃化合甚緊須石灰烘熱而水始分水化石灰成粉必依水三分之一分數所成之粉化學家稱爲鈣養輕養

石膏是乾白粉加水則結水幾不見成一含輕養之定質可以爲模樣然約含七分之一或八分之一水如多加熱則水化汽石膏如故石膏產處甚多其顆粒明美有所謂透明石膏者以其顆粒薄片用最佳顯微鏡觀之似乎一體然化學家知其有水之質點與石膏質點緊合而成此硬脆明質亦一含輕養之質也照其顆粒直理而分易開橫理而分易碎

鈉養硫養（即元明粉）與鎂養硫養（即洋樸硝）亦能化於水水加熱爲汽後亦有賸下顆粒內含多於本顆粒一定分數之水此皆與水化合而成者也論兩物如何化合化合成爲何物

及以雜質之物分其原質即謂之化學

第五十五節　金類質加其顆粒而大　上所云水等質皆稱金類又知水與石灰等化合成爲顆粒如以一點元明粉水置於顯微鏡上俟化爲汽後所成顆粒最美凡物爲顆粒所成者顆粒之式雖各不同而皆一定可以顆粒加於本質而大如以綫黏鹽顆粒懸於鹽水內水加熱化汽水內顆粒與綫黏之顆粒相并體積加矣形質不改又須知體積加大祇能加其同類之質

第三章　論生物

第五十六節　麥　麥之爲物人人皆知麥秋刈麥取而觀之有根有穗穗中有麥麥外有殼麥入磨坊磨成稱粉粉裝小袋懸於水缸以手捻之粉皆濾出袋賸麪筋西國綫麪以此爲之水缸之底賸有小粉取出少許觀以顯微鏡見薄片層層以此小粉清水加熱復濁有蛋白質沉下夫麥中不第有麪筋小粉蛋白質更有木質糖質油質與矽養等而木質爲多麥莖乾而爲柴純是木質麥柴堆燒後見有透明如玻璃者即矽養也麥生時有水化合莖內之水多於粒內

第五十七節　雞身各質　煮雞蛋白成白色定質以蛋黃攪於水有糖質油質麪筋質而無小粉質與木質煮雞汁內有膠雞骨煮之亦有膠膠內有鈣養鹽類雞肉內有蛋白質肉絲等雞毛內大半有角

第五十八節　麥與雞有相同之質　麥無膠與角雞無小粉與木質此其不同者也然麥之蛋白質極似雞蛋白雞之肉質極似麥之蛋白質與麪筋加熱或敗爛其臭同化學法分之皆係輕養炭淡各氣所成分劑亦同如以一握麥一塊雞各置於器不令通空氣各加熱則各變爲炭餘有水與阿摩尼阿阿摩尼阿係淡輕合質可知動植物內必有淡輕二質且有極似淡氣所成之合質居其大半西名布路他特

第五十九節　植物動物常有布路他特　蛋白質麪筋質肉質等動植物內必有一二所最要者布路他特與水雖有植物無小粉與木質而動物有之動物反無角膠各質者然至布路他特與水油糖小粉燐鐵鈣養鉀養等質植物動物內在所必有動植物生時此等質即謂之生原質

第六十節　生字何意　植物動物如麥與雞皆生物所有原質即金類物原質惟配合之法金類物中所無各原質在生物內配合即謂之生

第六十一節　植物之長在加其身內各質　春天見麥

苗漸長以至成穗其長非如金類之質外加顆粒蓋由內長其蛋白質麵筋小粉油木質等空氣中水中地中皆無此物然則試問何來曰取空氣中地中此等所成原質化合而成者也所取之原質空氣中有養氣淡氣炭氣阿摩尼阿地中有土沙矽養鈣養鐵鉀養燐硫黃阿摩尼阿等是成麥之質空氣中地中皆有麥惟取此化分化合而已

第六十二節　植物長而生其類如麥子　麥子在穗麥熟子易取以子播種復生一麥金類之質既不能如是之長又不能如是之生生不息也

第六十三節　動物之長同於植物　其長也或食動物

或食植物以加其身內各質雞者或食麥或食蟲豸若僅飼以麥田之土空氣與水無益也凡動物不能自生身內各質必由所食雞所食之動植各物消化而分以補其身各從其類而雞長矣

第六十四節　動物長而生其類如雞子　雞子俗名曰蛋者即雞之分體也蛋中已有成雞之質得相合熱度三禮拜生雞屆時破殼而出動植物皆由子生而金類之質異是

第六十五節　生物異於金類之物有三　體質配合不同一也長法不同二也生物由子而生金類之物不然三也至生物原質與金類物原質無異生物惟如依法而行

之機器蛋中生雞祇須一定熱度使蛋內各質化合而生合之麥子出麥水至三十二度結冰其理均為奧妙生物學分二種一論植物一論動物

第四章　論無體質之物

第六十六節　性情　有體質之物分為二一有生一無生有生者動物植物無生者金類物凡有體積阻力重率傳動力者皆有體質天文金石格致化學是論無生之物動物植物學是論有生之物此外更有性情之學性情無體質如聞臭與聲不能量其多少權其輕重喜樂不能行動愛惡無形體無輕重亦無速率凡心之所發與知覺等

俱無體質故謂之性情學

第六十七節　性情學有定理　凡有知覺與情之所生必有故非偶然也與有體質之物同理況有體質之物與性情有關係如聞臭必有體質之物發其臭以針刺臂覺痛必有體質之針刺之而痛羽毛之軟白粉之白皆覺其軟與白既有覺即生情天地間祇此有體質之物與無體質之物二者而已各種學惟論此二者之相關而已

江南製造局科技譯著集成

物理學卷

第壹分册

格致啟蒙・格物學

《格致啟蒙·格物學》提要

《格致啟蒙·格物學》一卷，英國格物師司都藿（Balfour Stewart, 1828–1887）纂，美國林樂知（Young John Allen,1836–1907）、海鹽鄭昌棪同譯，光緒六年（1880年）刊行。底本爲《Physics in Science Primer Series》，版次不詳。

此書主要包括格物緣起、地心吸力作何運用、定質性情、流質性情、氣質性情、物動、搖擺之動、熱學、電學、格物須知和試驗誠言等十一個部分，主要介紹力學、氣學、聲學、熱學、電學等門類。

此書內容如下：

第一論格物原起，第二論動靜，第三論力，第四論吸力，第五論結力，第六論化學愛力，第七論各力之用

【地心吸力作何運用】　第八論重心，第九論權衡，第十論物之三種性質，第十一何謂定質，第十二何謂流質，第十三何謂氣質

【定質性情】　第十四論定質改變，第十五論定質彎墜，第十六論定質料力，第十七論摩擦黏力

【流質性情】　第十八論流質改變，第十九論流質能傳力，第二十論壓水櫃，第二十一論流質面平，第二十二論水平測，第二十三論深水壓力，第二十四論流質浮力，第二十五論浮水之理，第二十六論較量輕重，第二十七論他流質浮力，第二十八論微管噏水

【氣質性情】　第二十九論空氣壓力，第三十論空氣輕重，第三十一論空氣壓力表，第三十二論風雨表，第三十三論抽氣筩，第三十四論抽水筩，第三十五論虹吸

【物動】　第三十六論物動之力，第三十七論量物動之功數，第三十八論物動所成之功數，

格致啟蒙卷之二

英國格物師司都藿蔓

美國林樂知
海鹽鄭昌棪 同譯

格物學

第一 論格物原起 學者曾經於化學內明曉上下前後左右各物質及化學工夫並見權衡之毫釐不爽又雜質可分爲兩三質原質不能化分尚有化學試驗之物性各有一緣由道理在內學者未經學得卽如爾等面目常有改變有時喜笑顏開有時愁眉不展有時有力强健有時無力懶爲推之眼前山水木石各景致有時明亮如喜色有時昏暗雷雨或海風起浪又如鐵毬以手提之覺重置於火則色變紅手不能近倘置於礮內放之則力大能擊遠若是則冷鐵毬與熱鐵毬有異靜與動又有異凡人喜怒哀慼懶倦總有緣由可查是則定質各物化變亦有緣由可查查考卽試驗工夫此卽格物之道也

第二 論動靜 何謂動卽換一地步謂之動大地球繞行太陽其動甚速人如蟻在磨上不知不覺茲不具論假如坐椅人謂我靜行走人謂我動欲知動法須曉得吾行之所向更要曉得吾行之速率爾等須留心速率譬之我行一條直路一小時行四里如速率不改變二小時可行八里倘汽車行走恐速率不一每近埔頭則緩行到埔卽勒住本來每小時行四十里因緩行勒住轉致速率不定如汽車一直行走速率照常一小時四十里至埔頭不勒住仍照舊前行二小時又可得四十里卽可以此爲率顧速率有以秒數尺數計者卽如投石於井或自塔墜石則云第一秒石墜十六尺蓋六十秒爲一分六十分爲一小時此編所論祇以尺與秒計而不以小時計也

第三 論力 物本不動因何者使之動物本動因何者使之不動無他力也力在一邊推之則行力在兩邊相拒則止有大力使之行必得有大力使之止礮彈一推卽行手卽以推之力擋住汽車有若干力可駛行亦必有若干力使勒住總之動變靜靜變動無非以力爲之今試驗爲表明之（試驗第一）如第一圖用一馬口鐵盃置黃豆於內手持

第一圖

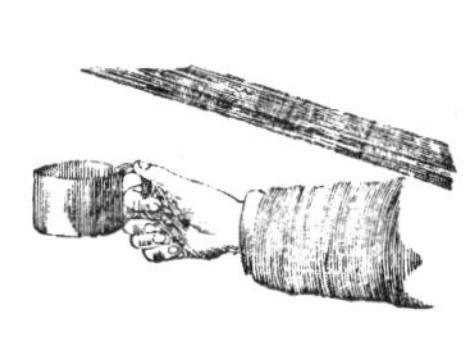

盃以抛之臂阻於横木不得上而手中之盃亦停住忽焉拋上忽焉停住然盃雖不得上爲横木阻臂使然而盃中黃豆不遇阻擋之力故仍出盃而上散墜下也若變一法試之（試驗第二）以黃豆分作兩片置盃內手持盃猝然抑下盃先下而豆略緩下此何以故吾今於此試驗學

得二事其初試驗將盃豆上拋盃有物阻而豆無物阻故豆仍上拋不隨盃而定其墜下者以順地之吸力而下也其繼試驗將盃豆下抑盃與我之力豆不與我之力盃大則受吸力亦大豆小則受吸力亦小故盃先豆而下也力可令靜者動並可令動者靜有如此顧亦有力在而物不動者此何以故拋之力與吸力相當卽不動毬在手不落一放卽下毬在桌則定若去桌則毬歸於地蓋地之吸力不能勝過手之持桌之阻是以吸不落地以有擋之者也又如一門外有若干力推之內有若干力拒之推與拒力相均故欲動而不得動以是見力於萬物莫不皆然

第四　論吸力　以上總論力之用已顯然矣吾觀上下四方有各樣力有各樣用力之最大最要者莫如地心吸力凡人有物在手偶放脫之不向上處查不向橫處覓而必向地面尋者豈非明曉其下乎其下焉者向地心卽下也上焉者離地心卽上也向上則逆地心之吸力如有物拉下故向上難落下則順地心之吸力如順風行帆故落下易凡上山下山之難易亦由此然地心吸萬物下來不能說是落下只可說是吸住惟中有阻擋則吸不到地如在樓以有板擋住板擋之力勝於吸力倘吸力大於房屋棟宇卽亦坍落此輕重關係卽地心之吸力若無地心吸

力則地面萬物皆飛散於天空以是知萬類附麗於地者卽名地心吸力也

第五　論結力　除吸力外更有他力如一鐵絲或麻繩以手拉之不能斷倘我之力勝過繩卽斷鐵與繩之緊連也皆微渺體質相翕以顯微鏡窺之質點依附密切粒粒可見因其點與點黏連甚緊勝過我之力故難斷推之木石金類皆然點點黏切難以敲斷欲拉長改樣極不容易此質點相切自有其力若爲擋住不肯改變此卽名爲結力以凝結而成也然則物之結力與地心吸力有異吸力由地球運行吸歸一處月雖離地二十四萬六千餘里亦爲地吸而結力則在物之本身質點與質點相切吸力能吸遠結力不能黏遠不過於本身切緊處點點黏合故一斷卽不復連以其非吸力可比也

第六　論化學愛力　吸力結力外更有化合之力名曰愛力以物之似相愛而合之也化學內煤與養氣化合則成燒而爲炭氣煤若與養氣兩相牽引化合成物竟與原質懸殊此亦可謂爲化學中之結力其可異者每於不相似之原質各出愛力以相合如男女成夫婦相愛相合也吸力吸遠物結力結切緊本體之物愛力則於不相似之原質互相感應兩相化合以見其力也

第七　論各力之用　以上略舉萬類所最要幾種力今與觀力在萬物如何作用並於其所以有之源頭思之假令俄頃一失此力即萬物不成如地心無吸力地不吸物豈不奇禍有人上高山氣乏力憊乃云上山願與下山時一樣容易纔好此雖戲言然關係極大果眞上山與下山同毫不喫力則是地眞無吸力空氣不相壓萬物皆飛散於天空如煙塵月亦離地而散太陽不相吸地球亦散失而無何有矣地心吸力關係豈不大哉若結力各物自有物之初生止一極微之粒如人血輪然一輪結二輪二輪結三輪四輪逐漸加長萬物皆然定質實心之物如無此

自結之力則飛散如粉山林屋宇金類貨物全變飛塵即吾人之身體無固結之力亦散失無餘矣無吸力物各離散無結力物自消化無愛力地面無化合之物第一先無火各原質不能化合爲雜質祇存六十三原質而無動植世界矣養氣淡氣徒浮空中金類各質獨自空存此愛力所以併不可缺也

　地心吸力作何運用

第八　論重心　今與驗地心之力如何（試驗第三）如第二圖以欹斜不方正之鐵片線繫其一角懸之其宕在空中有一定之處居中點出一條直線又將鐵之他角線繫之換

第二圖

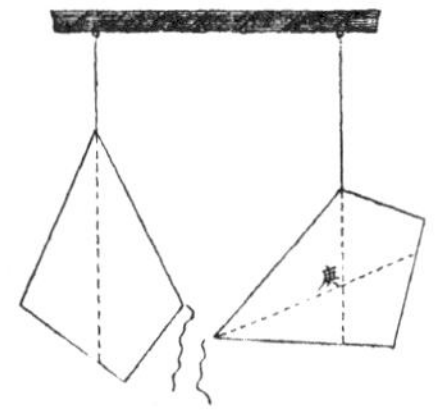

第三圖

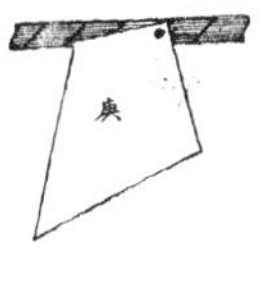

一頭懸掛亦點出一條直線再換一頭懸掛其直線之交處正當中線庚字處隨便作何懸掛總有一定交線此交線之中即是重心所在任憑作何推宕而重心總在一定之處試以一指頂庚字處鐵之四面皆平一如週身重力歸於此一處是也以線懸鐵其能低多少總要低多少以有吸力耳倘不用線懸鐵而用釘釘之如第三圖不活動則中線不正重心亦不正

第九　論權衡　無論何物皆各有重心見後試驗第十八有天平所謂天平者欲得物之重心所在重心在左則重偏左重心在右則重偏右重心在正中則天平針對正中以兩頭重均雖推宕之而重心仍歸正中也倘砝碼較輕則物重一頭即偏墜砝碼較重則物輕一頭即偏翹今隨便試之（試驗第四）天平一頭置一小塊鐵一頭置一百五十格零砝碼見鐵一頭墜下即表明鐵塊較重另用二百五十格零砝碼見砝碼一頭墜下而鐵塊一頭翹上即表明砝碼較重以是知其重在一百五十至二百五十格零之間試去五十格零砝碼僅用二百格零砝碼則兩頭正平

其針亦對正中卽表明鐵正二百格零重也

第十　論物之三種性質　前論三種力業已明曉物不相吸則不能成地球有吸力而無結力雖有物皆如粉如塵夫結力有大小若萬物結力皆同無分大小則萬物盡成定質而無流質並無氣質豈非與無物無異乎鐵與鋼微質之結力大而重且極切緊難以分開水與水銀微質之結力最少所以一劃卽開（試驗第五）置一滴水銀於玻璃片上以指捺之水銀作細粒散開再用一玻璃片夾緊水銀圓粒卽扁放開一看水銀微粒仍圓以此表明水銀有自結之力也（試驗第六）灑水於油紙上水作微粒如珠圓亦顯出

有自結之力若夫氣之質正相反氣之微粒性質喜散除聚於器不令外散外無有不散於空氣中也如是可分別之以見定質流質氣質各有性情易爲辨也

第十一　何謂定質卽如金鐵木石類難變原形方者不易使之圓長者不易使之短除用法勉強改變外總不改生來樣式也

第十二　何謂流質卽如水類水置器具內總一色平勻器如一尺見方水亦一尺見方不肯一面高一面低而其面總是平亦不受壓力其性不定隨所在而流行在方水方在圓水圓在曲折處水亦曲折

第十三　何謂氣質卽如空氣氣無平面如置氣於空器內必上散而滿不論器之多大也性質與水大異水不可壓水沸成汽便可緊壓二瓶可壓作半瓶卽欲再壓加緊亦可若流質如水欲壓緊一分一釐不能也

定質性情

第十四　論定質改變　定質之所以異於他質者以體積不肯改變不隨器而大小如流質故謂之定質（試驗第七）如第四五圖兩器之式不同而大小分量則一以一瓶水傾入碗碗滿以一碗水傾入瓶瓶亦滿蓋水之多寡數同也兩木塊式雖同而大小不同學者固明明見而知之矣顧

第四圖

第五圖

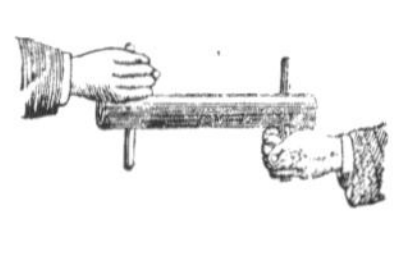

瓶碗之大小雖同不能勉強瓶形之變爲碗形木塊之式樣雖同亦不能勉強大塊之變爲小塊蓋定質至堅萬不能勉強改變若欲設法改變非眞不能變不過較爲費事雖變亦不全改也今吾隨意試之（試驗第八）置鐵一條以錘敲而不碎以重物拉而不長卽兩頭用短鐵棍插其洞絞之而亦不轉變再以重物壓之墜之而無一毫之改變此眞定質不移矣雖然人

苟用大力勉强之未嘗不可敲令碎牽令長絞令轉壓令扁並墜令彎也葢人用大力足以勝其結力加多少力即成多少功格物學內大有相關之理此編不能詳述吾今擇一術以表明之

第六圖

第十五　論定質彎墜　表明定質之可變平爲彎用力若干即定質彎若干（試驗第九）如第六圖將一木尺擱令平而中間墜以鐵錘則木彎吾即量其彎有若干分寸又將鐵錘加一倍重墜之量其彎數亦比前加倍以此知重墜之力加一倍則定質之彎亦加一倍（試驗第十）若將此木尺不平置而側置之（側比平力加四倍）則木似加厚仍將此鐵錘墜之而其木略略下彎不比前此下彎之多

第十六　論定質料力　似此木工鐵工造屋宇造機器造橋梁皆知定質鐵木平置不如側置之固因側置之力加倍而不易斷也又如擱板或橋梁中間有重力行走則板必低洮行過板仍平復若屢行而板不平復或較前分外低洮即壞矣凡木工鐵工修造時須留意見有低彎不復原者即不可用或即換之故修造之工預爲推算其料力須得躭任若干噸重力之料方以之作若干噸重力之用

第十七　論摩擦黏力　請更以定質摩擦黏力進言之如用一鐵毬在桌毯上推行用力較多此即摩擦黏力若其桌爲光石則輕滑不留若於冰面或玻璃面推行則更無摩擦黏力葢此摩擦黏力有相關行走之用否則斜冰斜玻璃上過於光滑立住且難何況行走此摩擦相關之力似與前三者之力有關係亦不可闕而不論也

流質性情

第十八　論流質改變　流質體積不肯改變即如水不過移動其微渺體質斷不能以一大瓶水勉强其盡納小瓶亦不能以一小瓶水勉强其充滿大瓶今欲表明其一定之體積試與觀之（試驗第十一）用一水管管有底不通上有口以抽水活塞塞入管中至水即止不能再下雖用重物壓活塞之上而管內之水終不能壓下分寸

第七圖

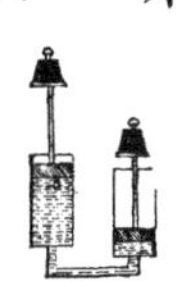

第十九　論流質能傳力　水難壓緊而能傳力請試之（試驗第十二）如第七圖置兩璃筩下通曲管盛水兩頭皆平用活塞塞入筩內兩頭皆用十磅重壓活塞至水即定水面亦皆平更換法試之（試驗第十三）一頭用重物壓下活塞甲筩內活塞愈下乙筩內水面愈高如水筩一直一橫如曲尺式復用橫活塞塞入橫筩內橫活塞有十

二磅力則直活塞即退上若干直活塞壓有十二磅力則橫活塞亦退出若干由是觀之橫塞力重則水之橫力變爲直力直塞力重則水之直力變爲橫力此法國拍司喀試驗得來今試之試驗第十四 如前圖水筩分大小或二倍三倍四五倍俱可假如甲水筩小其活塞之底面一方寸乙水筩大其活塞之底面倍有二方寸筩下均有曲管相通小筩活塞上置十磅重物壓之大筩活塞上亦置十磅重物壓之而水面彼此不平須於大筩活塞上用二十磅重物壓之水面纔平蓋大筩面積已倍於小筩故壓力亦須倍也推之三倍四倍五倍皆然此格物第一要緊之一定

物理觀乎此而可得傳力之倍數即如小筩活塞底面有一方寸大筩面積有十六方寸小筩活塞上置三磅重壓力即傳力至大筩水送活塞而上計十六方寸即得四十八磅重力也再如小筩活塞上置九磅重壓力即傳力至大筩水送活塞而上計十六方寸即得一百四十四磅重力也推之百倍千倍莫不皆然故水能傳力之用爲益甚大三磅力可傳至四十八磅力九磅力可傳至一百四十四磅力其傳送之力祇視小筩活塞方寸便得大筩方寸若干倍之數也

第二十 論壓水櫃 以上所論流質性情爲最有用伯拉瑪即取以造壓水櫃如第八圖鐵架內置羊毛兩包欲令壓緊作一包以便舟車裝載遠行不多佔地步用壓水櫃一頭活塞用以上托羊毛包一頭活塞橫桿上墜一噸重物如秤錘然如上托之活塞有百倍寬濶則上托之力有一百噸重力即此亦以見水之傳力然其櫃筩用鐵製造須分外堅固不然水力甚大恐易漲裂

第八圖

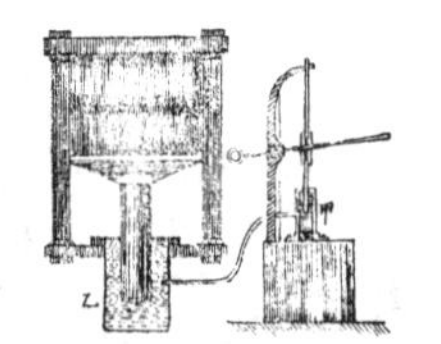

第二十一 論流質面平 流質隨所在總歸平面而流始定蓋流水必與源頭面平無論若何終不改其性情問弧三角算法師即知水必面平而無斜試法用錘懸一線線必直因垂線直而後知水面總歸平也請明試之試驗第十五水銀盛一盆內面平用一垂線懸於空中視垂線與水銀內線影一直相接倘或有不平則線與影必偏斜爲兩條不成一條也又試之試驗第十六 如第九圖一彎曲璃管一直璃管一上大下尖璃管插於空匣內隨便納水於何管而三處水面皆平絕不分有高低此其證也

第九圖

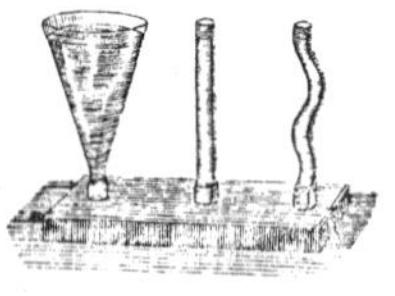

第二十二 論水平測 如上所試之管三處之水均平

如水漲至某處水面無不一例均平開河造鐵路用測平法如第十圖名曰酒平測此測量地之高下用酒以代水防有凍也酒平測兩邊均刊有分度用酒平以測地之不平可量高下分度也

第十圖

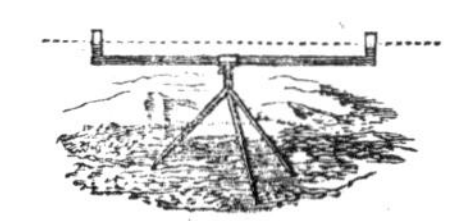

第二十三　論深水壓力　水如二尺深則水底壓力較浮面壓力加倍故自水面量至水底深有若干即壓力加若干倍（試驗第十七）如第十一圖壓力不特以上壓下並可壓令橫出左右四邊假如用一玻璃直管每寸有一小孔均以木塞塞之管盛水令滿拔最上小孔之木塞水無甚壓力出小孔即下如拔第二層小孔之木塞水有二寸壓力出小孔較第一層出水遠些落下又如拔第三層小孔之木塞水有三寸壓力並有三寸水欲出此小孔較第一層出水愈遠一層落下於是低一層則水出遠一層愈低水愈多其出愈急其落下愈遠若先拔管底之木塞水出如矢激橫射以是見水之壓力也如圖內水有上托之力桶內盛水用玻璃管一箇管底口用一木罨在空氣中須

第十一圖

有繩繫住方不脫落若以木罨掩住管底置於水得水之托力即不脫落試管內加藍靛水藍水痕未與管外水平亦不至脫落如藍水痕與管外水將平（須併木罨分寸計之）則木罨脫落以藍水之力與管外水力相均故也出洋試深水壓力用璃瓶墜重物投入水底繫以繩片時取出視之瓶口木塞已為海水壓力所壓納入瓶中瓶且滿盛海水以此知深水壓力之重也

第二十四　論流質浮力　今試水之果有浮力與否（試驗第十八）如第十二圖仍用前天平秤一物於空氣內得一千格零砝碼適兩頭平準即以所秤一千格零之物置於水看其何若迺視其物在水似一毫不覺其重須再加一千格零於物上方與一千格零砝碼平準然則物置於水失其重乎今試之（試驗第十九）秤一盆水令砝碼平準即以前所秤一千格零之物置於水盆之上而覺砝碼已輕須加一千格零砝碼然後平準是物之重並未失去可見物之重數在水似覺失其重數者水之浮力為之也（試驗第二十）如第十二圖內以一銅管內套裝一實心圓銅緊挨

第十二圖

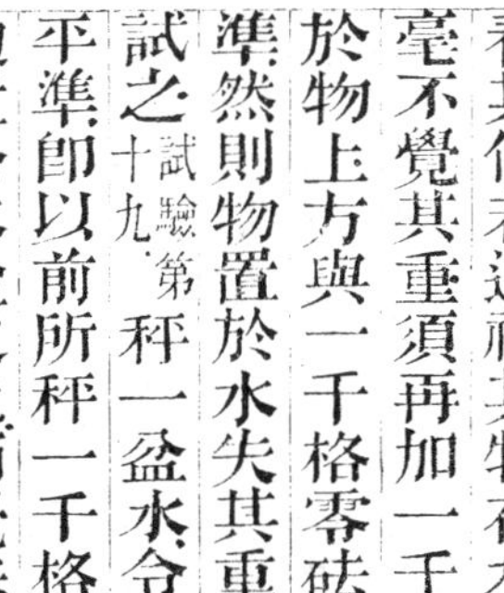

管心置天平上秤得兩頭平準之砝碼數復將實心圓銅拔出沈於水懸線繫連水上之空心銅管迺視天平已失去實心圓銅之重數若以水盛滿空心銅管秤之纔平查空心銅管所裝之水與沈下水內之實心圓銅一式大小由是推之凡塊銅置於水秤之一似失其分兩其所失之重數卽合於水讓開銅塊體積之水重數此不獨銅爲然卽他金類木石類置於水以秤之亦復如是

第二十五　論浮水之理　凡物置於水物較水重而物所失若干重數卽水所讓開方寸水若干重數若物與水同其體積物重於水則必沈下（試驗第二十一）如前十八試驗物之體積與同體積之水重數相同則不沈不浮與水在水無異如物與水同體積大小而較輕於水應如何今試之（試驗第二十二）吾將一段木秤其分兩較輕於同體積之水本不能沈而以手抑之使下若一放手則物隨上可見水之浮力勝於物之重力物必上浮吾以是論諸般試驗可學得數事一爲物置於水看似輕浮究其物所失重數卽水讓開同體積之重數一爲體積同而物重於水則沈重數相同則不沈不浮物與水較輕則浮

第二十六　論較量輕重　某物較重於水某物較輕於水均以物與水體積大小相同而論（試驗第二十三）今有一小塊黃金在空氣內秤之重十九格零若置於水秤之重十八格零不旣失一格零之重乎蓋水讓黃金體積之方寸水止一格零重故物之重數抵去一格零也以此計之則一小塊黃金重數勝於同體積之水十九格零則是水須照此黃金體積加十九倍乃得與此小塊黃金分兩相均故云黃金較重於水凡十九倍也格致家稱黃金重數則云十九無論大小長短厚薄總以一分金對十九分水爲率倘有人持物至並非淨是眞金則置於水秤之必無十九倍重也二千年前希拉古斯王名海伊羅命工人製黃金冠冕王慮工人雜有他金類莫由試驗因屬格致師阿桔彌提斯試之阿桔彌提斯亦一時未得其法一日洗浴身在水忽悟得其法急趨至通衢赤露其體語人曰優力略優力略言已得明其法也蓋洗浴時覺水有浮力卽悟黃金在水亦必得水之浮力隨用黃金在空氣中秤之又置於水秤之而得水十九金一之比數秤金冠則非一與十九之比便知非淨是眞金矣

第二十七　論他流質浮力　非獨水爲然也卽他流質亦皆各有浮力其最輕之流質爲火酒與以脫（卽哥囉昉之類）浮力不多最重之流質爲水銀浮力獨多今爲表明之假如一塊鐵與水銀同體積鐵必上浮比水銀輕若黃金置於

水銀則金重而下沈計水銀較重於水有十三倍半而金重於水有十九倍也又海水浮力重淡水浮力輕猶太國有死海鹹水人投於水而不沈

第二十八　論微管噏水　凡物之細竅噏水如毛管髮管（試驗第二十四）用一塊白糖置於水面則水漸漸引上而糖可全潤紙條置於水亦然又布條一頭置於水水漸漸引上溼透至彼一頭水可滴下若以白糖或紙條置於水銀則不能引潮可見水銀與水性情迥不相侔一置於水水能噏上停住一置於水銀依然不潮究之糖與紙本無噏力乃水自潤物耳水銀雖是流質包裹紙內毫無沾潤惟金

與銀一著水銀其性黏住不易落也

氣質性情

第二十九　論空氣壓力　氣與流質性情有同有不同流質有平面雖置瓶內縱橫之而其上面總平惟氣無平面性必上散斯爲異耳假如牛尿脬（今以橡皮爲者）中空而空氣入內充滿之若有大力吾爲表明之（試驗第二十五）用鐘式玻璃瓶中置一像皮小毬毬內氣滿不令洩瓶底小孔有管通至抽氣筩將瓶內空氣抽出卽扭閉細管機捩不令外氣復入當瓶氣抽出時毬內之氣欲補其空毬卽漸漲似欲出狀且有力直至氣抽完而毬漲足此可見氣之漲有力

也隨後將瓶之細管機捩扭開外氣一入瓶而毬漸縮小如舊此又見氣之壓有力也今換一法以試之（試驗第二十六）如

第十三圖

第十三圖抽氣筩架上置一瓶瓶底小孔接抽氣筩管瓶之上口用像皮蓋密紮緊瓶底抽氣外出瓶口像皮卽縮入氣愈出而像皮愈低氣未全抽盡而像皮巳裂蓋瓶內氣愈空瓶上空氣壓力愈大也（有以手掌掩瓶口亦爲壓穿空氣壓力之大如是）

第三十　論空氣輕重　依上所說空氣必定從空處流入無微不到是以欲抽出器中空氣難以抽令淨盡如第

第十四圖

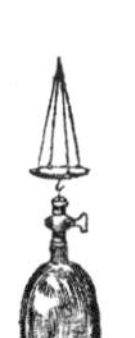

十四圖器上有關捩小孔接連抽氣筩之細管器內氣未抽時較抽出氣後輕重懸殊（試驗第二十七）用一輕匣底向下置天平秤之其重數卽此匣與匣內空氣之分兩（試驗第二十八）輕匣仍在天平將炭氣沖入匣內（取炭氣法見化學第三十三）炭氣性重故炭氣入匣而空氣讓出視天平比前更重以是知氣有輕有重（試驗第二十九）氣質內之最輕者莫如輕氣吾仍將此匣掛於天平以底向上將輕氣納入匣內（取輕氣見化學第十七其納輕氣法見後誡言）視天平比前忽輕而動且比前空氣更輕然則氣性上散又輕

氣尤易上散久之地面不幾無氣乎不知氣在地球外面包裹不散全賴地心吸力人物在氣海中與遊魚在水無異。壓力有分兩氣與水皆然前第二十三節曾表明水愈深則壓力愈大水有若干深即有若干壓力壓力者壓上下四旁無不周遍吾以空氣如水壓之說告汝汝必曰吾何以不覺其壓不知空氣無處不壓若祇壓一面則人必倒仆今上下四旁俱有空氣周遍均勻便不覺也惟汝熟視無覩吾有法令顯壓力（試驗第三十）如第十五圖高腳盌有蓋盌有空氣則蓋隨便可以移動茲盌之底有小孔接連抽氣箭管吾扭開其機捩抽去盌中空氣則蓋即爲外

第十五圖

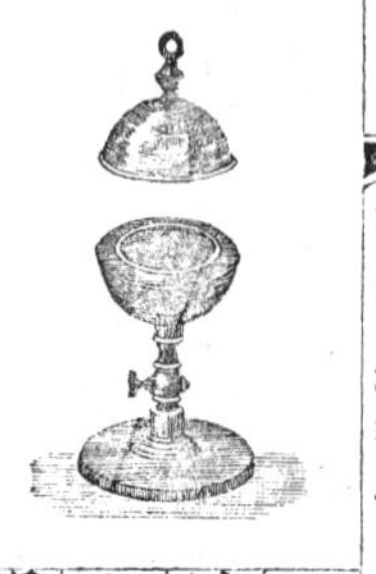

面空氣壓住不能揭開吾將機捩扭閉不令空氣入盌兩人用力橫揭盌揭而終不能揭開可見上下四旁空氣壓得堅牢也。空氣如流質有分兩輕重亦有浮力惟不若水有浮力之大如以煤氣裝入像皮袋內或能得輕氣裝入扭緊關捩放之空中則上浮沖霄人繫以長繩放輕氣毬毬下縛住竹籃人坐其內俯視之覺身已離地漸遠驚訝地球在腳下落去矣

第三十一　論空氣壓力表　空氣壓力用水銀試之（試驗）

（第三十一）以細長玻璃管止有一頭通者裝滿水銀以指掩其管口倒置於盃內然後指頭放開如第十六圖視盃內玻

第十六圖

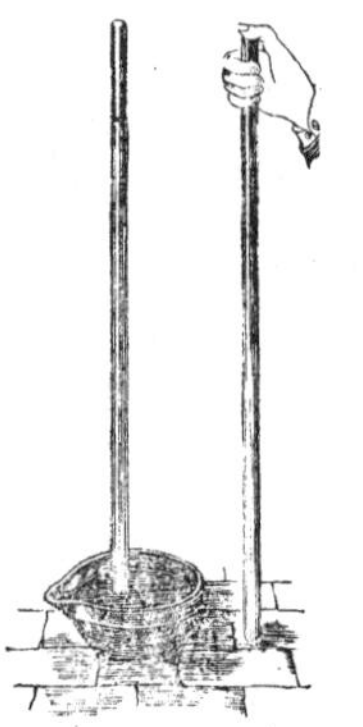

璃管水銀雖滿而上有空缺處得毋有空氣在內乎或問空氣壓滿盃內何以不壓入玻璃管以補其空不知空氣非不能壓令滿也空氣業已壓送管中水銀有三十寸高水銀不能再高此三十寸高之水銀正與空氣壓力相均空氣不能再壓令上是以有空缺處也此意大

利人名達利式律試驗得來今之風雨表即此水銀璃管爲之名曰空氣壓力表惟用以試風雨特於管上刊明分度視水銀長落而以爲驗耳

第三十二　論風雨表　風雨表用處甚多茲言其兩端一可測山之高如前二十三節業已說明水管底下一層比上數層壓力較重愈上則愈輕即空氣亦然高山上空氣比山下輕風雨表之水銀在地面得空氣壓力可送至三十寸高若置於山巔即不能有三十寸高以受壓力較少山愈高則水銀愈降此極易於計算一可測天之變表內水銀漸降天氣亦漸變若迅降則風雨驟至降愈多則

風若雨愈大水銀漸升天氣開霽以空氣壓力漸重晴亦可久若驟升恐晴不久水銀不降或略高便知天氣晴朗不變也

第十七圖

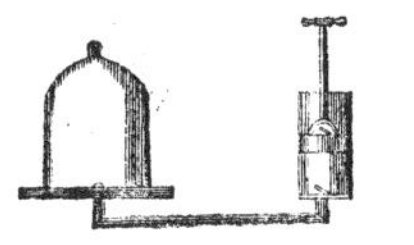

第三十三　論抽氣筩　前說抽氣必有機器如第十七圖筩有舌門一名合頁其鐘式玻璃瓶置架上瓶底有小孔通曲管有關捩可啟閉曲管一頭通抽氣筩筩底有舌門以活塞插入筩內活塞以橡皮為之令緊捱筩中不漏氣活塞中間有小孔亦有舌門活塞裝連抽桿活塞上則筩底舌門

自開以引瓶中氣走曲管入筩活塞下則活塞之舌門自開筩底之舌門自閉氣即從活塞舌門而上吾試將活塞推至筩底而復抽上筩內氣漸空則瓶中之氣即漲欲補其空顧筩內氣空筩外空氣亦欲擠入乃外氣愈欲入而活塞愈緊氣即不得入於是瓶內氣漲由曲管走至筩筩底舌門自開氣即上升活塞推下則筩底舌門自閉活塞之舌門自開氣即由活塞舌門出小孔而上散一上一下氣可抽盡活塞須十分緊固庶外氣不入而內氣可出否則不靈圖中抽氣筩式不過顯明其法而製造可各異其式也

第三十四　論抽水筩　前節論抽氣機器茲復將關涉壓力風雨表之理言之空氣壓力能送風雨表之水銀至三十寸高而氣力均平若言平水與同體積之水銀分兩較輕空氣壓水當不止三十寸高據理實說水受空氣壓力可高至三十尺（水為空氣所壓其實可高至三十四尺因有空氣攙入故云三十尺）由此可明抽水筩之理如第十八圖此圖顯明抽水筩裝法筩

第十八圖

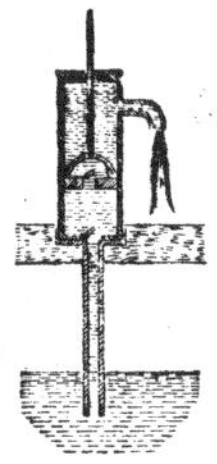

底有管通至水筩底小孔上有舌門筩內置抽水活塞塞內亦有舌門小孔與抽氣筩活塞同吾將活塞推至筩底

筩底之舌門自閉筩內之氣即由活塞小孔上出活塞拔上則管內之氣上升至筩活塞再推下則活塞舌門自開筩底舌門自閉筩內之氣由活塞小孔上出筩管內氣漸空則管下之水無氣壓即撮起不與外水平迨筩管內氣全空水即上升外面空氣壓水水向管筩空處而上活塞一上一下水由活塞小孔上升活塞拔上則活塞上面之水即由旁管洩出但抽水筩之旁管距外面平水過三十尺高則不能抽上以水為空氣所壓只高至三十尺而止也（試驗第三十二）如欲眼見抽水筩活塞作用今其筩只須用玻璃便看見活塞下則筩底舌門自閉活塞舌門自開活塞

上則活塞舌門自開筩底舌門自開水之自下而上亦看得清楚有時或以抽水筩之活塞日久不用未免乾燥收癟易於漏洩只須浸水令潤便不漏氣

第三十五　論虹吸俗名過山龍　吾再以一物講明之如引過流質機器謂之虹吸其理與抽水筩同均不外空氣壓

第十九圖

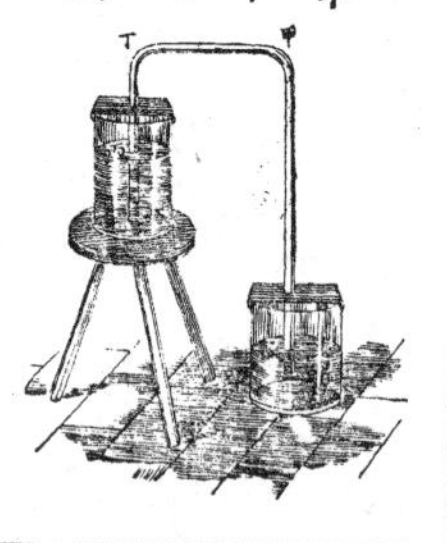

力如第十九圖一器或酒或水置於架上另有一空器在下用虹吸一頭以指掩緊插入酒器內復以最長一頭置於空器內酒即由彼引過於此但兩器不

格致啟蒙二　三三

可平置須以有酒之器置於高處空器置於低處乃可引過如插入酒器到底酒可全行吸來蓋流質無非欲平之理

物動

第三十六　論物動之力　前於首節曾明曉物之動能擊遠熱與冷改變迥異夫格物者原欲格萬物變易之理初論不能驟及變易須先明各力之用與定質流質氣質各性情然後講求改變緣由茲乃可與汝等言矣夫物之行遠即顯其力如礮彈擊遠之類有時物自靜存似不顯其力而其力仍在然則物之有力於何顯之茲於物動之

力擇其四種而言之其一物之眞動欲明其如何動法其二擺搖之動如敲擊而震動包括聲學其三物因熱而動並及光學熱學其四因電而動並論奧妙之電氣第此編未能細述物力祇論舉其大綱日後可於大格致書內得之

第三十七　論量物動之功數　凡人身充足有力即具有功之能事須量物之力應用多少功而其力始盡假如提一磅重物至一尺高謂之一功至二尺高謂之二功至三尺高謂之三功如提兩磅重物至一尺高謂之二功提兩磅重物至三尺謂之六功提三磅重物至二尺高亦謂

格致啟蒙二　三四

之六功蓋每磅與每尺相乘而得其功之數又如提十磅至十尺高爲一百功提一百磅至一百尺高爲一萬功欲知若干功即視其提若干磅若干高即可量得功數譬之用百磅彈納礮向空氣放彈之力足行一千尺高而後落即以百千相乘得十萬功若再加火藥而放之其彈力足行一千五百尺高而後落即以百與千五相乘爲十五萬功以每人提一磅高一尺論之不巳有十五萬人之力乎以是見行遠之物愈速愈高則其功愈多而其力亦愈見其大矣

第三十八　論物動所成之功數　吾於此不能細論題

義特以一事爲汝言之礮彈向上直擊速力加倍卽有四倍高假如速力若干高爲一數加倍之速力爲四倍高三倍之速力爲九倍高四倍之速力爲十六倍高是則加倍之速力卽做四倍功不特此也更有他法以量之如以木板鱗比相疊用礮彈擊之有加倍速力打穿四倍木板加三倍速力打穿九倍木板然後知物力加倍相擊卽有四倍之利害無論如何量法總以加倍爲四倍之力

第三十九　論物力靜存　最容易見者物動快速卽是有力做功可照前計算有若干功物有時不動而靜存非不能動蓋其力仍在也如兩人相搏擊一人在屋頂擲磚

石一人在地拋磚石兩人力非不均乃在屋頂擲石較在地拋石其力倍大論其功較在地自多何也自上擊下其速力自倍故攻擊之法及打樁木皆以上擊下也又如兩人各用水磨或水碓一則水由高處衝下一則水自平流果何者爲功多莫不知水之自高而下力速功多以輪磨轉得快也若水平則力少矣有用風力轉磨風亦如彈行惟無其動力之快實則風轉篷扇與水轉磨何異若以柴草擲空中風亦有力吹遠顧水磨較風磨更便不常有而風不常有風如適用之錢用過則已水則如銀存庫藏可隨其便而取用也

擺搖之動擺搖具有震慄之意

第四十　論音聲　凡有物移換地步謂之動然有物不必移而亦動者如抽陀螺俗名地黃牛響而轉動可定在一處不移又試鋼銅等物試驗第三十三鋼絲或銅絲插於木塊如第

第二十圖

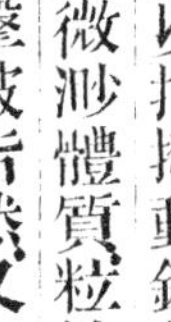

二十圖以指撥動銅絲雖動而毫不移步蓋其微渺體質粒粒震動謂之擺搖動敲鐘擊鼓皆然又如琴絃彈之震響亦爲擺搖動此擺搖動與移換地步之動同爲有力試以指阻其動覺被還擊卽其動力也其音聲之傳無非空氣爲之擺搖速則空氣傳動亦速如擺搖十次則空氣傳動

亦十次直能遠傳至耳耳內之膜卽値空氣傳動之力而得其音聲也

第四十一　論響聲與音韻　用礮擊空氣空氣卽傳其聲是謂響聲樂器之擊動卽擺搖動每一秒工夫擊數十下空氣傳其擊力至耳亦一秒數十下是謂音韻是則一擊之聲爲響聲數聲壘連接續者爲音韻又擺搖之音聲一秒數擺搖則其音韻低而麤如壘連接續擊空氣一秒或數百擺搖則其音韻高而細假如一秒工夫擊空氣擺搖二萬次則音韻高而細一秒工夫擊空氣五十次則音韻低而麤

第四十二　論聲有力　樂器音韻能娛人耳若一擊之響聲不獨難聽有時竟驚破耳膜如開大礮一響擊破耳膜而聾或碎玻璃又如火藥局被轟則四邊玻璃全被震碎是則大響聲極有力惟其力爲有害之力耳

第四十三　論空氣傳聲　聲音之傳缺不得一些空氣今試之（試驗第三十四）以響鈴置於鐘式瓶內如第十七圖之瓶當其氣未抽出搖鈴卽聞其聲若瓶內氣已抽盡雖屢搖而鈴無聲蓋其聲不得空氣以傳出也卽敲鐘擊鼓亦然究其樂器以擺搖動而有力空氣卽傳其力以至耳若無空氣則擺搖之力傳不到耳故無聞也

第四十四　論音聲動法　試思音聲相傳之理果屬何若凡隔二三里路聽礮礮擊空氣並非空氣送礮聲前來卽逆風聲亦前來蓋空氣如浪近礮之空氣受擊則氣浪接連相傳至耳前空氣擊我耳膜以聞其聲氣浪本不移換地步猶之海浪上下而水並未移行也今試驗之（試驗第三十五）如第二十一圖架上用絲線懸掛五球（球或銅或鐵或象牙茲則以像皮爲之）球與球切緊相並不離試將第一球扯開隨卽放手視第一球碰第二球卽傳至第四球碰開

第二十一圖

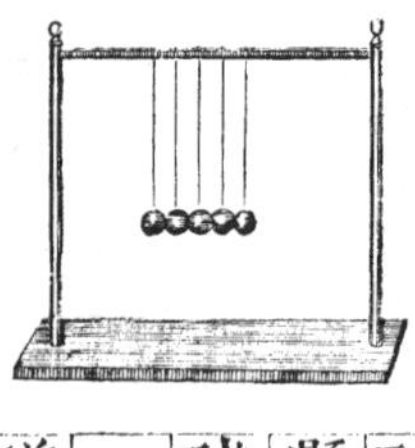

第五球第五球無可復傳故爲拋離當其碰時第二三四球並不移動第一球一碰卽第五球拋開蓋第一球之力第二三四球同受之而碰開第五球也其第一球可比之礮前空氣第五球可比之耳前空氣其中間相接之空氣與第二三四球同理

第四十五　論動速力　礮聲雖速不能一響卽應汝等看見礮開放處先見發光次見白煙隔數秒工夫然後聞響聲其數秒工夫卽礮前空氣傳至耳前空氣之工夫自從看見發光卽視時辰表之秒針至有響聲有數秒工夫礮擊一萬一千尺遠看表上秒針有十秒許然後聞聲以

是知聲音於一秒傳一千一百四十尺十秒傳一萬一千四百尺凡聲音由水中傳者比於空氣傳更快速於木傳尤快速水傳聲音較空氣傳快加四倍木傳聲音較空氣傳快加十倍至十六倍是以木傳聲每秒可傳二英里（中國里六里五千二百八十尺爲一英里一千七百六十尺爲一中國里礮彈行里數較礮聲行里數十倍速）格致師於瑞士國浙尼伐河曾試水傳聲有然

第四十六　論聲之回應　在大空地四面有石壁或對面有山谷開一礮其聲由空氣而傳碰山壁不能過去必須回來然須視山壁如何形狀如礮對山壁正直不斜則聲前往碰回仍由原路正直而來倘礮所向之山壁偏斜

側出則聲前往一碰不由原路回來聲即向側出處前去聲由山壁左邊碰擊聲即由山壁右邊斜去如日光照壁中間有物隔者光即斜入人即於斜處看見日光今有一妙法試之如第二十二圖架揷兩箇大回光鏡鏡式如盆

第二十二圖

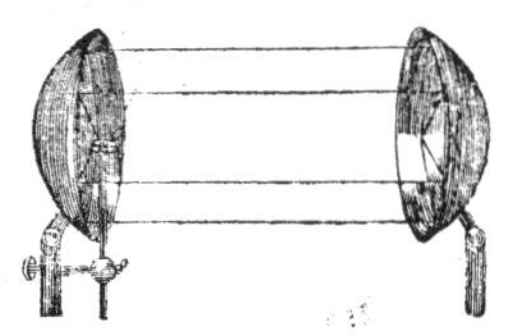

內凹相向鏡之中空處即爲聚光之處亦即爲聚聲之處圖內右邊鏡之中心空處置一時辰表有一小柱可以機振升降之表之秒聲傳至左邊鏡凹碰回至中空聚聲處均有直線指明即置耳於左邊聚聲處竊聽雖遠猶近此答響雖有妙理然亦有不便處以大屋宇內不能有附耳細語容易傳聲如倫敦山保羅堂甚高大如東邊有附耳細語西邊聚聲處亦仔細聽明

第二十三圖

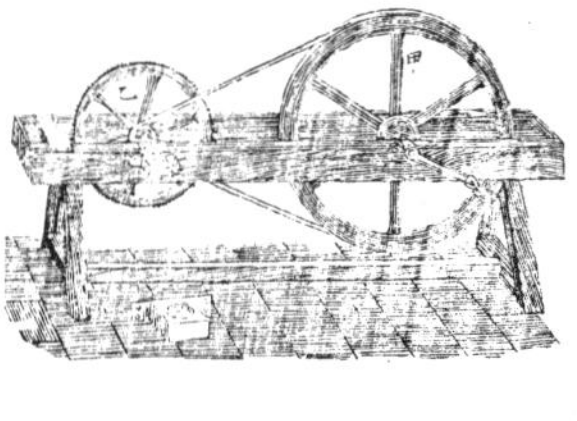

第四十七　論能明某音聲有若干擺搖之動　吾前曾說明擺搖之動每秒工夫擊數若干分高低麤細之聲音其高低麤細只係一秒內有擺搖動數若干以分辨之如第二十三圖圖之左邊一大轉輪即甲字有曲柄以搖轉之大輪邊有皮帶

套連右邊之小輪軸即乙字如大輪一轉則小輪百轉小輪有齒每轉每齒碰擊架上之厚紙片擊空氣出聲小輪之齒有百數一轉則齒擊百聲如一秒輪轉一迴工夫太促分不清有百聲但覺其聲連長而低麤如一秒大輪轉一迴則小輪轉百迴齒擊紙片一萬次是一秒工夫紙片擊空氣一萬聲音入耳但覺連長而極細極高凡欲量一秒內有若干擺搖即轉輪以試之欲與吾所欲辨之聲音高低麤細相符將時辰表裝於小輪軸上圖內指明聽輪轉擊空氣聲音與吾欲辨之聲音符合便定一分時內輪轉快慢之數六十秒爲一分於此留心看表並數一分工夫內大輪轉幾迴小輪轉幾迴便可計算小輪齒擊紙片若干次以定其響數如一分時紙片擊空氣六萬響即知一秒時紙片擊空氣一千響擺搖亦一千次也

熱學

第四十八　論熱之本性　前論有物眞動則有力物之擺搖動亦有力擺搖動不換地步惟其微渺體質激動而巳抑知物之熱何謂也論物之熱先認該物爲何質如以鐵球置於火始則鐵色變紅熱旣透則發明光而色白取置天平稱之待其自冷倘熱之爲熱亦如他物加入鐵球則熱透時應重冷時應輕乃視天平自熱至冷毫不變易

可見熱本非物質故無分輕重又試吾身立於最靈之天平上請以水加於吾耳視天平較無水時略重些水加若干卽加重若干若聲入吾耳天平亦無分輕重蓋水爲一物質而聲則非物質不過擺搖擊空氣而耳膜接之毫無分兩之加夫熱之爲熱猶聲之爲聲也然則熱亦可作一種擺搖觀乎以余論之實亦擺搖之一種熱性之擺搖甚急目不能數或謂熱爲擺搖得毋亦擊空氣乎何以絕無聲也不知此熱之擺搖不接於耳而接於目所謂光是也以是知出音聲之物與燒成白色之鐵球無異鐘之擺搖擊四圍空氣空氣擊吾耳膜是以聞聲燒透白色之鐵球

擺搖空氣接於吾目是以見光試擺搖之聲用吾耳試擺搖之熱用吾目無二理也然擺搖之聲與擺搖之熱分有兩項須要講究聲則先認爲何物一秒時動若干次且在某處擺搖並量其音聲行走空氣一秒時有若干速力熱則先認所燒爲何物並量其光熱走空氣一秒時有若干速力

第四十九　論物因熱而漲　凡物無論何質得熱未有不漲大者今且用三質試之（試驗第三十六）如第二十四圖取一鐵條或銅條兩頭擱於架上一頭以螺釘旋牢使不能漲出一頭近處置一表卽於鐵條中間用數燈火燒之鐵條

第二十四圖

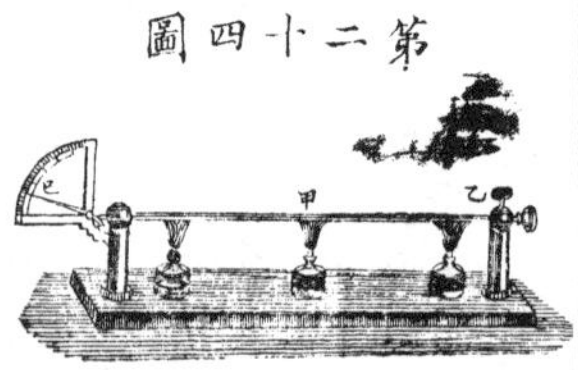

受熱卽漲一頭伸出數分與表針相値推轉表針數分度便知漲伸之數去燈鐵冷仍縮如原形此定質之受熱而漲大者（試驗第三十七）用有管玻璃甑裝水令齊甑肩下用燈火燃之甑內水沸漲至管若無管而漲力一大甑必破裂此流質之受熱而漲大者（試驗第三十八）用一牛尿脬（或用橡皮球）納氣於內約有三分之二紮緊不漏在火近處烘令熱則脬內氣漲氣不得出脬漸大卽破裂此氣質之受熱而漲大者

第五十　論寒暑表　前經試驗各質均因熱而漲大今以水銀裝入璃泡內上通細管看其得熱何若夫水銀亦爲流質得熱亦如水能漲而上升且不獨水銀漲卽玻璃泡亦漲大（以是熱天璃泡比冬天加大）惟水銀漲度大璃泡漲度不多耳水銀上升因璃管細則漲愈高也此器極靈或以手捻之以熱氣呵之亦能漲升冷風吹之卽縮下欲量其何以覺熱何以覺冷用此水銀器置於水桶內數分工夫視水銀或降至某處則記之再取以置於他桶温水內視水銀或升至某處比前升若干此卽名爲寒暑表也如第

第二十五圖

二十五圖

第五十一　論寒暑表造法　欲造寒暑表令玻璃作製成極細空心管管端吹成一玻璃圓泡泡管內總有空氣必須在火燄內燒熱則泡內氣漲上升由管口上出及其未冷即以管口倒置於水銀盆內水銀因管泡中無空氣即上升以補足其處水銀至泡內將泡再置火燄中燒之不多時水銀沸而成汽泡管充滿水銀氣所有空氣盡行逐出亟將管口仍倒插水銀盆內候水銀上升滿管與泡及未冷時將管口置於火令玻璃燒化以封管口則寒暑表成矣候冷透置於碎冰內則水銀下降視其降至定處

於玻璃外劃一記認嗣後隨便置於冰雪內不能再降即於此劃處定為化冰度又置於沸滾水內則水銀上升視其升至定處於玻璃外劃一記認即於此處定為水沸度（汝等將來更可學得沸度不一定之理而茲編不及備載）然後自冰度至沸度勻分為一百步用白蠟封裹將針於各步處挑去白蠟成一百步劃痕用海特羅輕弗酸（業經加水沖淡者）即以管全浸於此酸內有白蠟處酸不得入所有一百步劃痕內之玻璃已為酸刻入成為玻璃劃痕取出刮去白蠟玻璃管顯然成一百度劃痕即於一百度分十度二十度三十度以至一百度可另用象牙版劃成之即成為百步寒暑表以分辨冷熱

度數此表用之極便吾於此編論及寒暑表即指此也（此舍爾西愛斯表也舍爾西愛斯表一百度即法輪海表二百十二度駱木表八十度製肥皂油燭書內有表可查）倘遇有物置表於其中試其熱有若干度即為若干度熱其於冰化度起處為圈再上一步為一度接續層級而上為二三四度以至百度夏天平常之熱為二十度人身血溫之度為三十五度（舍爾而愛斯表二十度即法輪海表六十八度舍而西愛斯表三十五度即法輪海表九十五度）此表即為量熱度之靈妙機器也

第五十二　論定質漲伸　照此試驗比第三十六試驗更靈業查明玻璃及各金類自冰化度至沸度漲伸之數計開

玻璃	條十萬寸長自冰度至水沸度漲伸八十五寸
紅銅	條十萬寸長自冰度至水沸度漲伸一百七十一寸
黃銅	條十萬寸長自冰度至水沸度漲伸一百八十八寸
熟鐵	條十萬寸長自冰度至水沸度漲伸一百二十寸
生鐵	條十萬寸長自冰度至水沸度漲伸一百九寸
鋼條	十萬寸長自冰度至水沸度漲伸一百四十寸
鉛條	十萬寸長自冰度至水沸度漲伸二百八十二寸
錫條	十萬寸長自冰度至水沸度漲伸一百九十六寸
銀條	十萬寸長自冰度至水沸度漲伸一百九十二寸
黃金	條十萬寸長自冰度至水沸度漲伸一百四十四寸
白金	條十萬寸長自冰度至水沸度漲伸八十七寸
鋅條	十萬寸長自冰度至水沸度漲伸二百九十八寸

第五十三　論流質漲伸　流質加熱比定質漲伸愈多惟不若金類可分條試驗試取一定數如一浰（啞脫）自冰化

度至水沸度視其漲伸若干即可以此推而計之假如水銀十萬湃(匹脫)加熱至沸度其漲伸流出有一千八百十五湃(匹脫)又水十萬湃(匹脫)加熱至沸度其漲伸流出有四千三百十五湃(匹脫)以此知流質之熱度與定質同而漲伸獨多且流質自沸度再加熱而其漲比先時更快速蓋熱度越高漲力越迅也

第五十四　論氣質漲伸　氣質有因熱而漲但弗忘氣質有因他故而漲不觀夫前用像皮球置抽氣瓶內如試驗二十五瓶氣一空毬氣漲伸者乎凡試氣質之因熱漲伸須知上下四旁有多少空氣壓力以牛尿脬或像皮毬

抽出氣略存少許然後加熱自冰化度起至水沸度氣漲若干倘冰化度時脬內氣有一千立方寸加熱至沸度即有一千三百六十七立方寸又冰冷度置水於器以一千立方寸水盛於脬內以之沈於水則水漲亦一千立方寸如以同量之器盛滿沸滾之水以此一千立方寸水脬沈於沸水內則脬內之水得熱而漲有一千三百六十七立方寸

第五十五　論熱漲之力　凡流質包在定質內得熱而漲其力極大如一鐵彈中空盛水用螺絲鑽塞其口置於火燒之則彈內之水得熱漲伸欲出不得出其漲力極大

鐵彈為之迸裂可見水力不讓分毫定質如鐵亦為漲裂粉碎飛散虛空也以是造屋造橋造汽車路鐵與鐵相接須留空缺以便夏熱時得有漲伸地步工作應勿忘物之漲縮順其漲縮力有無窮妙用即如造馬車輪廓其輪外所用鐵圈與輪一樣大小人力不能裝上須用火燒熱鐵圈漲大時套上輪廓即以冷水澆之則鐵圈得冷即縮箍匝緊切然後用釘釘之比之尋常箍輪加緊有數倍之妙也

第五十六　論物受熱度多寡　物之各加一度熱其所用熱度有多寡不同假如燒一磅水水得一度熱較他物

得一度熱而用熱度獨多以水一磅得一度熱之火力加之於鐵可得九磅鐵同得一度熱加之於鋅可得十一磅鋅同得一度熱加之於水銀與黃金可得三十磅黃金與三十磅水銀同得一度熱蓋同得一度熱同此火力熱度而金類比之水受熱獨多也今試之(試驗第三十九)用二磅水銀燒至一百熱度令沸傾於平常熱度之一磅水內而以表試之水僅增熱五度可知水之消受熱度獨多也

第五十七　論各質化變　汝等學得物質有三一定質一流質一氣質定質加熱化變為流質流質加熱化變為氣質有如冰加熱為水水加熱為汽而究其原質本無改

變也惟改變樣式而已他物亦然如金類之鋅燒熱化爲流質再加熱便成汽飛散卽鐵或鋼或銅燒之亦成流質再加熱亦成汽也熱度之最烈者莫如電氣若用電氣之熱恐萬物無一不可化爲汽以飛散也夫物之加熱化氣總不能加冷令還原質不僅還爲定質有所不能卽還爲流質亦有所不得卽如火酒醇雖至極冷未得有變定質之冷度空氣亦未得有變定質之冷度此非不可變也以冷度從未有加至能變之數耳夫所謂冷也者非他除熱卽爲冷冷物不過熱少耳再冷不過熱再少雖極冷之物猶有纖微之熱在內試以手摸物件手但覺冷未可便以爲冷今置二物於此寒暑表量其熱度相同而以手摸之或覺有異譬之以一手置冷水內復以一手置熱水內覺冷熱迥別旋以兩手同置溫水內則冷水內出來之手便覺溫水熱熱水內出來之手便覺溫水涼究不可以此便定爲冷熱界限總以寒暑表量定分度爲準大都萬物冷熱有法可以量測能去其熱均可結爲定質加其熱均可化爲流質氣質惟各物之或結或化各有冷熱分度之不同卽如冰一見熱卽化淨錫與淨鉛須加熱至二三百度纔化鐵則較難化白金則尤難化

計開化變熱度

物名	化度
冰	○起度卽化
燐	四十四度
司貝墨希的	四十九度
鉀	五十八度
鈉	九十七度
錫	二百三十五度
鉛	三百二十五度
銀	一千度
黃金	一千二百五十度
鐵	一千五百度

至於鉑（卽白金）則極難化變總未得有能化之熱度以彼熱度寒暑表所不能量也炭質亦是永遠定質雖燒極熱不能化變爲流質以是觀之各物各有化度各有凝結度究其實均如冰之定質加熱至能化之度皆可化爲流質再加熱亦皆可化爲汽若去其熱皆可凝爲流質再加冷至能結之度亦皆可結爲定質吾卽以易見之水以曉譬之

第五十八　論水之隱熱

以最冷之冰敲碎以寒暑表泡置其中表內水銀降自起度○以下負二十度然後以火溫暖之冰如他定質漸漸水銀升至起度而定倘其中尚有小塊冰未融雖加熱而表不升須冰化淨則表之水銀纔升其在起度不肯升者何以故蓋其初加熱度至冰化度冰未盡融雖加熱而火力仍不過作化冰工夫迨冰全融化則水成起度夫水成起度之界卽冰亦爲起度之界此界加熱卽爲隱熱是以寒暑表不顯其熱也（試驗第四十）此極容易試驗以冰敲碎置於馬口鐵盆內以火熱之卽化成水以寒暑表試之仍在起度與冰初結未化時同惟

有熱氣在水內故云隱熱

第五十九　論汽之隱熱　如上冰化爲水接續再加熱則水漸成汽寒暑表亦漸升高至一百度而又定再連續加熱水不過成汽多而寒暑表仍留住一百度熱屢加而表不升此即無異加熱於起度成冰起度成水之界蓋水須加多熱度然後成汽如此界即水成汽起度亦汽成水起度雖多加熱度不過令水變汽故熱度加而表不升此亦爲隱熱可試驗以表明之試驗第四十一用堅硬玻璃瓶置少許水燒之令沸以寒暑表試之得一百度熱再以此寒暑表置於熱汽內試之亦不過得一百度熱然則冰須受得多許隱熱然後成水水須受得多許隱熱然後成汽其消受隱熱之數亦可量測一磅冰用若干熱在起度化一磅水量得須七十九磅水加一度熱之熱度暗藏之熱數如此以故平常論水之隱熱即謂之七十九數由是量得水汽中之隱熱爲五百三十七數蓋一磅水得一百度熱變成汽接續加熱即如燒五百三十七磅水得一度熱之熱度是則冰之變爲水須消受多許熱並多許工夫造物配造得妙假使冰一見熱盡化爲水則彼有山巔皆冰者一到春融冰得熱全數融化爲水山下等處人物猝不及防盡爲所衝而無存矣又水成汽之度亦須消受多許熱然後沸滾成汽此亦配造得妙否則水一得熱全化爲汽將茶爐汽機鍋爐等亦猝不及防全行漲裂矣汝等業經明曉水煑成汽目所見者非眞氣也眞氣如空氣然目不能覩凡茶爐沸滾時壺嘴所出之氣目不見者即是眞氣迨眞氣離壺嘴稍遠得冷便凝爲細點之水如白雲然纔看得見此爲水汽非氣也

第六十　論水沸成汽水烘曬成汽　水沸後成汽固也然未沸之前不得謂無汽汝等應已明曉一盆水置在火上未沸之前已有汽出以溼衣近火烘之水亦成汽飛散凡不用滾沸而發汽者烘與曬也凡煑水之熱有兩用一爲令水得熱一爲烘乾一層水迨水熱至一百度熱度雖加水不加熱蓋火之熱氣全行作改變成汽工夫其成汽不獨水面沸滾即水之中邊無一處不沸滾以發汽也

第六十一　論水沸度在乎壓力　今有一事爲汝等曉之水之沸度非有一定地步全視空氣壓力以爲變遷如壓力薄少則雖熱在百度以內亦能沸滾汝抑曾記憶吾前論說高山頂上空氣壓力比之山下又薄又少瑞士國忙伯郎雪山一直上有三英里之高若在此山頂煑水熱不過八十五度即沸以之煑雞蛋雖沸滾多時而蛋仍不熟蛋清不結無他以山頂只八十五熱度水即沸此熱度

不足也倘在極深煤礦內煑水須熱度加至一百餘度然後得沸以此量得差一英里即差五度熱今試之試驗第四十二如第二十六圖觀此容易明曉沸度在空氣壓力內以顯氣在水面作用用一玻璃瓶盛水及半燒令沸至水成汽則水面空氣逐盡瓶內祇存水與汽即以

第二十六圖

木塞塞瓶口緊切即離火倒置於架孔內視瓶內水面皆汽汽有壓力將水壓住水不能沸用手巾蘸冷水淋之瓶內汽得冷即凝爲水便無壓力水復上沸今復有一事爲汝進明之當其化時有物漲大有物縮小試驗第四十三即如冰浮水面比水輕用火以融化之則所得水不及冰之多蓋水至冰度必上漲而始結故冰必離水略高及化爲水則縮如水之常度凡水結冰時漲力頗大水滿鐵甕塞緊其口至冰度冷而反漲鐵甕亦爲其漲裂水缸冷至三十九度水因冷反漲伸而結爲冰鋼與生鐵燒令化時亦收縮所化流質候冷復結定質復漲大是以鑄物之模子必照物式略小也又如燒成白色之鋼置於流質之鋼上必浮而不沈未化之鋼質鬆而大已化之鋼質緊而縮據云燒紅生鐵置於已化流質之鐵上亦浮而不沈若夫金銀與銅則反是金銀與銅燒令化爲流質則漲而多及冷結爲定質則縮而小所以金銀與銅不能在模內鑄物而金銀錢必須打成也凡物化變成汽無不漲大如水一立方寸沸變成汽即有一千七百立方寸大也

第六十二　論熱化　如上所試驗業已明曉物之得熱能漲並改變物體各有分度又見熱有大力能將極堅緊之鐵燒令軟且化爲流質再加熱亦變汽顧熱又有他力量使物自化合彼煤不冷不熱不與養氣合可以久存苟加以火熱則空氣中之養氣與煤化合成燒連生熱氣直至燒盡而後已又不觀夫化學內硫黃與銅化合先用火熱引之令至相合地步即去火硫與銅兩相化合自能生熱之妙乎

第六十三　論冷結　如前化學書第七節化合生熱凡物皆然然有時二物相併不生熱而生冷即如食鹽與雪或冰屑併合一處調化之其爲冷實甚究其相併生冷之理非生冷也相併合化即消受多許隱熱是以更冷今爲汝等指明之試驗第四十四冰或雪調食鹽於器中以寒暑表試之不多時表即降起度○以下有如是之冷其故何也冰雪與鹽本屬定質二爲併合調化之即變爲流質其化變時消受隱熱甚多如冰之化水則此鹽水流質已消受雪與鹽本來自有之熱是以覺更冷也凡定質化變爲流質

自較定質更冷，顧流質化變爲氣，若化變極速，亦發大冷，因其化變成氣之作用，亦須暗爲消受熱氣，是以流質在器，欲其成氣，便成多許冷也。試驗第四十五，將一小盆置少許水，又將一小盆置一滴硫强水，同置於鐘式瓶中，如十七圖，用抽氣箭抽出瓶中空氣，則小盆之水上無空氣壓力，便自化爲氣，極速，其化變氣時，卽消去水中熱氣，餘下之水，卽結成冰，其所以置硫强水於另盆者，因慮水化氣過多，瓶不能載，故用硫强水以吸受之也。

第六十四　論熱散　今與論熱氣欲散之理，凡熱不能久而自存，必分散於較冷之物上，以劑其平，但熱之分散有各異，試驗第四十六，以鐵箝置火中，火熱漸上，由彼一頭而熱至此一頭，此名引傳熱散法，試驗第四十七，用堅硬玻璃甑裝水三分之二，火煑令熱，甑內下一層水，漲而輕，浮沸至上面，讓浮面冷水沈下，其又下一層水，得熱又漲，浮至上，讓浮面涼水沈下，四圍涼水疊層轉下，中間熱水疊層滚上，此名凸出熱散法，夏熱空氣逐層浮泛凸起，望之如浪，亦然。惟太陽之熱，傳至地面，非有物引傳而下，亦非如甑水凸出散傳，地球距太陽有九十二兆英里有奇，百萬爲兆。太陽之光與熱，到地不過八分時候，其來甚速，且冬令空氣雖冷，而太陽之光熱，總是温煖，蓋太陽傳熱，爲圓暈四射之傳法，如置一火爐於冷屋內，其熱傳至各物，令匀，卽是圓暈四射熱散法也。

第六十五　論熱氣之引傳　如上鐵箝置於火，能引熱上來，若以玻璃條、瓷條，一頭置於火，則此一頭不覺其熱，蓋其熱不引傳也，羊毛、羽毛，尤不引散熱氣，天生此等物，所以爲衣被羣生之用，飛走之族，有此毛羽，雖在極冷處而生有氄毛，以保護其體熱，否則熱氣外散，以匀給他物，則熱竭矣，鍋爐欲熱不外散，亦作一套以包裹之，其不傳散熱氣，其妙用有二，一免熱氣外散，一免外熱傳裏，福蘭納爾絨製爲衣服，能不令熱外散，并可用以包冰，冰可不化，以外熱亦不透入也，其實福蘭納爾絨，不過爲熱不易傳之物耳。試驗第四十八，如第二十七圖，熱之引傳各物，各有引力之不同，圖內架上左爲鐵條，右爲銅條，中間接縫處用火燈燒熱之，將一粒燐置於銅條，卽燃燒，又一粒燐置於鐵條，則不燃，可見銅之傳熱較鐵更迅也，化學家以鐵之引熱緩，故代肥製有保險燈，煤礦用之，以免煤氣之燃。見化學第四十一節

第二十七圖

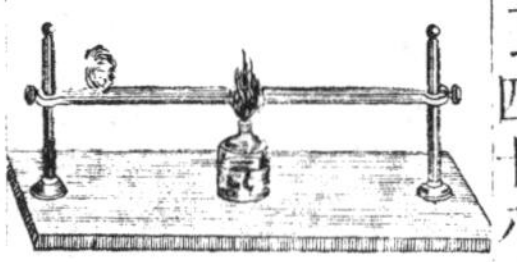

第六十六　論熱氣之凸傳　用一器滿盛水，而以火置於器上燒之，久而器面略覺有熱，而下一層仍不覺其熱，若以火置於器下，不多時，水卽沸，如第二十八圖，器底得

第二十八圖

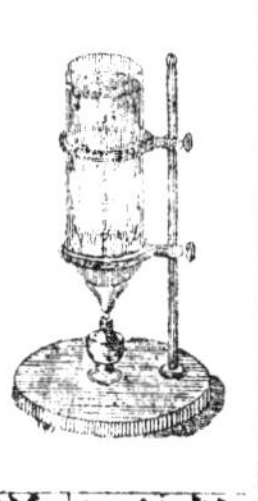

熱水即沸滾熱氣由中間凸出而四邊之水下轉此非凸傳之道乎更有天生之物可爲眼前試驗即如大河冬令嚴寒浮面之冷水下轉下面之溫水上浮迭相轉換迨至河水全冷在寒暑表冰結起度上之四度（法輪海表三十九度）恰値在此一度漲結成冰浮於水面倘使在起度上之四度冷水不漲而結冰冰必沈下又轉上一層水得冷結冰亦沈下屢結屢沈將全河盡成冰矣惟其因冷而漲冰在浮面如蓋則外有冷氣不能下入故冰下之水收縮如舊水必距冰寸許又天空內大風亦顯凸力

凡爐火煙通煙因熱而上升換冷氣進爐循環不已夫人而知之矣今有一種大試驗爲汝等指明之赤道熱帶大海洋面日之光熱極旺處空氣如煙通之煙直上凸出南北兩極冷風來補其空因之風分縱橫其縱者赤道之風自下而上分下兩極其橫者南北極之風相對而來循環旋轉永不改變故南北兩極風行之路各有一定人謂之通商貿易風

第六十七　論光與熱之暈射傳　前論第三爲熱之暈射即光亦與熱同太陽光到地亦爲暈射今試人立爐火旁面與眼均覺其熱茶壺有包裹者即有熱傳散面與眼

俱不覺因其不能發光又無爐火之大熱耳試以爛泥摶成一球置於火燒之熱度漸高亦發光惟其光未發明亮故視若無覩加熱則見其色紅再熱紅轉爲黃再加熱黃轉爲白又再加熱白色明亮暈射如太陽一般目接之覺熱且光能耀目吾更進言其光

第六十八　論光行之速　丹國天文館師名駱木查得光行極速並速率今爲指明之前論礮先發光後聞響聲是響聲不即到而光則一發即到然光果開礮時不差一秒否光與聲同行光不過比聲先到耳此惟實在試驗方知駱木有一試驗天空行星有名木星者有時行遠有時

行近木星外有亮月如地球之有月其亮月有時經過星面以大千里鏡窺之若星面有數黑點駱木觀星於木星極遠時亮月經過其面略慢不依照應過之時候以此推算方悟人在地遠望見亮月經過並非眞正亮月經過之候到得人目能見時與亮月過星面時已差有一二秒工夫然則光亦與聲同理惟光行較速查得光行一秒時有十八萬六千英里聲行一秒時只有一千一百尺光自太陽到地面有九十二兆英里有奇爲時不過八分工夫倘太陽忽焉飛去到人眼須八分工夫纔看見也學者勿妄謂太陽熱體內之微渺質點分射出來如礮發然光入人

目無異聲入人耳光之行與聲之行皆有淚暈射傳來也

第六十九　論回光　凡有光照鏡光必由鏡面回射以燈置鏡前鏡即有光回射於目與光自鏡中發出無異欲知其回射之理須試之（試驗第四十九）如第二十九圖盆置水銀

第二十九圖

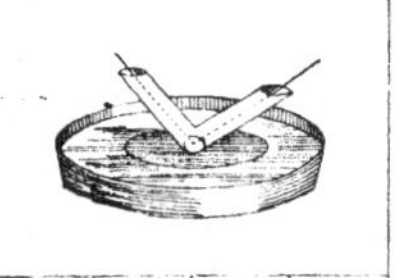

上擱一曲管管之曲處空通水銀曲管中間隔有木板右管口不見左管口於是左管口置一燈火其光即從左管到水銀光即由水銀回射至右管入於右管鏡之即見左管燈火但光行之路彼此均同分度不稍參差以象限儀測之左管口量至盆四十五度右管口量

至盆亦四十五度左右兩管放平同一緯線毫無彎斜光乃可通。不用弧三角法不能灼見回光之理今吾可借法而略論之如第三十圖甲字為光亮之物發光至寅字

第三十圖

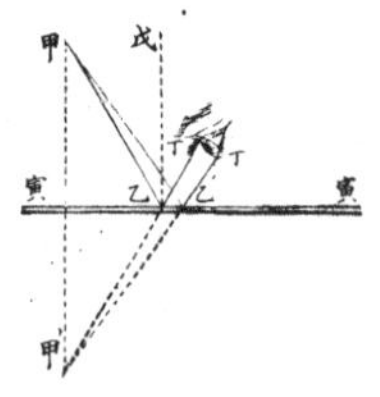

平面之鏡光分兩路射到鏡面即二乙字復從鏡面分兩路回射至目即二丁字甲字發光至鏡與鏡迴光至目度數相符又甲字距鏡斜有若干度正對鏡底戊字斜有若干度眼看光似從戊字正射而來其實光

從甲字曲射而來所以人每對鏡自照本身似在鏡後人身距鏡若干尺則影在鏡中亦距若干尺走近則影亦近走遠則影亦遠而其中猶有異處如人之左邊為鏡中人之右邊人之右邊為鏡中人之左邊此外均不差毫釐如

第三十一圖

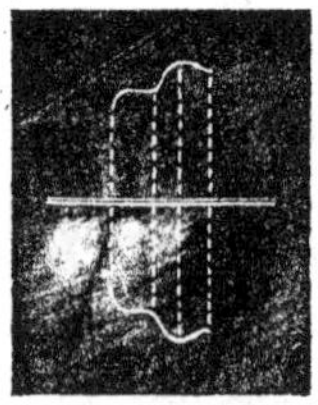

第三十一圖用鏡照物影俱反對即字亦似倒寫鏡不平則影亦不平人面可照作極扁極長以寒暑表泡引而自照則身面俱極細小即房宇窗櫺亦細小鏡如不平則影亦歪斜又用回光鏡如第二十二圖將燒

紅鐵球置於時辰表處復以手置於彼邊鏡之聚光處即覺手熱蓋聚光處即聚熱處如用大迴光鏡於原置時辰表處置火則彼邊鏡之聚光處可以炙肉此何以故火雖在右邊鏡中而火之影則在左邊鏡中光熱聚處火力即全聚於此也

第七十　論光入水出水之線路（試驗第五十）用一銀錢或銅錢置於瓷盃至眼望不見時令旁人將水傾滿瓷盃則錢形仍顯露是何以故光入水必斜折目為盃口所隔盃內水滿則光折而前即見錢矣譬桶底本深令裝滿水後視桶底轉淺即是此理竹插入水竹本直而入水即有曲形

太陽光在空氣內斜照之線路本直若光經過水則水內之光略直光出水仍斜出魚在水底人目視之以為魚在吾目光斜線之下而不知魚在吾目光至水而直線之下即如透明玻璃光從外面斜入光在玻璃內其形略直如

第三十二圖

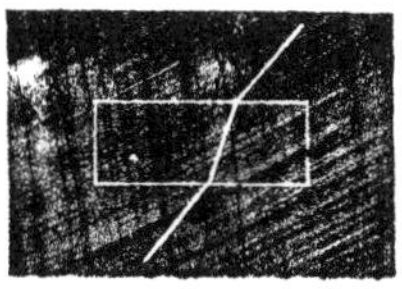

第三十三圖

第三十二圖光如斜照長方厚玻璃光在玻璃內略直光出玻璃仍如上面斜出但線路有參差耳又如三角玻璃如第三十三圖又立

第三十四圖

形三稜玻璃如第三十四圖此三稜璃璃即三角玻璃之側角形一條光自右斜上光在玻璃必折向最厚一處故光形平直光出玻璃仍從左斜下光未嘗一直行也

第七十一 論鏡透光 今更用他式玻璃試之即雙面凸鏡如第三十五圖玻璃圓鏡中厚邊薄此圖顯明雙面

第三十五圖

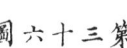

凸形故側畫也置暗室內有小洞放陽光入室透過凸鏡光之各線四處射入而總折向玻璃之厚處故光聚於鏡之中間如第三十六圖以

第三十六圖

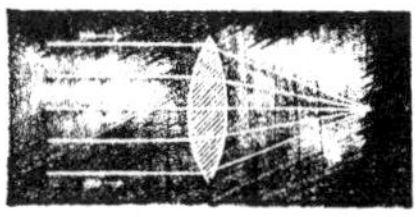

第三十七圖

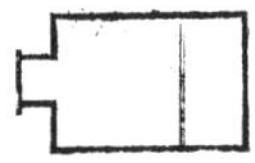

凸鏡引太陽光透聚中間隔鏡而紙可焚燒試驗第五十一此凸鏡不僅照取太陽之火即在他暗處照之亦得外形如繪如第三十七圖此為影相鏡箱口小腹大後遮黑布中間一線即透光玻璃如照山水花草可用紙光從箱口圓洞凸鏡照入光到凸鏡玻璃內必向最厚處折行故光入內即有交線上者轉在下下者轉在上箱腹中紙上或玻璃上即顯外面景狀倒影其照影相鏡箱有架箱口圓洞凸鏡正對外形人從箱腹後面視玻璃上影相對整仍將黑布遮箱腹後面取出透明白玻璃而裝有藥水之玻璃藥水玻璃遇白色則變黑遇黑色則變白此玻璃已有畫形再以玻璃畫倒照於藥水紙上則白處仍變為黑黑處仍變為白蓋白能透陽光故紙上之藥水變黑黑不透光故紙上之陽光不照處仍白色耳

第七十二 論透鏡 透鏡之式不一其有顯微放大者即名顯微鏡此鏡祇能照近物不能照遠景如星月之類如欲照行星亮月遠方之物更有遠鏡以數種玻璃雙面凸形為之令視力增大其套筒口用大玻璃所謂象鏡是

也照遠物全形聚光於內筒之凸鏡光作交線仍分射至目鏡遠物既引之使近微物並放之使大故照近用顯微鏡照遠則用平面內凸鏡照外物形狀光聚中間厚處卽作交線分射至第二層小鏡（此雙面凸鏡）光線交聚於此又分射至第三層玻璃引而近之其目鏡之筒可以伸縮以合觀者近視遠視之目象鏡外口又有短套筒如不欲四旁光雜卽拔出二寸許則單觀一星而旁光不雜焉

第七十三　論光色各行各路　前三十三圖三角玻璃光線經過均折向厚處平行今爲剖明各色光線折行之不同如第三十八圖光從小洞透過三稜玻璃其光線在

格致啟蒙二　三二

第三十八圖

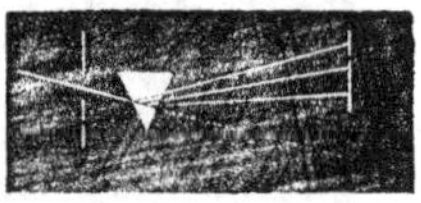

玻璃折向厚處條條斜上分有七色各行各路如光線紅色則折向之路如圖內平斜而上光線橘黃色則折向之路又上一層光線黃色則折向之路又上一層光線綠色則折向之路又上一層光線藍色則折向之路又上一層光線靛藍色則折向之路又上一層光線紫色則折向之路又上一層倘透過之光線七色齊全則分層折斜而上各不紊亂兜作環形是三稜玻璃能化光而顯其本色蓋太陽暈射之白光本是七色合成而三稜玻璃能分析之可謂奇矣汝等應常看見太陽照露水細霧水晶必發各色光線如虹彩燦然虹霓之色非同是理乎英國天文館紐五敦曾將白色化分爲七色又將七色合爲一仍成白色白光透過三稜玻璃能化七色如在暗室內窗啟小洞透放太陽光入室若無玻璃其光線白色直行到地若用三稜玻璃擱在小洞內則白光卽無直行到地之線而光分七色折向上斜行至壁散如摺扇形條分縷晰紅在下紫在上各層齊備不紊各有折行之路其紅色在最下層斜折不多至紫色在最上層斜折更甚此可謂爲太陽光分七色圖

格致啟蒙二　三三

第七十四　總前論　業將運熱運光覶縷備述汝等擴充學識何若如物之初燒發有暗光加熱則光能耀目又如光行水內與鏡內並水與玻璃作何斜折形其光線在三稜玻璃照出必向玻璃厚處折向斜行太陽光照雙面凸鏡光折聚中間厚處可以燒物又將凸鏡照星月遠物可得其形又各色光合爲一色則白透過三稜玻璃各分各色條條斜折以顯太陽白光之本色所見不既多矣乎今未離光熱題目之時可再講熱性與汝等聞之

第七十五　論力生熱熱生力　前經比較熱與聲見熱之有力今仍申論之音聲有二理一須講究擺搖動之物

爲何質一須講究擺搖擊空氣傳於耳而成聲至於熱即其微渺質點急迅震慄故擺搖之動耳得之而成聲震慄之動目遇之而成光夫物非自爲擺搖也必有重物擊之乃爲擺搖即如敲鐘有杵當杵將敲到鐘時空中杵行有力杵到鐘時力果何往蓋杵力到鐘鐘受其力而擺搖譬之鐵匠將軟鉛置鐵墩上而以鎚擊之軟鉛無他響聲鎚擊之力即變爲熱鉛之微渺質點震慄成熱倘屢擊之鉛亦能化試以銅鈕在木上磨之其磨擦之力即可成熱（試驗第五十二）用自來火煤之燐在石上敲之便熱而自燃以是知敲擊摩擦力能生熱即如黑夜中汽車飛行至停輪時有

火星爆出此明明顯出力之變熱而其中亦有分別當其行走時其力與物之微渺體質囫圇同向前行至忽然停止爲他物所阻其本身雖不動而其微渺質點自相震撼力急生熱熱甚生火顧熱仍可生力如汽機等器其力甚大非特有煤火之熱以成其推行旋轉之力乎機器全力均出於熱以是見行動之力急可變熱熱亦可變成行動之力也

電學

第七十六　論物之有通電有不通電　前二千年時祇明曉唵孛（黃色琥珀透明者是）一塊蘸水磨之可吸雞毛等輕物嗣

三百年前有博物師勾而孛（脫）將硫黃火漆玻璃摩擦之可以發電於是電氣之大關係即於此初啟橐鑰現在美國與歐洲諸國隔大西洋一萬餘海里置有電氣線不及一秒工夫可以傳遞信息（電氣一秒工夫行三十六萬英里若電自太陽行至地面不過四分十五秒工夫）是爲用電氣之始（試驗第五十三）以玻璃細梗豎插於重物上將玻璃烘燥絲緞亦烘燥兩相摩擦生電以紙近其摩擦處即吸上知玻璃有電亦可吸物倘用金類之黃銅二條緊切於玻璃輪轉玻璃輪以摩擦之即生電令銅皆滿通至中間之銅線頭見下四十二圖然玻璃惟摩擦處有電而銅條可遍身有電以是知金類之物能引電氣

偏滿而玻璃則不能是玻璃不傳電氣也究之熱氣與電氣玻璃皆不能引傳惟金類物皆能引傳又木炭與酸類物鹽類質（能化於水者）動物皆能通傳電氣惟不如金類之便速至於玻璃像皮絲緞乾燥之空氣蠟硫黃唵孛（舍來克）均是不通電氣之物凡試用電氣時得有電氣不令傳散上下四旁不可有引電之物所用電器必以玻璃作架亦須在乾燥空氣內爲之

第七十七　論電氣有二　學者須知電非獨而有耦可用器具以試之（試驗第五十四）如第三十九圖以細玻璃條插於銅座子上璃條上端繫一絲線垂一燈草小球將絲緞磨

擦玻璃令熱以璃條引燈草即相喻電氣走入燈草球內絲線不傳電氣又四圖空氣乾燥電不他傳此燈草球業已吸滿電氣再用磨熱玻璃條引之而燈草推拒不復相喻試以火漆一條用烘燥福蘭納爾絨摩擦生電即以此火漆引滿電之燈草球而燈草仍能相喻試反而爲之先用火漆摩出之電氣引燈草球令喻滿電氣再用火漆摩熱引之亦不復喻更以摩熱玻璃之電氣引之仍能再喻是則先吸玻璃電氣必繼吸火漆電氣或先吸火漆電氣繼吸玻璃電氣乃

第三十九圖

能不相驅而相引若然則玻璃摩擦之電氣與火漆摩擦之電氣顯然各異電氣引異不引同此學者不可不曉也

第七十八　論二種電氣　其未摩擦之前電非無存物本含有二種電氣混合未判摩擦者所以分析之也以福蘭納爾絨摩擦火漆以絲緞摩擦玻璃皆所以分出二種電氣顧無論以何物摩擦取電其電必分有二種從無有獨存一種電者凡摩擦生電豈電因摩擦而生乎實電因摩擦而分耳絲緞摩擦玻璃所得電氣其顯在玻璃者爲陽電其隱在絲緞者爲陰電福蘭納爾絨摩擦火漆所得電氣其顯在火漆者爲陰電其隱在福蘭納爾絨者爲陽

電一隱一顯互分陰陽其所謂陰陽者不過借此二字以作辨別非果以雌雄爲陰陽也

第七十九　論顯電引分隱電　其已摩擦而得者爲顯電其未摩擦而存者爲隱電前節指明電氣遇同者相驅不相喻遇不同者相喻不相驅如第四十圖甲字黃銅球接連銅管其立柱以玻璃爲之以免電氣走失圖之左邊乙丙銅管本兩截接連爲一中有合縫其下立柱亦以玻璃爲之

第四十圖

如天氣乾燥電不致有走失甲字銅管從電器上引得陽電氣如各十字乙丙兩截銅管本未嘗引有電氣即將乙丙兩銅管接連送至甲字銅管近處乙丙銅管雖未經引有電氣而自有電氣混合隱存迨甲字有陽電之銅管相近則乙丙銅管所有隱存之陰電氣如各一字均爲甲字管陽電所喻並將乙丙銅管所有隱存之陽電氣推拒至彼一頭如各十字由是以觀初不過取得甲字銅球之陽電竟能分得乙丙銅管隱存之電氣此即引分電氣法也

第八十　論電發火　今試易一術以試之將乙丙兩銅管輕輕向甲字銅管推之使近甲字銅管既與乙字銅管

相近中間只隔一層極薄空氣甲字銅管之陽電欲噏乙丙銅管之陰電卽跳發火星二跳之後甲字銅管陽電略少乙字銅管之陰電已被噏盡矣將乙字管取開丙字管一邊陽電尚不動而甲字銅管跳過之陽電已歸併丙字管一邊彼甲字管所噏得陰電已迺至甲字管之彼一頭鐵線入地矣

第八十一　論試電　以上所說引分電氣今作數法試驗以表明之學者勿忘取電機器欲暖熱乾燥以免走散爲要（試驗第五十五）如第四十一圖此璃瓶內裝有金箔電擺試於金箔電擺上端黃銅小球略略引取陽電（金箔無電則其擺兩片相

第四十一圖

合一得電氣兩片卽分張）噏取陽電不可過多多則金箔電擺必大張金箔易碎（見後試驗誡言）但令激動金箔電擺而已（試驗第五十六）電擺上小銅球業已噏有陽電將玻璃條摩擦令熱得有陽電置於瓶口小銅球相近處瓶內之電擺分外分張蓋璃條之陽電化噏銅球本有之陰電而陽電卽到瓶內金箔電擺上矣（試驗第五十七）將電擺上瓶口小銅球再引電器之陽電過來而以摩擦生熱之火漆置於瓶上小銅球近處則瓶內電擺兩片自合蓋因火漆陰電能引電擺陽電出來陽電爲火漆引去電擺

所存無多火漆陰電已到瓶內金箔電擺是以合攏（試驗第五十八）以空心黃銅球裝於玻璃座子移至電器銅管近處有火星跳出若以手摸銅球背面則跳火星較大此卽八十節所謂電發火是也電器陽電噏銅球陰電不多且座子以玻璃爲之不能通地中之電陽電驅不遠是以火星小以手摸銅球則地中陰電由人身通至銅球電來不竭電器之陽電因陰電多而驅出亦多二摸一跳火星亦遂大也

第八十二　論金類尖物有關引電　前五十八試驗手頻摸而電頻發火人身亦覺有跳動此跳發之火星電氣

與天空中雷電之電無異惟天空電多故跳發火星能引長耳（電走人身骨節如屢跳發則身體不快）凡電擊人身天空電氣入地與電器發電走人身入地其理一也（試驗第五十九）銅球裝一金類尖物如筆尖然移近電器發電處電氣隨到隨散不復大聚火星卽不顯矣以是知高樓峻宇大煙通上豎有鐵條上尖甚銳如五十九試驗電遇金類尖物不及聚蓄卽隨入地而散也美國格致師富蘭格林查試電器所發之電與天空中雷電同惟所跳發之火星有大小長短之別耳

第八十三　論發電聚電機器　學者從此可曉電器用法電器有二物一爲摩擦發電之物二爲聚蓄電氣之物

其器大小各式不同如第四十二圖此器最為合用以厚

第四十二圖

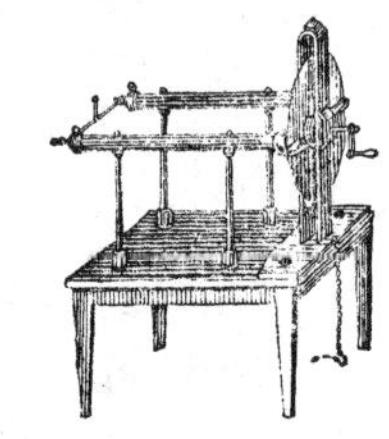

玻璃片製作圓輪形上下有皮墊夾緊皮墊西名而勒孛內裝馬毛外用軟金類即鋅白鉛一分又淨錫一分水銀二分鎔化調勻如粉塗抹於皮墊玻璃圓輪在皮墊夾縫中旋轉摩擦皮墊中斷有鐵線練住鐵線垂至地下以通行陰電由是玻璃圓輪旋轉摩擦生熱玻璃生陽電皮墊生陰電陰電由鐵練入地陽電由玻璃外束銅帶通至銅管銅管有兩條下托以玻璃柱不令走散電氣俾玻璃所發之陽電盡萃於銅管銅管中間有金類尖物嚮電玻璃旋轉多次陽電聚蓄既多試驗第六十人以手指近之則有火星跳出因陽電與指上陰電相嚮陽電跳由指及身入地人身之陰電亦被電器陽電嚮過由鐵練轉入地也

第八十四　論蓄電瓶　今試以手指近電器器上必有火星迸出而指微微覺有觸痛試驗第六十一如第四十三圖將大玻璃瓶內外均貼以錫箔或金箔至瓶頸為止瓶口有木塞插以銅針針頂有小銅球針下繫有銅練垂至瓶底瓶之玻璃內外皆有錫箔電不能透過玻璃即將銅針頭移

第四十三圖

近電器引傳陽電至瓶內錫箔蓄之初引有火星迸發引至半晌無火星知瓶內電氣已滿陰陽二電自為化分陰電留瓶外錫箔所有瓶外陽電退由人身入地如是瓶內錫箔淨是陽電瓶外錫箔淨是陰電中有玻璃間隔二電不得相擊稍停片晌再引陽電入瓶瓶內陽電既添瓶外陰電亦能自添瓶外陽電走愈遠陰電來愈多由是二電蓄聚漸多欲令其相擊須通其電路用一放電銅箝箝後有二玻璃柄兩手持之如第四十四圖箝頭一近瓶口銅針頭一近瓶外錫箔即有火星跳出有聲有光既跳之後瓶內外陰陽二電俱走盡矣倘不用銅箝人以一手指瓶口銅針以一手指瓶外錫箔陰陽二電跳由人身轉入地亦然

第四十四圖

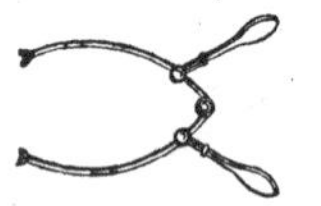

第八十五　論電力　今觀電氣大有力量陰陽二電之路一通即跳發火星計其明亮火光一閃之速率即一秒工夫分作二萬四千分內之一分工夫其迅無比即成有多許熱氣夫熱氣即力也蓄一瓶電氣於此其電發有力能變化而顯其熱與光又電為有力之物須用力乃能發電旋轉摩擦覺頗不輕鬆以有電力相滯也惟一摩擦即

生電不摩擦卽不生電以摩擦之力得電氣之力電力何在卽變爲熱與光是也

第八十六　論電氣流通　學者業於八十二節見有尖物指電電卽流通今易一法以試之覺電力逾大其法係意大利人咈爾太所創設如第四十五圖玻璃大盃三箇

第四十五圖

每盃內兩邊分置一銅一鋅以此盃銅繫銅絲通彼盃之鋅銅連鋅鋅連銅均隔盃相連第三盃銅所繫長銅絲交接第一盃鋅所繫之長銅絲用淡硫强水傾滿璃盃盃外兩條長銅

絲接連卽電路已通銅發陽電而鋅發陰電彼此流通譬之從圖右銅上發電由長銅絲行至圖左之鋅由硫强水通同盃內之銅由銅絲通至隔盃之鋅仍由硫强水走至同盃之銅由銅絲通至第三盃之鋅仍由硫强水通至銅復由盃外長銅絲繞行如是川流不息循環相轉矣

第八十七　論葛羅咈電池　以上所論發電之法爲意大利咈爾太創立者嗣是以後電學日闢法較密焉咈爾太法令電氣流通初行電力尚大行之屢而電力漸少後人新得一法令電力常大久行不變新法不一惟葛羅咈法爲最便（見後四十八圖）其法用大玻璃直口缾缾內又置無釉

稀鬆瓷泥小直口缾（此瓷泥體質稀鬆能透水氣）大直口缾盛淡硫强水置水銀包裹之白鉛小直口缾盛濃硝强水置極薄之白金片（卽鉑今有用炭代者）如下四十八圖左第一缾內白金片繫連鉑絲通連第二缾之白鉛第二缾內白金片繫連鉑絲通連第三缾之白鉛第三缾內白金片繫連極長之鉑絲與左邊第一缾之長鉑絲接連通缾內白鉛白金發陽電鋅發陰電由是電路循環相通白鉛在硫强水內化生輕氣並不發泡沫而上輕氣卽透過稀鬆瓷泥缾入硝强水略化得硝强水之養氣變水則淡養五（卽濃硝强水）變爲淡養視硝强水浮面有橘黃氣上升便是此卽輕氣不喻住白金

片之明證前因咈爾太用銅片輕氣化爲浮沫喻住銅片漸滿硫强水不得入是以電力漸少今用白金片正所以免輕氣浮沫裹住是以電常有力此四十八圖僅繪三箇電池若大副多至數十或百餘亦可電池鉑絲流通電氣與前四十五圖說相同惟電路之銅絲換用鉑絲耳

第八十八　論電氣流通形性　今用小試法爲吾徒解之（試驗第六十二）葛羅咈電池左右兩條長鉑絲中間交接處另用極細鉑絲（卽極細白金絲）兩頭接連之電氣流通中間極細鉑絲得大熱變紅色（試驗第六十三）將葛羅咈電池裝配合式用玻璃漏巵巵底有木塞盛滿水有兩條白金絲分左右兩邊

以接電池之鉑絲卮上口插兩箇玻璃試驗管有架裝之

第四十六圖

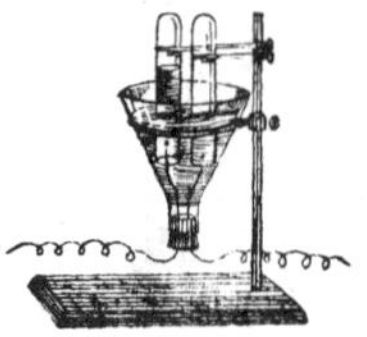

第四十七圖

如第四十六圖兩條白金絲從木塞入卮通至兩試驗管中電路一通水卽化氣顧電氣不獨化水爲氣卽他流質亦能化氣並能化他質合成之流質爲本質之氣（試驗第六十四）將銅絲以線纏裹然後盤繞於馬蹄鐵上如第四十七圖其銅絲兩頭分垂左右接連陰陽兩電之白金絲馬蹄鐵卽驗滿電氣能吸他鐵塊有重墜亦不落若將白金絲拆開則電路不通鐵無吸力所吸之鐵卽落（試驗第六十五）用一條鋼針爲馬蹄鐵電氣驗住取下後鋼針驗有電氣永不走散卽以絲線繫此鋼針懸空能自指南北行海所用之指南針卽此驗有電氣之鋼針爲之也（試驗第六十六）電氣鋼針正指南北如以行電白金絲離針寸許電氣經過則鋼針自轉向電作十字形若將

第四十八圖

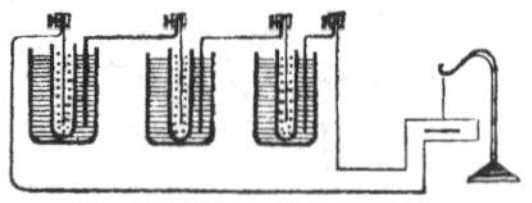

電路拆斷電不經過而針仍回向南北（試驗第六十七）又有一法更可顯明指南鋼針之引電將電池置於他處用線裹銅絲爲陰陽電線二條以指南鋼針懸於架如第四十八圖將兩條電線接連作方曲尺式電氣發到則鋼針在中間跳動不一向電線頻拆頻接電氣忽斷忽續故鋼針隨電氣經過而頻跳動也

第八十九　論電線報　上節言鋼針隨電跳動不一向如將電線拆斷則鋼針卽回指南北然則鋼針驗有電氣有吸力惟置於電線近處電線有電經過雖電池隔遠百千里而電旣經過則鋼針必動向電線由是遂悟電線可以報信之大關鍵照上四十七圖六十四試驗有電氣經過則盤線驗有電氣之熱鐵卽能相吸（試驗第六十六六十七）有電之鋼針遇之亦俯仰移動蓋針尾爲電驗上針頭卽俯針頭下有紙條隨輪紬出電氣一驗針頭一俯紙上卽一點電氣連長針頭俯而起略緩紙上卽成一畫由是二十六字母以點畫搭配記號（如愛字一畫皮字一點一畫西字一畫一點之例）雖隔千萬里此間捺電機令電氣斷續彼間輪展紙條卽成點畫又針遇電氣經過則必跳移相向因以字母配搭如時辰表面視針之移指字母以報信今地球面傳報電信均用此二法如倫敦至美國隔萬里重洋彼此傳信數秒工夫卽

知此編不及詳述其法也

第九十　總論　學者業已明曉電氣流通一能令白金絲變紅色以顯熱二能化水及他流質爲氣三能令熟鐵爲吸鐵惟電過則吸電不過則不吸其吸力不能久存四能令鋼針永有吸力以之傳報遠信應電而發瞬息即通第此書不詳電法茲將全編大意綜言之學者明曉各物動法如物之眞動物之擺搖動物之得熱而動物之得電而動其動有力可變爲聲爲熱而其力總未失去化學之法祇能改變各原質樣式而不能滅之使無而茲格物講究動法亦祇改變樣式也

格物須知

一英磅即七千格零（格零即英釐）　自高處墜石其初一秒工夫落有十六尺　鋼爲極堅金類惟黃金可敲令化大每一立方寸黃金敲作五十尺長四十尺闊（即六百寸長四百八十寸闊）　金剛鑽石最堅能劃斷至堅之物　每一立方寸水有二百五十二格零　每四立方寸水約有一千格零　每百立方寸空氣秤有三十一格零　每百立方寸炭氣秤有四十七格零　每百立方寸輕氣祇秤得二格零　空氣壓力可壓水銀至三十寸高壓水至三十餘尺高　聲音由空氣傳一秒工夫行一千一百尺　琴絃一秒工夫震慄五十次則音低而麤一秒工夫震慄一萬次則音高而細　化一磅冰之熱氣須得有七十九磅水加一度熱之熱度　一磅沸水燒成氣須得有五百三十七磅水加一度熱之熱度　光由空氣飛行速率每一秒工夫行十九萬英里　蓄電瓶跳發電光速率只一秒工夫分作二萬四千分內之一分工夫其迅速無有比者

試驗誡言

凡試驗於各學徒未齊集之前先將器具裝配取攜便捷不致臨時生澀呆衍試驗畢後各物件收拾仍歸原處勿任躪蹋　吸氣筩內邊須抹猪油令滑鐘式瓶口沿須抹猪油即瓶盌口沿或有細沙灰等亦須揩令潔淨裝蓋緊密不使漏氣　第二十八試驗盛炭氣法將炭氣管深入匣內傾出炭氣漸滿漸上　第二十九試驗裝輕氣法匣須擱在輕氣瓶口之上　第四十五試驗機器須預備在風涼處數小時然後取用　用燐須格外小心須藏水中即在水內切成小塊臨用由水內取出擱上鬆紙令乾　水銀處有灰塵不亮用厚紙作一兜兜底用細針鑽一細孔令水銀淋瀝而下便可潔淨又勿雜於他金類其包裹電池之白鉛須另儲一瓶慮水銀雜有鉛屑即不能作他用也　摩電器之玻璃圓輪先須近火烘之烘時輪轉令

熱均勻不可逼近火燄恐易裂也架上托銅管之玻璃柱與蓄電瓶及試電他器均須烘熱乾燥　欲引電氣於金箔電擺先將蓄電瓶上之小銅球移至電器架之銅管略引得電氣然後轉引傳於電擺但電氣不可多引恐金箔因擺過張而裂碎也　葛羅哪電池白鉛須用水銀包裹周遍（見化學）白鉛與白金相連之處須揩令光潔不令生鏽庶電可通大玻璃直口瓶內之淡硫強水每一分硫強水須用八分水以沖淡之用畢將硫強水內之小瓷泥瓶浸於水以滌之鋅片白金片亦揩乾收藏　第六十六試驗陰陽二條電線相連之處最好用水銀盃令兩條電線頭

同浸入水銀內不必結連而電自能在水銀內流通如欲斷其電路即將一頭線挑起則電自斷將線放入水銀內電氣仍連蓋取其便捷也

格物緣起第一

一問能指明物有異樣　二問能指一物而變有異樣

動靜第二

一問何者謂之動其動物為何質當繼觀其動之所向與動之速率　二問二小時一刻人行八英里與一小時人行四英里何者為速　三問二小時半行有十英里每一小時有若干速率　四問砲彈擊遠五秒半彈行六千六百尺每秒速率若干

力第三

一問何者為力能作一有力形狀凡物靜而令其動物動而令其靜以表明其力之所在　二問能指明何者為阻擋行動之力

自然之大力有三

地心吸力第四

一問物有觔兩其觔兩出於何由　二問人所立之地球萬一中心挖空後其觔兩輕重與錫孰若　三問錫在手置於天空無地球處其輕重何似

結力第五

一問地心吸力與萬物之結力有何分別

愛力第六

一問物之愛力每與他物不相似者合化為異樣之物能指明否

各力之用第七

一問地心等無吸力則若何萬物無結力則若何萬物無愛力則又若何

重心第八

一問凡物皆有重心否　二問凡物任其自動其重心何

在。三問如何設法得其重心所在。四問物非平面懸
掛能照前法得其重心否。

權衡第九

一問能畫一天平圖。二問天平重心何以不在正中針
對處而在兩垂。三問天平偏重何以令其平衡。

物之三質第十

一問三質能指其名否。二問何者為結力少結力多。
三問如何表明水銀有結力。四問如何表明水有結力。

何者為定質第十一

何者為流質第十二

何者為氣質第十三

定質性情第十四

一問能將定質體積大小勉強令其改變否。二問能指
明鐵條欲令改變原樣有幾法。

定質彎墜第十五

一問能指明木條墜以重物其彎若干果合重物分兩否。
四問木條用十磅重物墜之木條彎有十一分寸之一
分如重物有二十八磅其彎曲應有若干。五問木條側
置較平置彎曲若何。六問有重物經過木板板必下彎
過後或平復或不平復其關係安在。

料力第十六

一問造橋造屋造機器等件有緊要關係兩項能指明否。
如何可多得料力之用。

摩擦黏力第十七

一問能指明何者為摩擦黏力。凡捻物或行車等不致剽
滑而有難以見力之處。二問如無摩擦黏力則何以行
走。

流質性情第十八

一問流質難改形狀否。二問流質體質大小能改變與
否。

流質傳顯壓力第十九

一問如何試驗表明流質壓力之傳。二問如何試驗表
明流質受壓力能顯傳於上下四旁。三問何人查考得
流質有此傳力。四問能指明流質壓力視活塞之底方
寸大小以計算其傳力。五問活塞二方寸顯壓力十磅
重如活塞有三方寸顯壓力若干。

壓水櫃第二十

一問能將壓水櫃畫圖指明作何試驗。二問壓水櫃大
活塞比小活塞大八十倍其小活塞上加十五磅重物壓
力大活塞應推上若干。三問大活塞向上行較之小活

塞壓下其速力相同否

流質總歸平面第二十一

一問能指明重心在流質面垂線何以必直緣由

水平第二十二

一問能畫圖指明水平測所以顯明地平

深水壓力第二十三

一問能表明深水壓力深有若干壓力有若干二問在淡水深十尺有六磅壓力如水深二十五尺則壓力應有若干重三問壓力與河面大小有無關係四問置有木塞之瓶在深水內其壓力何似

流質浮力第二十四

一問能試驗以表明水之浮力二問能試驗以表明物在水內似失其分兩而其實並未有失三問能試驗以表明物沈於水秤之其所失分兩即合於水讓該物體積之水分兩

浮水之理第二十五

一問鐵之沈水緣由二問木之浮水緣由三問如何在水得不沈不浮

於水較重較輕第二十六

一問較重於水較輕於水作何解二問眞金一塊在空氣內秤之有五十七格零如沈於水秤之只有五十四格零眞金較重於水有若干三問應如何得與水比較之法何時何人得此試驗法四問金在空氣內秤七十六格零沈在水內秤只有七十格零果全是眞金否（眞金十九磅在水內秤應少一磅重照一與十九之比應少四格零今失六格零重知其中有三分之一非眞金也）五問一石塊在空氣內秤有二百格零試置在水內秤之只有一百五十格零假令有石塊在空氣內秤有五百六十格零試置於水內秤之應有若干重

他流質浮力第二十七

一問何者流質爲浮力多二問能指明何流質可以浮

鐵三問人浮氽於水鹹水與淡水有異與否四問能指何地水人能浮而不沈

細孔喻水第二十八

一問能指明如何能引水高過水之平面二問能表明水之喻於物而上行三問能指明水銀所喜者亦能如水之喻上否

氣質性情第二十九三十

一問氣質與流質有何分別二問空氣係地球吸進抑係地球推出三問有氣較空氣重能試驗否四問有氣較空氣輕能試驗否五問空氣壓於地面與海水壓

於海底同一形性否。六問紙在桌何以不壓住能試驗以明之否。七問空氣有浮力作何試驗。

空氣壓力風雨表第三十一三十二

一問空氣壓力表能講明之否。二問此壓力表係何人創造。三問水銀在壓力表玻璃管內於平度升降能分別陰晴何似。四問壓力表在山巓水銀高低相差幾何。五問壓力表水銀於平度分晴分雨作何形狀。

抽氣筩第三十三

一問何謂活塞何謂筩何謂舌門。二問能繪抽氣筩圖指明用法。三問鐘式瓶內有九十立方寸空氣筩內有十立方寸空氣初試一抽應抽出若干空氣。

抽水筩第三十四三十五

一問風雨表倘用水以代水銀玻璃管欲加長否。二問風雨表果用水以代水銀玻璃管加長若干。三問能畫平常抽水筩指明作何用法。四問抽水筩自水面至第一層塞門多三十尺水不能上能指其理否。五問抽水筩在高山上用將何如。六問活塞須加水於上是何緣由。七問能將虹吸繪一圖幷指明用法。

物動之力第三十六三十七

一問物之力是實質是虛氣。二問物之力充滿其形性若何。三問如何能顯其眞力量。四問其力量作何量法。五問以何者爲量功數之定則。六問照以上量法如起五磅半重物有十尺半高應作爲若干功。七問礮彈二百磅開向天空中上八百五十尺高而回量其力有若干。量有十七萬尺力卽起十七萬磅一尺高之力。

物動所成之功數第三十八

一問石重一磅擲向天空中常例初脫手一秒工夫有三十二尺高而升僅十六尺高應有若干功。二問石有四磅重擲向天空中常例初脫手一秒工夫有三十尺高而升僅四尺高應有若干功。三問石有三磅重擲向天空

中其速力加倍一秒工夫有六十四尺高而升至若干尺應作若干功。四問礮彈初出礮一秒工夫有一千尺遠能鑽過六塊硬木板假令照此礮彈開放得加倍速力一秒工夫行二千尺應鑽過木板若干塊。

物力靜存第三十九

一問獅虎睡息不動不顯有力其果無力否。二問能指兩處擲石彼處石力較此處石力見少係何緣由。三問水因陂障而沖射其力若何。四問風車轉磨所得何力。五問能明用水力比之風力其爲益何似。

擺搖之動第四十

一問能指明有物擺搖作聲而物並不移換地步　二問此不移換地步之動名何　三問物之擺搖動抑擊動空氣否　四問擊動空氣傳於耳名何

響聲與音韻第四十一

一問能指明擊動空氣一擊之聲謂何　二問能指明數擊蟲連之聲謂何　三問一擊之聲名為響聲否　四問數擊蟲連之聲是音樂否　五問低而麤之音與高而細之音其擊係何分別　六問能表明聲音有力與否

空氣傳聲與動法第四十三四十四

一問能表明聲音之傳缺不得空氣　二問放礮擊動空

氣其聲果由礮直送至耳否　三問否則礮聲何以至耳能試驗以表明否

聲音速力第四十五

一問礮聲不能一開即聞必隔數秒工夫否　二問能明聲傳一秒工夫有若干尺　三問聲音由水傳若干速　四問聲音由木傳若干速　五問有人見礮發火光與煙隔五秒半始聞聲計距礮若干里

聲之回應第四十六

一問能指明聲音回應之理　二問能試驗以表明聲之回應如光熱有聚處　三問能指倫敦大教堂內有回應聲處

某聲有若干擺搖第四十七

一問指明用何物能顯明某聲一秒工夫有幾許震慄擺搖

熱之本性第四十八

一問物熱比物冷分有輕重分兩否　二問物熱比較在冷時有力否　三問熱之動何以目不能見　四問擺搖之聲有二項何者須講求　五問有熱之擺搖亦有二項須講求否

物之熱漲第四十九

一問能試驗以表明金類係得熱漲伸　二問用玻璃管下有璃泡裝滿水而燒熱之其形何似　三問用牛尿脬內有三分之二空氣置近火烘之其漲何似

寒暑表並造法第五十五十一

一問水銀寒暑表大略形性　二問表裝水銀法並表管上封口法　三問百步寒暑表定分度法　四問何以名百步表　五問血温若干度

定質流質氣質第五十二五十三五十四五十五

一問玻璃與軟鉛漲伸孰多　二問白金或白鉛漲伸孰多　三問能將寒暑表表明流質比定質漲伸孰多　四

問流質熱而與未十分熱漲伸孰速。五問氣質比流質漲伸孰多。六問氣質因熱而漲抑或因他緣由而漲否。七問牛尿脬空氣未滿在冰化度有一千立方寸大置於沸水中漲有若干大。八問能試驗流質漲有大力以表明之。九問有物作馬車輪圜熱漲冷縮之用能指明否。

物受熱多寡第五十六

一問物之較熱能指明其名否。二問物有受熱度最多而僅加一度熱者爲何物。三問物有受熱度最少而卽加一度熱者爲何物。四問能試驗何物得一度熱而受

熱獨多何物得一度熱而受熱較少。

熱度化變各質第五十七

一問物燒熱其初變再變以變至於流質氣質能指明否。二問鐵燒至熱色白仍爲定質與鐵燒成爲流質其熱度孰多。三問一鐵燒化爲流質一鐵燒成爲氣質其熱度孰多。四問能指明有何流質從未見有結冰。五問能指明有何氣質從未見變流質。六問以手指摸物之冷熱堪以作據否。七問有最難融化者爲何物。八問百步寒暑表冰化在若干度水沸屬若干度。

水與汽之暗熱第五十八五十九

一問能試驗水之隱熱何解。二問冰化度冷一磅冰置於百度熱一磅水內其度在五十度以上抑在五十度以下。三問能試驗汽之隱熱緣由。四問起度一磅冷水置於百度熱一磅水內其度在五十度以上抑在五十度以下。五問水之隱熱謂爲七十九何解。六問汽之隱熱謂爲五百三十七何解。七問水若消受隱熱少則作何形狀。八問汽若消受隱熱少則作何形狀。九問能作試驗水之真熱氣目得見否。

水沸成汽與水烘曬成汽第六十

一問水沸成汽與烘曬成汽作何分別。

水沸度在壓力第六十一

一問何者關涉沸度高低。二問在山巔煮水較在山下煮水其沸度高低何解。三問深煤礦中煮水沸度高低緣由。四問能試驗沸水上如無壓力何如。五問冰化流質是漲是縮能試驗否。六問何物漲縮與冰相反。七問流質化爲氣質是縮是漲。八問一立方寸沸水如盡化爲汽有若干立方寸。

熱化第六十二

一問能指明加熱以助物之化合。二問平常化合之際能生熱否。

冷結第六十三

一問能指明某二物併合而冷度愈降 二問流質化氣迅速則覺更冷謂何 三能試驗水成汽而自能冰結

熱散第六十四

一問熱氣常欲化散否 二問有幾端化散法 三問能指熱散有三法名何

熱氣引傳並凸傳第六十五六十六

一問鐵條銅條較之玻璃條熱能引傳否 二問羊毛羽毛能引散熱氣否 三問此毛羽等物如何不引熱外散 四問又如何不引熱內傳 五問能試驗銅較鐵傳熱更速 六問熱之引傳與凸傳有何分別 七問能繪圖表明養水令沸必中凸而邊卸 八問能表明大河寒凍有凸熱泛上以緩其凍 九問空氣亦有熱凸之道 十問貿易風何似

熱光有暈射傳第六十七

一問太陽之熱如何傳至地面 二問壺有沸水四邊有熱暈傳否 三問物已燒熱復屢加熱度其發爲暈射之熱光何似

光行之速第六十八

一問何人始明光行之速 二問何以能查出光行之速 三問光行速率幾何 四問太陽忽沒隔幾分工夫人始得知 五問太陽光本非如礮彈馳擊而來其來法若何

回光第六十九

一問能試驗以表明回光 二問能指明回光有一定之理 三問寫數字於紙返照於鏡其形何似 四問將回光凹鏡二面指明一面發火一面聚熱

入水出水之光線第七十

一問能試驗以表明光線曲行 二問光線未入厚玻璃之前何似在玻璃內光線何似出玻璃之光線又何似 三問光線未入三稜玻璃前何似既入三稜玻璃中何似出三稜玻璃之光線又何似

透光鏡第七十一

一問能繪一透光鏡在桌形式 二問能繪一透光鏡側立形 三問能指明透光鏡有與三稜玻璃同一光行之路 四問能繪一透光鏡聚光點之圖 五問鏡何以能取火 六問照影相用透光鏡聚光點法

透鏡第七十二

一問能表明用獨一透鏡能放大形相 二問物在遠方用一透鏡照之能顯大否 三問照見遠方之物用何鏡

光色各行各路第七十三

一問各光全入三稜玻璃其斜出玻璃光線各色併作一路行否。二問不併一路行則各光線果何似。三問白光係何等色併合而成。四問能繪三稜玻璃光行之路五問誰查得白光爲七色合成。六問何以名太陽光分七色圖能試驗以指明否。

力生熱熱生力第七十五

一問用重鎚敲軟鉛其力何往。二問銅鈕在木上摩擦其力何往。三問能試驗以表明摩擦之力能生熱。四問汽車黑夜飛行忽撞軌輪而停其迸發火星何解。五問熱變爲力是指何物。

物有通電有不通電第七十六

一問初識發電之物是何。二問勾而孛脫續又得發電之物否。三問能試驗電氣不散傳玻璃。四問能試驗金類物引傳電氣。五問玻璃謂爲何類物金類物謂爲何類物。六問能傳電一類物與不能傳電一類物可一一指明否。

電有二種第七十七七十八

一問能試驗電有二否。二問同一電氣而分有二樣形性。三問指明用何試驗可分陰陽二電。四問用一玻璃管以絲緞摩擦此二物所生電同否。五問用一火漆與福蘭納爾絨摩擦此二物所生電同否。

顯電引分隱電第七十九

一問能指明試驗引分電氣何似。

電發火第八十

一問能指明電有火星迸發。

試電第八十一

一問能繪金箔電攞以指明之。二問電攞業有陽電又將玻璃條摩擦令熱引之何似。三問摩熱火漆引之則又何如。四問銅球裝於玻璃柄移向電器則發火星小以手指摸銅球則發火星大何解。

金類尖物有關引電第八十二

一問銅球裝一尖條電卽不聚何解。二問富蘭格林所查出者爲何似。

電機電瓶第八十三八十四

一問能繪一發電機器之圖指明用法。二問能繪一蓄電瓶之圖以指明用法。三問能繪一放電箝之圖以指明用法。

電力第八十五

一問能表明電氣有力。二問電光一閃其迅無比能成熱氣否。三問電器玻璃圜輪旋轉摩擦覺不輕鬆何解法。

電氣流通第八十六八十七

一問能繪一咈爾太所創電池之圖並指明電氣流通法。二問電池外兩條長銅絲能分指其名否。三問電氣如何流行法。四問能繪一葛羅咈電池之圖並指明用法。

電氣流通形性第八十八八十九

一問白金絲得電氣流通發爲大熱作何狀。二問電氣何以化水爲氣。三問水化之後養氣歸於何處輕氣歸於何處。四問無吸力之熟鐵何以成爲吸鐵。五問電氣過後熟鐵尚有吸力否。六問何以謂之指南針。七問有電鋼針遇電線電氣經過則作何向。八問此種電器何以成爲電報能曉其用否。

江南製造局科技譯著集成

物理學卷

第壹分冊

物理學

《物理學》提要

《物理學》三編，日本飯盛挺造編纂，日本丹波敬三、柴田承桂校補，日本藤田豐八譯，長洲王季烈重編。日文底本分別爲：明治三十一年（1898年）八月出版之《物理學》（上編）第十六版，明治三十二年（1899年）五月出版之《物理學》（中編）第十五版，明治三十二年（1899年）十二月出版之《物理學》（下編）第十四版，丸善書店、南江堂、小谷卯三郎出版。中譯本上、中編光緒二十六年（1900年）刊行，上海曹永清繪圖，吴縣王季點校字，下編光緒二十九年（1903年）刊行，上海曹永清繪圖，上海范熙庸校字。

此書是第一種直接以『物理學』命名的中文物理學教科書，在近代物理學的本土化進程中產生了很大的影響。較之前的物理學類書籍，此書所介紹的物理學知識更系統，更豐富，且結構合理、邏輯嚴謹、標注規範、圖文并茂、內容生動，集系統性、科學性、通俗性、實用性於一體，熔中西學於一爐，是一部非常優秀的教科書。此書內共有五百餘條物理學術語標注了英文原文，其中一百二十六條沿用至今，在中國物理學術語的演變及審定過程中產生了重要影響。

此書內容如下：

上編

上編目錄

上編卷一　總論

第一章　物理學之根本研究法致用及區分

第二章　物體通有性

第三章　運動物質及力之通論

中編

中編目錄

光緒庚子秋
製造局鋟板

物理學上篇

物理學上編目錄

卷一 總論

物理學上編卷一　總論

日本飯盛挺造編纂　日本藤田豐八譯

日本丹波敬三 柴田承桂 校補　長洲王季烈重編

第一章　物理學之根本研究法致用及區分

第一節　萬彙學之命義及其區分

一萬彙及物質　羅列於兩大之間感觸於五官之際凡玆全境名曰萬彙 Nature.其各自爲一者名曰萬彙物體 Natural bodies. 凡物體者卽已被充塞之空處而充塞於空處者名曰物質 Matuer (Substance.) 卽實質

二萬彙學　用知識以表明萬彙使之條理秩序此等之

學稱曰萬彙學 Natural science.其知識所表明卽萬彙物體之性質及變化與此二者之定律及根原也萬彙物體之性質及變化名曰現象 Phenomena.　現象之原由名曰力 Forces.

例之沈入水中之物體其重必減無所繫持之物體直墜於下是乃物體之變化俱一現象也沈入水中之物體其所減之重常與其所擠開之水重二者相均下墜無阻之物體其最初之一秒時必行五邁當是其現象之定律也沈物體於流質中流質加物體以壓力又地球對各物體有吸力知此之義則是發明以上諸現象之原由也

三萬彙學之區分　萬彙學分之爲二大科一萬彙理學 Natural science. 一萬彙史學卽博物學 Natural history.萬彙理學者就萬彙物理之性質及變化一概而通論之萬彙史學者就萬彙物體之性質及變化分別而記述之

四萬彙理學之區分　萬彙理學更分之爲二科一物理學 Physics. 一化學 Chemistry.物理學者專究物體外部之變化卽形體變化化學者覈明物體內部之變化卽實質變化故又稱形體變化爲物理學之現象 Physical

changes. 稱實質變化爲化學之現象 Chemical changes.

形體變化及實質變化之區別　凡萬彙物體所生之變化非爲形體變化則必爲實質變化形體變化者其物體所成新質（謂變化之後所成之質）不變異但變其形性（謂形色大小位置及部分之聯接）而已實質變化者則其物體所成新質已變異於前也

形體變化卽物理學現象之例

一硫黃之鎔化及化氣　將硫黃加熱則由定質而變流質再變爲氣質但此際其實質毫不變異蓋流質及氣質之硫黃與定質之硫黃其實質均相同也

二鐵及雪之鎔化水之沸氣
三汽之凝水及水之結冰
四鉛自既鎔之後而凝結
五加熱而物體漲大

實質變化卽化學現象之例

一鐵之鏽蝕　此變化因空氣中之養氣及水與鐵化合而成鏽其鏽花中除鐵而外尙含他質

二硫黃燐鎂之燃燒（卽與養氣之化合）

三發酵（卽糖分爲醇及炭養二）

四成醋（卽醇之化爲醋酸）

物理學　上編一

如上所記則萬彙學之分科可由左表而記之

- 萬彙學
  - 萬彙理學
    - 物理學
    - 化學
    - 生理學
  - 博物學
    - 動物學
    - 植物學
    - 鑛物學

第二節　物理學研究法

一研究物理學現象之次序　凡研究物體之形體變化卽物理學之現象當分次序爲三級第一體察其現象第二尋檢其定律第三發明其原由

二體察　凡研究物理學之根本由於五官之感覺（卽謂經驗）是卽就萬物之現象精深諦視卽所謂體察 Obseruation 以得之者也現象有二一不由人爲而天然生者一由人爲而使之生者皆可就而體察之也因欲研究而使物現某象名曰試驗 Experiment. 試驗者恰似詰問萬物使之解釋或答辯也施試驗則必需各種器具體察亦然此類之器具稱曰物理學器具 Physical instruments or apparatus.

例之雷雨時所生電光是天然之現象發電機所生火

物理學　上編一

光是人爲之現象又如虹霓雖屬天然者然由三稜玻璃亦可使生同式之色也設物理學器具者一在令物體之現象易於發露一在助五官之感覺擴充其功能如顯微鏡遠鏡分光鏡等是也

三萬彙定律　所謂萬彙定律 Natural law. 者蓋統多數或一切之物體所必有之現象而以簡該之辭表明之者是也推之就某一現象表明其所發見之現象與相關之事均可謂之萬彙定律卽算學中之公式是也

例之沈於流質中之物體所減之重與其所擠開之流質之重相等光線由回光之平面回射其回射之角度

與原行之角度相等皆萬彙之定律也

四原由　凡現象及其定律之原由 Causes. 不外於力而指定某現象之原由卽可稱爲某現象之證明也此原由不能直感覺於五官只能推測定之而已其推測定之者名曰臆想 Hypothesis. 有此臆想而凡所關之一切現象可以簡易之說明之卽世所未知之新現象亦可由此而知故雖屬臆想卽以爲眞確而信用之亦無不可若後來所遇之新現象有與此臆想相矛盾者則舊之臆想自不得不廢棄也

例之光流出之說與震動之說又熱爲實質之說與爲

動作之說皆必有一廢棄者也

第三節　物理學之功用

居今日工商極盛之世界而猶細論物理學爲人生所必需殆屬贅言矣右顧汽機鐵道左盼電信電燈誰不知物理學之實益誠浩乎其無涯也人若知萬彙之體究萬物之力以造其精深之域則所以供實用者當益臻美備人人之幸福因而大增學術之尊榮因而大顯豈不快哉物理學者不但有實際上之功效已也卽以學業論是亦極要之學何則物理學與萬彙學中之各分科相關頗密故欲研究其餘各科必先以此爲根本萬不可闕也不獨此

也物理學爲萬彙學各科中最全備一科能使人智慮日增以熟習隅反之術又凡萬物之原由與功用欲解悟其間相關之法必以物理學爲其津筏且體察萬彙以直入其眞源能破除先入爲主之陋習凡茲之類由研究物理學而偶得之利益實非淺鮮況究萬彙之力明其功用尤獲本分之浩大利益者乎

第四節　物理學之區分

近時物理學包括一切物理學現象卽物體之形狀變化此現象或由全體之運動而成或由質點之運動而成是故物理學者分爲二大科一物體運動之學卽重學一質點運動之學

而物體運動學更分三派一定質重學一流質重學一氣質重學別於篇首載先導之說三章以通論物體之性質及力至質點運動學亦別爲六科如左

浪動通論 General laws of undulatory motion.

聲學 Acoustics.

光學 Optics.

熱學 Heat.

磁氣學 Magnetism.

電學 Electricity.

論空氣中之各種現象者曰氣候學 Meteorology

茲於本書撮其大意附之篇末焉

第二章 物體通有性

第一節 定義及通覽

欲講物理之學究萬彙之現象則不能須臾而離物體蓋現象之所由來即力而力不倚於物體則不能徵其所在也是故物理學之開端必先考定物體之本性考定之門徑在研究其通有性何謂通有性物體雖千態萬狀而必有一決不能闕者乃萬物公有之性質如所謂體積性障阻性等者乃屬於通有性無論何物何時無不有之也通有性之著明者曰體積性曰障阻性曰恒性曰不滅性曰

分性曰隙積性曰變積性無體積性障阻性則物體亦不能成形故二者名曰必需之通有性餘者非物體必需之而後成故名曰不必需之通有性

第二節 體積性

各物體有佔據空處之性是名曰體積性 Extention. 其所占據空處之大小名曰物體之體積由其境界之如何而物體之形狀始定

尺度 萬彙定律必由物之測算始可確定故物理學以尺度 Measure. 爲最要尺度各國不一而通用於世且學術中用之最稱便益者莫如法國所剏所謂邁當 Meter. 者爲其單位凡尺度之單位以永遠不攺變者爲最良邁當者將地球子午線之經過法都者分爲四千萬分其一分即一邁當也又加以希臘之數字曰迭客 Deka. 十之義 曰黑達 Hekaton. 百之義 曰啟羅 Kilio. 千之義 以爲其倍數即迭客邁當（即十倍邁當）黑達邁當（即百倍邁當）啟羅邁當（即千倍邁當）又加以羅馬之數字曰得夕 Decem. 十之義 曰生的 Centum. 百之義 曰密里 Mille. 千之義 以爲其分數即得夕邁當（即邁當十分之一）生的邁當（即邁當百分之一）密里邁當（即邁當千分之一）今依中國營造尺八寸等英尺即夫脫之十寸推得邁當尺度較營造尺度如左

表

邁當尺度				中國營造尺
啟羅邁當	Kilometer (Km)	略書啟邁	邁度千倍	三一四九尺·六八〇〇
黑達邁當	Hectometer (Hm)	略書黑邁	邁度百倍	三一四·九六八〇
迭客邁當	Dekameter (Dm)	略書迭邁	邁度十倍	三一·四九六〇
邁當	Meter (m)	略書邁	單位即邁當	三·一四九六
得夕邁當	Decimeter (dm)	略書得邁	邁當十分一	〇·三一五〇
生的邁當	Centimeter (cm)	略書生邁	邁當百分一	〇·〇三一五
密里邁當	Millimeter (mm)	略書密邁	邁當千分一	〇·〇〇三

第一圖之全形爲一得夕邁當十分之爲生的邁當更

十分之一劃為細畫是即密里邁當也凡物體細小之處其長僅如一密里邁當者用此器亦可測之然如為密

第一圖

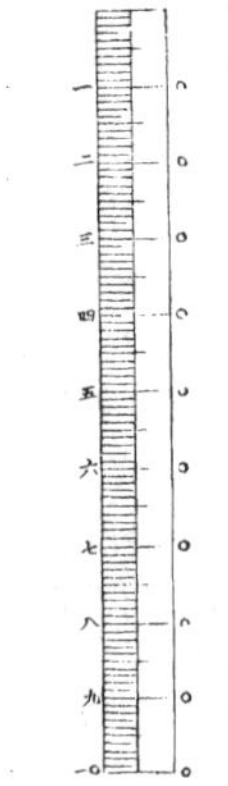

里邁當十分之一即不能確定其差故特用一度器其名曰物逆 Vernier. 此器乃千五百五十年諾尼武斯 Nunez. 與千六百三十一年物逆 Vernier. 之所發明

物逆 此度器乃於常用之邁當尺度之傍有更短更小之尺度與之並行且能使之進退而其短尺上之某分之長與邁當尺上之某分減十分之一之長等或與

邁當尺上某分加十分之一之長等前者名曰前進物逆其長尺之一分與短尺之一分其差為$\frac{某}{某}-\frac{某-一}{某}=\frac{一}{某}$後者名曰後進物逆其長短兩尺中所有一分之差亦為$\frac{某+一}{某}-\frac{某}{某}=\frac{一}{某}$

第二圖

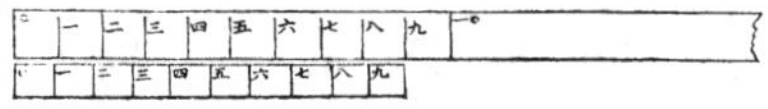

造前進物逆之法取長九密里邁當之短尺精密分為十分則其各分之長為〇·九密里邁當而長尺之一分為一密里邁當因之兩尺每一分之差乃〇·一密里邁當

一密邁丅〇·九密邁＝〇·一密邁

也故如兩者之零度齊於一線觀第二圖則於一之位生〇·一密里邁當之差於二之位生〇·二密里邁當之差逐次每一位增〇·一密里邁當之差終至十位當與長尺之九位相齊於一直線上又於他位使兩者相齊於一線上則其逐位生〇·一密里邁當之差與在零度者同自不待言也

第三圖

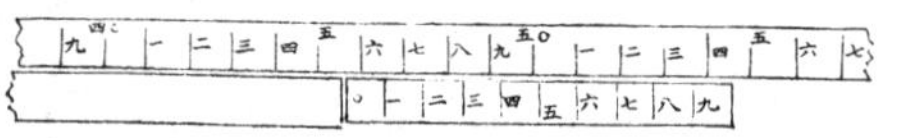

第四圖

今欲測定某物之長如第三圖為四生的邁當五密理邁當又密里邁當之分數此分數即可用物逆而測定之宜將其短尺之零位接於物體之端而求其兩尺相齊之度此圖相齊之度在短尺之六故短尺之五後於長尺〇·一密里邁當其四後於長尺〇·二密里邁當如此逐位後〇·一密里邁當則至零位其後於長尺乃〇·六密里邁

當然則其所求得之分數乃〇·六密里邁當也由是觀之則將十九密里邁當二十九密里邁當三十九密里邁當之長而二十分之三十分之四十分之又將九十九密里邁當之長而一百分之則雖極微之差自能測定但如此微細之差爲眼所不能視宜以單式顯微鏡（詳中編光學）認之

如後進物逆（觀第四圖）測物體之長徑欲知其細微之差則如尋常用尺度之法以之相切於物體使長尺之起點齊於物體之一端更移動其短尺之零位置於他端適盡之處於是視其尺如物體長爲七·六生的邁當有奇即七十六密里邁當與尚餘些微之長也試觀此短尺度綫與長尺度綫之同一直線者在長尺之七十一密里邁當與短尺之五線相齊則短尺四綫之位較一密里邁當加長十分之一三綫之位加長十分之二二綫之位加長十分之三一綫之位加長十分之四至零點之位則較一密里邁當加長十分之五（即半密邁）故知此物之全長乃七十六·五密里邁當也又由此法而物逆之度將一百零一密里邁當之長百分分之則足知百分密里邁當之一之差與上法同

司非羅邁當　用物逆而猶不能計算其大小如細小球體之徑極薄板片之厚極細金類絲之粗皆是也如此之類欲精測之宜用司非羅邁當（一名測球儀又名球尺 Spherometer.）此器如第五圖所示由一極細極准之螺旋（詳後螺旋條）而成旋於一雌螺旋之中有鋼鐵所製之三小足置於極光之水平面玻璃板上其豎立之螺旋即中垂線者緊附於金類製之圓板板之周圍大抵分劃爲百度別有金類小柱一根上劃度數與此圓板相切而直立此柱所劃之度其長短與螺距之長短相等（詳螺旋條）如其一度爲一密里邁當則每將螺旋旋轉一周或上或下均爲一密里邁當若祇旋其周之百分之一則或上或下均爲密里邁當百分之一而皆視圓板之度數知其旋轉之度數也今欲以此器測物體之厚則先使螺旋之下端抵玻璃板與三足之下端齊以同在水平面上爲度乃止而不旋先記取其直立金類柱及圓板周圍之度數後再將螺旋旋上乃將該物置於玻璃板之上螺旋之下更旋下螺旋使其下端與物體相觸復視兩處度數與前所記取者比較所得之差是即物體之厚假令其差爲一周又十五度即知其物體之厚爲一·一五密里邁當也

第五圖

面積體積之單位　凡物之面積以一邁當平方爲單位其體積以一邁當立方爲單位

里數　此書所常用之里數之重要者列舉於左以與邁當比較

地理法一里	七四二〇·〇〇〇	
海里一里	一八五五·〇〇〇	即地理法一里四分之一
中國一里	五七一·五〇一	依一里爲營造尺一百八十丈所推得之數
日本一里	三九二七·二七三	
德國一里	七五〇〇·〇〇〇	
英國一里	一六〇八·〇〇〇	

備考　西歷一千七百九十九年法與歐羅巴諸國會議以地周四千萬分之一爲本位製邁當尺距今已百年然其後測子午綫更精知截當時之測算加長三千四百邁當故此邁當尺度似亦難爲萬世不變之模範但法國政府以白金造邁當尺（白金即鉑因其爲最難變化之金也）深秘藏之以垂後世故不問測量地周之精粗即永以邁當爲尺度之原位亦可永無差忒也

第三節　障阻性

今有一物體之實質既佔據一定之空處則他物不能攙入之即二物不能同時而並容於一處也此性名曰障阻性一曰礙性 Impenetrability. 是故甲物既經佔據之所而乙物欲來據之則不得不於其位置先逐去甲物此性可由吾人五官之能而得其確證焉

物有障阻性之例　就定流氣三質以證其各有障阻性如左

一置一書於桌上則止於其處而不沒入桌中若物體無障阻性奚能如此又如於此書所佔之空處欲同時再置一書則非除去前書亦決不能是亦因有障阻性也

二茲有平板二塊互相緊切設其中置一彈丸則二板即不能相切也若除去彈丸而於二板之間置一小砂粒雖不至如彈丸之明顯然其使二板不能緊切則一由是推之凡二物間有一物隔之其物雖爲微塵較砂粒小至數千分不但目所不能見即顯微鏡之力亦不能視及者然如此之物其能妨礙兩物之緊切亦自明也

三有盛水器一如玻璃盃等試取彈丸投之水必溢出是因水與彈丸不能同時並容於一處故擠除其水也

第六圖

第七圖

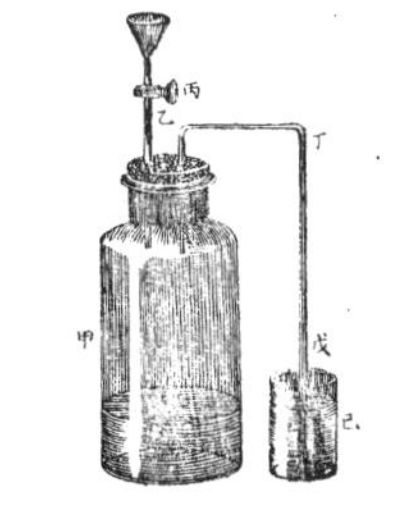

四以玻璃盂盛水浮小木片一上樹小臘燭點以火取玻璃鐘覆其上推之送往水底而其火不滅因鐘中之空氣抵住其水使水不能入鐘內耳是氣質如空氣而亦有障阻性之徵見第六圖也

五今又有一例確證空氣之有障阻性如第七圖甲為玻璃瓶瓶口防空氣漏出緊塞以軟木此塞穿有二孔其一孔插入玻璃管乙管為漏斗狀上口放大漏斗之下設活塞丙以便水入瓶內可以隨時啟閉其他一孔插一曲管丁戊今置水於乙管之漏斗開丙活塞則水流入瓶內自不待言然塞戊管之外端則水不能流下是因空氣不得出路而佔據瓶內空處故水不得同時擠入此一徵也更除戊管下端之塞開其口則氣與水互易水即流下瓶內茲欲更為確證以驗空氣自戊管行出宜令戊管口沒入盛水盂中已是時被漏斗中水逐出之空氣必為氣泡而在已盂中沸沸發聲浮於水面是水與氣不能同時而並容一處之理愈明晰也

外觀似與障阻性相反者之例　萬物無不具有障阻性然就外而觀亦有與此通理似相反者今舉一二例以明其不然也

一以釘鑿入木中而木之體積不見其大是與障阻性之定律似實相反雖然是因木質疎鬆釘尖擠開之而木質壓縮於釘之兩側釘乃擠入其間所生之空隙耳非釘尖與木同時並容一處也

二以疎鬆之物體如未施釉之陶器及海綿等灑之以水立見消滅似已侵入其體中矣雖然是惟逐去其空隙中之空氣而嵌入其空處耳亦非與障阻性相反也

三茲有一器滿盛以水已至涓滴不能再加試以食鹽砂糖等徐徐投之入水亦毫不溢出是非糖鹽入於水之實質所佔處乃於入水之質點間也由此推之雖有無數疑團自易解悟矣

實用　因物有障阻性而得眞實之利用其最著者乃泅氣鐘即潛水器蓋由第六圖所示之理而得之也詳氣質重學條

第四節　恒性

萬物無原由則不能自變化或欲使已靜之體動或欲使已動之體靜苟非有特遇之原由即所謂力者則必不能生無力以抗止之或運動之則當為永遠靜止之狀或動而不已且不但於動靜如斯也速率之增減及方向之變

化亦然其他物之定質變爲流質流質變爲氣質苟無可以生此變化之原由則當永保其舊如此無原由不自變化之性名曰恆性一曰習慣性 Inertia.

論運動體之事實　平日目擊運動之體粗忽視之似物體皆自動而遷於靜其實不然今精細研究之皆因吾人之體察不足耳凡運動體必需能勝其障礙至不能勝則其運動即止今示數例如左

一今桌上有書以手推之則纔移其位置而物即靜止又以蒸汽力或人力使運轉某機器之飛輪 Fly-wheel. 非再加以力則暫時之後輪即停止是亦有原由使輪

及書靜止也其原由爲何即飛輪與軸之間及桌面與書之面所生之摩阻力是也

二以石投於水平綫之方向則當漸成曲線卒至墜地似亦與恆性相反雖然特因地球之吸力及空氣之抵阻力妨其前進耳其爲摩阻力抵阻力吸力等所障礙如是是以地球上運動之體非加以不絕之動力則其運動不能永久設如太陽統屬之諸星因無障礙物可以妨止其運動者故即能恆久而運動不停也

三急馳之人力車馬車汽車或船舶欲令其猝然停止而不易若猝停之則乘其上者必向舟車所進之方遽行顛仆是亦由有恆動之性所致也蓋舟車並人體之下部雖已停止然其上部尚以從前之速率欲向前進故也人若疾走之時而忽欲中停則亦不能亦同一理也

四在急駛之船中向上拋球復能落於手中是因球與船有不變之速率故上昇下降之間猶以此不變之速率爲前進之勢也又演馬劇者在急馳之馬背向上躍馬雖以不變之速率前進而人能再乘馬背亦同一理也

五汽車汽船前進不已之時其運轉之機關雖已止然尚有續進之勢亦同一理也

六今有一有柄之器如庖刀小刀等或其柄將脫欲嵌固之則握其柄以其前端向堅硬之物體連擊並非直擊其刃而漸漸得以嵌固亦即因有恆性故也蓋此際柄雖受動而爲堅硬物體所支不能前進而柄與刃之間所有空隙刃猶有向此進行之勢至於達其極點自然嵌固也

論靜止體之事實　凡靜止之物體必逢可以動之之原由始變其狀是可由吾人經驗而得之示數例如左

一立於靜止之車上或船上猝然舟車開行則乘之者

第八圖

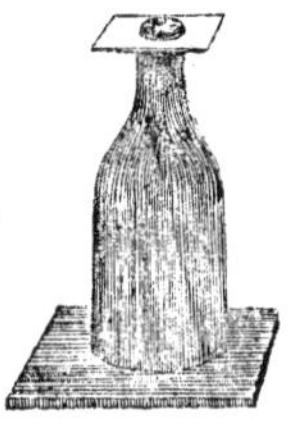

第九圖

如對舟車前進之方向而立將似有仰仆之狀蓋因其下體有與舟車相等之速率俱欲前進而其上體因有恆性故欲仍留於舊處也

二桌有一紙上置一錢急抽其紙則錢仍留於原所唯離紙而在桌上與前異耳是亦因恆性而使之然也若徐徐抽紙則錢亦隨之似亦與恆性相反其實不然蓋前者因其動甚急力未及傳於錢故也今欲更顯明之如第八圖取玻璃瓶置厚紙一頁於瓶口其上載錢猝然以指平抽去其紙則紙忽離瓶口而錢墜瓶內是因其錢有恆性欲留於舊處但無托持之體故墜瓶內也或以厚紙置於左手之食指上亦可驗也

第十圖

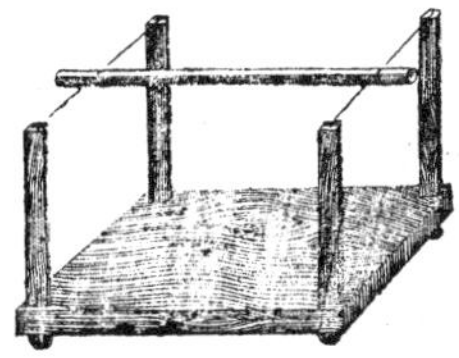

三如第九圖取二玻璃盞並列俱滿盛以水其兩盞上架小木桿如食箸等別以一桿猝然於桿之中間擊之則木桿雖折而盞依然水亦一滴不溢是亦恆性使然其運動之力不待自箸傳及盞而箸已折斷也

四如第十圖取髮二根其兩端均緊繫於木柱髮上架一玻璃管如前法猝然從中間擊之則玻璃雖碎裂而髮仍不損壞

五取彈丸以擲玻璃窗玻璃自必破碎然裝之鎗中擊之則惟於玻璃上穿一孔適合於彈丸之大小而他處毫不破碎是亦恆性使然也何則前者以運動遲緩其力自受擊處之質點傳於玻璃之全面故全碎後者以運動急速其力不及傳開故僅穿一孔也

六盛水於血或鉢倉猝拖之則水必當散出

第十一圖

七如第十一圖取金類球甲其重約二十五格以一粗細適勝其重之絲繫球而懸之更以同一粗細之絲繫橫木於下徐徐引其橫木則球上之絲必斷若猝然引之則只球下之絲斷耳亦與前理同也

八取罌粟幹猝然一擊則罌粟球當躍開

備考　恆性之法係一千六百三十八年名儒加里列

倭 Galilei 所發明爲物理學最要之義前所記述特舉淺易之例未備也後章論運動體別舉其重要之例宜參看

第五節　不滅性

物體爲火所燒燼或爲水所消化外觀似乎消滅然此因吾人之知覺不及耳物體固僅變其形性而依然存者也此性名曰不滅性 Indestructibility 今日宇宙中所有物質之總數較混沌時曾無纖微之增減自今以往亦當永依此理而不能有增有減可知也

凡物質具有不滅性是說也若不由化學試驗以得確證則其疑團往往不能冰解故今試取某物質就其物理學及化學現象舉數確例以見性質雖變如烏有而其本質決不消滅足證各物均具此性也

一盛水於器置之空氣中經數日而其量徐減終至一滴不遺似水已消滅矣其實不然其故因水得熱遂散而變氣上浮於空氣中耳河海池沼之涸竭濕衣之乾燥無不因此變爲氣質之水若逢寒冷之空氣則再凝縮變爲流質而成雨如寒氣加劇則再結爲定質而成雪如降於地上則更爲川河之源蒸水之法（詳熱學）其現象亦與之同特有天然與人爲之別耳今試秤蒸水者

所凝得之水之數必與蒸甑內沸去之水之數相等彼浮於空氣中之水其沸散及冷凝若能秤其全數亦必猶蒸水之不減其數也

二盛水於一器投入食鹽若干而攪之須臾其鹽似全歸烏有然是惟消化於水非真消滅也若併水及器豫知其重爲幾許投鹽後更秤之其所增之重恰等於食鹽之重是即鹽未消滅之徵也若更煎熬其鹽水則可再得定質之鹽益足爲確證

三燃燒柴薪則漸失其形質終至剩少許之灰其餘大半已變氣質目不能見如炭養水汽等是亦決非消滅也欲觀其確證可用第十二圖之器甲玻璃圓筒之下口嵌以木製圓板板有許多小孔上豎蠟燭其上口則以軟木塞之而穿一孔插入乙曲管之一端此管之他端更鑲入稍大U字形之丙管U形丙管中滿盛以鈉養等能吸收炭養水氣之物先將丙管併鈉養豫知其重次乃秤燭之重點火後插入甲筒中須臾滅燭而秤之必減重若干其減重即所已燃去之重也今再取丙管秤之則當增重若

第十二圖

干、反多過燭所減之重、是無他、燃燭之際、其中炭質與
空氣中養氣化合而成炭養、其輕與養化合則成水、當
其通過丙管、爲鈉養所吸收、故其所增之重、即與炭輕
二質結合之養氣之重也、各物雖燼、而本質毫不消滅、
觀此自能明晰矣、
四取秤定若干之硫强水、(假如其重爲九兩八錢)中投以鋅六兩
五錢又四分錢之一、而注以秤定之水若干、(假如其重爲三十兩)
則忽生輕氣發泡沫、其卒也、器內之鋅似全消滅、然取
而秤之、僅減二錢之重耳、若果鋅盡失、則何以不減六
兩五錢又四分錢之一也、蓋因化學分合之功、鋅代其
淡硫强水中所含之輕氣、而生鋅硫養四、故鋅之重毫不
減少、只減其輕氣之重耳、而輕氣亦非全歸消滅、只逃
入空氣中耳、故若不放之空氣中、而以聚氣器收集之、
則秤其重與前毫不差、是亦物質不滅之一證也、

第六節　分性

凡物體者、施以破碎鎔化沸散等法、無不漸次分剖、以至
於細小、此性名曰分性、Divisibility. 夫物之分剖、而
漸爲細小、似無底止、不但人之五官不能知其所終極、即
極等精巧之顯微鏡、亦必不能確視之、然由化學各現象
以爲推考、乃知凡分剖物質時、終能達於不可再分之極

點、(其最小分即原質及各質點、後章物質條下詳說之、)
今舉數例、以示分剖似無底止之狀、
一用火藥力以轟裂山巖、就中巨石、仍以鎚擊碎之、爲
大小無數之塊、更取其小者、入乳鉢搗之、又研爲細粉、
至飄颺於空氣中、即所謂塵埃、是其分剖之微渺可想
見也、
二盛於一器之水、分剖之、各爲一滴、以毛筆拖其各滴、
爲濶大之平面、則當化散而爲極小之點、
三盛水於一器、取食鹽少許化於其中、則鹽之一微粒
亦不能見、然全水盡鹹、是因鹽之能剖分極微而散播
於水中也、又取紅顏料少許、置於一桶水中、則全水皆
紅、亦足見顏料能剖分極微、而分布於全桶之水也、
四置麝香於室內、其香氣彌漫室內空氣中、經月不失、
雖室內之空氣屢已更新、而香氣則當仍舊、如此之香
氣乃麝香中之微點飛散而不已、雖用何等精巧之天
平、而亦不能微其減重、此非特麝香已也、其餘芳香品
亦莫不然、然則其分剖之至極微、可想見也、
五蠶絲之細、固世人所熟知、以百條並列、纔成一密里
邁當之濶、然猶有較此更小者、今以鉑作非常微細之
絲、取一百四十條爲一束、乃能及一蠶絲之粗細、若以

其十二條並列，則僅等蠶絲之濶耳。然則一密里邁當之濶幅需鉑綫一千二百倍以上也。是亦物質可以細分之一證也。

六就鍍金之銀絲以測其金之厚薄，必疊積其五六千層，而其厚僅等一紙耳。亦足見物質細分似無極者也。

七腐臭之水中，有極細之微生物，雖集其數千，而以尋常顯微鏡照之，尚不及一砂粒之大。此物乃各有生機，俱能運動者，則不得不有生此運動之官，且必更有成此官之質，其至細至微，非實堪驚愕者耶。

第七節　隙積性

凡體物中必有空隙，即所謂氣孔，中容他物之質。尋常容空氣或容水。此性名曰物之隙積性。Porosity. 因物體之種類各異，而疎密之度不等，即如各種物體其隙積有眼已能見之者，如海綿、石綿、接骨木心、軟木、麵包等。有用顯微鏡始能辨視者，如人之皮膚。又有其體積不變，而能使他物通過，因知其有空處者。如下所記第二例。或有二物之淆和之時，互相收縮，因而知其有微孔者。如以醇與水相和。

今揭數例，以補本文之闕焉。

一如革，雖不能以眼見其微孔，然包汞若干，力壓之，則汞為小球而漬出，是為革有微孔之證。若無微孔，自無漏出之理也。以濾紙濾水，其理亦與此同。

二今以堅緻之木製為有底空圓筒，緊嵌於長玻璃管之一端，管中注以水銀，其壓力加至極度，則水銀為小球而流出，是亦木有微孔之證也。

三盛水於某器中，投雞卵一枚或數枚，置於抽氣機之罩下，抽去罩內之氣，則自卵發氣泡而浮於水面，是即卵殼有氣孔之證，因卵內之氣欲補罩內空氣之薄，乃透過微孔而出也。

四投白粉筆於水中，則見氣泡昇騰，或於熱水中，亦有氣泡浮起。

五以鎚擊諸金類，則皆減體積若干，是金類有空隙之證。若無空隙，雖受千萬次鎚擊，何自而減其體積耶。又諸金類燒熱，能通過各氣質，是亦金類有微孔之徵。金類有微孔之說，始於西曆一千六百六十一年，意大利國夫羅淩斯府之大學校因試驗水之能壓縮與否，查得黃金有微孔。今試畧言其法焉。法以黃金造一球，其內空處滿盛以水，加以蓋，用螺旋使球與蓋蓋密，以力壓之，則球體必至稍變其形狀，而球外面之大小不生毫末之差。然球體之形狀既變，不得不減其內積矣。蓋就諸形之體而論，其面積等而欲得最大之體積，必為球形也此球既加壓力力遂傳及於內容之水而水雖不顯縮卻透過黃金之微孔而現於球之外面為細小之露珠後復以他金類照前法試驗之所得之事俱同云

六以杯盛無色之流質加以有色之流質則全杯之流質俱染其色是卽流質有空隙之證彼此透入空隙中兩相混淆故也以盛水極滿之器中投食鹽則消化之而水毫不溢是亦由於此理也

七以碘少許入玻璃瓶封固之加以微熱則見紫色之氣充滿瓶內

八或於空氣中使發蒸汽或於眞空內使發蒸汽而其量無異是卽氣質有空隙之證其他氣質有空隙之證可就變積性以推而知之

第八節　變積性

萬物被緊壓或逢寒冷則各準其力與冷之度而減體積若干去其壓力或受溫熱則反漲大狀似互反實則唯變其體積耳此性名曰變積性 Variability of volume. 然以一縮小一漲大故區別之一曰縮性 Compressibility. 一曰漲性 Expansibility.

變積性之例　變積性在定流氣三質各有等差可以左各例證明之

一如第十三圖有黃銅製之球甲其球在平常溫度雖容易穿過乙環然置於火上熱之則不能穿過更令冷則穿過如初足見黃銅球得熱而漲大失熱而復原俱不外於變積也

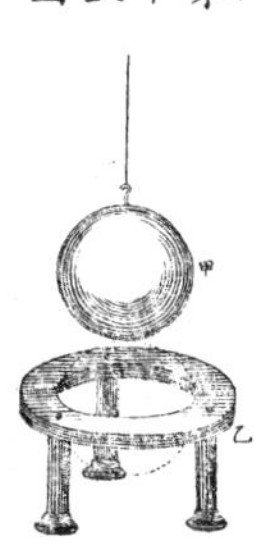

第十三圖

第十四圖

二以長頸之玻璃瓶滿盛以水加以熱則水漲而溢出冷之至原有之溫度則水不滿於瓶是因水已外溢體積減少故也寒暑表（詳中編熱學）之水銀或酒精等隨熱度之增減而昇降亦與此理同

三氣質變積性之最顯者觀第十四圖可知以乙小玻璃管接甲玻璃瓶立於丙玻璃器中丙器內酌盛有色之流質以手握甲瓶底則瓶內之氣因得手熱而有泡沸沸然自管口出令放手少時則有色流質昇於管中甚至達瓶內是因熱度及氣之體積復原故因空氣在外欲補前所溢出空氣之不足而流質被其擠上也

變積性之致用　變積性致用之最著者以左數例示之

一玻璃瓶之塞緊固而不能拔以繩索摩擦其頸則能

使之脫

二今有車輪施以鐵箍先取其徑較車輪徑小者加熱而使漲始嵌於車輪及其失熱收縮乃得緊固

三寒暑表之水銀或酒精隨熱度之增減而昇降詳中編熱學

四氣鎗者因空氣之變積也

第三章　運動物質及力之通論

第一節　運動及靜止

一定義　曰運動者乃物之變位即謂比近傍之他物而變易其位置也曰靜止者謂各物俱定於一處而不易其

位置也雖然宇宙間絕無眞靜止者蓋地球負各物體與其餘諸星環繞中樞之太陽而運動不絕故也

二運動之類別　就某一點運動而所經之線名曰動路 Path.　而依其動路以區別運動如左三項

第一　從動路之形狀而區別運動則有二種一直線動 Rectilinear motion. 一曲線動 Curuemotion. 例之直墜之物體與平擲之物體其運動即是也

第二　就物體各小分運動之動路而區別之則有四種一旋轉動一進行動一轉進動一擺行動又曰震動

物體之各小分於軸之周圍畫以許多之大小並行圈是即旋轉動 Rotatory motion. 如天體之軸世謂天體之自轉是也某物體若非自轉而變其位置是即進行動 Progressive motion. 如平擲下墜等是也某物體且轉且進是即轉進動 Rolling motion. 如地球之自轉以繞太陽是也物體或於中央位置之周圍而始終往返運動是即擺行動 Oscillating motion. 如自鳴鐘之懸擺陸續發音之琴弦是也

第三　由時候與動路之比較而區別運動又有二種

一均等運動或曰平速率　一不等運動亦曰加速率或減速率

某物體若於均等之時刻內經過均等之動路則爲均

等運動如天體之轉確准之時辰表是也然於均等之時刻內而經過不等之動路則生所謂不等運動凡在不等運動而於以次遞繼之均等時刻內增加其所經之動路不間斷者是名曰加速運動 Accelerated motion. 更如直墜之物體其所增加動路之數始終歸於均等者名曰均等加速運動 Uniformly accelerated motion. 不然者名曰不等加速運動 Varyingly accelrated motion.　反之於以次遞續之均等時刻內減少其所經之動路者名曰減速運動 Retarded motion. 更如向上直行之物體其減少歸於均等者

名曰均等減速運動 Uniformly retarded motion.
不然者名曰不等減速運動 Varyingly retarded motion

第二節　均等運動

一速率之定義　凡均等運動 Uniform motion. 物體於一秒時中所經過動路之長若干稱曰速率 Velocity. 此書公式以(速)字示之

二定律　今算均等運動而命動路之長爲(路)速率爲(速)時刻爲(時)則動路等於速率乘時刻(時以一秒爲單位)即 $時速=路$ 也速

率等於時刻除動路即 $\frac{路}{時}=速$ 也又時刻等於速率除動路即 $\frac{路}{速}=時$ 也

例之今有一秒時能行十邁當之汽車假令其運動一分時後即止則其所經之路如下式即 $路=一〇\times六〇=六〇〇$ 邁當也

三各種運動之速率　此表所示之速率皆假定爲終始均等運動者也

步行者	一·二五邁當(但指五點鐘行二十五啓羅邁當者)
多惱河流	一·五〇至二·〇〇邁當
常風	三·〇〇邁當
英產名馬	一二·五〇邁當(但指賽馬所用者)
汽車	一三·五〇邁當(但指一點鐘行四十五啓羅邁當者)
疾風	一五·〇〇邁當
獵犬	二五·〇〇邁當
鷲	三一·〇〇邁當
颶風	四〇·〇〇邁當
聲	三三三·〇〇邁當(但指在零熱度之空氣中者)
鎗彈	五〇〇·〇〇邁當
礮彈	八〇〇·〇〇邁當(但指重二十五磅者)
地球	二九六八〇·〇〇邁當(四地理里但屬勻計數)
光	二八二八四〇〇〇〇·〇〇邁當(四萬二千地理里但屬約計數)
電氣	四六四〇〇〇〇〇〇·〇〇邁當(六萬二千地理里但指傳於銅線中者乃約計數)

物理學上編卷一　三三

第三節　不等運動

一速率之定義　凡不等運動 Varying motion. 以實速率與中速率(即折中速率)之區別爲最要如某物體於某時候不變運動之狀而使之進行其一秒時內所經過動路之長是謂某時候之實速率 Real velocity. 此書公式以(速)字示之又某物體於某時候內勻計其一秒時所經過動路之長是謂某時候之中速率 Mean velocity. 凡

於均等加速率及均等減速率之運動則就時內之最始實速率與最終實速率相和而折半之卽得其中速率

二加速率之定義　凡屬不等運動而於一秒時內所有變化速率之大小名曰加速率 Acceleration.

在速率增加之運動其加速率爲正數自不待言反之者則爲負數也觀次第四節及第五節其實例可見

第四節　無礙直墜

一定義及原由　無礙直墜者 Free fall. 乃無所繫持之物體向地心之運動是也今欲說明此現象乃由地球有所謂重力由此力而攝引存於已傍之物體故無礙直墜乃均等之加速運動也蓋地球攝物之力各秒時毫無間斷故所有直墜之物體各秒時得受相等之加速率而前所受得之速率又因恒性之定律仍存於體是以無礙直墜之物體每一秒時所受地攝力之速率卽漸加其實速率在緯度四十五度爲九八〇八邁當在日本東京爲九七八四邁當此爲物墜第一秒時末之實速率（本書爲便計算省小數作十邁當）本書公式以(末)表之因其爲初秒之末速也

二定律　直墜之定律有八項左列之

第一　於眞空內直墜者無論輕重萬體速率盡同

一確證　此確證可由直墜管之助得之直墜管詳氣質重學抽氣機條下

二原因　凡運動物體之質體愈大則所受攝之重力亦愈大（卽愈重）故其運動之速不得不同若在空氣中之物體則隨其重率較與其形狀而不能同速直墜此其原蓋因在空氣中物體之失重且有空氣之阻抵也

第二　無礙直墜之物體其實速率與時刻比例而增加卽 實速＝末·路 也（式內之(時)卽秒數下倣此）

一事實　凡物體直墜之際必增加其速率此我等所常目擊取小石一塊而自益高之處落下則其加害於人畜亦愈大也

二原由　實速率之與時刻比例而增此其原由在地球之攝力蓋重力之攝引下墜物體也於各小分時其顯力同故速率亦於各秒內其增加同今有某物下墜於第一秒之終有一(末)之實速率則於第二秒之終不得不爲二(末)何則前所已受之一(末)因恒性定律至第二秒中尙存而此秒中更得一(末)故爲二(末)之速率也是故三秒之終爲三(末)四秒之終爲四(末)五秒之終爲五(末)第(時)秒之終爲末·時則其代

數式爲 $速=時\cdot末$ 也

第三 第一秒時內所經過動路之長爲其末速之半

即 $路=\frac{末}{二}$ 也

原由 於第一秒時最始之速率爲零邁當最終之速率爲末邁當而無礙直墜之物體於第一秒時內所經過之動路不得不較零大而較末小即爲較末小若干較零大亦若干之一數亦即零與末之折中數也蓋實速率於第一秒時自零至末均等增加故也是故於第一秒內所有下墜之動路乃等於二分之一末即 $路=\frac{零+末}{二}=\frac{末}{二}$ 也

第四 以次遞繼之各秒間所有下墜之路與奇數比例而增即於時秒內下墜之路爲 $秒路=(二時-一)\cdot\frac{末}{二}$ 也（式中秒路爲此一秒內所行之路）

原由 從上文第二及第三之定律而各秒時所有下墜之路如左（即各秒內之秒路）

第一秒中 $\frac{零+末}{二}=\frac{末}{二}$

第二秒中 $\frac{末+二末}{二}=\frac{三末}{二}=三\frac{末}{二}$

第三秒中 $\frac{三末+二末}{二}=\frac{五末}{二}=五\frac{末}{二}$

第四秒中 $\frac{五末+二末}{二}=\frac{七末}{二}=七\frac{末}{二}$

第時秒中 $\frac{(時-一)\cdot末+時\cdot末}{二}=\frac{(二時-一)\cdot末}{二}=(二時-一)\frac{末}{二}$

又以圖一括之以便通覽如第十五圖所示

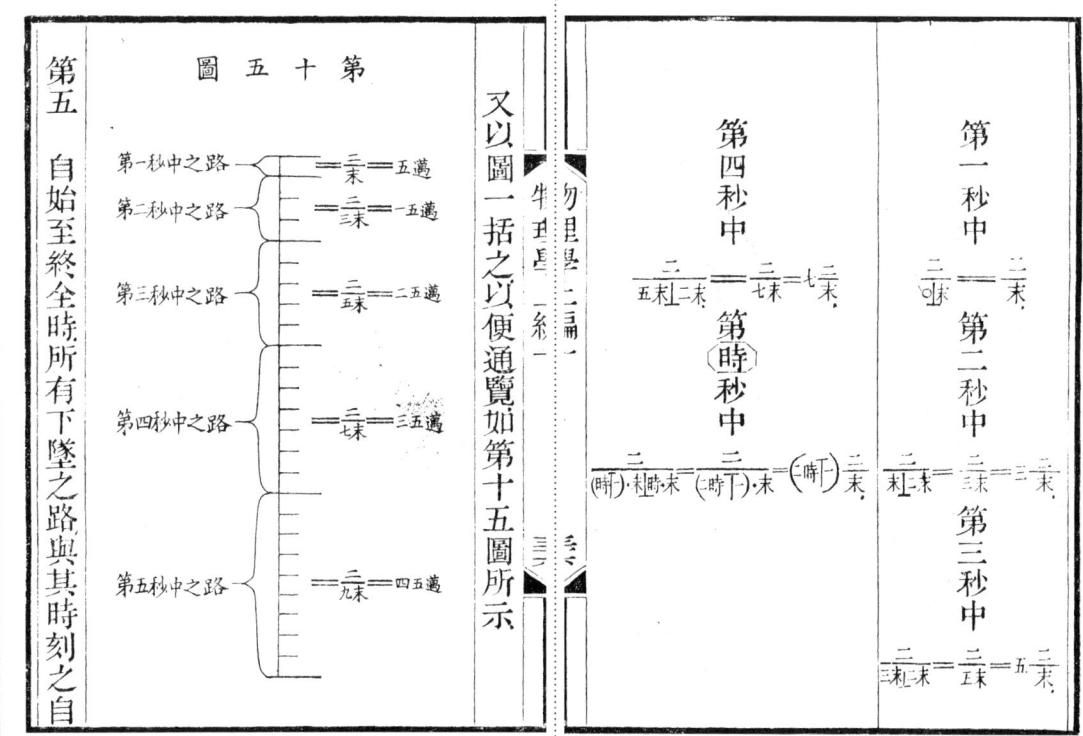

第十五圖

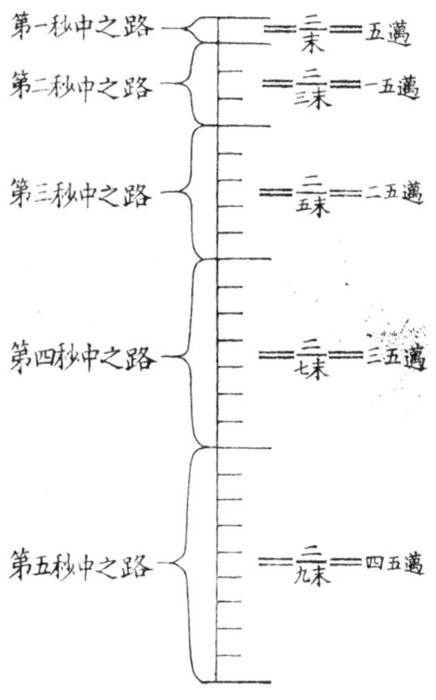

第五 自始至終全時所有下墜之路與其時刻之自

乘爲比例卽 $全路=\frac{末}{二}\cdot時^{二}$ 也。式內全路謂若干秒所行之路之總數。

原由 如左

第一秒內 $\frac{末}{二}$。

第一秒第二秒內卽二秒內。 $\frac{末}{二}\perp\frac{三末}{二}=\frac{四末}{二}=二^{二}\cdot\frac{末}{二}$

第一秒第二秒第三秒內卽三秒內。 $\frac{末}{二}\perp\frac{三末}{二}\perp\frac{五末}{二}=\frac{九末}{二}=三^{二}\cdot\frac{末}{二}$

第一秒第二秒第三秒第四秒內卽四秒內。 $\frac{末}{二}\perp\frac{三末}{二}\perp\frac{五末}{二}\perp\frac{七末}{二}=\frac{十六末}{二}=四^{二}\cdot\frac{末}{二}$

第六 凡物體受地攝力所加之速率而求經過若干路卽以其二倍之末速除此速率之自乘則得之卽 $全路=\frac{實速^{二}}{二末}$

公式之原由 如左。

由第二條之代數式 $實速=末\cdot時$。 而得 $時=\frac{實速}{末}$。 以之易置於

第五條代數式之 $全路=\frac{末}{二}\cdot時^{二}$ 則得 $全路=\frac{末}{二}\cdot\frac{實速^{二}}{末^{二}}=\frac{實速^{二}}{二末}$

第七 求下墜之時卽爲 $時=\sqrt{\frac{二全路}{末}}$。 從下墜之全路推得之。

公式之原由 如左。

由 $全路=\frac{末}{二}\cdot時^{二}$ 運算則得 $時=\sqrt{\frac{二全路}{末}}$。

第八 求終速率。卽若干時之終之實速率。卽爲 $實速=\sqrt{二末\cdot全路}$ 亦從下墜之路而推得之。

公式之原由 如左。

從第六條之代數式 $全路=\frac{實速^{二}}{二末}$。 求(速)。則得 $實速=\sqrt{二末\cdot全路}$。

三公式總括 就上記之公式集拾之則凡有七。

壹 $實速=末\cdot時$

貳 $初秒路=\frac{末}{二}$

叁 $秒路=(二時\top一)\cdot\frac{末}{二}$

肆 $全路=\frac{末時^{二}}{二}$

伍 $全路=\frac{實速^{二}}{二末}$

陸 $時=\sqrt{\frac{二全路}{末}}$

柒 $實速=\sqrt{二末\cdot全路}$

四定律之試驗確證 今就無礙直墜之物體。而求其定律之試驗確證。昔有學者。曾於某寺院之高塔上或深鑛之坑內試之。然六秒時已經過百八十邁當之遠。故不但不能隨地試驗。卽有其地亦難於精確。欲求精確須用他法。意大利之學者加里阿、Galilei. 曾就傾斜之溝形槽中。轉落球體。以試驗之。爲一千六百零二年之事也。其後一千七百八十三年。英人阿脫烏特、Atwood. 別創新法、

作一器 Atwood's machine. 與舊法全異較用加里阿法者其試驗更得確證

以下所述惟就阿脫烏特之器而言此器如第十六圖

第十六圖

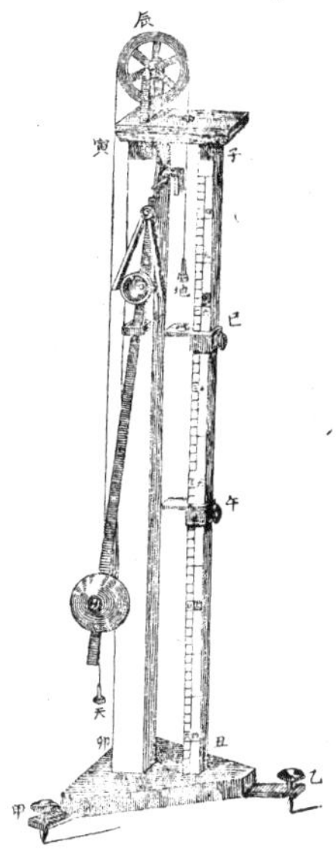

所示由子丑及寅卯二直柱而成於子丑劃尺度用以識墜體之路長寅卯以便置懸擺又爲欲使其柱準垂綫而立備有甲乙等螺旋柱上設有輪辰須極輕捷且易於旋轉其周圍作溝繞以細索索之兩端垂有等重之錘天地其於子丑柱設有金類板二片巳及午各具螺旋可以隨意上下且能定於一定之處爲水平式上者卽巳有一孔使穿過綫及重錘下者卽午因重錘將下墜用以此托持之也

第十七圖

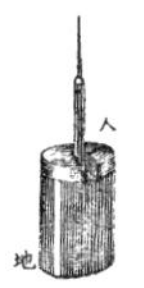

於寅卯柱設有記時刻秒數之懸擺（詳後懸擺章條下）以便計算落下之時刻今如第十七圖則示之以人重錘加於地重錘卽

天+地+人=二地+人.

蓋天與地乃等重故合之則當等於二地等重則互相抵而不動是故起動之重但人而已今以第一秒之終所受之速率以末示之而彼無礙直墜之物體其第一秒之終所受之速度爲末既如上文所示是其兩速率之比當如左

$$\frac{末}{末}=\frac{二地+人}{人}$$

故爲

$$末=末\cdot\frac{二地+人}{人}$$

今爲

$$二地=九九人.$$

則爲

$$末=\frac{一〇〇}{末}.$$

末如上文所言定爲十邁當則末卽爲十生的邁當

$$\frac{一〇〇}{一〇邁}=\frac{一〇〇}{一〇〇〇生邁}=十生邁$$

故重錘者第一秒中所降下之路爲五生邁第二秒中三倍第三秒中五倍第四秒中七倍第五秒中九倍因此可知直墜體之路乃一三五七九之奇數加增也又用如第十八圖之人錘則終速率之與時候爲比例更可得其確證焉假如欲驗一秒時之終速率則將第十六圖之巳定於一所因之而於一秒時之終已自將人錘除去則第二秒中其下墜之路必僅二倍於第一秒內如於第二秒之終除人則第三秒中墜路必僅四倍於第一秒內可以次知其然也

第十八圖

第五節　垂綫擲動

一定義　垂綫擲動 Vertical throw. 者向垂綫下或垂綫上而加某物體以一定之速率任其所之是即垂綫擲動也

垂綫下向之擲動其速率因重力加增不斷故每一秒後其實速率加一(末)垂綫下向之擲動均等加速動也垂直上向之擲動其實速率每一秒後減一(末)故垂線上向之擲動均等減速動也

二定律　凡五項如左

第一　垂綫下向之擲動者於經過若干秒時之後從前節直墜定律之第二公式其實速率爲 $速 = 末時 + 速'$ 所有經過之路爲 $路 = 速'·時 + \frac{末}{二}·時^{二}$ 式內速ˊ爲擲動之速乃平速率也速者合地攝力之速所得實速率也

原由　如左

今以一例可說明之試加某力例如人力於某物體與以十邁當之速率則其第一秒之終爲 $一〇邁 + 末$ 二秒之終爲 $一〇邁 + 二末$ 若干秒時之終爲 $一〇邁 + 時·末$ 而每一秒時所經過之路如左

一秒中 $一〇 + \frac{一〇}{二} = 一五邁$

二秒中 $一〇 × 二 + \frac{一〇}{二} × 二^{二} = 四〇邁$

三秒中 $一〇 × 三 + \frac{一〇}{二} × 三^{二} = 七五邁$

若干秒中 $一〇邁·時 + \frac{末}{二}·時^{二}$

其一切公式 $速'·時 + \frac{末}{二}·時^{二}$

第二　垂綫上向之擲動於經過若干秒之後其速率爲 $速 = 速' - 末·時$ 其所已經過之路即已經過之全路則爲 $全路 = 速'·時 - \frac{末}{二}·時$

原由　如左

今據一例可知其所以然焉譬有某物體向上而直擲其最初所加擲動之速率即(速ˊ)爲五十邁當則其實速率當漸減如左

經過第一秒之後 $五〇 - 一〇 = 四〇邁$

經過第二秒之後 $五〇 - 一〇 × 二 = 三〇邁$

經過第三秒之後 $五〇 - 一〇 × 三 = 二〇邁$

經過若干秒之後 $速' - 末·時$

其所經過之全路如左

第一秒之後 $五〇\times一-\frac{一〇}{二}\times一^{二}=四五邁$

第二秒之後 $五〇\times二-\frac{一〇}{二}\times二^{二}=八〇邁$

第三秒之後 $五〇\times三-\frac{一〇}{二}\times三^{二}=一〇五邁$

第(時)秒之後 $速\cdot時-\frac{末}{二}時^{二}$

第三 垂綫上向之擲動其物體之上昇時刻(即至實速率爲零之時刻)可據公式 $時=\frac{速}{末}$ 而算出之(此公式乃以重力之加速率除上擲之平速率則得其時刻之義也式內時爲從初擲至全失其擲動之速應歷之若干時後式同)

原由 如左

試先據一例以說明之今以最初所加擲動之速率爲五十邁當則其實速率當變化如左

第一秒時之後 $五〇邁-一\times一〇邁=四〇邁$

第二秒時之後 $五〇邁-二\times一〇邁=三〇邁$

第三秒時之後 $五〇邁-三\times一〇邁=二〇邁$

第四秒時之後 $五〇邁-四\times一〇邁=一〇邁$

第五秒時之後 $五〇邁-五\times一〇邁=〇邁$

以此故爲 $時=\frac{五〇}{一〇}=五秒$

又向上之垂綫擲動經過若干時後(即至全失其擲動速之時)其終速率當爲 $速=〇$ 即 $速-末\cdot時=〇$ 故 $速=末\cdot時$ 即 $時=\frac{速}{末}$ 也

第四 向上之垂綫擲動其上昇之高(即當實速率爲零之高)可據公式 $全路=\frac{速^{二}}{二末}$ 得之也(此公式乃以二倍之重力加速率除擲動平速率之自乘則得其高之義也)

原由 如左

今以一例說明之假如有某物體向上而垂綫擲動其最初之平速率爲五十邁當則其各秒時內所經過之路必當如左

第一秒中 $五〇邁-一\times五邁=四五邁$

第二秒中 $五〇邁-三\times五邁=三五邁$

第三秒中 $五〇邁-五\times五邁=二五邁$

第四秒中 $五〇邁-七\times五邁=一五邁$

第五秒中 $五〇邁-九\times五邁=五邁$

故五秒時中其已經過之全路蓋 $四五+三五+二五+一五+五=一二五$ 即 $\frac{五〇^{二}}{二\times一〇}=\frac{二五〇〇}{二〇}=一二五邁$ 也

又從第三定律上昇時刻爲 $時=\frac{速}{末}$ 以代經過之全路之公式 $全路=速\cdot時-\frac{末}{二}\cdot時^{二}$ 中之時而簡約之乃得 $上昇路=\frac{速^{二}}{二末}$

第五 向上垂綫擲動之物體其上昇之路與等時下墜之路相等而復歸原位時之速率與其初上昇之速率相等

原由 如左

據第三及第四條定律下所舉各例足見其碻實也

又從前節第七公式則下墜時刻爲 $時=\sqrt{\frac{二全路}{末}}$ 又從本節第三公式則上昇時刻爲 $時=\frac{速}{末}$ 故今由上擲動路之公式 $全路=速\cdot時-\frac{末}{二}\cdot時^{二}$ 除去速乘時而反其號則當得 $時=\sqrt{\frac{二全路}{末}}$ 由是觀之其與同一物體之上昇時刻互相等自明也從本節第四公式則上昇之高爲 $上昇路=\frac{速^{二}}{二末}$ 然又從前節第六公式則全路者乃某物體受重力之速率而所有經過道路之長也是故上昇之高等於下墜之高且下墜之實速率亦同於速也

三公式總括 集拾以上各公式列之如左

垂綫下向者

壹 $實速=速-末\cdot時$

貳 $全路=速\cdot時+\frac{末}{二}\cdot時^{二}$

垂綫上向者 壹

時・末・遠＝實速

貳

時・二末丅時・速＝全路

參

末速＝時

肆

二末/速＝上昇路

第六節 物質

一原質點說 原質點者乃明物質 Matter. 排列之說也從是之說則凡物質者乃由不可分剖之微渺小點而成其小點名曰原質點 Atom. 雖然原質點不能獨存必其二個或二個以上互相密接而後能存也此其存物體之最小部名曰質點 Molecule.

質點非相切者也其相交之間存有空隙此空隙者在氣質最大在流質及定質則較小此質點各不相切者一因以脫 Ether. 一據質點運動可得而講明焉何謂以脫以脫者彌漫於宇宙間及物體中有非常之凸凹力且最微渺人之五官不能識其所在也而物體之原質點不但互相攝引亦且攝引以脫然以脫之原質點以意測之必爲互相推拒者故物體之原質點相聚所成之質點其質點間必存空隙也又以脫者包圍物體之質點於其近處則稠密（想應如第十九圖之狀）意必似空氣之包圍地球面也何謂質點運動凡物體之質點非靜止者乃運動無間者也其運動也非常微渺且極速是名

第十九圖

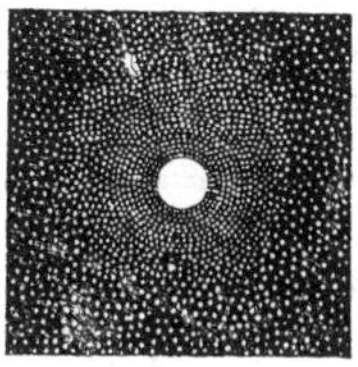

曰質點運動此其運動無論五官有何等銳敏究亦不能識別也在定質者其質點震動於中位之周圍如連續發音之弦線是也在氣質者其運動直進不已若逢障礙則不問所盛之器壁與所隣接之他質點而質點即當反擊在流質者則其質點有震動之狀又有進行運動之狀此定流氣三質而質點之運動各差異如此其質點之運動皆生物體之熱且發光其運動益速則其力益强（即質點動盪抵力益强）而物體之熱益大也

以脫之確有實在可由光與熱而證之焉如太陽所射之光及熱一瞬不絕是果物質乎抑運動乎二者必不可不居其一光熱兩者若爲物質則世界物體之間隙必悉爲其所充塞若爲運動則必須有可運動之物質充塞於宇宙之空處是即以脫所以實存之理蓋光熱俱由之而傳播也

二實重率定義 凡物體中所有物質之量名曰實重率 Mass. 而物體之各小部俱爲地球所攝則必對其所支持之物施若干壓力是爲受攝力所得之重曰重率 Absolute weight.

物體同一實重率而因其測其重時之位置所受攝力益大則其重率亦益大譬如在太陽之攝力較之在地球者有二十八倍則有某物體於地球上測之其重率爲一啟羅格若於太陽上測之必當爲二十八啟羅格之重卽向支持其體之物施二十八倍之壓力也是故命某物體之重爲(重)命其實重率爲(實)命物體所存之世界體之攝力強弱爲(末)則(重)等(實)與(末)之相乘爲

$重=實\cdot末$　則知　$實=\frac{重}{末}$　乃某物體之實重率等於以世界體之加速率除重率之數也蓋在地球上者初秒末速約爲

十邁當故在地球上之物體實重率等於其重率十分之一例如物重若爲十啟羅格則 $實=\frac{一○}{一○}=一$ 卽在地球上物體實重率有十啟羅格（詳細言之則於緯度四十五度之處爲九·八○八啟羅格）之重者是爲單位

三重率較及疏密率　凡以物體之體積與其重率相較則得重率較之定義又得與重率較相近之疏密率定義今命其體積單位之重率卽物體之重率較爲(較) Specific gravity. 命體積單位之實重率卽疏密率爲(密) Density 則爲 $較=密\cdot末$ 卽 $密=\frac{較}{末}$ 也

但疏密率與重率較不能合爲一事蓋疏密率乃以加速率（加速率卽地攝力也）(末)除重率較也故等於重率較十分之一然二物體之疏密率與重率較有一定比例故疏密律可由重率較而明也

四公式總括　彙列各公式卽實重率重率及加速率三者相關之律如左

壹　$重=實\cdot末$　貳　$實=\frac{重}{末}$　叁　$末=\frac{重}{實}$

又疏密率重率較及加速率三者之關係如左

壹　$較=密\cdot末$　貳　$密=\frac{較}{末}$　叁　$末=\frac{較}{密}$

第七節　力

一定義　凡物體形狀變化之原由名曰力 Force. 凡由運動而得變化可知其必有壓之或攝引之者在又可想見壓之者或攝引之者所由見之理今據此理而各種運動所有之壓力或攝引力悉名之爲力

例之以人之筋力而欲使物體運動則必需壓力或牽引力使物體互相遠離則需推拒之壓力使之互相近

切則需交互之牽引力。凡屬此類者。如風船及風車。有風之壓力。其他汽之漲力。地球之攝力。磁石體及電氣體之吸引力。推拒力等。皆是也。

二力之測量　分說之如左三項。

第一　凡力可由兩法測定之。一據其重率所能代表之壓力。或攝引力而測之。二據其所生之運動而測之。據前法可得所謂靜力之分量。據後法。可得所謂動力之分量。

第二　靜力之分量。Static measure of force. 乃能以啟羅格代表其力之重。以一啟羅格為其單位。例之。取金類線一條。拉其兩端而欲斷之。乃別取與之相等之綫。漸加以若干啟羅格之重。而使之至斷。則可以知其牽力之大小有若干啟羅格。

第三　力亦可據其所生之運動而測定之。蓋求力大小以實重率(實)及加於實重率之加速率(加)相乘。即得之即 力＝實·加 也。是為動力之分量。Measure of dynamic force. 但有力於一秒時內。能將實重率單位運動得速率單位者。則用之以為力之單位。

如前所記 力＝實·加 可由下文之理而明其碻實焉。今有二力同一時內向實重率加以不等之速率。就中所加速率較大者。當為較大之力。是故實重率相同。則力與其所生之速率。必為比例。又速率相同。則力與其所運動之實重率。必為比例。亦不待言。由此兩法推之。然則運動所由生之力。與以實重率乘速率之數。自不得不為比例也。例之。有甲力以八邁當之速率。加於有五實重率之物上。又有乙力。以三邁當之速率。加於有四實重率之物上。則此甲與乙之比。乃

五×八/四×三 ＝ 四〇/一二 也。是故運動力之大小。可據實重率與速率之乘積而測之。即 力＝實·加 也。

三力之作用　力之作用。分說之如左三項。

第一　工程　工程 Work. 者。謂其能勝之抵阻也。凡欲測其工程之大小。以在一邁當之動路上。能勝一啟羅格之抵力所需之工。為其單位。名之曰啟羅格邁當。Kilo-logrammeter. 故如在甲路上。欲能勝乙之抵力。所需之工程。可以 甲·乙 表之。即等於抵力與動路相乘之積是也。凡某力一秒時間所成之工程。名之曰力之效驗 Effect. 前節云均等運動。一秒時內所經動路之長

短名曰速率故力之效驗(效)等於力與速率(速)相乘之積即 $效=力\cdot速$ 也在汽機等所謂一馬力者即指七十五邁當啟羅格之效驗故為 $效=\frac{速\cdot力}{七五}$ 也

例如左

一昇舉物體是亦工程也蓋於昇路各點必須勝其重力之下抵也

二昇舉九十啟羅格之石塊以致於五邁當之高處於茲所需工程為四百五十邁當啟羅格

三鋤地鋸木等皆須勝其抵力工程始成

四謂某機器有八十馬力者即各秒時成工八十乘七十五等於六千邁當啟羅格之義也

第二運動之儲蓄力　有一力施之於某物體不唯能勝其抵阻又施此物體以速率則某物體一變其景象而生運動如是者乃其所運動之實重率自具作工之能(即勝抵阻之能)名之曰運動之儲蓄力 Kinetic energy 以實重率(實)與其速率(速)之自乘數相乘所得乘積之半恰等於其儲蓄力(儲)即 $儲=\frac{實\cdot速^{二}}{二}$ 也今以受動實重率之儲蓄力一以較其起動力所能成之工程一以較其實重率所能成之工程乃得二定律如次式曰受動實重率之儲蓄力等於起動力所能成之工程即 $力\cdot路=\frac{實\cdot速^{二}}{二}$ 也曰受動實重率之儲蓄力與其實重率至全失其運動所成之工程相等即 $\frac{實\cdot速^{二}}{二}=力\cdot路$ 也

一以實數明此公式 $儲=\frac{實\cdot速^{二}}{二}$ 以五百邁當之速率放三

十格之鎗彈則其儲蓄力為 $儲=\frac{\frac{〇〇三}{二〇}\times五〇〇^{二}}{二}$ 即 三七五邁啟格 即工程有三百七十五邁當啟羅格

二證定律 $力\cdot路=\frac{實\cdot速^{二}}{二}$ 之不誤　有一石重三啟羅格自一百八十邁之高處而墜下得其所成之工程即為 $力\cdot路=三\times一八〇=五四〇$ 邁啟格

蓋墜下一百八十邁之石依前章無礙直墜之定律有六十邁之速率故墜下之終時其石所有之儲蓄力如下式即

$$儲 = \frac{三}{二〇} \times 六〇^{二} = 五四〇邁啟格$$

也.

三證定律

$$力 \cdot 路 = \frac{實 \cdot 速^{二}}{二}$$

之不誤 有鎗彈重三十格者今以五百邁之速率向垂綫之上而仰擊之得其儲蓄力如下.

$$儲 = \frac{〇〇三}{二〇} \times 五〇〇^{二} = 三七五邁啟格$$

蓋依前章垂綫擲動之定律鎗彈所上昇之高為一萬二千五百邁當故其所成之工亦正等於三百七十五邁當啟羅格然儲蓄力驅彈上昇一萬二千五百邁當其際所生之工程數如下即

$$力 \cdot 路 = 〇〇三 \times 一二五〇〇$$

即

三七五邁啟格

也.

第三位置之儲蓄力. 有一力施之於某物體上而全費其工程以勝其抵阻.如是則物之全體或其質點必變化其位置而該物體常有欲復原位之性.至其阻礙一除則頓復原位且前所已費之工程仍復生出.由是觀之則變化如此之物體每有再生其所已費工程之能此能名曰位置之儲蓄力. Potential energy.

就位置之儲蓄力舉二三例如左

一以六啟羅格之物體致於十邁當之高處其際所需工程為六十邁當啟羅格此物體已全費此作工量而既致之於高處則此物體已儲落下程工之能故凡昇高之物體皆有程工之能其昇高之際所費之工程落下時必再生出如前若地上靜止之物則終無此能也.

二水流在高處若開其水門可使碾米之車以及製造機器因之轉動即得程工是高處流水有位置之儲蓄力也.

三高山上所有冰雪巖石多具位置之儲蓄力.

四緊張弓弦則得程工之能即可以放箭也

五捲緊之發條亦具位置之儲蓄力

四各種儲蓄力之通覽　凡具有運動儲蓄力之物體而人目易見之者名曰外部運動儲蓄力或曰可視之運動儲蓄力若其微分運動儲蓄力非耳目所能及名曰內部運動儲蓄力或曰不可視之運動儲蓄力其於位置儲蓄力亦區爲可視不可視二者與運動儲蓄力同也今列表如左以便通覽焉

儲蓄力程工之能
- 運動儲蓄力
  - 可視運動儲蓄力
    - 墜體之儲蓄力
    - 汽車之儲蓄力
    - 天體之儲蓄力
    - 風之儲蓄力
    - 流水之儲蓄力
  - 不可視運動儲蓄力
    - 熱
    - 光
    - 聲音
    - 電之傳行
    - 吸鐵氣
- 位置儲蓄力
  - 可視位置儲蓄力
    - 物體昇高所有之儲蓄力
    - 在高處之水所有之儲蓄力
    - 山峯之儲蓄力
    - 山間湖水之儲蓄力
  - 不可視位置儲蓄力
    - 化學愛力
    - 分解電氣
    - 植物及煤之儲蓄力

第四章　物體之公力

第一節　定義及通覽

凡就諸物體所常見之力名曰公力General forces of bodies.如攝力及熱是也茲單就攝力言之

攝力Attraction.者乃物體並其小分欲互相近接且互相密附之力是也此力現而爲種種形狀故其名稱亦多即愛力質點攝力凝聚力黏力重力及宇宙攝力是也愛力俟化學書言之茲省焉

第二節　質點攝力

一定義　凡物體質點間所互有之攝力名曰質點攝力Molecular attraction.而其質點內攝力之外尚有質點反推力是本於以脫之反推力與質點之儲蓄力也通稱質點之攝力及反推力曰質點力Molecular force.

二三狀　夫物體者乃由相異之物無數質點聚合而成故由其物之種類及存於質點間之攝力與反推力互有不同而質點聚合之形狀亦不一類舉其種類之殊者約別爲三種名曰物之三狀State of aggregation.即定質流質氣質是也又有合流質與氣質而稱流質者

第一定質　質點交互之攝力極强一體中處處密接欲動其一處則不得不並其全體而亦移動若非以力

破之則不能單移其一處卽謂非用大力則不能使其質點交互之位置有所變移而必久爲一定之形也如是者名曰定質Solid.木石及各金類是也

凡定質對外力之功用因其抵力有等差故有堅輭韌脆之別其面能抵禦他物不使攙入本體者曰堅如金剛石與此相反者卽曰軟如泥土若其面積易於伸長者曰韌如蠟與黃金與此相反而欲加潤其面積卽破碎者曰脆如玻璃鋼生鐵大理石

第二流質　質點交互之攝力太弱分之則易分合之則復合其質點之相離雖常守一定之度而其位置不定彼此可交互轉換不能得有一定之形所謂或方或圓隨器成形者是名曰流質Liquid.水乳酒汞等是也

第三氣質　質點相接之間毫無攝力互相離散漸欲充播於廣大之空處故獨立之體積與形狀俱不具焉是名曰氣質Gas.空氣輕氣炭養氣水汽等是也

氣質則爲汽及氣二種汽者在尋常氣壓力尋常熱度而能凝流質水汽醇汽是也若在尋常氣壓力尋常熱度祇爲氣質必逢大壓力大冷度始能凝流質者卽曰氣輕氣養氣等是也

此三狀者非無論何時而形狀常相同也熱度之增減壓力之大小常能使之自甲狀而變乙狀如尋常爲定質之錊得三百六十度之熱則爲流質更加以大熱乃變而爲氣質及熱度減則爲定質如故也尋常爲流質之水銀遇熱度降至百度寒暑表負三十九度則凝結而爲定質及熱度增則爲流質如故倘再增其熱則化散爲氣及失其熱乃又爲流質也尋常爲氣質之炭養遇百度寒暑表至零度且受三十八倍之氣壓力（氣壓力詳後章氣質重學）則變流質又或受三十八倍氣壓力而更逢負五十七度之寒則變定質再增熱度而減氣壓力則爲氣質如故也又若水之爲氷氷之復爲水水之更爲汽是吾人所常目擊尤其顯著者也

第三節　凝聚力

一定義　同一物體之小分其互相牽引之力名曰凝聚力Cohesion 此力在定質最强在流質甚弱在氣質則因質點之反推力勝其攝力故毫不能辨識凝聚力之等差有如此者蓋其在定質則物質小分互相近接在流質稍遠在氣質甚遠故也其在定質者因其能抵禦分剖故得知其有凝聚力其在流質者因其常爲點滴形故得知其有凝聚力也

定質凝聚力之極強是固人所日驗如分剖木石等是也

流質凝聚力之例如左

一淚雨露等之滴而成珠是乃凝聚力使之然也自玻璃瓶內用滴管取藥水滴而爲珠者亦因有此力

二以水銀少許散開於玻璃板上則粒粒成珠

三以細粉末如灰麵粉等鋪爲平面其上滴以少許之水則與前者同

四使重力之功用至於全無則雖爲甚多之流質亦成球形令以醋與水相和而造一流質令此流質與

油之重率相等別以長頸漏斗將橄欖油徐徐滴入此中則其油悉集合而爲球體又以鐵絲連於小圓板以其絲爲油球之軸而旋轉之

第二十圖

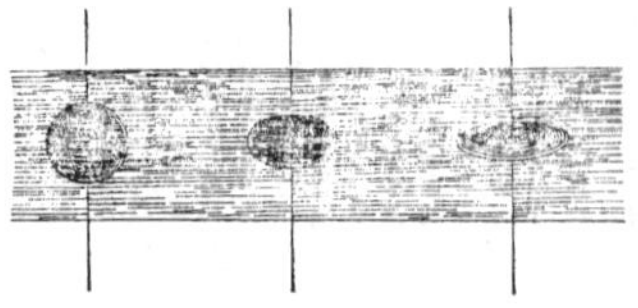

則漸爲扁圓體終爲圈軸如第二十圖所示

五流質之面即最外一層較之在內者其凝聚力大故可浮鍼於水面又水產昆蟲能行於水面而不濕

二固性　凡物體之一處將被分剖而能與之抵禦是名曰物之固性 Rigidity 此性本於物體凝聚力所成也分剖物體有數法或裂開或折斷或壓碎或扭捩隨其分剖之狀而區別其固性如左

第一　禦裂開之固性謂之完全固性 Absolute rigidity 即物所能任之牽力也如以絲線弦線等從其端欲拉緊而斷之此際所有能勝之力是也

此性在同類物體依其橫剖面積之大小爲比例蓋有二倍三倍四倍大之橫剖面積則能以二倍三倍四倍之體質勝其裂開之力也今由下式以示其大小之度

強面＝固

此式之固謂裂開某物體所需之力即其所具之

固性也面者謂其橫剖面積之大小強者乃其體質之固性之強弱即如某一線其橫剖面積作爲面積之單位令裂開之則其所需用之力若干是也是名曰固性率 Modulus of rigidity

昔由墨輕白路克 Muschenbroek 試驗就各種線以示其橫剖面積一密邁平方所有之固性表如左

金絲	四六·四五啟羅格	銅絲	二七·八二啟羅格
鐵絲	四一·八二啟羅格	錫絲	四·一七啟羅格
黃銅絲	三五·五〇啟羅格	鉛絲	二·七二啟羅格
麻繩	三五·〇〇 三六·二〇 啟羅格	白玻璃	一·四二 二·三三 啟羅格
銀絲	三四·一一啟羅格		

第二　今欲以力彎折物體而使之分離其禦此力之固性名曰比較固性 Relative rigidity. 如以一棍執其兩端而欲就其中央加力以折之或以一棍插其一端於壁而欲就其他端加力以折之此際所有之抵力是也此性之强弱與其體之濶及其厚之自乘爲正比例與其長爲反比例

第二十一圖

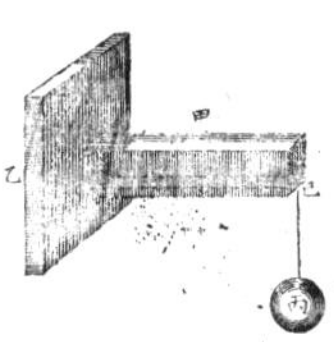

今爲明其强弱之狀特於第二十一圖設其例甲者乃方柱體之棍一端插於乙壁其他一端懸重物丙丙者卽欲折此物之力而別以

物理學上編一　三三

固示其抵禦此力之力卽其特有之固性也今設云丙之力聚於重心丁此重心丁卽在與壁爲平面之横剖面上而重體丙乃欲使其體下垂與旁移至由横剖面引長之垂線之下因而其力及於槓桿臂戊已詳後章槓桿條又因丁存有抵禦力故傳其重力於槓桿戊已是故抵禦力與重力若互相平均則其抵禦力固與重力丙二者之於丁戊棍厚之半與戊已長不得不爲反比例也今試命此方柱體棍之厚爲厚命其戊已之長爲長則丁戊卽厚之半其比例式如左卽

$$\frac{丙}{固}=\frac{三厚}{長}$$

第二十二圖

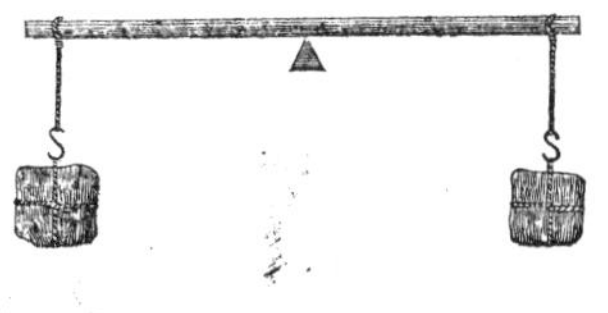

或爲

$$丙=\frac{二長}{厚固}$$

蓋固性之强弱關於物體横剖面積之大小是以某一物體其一平方生的適當之横剖面積所有反禦切斷之固性今以固命之而命其厚爲厚命其濶爲濶則得式如左

$$固=固\cdot厚\cdot濶$$

故爲

$$丙=\frac{二長}{固\cdot濶\cdot厚}$$

又試以鋭刃托於方柱體正中之下如第二十二圖兩端懸以相等之重則其重心必在正中欲折斷之兩端所需之二重體

物理學上編一　三四

必與前之丙相同

第三　抵禦壓碎之固性名曰反抵固性 Reactive rigidity. 卽物所能任擠力如欲碎某物而壓之或舂擊之其勝此力之抵力是也此固性强弱與横剖面積之大小爲正比例與厚薄爲反比例

第四　抵禦扭捩之固性名曰旋轉固性 Rigidity for torsion 其强弱與旋轉之角度爲比例

三凹凸性　因外力而其一處受其變化外力去則能忽復原形此力名曰物之凹凸性 Elasticity 其外力雖能壓縮物體或屈撓之然其物體若有凹凸性則其力一去

必忽復原形凡物體不至失其復原之性而所能耐最大之變形謂過此則不能復原名曰凹凸性限 Limit of elasticity

凹凸性之差異　此性在定流氣之三質甚不相同氣質最著定質次之流質則甚微定質中如象皮銅鐵象牙鯨鬚大理石等可謂凹凸性最大者

釋復形之義　凡受壓縮後而復原形者與被引長後而復原形者其作用相反何也蓋物體質點乃為以脫所包裹如前章所述今壓縮凹凸性體之一處則使此物體之質點互相近接故其相攝之力當增然其存於中間之以脫被壓縮而反推之力尙强故外力一去則頓復原形也若夫引長物體則使物體質點漸次相遠故其相攝之力必減雖然其以脫反推之力亦因而弱但因攝力之減不如反推力減之多故外力一去則亦復原形也其原形即是相攝力與反推力平均之處故雖受些微之變化亦不得不復其舊耳

第二十三圖

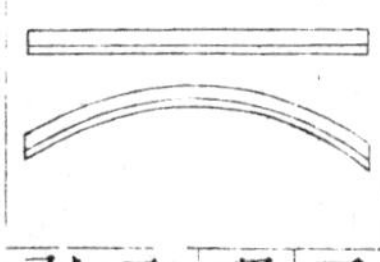

又被屈撓而能復故形者亦可以上言二理說明之即如第二十三圖有鋼鐵一片取其兩端向下屈之則其屈處上面漸被引長下面反被壓縮故由其上下相反之功用能仍為直片如舊也

實驗凹凸性體法　象皮鯨鬚等之顯具凹凸性人所能知然如象牙等之物質其有凹凸性與否單就外觀似難確定何則其質頗堅僅逢微力而其變化不顯故也雖然今以一法可得知其有凹凸性焉如第二十四圖取大理石板一塊使其面極平滑以烟煤塗之而用象牙球置其上則象牙球只現細小之黑點板上亦惟留一小痕而已然將牙球自高處墜於板上則牙球之黑點並板上之痕較先時甚大愈自高處下墜則黑點與板上之斑愈顯也是即牙球下落其一處變為平坦此際乃生黑點旋因凹凸性而仍復故形也

第二十四圖

凹凸性之致用　凹凸性體有裨實用者甚多舉數例如左

一鐘表之發條

二馬車人力車椅子等之彈簧

三空盒風雨表詳氣質重學

第四節　黏力

一定義及通覽　凡二物體面之小分所有互相攝引之力名曰黏力 Adheiion. 此力第一定質與定質之間第

二定質與流質之間第三流質與流質之間第四定質與氣質之間第五流質與氣質之間皆有之

二定質間之黏力　定質相切之間之黏力可舉數例得其確徵焉

一製玻璃板或金類板二塊而磨滑各板之一面使其面互相密切則雖加大力亦不易分開之然以粗磨之玻璃板二塊則不能黏是因磨滑者之質點之相切者多粗磨者少故也

二塵埃留於室內之壁上及頂篷

三以鉛筆書紙面以白石粉畫板面又如鍍金或鍍銀於銅面等是皆由兩定質之黏力也

三定質與流質之黏力　就定流二質之互有作用及互相附切而區別之為三第一流質對定質之黏力較流質自己之凝聚力大者第二流質對定質之黏力較流質自已之凝聚力小者第三流質定質兩者間之黏力較定質之凝聚力大者

今先就第一項以觀其現象及功益

現象如左

一以流質加於定質則必散流於其面以潤之例如在玻璃上之水在金銀錫鋅上之水銀是也

二流質被定質插入其中則必沿其定質或沿器之壁而顯其上昇例如第二十五圖插玻璃桿於水中是也

第二十五圖

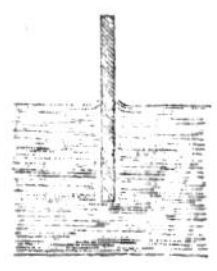

第二十六圖

三在狹小器中流質之面必為凹面例如第二十六圖小玻璃器中之水其面為凹形也

四以極狹小之管即所謂毛細管插入流質中管中流質上昇較之在管外者高例如第二十六圖以極細之玻璃管插於水中是也

最後所舉一例因流質有黏力而細管能使流質上昇此細管之性名曰毛細管吸力 Capillary attraction

功益　凡物體之微孔當作為無數毛細管錯綜不齊而成者是故疎鬆之體常能顯大力吸收流質如海棉濾紙黃石乾砂植物根之吸引水燈油之昇於燈心鎔化蠟燭油之昇於燭蕊水之浸入於布疋皆當歸於毛細管吸力之功用也

次就第二項而觀其現象舉數例如左

一流質若不散流於定質上則不濕其定質而反成點滴形例如含油質之物體塗蠟之物體或積有塵

埃之物體上滴以水、則物體不濕、又如玻璃及木或鐵不濕於水銀、與夫水鳥之羽毛不濕於水皆是也

二 流質內如將定質插入、或爲儲之之器之壁、則離開而見其低凹、例如第二十七圖、插入水銀中之玻璃桿是也、

三 在狹小之器中、流質之面必爲凸面、例如第二十八圖小玻璃器中之水銀是也、

第二十七圖

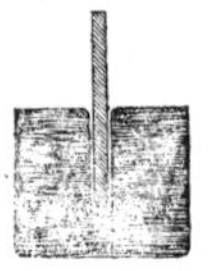

第二十八圖

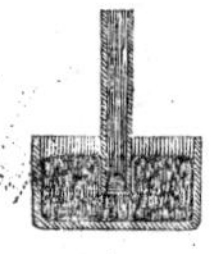

四 以毛細管插入流質中、管中流質之面較之在管外者低、例如第二十八圖插入水銀中之玻璃管是也、

最後所舉之一例、其毛細管之性質名曰毛細管驅力、Capillary-depression.

備考 如上所述、凡在毛細管中流質之面所以或凹或凸者、乃由其黏力與凝聚力、雖易於說明、然其面顯高或顯低之理、必待引申如左而後可以明析也、

蓋流質之質點間所有互相牽攝之力、即流質之凝聚力、唯於極微之相距、能施其功用、如第二十九圖之天、即爲流質質點之一、而以圓線示其攝力所及之範圍、如其質點力所及、全在流質之內、則其周圍攝力必爲均平、決無弱於一處強於他處之理也、若在天處質點、距流質之甲乙面、較其攝力所及之圓半徑爲小、故比天處質點、其牽攝之景象自不得不異、即在天之上之質點、較其下少、所能牽攝之者之力、亦較少也、是故能引天處質點之攝力、共計之、乃祇在與甲乙面爲正交之一面、即所示之箭號、攝向流質之下之力

第二十九圖

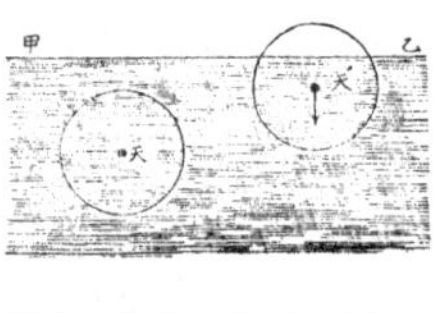

第三十圖

第三十一圖

是也、此其力在近接流質面之一層爲最強、恰値其攝力所及之圓界半徑之深、而此攝力不變方向、則其功用不生差異、故即謂由浮面下壓、亦可尋常名曰浮面之漲力、又曰面壓力、Surface tension. 凡流質之面壓力、若其面不平坦、則其強弱亦不同、如第三十圖、爲凸面甲乙、則較平面丙丁爲強、反之爲凹面子丑、宜觀三十一圖、則較平面寅卯爲弱、凹凸愈顯、則強弱之較亦愈明、蓋由上文所論之理、隨其上所有之流質存者多少故也、今以戊爲平坦流質之面壓力、以已爲凹面及凸面之面壓力、以半爲凸凹面球形之半徑、以亥爲關於流

質性情之定數，則其凸面之面壓力當如下式：$己=戊+\frac{半}{亥}$

反之凹面之面壓力當如下式：$己=戊-\frac{半}{亥}$

今當就一二實例以明之，即以極端正之玻璃圓管安置甚平，而滴水銀一滴於內，則其水銀當爲圓柱形，其兩端有凸面，但此圓柱不能自行動，是因兩端凸出之度同，而面壓力之强弱亦自相等故也。若如第三十二圖，玻璃管爲圓錐狀，則水銀於其管之窄處凸起較多，其面壓力亦較在他處爲强，故其水銀當向寬處而行動也。

第三十二圖

第三十三圖

又有安置極平之玻璃圓管中，置水一滴，則其水亦爲圓柱形，而兩端有凹面，亦不能自行動。蓋其凹進之度兩端均同故也。若如第三十三圖，玻璃管爲圓錐狀，則其置水之際，其一端凹進之度，必較在彼端者爲多，故其水必向凹進度多之處，即管之狹處而起動也。凡插小管於水銀中，而其流質面較管外低，又插小管於水中，而其流質面較管外高者，其原由與此二管之現象同一理也。

今更進而言流質面彎曲之原由，如第三十四圖，設以甲乙爲定質之面，以丙丁爲與定質相接之流質平面，

第三十四圖

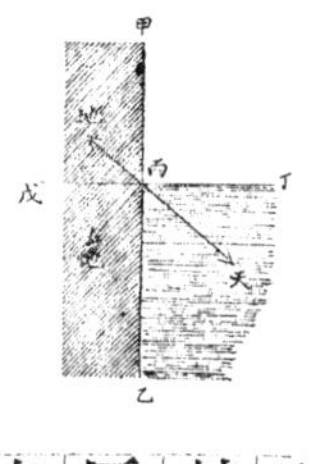

則在丙近傍之流質質點，必當受其面壓力及定質壁之黏力，而面壓力在乙丙丁象限 Quadrant. 之內，其合力之方向爲天，當在平分乙丙丁之角之處。其定質之黏力，則一分在戊丙乙之象限中，一分在戊丙甲之象限中，兩者合成之力爲地，地亦在其平分角之處也。今此三力天地地所成之分力在垂線之上，乃爲 天·餘弦四五度。何則，地地二力所成合力在垂綫之上，乃屬相等，而其方向相反，則爲互相平均也。但在 天·餘弦四五度 者，因尚有重力之增其力，故其向垂綫之下所有分力，亦當增大，而地地之水平面分力乃 二·地·餘弦四五度，向丙戊之方向而行，天之水平面分力乃 天·餘弦四五度，向丙丁之方向而行。是故三力之在水平面其分力如下：

$(二地-天)\cdot 餘弦四五度$

（天二地）若為正數，即較零大，則其方向在丙戊，故此分力與垂綫分力兩者所成之合力，如第三十五圖之人，乃在戊丙乙之象限內也。然流質面之各處與其所受力之方向為直角，乃能平均，故在丙面當與人之方向為直角，其形狀如丙丁彎綫也。例盛水於玻璃器，是定流二質間之之黏力較流質之凝聚力大者，可徵之也。

第三十五圖

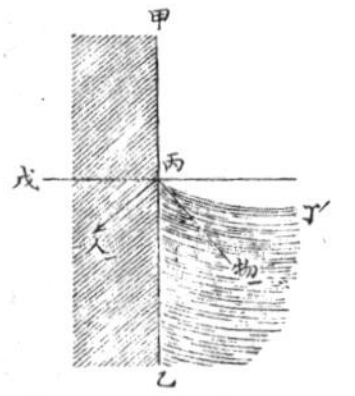

第三十六圖

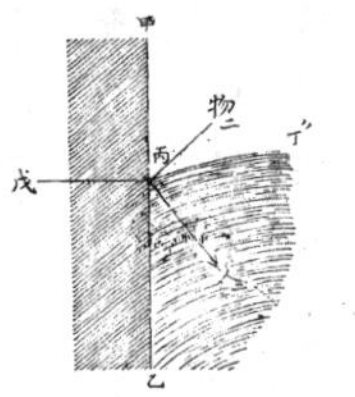

（天二地）若為負數，即較零小，則水平面分力（天二地）·餘弦四五度之方向在丙丁，故其分力與垂綫分力二者所成合力，如第三十六圖之人，在乙丙丁之象限內，而在丙之流質各處與人為直角，流質之面當如丙丁之形狀。例如盛水銀於玻璃，是定流二質之黏力較流質之凝聚力小者，可徵之也。合力及分力之定義詳見後章。

（天二地）若為零，則水平面分力為零，而各力之分力均為、在垂綫之下，故流質之面當為平也。

人人所成合力之方向及其大小，是惟關於垂綫下之

物理學上編一　二三

分力與水平面之分力而已。是故流質小分與定質壁面之間所成之角，即所謂交角 Contact angle。如第三十五圖甲丙物、第三十六圖甲丙物，亦只關於定流兩質之性質耳。今就對玻璃而生之交角，舉數例列左。

水	一五四度二八分
松香油	一五四度一六分
酒精	一五四度四八分

右所記係百度表熱度二十度時所測者。

又第三項，其現象最簡明，如左。

定質之小分消化而散布於流質中者，蓋流質之引定質較定質小分互相引之力強也。因此故流質漸漸消化。例如投鹽或糖於水中，投金銀鋅等於水銀中是也。

四 流質間之黏力　今取流質二種，為其相遇之黏力較本體之凝聚力弱者，如水與油，使之相遇，則隨其重率而分層，決不能和合。縱極力簸盪之而和合者，亦漸分離，終隨重率之大小而各自為層。較未簸盪以前，不少異也。若其流質相遇之黏力較凝聚力強，則以此兩流質隨其較重盛於一器中，而亦能和合。兩者調和至勻，此現象名曰流質之散和 Diffusion。例如水與酒、水與食鹽，或水與銅養硫養盛於一器，則互相混淆也。又取能散和之流

物理學上編一　二四

質二種雖以疏鬆物體(例如猪之膀胱)隔斷其中而因其微孔能有毛細管之功用故能由中透過而互相流通蓋此中隔物之毛細管由其質點攝力以吸收兩質終能使之散和而調勻也如此透過疏鬆之隔物體而互相流通者名曰通膜 Osmose

第三十七圖

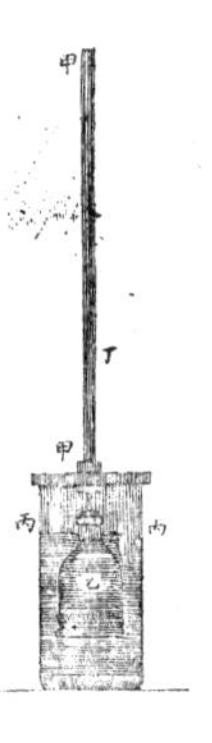

實驗 如第三十七圖甲為玻璃管其內徑一至二密里邁當以之穿過軟木塞而緊塞於玻璃瓶乙之頸中瓶無底封以膀胱別取圓筒中盛他流質而將前器浸入所宜

注意者不可使瓶底與圓筒底相切為要假如乙瓶中盛有銅硫養四之水圓筒中盛清水而以瓶浸入圓筒中則此際兩器之水面內外平均或清水面在丙銅硫養四之水面在丁其狀似當永遠不改然經四分時後則已顯見變化銅硫養四之水過丁頗高其上昇且尚不已而圓筒中水則漸帶有銅硫養四之青色若更反其次序以試驗之而盛水於瓶中盛銅硫養四之水於圓筒中則瓶中之水面當漸下而圓筒中之水面當漸高足見以膀胱中隔而兩液仍相散和且膀胱與水之質點攝力較膀胱與銅硫養四之水之質點攝力強於此可得確徵也

凡足供實驗之隔物體使之沒入某流質中則隨其物質與流質間所存質點攝力之強弱而令其物質之吸收流質有多少里畢悉 Liebig 曾就獸類之膀胱以試驗吸收流質之多少其試驗之事與前記通膜之現象所見相符足證流質與膀胱之質點相攝各有強弱也即以乾燥之牛膀胱有百分重者二十四時間其吸收各種流質之量如左

水	二六八分
食鹽水(有一·二〇四之較重者)	一三三分
酒(百分中含醇八十四分者)	三八分
骨油	一七分

由是觀之則獸類膀胱之吸收力各隨流質而其差之甚如此置此膀胱於水中則須臾而軟然在酒精中則當堅硬如常也

現象及功益 常所目擊之現象亦可由通膜而解明其理且其有裨致用者頗多例如取蘿蔔一塊穿一凹孔實以糖經若干時後而孔中可得濃沙糖水欲減鹹魚之鹹則置之水中又撒鹽於野菜之類則可製醃菜皆是也

五 定質與氣質間及流質與氣質間之黏力 凡定流二

質與氣質之間所存攝力在二質之外面及內部能留住氣質且使之濃稠此現象名曰氣質之吸收Absorption of gases. 氣質增濃之際則生熱故其吸收氣之定流質必見熱度之昇其所被吸收之氣質愈多則其熱度之昇亦愈高而氣質之被吸收其多少隨定流質之種類而異例如淨水一倍在百度表十五度之熱則吸收阿摩尼阿氣七百餘倍炭養氣一倍養氣三十三分之一倍淡氣六十六分之一倍但其吸收數於熱度爲反比例於壓力爲正比例

設例　舉數例以證定流二質吸收氣質之事實

一以玻璃圓筒倒立於盛汞之盂中其筒中收集炭養氣而熾熱木炭一塊放之圓筒下及其達於氣中立刻見水銀昇高如第三十八圖

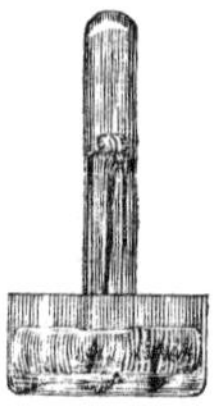
第三十八圖

二度倍來耨Döbereiner.所造點火器中向白金絲而送入輕氣其際輕氣被吸收而稠密故白金絲卽被熾熱後所續入之輕氣乃至能燃

三凡易濕物質卽所謂引濕物Hygroscopic matter.能由在許多之空氣中吸水汽而令之稠密故增加其重例如毛髮鯨鬚植物軟心弦線等皆然鈣綠鉀養更甚終至盡鎔化

四用第一法收集阿摩尼阿氣而圓筒中入水少許則水銀急速上昇其狀如第三十九圖

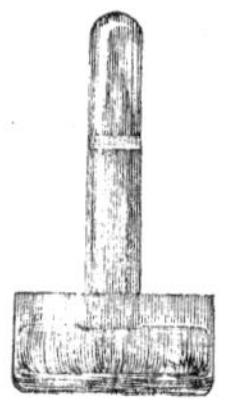
第三十九圖

五如荷蘭水麥酒香賓酒等流質含有多炭養氣者忽開瓶口則見炭養氣爲泡沫而出蓋在瓶中時壓力強可以多吸氣質然除其瓶塞則瓶內之氣已被放散壓力減退不足多吸氣質故也

六氣質之散和　兩氣質相遇則亦能互相散和霎時而爲調勻之混淆質

例如左

一取一圓筒滿盛炭養氣開其口而置之須臾則見圓筒內已容空氣至滿足炭養較空氣重一倍半而散入空氣者因能散和故也

二如第四十圖取玻璃瓶二箇設有活塞一盛以輕氣一盛以炭養氣而由象皮管使相連接盛輕氣者在上盛炭養者在下試開活塞經須臾後驗其兩瓶之氣質當爲相同之混淆氣質也

第四十圖

三空氣者原屬較重相異之淡氣養氣混淆物其混淆之率到處無不均勻

四欲檢氣質之能通膜與否則以電池所用之白泥筒裝軟木塞以玻璃管插入此中管之一端插於玻璃盃水內如第四十一圖然後將盛輕氣之玻璃罩覆之則見輕氣透白泥筒而通入見盃內之水面發出氣泡是因通入筒內之輕氣擠除空氣故也

第四十一圖

第五節　重力

一定義　凡星體中即如地球對其所屬物體所施之攝力是力名曰重力 Gravity. 重力之為用也使無所把持之物體向地球中心而行動即下落又以繩懸垂之物體拉緊其繩又置於他物上之物體則對其物體施以壓力所謂物體重率是也其單位則擇用百度表四度之純淨水有一立方生的邁當之重者名之曰格蘭姆 Gramme. 凡物體下墜時所向之方位或以繩懸垂之物體值其靜止之時其繩所向之方位名曰垂線此方位與靜水面即水平面為正交

所謂鉛垂 Plumb-line. 者以供測定垂綫方向之用

是即據上文之理繫鉛球於繩之下端或如第四十二圖繫以黃銅杵其下端作圓錐狀者亦可今欲使某物體準垂綫樹立則但以其方向與此綫之方向相較為平行即得矣土木家工程家俱通用之世人之所知也

第四十二圖

二重力之性質　重力之性質別為要目有六如左

第一　重力之方向當作為達於地球之中心全重力集合所在之處者也

原由　重力者非由地球中心所出之力當作為由其各小分所有引力總合而成者即無數小分力合成者也此力之方向所以向中心者蓋地球全實質均勻配列於其中心之周圍也今以意推測如第四十三圖其理自易會悟即如於甲設鉛垂則其方向必達於中心而於乙而於丙而於丁亦莫不然故謂重力者皆集合於中心而存之固無不可也

第四十三圖

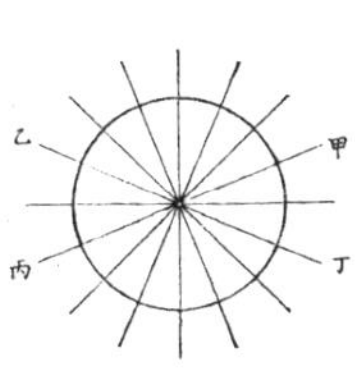

第二　凡物體在地球上之同一處所必有同一之重即無空氣之阻力則於同一時內其下墜之路必等

原因　參照前章無礙直墜節之第一條自明晰也

第三　重力在地球之面爲最大若自此而昇或自此而降則均減少在高山則較平地弱在深坑亦較平地弱

原由　因昇高而重力所以減弱者蓋在高處較在平地者距地心愈遠也其地面以下重力減弱之理可就

第四十四圖

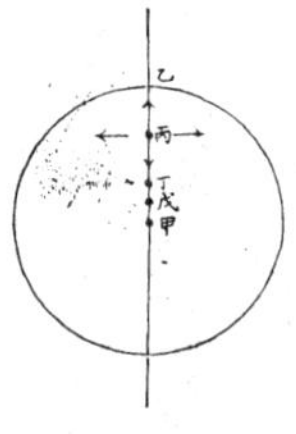

第四十四圖釋之今有一物體在地球面乙則其攝向中心既如上文所言其物若入地下假如至於丙則上下左右俱被攝引雖然左右之重率相同故其攝力亦平均而丙以上重率小丙以下重率大故其攝力有大小之差惟因其力之差之較尙能向中心而攝引故雖減而仍有攝下之力更降至丁戊等處則因其差愈小其攝力亦當愈小是深入地下時重力所以減少也

第四　重力在地面各處大小不同在赤道直下者小愈近兩極則愈大重力之在兩極較之在赤道直下者其大有二百分之一

原由　此現象有三原由茲列於左

一地球之爲扁圓　爲扁圓故在赤道之各點較之兩極其距地心大約大二十一啟羅邁當

二因地球自轉所生之離心力　離心力詳後章者在兩極等於零漸近赤道則漸強至赤道則最強今因其離心力乃與地球重力生相反之功用故在赤道者其重力被減最多緯度漸高其減漸少在兩極者則全無也

三自赤道直下至兩極而離心力與重力隨之生差方向異則重率亦有增減　離心力向外而其方向在於赤道並行圈之面然重力則向內卽向地心故此兩者之方向在赤道恰相反然漸近兩極則兩者之方向漸成鈍角是以在赤道者所減重力等於離心力之全力漸向兩極則所減重力惟等於離心力漸小之一分耳

第五　在地球之中心其攝力等於零

原由　在地球中心其於一面之攝力與其他面之攝力相等故能平均也叅考第四十三圖自易明曉

第六　重力者乃互相攝力也不但地球之攝物體地球亦爲物體所攝

格蘭姆　本節中定義條下云重率之單位擇用一格蘭姆此所謂格者亦與尺度同昔在法國選定冠以希臘及拉丁之數字卽十進之制也今依上海所用漕平

較法格列表如左。

法	權	中國漕平權
啟羅格蘭姆 Kilogramm (Kg) 略書啟格	一格之千倍	二七兩·二八八〇〇
黑達格蘭姆 Hectogramm (Hg) 略書黑格	一格之百倍	二·七二八八〇
迭客格蘭姆 Dekagramm (Dg) 略書迭格	一格之十倍	〇·二七二八八
格蘭姆 Gramm (Gr) 略書格	本位	〇·〇二七二九
得夕格蘭姆 Decigramm (dcg) 略書得格	格十分之一	〇·〇〇二七三
生的格蘭姆 Cétigramm (cg) 略書生格	格百分之一	〇·〇〇〇二七
密里格蘭姆 Milligramm (mg) 略書密格	格千分之一	〇·〇〇〇〇三

流質量之單位，亦由邁當而定。其一立方得夕邁當，即一啟羅格重之水積，是名曰利脫耳 Liter. 亦冠以希臘拉丁之數字，其十進與邁當及格同一式。

第六節 宇宙攝力

一定義及功用　星體交相施之攝力，其名曰宇宙攝力 Gravitation. 此力亦如重力，乃互相攝力也。地球攝太陽，而太陽亦攝地球，如潮汐。如一星體之旋繞他體，皆當歸於宇宙之攝力。

二定律　各種之攝力，如愛力、質點攝力、凝聚力、黏力、重力、宇宙攝力，想不外於同一力之變形也。雖然，尚未得其確證。吾人惟知重力與宇宙攝力，乃為同力耳。蓋以此二力者，俱隨一定律而動作也。其定律乃名儒奈端 Newton. 所創定，故名曰奈端宇宙攝力之定律 Newton's law of gravitation. 乃釋二物體之攝力，於其實重率與相距，有如何之關係也，即如左。

二物體各以力互攝，此力於兩體之實重率為正比例，於其相距之自乘為反比例。

解說　今以(力)及(力')為兩力，以(實)與(實')為其兩實重率，而以(距)與(距')為其相距，則當得左式。

$\frac{力}{力'}=\frac{實}{實'}$ 在相距均等者。

$\frac{力'}{力}=\frac{距^2}{距'^2}$ 在實重率均等者。

故知 $力=\frac{距^2}{實\cdot實'}$

例之所被攝引物體之實重率，若為大千倍，則攝力亦大千倍；反之，其實重率若小千倍，則攝力亦弱千倍。而物體之相距若為四倍，則攝力弱十六倍；其相距小十倍，則攝力強百倍也。

吳縣王季點校字

物理學上編卷二　重學 氣質重學

日本飯盛挺造編纂　日本藤田豐八譯
日本丹波敬三 柴田承桂 校補　長洲王季烈重編

第一章　力之平均分合及重心

第一節　平均之定義及要旨

一定義　凡物體惟於受力之運動時則生變化有一物體而單受一力之運動者如下墜之物是也有一物體而受數力之運動者如船因水力風力而進駛是也若數力同時被於一物體則其功用當爲數倍即謂其形狀之或變化或不變化也而其力之運動消長相均則可不生變

化如是者曰力之相定或曰其力相等或又曰物體受力爲平均然則曰平均者即謂數力被於一物體而不生變化者也

凡力之平均無論其物體爲靜爲動皆與之無關係物體若運動不已而其被於物體之力苟爲平均則物體隨恒性之定律永不變其運動之狀前行如故例如汽力若於各秒間與相反之抵力相平均則鐵路上之汽車依其既得之力必以均等之速率前行不止也反之而汽力與抵力之間不能得其平均者即如汽力或較抵力大或較抵力小之時則不得不變其運動之狀而

其行或漸快或漸遲也然則惟數力被於一物體而不相均者則其狀即生變化也

二要旨　所成之工程與所費之程工力兩者若同則得平均矣

凡運動不已之物體其儲蓄力毫無增減則以不變之速率接續前行是不待言然其如此者惟其力所作之工程與其因抵力而所失之力兩者均同乃能成此也欲測此際所作之工程數以力與其起動之力同方向而行所經相距之路兩者相乘即得之

第二節　力之合成及分解

一要義　由數力同時被於一物體而所得之效驗等於一力所致者亦不少如一馬之力代數人之力汽機之力代數馬之力是即一力能代數力者也一力而與他數力生相同之功效者名曰合力 Resultant. 其數力各自成力者名曰分力 Components. 欲求加於物體之力可借直線以明之其綫之長短及方向即以代其力之强弱與方向也

二力之並行四角定律　二力之方向爲某角度而加於一實質點今借直綫明此二力以造並行四角形則其合力之强弱方向俱與此並行四角之對角線相等

一解說　如第四十五圖所示二力同時加於一點甲

第四十五圖

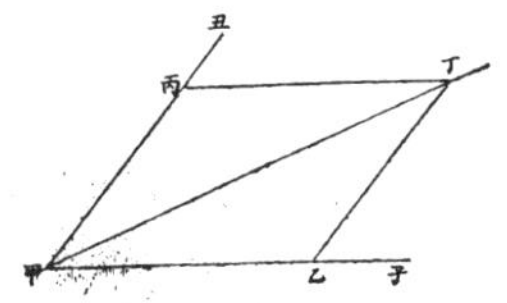

第四十六圖

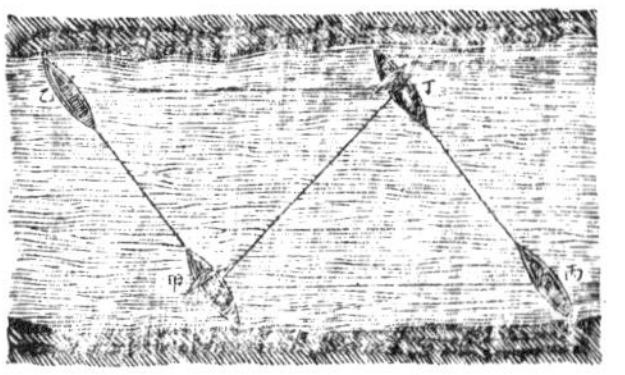

一力向子而行一力向丑而行俱擬將此甲點移動然使此二力各自行動則其向子之力可於若干時內（例如一分時）由甲而移之於乙或彼向丑之力由甲而移之於丙而一分時內使甲點同時並受二力則與初分時內惟受第一力次分時內惟受第二力者其效一也何則使第一力於一分時自甲移於乙及至於乙第一力忽失其功用乃讓第二力移之而使自乙至於丁（即與甲丙爲相等且並行者）至第二分時之末則必至於丁矣又或使初分時內自甲向丙次分時內自丙至丁其二分時之末必至於丁亦同也然則同時受二力之動作則必於一分時而能達於丁也今更舉一實例以明之如第四十六圖有小舟於河岸將欲渡河其際使舟進行者有風及潮水二力若但由風力則當於若干時內（例如一刻）自甲而至乙又若毫無風力而但由潮力則當於同時內自甲而至丙故同時而受風潮二力者則必於一刻內達於丁也

二合力之大小　凡合力之大小乃關於分力之大小自不待言雖然亦大有關於角度角度愈小則合力愈大角度愈大則合力愈小例

第四十七圖

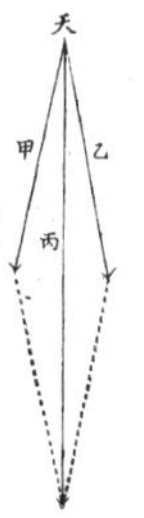

如第四十七圖有甲乙二力互爲鋭角而加於天點則其合力當與丙均然如第四十八圖爲鈍角則雖其分力等於前而其合力則甚小故二力之角度至於零則合力等於二力之和反此而二力在一百八十度之角即一直綫則合力等於二力之較是故二力相等之際其合力爲零則如第四十九圖所示又如二力在一百八十度之角如第五十圖而

第四十八圖

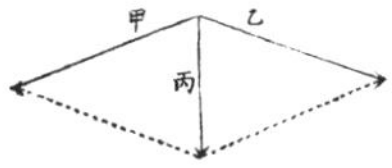

第四十九圖

第五十圖

第五十一圖

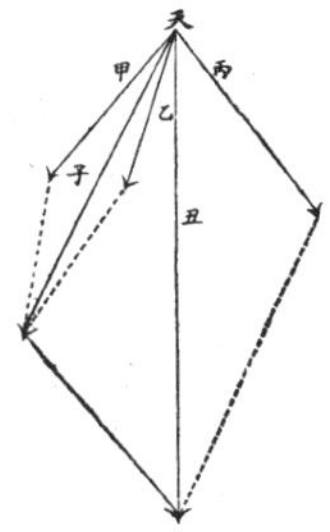

其一力爲三其一力爲五則合力當爲二力之較即二是也

三由數力而成者　欲求數力所成之合力其法亦與求二力者同例如第五十一圖有甲乙丙三力同

時而被於天點則先由前法得其二力例如甲乙之合力子更晝其子與丙之並行四角乃可得對角線丑丑卽甲乙丙之全合力也其他四力五力以上之合力皆可以求二力三力之法推而得之

四由以上三項所得之蹟　由上文觀之二力或數力互成角度而加於一點則分力必與合力之大小爲比例故若以一力其强弱與合力相等者而加於相反方向則必與衆分力相抵平均自無疑也

五加於數點之角度力　凡力依角度而運動非惟加於物體之一點者爲然也卽在物體上向數點運動之

第五十二圖

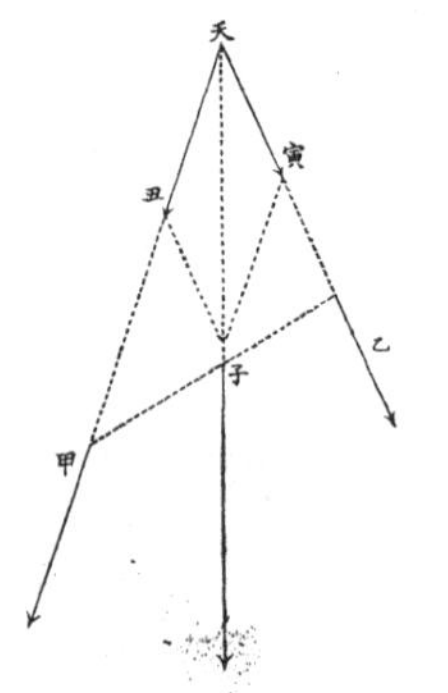

力今欲得其合力亦可以前法求之如第五十二圖有甲乙二力於一物體上之二點運動欲得其合力則當引長甲乙使之相交例如天點蓋不問其引長若干而其角度終不變化故其功用亦毫不差異也於此甲定位於天而爲天丑乙亦定位於天而爲天寅其强弱與先時向二點運動者必不稍異故今晝並行四角而設對角線則可得甲乙二力之合力自不待言若使合力之位置移於甲乙相連線之上則其合力自當集於子點如此集合之則無論數力同時向數點運動亦如加於一點者以次第聚合之卒能得其合力也

三力之分解　如前所述乃二分力合而成一功用者若一力分解爲二力同時而成二事之功用如向斜動作之力是也蓋力者惟其對某面而成直角者能施其全功而斜力則生兩功用者也惟兩功用中通例只其一者可致用故斜力之兩功用中其一常歸於耗費因是吾人唯於物體之方向與力之方向俱不能更變之時則始使力斜向某物體而生運動耳卽如某運動體之力不能隨人意

易其方向者例之以風而欲借其力以加於他物體則此際須分解其斜力而成兩分力求其與此運動同方向之一者而用之其彼一分力則只可不用也今有在某面之物體欲由斜力使之運動則惟與其面並行之分力能生運動其與此面成直角之分力乃爲加於其面之壓力而歸於耗費者也

一據實例以解說　造屋者欲昇高其直立之柱則設半劈如第五十三圖於其柱下此人所盡見也此際若能使其劈之摩阻力爲甚小則劈當向其背面卽刃之背後也脫出所以使劈向背面運動者全因其上柱之重力所

第五十二圖

生壓力也而其力之方向乃中垂綫而與甲乙並行如箭之所示者但此中垂綫之力乃能使劈由平面向後而運動者(與丙乙並行)蓋因其力聚於劈之斜面上而為斜角也故遇斜面之力能使一物體向與已全異之方向而運動然柱之重所生斜力非僅使劈生後退運動而更於同時施向下之壓力於劈上由是觀之則向斜動作之力蓋分力為兩功用理易明也

二力之分解法　欲分解某一力為二分力而於一點上各改其方向為某角度以運動則可用並行四角力

之定律以確定其兩分力之大小方向與其合力(即原力)之功用相等而兩分力之方向既知為通例又須知其大小求之之法可用算式與作圖二法

今但就作圖以述力之分解法茲有某力欲知其分力則通過某力之終點而從分力之方向畫兩並行線即可以知之今釋例如左

第五十四圖

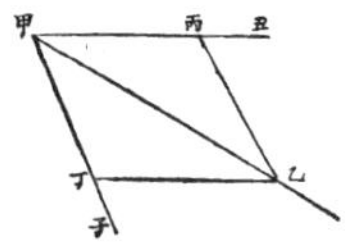

第五十五圖

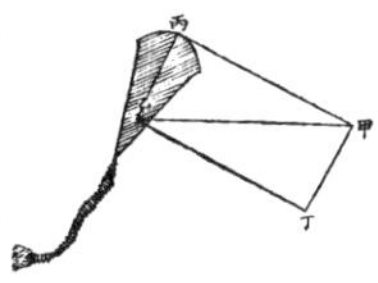

如第五十四圖甲乙為其力之方向及大小甲子及甲丑為其二分力之方向乃用前記之法可得甲乙

丙丁之並行四角其甲丙及甲丁乃所求分力之大小也

三由力之分解而所生之運動實例　由力之分解而所生之運動頗多舉其一二如左

一由風之平動而紙鳶上昇　如第五十五圖甲乙直線即風之方向及大小衝抵斜懸之紙鳶者也其力因向斜運動可以分解為甲丙及甲丁二分力而其丙乙並行於紙鳶之面故毫無功用而丁乙則對其面施直角之壓力使紙鳶上昇於空中

二由旁面吹來之風力而使船前進　如第五十六

第五十六圖

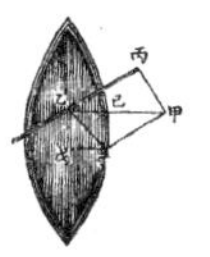

圖甲乙乃風力為斜角及遇帆而分解為二分力丙乙及乙丁丙乙者並行於帆面無能為用惟丁乙為直角而壓於帆面以生運動雖然此丁乙者其於船行亦斜故其於船之前進非其全力能生功用惟其一半能生運動而已今欲知其大小更分解其丁乙為戊乙及巳乙二分力則前者向船行之方向而運動後者於其方向為直角故當壓之使向旁橫行惟在船旁之水其抵力較在船前者極大故船隨戊乙壓力而進也

三牽船進行之例　如第五十七圖以甲子為河岸

之方向於此泛小舟用馬在岸上牽之使依丑甲之方向前進然其舟當與河岸相撞而不能前進故舟子必以向甲寅之力推艫以避其撞岸也然則非馬之全力使舟行動僅以其力之一分使之前進耳今

第五十七圖

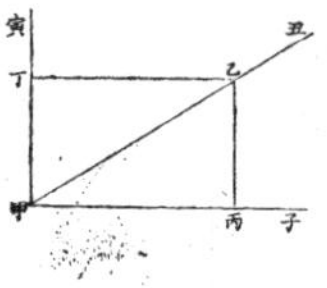

第五十八圖

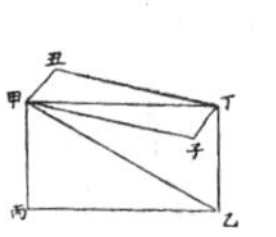

欲就其馬力中知其使舟前進之力之大小乃以馬力為甲乙之大而畫乙丁綫與甲子並行畫乙丙綫與甲寅並行以分解其力乃得甲丙為牽舟馬力之大小甲丁為舟子為避撞岸所用八力之大小即為耗失馬力也

四二力以上之分解　使一力而分解為多力亦可由分二力之理推而求之自易明晰如第五十八圖有甲乙一力分解為甲丙及甲丁二力更分其一力甲丁為甲子及甲丑則已可得三力如此逐次推之則分為多數之力自不難也

四並行力之合成　二力加於物體之二點而兩者並行則其合力等於二力之和而從合力動作點分其二原分力動作點所有之相距與其二力之大小為反比例如第五十九圖甲乙為二分力動作點其合力動作點在丙其甲乙與丙之相距與二力之大小為反比例也

第五十九圖

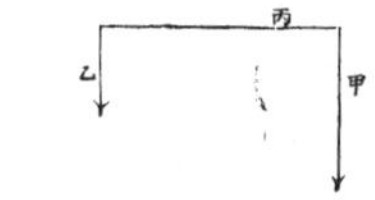

第六十圖

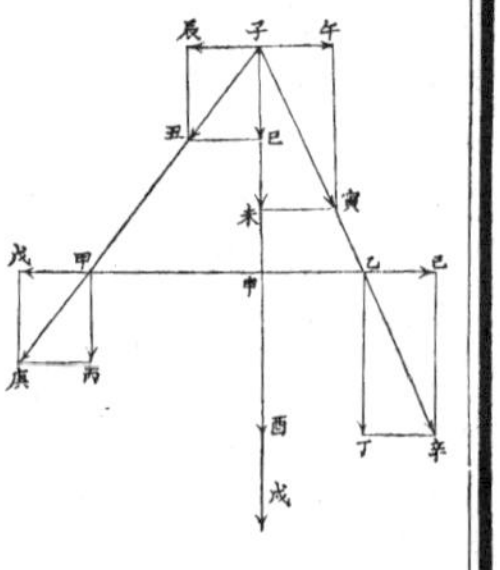

一就同向並行力之合力求其動作點　試據第六十圖以詳之今於甲及乙之二點有甲丙及乙丁二並行力今將表此二力之綫雖引長之首尾不相合故以上文所說力被於一點者之理終不能得其並行四角也故更別設二力與前二力各為直角且向相反之方向而生運動者即甲戌及乙已借此二力乃可得並行四角但此二力者大小相等而方向相反故於甲丙及乙丁之二力其功用毫不生差惟由此力之助能得並行四角而已今因其助就甲丙及乙丁各畫並行四角則可得其對角線甲庚及乙辛而由上文第五十二圖之理引長此二條對角線使線至於相會則子點即為兩力之所在子丑者示甲庚之大小子寅者示乙辛之大小也於此各分解其合力以子丑為子辰子已以子寅為子午子未則子辰子午二力其大小相等且其方向相反故俱全失惟子已子未之二力為同方向運動者

而其二力等於甲丙及乙丁之和，故二力之合力，足徵其為甲丙乙丁二者合成之力也。今使將此二力之所在移於申點（即在甲點乙點所連線中之一點），則即以申酉及酉戌之力為甲丙及乙丁之代，亦無不可。而申酉與酉戌者，為一直線，故其合力等於二力之和，不容疑也。如此以求其所得合力之點，則其點之距原力，必於原分力之大為反比例。即乙丁倍於甲丙，故申點之距甲點，當倍於乙點。故曰其合力之點，在以原分力乘相距所得等數處之一點，亦同一理也。是故合力點其分力相等，則在中央；分力不等，則偏於力較大之一方。今以算式明之。

丑巳及寅未與甲乙並行，故其式如下：

$$\frac{申子}{甲申}=\frac{巳子}{丑巳}$$

$$\frac{申子}{乙申}=\frac{未子}{寅未}$$

而丑巳等於寅未，故為

$$甲申\times巳子=乙申\times未子$$

今以甲丙為㊝天，以乙丁為㊝地，以天代甲申，以地代乙申，則其式如下：

$$\frac{地}{天}=\frac{天}{地}$$

故為

$$天\times天=地\times地$$

由是觀之，則合力點與原分力其間之相距，於原分力之大小為反比例，其理顯然也。今若以與合力同大之力施之於相反之方向，則兩力平均而不生運動。故雖不總合甲丙及乙丁之二力，而試當其合力所在之點，以等於兩力和之力施於相反之方向，則其得平均可必也。

二 就反對並行力之合力求其動作點　如第六十一圖，有甲丙及乙丁二並行力，從反對之方向而動作。此際欲得其合力，則與前文所述理亦相同。先以甲戊及乙巳為輔助力，畫並行四角，以得其對角線，再引長之，

第六十一圖

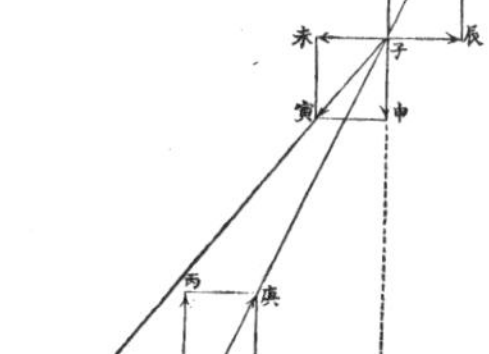

使會於子點。於此甲庚及乙辛變為互成角度之力。今如前法各分解之，以等於乙辛之子寅為子未子申之二力，以等於甲庚之子丑為子卯子辰之二力，則子辰與子未同大，故互相平均，惟子卯子申兩力之差，能施其功用而已。以其差之大小移於酉點，則與甲乙點在同一直線中，即為甲丙及乙丁合力所在之點也。今如前圖，由算式而明之。

$\frac{酉子}{乙酉}=\frac{申子}{寅申}$

$\frac{酉子}{甲酉}=\frac{戊庚}{甲戊}$

而甲戊等於寅申故爲

乙酉×申子＝甲酉×戊庚

今以乙丁爲天以戊庚爲地以天代乙酉以地代甲酉則如下

$\frac{地}{天}=\frac{天}{地}$ 故爲

天′天＝地′地

五偶力　有同大之二並行力於相反之方向而被於二異點則不能得其合力而爲旋轉動如此之力名曰偶力 Couple.

六並行力之中心　並行力若爲無數則其合力之動作點名曰並行力之中心如此中心有二性質如左

第一於並行力之中心別施以一力乃等於其和者則其力與總分力有同等之功效

第二於並行力之中心別施以一力乃等於其合力而方向相反者則總分力因之而失去

第三節　重心

一定義及性質　凡物體防其倒轉或下落所須支持之之一點名曰重心 Centre of gravity. 此一點爲物體全重之集合處若持此點則物體安定否則必倒轉或下落也

二實驗　有某物體支其一定點則能持其全體是吾人所常經驗例如立杖於一指之尖支各形金類板於一鍼之尖置碗鉢等於一箸之尖是也

三原由　凡物體乃由物質小分而成其小分各有定數而其各小分上各有重力向地球中心而攝引此攝力之方向在一物體中其相離爲甚少故當作爲並行者是以各物體應照並行力之例向地球而被攝引如

第六十二圖

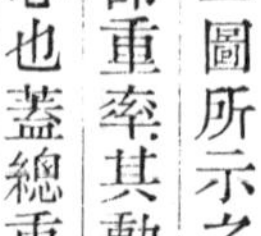

第六十二圖所示之狀如此總並行重力之合力即重率其動作點（謂並行力之中心）即物體之重心也蓋總重力之功用與合力之動作於中心者相同總重力之合力不外於重率而其中心即爲重心故以物體之重心爲全重集合之處無不可也是故其重心若被支持則各物體自必靜止何

則於總重力之中心施以一力此力若等其合力而方向相反則總重力不得不平均而不動矣前節言並行力下固已明之

二推求法　重心者由左二法可得而推定之

第六十三圖

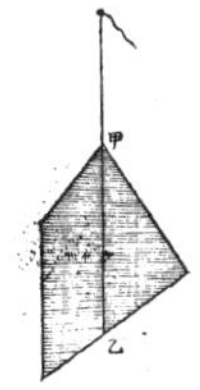

第六十四圖

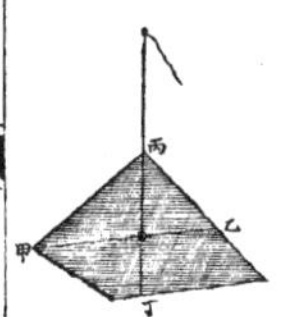

一實驗推求法　欲從實驗求某物體之重心則先於其物體之一點（例如第六十三圖之甲或乙）繫一絲而懸之然後於他一點（例如第六十四圖之丙或丁）更以同法施之蓋物體若靜止則其重心每在引長之綫之方向中故兩線之交點即物體之重心也

二算理推求法　據幾何學理亦可求得重心示數例如左

一直桿之重心在平分其桿為二之點上

第六十五圖

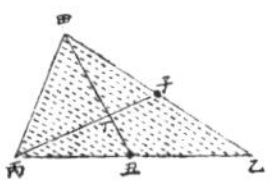

二三角板之重心在其中線之交點　中線者乃自三角板一邊（如第六十五圖之甲乙）之正中子向對角丙所畫直線是也自乙丙之正中丑而向甲角畫之線亦為中線其二線之交點丁即重心也此點之所以為重心者今且釋明其里焉假如先畫許多直線並行於甲乙一邊而將此三角板細分為無數直桿則其諸桿之重心必在子丙線上蓋子丙線在幾何學為等分並行諸線者故其並行諸桿之重心皆在此線之上即此三角之重心亦必在子丙線上也復畫並行線於乙丙亦如甲乙然則各線之重心又必在甲丑中而甲丑及丙子二線相交之點即三角板之重心可無疑也

三並行四角之重心在兩對角線之交點

四方柱體之重心在其底面兩重心相連之直線平分為二之點上

五圓柱體之重心在其圓心直線平分為二之點上

六方錐體之重心先自底之重心至其尖作直線所

有直線上自底至尖長四分之一之點即重心點也於圓錐體亦然

三平均即靜止之種類　凡物體者其重心被支持則能靜止上文既言之矣而其支持有二法即物體僅於一點受支持而得靜止者或於多點受支持而得靜止者

在一點上支持而靜止者　某物體單於一點受支持而能靜止則重心與支點須在一垂線中此支點與重心點相交可別為三項故茲就此等之平均即靜止而分為三類曰隨處曰永定曰易變

第一　如第六十六圖支點子即旋轉軸穿通物體

之重心丑無論使此物體為如何之位置而其重心丑與支點子必在同一垂綫中故雖隨意位置常得平均例如在丙丁亦與在甲乙同如此平均名曰隨處平均 Neutral equilibrium. 又使物體無論如

第六十六圖

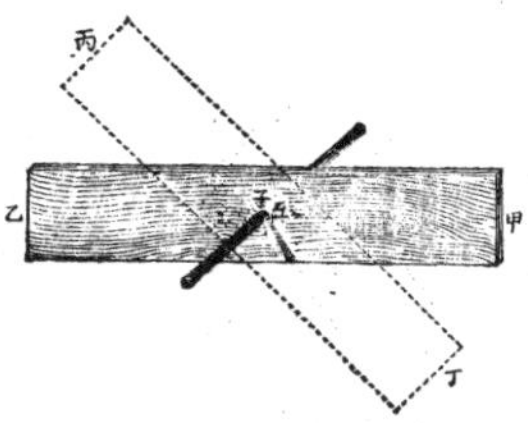

第六十七圖

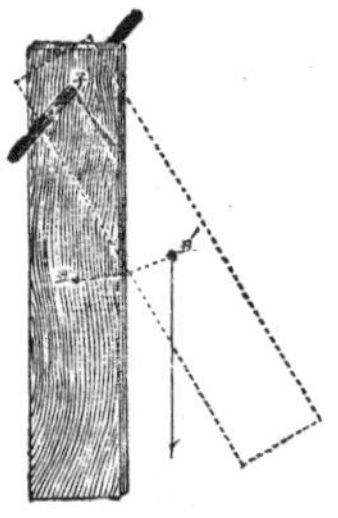

何移其位置重心每存於支點之垂綫上則其現象亦然例如球體是也

第二　如第六十七圖重心丑在支點子之垂綫之下（即懸挂之物體）則雖變易其位置（例如使重心移於丑）而外力之運動一止其物體因重力故仍歸於原平均位置如此平均名曰永定平均 Stable equilibrium.

原由　此因支點在上重心在下然旋轉之時則重心移旁邊高處且已不為支點所支矣故外力之運動一止重心復歸於本處也

第三　如第六十八圖重心丑若在支點子之垂線

第六十八圖

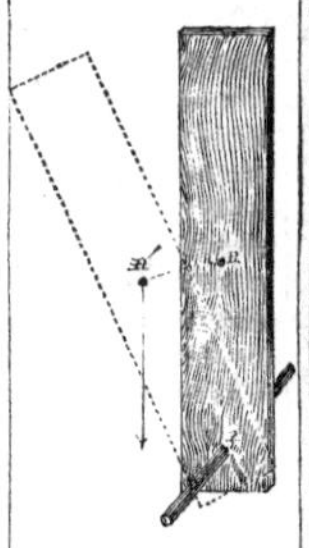

之上則物體於變位之後不復歸於原位而移於他位置如此平均名曰易變平均 Unstable equilibrium.

原由　如此平均以其重心之原位高於支點故於變位後得至低處而不復歸原位也

在數點上（即面）支持而靜止者　支點在物體之下而欲使之永定不變則必於不在一直線上之三點以支持之或以支其物者之全面支持之如此則兩者所有通過重心而引長之垂線仍在支面之中則其物體當穩而不動凡物體之重心愈低支面愈廣且其重愈大則位置愈穩（其支點為三點則相連成三角形四點則成四角形其界線之內亦即支面也）

一設例　如左

一如第六十九圖其物體若有虛線之高則必倒仆蓋其重心移於子點之高位所有通過之垂線已在支面之外也

第六十九圖

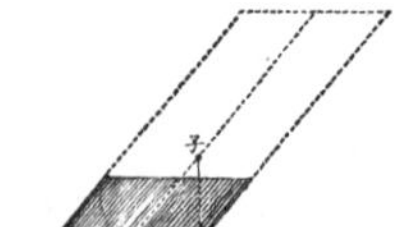

第七十圖

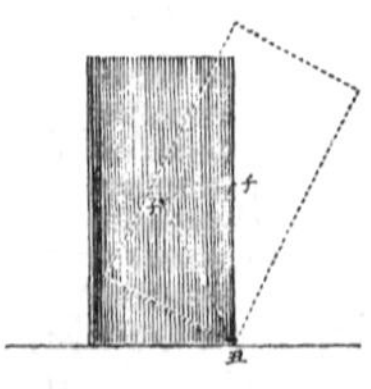

二如第七十圖以四角底直立之體欲使之倒轉必

先以底之一角丑爲支點使之旋轉其重心而其重心子依旋轉之角度而至子既至是則於此物體加以微力而通過重心之垂線一出於底外即當倒仆然則使之旋轉其所需之力愈大即其位置愈穩也凡底愈廣重心愈在下之物體必如此

第七十一圖

第七十二圖

第七十三圖

三日用之机桌及椅子一腳(第七十一圖)者較三腳(第七十二圖)者易於倒仆三腳者較四腳(第七十三圖)者易於倒仆人所共知也更於其腳之下嵌以鉛使之愈重則愈形安穩倒仆更難

二生活體之重心　凡生活體之重心乃爲支面(即支其物者之全面)所支持者而恆隨其體之動作而變其支面之大小與重心之位置人身之重心大約在身體之中央由不等邊形之面而支持之故兩腳相離之廣狹與易否倒仆之度大有關係又如負重物則屈身體之上截於

第七十四圖

第七十五圖

前(如第七十四圖之狀)如一手提重物則彼手必伸出俾身體側向彼面(如第七十五圖之狀)否則即當倒仆蓋人體與重物之公重心出於支面之外也

又凡人將左倒應伸右手將右倒應伸左手登山者向前屈下山者向後仰與此亦同一理也

四由重心定律可得證明之現象　由重心定律可得證明之現象頗多茲舉其最著者如左

懸垂體有穩立之證者　示例如左

一如第七十六圖有木片乙其下端有鐵尖豎於支面甲之上端(爲金類所作務極平滑)則必卒然倒仆何則其重心在支點上爲易變平均也雖然若以弧線丙丁貫於木片乙兩端施以重鉛球子子則木片與鉛球之公重心移於鐵尖之下而爲永定平均更不倒仆矣

第七十六圖

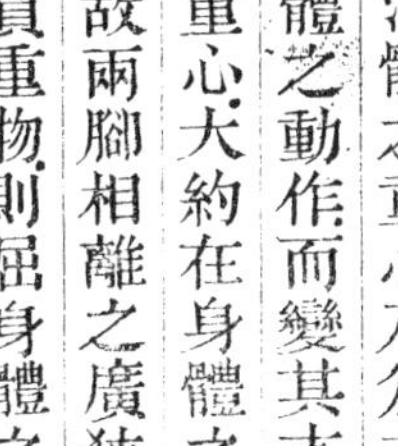

第七十七圖

其餘如此位置以尖頭立於極尖之支體上要亦不難如第七十七圖所繪蹈繩之戲即與此理同也

二如第七十八圖以彎曲之線之一端垂於几上則爲永定平均不待言而自解又如第七十九圖所繪

第七十八圖

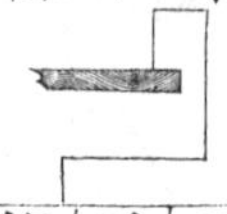

玩具一傀儡騎馬上亦與單彎曲線無異理也

又如船用懸燈亦由屈曲線之理構造而成者如第八十圖以二輪懸之其內輪子乃持燈之本體者以二鍼爲軸而能旋轉由外輪丑持之其外輪亦如內輪以二鍼爲軸而能旋轉其二輪更由在其外之大輪持之內外兩輪之鍼方向成直角相交如十字形於是燈之重心在其下則因兩軸之鍼之位置得以四面運動故不與舟之動搖相涉而自隨重心常得下垂縱令舟之動搖極烈而亦決無倒轉之虞也

第七十九圖

第八十圖

不倒翁　兒童玩具之不倒翁無論如何顛仆之亦必起立是因其重心占最下之位與懸垂者理同也

第一章　器具

第二節　器具通論

一定義　凡位置各物而使之能顯其力以程工者名曰器具 Machine. 例如桿亦爲器之一蓋能助吾人之筋力以運較重較大之石又各種水車亦器具也用之而水力能程各種之工如碾穀鋸木等事

二區別　如桿類只由一物體成者名曰單式器具 Simple Machine. 如水車類由多物體互用而成者名曰多式器具 Compound machine. 單式器具者別之爲六類槓杆滑車輪軸斜面螺旋劈是也多式器具者其構造無論何等繁雜不外由此六器彼此互合而成

三器具上之力爲平均　凡器具者須有勝其抵力之能名其抵力曰重例如舉高一物體其重率卽爲重又擊碎一物體其凝聚力之固性亦須以重力勝之也用某力加於器具上以勝物之重或固性其間所施之壓力或牽力總名曰力凡運動不息之器具若其力與重爲平均則可以不變之速率永遠運動此因前章所論之平均要旨力之程工與重所能程之工爲均等則速率不變故也然則器具之力平均者乃力之程工等於重所能程之工時所由成者也

四重速積定律　以小力能勝極大之重是人所常經驗如用長桿能起極巨之石是也然此際力雖增而動路必須極大此項關係可由下文簡捷釋明之

由器具而所增之力等於其在動路卽時刻所需多用之力蓋其物之重爲減而力所經之路則需增長也是所爲重速積定律 Golden rule of the mechanies也。

五運動之阻力　凡各器具除本來之重外尚有他抵阻妨其運動器具運動之際又不可不勝此阻力此運動之阻力 Hinderance of motion. 爲摩阻力 Friction. 居間體阻力 Medium. 及抵阻力 Resistance. 是也

摩阻力　分論如左五項

第八十一圖

一定義及原由　有相切之二物體方向相反而運動此際所生之阻力名曰摩阻力是因物體之面不平滑而爲凸凹其二面相切則一面之凹陷處與一面之凸起處互相嵌入如第八十一圖所示故欲使之運動必須拉斷其凸處或抬起其凹處也又其面之黏力亦能生摩阻力

二摩阻力之種類　區別摩阻力爲二一平動摩阻力 Sliding friction. 一轉動摩阻力 Rolling friction. 平動摩阻力者謂一物體平切於他物體上而運動或車輪切於軸而旋轉此際所有之抵力是也轉動摩阻者謂圓物體轉動於某面上此際所有之抵力如以圓柱或車輪轉動於地上是也二者之內轉動摩阻力常較平動摩阻力小

三摩阻力之定律　舉三要項如左

一摩阻力關於相切物體之性質與其面之形狀

二摩阻力於兩物體間之壓力爲正比例

三摩阻力不關於切面與速率之大小

克倫 Coulomb. 曾造一器如第八十二圖就平動摩阻力以確證其定律焉

第八十二圖

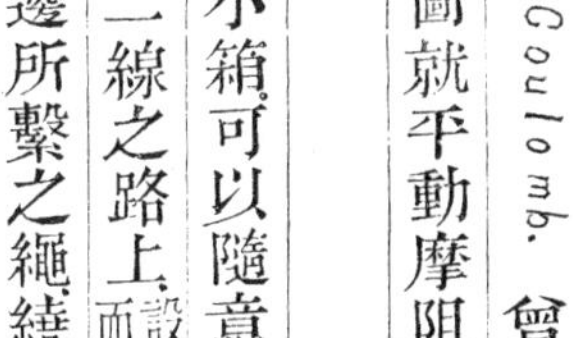

甲乃小箱可以隨意載重物置於水平面二線之路上(設此路須並行而在乙桌上)其箱一邊所繫之繩繞丙滑車而垂於下末端繫以丁秤盤其盤上置重錘以便牽甲箱使之運動今若箱之下面係金類所作其路亦屬同類之質爲之甲箱之全重併其所載重物設爲六啟羅格此際置重錘於丁秤盤其錘與秤盤共重一啟羅格(卽甲全重六分之一)已能引下六啟羅格之重倘使甲箱之全重增至二倍或三倍則秤盤之重亦需二倍或三倍又箱之下面與路俱爲木製則其引下所需之重爲全重三分之一也又使其路或廣或狹則其引下所需之重亦無少異

如上所言乃所需勝抵力之分數(卽在金類者六分之一在木製者三

一分之一是名曰摩阻力之等數。Coefficient of resistance.

四摩阻力之益　無摩阻力則物必難於握執（如將捉鰻）者。行路亦易傾跌甚爲危險（如步於冰上者）。又各機器之運動若無摩阻力則皮帶不能傳動是則摩阻力之爲效甚大也。

五摩阻力之損　摩阻力能阻各機器之運動能使窗戶難於開閉其害甚大但物體磨極平滑並塗以油等滑料則其摩阻力可以稍減是人所常經驗也。

居間體阻力　如左。

所謂居間體之阻力者物體在水或空氣中運動此際空氣或水之阻礙是也是因運動之物體其前進時先須推開水或空氣因而其速率減少欲使此抵力甚微宜注意於物體之形狀則使居間之物體易推開也例如船舶之構造懸擺之形狀皆須準此理。魚鳥之體格亦自與此理符合者雖然倘使居間體全無阻力則不能以櫓使船前進人與魚類不能游泳於水中鳥亦不能飛翔於空氣中也。

第二節　單式器具

第一項　槓杆

一定義　曰槓杆 Lever. 者謂不可屈撓之桿由一定點以旋轉而受二力（謂重及力）之施其上也。

欲釋槓杆之定律先以槓杆爲無重之線名曰算學內之槓杆而槓杆之旋轉點名曰支點力之動作點名曰力點重之動作點名曰重點自支點至力點之相距名曰槓杆之力臂自支點至重點之相距名曰槓杆之重臂以力或重所乘槓杆各臂之積名曰其平均率。

二區別　區別槓杆爲二一曰兩臂槓杆一曰一臂槓杆。兩臂槓杆者其支點在力重二點之間如第八十三圖是也一臂槓杆其支點必偏於一方如第八十四圖是

第八十三圖

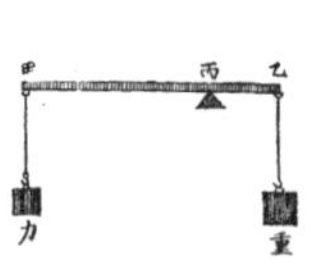

第八十四圖

也兩圖俱丙爲支點甲爲力點乙爲重點但兩臂槓杆其兩臂有等長者有不等長者不待言也。

三槓桿之定律　凡在槓桿之力與重於其臂爲反比例則其槓桿之兩臂爲平均。

據第八十三四兩圖以釋此定律如下。

$$\frac{重}{力}=\frac{甲丙}{乙丙}$$

即

$$力\cdot甲丙=重\cdot乙丙$$

蓋槓桿者乃所以表並行力之實例其支點爲合力所在之點也今如甲丙爲四尺乙丙爲一尺則一斤之力可等於四斤之重

實驗　定律實驗之確證宜備機器如第八十五圖其爲一臂槓桿則如第八十四圖用絲與定滑車使力向上運動

第八十五圖

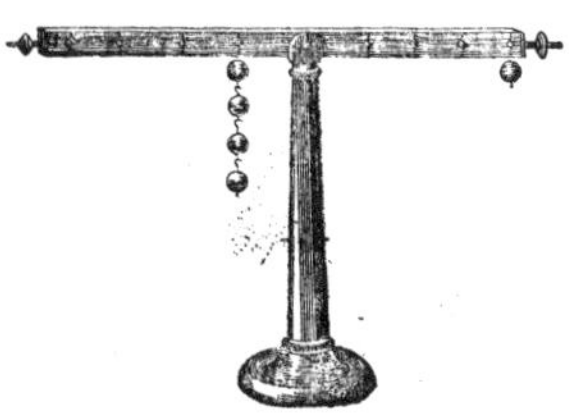

第八十六圖

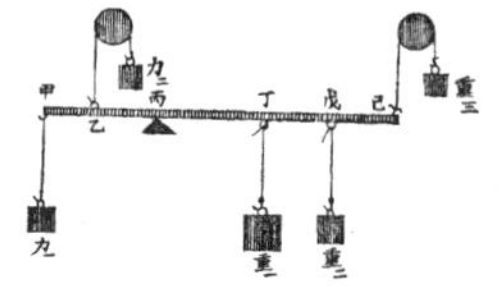

多力之槓桿　槓桿非僅施一力與一重也亦有施許多之力與重者施許多之力與重其仍得平均之理與施一力一重者毫無差異例如第八十六圖有$力_{一}$$力_{二}$$重_{一}$$重_{二}$$重_{三}$共五力施於甲已之槓桿則其五力中$力_{一}$$重_{三}$互助而欲使槓桿旋轉至此面$力_{二}$$重_{一}$$重_{二}$互助而欲使槓桿旋轉至彼面故其功用與施二力者不異也是以其各力之平均率和與各重之平均率和若爲等則甲已必當平均卽如下式

$力_{一}\cdot甲丙 + 重_{三}\cdot己丙$
等
$力_{二}\cdot乙丙 + 重_{一}\cdot丁丙 + 重_{二}\cdot戊丙$

今以實數代此五力而定其相距之大小以示其平均率爲相等如

$力_{一}$ ＝ 八
甲丙 ＝ 二
$重_{三}$ ＝ 二
巳丙 ＝ 四
$力_{二}$ ＝ 二
乙丙 ＝ 一
$重_{一}$ ＝ 九
丁丙 ＝ 二
$重_{二}$ ＝ 一
戊丙 ＝ 三

則

$八\times二 + 二\times四 = 二\times一 + 九\times二 + 一\times三$

不並行之力　凡力被於槓桿亦有互爲角度者蓋互爲角度之力其强弱關於角度之大小故不能如並行力第以力重之大小與槓桿臂之長短以定其平均率也如第八十七圖有甲乙二力運動兩臂槓桿此際甲與乙其大小雖顯有差別然其槓桿反得平均何

第八十七圖

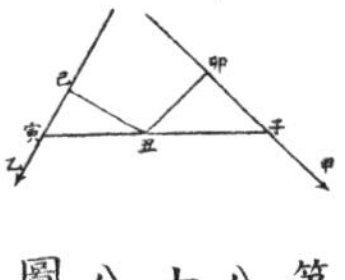

第八十八圖

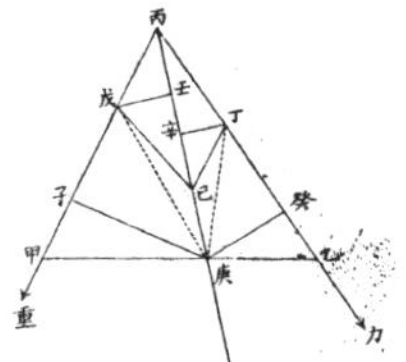

則甲於子丑之槓桿臂其爲角度大乙於寅丑之槓桿臂其爲角度小是故甲力之運動槓桿臂者弱而乙力則强試從兩力方向之上以線引長之再從支點上畫一線與此綫相交成正角卽卯丑與巳丑以卯丑與甲

力乘以巳丑與乙力乘其乘積若爲相等則必得平均也

今釋此平均之理如第八十八圖所示有力重二力加於甲乙之槓桿臂與合力被於一點者同法改長之使會於一點（卽丙點）而移力及重於此點其大小定爲丙丁及丙戊乃畫並行四角以得丙已之對角線更改長之則通過庚點故庚點者其爲支點不容疑也今更欲易得其證自丁向庚畫一虛線更自戊向庚亦畫一虛線則可得等面積之三角形二箇卽庚丁丙及庚戊丙是也凡三角者若以底之長與高相乘而以二除之若等則其面積亦等此幾何學之定法也是以庚戊丙及庚丁丙之三角丁辛與戊壬乃相等（卽兩三角形之高）而同以丙庚線爲底故其面積爲等亦不容疑也果爾則就此兩三角以丙丁及丙戊爲底線以庚爲頂點自此頂點向兩底畫垂線（假作爲不同長者）如庚癸及庚子則庚癸與丙丁相乘之積與庚子與丙戊相乘之積必爲相等因丙丁等於力丙戊等於重故庚癸與力相乘之積乃等於庚子與重相乘之積也其式如下

力·庚癸＝重·庚子

由是觀之前以第八十七圖欲釋之理得此始自明晰矣

曲槓桿　如第八十九圖之曲槓桿其平均之理與第八十七圖所說無異卽子丑寅爲槓桿施以力重二力其二力若與丑辰及丑卯二直線（卽在支點丑上左右各畫直線與從寅子引長之垂線相遇者是也）爲反比例則必得平均也卽如下式

力·丑辰＝重·丑卯

第八十九圖

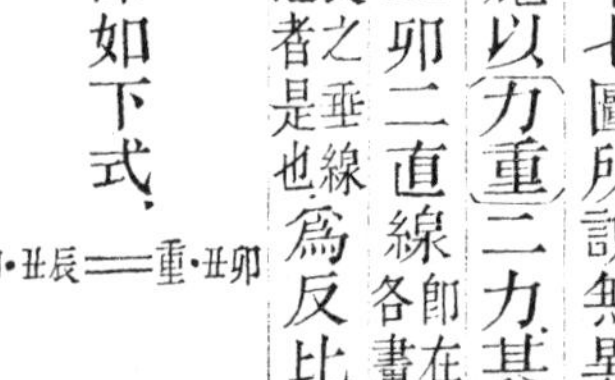

備考　槓桿之定律乃名儒亞爾起美迭司 Archimedes. 所創其人歿已二千一百餘年矣

四槓桿之致用　槓桿之致用實際頗廣

第一兩臂槓桿之致用　約可別爲日用器具及衡器二類

日用器具類示數例如左

一爲梶梶者能以小力運極大重物例如第九十圖乙乃力點用者於此施其力甲乃重點於此負載重物丙爲支點其支點愈近於甲則愈能以小力運大物

二爲剪剪者乃由二個兩臂槓桿而成如第九十一

第九十圖

圖其一爲甲丙其一爲子丑而其支點俱在乙鋒刃相接之處即重點蓋欲以之截斷物體其物體所生之抵力即重也丙與丑乃力點即力所施之處也若欲以剪剪堅硬物則必使物近於乙是欲重點之近於支點也又如剪銅鐵皮之剪與拔釘之鉗其柄須長而

第九十一圖

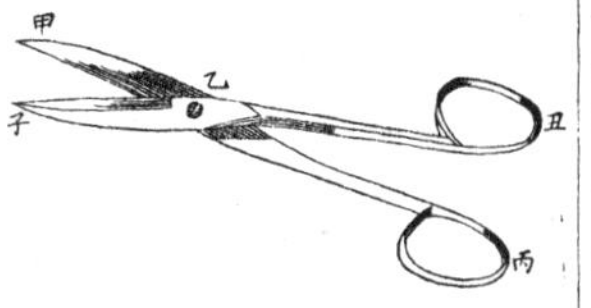

其頭短者皆此理也

衡器類用以測定物體之重凡衡器之法分三項如左

一天平也天平乃等臂槓桿之致用又分化學用與尋常用二種

第九十二圖

尋常用天平第九十二圖

一構造及用法　其重要之處乃兩臂槓桿爲金類所成尋常用鐵曰秤桿當其重心以上之中央有圓形之軸或三角形之軸即秤桿之旋轉點又秤桿上其軸之垂

線上有指鍼秤桿之位置爲水平面則指鍼之位置爲垂線秤桿之兩端懸以稱盤而稱桿上中央之軸支於雙折下垂之銅片兩孔中故兩稱盤空時則稱桿之位置爲水平式如是之際指鍼在銅片之正中今若欲測某物之重則以物體置於一稱盤而置銅碼於他稱盤兩盤平均則其銅碼之重即物體之重也

二要目　凡上品天平須合於左三要目

第一兩秤盤空虛或載均等之重此際秤桿之位置成水平式須爲永定平均而欲其如此須秤桿之重心在支點之垂線下

第二天平必求其勻準即謂銅碼之表重數必須極準也欲其如此則製造之際秤桿之兩臂宜爲等長且有同等之平均量即謂其形狀與重俱宜均一又兩秤盤及鈕或鏈俱宜爲等重

第三天平之感動必使靈捷謂置稍重之物於一盤而已大起欹斜也凡天平之感度須能顯出其所秤之物重千分之一之差方爲合宜

三感度　天平之感度其關係有四

第一關於重心對支點之位置其重心愈近支點則

其感度愈靈捷。

第二關於秤桿之長其秤桿爲愈長則其感度愈靈捷。

第三關於秤桿及秤盤之重秤桿與秤盤愈輕則其感度愈靈捷。

第四關於滯力滯力愈小則感度愈靈捷。

四確定其準否之法　凡天平之勻準與否可以此法確徵之法於兩秤盤置適得平之重物先使平均後雖將其重物左右交換而仍爲平均是則天平勻準之確徵也其理維何可據第九十三圖釋之假於

第九十三圖

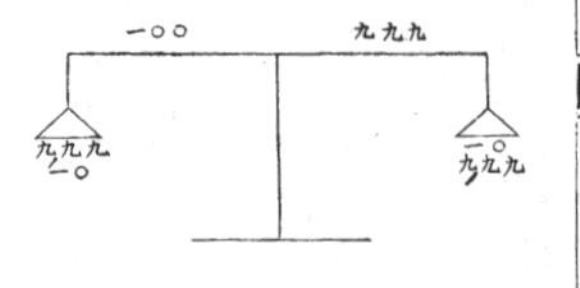

此造一天平桿臂不等長而外觀之仍能平均例如其左方之桿臂爲一〇〇密里邁當而右方稍短爲九九九密里邁當則必右方置一〇〇格之重物左方置九九九格之重物始得平均蓋不如此則不得平均量也然左右交換之則決不平均何者以其左右之平均量已不等也是故取先已平均之重物而左右交換之不變其平均者乃天平勻準之證否則不勻準之證也。

五以不勻準之天平秤物能知眞重之法　設有不勻準之天平而用此法以測物重可以不致差謬法先置其物體於一秤盤其他一秤盤隨意用某物加減之使至平均然後除其所欲測之物體而以銅碼代之再使平均試觀其所代之銅碼數即物體之重也。

理化學用天平。

如第九十四圖所示之天平乃用以測精細重物者其秤桿常用剖開其中者其旋轉軸係鋼鐵所製以銳刃倚於鋼鐵或瑪瑙此天平之指鍼在劃有度數

第九十四圖

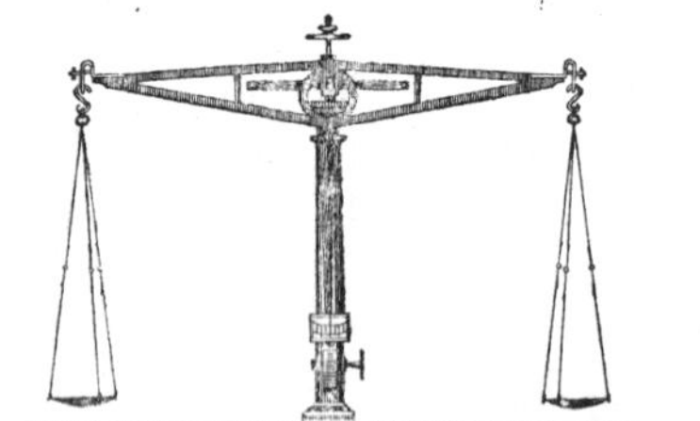

之弧前左右擺動其弧定於載天平之直柱當平均時鍼指於其劃度之零而向下又防銳刃之挫鈍故用畢後以螺旋旋起之離開支點而在桿臂之二點支之其天平全體常存於有蓋之玻璃箱中此種天平其感度甚大至百萬分之一今若定其秤物最大之重爲百格則其百萬分

之一卽十分之一密里格也然使用較密里格更小之銅碼甚形不便故別用一法使等臂槓桿臨時而改爲不等臂槓杆法於桿臂之一面十分之劃爲度數以金絲或白金絲之重一密里格者製小鉤子 Rider. 第九十五圖 使挂於秤桿今以所欲秤之物置秤盤中而懸小鉤子在一度上若能平均則其重爲二$\frac{〇}{一}$密里格蓋置一密里格於一之相距與置十分之一密里格於十之相距俱爲同等之平均量故也更細劃秤桿之度數則雖欲較甚微之差亦可甚明也

第九十五圖

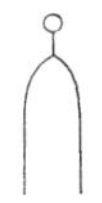

桿秤

桿秤 Steelyard. 者乃係不等臂槓桿之致用如第九十六圖甲乃重點丙與乙之間有力點而分劃其相距爲度數於茲懸錘隨其重之大小使力卽錘進退而知其物重之大小用法較天平便且速然不知天平之精細

第九十六圖

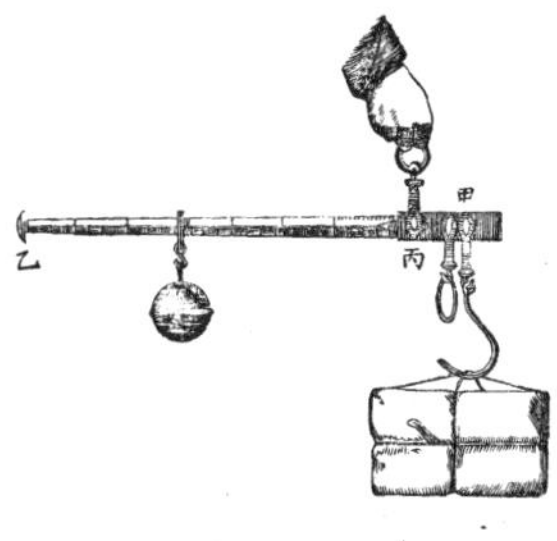

臺秤

臺秤 Weighing machine. 者雖爲極巨之重物亦易秤之乃用一不等臂槓桿與二一臂槓桿以全其功用者也狀如第九十七圖其臺板甲乙一端在銳刃甲上一端連繫丙桿條卽鏈重物置其上而其丙桿條之他端連繫於不等臂槓桿丁巳之一臂上戊點而不等臂槓杆丁巳之支點在銳刃庚上又甲在一臂槓杆卯子上而此槓桿之支點一端在銳刃卯上他端子連於桿條寅卽鏈而桿條寅連

第九十七圖

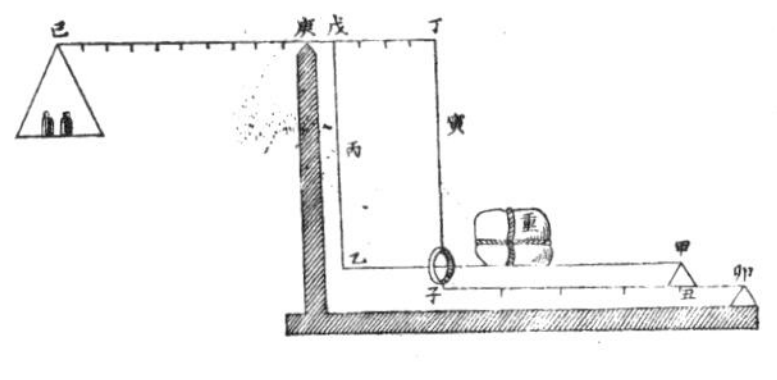

繫於丁故凡構造臺秤其庚戊與庚丁所有相距之比當如卯丑與卯子所有相距之比是爲最要如此則置於甲乙臺板上之重物與直懸於丙桿條者能爲同一之功用欲徵其理是固易易蓋重物之一分壓於甲銳刃上一分則牽引丙桿條也今以(天)代施於甲銳刃之壓力以(地)代牽引丙桿條之力則當得下式

天⊥地＝重

所有下壓於甲銳刃上之重卽(天)必施其功用於丑卯槓桿臂今設子卯爲丑卯之若干倍命其倍數爲

某得下式。

$$子卯＝某·丑卯$$

則其於丑下壓之力天。與於子牽引之力$\frac{某}{天}$。生同等之功用。故自丁巳楨桿支點之右面。則二力向下施其功用。即於戊為地力。於丁為$\frac{某}{天}$力。其$\frac{某}{天}$之力。與某所乘戊點之力。當為同等之功用。何以言之。蓋

$$庚丁＝某·庚戊$$

故與於庚懸有

$$\frac{某}{天}·某＝天$$

之重相同也。是故於戊及於丁所有之兩力。與彼於戊而直懸

$$天⊥地＝重$$

之重者。以相等之力。牽引楨桿使向下。丁巳楨桿之左端巳。垂一秤盤以便置銅碼。可就本圖觀之。此盤所置之銅碼。為重物之若干分數。其重物與銅碼重之比。關於庚戊楨桿臂與巳庚楨杆臂之比。凡在臺秤。其銅碼重當為物重十分之一。如以十啟羅格置於秤盤上。使與百啟羅格平均。是為常例。如此構造之臺秤。曰十分之一秤。

又如第九十八圖所示。臺秤之縱截圖也。甲為置重

第九十八圖

物之木板。其三邊有側立之板庚扶之。本圖所繪甲板及三邊之側立板庚。俱僅現其後半而已。此側立板之後面。置於子銳刃上。其前面自丑點繫戊杆。其銳刃子定於乂形之兩楨杆丁丁。楨桿旋轉點（即支點）之後面為卯卯銳刃。前面則自寅點懸於巳桿。（但本圖所繪。欲其構造之明顯。故三邊側板庚其位置較實器過高。）今旋上申楨桿。以支寅午楨桿。則其左面昇。右面降。甲臺板達於辛支立之邊上。至全被辛所支持。則丑與寅已不載臺上之重物也。又申楨桿用畢後。宜常注意每次旋上之。以防銳刃之鈍。而構造臺秤之法。宜旋下申桿。則乙桿為水平式。以期巳銳刃與辰銳刃。常在相對之度。及置物臺上之際。即置銅碼於丙盤上。使巳及辰兩銳刃仍至相對。

第二一臂楨桿之致用　左舉數例。

切糖之刀。如第九十九圖。甲加人力之力點。乙重點。

丙支點也壓碎胡桃之器壓縮軟木塞之器剪草之刀藥店用以剉草根木皮之刀皆屬此類

針夾亦由兩條一臂槓桿互相連繫而成者其屈曲而連繫之處爲支點其把握而加力之處爲力點夾針處卽重點也燭剪外科鉗人手等皆屬

第九十九圖

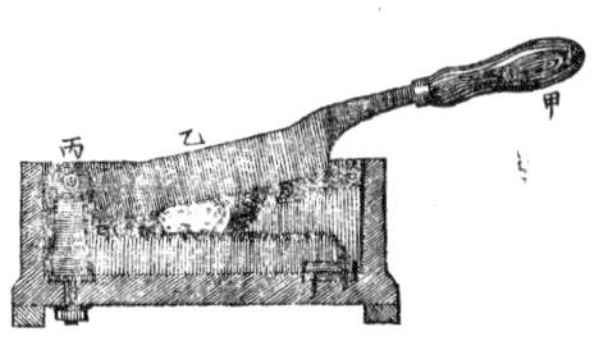

此類人手之支點在肩胛關節處運動肌之力其動作甚近故雖肌之運動甚微然亦能以甚大之速率拋擲掌上之物

第二項　滑車

一定義　滑車 Pulley. 者乃平坦圓板其周之邊上鑿以凹溝而中央則貫以軸能旋轉者是也凹溝以嵌繞其周圍之繩索或鏈條軸則貫於金類或木製之夾板條而受其載之者也如第一百圖所示

第一百圖

二種類　滑車別爲二種曰定滑車曰動滑車

第一種定滑車

一構造　定滑車 Fixed pulley. 者當以爲等臂槓桿之變形除旋轉其軸之外毫無運動其位置常

定也

二定律　凡在定滑車力與重等乃成平均如第一百一圖子丑之長（謂圓板之直徑）卽槓桿臂中心甲爲支點子丑乃力重二點也今於丑點卽繩索之端懸若干

第百一圖

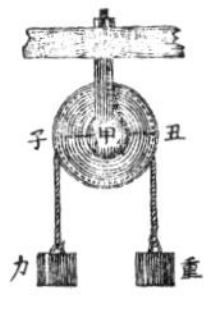

第百二圖

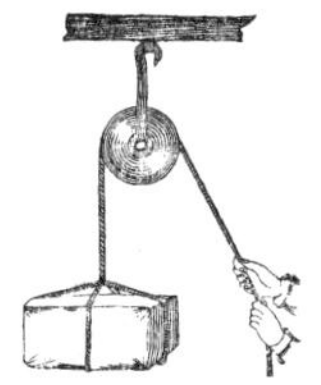

之重而於子點亦施以力欲得其平均則力重必需爲相等之大因圓板中央爲支點則其與力點之相距與其與重點之相距俱爲其圓板之半徑而爲相等設加以微力或重則圓板當向其方向旋轉

三用途　由定律觀之則定滑車者非爲省力之用固自明也雖然若高舉重物或自井汲水之時能減摩阻力而變力之方向故免浪費人力大有益也

第二種動滑車

一構造　動滑車 Movadle puiley. 者當以爲一臂槓桿之變形與定滑車異能與圓板上之繩索共相上下

二定律　凡在動滑車之力爲重之半乃成平均如第一百三圖以子丑之相距爲槓桿臂則子爲支點

第百三圖

甲為重點丑為力點今施重點以重物而使能相平均之力被於丑點則其力但需重之半已足蓋以重點在圓板之半徑（即一箇相距）力點在全徑（即二箇相距）故一相距與重相乘之數與二相距與力相乘之數為同等也是以丑點之力若比重之半強則重與滑車自必俱隨力而為運動也

第百四圖

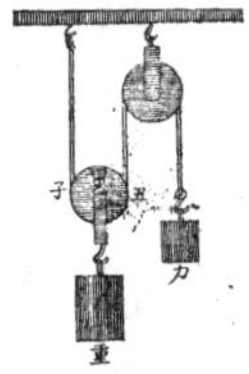

三用途及連滑車　動滑車者用以運重物自不待言然無單用之者平常必與定滑車連用如第一百四圖此所用定滑車亦非有省力之能唯以之變力之方向使其位置如一臂槓桿而已

用定動兩滑車多數相連以供實用則其省力頗大如第一百五圖有三動滑車與三定滑車兩相連合

第百五圖

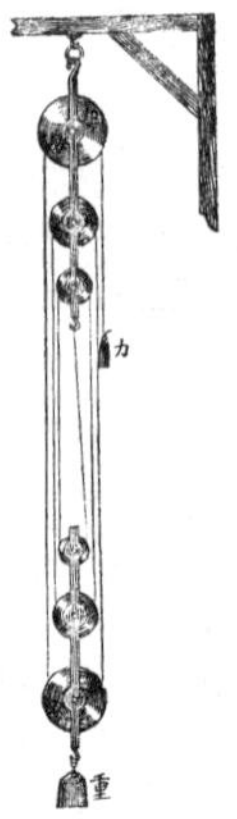

則能以一力而與六重平均何則重於六繩索上被其平等分派故力只須與其一平均也雖然此所用定滑車雖為多數然已如上文所云無省力之能而僅有變向之用但因定動兩滑車之數而增繩索之數則力亦因之而增大斯為致用之效耳就左數式可以解明今以車數為某則力為以車數除重也式如下

$$力=\frac{重}{某}$$

今以四動滑車四定滑車連用則某為八又總車數二十則某亦為二十雖用如此之多然其所省之力不能與車數之增為比例因其力當有由摩阻力而耗費者也又用多數之滑車則動路當因之而增觀前所載之重速積定律可明

又如左法以一定滑車與許多動滑車連用則其省力之能比前記之連合滑車當更大即如第一百六圖有一定滑車丁與三動滑車甲乙丙相連合可以一力平均

第百六圖

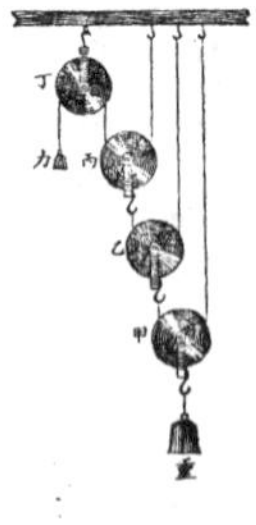

八倍之重蓋因甲受重之全量乙受其二分之一丙受其四分之一故至於力點乃丙所受重之半即八分之一也由是觀之則以動滑車之數為方指數而二為方根以除重所得之數即等於能使其平均之力故今以動滑車之數為某其式當如

$$力=\frac{重}{二^{某}}$$

第三項 輪軸

一定義 凡曰輪軸 Wheel and axle. 當以爲二異徑滑車而在一軸者其構造如第一百七圖使甲圓板與乙圓柱同在丙軸支其兩端而圓板圓柱同時旋轉其圓板繞以繩索而施力於其末圓柱亦繞以繩索懸重於一端

第百七圖

二定律 力與重若與柱半徑與板半徑爲比例則此輪軸當爲平均

此其定律就第一百八圖說明之假如以圓柱之心爲支點則圓板之半徑即心至丑爲槓桿之一臂而圓柱之半徑即心至子爲他一臂恰如一不等臂槓桿也今以子爲重點懸重物於此以相當之力施於丑則必得平均茲示其力與重之比如下

第百八圖

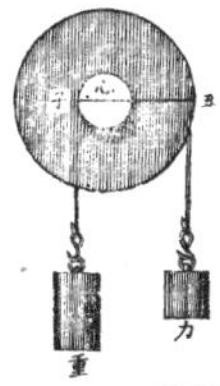

$$\frac{心至丑}{心至子}=\frac{重}{力}$$

今以(天)代心至丑以(地)代心至子則爲 $\frac{天}{地}=\frac{重}{力}$

故圓板之半徑若三倍於圓柱之半徑則以一力可使

三重平均圓板愈大則其省力愈多

三種類幷用途 輪軸者種類甚多凡常用之器爲輪軸之變形者頗難勝數舉一二例以示其種類幷致用

第百九圖

第百十圖

一如第一百九圖所示者名曰捲轆轤雖重大之物體(例如房屋)能移於他處乃輪軸之稍變其形者也其圓柱不橫臥而直立在甲與乙之上下二處支持之而插桿條於圓柱中(如子丑寅卯等)使代圓板於繞圓柱之繩之端繫以重物如旋轉桿條則與彼用圓板圓柱所成之器不異此際桿條之長短即代圓板之直徑故桿條愈長則愈能以小力動大重

第一百十圖所示者乃用馬力之捲轆轤第一百十一圖所示者乃船中起錨之捲轆轤也

第百十一圖

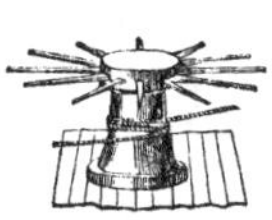

二如第一百十二圖所示者能握柄而旋轉之變形輪軸也甲爲圓柱兩端受支持繞以繩索懸重於其末端將桿條插於圓柱兩端如乙丙以代圓板之半徑兩端

第百十二圖

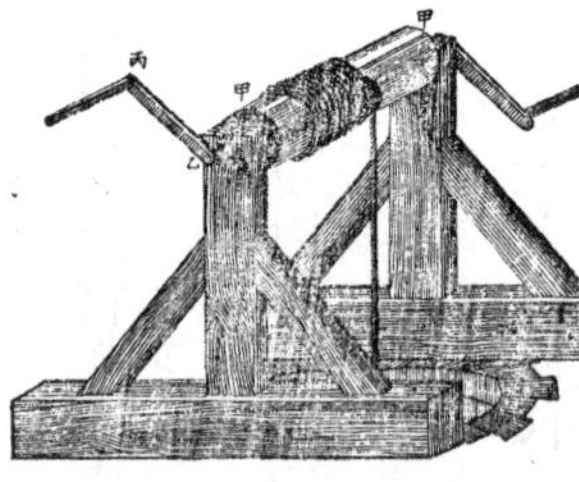

之桿條在相對之方向恰爲圓板之直徑桿條之末端更插以他一桿條兩者爲直角以便運用今若與重反向而施力則與施力於圓板者毫不異也

第四項　斜面

一定義　斜面者 Inclined plan. 謂斜平面其上能運重物者也

第百十三圖

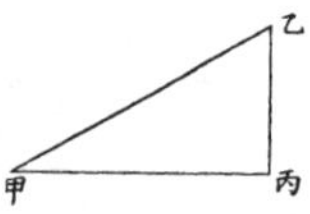

第百十四圖

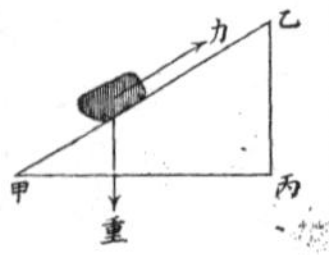

第一百十三圖所示即斜面也自最高點乙向最低點甲之水平面上丙處所畫下之垂線名曰高甲乙之間名曰長甲乙間所有水平面之處即甲丙名曰斜面之底而斜面與底之間所有之角名曰斜面之底角

凡置於斜面上之重物試從下文所述定律加之以力則當歸於平均而定止

二定律　從力所動作之方向而區別之爲要目二

第一　凡力之方向與斜面之長爲並行者其力與重之比若等於斜面之高與其長之比即爲 $\frac{高}{長}=\frac{力}{重}$ 則可得平均

一證明　此定律可據第一百十四圖證明之即以並行力之功用而將重物引上自斜面之起點甲至其頂點乙則力在其本方向經過甲乙之相距故能作等於力乘長之工然此際重物在垂綫方向被上舉至乙丙之高故抵去其等於重乘高之工依本卷第一章第一節所載平均之要旨求之則得左式

$$重\cdot高=力\cdot長$$

故爲

$$\frac{高}{長}=\frac{力}{重}$$

或爲

$$力=重\cdot\frac{高}{長}$$

由是觀之斜面上之重物與其所動作之力若有上文所記之比則其互相平均固自明也

第百十五圖

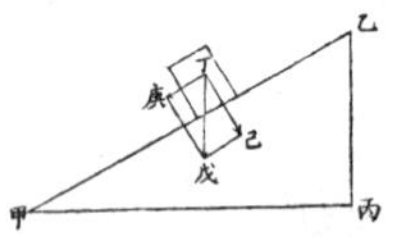

又以他法亦可釋之即如第一百十五圖以丁戊之直線代斜面上物體所有之重是則對其面上爲斜力也今從力之分解法以分解之則得二分力一爲

與斜面成直角之丁己二爲並行之丁庚其丁己因斜面之抵力歸於消失惟其丁庚能生功用故物體隨之欲落然試加以力此力與其丁庚爲相等且方向爲反對則其能得平均不容疑也今欲求其丁庚與原力丁己之比果於斜面之高乙丙與其長甲乙有如何之關係則其甲乙丙三角與戊丁庚三角在幾何學爲同形故其邊線之比如下式

$$\frac{\text{乙丙}}{\text{甲乙}} = \frac{\text{丁庚}}{\text{丁戊}}$$

若如第一百十四圖所示則以丁庚爲力丁戊爲重乙丙爲高乙甲爲長用此式則當爲 $\frac{\text{高}}{\text{長}} = \frac{\text{力}}{\text{重}}$ 與前記之式毫不異也

第一百十六圖

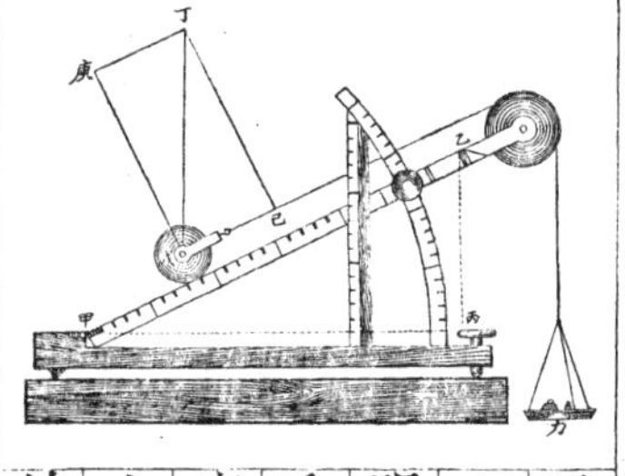

二實驗之證明　如第一百十六圖所示之器乃就實驗以證明上文之定律者以乙丙與甲乙示其高及長以丁戊丁己丁庚示重及其分力猶之第一百十五圖但細玩前文縱不更言其用法而亦自明晰也

第二力之方向與斜面之底爲並行者其力與重之比等於斜面之高與底之比卽爲 $\frac{\text{高}}{\text{底}} = \frac{\text{力}}{\text{重}}$ 乃可平均

一證明　此定律可據第一百十七圖證明之卽以水平面方向之力引重物上昇使自甲至乙則力在本方向經過其底卽甲丙之相距因而能作力乘底之工反之而重所抵去之工當爲重乘高依本編前載平均之要旨則得下式

$$\text{力}\cdot\text{底} = \text{重}\cdot\text{高}$$

故爲 $\frac{\text{高}}{\text{底}} = \frac{\text{力}}{\text{重}}$ 或爲 $\text{力} = \text{重}\cdot\frac{\text{高}}{\text{底}}$

第一百十七圖

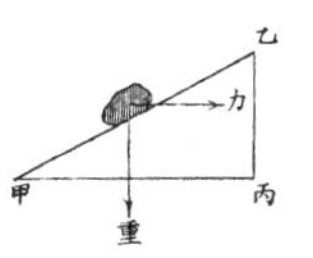

二實驗之證明　以一器械與證明第一定律之法相似者可釋明之

三斜面之用途　凡運送大重物自低至高多由斜面以一二例示之

第一百十八圖

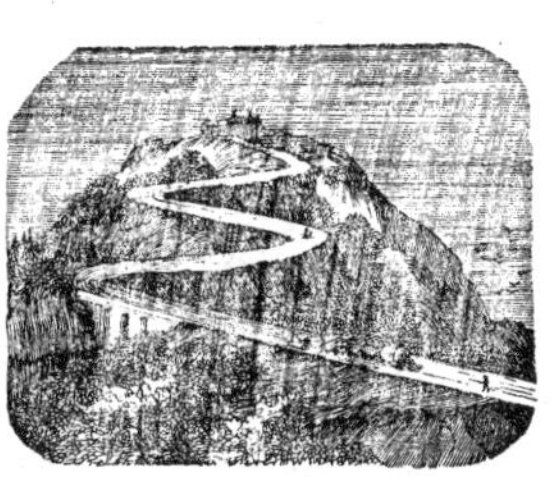

一欲以大重物裝載於貨車則自地面橫一厚板於車上以便裝載

二建築大厦之時於其周圍作斜板路由此送木石等料上昇

三登山者不行於一直線之路

而行於紆曲之路。第一百十八圖。是欲使其身緩緩登高免過勞疲也。

第五項　螺旋

一定義　螺旋 Screw. 者乃木或金類所製圓柱。於其周圍具有凸起或凹下之線始終以相等之角度纏繞之。在圓柱周圍所有纏繞其周之線。名曰螺線。而二線間之相距在圓柱之旁度之者。名曰螺距。凡完備之螺旋。由雌雄二者相依而成功用。一名雄螺旋 Male screw. 一名雌螺旋 Female screw. 雄者乃周圍有凸起線之實圓柱。雌者乃周圍有凹下線之空圓柱。而其凹

下線能與凸起線適相符合者也。今若雌雄二者之內。其一不能旋轉。而其一用力旋轉之。則雄貫雌而進退或雌旋雄而進退。

第百十九圖

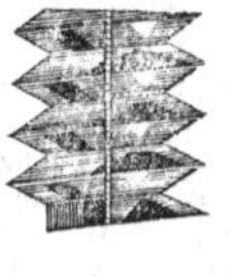

第百二十圖

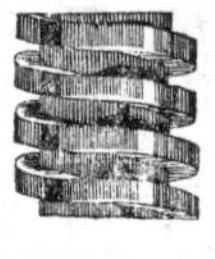

二種類　如第一百十九圖。有螺線周繞圓柱。其剖面為等角三角。而其底邊倚於圓柱上者。是名曰銳螺旋。反此其剖面如第一百二十圖。為長方或正方。是名曰方螺旋。第一百二十一圖所示者為雌螺旋。卽與第一百二十圖之雄螺旋相符合者也。

三定律　分左二項。

第一力於雄螺旋之周圍。若生運動。則力與重之比。等於其兩線相距與圓柱周圍之比。卽為 $\frac{重}{力}=\frac{二半周}{距}$ 則螺旋乃成平均。此式中之半為半徑。周為圓周率。卽三一四一六也。

第百二十一圖

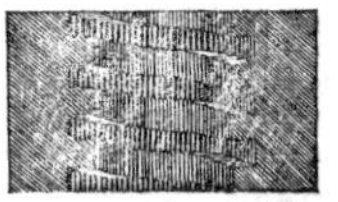

第百二十二圖

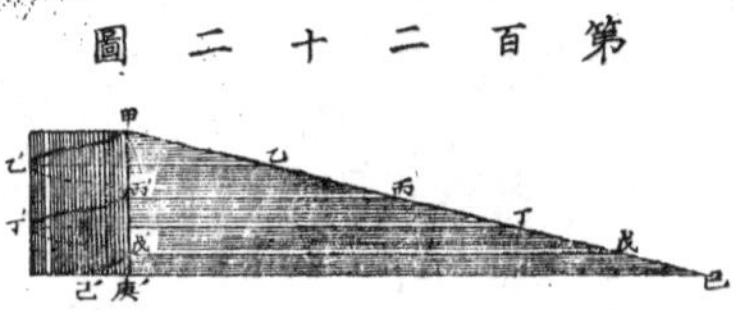

原由　欲明此定律之原由。必須先知螺線者由如何而成。如第一百二十二圖。裁紙一頁為直角三角甲巳庚。以代斜面之橫剖面。使其一

邊甲庚與直圓柱並行而繞其周圍。則乙至乙。丙至丙。丁至丁。戊至戊。巳至巳。卽可得向斜漸下之線。是卽螺線也。於此斜面之高甲丙。或丙戊以示線之相距。其底丙丙以示圓柱之周。由是觀之。則凡螺旋者。乃一繞圓柱之斜面而已。而螺線之長與斜面之長。螺距與斜面之高。圓柱周與斜面之底。俱屬一致。今設以螺線為凸出。且為定住之雌螺旋所包圍。則因雄螺旋每旋一次而其所載之重。當被上舉於螺距之高甲丙。卽斜面之高。此際力於螺旋周圍之方向卽斜面底之方向。生運動。而雄螺旋每旋一次。則於其方向當經丙丙之相距。故從斜面第

二定律而力與重之比必等於螺距與雄螺旋圓周之比

第二若於插入螺旋首端之槓桿有力生運動而其槓桿自螺旋之軸測其長若干命爲(半)則必力與重之比等於螺距與力圈(謂力之旋一次所畫之圓圈)周圍之比則其螺旋乃成平均

四螺旋之用途　螺旋用途頗廣左舉二三例

一昇舉重物則用螺旋第一百二十三圖即其一也雄螺旋子由橫杆甲使之上下於雌螺旋乙丙中故載於丑上之重物隨之上下

第百二十三圖

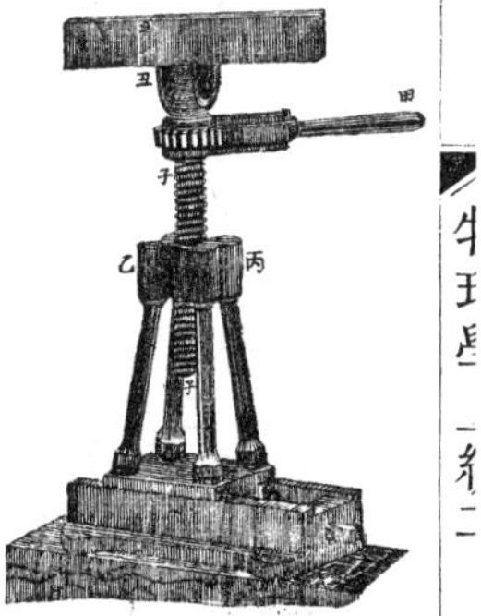

第百二十四圖

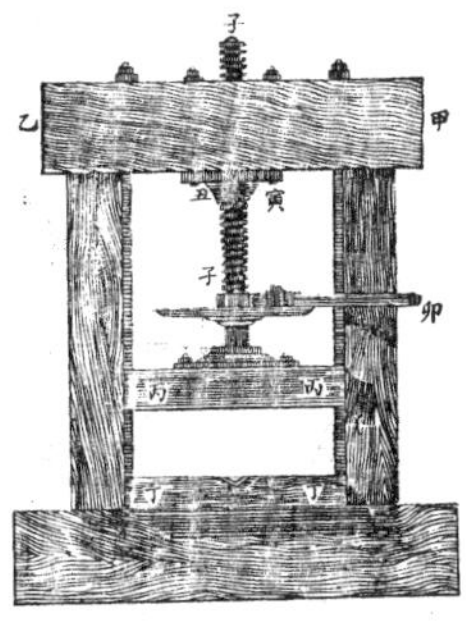

二生大壓力則用螺旋如第一百二十四圖名曰螺旋壓物器用以壓緊各物品或裝訂書籍其法以鐵製雌螺旋寅丑定於橫木甲乙內而雄螺旋子嵌於丑寅之中雄螺旋之下端有卯桿以便旋轉雄螺旋雄螺旋雖連於壓板丙然其板不隨雄螺旋旋轉惟隨之上下而已今於丁板上置所欲壓之物而上下其雄螺旋物即受大力而壓緊

三使二物互相定繫則用螺旋蓋用此法則所成之物亦可隨意卸開甚屬便利如作箱者用螺旋釘作鐘表槍礮等亦用螺旋釘是也

四如天平電氣表等物理學器具用螺旋腳則能進退使穩立作水平式

五測微小之物體亦用螺旋如第五圖所示司非羅邁當是也

六所謂汽船之暗輪亦用螺旋如第一百二十五圖其

第百二十五圖

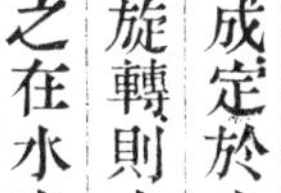

螺旋由二半螺旋而成定於水平軸(即輪軸)而在船體之後今使之旋轉則水之抵力即以代雌螺旋之用螺旋之在水中前進恰與在木或金類製之雌螺旋中前進者其狀相同常有兒童玩具以薄竹片製蜻蜓使上下於空氣中此與暗輪之理無異宜參考之

螺旋者更與他器連合所裨實用甚多茲不具載

第六項　劈

一定義　劈 Wedge. 者混而言之乃有一尖或一刃之各物體精而言之則僅指三稜形之物體其底之兩角爲

等角而其一稜爲甚銳之角劈者爲力所廹而以其銳角深入物體中與此銳角相對之面名曰背而其銳角之兩面名曰側邊其銳角名曰刃如此之劈其底角爲等角則名曰等角劈或曰雙面劈第一百二十六圖所示乃剖木之狀即等角劈也反之而其底之一角爲直角則名曰直角劈或曰單面劈亦曰半劈此類之劈其對直角之面曰側邊對刃者曰背其直角上之彼一面曰底

第百二十六圖

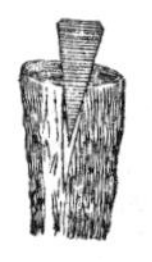

二定律　分左二項

第一凡單面劈若力與重之比等於其背與底之比即爲 $\frac{重}{力}=\frac{底}{背}$ 則成平均

原由　此定律之原由易解釋之蓋半劈者常用以上舉重物如向所舉之物運動則力與底爲並行以運動於背之方向而其重常在側邊故此類之劈即爲一自動之斜面其高與背其長與側邊其底與劈之底各相當是故力與重之比等於背與底之比其爲平均自明

第二凡雙面劈若力與重之比等於背與側邊之比即爲 $\frac{重}{力}=\frac{側}{背}$ 則成平均

一原由　凡雙面劈當以爲相等之二斜面於其底而互相併合者也此定律之原由可就第一百二十七圖解明之甲乙丙者爲雙面劈之橫剖面即兩等形三角也此類之劈多用以剖木故即就剖木以言劈之擠入木中所有抵禦之固性爲重對於甲丙與乙丙而成直角方向其欲使劈入木之力對甲乙爲直角今二重者可作

第百二十七圖

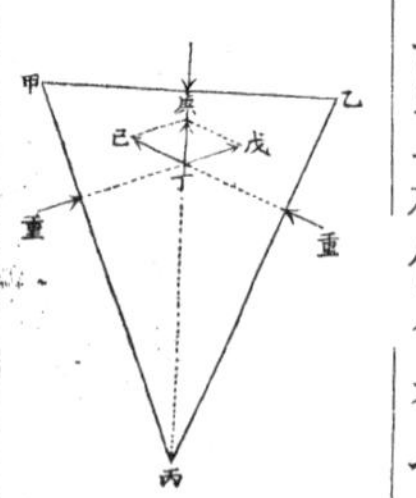

爲互成角度而運動一物體之二力將此二力線引長之使至相交則會於丁而爲丁戊及丁己故從並行四角之定律將其二力線畫爲並行四角可得其對角線丁庚今力若與丁庚爲均等則可得平均自不待言而力與重之比當如下式 $\frac{重}{力}=\frac{側}{背}$

背者即劈背之甲乙側者即劈側邊甲丙或乙丙而又因 $\frac{重}{力}=\frac{丁戊}{丁庚}$ 而丁庚戊或丁庚巳之三角形與甲乙丙

三角形依幾何理爲同式.

故 $\frac{丙甲}{乙甲}=\frac{戊丁}{庚丁}$ 也.

二試驗上之確證　如第一百二十八圖所繪之器足就試驗上以證明定律焉其器午爲劈能通過子丑二滑車之間子爲定滑

第百二十八圖

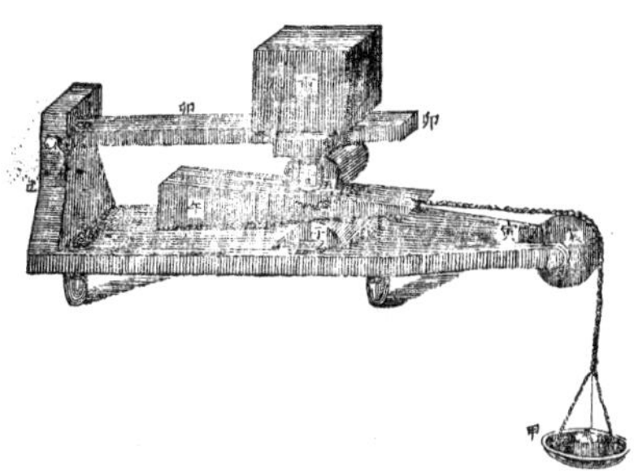

車僅自旋於軸而不動丑車接於板片卯此板片之

一端有設在直立板巳之軸而可開閉今於其卯板上置重物更於甲盤上置銅碼即力而連以繩索繞辰定滑車而繫於劈使向右牽引之則能起巨大之重如力不足而過重則劈反向左而行今設令側邊之長爲一·五得夕邁當以背之厚爲○·三得夕邁當則力爲一啟羅格重爲五啟羅格可見其歸於平均也

三劈之用途　用途頗多左舉一二例

一上舉重物則用劈如造屋者嵌入柱下之半劈見第五十三圖

二生大壓力則用劈如榨油器由劈而成

三分剖物體則用劈日常所用之刀鉞斧鑿鋤等皆劈之實用也

四使二物體兩相固接則用劈如釘是也

第三節　複式器具

一複式器具之分別　由交相爲用之多物體而成一器具是即複式器具 Compound machine. 於器具通論中言之矣凡複式器具有三部之別一受力之功用者名曰力器如碾粉水車之車二能作工者名曰程工器如碾粉水車之石曰三使力器與作工器連接者名曰連接器例如水車所設齒輪圓柱

二定律　凡複式器具能以小力抵大重自不待言然力與重之比其對器械之各部有如何之關係倘不詳之則其如何而成平均不能明知蓋複式器具之平均從左定律而成者也

就各單器之平均率一一算定而互相乘之若爲均等則成平均

以最簡之複式器具可解釋其定律舉一二例如左

一如第一百二十九圖之複式器具乃三槓桿相合而成者第一槓桿有支點在丙點今施力於此槓桿之甲點以引向下則此槓桿之一端並戊點所支第

第百二十九圖

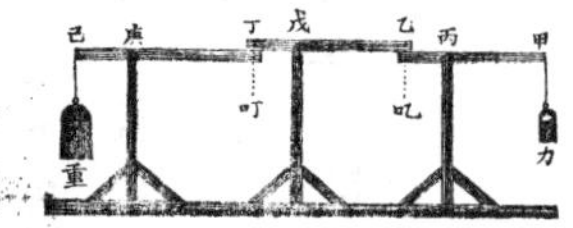

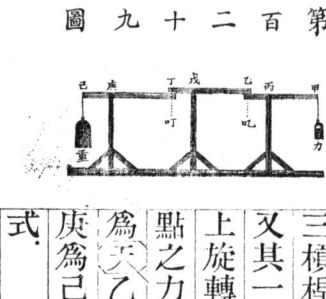

二槓桿之一端點即乙俱欲向上旋轉是故第二槓桿之他一端與庚點所支第三槓桿之一端點即丁則俱欲向下旋轉又其一端即懸重物之點點即巳則欲向上旋轉今以吃及叮記其動於乙點丁點之力而命甲丙為乙丙若干倍之數為天乙戊為丁戊若干倍之數為地丁庚為已庚若干倍之數為人則即得左式

㊀ $\frac{力}{吃}=\frac{乙丙}{甲丙}=天$ 故 $吃=天力$

㊁ $\frac{吃}{叮}=\frac{丁戊}{乙戊}=地$ 故 $叮=地吃$

㊂ $\frac{叮}{重}=\frac{已庚}{丁庚}=人$ 故 $重=人叮$

今以第二式代第三式中之叮則為 $重=地人吃$ 若以第一式代此式中之吃則為 $重=天地人力$ 今又以三式互相乘之則為 $吃叮重=天地人力吃叮$ 故以吃叮除之則為 $重=天地人力$

第百三十圖

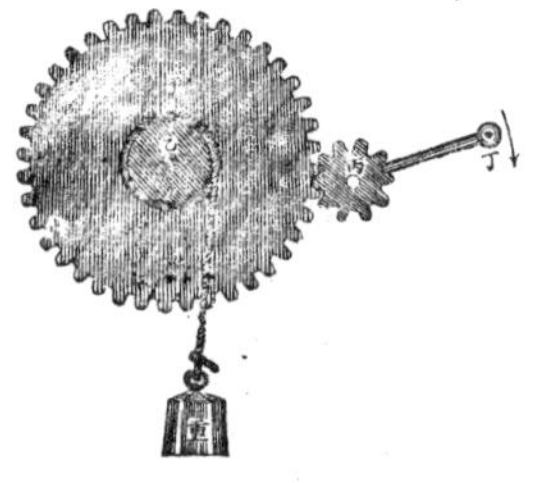

如此諸式所得毫無差異然則複式器械之平均率若各測定其單式者以互乘之自可得之也

今假以天為四以地為五以人為六則以力一與一百二十倍之重物能相平均蓋以四乘五得二十以六乘二十得一百二十也

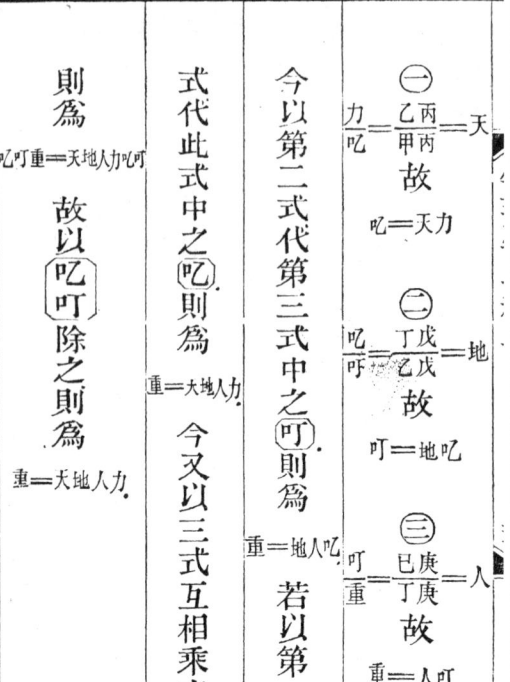

二如第一百三十圖乃二箇齒輪軸於輪軸圓板之外周圍有鋸齒者相連而成一器大有省力之用今於圓柱乙繞以索索端掛以重欲舉其重使之平均則必於大齒輪之邊施以一定之力而其所需之力為 $力=\frac{大半}{小半}\cdot重$ 此為第一式大半者即大齒輪之半徑小半者即圓柱之半徑故為 $\frac{重}{力}=\frac{大半}{小半}$ 即 $力=重\cdot\frac{大半}{小半}$ 也然使不直施力於大輪之齒而以大輪之齒嵌入小輪之齒其小齒輪丙有一柄而以力施於此柄之末端丁逐次以達於大輪則其

所需之力，即式中之「叻」為

$$\text{叻}=\text{力}\cdot\frac{\text{大⿰口半}}{\text{小⿰口半}}$$

此為第二式，「大⿰口半」為柄之長，「小⿰口半」為小齒輪之半徑，今以第一式代第二式之「力」則為

$$\text{叻}=\frac{\text{大半}}{\text{小半}}\cdot\frac{\text{大⿰口半}}{\text{小⿰口半}}\cdot\text{重}$$

此為第三式，又以第一式，徑與第二式相乘，亦得等於第三之式，又如小輪半徑與大輪半徑之比，等於小輪周與大輪周之比，輪周之大小，亦與輪齒之數為比例，今以「某」為大輪之齒數，以「⿰口某」為小輪之齒數，則得

$$\frac{\text{大半}}{\text{小⿰口半}}=\frac{\text{某}}{\text{⿰口某}}$$

又以本式代第三式之 $\frac{\text{大半}}{\text{小⿰口半}}$ 則為

$$\text{力}=\frac{\text{大⿰口半}}{\text{小半}}\cdot\frac{\text{某}}{\text{⿰口某}}\cdot\text{重}$$

第百三十一圖

依上文所解釋，以置備器具，如第一百三十一圖，其實例之一也，今設以柄甲（即大⿰口半）為○·五邁，當丙之半徑（即小半）為○·一二邁，當而小輪十二齒，大輪乙七十二齒，則當得

$$\text{力}=\frac{\text{七二}\times\text{○·五}}{\text{○·一二}\times\text{七二}}\cdot\text{重}$$
$$=\text{○，○四}\cdot\text{重}$$

三複式器具中之最形繁雜者，後章懸擺條下所記時辰表其一也。

第三章　運動通論

第一節　運動之類別

凡由力之功用，而物體所生之運動，甚有差異，舉其重要者，則曰撞擊運動，曰落下運動，曰拋擲運動，曰懸擺運動，曰循心運動。

第二節　撞擊

一定義　撞擊 Impact. 者，謂一運動體遇一靜止體，或亦一運動體而互相碰撞，如擊球之戲是也。

二撞擊之效驗　撞擊之效驗有三使所遇之物體形態改變如由交互壓力而令質點之位置變常一也分其運動之力於他體二也生熱及聲但此二者之生常置不顧三也故一物體撞擊他體則使他體運動之狀受其變化又兩物體相撞擊則必有一定之方向與速率斯為撞擊之跡但此二者其關係有左六項

一關於兩物體之重率

二關於兩物體之速率

三關於兩物體之形狀

四關於兩物體之運動方向

五關於撞擊之方向即物體相觸之面上所有成正交之線是也撞擊之方向與運動之方向為一者名曰直線撞擊撞擊之方向與運動之方向成某角則名曰斜向撞擊

今欲使其方向之區別易於了解以二圖表之即第一百三十二圖甲球運動以撞乙球而又反動兩者均向甲乙之方向是為直線撞擊何則假如置一平面於二球相遇之點則其撞擊之方向於其面為正交乃與運

第百三十二圖

第百三十三圖

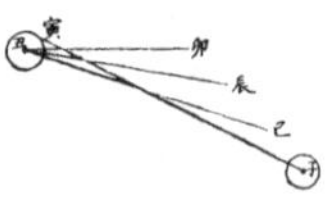

動方向為同一直線也若夫第一百三十三圖子球對丑球而進行於子寅方向以撞於寅則是斜面撞擊蓋置一平面於寅點則子寅對此平面而為斜向也子球若在卯或在辰或在巳而向寅亦同為斜向撞擊惟向丑則是直線撞擊若撞擊之方向適對被撞物體之重心是曰中心撞擊不然者曰離心撞擊

六關於兩物體之質性此項關係有最簡者二條物體之無凹凸性與有凹凸性是也

三無凹凸性體撞擊之定律　有無凹凸性之二物於直線方向而為中心撞擊則因其撞擊而得均等之速率

一證明　無凹凸性之二物體相撞則就其二者中運動之速者分其運動之幾分與他物體其相撞之處陷下至一定之度而無復原之勢後者增其速率而前者減其速率至兩體之速率為均等而後已蓋既均等則其分其運動之原由全歸消失故也

二符合定律之現象　以數例示之

第一無凹凸性球撞固壁則其球撞壁後即當靜止蓋球既撞壁當失其速率而毫不反擊何則其所陷下之處毫無復原之勢故也

第二有一無凹凸性球撞一靜止球二者有均等之

重率則俱以撞者之速率之半而進行
例之二球同大甲動乙靜甲球以六邁當之速率撞乙球則其後各以三邁當之速率依撞擊方向而前行何則在撞者之球若失一邁當之速率則被撞之球能增一邁當之速率也
第三有二無凹凸性球具相等之重率而於同一方向相撞則俱受其速率之和之半
例之一球之速率爲三邁當其一爲五邁當則相撞後兩者之速率均爲四邁當
第四有無凹凸性球於反對之方向相撞則其後以速率之較之半向速率强者之方向進行
例之一球之速率爲五邁當其一爲三邁當則撞後兩者之速率均爲一邁當而向五邁當速率之方向進行

四凹凸性體撞擊之定律以左六項釋之
欲解此定律先宜注目要項凡二凹凸性體相撞時必其一稍失速率而其一受之以至兩者速率爲均等而其撞點陷下亦似無凹凸性體然其後陷下之處由凸力直復原形由是而撞物之體失其速率與其第一期所失之速率相等其被撞之物體所得速率與前所受得之速率相等故兩物體非以均等之速率順列互行而被撞者當以較大之速率向前進行撞之者反以較小之速率同向進行或靜止或徐退
第一凹凸性球對凹凸性壁正交相撞則球以原有之速率回行於相反之方向
蓋凹凸性壁對球所施撞之之力恰等於自己所受被撞之力也
第二凹凸性球於直線上撞同類之靜止球則撞之之球當靜止而被撞之球以其等速率進行
蓋撞他體者於其第一期分其速率之半以與被撞者更於第二期因反凸力故再與被撞者以速率之半故被撞者全得其所有速率而進行然撞之者旣於第一期失其速率之半更因被撞者之反凸力又失其半是以歸於靜止也
第三有同大之凹凸性二球於直線上同向或反向以相撞則二球以互換之速率各自進行或反行
第四有多同大之凹凸性球排爲一行更以同大之一凹凸性球對之撞擊則撞之之球與他球悉靜惟其一行上之末一球當以撞之之球之速率獨自前進若撞之之球爲二箇或三箇則其一行上之他球俱靜止惟

末二球或三球前進猶之一球撞之者然

原由　準前文第二定律則撞之之球自應歸於靜止惟其速率必移於第二球又自第二而移第三而移第四以次均同及逢最後一球則已不撞他物故以所受之速率獨自前進若以二球對他球撞擊則先由第一球之撞力以次遞及而移於最後一球獨自前進後由第二球之撞力依次靜止而使現為最後之一球再前進故二球似同時而前進也

第五凹凸性球若對凹凸性壁斜向撞擊則當以原速率與原角度以行往反對之方向

如第一百三十四圖丙甲速率當從並行四角力定律

第一百三十四圖

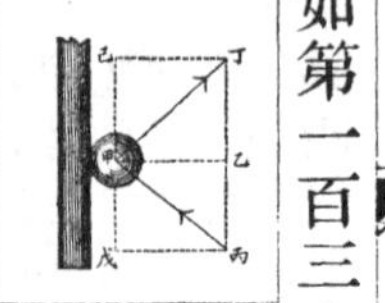

作為丙戊（同甲乙）及丙乙（同甲戊）二力而丙戊卽乙甲於壁為正交丙乙卽戊甲於壁為並行故當其撞擊依第一定律惟以乙甲之分力獨為撞擊其已得反行速率之際

第一百三十五圖

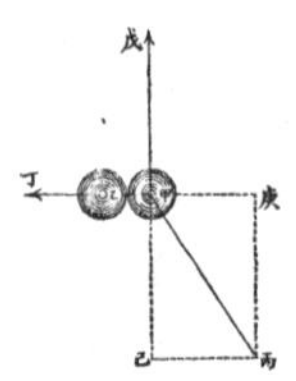

第一百三十六圖

戊甲依然不變尚欲進行於甲已之方向然因同時受甲乙反行之速率故於其二力所作並行四角之對角

線卽甲丁之方向而對之行也

第六如第一百三十五圖以甲示行動凹凸性球以乙示靜止凹凸性球甲球以丙甲之方向撞乙球則其兩球互為直角各行箭之方向

原由　就力之分解定律與本段第五定律參考不俟別詳自易明晰

五就實驗上以證明撞擊定律　第五及第六定律但就拋球之戲極足證明其餘定律用所謂驗撞器以象牙球並繫如第一百三十六圖自足證明也

第三節　拋擲運動

一定義及類別　拋擲運動 Projectile motion 者常由二力之動作而成二力者一拋擲力是一瞬間之力也一重力是恆加之力也其二力之方向或在一直線內（總論第三章第五節所論垂綫擲動卽其例也）或二者互為直角或為鈍角例如水平擲動及斜向擲動

二水平擲動及其定律　水平擲動者謂某物體在地面上某一定之高而速率向水平之方向前行者例如平置之槍所發鎗彈是也該物體經過之路乃拋物線 Parabola 於其路之起點為拋物線之頂點（但作無空氣抵力者言）

原由　如第一百三十七圖有一物在甲與以若干之

速率使向乙平向進行今以速率爲甲子之大則一杪

第百三十七圖

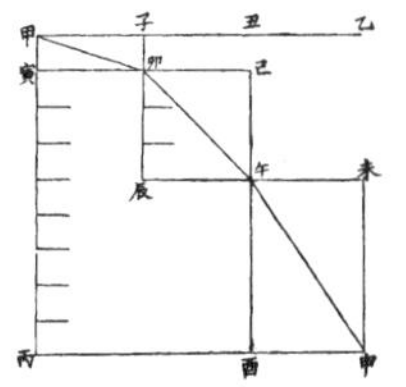

時內達於子二杪時內達於丑而此際物體若離其支持之物則重力立刻使物體下墜於甲寅甲寅者即一杪時中凡無礙直墜者所可經過之墜路是也雖然重力者不能特施其力蓋由拋擲之力與重力下行之速率二力互生功用(即甲子與甲寅)猶之二力互爲直角而生運動者不稍異也故在甲之物體沿二力所畫并行四角之對角線(即甲卯)而至一杪時之終達於卯至於此猶第一杪之始其落下之速率若爲零則於第二杪中應能達於巳但物體實有重力且於第一杪時之終已受初杪末速率故欲墜於三倍甲寅之路即卯辰雖然此物體者因受二力之功用仍沿其并行四角之對角線即卯午而於第二杪時終達於午至於此其力之功用與前同因欲下墜於五倍甲寅之路即午酉故於第三杪時終乃達於申如此而其路乃成以次漸曲之線即所謂拋物曲線也由是觀之則在地面上水平擲動者決不能平向前進而此物體與無礙直墜體動路雖有大小之異而苟自同一高處以生運動則同一時內必能俱達於地也如欲使在甲之物體自甲進於乙而三杪時乃當至於申今更有一物在甲處與平向拋擲者同時使之自甲直落則當於同時(即三杪時)至於丙然則甲申與甲丙其長短雖有差而其同時能達則自明晰是因其物體經過甲乙之路(即丙申)不由重力實由他力故也以上所論之理若熟思之則凡被拋擲之物體最初殆爲一直線而後漸爲曲線與一離拋擲器時即爲曲線此等之理可類推耳

三斜向擲動及其定律　斜向擲動謂物體由向斜上施之速率以生運動如越屋投石是也該物體經過之路乃拋物線於其路之最高點爲其項點也

原由　如第一百三十八圖有一物在甲加以速率於

第百三十八圖

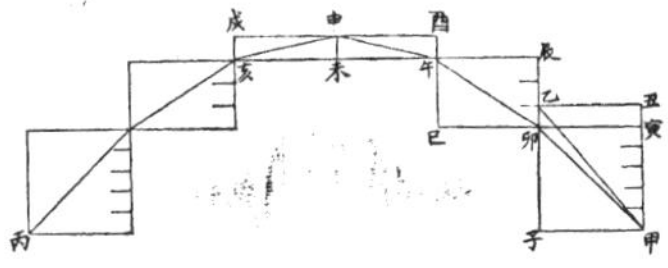

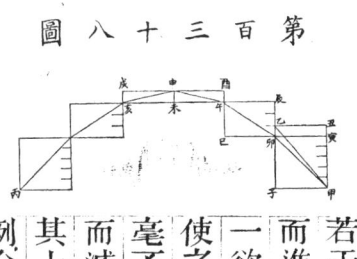

若干時內(如一杪時)使之自甲向乙斜上而進其速率當以爲二者合成之速率一欲使之進於水平方向如甲子一欲使之直立向上如甲丑故甲子之速雖毫不減然甲丑之速因重力故被阻礙而減少其所減之度等於直立上擲者其上升之路等於一三五七九之反比例今設以甲丑速率之大定爲三倍於

初杪末速者，則其速率於第一杪時內減二末之路，故第一杪之終，不能達於乙，乃沿並行四角甲子及甲寅兩速率所作之對角線即甲卯，而第一杪時之終，乃達於卯。至於此，其欲使平進之速率卯巳依然不變，然其直上之速率，則減少，惟能進於倍半初杪末速之路即卯辰，故其物更沿此並行四角卯巳及卯辰兩速率所作之對角線即卯午，而第三杪時終乃達於午。第三杪時終，又與第一第二杪時之始同，其直上速率愈減，只能進半初杪末速午酉之路，故三杪時之終至於申。至此而直上速率全歸消失，惟餘其平進速率即申戌而

已。雖然，如其物體欲平向前進，亦所不能。蓋既至此位置，則與彼水平擲動者同狀也。故物體於一杪時中當達於亥。如此順次落下，而於與前相同之時內（自甲至申之杪）數經過同等之路即申丙，乃完成拋物線。

拋擲運動各條，礮術家所最宜注目也。槍彈之命中與

第百三十九圖

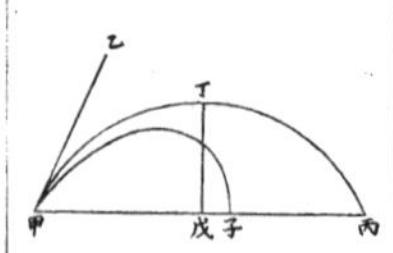

否，每關於鎗彈之速率與執槍所有角度 Elevation. 之大小，而凡被拋擲之物體，御不同此理所論正形之拋物曲線。蓋其實形大為不正，由於空氣之抵力最能使運動減速。今以第一百三十九圖示之。甲丙者，乃向甲

乙拋擲之物體所能達之水平綫路，然在實形反落於線中之他點子。此甲丁丙之線雖為正形拋物線，而實形所得之線，乃為不正者。試從其線之最高點畫一垂線於地面上，乃可知其為不正。何則，今自甲丁丙線之最高點丁，而畫垂線丁戊，若其拋物線為正形，則其最高點當在中央也。然以空氣之抵力，大有關於運動物體之速率，速率大則抵力愈強，速率小則抵力愈弱。是故拋擲物之速率愈大，則其進路愈必不正。欲槍彈命中者，宜注意之。

備考　拋擲運動之定律，乃西曆一千六百年意大利

名儒加里略 Galilei 所發明。

第四節　懸擺運動

一懸擺之定義　有物體於其重心外之一點懸之，而繞此點以運動，如此者名曰懸擺 Pendulum.

區別懸擺有二，曰數學懸擺 Simple pendulum. 曰理學懸擺 Compound pendulum. 數學懸擺者，謂一重點由一無重之線而與旋轉點相連繫者也。然以宇宙間決無如此之懸擺，故取白金或黃金之小球而懸於極細之線者，姑為近之。理學懸擺者，謂實驗懸擺，即於於一桿條掛以重物，可以進退者是也。

二釋懸擺運動及解其名稱　懸擺運動之本性並其名稱別述之如左二項

第一　使懸擺自其平均位置（卽重心在懸點垂線下之位置）而移於他位置（例如第一百四十圖自甲乙移於甲丙）而後放之則重心已不受

第百四十圖

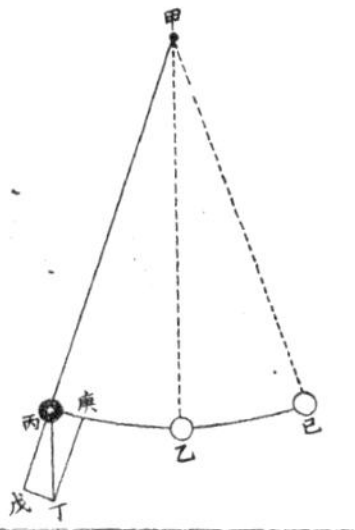

支持故爲加速運動而復歸於平均位置雖然於此不能靜止因其所既受得之速率反爲減速運動以上昇於反對之方向其上昇之高至已等於前所落下之高而止其上昇更向反對之方向重復運動亦如最初時

原由　仍就上圖說明之如左甲乙者乃數學懸擺甲爲懸點乙爲重心則在甲乙之間其懸擺之重心得所支持故能平均而靜止然今與以外力使失平均之現象（例如以手引球移向一方之某點本圖爲丙點）更放之則已無所支持故球欲落下然以其重對線而爲斜力恰似斜面上所載之物體故假以丙丁示其力之大則分解之當以爲二力一於線爲反對之方向卽丙戊一於線爲直角之方向（卽丁戊卽丙庚）丙戊因線之固性生有牽力已歸消滅而丙庚因與丙點爲切線方向故如丙甲乙角度甚小則卽以丙庚弧線代之亦無大差是以球者從其丙庚之分力爲加速運動以歸於平均位置而更因其所已受得之速率爲減速運動以昇於反對之方向及全失其速率則又更由舊路而運動如最初時

今又據儲蓄力以說明之則不但使其原由易於明顯更於程工及兩種儲蓄力彼此之轉變易於解釋今有某懸擺上引至若干之高則是其所程之工爲以位置儲蓄力存於懸擺也懸擺於受物支持之際雖毫不運動然支持之物體一去則其儲蓄力爲能程工蓋卽使物體漸復舊位其落愈下則位置儲蓄力愈減然卽爲運動儲蓄力愈增其達於舊位時正位置儲蓄力全變爲運動儲蓄力之候也由是懸擺不止於舊位而昇於反對方向其昇愈上而運動儲蓄力愈減卽又變爲位置儲蓄力也既昇至最初落下時之高則運動全止而全變爲位置儲蓄力矣固易明也如此儲蓄力彼此交互轉換故苟無障阻其運動者（例如毫無空氣抵力）則懸擺自必永遠運動亘古不變然實驗之際以有障阻故儲蓄力乃漸減終當歸於靜止也

第二　凡自懸擺之懸點至球所有之相距名曰擺長 Length of pendulum 其兩面上昇停止之處與垂線所成之角（第一百四十圖之丙及已與乙所成角）名曰擺離 Elongation

兩擺離合成之角如前圖之丙己名曰擺幅 Amplitude. 自下落之始至上昇之終所有運動名曰一擺動 One oscillation. 一擺動所需之時刻名曰擺動時刻 Duration of oscillation. 一秒時內所有擺動之數名曰擺動數 Number of oscillation.

三懸擺運動之定律 其定律分四要目

第一 懸擺之擺動時刻不關於其物質及重

原由 此定律之原由但參考總論第三章第四節無礙直墜之第一定律則不待言而自易明試用金石木質造球以為懸擺則實驗之而易得確證

第二 凡於不過大之擺幅其擺動時刻不關擺幅之大小如第一百四十圖內甲己角以五度為限

原由 試觀第一百四十一圖自易釋明蓋擺離若不過大則球子擺動之路即弧線其離開水平面之大小與擺離之大小為比例故設於弧線之一點寅作一切線則其對水平面所成角度較彼在半擺離之寅點所畫切線與水平面所成角度恰為二倍故若於寅點生運動則其分力第一百四十圖之丙庚之大小亦二倍於寅點所生者而寅卯之弧

第百四十一圖

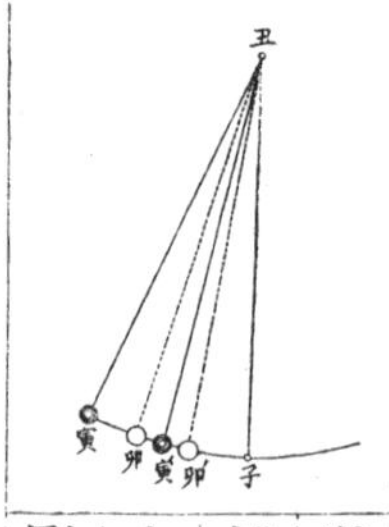

線甚短幾為直線故如定寅卯為其半則在寅與在寅所生運動必於相等之時內經過不等之相距今取等長之二懸擺垂之使其位置恰如在同一軸者而甲於寅乙於寅同時放之則於同一時內寅者達於卯寅者達於卯次更於同一時內從無礙直墜之定律更為加速至此時之終兩者同達於一點例如平均點更昇於反對之向亦與落下時為同一現象由是觀之凡等長之懸擺不關於擺幅之大而能為同數之擺動其理足信也

第三 凡同在一處不等長之懸擺所需擺動時刻與擺長之平方根為正比例擺動數則與之為反比例

原由 欲明此故必先自其意義解之蓋在不等長之懸擺長者較短者運動為遲如有懸擺三箇其長有一與四與九之比則其擺動時刻為一與二與三之比其擺動數為$\frac{一}{一}$與$\frac{一}{二}$與$\frac{一}{三}$即六與三與二之比然則第二懸擺之擺動時刻較第一者為二倍第三者較第一者為三倍故第二者與第一者同時而為半擺動第三者同時而為三分之一擺動今如第一百四十二圖有不等長二懸擺其長為一即子丑與四即子寅之比今以卯丑弧線割為極短且小之分其各小分當作為直

第百四十二圖

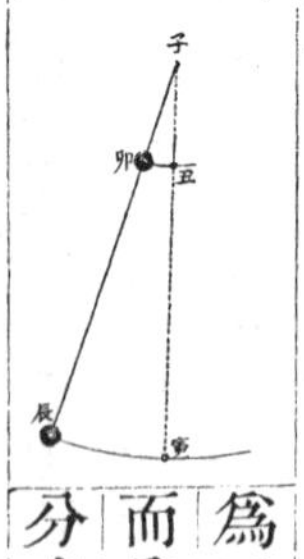

線看，又在辰寅亦如此分割，而丑卯間角度與辰寅間角度同等，則丑卯弧線之長與辰寅弧線之長，其比猶之兩懸擺之長，故辰寅弧線之長四倍於丑卯也。然則丑卯弧線內各小分所有對水平所成之角度與辰寅弧線內各小分所有對水平所成之角度二者均等，故在兩弧線之各小分，其分力之大小亦必均等，是以就前章中所示直墜體經過路之各式可得而說明之。

$路=\frac{末}{二}時^{二}$

例之，今於若干時內（例如一秒時之四分之一），在卯者方達於丑之際，在辰者亦能降於與相等之路（卽四分之一）。及次一時內，短者已昇於反對之方位，而長者尚降於其所餘之路（卽四分之三）。及短者一擺動畢，而長者當經過全擺動之半，本定律之理也。蓋懸擺之長為一·四·九之比，則其擺動時刻必為一·二·三之比也。

第四　懸擺之擺動時刻可由

$時=周\cdot\sqrt{\frac{末}{長}}$

公式以表明之

（周）者乃三·一四一六，卽圓周率。（長）者懸擺之長。（末）者速率之强弱也。按本書體例，恐過繁雜，故此式之所由來略而不述，惟一言其意義耳。曰：懸擺之擺動時刻與其長之平方根為正比例，與速率强弱之平方根為反比例。

例

擺動數與擺動時刻乃恰相反者，故既曰擺動時刻與速率强弱之平方根為反比例，乃又曰擺動數與之為正比例。今若更詮釋之，似有重複之嫌，然理主易解，故再詳焉。如第一百四十三圖，有子丑懸擺作為一時內（例如一秒時）擺動一次者。

第百四十三圖

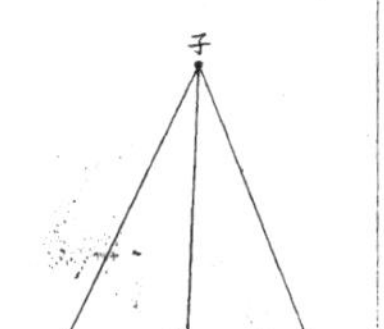

今自寅而降，則需其時四分之一（卽一秒時之四分之一），乃達於辰。其次四分秒之一時內，經過三倍之路，此時之終當達於丑。是則需半分時刻（卽一秒時二分之一），而經過半分之路。故所餘之半分時刻內，必經過其他半分路（卽丑卯）也。今欲於此一時內（卽一秒時）使擺動為二倍，則必加以四倍之力。蓋其初時內（此謂一秒時之四分之一），必須有能達於丑一之力也。因此之理，設與以四倍之力，其擺動必確為倍，故在等長之懸擺，若其擺動數在一·二·三之比，則所使擺動之力，其强弱必為一·四·九之比也。今以（數）為擺動數，以（力）為力，則得左式

$力=數^{二}$

四實驗懸擺　實驗致用之懸擺卽上文所謂理學之懸

第百四十四圖

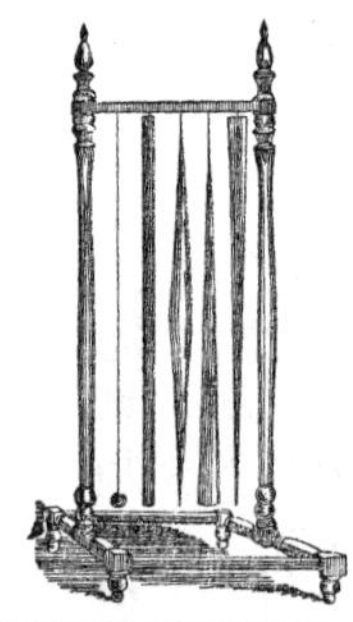

擺乃隨意成形之重桿條第一百四十四圖所示之二三式此類懸擺中最簡者其上端可旋轉之直桿是也故如此之懸擺較等長之數學懸擺運動更速蓋桿條者爲短懸擺而由連於擺之實質小分相合而成故理學懸擺自其旋轉點量起與等擺動數之數學懸擺重心相齊之處卽其等長之一點名曰懸擺之擺動點 Cetre of oscilla-tion. 自旋轉點至此點之相距名曰遲速互抵之長卽理學懸擺之長

原由　由第一百四十五圖可解明之卽於無重且不彎屈之線繫以二重體子及丑則已非數學懸擺恰與

第百四十五圖

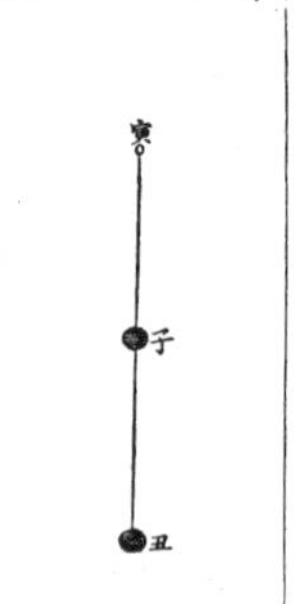

繫於有重線之懸擺其狀相同今隨懸擺之第三定律理當子爲速動丑爲緩動然因其爲相連者故近於懸點之重子欲使丑之運動加速而遠於懸點之重丑亦反欲使子之運動加緩遂生一定之速率在兩球原有速率之間兩球以此速率同時擺動而其速率非如子寅之大亦非如丑寅之小恰如

單一之數學懸擺所生擺動也是故懸擺而具有重量之線者皆無不如是各有生一定速率之點卽所謂擺動點其自擺動點至懸點之長與彼數學懸擺自重心至懸點之長兩者相同是所謂遲速互抵之長卽理學懸擺之長也由是觀之則數學懸擺與理學懸擺其全長自必有差且理學懸擺之擺動點與懸擺本體之重心不在一點故若取以上兩類懸擺於同時內使爲同數運動則必有長短之差雖然如第一百四十六圖所示則不關於懸點至擺動點之長而其擺動能生遲速本圖之全長徑乃劃度數之直桿條其正中子具一鋭

第百四十六圖

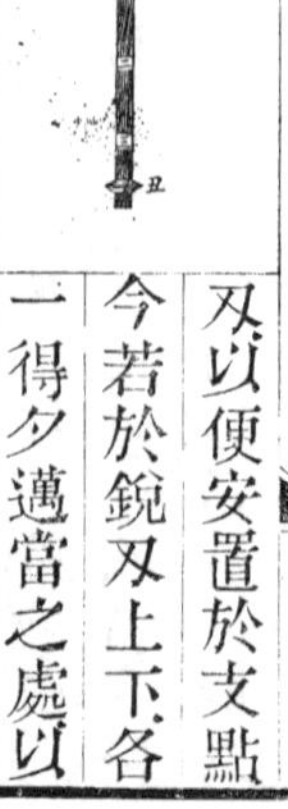

又以便安置於支點今若於鋭又上下各一得夕邁當之處以約重一啟羅格之鉛製碁子凡二枚卽寅卯附於桿條當支其鋭及時則桿條之狀當隨處平均蓋支其全體之點與重心在一點故也然於桿條之下端加以小重卽丑則此器已成懸擺之形但此懸擺之運動較子丑長之單懸擺運動當更慢蓋使全體運動之重乃僅在丑之小重其小重固猶之在單懸擺然其運動非但使自己之重運動更使在寅卯之二重亦必隨之而動故當慢

也。依此推之則理學懸擺由其構造之不同而其擺動點相異要自明也。

五懸擺之致用。 致用之途甚廣舉數例列左。

一用以定準時辰鐘之旋轉。 凡在一定處所而有一定長之懸擺其擺動時刻必一定不變故定準時辰鐘之旋轉需用懸擺蓋時辰鐘 Clock. 者乃一種機器能爲終始不變之旋轉其生旋轉之力之源者重錘及發條是也故時辰鐘別爲二類各隨其類而冠重錘發條二字以標識之。

重錘時辰鐘之要處。 重錘鐘之要處即由重錘而生

第百四十七圖

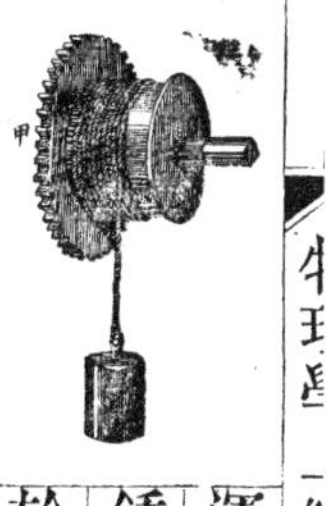

運動者如第一百四十七圖繫重錘於索之一端沿水平軸而捲繞於可以旋轉之圓柱隨重錘之下墜能使徐徐旋轉而大輪甲與柱輪同軸且兩者相連。故能傳其運動乃設他齒輪使嵌入之更傳其運動以生全體之旋轉然以重錘之下墜乃漸次加速時辰鐘之運動亦當隨而漸速故必於其機器設懸擺以節制其加速而使時辰鐘爲勻準之旋轉第一百四十八圖所示是也此器於前圖所示繞有繩索之圓柱上更附車輪輪有特異之齒齒輪之上有一三角形鉤子甲乙

第百四十八圖

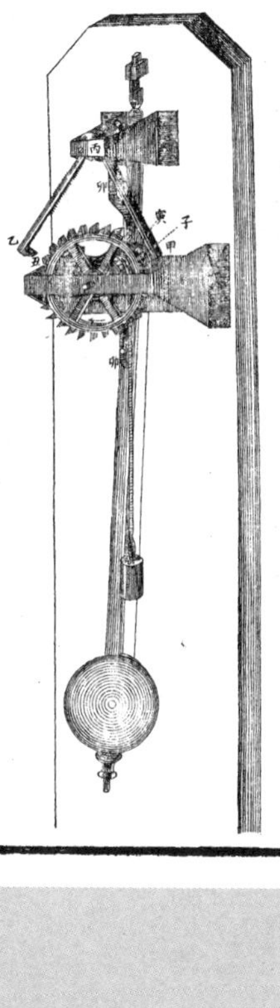

丙俗名蟹螯隨其位置之欹斜方向而使所有鉤端嵌入齒輪之左齒或右齒此鉤子者因懸擺之運動而亦左右擺動陸續不斷本圖所繪者其懸擺之位置乃偏於左方而達其極端之狀其際齒輪以重故欲自左方旋向右方亦所不能蓋子齒爲鉤子之尖所阻止也然懸擺

於反對之方向始生運動則甲忽離開子齒轉進其位置及懸擺已昇於他方則乙鉤端降而阻止丑齒懸擺復至他一方則寅齒更被阻止如此離開與阻止再三反覆而重錘向下之力雖能遞續不已亦可防制其加速其三角形鉤子之軸非直爲懸擺之擺動軸其懸擺懸於一薄鋼片此鋼片嵌入三角形鉤子之後三角形鉤子因叉形之挺條以連結於懸擺焉以上所述爲欲節制時辰鐘之運動而始創懸擺是法也乃荷蘭國碩儒海輕司 Huyghens. 所發明時在西歷一千六百五十八年。時辰鐘之創始在一千五百年後經一百五十八年始用懸擺於時辰鐘。

發條時辰表　凡時辰鐘之小者，如表，卷發條於軸，由其反撥之力而發動，其發動之狀，可觀第一百四十九圖。但地位狹小，不能用懸擺以制其加速運動，今就其機器略言之，如第一百五十圖，表內之機器俱在兩塊金類夾板之間，其兩夾板由數條直桿相連結，其表內使指時針旋轉之輪在上夾板與記時板即劃分數點之磁面之間。甲爲發條，連於午軸，欲卷之則由凸出夾板外所有上端午，使之旋轉，俗語曰開表。發條之凹凸力於是能使其本軸及所相接之齒輪丙反方向而旋轉，其齒輪嵌於丁小齒輪，故

第百四十九圖

此小齒輪之軸，又使之旋轉，因之上則自丑至寅，自卯至辰，下則自戊至己，自庚至辛，自壬至癸，自天至地，均傳動也。惟發條之凹凸力，初力甚强，後漸弱，則時辰表之轉動不能勻準，故用地飛輪，即擺輪 Fly wheel. 如第一百五十一圖所示，即用遊絲以使運動勻準也。蓋擺輪之受運動而欲旋轉也，其遊絲被捲緊，擺輪不得不復歸故位，然運動之際，已受速率，故不能復住於從前之平均點，而

第百五十圖

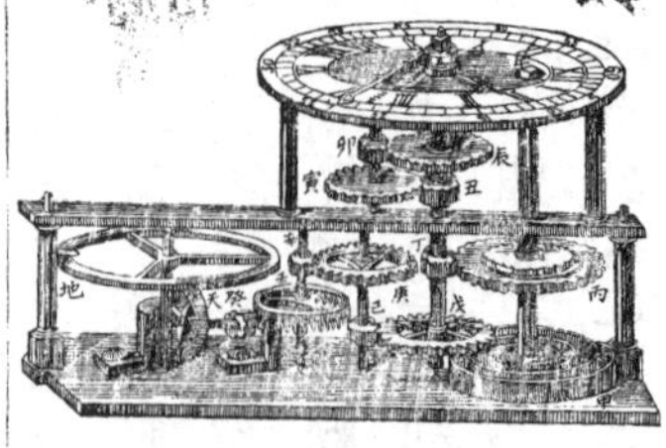

第百五十一圖

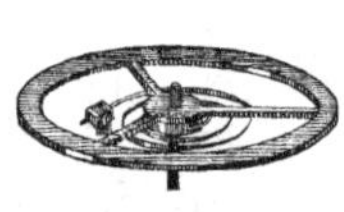

更進於他方，及失其速率，當再反歸故位，而運動不已，無異於懸擺之狀也。故從遊絲之長短而擺輪之運動有緩急，隨其緩急而表之旋轉自必亦生緩急，今於下文論擺輪之運動與發條之反撥果有如何之關係，欲明此關係，必先知各齒輪

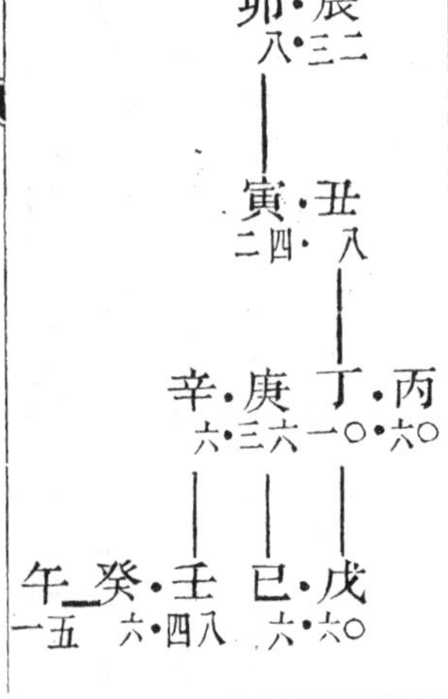

有幾個齒數，其數今列表於右。

右表內之・・爲相接之二齒輪，——爲同軸之二齒輪也。

凡欲使表之運動能準確，則其遊絲 Balance. 之長必有一定，即必須令壬齒輪於一分間能旋轉一次之長也。其壬齒爲四十八，而癸有六齒，故壬較癸有八倍之齒數，然則壬每轉一次，癸必轉八次，又天有十五齒，故每轉一次，必使遊絲運動三十次，因擺輪之軸有二齒故也。然天與癸爲同軸，是故擺輪於一分時內其運動之數爲八與三十之相乘數，計二百四十次，即一秒時中乃運動四

次之牽也辛有六齒而與壬爲同軸故辛轉一次亦需一分時且辛者相接於庚庚有三十六齒六倍於辛故辛每轉一次而庚之轉僅其六分之一即庚全轉一次必需六分時也又與庚同軸之已有六齒與庚同時而爲同數之旋轉已更相接於戊戊有六十齒十倍於已故戊轉一次必需已轉一次十倍之時即六十分時六十分即一小時也於此軸之上端即其凸出於記時板上者插以長針故此鍼於一小時行一周於記時板上者也因丁有十齒而與戊同軸故又六十分時內旋轉一次丁更相接於丙使之旋轉因丙有六十齒六倍於丁是故丁旋轉六次所需之時刻內丙惟旋轉一次即丙者六小時旋轉一次者也由是觀之若捲緊發條其長能旋轉四次則其表之旋轉能有二十四小時即一晝夜也其上夾板與記時板之間安置齒輪此齒輪能旋轉指時鍼丑有八齒而接於軸軸有分時之指鍼一小時轉一次而此丑接連於寅寅有二十四齒三倍於丑三小時轉一次卯亦有八齒與寅爲同軸故與寅爲同數之旋轉卯接連於辰辰有三十二齒四倍於丑故辰需四倍之時即十二小時轉一次自外觀之似辰直接有長鍼之軸其實不然蓋以中空之圓筒套於指分鍼之軸其下端接於三十二齒之輪其上端設指時鍼即十二小時一轉之指鍼而其空筒與軸不相緊接故軸之轉動不關於空筒而能自動不已也

二用於測地攝力　同一懸擺而從緯度之高低各異其擺動數如在現住地方持一懸擺乃能爲若干數之擺動者攜往兩極則其擺動數當漸增轉向赤道則當漸減昔一千六百七十二年法國星學家利雪Richer自巴黎攜一精準之懸擺時辰鐘往加遠Cayenne.此地距赤道僅北緯五度其時辰鐘每日慢二分半因減其懸擺之長至二·八密里邁當而鐘行始準及歸國仍攜此時辰鐘再加以二·八密里邁當之長其行乃復準此其原由蓋因地攝力强弱之故而一秒時內能動一次之懸擺即所謂秒擺之長必從地面上所處之異而各異其長也是故按第四定律所表公式之

$$時=周\cdot\sqrt{\frac{朩}{長}}$$

其中之長或增或減以時爲一而自乘之則當得左式

$$一=周^{二}\cdot\frac{朩}{長}$$

即爲

$$朩=周^{二}\cdot長$$

故於時為一之際而以周平方乘測得之長（周者已見定律條下）是乃在其地之末即攝力之强弱也例如在緯度四十五度之地則杪擺之長為九百九十四密里邁當依是算之則末為九八〇八邁當又在日本東京則長為九百九十二密里邁當有餘故末當為九七八四邁當以上所述其懸擺之長乃指在平地者言若登山或在地下坑中則雖等長之懸擺其擺動自必緩慢

三用以證明地球之自轉　凡自由擺動之懸擺因其有恆性務令擺動面 Plan of oscillation. 永久不變故自外觀之似擺動面對某一點面變其實不然蓋

物理學上編二

非其面之變而某一點對擺動面之變也昔一千八百

第百五十二圖

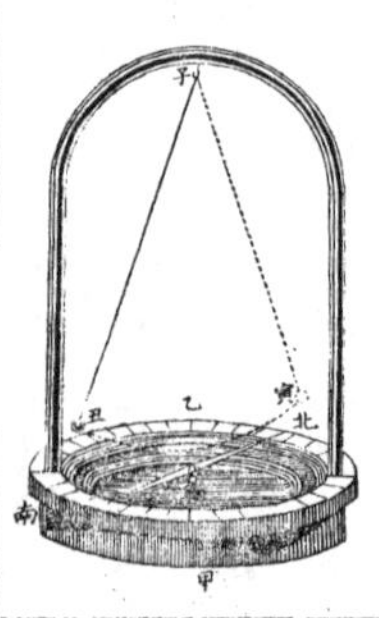

五十一年夫可晃 Foucault. 曾在巴黎以此理確證地球之自周其軸今欲徵實其理則當用一器如第一百五十二圖子丑寅為懸擺為欲明示其方向設一圓盤甲乙周圍劃三百六十度其上有磁鍼（詳磁氣學）今以此磁鍼安置於南北之向試由他器（例如後節所述試離心力之器）之助使此全器旋轉而磁鍼及懸擺仍在最初所向之面毫不變異即磁鍼與懸擺最初同在一方向或磁鍼與懸擺之擺

動面最初互為直角後雖旋轉全器而其方向俱各不變其他無論在何方向而其不變亦莫不然蓋磁鍼者南北之外決不能定於他向故用磁鍼以為標準乃得以驗懸擺之擺動面或變與否也今據此試驗推之以地球自己之旋轉代此人力所生之旋轉當亦同然即以上言之器攜至北極上施其試驗不必別用他器而使生旋轉只作為因地球自轉而此器已經旋轉者則自外觀之度數之圓盤甲乙似不旋轉而反變擺動之面然其實則與前次試驗同一理而圓盤與地球俱旋轉懸擺擺動之面仍毫不變也此際亦如前條可由磁

物理學上編二

器以得其確證而每一晝夜圓盤當全轉三百六十度然則地球者必一小時轉十五度二十四小時轉三百六十度也雖然不能真往極下以施如此之試驗惟在介於極與赤道之間以試驗之耳於此試驗者亦能如在極者可得同一之蹟惟其所異者不能如在極下者

第百五十三圖

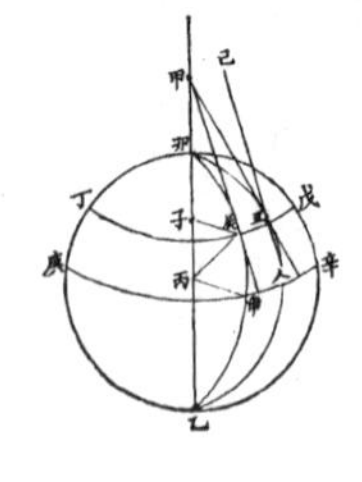

二十四小時間全轉三百六十度耳今依第一百五十三圖以說明之即卯戊辛乙庚丁為地球卯乙為地軸庚辛為赤道之半圈辰者在丁戊並行圈上即

吾人所住之處如是則卯辰申乙乃在辰處之子午線也今惟於辰一點畫甲辰直線以切於子午線則其直線即是水平之北極線當於甲點遇地軸試在甲辰線上使懸擺運動後經若干小時則地球已轉其軸吾人所居之辰點當轉至於丑故此時當使懸擺之擺動面改而對某恆星乃己丑也而與甲辰並行毫不變其方向然如地球旋轉之角度愈增則甲丑北極線與懸擺擺動面己丑人線所成甲丑己之角度亦當愈增惟愈近赤道其差愈少至赤道下則北極線全與地軸並行已不見毫末之差矣若欲實行此法可設一懸擺長約六十七邁當重約二十五啟羅格以防他力之使其擺動面變更也例如風如是使之擺動則所有障阻惟懸點之摩擦與空氣之抵力而已故可至五六小時仍動也

第五節　循心運動

一　一切循心運動之定義及其源　循心運動 Central motion. 者謂某物體於中心點謂其運動之中心之周圍沿曲線路而運動也所向中心點之某力若加於運動體上無所間斷又其物體從恆性之定律務行直線之方向必欲向外而循心運動於是成其向中心之力名曰向心力 Centripetal force. 運動體必欲沿切線之方向而直進故為向外之力名曰離心力 Centrifugal force. 自中心向動路之一點所畫各直線名曰動徑 Radius vector

循心運動之例　舉數例列左

一如第一百五十四圖以甲乙一線繫甲球持其線之端而旋轉其球即循心運動也此際之向心力存於線之牽力

二如碾粉磨車輪等旋軸動亦循心運動也

三月繞地球諸行星繞太陽是皆循心運動

證明離心力所存之實事　例如左

第百五十四圖

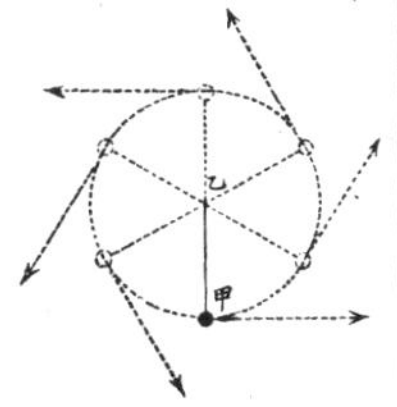

第百五十五圖

一就第一百五十四圖所示之線試放之則球躍於切線方向

二如第一百五十五圖取滿盛有水之提桶於箭所指之方向轉動之縱令桶口下向垂線而水亦涓滴不洩

三因車輪疾行於濕地而泥土飛揚吾人所常目擊也

四騎馬疾驅者或疾走者忽欲轉其方向則身體必需斜向內

五第一百五十六圖所示者乃所謂離心力鐵路由高架甲而架鐵路於下為乙丙圓圈以達於丁架今使人車自甲馳往下則顯大速率從恆性之定律乃沿乙丙圓圈而昇自丙下降更受速率而達於丁於此人車因離心力之理在丙能壓鐵路不至落下

第百五十六圖

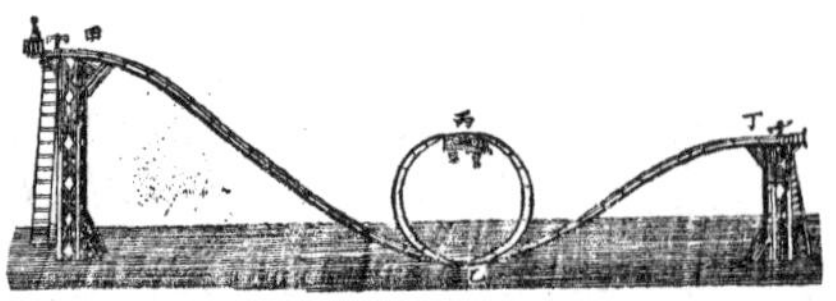

二圈狀循心運動之定律　上所揭數例多圈狀之循心運動別其定律如左二項

第一向心力與離心力兩者均等而各向相反之方向

第二兩力於重率與圈路之半徑為正比例於一周所需時刻之自乘為反比例

原由　今欲明此兩定律之原由先宜就其運動所生之理詳細釋之如第一百五十七圖有引力（即向心力）在天中心而生不絕之動作在子之一重物因其引力而欲向天進行但此子點初欲運動之際同時中有一力引向子甲之方既受一定之速率（即在切線方向所受之速率）則子點

第百五十七圖

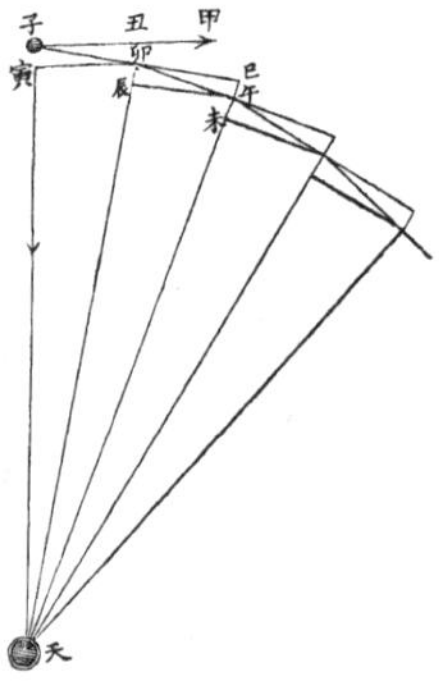

自不向子天亦不向子甲當別向一方進行（即由并行四角力之定律可以推知之）茲欲使此理易於解悟假如其向天之引力每一極小之時能為連續運動者（所假定之時刻愈小則此假揣亦必愈近於眞）又其自子向甲之一力亦以同法分為極小之時刻而每一極小之時刻中定為重物能自子至丑今若於同時有引力運動欲引子點則當以極小時刻達寅點然因兩力同時動作之故而此時之內乃自子達卯重物既達於此若更無引力（其力若係獨動則第二時內當自卯至辰）則當於第二時內經過卯巳之相距但卯巳相距之大與前一時內經過之子卯相等然更有引力運動故重物亦再變卯巳之方向而移至於午是故在子點之某體若一向側面而受撞擊且於極小之時內屢加引力則動路必成多角形其多角形者因其連續加力之時愈短小則愈近於曲線凡實際之引力功用乃始終無間者故動體之進路眞為曲線而其曲線為正圓

今進而就正圓圈狀之曲線運動以明向心力圈之直徑及行一周所需時刻果有如何之關係即如第一百

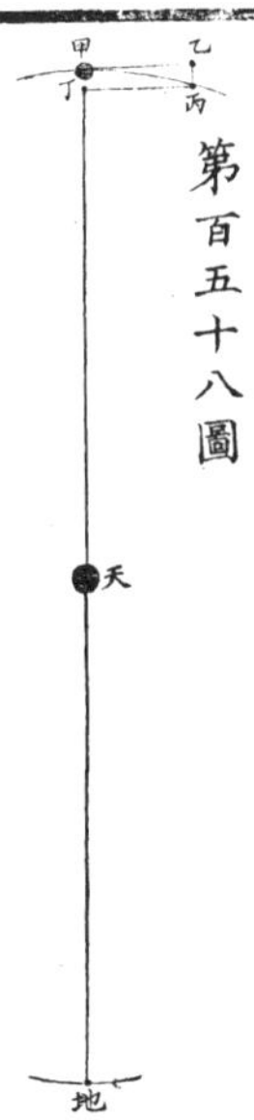

第百五十八圖

五十八圖天者乃在甲之物體旋轉而所成圓線之心也甲乙者無向心力加速率之時而其物體於極微時內因有向切線行之速率而所能經過之路也甲丁者乃物體在無切線之速率時而於極微時期內因有向心力之速率而所能經過之路也如是則物體因兩運動故當自甲點達於相對之角點丙已如上文所言而甲乙之路自必以均等運動經過之今以(速)爲物向切線方向行之速率(𧗟)爲極微時而以左數式表之

$$甲乙=速\cdot𧗟$$

在自甲向丁之物體所生運動乃有加速率之均等加速運動也今以(速′)爲向心加速率(𧗟)爲極微時而其所經路之大可以下式表之

$$甲丁=\frac{速'\cdot𧗟^{二}}{二}$$

今以前式自乘而以後式除之則當得

$$\frac{丙丁^{二}}{甲丁}=二\cdot\frac{速^{二}}{速'}$$

丙丁與甲乙相等故得此式

幾何學上丙丁與甲丁及丁地有一定之比故爲

$$丙丁^{二}=甲丁\cdot丁地$$

若(𧗟)爲極微則甲丁亦當極微丁地與甲地者可作爲無小差故爲

$$甲地=二\cdot\frac{速^{二}}{速'}$$

今以二倍半徑之二(半)代其甲地則得

$$速^{二}=速'\cdot半$$ 第一式

更以(⿰口速)代向心力以(重)代運動體之重率則依總論第三章第七節所述之理當爲

$$速'=\frac{⿰口速}{重}$$

今以此式移於第一式則得

$$⿰口速=\frac{重\cdot速^{二}}{半}$$ 第二式

是卽向心離心兩力之量也

若又以時刻(時)除周徑之大 $二半\cdot周$ 以代其切線方向速率(速)則爲

$$速=\frac{時}{二半\cdot周}$$

故以之代第二式之(速)則變化如下式

$$速=四周^{二}\cdot\frac{時^{二}}{重半}$$

此式乃表向心離心兩力之强弱者觀於此兩定律之意義自明也

三就實驗以證明定律　凡關於向心離心兩力之定律試用所謂離心力器 Whirling table. 以實驗之自易證明此器構造之大略如第一百五十九圖其大輪子用皮帶帶動小輪丑如握其柄而使大輪子旋轉則其運動自傳於小輪兩輪俱置於金類或木製之桌上能使小輪爲多數之旋轉今以某物體插於丑小輪之軸寅自側邊以螺旋旋定之則當隨大輪之旋轉而其旋轉亦速凡用此器以實驗之事頗多

第一百五十九圖

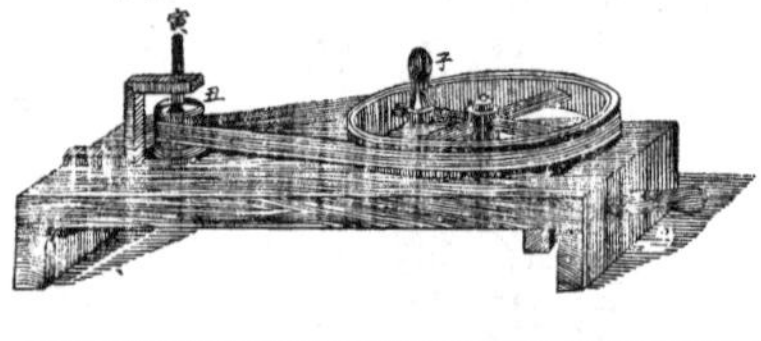

示一二例如左

一如第一百六十圖所示者凡關於(重)與(半)之定律可用此以實驗甲柄乃空圓筒可以插入第一百五十九圖之寅且可用螺旋旋定之而水平橫臥之金類小桿乙貫有木或象牙製之二球使易左右進退又欲使之不能越一定界限而互相離開乃以線連繫之更以一桿丙置於水平記以尺度之數以便知二球之互離若干今以此器置於第一百五十九圖之寅使速旋轉則各球俱欲遠離旋轉軸然因其間繫有線不能互離故其進行也當向心力較大之方若欲使兩球之離心力爲同大卽兩球均不動之時則大球必比小球近旋轉軸卽兩球之距旋轉軸於其重率必爲比例也今以(重)與(重ʹ)代兩球之重率以(半)與(半ʹ)代兩球所距旋轉軸之大且以(時)代時則兩球之離心力當如下式

$$四周^{二}\cdot\frac{時^{二}}{重\cdot半}$$

及

$$四周^{二}\cdot\frac{時^{二}}{重ʹ\cdot半ʹ}$$

此兩式之數爲均等固不須言故爲

$$重\cdot半=重ʹ\cdot半ʹ$$

第一百六十圖

由是觀之其爲$\frac{半}{半'}=\frac{重'}{重}$自明也.

二如第一百六十一圖用洋燈之玻璃罩狀如油壺者旋定於寅以水銀及有色之水注入之使之旋轉則兩液俱昇於上水銀當佔其器中最廣之部位是因離心力之關於重率也.

第百六十一圖

第百六十二圖

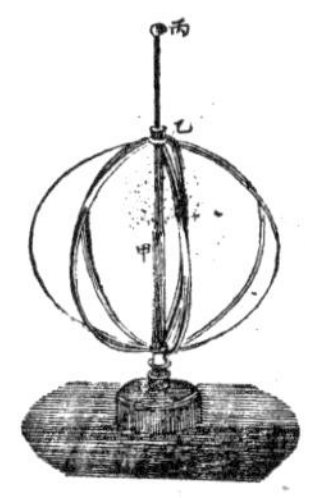

三觀第一百六十二圖之器可知地球成扁之原由在循軸旋轉如甲鐵軸可以插於離心力器寅軸之下端有許多黃銅片以釘扣牢之其上則黃銅片互相輳合集於管乙而乙可沿子鐵軸而上下其在靜時銅片有凹凸力則當自挺直而乙管當在丙球之處然此器若循甲鐵軸而迅速旋轉則黃銅片之形狀當如本圖所示其各片自其旋轉軸(卽甲鐵軸)務欲離開其旋轉愈疾則黃銅片之彎屈愈大其管彼牽而向下亦愈甚此楕圓球(卽黃銅片所成者)之旋轉軸愈短.

今由此器而地球由自轉而成扁之說雖可證明然此黃銅片何以能因旋轉而彎屈其理須觀下文始得明晰蓋此器之始旋轉也黃銅片之各小分畫爲無數不等徑之圓圈而因其距兩端愈遠則其半徑愈大在中央則尤大蓋各小分俱在一軸而全體爲弓形故也今如定律所論則其各小分所生離心力之强弱與徑之大小爲比例故在中央其力尤弱其務欲遠離本軸之性以此處爲最故能勝凹凸力而彎屈也.

此理已明則彼地球者因自轉而生離心力其力在地球上何處最强何處最弱且從其强弱而地球本體之成扁重力之減少等事均不待一一說明自明瞭也.

四離心力之實用　凡工業場離心力之有裨實用者頗多可觀左例.

一大染坊欲使多數綿布得早乾燥則用所謂離心乾燥器器乃金類筒其側穿孔如篩形又製糖廠欲自搗碎之原料取得汁所用器亦與前相似.

二欲修理汽機之運轉則用所謂離心修理器(詳中編熱學)

五無礙循心運動之定義及其定律　凡無礙而懸於宇宙之物體其運動名曰無礙循心運動如此則星體之向心力卽他星體之攝力其離心力卽自己之儲蓄力因恒性故欲進於直線方向者是也.

無礙循心運動之定律分左四項.

第一凡一星體因自己之儲蓄力與他星體之攝力而

於攝力中心之周圍循曲線路以運動

其所以循曲線路者與第一百五十七圖所說之理無異然星體之動路非若圈狀乃橢圓 Ellipse. 拋物線 Parabole. 雙曲線 Hyperbola. 之一其星體之動路三者中或屬何線則關於其現在之儲蓄力及向心力之大小

第二行星之動路乃橢圓太陽乃在其一橢圓心者也

第三動徑於相等時內畫相等之平面

第四二行星繞一周時刻之自乘於軌道大軸之三乘為比例

其第二三四條名曰開普力 Kepler. 之定律星學中最要

第百六十三圖

六無礙軸之定義及定律　無礙軸者謂不為他力定其方位而能變動於各方之軸也凡其重率於旋轉軸之周圍各守同形而旋轉不已如是之物體即具有無礙軸蓋不論其物質所在之部位而各小分之離心力皆於軸上互相消失而不受某一方

之壓力或牽力故即因旋轉而能成無礙軸也

今就無礙軸之例擇其二三列左

一各種地鈴之類

二滚轉之球軸及滚轉之輪軸等

三凡天體之旋轉軸

四如第一百六十三圖所示之波念白格機器 Bohnenberger's machine. 又前章重心節下所示船用懸燈之軸亦屬之

無礙軸之定律別為左二項

第一旋轉物體之無礙軸以隨重率及速率所增之力而保守自己之方向

一原由　凡運動體之各小分為恆性故而其運動之方向務欲固守不變前既言之矣旋轉體之各小分亦為恆性故而其自己之旋轉面務欲保守不變與前相同故有欲變其旋轉面之力則對之而施抵禦若其軸欲自此向變為他向時則亦然因此之故全體所生之抵力必隨重率與速率而增

二實驗　今欲實驗之則取波念白格機器之球因絲之助使之疾轉無論其機器轉向何方而球仍在自己之方位若以手壓其一輪試變其軸之向則覺

其顯生抵力此事觀於地鈴尤易實驗

第二在疾轉之物體上若有某力務欲變其方向則軸雖仍固守而同時爲圓錐形之旋轉

此現象就斜立旋轉之地鈴自易觀察

第六節 運動之三則

就上文各項觀之凡在運動其狀態差異雖多而其定律當歸於左三則

第一凡運動體無外力侵之永不變其狀態當進行於一直線之方向

是卽恆性參考前文更不須釋

第二不論物體之在靜在動而其狀態之變化於力之作用爲比例

證例

一在快走不已之汽船上試爲拋球之戲其球之運動與在停泊船上所試者毫無所異

二在船上取一物體向垂線直落下不論該物體與船俱靜或俱動而常抵於同一位置

三水平面擊出之礮彈與自礮口直落於地上者必於同時同抵地面

第三原動與反動其力爲同强其方向爲相反

證例

一置石於桌上石向桌施以壓力而其石亦受桌向上相等之支力

二鳥之飛以兩翼向下扇空氣因其空氣之反動而能浮其體於空中

三放大礮時火藥向各方以相同之力轟發而礮彈前進而其時礮身架台亦當後退然以重力懸殊故礮彈雖顯大速率而架台僅退甚少之路耳

四自舟躍上對岸時若不留意則因反動之故使舟後退人當陷於水中

吳縣王季點校字

物理學上編卷三　重學(氣質重學)

日本飯盛挺造編纂　日本藤田豐八譯

日本丹波敬三、柴田承桂校補　長洲王季烈重編

第一章　流質總論

第一節　流質之本性

流質者，如總論第四章第二節所記，其細小之各分稍有能相凝聚之性，然以力甚微弱，亦易使之分離(即容易搖動)也。

釋搖動性　凡流質所有之搖動性，因其質點之儲蓄力頗強，常欲使其震動變爲進行動也。

區別　各種流質其易於搖動之性決非均一，約別之爲左三項。

一　易動性之流質，例如醕以脫、炭硫二水等。

二　黏動性之流質，例如硫強水、各里司里尼、糖水等。

三　難動性之流質，例如汞及其餘鎔化各金類。

第二節　流質之性質

流質公有之性質如左七項。

第一　流質皆重，有如在百度表四度之蒸水，每一立方生的邁當有一格之重。

第二　流質雖有一定體積，然毫無一定形狀。

第三　流質從所盛之器之形狀以爲形狀，所爲在方成珪，遇圓則璧是也。

第四　靜止流質之面爲水平面，即於重力之方向爲直角之面也。此水平面名曰流質之平面。(流質之面其不爲水平面者亦不少，可觀總論第四章第二節。)

第五　流質必流動，流動者，謂無所障阻之流質各微分無滯力而各就低處也。例如在水平面而散流，或沿斜面而下流。

第六　極少獨立之流質爲球形。(參考總論第四章第三節。)

第七　流質能壓縮之體積甚微。

第三節　流質中所有壓力之波及

一定律　凡密閉之流質，於其上加以壓力，則其壓力以相等之力波及周圍，即在各等積之面，不論器之壁或流質之內部，俱受均等之壓力。其面積爲某倍，則受某倍之壓力。此於一千六百五十年派司開兒Pascal所始知也。

原由　凡流質皆具搖動性，故密閉之流質加壓力於其一處，則其各小部必急欲避開，然因密閉不能避開，故其壓力波及於各面之質點。

實驗　某倍之面果受某倍之壓力與否，以實驗證之。

一　如第一百六十四圖所示之器，乃僅見其橫剖面者，假於此滿盛以水且密閉之，而此器有四管子丑

寅卯大小不稍差異四管各具有等面積之有柄塞

第百六十四圖

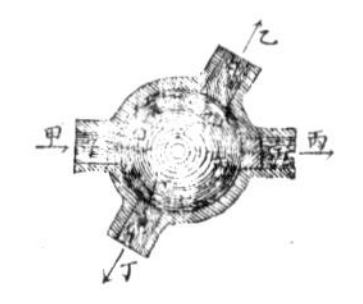

因其各塞之受水重當爲相等故即以爲無水重亦無不可今於一有柄塞甲例如向甲箭而施以力向此器之內壓之則其壓力經水而波及於其餘各塞乙丙丁故欲防此三有柄塞被壓力出於器外則必就此各塞施以等於甲之力即以同强之力將四塞壓入器內而得平均也且施於甲之力不獨乙丙丁有柄塞有所波及也其各處凡爲其器之四壁亦俱受壓力且等於甲塞面積之處俱當受等於甲塞之壓力也

第百六十五圖

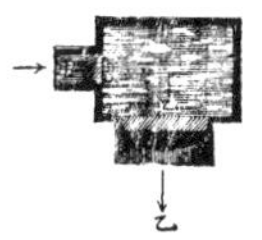

二又如第一百六十五圖有一器具有二管以有柄塞扃閉之其狀類如前圖但其兩有柄塞面積不同與前者異今假如本圖乙塞之面積較甲塞之面積大至某倍例之四倍則施一力於甲之際欲使乙塞之力與之平均必施以某倍例之四倍之力故在甲動作之力若爲一啟羅格則在乙必須有四啟羅格之力始能平均

三水壓力不但波及於水平之方向如前二圖所言已也其上面亦能波及總而言之則上下左右皆同

一律可以第一百六十六圖證明其理

第百六十六圖

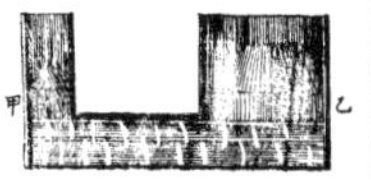

其器乃不等面積之二管互相連結而成者本圖所示僅其橫剖面也此連結二管之空處滿盛以水而於其水面置甲乙二有柄塞若乙塞之面積十倍於甲則以一啟羅格之重物置於甲因其壓力波及於乙能以十啟羅格之力使乙塞壓出而上昇故欲求其平均必須以十啟羅格之重物置於乙上

就流質壓力波及之可爲證據者舉一二例

一取象皮所製球四面各穿小孔滿以水而壓之則以同等之力噴出四方

二以炸裂之物於水中燃之則水以非常之勢躍散於四方

三後文流質中物體狀態節內之游泳條下所述潛水傀儡之浮沈亦由於水壓力波及也

二流質壓力波及之致用　從前文之定律而用合宜之法則凡有壓力施於流質上能隨意使之倍重如壓水櫃 Hydraulic press. 即基於此理此器乃一千七百九十七年伯辣買 Bramah. 所始發明故又曰伯辣買壓水器

第百六十七圖

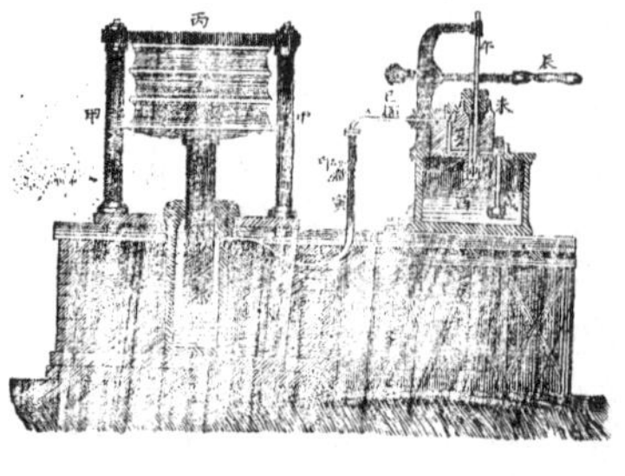

構造及使用法　壓水櫃之構造觀第一百六十七圖可知其大畧子及申乃二空圓筒子廣而申狹由寅管而互通子之中有丑鞲鞴申之中亦有午鞲鞴由辰槓杆臂可以上下午鞲鞴與此吸筒之上口未密合若鞲鞴午爲槓杆臂所上舉則酉器中之水因外氣之壓力詳後卷通過戌管以進於甲戌管之下端因阻

止水中污物嵌以篩囊其上端因恐其午下壓之際水逆流至酉中故設有舌門而其午下壓則水被壓縮閉其在寅管一端之舌門亥而流入子中丑鞲鞴因之而被壓上在其上之物體乙當向丙厚鐵板而被壓其鐵板爲甲甲鐵柱所定此鐵柱樹立於地台上地台以磚石所造取堅實午鞲鞴若再上舉則舌門亥閉水昇於申中此時再以午下壓水又進於子中如此往復不已則其壓乙之力愈大如欲去其在丑之壓力則當開卯活塞以放其已被壓縮之水又恐壓力過大機器或有炸裂之虞乃設萍門已以避其危此萍門以一臂槓杆

之重點塞其水口至水壓力過甚則自漲開溢出少許之水必待平均而後止

計算壓水櫃之功效　壓水櫃者若其運動無他障礙則其所得功效當如左所算今以(⿰口半)爲小鞲鞴之半徑以(半)爲大鞲鞴之半徑壓下小鞲鞴之力爲(叻)大鞲鞴所受壓上之力爲(力)則得左式

第一

$$\text{力}=\text{叻}\cdot\frac{\text{⿰口半}^{2}}{\text{半}^{2}}$$

今以(⿰口長)代小鞲鞴所繫槓杆臂之長以(長)代施力槓杆臂之長以(壓)代人力所加之壓力其式如左

第二

$$\text{叻}=\text{壓}\cdot\frac{\text{⿰口長}}{\text{長}}$$

以第二式代第一式之(叻)則如左式

第三

$$\text{力}=\text{壓}\,\frac{\text{⿰口長}\cdot\text{⿰口半}^{2}}{\text{長}\cdot\text{半}^{2}}$$

今若以(⿰口半)爲一生的邁當(半)爲二十生的邁當(壓)爲五十啟羅格(⿰口長)爲八生的邁當(長)爲八十生的邁當乃得左式

在實驗時言此際功用約有四分之一由於鞲鞴上之摩阻力而消失而大鞲鞴當以一五〇〇〇〇啟格之力上壓也

力＝五〇×(八×一二)/(八〇×二〇)＝二〇〇〇〇〇啟羅格

壓水櫃之用途　以其力強大故於油糖等製造廠以供榨物之用又以壓緊絨布紙棉麥酒之苦味原料等物令其體積減小或以驗礮身及水道所用鐵管等之耐壓力需處甚廣

第二章　流質本重之壓力均等波及

第一節　總括

凡盛水器之內各處及底與四壁不但在外加以壓力時為受壓力也凡流質中雖不別加以壓力而亦有一定之壓力即流質之各小分因本體之重力而對在其下之各小分施以壓力其下各小分復因本體之重力與在其上者之壓力不但施壓力於下面且因流動之本性而對側各面亦以相等之力壓之故一器中之水其各處無不受壓力也是名曰靜水壓力 Hydrostatic pressure. 在水平之各層為相等之力其距水面愈深則壓力從而愈強凡屬於靜水壓力之現象頗多次數節所說是也

第二節　流質之下壓力

一定義　流質之下壓力 Vertical downward pressure of a liquid 謂某流質對其所盛器之底之上施以壓力是也

二定律　下壓力者等於流質柱之重此流質柱者謂其底之大小等於器之底其高等於自流質面至器底之相距是故所盛之器若其壁中垂線則其下壓力適等於器中所有水體之重若向上漸狹之器則較其流質之重大向上漸濶之器則較其流質之重小然則下壓之力毫不關於流質之實重數頗與常想似相矛盾故稱下壓力之定律曰靜水學異象 Hydrostatic.

第百六十八圖

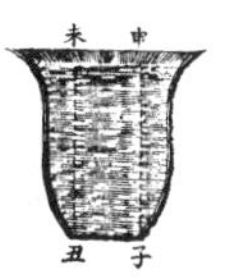

第百六十九圖

原由　觀下數圖理自易明如第一百六十八圖為正形器其底所受之壓力必等於水柱之重自不待言第一百六十九圖為上廣下狹器其容水雖多而其器之底若與前圖之正形器為等面積則其下壓之力亦與在正形器者為

第百七十圖

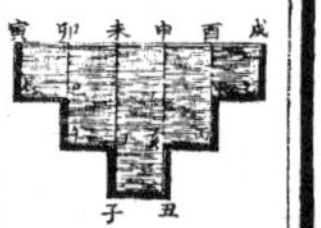

第百七十一圖

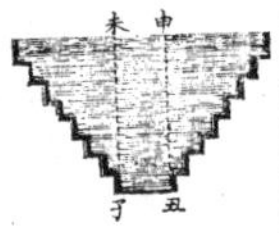

相等以子丑未申示其等於水柱之重蓋依第一百七十圖可得證明其理也即如本圖所示設有一瓶上廣下狹且如梯形則子丑爲其底於此惟受子丑未申水柱之重而其餘之水重盡爲器之各梯級所受不達於底子丑即水柱之寅卯辰巳壓辰巳其未卯午丁壓午丁其酉戌甲乙壓甲乙其申酉丙亥壓丙亥故子丑之底自必僅受子丑未申之水柱也今試增此器之梯級其形如第一百七十一圖而其底所受之壓力亦僅等於子丑未申之

重其餘之水重當如前圖所云爲各梯級所受也然則使此梯級雖極小至不能視狀如尋常之盃碗然而其底所受之壓力亦等於子丑未申水柱之重自明也反

第百七十二圖

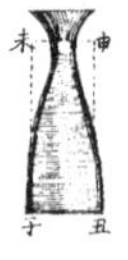

之如第一百七十二圖其器上狹下廣而其底與前二圖之器爲等積其盛水亦爲同高則其下壓力亦爲相等而等

第百七十三圖

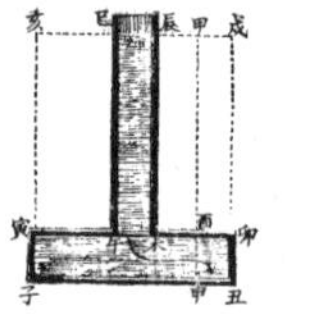

於子丑未申水柱之重此現象雖似奇異然亦自有其理觀第一百七十三圖之器可以自知此器當作爲子丑寅卯之淺濶圓筒上樹以辰巳午

未之小深圓筒今盛以水至於辰巳之高則其器底子丑當先受子丑寅卯水柱之重然其水柱復爲辰巳午未之水柱所壓且午未上所有壓力向子丑寅卯中之各邊均等波及而其底各處之等於午未者如丑申所受之壓力等於午未所受之壓力即受辰巳午未水柱之壓力是也故底之等於午未之各處計其當受之壓力與彼底面積等午未高等子寅加午巳之水柱其重相等也因之丑申面所受之重等於以酉卯甲戌水柱加於申丑酉卯水柱之重然則全底子丑所受之壓力必與水柱底爲子丑高爲子亥者之重相等也由是觀

之雖如第一百七十四圖所示斜立器若與前三者之

第百七十四圖

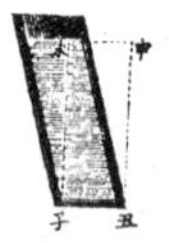

底爲等積而其水面之高亦相等則下壓之力必與前三者毫無差異而同子丑未申水柱之重自不待言其餘雖作如何之形狀而其下壓力決不關於受容之多少如下數式所示

壓＝積高較

式內壓代下壓力積代底之面積高代自底至水面之高較爲流質與水之較重如爲水則較爲一故其式爲

高積＝壓

下壓力之實驗　就實驗以確證下壓力之定律據派司開兒 Pascal. 法自易知之今作一無底瓶如第一百六十八以下四圖之式用法使之立於垂線而以平滑之金類圓板置於其下而用等臂槓杆以一端支其金類板其一端懸秤盤加以銅碼使與金類板之重平均如第一百七十五圖所示而其秤盤上更加銅碼若干此銅碼即表壓力者然後徐徐注水瓶中其下壓之力

第百七十五圖

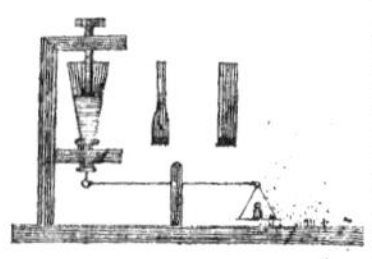

至過於銅碼之重則水之幾分壓底板而湧出至得平均之度而止於茲測其水柱之高必於瓶之形狀即瓶之容積毫無關係而係於器底之大小與水柱之高低也

流質之下壓力不關於水之多少而惟關於底之廣與水柱之高是理也觀第一百七十六圖更可顯得實驗焉今以長約十邁當之細管插於堅固之瓶滿注以水則其猛力至使其瓶破裂假如瓶底之面積爲五平方得夕

第百七十六圖

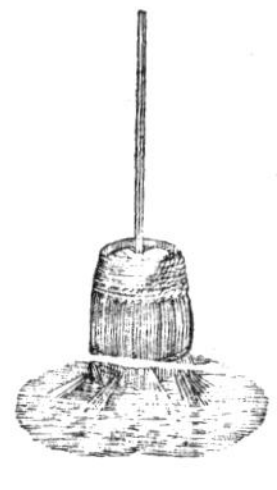

邁當水柱之高爲十邁當則底之受壓力乃五百啟羅格也

三下壓力之致用　利兒司 Realls. 由下壓力之助製爲榨精器 Extracts press. 於製藥大獲利益

其榨精器如第一百七十七圖所示乃圓柱形堅固之桶下有二板其間置藥品上板乃浮蓋下板穿孔作篩狀將浸過流質之藥品如帶水或醋者盛滿圓筒然後於其中央設一直而細長之管本圖特示其一段且置可以密閉之蓋以螺旋封固之今如盛

第百七十七圖

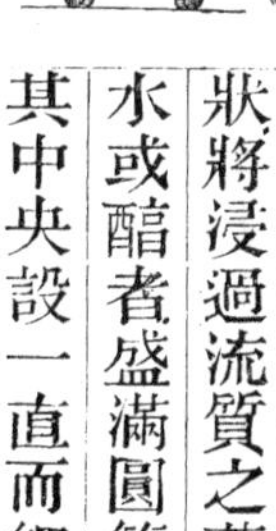

水於其管中則雖含少數之流質而因於其藥品及浸之之流質上施强壓力故可得濃厚之精也凡物質有受熱而色味易變者若用此器則可冷取其精其益最大也

第三節　流質之側壓力

一定義　側壓力者謂流質因自己之重而對其所盛器之四壁施以壓力是也

二定律　側壓力等於水柱之重此水柱者謂其底等於受壓之處其高等於自水面至受壓處重心之相距是也

原由　其原由已如前節所論蓋由流質之性質某一

處所受之壓力均等波及全器盛水於一器則不獨其底受壓力側面亦必同受壓力也今有某平面乃隨意爲形者假如以一正方面沉於流質中而於一定之深使爲各種之位置其面若爲水平則所受壓力均當等於水柱之重此水柱卽以其正方面爲底以自水面至其底之相距爲高設令此正方面旋轉於某軸之周圍此軸線乃通過其重心者則其位置雖變而全面上所有水壓力當仍不變蓋直線上所有各點其距水面與在先時者毫無差異故其壓力亦正均等也今就此理以類推器之側壁則定律所言之事自可知也

是故以壓代側壓力之强度以積代面積以高代其自重心至水面垂線之相距則當得左式恰與下壓力相同

壓＝積高

實驗　側壓力之從其深而增加是說甚易證之試取高三尺許之圓筒於側壁穿數圓孔盛之以水則見自高處之孔所流出之水勢最弱漸至低處則愈强一見而明也

三流射水之反動　流射水之反動 Reaction of discharging water. 謂流質自一器射出之際於其射口相對之側面所生推壓力是也

原由　盛水於一器則一側面所有之壓力因與他側面所有壓力等故當被消去然如穿孔於他一側面則此側面所有減少之壓力恰與未穿孔以前所受之壓力相等故於其對向之方得其能生運動之推壓力

實驗　茲有一箱穿孔於一側面先以塞塞之滿盛以水而懸其箱於繩準垂線懸之後開塞則水因而流出箱乃向無孔之一面傾斜是因初時其二側面壓力爲平均後以水流出故遂失其平均也

排口挨水車　排口挨水車 Barker's mill. 如第一百七十八圖所示乃一空筒旋其垂線之軸而轉者下端有水平曲射水管初塞其管口加水筒內尋開管口則其筒反乎水流之方向而旋轉如圖中箭所示者故若放大其構造而陸續以水注入則爲機器之發動器可供實用與他種水車不異

第百七十八圖

第四節　連通管

一定義　連通管 Communicating tubes. 者謂自一

處置流質可使移流於他處其使兩處互相連合之器是也

二定律　分左二項

第一　凡在連通管中若爲一類流質則其面當同在一水平面

第二　若爲異類流質其面之高各與其較重爲反比例

原由　假如就第一百六十六圖所示之有柄塞甲乙以水層代之於其水面上使載重物其平均之狀當仍無變換之理即如第一百七十九圖一連通器中所有

第百七十九圖

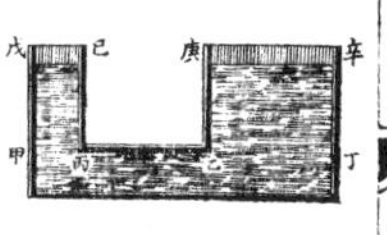

流質水平面初在甲丙及乙丁之高今更注水於小管中(即加重)使甲丙至戊己之高則其他一管中(即大管)不加以同高(即使乙丁至庚辛)之水則必不能平均是由前節之理凡流質隨面積之大而其受壓力之波及亦必愈大故也反之若先注水於大管滿至庚辛然後加水於小管則滿至戊己而亦能平均其初大管所受之壓力雖大然如上文所言之理以小管之面積小故但須小壓力而已足也例之甲丙面爲一平方生的邁當甲戊之高爲二生的邁當而乙丁爲四平方生的邁當(即甲丙四倍)於丁辛之高等於甲戊則甲丙戊己之水柱乃以二個一立方生的邁當之水相積者故其重當爲二格乙丁庚辛之水柱乃以八個一立方生的邁當之水相積者故其重當爲八格二之於八猶一之於四與兩面積之比適等故能得平均也由是以觀連通管內之水面若爲同類之流質則不問其各部之大小而其能爲同高之理自易明也

異類流質之高與其較重爲反比例者蓋重者必準其重而低輕者必準其輕而高也

實驗　注水於茶壺等器則不問其在出口狹處或在入口濶處而水必止於同一之高

又如第一百八十圖所示有一曲管注入水與水銀而兩流質之面令其相接而曲管之底置於水平面上則甲乙線亦必爲水平而甲乙以下之水銀雖自己互相平均然甲丙水銀柱之高較乙丁之水柱大約只須十四分之一(詳言之則十三.六分之一)始得平均蓋以水銀之較重大畧爲十四(即十三.六)也

第一百八十圖

三致用　就連通管之定律以供實用者舉數例如左

一導水管也自高處之水源輸送水於街市

二噴泉也在高處之水由管而導於低處曲其管端爲直角以向上而於其口設尖孔則水爲直線噴出欲昇至與水源等高之處頗爲美觀也

第百八十一圖

三水平尺也水平尺 Water-level. 者測量家所常用如第一百八十一圖乃安放水平之金類管有中垂線向上之短壁以玻璃管嵌其中注以有色流質帶色者取其易視也則在玻璃管中其流質必爲水平今測量者試向遠隔之某一點眺望之若與流質之面爲一直線則其線卽水平也欲求水平者必以此器爲要

四水平驗器也如蓄氣筒汽櫃等均用玻璃管與盛水之器之內部相通而在器外驗器內水之高低

五井泉也雨降於地其一分流入河海一分滲入地中此滲入地中之水聚於巖石或黏土等不能滲透之地層而求出口則爲泉其不能爲泉而流出者集於地下若穿井至其所集之處則自地下而上昇必至與周圍所有之水爲同一水平面而止

六鑽井也與尋常之井大同小異如第一百八十二圖甲乙及丙丁爲曲而不能滲透之黏土層寅寅爲砂礫層也山上之雨滲透地層集於丙丁故若於山腹山麓高原等處例如子掘井而至於寅砂礫層則因強水壓力水忽上昇勢欲與水源等高遂至湧出地面或自地面而噴出空中今天下鑽井最深者在德國索克遜州 Provinz Sachsen 之秀拉的巴黑 Schladebach 其深有一千七百四十八邁當云

第百八十二圖

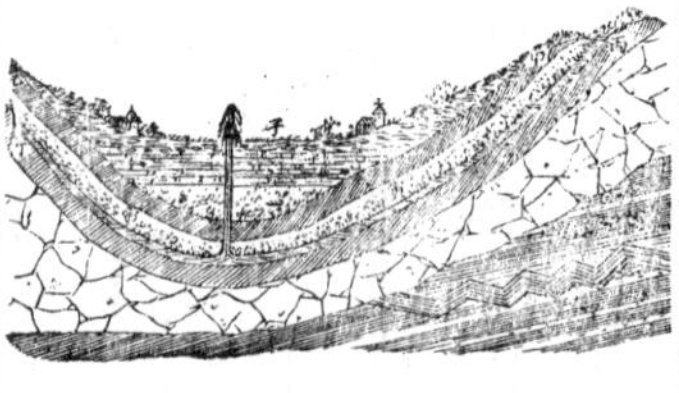

第五節 在一器中之流質能平均之理

如本編第一章第二節所述凡靜止流質之面得成所謂水平面者此其原由依連通管之定律可得釋之卽一器所盛之流質全量假如依垂線分剖之爲無數小水柱則各小柱之水面爲相等之高其爲平均必也例如第一百八十三圖有一器盛水其水面如本圖所示則甲乙及丙丁兩水柱必不相平均是故其高者下低者上其全面遂與重力之方向必爲正交而後止但常由毛細管吸力及面壓力而流質爲凹凸面可參考總論第四章第四節

第百八十三圖

第六節　流質之上壓力

一定義　上壓力 Vertical upward pressure. 者謂流質對其沈入水中之物體下面而向上以施推力是也亦曰浮力

上壓力必有之理　凡流質在器內可分之爲若干層各層俱與水平面相齊而下一層之流質面必受上數層之下壓力自不待言然若惟此下層受上層之壓力而上層之底不受下層之擠力則流質各層將升降運動而不已然流質所以能靜止者必因各上層亦受下層之擠力其擠力與下壓力同大如前節第一百八十三圖所已解明者是也是故對地平形各水層之下面必有上壓力與其下層之水所受之下壓力爲均等自不容疑然則上壓力者等於水柱之重此水柱者卽其底爲受壓力之水層其高爲自水面至此之相距也又去其受壓力一層上之流質而以定質代之其上壓力亦相同也

實驗　上壓力之必有可就實驗以得其確證舉例如左

一例如第一百八十四圖有玻璃管約爲半得夕邁當之長其上下兩端各銲連黃銅環下端環口用磨之極光滑者別取金類板甲乙於板之中心置一鉤而上繫以絲通過其玻璃管中如

第百八十四圖

引其絲則板能閉其下口極密設提此絲將玻璃管沈入水中如第一百八十五圖則初因防板脫落故

第百八十五圖

必挈其絲至已沈水中雖放其絲而甲乙板仍密切於管之下口決不離開是因水有上壓力故將板向上托住也若於其管中注之以水至管之內外同高則板忽因自己之重力而與管口離開蓋注以水至於同高則上壓力與下壓力已相平均也

二以較重中較水輕之物體如木板強使沒入水中則此際顯覺其上壓力

二上壓力與物體重率所有之關係　凡沈入流質中之定質較之在空氣中時重力稍減直捷言之則其定質失若干之重亦因其有上壓力若干也

舉例如左

一取石一塊以絲繫於天平之一盤待其平之後乃獨使其石沈入水中則忽失其平天平必欹於彼邊

二有極大之石人不能於空氣中舉之然在水中則易於舉起

三巨犬能救溺水之人引之登岸

三失重之大小　凡定質之沈入水中也所失之重與其體所佔之處所擠開水之重二者相等此事乃西曆紀元前二百五十年阿屈靡特司 Archimedes. 所始發明故名曰阿屈靡特司原理 Principle of Archimdes.

第百八十六圖

原由　如第一百八十六圖取一正方柱體使之準垂線而沈入水中則其各周圍所受之壓力爲均等且因其爲相對之方向當互平均而方柱體之上面受水柱之下壓力此水柱之底等於方柱之面積而其高爲水面至方柱面然柱體之下面又受等於水柱重之上壓力此水柱之底等於方柱之底而其高爲水面至方柱底今以(底)代方柱體之底及面以(高)代水面至柱面之高以(嗃)代水面至柱底之高則壓於方柱面之力爲 底·高 其在柱底上壓之力爲 底·嗃 也故兩壓力之差乃 底·(嗃丅高) 是爲上推力即等於水柱之重此水柱之底等(底)其高等 嗃丅高 即由其本體佔據之處所擠開之水重是也又設以數

方柱合爲一束以代其一方柱體則各方柱體之失重與等於其體積之水所有之重兩者相均故如此之全方柱體之失重與其等於全方柱積之水所有之重兩者必相等也凡物體者皆可以意分剖之假作無數之方柱體使中垂線直立而其體爲極細者故用此原理自可隨意類推以施之於各體也

實驗　如第一百八十七圖就常用之天平將其一秤盤改短（此天平尋常稱曰水學天平）懸之以空圓筒子更懸之以實圓柱丑丑之大小恰能塡滿子之空隙今先於他秤盤置銅碼使平後乃以丑沈入水中則必下欹於彼邊再於子盛滿以水而其平復如故由是觀之丑之入於水中而壓開其水之體積等於塡滿子筒所有水之體積且丑所失之重等於子筒水之重自不容疑也

第百八十七圖

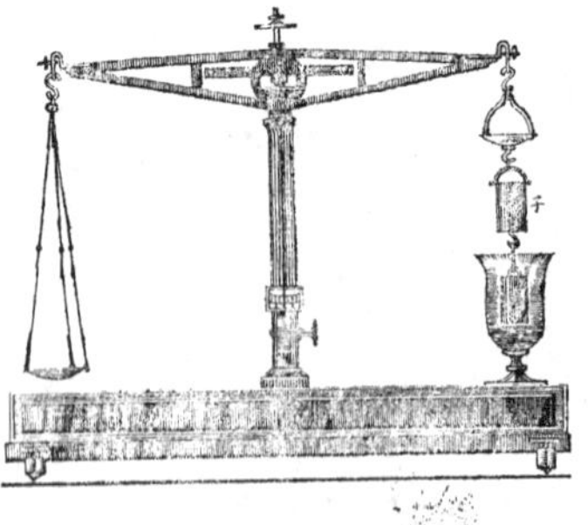

第七節　在流質中物體之狀態

一上壓力與下墜力之關係及其所生現象　凡沈沒水

中之物體當受二力，此二力者，互爲相反之方向。其一乃物體欲墜下之力，即物體之重也；其一乃所被擠開流質之重，即上壓力也。而此二力之間，更生三項之關係，各有特具之現象以屬之，茲列於左。

第一　若沉入之物體較所擠開之流質重，即下壓力較上壓力大者，則物體依垂線下墜，此現象曰物體之沈，如水中之金石是也。

第二　若沉入之物體與其體積相等之流質其重相等，即下壓力與上壓力相等者，則物體在流質中隨處可靜止，此現象曰物體之懸，如水中之琥珀、鹽水中之雞卵、水與酯混淆之酒中之橄欖油是也。

第三　若沉入之物體較所擠開之流質輕，即上壓力較下壓力大者，則物體向上而昇，其力恰等於上下兩壓力之差，物體乃一段沈入，其餘露於流質之上，此現象曰物體之浮，水中之木片及泡沫是也。

觀察　今就浮出水面之物體日常所得觀督者，舉例如左。

一以軟木片强使沉入水中，甫一放手，即速浮出，又注於水中之油，或注於水銀中之水，均爲球狀之點滴，上昇水面。

二鐵浮於水銀之上。

三最上層之海水，雖遠出於河口外，亦不帶鹹味。

四空氣瓶在水中放之，則爲球狀之氣泡而昇，常於盛水器中占最高處。欲使天平電氣表等各種器具安置於水平式，則用水準器 Level。是亦據上文之理而作也。此器如第一百八十八圖，乃微曲之玻璃管，除上面之中央，餘皆以黃銅包之，管中入以水或酒酯，所餘之空隙，即空氣所佔據。水準器若在水平台上，則其以線所表之中央爲最高之處，故氣泡存留於茲。然或置之於某物體上，氣泡不在中央而偏於一方，則知其面必非水平也。

第百八十八圖

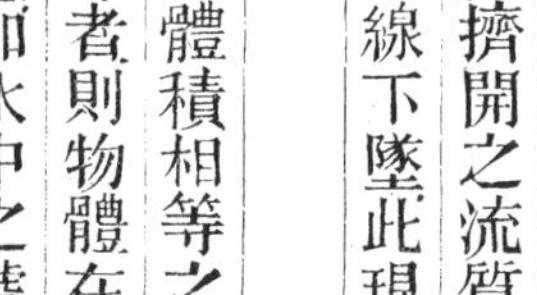

五有滿盛空氣之象皮袋，即所謂浮器者，由其相助而使沈物能浮。

六有滿載之船舶，由海入河，則必減其重之若干分，蓋船之在河水較在海水時入水深也。

二自然上浮及加術上浮（即游泳）　物體較等體積之水輕以致上浮者，名曰自然浮。然物體較重而亦上浮者，名曰加術浮。何謂加術？謂以較重中較輕之物體繫於重體，或將重體製爲空者，或對水而施推擊之力（如人體及魚類之游泳），或

增大其體積俱是也

觀察　今就加術浮之物體示一二例如左

一以鐵釘插於大軟木片則浮於水面又如浮帶浮環等救生器用以備船之遇險是卽與軟木片同理此等浮器之最優者近時小栗栖香平所改良名曰防浪救命器今試言其構造用法及功用之大畧

第百八十九圖

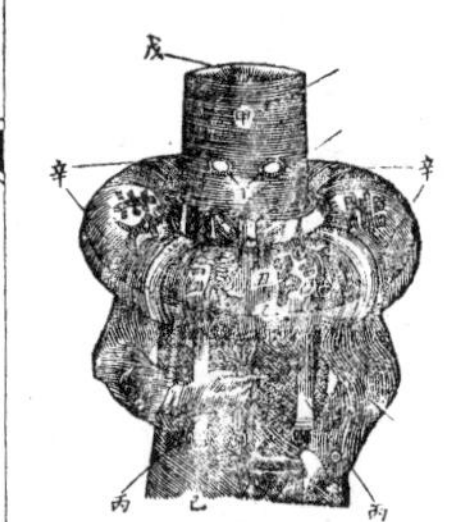

本器如第一百八十九圖以下三圖乃由二者合成一爲能浮起身體之浮環乙二爲

防禦波浪之頭盔甲用此器者意在使不諳水性之人不脫衣而久在巨浪中亦能保全性命也今請畧言其構造頭盔乃以鋼絲所製之螺絲簧作骨自上而下約居全體五分之四以防水布包之其下使露骨而包布之四面置四眼鏡丁以便透視遠近其頭頂施以機關

第百九十圖

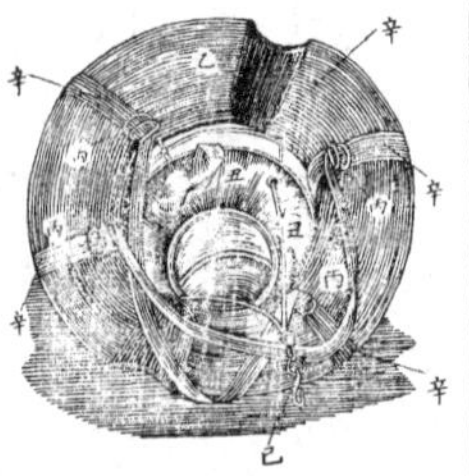

戊可以隨意開閉恐激浪衝入則收緊以遮之若天晴浪穩則放開之以取空氣（觀第一百九十一圖）又沿包布之下端而以蛇眼形之防水布縫連之恰

似作盔之底也者名之曰防浪布蓋以防禦波浪由浮環內外侵入也此防浪布附有去水袋丑二個故雖激浪偶侵頭盔而亦能泄去之不使妨害呼吸浮環者有

第百九十一圖

軟木與象皮布製二種軟木製者（觀第一百九十圖）爲船舶用最堅牢象皮布製者能伸縮自在極便攜帶（如第一百八十九圖者乃象皮布製之浮環充以空氣而後用之之狀）如第一百九十一圖之寅乃洩出其空氣而容於盔內使與之俱收縮也浮環與盔骨螺簧之最下綫以帶四條結連

之辛如四帶除結連頭盔與浮環外更能各連一簧力鈕扣（第一百九十圖之丙）以連繫力帶（第一百八十九圖之丙）此力帶能繫於人兩肩胛之下而簧力鈕扣能令用者易將力帶收緊而決無退寬之患此外有二條小繩自頭盔螺簧最上線之左右向下而垂通過小環而以金類鉤連之所以拉下頭盔者圖中之己是也

象皮布製者使用之時當先滿以空氣使四帶各依象限形配置四隅力帶之末端近接其簧力鈕扣鈕扣之位置須在浮環周圍之下邊且須使給氣管在前面而在後令力帶交錯而過通入兩胛下藏頭於盔內因欲

緊懸身體於浮環故將左右力帶之末端前面下向而緊拉之以肩與浮環密切爲度如是則雖入於水中而毫無沈溺之患若防激浪浸入盔內則抽緊防浪布辰平穩時始開放之以其繩已使下向牽之而小環之端所有之金類鉤鉤在盔骨螺簧之最上綫如是則面目露於外可以呼吸清潔之空氣軟木製者之用法因不須充以空氣惟於兩凹處容左右兩肩而著之餘則與象皮布製者同故不贅述

本器所以優於他救生器者試言其益第一不必諳游泳術第二不脫衣亦可用之第三無波浪撲面之患第四無論遇何等風濤不如向來之救生器或有顛倒沈沒之虞第五藉器之力而浮留其手足可以攜帶他物或爲他項救濟之事

二金盃銀盃又中空之金類球常浮水面

三人體之重率較爲一·〇六故不帶浮器或非諳練游泳術者不能永浮水中不諳游泳術之人誤落於水則手腕出於水上不能如常呼吸故救其命甚難凡溺死者水入屍中故沈水底二三日後以腐敗故體中有氣質發生屍乃浮出及脈管破裂時則再沈不復能浮矣

四魚類在水所以易於浮沈者乃由其體中所具之泡所謂魚泡者是也蓋魚類欲沉於水中則含水於口藉唇之壓力以壓緊泡中所含空氣令身體加重或欲浮於水面則去其壓力以逐水令身體輕是以能隨意浮沉也是理也與下文所記潛水傀儡 Cartesian Diver 同如第一百九十二圖乃玻璃製之小傀儡中空

第百九十二圖

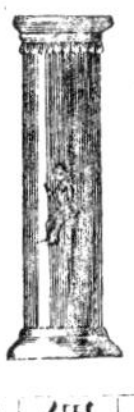

以之沉於盛水之玻璃筒中其傀儡浮於水面其圓筒以猪膀胱皮密閉之傀儡之下端有一小孔其內部有空氣以拒水侵入試於膀胱皮上加以壓力則其壓力由水傳至傀儡下端之孔口遂達於其內之空氣使之壓緊水乃得入其內如是則其全體加重當沉至圓筒之底今去膀胱皮上之壓力則先被壓緊之空氣更施自己之漲力推出其內之水則傀儡減重而其輕如故故復浮出水面也此因壓力之有無而得以浮沉與魚類之游泳無異

六上浮之定律　分左三項

第一　物體若較已所擠開之流質輕則浮

第二　上浮物體一段沉下其沉下而所擠開流質之重至等於此物體之全重則止而不再向下沉

例　有松木方柱其底爲十平方得夕邁當其高爲

四得夕邁當其一立方得夕邁當之重爲○五啟羅格則其全體之重即二十啟羅格也是故下壓力與上壓力若爲均等則所擠開之水其重亦必爲均等果如是則方柱沉入二得夕邁當即已足矣蓋至於此深則所沈沒之處能擠開二十啟羅格之水也

第三　上浮物體之重心若在所擠開流質之重心之下則其浮安定

原由　所擠開流質之重心即爲浮物體之懸點故其點若較物體之重心高則其浮必安定但物體之安定上浮者其物體之重心不須在上壓力集合點之下也其重心以在所謂擬中點 Metacentre. 之下爲足何謂擬中點即如第一百九十三圖所示假有一物體上浮爲平均之狀態物體之重心子在上壓力集合點丑之上而由甲乙直線以連結其子丑二點則可以此直線爲其物體之中線今若使此上浮體變其平均之狀則中線移於欹斜之方向而上壓力之集合點亦移於他位如第一百九十四圖所示當至於丑今通過丑位

第百九十三圖

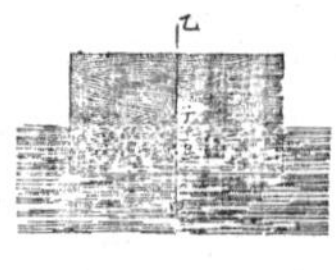

第百九十四圖

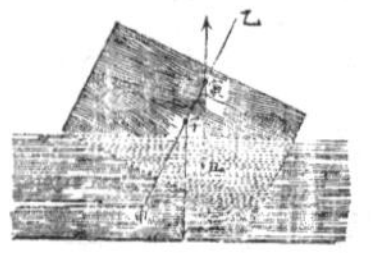

而畫垂線則與甲乙中線相交之一點寅點本圖爲即擬中點也從此點之所在而浮物體之安定與否但觀本圖之狀自足明晰若擬中點在物體之重心下則其體顛仆更不待言

例　球體者隨處浮泛又如直立之杆其於浮泛之狀爲易變故忽傾仆是因重心在高故也若重心在低之物體則皆浮泛安定例如船底載物及浮表等觀第一百九十五圖可知其一例也盛水銀於玻璃管其重心在子其上壓力之中心在丑

第百九十五圖

第八節　較重之測定數

一定義　總論第三章第六節曾述大要凡物體所有體積單位之重名曰較重

凡於定質及流質水之較重常爲一而以邁當度言則體積單位之水有重率單位之重如一立方邁當之水爲一噸一立方得夕邁當之水爲一啟羅格一立方生的邁當之水爲一格一立方密里邁當之水爲一密里格是也是故定流二質之較重者謂表其一立方邁當爲若干噸其一立方得夕邁當爲若干啟羅格其一立方生的邁當爲若干格其一立方密里邁當爲若干密

里格也故曰黃金之較重爲十九者精核之則十九強以後表示之即謂其一立方邁當有十九噸其一立方得夕邁當有十九啟羅格其一立方生的邁當有十九格其一立方密里邁當有十九密里格之重云爾又體積單位之水常有重率單位之重故較重之定義當如下所言即所謂較重者乃以一數指示某一物體較等體積之水有若干倍重也但在氣質上則不用水爲單位而以空氣爲單位何則以水爲單位則其對氣質常得極微之數也二物體之較重(較)及其重率(重)與體積(體)三者之間所有關係分左三項

第一 $重=體較$ 也欲求物體之重以體積與較重相乘則得之

第二 $體=\frac{重}{較}$ 也欲求物體之體積以其較重除其重則得之

第三 $較=\frac{重}{體}$ 也欲求物體之較重以其體積除其重則得之

原由 凡一之體積從較重之定義而得較重之數故(體)之體積必有(體)倍之重是其爲 $重=體較$ 自不待言餘兩式可以此式推而得之

三測定較重之各項 測定較重之件頗多約削之爲左四項

第一 所欲測定之物爲定質且於幾何學爲有法之形如立方體方柱體圓柱球等者則依衡器之重以測定物體之重其體積則從幾何學定律以定之

例 如立方體之邊爲五生的邁當其重爲三百七十五格則得

$$較=\frac{重}{體}=\frac{三七五}{五^{三}}=三$$

第二 所欲測定之物爲定質而於幾何學爲無法形者則依前第一百八十七圖所示之法測物體在水所失之重其物體於水所失之重必等於所擠開之水重而其水之立方生的邁當即水與物體之體積也是故物體之體積可由其在水失重之數而知之然則物體之較重者謂由其在水失重之數以除其本重可也

在水所失之重可由左二法以測定之

或由水學天平之助水學天平者如前第一百八十七圖所示以所欲測定之物體懸於秤盤之短鉤但因物體各異其法亦分三項

一物體較水重且在水有不消化之性者則以細絲繫於天平之鉤如尋常秤法置銅碼於他盤使之平先知其本重即(重)後以其物體沉於水中如以第一百八十七圖之丑沉於水中則已失平均之狀今欲再得平均則必於其盤上置若干銅碼是與第一百八十七圖之子中注入以水者同一理也其所加銅碼之數是物體所失之重率即(體)也故今以(體)除(重)則得較重(較)如下式

$$較=\frac{重}{體}$$

或如前法沉物體於水中不必加銅碼於右盤以使之平均而但就先時左盤所置之銅碼減其若干則所得成蹟亦同今如上文以(重)示物體之本重於此所減銅碼之數與先時所加於右盤者等故復以(體)示之而別以左盤上所餘銅碼之數爲(甲)則是水中所失之重乃爲

$$重-甲=體$$

較重之式當如下

$$較=\frac{重}{重-甲}=\frac{重}{體}$$

例 有鉛一塊其(重)爲二三·六九八格投之水中則其秤得之重爲二一·六一二格然則(體)者乃二三·六九八減二一·六一二等二·〇八九格也故此鉛塊之較重當如下式

$$較=\frac{二三·六九八}{二·〇八九}=一一·三六$$

二物體較水輕且有不消化於水之性者則繫以他重體使沉入水中以求同積之水重然後因之減其重體之失重則得輕體之失重

例 有欅木一片欲測其較重則當借助於重體以沉之水中故必先定其重體之(重)及其水中之失重假如重體爲鉛其(重)爲二五·三〇格沉於水中而秤之則爲二三·〇六格故鉛塊在水所失之重即與之等積之水重乃二五·三〇減二三·〇六等二·二四格也今繫其欅於鉛塊如尋常秤之則二者之本重併計爲三五·五九單計欅之重即三五·五九減二五·三〇爲一〇·二九格也更併此兩者於水中秤之則見爲一·八九四格於是按二者併計之本重減去此數則水中失重之併計數爲三五·五九減一·八九四等一六·六五格也今按其水中失重之併計數而單減其鉛之失重數則得一六·六五減二·二四等一四·四一是即欅之失重即與之同積之水重也以此失重之數除其(重)之數則

得槔之較重如下

較＝一四四一/一〇二九＝〇·七一四

三物體沈水卽消化不能測其較重者則用他流質爲其物所不消化而豫知其較重者如油醋等以代水用知物體較其流質重幾倍而以此數與其流質之較重相乘則所得之乘積卽較重也

例 如有鉀二硫養四乃易消化於水者今欲測其較重則當以醋代水其法當先知醋之較重假爲〇·八三九然後取鉀二硫養四之一片如常時秤之其本重乃爲五·九四格再於醋中秤之則爲三·八三格於玆在其本重減在醋中秤之重乃知其失重爲五·九四減三·八三等二·一一也今以其失重（卽同積之醋重）除去其鉀二硫養四之重則得以醋爲單位之鉀二硫養四之較重蓋

二·一一/五·九四＝三·八七

也更以其數與醋之較重相乘則得以水爲單位之鉀二硫養四所有較重

較＝三·八七×〇·八三九＝三·四一

今更就右式釋其理於前有三物體甲之較重四倍於乙乙之較重三倍於丙則甲之較重比丙必大十二倍卽四乘三等十二也本條所論之鉀二硫養四亦與是理同以水爲甲以酒醋爲乙而以鉀二硫養四爲丙自當得前式所示之數

或由尼古爾孫浮表 Nicholson's hydrometer. 之助

第百九十六圖

此器如第一百九十六圖黃銅板製之空圓柱乙上下俱閉下端懸小篩丙及球上端引長爲小杆杆之頂接以平盤甲以便置物體及銅碼之用將此器沈於水中須使之能直立而乙筒之上截則尙浮水面若干蓋以圓柱中空務設法使其重心在下方能直立也今以所欲測之物體置於平盤甲上則器當稍沈於水於此更置銅碼使之下沈至於以線作記號之丁點而後去物體加銅碼使再沈至丁點觀所再加之銅碼數則知其數卽物體之重也今以其重之格數爲天而更以其物體置於丙小篩中別置銅碼於盤銅碼之重與其先物體在平盤時同然不再沈至丁點是因物體之入水中已失若干之重也若更沈至丁點勢必更加若干

銅碼此所加銅碼之數卽水中之失重命爲地卽同積之水重以此地除其前所得之重天則可得其物體之較重

例之所用物體爲銻如前法秤之其重天爲一八·五格水中之失重地爲二·四則其較重卽如左

較＝一八·五/二·四＝七·七〇八

第三　所欲測定之物若爲流質則其法分左二綱如爲但欲測其較重而不別求其他者則更分之爲五目

一由水學天平之助任取定質一塊先沈於較重單位之流質中卽水更以之投於他流質中此流質卽所欲測定者兩次共得其同積兩流質之重以較重單位之水重除所欲測之某流質重則得其流質之較重其法取玻璃一塊如測定質較重時繫於第一百八十七圖之天平右盤下所有鉤子先知其本重而後沈於水中則因其失若干之重而可得與玻璃同積之水之重甲後乃更以玻璃沈於所欲測之某流質中則可知其失重卽同積之某流質重天也故其流質之較重如下式

較＝天/甲

例之玻璃之重爲一四·六二五格沈於水中再秤之則爲七·五七八格今由玻璃之重以減其數則當得水中之失重甲爲一四·六二五減七·五七八等七·〇四七格後以玻璃入醋酸中秤之乃爲八·二八格今又在本重內減此重則當得在醋酸中之失重天爲一四·六二五減八·二八〇等六·三四五格於玆以同積之水重卽甲除醋酸中之失重卽天則知醋酸之較重爲

〇·九〇〇＝六·三四五/七·〇四七

也

二由量杯 Pyconometer. 之助此器乃玻璃瓶須恰能容百格之水而豫知其重者今以所欲測定之流質充之然後秤其重在此數內減瓶之重而以百除其所得之數卽可得其較重

例之空瓶之重爲二十格以所欲測定之流質盛之後復秤乃爲二百格則其流質每百立方生的適當

即一百八十格也故其較重當爲一·八如硫强水是也

三由玻璃瓶之助其瓶形狀大小可不拘

例之玻璃瓶之重爲一三·八一八充以水而秤之乃有四九·〇〇五格在此數內減瓶之重則可得瓶中之水重乃四九·〇〇五減一三·八一八爲三五·一八七也於茲傾去瓶中之水而以所欲測之流質（例如酒醋）充之再秤其重當爲四四·一五〇格又在此數內減瓶之重則可得與水同積之酒醋重乃四四·一五〇減一三·八一八爲三〇·三三二也今以同積之水重除酒醋之重則可得酒醋之較重即如下

$$較=\frac{三五\cdot一八七}{三〇\cdot三三二}=〇\cdot八六$$

四由浮表之助蓋此器者因本體之重及盤上所載銅碼而其沈入水中能終始至一定之位置（即丁點）故就此器所沈入之流質所有一定體積即可知其體之重爲幾許也凡行此法須先知浮表本體之重如命爲（甲）今欲沈之水中至丁點而止則必加一定之銅碼其銅碼之重如命爲（乙）然則此器下沈至於丁點之際所擠開之水重必爲甲丄乙也再以此器沈於他流質中欲其達於丁點其所須置銅碼之重命爲（乙）此（乙）可以較（乙）或大或小蓋較水輕之流質得小重而即沈較水重之流質不得大重不能至於丁點也然以浮表同沈至丁點故其所擠開各流質之體積決無毫末之差也

例之浮表之重爲七〇格欲使之沈於水以至丁點則須加銅碼二十格若在酒醋中則僅須一·三七格已能沈至丁點矣故知酒精之較重如左

$$較=\frac{七〇丄二〇}{七〇丄一\cdot三七}=〇\cdot七九三$$

五由劃度浮表 Hydrometer with scale. 之助

第百九十七圖

此器乃玻璃製之圓筒如第一百九十七圖其下濶下端有空球此空球中盛以水銀故其浮於流質中時能直立此器若沈入水中則由其已沈於水之處

所有擠開之水重，等於其全體之重，其理已見全篇。若又沉入他流質中，則當隨其流質之輕重，而其沉或深或淺。今假以此器為十格之重，則其沉於水中之際，當擠開十立方生的邁當之水，而沉至一定之深。又沉之酒醋中，則較在水中時當見其深。然其所擠開酒醋之重，亦必為十格。今以較及較′代其流質之較重，以體及體′代其浮表所擠開之流質體積，而以重為浮表之重，當得下式：

較體＝較′體′＝重

故為 $\frac{較}{較'}=\frac{體'}{體}$

由右觀之，浮表所擠開之體積，與流質之較重為反比例也。凡劃度浮表種類眾多，劃度之法各異，然以該路殺克 Gay-Lussac 所創設之測度體積法 Volummeter-scale 為最良。欲劃此度數，先以此器沉於水中，於其恰與水面相接處記以一點，以此點為標識，而逐次細劃度數。其法須各度間所有體積，必等於其管入水之部百分之一。例如此管入水之部為十立方生的邁當，則兩度間須有〇·一立方

生的邁當之體積。其初所記之標識點，通劃之為百數，其以上及以下，則以百以上、百以下之數記之。然因流質有較水重者，有較水輕者，故將浮表別製為兩器，於實用甚便。用於重流質者，其上端

第百九十八圖

第百九十九圖

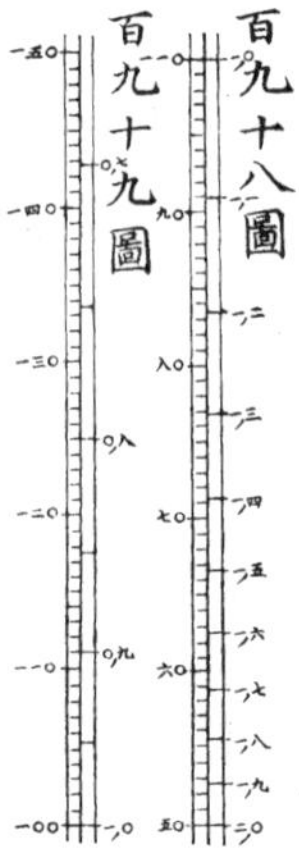

記以百；用於輕流質者，其下端記以百。如第一百九十八圖及第一百九十九圖是也。

例之，今以此浮表沉於某流質中，至於八十度而止，則其流質之八十體積，與水之百體積，乃其重同也。

故知其流質之重如下：

較＝$\frac{八〇}{一〇〇}$＝〇.八

又沉之他流質中，至一百十六度，則由前記之理，而知其流質之較重必如下：

較＝$\frac{二二六}{一一〇}$＝〇.八六二

是故此浮表所有沈入某流質中之度數若概命之爲某則其較重式當如下

$$較=\frac{某}{一○○}$$

如上所記浮表若其二度間相距較疏可以細記分數則其所得之較重必愈精密故不唯製兩器以測較水輕之質與較水重之質也更有分製數器以供用者亦不少

如兼欲測其濃度則所用之法不得不異即如鹽水糖水等類其質愈濃即以同一浮表而其沈較淺者則愈佳又如酒酯火酒等類其質愈輕即含酯益多而浮表之沈愈深者則愈佳欲施此法常用左記各項器具

一用劃度浮表也用以先測定流質之較重然後更就所定之重率表求其含量例如於表中云其較重○.八一或○.八六等則其酒酯之每百分中含有純酯若干也

二用成色浮表 Percent hydrometer. 也此器用法乃以驗流質混和物之中每百分含有某若干分也隨各種流質而異其名稱左示其例

酯表 其劃度法如左所記先以此器沈入一定熱度之蒸水中於其沈入之處記爲零點後乃以水九十分酯十分相和而沈入之於其沈入之處記爲十更以水八十分酯二十分相和而沈入之於其沈入之處記爲二十逐次以推至沈於無水酯之中則記爲百更於其各度之間十分之是故以之沈於某酒酯中若沈至五十五度則知其百分中含五十五分之酯也沈至八十三度則知其百分中含八十三分之酯也

備考 凡二流質混和而成之物體其兩質分數不能逕由較重法而遂知之必用他法以求得之也如有某酒酯乃五十分之酯與五十分之水而成其較

重必當恰在二流質之中數然其實較重較大何也蓋酯與水和則生收縮與以二者體積總加之數異也

糖水表 用以測水中所含糖若干分者

牛乳表 用以檢查牛乳

以上所記之外尚有婆美 Baume. 加爾氣愛 Gartier. 貝克 Beck. 等所作各種浮表其劃度各異然皆就實際之使用而各異其劃度法耳其於學術中之原理無取詳述茲故畧之

第四 所欲測定之物若爲氣質則先以容一利脫耳

之玻璃瓶充以水而秤之在所得之重內減一啟羅格則得空瓶之重後以氣質充滿其瓶更秤之在其重內減去空瓶之重則可得氣質一利脫耳之重例之若知空氣之密率爲○·○○一二九三則因而知空氣約較水輕七百七十倍也

四測知物體之較重所得益處　其益頗大分之以左四項

一較重者使人確知物體之輕重

例如白金爲定質中最重者水銀爲流質中最重者輕氣最輕鉛較鉑之重大約爲半銅較軟木約重三

十七倍鉑較輕氣重二十三萬倍

二較重於區別鑛石上得極精之証據

三較重用之以驗某物質之純雜最便

例如別貨幣之眞僞是也

四較重者凡購求醋及酸類等流質之際因之可以辨其眞否

今就定流二質中畧示其較重如左表

軟木	○·二四○	白楊	○·三八三
菩提樹	○·四三九	胡桃樹	○·六七七
以脫	○·七五一	純酒醋	○·七九三
鉀	○·八六七	松香油	○·八七二
冰	○·九一○	鈉	○·九七二
水	一·○○○	海水	一·○二六
乳汁	一·○三○	槲木	一·一七○
燐	一·七七○	硫酸	一·八四八
象牙	一·九一七	硫黃	二·○三三
大理石	二·八三七	金剛石	三·五二○
鉻	五·九○○	銻	六·七一二
鋅	七·○三七	熟鐵	七·七八八
鋼	七·八一六	銅	八·八七八
鉍	九·八二二	銀	一○·四七四
鉛	一一·三五二	鈶	一一·八六○
水銀	一三·五九八	金	一九·二五八
鉑	二一·一五○		

第三章　流質之運動

第一節　水之運動總論

一水動之原由及速率　水流即水之運動乃流質小分性易動搖與重力動作之蹟也地傾欹爲斜面則水因自己之壓力而能生運動其對若干長短之高名曰川河之斜度其斜愈大水流必愈急然流水之速率較相等斜面

上定質轉落下者其速率較小此速率減少之原由在於水之內外摩擦力及岸之不平與其曲是也

二流水作業之能力　流水者於其容之者之壁及其所運動者之上生撞擊之力其上擊力即所謂動水壓力（運動之儲蓄力）與其本重（位置之儲蓄力）所生程工之能即發動力之一也流水常於水力器上生運動而有程工之能且可因之傳其能力以及於他器見前編器具條下可參考也

三就數學以示流水之程工　流水之程工即指一杪時中流於發力器上之水所能爲之工業此程工數當等於其運動之儲蓄力即其水（實）重率與（速）率自乘積之半（$\frac{實速^{2}}{二}$）也或等於其位置之儲蓄力即其水（重）與（高）之乘積（重高）也惟此（高）者即謂下墜能得上所記之速率所需之高也此兩者所得之數雖屬爲一然論其實效則不能由發力器而全移於程工器其中一分必歸消失故發力器中唯其一分即所謂實際程工者獨得成功而已實際程工隨各器而異其與算理之數常爲百分之二十至百分之九十之間

流水程工之計算實例

一今如於各杪時有四立方邁當之水重以三邁當之速率流過某管則其水之數理工程可算得其爲

$$馬二四=格啟邁\ 一八〇〇=三^{2}\times\frac{一}{一〇}\times一〇〇〇\times四\times\frac{一}{二}$$

式中（馬）一馬力也又從第二法亦可得同一之成蹟蓋凡在三邁當速率者從前篇無礙直墜條下所記之

$$全路=\frac{速^{2}}{二末}$$

公式（末）即重力（全路）即（高）而知其落下之高當爲

$$\frac{三^{2}}{二\times一〇}=\frac{九}{二〇}$$

因是推之數理工程乃

$$馬二四=格啟邁\ 一八〇〇=\frac{九}{二〇}\times一〇〇〇\times四$$

也

二有河於一杪時輸一百立方邁當之水由橫木以節制之使自一・五邁當之高而下落則其水之數理

工程為 $一〇〇\times一〇〇〇\times一·五邁啟格＝一五〇〇〇〇邁啟格＝二〇〇〇馬$ 也又從第一法則凡流下一·五邁當之水所有速率從無礙直墜條下所記之 $實速＝\sqrt{二末全路}$ 公式當為 $\sqrt{二\times一·五\times一〇}＝\sqrt{三〇}$ 由是推之數理工程乃 $\frac{一}{二}\times一〇〇\times一〇〇〇\times\frac{一}{一〇}\times(\sqrt{三〇})^{二}＝一五〇〇〇〇邁啟格＝二〇〇〇馬$ 也

工程之一分致消失之原由　亦以左例示之

一水以一定之速率自發力器而流出故非盡舉其全速率以與於發力器也

二在數種器上水之一分往往於其側溢出故在器上毫不生功用

三水及器所生之摩阻力是也

第二節　流質之流射

一流射速率之定律　凡上口不閉之器若於其底或側穿一小孔於內盛以流質則必自小孔射出昔脫而利切利 Torricelli 曾就其速率如何言如左

凡流射之速率其自流質面至流射孔之高如與彼無礙直墜之物體其落下之高同則所得速率亦屬相等

第二百圖

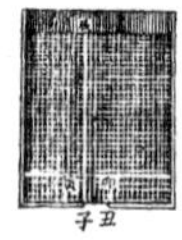

原由　如第二百圖所示子丑寅卯之流水層切於子丑之孔口若不受其上層之流水重壓力則當以等於自子寅墜下之速率自孔口而射出今以高代子寅之高則其離孔口之際所得速率當如下式

$速＝\sqrt{二末高}$　第一

此式與前無礙直墜條下所記第八定律之式同惟路與高異耳但式中之末亦為假定者蓋射出一分之流質不獨受有自己之重力末也必當受其上全流質之

重以得其速率，故此(末)與(重)之比（末為流出一分水之速率，重為全水層之重），當如下式：$\frac{重}{末}=\frac{路}{高}$，故為 $重=\frac{高}{路}末$。

此式中之重，乃下壓水柱之高子辰也，而前式所記射出之一分水所受加速率，非(末)而為(重)，故其射出之速率，亦必如下式 $速=\sqrt{二重高}$ 第二

今就此式中，代(重)以 $\frac{高}{路}末$，則射出之速率如下 $速=\sqrt{二末路}$

二定律之證據　由前觀之，則某物體下墜路之高，所得速率，與射出流質之速率，無毫末之差，自明確也，故因此律知左二項之則。

第一　流質射出之速率，關於自水面至孔口之深，而不關於流質之性質，無論水或水銀，但等其柱之高，則射出之速率必均一也，於此水銀之各層，比水之各層，則受十三·六倍之壓力，蓋水銀之較重為十三·六也，然水銀之射出各分所有實重率，較等積之水之各分所有實重率，亦大十三·六倍也。

第二　流質射出之速率，於其所受壓力之水柱高之平方根為比例，例之一百生的邁當高之水柱下，所有孔口射出之水，較之一生的邁當高之水柱下，所有孔口射出之水，其速率大十倍。

流射速率之實驗　欲實驗其速率，以用枚立脫之瓶 Mariotte's bottle. 為最便，此器如第二百一圖，乃高玻璃瓶，其壁均中垂直，其下插以短管，而開口於其側，以黃銅製之套子丑鑲其管口，瓶之頸口亦以

第二百一圖

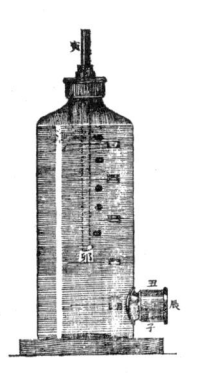

黃銅製之套鑲之，於其孔口，嵌以密合之軟木塞，又於塞內插一上下開口之玻璃管寅卯，管之下端，達於瓶內水面之下，水若自下口辰流出，則空氣通過玻璃管寅卯，自下端卯為氣泡而昇至瓶內水面之上，因之卯以上所有全水重，因氣壓力（詳氣質重學）而平均，所生射出速率之水柱，其高為自卯至辰，今於瓶劃以度數，其零數與射出之孔口在平面，於其

第二百二圖

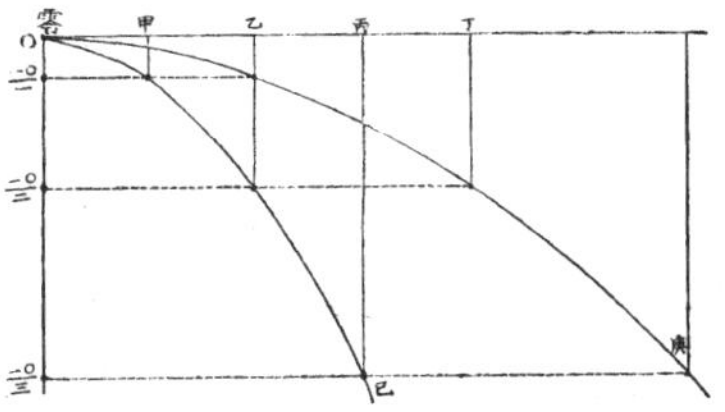

上標以一二三四之得夕邁當若使玻璃管之下端位於一二三四各度之高則自孔口射出之水所有速率必與水柱有一二三四各度之高者相等也例之以玻璃管之下端在一使之平射出則十分之三秒時可到於己若在二則於同時內已可達於庚是以其在一度則十分之一秒時中所得速率僅能經過零甲或甲乙等之相距然在二度時所得速率已可經過零乙或乙丁等二倍之相距觀第二百二圖自知是與前章水平擲動之理蓋相同也

欲使由瓶射出之水垂直而向上當如第二百三圖以

第二百三圖

黃銅製之短圓筒子丑螺定於前圖之套上此筒有口與瓶對向且其上面有方形之小箱甲甲有射出孔寅今將有寅孔之一面安放於水平之位置使水向上射出則從上文所論流射速率之原理必因第二百一圖寅卯玻璃管之下端所在高低而射出之高低亦異例如管之下端若在四度則水之昇亦當至於四度而止然在實際上言則決不能至如此之高蓋不但前所上昇之水於其下墜之際向後所上昇之水施以撞擊且其傍亦受空氣之抵力阻其流出也今因欲除其抵力稍使射出孔向斜則水反得上昇於高處

第三節　射出之水數

如上所記於若干時內例如一秒時自孔口射出之水數關於孔口之大小及射出之速率凡以與水柱等高之流射速率而通過孔口者其水數即等於柱形此柱形之底必等於流射孔之口而其柱之高等於一秒時內所經過之路蓋其路之長短與射出之速率爲相等即爲$\sqrt{二末路}$也今以積示孔口之面積以數示射出之水數則一秒時內射出之數當如下式

$$數 = 積 \cdot \sqrt{二末路}$$

但於數理上雖能如此然於實際上其數必稍生差異生差之原由　流質射出之速率惟其通過孔口中央之一分能與前述定律符合至愈近側邊則速率愈減蓋水柱與孔口爲正交而豎立者其各層非於同時內皆有相等速率愈遠孔口則運動愈緩故雖水之各分

第二百四圖

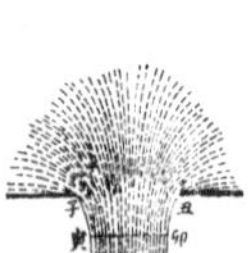

不與射出水線之軸爲並行而卻對之以相合觀第二百四圖自其各邊向孔口聚流然其相繼射出之各層間必有間斷且分裂因之常使射出之水線不甚能成圓柱形而於孔口之外收小今在本圖寅卯之處其水線之橫

剖面，比孔口子丑之處，約得三分之二，故實際之射出水數，較算理計算者，大約爲三分之二也，今以甲示射出之實數，即如左式，

$甲=\frac{二}{三}數=\frac{二}{三}積\sqrt{二\cdot末\cdot路}$

第四節 由管而射出

脫而利切利之定律，非可一律概括也，惟由薄壁之孔射出，而此孔之四圍，須作爲無毫摩阻力者，如此方於定律適當耳，若流質流過器底所設之水平管，例之第二百五圖之吃呐，則所有生流射之壓力，愈遠於管之繫接點吃，而愈減，

第二百五圖

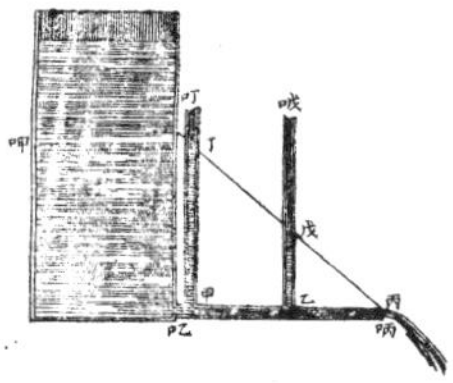

原由 水由筒內通各處粗細勻等之管而射出，倘於此際水不因摩阻力粘力等，而稍受管內面之抵阻，則管之內面，當毫不因筒中所有之水，而受微壓力，然因此管內不能不有抵阻，故凡管內面之各處，當水流過時，必受壓力，其壓力恰與水所需勝其抵阻之力之和，爲比例，今欲知此關係，則宜於水平管之上，穿以孔，於此樹立玻璃管，例如圖之叮哦管，如是則見水上昇於管中，其管距射出口愈遠，則其上昇愈高，

今以高代水平管以上筒中所有水面之高，又以抵代其因水柱之高，而水經過全管時，所需受阻抵力之和以速代不受抵力而其水流出之速率，以速′代實際流射之速率，從前節之理，當得下式，

$速^{二}=二\cdot重\cdot高$

及

$速'^{二}=二\cdot重\cdot(高-抵)=速^{二}-二\cdot重\cdot抵$

故爲

$抵=\frac{速^{二}-速'^{二}}{二重}$

由是觀之，在水平管中之阻抵力，距射出口愈遠，則愈大，固自明也，在本圖者，其比如左，

$\frac{甲丁}{乙戊}=\frac{甲丙}{乙丙}$

然則在川河溝渠等水，因摩阻力之故，而其流減速，自不待言也，

第五節 水車

前節所言之動水力器，就中最著者，即水車，Water-wheel. 也，水車者，大抵皆於垂線之面，繞水平軸而旋轉，分之爲三類，曰上擊水車，曰中擊水車，曰下擊水車，

第二百六圖

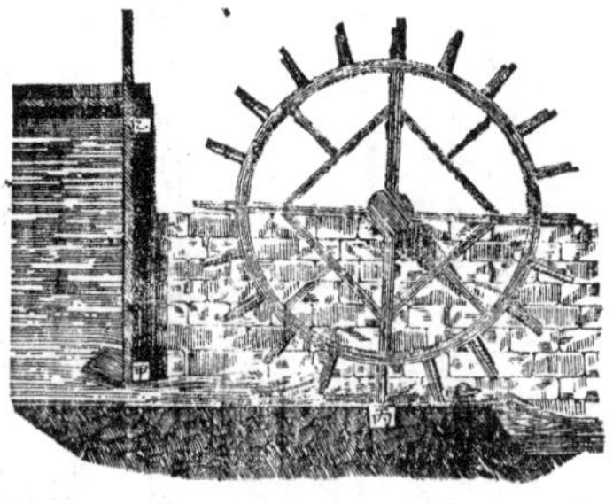

第一種　下擊水車 Under-shot Water-wheel. 者如第二百六圖乃於其下端受流水由其運動儲蓄力而旋轉也因水數之多少與水流之緩急而旋轉有遲速蓋水數多則前節所示之實重率爲大水流急則速爲大也全車之最受大力撞擊者在丙處其切於水流之處水若過多而水車過沈於水內則因其

抵力反使水車不能速轉故宜以甲乙板卽水門遮斷其水據以上所論則下擊水車之旋轉乃由流水之儲

第二百七圖

蓄力自可明知而其儲蓄力若不能勝全車之重則水車卽不旋轉遂至不能爲用

第二種　中擊水車 Middle-shot water-wheel 者如第二百七圖其生旋轉之原由非全由流水之儲蓄力其中一分亦由車之翅板中所有留住之水重也

第三種　上擊水車 Obershot water-wheel. 者其構造與第二種大同小異其受水力更在於上其旋轉原由大半由於車之翅板中所有留住之水重是故第三種車較前二種其運動甚緩然當水少之時以用此車爲最便蓋使車之翅板中以漸傾去其水故不必需多水也

各種水車之外非無以動力爲發力之器然本書體例專主述物理學大旨不應臚列故畧舉三項水車以示一端餘悉畧之

吳縣王季點校字

物理學上編卷四　重學氣質重學

日本飯盛挺造編纂　日本藤田豐八譯
日本丹波敬三 柴田承桂校補　長洲王季烈重編

第一章　氣質通論

第一節　氣質之本性

氣質之本性 Nature of the gases. 分說之如左三項

第一　氣質者如總論第四章第二節所記其細小各分毫無互相凝聚之性故雖以極微之力亦易使之動搖也

氣質之多有動搖性可依下文之臆想以釋明之蓋氣質質點之儲蓄力（即以脫反推力）較其互相攝引力之速率迥形强大因向其周圍而進動不已也

第二　氣質之散充性（氣質向其周圍而散充凡所得至之空隙必有欲充入其中之勢）即其質點動搖極活之成蹟也

氣質之各質點因其運動而向他一質點或接境之壁上直向進行以撞擊之後乃反行更向他面由是推之可知氣質質點勢必充入其所能及之空隙也

第三　氣質因其散充性而向其接境之壁上施以壓力是名曰漲力 Tension. 亦曰凹凸力 Elasticity. 此其强壓力乃質點撞擊其接境面之成蹟也

氣質之散充性及其漲力之實跡　就實驗上易得明證者舉二三例如左

一　取象皮球入空氣少許於內緊紮其口置之抽氣筒之罩下（詳後章抽氣筒條）抽去罩內之空氣使其空氣稀薄因而球漸漲大終至破裂是因球內之氣其初因外壓力平均不能施自己之散充性并其漲力然今在抽氣器罩下因外壓力減少故顯露其漲力也

二　於深水瓶中使空氣泡上昇上昇愈高而其泡愈大是於收輕養等氣之際易得觀察者也

第二節　氣質之性質

氣質通有之性質 Properties of the gases. 示之如左六項

第一　凡氣質俱有重例之一利脫耳之空氣有一·二九三格之重因之而向支面施以壓力

由他說而證明之　地球之空氣若非由其攝力聚於地面則必因自己之散充性愈遠於地球而散去也

由本說而證明之　如第二百八圖取一有活塞之玻璃空球連合於抽氣筒之口上以抽去球內之空

第二百八圖

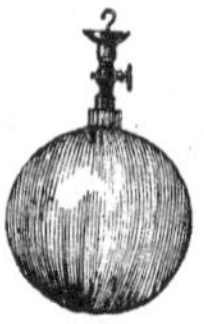

氣秤此球計有若干重然後充以空氣再秤之則當增若干之重所增之重卽空氣之重也例之玻璃球之重爲一千格充以空氣而秤之爲一千零四格則知等於其球內所容之空氣其重爲四格也

第二　氣質者不但無一定形態且更無一定體積此其原由由於各小分有極大之動搖性與散充性也

第三　氣質者其被壓縮最顯著且甚容易因其散充性之故各質點甚欲相遠離散復因外壓力易使近聚例如氣鎗

第四　氣質於其體積之界限施壓力是名曰漲力已見前節其原由歸於散充性亦如前節

第五　氣質互相交流當參考總論第第四章第四節其原由歸於散充性與由散充性而氣之質點互相離散之故

第六　氣質能侵入定質之微孔中並流質質點間之間隙而留存於此參考總論第四章第四節其原由歸於氣質之散充性與二質互有之引力

第三節　比較定質及氣質

一相類之端　於定流氣三質間舉其相類之端如左二項

第一　三質俱能受重力之動作故俱有重卽謂向支面施以壓力也又三質皆能漲大且能收縮

第二　流質與氣質其小分均有顯著之動搖性故凡流質動搖所有定律施之氣質亦能適合如向其周圍而壓力均等波及與上壓力等定律是也

二相異之端　於三質間舉其相異之端則如左六項

第一　定流二質之質點爲震動之狀而氣質之質點爲進行動之狀但在流質則其震動各瞬間漸將變爲進行動

第二　質點間之空隙卽微孔在氣質爲最大流質次之定質爲最小

第三　定質之各質點互有強盛之凝聚力流質則其力甚弱於氣質則全無之

第四　定質有一定之體積及形態流質有一定之體積而無一定之形態氣質則體積形態俱無一定者也

第五　氣質能散充而流質及定質則否

第六　氣質之能壓縮最爲顯著而流質則甚少定質

則更微。

第四節　空氣有壓力及其壓力之强度

一釋空氣之有壓力　空氣者能於周圍施均等之壓力及至高而漸弱。

原由　全地球皆氣所圍繞。其高不可詳然約四五十里。此氣名曰空氣可假分剖之作爲無數之氣層。夫空氣有重故彼高處之氣層當施壓力於人所棲息處之氣層而其空氣一小分上所受壓力波及周圍故空氣者不得不向周圍而生壓力也蓋最下層之空氣受總氣層之全重故其壓力爲最大漸昇高則漸減弱而在某一水平層其靜止之際壓力必各處均等但空氣壓力無由知之惟就某物體於其一面全除其空氣或於他一面擠濃其空氣使於物體之兩面顯壓力强弱之差如此之時空氣之壓力始可顯著也。

實驗及觀察　氣壓力之存否所有實驗及觀察示二三例如左。

第二百九圖

一取一玻璃杯滿盛以水以紙一頁蓋之且以掌密掩其上而倒轉之及去掌而紙不脫落水不散流是足証空氣之有壓力也以下各實驗皆同。觀第二百九圖

二取兩端開口之玻璃管沈於水中使水充其內而以指閉其上端然後取出雖隨意持向何方而水不流出必放指水始流出也。

三取一器充以水以掌掩其上倒轉之如第一試驗若以移至水面上雖除其掌而水仍留於器內也。

四以阿摩尼阿氣置於一器倒轉之而移其口於水中則水當昇于器內殆至全滿。因水之吸收氣質也。

五以細頸之玻璃瓶充以水雖倒轉之而水不至流溢。

六氣壓力者由所謂凹凸性驗氣壓力板而容易覺之此板乃象皮所製平滑而極厚且大有握柄今取二板二面相壓後欲分離之則頗需强力且其分離之際轟然有聲。

七如第二百十圖盛水于一器而以玻璃管插入其中管乃兩端有口者其初毫無異狀然人若以此管上端銜於口中吸上管中空氣則水昇於管中吸之愈力其水遂可達於口蓋其先內氣與外

第二百十圖

氣平均故不見異狀及吸去內氣之際致內氣稀薄不能與外氣平均故壓力遂偏勝於本圖以箭所表之方向壓上其水故也

八取一端扃閉之小管例如有節之竹管吸取其中所有空氣則緊連于舌或唇

九吸管之能致用由於一面之氣壓力小兒之吸乳亦然由是觀之氣壓力之於人體由內而生動作於外固自明也

十蟲類例如小蛭由其一處之吸盤所有氣壓力或能直立或能移動

十一髖骨及腿骨上端之球由氣壓力而永存於骨盤中故於其凹骨盤穿一小孔則二骨忽脫落由是觀之則氣壓力者以接人之腿髖甚要也

十二取滿盛有酒之罇開其塞而不穿小孔於其蓋上則無一滴溢出

二空氣壓力之強度　空氣之壓力等於水銀柱高約七十六生的邁當之重又等於水柱高十邁當之重卽於一平方生的邁當之面上其壓力恰爲一啟羅格

脫而切利之試驗及其事之始末　昔意大利夫羅淩斯 Florenz 府有某園丁製一抽氣筒試以此器致水於十八愛耳淩以上之高處約高十邁當水雖昇至一定之高卽約十邁當然過此以上卽不能達當時究其所以然而卒莫得其理蓋往昔之論流質上昇者皆以其理歸於萬彙之呵爾羅伐克維 horror uacvi 拉丁語其時意國名儒加里畧聞此事以其說淺近心不滿之謂推其原當在空氣之壓力其門人脫而切利 Torricelli 乃舉行試驗以確證空氣壓力之有一定限焉其試驗如第二百十一圖取一玻璃管約有一

第二百十一圖

邁當之長一端閉一端開充以水銀而以指閉其口使豎立於盛有水銀之盂中除指則管中之水銀下止於一定之高在海面行之其高距盂中水銀面約爲七十六生的邁當其以上卽爲眞空若無外氣之壓力則流質之相連者按定律必爲均一之高故依此理推之水銀者當管內外爲同高惟因有外氣以壓水銀面故管內之水銀上昇至與此壓力平均而後止據此試驗以觀則空氣壓力之強度與約七十六生的邁當之水銀柱爲均等不復疑也於此玻璃管內水銀面上所生之空隙乃眞無空氣者故藉其發明者之名稱曰脫而切

利之眞空 Torricellian vacum.
脫而切利試驗之蹟　就該氏試驗之蹟觀之則水之因氣壓力而壓上必較水銀高蓋以水銀比水其質甚重也因氣壓力而被壓上之水欲算定其高宜先知水銀之較重爲十三六而後設下算式

七六×一三．六生邁＝一〇三三．六生邁＝一〇．三三六邁

由是觀之可知水之因氣壓力而被壓上約有十邁當之高也

又由上算式則凡在若干面積例如在方一生的邁當之面上所受空氣壓力之强度其爲幾何自易算定卽如水柱之重其底爲一平方生的邁當其高約十邁當則與一平方生的邁當之面積上所受空氣壓力等而此重約爲千格卽一啟羅格也蓋此底爲一平方生的邁當與高爲十邁當之水柱卽積一立方生的邁當之水（卽有一格之重者）之千數而成也更推考此理則一平方邁當之面所受氣壓力必爲一萬啟羅格何則一平方邁當之面卽積一平方生的邁當之面之萬數而成也今假以人體之面積作爲等一五平方邁當則所受空氣之壓力當有一萬五千啟羅格之總重然受如此之大壓力而毫不覺者以身體內外之壓力互相平均也

第五節　就被閉於一所之稠密空氣以驗其壓力所在及强度

一稠密空氣之强壓力　凡空氣被閉於一所則因其散充性而向其內面施以壓力是亦前節所謂漲力也此漲力在氣質與外氣相通之器當等於空氣之壓力卽等於水銀柱高七十六生的邁當之重而外氣之壓力如有增減則其內之壓力亦變其强弱然氣質者於其體積減少之時卽密率增大之時而漲力亦當愈增若體積增則漲力自減也

原由　有若干體積之氣質由大外壓力而被壓縮致減其體積則其各小分當互近接卽增其密率也又於一定之空隙而增其氣質之量則亦增與前相同之密率於是撞抵其器內面之氣質質點當增加其數而其總壓力不得不增也

例　如左

一就氣鎗觀之可見其顯著

二氣筒內所被壓縮之水汽則顯見其大抵力
三以抽氣筒之鞲鞴推入大小適合之深圓筒中此圓筒與鞲鞴當相切極密而又容易進退者及其壓力一去則鞲鞴當復原位

二稠密空氣之壓力所有強度　稠密空氣之漲力果否從其密率而增大（即謂其增大與體積爲反比例）是說也一千六百六十二年波以兒 Boyle. 發明之一千六百七十九年摩利凹脫 Mariotte. 証明之故凡氣質之外壓力漲力密率體積四者間所有關係之定律名之曰摩利凹脫之定律 Boyle's law. 示之如左

氣質之壓力漲力及密率若在同熱度時則互爲正比例而與體積爲反比例

解義　如左五說

第一氣質之密率（密）與其所生之壓力（壓）爲正比例 $\frac{\text{壓}}{\text{壓}}=\frac{\text{密}}{\text{密}}$ 例之於某氣質上加以三倍之壓力則其密率亦三倍

第二氣質之漲力（漲）與其所生之壓力（壓）爲正比例 $\frac{\text{壓}}{\text{壓}}=\frac{\text{漲}}{\text{漲}}$ 例之外所加之壓力爲三倍則內氣之漲力亦三倍

第三氣質之漲力（漲）與其密率（密）爲正比例其密率若三倍則漲力亦三倍

第四氣質之體積（體）與其所受之壓力（壓）爲反比例 $\frac{\text{壓}}{\text{壓}}=\frac{\text{體}}{\text{體}}$ 例之外壓力若三倍則其體積當壓縮三分之一

第五氣質之漲力與其體積爲反比例 $\frac{\text{體}}{\text{體}}=\frac{\text{密}}{\text{密}}$ 例之若其體積壓縮至三分之一時則漲力爲三倍

試驗　今就試驗上以確証此定律當用第二百十二圖所示之器此器乃玻璃製之曲管一端短而閉塞他一端長約二邁當而開口今以若干水銀注入之如使短管中之水銀面在子長管中之水銀面在丑今假定丑寅水銀柱之長爲四生的邁當則短管中密閉之空氣所受壓力等於八十生的邁當水銀柱之重何則蓋丑之水銀面上有氣壓力（即等於七十六生的邁當之水銀柱者）以壓之更加以丑寅水銀柱之重則爲八十生的邁當水銀柱之重而子及丑以下之水銀柱自相平均不能施重壓力故不計今如於長管中更加以水銀至八十生的邁當之長則短管中之氣質體積減而爲初之半即至於卯然則氣質之體積與壓力爲反比例其漲力與壓力爲正比例自明

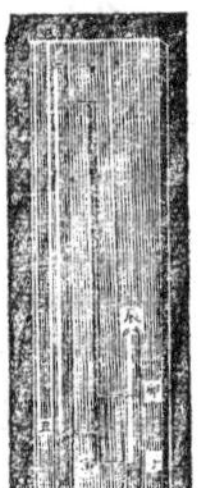
第二百十二圖

也卽於初時受其水銀柱壓力此水銀柱乃有八十生邁當之長當以爲一者其際則有子辰之體積及更受八十生的邁當之水銀柱壓力卽二倍前壓力則但爲卯辰之體積可以知此定律不誤也

又氣質者壓力減少則體積反增與上文之試驗恰屬相反今用一器如第二百十三圖以一玻璃管插入長圓筒開其管之兩口中實以水銀乃從連通管之定律而圓筒及管中之水銀止於相等之高此際不閉管之上口則雖舉起

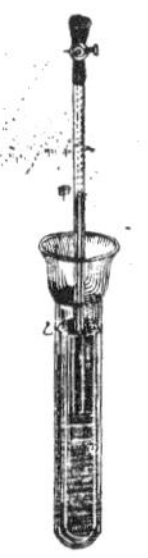
第二百十三圖

之而亦不見變化蓋管中及筒內之水銀面所受外氣之壓力兩相等也今但閉管之上口雖亦不見變化然及其舉起之時則各隨其度而見水銀上昇於管中蓋未舉其管之際則管中空氣能抵抗外氣之壓力然舉起之則管內之氣因散充性而爲稀薄已不能抵禦外氣因而壓上若干水銀必合水銀之重與稀薄之氣始能抵抗外氣也例之今以上昇管中之水銀柱假定其長甲乙爲五十七生的邁當則管中空氣之壓力爲十九生的邁當卽七六減五七等一九然則管中之體積爲原體積之四倍其張力爲四分之一可知也由是觀

之則凡氣質者隨壓力之增而減其體積且隨之而增其密率及漲力自無容疑也

第二章　空氣壓力之致用

第一節　風雨表驗氣壓力器

一定義及種類　風雨表 Barometer. 者用以測空氣壓力之器也別之爲二種曰水銀風雨表 Mercurial barometer. 曰乾風雨表猶言無濕風雨表也 Aneroid-barometer. 水銀風雨表者以長約八十生的邁當之玻璃管充以水銀卽本脫而切利之試驗器而變易其形者中更別爲三類乾風雨表者由眞空之金類管而成本其凹凸性而構造者也

第一室內用者卽圓球風雨表

構造　此風雨表如第二百十四圖乃盛有水銀之玻璃管及小板上刻有度數之尺度玻璃管者長約八十二生的邁當徑爲五密里邁當上端閉塞下端向上彎曲其末端達於濶口之球形瓶而止尺度者劃明生的邁當及密里邁當之數以示管中之水銀較球形瓶中之水銀面其高幾

第二百十四圖

何也不必全管悉劃度數但記之於其上如本圖所示而已又其度數之側註以久晴晴雨風等字以表氣候

得失　此種風雨表於其空氣施壓力而使水銀柱上昇之高（即在球形瓶中水銀面以上所有管中水銀柱之高）示之不甚精細第一因球形瓶中水銀面高低之變化置之不問故風雨表高則其所示反較實際低風雨表低則則所示反較實際高第二在粗細不等之處毛細管之功用不同但其誤甚微在尋常日用置之不計亦可故號最便

第二盃形風雨表乃福爾挺 Fortin 所創者也

構造　此風雨表如第二百十五圖以甚粗之直管充以水銀而倒立之於盛有水銀之盃中其盃之底以革作之可以移動由螺旋之助能使之稍高或稍低查認度數之際用此器則盃中水銀面之變化可以求準乃使水銀面至恰遇象牙針（此針嵌於其上）之尖端則能使其常在初點初點者即零點也

第二百十五圖

得失　此器於水銀柱之高雖能精細審別然因毛細管之功用不免缺憾

第三虹吸形風雨表也

構造　此風雨表如第二百十六圖所示乃玻璃管各處爲相等之徑而彎作U字形兩端平行向上而長短不同長一端約一邁當上閉短一端則上開短端中水銀面以上所有長端中水銀柱之高即示氣壓力之高也今欲測其高必沿管之全長而進退度數或沿度數板而進退全管本圖所示乃後法也人若欲用此表宜先定其管使短端中水銀面與度數之零點在一綫然後可認長端中水銀之高

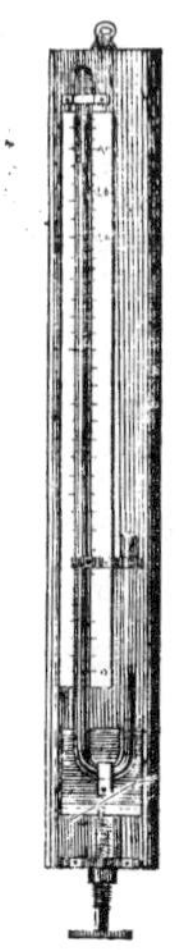
第二百十六圖

得失　此種風雨表無關於毛細管之功用最稱優品

備考　凡水銀風雨表上必需之要旨

一水銀須化學中純粹之品

二管之粗細須各處均等

三管徑不可過小過小則水銀難於運動也

四管中不許稍留空氣及水汽。
五水銀之高須精密認視。
六觀風雨表之時宜注意於熱度。

第四乾風雨表。

第二百十七圖

構造　此種風雨表如第二百十七圖乃金類製之空管甲乙丙成圈形中爲眞空於其乙之處定於蓋之底板此空管之兩端與甲戊及丙丁槓杆臂之末端兩相連接其槓杆臂之支點有予游絲及丑寅之齒弧。

感氣壓力之狀態　今若空氣之壓力增其强度則隨其度之多少而甲乙丙空管被壓向內蓋空管圈之外面與內面其面積有差異外面受壓力多內面受壓力少不能相平均也此其壓入內面之力加於甲戊丙丁之槓杆臂稍使游絲卷緊且使齒弧向左旋而指鍼則向右旋指鍼者所以表壓力强弱之變者也若當壓力減退則空管施自己之凹凸力復歸舊位游絲亦放開其時齒弧仍向右旋指鍼仍向左旋如此指鍼之右旋與水銀風雨表之水銀上昇同其左旋則與水銀下降同故旋轉之度愈大卽足徵氣壓力之變愈大也但此表之度數乃與水銀風雨表之水銀昇降比較而定之。

得失　乾風雨表不如水銀風雨表之易於破損故以爲室內風雨表用又於嚴寒之地水銀易凍則用之且以其易於攜帶故亦用以測地之高低頗稱便利然不如水銀風雨表之精密是其缺憾耳。

二風雨表之需途　其裨於實用者如左三項。

第一用以測氣壓力。當參考前章。

第二用以豫知天氣之陰晴風雨。天氣變則風雨表所以昇降之故詳下編

第三用以測地之高低。

原由　愈登高處則空氣柱愈短此固自然之理氣柱愈短則氣壓力愈減其感動風雨表之力愈弱凡登高至一〇·五邁當則風雨表之低降約一密里邁當爲率蓋以水與水銀比較水銀輕一三·六倍故一密里邁當之水銀柱與一三·六密里邁當之水柱必相等更以水與空氣比較則空氣較水輕約七百七十倍故欲使一密里邁當之水銀柱與氣柱等則得以七七〇·乘一三·六之數今以左式示之

一三・六×七七○＝一○四七二密邁＝一○・四七二邁

由是觀之大約一〇・五邁當之氣柱與一密里邁當之水銀柱必相等登至約一〇・五邁當之高則風雨表之水銀自必下降一密里邁當以是類推登某高處而觀風雨表之度數則其地距海面爲幾許可略測而得之但平地與高地空氣厚薄之度不一且有溫度之差異能使氣壓力稍生變化若欲精測之宜用一定之數以算其變異惟按本書體例恐失之繁雜茲略之

第二節 呼吸及吸水飲水

一呼吸 吸氣之際橫隔膜低下而肋骨高張因之胸膛增濶而肺胞放大其內空氣稀薄外氣反密故外氣通過氣管流入肺中若呼氣之際肋骨低下而橫隔膜高張因之胸膛收狹擠肺中之氣稠密不得不外流也

二吸水 欲吸水則胸膛增濶因而肺與口中及唇內之空隙所有空氣變爲稀薄此際外氣之壓力能勝內氣之漲力使流質得以入口

三飲水 欲飲水時是亦使肺及口中之空氣稀薄其所波及於外水之氣壓力乃使水進入氣稀薄之處

第三節 虹吸

一構造 虹吸 Syphon. 乃玻璃曲管或金類曲管其兩端常不等長者是也

二用途及用法 虹吸者使某流質自高處之器而流移於較低處之器也

欲用虹吸時則以其短端插入流質中而於長端吸去空氣至流質將入口而止或先以虹吸盛滿所吸流質閉其兩端以短端插入流質中而始開其口後乃並其長端亦開其口如是則流質自長端陸續流出

三用虹吸之際所現之象 如左

第一 虹吸只短端達於流質中必外端之口在水面之下水乃流出耳而其外端之口在水面之下愈低則水之流出愈急

第二 外端之口若與水面平則雖止而不流而兩端中盛滿之水仍存如故

第三 設外端之口高於水面雖其高甚微然一至水面以上則水即流歸原器中

說明 如二百十八圖所示即虹吸甲爲盛水之器乙

第二百十八圖

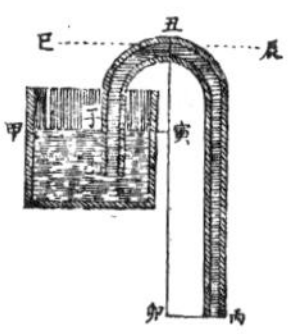

丑丙乃玻璃管虹吸也今於其曲管中注以水或不注之而以一端乙插入水中吸其他端丙則水自乙而昇經丑而由丙流出既一流出則水減其面而至乙端續流不止蓋器中之水因空氣故而所受重壓力等於約十邁當之水柱且此壓力不獨器中之水受之也因水壓波及之理而虹吸管中之水亦受之此管中之水其與器中水面子同高者受與水面同大之壓力其在虹吸中最高點丑之水則所受重壓力比於水柱之高十邁當減少丑寅水柱之重又在虹吸

物理學上編四

之外端丙亦受重壓力等於約十邁當之水柱重此壓力亦由丑丙管中之水以波及於丑然以丑丙管中之水重施與壓力相反之功用故丑點所受之重壓力當等於水柱之高十邁當減丑卯水柱之重於此虹吸中之丑點受相反之兩種壓力卽於辰丑之方向受十邁當減丑卯之壓力於巳丑之方向受十邁當減丑寅之壓力也然第二壓力較第一壓力強其差等於寅卯水柱之重是故隨其壓力之偏勝而水流出於乙丑丙之方向其理固自明也

毒流質用之虹吸　有毒性之物質例如硫強水不能以口吸之故欲將此種流質自一器移於他器則當用特設之虹吸卽如第二百十九圖子丑寅爲尋常虹吸而別有卯辰之吸管今欲用之則以管口子沈於流質中塞其他端寅而自辰吸之其際亦如用尋常虹吸器然流質當至於丑寅管中及其將達於口則放寅口而於辰止而不吸於是流質由寅口續流不已與尋常虹吸不異也

第二百十九圖

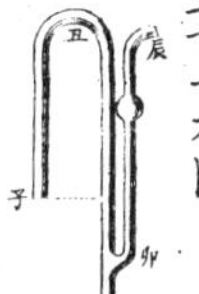

本虹吸之理而製奇器　如第二百二十圖之器乃本虹吸之理而造以炫奇術者器乃金類製之圓筒其近

物理學上編四

第二百二十圖

於底處之側穿有孔別用同質金類製之曲管管之一端與孔口相接而使管口與孔口通連又曲管之他端接於側面之外與底平其外觀之殆似彎曲之柄今注水於此器其水面至與曲管之最高點同而水尚不自溢出然更加以水至稍高於柄管水乃流出不止至全盡而後已蓋一經溢出卽有虹吸之功用也

第四節　滴管

一構造　尋常之滴管 Pipette. 狀如第二百二十一圖乃玻璃管中央較濶兩端俱開其上口之徑恰可以一

第二百二十一圖

指閉之。

二用途及用法　滴管者用以自某器中分取少許流質欲用之則插其下口於流質內使流質流入其中以大指閉其上端欲移其流質於何器則舉起之移於該器上使空氣自其指間入則流質遂自流出

三說明其功用　插其下端於流質中以指塞其上口而阻其空氣之流通及舉起之則其入器中之流質始但自下口稍溢然所餘之流質全當留存蓋其始器中之上端尚留空氣能抵外氣之壓力故不問外氣之由下口壓上而水已不能留於器中遂因自己之重自下口流出其際器中即生空隙而器中之空氣因欲補填其空隙乃散充而爲稀薄不能抵外壓力不得留其所餘之水以水重與稀薄之空氣爲抵外氣之用故其水不能流下也但去其指則上下氣壓力相均水因自己之重力遂得流下

第二百二十二圖

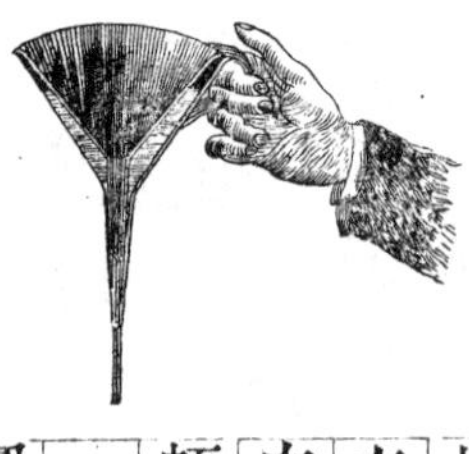

由滴管之理而造爲各器　其類頗多舉最著者一二例列左

一奇漏斗也狀如第二百二十二圖以二層之金類板作之中空柄之近傍有一小孔通之小孔可以隨意開閉能使其內之流質或止或流

第二百二十三圖

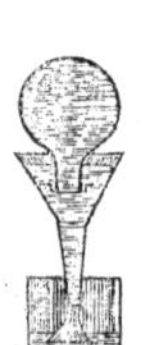

一不變濾器也第二百二十三圖是其一即一玻璃瓶中含有流質而倒立於濾器中器中水淺瓶口不在水中氣泡能昇至瓶中則瓶口之水乃始流出因之在濾器中之流質深淺不變本此理所作之燈墨汁壺等其類頗多茲不備舉

第五節　吸水筒

一構造　尋常吸水筒 Suction-pump 如第二百二十四圖乃金類或木製之粗筒丁而有出水管庚此筒名曰吸筒筒之下與小管乙相連小管垂於水溜中

第二百二十四圖

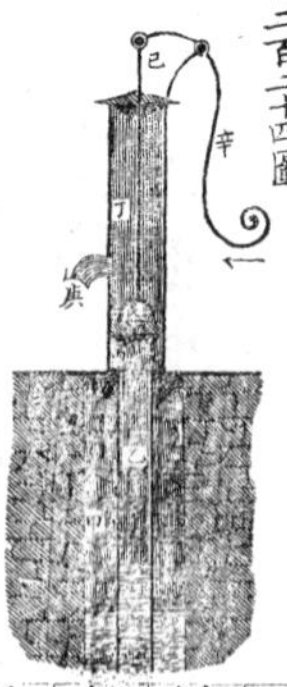

此管名曰吸管而吸管之下端因欲阻水中污物須設篩囊吸管中有密塞之厚圓板即所謂韝鞴可以上下運動（其上下運動由於韝鞴挺桿及與挺桿相連之槓桿辛）韝鞴之中央穿有孔孔上有金類板即所謂韝鞴舌門如戊有較鏈可旋轉下貼於軟革此門只向上開吸管與吸筒之界亦有單向上開之丙舌門狀與戊同即所謂吸管舌門

二用途　吸水筒常用以起水需途甚廣

三說明其功用　吸管乙在水溜中而外氣之通路被水遮斷此際舉起其韝韛則丙舌門與韝韛之間遂生空隙故外氣之壓力偏勝而水上昇於吸管開丙舌門而入吸筒中今韝韛下降則筒中之水壓閉丙舌門而水抵開戊舌門至韝韛之上如此昇降韝韛以至再三則水充筒中乃自出水管庚而流出

四吸管之長度　吸筒丙舌門丙之上若眞無空氣存則外氣壓力必能使水昇於吸管中高至十邁當有餘然尋常之吸筒不能達其度故設吸筒之處不得較水高逾七八邁當

實驗

一參考前節空氣壓力條下第七實驗

二以玻璃製爲吸筒之模型其中所生功用之狀自易透視

第二百二十五圖

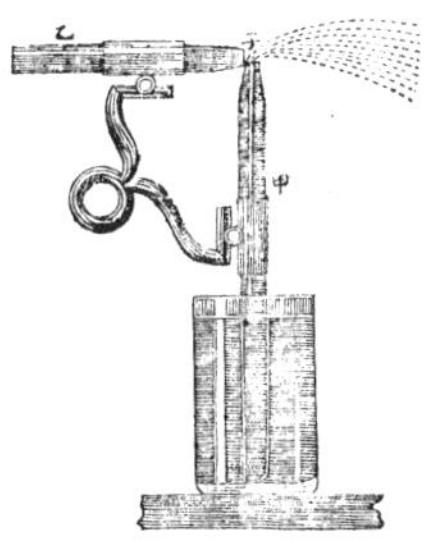

相似之現象　噴霧器中流質亦能上昇是與吸筒同理如第二百二十五圖乃噴霧器之最單簡者甲直管之下端插入水中上端狹而乙管之狹端近於此卽子今若用力以氣吹入乙管中則氣流極急不但能使流質吸上至甲管內且能使昇於子點之水滴四散噴射

如此之吸引功用可以第二百二十六圖所示之器證明之且可釋明其義今有一玻璃管甲稍粗而短兩端以黃銅製之平蓋閉之其蓋上插一玻璃管乙他一蓋別插一玻璃管丙丙較乙管稍小丙管之子端約有二密里邁當之口徑其口當近於乙管之端又當丑點而將甲管穿一孔於此以黃銅管托連之下設一氣漲力表詳後其一端粗作球狀氣漲力表之管中充以有色之流質約至寅卯之高今由辰口用力以氣吹入丙管中則見其流質當昇於氣漲力表之管中卽昇至寅點之上高約有四生的邁當之處是其因氣吹入故而甲中之空氣變爲稀薄可以証也此其空氣變爲稀薄之理蓋因受大速率而流出子端之氣欲散於乙管中而能吸引甲中空氣使出也

第二百二十六圖

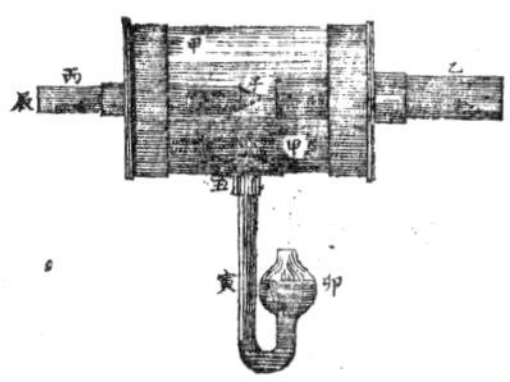

今又有一例亦因吸引功用而現象者如第二百二十七圖圓板甲之中央穿一孔以玻璃管丁之一端貫之

別取一圓板乙置其下兩者相對稍相離相距約二三密里邁當今由管丙吹之則圓板乙上昇而附接於丙吹之愈力則兩者決不相離是因流出之空氣散於四側

第二百二十七圖

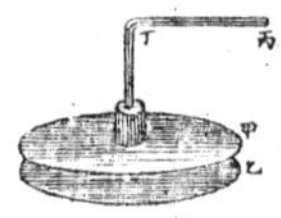

而二板之間成稀薄之空氣致與外壓力不能平均也

第六節　壓水筒

一構造　壓水筒 Sucking and forcing pump. 亦如吸水筒由具有韝鞴乙之吸筒甲及吸管并二舌門而成然二者稍有區別如第二百二十八圖爲壓水筒之形本器之吸筒不設出水管其下枝分而爲丙丁管即所謂昇管高至欲使水昇至之所其在韝鞴乙則不穿孔在昇管則具有丑舌門即所謂出水舌門向上而開

第二百二十八圖

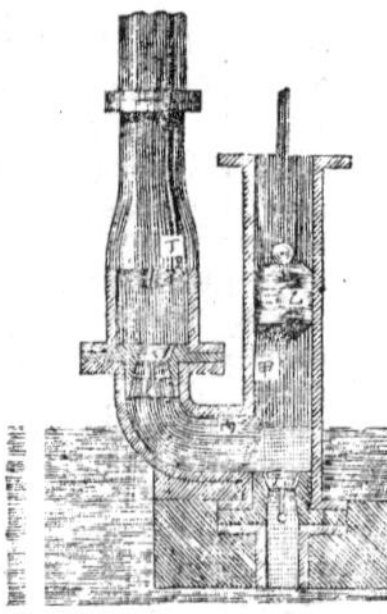

二說明其功用　以槓杆舉起韝鞴乙則吸筒內生空隙外氣雖欲攙入而亦不能乃開子進水舌門以吸上其水今壓下韝鞴則水受其壓力欲避往他處但子舌門反閉故不得已壓開丑舌門入於丁中如此反覆數次則水愈昇於丁內縱有數十邁當之高處亦可使之上昇也

本器之外亦有他器不由氣壓力而能注水於高處者例如亞爾黑美代士之起水蝸牛蒙各爾非愛之衝水器種類頗多茲姑省之

第七節　空氣之上壓力及輕氣球

一空氣之上壓力　凡在空氣中之物體所受上壓力等於其所擠開空氣之重因而物體所失之重與體積相等之空氣之重等

原由　氣質與流質其各小分均易動搖故凡流質所有動搖性之定律亦均見之氣質故如壓力波及周圍之定律上壓力之定律亞爾黑美代士之原理等悉可通用也

實驗　如第二百二十九圖所示之達昔邁當 Dasymeter. 其一端有大而輕之球例如銅之空球他一端懸以小而重之物體例如鉛此兩體在空氣中爲同重今置之抽氣機之罩下其

第二百二十九圖

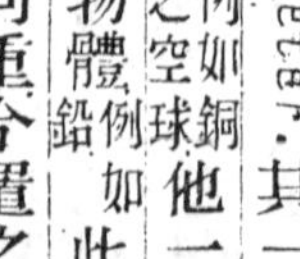

內之空氣愈薄則大球之低下愈顯

二上壓力之說

第一　在空氣中秤物體不能精密蓋物體之體積與所用銅碼之體積不能等大也

第二　凡物體與已所擠開之空氣等重，則浮游其內，例如雲霧。

第三　凡物體較已所擠開之空氣重，則沈於其中。

第四　凡物體較等積之空氣輕，則上昇此物體之上昇力等於上壓力（卽已所擠開空氣之重）與下壓力（卽物體之重）之差。所謂輕氣球者，卽因此理也。

三輕氣球　取其質薄而堅密之布帛，塗以洋漆，使不漏氣，乃以之製爲球形之囊，設有小管口，由口裝入輕氣等極輕之氣，則球囊漸漲，較其所擠開空氣之重輕，故昇於空中。乘巨球上昇時，則用舟形之籃繫其下，人坐其中，可以隨之騰空。但因用輕氣需費多，故有用煤氣者，或於球中裝入尋常空氣，而下口置火使之漲而輕，亦可。

上昇之界限　凡巨球充以輕氣等，決不能昇至無限之高。蓋空氣愈高而愈薄，故其所擠開空氣之重若與球之全重至於等，則已在平均之態，決無壓上之力也。

今以公式表其上昇力如左。

$$\frac{四周率半^{3}}{三}丙\ 丅\ (甲乙)\frac{四周率半^{3}}{三}$$

式中之半，以代球半徑之邁當尺數；甲，以代平常密率一立方邁當空氣重之格數；乙，以代一立方邁當輕氣重之格數；丙，以代造球物質一平方邁當之格數也。而$\frac{四周率半^{3}}{三}$乃球體之體積，$四周率半^{2}$乃球體之面積。

第二百三十圖

用途　輕氣球之有裨軍事，自不待言。如第二百三十二圖所繪之狀，乃西歷一千八百七十年至七十一年時德法之戰，巴黎被圍，用輕氣自城中而出入。觀此，則其器之大，亦足見一斑也。

始末　今試自有輕氣球以來，述其沿革之大略。當一千七百八十三年六月，始創輕氣球者，爲蒙各爾非愛 Mongolfier. 兄弟，以空氣盛於球中，由加熱以減其重，在法國之阿諾乃 Anonay. 使之上昇，是爲最始。其年八月，霞爾 Charles. 始改用輕氣，放之於巴黎。後十月，披辣脫而德羅吉愛 Pil atre de Rozier. 始就蒙氏所創製者，自居其中，隨之昇騰。後該氏復與戒爾們 Germain 謀共乘球上昇，至約四百邁當之高處，旣而氣球發火，二人自空墜落而死。一千七百八十

五年正月布蘭霞爾 Blanchard. 始駕輕氣球發法蘭西遂越海峽至英。一千八百六十二年九月五日正午英國物理學士固勒懈兒 Glaisher 及輪船師哥克司惠兒 Coxwell. 以能容氣九萬立方英尺之球乘之上登時則陰雲蔽空一天瀰漫過此雲層天日復晴朗自球中俯瞰下界則雲之狀態恰似連山銜接而被雲遮覆其頂者自放球後經二十五分時已昇至四千八百邁當與歐州著名高山蒙白蘭脫同高尚復陸續除去重物即砂越三十六分時則已至六千七百六十邁當與南亞美利加之高山青波拉沙同高逾四十

六分後遂達於八千一百二十邁當與喜馬拉山頂之達滑喇噶利相等矣當時在地上之空氣溫度爲百度表十五度而在如此之高處則爲零下十九度也又其時自地上攜鴿二頭偕登至四千邁當之高放其一自空墜下宛如紙片及至八千邁當之高更放其一則不啻墜一石塊據二人言時覺精神恍惚四肢運動不便其所達最高之處距地面蓋已一萬一千邁當矣

第三章　扃閉空氣於器中令稠密以用其壓力

第一節　海侖球

海侖球 Heron's ball. 者如第二百三十一圖乃玻璃

第二百三十一圖

瓶以軟木塞之中央穿一孔插入一玻璃管幾至瓶底管之大小適合所插之孔而上端爲細孔

用法及其功用　欲用海侖球時宜先注水於瓶至於半以管與軟木塞插瓶口後乃以人之口吹空氣於管中人口甫離管口則忽見水綫自管射出若欲得相繼不絕之水線可別用一玻璃管貫於塞之孔而達於水內乃由此管吹送空氣其間水由他管射出蓋其末吹入空氣之間瓶中水面上所有空氣雖等於外氣之疏密然一吹入空氣則其氣乃爲泡沫昇於水上而集於

瓶之上段因之此間所有空氣以稠密故增其漲力此空氣務欲漲開因壓水面使水自管口射出也

致用　左舉一二例

一化學家所用之噴水瓶

二海侖之噴泉也狀如第二百三十二圖先除噴水管而注水於上球中及半然後再插噴水管如前且注水於最上之盃中如是則水自右管降下球內下球內之空氣自左管而入上球由其漲力使水自噴水管之口陸續噴出至上

第二百三十二圖

球水盡而後已.

三防火水龍詳次節

第二節 防火水龍

一構造 防火水龍 Fire—engine.者卽海侖球之致用狀如第二百三十三圖由氣櫃甲及二壓水筒乙乙而成其吸管可置於盛水之器中或井泉中.

第二百三十三圖

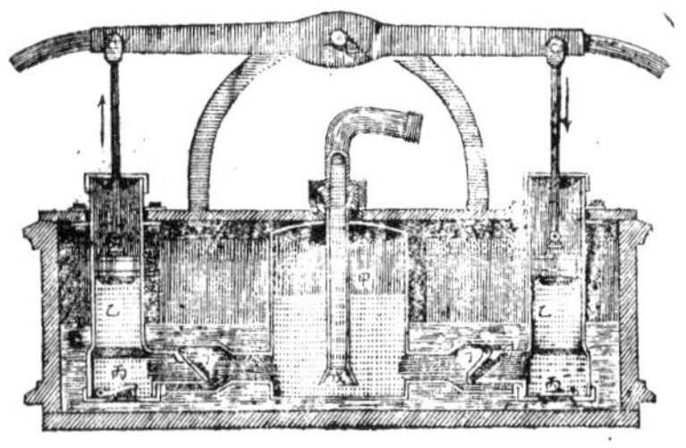

二功用 抽上鞲鞴則丙舌門開而丁舌門閉水昇於筒中若壓下鞲鞴則舌門之開閉與前相反而水乃入於氣櫃甲如此昇降鞲鞴反復數次則水之入於氣櫃者漸增加以壓縮其氣因而其氣壓水面之力愈强乃經戊口所設之管而射出與前節之海侖球無異.

第三節 氣質漲力表

定義及種類 氣質漲力表 Manometre. 者乃用以測氣質之漲力並可用以測高度熱度蒸汽之漲力隨漲力之高低而種類各別.

開口氣質漲力表 所欲側定之氣質若甚薄弱則用三曲之管如第二百三十四圖是也以此管之一端子插入他器之軟木塞孔口其器卽盛氣質者今若丑寅管中所有水柱面上有氣質施漲力較寅卯管中所有水柱面上之空氣壓力大則卯寅管中之水面高而因其高低卽可以知其壓力之强弱也其管中之流質遇微壓力則用水遇强壓力則用水銀.

第二百三十四圖

第二百三十五圖

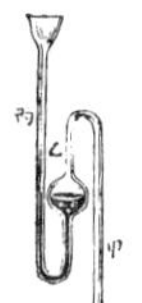

凡化學家所用氣質漲力表如第二百三十五圖名惠送爾防險管 Welter's safety tube. 以其甲管插入發氣器之口而丙管在外氣中若氣質發生甚速壓于乙端則此水昇於丙中與前者無異

第二百三十六圖

壓緊氣質漲力表 凡密閉之氣質或蒸汽等若其漲力過大至等於二·三·四·五·六倍之空氣壓力則上節所說之漲力表不能使用乃用所謂壓緊漲力表 Compressed air manometer. 此器乃本欲證摩里凹脫之定律而始造者也如第二百三十六圖甲端閉塞丙口與發氣質或蒸汽之處相通令蒸汽或氣質之漲力壓於水面而使水昇於甲乙管中則其中所有空氣愈

被壓緊其漲力從摩里囬脫之定律凡體積至於減半則抵力反倍於舊體積爲四分之一則能抵四倍之壓力卽壓力愈强愈能抵强大之外壓力也傍設一板上記一二三四五等字以示空氣壓力之數也

第四節　風箱

定義及種類　風箱 Bellows. 者能由已之漲力逐出其體使空氣增其密度日用之吹火筒吹管單式鞴複式鞴等是也

單式鞴　第二百三十七圖所示者乃單式鞴有板二塊其有柄以革連之今舉其柄子則其底之舌門丑忽

第二百三十七圖

開空氣入內又按下其柄則先所入之空氣當由寅口射出蓋按下其子則舌門已閉塞空氣之出路惟限其在寅口能出而已

複式鞴　如樂器冶鍊或化學工廠等處則用單式鞴不能得運動不息之氣故必用複式鞴第二百三十八圖者是也其上層甲所有包涵之空氣由其置於蓋上之重物（例如巨石）壓緊之此際甲內空氣較乙內空氣其被壓緊更密卽通過子口而外溢蓋在甲與乙之間所有丑舌門已經扃

第二百三十八圖

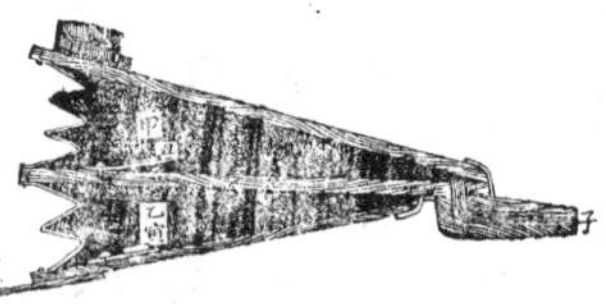

閉也今舉起乙之下板則空氣被密壓於乙中因向甲層而開丑舌門空氣入於甲內及下板之降而丑再閉寅乃開空氣更入乙中再舉下板則空氣乃復入甲如此往復無間則空自能由子口射出不已故得運動不息之氣也

第五節　蓄氣筒

定義　蓄氣筒 Gasometer. 者乃收集氣質之器臨用時加以水壓力能由自己之漲力使氣射出亦如風箱然

構造　第二百三十九圖所示乃化學廠日用之小形

第二百三十九圖

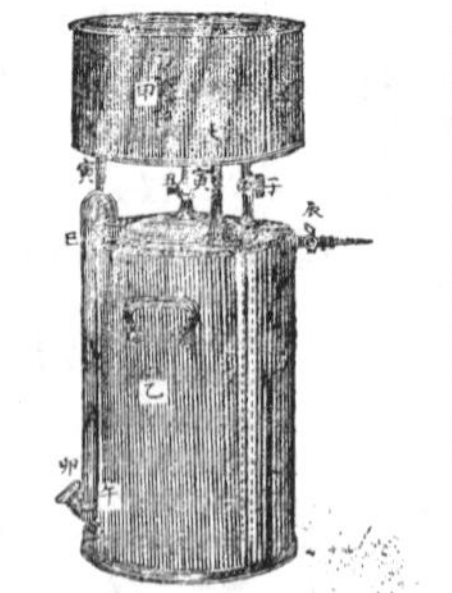

蓄氣筒也乙乃鐵板造之圓筒塗以漆高約五十生的邁當徑約三十生的邁當其上蓋稍向上作穹式形蓋上有四空柱子丑寅寅以支短圓筒甲其上端皆開而不閉短圓筒之高等長圓筒乙三分之一甲乙之間由二管互通其一管丑在乙上蓋之中央不許突出乙中他一管子下端將切於乙之底此子丑二管各有活塞故能隨

意使甲與乙或開通或隔絕在辰亦有水平形之短管管亦有活塞又近於乙底之處有傍孔卯稍向上此孔口可以螺旋或軟木塞使之閉

用法　欲收集某氣質時先當閉塞卯孔開三活塞注水於短圓筒中其時水流下至長圓筒中至水由辰管射出乃閉其活塞更使圓筒中所餘空氣通丑管而散去至長圓筒中水已充滿則閉管之活塞隔斷其上下而除去卯孔之塞然水不能由此流出外氣亦毫不能攙入但若以導氣管插入卯孔則氣泡由管而昇於筒之上段是時水當陸續不已流出以此法則長圓筒中漸至充滿氣質今欲知此筒中貯有若干氣質與否則可由巳午管視之此管與長圓筒連通故從連通管之定律其管中之水與圓筒中之水必等高也由上記之法俟氣質已充滿筒中則閉卯孔而開子連通管之活塞後乃開辰活塞則長圓筒中之氣卽忽射出其射出之速率與子管中水柱之壓力等

第六節　壓氣機

第二百四十圖

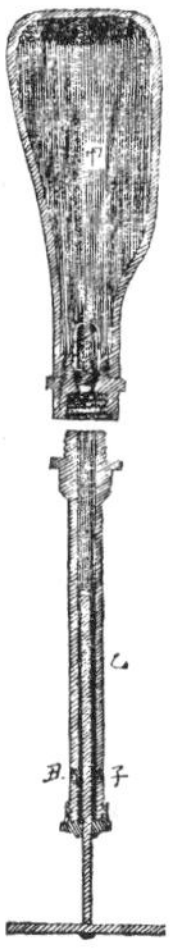

一構造　壓氣機 Condeesing pump. 如第二百四十圖分甲乙二部乙乃金類製之堅固空圓筒有鞲鞴密切其中可以上下進退甲乃壓氣質入內使之稠密甲之口端內設一舌門惟向內而開乙近其端之處設有子丑小孔口以便送氣質入但甲乙二部非互相連固者乃用螺旋以緊繫之也

二功用　鞲鞴若向甲而進則所送入之氣質壓開其舌門以入甲中今若拉出其鞲鞴則稠密氣質之漲力閉舌門而斷其出路如此隨意往反可使氣質得非常稠密之度

三致用　壓氣機之實用頗廣示一二例如左

一用之於風鎗卽於甲內之空氣稠密後除去乙筒而以之旋定於鎗筒裝彈丸後乃由筒身所有簧機之助猝開舌門則濃氣忽射出推出彈丸頗為猛烈其空氣之密度愈大則可連發數次是因舌門一開空氣雖已溢出然僅一次猶不甚減少也

二用之於泳氣鐘參考次節及輸送空氣於水族館

三用以試各種氣質之化為流質

第七節　泳氣鐘

泳氣鐘 Diving-bell. 者本空氣之障阻性而製使人

得久留水底之器也人若入海底以疏濬海港或建海塘等工或因船破及偶誤而物沉於海中欲撈取之則當用此鐘

第二百四十一圖

一構造及

使用　往

時所用者

乃鋼製之

鐘形後改

用鐵製而

無底之大

箱狀如第二百四十一圖其下置有橫架可令三四人坐其上箱上繫以鐵鏈子丑寅卯以便沈下於水凡用時欲入水之人先坐於橫架上由船上徐徐解下鐵鏈放入水中其際箱內之空氣能抵水不使入故無溺死之患然箱內容積僅數尺不能多容空氣箱內之氣稍敗即不利於呼吸故不以新氣換舊氣則箱內之人必受其害終至悶死故宜用一象皮管甲由船中通於箱內以壓氣機輸送新鮮之空氣陸續不已自可無虞又因欲通日光特於箱之上面多穿孔穴以厚玻璃嵌之凡沈此器於水中有空氣之障阻性似水全不能攙入

其實不然入海愈深則水之昇於鐘內愈高蓋由水之上壓力而擠緊鐘內之空氣也其比例入水約十邁當空氣體積縮爲一半至二十邁當則爲原體積三分之一水因塡其空隙而昇入箱中何則其氣在水面時雖僅受地平面一分之氣壓力然在水面下十邁當之深則受等於二倍之氣壓力也水柱高十邁當之力等於地平面一分之氣壓力由是推之而二十邁當而三十邁當以次下降必隨之愈受强壓力鐘內之氣必愈縮小但其理雖如此然以壓氣機輸送空氣甚多則鐘內之氣濃稠故凸力因而强盛決不使水侵入反令其舊氣由下端辰巳午而逐出水中

二鐘內與船上之通信法　鐘內之人欲指揮船上之人以或下或上則以鎚敲鐘以其鐘聲之數而知其命意之如何或需多言則書字於小板令浮於上面若由船上送答語於箱或刑有所報則亦書字於板繫以鉛片而附於一轆輪又先自船上置有繩索達於鐘之下口可沿索以達於鐘內也

三泳氣鐘之始末　創此器者乃英人愛德孟德哈而立Edmund Halley.當一千七百十六年英國有一船沈沒欲撈取其船中貨物始實用之先是古代希臘

羅馬人亦知坐於倒覆之大釜中則暫入水而不致溺死又西班牙帝卡爾五世之時有某希臘人在帝前戴大釜手執燭火沈於水中未幾浮出水面而燭不滅身不濕左右大爲喝采云該氏乃因其理而創此鐘也

近時尚有用象皮製之衣服名曰郤水衣 Skaphander. 此衣覆人全體密不通氣但頸上覆以盔其盔設有堅固之玻璃板與通氣之象皮管(本圖之乙)潛水者更繫索於帶以便易於浮沈進退又足與胸脊縛以鉛板使沈至海底時不上浮也

第八節 抽氣機

第二百四十二圖

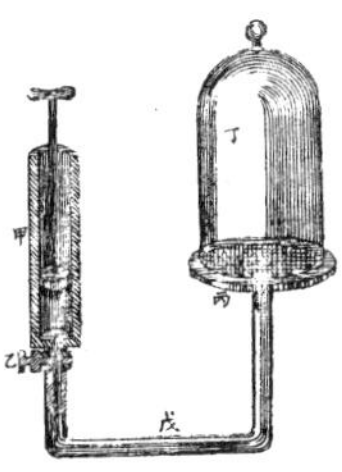

一定義及種類 抽氣機 Air-pump. 者能使某一處之空氣極稀薄此機有三種一活塞抽氣機一舌門抽氣機一水銀抽氣機前二者乃由於空氣之散充性一千六百五十年德國馬古迭白耳克府尹俄脫馮格里克 Otto von Guerike. 所創設後者蓋爲造蓋司拉玻璃泡(詳下編電學)起見而得脫而切利之眞空者也

第一種 活塞抽氣機 Air-pump with stop-cock. 者如第二百四十二圖由四者而成

第一乃金類或玻璃製之空圓筒甲中有鞴鞴大小適合不致洩氣可由柄使之上下進退第二乃磨平之圓板名曰罩台如丙其圓板上有鐘形之罩即所謂容物罩 Recipient 如丁覆於台上不使氣入第三連通容物罩與筒之管戊第四插於其管中之活塞乙有重複之孔者

由其活塞之助能連通其筒與容物罩或連通筒與外氣或連通容物罩與外氣

第二百四十三圖

用法 今欲除容物罩內之空氣則先旋活塞使其罩與筒相通(觀第二百四十三圖之子)而抽出鞴鞴因之罩及管中之空氣散於筒內變爲稀薄今任其鞴鞴如故而更旋活塞(觀第二百四十三圖之丑)使筒與外氣連通乃壓下鞴鞴則筒中所有空氣遂被壓出於外如此再三反覆而容物罩之空氣大爲稀薄其稀薄之數可設小驗氣測之

第二種 舌門抽氣機 Air-pump with valve 更別爲二曰單筒抽氣機曰雙筒抽氣機

第二百四十四圖

一單筒抽氣機之構造及用法 此器如第二百四十四圖與吸水筒大同小異不待再述今抽出鞴鞴丁則其丁舌門閉而丙舌門開甲容物罩內之空氣

經乙而散入筒內若推下鞲鞴則丙舌門閉而丁舌門開筒內空氣遂被抽出於外如此往復再四則罩內之空氣稀薄自不待言也

第二百四十五圖

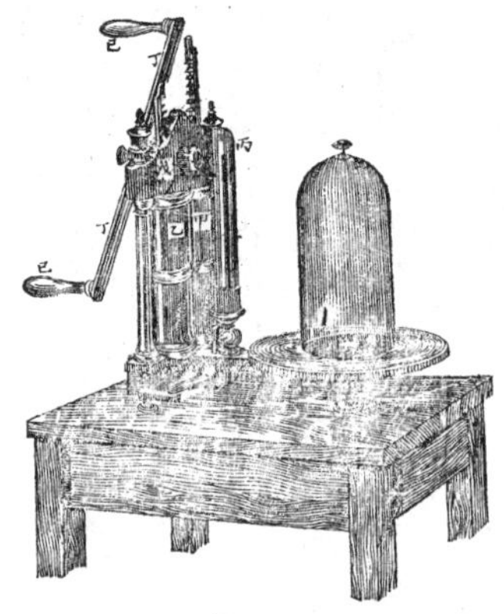

二雙筒抽氣機之構造及用法　如第二百四十五圖甲及乙為筒各有鞲鞴而其下端及鞲鞴各具有舌門與前者毫不異（就此圖以觀不能透視舌門之位置然能解前者之理則自不待說明也）筒與罩內相通亦復如前因欲驗空氣之抽去與否則以短小之驗氣器於丙插於連接筒與罩之管中使之亦相通其鞲鞴之桿有齒以便上下鞲鞴而於戊之內設有齒輪與其齒相切合而其齒輪由丁丁槓杆而易於旋轉今若握其巳巳兩柄右向下壓則左向上舉其時甲筒內之鞲鞴昇筒內遂生空隙故罩內之氣散出開筒下之舌門而入其中恰與水之昇於吸水筒不異又壓其左而舉其右則左筒之氣漸厚開鞲鞴中之舌門而溢出於外是時其右筒中猶之先時之左筒然罩內之氣乃散而入於筒中如此往復數次則罩內之氣自愈稀薄矣

第三種　水銀抽氣機者在常用殊覺不便茲姑省之

二抽氣機抽去氣之度　用抽氣機則容物罩內之空氣似屬盡能抽去其實不然抽氣機抽氣之度自有一定之限也

今欲驗知其度試併容物罩與管假如其內積為與筒均等者自易釋之夫引上鞲鞴一次而其氣之稠度已至於半二次則四分之一三次則八分之一至於十次則已達於千零二十四分之一如果依此理類推是則抽氣機者似真名稱其實能由此器抽盡空氣矣豈知實則不然蓋上文所言是以抽氣機之各部作為毫不洩氣者然此非特決不可望之事且鞲鞴活塞之間亦難免有空吸此中所遺空氣並活塞穿孔中所存空氣當其旋轉活塞之際常入罩內及管中故無論如何用力亦不能全除之也又在舌門抽氣機其舌門不能甚甚輕故若罩內之氣至於極稀薄時已無推開舌門之力卽不能抽出因此之故縱用十分精巧之抽氣機然其稠度約僅至八百分之一已為極點矣

三用抽氣機試驗　用抽氣機而學術上得有益之試驗

甚多一置罩于罩臺而進退鞲鞴一兩次後則不用大力即不能去其罩是因罩內之空氣稀薄不克勝外氣之壓力也

第二百四十六圖

二如第二百四十六圖取玻璃空圓筒以猪膀胱封其一端置之罩臺上而進退鞲鞴兩三次則彼膀胱忽破裂若然發聲是亦因外壓力强所致也

第二百四十七圖

三如第二百四十七圖取毫不洩氣之兩半球即所謂瑪格代白耳格球 Magdebury hemispheres. 以兩者密相切合旋緊於罩臺而進退鞲鞴數次後乃閉其活塞由罩臺上取下其兩半球本具有柄若欲引其柄使之分開則雖用大力亦不易能如第二百四十八圖所示以見不用非常之大力即不能開此兩半球之狀其力之大實堪設想也

第二百四十八圖

四如第二百四十九圖取極乾之膀胱稍充以空氣緊縛其口置之罩內及抽出空氣時膀胱內之空氣遂漲而至裂

第二百四十九圖

第二百五十圖

五如第二百五十圖取甲乙兩玻璃瓶各稍盛以有色流質由彎管連結之其插於甲瓶之端密而乙瓶之端鬆以置之於罩下抽出空氣則因甲瓶中空氣之漲力而使其水移於乙瓶

第二百五十一圖

六如第二百五十一圖取長玻璃管即所謂直墜管其端乃具有活塞者今以輕重懸殊之物質如金類一塊與羽毛一莖置於其中乃以管旋於罩臺進退鞲鞴數次後由罩臺而倒立之則金類與羽毛當同時落至底是即無空氣抵力各物當同時墜地之確例也

七取海綿球置罩內引上鞲鞴水忽由上口射出是因罩內之氣稀薄其際球中之氣爲尋常之密度故內外已不相平均乃壓上其水也

八盛水於一器中投鷄卵置之罩下而進退鞲鞴則自卵之面有氣泡簌簌發聲昇於水面是因罩內之氣稀

薄卵中之氣因散充性欲進而補塡之乃透過卵殼之氣孔而出也

九以空氣爲單位而定氣質之較重亦必用抽氣機卽如第二百五十二圖取設有活塞之玻璃瓶由抽氣機抽出瓶內之氣旋轉其活塞使不與外氣交通

第二百五十二圖

今秤其瓶之重假如有八百八十四格更充以空氣而稱之則有八百八十八格然則於瓶內容滿之空氣其重率爲四格自明也今再除瓶中之氣以所欲測定較重之氣質例如輕氣充於其中則其重爲八百八十四二八格由此減其瓶之重所餘之數卽輕氣之重乃〇二八格也今以空氣之重四格除輕氣之重〇·二八格則知以空氣爲單位而輕氣之較重爲〇·〇七也凡測氣質較重者於其盛入瓶內之際必先使之經過盛鈣綠卽善於吸收水者之管內否則其氣質含有水氣所得較重不能精確亦宜注意於熱度蓋諸種氣質若其熱度每昇百度表之一度則按左率而漲也

一〇〇三五六

一〇〇〇〇

茲以空氣爲單位而就各種氣質以示其較重如左表

空氣	一·〇〇〇	養氣	一·一〇
淡氣	〇·九七	輕氣	〇·〇七精測之則爲〇·〇六九
輕綠氣	一·二五	炭養二氣	一·五三
炭養氣	〇·九七	以脫里痕卽炭二輕六	〇·九七
炭輕四	〇·五六	綠氣	二·四五
淡養二氣	一·五三	淡養	一·〇四
阿摩尼阿氣	〇·五九	輕二硫	一·一九
輕三燐	一·一八	衰	一·八〇
輕弗氣	〇·六九	硫養二氣	二·二一

十取弱小之禽獸如雀或鼠置於罩下而進退鞲鞴則雀鼠漸失飛走之能終至於斃是因罩內之空氣稀薄不足供其呼吸也

十一取飲料之多含炭養二氣者例如啤酒由瓶中注於盃中俟其泡沫散盡乃以之置罩下而進退鞲鞴則再發泡沫頗甚是其先時因氣壓力故尚得含若干之氣乃罩內之氣稀薄壓力已減故能存其氣於水中也

十二取一玻璃管略似第二百五十一圖所示者且位置亦類於該圖其所異者自其下口有一小玻璃管挺出管中耳以之旋定於罩臺而退鞲鞴數次閉其活塞防外氣之侵入乃自罩臺取下將其下口沈入某流質中而後開其活塞則水忽爲水綫上射於管中恰

似噴泉故名曰真空之噴泉是因管中之氣稀薄不能抵外壓力而水上昇於管恰如在吸筒也

十三如第二百五十三圖以自鳴鐘置於罩下而進退鞴鞴則其聲漸微蓋從中編聲學所記之理空氣有傳聲之能氣已稀薄聲自微弱也

第二百五十三圖

十四在抽氣罩下雖僅微温然煮水能易沸是亦從中編熱學所記之理減其外氣之壓力故易沸也

物理學上編終

吳縣王季點校字

物理學中篇

光緒庚子秋
製造局鋟板

物理學中編目錄

物理學中編

物理學中編

物理學中編

物理學中編卷一　浪動通論

日本藤田豐八譯
長洲王季烈重編
日本　飯盛挺造編纂
丹波敬三　柴田承桂　校補

第一節　浪動之本性

一定義　凡物體之質點或其一分彼此震動不絕是謂浪動又謂震動 Undulatory motion.

浪動之名謂其似水浪之象而借用者但浪之在水其震動爲本態而可見至物理學中之浪其形雖不可見而物體極小分實有震動之勢故總稱之曰浪動蓋物體質點之動而成浪無論何物皆可使之現此象也

二水浪　水靜止時其面之一點被打擊而受力不平均則如第一圖所示生高處與低處此浪之所由起也其靜水之面以上所生高處如甲丁乙名曰凸浪 Wave crest. 其低處如乙己丙名曰凹浪 Wave trough. 此一凹一凸成一全浪其凸處之高丁戊與凹處之深庚己之和名曰浪之高低而凸浪之起點甲與所接凹浪之末點丙此二點之相距名曰浪之長短凡浪動之際某處之凸浪消滅則於其所鄰原有凹浪之處現凸浪故就外觀論之凡浪動恰如凸浪之水進至凹浪所在之處而水之

第一圖

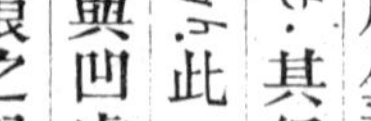

各分俱依水平面運動然細察之則水之浪動只其每分上下震動而水並不移動也凡水之震動其起處雖歇仍漸波及於次位之水而在其次之各位少緩亦起同一之運動

以上文所述之景象水分上下震動而成浪此理所由來列如左

一浪上投輕物一小片其浮沈始終在一處而不因浪動移於他處

二浪者由噇物或風所起之靜水壓力與重力二者而成故水自不得不上下動也

三維培氏 Weber 兄弟於一千八百二十五年以法確證水體震動之狀法用玻璃片作箱所謂浪箱中盛水而投以琥珀之屑使起浪而觀察之乃見琥珀屑上下運動成橢圓或平圓式之曲綫

四水面上投以一石則浪逐次爲圓圈以漸散向外是水之在後者較在前者起動不得不稍緩也明矣

今示水爲漸次起動由曲綫形動而成浪其形之次序如第二圖所示爲勻齊之浪其動自左向右而行其質點已達甲圖零點之處則將使其質點行成圓圈今零點之質點已從此圓綫路旋轉畢時測其浪動亦應傳及於一定相距處之他一質點卽如圖中

第二圖

原本陰文

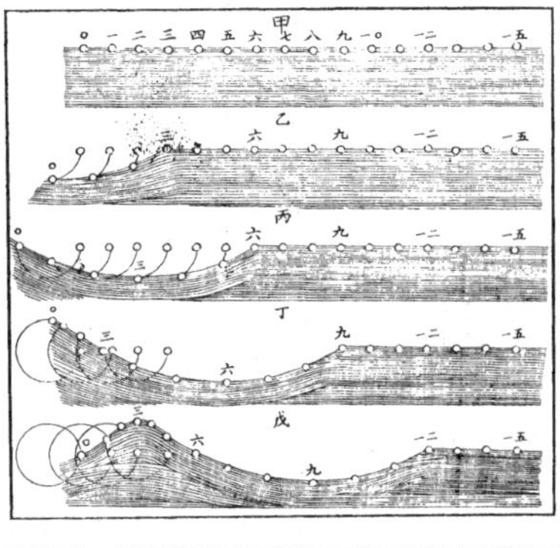

第十二點上之質點恰爲零點上之質點運動成一圓周時浪動所傳及之點是故第十二點上之質點始起轉之時零點上之質點已將起第二次運動時矣今假設零點上之質點所行之圓圈及零點與第十二點之

間所有之相距俱等分之爲十二分則零點上質點行圓圈至十二分圈之一之際浪亦當自零點向第十二點進行而至其相距十二分之一之處是故零點上之質點經過圓圈十二分之一之際浪動當適達於第一點上之質點又零點上之質點經過其圈四分之一之際浪動當適達於第三點上之質點也本圖乙爲零點上之質點經過其圈四分之一（卽十二分之三）之際所成之狀此時在第一點上之質點行其圈十二分之二在第二點上之質點行其圈僅十二分之一在第三點上之質點因其位置不平均恰受動

搖而將起動又本圖之丙在零點上之質點恰經過其圈之半在第一點上之質點經其十二分之五在第二點上之質點經其十二分之四在第三點上之質點經其十二分之三在第四五兩點上之質點與乙圖在一二兩點上之質點同一位置而在第六點上之質點將失平均之位置而起動當此時在第三點上之質點在最深之處卽凹浪之中央今若質點之旋轉更經過其圈十二分之一則現在第三點上之質點當旋至現在第二點上之質點所達之水平面上此時第四點上之質點已經其圈至四分之一

達於最深之處蓋此際凹浪最深之處自第三點進移於第四點也又本圖丁零點上之質點已經過其圈四分之三而達於動路中之最高點以成凸浪之頂此時在第一點上之質點經其圈十二分之八第二點上之質點經其圈十二分之七第三點上之質點經其圈十二分之六第四五六七及八點上之質點與丙圖第一二三四及五點上之質點同一位置而凹浪之最深處已達於第六點上之質點今若零點上之質點再經過其圈十二分之三卽所餘之四分之一則凸浪之頂已自零點上移至第三點凹浪

之最深處亦自第六點上移至第九點此時零點上之質點旋轉第一次圓圈已畢更起第二次旋轉而第十二點上之質點將起第一次旋轉本圖戊所示者卽是也

又第三圖爲在零點上之質點第二次旋轉已畢在第十二點上之質點第一次旋轉已畢而

第三圖　原本陵文

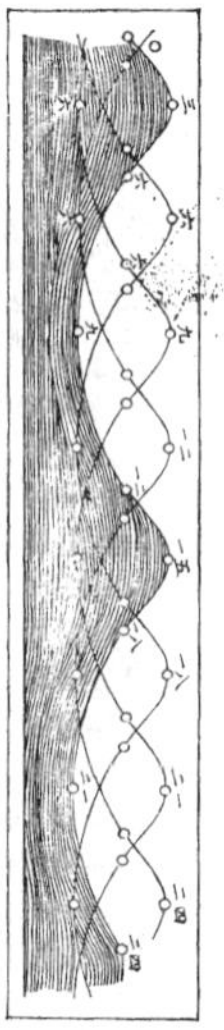

浪動已及第二十四點上之質點第一凸浪之頂爲

第三點上之質點所占第三凸浪之頂爲第十五點上之質點所占第一凹浪之最深處爲第九點上之質點所占第二凹浪之最深處爲第二十一點上之質點所占今若浪動不受障礙則水之各質點皆當悉行圓圈且逐次更換占其浪之最高與最低處浪之凹凸向右整齊進行然則凸浪凹浪之進行由相同之旋轉運動逐次播及全水自明也

浪動之似水者亦有數種如左

一禾麥浪　禾麥將熟時田間風起其穗搖動恰似水浪之動是由當風所向處之若干穗莖從風之强

弱先偃伏以生凹浪至風過後因其莖之凹凸力重復故態則生凸浪此際次位之若干莖更起屈伏宛如水浪之狀也

二繩索浪　橫張之繩索擊其一端乃起浪動漸次及他一端其狀恰似水浪如第四圖所示今以本圖自一至六之狀比較第二圖自甲至戊與第三圖之狀則其波及之景態更不待言

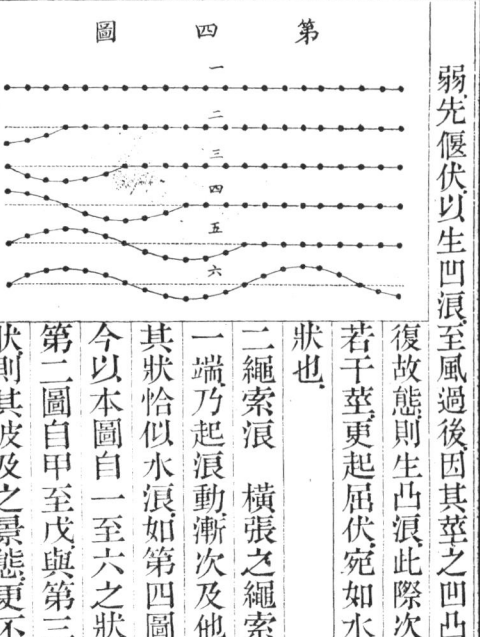

第四圖

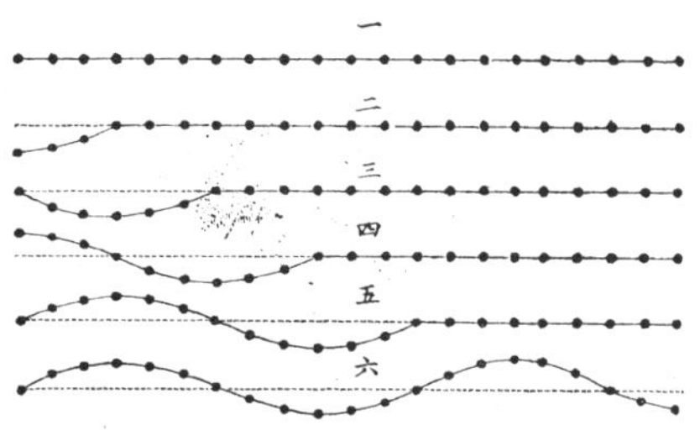

而自明矣但繩索之浪動非各小分旋轉運動如水浪者只上下運動耳此類之浪動可視作水浪圓線之水平軸歸於消失而沿垂綫軸以震動者

三氣浪　此浪由空氣疏密之變異而成其每一浪之空氣必有一層緊與一層鬆而其緊層如水之凸浪其鬆層如水之凹浪此類之浪可視爲水浪圓綫之垂綫軸歸於消失而物質之各分沿水平軸以震動者詳聲學

結論　觀以上各種之浪則浪動者非其運動之實質自已進移乃實質各小分之震動傳播其動於全實質耳約而言之浪動卽進行之震動也

第二節　浪動之種類

一由震動起歇之時區別浪之種類　由震動起歇之時區別浪爲二曰進行浪 Progressive wave motion. 曰定在浪 Stationary wave motion. 是也進行浪者謂各次位之小分較前位之小分其震動後起後歇例如水浪及空氣浪是也定在浪者謂物質之全分其震動同時起又同時歇如第五圖所示一鋼片子其一端緊銜於甲老虎鉗上

第五圖

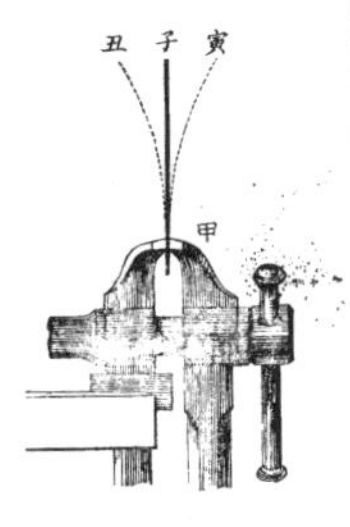

而撥之使起震動與琴絃之震動其起歇均在同時之內者是也

二由震動之方向與浪行之方向區別浪之種類　由震動與浪行之方向又區別浪爲二種曰直浪 Longitudinal wave. 及橫浪 Transversal wave. 是也直浪者謂其各小分震動之方向同於浪行之方向如空氣之浪是也橫浪者謂其震動之方向對浪行之方向成直角如繩索之震動是也

第三節　浪動之要義

一浪行速率　凡浪動不論何種一秒時所經過之長短

名曰浪行速率。

據維培氏 Weber 兄弟所試驗浪行之速率，雖無關於流質之較重，（如水與水銀）然卻依其深而增加，故在小流中大約僅〇·七五邁當，在大洋中則有十至三十邁當之速云。

二震動時與震動數　物質質點旋轉一次（即震動一次）所需之時刻，通例以一秒時之分數示之，名曰震動時，而一秒時中震動若干次，名曰震動數。

震動時之（時）愈小，則震動數之（數）愈大，自不待言，故為 $時=\frac{一}{數}$、$數=\frac{一}{時}$ 自明也。例如 $時=\frac{一}{一〇〇〇}$ 秒，則 $數=一〇〇〇$ 也。

第四節　浪動之定律

一浪之長短定律　第一小分，其一震動完全之時，浪所經過之路之長短，恰等於浪之長短，即浪之長短與一完全震動時所經過之路相等。

證明　此定律之確證，可由第二圖知之，二浪中各小分之後者較前者其起震動稍遲，故各小分於一浪中占互異之位置，且於各位置互異其方向，蓋浪者直至某小分與第一小分同時起相同之運動時，始再向其最初之方位，與復最初之形狀也，是故於第一小分一震動完全之時，所有某小分始起震動之處，即浪之終點也。例如前圖零點至第十二點，第十二點至第二十四點，又第三點至第十五點，第九點至第二十一點，其相距即浪之長短也。

實理　由上觀之，小分之相距若等於以偶數乘浪行路半徑之長之數，則其小分震動之狀方向當全相同，若其相距等於以奇數乘浪行路半徑之長之數，則其小分震動之狀方向當全相反。

二浪行速率震動數及浪之長短三者相關之定率　其定律如左，

浪行速率（速）等於以震動數（數）乘浪之長短（長），即 $速=數長$ 也。

證明　今若於一秒時內有（數）次之運動，則其（時）內可生成（數）箇之浪，依此理，而浪於一秒時內經過（數）乘（長）之路，蓋（長）即為浪之長短也，而一秒時內所經之路，即浪行速率（速）也，故為 $速=數長$。

實理　依定律得左四式

一　$數=\frac{速}{長}$ 也，即以浪之長短除浪行速率，則得震動數。

二　$長=\frac{速}{數}$ 也，即以震動數除浪行速率，則得浪之長短。

三 $速=\frac{長}{時}$ 也卽於前節知 $數=\frac{一}{時}$ 故以 $\frac{一}{時}$ 代方程式 $速=數\cdot長$ 之(數)則得此式

四 $長=速\cdot時$ 也以 $\frac{一}{時}$ 代方程式 $長=\frac{速}{數}$ 之(數)則得此式

三浪動之效益　凡二項如左

第一　世間物質不止聲光熱爲浪形之運動而已卽磁氣電氣之現象亦當歸於質點之運動故欲知此諸現象之本性與其定律非先理會浪動之理不可也

第二　浪者自某處向他處有移動之力例如某處所生之浪欲撞邊岸而使船上下進退又吾人所受太陽之熱亦屬以脫之浪自太陽傳於地球之實蹟耳

上海曹永清繪圖

吳縣王季點校字

物理學中編卷二　聲學

日本飯盛挺造編纂　日本藤田豐八譯
日本丹波敬三 柴田承桂 校補　長洲王季烈重編

第一章　聲音總論

第一節　聲之本態及發生

一聲之定義及發生　耳所感覺者總稱曰聲 Sound. 聲由定流氣三質之震動而發生者也

第一聲之例　如鐘鼓琴瑟之音汽吹鎗礮風雷湍流之聲皆是也

第二聲由震動而生之證據　如左

一琴與鼓之發音揣度之易知其爲震動

二琴之長絃其發音時人目可見其震動之狀

三發音不止之物體如鈴以手握之止其震動則其音忽停

四又有試驗可得確證如第六圖以絲垂樹心球甲置於鐘之旁令其球遇鐘以弓絃擦其鐘則樹心球運動可徵鐘之震動

第六圖

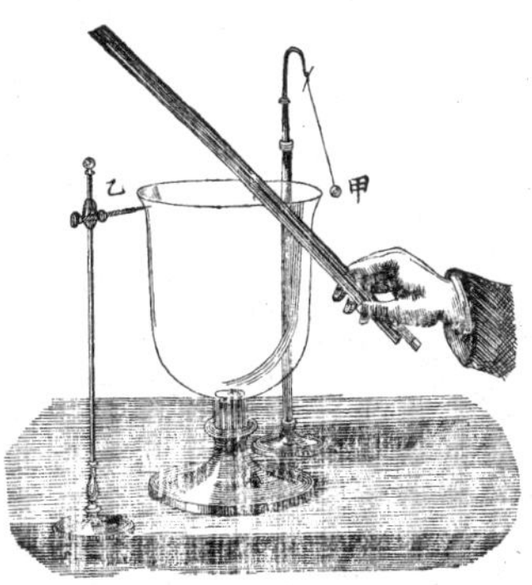

又如其鐘之甚近處置鋼鉞乙而不相觸以弓絃擦鐘令震動則鉞觸鐘生小震動亦發相同之音不絕又如於發音不絕之絃綫上跨以小紙人則紙人皆跳躍不止又於發音之鼓上撒鋪以砂則砂能活潑運動又以發音之音叉(見後)插入水中則能使水運動

二聲之種類　聲之差異關係於震動數與其狀態大而且速之一二震動所成之聲名曰厲聲如爆竹鎗礮之聲及迅雷發電火之聲是也震動之次序不勻者曰亂聲例如納砂礫於箱而搖之又如揉紙之聲是也震動之長短次序勻整者曰和音各種樂器所奏之音是也

季烈按聲與音相似而不同音即是聲聲不必成音氣點偶然動盪皆可發聲而音則由連續不絕之聲平勻震動方爲悅耳之和音也傅譯田大里聲學於聲音之異辨之甚詳當參考之

第二節　傳聲之理

一定義　人只於聲浪到耳之際能知其有聲蓋必有浪動之他體一端切於發聲體一端接於人耳能傳發聲體之浪而後成聲也故發聲之處與人耳之間不可無此傳聲之體若在眞空內則聲決不能傳物體不論定流氣三質皆有傳聲之能而其物體愈密且凹凸性愈大而其質均勻者則其傳聲愈速平常傳聲之體爲空氣也

第一　薄空氣中傳聲之力甚微而於眞空內聲決不能傳有可證明之事數則如左

一于高山放手鎗其聲不及平地之響又乘輕氣球升時人語每覺低微

二上編所記抽氣機條下其罩下置自鳴鐘罩內氣愈抽去則聲愈弱

第二　定流二質能傳聲之證亦有數則

一置時辰表於桌上而以耳附桌上聽之其聲最明

二礮聲與隊伍之進行人若以耳切地上聽之雖離甚遠亦易聞之

三以耳切鐵路軌道上則火車之聲遠處亦易聽得

四于水中擊鐘不論水中與水外均聞其聲

二空氣傳聲之景狀　空氣傳聲之事非空氣之遇發聲體者直達人耳其景狀當如左所述

凡欲知聲在空氣中如何傳達當用一管其一端開他一端插有柄塞由其塞之運動而考察管中之空氣所有震動之景狀如第七圖所示此管于甲圖各線之相距爲相等以示管中無論何處空氣之疏密

各層均等而子爲管端之有柄塞今若將此塞自甲圖之位置驟移於乙圖之位置更驟復甲圖之位置如此速急將有柄塞往復進退則其運動當逐次傳於各層之氣各層之氣亦起往復之運動但其各層之氣距有柄塞愈遠則其起震動亦當隨之而愈遲設如有柄塞自其原

第七圖

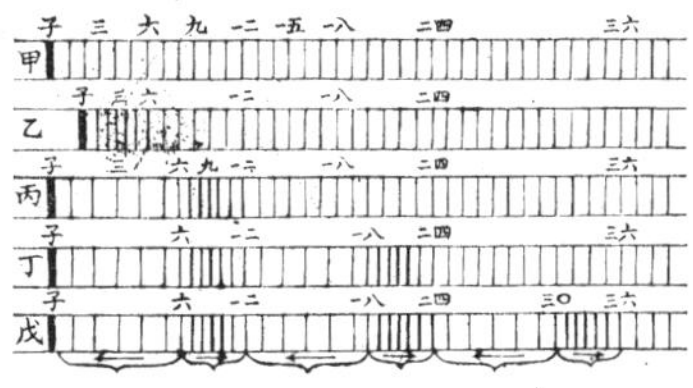

位向右運動之際空氣爲無凹凸性者則其管右端

末層之一分空氣當因有柄塞之運動而即逐出管外然空氣爲有凹凸性之質故非一瞬間即能自管之左端傳其運動於右端之末唯當先自有柄塞之前生緊層如有柄塞達極右面之時乙圖所繪之狀是也此時第六層之氣尚在原位惟在第六層與有柄塞間之氣壓向右面而此際氣之在第六層與有柄塞之間者爲有柄塞所壓縮故推擊右面之氣而逐次壓第六七八九等層之氣向右而此緊層當漸次向右而行今如乙圖於有柄塞與第六層之間最緊氣層在其中央即第三層也然其緊層尚向右面

進行之際有柄塞已復原位則此塞後退之運動亦當依次傳於第一二三四等層之氣是故其緊層尚在第六七八九等層之氣上向右進行而第一二三層之氣當由有柄塞後退之故而向左運動故緊層之左生鬆層而此鬆層亦同向右進行者也丙圖示有柄塞左右往復一次後之景狀此際運動已達第十二層而緊層在第九層鬆層在第三層矣此有柄塞如再逐次移動則所生之緊鬆層其數當愈多故丁圖所示爲有柄塞左右移動二次後之景狀戊圖所示爲有柄塞左右移動三次後之景狀總之各圖

內緊層之氣隨有柄塞之方向而前進鬆層之氣對有柄塞而運動如箭所示是也空氣之傳聲亦與此無差異其景狀當如第八圖所示然則聲之傳播由橫浪之進行而成而緊層爲凸浪鬆層爲凹浪而其一緊層與其鄰接之一鬆層合爲一氣浪其長短即浪之長短自易明也

第八圖

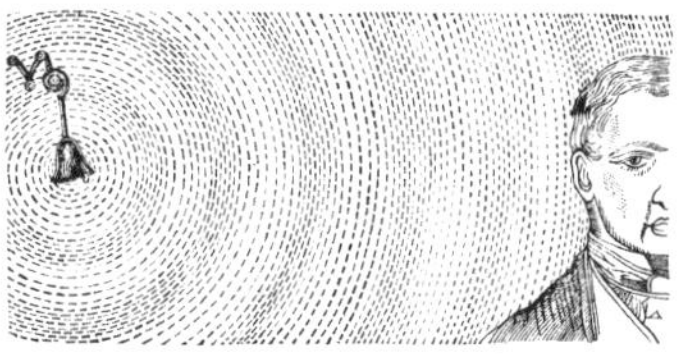

三聲之感覺　凡人之能感覺聲音皆由于耳

第一耳之構造　人耳由外耳中耳內耳三者而成化工之製作極爲精巧今試舉其大畧如第九圖所示其外耳爲已耳壑Concha.及子耳管Auditory canal.二者合成耳壑之內先受各處所發之聲使在此處束聚而後入耳管中耳

第九圖

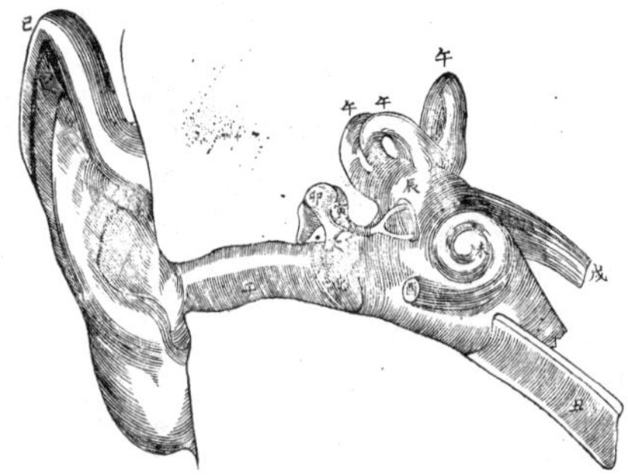

管之底有申耳膜Eardrum.爲中耳與外耳之交界處中耳爲小房中空其外爲薄膜所掩而中盛空氣從丑通耳氣管Eustachian tube.以通口內此小房內之空氣與外氣平均中耳內有小聽骨四個即卯椎骨Malleus.寅砧骨Incus.與馬鐙骨Stapes.（圖中視其形狀當可知之）及環骨（即珠骨）Orbicular bone.是也鎚骨之柄自耳膜內面之側起內耳者爲耳壿Semicircular canals.（聞腦筋先到此）與午午午三半環管及未螺紋Labyrinth.三者所成而腦筋之末端戊麗于此並有流質充滿之內耳中有辰橢圓孔Oval fenestra.及酉圓孔

Round fenestra.此二孔上俱有凹凸性之膜而橢圓孔爲馬鐙骨端之基子形所蓋使內耳中之流質不洩漏

第二聲所由成　聲浪入耳管先傳於耳膜耳膜爲之震動其震動向內傳於連接耳膜之四小骨而壓內耳中之流質然其流質難於壓縮且以無路可洩乃壓圓孔之凹凸膜今若壓耳膜之力復故態則諸處亦當復故態而鼓膜每震動傳於流質而浸於流質中之腦筋末端受其動盪即覺爲聲

第三節　傳聲之速率

一定義　聲之傳播需一定之時刻其若干時刻經過若干道路之長名之曰傳聲之速率

自發聲點起達於人耳需若干時刻是可由許多證據而得其實也示一二如左

一遠處伐木先見斧下後聞丁丁之響

二電光礮火必先見之後聞雷與礮之聲

二測定傳聲速率　在空氣中傳聲速率可以諸法測定之舉其一二如左

第一　用實測法即先精測其路之相距後測聲經過其路之時刻

例如一千八百二十二年六月黑薄耳脫 Humboldt 阿拉瓜 Arago. 兩人於巴黎之近處以此法測定聲之速率即於相距一萬八千六百十三邁當之二處燃放火礮見礮火後歷五四·六秒時始聞礮聲故此際空氣每秒傳聲之速率爲 $\frac{一八六一三}{五四·六}$ 即約三百四十一邁當也此時空氣靜穩而熱度爲六麻表十三度云

第二　依浪動之浪行速率而用數理推得之公式其公式因本書可不必需故省之

水中及定質中傳聲之速率亦與空氣中同用數理所推得之公式或實測法均能測定之一千八百二

十七年各拉頓 Colladon 司脫母 Sturm 兩人在瑞士國惹內巴湖之水中擊鐘以聽管測定其速率亦即用實測法者也其大要

第十圖

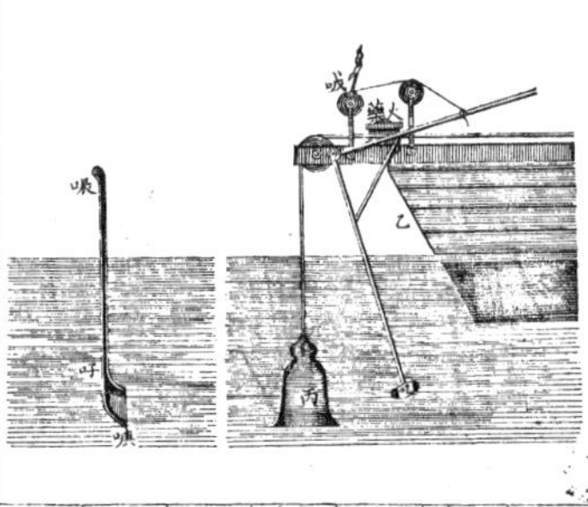

如第十圖所示在小船乙懸鐘丙于水中以槓桿連於槌乙按槓杆則其槌乙在水中擊鐘同時有火繩戊觸火藥而燃人在湖之彼岸見火光以耳切于聽管㖘吇嗹聞由水中傳來之聲而計其歷若干時是也

三定律　分左四項

第一　傳聲所需之時刻由各種物體而有等差

第二　在空氣中傳聲之速率其熱若爲零度每秒祗三百三十三邁當而空氣之熱度愈高則傳聲愈速而其所加之速率每百度表之一度約〇·六邁當氣之壓力雖無關係於傳聲之速率然風之行動與速率亦能增減傳聲之速率故順風則速率增逆風則速率減也

第三　流質較氣質定質較流質傳聲俱爲愈速如鐵傳聲之速率比於空氣大約爲十五倍比水約爲四倍

第四　聲之高低與大小與傳聲之速率無涉

如因聲之高低而其傳聲有緩急則聽樂者距奏樂之處愈遠便當音節先後失序而不合調矣且近聽者與遠聽者所聽得之調亦當不同矣然無論如何遠近皆能聽得其節奏則可知聲以同一之速率傳播於四方而無關於高低強弱也

第四節　聲之大小

聲之入人耳而覺爲大小其關係不一如左所示之四項

第一　關於發聲者之大小是也發聲之體愈大震動

愈闊愈速則其聲愈大

第二　關於傳聲之居間體 Medium. 卽發聲體旁之他質如空氣或水是也居間體愈密且其質疏密相同者則其聲愈大

證明　證明此理甚易居間體愈密則能使運動之實質愈多故聲愈大而居間體疏密不一則必使聲起回聲而同向進行之聲因之減少也

設例　關居間體之疏密而聲之大小生變化有許多實例示其一二如左

一在泳氣鐘內說話其言語之聲甚大故潛水者恆以低聲相語

二在高山放鎗其聲甚小已於前第二節揭其例

三在水中置時辰表距七邁當能聞其聲若在空氣中祇距三邁當聞其聲耳

四晝間較夜間聲稍低蓋晝間空氣疏密不等夜間空氣勻故也

第三　關於聲源與耳之相距是也聲之大小與距聲源之自乘爲反比例

其原由如下蓋聲浪之若干層可以視作若干空球而球之面積與其半徑之自乘（聲源至聽之處卽爲球之半徑）爲正比例故聲浪距聲源遠（某）倍則當散開占（某）倍之空處而聲爲某依此可知遠於聲源二倍之聲浪其大小爲四分之一三倍其大小爲九分之一（與重力光熱之公例毫無差異）

第四　耳之聽鈍是也雜音屬聲入耳愈少則其聽聲之力愈銳故耳在夜間較晝間覺聽敏

第五節　回聲

一定義　聲由疏密不同之居間體而延長如逢雲山牆壁林木水而現回行之狀名曰回聲（與凹凸性球之反擊及回光其象均同也）

二定律　分左二項

第一　聲行之方向若對某面爲正交則聲浪自其面回行於原行之路

第二　聲行之方向若對某面之正交綫爲某角度則聲浪自其面爲同度之角而向他面回行卽其回行路與正交綫所成之角度與原行路與此綫所成之角度相等而兩路方向相反

第十一圖

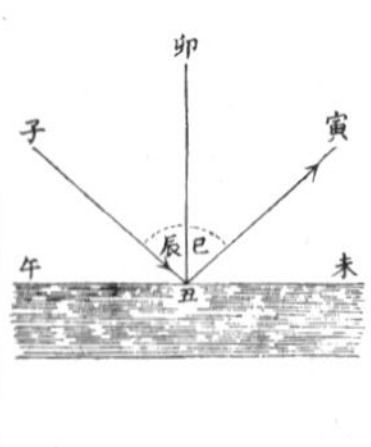

第十一圖所示之午未爲起回聲之水面聲若由子丑而來則其子丑爲原行路在原行路之末丑畫一正交綫卯丑此綫與

原行路所成之角辰名曰原行角Angle of incidence.而其聲向丑寅綫回行此綫名曰回行綫其與正交綫所成之角巳名曰回行角Angle of reflection.

第十二圖

回聲之定律由凹鏡（詳見光學條）之助可易實驗其確證如第十二圖所示子丑及寅卯爲兩凹鏡其相距五至六邁當其兩鏡之軸同在一直綫上今於子丑鏡之聚光點甲置一時辰表寅卯鏡之聚光點乙

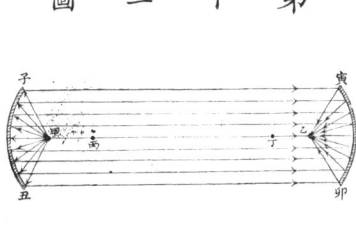

置耳則聞其音甚晰蓋自甲點所發之聲至子丑鏡而回行其各聲綫當俱與其軸並行而至寅卯鏡再回行而聚於聚光點乙故乙處之聲與在甲處聽者無異使耳離乙點雖距甲點較近反不聞其聲蓋不由聲之回行束聚而入耳中者轉爲極微之故耳

三因回聲而所現之象　此現象如左三項

第一　聲之增大是也即回聲與原聲同時入耳故聲較大在尋常室內對談較曠野易聞者是也

第二　延聲是也即回聲之一半與原聲相合而使聲稍大其他一半使聲增長是曰延聲由于回聲之始與

原聲之終相合而使聲之短者變長例於大講堂寺院等處聞之又雷聲之隆隆不絕者亦因有雲中之回聲繼之也

第三　還聲Echo.即與原聲可區別之回聲是也

還聲者必距起回聲之面約十七邁當以外乃有之其理因人耳於一秒時內約祇能聽明十種之聲故聞兩聲而欲後者與前者區別明確必發第一音後隔十分秒之一始再發第二音方可也故欲生還聲必須回聲之入耳中在發原聲十分秒之一後而後可然聲一秒能行三百四十一邁當（在尋常空氣中）故十分

秒之一能行三十四·一邁當今將此數折半而在發聲處聽回聲必置回光鏡於十七邁當以外也

四由回聲所造之器　其重要者如左

第一　語管Speaking trumpet.爲一千六百七十年英人麻蘭特Morland所造如第十三圖所示乃金類所製之管其一端闊一端狹爲圓錐形今以狹口乙接於人口發語則聲自其內側面回行而不能散布於四方末乃成並行綫自

第十三圖

第十四圖

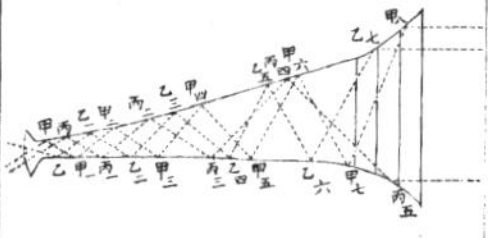

闊口甲出故雖微聲能達於遠處而與在相距甚遠之人說話

第十四圖示聲回行之情狀即自狹口入之聲到甲者回行而至甲二再回行而至甲三更以次回行而至甲四甲五甲六甲七甲八至此遂與管軸並行而自闊口射出又聲綫之至乙者至丙者悉依回聲之定律成等角而回行至互相並行在其處之人耳可受許多聲綫也明矣

常用之語管其長約一二邁當而其狹口之徑約五生的邁當闊口之徑爲一五或二五生的邁當若其管長七八邁當約隔三里尚能聞其聲云

第十五圖

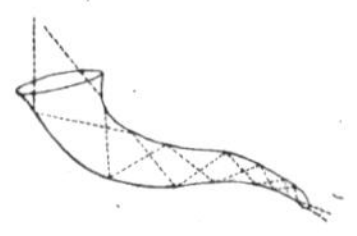

第二　聽管Ear trumpet.與語管相反如將第十五圖之語管顛倒之即可作聽管用即以狹口乙接耳以闊口甲向聲來之方雖微聲亦能聞之

其理亦就第十四圖熟思之易于解明即所有射來與管軸並行之諸綫若不爲管之闊口所攝取則只有爲耳孔所攝取者可入耳中但今用此管則自闊口所入之諸聲綫皆可束聚而達於耳中故雖微聲亦能聞之但常用之聽管爲短小且彎曲者如第十五圖

第六節　折聲

凡聲自一居間體傳于他居間體而兩體傳聲速率若不同則必稍變其聲行之路謂之折聲Refraction of the sound其定律在光學條下詳述之

第十六圖

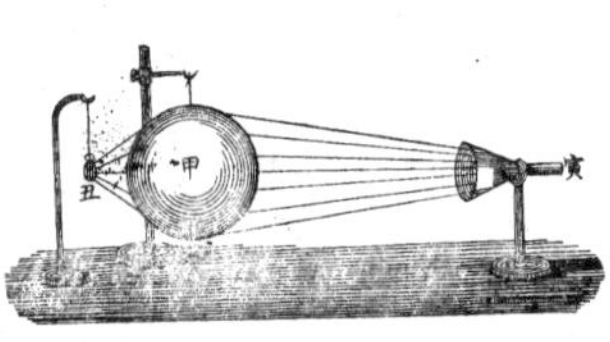

今舉一例證明之如第十六圖所示象皮球甲中盛炭養氣懸於一桂球之一面相近處以他柱懸時辰表丑而彼面離球較遠之處置聽管寅今以耳切狹口聽時辰表之聲較他近表之處反爲響盛是蓋從時辰表所發之聲綫透過此球之際折而盡入聽管之闊口子乃聚于寅點也

第二章　樂音及緊要發音體

第一節　樂音

一定義　聲之最要者爲樂音Musical sounds.蓋樂音者乃震動之形狀與相繼之遲速始終不改故必物體之震動爲整齊者乃能發之如琴瑟鐘音叉等器是也

樂音由整齊之震動所成是可由畫綫顯動器之助以顯明之此器如第十七圖所示用一音叉叉之一端連

第十七圖

有凹凸性之鍼、又用一玻璃片、在火上熏黑之、乃使音叉發音、而以手執叉使鍼尖輕切於玻璃片上、而以相等之遲速平勻曳過、則玻璃片上所生甲乙曲綫爲浪形綫、而由各浪之勻整、知震動之形狀及遲速、必俱整齊也、

二關樂音高低之定律、樂音之高低、卽音調之高低、關於震動數之多少、若干時內震動之數愈多、則所發之音愈高

音之高低、惟關於震動數之多少、其確證可由試驗證明之、卽左示之數法、

一用薩物挨特 Savart 之測音器 Syren

取一齒輪、使之旋轉、(如上編第一百五十圖所示之離心力器)又取一厚紙片、切於其齒、則發銳烈之音、而其旋轉愈速、則所發之音亦愈高、是旋轉之數加、而紙片遇齒而震動之數、亦從而增加也、例如輪之齒數爲三十二、一秒時中轉八次、則其音之震動數、一秒時內二百五十六也、蓋以紙片之每觸一齒、能震動一次、故齒輪一周、則震動三十二次、八周則震動爲其八倍、卽二百五十六次也、

二用西培克 Seebeck 之圓板測音器

此測音器、如第十八圖所示、以厚紙或金類製之圓版

第十八圖

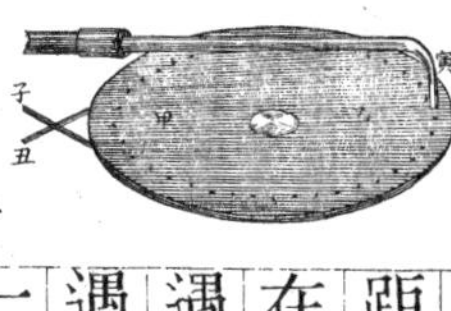

甲乙、於其周圍穿小圓孔許多、其相距俱等、今同前法使速急旋轉、其時在圓孔上置一管寅、而吹之、則管口遇圓孔之時、其空氣向下一衝擊、而遇無孔處、其空氣在板面四散、因此一秒時內、板下之空氣、生緊層與鬆層、(卽震動)其數與圓孔過管口之次數相等、而音以成、使板之旋轉愈速、則所生之音愈高、

三用有開尼挨特臘他 Cagniard-Latour 記數機之測音器、測定樂音之震動數

此測音器、如第十九及二十圖所示、丙爲圓筒、酉爲吹

第十九圖

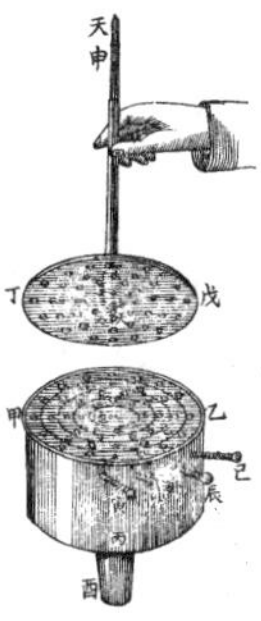

第二十圖

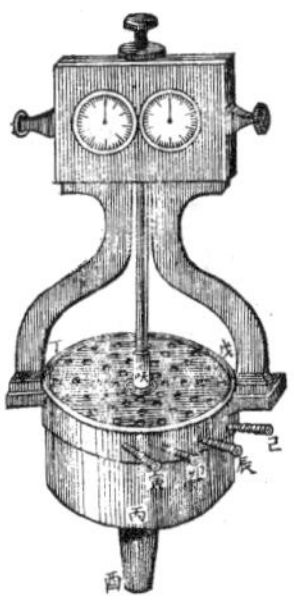

送空氣之管、甲乙(第十九圖)爲穿斜孔四排之板、第一排穿八孔、第二排十孔、第三排十二孔、第四排十六孔、寅卯辰巳爲塞、以塞各排之孔者、而天軸下端咊銳尖、可適

旋轉於地凹處又丁戊圓板與甲乙板穿同式之孔而使能旋轉于甲乙圓板上者天軸之申處有螺旋能使兩面之二齒輪旋轉因之使指鍼旋轉（第二十圖）由此指鍼卽可測上板旋轉數矣甲乙丁戊兩板之孔互斜相向而成鈍角故今自酉處吹入空氣其氣當從下板之孔噴出而撞擊上板孔之內面以使之旋轉而因其板之旋轉能使下板之孔交互開閉故所吹之空氣成勻齊之吹聲而噴出其吹聲始則徐緩可以計數繼因旋轉之速率漸加遂連續而成樂音其速率愈加則其音調愈高若減其速率則音調漸低故于指鍼上計算其旋轉之次數則某音調其震動數之爲若干自易測定今奏某樂器例如彈琴而吹空氣於測音器中使發同調之音於是計其測音器一分時之旋轉數設其數爲一千四百四十而其際所開一排之孔數爲十六則其時（卽一分時）空氣之震動數爲二萬三千零四十（一六乘一四四〇等二三〇四〇）也然則此琴弦一分時間之震動數亦爲二萬三千零四十無疑矣是故以六十除二萬三千零四十則一秒時內之震動爲三百八十四也

三樂音之震動數與其浪長兩者相關之定律　已如浪動通論所載（速＝數長）故（長＝速/數）卽某音浪之長以其震動數除浪行速率便得之

此定律不用上記之方程式亦可確證之卽以聲行之速率爲三百三十三邁當（熱度零度之際）故人若在三百三十三邁當之相距聽六百六十六震動數之音則當于一秒時後聽得第一浪故在聽者與發音體之間所有長三百三十三邁當之相距內當有長各相等之聲浪六百六十六箇然則各聲浪之長爲六百六十六分之三百三十三邁當卽半邁當也據此定律則關於樂音高低之定律可講明之如左

高低相等之音其浪之長短亦相等而音愈高則其浪愈短卽二音之浪長與震動數爲反比例也

四感覺樂音之界限　凡人耳感覺震動卽聽音之能力自有界限而各人之限亦各異從潑來由Preyer之說定其界限爲十四以上四萬以下（在一秒時內者）若震動數至十四以下四萬以上則人耳俱不能覺之但震動數十四至二十四及三萬至四萬之音已非盡人所能聽得而平常樂音之震動數在四十五十之間也

第二節　音隔

一定義　由震動數之比例所有各音之不同名曰音隔Intervals.而最低樂級之各音名曰本音

二種類 畧別音隔爲二種如左

第一 全樂級內之音隔 Interval of the diatonic scale. 其記號及震動數之比如第一表所記即謂丁在相等之時內其震動數較本音爲八分之九倍戊爲四分之五倍也此各音同時而發人耳覺有快與不快故別之爲二曰和音 Consonant tones. 曰乖音 Dissonant tones. 其中第二與第七爲乖音餘悉和音也如欲去分數而使震動數之比一目瞭然當先定丙之震動數爲二十四則自丙至呐震動數之比如第二表

第一表

第一音 丙即斗	第二音 丁即類	第三音 戊即米	第四音 己即乏	第五音 庚即叟	第六音 甲即拉	第七音 辛即西	第八音 呐即斗
$\frac{一}{一}$	$\frac{八}{九}$	$\frac{四}{五}$	$\frac{三}{四}$	$\frac{二}{三}$	$\frac{三}{五}$	$\frac{八}{一五}$	$\frac{一}{二}$

第二表

丙	丁	戊	己	庚	甲	辛	呐
二四	二七	三〇	三二	三六	四〇	四五	四八

第二 倍音 Harmonics. 即其震動數較本音有二三五六等倍數之音也

自第一音至第八音其震動數之比如前所記有實驗可得確證之法許多示其一二如左

一由測音器之助即取測音器之穿小圓孔八排二十四二十七三十三十二三十六四十四十五及四十八者以匀等之速率使之旋轉每順次吹一排當生全樂級之音

二用一絃琴(西名麻痕去挨特)Monochord. 即如第二十一圖在桌上所緊張之絃是也張緊此絃或用鍵或用重物俱可今使琴柱可隨意移動則絃線可使隨意長短矣故使其絃綫適合於發上所記之音者則其長短之比必如第三表例如絃綫全長之震動其所發之音爲丙本音若欲其鬆緊不變而發第八音呐則絃綫之長必爲初之半也

第二十一圖

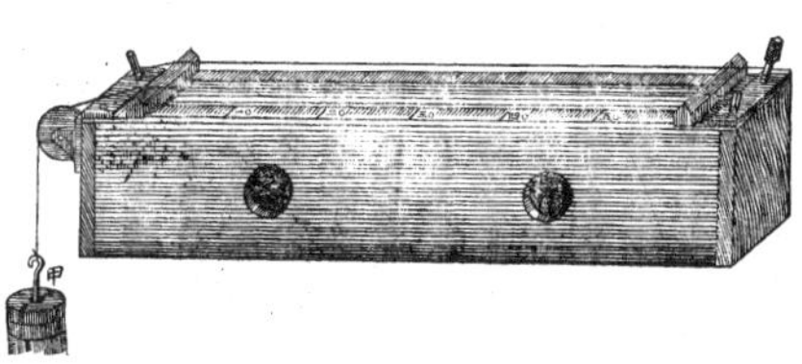

第三表

丙	丁	戊	己	庚	甲	辛	呐
$\frac{一}{一}$	$\frac{九}{八}$	$\frac{五}{四}$	$\frac{四}{三}$	$\frac{三}{二}$	$\frac{五}{三}$	$\frac{一五}{八}$	$\frac{二}{一}$

三 一音隔及半音隔 前第一表記一樂級中所有各音與其原音之音隔而各音隔之次一音隔亦可依法算出之法求次音隔之震動數爲上一音隔震動數之若干倍足矣故以各音隔之震動數除次音隔之震動數而約之即得如第四表觀此則自某一音移次一音其音隔之差非相等者也實有 $\frac{八}{九}$、$\frac{九}{一〇}$、$\frac{一五}{一六}$ 之三種 $\frac{八}{九}$ 與 $\frac{九}{一〇}$ 固自不

第四表

丙—丁	丁—戊	戊—己	己—庚	庚—甲	甲—辛	辛—呐
$\frac{八}{九}$	$\frac{九}{一〇}$	$\frac{一五}{一六}$	$\frac{八}{九}$	$\frac{九}{一〇}$	$\frac{八}{九}$	$\frac{一五}{一六}$

同但以其差甚微故二者俱曰一音隔二五六曰半音隔

四樂音之震動數　既知音隔之數則知某樂級中某一音之震動數茲選用爲定音者卽巴黎音樂家大會之際所定震動數四百三十五之呷二六是也

第三節　絃音

一定義及區別　由絲絃震動而發音之樂器名曰絃樂器String instruments而從使之發音之法區別爲三種

第一　擦絃樂器也此種樂器乃以弓弦擦絃綫使發音者例如胡琴

第二　彈絃樂器也此種樂器乃以指甲彈絃使發音者例如琴瑟琵琶類

第三　擊絃樂器也此種樂器乃擊之發音者例如洋琴

二絃綫震動之定律　絃綫之長短粗細鬆緊輕重與其震動數卽音之高低大有關係其定律卽如左

絃線之震動數與其長短粗細及輕重之平方根爲反比例與鬆緊之平方根爲正比例

震動數卽音之高低與絃線之長短爲反比例卽絃綫之長爲二分之一則發二倍震動數之音其長爲三分之一則發三倍震動數之音

絃線愈細則其音愈高例如絃綫二條此條若較彼條粗三倍則其震動數當爲其三分之一

絃綫之質愈重則震動數愈少卽其音愈低今有絃綫三條第二條較第一條重爲四倍第三條較第一條重爲九倍則同時之震動數第二條爲第一條之半第三條爲第一條三分之一

絃綫張之愈緊則其音愈高卽欲得震動數二倍者張之緊四倍欲得震動數三倍者張之緊九倍

就常見之例示之如左

一琴類樂器發低音之絃綫較他絃長

二多絃樂器其低音發自粗絃高音發自細絃

三多絃樂器張絃愈緊則其音愈高

此定律就二十一圖所示之一絃琴易於實驗第一進退琴柱以改弦綫之長短第二張同質不同粗之數綫第三張異重同粗之數綫第四用四倍或九倍之重錘第二十一圖之甲張其絃俱可證明之

三絃之分段震動　凡絃綫或其全長震動或等分爲若干分而分段震動全長震動者絃之兩端爲定點而中央爲震動最大之處卽震動只成一彎之曲綫者是也分段

震動者等分全長爲二或三或四分各自震動彼此不相關但其所鄰接之二分其震動之形爲相反各分之末點亦毫不震動而常靜止故此點亦名之曰定點Node of vibration. 二定點間震動之處名曰彎腹亦曰Loop. 一彎卽一段也例如第二十二圖所示爲分三段震動之絃甲乙其定點丙丁戊其彎也分彎震動之絃綫其彎愈多則其音愈高例如第二十二圖之絃其音較全長震動者高三倍蓋其震動之段爲三分全長之一故其震動爲三倍也大風吹電綫之聲其原由亦同

第二十二圖

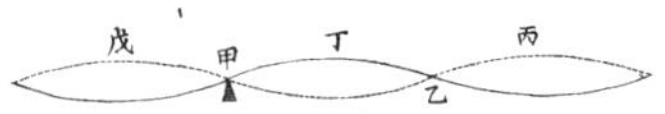

第二十三圖

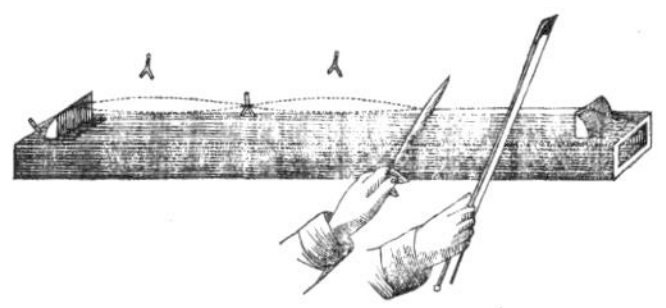

欲證明上文所述可由一絃琴之助得之例如在其三分段卽定點之處置琴柱或如第二十三圖所示以輕羽片觸其定點而以弦弓擦之又如欲知定點與彎處震動之異如何則於其各處以小紙片跨於其上亦當如第二十三圖所示

第四節 板面樂音

一定義 凡樂器中由膜或板之震動而發音者名曰板面樂器Plane instrument.卽鑼鐘等是也

二震動之法 凡板者以某一點定于某物上而以弓弦擦其邊則可使之震動如第二十四圖所示以一板由丑寅二螺旋定於子點而弓弦擦其甲點此際板之全體非爲同式震動者乃分段而震動其各段所鄰接之段震動方向適相反其各段間之定點相連

第二十四圖

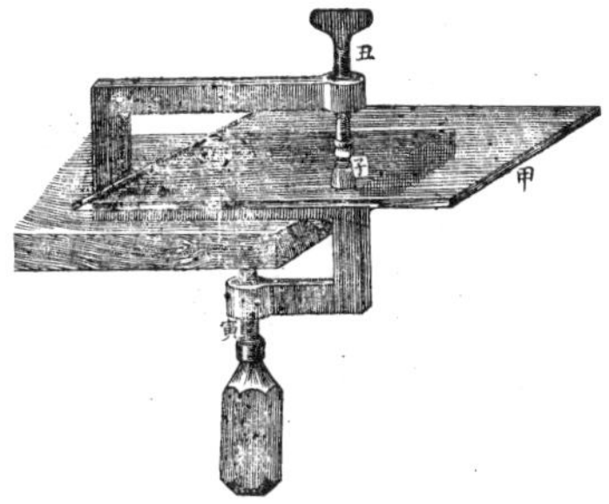

續爲線名之曰定綫Nodal lines

此定綫易於實驗如第二十四圖板上撒鋪乾燥之細砂而後以弓絃擦之使發音則其砂自震動之處退而集於靜止之處現出定線之圖此法爲克來得尼所創設故稱之爲克來得尼聲圖Chladni's sound figure. 茲示其單簡圖式數箇如第二十五圖但從指

第二十五圖

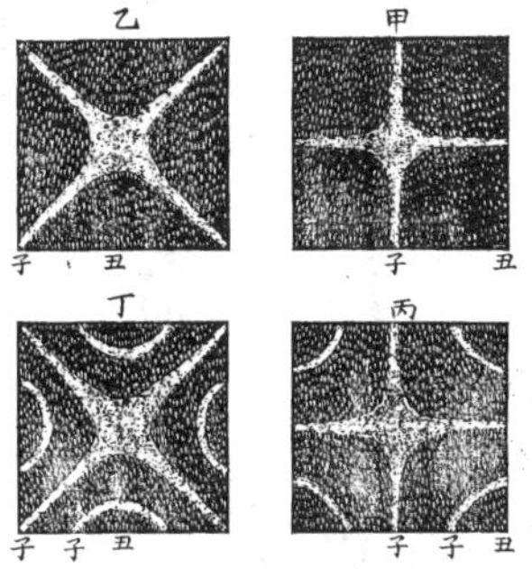

頭所觸之點及所擦處不同而形狀各異今如甲乙二圖爲以指觸子弓擦丑所成之形丙丁二圖爲以指觸子子弓擦丑所成之形狀也

鐘之震動其各處亦非同式而必有不震動之處即定綫也此定綫常爲四條而其各條相交於懸鐘之點今欲實驗鐘之定綫取玻璃或金類製之小鐘盛水適宜使其鐘發音則水面之各處雖跳躍必有四處不運動

第二十六圖

此即鐘之定線也今試就震動不止之鐘視其變化之狀以明有四條定綫之理如第二十六圖所示之圓綫爲鐘之

周圍撞之一次而使震動則始變橢圓形甲乙次復原形再變橢圓形丙丁如此往復震動而戊己庚辛之點始終不動由此觀之凡當鐘鳴震動生四條定綫之理自易明也又以人工使生定綫許多亦頗易即以手指微按鐘之相距適宜之二處以弓絃擦此二處之中央是也

第二十七圖

三音叉　杆之震動亦能如板且其震動能縱橫自在樂器調音所用之音叉Tuning fork.其一也如第二十七圖所示乃

鋼製方桿彎成U字形於其彎處定一柄由此柄以螺旋立於箱上者也

此音叉發音之狀如第二十八圖所示之曲綫子丑寅

第二十八圖

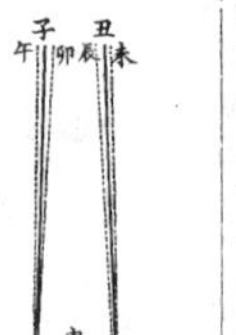

示叉之常態如使叉之一股向內震動則彼股亦當同向內而彎處低下其狀如卯辰巳所示迨復其原位後更向外震動則其狀如午申未所示故震動之際甲乙二點生定點彎處寅在申辰之間上下運動此運動傳於箱上所立之柄使沿此柄生直震動以傳於箱之木質及箱中之氣柱一並震動而

其音始大

第五節　吹音即管音

定義及種類　由氣柱直震動而發音者名曰吹器Wind instrument.　此種樂器其發音之體即爲空氣而其器之壁不震動故其器用無凹凸性體爲之或以手握之依然能發音聲學中名此器曰管Pipe.　管之兩端俱開者名曰開管其一端閉者即上端名曰閉管凡管從使其發音法之異別爲二類

第一種脣管即管中之空氣由緊細之外氣侵入而使之震動者其送外氣入或以口或以皮鞴均可屬此者

汽管風琴及簫笛等是也

第二種簧管即由吹入之氣使凹凸性之簧片震動者也

凡管中空氣發音所生之震動與外氣傳聲所生之震動異外氣傳聲時所生之震動其狀如前章所論即空氣之各小分後者較前者起動稍後如此之震動只能傳聲不能自生音蓋爲進行浪也管中空氣自生音之震動乃全空氣小分同時赴一方又同時反歸一方此震動蓋即定在浪也

欲明管音之理宜先知空氣定在浪之如何生起法將

音叉離開箱臺而手握其柄然後擊之則其音甚弱非持至耳傍不能聞若取玻璃圓筒口徑約有四生的邁當者注水至若干高如第二十九圖音叉至其上則其

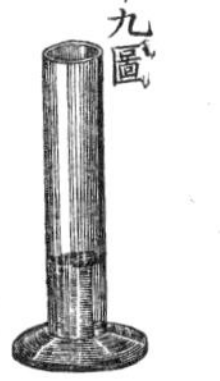

第二十九圖

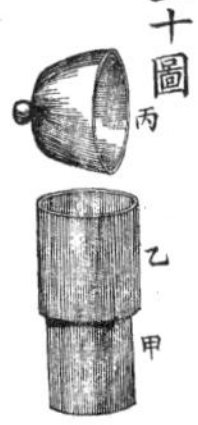

第三十圖

音忽大而易聽得然如筒內所注之水有過不及而不適合於氣柱之長短則終不能使其音增大又如用第三十圖所示之器則其現象亦格外著明而亦易於試驗如甲乙爲厚紙所製之圓筒口徑約有十五生的邁當而其下端閉塞又乙筒套於甲筒相

切而不相連以使圓筒能隨意長短今擊小鐘丙使發音持對管口而將乙筒上下使氣柱之長短適合宜則鐘之音最著如此所以能使音增大者即管中之氣柱自起定在浪動因此而亦發音也茲當言其理今有一聲浪行入管中而其管一端開一端閉則入管中之聲浪當觸其管之底而反行然此反行之浪更觸後來進管之浪故其管之長短爲行進聲浪四分之一或四分之三或四分之五則由兩浪之相交（即交音浪 Interference.）管中空氣當生定在浪今如第三十一圖所示之管（即甲之長短）定其長較行進之聲浪爲四分之一則自管

第三十一圖

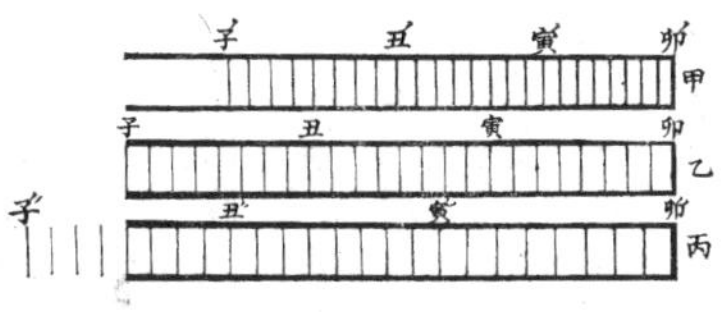

口至管底復自管底至口端所行之路其計爲全浪長之半故在管口所有行進之浪與反行之浪相遇之際其路每生半浪之差於此行進浪之最緊層與反行浪之最鬆層適相聚會反行浪之最緊層與行進浪之最鬆層亦適相聚會是故在管口端之氣決不生鬆緊也此際各氣層運動之狀最緊層進管口時恰爲最鬆層自此出此際管底之氣並不生鬆緊皆爲平均之狀

然管內各處因有緊層之浪進故受向底壓力而所有反行之鬆層浪亦助行進浪生壓力是因本編第一章第二節所述凡震動之氣其緊層與傳聲同方向而行鬆層與聲行方向相反故也由是觀之管中各氣層皆同時自平均位置向底而運動而半浪動後則反是以復經平均位置而同時向上運動是故管中各氣層若同時向底行則於底成緊層如本圖甲所示又氣層同時向上則於其底成鬆層如本圖丙所示在實驗之際各氣層（例如乙圖之子丑寅卯甲圖之子丑寅卯丙圖之子丑寅卯）之運動不能如圖之著明特微有左右運動耳但運動之狀不放大不

能著明故假設是圖以證明之爾

就以上所論觀之管中空氣由行進之浪與反行之浪之相交而起定在浪動可無疑義蓋卽爲管中之各氣

第三十二圖

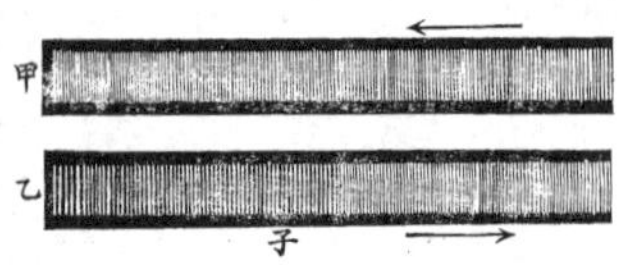

層同時向底或同時遠開底也茲更就第三十二圖以詳示空氣之由定在浪而互生鬆緊層蓋空氣各分之震動其向管底運動達於極點則管中成緊層其位置如乙圖所示而各氣層自底反行歷半浪之後則成鬆層其位置如甲圖所示而管之口端

之空氣其鬆緊始終不變然此處之氣層鬆緊雖屬不變而反復運動之路卻爲最大甲圖及乙圖之箭乃指底處之氣成極緊與極鬆層時管中空氣各分運動之方向者今若管之一點（例如乙圖之子）穿以孔空氣之定在浪動雖不因此全休止然其所生鬆緊必當減少蓋氣層緊時空氣能自孔避出其鬆時外氣能侵入故也但其穿孔之處愈近口端則其鬆緊減少之數愈微耳管上穿一小孔定在浪動已有減少故設於此處截斷則其管浪動之大有變異固不待言矣由此觀之管中空氣起定在浪動其管之長短與行進聲浪之長短其間必

有比例也明矣

凡管之長短比行進聲浪之長短爲其四分之一是爲最要上文既言之但管長與浪長其比例與此雖異其管中或亦能起定在浪動凡欲使管中起定在浪動須接其底處之氣層震動爲最小而互生鬆層與緊層且需管口之氣其鬆緊不改是故管口所有反行浪之緊層常與行進浪之鬆層相遇而反行浪之鬆層常與行進浪之緊層相遇惟欲其如此自管口至底之相距需等於以奇數乘四分浪長之一者卽管之長短爲四分浪之一或三或五是爲最要第三十三圖所示卽管爲

第三十三圖

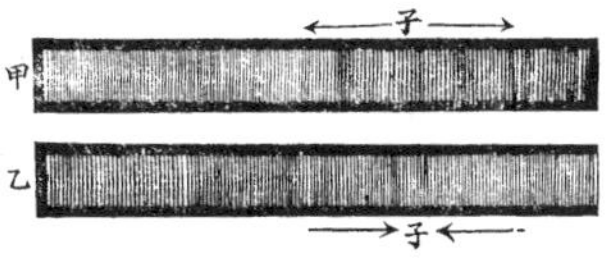

浪長四分之三而其管中生定在浪動於甲圖極緊層在子點極鬆層在管底凡子點左邊之氣層自此點向左起動之際其右邊之氣層亦當同時向右起動而震動四分浪長之一後管中空氣之各層其鬆緊當全同更震動四分浪長之一則當現象如乙圖其極緊層在底極鬆層在子點於此時各氣層再自子點向兩面起動震動半浪後復現甲圖之狀卽子點左右之氣層或同時離子點或同時向子點進也然子點之氣並不運動故此氣層卽爲震動之定點 Node 又氣層之震動最大而不生鬆緊之處卽管口或子點與管底之間卽爲震動之腹 Loop

第三十四圖

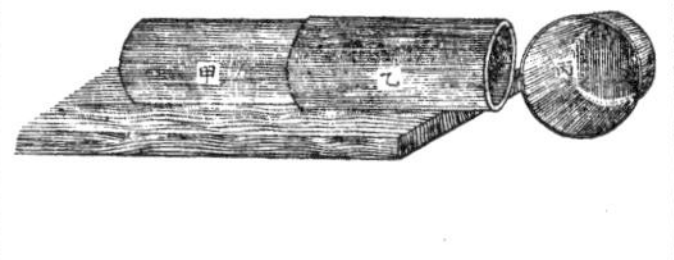

空氣在兩端其開之管中雖亦起定在性之浪動然其管之長短與閉者不同今如第三十四圖以厚紙製甲乙二管其進退可使隨意旣與第三十圖所示者同其徑亦與之相等而其長則二倍於彼以之橫置於几上而持丙鐘是亦第三十圖試驗所用者近其前以弓絃擦之則其音當忽著今以閉管之長短與丙鐘最低音之適相合者爲一而欲使開管中之空氣發同音則其開管之長短必爲二倍卽二倍然則最低音之浪與兩端其開之管適合者其長必爲管長之倍也玆更論兩端其開管中定在浪動所由起之理某浪之緊層若經過管之全長達下口之端則被壓之空氣易於避出而生鬆層而其鬆層當再由適纔出來之管口入而與其初行進之浪動方向相反以經過管中如此則自管出之鬆層因有外氣自側邊來聚而忽改變爲後退之緊層此後退之浪本不如其初行進浪之大然因此後退之浪動與其後之行進浪適相遇當相合而成交音於是因前節所言之理管中氣柱起定在性之浪動而浪之適合其管之最低音者其長必爲管之倍也如第三

第三十五圖

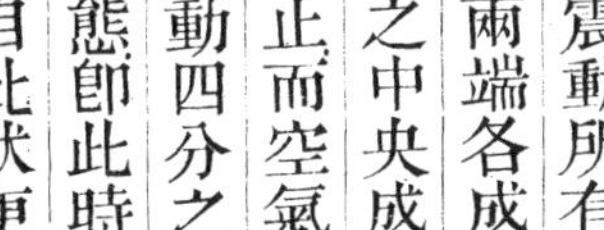

十五圖震動所有之一定點在其管之中央於兩端各成一震動之腹甲圖所示爲管之中央成極緊層卽管中央之氣層靜止而空氣始自中央向左右起動迨震動四分之一浪後氣層當俱成平均之態卽此時管中空氣之鬆緊盡相同也自此狀更震動四分之一浪後

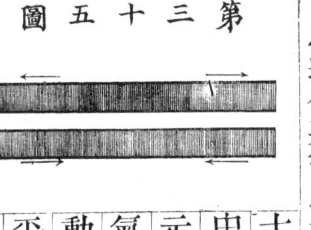

則當於管之中央成極鬆層如乙圖所示而各氣層始自左右向中央起動故氣層如此往返運動當永無間

第三十六圖

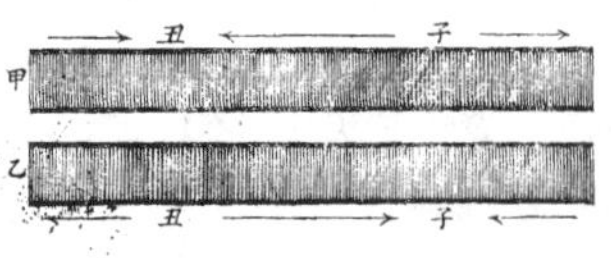

斷之時也又氣柱在兩端開放之管中使其起定在浪動而更發一附音者如第三十六圖所示中央成一震動之腹子及丑爲定點而此二定點所在之處與其管之兩端各俱隔開管長四分之一而子點若爲極緊層則丑點成極鬆層如甲圖反之則如乙圖如此聲浪之長短即等於管之長短而其震動時刻爲其管第一音即最低音之震動時刻之半也

一唇管　唇管者 Lip pipe 乃圓形或方形筒所成分三段曰進氣口曰出氣口曰管如第三十七圖及三十八圖所示丙其進氣口爲空氣吹入之

第三十七圖

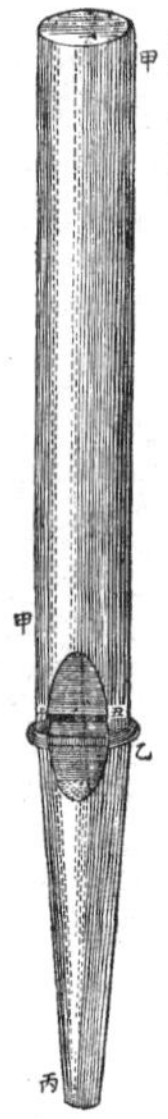

第三十八圖

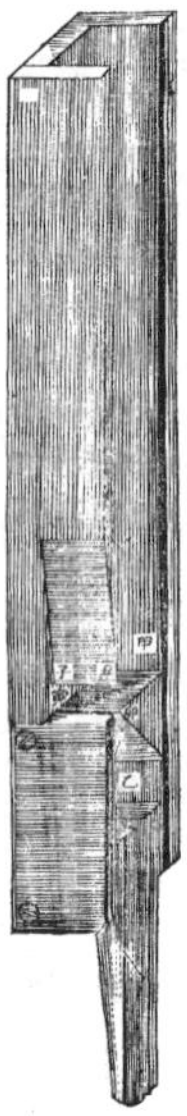

處子丑下之狹横孔爲出氣口即吹入之空氣自此出之處也但出氣口爲二板所隔而成其一名上唇如子丑其一名下唇如寅卯甲爲管其爲圓形筒者多以錫製方形筒者多以木製也

今空氣吹入進氣口則乙空處爲緊層而其空氣在出氣口上昇以衝擊銳薄之上唇子丑其氣唯幾分侵入管中餘悉逸出管外其侵入管中者在管中生緊層以抵阻續入之氣使之全逸出管外不得稍留于此但緊層行進管中之際外出之氣流卻伴管中之空氣同去而管内生鬆層管中之抵力爲減復足使空氣侵入因

之其一分入管中更成緊層如此空氣互生鬆緊層順次傳至管中而至管底後更反行以與續吹入之氣所起浪動相合依上文所言之理生定在浪而發音者也

定律　唇管定律分左五項

第一　凡閉管之長短等於其本音定在浪之半即與此音之進行空氣浪四分之一相等

第二　管之音調即一秒時内之震動數不關其管徑之粗細與形狀唯關於長短而管愈短則音調愈高也音調與管之長短爲反比例即半長之管有二倍之震動數

其原由以管愈短則其浪亦愈短故震動數愈多也

第三　開管所發之音與閉管所發之音同調則其開管之長短爲其閉管之二倍開管若與閉管同長則其閉管發開管以下之第八音也

第四　管不問其種類吹力若甚强原音之外尚發附音

其原由蓋由急吹則進氣口之近處成鬆緊二層空氣分爲等分之若干段以震動（宜參考弦樂器條）而生若干定點故由吹力之差異發各種之音

第五　管之側面有數孔者（例如笛）不閉其第某孔則可以其處作爲管之開端故由孔之開閉變其音之高低

二簧管　簧管 Reed pipe. 之發音如第二十圖所示之測音器卽由經過某孔之氣因孔之均勻開閉而起空氣之衝擊也其開閉由黃銅片爲之其片名曰簧一端固定

第三十九圖

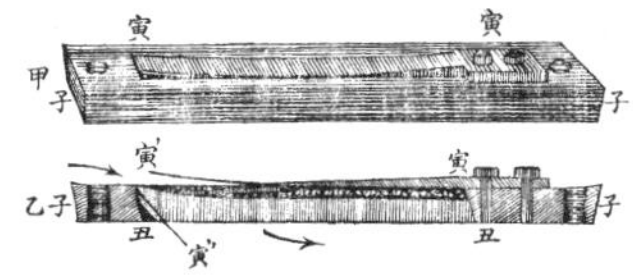

故其運動如懸擺以往返開閉其孔若其簧之大小恰能通過其孔名曰自由簧 Free reed 不然而觸擊孔口之邊者名曰觸擊簧 Striking reed.

第三十九圖所示者卽自由簧而子子爲金類之厚板其中央穿長孔丑丑而設簧寅寅甲圖示其簧片靜止之狀乙圖示震動之狀簧片若在寅寅之位置則空氣沿箭之方向經過其孔簧片若在寅寅之位置則閉塞其路以生聲浪今

第四十圖

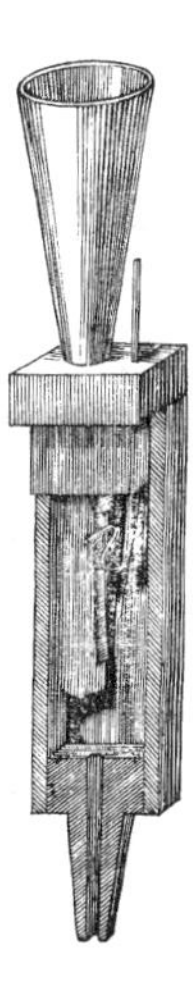

裝之於第四十圖之筒內自其下（與唇口之進氣口同位置）吹入空氣則易使之發音又欲增大其音則於出空氣之口置放音筒 Bell. 卽圓錐形之管是也

第四十一圖示觸擊簧管之全體卽鑿木所製之圓筒

第四十一圖

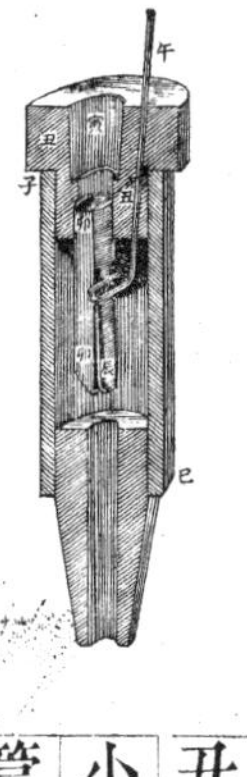

丑丑中嵌黃銅所製小半管卯卯此半小管乃直剖之半圓規形其上口開下口全閉而側面剖開之處爲凹凸性之簧辰掩蓋之此簧片若震動則向小半管卯卯之邊而密閉其孔使氣不得入至其片更反震動則氣復入小半管中小半管卯卯及簧辰所連之圓柱丑丑俱爲短管子已所包裹今若自下端吹入空氣至短管中則簧爲緊氣所震動而發音更不待言也而欲使其音大則須於寅處置放音筒又於其下設曲桿午以便在外隨

意改簧之長短蓋由音之高低關其簧之長短也

三人身發聲體　人身發聲管Vocal organ of the man類似簧管而自口聲管氣管及肺四要件所成其肺爲吹送空氣之鞴其氣管如自鞴至進氣口之管其聲管如進氣管此管之最上端有簧而口如放音筒

氣管之上端卽聲管Larynx.爲成發聲體最要之處爲四軟骨所成一曰環軟骨Cricoid cartilage.二曰脾軟骨Thyreoid cartilage.三曰瓢軟骨Arytenoid cartilags.而瓢軟骨爲二塊合成如瓢故共爲四箇此四軟骨互相連接而連於氣管之上環

由各種筋帶而得隨意運動聲管內皮連於氣管上端之末其狹處僅留一孔自前向後而開此孔名曰聲口Glottis.聲口之周圍爲聲筋Vocal ligament.聲筋前麗於脾軟骨後則左右交錯而麗於兩瓢軟骨故此兩軟骨可由所麗之聲筋使之相離或相近蓋寬緊聲筋卽能管理聲門之大小也聲筋之實質有極大凹凸力聲口之上有囊形之房二個一在右一在左名曰馬開皋房Ventriculi Morgagni 其上端有第二大孔可由會厭軟骨Epiglottis. 掩閉之此會厭軟骨在後邊向前挺出故能掩閉聲口人嚥食物之時則

第四十二圖

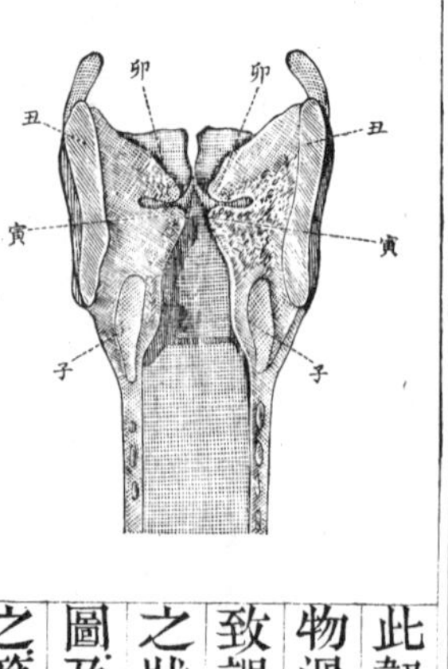

此軟骨掩聲口而食物過其上入食管不致誤入氣管中聲管之狀可由第四十二圖及四十三圖畧明之第四十二圖乃縱截聲管自後面見其前半之狀也子爲環軟骨縱剖形丑爲脾軟骨縱剖形寅爲下聲筋縱剖形卯爲上聲筋縱剖形圖中馬開皋房在上下聲筋之間視之易明且氣管近下聲筋之處頗狹亦易明也第四十三圖及第

四十四圖爲自上視下聲筋所現之狀圖內除去不發聲之上聲筋

第四十三圖

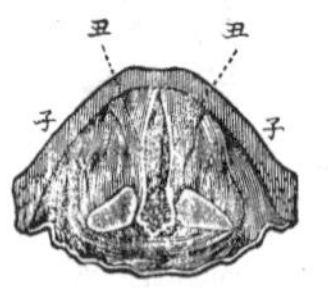

第四十四圖

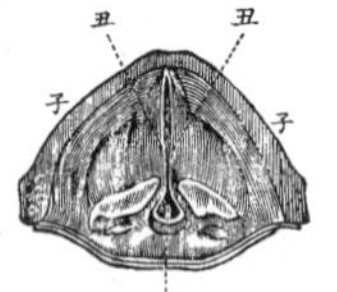

第四十三圖爲聲口丑丑鬆開聲筋不張緊是不發聲時之狀也第四十四圖爲聲筋張緊之狀也故欲發聲者皆自肺所出之空氣觸兩聲筋使氣相衝擊而震動發音更至口內受脣舌等之節制而使口中之空氣亦同發音惟聲音之高低由於聲口之開閉與其震動數之多少耳又其大小亦與各種聲之理同茲不復贅

第六節　留聲器

一定義　留聲器 *Phonograph* 能記聲音，而他日使再發之，係一千八百七十七年愛提森 *Edison.* 所創造者也。

第四十五圖

二造構　留聲器之大要由二部而成，即記音圓管、放音筒是也。

第一　記音圓管乃黃銅所製，長約七至十五生的邁，當徑約三生的邁，當平套於軸上。其軸有柄及飛輪，而貫二架柱上。其架柱立底板上。見第四十五圖。今旋轉此軸，每一旋轉，軸與記音圓管俱稍移其位置，是由軸之一端有雄螺旋，而其一架柱有雌螺旋以相嵌合也。又記音圓管之外面，有螺旋之凹紋，此螺紋之距與軸之螺線之距爲相等，而圓管以錫箔包裹之。又最新式之留聲器，其記音圓管爲蠟所製，而其軸用發條並齒輪數箇以旋轉之，如時辰鐘表之形。

物理學中編二

第二　放音筒乃中空者，形如漏斗，而其小口以薄膜之有大凹凸力者蒙閉之，而與記音圓管對向。此薄膜與圓管之間，有一鍼，其尖向圓管。此鍼附於黃銅所製之簧薄板，每震動，此鍼與之密合俱動。

三功用　此器靜止之時，鍼尖微壓記音圓管。人若旋轉圓管，則鍼在圓管外面之錫箔上或蠟上劃極細之凹線，而此綫爲隨圓管本有之螺線而成者也。今有人在此器之放音管中高聲言語或唱歌，由此使薄膜震動，鍼尖亦隨之震動。其震動一往一反，劃綫即生一斷一續，而綫之深淺與發音之大小即所生壓力之强弱相配者也。此際以軸與柄同時旋轉，則鍼尖連觸圓管面上，而各異其處，因之圓管上沿其螺綫而生凹綫一排，名曰音字 *Phonogramm.* 後欲使其所劃之音再生，而令人聽之，則先去放音筒，向後反旋圓管至當初之位置，再使鍼尖輕觸圓管面，而以柄旋轉圓管如前法，則鍼經前所劃綫之凹凸處而起震動，與初記入聲音時全相同。此震動由鍼尖傳薄膜，薄膜傳空氣，以再發聲音是也。

物理學中編二

第七節　摩盪生音

一火焰生音　在某氣或汽之火焰上，以輕氣或煤氣爲最良。倒持玻璃管，使管內火焰不熄，則發樂音。此等音名曰火焰音。其所設之器曰輕氣琴。其音之高低從開管之定律，與管長爲反比例，與其徑及質無涉。

據法拉特之說，凡火焰於各極微時內，因氣之行動而忽然消滅，再由續至之氣忽復燃，而發極小爆爆之音，

此音連續動盪空氣如聞樂音也

二摩擦音　以水潤指或軟木塞以擦玻璃板或玻璃盃則生摩擦音

第八節　感音及增音

一定義　能發音之靜物由他物發音所感動而靜物亦發同調之音名之曰感音 Consonance. 又發音之體使他物亦發同震動數之音而微音變為朗音名之曰增音 Resonance.

說明　物體之震動不但傳播於包圍此物之空氣而已凡發音體旁之空氣亦再將震動傳播於他物體故震動之空氣復使相近之他物體震動也

感音例證　就人所經驗之感音例證如左

一在洋琴傍高唱則聞琴絃之生感音

二向玻璃盃發聲則聞此盃之感音應之

試驗感音　就感音舉人所能試驗之例一二如左

一木箱上立同調之音叉二擊其一使發音則相隔之一叉亦生感音

二整理琴之二絃為同調其一絃上跨以小紙人見前使他一絃發音則其紙人飛躍而落二絃之音調不同則否

增音例證如左

一音叉若離開木箱手持之使發音其音甚弱然立之木板則音即增大

二凡樂器所設之木臺木箱為增大其音之用

三區別　已上兩現象其區別如左二項

第一　感音依其原音永無停歇增音與原音同始終

第二　感音之原音必與感音之體同調至增音臺唯使其音之增大耳毫無關於音調之同不同

第九節　附音及音趣

一附音及高音　某發音體發本音之際所有伴發之音

倍音表

一	二	三	四	五	六	七	八	九
丙	吶	庚	吶	戉	庚	叱	吶	叮

名曰附音其較本音高之附音名曰高音若其震動數較本音為二倍三倍四倍五倍之類者名曰倍音又曰調音例如示第一音丙所有之倍音如上表

凡本音與附音同發稱其各音中之一音曰分音例如本音為第一箇分音第一附音為第二箇分音第二附音為第三箇分音是也

平常之樂音皆非一本音所成而為數分音所合成此際本音即在其繁音中

證例　樂音非一本音所成證例頗多今舉其一二如

左、

一使絃樂器之一絃發音、不但聞其本音、此外尚聞許多附音。（但能聽明樂器則如此。）

二用海麻化此Helmholtz.之感音球、可以聽得其附音。如第四十六圖、爲玻璃空球、有二口、一大一小、大口常對音來之方向、小口與大口相對、而連有適合耳口之管、今欲檢查某音中含若干之附音、則以感音球數個、各有一定之本音者、逐次插耳、其中某球生感音、而音特著、則卽繁音中含有此球之本音也。

第四十六圖

說明　樂音之所以不獨發一本音者、蓋發音體能爲多式之震動、如前所論、或其全體同震動、而發本音、或分段震動、以發倍音、而發音體之全體與小段同時震動、故隨大本音而發微附音許多也。

二繁音及音趣　樂音乃多單音所合而成、如上所論、本音與其附音合成者、名曰繁音、各種音源所發之繁音、爲同調同大、而人耳覺有差異者、名曰音趣、据海麻化此之說、音趣之所以不同、因本音中所含附音之數與高低大小有不同故也。

第十節　交音

一定義　交音浪Interference of the sound.謂二音源所發之二音浪相交會也。二浪之交會、不獨聲音如是、水浪亦然、已如前章言。

二交音現象及定律　分左二項。

第一　同長之二聲浪、同向而傳、其浪之緊層或其鬆層互相交會、而其交點之距音源爲浪長之若干倍、則相合而浪動加大、其音亦增大、然其交點之距音源若爲浪長之若干倍有半、則其兩音俱減小、若兩音之大小本相等、則不惟減小、當相滅而無音。（在水浪亦係如此。）

今欲確證之、則先製音叉形之管、如第四十七圖、其相合之上管（與音叉之柄相似）口端、以凹凸膜封之、其上鋪細沙、將管持至發音板上、如下兩管口隔一定綫、則見沙靜止、而膜亦不動、是入管中之兩浪相滅之證也。今若下兩管口隔二定線、則見沙之跳躍甚活、是二浪相增之證也。

第四十七圖

第二　同時所發之二音、若其高低有極微之差、則聽其音當相間而爲增減、名曰拍音Beat.而拍音之數與兩音震動數之差相等。

拍音之例　示其一二如左

一如二琴絃其音調有極微之差而同時使發音當聽得其音之大小相間而爲拍音

二取同調之二音叉於其一塗蠟少許使其音稍低而同時使發音則大小相間與前同

原由　拍音之原由以第四十八圖可解明之圖中之細綫示一浪之凹凸

第四十八圖

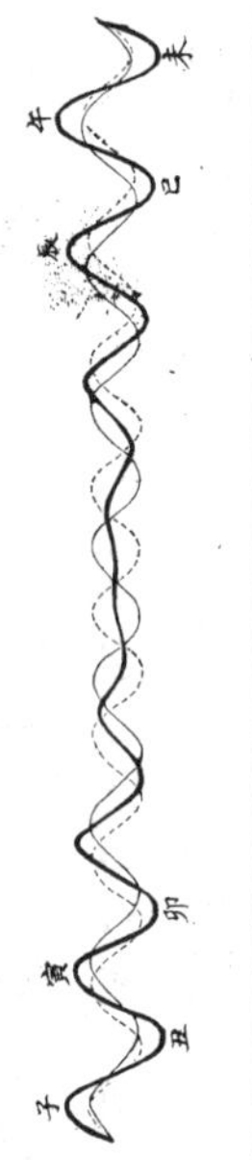

其虛綫示他一浪之凹凸而凹浪即代鬆層凸浪即代緊層今就此兩綫觀之則其兩浪各時內所現鬆緊不同之全狀可得而知而粗綫之凹凸即爲兩浪相加相減以合成之鬆緊也故在子丑寅卯辰巳午未等處由兩浪同生鬆緊而其音增大在甲之左右兩浪鬆緊相消而浪動減小幾至停歇即相消而聲減也兩浪震動數其差之較愈少則其拍音亦愈少故如一音源之震動數爲二百他一音源之震動數爲二百二則一秒時中聞二拍音若爲二百與二百一則只聞一拍音推此理以調樂音稍解樂者之所熟知也　終

物理學中編卷三上　光學上

日本飯盛挺造編纂　日本藤田豐八譯
日本丹波敬三 柴田承桂校補　長州王季烈重編

第一章　發光及傳光

第一節　光之要義

一定義　光者物體感動人目之原由也凡物必有自其體所發出之光或其體上受有他物體所發出之光達於人目時始著爲形色而其物可見其自發光之物體名曰發光體 Luminous body. 又曰光源其受某發光體所發之光而顯其形像者名曰暗物體 Opaque body. 又曰受光體光源如恆星太陽電燈燭火是也暗物體如地球月與一切物件非爲日光燈燭所照不能見之者皆是也

二光與物體之關係　物體受光而能使之透過者名曰透光體 Transparent body. 例如玻璃水空氣等物若不能使光透過者名曰不透光體 Intransparent body. 例如木石又稍能使光透過者名曰半透光體 Translucent body. 例如紙及磨糙玻璃等物

物之透光不透光並無一定界限可指如疊玻璃甚厚積水甚深皆使光透過甚少幾成不透光體又如黃金打爲至薄之箔亦可使光稍透過非絕不透光體也

此觀之透光非眞透不透光亦非絕不透唯此較彼爲透光或不透光而已茲所謂透光體不透光體亦就兩物之比較而定耳

第二節　光之本性

光之本性　光之性情有二臆想 The nature of the light. 卽如左

第一　散出說　Emission or corpuscular hypthesis 一千六百九十二年奈端 Newton. 謂光乃至微至渺不可察算之物質稱曰光質而自發光體之周圍散出猶香氣之自芳香體散出以觸人目而感動腦筋也

第二　震動說 Undulatory hypothesis. 此說乃一千六百九十年海輕司 Hughens. 所創而由安勞 Euler. 洋克 Young. 弗利司泥 Fresnel. 三人大闡明之蓋謂光由發光體質點之震動所生而其震動至微渺由以脫 Ether. 以傳至人目所謂以脫者彌滿宇宙之間萬物無不含之者也故光爲以脫浪運動所成但其震動之方向與聲在空氣中異蓋光浪與傳光之方向爲直角所謂橫浪是也

但今之學者專信第二說其理由後章詳論之

今較聲與光之性其異同如左一至六爲二者相異之端七至九爲二者相同之端

一　聲由物體之震動發生光由質點之震動發生

二　聲由浪動傳播於空氣中光由浪動傳播於以脫中

三　聲由直浪行於空氣中光由橫浪行於以脫中

四　在地球上空氣中傳聲之速率一秒時三百三十三邁當在宇宙間以脫中傳光之速率大約二十九萬九千啟羅邁當

五　聲在緊密之物質中其行較在空氣中速光反之在緊密之物體中其行較緩

六　聲一秒時中之震動數在最高音大約四萬在最低音爲十四光在紫光大約八百比利恩在紅光爲四百五十比利恩一比利恩爲一○○○○○○○○○○○○也

七　聲與光皆由震動發生由浪行運動傳播

八　聲由發音體震動速率之大小發高低諸音光由質點震動速率之大小生諸色

九　一秒時內震動十四以下四萬以上則耳不能覺其音質點震動四百五十比利恩以下八百比利

恩以上目不能覺其光但其震動由變爲化學功用或熱得辨知之

第三節　光源

一太陽　太陽 Sources of the light. 者地球上最要之光源也據曹兒耨 Zöllner. 之說月光之濃淡較日光爲六十萬分之一也

日光之原由蓋太陽之熱有二三十萬度是也據近世論熱自質點震動所成故太陽之質點其震動必當爲極速而此震動由其本體旁之以脫依浪動定律傳至宇宙之以脫以散於四方

二受熱體　物體得大熱而爲發光體可由電行得之據特辣剖 Draper. 所言凡定質約受熱至五百二十五度則生紅光至一千一百七十度而爲白熱因受熱而爲光源者有數種示其一二如左

第一搨勒門特 Drummond. 之石灰球也在二氣火（即輕養明燈）之焰中置石灰一塊而生極明之光是也

第二因通電而鉑絲所生之光是也如電燈

第三在烈火中燒紅金類其所發之光也

受熱生光之原由即燒其物體之熱是也蓋物體在平熱度其質點之震動遲速有定然熱度愈增則其震動愈速熱度至五百二十五度則包圍物體之以脫每秒爲四百比利恩之震動而物體紅熱熱度再增則震動數亦增加而物體黃熱如此順次而達最高熱度則見白熱也

三燃體　燃體者平常人所見之光源也即由燃物所生之熱燒定質微點之浮於焰中者而發光其類頗多示其二三如左

第一燭光燈光并煤火之光

第二在養氣中燃燐片所發之光

第三鎂光

第四炭尖電燈通電所發之光也

由燃物發光者即物質之化合也（即質點由其愛力相合）蓋兩原質之質點互相攝而碰撞則其震動加速而質點之運動愈速則自運動所成之熱亦愈增加故熱度漸昇而光自發生

四放電及通電之物體　已見上文二三兩條

五燐光體　燐光 Phosphoresoenoe. 者謂其物體之溫度不至熱與燃而所放之光是也此光唯在暗處能見之燐光之原由分論如左四項

第一徐與養氣化合　燐之放光即由燐化之氣徐徐

與養氣化合動植物腐敗之際發光想亦由與養氣化合所成蓋無養氣處終無此事也其他植物(苔類)及動物之發光(海中光物)亦同之

第二曝露於日光之中　金剛石雲石等暫時暴露於日光或電光中則爲燐光體

第三由受熱　加熱於金剛石雲石則增其光

第四由分剖物體　打碎砍養沙糖等或分剖則發光

第四節　傳光

一定義及定律　傳光經過之路名曰光線光線自發光體散至四周其居間體 Medium· 同則爲直線光源與人

目之間無隔光物則在四周皆得見其光若光點與人目之直線上置隔光物則其光線隔斷而光消失

二光行直線所現之諸象　此現象分說如左二項

第四十九圖

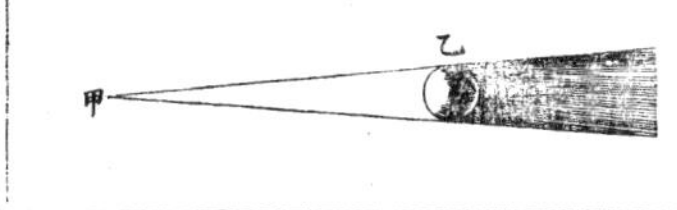

第一　影也光行之路上有隔光體遮之則光不能至其後面其光爲物體所遮而不能達之處名影

光體與所遮之物體或大或小則其所生之影不同卽如第四十九圖發光者只一小點甲而遮隔光之物體乙爲大則其影之形狀當如截斷之圓錐體引長至光點甲適成全

第五十圖

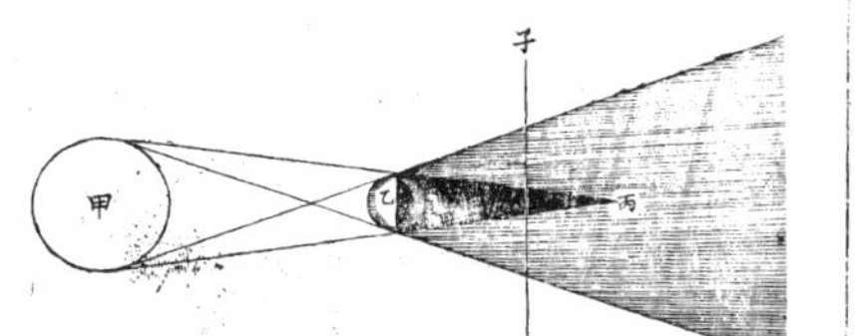

圓錐形然如五十圖光體甲爲大而受光之物體乙爲小則其影如圖所示卽爲正圓錐形其錐尖止於丙點此際影外尚生所謂半影又名闇虛 Penumbra. 此半影因不能受全光唯受一小分之光而生凡生半影則其內之全影曰影核 Umbra. 今併影核及半影於某處(例如子丑)中斷之則當得如第五十一圖所示之形狀

由成影之理而明日蝕月蝕之所以生甚易卽就第

五十圖所示之光體甲作爲太陽乙爲地球月若行經地球所生之影中則成月蝕若又視乙爲月地球行經其影中則當因此而生日蝕

第五十一圖

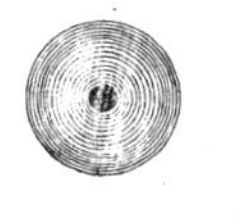

第二　光學室之現象也自某光體所發之光線經過不透光之壁上所穿小孔而入暗室內則於壁面上現物體之倒影

例如第五十二圖使光線自小孔子射入暗室乙內則於壁上當生外景(卽室外之景像)之倒形是由光線雖聚於小孔然仍直行而不屈故光線從外物甲之下端

第五十二圖

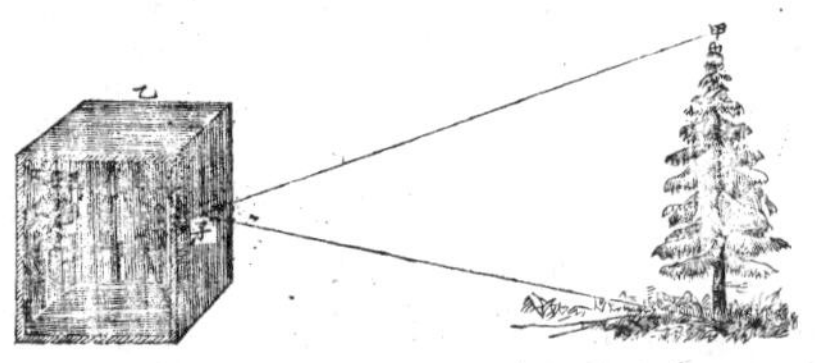

射入室內者則反至壁之上從外物甲之上端射入室內者反至壁之下而各點仍成本像而不亂也穿孔若大則從物體各點射入之光線不束聚於相當之點則彼此重疊而相紊亂故其像不明所以窗間射入之光不見倒影之像也又如五十三圖暗室之外置平回光鏡甲由此使自太陽所照下之光線乙平行反照通過小孔而入室內則無論孔形

第五十三圖

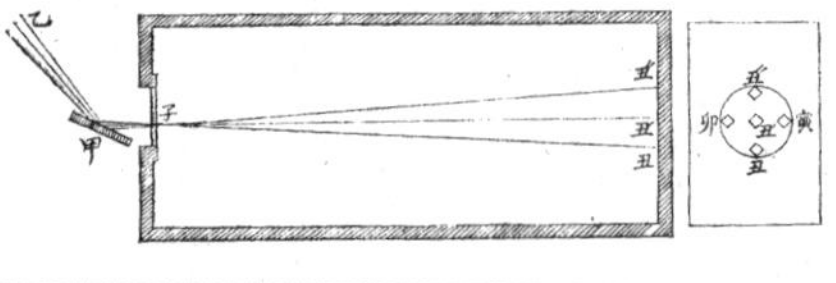

如何（例如三角或四角或正圓）俱得圓形之光蓋太陽若爲一點之光源則其光即當與孔同形但太陽爲圓形故其光不關孔形而常爲圓形也即自太陽最上點射來之光線由鏡反照沿子丑之方向至壁上於丑點成極小正方形光（假如孔形爲正方）自太陽最下點射來之光線亦於丑點成極小正方形之光自中點射來者於丑點亦成極小正方形之光而卯點之方形光即自太陽最右邊射來之光線寅點之方形

光即自太陽最左邊射來之光線也其他自太陽之諸邊及內部各點射來之光線俱同是理而於其相當之點各成正方形之光如此而各正方之全數終合成圓形之光由此觀之凡日光無論通過何形之孔必不得不成圓形之光但光錐之軸若不與壁爲正交而爲斜若干度則其壁上不成正圓形之光而當生橢圓形之光其理自明也

第五節　光之濃淡

一受光之多少　光線射於暗體之面則其面即爲受光受光之多少即光之濃淡 Intensity of the light.

而關左三項所論之原由各有多少

第一　關於光源之明暗即光愈大則物體受光必愈多而光源之明暗關其本性與發光處受熱之度

第二　關於光源之相距二物之面上受光多少與自光源至此二物面之相距之自乘爲反比例故光照之濃淡與距光之自乘爲反比例今命二物受光之多少爲甲與乙二物至光之相距爲丙與丁得式如左

$丁^2:丙^2::甲:乙$

即距光源一尺之處受光之多少爲一則至二尺之

處其光減少祇爲其四分之一以次示如左表

距光源一尺之處	一
距光源二尺之處	$\frac{一}{四}$ 即 $\frac{一}{二^{二}}$
距光源三尺之處	$\frac{一}{九}$ 即 $\frac{一}{三^{二}}$
距光源四尺之處	$\frac{一}{一六}$ 即 $\frac{一}{四^{二}}$
距光源五尺之處	$\frac{一}{二五}$ 即 $\frac{一}{五^{二}}$
距光源某尺之處	$\frac{一}{某^{二}}$

今說明其理有一空球設其中心有發光點則其球面之各點悉當受中心所發之光若其光點在大球中而其球半徑較前球爲二倍或三倍而其球面各

點受光之狀當同於前球但所受光之濃淡較前球當祇爲其四分之一或九分之一蓋從幾何之定理論圓球之面積其半徑爲一二三之比則其面積爲一四九之比故使有某一定之光照四倍或九倍之

第五十四圖

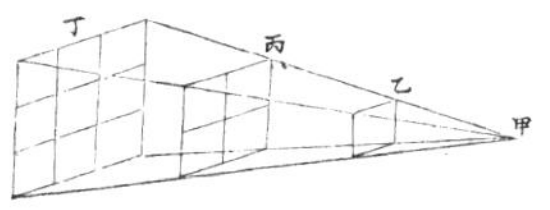

面則各點所受之光理當減爲其四分之一或九分之一也又視第五十四圖則當知光之濃淡不得不與相距之自乘爲反比例卽於甲有光點其所發之光線四條照若干大之面乙其面距光源設定爲一而此光如至二之相距則當照四倍於乙之面丙至三之相距則當照九倍於乙之面丁然則如上之所論光之濃淡必與相距之自乘爲反比例自明也

第三　關光線與其所照之面相遇之角度卽其角度愈小則受光愈淡也

例如第五十五圖甲乙面與光線成斜角甲丙成直角雖甲乙面較甲丙爲廣然其兩面受光之數理當相同故甲乙面較甲丙面其所受之光必淡而甲乙面愈斜則其面之光亦必愈淡也

第五十五圖

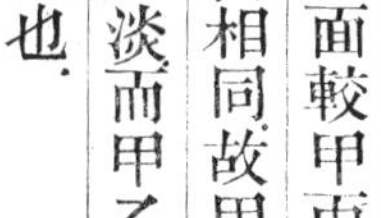

二光度表　定各種光源濃淡之表曰光度表 Photometer 乃本上記二則之理所造而選用重半啟羅格之燭六枝或巴辣非尼所製燭光之濃淡爲其單位世所常用者爲左二種

第一　本生 Bunsen 油脂光度表一千八百五十一年所創卽紙吸收油蠟等質則易使光通過而本此性以製得者也今據第五十六圖說明其原理卽一橫木桿上鑿凹槽其面劃度數架於机上槽上有三座子甲乙丙皆容易在槽中進退丙座子插銅圈之糊紙者其中央塗司替阿利尼 Stearin 爲一吸油之點而甲座

子上插一燭乙座子上插同光之燭四枝將燭點火

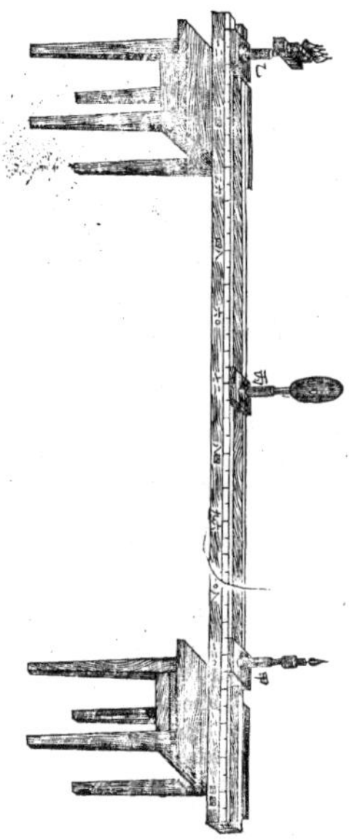

第五十六圖

後司替阿利尼點依然可現今將丙座子與甲或乙之一座子俱定於某處而進退其他一座子至適宜

處則司替阿利尼點遂消失至不可復見此際觀自丙至甲及自丙至乙其相距之比當為一與二則可知一燭距丙為一與四燭距丙為二其照司替阿利尼點之光濃淡相同故不顯也而光與相距之自乘為反比例此其確證矣蓋今若於有司替阿利尼點紙上之一面置發光物而自其面觀此紙則覺司替阿利尼點上比他處稍暗又自彼一面望之則覺司替阿利尼點上較明而他處較暗是因紙之為物其上如有光射來則其光之一分自其面回行而為回光一分透過其紙而為透光故今以司替阿利尼點

其上則透過之光較多而自發光之面望之則其司替阿利尼點上之回光較他處少故覺其點暗又自彼面視之則其司替阿利尼點上透過之光較多故覺較他處為明若左右所置光源濃淡至相同則此面所少之回光以彼面所多之透光補足之而司替阿利尼點幾如消歸烏有如第五十六圖所示司替阿利尼點不能見必一燭距丙為一而四燭距丙為二其理自易明也

本生光度表本上所言之理將單位之燭光在司替阿利尼點之一面某處置定之而彼面置欲測之光

源而進退之使司替阿利尼之點為不可見則其相距當為(某距)而光之濃淡即(某)也式內之距為燭與紙之相距某為倍數如第五十六圖則距為丙甲即一某為二也

第五十七圖

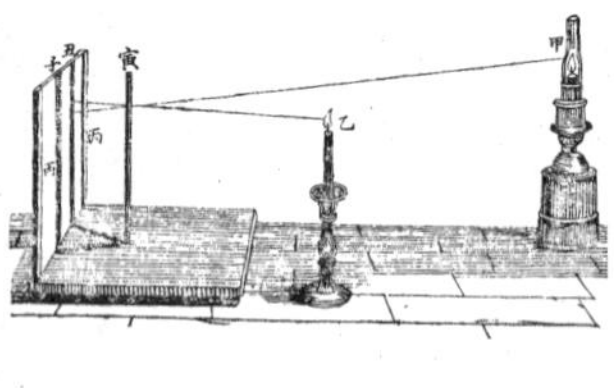

第二 勒姆福 Rumford 光度表一千七百九十四年之時勒姆福所創第五十七圖所示即勒氏光度表也丙丙為白壁而近其前面立寅小桿今在乙置單位之燭光在甲置欲測之光源則壁上當生寅桿之影二個子及丑而此影外各處

爲甲乙二光所同照固不待言惟影則祗各爲一光所照而已今如兩光源之大小相同則此兩光距壁之遠近相同而兩影之明暗亦同然若兩光源之大小不等而欲使兩影之明暗相同則必使其大光距壁稍遠小者稍近矣今以光與光示兩光之之大小以距與距示自壁至兩光之相距則兩光大小之比例當如下式

$$\frac{光}{光}=\frac{距^{2}}{距^{2}}$$

第六節　光行速率

光行之速率極大如遠處伐木先見斧下後聞丁丁之響雷雨時先見電光後聞雷聲以及遠處開礮先見火光後聞其聲皆光比聲其行爲速之證也又如太陽距地球雖甚遠而其光大約八分十三秒時已至地上但光行雖迅速如此然並非立刻即至者學者測定其速率約一秒時間能行四萬餘里云今舉其測定之法或由星學之推算或用器具備列如左

第一　哇辣夫六麻 Olaf Römer 於一千六百七十五六兩年觀木星之一月蝕考知光行速率

木星 Jupiter 有四月其最近木星之一月每行一周入木星之影中即生蝕（即如月蝕）而此月在影中與影外其繞行木星之速率固當無一刻不同者今如第五十八圖所示之日爲太陽甲乙丙丁爲地球之軌道戊己爲木星之軌道子爲木星設以地球之在甲與乙爲木星之月應入木星影中或應自影中出之時而地球與木星之相距

第五十八圖

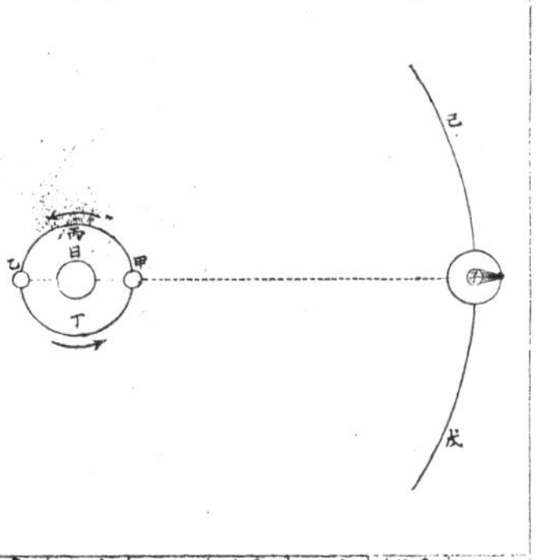

可以作爲不變者其木星之月每四十二小時二十八分三十五秒當繞木星一周即過影中一次而測望之時如地球自甲（與木星相距最小處）過丙向乙（與木星相距最大處）而行與木星之相距漸遠則覺其月繞木星之速率愈減故地球與木星相距在最遠之處較在最近之處測見其月之入木星影中須遲十六分半是非光之速率無他故也蓋光浪及自甲至乙需經過地球軌道徑四千萬里當歷時十六分半也故以十六分半除四千萬里得光行速率如左

地理里 四〇四〇四 ＝ $\frac{九九〇秒}{四〇〇〇〇〇〇〇}$ ＝ $\frac{六〇乂一六五分}{四〇〇〇〇〇〇〇}$

第二 白拉里 Bradley. 於一千七百二十七年由光行差 Aberration of the light. 測定光行速率

第五十九圖

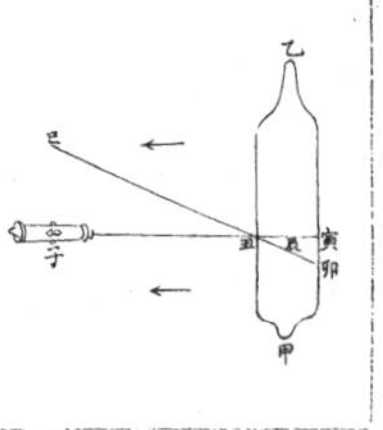

光行差者如第五十九圖圖中之甲乙設為一船以子為向其船之大礮船若止而不行則自子所發之礮彈當中丑點及寅點穿孔而過故在此孔內得窺大礮固不待言設其船動沿箭所示之方向對大礮進行或背此方向而自大礮離開則其成蹟亦與前者同然若船之運動為自甲向乙而進而大礮所發彈丸飛過船腹即丑寅之相距所歷時同時其船若能經過卯寅之相距則所穿之第二孔必不在寅點而在卯點矣是其丑卯之方向與礮彈之方向不同固甚易明然使在船之人不知船之為進行則必以丑卯之方向直視為礮彈之方向且為大礮所在之方向矣此丑卯與丑寅兩線所成之角名之曰行差角 Angle of aberration. 而船之速率愈大或礮彈之速率愈小則其行差角必愈大故由此角度與船之速率可算得礮彈之速率今代大礮以一恆星代礮彈之速率以光之速率代船之速率以地球之速率則以所已知之地球速率及行差角

之大小理當可測定光之速率而其行差角由下文所述之法可測知之即於地球向一恆星運動之際或其背一恆星運動之際視定為其真位而後以地球之運動與前方向成直角之時所在之位置比之於前位置自可知之也今辰角之正切即等於以光之速率丑寅除地球之速率卯寅即 正切辰＝$\frac{卯寅}{丑寅}$ 也依司脫路夫 Struve. 之說行差角辰為二〇·四四五秒地球之速率為四·一二地理里故光之速率如左

地理里

$$速＝\frac{正切二〇四四五\ 秒}{四一二}＝四一二〇〇$$

第三　非曾 Fizeau. 於一千八百四十九年用遠鏡二具與齒輪一個以測定光行速率。

其理如下。即取齒輪一個其齒之排列甚勻者使以極大速率均勻旋轉則每兩齒間之空隙經過某一定點前所費之時刻必爲極短小無疑也今設法旋轉齒輪使其短小時刻約爲萬分秒之一則光之速率雖大而如此短小時刻中尚未能經過大相距不過行四里(地理里)耳故設法置回光鏡於距齒輪若干遠之處使光由齒輪之齒隙射來而仍回射於原方向則回射至齒輪上之際隨其旋轉之緩急而或明或暗蓋其初時光線通過齒隙更有齒或齒隙相續而來是故回射至此之光理當遇齒而遮隔或遇齒隙而通過也第六十圖所示爲非曾所用器具之粗形即甲及甲爲兩遠鏡(詳後章)而在相距八六三三邁當之處而自此遠鏡望彼遠鏡又自彼望此均得見其物鏡即兩鏡之軸在一直線上而甲遠鏡中目鏡與物鏡聚光點之間置透光鏡丙與遠鏡之軸成四十五度之角所以使從遠鏡側邊所置光源所發之光折向物鏡而行也今於遠鏡旁面所具之管中嵌凸鏡此凸鏡所以使丙鏡受自光源乙所發之光而回射次使其光線自甲遠鏡之物鏡爲多條之並行線而再使束聚於甲遠鏡之物鏡聚光點此處有平面回光鏡丁。

第六十圖

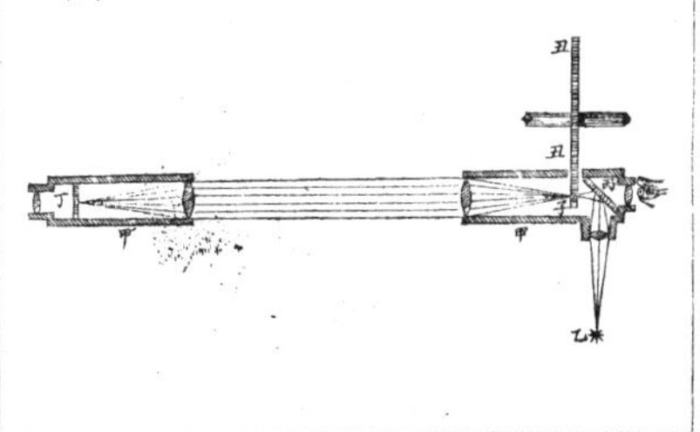

其位置與甲鏡軸成直角故光線自此處回射而經過前路再至甲鏡束聚於物鏡之聚光點子今在甲之目鏡處理當能透丙鏡而見光源乙之象但甲遠鏡之他側更有一縫使齒輪丑丑之邊嵌此縫內而此齒輪之齒正當甲物鏡之聚光點茲由他機器使其齒輪丑丑均勻旋轉乃從其速率之大小覺光源或明或暗即其旋轉速率若一秒時中轉至一二·六周始覺其暗若二倍之復覺光明三倍之再覺其暗而此齒輪其有七百二十齒其各齒及各齒隙之濶俱爲輪周一四四〇分之一故一秒時中齒輪旋轉

若爲一二・六次、則一齒隙經過聚光點子之時刻、當爲一八一四四分秒之一、（卽以一四四〇乘一二・六、則得一八一四四、而以此數除一也、）而齒隙已過、其次齒正轉至聚光點之際、亦卽爲一八一四四分秒之一時、此時最初通過齒隙之光線、再回射至此、而被齒所遮、然則光在一八一四四分秒之一時內、當經過二倍八六三三之相距、卽一七二六六邁當也、是故光之速率、卽三一三二七四三〇四邁當、（一七二六六乘一八一四四、等三一三二七四三〇四、）卽四二二二〇地理里、（以七四二〇約三一三二七四三則得四二二二〇也、）

測定光行速率之法、雖有如此多種、然其所得成蹟一秒時大約皆爲四萬有餘里、由此觀之、光實經過如此之相距、不容疑也、今據各法所得之成蹟、取其中數、光之速率、大約可定爲四萬二千里也、

第二章　回光

第一節　回光總論

一定義　光之回行、謂光線透過疏密不同之二居間體、（例如空氣與水）而在其兩體相接之面上、光之一分透過、其不透過之一分、回行至前居間體中、卽回光也、凡物體除粗毛與黑色之外、無論其透光不透光、皆能使光回行、但從其物體質之性、與其面之性、而回行之狀、爲之各異耳、

就平常所經驗光之回光、舉數例如左、

一　太陽光或他光射於机上、而机上平置回光鏡、則對壁或天花板上、現鏡形之光、而旋轉其鏡、則光亦變其位置、

二　盛水之器中、日光照射、則亦現同上之象、

三　天晴之日、靜水面上、（池澤等、）視其中見太陽之象、

四　太陽出沒之際、玻璃窗受其光、則現絢爛之狀、

二回光之區別　回光分爲二、曰直回光、Regular reflection. 曰散回光、Irregular reflection. 是也、平常稱直回之光曰回光、散回之光曰散光、故回光者、謂回行之各光線、與原射之各光線排列相同、故其各光線、仍俱向一方而行、散光者、謂回行之各光線、由起回光之面、射向四方、而排列與原射之光線、大爲不同矣、是以回光之起、必在物體之平滑面上、現發光物體之象、而人目視其面、似空虛者、而散光之起、必在物體之粗面、而人目因以見其物體之本形者也、

三回光之益處　光之回射、時常有之、且爲最重要、如鏡與淸水、及學術中所用之諸器、凡類鏡之現象、總爲回光、而散光之有益於人、亦屬不少、卽如左二項、

第一　晝間到處皆明　晝間不見日光之物體、人亦能

視得之者蓋由地面受太陽光之物體及空氣之小分散其光至此物體故也

第二朝夕之朦氣光 此現象乃因在地平線下之太陽光照高處之空氣層由此空氣及其中所浮之塵埃纖霧等回射至在其下之空氣及地面者也但太陽在地平下愈低則其回射之光愈弱不俟論已

四回光之定律 其定律如左三項

第一 回光線在受光面起

第二 回光線與射光線在受光面之同一邊而在其面正交線之反對一邊

第三 回光角與射光角等

今據第六十一圖說明之卽甲乙面上光線沿丙丁而行至丁點卽所謂射光線 Incidental ray. 至此乃沿丁戊而回行是卽回光線 Reflected ray. 也而在此甲乙面上二線之交點爲丁自己向此點所劃之己丁線卽爲面之正交線而其線與丙丁線所成之角名射光角 Angle of incidence. 其線與戊丁線所成之角名回光角 Angle of reflection. 以上兩角之度相等且與正交線在一平面上如本圖

第六十一圖

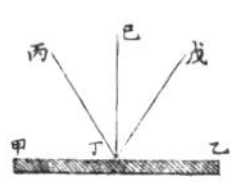

所示

今用第六十二圖所示之米列阿 Müller. 試驗回光器可證上文之定律卯爲平面小回光鏡本圖示其背甲甲爲半圓輪徑上之平面板其輪心貫一軸而小鏡卯在軸上旋轉卯之下附以黃銅小桿丑寅此桿與鏡之平面爲正交線其末端彎折而向上爲指鍼此指鍼與鏡共旋轉而半圓輪之弧背爲黃銅所製之半規其半規於中央子有細縫分半規爲二象限自子向右分爲九十度今旋轉鏡卯使鍼指十度或二十度或三十度之時於半規圈外置一光源使其光自子射入則必於二十度或四十度或六十度之處見有光反射可知原射來之光與鏡之正交線丑寅成十度之角則其回行之光所成之角亦爲十度射光角二十度則回光角亦二十度射光角三十度則回光角亦三十度卽射光角常與回光角爲均一也

第六十二圖

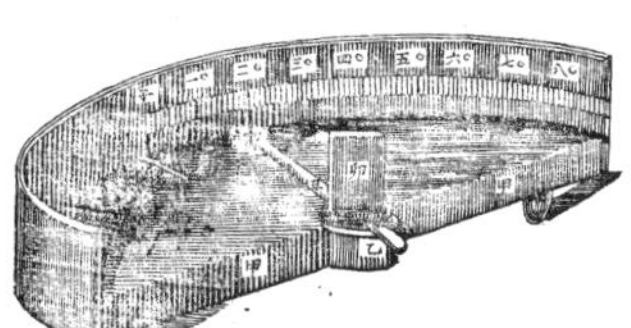

五回光鏡之定義及區別 回光鏡 Mirror. 者謂其面極平滑之物體也別之爲二種曰平面曰曲面曲面鏡中

有渾圓鏡橢圓鏡拋物綫鏡等就中重要者爲渾圓鏡而其回光之面即渾圓面之一分也更區別渾圓鏡爲凹鏡及凸鏡二種

第二節　平面回光鏡之現象

一造成　近所通用之平面鏡乃於玻璃之後面塗以錫者故錫面即光線回行之面也但在玻璃面亦稍回光而可不論也

二光線之方向　凡平面鏡上回行之光線從回光定律並行射來之光線回光之後亦並行收聚行來者回光之後亦收聚分散行來者回光之後亦分散

三光點之像　有光線自一光點起行而射至平面鏡上則其回光線恰如自鏡背之一光點來而此點爲引長其正中之光線即與鏡面爲正交之光線至鏡背者之末點故名該點爲光點之像 Image. 然非光線實集於其點不過外觀似如此故其像又名之曰虛像 Virtual Image. 其說明甚易即第六十三圖所示甲乙爲平面鏡丙爲鏡前之光點故向丙丁射之光線從回光定律回行於丁己之方向又向丙戊射之光線回行於戊庚之方向今若將己丁與庚戊兩線俱

第六十三圖

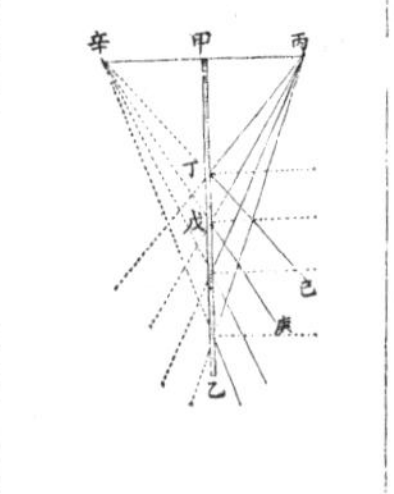

引長至鏡中則在辛點相交而自丙行來之總光線回行之後其引長之線俱當至辛點與此二線同然則鏡前若有人目受其回光恰如自辛點所散來者明矣

蓋就幾何而論辛甲丁三角形與丙甲丁三角形兩者之甲丁相等而又同爲直角且以丙丁甲角等於己丁乙角辛丁甲角亦等於己丁乙角則辛丁甲角與丙丁甲角當亦相等故辛甲丁之與丙甲丁爲同形等積之兩三角形可從辛甲丙甲之相等而明之不待言也

四光體之像　凡物像在鏡中其距鏡面恰與在鏡前之

物體距鏡面之遠近相等像之大小亦與物體相等但像之前面與物體爲相對後面則相反故像所現之左右亦與物體爲反對也

例如第六十四圖之寅卯爲平面鏡而甲乙爲物故就證明其上一點之理而其像甲乙在辰爲目所能見也

第六十四圖

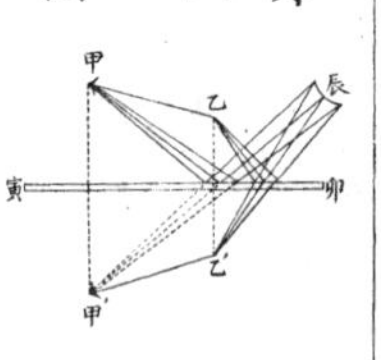

五前數項要則所現諸像　其現象頗多即如左

第一　平面鏡將物體與鏡中之像所成之角等分爲二故物體與鏡面成四十五度之角則鏡中之像與鏡

面亦成四十五度之角，故像與物體成直角。

例如取一平面鏡斜置之，與垂綫爲四十五度，其前直立物體，則其像當爲水平。若鏡直立，而所置物體爲水平，則像與物體當在一直綫上。此斜四十五度置之平面鏡，其用頗廣，卽如後章之暗箱及奈端所製遠鏡等，皆依此理也。

第二　直立之鏡，人立其前，而鏡長爲人身之半，已能覩人之全身。

如第六十五圖中卯爲直立之鏡，有人立其前，丁戊爲其身長，甲乙爲丁戊所成之像，丙爲其人目所在之處，蓋目由鏡上己庚之間得見甲乙之像，故己庚較丁戊，只須爲其半足矣。

第六十五圖

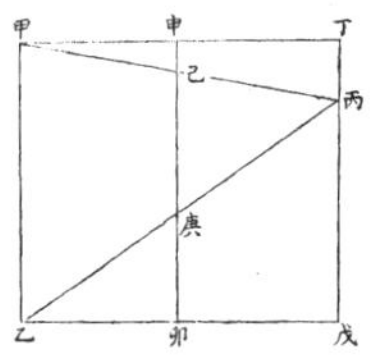

今就 $\frac{\text{丙乙}}{\text{丙庚}}=\frac{\text{甲乙}}{\text{己庚}}$ 而知 $\frac{\text{甲乙}}{\text{己庚}}=\frac{\text{戊乙}}{\text{戊卯}}$ 又依 $\frac{\text{甲乙}}{\text{己庚}}=\frac{二}{一}$ 而知己庚爲丁戊之半自明也。

第三　互相並行之二平面鏡，能使其中間所置物體之像，現出無窮之多，皆正對而並行於一直線上，但其光逐漸減淡。

其理甚易說明，卽由此鏡之像對彼鏡，其功用與發光之物體相同也。例如第六十六圖，甲乙爲平行之二鏡，而子爲物體，則由甲鏡生寅像，由乙生丑像，然以丑像對甲，與光源同功用，故現丑像；寅對乙，亦與丑之對甲相同，故現寅像。如斯逐次互照，而現像無窮。

第六十六圖

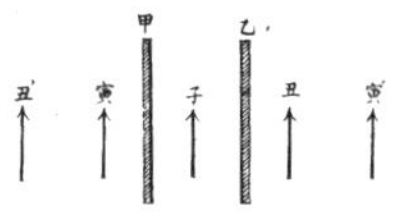

第六十七圖

第四　二鏡互成某角者，曰角度鏡（見第六十七圖）。其間置物體，則所現像之數，較以二鏡所成角度除三百六十度所得之數，或減一，或相等，是關於數之奇偶與物體之位置也。

今就六十八圖示其一例，卽戊己及己丁爲角度鏡，己之交角爲七十二度（卽三百六十度五分之一），甲爲兩鏡間所置物體，而自此所發之光，爲此兩鏡所回，先現乙及乙之像。今乙像對鏡丁己，可以作一個物體，由是現丙像，而乙亦現丙像，卽總計當得四像。此光線之方向，參照前所論述，則自明瞭，亦不須別解。惟

第六十八圖

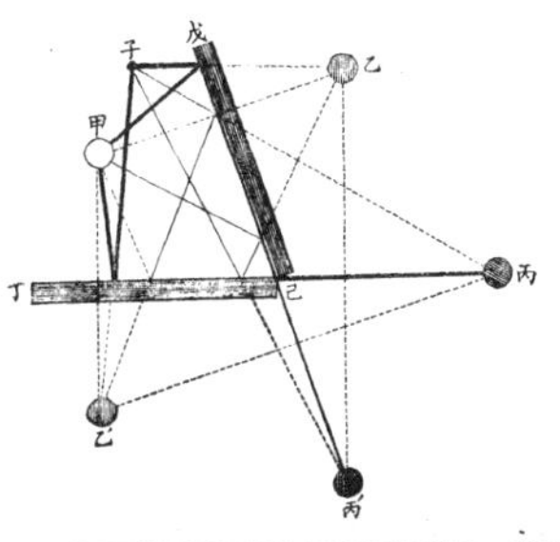

從除三百六十度所得之數（其角愈銳其數愈多）與物體之位置而現象各有差耳其除得之數爲某某若爲偶數則不論物體所在而現像之數常較此某減一某若爲奇數而其物體與兩鏡中之一相近則現像當與某數同若不近之則現像之數當較某減一與偶數同卽某若爲五則其近一鏡之時現五個像其遠開時只現四個像角度鏡之實用爲照畫鏡 Kalei—doscope. 此器乃二鏡成四十度或六十度之角其間置畫圖徐徐旋轉則因其映射之景狀使一個畫圖現諸形態者也

六平面鏡之用途　平面鏡之實用人所盡知不必贅言且上文已舉其例然不能盡物理學天文測量諸器多用之今示其重要者如左

第一希列斯台脫 Heliostat. 也　希列斯台脫者乃平面鏡之斜者置之於暗室之壁使太陽光線自小孔射入室內而用手或時辰鐘之機器旋轉使此器長向太陽而回射光線始終照於室內之某處第五十三圖所示之甲卽其一也

第二華剌司頓 Wollaston. 之回光角度表 Reflecting goniometer. 也　此器卽用以測定結顆粒體之角度者

第三巴根他夫之測驗旋轉鏡 Poggendorff's Mirror apparatus. 也　此器乃測極微之旋轉者第六十九圖子乃某物體之旋轉軸此物體可依其圓心而左右微轉而此軸連有平面鏡丑寅與軸同旋轉且其方向決不改移

第六十九圖

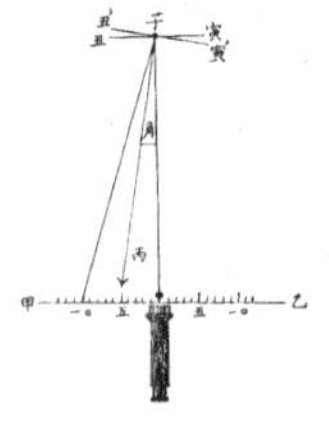

又對此鏡之中心置遠鏡而稍下置尺度甲乙此尺度須與丑寅並行且不礙光之達遠鏡而其尺度之虛像可由遠鏡在平面鏡中望見之今平面鏡如由

軸旋轉則遠鏡口上之十字線交點（細絲線張爲十字使其交點在遠鏡之軸上也）前必見尺度自某度移易某度故雖極微旋轉亦甚著明但尺度之數目鏡在光線正交丑寅之際則其對遠鏡十字線交點之處定爲零而自此左右各劃等分之度假令鏡若旋轉至丑寅之位置則遠鏡之十字綫交點之前當現他度數今命其數爲某則鏡面之正交線子丙當在某度之半之上是本回光定律之理也故其旋轉度之大小可知爲某之半今以角示旋轉角度距示子零之相距得 正切角＝$\frac{二距}{某}$ 而由

此可得角之數也

第三節　凹回光鏡所現諸象

一名稱要義　凹回光鏡（但指渾圓面者）乃渾圓面之若干分磨光其內面者如第七十圖所示其鏡之中心丑名曰鏡心 Optical centre. 而球之中心子名曰球中心 Geometrical centre 自鏡心丑至球中心子所劃之直線名曰凹鏡之軸 Axis. 球之各半徑如甲子丑子子乙名曰凹鏡之彎半徑 Radius of curvature.

第七十圖

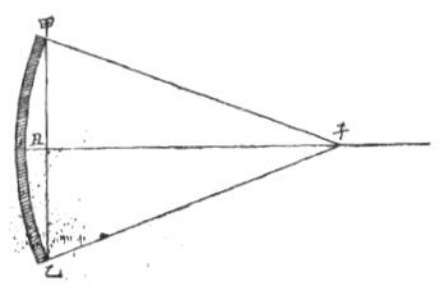

經過球中心之各光線於凹鏡面之正切線爲正交故名之曰首軸線 Principal ray. 軸上平分半徑爲二之點名曰聚光頂（即聚光點因其爲圓錐形之頂故曰聚光頂） Focus. 自凹鏡面至聚光點之相距名曰頂距 Focal distance 甲子乙子兩線交角之度名曰鏡面之弧度 Aperture.

二光行之路　凹回光鏡上有光線射來則因其方向異其回行之路亦異即如左

第一　首軸線回光之路即在射光之路

首軸線於鏡面爲正交故其回光仍由射光路特反其方向耳

第二　有光線與軸並行而射於凹鏡上則其光線必回行而在軸之一點（即聚光頂）上相交即如第七十一圖

第七十一圖

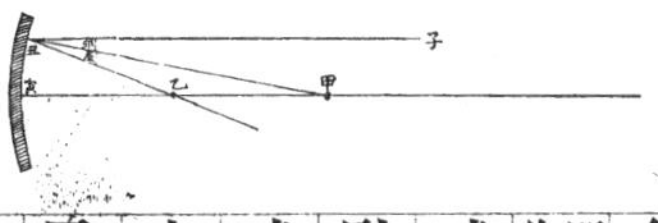

有光線與軸並行（雖光源在軸上而距凹鏡甚遠則其光線與軸所成角度甚小可以作爲與軸並行也）而至丑點今自鏡之球中心甲向丑點畫半徑線則此線即丑點處鏡面之正交線也今[illegible]線與子丑所成之角卯即原行角而回行線當成同度之角辰與軸相交於乙點而因三角甲乙丑爲兩等邊三角形（幾何學易證明）故甲乙線與乙丑線同長今若以丑寅之弧線爲極短則丑乙乙甲兩綫之和其長比半徑之甲丑所增無多故乙甲亦等於寅甲之半也由此推之回光與軸相交之點乙在球中心與鏡心之間之中央一點也今據此理距寅點不甚遠之各點所起回行之各光線悉皆聚於一點當如第七十二圖所示

第七十二圖

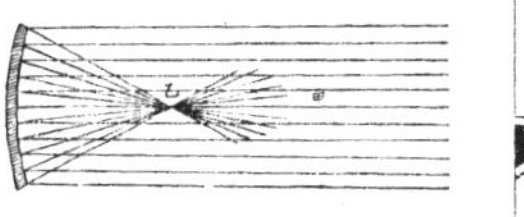

此點即圓錐之頂上文所謂聚光頂是也

第三　有光線對軸而行爲漸收聚 convergent. 回行之後當益增其收聚之度

第四　有光線對軸射來爲漸分散回行之後從其度

第七十三圖

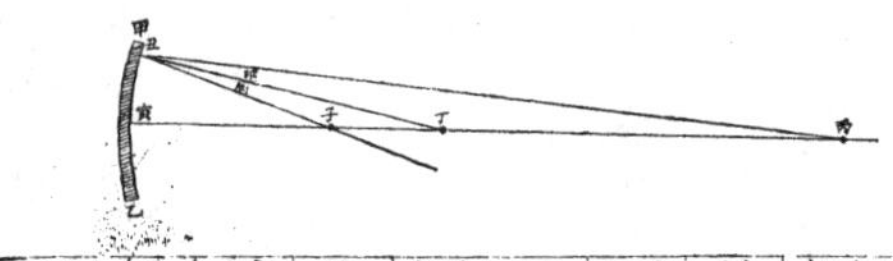

或收聚或並行或減其分散之度其中光源在聚光點射至凹鏡面上者回行之後各光線皆與軸並行說明甚易即光點若不在極遠之處而光線射至鏡面其度已爲漸分散而不能作爲與鏡軸並行則其回行各光線之交點亦不得不變其地而光點愈近鏡面回光之交點卻愈遠鏡面其理就第七十三圖所示可明瞭也即甲乙爲凹鏡光點在其軸上丙而其光線射至丑點乃回行成辰角（即與原行角卯同）與軸交於子點此點雖爲自丙所發之光線回行總聚之點然不如前圖在丁與寅之中央而稍偏近丁是因射光線與丁丑所成之角度較前圖小故也故光點愈近鏡面則卯角愈減小而回光之聚合點愈遠鏡面其光點漸近鏡面至球中心丁則因射光線之方向皆爲半徑之方向即俱成首軸線故回光亦當聚於丁點更移光點再近鏡面至球中心之左面即如子點則回光之聚點必爲丙點而更近鏡面至聚光點上則回光線當盡與軸並行而無聚合點可由上理知之也

第七十四圖

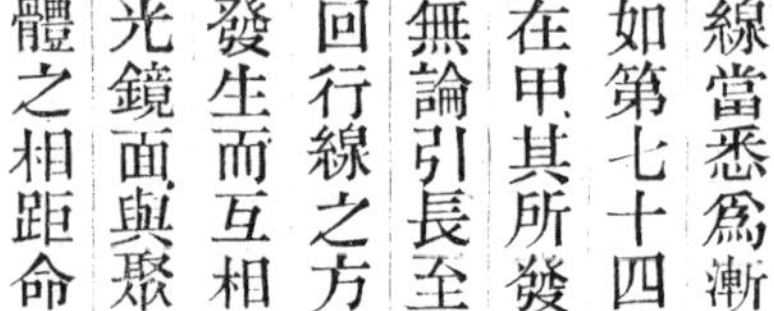

光點若再近鏡面在聚光點與鏡面之間則回光線當悉爲漸分散之線決不聚於鏡前即如第七十四圖所示之乙爲聚光點光源在甲其所發之光線回行如本圖之狀故無論引長至何處決不聚於鏡前而視各回行線之方向其狀恰如自鏡後之子點發生而互相分散行來者也

三凹回光鏡面與聚光點之相距命爲己其與物體之相距命爲子其與像（即回光線聚合處所成之像）之相距命爲丑三者相關之定律凡鏡與物體之相距除一及與像之相距除一兩數之和等於與聚光點之相距除一之數其式爲

$$\frac{1}{子}+\frac{1}{丑}=\frac{1}{己}$$

第七十五圖

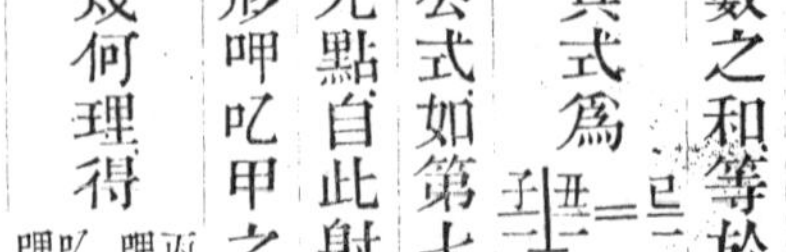

今解此公式如第七十五圖凹鏡之軸上甲有發光點自此射來之光線至吃點而因三角形呷吃甲之吃角爲吃丙線所平分故依幾何理得

$$\frac{呷吃}{甲吃}=\frac{呷丙}{甲丙}$$ 第一式

然設爲小弧面之鏡則甲吃光線對軸之

斜度極微而甲角極小故可視作甲吃與甲叮等而呷吃亦與呷叮等而無大差故化前式即以上第一式得 $\frac{\text{呷叮}}{\text{甲叮}}=\frac{\text{呷丙}}{\text{甲丙}}$ 第二式

今因 甲叮＝子 則 呷叮＝丑 甲丙＝子丅半 則 呷丙＝半丅丑 故將第二式變化得 $\frac{\text{丑}}{\text{子}}=\frac{\text{半丅丑}}{\text{子丅半}}$ 第三式

式內之半徑為二倍鏡與聚光點之相距即 半＝二己 故得

$\frac{\text{丑}}{\text{子}}=\frac{\text{二己丅丑}}{\text{子丅二己}}$ 第四式

而自第四式又得 丑(子丅二己)＝子(二己丅丑) 或 子丑丅二丑己＝二子己丅子丑 或 二子丑丅丑己＝二子己 以二除之則 子丑丅丑己＝子己 而更以 己子丑 除之則 $\frac{\text{己子丑}}{\text{子丑}}\text{丅}\frac{\text{己子丑}}{\text{丑己}}=\frac{\text{己子丑}}{\text{子己}}$ 或 $\frac{\text{己}}{\text{一}}\text{丅}\frac{\text{子}}{\text{一}}=\frac{\text{丑}}{\text{一}}$ 則 $\frac{\text{子}}{\text{一}}\text{丄}\frac{\text{丑}}{\text{一}}=\frac{\text{己}}{\text{一}}$

示上式實用之例如左

第一　光點在極遠處即射至鏡面之光與鏡軸為並行者則 $\frac{\text{子}}{\text{一}}=\text{〇}$ 是故為 $\frac{\text{丑}}{\text{一}}=\frac{\text{己}}{\text{一}}$ 又為 丑＝己 即光線之聚合點在球中心與鏡面心中間之聚光頂也

第二　子若較二己大即光點在較球中心丙遠之處則丑較二己小而較己大此時光線之聚合點在球中心與聚光點之間

第三　子若等二己即光點在球中心則丑與二己等故丑亦在球中心

第四　子若較二己小而較己大則丑較二己大此時光綫之聚合點在球中心外

第五　子若較己小即光點在聚光點與鏡面之間則丑當為負數此時引長回光線所成聚合點當在鏡後

己數若不改變則既知子可算得丑既知丑可算得子而子若為鏡面與物體之相距則丑為與像之相距丑若為與物體之相距則子為與像之相距如此互相對之點名曰互光點亦曰互光頂 Conjugate focus.

四光點在軸外之光線方向　上文所論亦可以律在軸外之光點也

例如第七十六圖所示之甲即在軸外之光點也今

自甲過球中心乙畫一線至鏡上是線卽爲自甲至鏡之首軸線故自甲發出之光線回行之後總當聚此軸上此甲點之各光線若與甲乙丑爲並行而至鏡則回行之後當俱聚於乙丑之間之一點但因自甲發出之光線爲分散之綫故光線聚合點之距鏡尙較卯點爲遠欲求此聚點則可自甲畫甲寅線與鏡軸並行若有光線由此方向而射至鏡則當從前所論述之定律向聚光點回行故自寅點畫線過丙則此線與甲乙丑線相交於子

第七十六圖

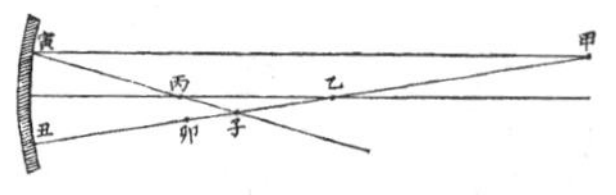

點而自甲所發之光線悉當聚於此子點故此子點若有光體則其光線亦當於甲點聚合也

五物體之像　以上論光點在鏡軸上或在軸外一點其所發光線方向如何今用此定律則可作圖說明物體生像之狀也

第七十七圖

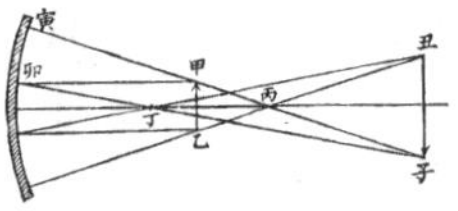

例如第七十七圖凹鏡球中心與聚光點之間有一物體甲乙光線自甲而至寅者與自球中心丙至寅者其方向同故回光亦當通過球中心丙而行自寅至子之路又光線若與鏡軸並行自甲

而射至卯者則回光當經過聚光點而行自卯至子之路如此則自甲所發之光線回行皆聚於子點而成物體上端甲之像其自物體下端乙所發者亦與自上端發者同理而回光線皆聚於丑點而生乙之像自上端與下端之間所發者亦各聚於其相當之點不待言而明矣故能使小物體之像放大且顛倒現出也今若使子丑爲物體則當與前相反而生甲乙倒像若物體在中心與聚光點之間而愈近聚光點則中心外所生之像愈遠中心且愈大此理只關射光線之角度參攷前諸項則自易解也

第七十八圖

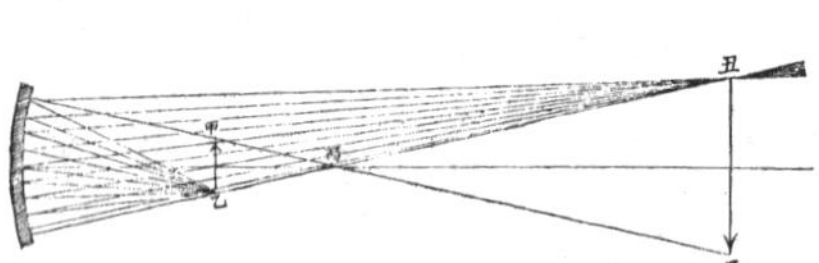

前圖唯就自物體各點發之一二光線釋之今視第七十八圖則自各點所發之光線悉皆聚於相對之點自更可明卽球中心與聚光點之間有一小物體甲乙自下端乙所發之光線回行皆聚於丑點而生物體下端之像又自物體上端及其他各點所發者亦各如此聚於某一定之處而現子丑之全像但除自物體下端乙點所發之光線外圖中皆未繪恐線多而方向反易混亂也物

體若在丑子則當現甲乙之像若在球中心則其像亦當在其中心大小與原物相等而顛倒其理同前

以上所論自凹面鏡前之物體所發光線由鏡面回行集於一定點而生其像如此之像名之曰實像

Real image.

六試驗凹回光鏡果生實像否　凹鏡果能生實像否可由實驗確證之

如第七十九圖之器可證明之今置凹鏡甲燭光乙及現像之方板三者並行而在一直綫上如進退燭光至適合宜則其方板上當現放大之倒像如本圖

第七十九圖

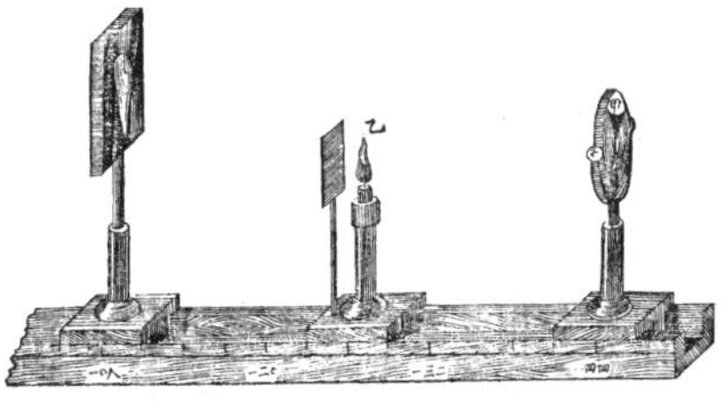

所見若除去現像之板自遠處望之亦可見倒像浮於空中也

光點若在凹鏡面與聚光點之間則其鏡前無回光所成之像旣如前文所論述矣故此處置物體則自此所發之光線無在鏡前成像之理今如第八十圖以求何處現如何之像卽聚光點丁之內有物體甲乙光線自其上端甲起而射至鏡面寅者

第八十圖

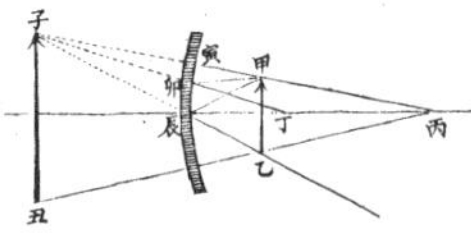

則當反其方向而回行於原路蓋與球之半徑同方向也其與軸線並行而自甲至卯者則向聚光點而回行自甲至辰者則向乙而回行是故自甲所發之諸線無在鏡前相聚之點因此卽不能現甲像然引長此等之線至鏡背則在子點相聚如圖中虛線所示而自下端所發之光線亦當聚於丑點與上端同自其餘他點發者亦各聚於其相當之處因此當在鏡背見放大之像子丑（故凹鏡又有大視鏡之名）此像非眞光線相聚而成乃只由引長之

線而視得者故從平面鏡上所見之像名之曰虛像 Virtual image. 此像現出之際亦從物體各點所發之光線聚於相當之一點而成如第八十一圖所示

第八十一圖

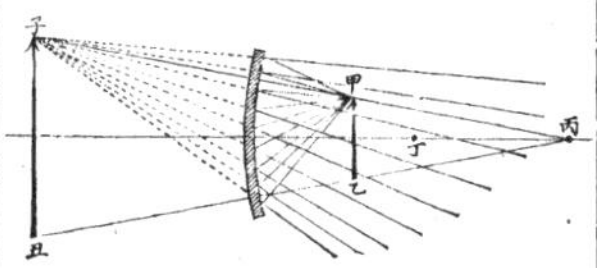

七球形差　就上文所論之諸項觀之由凹鏡回行之光線其聚合點雖似一定者然在實際決不然今就第八十二圖以明之今有與軸並行射來之光線二條近軸之一線回行而至乙（此點卽前所謂聚光點）其遠軸之他一線回行當至

第八十二圖

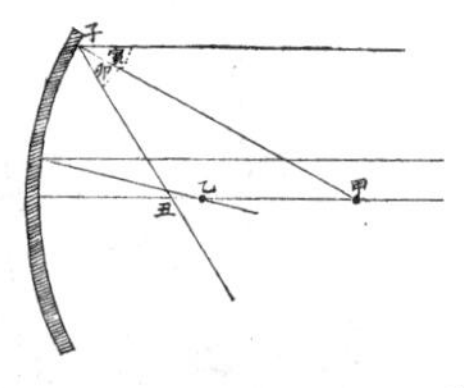

丑是從球中心甲向鏡面畫正交線而寅角與卯角等之處其理如前所論也然則同與軸並行之光線從距軸之遠近不同而不能聚於一點故現像不極明此差名曰球形差 Spherical aberration.

此二線間所有之各線至鏡面而回行者當各聚在乙點與丑點之間故不成聚光點而生所謂聚光線 Caustic curve. 即許多聚光點連續而成之線其球形差之著者視第八十三圖自明也

欲避此差則凹鏡不可用如第八十三圖者當用其

第八十三圖

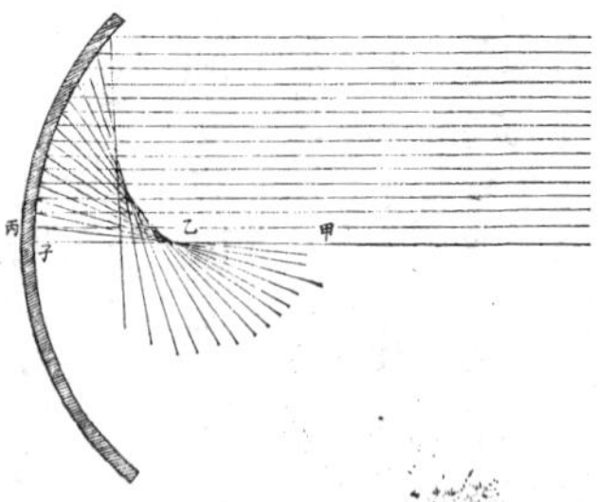

弧度為甚小而如第七十五圖之甲叱與甲叮可互換而其差甚微者又燈上所用之回光鏡以拋物綫形之凹面者為佳蓋如此形狀能使並行之光線聚於一點也

第四節　凸回光鏡之現象

一名稱要義　凸回光鏡但指球面者者即球面之一分磨光其外面也中心彎半徑軸鏡心等名與凹回光鏡無異但

在凸回光鏡則無聚光點而有分散點 Virtual focus. 即負聚光點即與軸並行之回光從其方向引長至鏡背其聚於軸上之點是也

第八十四圖

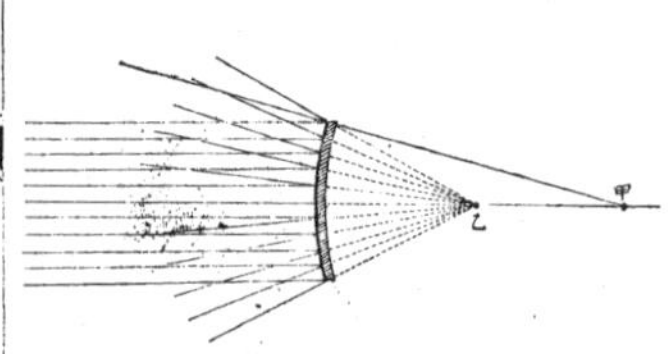

二光行之路　關光行路之定律如左

第一　首軸線即向球心而射之光線回行仍向其原路

第二　與軸並行之光線分散而回行從其方向引長至鏡背其線相聚於軸上之一點即所謂分散點也

第八十五圖

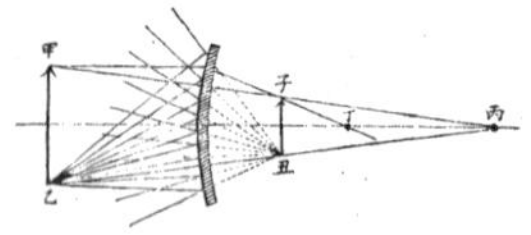

第八十四圖即示其狀甲為凸鏡之球中心乙其分散點也此乙點為分散點之理不須更言自易明也

第三　凡分散射來之光線在凸鏡面回行後當益分散收聚射來之光線在凸鏡面回行後當減其收聚之度或為並行線或為分散線是故凸鏡有分散鏡之名

三凸回光鏡上所現之像　凸回光鏡上唯現直立之小虛像

就第八十五圖可見其例即甲乙為在凸面鏡前之物體自體之上端甲所發

之光綫其依甲丙而行者遇鏡面當直回行其與軸並行者遇鏡面而回行之光綫引長至鏡背當至丁而與引長至鏡背之甲丙綫當聚於子又自體之下端乙發之光綫回行之後引長至鏡背則當悉聚於丑因能現小像子丑故凸面鏡亦有小視鏡之名

四日本魔鏡　日本所有之青銅鏡亦凸回光鏡之一也其所以得魔鏡之名者因以屏風對其回行之光綫能於屏風上現出鏡背之文字繪畫而呈一種奇異之觀如第八十六圖所示也

此現象爲近時物理學家所留意今據山川健次郎等

第八十六圖

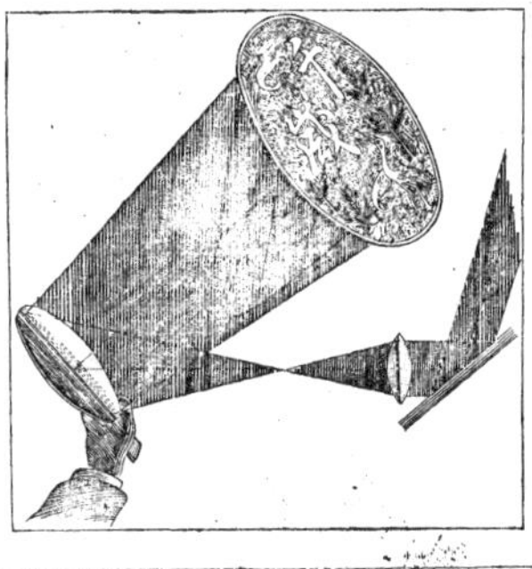

所研究以爲魔鏡之面觀之雖如均勻彎凸者其實不然而各處彎凸之度有大小之差例如鑄出之千歲等字即鏡體之厚處其彎凸之度當較薄處小也（即彎半徑大）而彎凸度小之處以光線之分散光線較少故其有千歲文字等處回光較他處獨明也

上文彎凸度生差之理有村岡範爲馳研究之而云凡金類板磨之則其面能凸起而其凸起之度由於金之種類與板之厚薄而有等差又在同一金類薄處凸起之度較厚處大今以(半)示彎半徑以(厚)示金類板之厚薄而以(常)爲各金類所有之常數則其相關之式如左

$半=常厚^{三}$

由此觀之取一厚薄處處不同之金類板磨之則其全體爲凸起之彎而其彎度依處生差自明也而其差依上式如厚二倍則彎半在爲八倍故厚薄之差雖至微細然其彎凸度不免生大差也

製日本魔鏡先在青銅板之裏面厚鑄出千歲松竹梅龜鶴等文字而磨其外面故磨後鏡面變爲凸起之彎而其厚處彎凸度較小則自此回行之光線其分散之度較少所以裏面有文字繪畫之處較他處之回光大也

彎半徑之變化關於板之厚薄如上式所示然全鏡之體若甚厚則不密測不能覺之故魔鏡必爲日本鏡之薄者又雖厚鏡而多加磨工至爲薄鏡則亦必成魔鏡也

此理未明以前世人以爲鏡師有秘術製之是決不然蓋非鏡師有意製之時偶得之耳且鏡師全不知此現

象者亦不謬也

又鏡背附刀痕亦必現出於回光之像中其理與磨處凸起相同今不復細論也

第三章　折光

第一節　折光總論

一定義　凡光線自一居間體移入疏密不同之他居間體則因斜射於其兩體之交界面上而變其方向是爲折光 Refraction of the light.

折光之現象果如斯否有例許多以證明之示其一二如左

第八十七圖

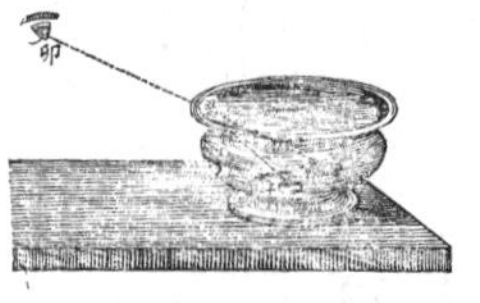

一　如第八十七圖於不透光之盃中置一銀圓子而眼在卯則銀圓爲器邊遮蔽而不可見今若注水於盃中則不但得見其銀圓且水愈加當覺銀圓愈浮出而至寅是從子發出之光線初爲器邊所遮不能入眼中及以水注入則其光線自緊密物體（即水）移入疏鬆物體（即空氣）其際當在丑點（即水與空氣相界之一點）折而離垂線較遠故得入眼中而觀之者覺在寅點也由是觀之凡光自一透光體入疏密不同之他透光體必有曲折無疑矣

二　取一直桿斜插入水中則其在水面以下者如被折而向上其桿若直插入水中則當仍現直桿

三　日光通窗間之一孔射入暗室內而斜入盛水之玻璃器中則在入水之處變其方向垂直入水則不然

四　川河之可見其底者覺其較實際淺

五　視游泳深水之魚覺較其實際離水面近

二名稱要義　第八十八圖所示之丑爲二種居間體（例如水與空氣）交界面上之一點今如子丑爲射光線則丑寅即其光移至他居間體中之方向也今通丑而畫一長線辰丑卯與交界面爲正交其線名曰正交線而射光線子丑與正交線所成之角甲名曰射光角又丑寅曰折光線 Refracted ray.

第八十八圖

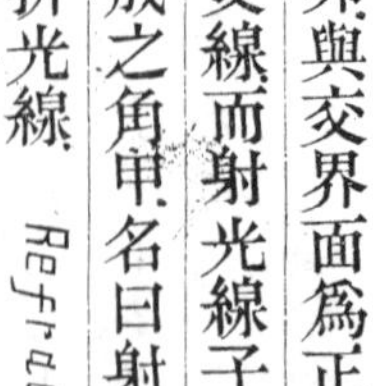

而其折光線丑寅與正交線丑卯所成之角乙名曰折光角 Refraction angle.

三折光定律　折光律七項如左

第一　折光線在射光線與正交線所成之平面上

第二　折光線與射光線在折光面（即兩體之交界面）與正交線所成直角之兩對角中

第三　光線與兩居間體之面爲正交線則直行而不折

第四　在交界面斜射之光線則必折而其斜愈甚則折愈多

第五　光線自密居間體入疏居間體則當折而遠正交線（即折光角較射光角大）

第七　光線在密居間體中斜行入疏居間體之面若其折光角較九十度大則其光線不移入疏居間體中而全回行入密居間體中此現象名之曰全回光 Total reflection.

折光定律依美列安 Müller 所創之折光器 Apparatus for refraction. 可證明之第八十九圖所示爲其折光器一面係玻璃平板子丑他面係半圓之垂綫壁子丑之中央有狹長孔餘悉貼以錫箔使不透光

第八十九圖

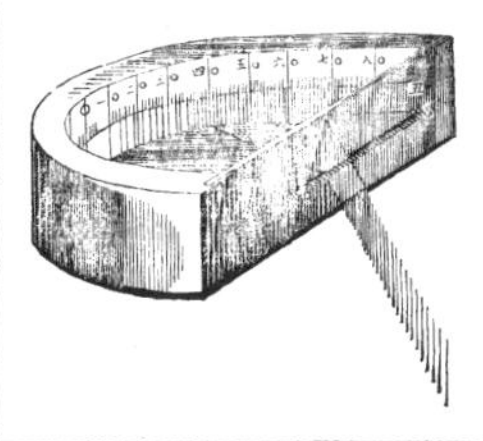

半圓壁之面上劃度數自零度至九十度但其零度與平板中央之狹長孔相對今盛此器以水約及其半以燭光置孔前使光線一半過空氣中一半過水中此際使光在平板面上爲正交線而射來則其光帶過水中與過空氣中毫無區別而俱至零度上（第三定律）若光線爲斜射則光帶所行之路在兩居間體中生差而水中之光帶較在空氣中者近零度即近正交綫也（第四定律）例如在空氣中者射至六十度則在水中者當射至四十度（第五定律）又第六定律則依第八十七圖所示之實驗可得確證第七定律則設簡法如第九十圖取一試筒盛以水少許插入玻璃器中

第九十圖

此器中滿盛以水則因試筒中容空氣而見在水中之處頭如水銀惟其盛水之處卻能見水是因極斜射來之光線

子寅已不能移入空氣中而依寅卯線全回光故也（丑寅爲正交線）

又如第九十一圖乃長方形之小箱其上面一半有蓋而內面塗黑色其左壁上穿三角形之小孔甲右壁上穿方形之小孔乙其未盛水前依丁丙甲方向望之當可見甲三角孔及既注水於箱中

第九十一圖

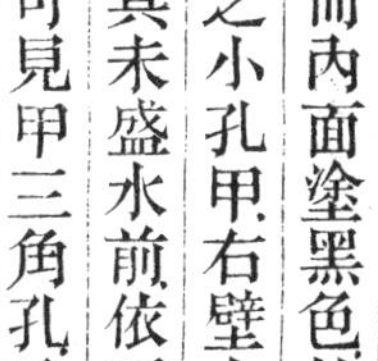

而自丁望之則不見其孔然若依乙丙戊方向視之當見戊處有三角孔之倒像是卽自甲行來之光線若無水則可進至各處及注以水則光線沿甲丁線

射來者遇水面爲極斜，不能移入空氣中，故沿丙乙而全回光也。

四射光角與折光角相關之算式　此算式一千六百二十年荷蘭人司乃立司 Snellius. 所發明，爲一切折光之定律，即如左。

凡在某二種居間體，其射光角之正弦與折光角之正弦常有一定之比例，此比例名曰折光指 Index of refraction. 今命其指之數爲（數），例如在空氣與水其（數）大約爲$\frac{三}{四}$，在空氣與玻璃爲$\frac{二}{三}$也。

據第九十二圖以解釋之，子丑即射至水面上丑點

第九十二圖

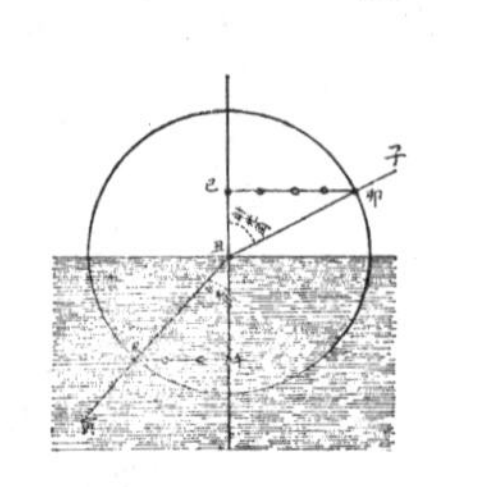

之光線，而丑寅即其折光線也。今以丑點爲中心而畫一圓線，其圓線與射光線相交於卯點，與折光線相交於辰點。今自卯而向正交線上畫一與界面並行之線卯巳，且自辰向午亦畫並行之線，則辰午當爲卯巳四分之三。今定圓線之半徑爲一，則可以前兩並行線爲其兩對角之正弦，即卯巳爲射光角之正弦，辰午爲折光角之正弦。今命射光角爲（射），折光角爲（折），而得相關之算式如左。

$$\frac{正弦折}{正弦射}=\frac{三}{四}$$

例如在折光器（第八十九圖）空氣中之光帶達六十度之際，水中之光帶達四十度，而推算其兩角度之正弦，得上式之比例。

已知光線在兩居間體中正弦之比例，則其折光線

第九十三圖

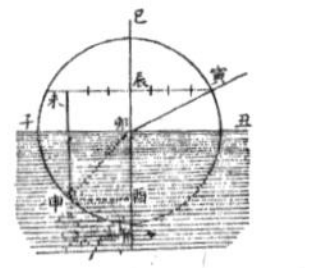

所到之處，可由下法求之。即有光線自空氣中移入水中，則如第九十三圖所示。今以子丑爲氣水之界面，寅卯爲射光線，而卯點上畫正交線巳午，以卯爲

心而劃圓線，更自寅點向巳午上畫與界面並行之線寅辰，引長此線至未點，使辰未爲寅辰四分之三，而自未點向下畫一直線，使與正交線巳午爲並行，其與圓線相交之點申，即折光所到之點也。

又依

$$\frac{正弦折}{正弦射}=數$$

即射光角正弦與折光角正弦之比例式，則可算得折光定律第七條所述發全回光界角之限，即界角限 Critical angle. 今以正弦折乘上式，而以數除之，則得式如左。

今若以(射)爲九十度則其正弦當爲一（即半徑）而

$\text{正弦折}=\dfrac{\text{數}}{\text{正弦射}}$

$\text{正弦折}=\dfrac{\text{數}}{\text{一}}$

而在空氣與水(數)爲三四故

$\text{正弦折}=\dfrac{㊂/\text{四}}{\text{一}}=\dfrac{\text{四}}{\text{三}}=〇.\text{七五}$

而

$〇.\text{七五}=\text{正弦四八度三五分}$

因此知界角限爲四十八度三十五分而光線若自空氣中移入水中則其所成之折光角決不能較此度大卽光線若在水中成四十八度三十五分之角而自水面移於空氣中則必折成九十度之角卽其光線入空氣中當與界面並行是故水中之光線所成之角若較四十八度三十五分大決不能移入空氣中而當在水中爲全回光也

又由作圖求界角限之法如下卽第九十四圖之甲乙爲氣水之界面以正交線子丑之一點寅爲中心而劃圓線四分乙寅自其第三分之點卯畫一直線使與正交線子丑爲並行又自其與圓線相交之點

第九十四圖

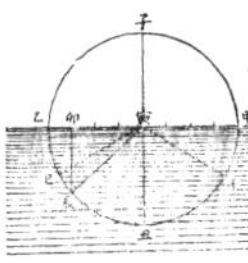

辰向寅劃一直線此線與正交線所成之角卽界角限也今測此角度知其爲四十八度三十五分故光線在辰寅之方向則能出空氣中角度若較此大如在巳寅則從回光之定律向寅午而回行又易水以玻璃則其界角限爲四十一度以金剛石則爲二十四度也

五各種物質之折光　各種物質折光指之數不同前已言其例今示其二三如左表

水	一·三三四	醋	一·三七二
偏蘇里	一·五〇〇	轉成玻璃	一·五三三
火石玻璃	一·六六四	炭硫	一·六八〇
阿尼西油	一·八一一	金剛石	二·四七〇

水之折光指雖如上文所記三四然密測之實得本表所示之一·三三四

六空中因折光所現之諸象　分說如左二項

第一　星學中之折光也卽星體所發之光在空氣中而折行使人見其星體覺較實位高是蓋由星體之光先自眞空進稀薄氣層漸次至濃厚氣層因之漸折向垂線故也

例如第九十五圖所示之星子則當折而現於子點蓋惟在吾人頂上者其光線爲不折否則所見之星

決非實位也如此現象頗多示其一二如左
一凡日月未昇至地平時人已早見之又沒地平下後尚得見之蓋光線在地平約折半度而人見日月較其實體大約高半度也是故人見星體上端齊水平線時其實

第九十五圖

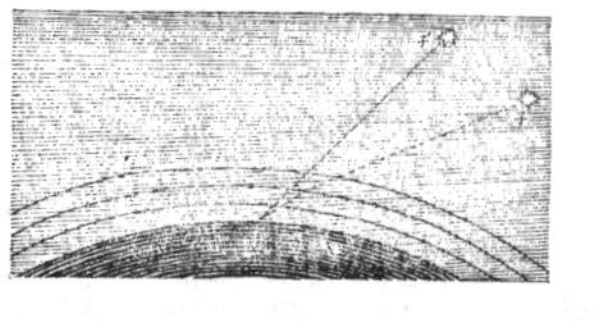

尚全在地平線下而卻見其下端已在地平線上也
二因上項所說之蹟增一日之長短
三日月在地平時其濶較其高似大故其形似扁蓋

此兩體在半度之高則其上端折光之增高爲二十八分其下端增高爲三十六分而下端之增高較上端大因此而左右兩端無變化上下兩端互相近故成扁圓形也
第二　地上之折光也即自地上遠處之物體射至人目之光線通過疏密不同之空氣層而爲折光因之視遠處之物體覺較實際高且使尋常在地平下不可見之物體亦偶有現出者即如左
一尋常不可見之遠海岸或見之
二在遠處之海岸或天涯其空氣中時見物體忽浮

出忽沒下蓋因光線異常彎折使在遠處地平線下之物體忽然出現也
七全回光之現象　如左
第一　空氣回光是也或現於廣漠熱地之平原或現於海上如左二項
一空氣回光之現於沙漠者　即近熱帶處時見房屋樹木等物忽成倒影如映於水面者然其地固無水蓋因沙石之受熱較在其上之空氣大故近地面之空氣比在其上者薄因之自房屋樹木等所發之光線其向下者至某處爲全回光也今據第九十六

第九十六圖

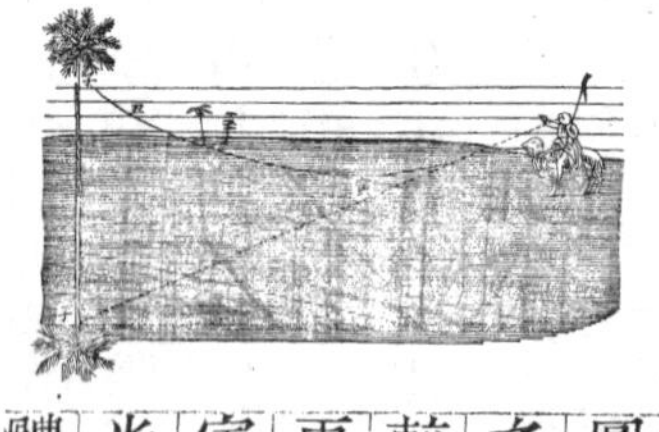

圖說明其理即自樹木上端所發之光向丑而行至丑點入第一層較熱之薄空氣中而離垂線稍遠更入漸薄之層而折光角漸大至寅點則不能更入下層遂爲全回光而入人目此所以視子點之物體若在子點處也
二空氣回光之現於高緯度海上者　即在海上空氣靜穩之候空中見有船舶之倒影是由其時海面之空氣極濃與其上之空氣濃淡大異自船斜行之

光線漸遠正交線而折行至界角限之度則不能移入上層之氣當成全回光而入人目故視此船舶之倒影如第九十七圖所示

第九十七圖

第二　水中氣泡上現珍珠之光透光體之裂紋光朗如銀皆人所常經驗也

此現象由斜光線入氣泡及紋中之空氣而爲全回光也又小塊玻璃寶石等之光輝皆由全回光起

物理學中編三上

也

第三　透光體之各小塊爲空氣所隔則爲不透光體人所盡知也例如水晶與玻璃之末水沫雲雪等

如此之物體中原射之光與侵入之光必須自密居間體移入空氣中而屢次起全回光故爲弱光也

第四　玻璃片常爲透光然使其一面爲糙者則爲半透光體是亦與上文所說同象今當述其理由如左

第九十八圖

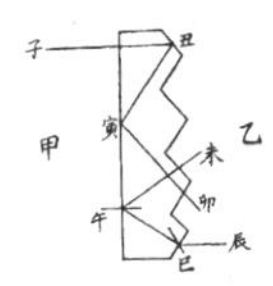

即如第九十八圖所示有玻璃片一面甲平滑一面乙毛糙（在實際乙面之凸凹本不如本圖之顯但欲易說明故使著明如此也）光線之由子射至丑者與甲面爲直角故其行進當無變化然至乙面之丑點出至空氣中之際其角已過界角限故起全回光而自丑至寅然光線與甲面正交線其角仍大仍不能移至空氣中故再起全回光而至乙面之卯點如此光回數次則光之濃愈減而入空氣時爲較弱之光即其面上覺較不透光也又在乙面之光線自辰至巳點者其移入玻璃中之際自巳折而至午點然在午角度已過大爲不能移出乃自午而全回光至未如此不能移出者數次遂減其濃度而覺較不透光與自甲面射入者同但磨糙之玻璃及紙如潤

物理學中編三上

以水或松香油則仍爲透光是由油或水塡其凹面爲平面且光線自玻璃入水或松香油中較自玻璃入空氣中折光指少而移入易蓋玻璃之疏密與水或松香油其差不如玻璃與空氣之大也

第五　華辣司頓 Wollaston 所造之寫照器西名開每來六昔台（譯言明室）Camera lucida 即由全回光之理所造用以模寫物體之形狀者

第九十九圖所示爲其最要之處即一小四稜之玻璃塊其橫剖面爲子丑寅卯其子角爲直角（即九十度）而寅角一百三十五度丑角及卯角俱六十七度半也

第九十九圖

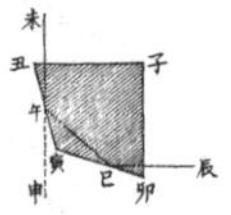

取此玻璃安置之於小架臺上使上面子丑準水平右面子卯中垂綫則自某物體辰所發之光線依水平面射來者其方向於子卯面爲正交故當不折而直移入玻璃中其線當達於巳點而出至空氣中然巳爲六十七度半之角故爲全回光而至午然在此處亦爲全回光與在巳同故更入於在未之人眼中是故在辰之物體視之恰如在申此處置紙模寫其像則可作極肖眞物之圖今欲知巳點及午點所受之光所以成六十七度半之角可就第一百圖證明之卽如前圖所云子

第百圖

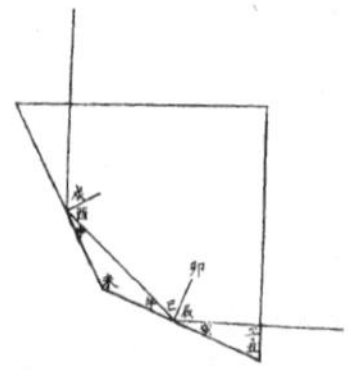

角爲九十度丑角爲六十七度半則此圖之寅角爲二十二度半蓋幾何理三角形之角總數必爲一百八十度而九十度六十七度半及二十二度半之總數爲一百八十度也今面上畫正交線卯則寅角與辰角之總數爲九十度而寅角既爲二十二度半則於九十度中減二十二度半自知辰角之度爲六十七度半也而依回光之定律巳角當同辰角爲六十七度半則午角亦同寅角爲二十二度半而未角爲一百三十五度故知申角亦爲二十二度

半也因此理推之戌角亦爲六十七度半而其光線回行到上面爲直角故不折而出空氣中也

八各種折光體　空氣水玻璃世所共知之透光體也空氣與水之折光諸象巳如前項所論故今但論磨光玻璃所有折光之現象足矣其玻璃從其面之異分爲平面玻璃及凹凸面透光鏡二類平面玻璃者平面之透光體凹凸面透光鏡者謂一面彎或二面俱彎之透光體也其兩交界面俱爲球面或其一面爲球面一面平者俱名之曰球面透光鏡而其球面鏡之中央若比其邊厚者名曰凸透光鏡邊比中央厚者名曰凹透光鏡

第二節　論平面玻璃上之折光線

一平面玻璃之種類　平面玻璃有二種卽相對之兩面或爲並行或互斜以成某角是也其並行者用嵌窗戶等世人所盡知也互斜者名曰稜柱玻璃 Prism. 故凡物理學中所稱三稜玻璃卽指二平面互斜之透光體而其二平面名曰折光面 Refracting plane. 而其二面相交之線或引長而可相交之線名曰折光稜 Refracting ledge. 兩面所成之角名曰折光角 Refracting angle. 與折光稜並行之面曰底面 Basis. 不問其實有與虛設也與稜成正交之剖面名曰首要剖面 Prin ical section. 其用最多之三稜玻璃，即三邊玻璃，或三邊玻璃之中空而盛以炭硫二者是也，故世稱之曰三稜玻璃。

二兩界面並行之平面玻璃所現之象　光若透過兩界面並行之透光體，則射出光線與射入光線並行，其透光體若甚薄，則射出光線與射入線幾在一直線上，故隔如此之玻璃而望物體（例如玻璃窗）與其實位不甚變移，然在厚玻璃則覺物體之位置稍偏於側。

其原由據第一百一圖解明之，即乙乙之玻璃板上有一光線子丑自空氣中（所示之甲即空氣也）射入玻璃，當折

第一百一圖

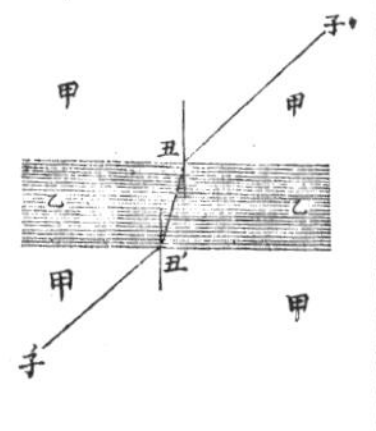

而近正交線，其方向如丑丑所示，然其自玻璃射出亦當折而離正交線，其方向如丑子所示，是故射出之光線與射入之光線不得不為並行也。

三三稜玻璃所現之象　三稜玻璃現二種奇異之象，第一光線方向必大變化，離折光稜而斜，第二光線分色（第二現象於次章詳述之）。凡隔三稜玻璃而望物體，因第一變化改其位置，而所現之象當偏於向折光稜之處。

第一百二圖所示之子丑寅為三稜玻璃之首要剖

第一百二圖

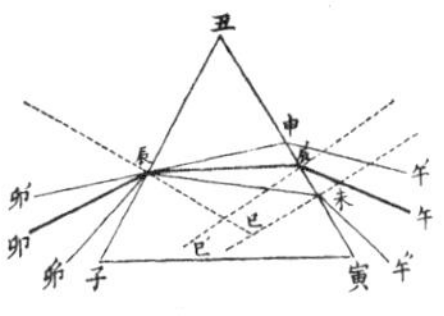

第一百三圖

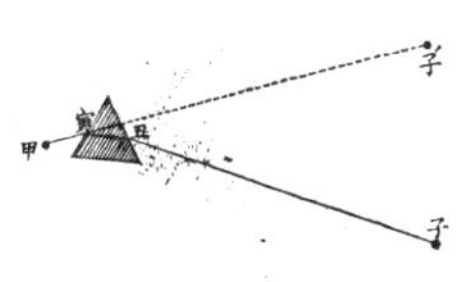

面，今有一光點在卯，卯辰為其光線射至玻璃面者，辰巳為對其光線處玻璃面之正交線，則從折光定律，當折向正交線，而其方向變為辰辰′，至辰′後則當折而離正交線辰′巳′而其方向復變為辰′午′，是故光點不得不現在午′辰之方向，故如第一百三圖所示之光點子，人目自甲視之，當如在子′即其位變而偏於向稜之處。凡經過三稜玻璃之光線所生之斜度（即射入三稜玻璃中之光線與自玻璃射出之光線所成之角度）與其光線與射入面及射出面所成斜度之和相等，今以〈嘝〉示在射入面所有之斜度，以〈嘝〉示射出面所成之斜度，以〈斜〉示全斜度，如左

斜＝嘝丄嘝′

唯斜之大小關三稜玻璃之質，固不待論，然亦關折光角之大小而著，即其角愈大則斜度愈大也。

光線透過同一三稜玻璃而其面與光線所成之角度異，則所成之全斜度亦異，例如第一百二圖子丑寅面上有卯辰、卯′辰′及卯″辰″三光線射來，折而透過向

辰午未午及申午而進行此三線中之斜度最小者爲卯辰而其他較此皆稍大即射光線在兩折光面成同角度者比在他位置者斜度皆小也今當說明其理假如卯辰光線折行其折光線辰辰在子丑與寅丑之兩面成同角度則其折光角巳辰辰（巳辰線即子丑面上之正交線也）與巳辰辰（巳辰即寅丑之正交線也）相等以（天）記之故光線在辰所成之斜度與在辰所成者同因此知全斜度（即射光線卯辰與射出線辰午所成之角度）當如 斜＝二斜

今射光線若變換其方向例如在卯辰而射入則其光線當折至辰未故折光角卯辰未不可不較（天）（巳辰即巳辰）小然辰未線與在未之正交線所成之角則較（天）大故在辰之斜度雖較前者減少而在未之斜度卻增大今以（甲）示在辰減少斜度則現在在辰斜度之大小即（斜甲）也而由折光所生斜度之大小即爲自射光角減折光角者故在未斜度增加之率不能不較（甲）大（此確證非用三角法不能得但以繁雜故省之）是故在未之斜度可以（乙丁甲丁斜）示之依此得其全斜度（斜）爲 斜＝斜甲丁斜甲丁乙 即 斜＝二斜丁乙

由是觀之（斜）之斜度較（斜）大明矣射光線若沿卯辰而來則在第一面其斜度當較（斜）大而在第二面較（斜）小然第一面斜度之增加較第二面所減爲多故其全斜度亦較（斜）大也

第百四圖

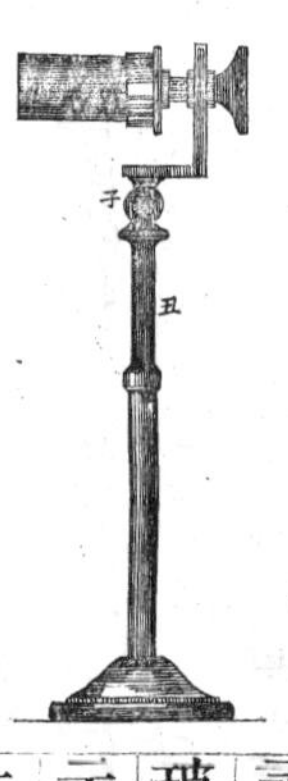

尋常光學所用之三稜玻璃如第一百四圖所示托於黃銅所製之架上以丑小管插入架上之管中使易上下進退又有活節子使其位置或正或斜惟意所欲

第百五圖

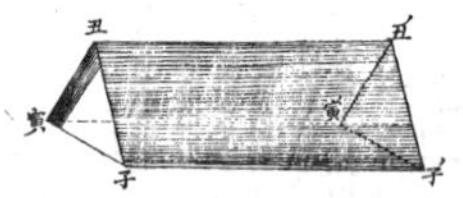

第百六圖

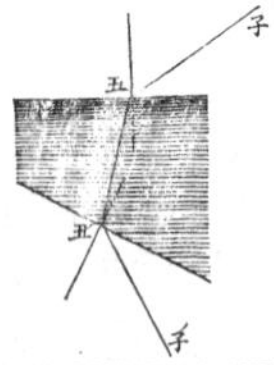

如此之器則使三稜玻璃可從光線之方向而隨意用之故子子或丑丑或寅寅俱可爲折光稜不待言也（見一百五圖）折光稜或實有之或須引長其面而始有之如第一百六圖所示之稜柱玻璃其折光稜非實有也然子丑之射光線折而向丑丑又向丑子而射出可知光線之成斜只關其面之斜列而於折光稜之存否無關係也

第三節　論凸透光鏡之折光

一定義及種類　凸透光鏡 Convex lenses. 者但指球面者如第一百七圖所示乃透光體有二球面或一球面與一平面而其中央較其邊端厚者是也別之爲三種即鏡之兩面共凸者曰雙凸鏡如甲其一面凸一面平者曰平凸鏡如乙其一面凸一面凹而凸面之彎度較凹面大者曰凹凸鏡如丙雖如此區別然三者現象皆同也

第百七圖

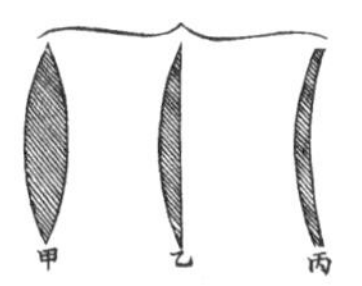

二名稱要義　兩球面之渾圓心第一百八圖之子丑名之曰球中心或曰彎度之中心其半徑名曰彎半徑貫兩球中心之直線甲乙名曰軸鏡之中點在軸上者名曰鏡心 Optical centre. 而與軸並行射來之光線透鏡折而聚合之點名曰聚光頂自此點至鏡心之相距名曰聚光頂距在兩凸鏡其兩面之彎度相同則兩頂距與兩彎半徑亦俱同大鏡之兩面其光線所從射來之面名曰前面彼一面曰後面

第百八圖

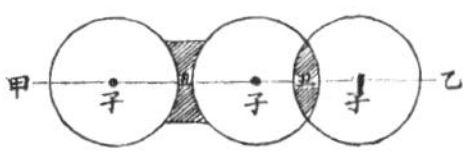

三光行之路　凸透光鏡上之射光線從其方向異其折光之狀

第一　有光線沿軸射來則毫無折光之事而能直通過之

其原由蓋光行之路與鏡面爲正交故也參考折光定律更不待說明也

第二　有光線若通過鏡心則唯稍斜而已是蓋鏡心之周圍一小分可視爲兩面並行者故射入線與射出線互相並行也

第三　有光線若與軸並行即發自極遠處之光線而在軸上者可以視爲並行也射來則聚於鏡背軸上之一點其點即所謂聚光點也

第百九圖

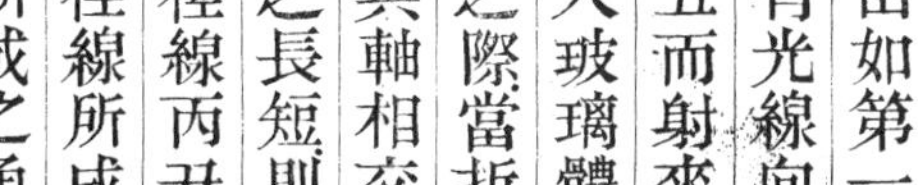

其原由如第一百九圖所示茲有一平凸鏡有光線向其平面甲乙與軸並行沿子丑而射來則是與鏡面之正交線同而入玻璃體中毫不折唯其自丑點射出之際當折而向己今欲考得其射出線與軸相交之己點距寅之遠近即己寅之長短則光自丙點即球中心向丑點畫半徑線丙丑天者即光線未折前與此半徑線所成之角地者即其已折後與此所成之角也今玻璃質之折光指

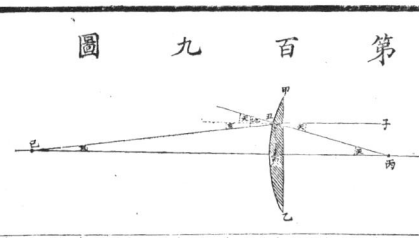

示以數則爲天弦正·數=地弦正也但天角若小雖作爲天·數=地亦無大差而射出之光線丑己與軸所成之角亥實等天丅地今若以玻璃之折光指數爲二分之三則即得天·三/二=天數=地而亥=地丅天=(數丅一)天=三/天然今亥與天所差甚小所以已丑丙三角中得次式

三∶一∷數丅一∶亥∷天∶丙丑∷己丑之比而以半代凸鏡之彎半徑丙丑則得半二=半/數丅一=己丑

鏡若甚薄而其厚薄可不計算則右之成蹟當作爲已點之距鏡倍於球中心丙之距鏡假定數爲一·五但此算式中之天非必爲特定之數即天數之大小有變化而以所屬之弦代其正弦亦不致有大誤而丙點之位置依然無變易是故與軸並行之光線皆當聚於一點己如第一百十圖所示

第百十圖

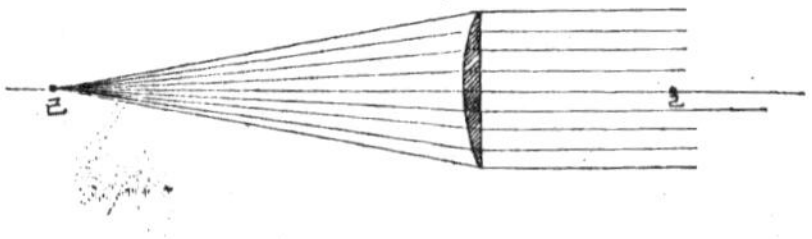

第百十一圖

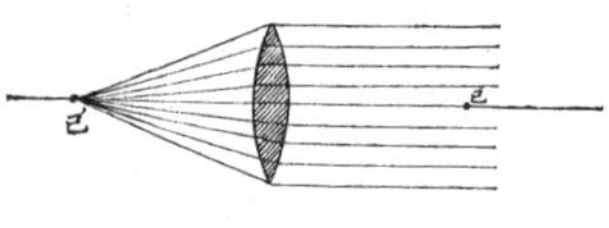

凡雙凸鏡較平凸鏡之祇有某半徑之一凸面者其使光線折行之度不得不爲倍故如第一百十一圖所示有光線一束向兩面同彎度之雙凸鏡與其軸並行射來則當聚於球中心已點而此點較前圖之已其距鏡正爲其半也但上文所述就鏡質之折光

指爲二分之三即一·五者言之而各種玻璃之折光指大抵較大即爲一·五二至一·六六故其鏡之聚光距亦較上文所記不得不稍少也

第四 對軸分散射來之光線從其分散之度或收聚或並行或減分散之度凸面鏡專使光線聚合如此故又有聚光鏡 Converging lenses. 之名

光點不在極遠之處則其光線俱屬分散射來例如光點在第一百十二圖之甲點求得其通過子鏡之光線與軸相交之處在乙點則自甲所發之光線其聚合點即在此蓋鏡折光使斜之度其折光角若爲

第百十二圖

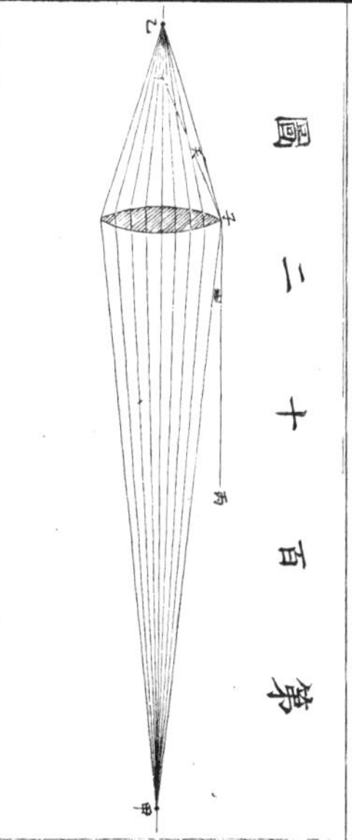

極微則不因光線射來之方向有異而遇鏡以後異其折行之斜度然則光線甲子遇鏡折行之斜度猶之與軸並行射來之光線丙子遇鏡折行之斜度也但丙子折向聚光點丁故射入線與射出線成丙子丁角而甲子折向乙成甲子乙角此兩角者固當同度故子丁子乙所成之天角亦必與子丙子甲所成

第百十三圖

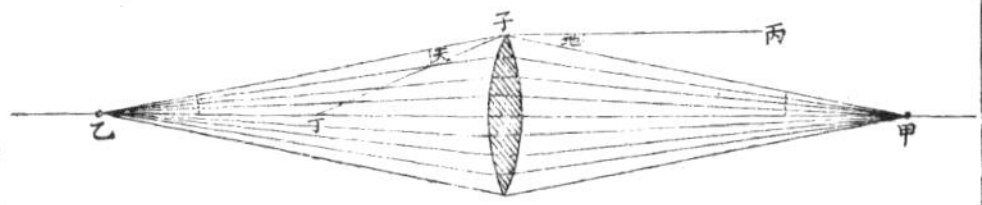

之地角為同大而可因此知射出光線子乙之方向也

由此圖觀之光點甲在鏡軸上愈近鏡則聚合點乙必愈遠鏡故光點漸近至倍聚光距之處則光點甲與聚合點乙其距鏡當相等如第一百十三圖所示也此際射出之光線子乙及射入之光線甲子與軸所成之角不可不同即甲乙子角與乙甲子角必相等又以地等乙甲子而天等地故天亦與乙甲子角度相等而乙子丁為

等邊三角形然則乙丁等於丁子聚合點乙比並行線之聚合點丁距鏡為二倍即自光點至鏡之相距若倍於聚光距則其在鏡後之聚合點其距鏡與光點距鏡相等也光點若更近鏡則其聚合點當愈遠如第一百十二圖所示乙為光點其聚合點在甲點也光點更進而至聚光點則聚合點當在無限之遠處即與軸並行而射出也（觀第一百十圖及第一百十一圖）但光點若甚近鏡如第一百十四圖（丙）即在至聚光距之內則

第百十四圖

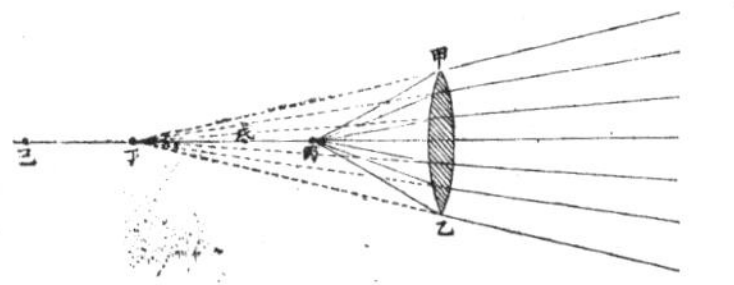

其光線當分散射出而其過鏡不但不能聚合且不與軸並行但過鏡後減其分散之度故其光線如從較光點真位稍遠之丁點發射者也

第五 對軸收聚射來之光線由折光而增其收聚之度

例如在第一百十四圖光線之當聚合於丁點者若過鏡則折而聚於丙點

四凸透光鏡之聚光距命為（吧）與物體之距命為（呷）與像之距命為（吃）相關之算式 此三者相關之算式與凹面回光鏡同即

$$\frac{1}{吧}=\frac{1}{呷}+\frac{1}{吃}$$

求此公式所由來卽如第一百十五圖所示有兩凸

第百十五圖

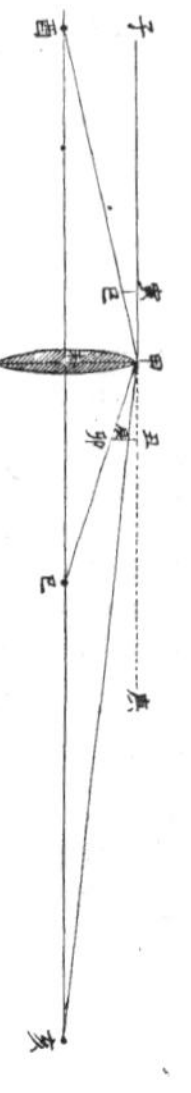

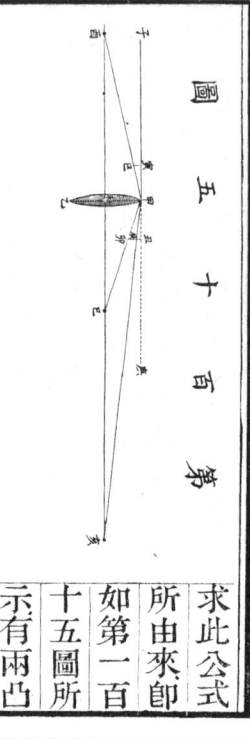

鏡甲乙其聚光點在己有光線子甲與軸並行射來則當向己折行又有光線酉甲自酉射來則其折光之方向當爲甲亥而己甲亥角與酉甲子角相等茲因丑甲寅甲未甲俱相等未卽此鏡體之中心而於丑畫垂線午辰卯於寅畫垂線寅巳則寅巳幾與辰卯相等蓋酉甲子角與己甲亥角相等而庚甲亥角爲極小辰卯與甲亥幾成直角也故得

丑卯＝丑辰⊥辰卯＝丑辰⊥寅巳　第一式

己甲未與甲丑卯爲同式三角形故又得

$\frac{甲未}{己未}=\frac{丑卯}{甲丑}$　第二式

因己未卽爲聚光距(吧)而其鏡之半徑甲未卽與甲丑相等今假定此數爲一則第二式可變爲 $\frac{二}{吧}=\frac{丑卯}{一}$ 故 $丑卯=\frac{吧}{二}$

又由亥甲未與甲丑辰爲同式三角形故 $\frac{甲未}{亥未}=\frac{丑辰}{甲丑}$

今代亥未之相距（卽鏡與聚合點之相距）以(吒)則得 $\frac{二}{吒}=\frac{丑辰}{一}$ 故 $丑辰=\frac{吒}{二}$

又甲寅巳與甲酉未爲同式三角形故代未酉（卽光點與鏡之相距）以(呷)則與前同法當得 $寅巳=\frac{呷}{二}$

今以 $\frac{吧}{二}$、$\frac{吒}{二}$、$\frac{呷}{二}$ 代第一式之丑卯、丑辰、寅巳則得

$\frac{吧}{二}=\frac{吒}{二}⊥\frac{呷}{二}$　第三式

實用此式之例與凹面回光鏡所示毫無差異且各點之名稱亦相同故不俟再論也

五論在鏡軸外射來之光線折光方向　如左

上文所論之理亦可用於光點在軸外者卽在斜軸上者也

斜軸者爲自鏡本軸外之某點通過鏡心所畫之虛線是也例如第一百十六圖所示有一鏡子丑丙卽本軸外之光點其距鏡在聚光距之外與二倍聚光距之內自此所發之光線總聚於丙點而丙點在甲乙斜軸上其距鏡與丁距鏡相等丁者自軸上之丁

第百十六圖

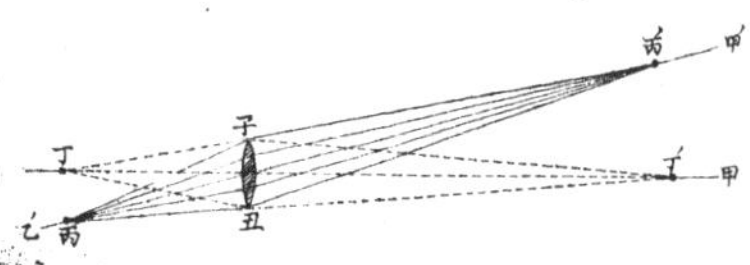

點所發光線聚合之點也證明此理甚易卽通過鏡心之丙甲綫過鏡當不折而丙子約與丁子相等且子丁甲角與子丙甲′角相等而丙子光線在子點折行之斜度當與丁子相同故丙子丙′角與丁子丁′角相等乃知丙子丙′三角形與丁子丁′三角形及丁丁′線與丙丙′線俱各相等卽丙′距鏡約與丁′同又將丁丑丁′三角形與丙丑丙′三角形相較其理亦同

六物像　以上諸項皆論一點之光源或在鏡之本軸上

或在斜軸上所發光線之方向如何今依此定律可明生物像之原由

第百十七圖

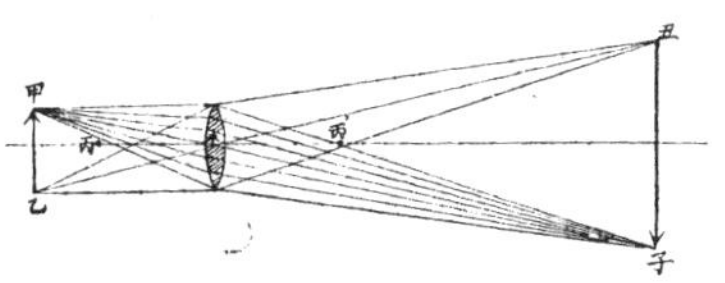

例如第一百十七圖所示甲乙爲物體在鏡前聚光點丙之外自其上端甲所發之光線悉聚於斜軸上之一點子因此斜軸爲自甲過鏡心未所畫之直線故子點現甲之像更因同理丑點亦現乙之像然則子丑爲甲乙物體之像且爲顚倒之實像明也人若在鏡心望之則像與物體其角度相同蓋丑未子角

與乙未甲角爲對角故相等也是故像爲大抑物體爲大專關像與物體距鏡之遠近也今假定物體距鏡二倍於聚光距則其像在鏡後之距鏡與物體距鏡相等此際像與物體其大小相等物體若近鏡則像須遠而其像較物體大是故物體之距鏡若較聚光距大而較二倍聚光距小則其像必大而倒卽如本圖之像子丑較物體甲乙不得不大又物體之距鏡較二倍聚光距大則其像卻較近卽物體距鏡此像遠而當得小倒像故本圖之子丑若爲物體則當得小像甲乙今以庚代物體之大小以庚′代像之大

小以辰代物體與鏡之距以乙代像與鏡之距則其像與物體之比如其距鏡之比卽 $\frac{\text{辰}}{\text{庚}}=\frac{\text{乙}}{\text{庚}'}$

凡鏡之聚光距小者較聚光距大者視物體之像爲近故鏡之聚光距愈短則其物體之像愈小也卽欲得近鏡小物體之大像在聚光距短之鏡最著也

七試驗凸透光鏡能現實像　凸透光鏡能現實像實驗可確證之

第一百十八圖所示供此用者與凹面回光鏡成像條內所示者相近似卽子爲鏡丑爲燭光而在寅現

第百十八圖

第百十九圖

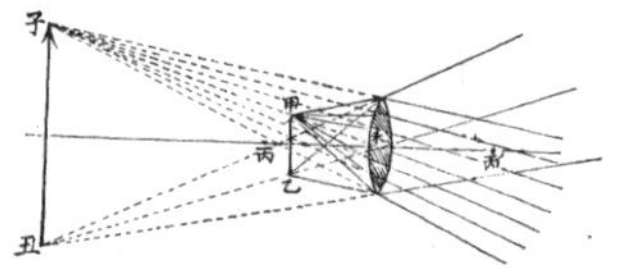

其像故寅若爲燭光當在丑現像物體若在鏡之聚光點內決不能生像蓋光點較聚光點近則其所發之光線過鏡終爲分散既如上文所論故如第一百十九圖所示之甲乙在聚光點內之物體也而其自甲點射來之光線過鏡後分散恰如自子點射來者自

乙點射來之光線過鏡後分散亦如自丑點射來者故子丑爲物體甲乙（置聚光距內者）之虛像爲直立且放大矣

第百二十圖

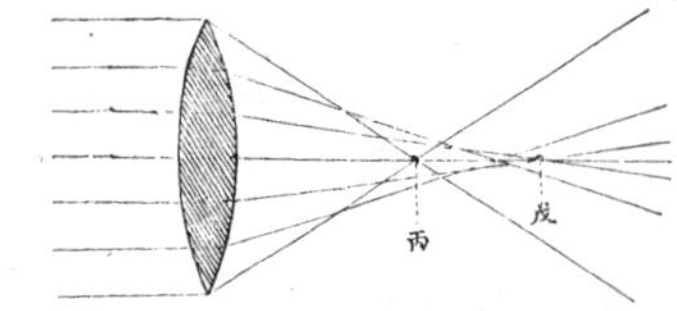

八球形差　在凸透光鏡亦生球形差與凹面回光鏡條下所論同卽如第一百二十圖所示光線通過邊端者其聚光點在丙通過近軸處者其聚光點在戊是蓋由鏡之各處折光之斜度有差異故也

第四節　論凹透光鏡之折光

一定義及種類　凹透光鏡 Concave lenses.（但指球面者）者謂透光體具二球面或一球面與一平面而其邊端較中央厚者如第一百二十一圖所示也兩面共凹者名之

第百二十一圖

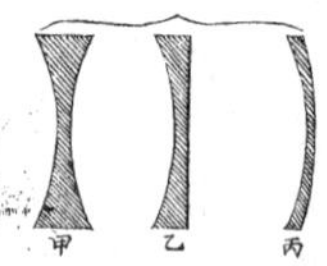

曰雙凹鏡如甲一面凹一面平者名之曰平凹鏡如乙一面凹他面凸而凹面之彎度較凸面大者謂之凸凹鏡如丙

二名稱要義　在凹透光鏡亦有球中心彎半徑軸及鏡心等名稱猶如凸回光鏡也有光線與軸並行射來就其

折光線引長向後而交於軸之點名曰分散點卽負聚光點

三光行之路　凹鏡亦從射光線之方向異其折光線之狀卽如左

第百二十二圖

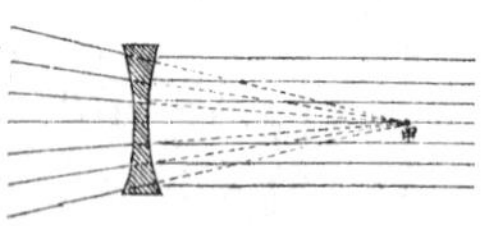

第一　與軸同方向者過鏡不折

第二　有光線過鏡心則其方向之斜爲極微

第三　有光線與軸並行射來則折而自軸分散（見第一百二十二圖）

第四　有光線對軸收歛射來則折而

第百二十三圖

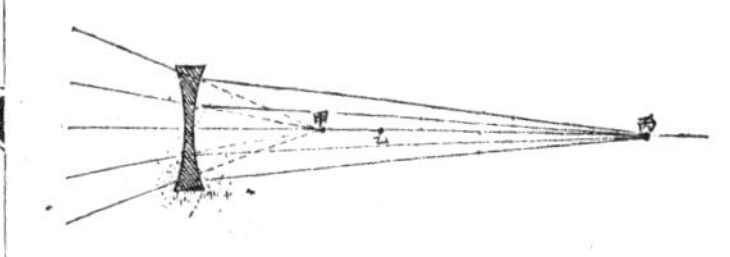

減其收斂之度或並行或分散。

有光線從其射來之方向當聚合於分散點內者則過鏡後必聚於其外。例如第百二十三圖有光線其射來之方向當聚於甲點折光後乃聚於丙點而乙點爲其分散點也。

有光線從其射來之方向當聚合於分散點上者則過鏡後爲並行之光線即第一百二十二圖光線射來之方向與第三條相反者是也。

第百二十四圖

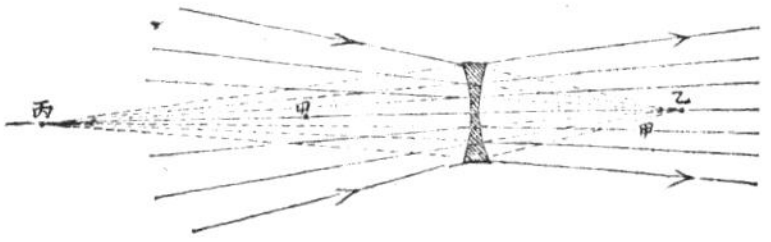

有光線從其射來之方向當聚合於分散點外者則折後當分散而從其分散線向後引長則聚合於分散點外。例如第一百二十四圖所示有光線從其射來之方向當聚合於乙點者而折光後其光線分散向後引長之當聚合於丙點而甲甲俱爲分散點也。

第五　有光線對軸而分散射來折光後當益分散。如第一百二十三圖光線射來之方向與第四條相反者即是也。

第百二十五圖

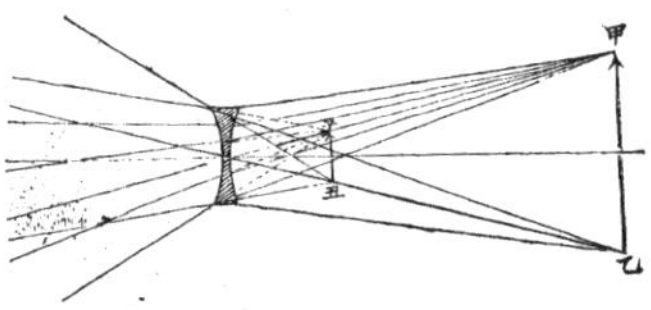

四物體像　凹透光鏡唯現較在近處之直立小虛像而已。例如第一百二十五圖所示甲乙爲物體子丑爲其像也。

第五節　並列透光鏡

凡透光鏡不但可單用一箇而可數箇並列合用此際其各點相關之律可依方程式 $\frac{1}{\text{呷}}+\frac{1}{\text{⿰口乙}}=\frac{1}{\text{⿰口己}}$ 示之與單鏡相同也。

第百二十六圖

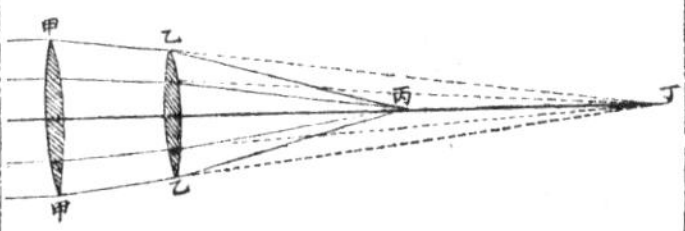

今舉一例證之即第一百二十六圖所示甲乙俱爲凸鏡二箇並列而以(⿰口己)示甲之聚光距又以(⿰口己′)示乙之聚光距以(卯)示兩鏡相距之遠近則有光線與軸並行射來而透過甲鏡後若無乙則當輳聚於其聚光點丁而此丁點距第二鏡乙爲 $\text{⿰口己}-\text{卯}$。故有第二鏡乙其光線當聚合之點若爲丙則自此至乙鏡之相距即(⿰口乙)得式爲 $\frac{1}{\text{⿰口己}-\text{卯}}+\frac{1}{\text{⿰口己}'}=\frac{1}{\text{⿰口乙}}$ 第一式。

今如己為八生的邁當己′為五·五卯為一·五則乙為
二九·八即約三生的邁當也

兩鏡若互相密切即卯＝○則其式為 $\frac{一}{乙}=\frac{一}{己}\perp\frac{一}{己'}$ 第二式

聚光距己及己′若相同且兩鏡相切而其厚薄為零
則並列鏡之聚光距為各鏡聚光距之半也並列鏡
二箇中第二鏡若為凹鏡而其分散距等己′則變化
第一式得 $\frac{一}{乙}=\frac{一}{己卯}\top\frac{一}{己'}$ 第三式

而其兩鏡互相切即卯＝零則其三式變化得 $\frac{一}{乙}=\frac{一}{己}\top\frac{一}{己'}$ 第四
式

上海曹永清繪圖
吳縣王季點校字

物理學中編卷三下　光學下

日本飯盛挺造編纂　日本藤田豐八譯
丹波敬三 柴田承桂 校補　長洲王季烈重編

第四章　論光之分列色

第一節　光與色

一定義　光之分列者即分光現色之義而由分光所生各色所成之帶名之曰光帶 Dispersion of the light. 茲舉分光現色之例如左 Spectrum.

一　露珠受太陽之白光從各方向視之各現美色即紅橙黃黃綠青深藍紫之七色是也此等美色本

白光中所有者而白光被水滴所分而現各色也

二　虹霓現美色是亦白光入雨點中為其所分也

三　使日光透過三稜玻璃而射至白屏則屏上現各色即日光之光帶此亦太陽之白光為三稜玻璃所分者也

二定律　如左三項

第一　白光非一種光所成乃無數不同之光線合成者也

第二　此無數不同之光線其折光指不同而可區別

第三　合成之光線因折光而互分離則其各類之光

線觸目而各呈其色，而折光指最小之光線爲紅色最
大者爲紫色。
第四　各類光線聚合則目視其光爲白色。
實驗以確証此定律，卽如左。

第百二十七圖

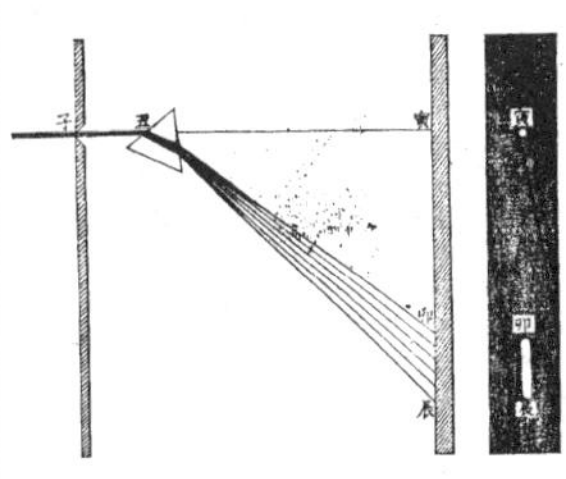

一　如第一百二十七圖壁穿
小孔子，使日光射入暗室內，則
其對面壁（與光線方向成正交者）上生圓
日像寅，今此光路中，置三稜玻
璃，則圓日像不見，而折光稜之
對面現色帶卯辰，其帶之濶與
圓日像相等，而兩旁爲直線所限，兩端爲弧線所限，
此色帶卽日之光帶，爲上文所記之七色（本書末所附之五彩圖，其第一卽示日之光帶），而紅色最近原有之太陽像寅，由是觀
之紅色斜度最小，紫色斜度最大也。

第百二十八圖

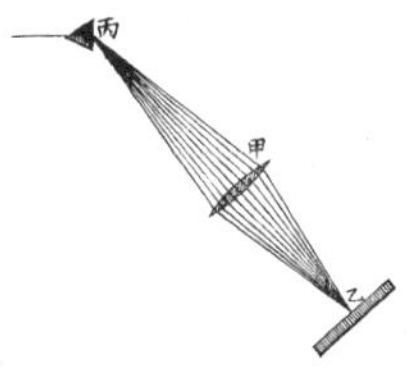

第百二十九圖

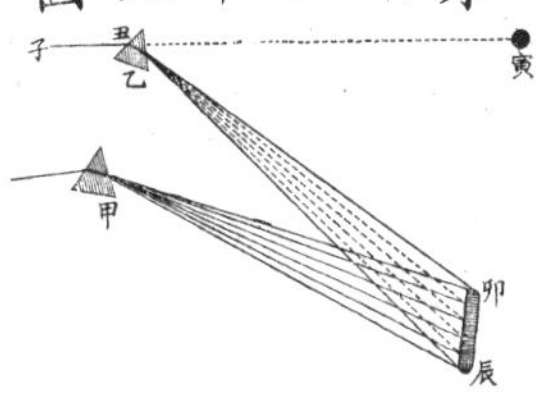

二　如第一
百二十八圖
所示光線透
過三稜玻璃
丙之後，使再
透過凸透光
鏡，則乙上所生之色像，變爲太陽之白色圓像。
又如第一百二十九圖所示，有光透過三稜玻璃甲
所生之色帶卯辰，射於白壁上，而另置三稜玻璃乙，
若有光線向子丑射來，而透過乙玻璃，則當在卯辰
生同式之光帶，然今若子處無光，而人自子向寅
鏡甲玻璃所生射於白壁之色帶，
則只見白色之光像而已，是蓋卯
辰光帶射至乙上，而復合爲白色，
向丑子射出故也。

第百三十圖

又取一圓板七分之，其各分上以
顏料著光帶之諸色，其廣狹亦與各色帶相準，又且
使其色酷似三稜玻璃之色光（見第一百三十圖），而以器具
使之迅速旋轉，則此圓板失其各色，而當現白色，若
圓板上之各色，眞似三稜玻璃所見之色，且其各分
廣狹之率，恰如光帶之各色，則必當眞現白色。
又凡白色物體，隔三稜玻璃視之，只在其邊端現色，
他處現白色，此亦關於各種光線之聚合與否也，今
當舉例說明之，卽如第一百三十一圖所示，取狹長
之白色物體子丑，使其體之位置，與三稜玻璃之折
光稜成正交，而視之，則其物體之長稍增，且在其中

第一百三十一圖

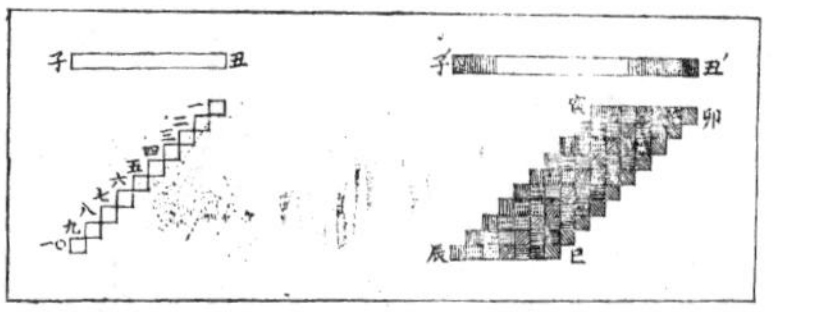

央眞現白色而在其末端現他色如在子現紅色在丑現靑色其理甚易明今假如在暗黑處以白色小平方面數個並列爲一排如第一百三十一圖以三稜玻璃視之則其每一平方面當現全色之光帶今若使小平方面之直立邊與三稜玻璃之折光稜並行則最上之平方面一現寅卯光帶而在下之各平方面所現光帶亦與最上者同但較偏於左耳於是

最下之白色小平方面當現辰巳光帶今假令此眾小平方面俱直向上昇成在水平面之一狹長帶如橫帶子丑則其各光帶中一之深藍帶上二之紫帶掩之二之靑帶上三之深藍帶與三之紫帶掩之逐次至一之紅帶上有二之橙黃三之黃四之綠五之靑六之深藍七之紫掩之故於此處不得不現白色而以下之在中央者同惟其白色之兩端則一端由黃移紅一端由靑移紫耳視此圖自可明瞭但其紫線甚弱幾如無

三　今如第一百三十二圖於甲乙壁上受第一三

第一百三十二圖

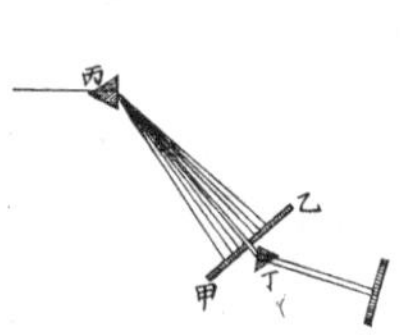

稜玻璃丙所生之光帶其壁上再穿一小孔使通過此孔之光線再通過第二三稜玻璃丁則其光線再折而斜然無再分之事惟因各色光線不同而其折光之斜度亦有不同於紅最小於紫最大也

色之本原　光與色本原當爲一致俱爲以脫一秒時震動四百至八百比利恩所成而此各震動數之光相混則人視之爲白光震動數爲四百至四百五

十比利恩則人視之爲紅色震動數漸大則逐次覺其爲橙黃爲黃爲綠爲靑爲深藍爲紫然則各色之別亦如各音之別由於震動數之不等例之紅光如低音紫光如高音也

單色光合成光　光過三稜玻璃而不能再分之光名之曰單色光各色之光線所合成之光則不然太陽及地上之受熱體及燃體皆發合成光受熱之汽與氣則發單色光者也

論色之分列　合成光之各線在宇宙間之以脫中傳達之速率爲相等而在透光體中則因有物體之

質點攝力被於以脫質點而使以脫更加稠密故從其震動數之異而傳達之速率各有差故在此等物體中光線速率之減(即光之所由折也)以震動數最大之紫色光為最多而紅光為最少因此而紫之折光最大紅之折光最小也

三色之區別　凡人感覺各色由數端而成如左

第一　由單種光線之功用也如有光線其震動數俱為四百至四百五十比利恩則人覺為紅色此種色即名單色而光帶中之色皆屬此類即為單色也

第二　由二種以上之色同時映在筋網上之一處則

其所覺之色名曰合色例如綠與紫合成猩紅紅與綠合成白紅與黃合成橙黃綠與深藍合成青是也

凡合成白色之二色名曰交互色 Complementary colours. 即紅與綠橙黃與青黃與紫皆為交互色而如第一百三十圖所示則一目瞭然矣

舉實驗之証如左

第百三十三圖

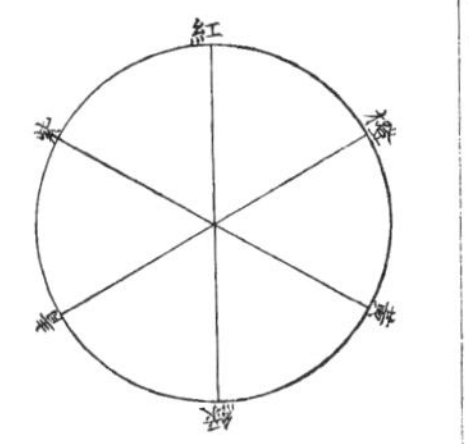

一　如第一百二十八圖所示實驗之際以一紙片遮去某一色則在乙壁上當生未遮去之某色像而

無白像即遮去紅則得綠像遮去黃則得紫像而所遮去者反此則亦得反此之色像

今如此所成之某色(例如綠)再加以遮去之色(例如紅)則此兩者合而再成白色但以光帶中之純綠色與純紅色相合亦當得白色

二　用一百三十圖所示之法亦可實驗之

第三　單色久留人目而忽去之則於白處見其交互色而此色名曰奇異色(詳見眼目條下)

今以簡法試驗之如取紅紙一片置之白紙上凝視許久後急去紅紙則在其處見綠色

此現象甚易明即人若久視一有色物體(例如紅)則眼目覺此色之功能為之畧鈍甚至不甚感覺及其眼移向白色上則其總光線雖俱入眼中而眼幾不感前色(即紅)而唯感他色依合色之例而久視紅者視白只覺為綠色

第四　物體之自然色(即物體在日光中所現之色)為吸收光所成蓋物體在光中現色者由光線侵入實質中光所有之各色幾分為實質所吸收其所餘之幾色合而回射或一色回射或一色透過而成然則自然色皆為合色所成而其由於回射者此物體為有色不透光由於過者

其物體爲有色透光

不透光體若使日光之各分相等回射則其物體爲白例如其物體使紅之回射者百分之四十黃之回射者亦百分之四十其他色之回射者亦俱相等則其回射光合成之色與日光相同故現白色也又白紙上只有一色之光線射來例如綠光線則白紙只有綠光線回射故其白紙現綠色然則物體必所受之光內含有其自然色之光線始得現自然色也故不透光體必吸收射來光線之一分而回射其他一分方現其色有色體若爲單色光所照則只得回射其單色光無俟論已凡物體之色從光變者由於其體之色與光線之色相同則回射者多而所發之光線甚强否則不能回射其光線而放光甚弱或全現暗黑例如草木之葉對紅光現黑色對綠光現綠色而甚强

透光體若使射光線之各分相等透過則其物體爲無色之透光若稍回射或吸收某光線而其餘透過之色線合而成紅者則爲紅色透光體

第二節　論光之吸收

一定義　有光線侵入物體中其全分或其一分被該物體所吸收此現象名曰光之被吸收 Absorption of the light.

蓋光之被吸收卽以脫之震動變而爲物體質點之點之震動也

二吸收之效能　吸收者從其儲蓄力不生不滅之原理其光決不消失此際之光線其外觀雖似消失然必變而爲某功用卽光線之被吸收者當變爲他力也光之被吸收所現之象如左

第一　在暗黑物體之一處吸收光線則生熱

第二　物體吸收光線則現自然色

第三　物體吸收光線則現閃色回光 Fluorescence. 及燐光見前此兩現象謂某物體爲光所照而自爲發光物體也其發光若與聲學中之增音相類與受光之照同其終始者名曰閃色回光若某物體受光照之後漸漸爲發光體其受光之照止後漸失其光如聲學之感音者名之曰燐光

燐光在前章光源條下已詳言之宜參看

茲就閃色回光述其大要凡物體現閃色回光則其所發之光與物體之色及射光線之色常異例如煤油爲黃色而其面受日光若從其回光之方向望之

第百三十四圖

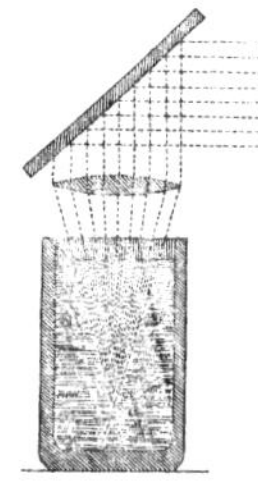

則現青綠色又雞那以尼硫酸水無色而清者亦如上望之則現青色且如第一百三十四圖所示以聚光鏡使日光加濃則其光亦更增而現聚光形狀又綠葉質之流質雖爲綠色然使日光射入則現血紅色又有一種鈣弗石Fluorspar現青紫色故閃色同光在西洋有鈣弗石光之名

前所載物質如雞那以尼硫酸水使紫色光帶入其中亦現同象

第四 光之化物力卽光能使化合物所含之質點失其愛力以化分之又能助二物之化合也示其一二例證如左

用光化分之例

一 銀綠爲白色遇光變爲黑色是綠散去而只留細質點之銀也銀碘遇光化分亦如銀綠

二 植物所含之炭養由日光化分而爲炭與養

三 生物質之染料遇日光每易化分如漂白棉布又各色物之變色皆因此

四 硝酸遇日光變黃色蓋化分爲淡養二及養也

五 含綠氣之水在日光中易化分卽養綠輕二=綠二養輕二

用光化合之例

一 在暗處和合之綠氣與輕氣一遇日光則發聲而化合

二 含綠氣之水化分之際卽有化合之事蓋綠與輕化爲輕綠也

蓋光射於某化合體上之際以脫之震動傳於物體之原質點使其原質點互離而化合體爲之化分故此時光變化物力恰如在他處光變熱也而因以脫之震動使物體原質點亦起震動遂令諸原質點互近而相合光亦能之是卽化合所由來也

第三節 日光光帶及各色之功用

一求日光清光帶之法 本章第一節所記之法亦能得日光之光帶然非淸晰者也蓋太陽之徑極大而其光像上之各孔像見第五十三圖所示者各生一光帶卽一全分列色故太陽各部之許多光帶在此處相重疊掩蓋也今欲得清光帶當如第一百三十五圖所示使日光通過極狹之

第百三十五圖

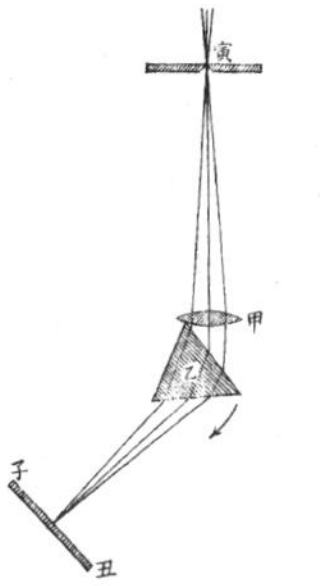

直角長孔寅次由聚光鏡甲使其光線為並行此際白壁子丑與鏡相距之遠近須使其光線為極細而於其間透過三稜玻璃乙則白壁上生長孔寅之像

依第一百三十六圖所示以造器乃得如上文所論為極便也此器置於一座子上其座子不在圖中而水平面所置圓輪劃有度數之中心具小座子以置三稜玻璃辰此小座子可沿其軸隨意旋轉而此軸在圓輪之下

第一百三十六圖

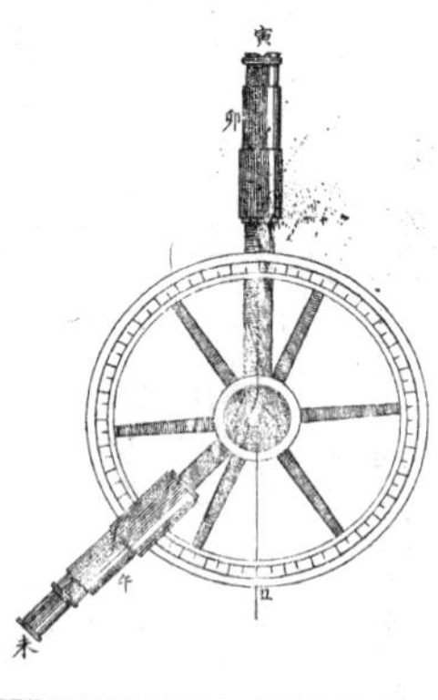

有黃銅條貫之而可旋轉以連半徑方向之卯管此管詳於後節光帶分列光色條下圓輪之上亦有黃銅條貫軸而旋轉以連遠鏡午今日光自直角長孔射入試驗室其距器至五邁當以上則卯管屬無用故可旋轉而除去之當未置三稜玻璃之前宜使遠鏡午之軸定於射入光線寅丑之方向而可視清長孔之光線後乃安置三稜玻璃且旋轉中心之小座而使光線斜度為極小而止更轉遠鏡之方向使三稜玻璃射出之光線過物鏡成像而止後自其目鏡望之乃得見清光帶

二日光清光帶性狀　日光之清光帶有黑線無數互相並行與光帶之長成正交此黑線名曰發郎胡發 Fraunhofer 線蓋華剌司脫 Wollaston 雖首考見此線而實待一千八百十四年發郎胡發精測而始定故得此名也但兩人只知線數五百至各出弗 Kirchhoff 考察之乃得三千以上常人所知之線以甲乙丙丁戊己庚申各字標示之如卷尾之第一色圖所示之八線是也

三光帶各部所有光之功用　光之功用分為三種即明熱及化物力是也而光帶全部非俱有此功用者分說如左三項

第一　光帶之黃色部其明最大而從其兩邊漸減弱至紫色最弱

第一百三十七圖

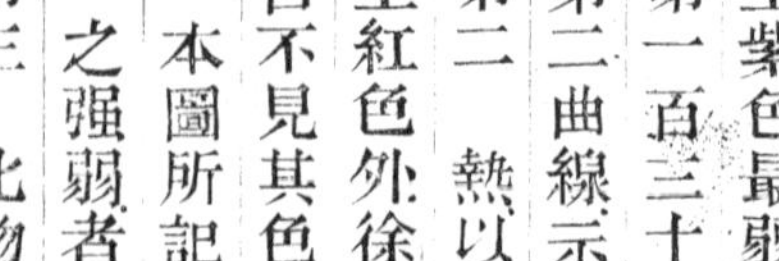

第一百三十七圖示光帶之全形第二曲線示其明之強弱也

第二　熱以精寒暑表驗之自紫至紅色外徐徐增加至紅色外雖自不見其色然熱度最大

本圖所記第一曲線即示其熱之強弱者也

第三　化物力於綠色最弱至紫

色最強而紫色外尚有此力

本圖所記第三曲線即示其化合力之強弱也

由是觀之日之光帶非以紅紫爲界限尚有紅外之線與紫外之線前者由四百比利恩以下之震動成後者由八百比利恩以上之震動成前者目雖不能感覺之然在寒暑表並捫觸可感覺之故名曰熱之暗線後者在觸覺視覺之腦筋皆毫不感動而有化物力者也故名曰化物力之暗線

第四節　滅光色差

一全分列色及偏分列色　三稜玻璃之質不同則光帶之長短亦不同此項之關係極大即物質異則不但其折光異而分光所現之色遠近亦相異也光帶之長短即紫線至紅線斜度之差名之曰全分列色 Total Dispersion. 不然而隨意指他二色線之間斜度之差名曰偏分列色 Partial dispersion.　而轉成玻璃與火石玻璃分列色之不同爲最著即兩種玻璃折光之能力 Refractive power 雖畧相等然火石玻璃分色之能力 Dispersive power 二倍於轉成玻璃即其所現光帶之長二倍於火石玻璃所現者故在三稜火石玻璃其折光角與三稜轉成玻璃之折光角之半相等則其所現光帶與轉成玻璃所現者同其長短

今當以一例釋明之即三稜轉成玻璃其折光角爲六十度則其紅線之斜度爲三十九度二十六分紫線爲四十一度十九分故全分列色爲一度五十三分也然在三稜火石玻璃其折光角同度者則紅線之斜度爲五十五度三十二分紫線爲五十九度三十六分故全分列色爲四度四分也以此觀之三稜火石玻璃之折光指較之轉成玻璃不過稍大而分列色長短之差乃大至二倍以外也今滅火石玻璃之折光角爲三十五度十一分則紅線之斜度減爲三十八度三十九分然其分列色與轉成玻璃相同即俱爲一度五十三分也然則三稜火石玻璃其折光角爲轉成玻璃之二倍則分列色畧相等但折光之度則小也

光線斜度之不同如第一百三十六圖之器上所現者用法測定其差不難茲畧之

轉成玻璃與火石玻璃之區別在轉成玻璃不含鉛質火石玻璃多含鉛養也

三光色差　用一類玻璃鏡所視之像因光被分列而邊端帶色故其像爲不明晰名之曰光色差 Chromatic

aberration. 今舉一例証之隔大折光度之鏡而視書籍之字則其邊端必現各色

鏡能分色之原由蓋鏡者可作爲兩三稜玻璃相合而成而凸鏡爲兩同形三稜玻璃於其底相合者凹鏡爲兩同形三稜玻璃於其折光稜相合者然則鏡亦必分色如三稜玻璃明矣今例如第一百三十八圖所示有凸鏡子丑凸起之度頗大使其受日

第一百三十八圖

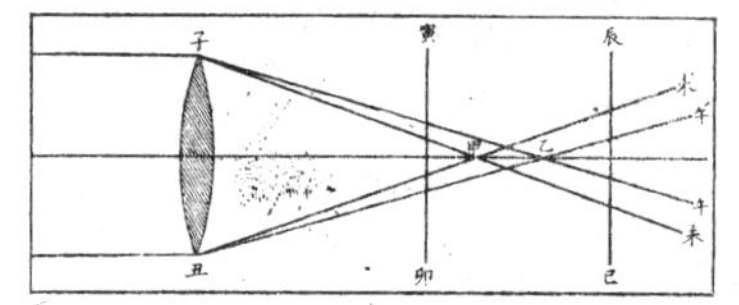

光則其並行光線之一射至子者折而分爲子午與子未之帶子午遇軸於乙點子未遇軸於甲點而射於丑者亦相同故乙點即爲色線斜度最小者即紅線之聚光點甲點即爲色線斜度最大者即紫線之聚光點而在紅紫間之色線其聚光點當在甲乙之間是故以寅卯紙在聚光點內受光像則像之最外邊見紅黃色而內見青紫色以辰巳紙在聚光點外受其光線則所見當相反也

三無光色差之三稜玻璃及鏡　依上所說取三稜轉成玻璃甲與三稜火石玻璃乙反其折光稜而相對合

如第一百三十九圖則可使過此之光線全無光色差但其兩三稜玻璃之折光角其分色之度必相等則透過此之光線全滅其色但折斜耳如此之三稜玻璃名曰無光色差之三稜玻璃 Achromatic prism.　此法更可製無光色差之鏡如第一百四十圖所示以轉成玻璃製凸鏡甲與火石玻璃所製之凹鏡乙相合如此相合之鏡其功用仍如一凸鏡蓋轉成玻璃凸鏡之折光與火石玻璃凹鏡之

第一百三十九圖

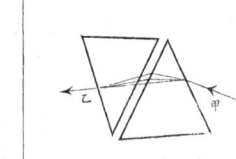

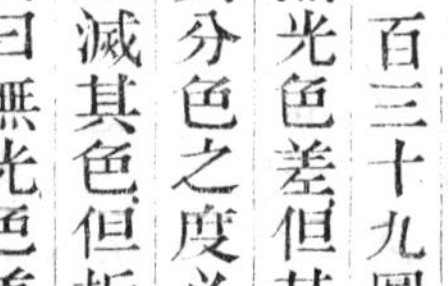

第百四十圖

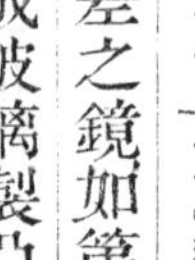

折光非相等然分色之力則相等而相反對故現無光色差之像也

以上所現之像名曰無光色差

今當舉一例証折光不盡止而現無光色差之象三稜轉成玻璃之折光稜爲六十度而向上三稜火石玻璃之折光稜約爲三十度而向下二者並列則轉成玻璃之紅線向下而斜三十九度二十六分火石玻璃之紅線向上而斜二十八度三十九分故兩者相減尚向下斜十度四十七分而紫線在轉成玻璃向下斜四十一度十九分即三十九度二十六分減一度五十三分在火

石玻璃向上斜三十度三十二分（即二十八度三十九分減一度五十三分）故兩者相減亦向下斜十度四十七分也故紅線與紫線爲同角度射出三稜玻璃而無分色之事也

四無光色差玻璃之效用　無光色差鏡於製光學器具最爲緊要不可缺也一千七百五十八年特倫得 Dollond 實創此法有此法後始可用大力放大鏡製遠鏡也

第五節　光帶上之分列光色

一定義　光帶上之分列光色 Spectral analysis. 者概論之謂研究光帶所現各色也故所謂光帶者指由三稜玻璃分光所現之各色也但近時能以光帶上之分列光色考求物體所含之質此係一千八百六十年本生 Bunsen. 各出弗 Kirchhoff. 兩大家之所設之法也

二分光鏡　研究光帶所需之器具名曰分光鏡 Spectroscope.

第百四十一圖

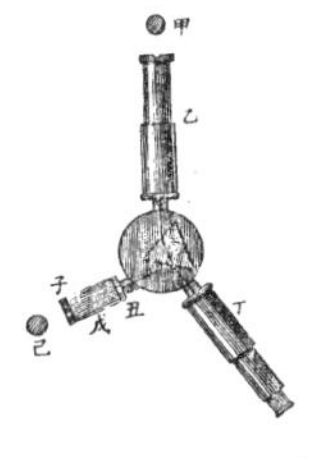

尋常分光鏡如第一百四十一圖所示爲乙丁戊三管及三棱玻璃丙四部所成乙名孔管其外有金類板板有直狹長孔此孔有螺旋能廣能狹而其內面具一透光鏡有光線自光源甲進孔中此鏡能使其光線爲並行光線過三稜玻璃自遠鏡丁望之則現巨大之光帶戊名記度管其外面子嵌玻璃板板上劃有度數又在丑具一透光鏡有光鏡自光源己發而自子入管中則此鏡使其光線爲並行而其度數可與光帶同時（見卷末彩圖）見之也

三光帶之種類　大概別爲三類即如左

第一　連續光帶也連續光帶者其各色逐次並列而無間斷如日之光帶爲巨熱之定流二質所發之光所現也此種光源如煤氣油及蠟燭之光燄（其光皆自極熱之定質炭細末發者）明熱之鉑絲電光石灰光熾熱之鎔化金類是也但唯白熱之物體其光帶中能現七色其在紅熱者即如燈燄中之炭末其光帶中青紫兩色殆闕如

其實驗甚易即分光鏡之孔管乙前點燭火察其光帶則得連續光又代燭火以白熱之鉑絲亦可得其連續光帶也

第二　線條光帶也此光帶即各色爲暗線所隔者是也其各色與連續光帶之排列仍同由熾熱單質之汽或氣所發之光而生者也凡氣及汽其所有之線條光帶各不相同故由光帶可以知其爲何氣或何汽也例如鈉氣之光帶內有一黃線（卷末色圖五號之鈉也）鋰汽之光帶

丙有紅線(六號之鉏也)、釷則有一綠線(十號之釷也)、鈿則有一青線與一紫線(十一號之鈿也)、鎴則有紅橙黃青數線(七號之鎴也)。

其實驗亦易,即取酒燈,撒食鹽末少許於其燈心,而點火,用分光鏡察其光燄,則在發即胡發丁線五十度之處見一黃線,是因食鹽(鈉綠)在火燄中化分,鈉變汽且受巨熱,故放單黃色之光,使醋汽為黃色,而現黃線也。蓋醋汽本近無色者,而以本生之煤汽燈代酒燈更良。

今欲比較各種物質色線之位置,則分光鏡之記度管前置一燭光,已照之,則其光線因丙而回射入丁中,今見某度(見卷末之色圖),例如五十度之處現鈉之黃線,則鈿之紅線當現於三十二度之處,釷之綠線現於六十七度之處也。

若無分光鏡,欲見線條光帶之色線,則可據下文簡法得其概,即如第一百四十二圖所示,取發燄體甲,置之於子丑壁後,其壁上穿直長孔寅,其孔濶約一至一五密里邁,當其孔之前,相距約三得夕邁當之處,安放三稜火石玻璃乙,使其折光稜正與孔隙為並行,且光線之自寅射於乙者,過其內之

第百四十二圖

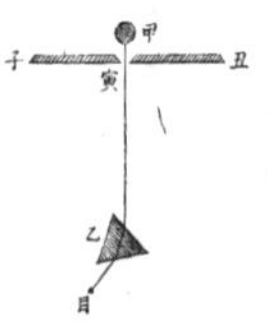

斜度為最小,以目向乙望之,則由發燄體種類之異而可視得其光帶之不同。

第三 吸收線條光帶 此光帶即七色帶為並行暗線所斷,而其並行暗線與色帶方向成正交,是由白熱體之光過熾熱之汽或氣之光中而生者也,而獨於其氣當現色線之處正現暗線,故可認知被暗線掩蔽之氣之原質,凡此吸收線條光帶,由太陽太陰等諸星體之光所生者是也。

可以下法實驗之,即若獨用特門得石灰光或炭光電光,則當現連續光帶,今使熾熱之鈉汽過此光中,而射至三稜玻璃,則若獨用鈉汽,當現色線處正現暗線,如在炭光電光下,炭光所有凹處置鈉一片,則當易發此汽,蓋其鈉小片由電熱所化散故也。

說明 從各出弗Kirchhoff.之說,凡熾熱之氣質上如有全色合成之光(即發自白熱體之光)射來,則吸收去其某色光線,即其汽質所發射之光線也,而他光線則通過而毫不因之減少,是故單發黃光之鈉汽中有比其更明之全色之光線通過其中,則只吸收去其黃光線,而他色光線則悉通過不礙,鈉汽之光線若愈明,則白光中之黃色愈減少,故凡全色之光線經

過鈉汽中黃光必爲之減比在白熱體明暗毫不變化之光帶當稍現暗色即熾熱之鈉汽當現黃線處正現暗線也

四光帶分列光色之致用　其用頗大如左三項

第一　化合體中含有某金類原質與否可速得確証也即以化合體之可化散爲汽者置燄中得依其光帶之色線知其所含之質蓋各單質所現之光帶爲已知者也故以此法考質能考得空氣中所有之鈉等爲化學中他法所不能也

第二　由光帶而考得未知之原質甚多如銣 Rubidiom 附圖之三鏭 Cäsium 附圖之二鈶 Thallium 附圖之十銦 Indium 色圖之十一鈲 Gallium 等是也

第三　光帶分列光色可定星體之含質也例如日之光帶有發即胡發線乃知太陽爲空氣所包裹之白熱體蓋太陽本當現連續光帶但其空氣自許多汽及氣合成而全色光線通過其中則吸收去其汽所自發之色乃現發即胡發暗線也而其暗線所在處即獨發氣及汽之光當現色線處也故能知其氣之含何質也今由此線所在處案之可知太陽之空氣中輕氣及鐵汽二種最多尚含有鈉鉀鎂養氣等也

第五章　光學器具

第一節　眼目

一眼目諸部　人身之視官即眼目其最要處爲眼球如

第百四十三圖

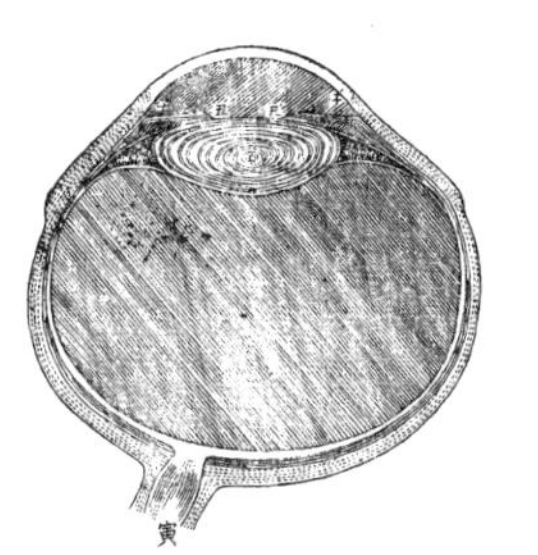

第一百四十三圖所示外觀之似空球而有透光質充滿之在眼窠中由六筋動止而其外胞爲眼白皮眼黑衣筋網三者所成其內爲眼水睛珠及大房水三者充滿之眼球之最外胞即厚而固之皮膜其前面獨透光此透光之處名之曰明角罩 Cornea 而白色不透光之處名之曰眼白衣 Sclerotica 透光之處較眼球之他處其凸起爲特高如本圖所示眼白衣之後有隔簾 Iris 子子隔簾平坦而適爲在眼球上截去明角罩凸起處之狀自眼前望之於隔簾之中央丑丑有黑色之圓孔是爲瞳人 Pupil 隔簾及瞳人之後有透光鏡 Crystalline lens 即睛珠而在透光之胞內由胞連附於眼之外皮睛珠與明角罩之間有水名曰眼水 Aqueous humour 充滿之此水澄清而稍帶鹽味睛珠之後爲大房有質稠而透

光之水充滿之名曰大房水 Vitreous humour.

睛珠之前面較後面稍爲平坦而在眼白衣之內面有一黑色膜布滿之名曰眼黑衣 Chorioidea. 而其內則爲眼腦衣即筋網 Retina. 是由視腦筋寅之末稍布散而成眼黑衣遮蓋目之內面殆徧而爲黑色質覆之其所以須黑色蓋不欲光線在目內爲回光而礙筋網上現象之鮮明故也

二視覺　視覺之成蓋凡有光線射至眼上或在眼白衣之前則向四圍回射全無定規或通過明角罩而射入眼中則其光線之在外端者至隔簾上亦向四圍回射而現

第百四十四圖

隔簾固有之色惟其中央之光線則透過瞳人而至睛珠上爲睛珠所折而至筋網上如此通過明角罩眼水睛珠大房水之光線聚於筋網上恰如透過一透光鏡故現物體第一百四十四圖之甲乙之小倒像子丑而筋網上受此光線所成之像乃使人起視覺者也

實驗筋網上生倒像可以巨獸之眼例如牛眼一試之即如第一百四十五圖所示在眼白衣上子丑處穿一四角孔除去不透光之諸質至由此孔可視見筋網

第百四十五圖

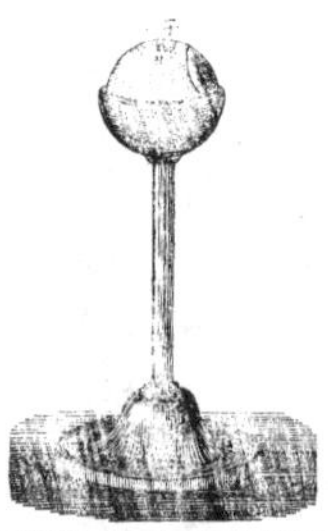

爲度又欲使其眼目之形不變當納諸半球形之器內但大房水多自子丑孔凸出其面不能平則阻礙筋網上之像而使之不分明今欲去此弊當於子丑孔上置小玻璃片乃使向此眼之物體例如燭光現其倒像於筋網上又有一法易視筋網上之像即以白色動物之眼例如白兎之眼此種動物其眼白衣之後面皆爲半透光而眼黑衣亦並不黑故得直見其筋網上之像也

凡自某點所發之一光線不折而過眼中猶如某光點之首軸線透過鏡之中心而不折也此光線名某點之方向線有一物體其邊端各點之方向線在鏡背近鏡處之一點相會合名曰交點故物體之像以自邊端所發之方向線經交點而射於筋網上者爲界凡自物體最外之邊端所發相對之各方向線間所成之角名曰視角眼之觀物體其視角不可過小但因物體受光之强弱與其色及眼之銳鈍大有差異在常眼視明暗得中之物體視角三秒已足然以甚明朗之物體例如有光輝之銀絲置黑暗桌上則視角僅二秒亦能見之也

三眼之對光機能　透過凸鏡之像其相距必有一定故物體與鏡之相距亦有一定已如前章所說而物體在筋網上現清晰之像則其體之距眼亦不得不爲一定凡目不苦而視物清晰者其眼與物之相距名曰晰視之距 Distance of distinct vision. 又曰視距其距在常眼約爲二十五生的邁當但以眼目能自變化其形狀故物體不在此相距者亦可視之清晰即在較近者與在較遠者俱可視之清晰也如此眼目自變其形之能力名曰眼之對光機能 Accommodation. 但此機能在各眼有定界即其最近而能視之點名曰目之最近點其最遠者曰最遠點前者在常眼爲十二生的邁當後者爲無限之相距若有光線自一光點來而眼已不能對之使在筋網上成像則筋網上當現一光圈此圈名曰散光圈

第一對光機能　眼因對光而變其形狀故其視近處之物體則有筋壓目使稍移於前且稍增其彎度光線之折度爲之加而於筋網上現清晰之像視遠處之物體則使目體之凸度稍平且推之稍向後以使像離鏡近而適在筋網上也

第二散光圈　有光線自甲點（第一百四十六圖）射來聚於筋網甲上則自乙點射來者聚於筋網前乙自丙點射來

第百四十六圖

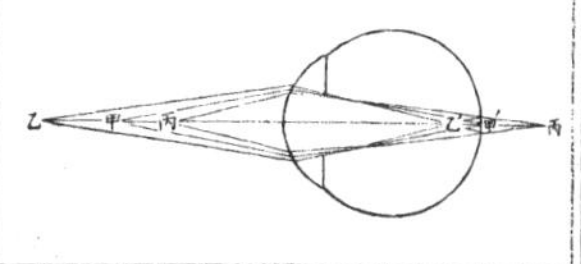

者聚於筋網後丙故在此兩處之物體筋網上不得不生光圈也

四對光機能之闕損及其補助　眼目由習慣或年老而其對光之機能有缺損則爲近視眼或遠視眼視近處之物體能清晰而遠處物體視之不清晰者名曰近視 Myopy. 凡近視眼由於睛珠之凸起過度而折光之力過大故光點在近處其所射之光線分散之度大則能聚於筋網上成像若光點在遠處其所射之光線或爲並行或分散之度甚弱或收聚者則因睛珠折光力大而聚成之像當在筋網之前至筋網上唯現光圈而視物爲之不明故在近視眼用凹眼鏡則可遠視是蓋其鏡分散光線而使透過睛珠之聚合點移遠而現像於筋網上也如第一百四十七圖甲之像當現於呷者卻現於筋網上呷也

第百四十七圖

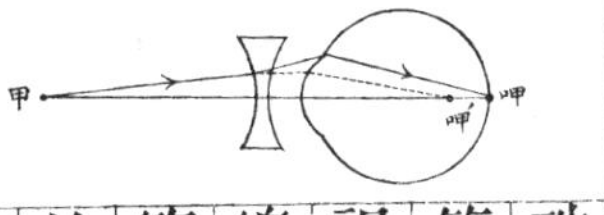

視遠處之物體能清晰而近物體視之不清晰者名之曰遠視 Presbyopy. 凡遠視眼由於睛珠之凸起不足而折光之力太微故光點在遠處其所射之光線爲並行或收聚或稍分散則能聚於筋

綱上成像若光點在近處其光線分散之度甚大則因睛之折光力不足故不在筋網上成像而聚合點尚在其後此等眼用凸眼鏡乃能視清近物蓋其鏡助睛珠聚光使現像於筋網上也如第一百四十八圖甲之象當現於呷者卻現於筋網上呷也

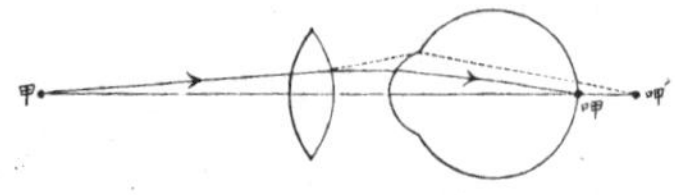

第百四十八圖

五視物之要例　視物不可缺之要端有四即如左

一　欲視清某物體其像須正在筋網上

二　筋網上所生之像須大小得宜詳上文二項

三　光線射入眼中之時不可過短過短則感覺不甚明也所須之時不能一定由於光之濃淡眼之銳鈍而大有差異

四　筋網上之像須極明晰

茲有某物體受光甚明使人視之則覺較同大之暗物體爲畧大例如人衣白衣似較黑衣時身體肥大新月有光之處以較其暗處圓圈大此種現象名曰光滲Irradiation.　其故因受光甚濃之物體其限界點在筋網上代其像點而生散光圈也第一百四十九圖亦現此象者也

第百四十九圖

六光之奇異現象　有一現象從光之物理性質不能講明而其原由乃在筋網之性質者名之曰光之奇異現象Physilogical or subjective phenomena of light.屬此者分論如左二項

第一　覺光之暫留Continuation of sensation of light.　也即感眼中之光其發光之源實已止而霎時間八分之一秒時至四分之一秒時眼中尚留同種之光如起止之迭更甚速則使人視之覺爲連續之光也

舉其實例如左

一　取紅熱之炭片急旋轉之則見一火輪是因自圓圈之某一起點至次各點其光之感動尚留眼中之際其末點光之感動已復至故也

二　雨之下降本爲點滴形然如見水線

三　合成白光之圓板地鈴亦屬此例

四　奇圓板Magic disk.亦其一例也有圓板其徑二〇至二五生的邁當依水平軸急旋轉之近圓板之邊端穿孔若干其相距俱等第一百五十圖所示乃其一而有十二孔穿孔之輪之

第百五十圖

內部貼小圓板而小圓板上畫同形之物而逐次異其位置之十二圖使各孔適合於各圖之位置本圖所示爲最單簡畫圖即從懸擺之定律沿直線方向左右運動之球是也第一孔下之球在最外之位置即距中點最遠者在第二孔下者已稍向中點在第三孔下者更近中點在第四孔下者適在中點而在第七孔下者在最內之位置其在他孔下者以同法復原位今使此有圖畫之面對一平面回光鏡而在其前可自第一孔（例如最上孔）望見鏡內所映之像而令其圓板旋轉則第一孔與他孔次第過眼前雖兩孔

間之處過眼前時眼中無光線射入然因第一孔過眼前時射入之光線至次孔至眼前時尚未消失故觀之恰如球自此位移至次位者如此各次位之球逐次過眼前其光線之射入當現球沿直線而上下之狀今據此理代球以人獸魚鳥之圖畫則可成極奇之觀愛提森所造記形器（即活動影戲）亦由此理也

第二　殘像 Remaining Images. 也謂凝視某物而忽去其物或轉眼向他方或閉之則眼中尚暫覺此物之留存此現象若其明暗與物體同者謂之正殘像其明暗與物體相反者謂之反殘像前者由射目光線之

留存而起後者由其留存之光線上更受光線之射入而起如自白光明暗之異而生正殘像則當漸變綠青紅各色而徐徐消失如爲有色物之反殘像則現其交互色

正殘像　正殘像者如視明窗約三分之一秒時然後閉眼則覺有同光配布之物體留存講明之甚易即筋網受光線之射入其感覺必暫留而被光震動之視腦筋其平復必稍緩故留殘像而各色之變遷由各種色向視腦筋末梢之震盪其減退有等差也

反殘像之例如左二項

一　無色物體之例也即視燭火後不閉眼轉向明朗之白壁則見燭火之暗像又瞪目視紙窗後視白壁則覺有白格黑紙之紙窗

其原由如下即光線射至筋網則其筋網受光之處因疲勞而減其感覺之力其受濃光之處較受淡光之處疲勞更甚此處再遇新光線射入則疲勞尤甚之處較其他處覺光之力更弱故不得不覺明暗相反也

二　有色物體之例也第四章第一節已詳之茲不再論

第三　比較色 Contrasting colours 也比較色者謂二色相接而互顯其色之鮮明也

其現象如左數項

一　灰色之紙片在白面上現濃暗在黑面上現淡明

二　紅紙之面上置綠紙一小片凝視片刻而速去之則紅紙上原有綠紙之處現紅色倍覺鮮明用他交互色亦然

三　白色在紅色之傍如見綠色

四　吾人所凝視之某色漸覺其為白色真白色在其傍則現交互色

原由　比較色之現象或因筋網疲勞之故猶交互色之反殘象或為人審色之誤也

七視覺習練之功　視覺非僅賴光學之理所就由於人習練而得之端亦頗多如左記之現象

第一　物之直立也

筋網上所現物體之像實為顛倒然人見其物體覺直立者實由習慣使然蓋人所見各光點之方向乃其光線遇筋網之方向也而因光線於聚合點相交故在筋網之上部現光點之像則人每向下面搜求其光點反之則向上面搜求之如此則在最高處之筋網乃見最低之外點者而在最低處之筋網乃見最高之外點者也

第二　物之為單體也

第百五十一圖

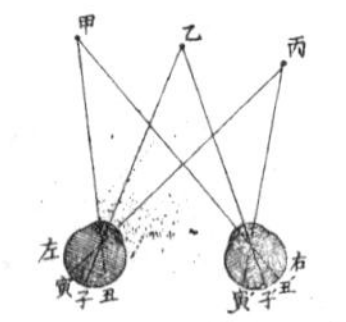

一物體之像現於兩目中而人視之不判為二物者蓋人之凝視一物體兩目之視軸線適在物體上相交而合為一故常在兩目之中央現物像又其像即不在目之中央亦必在兩目中同一之處即兩目中所現之像或均在筋網之右或均在左或

第百五十二圖

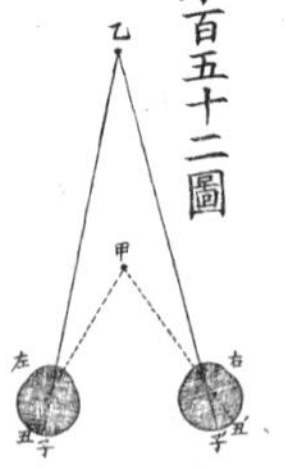

第百五十三圖

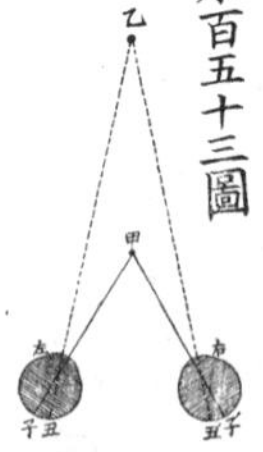

均在上或均在下則覺其為一物也其像現於兩筋網若不在同一點上則俱當見其為二物也如第一百五十一圖之眼則甲乙丙三點上之物人視之皆見為一箇是由左右兩眼筋網上之像在相同之處故也至第一百五十二圖之眼則在乙之物體見為一箇在甲即見為兩箇又第一百五十三圖之眼則在甲之物體見為一箇在乙則見為兩箇其理視本圖自易明也

第三　斷定遠近也、

人視物之遠近、非僅由視官所能識別、蓋遠近不同之物體、其像之現於筋網、俱爲切於其上者、是故相距之遠近、人只以所經歷之事決定之、下所記數項俱助其斷定者也、

一　兩眼向一物體上、其兩視軸線所成角之大小也、卽向一物體上、兩眼之視軸去並行愈遠、則物體愈覺其在近、愈近並行、則物體愈覺其在遠、

二　外觀之大小、卽視角、及所已知之實在大小也、已知其物體之大小、若其視角愈小、則愈覺其在遠、例如人體樹木等、俱已知其實大小、而藉此知其遠近者、若未知其物體之實大小、則不能確定其遠近、何則物體有同一之視角而大小不同者、蓋相距不等、而大小不同之物體、亦可有同一之視角也、例如一百五十四圖所示之甲乙、與甲乙皆在筋網上生同大之像、而爲等視角、

第百五十四圖

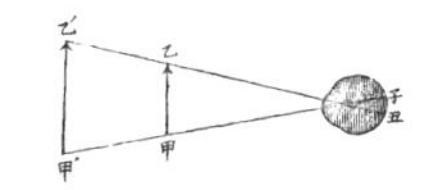

三　人與遠物體之間所有物體之多寡是也、物體愈多、則人視遠處之物體、愈覺其遠、例如視川河似較實際狹、蓋在其上無物體故也、又吾人視天空覺其平者、蓋人視頂上、覺較水平面爲近故也、

四　光照之明暗、與外形之易區別否、是也、物體愈明、且其外形爲正、則人覺其物體愈近、若物體不明、且形狀不正、則覺其在遠、例如廣野冬日以雪覆之、而爲日光所照、則覺較他時爲近、又高山因山間之空氣淨明、覺較實際近、

第四　斷定實大小也、

人從視角之大小、及所擬相距之遠近、斷定物體之實大小、然人之斷遠近、往往多誤、故定實大小、其誤處甚多、例如日月在地平線上、卽初出將沒之際、較懸於天空者、似覺其大、是由人視地平綫、則覺其遠之故也、

第五　實體也、

筋網上之像、雖俱爲平者、然人有區別物體與其圖畫卽辨體與面之能力、其原由因實體在兩眼筋網上相當之處所現之像、由眼對物體方位之異、互有不同、而面則現於筋網上之像無不同也、凡一物體之像、在兩筋網上相異、猶在二處照一物體之相、互有不同也、蓋兩目不但各就物體而視其某一點、而此一眼且視彼一眼所不視之面、或其面之一小分也、例

第百五十五圖

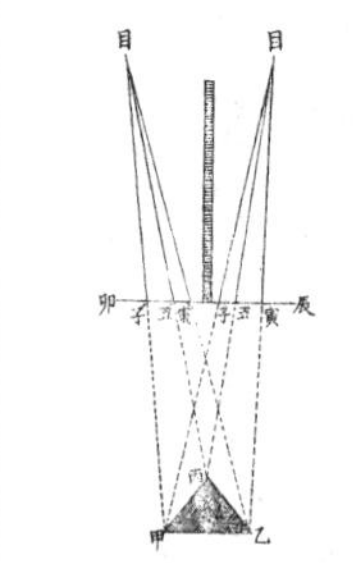

如第一百五十五圖所示取一圓錐以其頂向鼻上只以右眼視之則其錐頂現於底中央之左邊只以左眼視之則正相反今在卯辰面上繪其像則以右眼視之若繪甲乙丙三點所得之子丑寅像以左眼視之若繪同體所得之子丑寅像是故人由兩眼中所現物像之不同而決定其為實體故人可以下法欺自己之目卽就一物體製兩圖畫一為右眼所見一為左眼所見最良照相畫而視之人當覺非二圖畫而為一實體

物理學中編三　三六

所謂實體鏡 Stereoscope. 者基於此理也

第百五十六圖

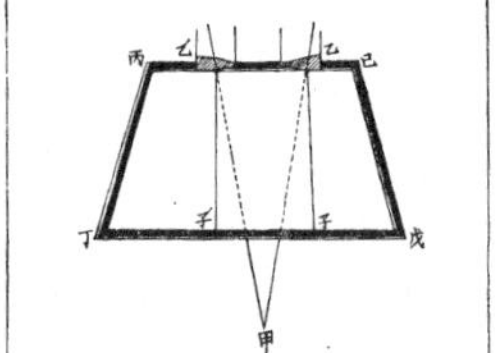

第一百五十六圖所示者為其一取半塊聚光鏡二箇置於丙丁戊己箱上所具之二管乙乙中其稜互相對箱上有射入光線之口而置左右兩眼所視之畫像於箱底兩眼切於乙及乙管則箱中不見二圖畫而當見一物體卽子及子為二畫像之二點則自此二點所發之光線其通過兩鏡之際其折光線之引長方向恰在甲點聚合是故人覺光線非自子子二點所發而如自交點甲

所發者其他諸點亦與此同理可推而知也

前圖所示在兩眼間置有隔板而視卯辰上所繪之圓錐像亦為單筩之實體鏡也

第二節　單式顯微鏡

一造成　單式顯微鏡為一聚光鏡或並列聚光鏡而仍合為一聚光鏡之用者所成

二說明　人見物體之大小關於其入目之際所有視角之大小已如前節所論物體愈近目則其視角愈大然物體近目有一定之界限卽最近點若越其界限而更近目則視之不能明晰矣但物體與目之間若置單式顯微鏡則物

物理學中編三　三七

體雖在最近點丙視之仍能明晰卽

第百五十七圖

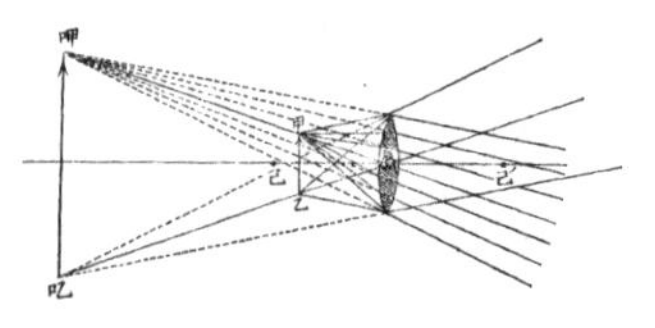

如第一百五十七圖所示甲乙為一小物體在鏡之聚光距內而自此射來之光線過鏡而減其分散之度如自呷叱射來者已如透光鏡節所述而呷叱之像若在最近點外則人目在鏡背已能透此鏡而見之矣但其實體距人目頗近故若無鏡則視之不能明晰因知顯微鏡所以使物體之像放大者是由使物體能近人目而令其視角大也

三放大度　單式顯微鏡之放大度與以人目之晰視距較鏡之聚光距所有之倍數相等

今欲確知放大之度先須以在晰視距內而現於人目之呷吃像所有視角之大小與實物體在呷吃處所有視角之大小相較惟測呷吃像所現視角之大小必先知眼中光線之交點與鏡之相距爲若干始能測之精確故今欲測之當假定爲目密切於鏡背且其鏡爲甚薄者則眼中光線之交點作爲與鏡之中點辰在一點上當無大差也今據此假定法算出放大之度甚易即自辰點視之則物體甲乙與像呷吃所現之視角同今以物體甲乙與人目所成之視角與移物體於晰視距內（即移其物體於呷吃像之處）所成之視角兩相比較則能求得放大之度凡人觀物體之大小與距眼之遠近爲反比例已如前節所述然則視角甲辰乙與物體移至呷吃之際自辰望之所成之視角必與辰至物體甲乙之相距與辰至像呷吃之相距爲反比例也今以可代辰至像呷吃之相距以天代辰至物體甲乙之相距則放大之度即爲天可（可可即以晰視距代之）

今假定像在晰視距上而物體在鏡之聚光點已上而以吧代鏡之聚光距則放大之度當得吧可然此式不能爲放大度精密之數只可知單式顯微鏡放大度之大略耳若欲使像呷吃現於可之相距處則其物體必在聚光距之內故天當較吧小也而放大度之實數當較吧可尙大例如晰視距爲三十生的當而鏡之聚光距爲三生的邁當則放大之度爲較三〇即十倍尙大也又吧之數愈小（即鏡之聚光距愈近）則天數亦愈小而天可之數愈大則放大之度亦愈大即在單式顯微鏡其聚光距愈短者則其放大之度當愈著也

第三節　複式顯微鏡

一造成　複式顯微鏡 Compound microscope. 係西歷一千五百九十年和蘭人琴生 Jansen. 所創可分爲四部如左

第一　內黑之黃銅筒也（第一百五十八圖）其下端一筒容一聚光鏡寅以螺旋定之而此鏡因離欲視之某物體甚近故名曰物鏡 Objective lens.

第百五十八圖

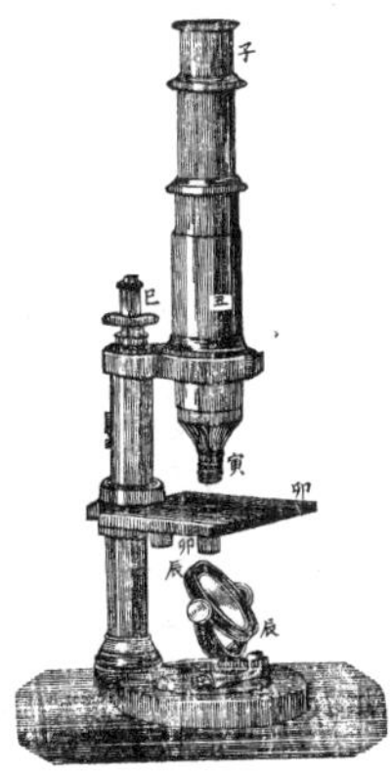

其上筒亦容一具聚光鏡之短筒子此鏡因接於入目故名曰目鏡 Ocular lens.

第二　持筒之架也凡顯微鏡筒在黃銅製之套中可隨意上下如欲使其上下爲極細者則用巳處之細螺旋 Micrometer screw. 使之升降

第三　物體臺也即中央穿孔之金類板卯卯一端接於架上而置欲視之物體者也

第四　射光器也即照不透光物體則用聚光鏡照透光物體則用凹回光鏡辰是也

二說明　如第一百五十九圖所示物鏡子丑之聚光距

第百五十九圖

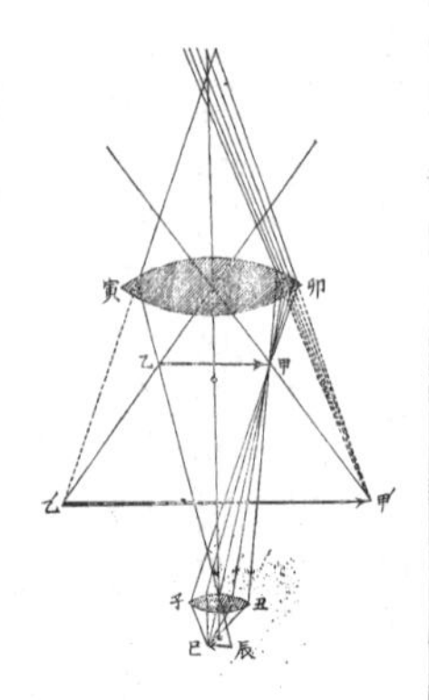

爲甚短者而物體辰已在其聚光距之外而現其像甲乙因其像在目鏡寅卯之聚光點內故再放大其像而移至晰視距內而現甲'乙'之像也

複式顯微鏡所有之放大度與各鏡所有之放大度相乘之積相等例如物鏡使物體之徑放大五倍目鏡使之放大十倍則其顯微鏡之放大度即能使物體之徑爲五十倍而物體之面積爲二千五百倍也

用顯微鏡欲得明晰之像其物鏡必須用無光色差者而欲放大度甚大則其物鏡須用許多並列弱放大度鏡爲一强放大度鏡之用且無球形差之誤者而其目鏡亦常用二鏡並列者

三複式顯微鏡之致用　諸學中如萬彙理學醫學諸科俱必須顯微鏡者也

第四節　日光顯微鏡

一構造及用法　日光顯微鏡 Solar microscope. 乃西曆一千七百三十八年利排昆 Lieberkühn. 所創造爲日光所照而現巨大之實像如第一百六十圖所示四

第百六十圖

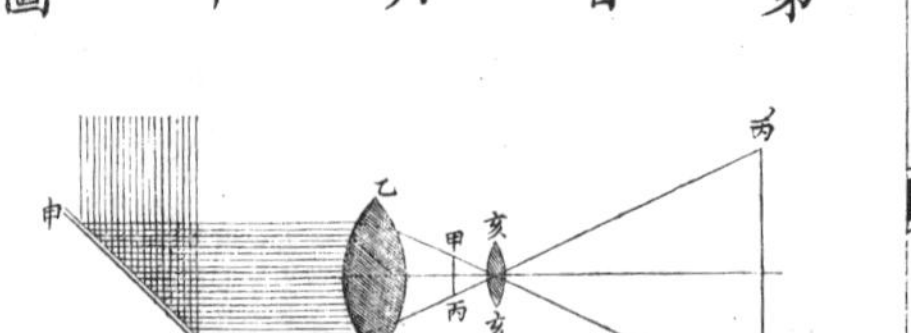

要部所合成也

第一　平面回光鏡申即令暗室外射來之光線通入嵌於壁孔之筒內者

第二　聚光鏡乙使由平面回光鏡並行射入之光線變爲稍收歛

第三　使過乙鏡而稍收歛之光線再速聚爲一點之鏡本圖缺於此聚合點上置欲放其像之小物體則受光甚濃與發光體同

第百六十一圖

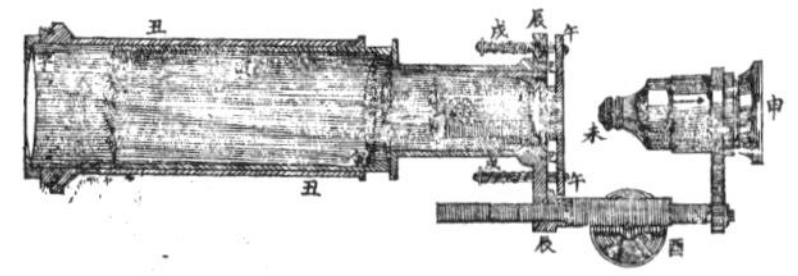

第四　短聚光距之凸鏡亥（卽放像鏡）置小物體甲丙於此鏡之聚光點外則現大實像甲丙於他方。

第一百六十一圖所示爲日光顯微鏡之縱剖形而丑丑爲銅所製之筒用此顯微鏡特設暗室螺定其鏡於壁上所穿之孔中而在孔前置一平面回光鏡使自太陽射來之光線至此而回射其回光之方向與丑丑筒軸並行而至子鏡

上過此鏡之光線已爲收斂後更至第二鏡卯上再收斂而使光更濃乃照於玻璃二片所夾在巳巳之小物體上此濃光照物體所發之光線射入未申管中此筒容大凸度之小鏡未而申端口開因之小鏡所生之像現於室內對面之壁上又欲配準光照物體之度故寅寅筒當稍能進退而卯鏡嵌於一小筒內其筒內有齒條接以適合之齒輪而亦可進退之（齒條與齒輪適合之狀視本圖自明）又巳巳之位置卽在辰辰午午玻璃板之間午午板有戌戌螺絲簧力恒壓向辰辰板故插入其間之巳巳自不脫出也今物體在此間受

甚朗之光則在受像之面上現其像而更由旋轉柄酉進退未鏡此柄酉亦與卯鏡所有之齒杆及齒輪同配鏡之遠近使所現像淸晰也

第百六十二圖

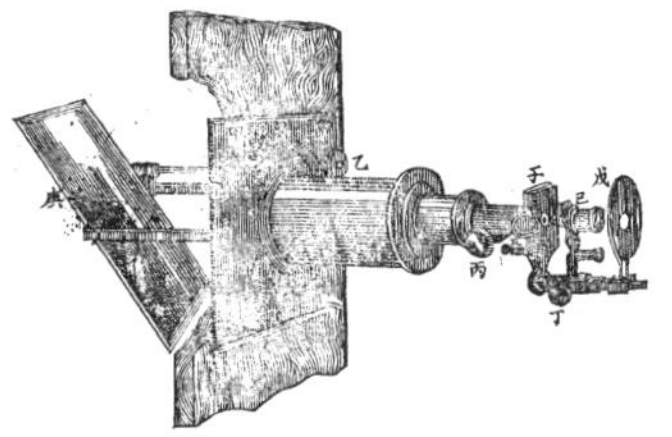

第一百六十二圖乃日光顯微鏡之全形也卽庚乃受日光而使回射之平面鏡而由旋轉柄乙之末端達庚鏡旁之螺旋隨意配準光線射入筒中之斜度又欲使其鏡能沿管軸改變方

向故有甲柄可旋轉之其他更不俟更論參考前圖解說自能明瞭也

若當無日光時而欲用日光顯微鏡可以他明光代之例如特辣門得 Drumond. 之輕養明燈光炭尖電燈光鎂光等是也

二放大度　日光顯微鏡之放大度與物體之距放像鏡及其像之距放像鏡之比相等

今假定物體之距放像鏡正一生的邁當而現像之面距放像鏡正二邁當則其像之徑較物體徑爲二百倍若其物體面積爲一平方密里邁當則其像之面積當

為四萬平方密里適當葢光線之散開與距鏡之自乘為比例也故現像之面愈遠則其像愈大而其物體愈近鏡則其像亦愈大。

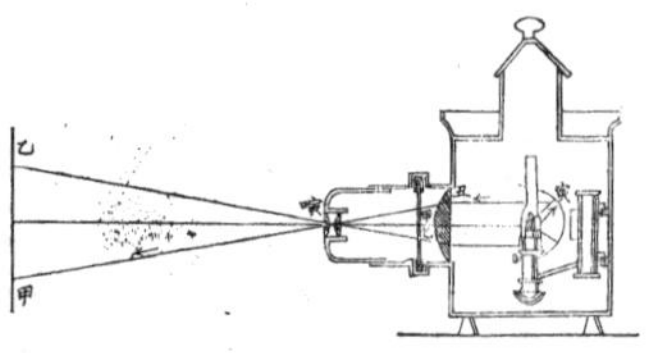
第一百六十三圖

第五節　影戲燈

影戲燈 Magic lantern 如第一百六十三圖與日光顯微鏡相似即薄鐵所製之箱內置凹回光鏡寅與燈及丑嘖兩透光鏡者也其燈尋常用火油燈而在凹光鏡之聚光點上故其光線向前回射並行其並行光線透過凸鏡丑變為收聚以照在甲乙之物體即玻璃上所畫之像或照相像也其光自此物體上過其前之二凸鏡嘖（此二鏡乃合為一鏡之用者）其聚光距須合宜而令物體適近鏡之聚光點（但須在聚光點外）則對面壁上當現其距大之倒像吧呷如欲現直立像則須倒置其物體

第六節　暗箱及照相法

一暗箱　暗箱 Camera obscura 係一千六百五十年意大利人派台 Porta 所創使遠處物體之像映於其中者也

此器如第一百六十四圖所示其箱一側面之中央設有一筒筒中置一凸鏡甲乙又對其筒斜置平面回光鏡丙丁其斜為四十度今有光線子丑自遠處之物體射來而過鏡則理當至戊然為鏡所回射故在箱頂所置之磨糙玻璃庚丁上現子丑之像其美麗且精細與真物無異但旁光若明則其像不清晰故設蓋板庚已遮旁光射入

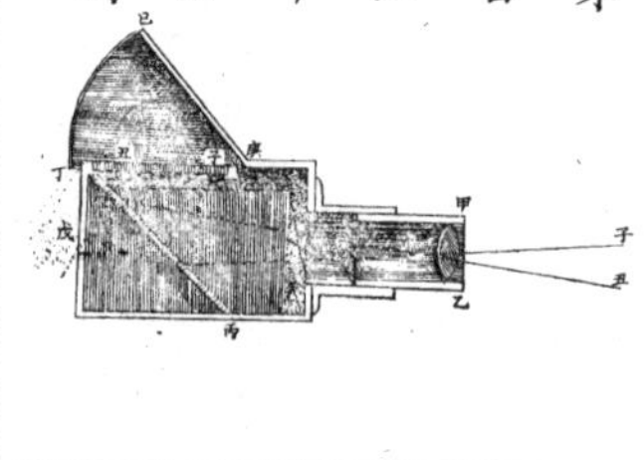
第一百六十四圖

古人但摹寫暗箱內之像其所用之暗箱如第一百六十五圖所示至後世始不用摹寫由光之化物力照得其影像其暗箱如第一百六十六圖所示子子為箱而容鏡之筒辰在卯筒中由旋轉柄巳之他端（圖中不能見）所設齒輪可使隨意進退而其鏡使外物之像現於磨糙玻璃寅上此玻璃寅立於丑丑箱之前丑丑箱與子子箱適合而其前面開凡物體愈近鏡則丑丑箱須愈自子子箱抽出方得明晰之像而精微之進退用上旋轉柄巳

第一百六十五圖

第百六十六圖

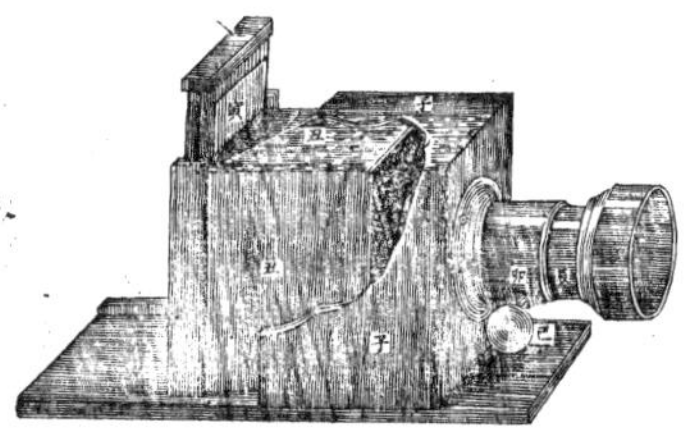

動之。

二照相法　某化合物爲光化分而變黑色，此理可用於照相法。Photography. 卽以照得其暗箱中之像也。一千八百三十九年，法人他格兒 Daguerre 始得照相畫，卽照在與碘化合之銀板面上之相也。其後英人台巴脫 Talbot. 始得紙上之照相畫，後經許多改良，乃有今日之照相法，而他格兒之法遂不用。

台巴脫之照相法如左。

第一　欲得照相畫須先得反畫，卽與物體黑白相反之畫，由此始得正畫，卽與實物黑白相同之畫也。

第二　反畫俱照於玻璃片上，須施術五次，曰製玻璃片，曰置片於暗箱中，曰片之照成，曰照片定形，曰印晒於紙上。

一　取消化鉀碘少許之哥路弟恩和以酯傾於玻璃片，後將此玻璃片浸入銀淡養[三]水中，則此板片上化成銀碘，爲

銀淡養丄鉀碘＝鉀淡養丄銀碘

二　如此製玻璃片之後，乃置之於暗箱中，而令受光，於是像之明處，銀碘化分爲銀，而爲黑色之末，其處成暗，而像之暗黑處爲明，故反畫也。

三　但欲銀碘全化分爲時甚久，故借他物之力催其化分，卽片時受光之板，浸入貝路加里克酸，及鐵硫養[四]之水中，則卽能現明晰之反畫，蓋此水使其銀碘化分爲銀之力極大也。

四　反片須更置於海波沙打水中，而後以清水洗之，則消去其未化分之銀碘，而現明處。

五　取此反畫片，置諸含銀綠之紙上，使光透過其反片，而至紙上，則反片之明處，因能透光，銀綠乃化分，而紙變黑，反片之暗處，因透光甚少，故其下之銀綠不變色，而爲白，於是其紙上得現與實物相同之黑白，是卽正畫也，然後以海波沙打水洗之，以定紙上之形也。

近今照相法大進，不須用濕玻璃片照反畫，而用銀溴直辣丁製之乾片，又照本色相法，近今雖頻有人研究之，然常未得良法也。

第七節　視畫箱

視畫箱，Raree-show. 又名光學箱，爲凸透光鏡及平回

光鏡所成俱連於一箱之上凸鏡在旁直立其聚光距極大回光鏡在箱之上面斜置與凸鏡成四十五度之角今取野景等畫平置於回光鏡下與視者相背而在凸鏡中望之則見直立且距大之野景近今盛行之西洋鏡亦有類此者

第八節　遠鏡

一定義及種類　顯微鏡者乃使在近處之微物視明其各小分而且現放大之像遠鏡 Telescope. 者使在遠之物體如甚小者現其像於近眼之處俾可視明其物體遠鏡别為二大類曰折光遠鏡 Refracting telescope. 回光遠鏡 Reflecting telescope. 是也其前者只為透光鏡所成故透過之光線唯折而已後者為透光鏡與回光鏡所合成故使光線回行又折行也

二折光遠鏡　有三種

第一　星學遠鏡 Astronomical telescope. 此遠鏡乃一千六百十一年起潑亂 Kepler. 所創造如第一百六十七圖所示即用大聚光距之無光色差鏡丙丁為物鏡用聚光鏡寅卯為目鏡今物鏡從定律生在遠物體甲乙之小倒像丑子而隔目鏡望之則當在丑子現巨像

第百六十七圖

此遠鏡之放大度若知物鏡之聚光距與目鏡之聚光距則易算出之蓋其物體與人目所成視角與甲辰乙相等故亦與子辰丑相等也然用遠鏡則人視其物體當為子巳丑角即與子巳丑角相等者又子巳丑角及子辰丑角與自目鏡至像子丑之相距及自物鏡至子丑之相距為反比例而像之距物鏡當近於物鏡之聚光距其距目鏡則適在目鏡之聚光距(𠪚)上然則由此遠鏡所得放大之度當為𠪚/聚(𠪚為目鏡之聚光距　聚為物鏡之聚光距)而此種遠鏡之長與以兩鏡之聚光距相加者相等即聚𠪚也

凡測量家所用星學遠鏡其有十字形之綫正在物體之光透過物鏡而當成像之處如第一百六十八圖所示者

第百六十八圖

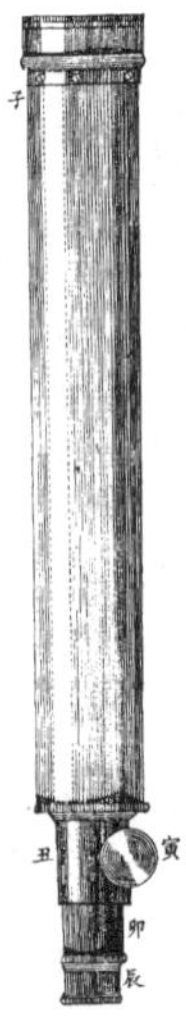

星學遠鏡之外形其筒長短適

宜前端子以螺旋嵌物鏡而其後端爲較小之筒此處容他筒卯容目鏡辰而可隨意進退惟其進退須由旋轉柄寅轉之

第二　地上遠鏡 Terrestrial telescope 此遠鏡乃一千六百四十五年來太 Rheita 所造以觀地上在遠處之物體使其物體之像直立而現於人目者也

使像直立之法其最簡者如第一百六十九圖所示以兩個凸鏡爲目鏡是也其第一鏡人在其聚光點外受物鏡所現之實像甲乙故再倒現於乙甲今第

第一百六十九圖

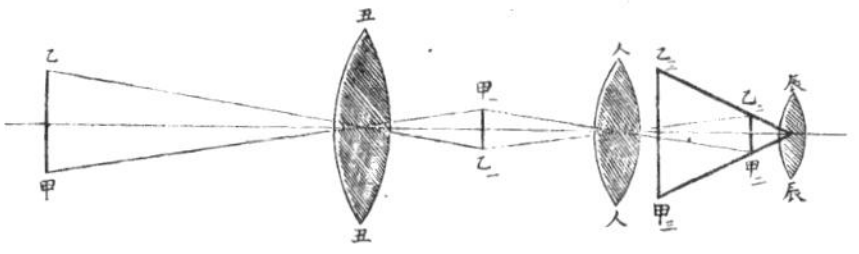

二鏡辰其功用如單式顯微鏡能放大乙甲之像且移之於晰視距內即在乙甲現巨像也

又有用四鏡爲目鏡者例如第一百七十圖所示子丑爲目鏡筒內有四鏡凡地上遠鏡屢自此處移至彼處且常在旅行時攜之故爲數筒所成可進退伸縮欲觀物體則抽出之使其長短適宜用畢則層層相合而縮短以便攜帶

第三　荷蘭遠鏡又名加列里遠鏡

Galilei's telescope 此遠鏡一千六百零八年荷蘭人里剖司海姆 Lippersheim 所造而一千六百十年加列里 Galilei 改良者也

第一百七十圖

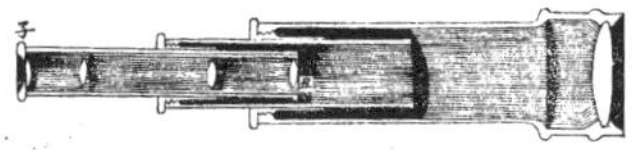

如第一百七十一圖所示爲凸鏡辰與凹鏡亥所成其凸者爲物鏡凹者爲目鏡置兩鏡之法如下即單用物鏡則所生之實像叱呷爲倒者而不能直立今其光線爲目鏡所分散而其分散之度使恰在晰視距內則成直立之虛像即呷叱是也

此遠鏡之放大度如知物鏡之聚光距與目

第一百七十一圖

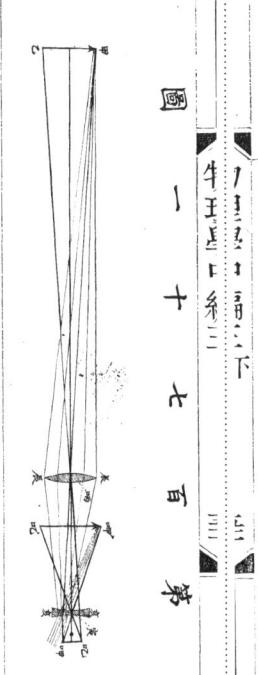

鏡之分散距則易算得之即無遠鏡之際物體當現之角度甲呐乙與叱呐呷角相等今假定眼在目鏡之心寅則隔遠鏡所見之物體其角度當爲叱寅呷而此角與叱寅呷相等故欲知此遠鏡之放大度在知叱寅呷角爲叱呐呷角之幾倍也物體在極遠處則物鏡與像之相距與其聚光距聚相等而目鏡與

呷吃像之相距較其分散點距〔散〕僅稍大，故以分散距〔散〕代目鏡與像之相距亦無大差，又吃哂呷角與吃寅呷角，殆與其相距爲反比例，故得

$$\frac{散}{聚}=\frac{吃寅}{吃哂}=\frac{吃哂呷}{吃寅呷}$$

今無遠鏡而視物體所成之角吃哂呷，定爲一，則隔遠鏡所成之角度爲 $吃寅呷=\frac{散}{聚}$ 卽以目鏡之分散距除物鏡之聚光距，當得其放大之度，然則物鏡之聚光距愈大，而目鏡之分散距愈小，則其放大之度愈大，據以

上所論之理，兩鏡之距約爲聚－散，故同一物鏡，而目鏡異，則兩鏡之相距必不等，目鏡之分散距愈短（卽放大度愈大），其像必愈大也。

第一百七十二圖爲荷蘭遠鏡之廣行於世者，所謂戲場鏡 Opera glass. Binoole. 是也，容目鏡子之筒卯，在容物鏡寅之筒中，能隨意進退，而得物體之清晰像，而其物體愈近，則目鏡筒須愈抽出。

第一百七十二圖

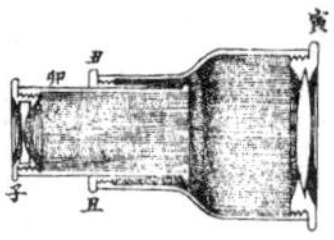

三回光遠鏡　此亦有三種，

第一　奈端 Newton. 遠鏡也，如第一百七十三圖所示，爲一大圓筒所成，其一端開，一端閉，而其底有大凹回光鏡乙，今以遠鏡之開端向一星體，而其光線射至筒中，則理當因凹回光鏡現像於子，然光線未至子之前，爲平面鏡甲（其斜度與遠鏡軸成四十五度）之向側回射，故在丑現其像，而可由目鏡寅視之，但先須由丙丁使目鏡筒左右進退，至適合其度。

第一百七十三圖

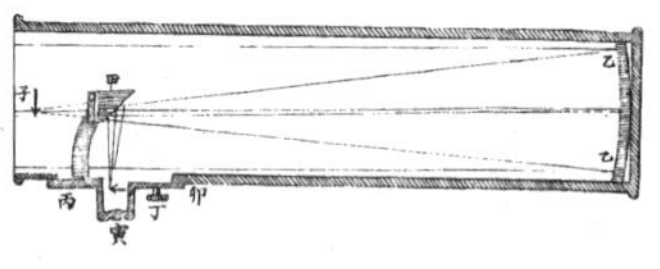

第二　格里加列 Gregori. 遠鏡也，此遠鏡係一千六百六十三年格里加列所造，如第一百七十四圖所

示，回光物鏡乙乙之中央有孔，此孔之後部有小筒容目鏡寅，此遠鏡中射來之光線，因乙回射而倒現星體之實像子，今以此像近小凹回光鏡甲之聚光點，故在目鏡前現直立像丑，如本圖所示，而其像丑可由目鏡視之也（圖內丙丁，乃進退甲鏡使合度者）。

第一百七十四圖

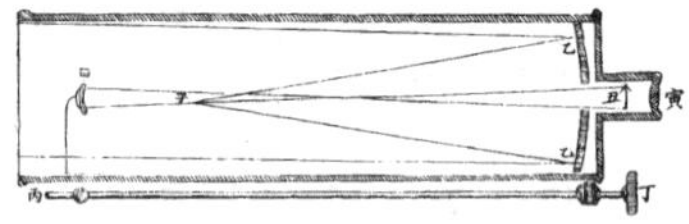

第三　候失勒 Herschel. 遠鏡也，此係一千七百八十九年候失勒所造，如第一百七十五圖，大凹回光鏡甲斜立，所生之像子，就目鏡丑望之，

第百七十五圖

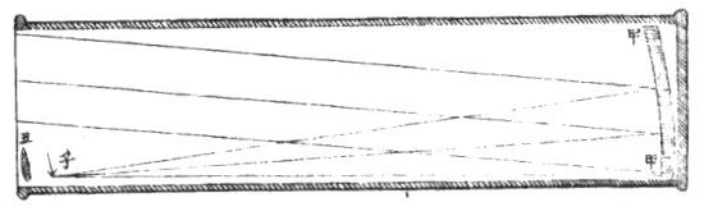

第六章　光之本性

第一節　論光之本性

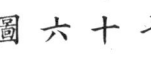

光之本性。雖已於本編第一章論及之。然不過得其大略。故更於本章詳論之。光之現象有二說相異。曰散出說。曰震動說是也。

散出說

此說云有一種物質名光質點。凡此光質點之微分自發光體之面四散射出。其速率極大。例如太陽之光於八分十三秒中能達地上。其速可知。又以此光質點爲極微之物。與重力無涉。（卽無重。）而其色之別。由於速率之不同。其回光類凹凸性物體之反躍。又從此說解折光有二說。第一凡透光體中當有空隙。能以使光質點透過。第二。在有重之物體。其質點能攝引光質點。而其攝力與光質點所有之速率相合。而使其所行路爲斜是也。

震動說

此說云。光自發光體之最小分。爲至精微之震動而生。更由以脫小分之震動。傳至四方者也。由此說則光略似聲。然聲由可測之物質。所有震動傳至四方。今光由以脫之震動而傳播於天空。則此以脫亦必充滿於宇宙間。不但在星體間之空處而已。且亦存於各物體中。塡滿其質點間之空隙者是也。以脫靜止之處。卽爲暗黑。而其一處受震盪。則其光浪向周圍散布。如絃線之震盪散布其浪動於空氣中也。蓋光者爲某運動所成。固與以脫有別。猶聲之爲震動所成。而起震動者乃爲物質之各分。則震動與物質之質點不容混而爲一也。

以上兩說久行於世。學者各執一說。不知歸宿。然近日考究光理。目精震動之說。遂不可更易。如後節所述。蓋光之各現象據震動之說。則其理頗易明。從散出說則有不能解之處故也。

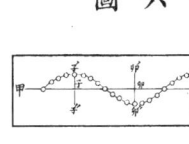

第百七十六圖

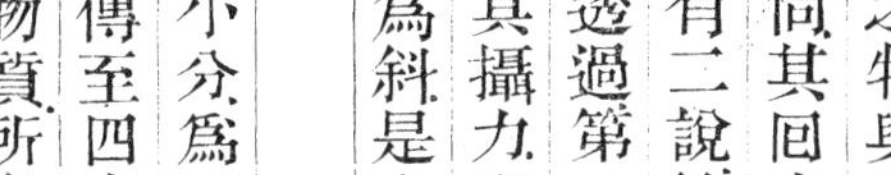

第二節　以脫震動之景狀

以脫浪之傳達其狀可作爲如第一百七十六圖所示。卽光若自甲散射向乙。則甲乙直線上靜止之以脫俱起震動。其方向與甲乙線成直角。其狀與張弦而擊其一端。則其各分俱起震動無異。本圖之曲線爲震動之時中某一瞬之震動質點所有交互之位置也。

今當更就以脫質點之震動細論之本圖之子點爲靜止以脫之小分其起震動後則自子點向子′點更向子″點而始終在子′與子″之間一進一退連續震動在子′點則其速率爲零而愈近平均點則速率愈增加至適經平均點上其速率爲最大自此再漸減少至子″復爲零而更反其方向而起其震動與懸擺之動適相似也

光雖以極大速率傳播然此光之行決非於一瞬內即達者以脫質點之震動非一瞬內即能逐次傳於在光線方向之各以脫質點也今假定甲乙線之以脫質點皆爲靜止而其際子點之以脫質點忽起震動則向乙順列之質點當次第起震動而愈遠子點則起震動當愈遲理宜然也子點之以脫質點震動一次完畢之時（即一往復）其震動當適傳至丑點之質點而丑點之質點起第一次震動之時子點之質點已起其第二次震動其後子及丑之以脫質點其震動之狀當始終相同即其二點之質點同時同方向而離開平均點又同時經過平均點而同時至距平均點最遠之處也

凡如子點及丑點之以脫質點其同形震動之質點間所有相距名曰浪之長短 Length of Waves.（已見浪動通論）今若以丑寅之相距爲一浪之長短則丑點之質點起第二次震動子點之質點起第三次震動時寅點之以脫質點恰當起第一次震動而後其質點與在丑及子者其震動之狀當始終相同又若以卯點在子與丑之中央（即卯之距子爲浪長之半）則卯之質點與子及丑之質點其震動之狀當始終相反而子及丑之質點在甲乙線上至距平均點最遠之時則卯點之質點亦當距平均點最遠唯在線之下耳此後卯之質點與在子及丑者雖同時經過平均點然運動之方向常相反者也

是故在射光線上之兩個以脫質點其相距之數正爲浪長之半則其質點之動速率常同而其方向正相反也其相距如爲浪長之二分之三二分之五二分之七之類亦俱同之

浪之長短從色之異而互不同紅光之浪最長而紫光之浪最短又浪之長短不等其震動時之長短亦不等即紫光線之震動最速而紅光線之震動最緩由是觀之光有色之差異恰如聲有調之高低也（已於前章述其大畧）

光浪自某光點擴布向周圍之狀視靜水之面投一石而生浪動則易知之即投一石於水中則自其點生一圈狀之浪動擴布向周圍在石落處之水質點一上一下此上下運動以同速率傳播周圍故距中心相等之水質點其震動之狀皆相同其質點當同時至最高點又同時至最低點也即生共一圓心之凸浪與凹浪如第一百七十七圖所示也在某一瞬內圖中連線之圓圈為凸浪而虛線之圓圈為凹浪其浪動少頃之後卻於虛線之處生凸浪連線之處生凹浪而向外擴布凡在共一圓心之水浪其震動

第百七十七圖

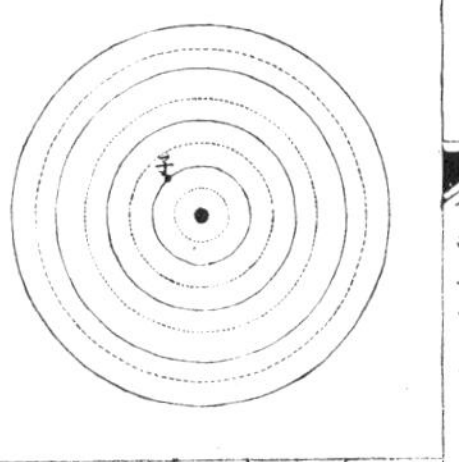

恆向其圓心之周圍擴布光浪亦如此為共一圓心之各球形層而向光源之周圍傳布即各光浪之面俱為渾圓形也但此只就以脫之凹凸力四面皆等者言之

第三節　論回光

從海輕司 Huyghens. 之震動說論回光如左

如第一百七十八圖所示之甲乙為二種居間體之境界面寅辰為一光線今在辰點之以脫因此光浪當起震盪而所起之浪動向周圍擴布恰使辰點自

第百七十八圖

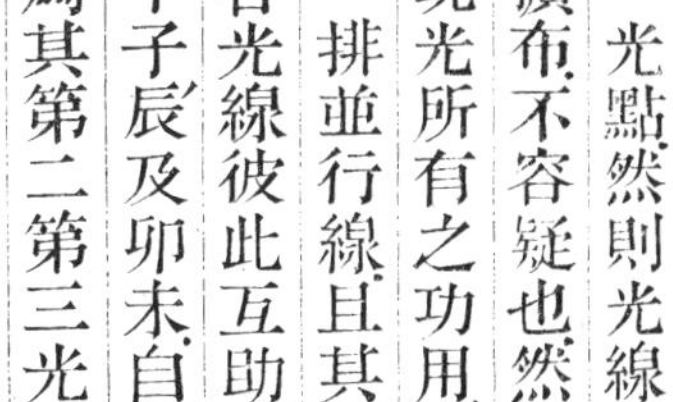

為一光點然則光線當自辰點向周圍擴布不容疑也然獨一光線決不能現光所有之功用必其多數相合為一排並行線且其震動之狀相同而各光線彼此互助乃現光之功用也今子辰及卯未自同一之光源發而為其第二第三光線此光線若在極遠之處則寅辰子辰卯未可作為互相並行辰巳間之浪動球面可以視作平面如此在一平面之浪層第一線遇辰點第二線遇辰′點第

三線遇未點今在一平面之浪在巳之第三線遇未之時其第一線遇辰點之後而擴布之球形浪當適至於午其球半徑適為辰午而與巳未之相距等今更畫一線辰′巳′使其與辰巳為並行則第三光線自巳′遇未之際其第二線遇辰′點而擴布球形浪動其半徑當為辰′午′長短與巳′未相等如此在辰未間之各點俱發出球形浪而此各球形浪同時所遇之面即回光之平面浪層也今依幾何理辰午之於辰′午′猶如辰未之於辰′未然則各球形面同時所遇之面未午為平面不俟論已今此回光浪各並行而前進

其光線之方向與未午爲直角故此一束之回光線爲從辰辰未所發與未午成直角之光線及在其間之各小分光線相助而成蓋同排之各以脫本圖以點示之其震動之狀始終相同

今辰未爲兩三角形所公有之邊線而巳未與辰午相等午角爲直角而與巳角相等故辰巳未三角形與辰午未三角形爲同式且等積也是故巳未辰角與午辰未角相等卽射光線與起回光之面所成之角與回光線與其面所成之角相同故回光角與射光角爲同度也

物理學中編三

第四節 論折光

本海輕司之震動說而論折光亦與回光之理相同如左

第一百七十九圖

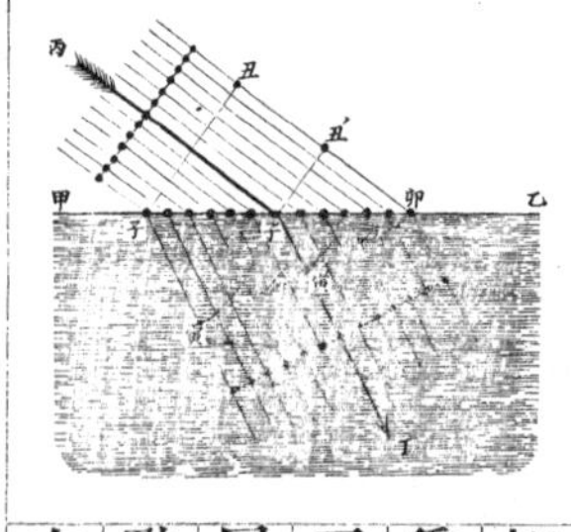

如第一百七十九圖所示甲乙爲二種透光體相接之境界面子丑爲某一瞬間所有平面浪層之位置也今平面浪層至丑點時則子點爲球形浪動線之中心其球形浪擴布入第二物質中如其浪行之速率有改變則當生新浪動綫第二物質若較第一物質折光之力大則在第一物質之浪動自丑至卯之時所有自子點擴布入第二物質之浪當至其球面寅卽其球半徑爲子寅而較丑卯之相距小又在第一物質之平面浪層當以同時至子及丑點而其自丑至卯之時所有自子擴布入第二物質之浪當至其球面寅卽其球半徑爲子寅而子寅與子寅之比若丑卯與丑卯之比如此而由子卯兩點間之各點所射來之平面浪當自此各點起球形浪而總遇一平面卯寅寅以後遂不改此平面而並行前進是卽折光線其光之功能與回光時相同也丑卯及子寅之長短於兩物質內光浪之速率爲反比例故常有一定之比今定子卯之長短爲一而

丑卯＝正弦丑子卯

子寅＝正弦子卯寅

則丑子卯及子卯寅兩角之正弦卽射光浪動平面及折光浪動平面與起折光之面所成之角之正弦不得不爲一定之比而射光浪動平面子丑與起折光之面所成之角卽等於射光角折光之浪動平面卯寅與起折光之面所成之角卽等於折光角是故從浪動說則折光角之正弦與射光角之正弦必有一定之比

前節回光之說與此節折光之說係海輕司所創故名

之曰海輕司理

第五節　交光浪

一定義　交光浪者謂自二光源所發之二光浪相交會也

二定律　等長之二光浪向一面傳布而其兩浪之凹凸互相交會其交會之點距光源之差若爲半浪長之某偶數則相合爲一而增其浪動卽其光增明然其交會之點距光源之差若爲半浪長之某奇數則減其浪動且兩浪之大小若爲相等則互相消滅

今據第一百八十圖講明之卽甲乙及丙丁線爲光

第百八十圖

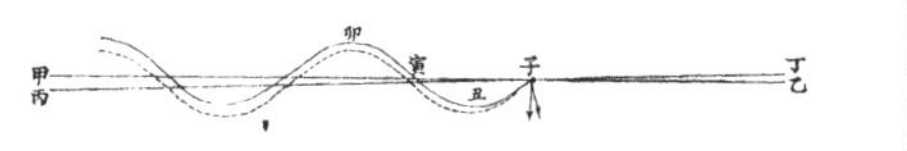

線兩條自一光源射出過各異之路而至子點至是爲極銳之角而互相合而光線丙丁自光源之子點其路之長短若與甲乙光線自光源至子點之路等或比此大一二三四等若干全浪之長則其兩光線在子點交會當如本圖所示卯寅丑子浪動曲線爲某一瞬在相對位置之自甲向乙動之以脫質點也丑質點在甲乙之下之最外點子質點爲向第一小翦所示之方向行動而恰經過平均點之際也又虛線所示之浪動曲線爲與

上同時傳布之丙丁光線所有以脫質點震動之狀也兩光線若自光源經相等之路而至子點則在子之質點由兩光線之震動而同時受兩個相同之功用卽本圖所示之狀子質點因第二浪動綫亦向下運動（卽第二小翦所示之方向）故其震動之强當二倍於一光浪之震動也因此理而兩光線若其路之差等浪長之全數（謂浪長之一二三四五六等倍）在某一處互相會合則其兩光線之震動當互助而增長也

第一百八十一圖所示兩條光線其一線跨過他一線而進行而其距光源之差爲其浪長之半或若干

第百八十一圖

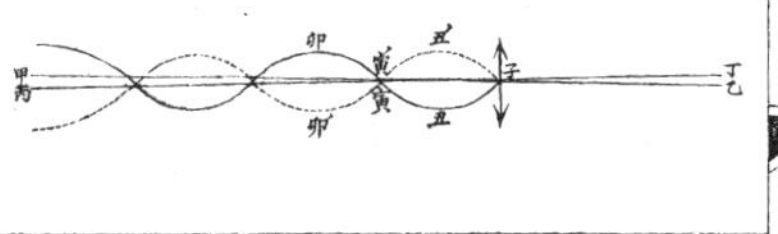

倍浪長有半（如爲浪長二分之三二分之五二分之七等）所有相會之狀也而其一光之浪動以連線示之他一線以虛線示之故子質點被一浪推向下之際他浪恰同時以同力推令向上故二力相反卽相平均而子質點因之休止也

上文所述交浪之狀乃光行路之差爲其全浪長之某倍（卽一倍二倍三倍等）或其半浪之奇數者（如爲全長二分之一二分之三二分之五等）然光行路之差如在此兩者之間則兩光浪亦當相交但其所現之象亦在

此兩者之間蓋雖交會而不全止其浪動亦不倍增其震動之度也此際所生震動之度從相交之狀異而或偏於此或偏於彼其狀試視本圖之卯卯寅寅及丑丑各段自易明也

第六節　彎屈光浪（即轉）

一定義　有光線過不透光體上極微之孔而過其孔邊者在此處稍彎屈而射至陰影中此種現象總稱曰彎屈光 Inflexion of the light.

實例　如左

一　內面塗黑之表玻璃上或磨亮金類所製之圓鈕子上或寒暑表之球上所生太陽之光像隔小圓孔（例如以小鍼穿厚紙之孔）而窺之則見如第一百八十二圖所示之狀即一明圓點為許多色輪所圍繞而圓孔愈小則明圓點愈大

第百八十二圖

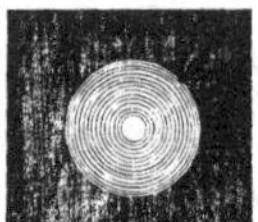

二　於厚紙上穿一極細直線形之長孔以黑色塗其內面置於日光中而窺所置與孔並行之玻璃管則見第一百八十三圖所示之像其像在中央現明光帶在兩側現細色線而距中央愈遠則光愈減直線孔愈狹則其明光帶愈濶也

第百八十三圖

三　用以上之厚紙窺單色之玻璃（例如紅玻璃）則其現象更為清晰即在中央現明紅帶在其兩側黑色隔之而其兩邊尚有許多細紅線而其光漸次減少且彼此為黑線分隔之狀恰如第一百八十四圖所示然中央之明光帶與兩邊之紅線為黑線分隔決非截然判開乃由明漸移於暗也

第百八十四圖

用綠色玻璃當得同現象但稍與前異即其各色線俱較紅為狹又用紫色玻璃則其色線為更狹如本圖所示

二釋明彎屈現象　此現象為自不透光體之邊端（即小孔）所有小分以脫發出之光浪相交會而成者也

例如第一百八十五圖所示使日光一束自一水平上之長孔（其濶約二密里邁當）向垂線射入暗室內隔二·五至三邁當置屏甲乙受其光此屏上更穿有小孔丙丁其濶約一密里邁當且與第一孔並行今在甲乙屏

第百八十五圖

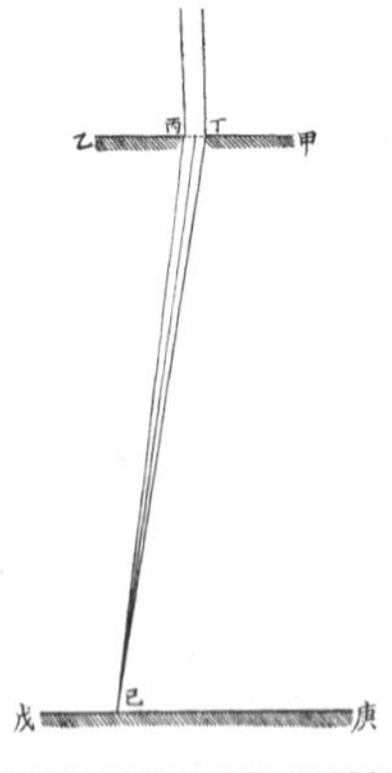

後置以白紙糊之第二屏戊庚距第一屏約二至三邁當以受其光則其屏上見光彎屈之象今述其理有光若自極遠之一點而向垂線下射於甲乙屏上則在其丙丁孔中之各以脫質點其距光源作爲相等亦無不可故其以脫質點震動之狀悉皆相同各傳其震動於屏後之周圍其狀與自發光無異而甲乙屏後之某點（卽如己點）其受光之強弱關於自丙丁孔各點所發之原光線 Element. 總合於己之交浪所成功用今有各光線過丙丁孔其傳光方向與孔之面成正交則戊庚壁上所現象之中央因距各發光點之路相等而爲互助之交浪故必全明也至其側則因在此處相合之各光線距光源之遠近不相等而其交浪非相助而或相減故漸至側則其光漸減卽自丙丁射來而會合之各光線漸減其光至全相平均之點則現黑線距中點更遠則自丙丁射來而會合之光浪又生不平均之處而再現光線次復生黑綫是卽距兩光源之遠近有全浪與與半浪之差故相助而增運動之處則現明綫在相消而爲平均之處則現黑暗而一明一暗相間連續也

以白光實驗之則在彎屈光線之中央當見白線而在其側之光線當現色無論在何處決不現純白色之線蓋各種色線在中央則皆現明光在其側則某色之光當現黑線處他色之光適於此現明線也是由各色之光浪其長不等故也

鳥類之羽毛呈美色綢緞之有色澤蜂殼之內面呈美彩俱由光線彎屈之功用也

第七節　光浪之長

光浪之長短可由交浪之現象測定之

卽如一百八十六圖之甲及乙爲二發光點其震動始終同狀者也今以平面丙丁爲與連甲乙兩點之直線並行者則自甲及乙所發之浪動至等距之一點戊其震動之狀當始終相同故互增其浪無疑也而在稍偏之一點己其距兩光源之差（卽甲己內減乙己之甲子）正爲浪長之半則自甲及乙所發光線之達於己者其震動之狀當始終相反故其震動當相消歸靜止而在己點亦同理也至在庚及庚點則其光又甚強如在戊點蓋在此兩點自甲及乙射來之光線恰差全浪之長故也故在丙丁面上非受同狀之光照當見明線與暗線並行

第百八十六圖

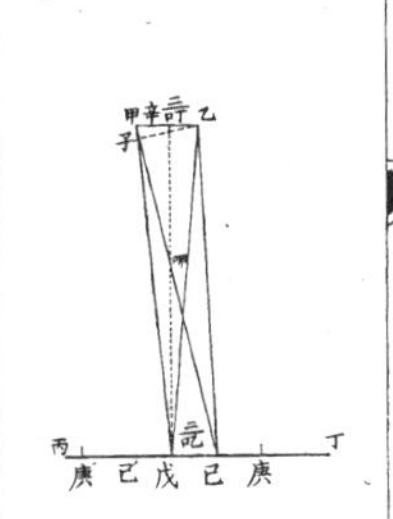

相間。即所謂交浪線是也。凡光浪因其長甚小。故其交浪線亦常甚狹。須藉單式顯微鏡方可見之。今已知甲乙兩光點之相距。即受光面之濶。則計算兩暗線之相距。例如已己之相距。可確知交光線之浪長也。即代甲乙之相距以可代戊辛以呷代已己以吃則得

$$甲己^{2}=呷^{2}+\left(丙可+\frac{吃可}{二}\right)^{2}$$

$$乙己^{2}=呷^{2}+\left(丙可-\frac{吃可}{二}\right)^{2}$$

故

$$甲己^{2}-乙己^{2}=\left(丙可+\frac{吃可}{二}\right)^{2}-\left(丙可-\frac{吃可}{二}\right)^{2}=二吃可丙可$$

或

$$(甲己+乙己)(甲己-乙己)=二吃可丙可$$

今以二呷代甲己加乙己。亦無大差。而於己為交點。其光盡消失。則其距兩光源之差。當如左式。

$$甲己-乙己=\frac{長}{二}$$

式內之長為光浪之長　故

$$呷長=吃可丙可$$

而

$$長=\frac{吃可丙可}{呷}$$

由是觀之。求光浪之長短。當非難事。然各色之光線。其長短各異。且一色之光線。亦從在某體中折光。指之異。各生差異。如前章所述。今就與發郎胡發線相合之光線。舉其浪長之例。如左。

發郎胡發線	浪長
乙	〇.〇〇〇六九密邁
丙	〇.〇〇〇六六同
丁	〇.〇〇〇五九同
戊	〇.〇〇〇五三同
己	〇.〇〇〇四八同
庚	〇.〇〇〇四三同
辛	〇.〇〇〇三六同

浪長已知。則從浪動通論中之數＝$\frac{速}{長}$。公式。式中之速為速率。求得光浪每杪之震動數甚易也。今示與發郎胡發線相合之光之震動數。如左。

發郎胡發線	震動數
乙	四五〇比利恩
丙	四七二同

丁	五六二同
戊	五八九同
己	六四〇同
庚	七二二同
辛	七九〇同

右一比利恩為一，〇〇〇，〇〇〇，〇〇〇，〇〇〇，如前所說。

第八節　透光薄片所現彩色

透光物體之極薄片。例如肥皂水泡或水面滴微油。而所生之薄層。則現美彩。又以凸透光鏡之聚光距大者。置於平玻璃板上。其間得空

氣之薄層則現勻整之色圈許多

此圈奈端 Newton. 始研究之世用其名曰奈端色圈 Newton's ring. 奈端試驗此圈時用十五至二十邁當彎半徑之凸透光鏡今就回光之方向視之

第百八十七圖

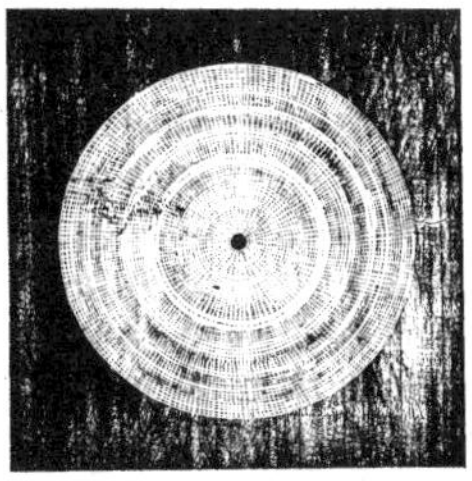

則玻璃板之切凸鏡處其中央現一黑點有同一圓心之色圈許多繞之而此色圈至外而漸狹且漸淡恰如第一百八十七圖所示若隔單色玻璃而視其圈則只見明圈與暗圈相間互現用紅光則此圈當較綠光大用綠光則較紫光大若以白光易單色而視此圈則無論何處無純白之圈與純黑之圈以各色光之明圈與暗圈不共在一處故各處俱見各色而此色非光帶中純淨之色實爲合成之彩色也

此亦交光浪之現象如第一百八十八圖解明之卽

第百八十八圖

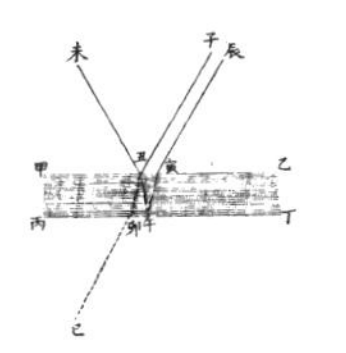

甲乙丙丁爲某透光體薄片而有光線一束並行射來則其光線自子至丑而一分向未爲回光一分向卯爲折光遂從卯巳射出空氣中第二光線辰寅卽與子丑並行者亦於寅一分爲回光一分爲折光與前者無異唯此折光線更在午向丑回射（第一光線子丑雖如上文所述於卯射出空氣中其實仍有一分爲回光只其一分出空氣中也今第二光線雖云在午不射出而回射然其實亦有一分射出也）而此光線與在丑回射之第一光線爲同方向卽俱向未射出也此同向而射之兩光線自不得不合爲交浪而薄片之厚薄如使合爲交浪之兩光線其路之差爲浪長之二分之一·二分之三·二分之五等則互相消而靜止若其差爲浪長之一二三四等倍則增其光之明當如前章所論也

然在薄片現彩色而稍厚之片卽不現色其理亦易解之今定紫光浪之長爲紅光浪之半（其實此其半稍大如前節所表）然則紫色圈之徑理當爲紅色圈之半故在紅光當生第一黑圈之處在紫光當生第二黑圈而此處有紅紫兩色間之各色線所生明圈則其色爲極明也今紅線當生第七黑圈之處有紫線所生之第十四黑圈而其處尙有六種色線所生之六黑圈及七明圈是故最外之紅色紅色與橙黃色之界橙黃色與黃色之界黃色與綠色之界綠色與青色之界青色與深藍色之界深藍色與紫色之界及紫色之最

邊端若爲極弱則中央之紅深黃黃綠青深藍紫之各色爲極强則當合而爲白其色皆不能顯如此而其次各處皆不現色。

李烈按彩色所以祇現於極薄片者可作圖以明之如第一百八十九圖（此圖原本無特增之以解明其理）其縱線之長作爲若干圓圈之半徑（圖內所繪爲第十四紫圈第七紅圈之半徑）其平行各橫虛線爲各圈上之一點而各不等長之浪當重疊掩蓋於一點上今特展爲線以顯一點上有無

第一百八十九圖

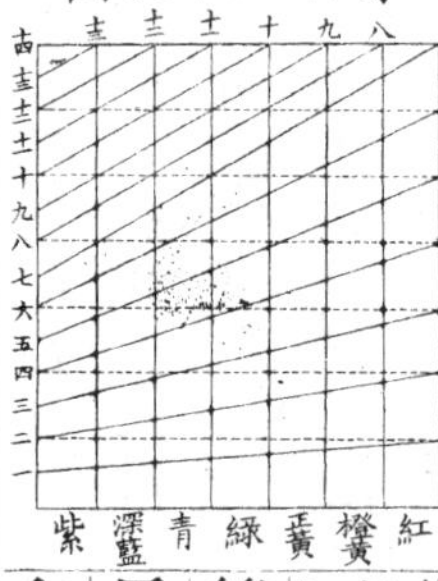

數不等長之光浪也而其底線爲各色圈同具之圓心以上各虛線所有相距爲一紅浪之長其各斜線爲自紫至紅各色浪所應現之黑圈即其相距適爲各色浪之長也令視此圖則知光浪之長短不獨此色與彼色異即同一色而鄰紅色一邊之橙黃與鄰正黃色一邊之橙黃其浪之長短亦各不同故精言之則即一色中之浪其長短亦無一同者特所差爲極微而今生第一圈之處一色內之各光浪長短之差因極微而不顯但積至多浪之後則一色內所有浪之長短愈顯而一色內之明圈與暗圈亦漸混雜

而其光各處調勻漸現白色矣

第九節　分極光

一回光所成分極光　光若由某角度射向某物體（如玻璃面）則其回射之光線已非常光而爲變性之光名曰分極光

Polarization of the light

第一百九十圖

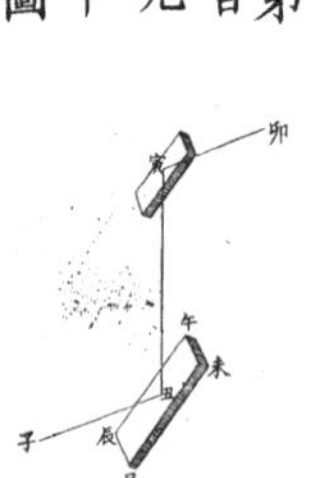

當依第一百九十圖解明之令常光線子丑與玻璃面成三十五度半之角（即成五十四度半之射光角）而射辰巳午未平玻璃上則其大半從回光定律自丑向寅回射

而此回射光線已屬分極惟此分極光之外尚有自玻璃板下之物體發出透過其玻璃板之回光線欲使此光線不與分極光同向丑寅前射（即欲獨使分極光前射）故辰巳午未玻璃板須用黑玻璃作之或塗其背以黑色令使回光分極光線丑寅射至第二玻璃板此板與第一玻璃板平行而其背亦塗黑色則其光線復與此第二板之面成三十五度半之角且其上板與下板之直徑在一垂線平面上第二玻璃板如此位置則丑寅光線之回射與常光線同今若以丑寅光線爲旋轉之軸而旋轉上板則上下兩板之位置

雖有改變而射光線丑寅與上板之面所成之角度毫不改變然上板之直徑與下板之直徑已不在一垂線平面矣使上板與下板之直徑如此不在一平面則角度（卽上板之直徑與下板之直徑所成之角度）愈增加而自上板回射光之線愈弱至成九十度之角（卽兩板之直徑成直角如十字形）則丑寅之光線在上板已無回射之事蓋丑寅若爲常光線則在此處固當回射也今再旋轉上板則回射線再漸强旋轉至一百八十度則光之强當達其極蓋如此位置則兩板之直徑再在一垂綫平面上玆更旋轉不止則自上板回射之光線再減而弱

至兩板之直徑爲十字形（卽旋至二百七十度）則光又毫不回射矣凡如本圖狀之器使二玻璃板現分極之光者名曰分極器

二分極器　尋常所用之分極器 Polarizations apparatus. 有二種

第一　第一百九十一圖所示者是也

卽金類或厚紙所製之管其一端置背塗黑色之玻璃板甲乙使此玻璃板與管之軸成三十五度半之角且使光線之射至玻璃面而回射者沿管軸通過管內又管之他端套入短圓筒丙丁此筒之上置第

第百九十一圖

第百九十二圖

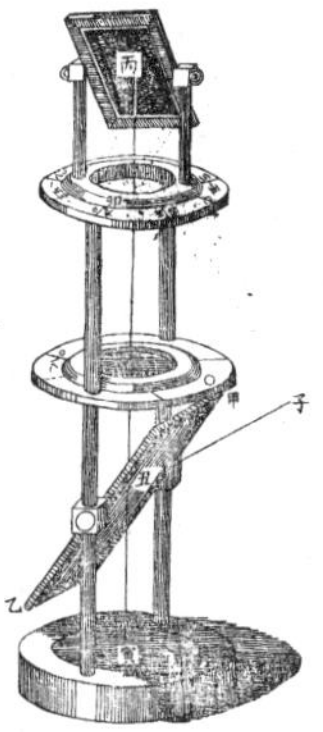

二玻璃板戊己亦與管軸成三十五度半之角今轉其短圓筒則戊己玻璃板亦同旋轉故能使板面隨意轉至某位而易行其試驗也

第二　第一百九十二圖所示之奴林伯 Nöllenberg. 分極器是也

此器因欲置穩於某處故有甚重之圓形

座子其座子之邊上有金類之二圓柱在座子之圓徑上相對直立此二柱閒置有甲乙長方匡所容之玻璃板一塊此長方匡與玻璃板由二軸貫於圓柱上而可沿水平軸旋轉且能使之隨意定於某位但用此玻璃板之時常定其面使與垂線成三十五度半之角玻璃板如此定之時光線子丑若射至板上成三十五度半之角則其光線之一分雖當通過玻璃然其他一分當自丑向寅對垂線之下而回射此回射之光線卽爲分極光而子丑線及丑寅線所遇之面卽其光線之分極面也圓座上有一平面鏡在

水平面上而因分極光丑寅沿垂線射至此鏡之面寅故當自寅回射至丑次透過分極玻璃板甲乙而至此器之上板此器之中段有金類輪輪內嵌一玻璃板而二圓柱之上端更有一劃度之輪定此輪度數之法須令自其零度引長至一百八十度之一直線與下板之直徑在一垂線之平面上（即線與直徑為同方向也）又有度之輪上更置能旋轉之他輪此輪亦有二短柱對立於圓徑線上其短柱之間置黑玻璃板或背塗黑色之玻璃鏡如丙與下玻璃板之在二圓柱間同且丙鏡易沿水平軸旋轉亦如下板故使其鏡之面與垂線成三十五度半之角亦甚易也此載短柱之旋轉輪其邊端稍薄而當其前半輪中央之薄處劃一線如卯引長此卯線至輪之中心與上板之直徑亦在一垂線平面上今轉輪至輪上所劃之卯線正與度輪之零度成一直線則上下兩玻璃之直徑當在一垂線平面上輪上之一線至一百八十度之處亦然其線旋至九十度（如本圖之所示）或二百七十度則上板與在之下分極玻璃板當互成直角（即如十字形）分極之現象可據分極器考察之即上下兩玻璃板為並行（即輪上之一線在零點）則光線自下至上玻璃板面而

回射故視之甚明然令使上板從此處旋轉則回射之光線漸弱若輪之卯線至九十度則回射之光皆歸於無至此自下射來之光線毫不為上玻璃板所回射故其際覺甚暗黑再旋轉之則又覺漸明至一百八十度則其光之強如零度之時更旋轉此輪則又覺漸暗至二百七十度全為暗黑與九十度之時無異也但轉其輪之際須上板與垂線所成之角常為三十五度半又全器中如使下板對射來之光線變其位置（例如下板與垂線光線成二十五度之角）而他都如前則與分極板成二十五度之角而射來之光線至器中之上板其自上板回射之光決不能盡歸於無上板與下板若為十字形之時（即卯綫在九十或二百七十度）則回射之光當最少而非絕無蓋自下射來之光有一分仍能回射也由是觀之下分極板成二十五度之角而回射則其光線當稍分極而非完全之分極光也凡下玻璃板上所射來之光線若與其面所成之角度去三十五度半愈遠則其分極光亦愈不完全分極光完全之角名曰分極角 Angle of polarization.

其角度從物質而各異玻璃之分極角即三十五度半也

凡金類面之回光無使光分極之性也故背塗錫與汞之鏡不能作分極板之用

三透光所成分極光　取土墨林 Toulmaline. 而依其顆粒之軸並行解開之製為片隔其一片以望日光固可見光之全能透過設疊用二片望之若其兩片之顆粒軸相並行則雖其本色之濃淡稍有區別而光之透過亦屬完全第一百九十三圖之子丑寅卯為其一片而辰巳午未為他一片也今不變為疊用之位置而旋轉一板則透過之光漸漸微弱至兩板互成直角如

第百九十三圖

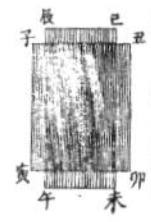

第百九十四圖

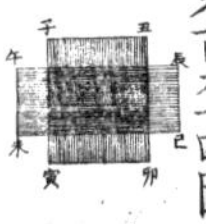

第一百九十四圖所示則透過之光當皆歸於無由是觀之其透過之光必已分極也

第百九十五圖

是故取此類之二板嵌於器中使能各在平面旋轉以金類之鋏連之亦小分極器也名曰土墨林鋏見第一百九十五圖

四分極說　分極光無論回光與透光所成可由震動說證明之如左

分極光之震動但在一定之面即在一平面上而常光之震動凡與其光線成正交之各線皆有之也

如第一百九十六圖所示回光所成分極光之震動與鏡之面相並行即甲乙為鏡而子丑為射光線丑寅為回光線即回光所成分極光線也今有一面接子丑及丑寅而在巳午與鏡面相交其面名曰丑寅光線之分極面 Plane of polarization.

而卯辰未申為其光線之震動面也即使分極光線丑寅擴布之震動在卯辰未申面上所成也

有某光線透過土墨林片則其震動之方向在光線

第百九十六圖

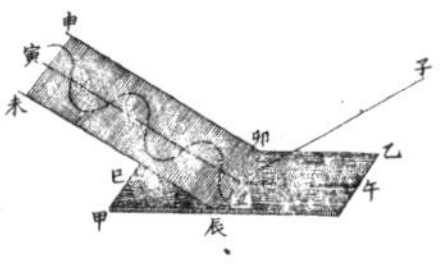

方向與其石片之軸之面如第一百九十七圖之子丑寅卯即一土墨林片也其軸之方向與子丑及寅卯相並行而甲乙為透過其石片之光線方向則巳透過之後辰巳午未為其光線之震動面也

第百九十七圖

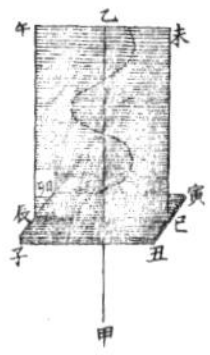

五歧光　紙上印一黑點或劃一黑綫取丙勒賽得即鈣養石 Calcite 一塊置於紙上而視之則其點或線俱現二箇例如第一百九十八圖所示由是觀之各光線透過丙勒賽得則分解為二種折光指不同之光線明矣此二光名曰歧光 Double refraction.

第百九十八圖

第百九十九圖

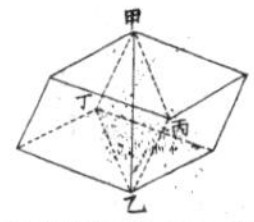

凡透過丙勒賽得所現某物體之兩像例如第一百九十八圖以土墨林片視之則可確知其光線之爲分極光蓋旋轉土墨林片則忽不見此一像更忽不見他一像也但其一光線之震動面與他一光線之震動面互成直角今假作一平面如第一百九十九圖之甲乙丙丁在光線透丙勒賽得之方向與丙勒賽得顆粒之軸如第一百九十九圖之甲乙之上者名此平面曰光線之首要剖面Principal section.故透過丙勒賽得之光線之震動或與首要剖面成正交或與首要剖面並行者也。

凡光線之震動與首要剖面成正交者其浪行之速率及其折光指即一·六五四始終相同而其中之光線雖方向或異亦不變化故各光線與首要剖面成正交者名曰常光線Ordinary ray.其光線之震動若在首要剖面上則其浪行之速率與其折光指俱有變化即有光線透過丙勒賽得其方向與顆粒軸成正交則其浪行之速率爲最大故其折光指即一·四八三最小也光線之方向愈近顆粒軸之方向則其折光指之數愈近於一·六五四光線在此首要剖面上震動者名之曰奇光線Extraordinary ray.此光線若對顆粒軸之方向則其折光指與常光線等故在丙勒賽得顆粒軸之方向決無歧光此方向名曰丙勒賽得之透光軸Optical axis.

凡顆粒形物屬等軸式者決不有歧光而他式之顆粒形總具顯歧光之性屬正方形及六角形者皆有一箇透光軸例如丙勒賽得且其透光軸與顆粒軸同在一線此類之顆粒物若常光線之折光指大則謂之負性若奇光線之折光指大則謂之正性。

今就光線透過顆粒物與透光軸成正交者舉其折光指一二如左

	常光線	奇光線
丙勒賽得	一·六五四	一·四八三
水晶	一·五四八	一·五五八

由此表觀之則丙勒賽得即負性之顆粒物水晶即正性之顆粒物光浪進行之狀如第二百圖在正性之顆粒物則如第二百一圖也。

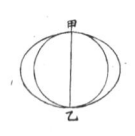

第二百圖

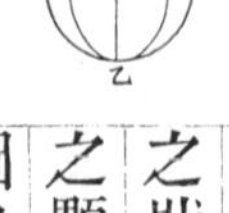

第二百一圖

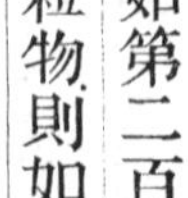

凡常光線之折光指與奇光線之折光指有大差者名曰强歧光性之顆粒物如丙勒賽得而水晶卽弱歧光性之顆粒物也

凡有一透光軸之顆粒物所以現歧光可解明如下卽在透光軸之方向所有以脫其稠度或爲減或爲增而與軸成正交之周圍所有以脫之稠度爲均勻也

六現色極光　現歧光之顆粒物所製薄板在分極光中現色者名曰現色極光 Chromatic polarization.

實驗此現象以解石膏爲薄板爲最簡便今取奴林伯之分極器使其上下兩板爲十字形如第一百九

十二圖其中央之小臺上置顆粒石膏之薄片則其片常現色今使小臺沿垂線軸而旋轉則石膏片上之色雖不變化然當愈加其明或漸減其明而再旋轉則石膏板之色不見祇之全爲暗黑石膏板幾如無者如此之際在石膏板之面劃一線其線之方向與連零度及一百八十度之線相並行其後復在石膏板上另劃一線使其方向與前劃之線成正交則所得之兩線卽示一光線透過石膏板中而被分解爲兩震動面之方向者而於茲射來之光線若其方向與石膏板之面成正交則分解爲兩而其方向俱

不變化唯當以異速率行進石膏板中蓋因在兩震動面方向之以脫所有凹凸力不同故也今自石膏板全現暗黑之處更旋轉其板則漸次現明而至其兩震動面俱與下玻璃板之震動面成四十五度之角則石膏板之色當爲最明之光今在此處停上石膏板而旋轉上玻璃板則石膏板漸減其色（但不至暗黑）至上玻璃板之直徑與下玻璃板之直徑成四十五度之角（卽上板之直徑與石膏板之一震動面相合）則爲無色又再使上玻璃板漸次旋轉則石膏板之色改變而現前色之交互色若至上玻璃板之直徑與下玻璃板之直徑

在同面則其交互色最明也

此現象可解明如下卽光線從分極器之玻璃板分極射來其透過石膏板中之際被分解爲兩而其方向雖俱不改變然以異速率行進卽一光線當越過他光線而進其兩光線若由上玻璃板改成同震動面則必互相交故現彩色其理與前論之薄片所現彩色同故其石膏板之色亦關於厚薄也明矣

七旋轉極光　水晶能現分極光之異象卽剖水晶爲板其剖面與其顆粒軸爲正交置此水晶板於分極器之小臺上則當在上玻璃板現其像明而帶色而旋轉此上玻

璃板則其色變然旋轉水晶板則其色毫不變又旋轉上玻璃板之際水晶板不似石膏板有或明或暗之事見前項欲解此現象宜以單色之光即由紅色玻璃視之爲最易也

今取水晶板置於分極器兩板之中間而上下兩板互成正交乃隔紅色玻璃而視之則現明光今向左或向右旋轉此上玻璃板則上玻璃板之面始全暗恰如上下兩玻璃板互爲直角而中間無水晶板之狀即自下射來之光線所現分極面必由水晶板而向左或右旋轉也而其旋轉度之大小與水晶板之

厚薄爲正比例即水晶板之厚若爲一密里邁當則紅色光線之分極面旋轉十九度而較紅光更強之光線其分極面被旋轉之度亦更大也即黃色爲二十三度綠色爲二十八度靑色爲三十二度紫色爲四十一度在水晶板中各種單色光線之分極面被旋轉之度不同如此足以證明用白色光線之際無論上玻璃板在何位置決無不現色而透光或暗黑之理也凡水晶板從右旋或左旋之異而名曰右旋之水晶與左旋之水晶凡剖面與顆粒軸成正交之水晶板所現如此之異象名曰旋轉極光Circular polarization.

流質見旋轉極光之象者亦甚多欲試驗之取一管其長二十至三十生的邁當其上端曰開下端以平玻璃塞之盛以流質豎立於分極器之小臺上則可矣右旋之流質即檸檬油糖水消化樟腦之酒精果酸德國松香油及美國松香油等而左旋之流質即阿喇伯膠之水法國松香等是也

流質所現旋轉分極面其旋轉度較水晶甚小且因流質之性不一若欲使旋轉度同水晶板則檸檬油須厚三十四倍松香油須厚六十八倍故欲顯明流

質之旋轉極光則所用之流質不可不厚故試驗流質之旋轉極光有特設之器即盛有流質之管置於水平面此管之兩端俱以玻璃板閉之而以匿可—Nichol稜體即長斜方體代分極之兩板此稜體之制爲一千八百二十八年匿可所創造使常光綫全能除去其大要如第二百二圖所示取一長形之丐勒賽得磨其兩端甲乙及丙丁爲斜面乃於乙丙之方向剖開而中以坎拿大波勒殺末易散油類一層隔之今光綫戊

第二百二圖

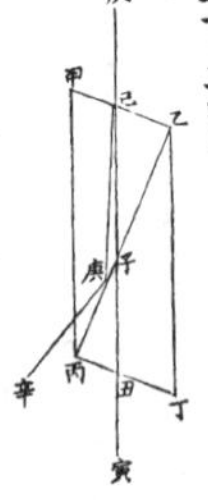

已遇甲乙面則常光線庚已之折光指弱故與奇光線已子分解而二綫之達於乙丙常光線與面爲甚銳角且因坎拿大波勒殺末之折光指大故於波勒殺末層起全回光向庚辛回射反之奇光線子丑則當透過而向丑寅射出與戊已並行故匿可稜體可作一分極板或土墨林片之用物質之現旋轉極光可供實用今舉其一例卽糖水有一定厚者其糖愈濃則其旋轉度愈大故可就旋轉度之大小知其糖水稀稠工業學術中所用驗糖器Saccharimeter卽由旋轉極光之理所造可用以測定水中含糖之多少也

物理學中編卷三終

上海曹永清繪圖

吳縣王季點校字

物理學中編卷四 熱學

日本 飯盛挺造編纂 日本藤田豐八譯
丹波敬三 柴田承桂 校補 長洲王季烈重編

第一章 熱之本性及熱源

第一節 熱之定義及本性

一定義 人觸某物體覺其輭硬粗滑外當覺其或熱或冷生此感覺之原由名曰熱Heat而稱某物體冷熱之度曰熱度Temperature

物體若以熱分與人則稱其物體曰熱而物體若奪人之熱則目其物體曰冷但寒冷之物體尚能分其熱於

更冷之物體故熱與冷非有相反者冷只爲較小之熱度耳又人之觸物而判其熱如何不甚精確例如以手入微溫之水中手之熱度若比水低則覺水溫手之熱度若較水高則覺水寒

二種類 熱有二種曰物體熱曰散射熱是也物體熱者爲物體質點之運動所成其運動在定質爲震動而甚活在氣質爲進行動在流質雖有兩種運動而震動多於進行動而散射熱則以脫橫浪之震動所成也

散射熱實不可稱熱蓋只物體熱以極大之速率傳播耳而其傳播也能經過眞空與氣及諸物體如光之由

以脫橫浪震動所成故論其本性則光熱兩者相同然光只能感目而散射熱則感觸官是兩者之別也且光之以脫震動數一秒時內爲四百至八百比利恩而熱之以脫震動數在四百比利恩以下也

三熱之度量　使水一啟羅格蘭姆加百度寒暑表一度其所需之熱爲熱量之單位名曰卡路利 Calorie.

四熱之本性　熱之本性古今有數說而現在物理學中所最通行者惟熱爲運動之說 Mechanical theory of heat. 是也古人皆謂有熱質者微不可測物體若受之則爲熱散去則爲冷是以熱爲物質也此說固不足

信而運動之說所以有理者可據左三項分論之

一　熱與工作力之等量

卽工作變熱熱復變工作工作耗失則生熱若精測之則知四百二十四啟羅格邁當之工作力當生一卡路利之熱又一卡路利之熱可代四百二十四啟路格邁當之工作以兩者如此變移觀之則其本性不得不爲一而工作既爲運動之力則熱亦必爲運動之力矣但熱非如工作爲全物體之運動只爲質點之運動也

二　有限之物質能生無限之熱

一千七百九十八年勒姆法特 Rumford. 在水筒中以鈍錐在礮身鑽孔水熱至沸蓋此際錐在礮身中運動不已故發熱不絕然則熱爲運動也明矣

三　散射熱變物體熱物體熱又變散射熱

卽熱線若射至一物體上則增其熱度是散射熱變物體熱之證又在低熱度之室內物體必散出其熱是物體熱變散射熱之證也然則散射熱亦係運動與光相同故物體熱亦必爲運動

五熱之功用　熱之功用頗多示之如左

一　物理學功用也區別如左

一體積變異

二三態變化

三物體之熱度

四發電氣

五生光

六減磁鐵之吸引力

二　化學功用區別如左

一化合功用

二化分功用

三　生理功用也　動植物體中熱之功用卽是也

第二節 熱源

一器具上失去工作之時 工作之失去如受摩擦撞擊擠壓等時凡某運動之體減速或停止又物體質點之相距縮短(卽擠緊)則俱生熱

證明 蓋在此等時物體質點速急震動而人覺其熱卽物體之運動止而質點甚活之運動代之

實驗及觀察

一取一錢或銅鐵片摩之則其體甚熱

二取冰二塊互摩之則鎔化而爲水

三土番取火之法用二木片互摩日常所用之自來火亦以摩擦爲起火之源也

四用錐鋸等攻木則常生熱

五機器車輪之軸不施油則能發火

六用鐵與火石互擊則能生火

七玻璃筒或黃銅筒中密嵌韛韛(所謂氣學發火器)速急壓縮空氣則綿花火藥或火絨能燃而發火又空氣漲大則其熱度必減

質點平均之相距 在一物體減其質點平均之相距則工作力變爲熱又增其平均之相距則失熱而生冷蓋物體之質點間有攝力故欲增其質點之相距則須有工作力(謂物體內部之工作)以抵其攝力此際質點之儲蓄力(卽熱)變爲漲力故失熱而生冷凡化合體受熱或化分或鎔化或沸散或漲大皆見如此又物體質點平均之相距異常增大至其攝力已無之時內部雖不必更須工作力然尚須勝外壓力(例如空氣壓力)故仍須有工作力(外部之工作)此際物體之儲蓄力(卽熱)失於外抵力故失熱與前同若平均之相距增大之際爲外力所引而不須物體向外生工作力則亦無失熱之事如空氣之流入眞空內是也物體質點間有攝力之際欲減其相距則漲力變爲熱(卽儲蓄力)凡化合之際流質結定質之際氣質凝流質之際及收縮之際皆見如此又近接之質點間毫無攝力則質點平均之相距減少之際唯欲向外工作而其工作力當變熱如壓緊空氣之際是也

二太陽 在地球上太陽爲最大之熱源其熱散射於地球上而其生熱之源據碰脫 Kant. 辣布辣斯 Laplace. 兩人之創造世界說因氣質收斂而成故太陽收縮不已則其熱之散射無間斷也(凡各星體其初皆爲氣質卽星氣也西名涅菩辣司)

太陽之熱度約在五百萬度以上(據水去 Secchi 之說)吾地球上每年所受之熱極大詳下編氣候學

三物體之化合與燃燒　分論如左二項、

第一　此熱源因物體化合之際質點之相距減少故生熱而燃燒者亦卽質點之化合也如炭與養及輕與養化合則成炭養$_{二}$及輕$_{二}$養卽水而其化合之際則有二項現象如下、

一燒物之熱　凡燒各種物質多寡雖同而所發熱之多少各異取下表所示之物質各一啟路格蘭姆在純養氣中燒之則所得熱之多少如左、

乾木料	三〇〇〇卡路利
常煤	六〇〇〇
枯煤	六六〇〇
木炭及上等煤	七〇〇〇
酒醋	七〇〇〇
煤油並燈用煤氣	一二〇〇〇
輕氣	三四〇〇〇

第二百三十三圖

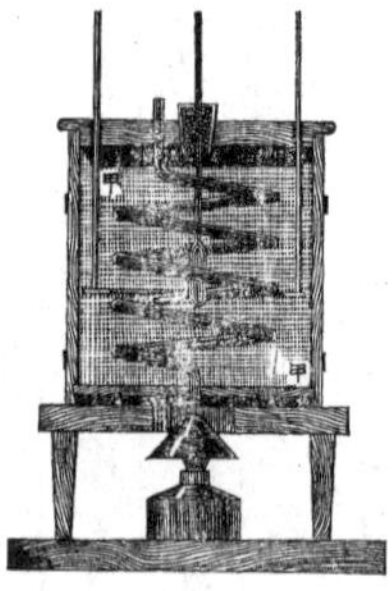

Rumford. 勒姆法特行此試驗所用之器如第二百三十三圖卽盛水於桶甲甲螺管之下端漏斗形之處下燒物體使其燒物所得之熱氣通過螺管而水中有寒暑表以測水熱度之上昇但宜先以左右插入之杆條拌攪其水而後測驗之也、

二熾本體及生燄　燒物之際不唯生熱又能熾本體並發火燄蓋火燄者乃似氣之霧或氣質之物燃燒而成又或物體化分為氣而後燒則能發之例如輕氣燈用煤氣輕硫炭硫醕燐硫脂油木等

第二　凡化合生熱有因養氣與他物徐徐化合而生者如人體及動物體之脈絡中所發生活熱是也卽由肺吸養氣入血中而自飲食物運至血中之炭及輕之質卽能與養氣化合而成炭養及水乃為肺與皮膚所泄出也

人體內各處之熱度略同置一小寒暑表於舌上而閉其口則必為百度表之三十七度此熱度雖因年齡氣候康健疾病而不同然亦無大改變大約自四十二度至三十五度鳥類之血較哺乳動物之血熱度高卽平均四十二度也哺乳動物之血熱甚近於人在鳥類與哺乳動物其血熱與外熱度無關係而在他動物之諸族如兩棲類卽龍蛇類蛙類水陸俱可居者是也魚類等則其體之熱比外熱度僅少差耳、

四電氣　放電或電行所生之熱能取其火以燃物體或鎔化金類及燒金類、

其實驗及觀察如左

一　雷雨之際電光能燒乾木起火災人所盡知也

二　電光能使輕養氣以脫等燃燒

三　賈法尼電池電行之力强時能鎔化金類絲或燒斷之

就火山温泉及鑛洞中觀之愈深則熱度愈加是地球亦自具熱之徵然於地面上其效甚小故玆不論

第三節　熱之工作量

熱變爲工作猶工作變爲熱即在摩擦撞擊及擠壓之際則工作變爲熱在汽筒中進退鞲鞴以轉動汽機是熱變爲工作也熱與工作其互換之比有一定即四百二十四啟路格邁當之工作生一卡路利之熱其一卡路利之熱亦可成四百二十四啟路格邁當之工作此兩者互爲相等之量故名四百二十四啟路格邁當之工作力又曰熱在機器上之工作量

此定律一千八百四十二年羅排脫梅耶 Robert Mayer. 所創定也一千八百四十三年至一千八百五十年八年之間軸而 Joule. 多方試驗確證梅耶之說而精測得其相等之量至一千八百四十七年海麻化此 Helmholtz. 以儲蓄力不滅之原理證明此定律

第二章　熱之第一功用即漲大

第一節　漲大之要義及原由

加熱於一物體不但使其熱度昇亦使其體積增即其物體漲大也蓋物體之熱度即其質點之儲蓄力故加熱則其儲蓄力不得不增而使質點之相距增大蓋在毫無凝聚力之氣質則其質點運動之速率較前增大在定質及流質則其質點震動路之闊（即擺幅）亦較前增大故也故已得熱則無論何質之質點皆當互相遠離而物體漸冷則其體積減少即收縮也

其實驗及觀察如左

一　見上編第十三圖之實驗

二　電線在酷暑之候較嚴寒時更向下彎垂

三　取玻璃器或茶碗之冷者置火上則必破裂是因其底已漲而其側未熱仍同前故也

四　寒暑表中之水銀熱度增則昇減則降

五　鍋中盛滿水置火上則必溢出

六　見上編第十四圖之實驗

第二節　漲大之定律

一定流氣三質之漲大　在定質最小流質較定質大氣質最大加熱自零度至百度則定質之漲大增其體積千分之一至六十分之一流質五十五分之一至五分之一氣質大約三分之一也

說明　如此漲率各異之原由因定流二質受空氣壓力之外尚有質點之凝聚力故欲漲大須有熱力勝此二力而其凝聚力在定質較流質大故定質之漲度最小也在氣質因質點無相引之力故漲大時只勝空氣之壓力已足而其漲率為最大也

二定質之漲大　凡各種定質熱度之上昇相同而其漲率各異即加熱自零度至百度則木料增其體積千分之一玻璃約四百分之一鋼及鉍三百分之一金及銀二百分之一鋅及鉛百分之一而自零度至百度之間其漲大之率概大均勻即與熱度之增加為正比例也凡在定質其漲大別為二曰線漲 Linear expansion. 曰體漲 Cubical expansion. 是也線漲為某熱度之物體向某一面增大若干體漲為物體之體積增大若干也今一物體加以百度表一度之熱而其體積之單位增大若干之分數名曰體漲指又加百度表一度之熱而其長之單位增大若干之分數名曰線漲指體漲指約三倍線漲指

一說明　例如一立方體其線漲指為天則其體積為$(一+天)^{三}$即$一+三天+三天^{二}+天^{三}$也然因天為極小之分數$天^{二}$及$天^{三}$較天更為極小故棄之亦無大差乃知新積為$一+三天$即體漲指為三天也

第二百四圖

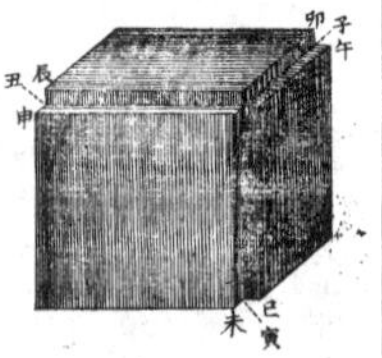

又如第二百四圖從幾何理解明之則如左即子丑寅為立方體在零度時之體積也此立方體若加熱一度而唯向上漲大則其體積當增子卯

辰丑平方板之大小而以其原體積為一線漲之大小為天則其子卯辰丑之體積為一×天也此立方體若又唯向右漲大則當增子午巳寅平方板其大小與向上漲大之積同而寅未申丑平方板其積亦為一×天是亦立方體只向前漲之之大小也以上三板子卯辰丑子午巳寅寅未申丑體積之和即三×天也然立方體漲大之全積尚須加各兩板間之長廉與方隅之積而其大小甚微棄之亦不妨蓋線漲之長短丑辰比立方體方邊之長短甚小故也是以其體漲指數作為三天殆可無誤也

二體漲及線漲之公式　以甲為一度之漲，指體為一物體在零度時之體積，則百度表一度所增之體積為體甲，而酉為某度數，則在酉度時所增之體積為酉·甲·體也。是故一物體在零度時，若其體積為體，則在酉度時，其體積為體酉，而體酉之等數為

酉甲體 丄 體 ═ 體酉
即 體(一丄甲酉) 也。

又零度之際，一物體之長短為長，則百度表一度之時，其所增之長為長甲，而在酉度則為長甲酉也。故其長酉之等數為

酉甲長 丄 長 ═ 長酉
即 長(一丄甲酉) 也。

三測定漲率　測定質之線漲法，將其定質製為長條，而置於盛水或油之槽形器中，其一端定固，他端因其漲大，能由曲槓杆以旋轉指針。次加熱於器中之流質，為某熱度，以測定其所增之長，如第二百五圖，即示其器之大要也。丑為定質所製之長條，今欲測定其漲大，則其一端固定於子，其他端向曲槓杆之短臂寅而增長，遂使長臂卯指示辰條上之劃度某，丑條在二柱上，加熱愈大，則當見槓杆之長臂愈沿劃度辰而上昇，其際如僅欲試驗定質之漲大，則丑條下置煤氣燈或酒燈，加熱可矣。若欲精測其若干熱度增大若干，則須別器，即以丑條入槽形器，器中置水或油，如前所說也。

第二百五圖

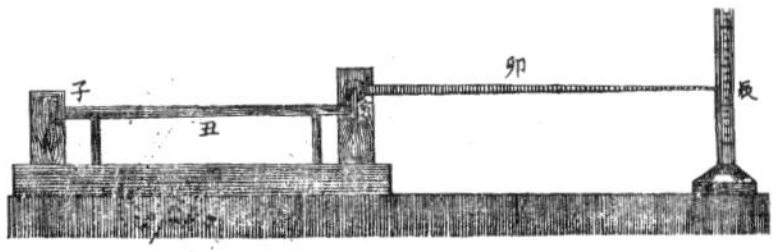

四漲指數之例　示其一二如左。

冰	○.○○○○六四	銅	○.○○○○一七
鋅	○.○○○○三○	金	○.○○○○一五
鉛	○.○○○○二八	鐵	○.○○○○一二
錫	○.○○○○二三	鉑	○.○○○○○九
銀	○.○○○○二○	玻璃	○.○○○○○八
黃銅	○.○○○○一九	木材	○.○○○○○三

三流質之漲大　凡各種流質，熱度之上昇相同，而其漲率各異，即加熱自零度至百度，則汞增體積五十五分之一，水二十五分之一，油十二分之一，且其漲大不平勻，愈近三態變化時，所增之體積愈大。凡流質因毫無定形，方

圓隨器但可論其體漲耳。

一測定漲率　欲知流質之漲指數用長頸玻璃瓶如第二百六圖所示球處之容積與頸處所劃各度間之容積其比例須精細測定今以各異之流質置兩瓶內同時試之如本圖所示則其漲率之各異可明見之如此測得之漲率乃僅外觀上之漲率非其流質之實在漲率蓋因玻璃瓶亦同時漲大也是故欲知其實在漲率當加入玻璃之漲率一並計算爲最要也

第二百六圖

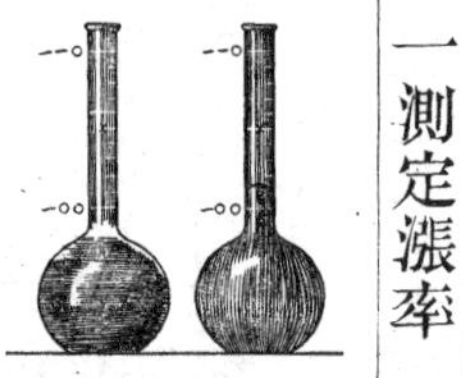

又如第二百七圖以一小玻璃瓶其頸即子甚細其上如漏斗形將流質置入此瓶使至子點以上而以融化之雪或冰圍繞其四圍使熱度降至零乃盡去其在子點以上之流質而將瓶及所盛之流質共秤之得全重若干而減去瓶之重則得零度時滿瓶流質之重次加熱於瓶則流質漲大昇至子點之上入漏斗中待加熱至一定熱度例如百度則悉去其在子點以上之流質而更秤之得重若干以其重與前重相較所得之差即可算得外觀之漲指數

第二百七圖

二漲指數之例　示其一二如左

以脫	○・○○一五○○	硫酸	○・○○○六○○
醋	○・○○一○○○	水	○・○○○五○○
松香油	○・○○○九○○	汞	○・○○○一八三
橄欖油	○・○○○八○○		

汞之漲大在負二十度以上與二百度以下能從熱度之昇降而有一定之比例而在凝度（即百度表負三十九度）與沸度（即百度表三百六十度）之前後其漲率不均勻

四氣質之漲大　各氣質之漲率俱屬相同即自零度至百度大約增體積三分之一精細言之即○・三六六五也

且其漲大在各熱度均勻即其體積之增與熱度爲正比例

一說明　此現象之原由蓋氣質之漲大所有質點之儲蓄力祇須勝外壓力而不如定流二質更須勝內部之引力也

二該老殺克摩利凹脫 Gay-Lussac-Mariotte 定律之算式　凡氣質之漲指數皆二百七十三分之一（$\frac{1}{273}$）即○・○○三六六五也今某氣之體積在百度表之零度若爲一立方得夕邁當則在一度爲 $1\frac{1}{273}$ 立方得夕邁當在二度爲 $1\frac{2}{273}$ 立方得夕邁當在三度

為$一丄\frac{一}{二七三}$立方得夕邁當在二百七十三度為$一丄\frac{二七三}{二七三}=二$立方得夕邁當卽二倍零度之體積也若在一度二度三度之際其體積不變則當增其漲力與增體積同是故零度之漲力為等空氣則在三度之漲力為空氣壓力之$一丄\frac{三}{二七三}$倍在二百七十三度為空氣壓力之二倍故在五百四十六度（卽以二乘二七三）氣質有三倍之體積若體積不變則得三倍空氣壓力之漲力在八百十九度（卽以三乘二七三）當有四倍之體積或得四倍空氣壓力之漲力

今概論之則氣質漲大之際漲力不變則在零度時之體積（$體_{○}$）加熱至酉度而漲大數為甲則當增體積（體·甲·酉）故在酉度時之體積（$體_{酉}$）當等左式

$體_{酉}=體_{○}丄體_{○}甲酉$ 卽 $體_{酉}=體_{○}(一丄甲酉)$

然氣質受熱之際其體積不變則增其漲力與增體積同率故在零度時之漲力為（$漲_{○}$）則加熱至酉度而漲指數為甲當增漲力（漲·甲·酉）故在酉度時之漲力（$漲_{酉}$）為

$漲_{酉}=漲_{○}(一丄甲酉)$

以上二公式示氣自零度受熱至酉度變其體積或漲力之定律卽摩利凹脫定律也

今將某體積之氣自零度加熱至酉度同時所受之外壓力自（$漲_{○}$）起加至（$漲_{酉}$）則得摩利凹脫定律

$$體_{酉}=\frac{體_{○}漲_{○}(一丄甲酉)}{漲_{酉}}$$

此公式示若干氣之體積與壓力及熱度三者相關之律今依此公式則推得各氣質在各熱度之體積及所受壓力又可推得各氣質在最小壓力（卽七百六十密里邁當水銀柱）與最低熱度（卽零度）時之體積蓋上式中之（$漲_{○}$）等七六○密邁水銀柱故得左式

$$體_{酉}=\frac{七六○體_{○}(一丄甲酉)}{漲_{酉}}$$

$$體_{○}=\frac{體_{酉}漲_{酉}}{七六○(一丄甲酉)}$$

三測定漲率　氣質漲大之定律乃一千八百年法人該老殺克 Gay-Lussac. 用似寒暑表之器試驗得之者如第二百八圖示其大要而精測球之容積與管之容積并其各小分之容積以定其比例其中所盛之氣用小水銀柱封之加熱於其球上屢改熱度以測定其漲率此器亦可用為空氣寒暑表因氣質增體積皆

第二百八圖

均勻故較用他物表示熱度更確實也

第三節　水之特性

一水在四度時其密率爲最大　水有特異之性即在近冰點百度表零度與四度之間則不從物體漲大之定律而熱反縮冷反漲熱至四度以上則又從漲大定律至八九度則其密率與在零度時相同是故水在百度表四度其密率最大即較重最大也水有此異性其功用極大雖嚴寒之時湖水池水不致至底全冰故冬季魚介在水底仍能生活也

一試驗　製水之寒暑表如第二百九圖其粗圓柱

第二百九圖

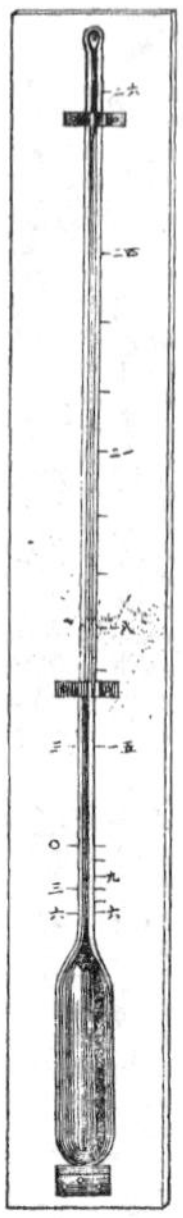

之容積約一五〇立方生的邁當而其上細管之徑約一密里邁當於寒室內傍置水銀寒暑表令以水銀寒暑表所現之零一二三四五六七等度劃於水寒暑表之管則當如本圖所示其室內之熱度自零而徐徐上昇則水寒暑表漸下降至六度爲最低點更加熱度則再上昇約至十一度則與在零度時高低相同今精算玻璃之漲率而減去之則水寒暑表在四度爲最低點

二靜水結冰之狀　冬初湖池之靜水其面先冷則收縮而增較重沈於水底其溫而輕者上浮如此上下互換至全水俱爲四度而後已上層之水若再冷至三度二度一度則漲而輕故止於面上至零度而變冰而冰因其較重比水小故浮於水面而不能沈下且因其不易傳熱能使以下之水層不更冷故在冰下必有一二三四度之水層也水若無此特異性則湖池之水均冷至零度當至底全冰矣惟此最大

密率只就淡水言之而海水之冰度爲百度表負二度此時亦收縮而非漲大也

二結冰之際水之漲大　凡物體自流質變定質之際常收縮唯水不然其結冰之際漲大甚顯約增體積百分之九是故冰之較重（較重〇九）比水輕故浮於水面

說明　水之有此性想因冰者自無數鍼形顆粒成而其鍼形之方向不同互相錯綜留無數氣孔而水自四度迄零度能漸漲者當因水之質點結冰以前已生顆粒之萌芽也

流水之結冰　在流水中以水之各分能相混和故

當同冷至零度而結冰俱始於水底與邊岸蓋物之顆粒必從接定質之邊上結起也今初生之顆粒冰名曰原冰因較水輕故離水底而昇至水面乃忽結而成冰如此故能使其下不結冰而不致至底全冰如上文所記

結冰之現象　以左二例示之

一結冰之際水之漲力甚强而盛水之器結冰則有破裂之事偉力姆司 Williams. 取鐵製二空球其徑爲三十生的邁當盛之以水而一以輭木一以螺旋封固之及其水結冰之際輭木能飛出至百邁當之遠而自其口漲出之冰成條長二十生的邁當螺旋所封之球則破裂而滾出一冰球云第二百十圖

二巖石之崩裂因其微縫之間所有之水結冰也原野及田中等見土壤之斷裂亦同理也

第二百十圖

第四節　加熱漲大之致用

一寒暑表　寒暑表 Thermometer. 以測物體熱度之器也其種類頗多如左所示

一空氣寒暑表各種寒暑表中此最爲完善見前

二水銀寒暑表在若干熱度內水銀之漲大概屬均勻故可製寒暑表此寒暑表如第二百十一圖一端爲圓球而上連封閉之小玻璃管其圓球及管之下端置以水銀水銀之上留有眞空卽無空氣其水銀受熱則於管中上昇遇冷則降下其管分均勻之度此度有二定點限之卽冰度與沸度是也冰度者謂以此管之圓球插入方融之冰水中而其際水銀所示之度沸度者謂在沸水中水銀所止之度也一千七百二十四年法倫海得 Fahrenheit. 記冰度爲三十二沸度爲二百十二平分此定點間之相距爲一百八十度而其度之零在冰度下三十二度見第二百十二圖一千七百三十年六麻 Reaumur. 分沸冰度之距爲八十度而在冰度記零在沸度記八十一千七百五十年司脫路謀 Strömer. 亦於冰度記零同六麻而於沸度記百分其間之相距爲百度而尋常名此百度表曰水昔司表者蓋誤以創

第二百十一圖

第二百十二圖

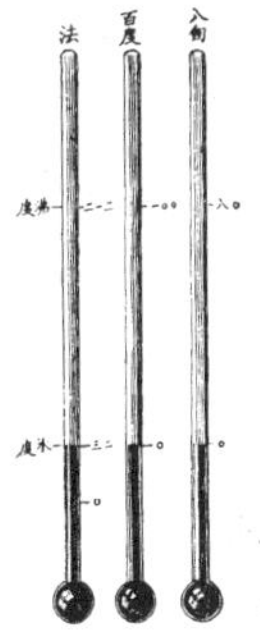

此度數之八爲水昔司 Celsius. 故也零度以下所劃之度數用負之記號以與其上之度數區別分冰沸度間之相距各異如此故六麻表又名八旬度水昔司表又名百度表今將三種表之度數互比如左式內之卯爲度數也

$$八旬八〇度=百度一〇〇=法倫一八〇度$$

故

$$八旬一度=百度\frac{四}{五}度=法倫\frac{四}{九}度$$

但法倫表之冰度爲三十二而非零故

$$八旬卯度=百度\frac{四}{五卯}度=法倫\frac{四}{九卯}\perp三二度$$

$$百度卯度=八旬\frac{五}{四卯}度=法倫\frac{四}{九卯}\perp三二度$$

$$法倫卯度=百度\frac{九}{五(卯\top三二)}度=八旬\frac{九}{四(卯\top三二)}度$$

製水銀寒暑表法如下卽第二百十三圖所示取一玻璃管其管之內徑處處相同者其下

第二百十三圖

端以火鎔而吹之成球如子其上端亦鎔而吹成圓球如丑而此圓球之末端爲開口之小管乃在酒燈上熱子及丑使其中所有之空氣漲大而畧洩出後倒插於盛水銀之器中則丑及子中所有之空氣冷而收縮丑處當吸入水銀少許乃將其管直立再熱子處則其球中所有之空氣復當稍透過丑中之水

銀而避出次冷其全器則因前有空氣之處已爲空處水銀自丑下降入子中少許今復熱子則其中所封之空氣又因漲大而避出再加熱不絕少時水銀遂沸此際水銀化散甚速當悉驅出器中所有之空氣至其再冷則汞汽自凝縮入子中故丑中所有之水銀復下降而子球中並管中皆滿盛水銀至全器皆冷之後乃除去丑中所餘之水銀而用製玻璃器之燈抽丑下之管端使變爲極細然後減定其管與子球內水銀之多少使適合宜其法於子加熱令熱度較用此表所欲測之物之最高度稍高例如作測

沸水熱度之表當置於飽和食鹽之沸水中以定其水銀之多少水銀受高度之熱則增其體積而自管孔溢出至溢出已停乃鎔閉丑下之管口今欲知此表之冰度則如第二百十四圖所示使球及管之下端沒入碎冰或雪中周圍之空氣

第二百十四圖

若較冰熱度高則冰漸鎔化而其冰與水之熱度俱不變卽俱在冰度故寒暑表之熱度亦暫不變乃在此水銀之頂點相齊處於管外劃一度綫是卽冰度也定沸度之法如二百十五圖在長頸之器中置蒸水使

第二百十五圖

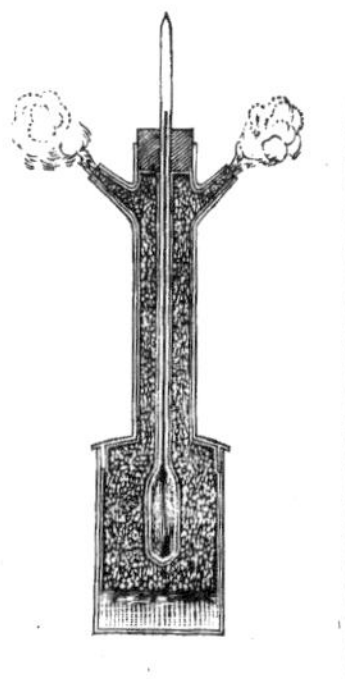

沸而將寒暑表插入此寒暑表全爲水汽所包圍則其表之各處受熱已均而水汽令其自側面出如此則其水汽之熱度與最上層水之熱度無異而表內之水銀當昇至一定點決無更高之事乃在此處劃度綫卽沸度也

三酒醕寒暑表其造法全與水銀寒暑表同唯置帶色之酒醕於管中爲異耳

此表於異常嚴寒時用之蓋水銀至百度表負三十九度而凝結而負二十度以下漲率已不均勻至醕則遇負一百三十一度之嚴寒始凝結也

四金類寒暑表由二種金類漲率不等而成者也

五自記寒暑表在某時內熱度如何變化用以測其最高度或最低度者是也

例如下編第二百十五圖所示記最高度與最低度寒暑表卽其一也

六列斯利 Leslie. 示差寒暑表 Differential thermometer. 用以測知熱度極微之變化者也

此寒暑表如第二百十六圖所示如U字形之曲玻

第二百十六圖

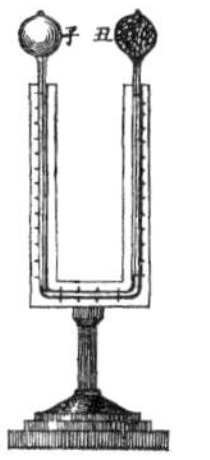

璃管其兩端之末爲球子及丑其管內一端置帶色之流質他端空氣兩球受相同之熱（本圖所示丑球爲黑然可假定爲兩球相同者其一球塗黑之故詳後章）則兩端中之流質同其高一球若較他一球受熱强則其球之流質降而他球之流質昇此寒暑表用於試驗後章之散熱最爲便益也

七高熱表 Pyrometer. 欲測定大熱度水銀寒暑表與醕寒暑表皆不可用必用金類寒暑表方可而專測高熱度之表名曰高熱表

二補正漲大之法 時辰鐘之旋轉須由懸擺節制故時辰鐘之懸擺須無漲縮而長短爲一定則其旋轉始準

今如加熱則懸擺增長故其擺動爲之緩又熱減則擺亦減短而擺動爲之速故平常時辰鐘於夏季行遲冬季則速而造精良之時辰鐘必設法補正 Compensation. 法用漲率不同之二金類以一金類之漲大牽制他金類之漲大使懸擺在各熱度俱爲若干長也

第二百十七圖所示者卽爲補正之懸擺有短鋼片一塊卽用以懸全擺者而水平橫杆甲乙連於此水

第二百十七圖

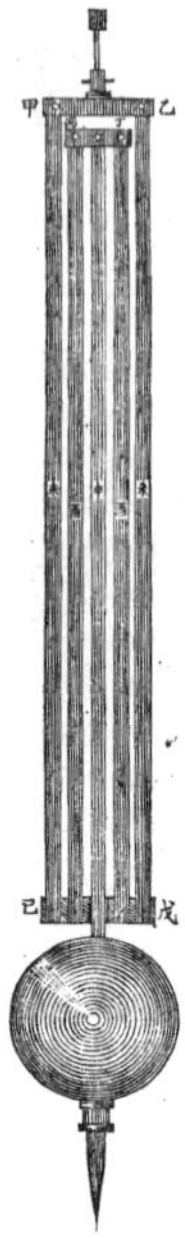

平橫杆下懸二鐵杆未未鐵杆之下端連水平橫杆戊已而其橫杆之上更連二鋅杆酉酉鋅杆之上端連小橫杆丙丁而中間懸鐵杆申其鐵杆通過戊已橫杆中央所有之孔但不插緊而垂下其下乃連圓錘卽擺錘今熱度增加而鐵杆未未加長則橫杆戊已必當低降而鐵杆申亦加長故擺必增其長但其際鋅杆

物理學中編四　三六

酉酉加長而能使橫杆丙丁昇高故擺須減其長今命全擺本有之長爲長則爲 $長=未+申-酉$ 而其熱度昇至卯度則擺之長短當爲 $長_{卯}=(未+申)(一+〇.〇〇〇〇一二卯)-(一+〇.〇〇〇〇三〇卯)酉$ 今欲使長與長卯爲相等則須 $(未+申)〇.〇〇〇〇一二卯=酉〇.〇〇〇〇三〇卯$

卽 $未+申=\frac{三〇}{一二}酉$

卽鐵杆申加鐵杆未之長與鋅杆酉之長於鐵之漲指與鋅之漲指爲反比例 $\frac{未+申}{酉}=\frac{三〇}{一二}$ 則長與長卯恆相等也

又用他金類若同前之比例則亦與前者無異

三空氣流通　暖處若與寒處相通則冷空氣自下流至暖處而暖者自上流至冷處人取此理用於火爐及煤油燈之烟管而風之起亦多基於此理

試驗及觀察如左

物理學中編四　三七

一取一薄紙片在煤油燈之煙管上放之則由上昇之氣流令其紙片飛起

二在暖室微開其戶於戶隙置燭火燭火若在下則其火焰向內在上則向外在中央則直立卽如第二百十八圖所示之子丑寅此爲向外開之戶也

第二百十八圖

第二百十九圖

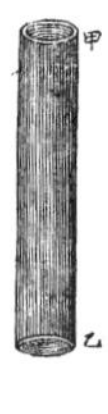

說明　一處之空氣受熱則漲而輕遂上昇而冷空氣自下來補其空處以起流動今解明煙囱中氣流之理卽如第二百十九圖所示

之甲。爲直立煙囱之上端。乙爲其下端。今命（呷）爲甲水平面上所受空氣之壓力。（叱）爲煙囱外之氣柱長如甲乙者之重。而命（叱）爲煙囱中煖氣柱之重。則（叱）當較（叱）小也。而呷叱爲煙囱外乙水平面之上壓力。呷叱爲煙囱中乙。水平面上之壓力也。故煙囱外之壓力大於煙囱內之壓力。其差爲吡叱因以此力逐冷外氣入煙囱中。且以此力自甲逐出之。蓋在乙所受之壓力呷叱。傳至煙囱中。而煙囱中氣柱之重爲（叱）故自甲逐出空氣之力。當爲呷叱。而其力較外氣之壓力大。亦爲吡叱也。此氣流之速率。關於吡叱之大小。故其煙囱愈長。且其熱度愈大。則氣流當愈速。又煙囱中之空氣冷。則起相反之氣流。例如冷氣自窖中流出。卽內氣之熱。不如外氣而流出外氣中也。

第三章　熱之第二功用。卽三態之變化

第一節　三態變化之種類

物體之三態。states of aggregation. 增減熱度。則生變化。卽熱度增。則定質變爲流質。（卽鎔）流質復變氣質。（卽散）又熱度減。則流質再變定質。（卽結）氣質復變流質。（卽凝）然則三態之變化。有相對之四種。鎔與結散與凝是也。

第二節　論鎔

一定義　定質之變流質。名之曰鎔。Liquefaction. 而稱鎔之熱度。曰鎔度。方鎔之物體。不增熱度。而因其鎔所失之熱。名鎔之隱熱。半酪蠟白金。先輭而後鎔。冰及金類。大半皆猝然而鎔。

試驗及觀察

一　冰及雪加熱則變水。

二　鉛及錫置火上變流質。

三　蠟燭在火下鎔化。

如草木等無遇熱而鎔之事。蓋此種物體未鎔。已先化分故也。

說明　凡定質之鎔。其質點必互離而變爲易動者。故須全除凝聚力。（卽內部之抵力）且物鎔時常漲大。故尚須勝空氣之抵力。（卽外部之抵力）此時熱須內外工作。則必先增其熱至一定之度。（卽鎔度）至此度後再加之熱。則爲鎔物之用。（卽爲內外兩工作）而此際令熱變爲漲力。故方鎔之時。物體之熱度毫不增也。

二鎔時體積之變異　物體鎔時常漲。然水。鉍及生鐵反收縮。

三鎔度　分說如左二項。

第一　鎔度 Fusing Point. 在各物體各異。蓋因各

物體質點之攝力有大差也而同一物體鎔度必不變是由鎔時物體不變熱度也

一實驗　盛雪於一器置之火上以寒暑表插其中則始終只見零度而俟雪全鎔化始上昇

二例　就各物質示其鎔度如左表

熟鐵	一五〇〇至一六〇〇度
鋼	一三〇〇至一四〇〇度
生鐵	一〇五〇至一二〇〇度
金	一二三〇度
銀	一〇〇〇度
黃銅	九〇〇度
銻	四二五度
鋅	四一五度
鉛	三三〇度
鎘	三二〇度
鉍	二四六度
錫	二三〇度
羅雪之攙金即鉍四鉛一鋅一	六四度
武脫之攙金即鉍四鉛二鎘一	七一度
鈉	九〇度
鉀	六二度
燐	四四度
司替阿里尼酸	七〇度
白蠟	六四度
司替阿里尼	五一度
氷	〇度
松香油	負一〇度
汞	負三九度

以上度數均用百度表

第二　鎔度不但關於物體之本性亦關於物體上所有之壓力即鎔時漲大者增壓力而鎔度稍高鎔時收縮者增壓力而鎔度稍低但兩者之所差極微蓋外壓力較質點攝力爲極微之數故也

說明　鎔時漲者必須勝空氣之壓力今此壓力若增加則抵此壓力之力亦須增大是故欲其物體鎔化不可不多加熱此事可由試驗得其確證例如在尋常氣壓力硫黃之鎔度爲百度表一百十一度而在五百十九倍氣壓力之下須至一百三十五度始鎔又鎔時收縮者例如水等壓力若增大則鎔度能較低蓋爲壓力所助故熱稍弱亦足矣在水每增一

倍氣壓力則其鎔度約抵百度表十四分度之一也。

亦理論所得之數試驗可得其確證者也。

第三　金類與他金類相合而爲攙金則其鎔度大改。而較各原質之鎔度俱低。

說明　攙金鎔度之低由於異質之質點攝力較同質之質點攝力爲弱故也。

四鎔時之隱熱　分說於左二項

第一　鎔時隱去之熱人不能覺且寒暑表不能測之。故名之曰隱熱 Latent Heat. 鎔時隱熱最多者爲水卽所隱之熱爲八十熱量單位（八十卡路利）卽使零度之冰一啟羅格變爲零度之水一啟羅格所需之熱能使零度之水一啟羅格昇至八十度也。

一實驗　法以零度之冰一啟羅格與八十度（密數爲七十九度四分一）之水一啟羅格相和則得零度之水二啟羅格此八十度之水一啟羅格降至零度其所放之熱爲八十卡羅利今因使零度之冰一啟羅格變爲零度之水而八十卡路之熱遂被隱去否則將零度之水一啟羅格與八十度之水一啟羅格相和必得四十度之水二啟羅格熱度斷無無故消失之理今將各物質每一啟羅格鎔時隱熱以卡羅利示其數如左。

燐	五·〇	鉛	五·四
硫黃	九·四	錫	一四·二
硝石	四七·四	鋅	二八·一

二效用　冰雪鎔時隱熱之大與世最爲有益蓋春暖之候冰雪徐徐消解則無洪水之患。

第二　定質消化於流質之際亦須耗熱（卽消化時之隱熱）若不自外加熱則必奪其周圍之熱而起寒冷凡起寒劑 Freezing mixture. 卽本此理也。

實驗如左

一　盛水於器先測其熱度而將淨食鹽細末投入以一寒暑表攪之則見其熱度低下至百度表之三度。

二　投硇砂或鈣綠於水中則減熱約十八度餘。

三　使淡輕淡養急速稍化於水中則其熱度低下極甚若用良法可使水結冰。

第二百二十圖

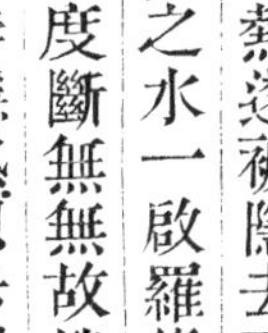

第二百二十一圖

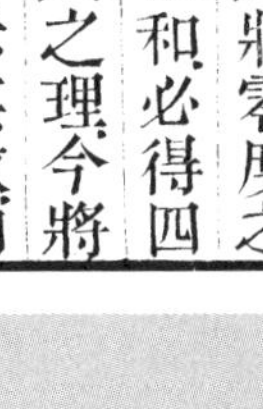

脫雪利 Toselli. 由此理製造冰器如第二百二十圖爲其全形第二百

二十一圖爲其直剖面，卽金類板所製之圓筒甲中，置薄金類板所製之空圓錐乙，由此空圓錐分甲之內爲二層，一爲上面開之空圓錐乙，一爲下面開之空層丙，丙圍於乙之外，而其全器因在甲設有兩軸，可置於鐵架上，如第二百二十圖，今在乙中置冷水，約三分之一，而其口上周圍嵌象皮圈，然後用木蓋蓋之，其蓋更用螺旋壓緊，故倒轉其器，而乙丙之水不洩出，次更置淡輕$_{四}$淡養$_{三}$於丙層之內，約過半，更加冷水滿之，乃用木蓋蓋好，與乙同法，然後使全器沿軸而旋轉，約八分至十分時，則乙空圓錐中之水結爲冰，其內只留水少許耳，以上法造冰所用之鹽類可熬乾其水，仍復故形，故可連用數次，

四　以雪或冰，與吸水力大之物質拌和，則熱度驟降，是爲起寒劑，由於兩物變流質而消去其熱也，例如雪三分，與鹽一分相和，則得負三十一度之寒，雪一分與鈣綠$_{二}$顆粒二分相和，則得負四十二度之寒，雪一分與淡硫强水二分相和，則得負五十一度之寒，

第三節　論結

一定義　結 Solidification. 者，流質變爲定質之義，而爲鎔之反也，流質遇冷則結，而其結之熱度名曰結度，物結之際，其物體所現之熱，名曰現熱，卽隱熱之反也，例如左

一　冬日寒氣愈增，則水成冰，

二　鎔化之鉛錫等，冷後再成定質，

二結時體積之變異　凡物體結時俱收縮，惟水與鉍及生鐵則反漲，故此三者，浮於其鎔化體之上，

三結度　如左三項

第一　結度與鎔度恆同，此度亦在各物體各異，而在一物體則不變，與鎔度同，冰之鎔度，與水之結度爲同度，方結之水中，置寒暑表，則亦常在零度，

第二　凡流質靜置而不振盪，則能冷至結度以下，而不結，此現象名曰過度鎔，盛水於玻璃瓶，令沸，以逐出其內之空氣，而緊塞之，靜置而絕不動，則水可冷至負十度以下而不結，

第三　攙金鎔度，較其各原質低，混合之流質，其結度亦較其淨流質低，而其流質消化他物愈近飽足，則結度愈低，

水百分中含食鹽一分，則至百度表負○·六度而結

含二分則至負一·二度而結含十分則至負六度而結故海水常至負二三度之間始結也

四結時之現熱　一千七百六十三年白辣克Black始發明此義而分說如左三項

第一　物體結時之現熱與其鎔時之隱熱同凡鎔時所隱之熱結時必復現寒暑表及觸官皆能覺之結定質時之現熱冰最大爲八十卡路利即零度之水一啟羅格變冰則生八十卡路利之熱

一說明　自定質變流質其際隱熱（即質點之儲蓄力變爲漲力）及結時則再生熱蓋質點之漲力變爲儲蓄力（即熱）故

也

二實驗　使不含空氣之水一啟羅格毫不振盪且不遇行動之氣冷至負十度而後振盪之或其中投冰少許則水卒然結至八分之一成冰則全水與冰之熱俱昇至零度是即八分啟羅格之一之冰所現之熱使一啟羅之水及冰加熱十度即生熱十卡路利也是故一啟羅格之水如全結則當現八十卡路利之熱而此八十卡路利之熱與冰鎔時之隱熱正相等也

行此實驗用法倫海得Fahrenheit之結器爲最

便此器如第二百二十二圖所示頗似寒暑表即以水銀寒暑表之粗圓柱套入較大之他圓柱中此圓柱中半盛水初在末端子開口以便置水旋熱之而使水沸以逐出空氣然後鎔塞子口則於水上生眞空故以此器置於起寒劑中則可行前之實驗也

第二百二十二圖

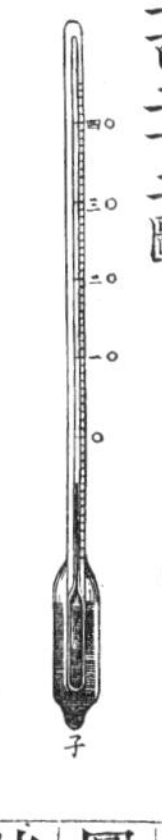

三效用　水冰時現熱甚大亦大有益於人類即結冰之際一啟羅格之水必放熱八十卡路利故至冬季寒氣雖烈水之結冰頗緩緣水之一分成冰則放

其熱使所餘之水受其熱而不冰且冰不易傳熱故在冰下之水失熱甚緩也

第二　二流質或一定質與一流質相和而成定質之化合物則發熱又某鹽類從消化之水中而結顆粒亦然

原由　此因質點之相距減少故也即消化之際熱變爲漲力結定質則再變爲熱而發現也

實驗　如左

一　石灰上置水不過多則其水發熱極烈而與石灰化合成定質即含水石灰

二 以芒硝二分水一分入玻璃瓶加熱至全消化次以輭木塞緊而靜置之待其冷後投芒硝之定質一小片於水內則結顆粒甚速而熱度昇

三 一玻璃瓶中置鈉硫養徐徐加熱至五十度則其顆粒鎔化靜置而冷之則可冷至結度以下而不結令冷至十五度而投定質一小片於流質中則其一分結顆粒而熱度昇

五復冰 在零度之熱其面方鎔之二冰塊因相切而復結連成一塊法拉待 Faraday. 名此曰復冰 Regelation. 卽冰由壓力變爲柔輭可塑之塊去壓力後硬結故

復冰蓋由壓力逼去其熱也

第四節 論散

一定義 流質受熱俱能變氣質卽化汽也此變異名曰散 Evaporation. 散有不在一定之熱度而祇流質之面上化汽者名曰化散其散爲一定之熱度卽沸度且全流質俱欲化汽則名曰沸散而流質之沸散受熱至沸度外尚須若干量之熱於化散亦然此熱在散時不增熱度而爲散氣所消失名曰散時之隱熱

實驗及觀察如左

一 一器中盛醕或以脫露置於空氣中則流質漸次消失卽化散也

二 洗衣帶溼在空氣中自乾是卽水之化散也

三 玻璃瓶中置水熱至百度則其全水俱欲化氣卽水沸而爲汽騰入空氣中也

說明 凡流質化散或沸散而變爲汽必其質點相離而質點間之凝聚力內部之抵力盡消失而成且物體散時必漲大故更須能勝空氣之抵力外部之抵力然則散時之隱熱與鎔時之隱熱同須爲二種之工作卽須勝凝聚力與空氣壓力也而當時所失之熱卽質點之儲蓄力變爲漲力是故熱度已至沸度化氣不

止之間其熱度毫不增加

二散時體積之變化 散時物體俱漲大例如水一利脫耳在平常氣壓力之際成一千六百利脫耳之汽

三化散 化散俱關於流質之性質而定質亦能化散在同流質其熱度愈高空氣中含此汽愈少氣壓力愈弱而化成之汽能速飛去且化散之面愈廣則化散愈速也

實驗及觀察如左

一 定質之化散卽自其定質變爲氣質例如碘樟腦冰雪等

二 如醕以脫炭硫等則其化散甚速而易如水則

其化散甚緩於此各流質中浸紙片而驗各流質化散所須之時刻則當見各異

三　冬季冰雪覆街路之日空氣若甚乾則街路亦漸乾燥至飛塵埃是即定質之化散

四　溼衣等雖嚴寒之日亦能乾是其水雖結冰其冰能仍能化氣之徵也

五　街路及溼衣在乾空氣中較在溼空氣中其乾爲速

六　氣動即風能令溼物速乾蓋其氣能引新成之汽使速去故也

七　欲使溼衣速乾則當攤開之人所咸知也

四化散所生之寒冷　化散之際所消之熱常自周圍奪取故其周圍生冷其熱度低下若干名曰化散所生之寒冷而流質愈易散則其冷愈烈如以脫是也

實驗及觀察如左

一　以綿花包寒暑表之球以水潤之曝之日光中而使水化散則水銀低下一二度

二　在前試驗代水以以脫則見水銀忽降至寒度之下

三　如二百二十三圖所示一片木板上滴水少許

第二百二十三圖

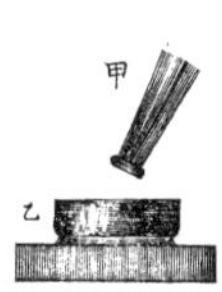

而其上置銅製之薄小杯乙其中置以脫或炭硫後以吹管甲吹之（此處只示其一半）催其流質化散則水驟結冰

四　雨後空氣較涼又夏日灑水於園庭街道則其傍覺涼

五　浴後不拭皮膚而使其水化散則覺寒冷

六　酷暑之候遇空氣流動則覺涼爽而流動之空氣固亦甚暖可用寒暑表得其確證其所以覺涼爽者因吹去其膚上之汗所成化散氣故也

七　華辣司脫Wollaston.之結冰球Cryophor.

第二百二十四圖

因水自化散而結冰此器如第二百二十四圖所示以粗玻璃管使二玻璃球甲乙連通先在乙球中盛水適宜加熱至沸則其中所有之空氣及水汽當自甲球尖端之小孔透出令沸之不止而將空氣全逐出後以吹管鎔閉甲球尖端之口乃使器中之水全聚於乙球中而以甲球沈入起寒劑則因甲中之水汽凝水不絕故在乙球中水之化散甚速而使餘水結冰也

八　人工所造最大之寒冰即由氣之化爲流質者

復速化散而成例如炭養淡輕是也炭養在三十五倍氣壓力之下且熱度爲零則凝流質今使其流質速化散成氣則其冷能使所餘流質結爲雪片若在無空氣之處當生百度表負百度之寒

二致用　所謂製冰器者卽將易散性之流質所發之氣速驅開而生嚴寒者也

五沸散　沸散者謂所生之汽成泡形而昇而其全流質俱有化汽之象也

一玻璃瓶中之水加熱則見其水下有小氣泡上昇在水面消失後又有大氣泡自底上昇是卽汽泡也

然此汽泡如未到水面時半途逢冷水層則再破裂而爲水此際聞異音卽烹茶所成瓶笙是由於汽泡消失之際水侵入其空隙故也上昇之汽泡不但須勝其上所有水之壓力尙須勝外氣之壓力故必須有一定之漲力其漲力若至一定之强度則全流質中俱生汽泡流質活潑運動是卽沸散也

六沸度　沸度關於流質之性從流質之異而其沸度各不同其流質之易散性愈大卽化散愈易則沸度愈低而在同氣壓力之下則同種之流質其沸時之熱度决不變蓋沸時自外所加之熱因成汽而消失故物體於此際不改其熱度也

玆就皆在七百六十密里邁當水銀柱之氣壓力下示各流質之沸度例如左俱用百度表

濃輕綠水	二十度
以脫	三十五度
醕	七十八度
煤油	八十六度
淨水	百度
海水	百〇四度
濃硫强水	三百二十五度
汞	三百六十度

第二百二十五圖

欲觀在相等之氣壓力下沸度果不變否用如第二百二十五圖所示之一玻璃瓶內置寒暑表與一玻璃曲管

同流質之沸度關於左三項所分論之原由

第一　關於其流質上所有之壓力凡無蓋之器中其所生之汽所有漲力若與外氣之壓力相等則沸故沸度者汽之漲力與外壓力相等時之熱度也今定尋常壓力爲一氣壓力卽與風雨表之水銀高七百六十密

里邁當相等之壓力是也，而於流質上所有之外壓力減少，則沸度降，其外壓力增多，則沸度亦昇。

實驗及觀察

一 參考上編抽氣筒之第十四實驗。

第二百二十六圖

二 一 玻璃瓶（第二百六十六圖之甲）中置水至其半，置於火上使沸，而速塞之，倒立於乙器中，則不久沸便止。其後澆冷水於瓶底上，而使之冷，則瓶中之水忽更沸。

三 登高山則氣壓力弱，故無蓋器中之水，在百度以下已沸。在日本富士山頂（其高大約三千邁當）約九十度水能沸。在歐洲之門布蘭高山（Mont Blanc. 其高大約四千六百邁當）上，八十四度水能沸。登富士山至十之六七以上，米不能煮熟，人所共知也。

原由 流質內所生之汽泡，欲通過流質而逸出空氣中，必須勝其上所有流質之壓力及空氣壓力，但必至其汽泡之漲力與流質上所有之壓力相等，始能勝之。今流質上所有之外壓力減少，則汽泡勝外壓力之漲力，不須如前之大，故沸度低。流質上所有

之氣壓力，若較平常氣壓力大，則其流質之沸，必須汽泡之漲力較平常氣壓力大，故其沸度須高也。今在密閉之器中煮熱水，則其中生成之汽，不能透出，故流質上所有之壓力為二倍氣壓力，則水在一百二十一度始沸；為三倍氣壓力，則其沸度昇至一百三十四度；為四倍氣壓力，則昇至一百四十五度。欲確證此現象，用彼並（Papin）所造之山鍋（Papin's digester）最便，如第二百二十七圖所示。即山鍋其蓋以螺旋旋緊，上有三孔，一孔中插入小管，上設滓門甲，其滓門與上編第一百六十七圖所示之辰同。

第二百二十七圖

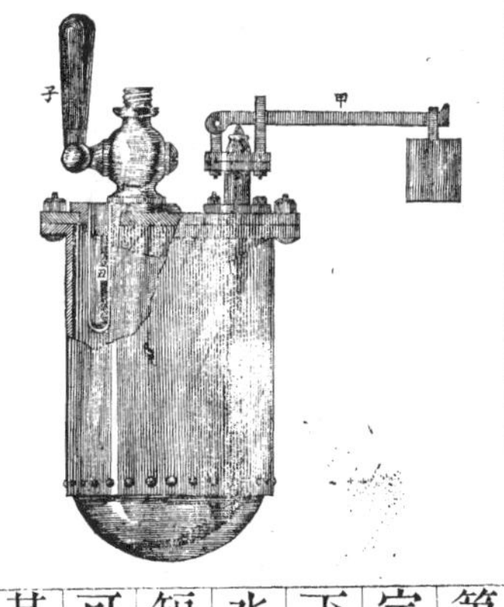

第二孔中用螺旋旋定鐵製小管丑，其管下垂至鍋內，管中置水銀。第三孔中為一短管，此管上有螺絲，可將各種嘴管旋於其上，且有活塞易於開閉，而其活塞用子柄開閉。今鍋中置水至三分之二，開其活塞而加熱於下，則片時水即沸。此際丑管之水銀中插寒暑表，當始終止於沸度。若閉其活塞，

汽無出路當見寒暑表漸昇鍋中汽之漲力當愈增而至壓開萍門自此汽稍逸出例如萍門之橫剖面積爲一平方生的邁當而槓杆臂甲上所懸重物與萍門上直壓一啟羅格之重物相等則寒暑表昇至百度表一百二十一度之際汽當壓開萍門蓋在此熱度汽之漲力與二倍氣壓力等而槓杆臂所懸之重與外氣壓力之和正與二倍氣壓力等也

山鍋不但供試驗之用於烹庖亦頗有益卽無論如何硬肉以此煑之可使輭如豆腐

第二　關於流質中所消化之物質其流質若消化有定質在內則其沸度較淨者高而其消化之數愈多則沸度愈高

水百分中含有鹽八分則至一百零一度始沸百分中含有四十分則其沸度在一百零四度海水亦至一百零四度始沸而如含沙或鋸屑等不消化之物質其沸度不變

第三　關於有無小氣泡卽常水之沸爲由漸而起至百度而全沸若不含空氣之水如煑過之水則昇至百度以上之熱而後忽然全沸此遲而忽沸者曰遲沸而此受過於常沸度之熱之流質曰受過熱之流質

說明　平常之水起沸因水中皆含有空氣受熱則先於器之底或側成小泡而黏於器上水稍熱則泡中亦稍雜水汽至熱度更高則水汽之漲力漸大而小汽泡當陸續上昇不止至汽之漲力能勝其上之水及空氣之壓力則水乃全沸而發大汽泡且運動不止矣若水已沸過復冷其中不含空氣則重加熱之時因其內無空氣泡發生故受熱至尋常沸度尙不起沸必熱至百度以上將此流質震盪或投定質少許於內則此水猝沸而生汽甚烈所謂遲沸卽因流質受過於尋常之熱而使然也又將沸之流質猝然大減去其上之氣壓力亦能如此而因此致鍋鑪之炸裂者甚多卽汽機停止以後鍋鑪若極冷則鍋中所有之汽悉凝水而壓力低下至重使其汽機運轉之時則必受過熱而卒然發汽過多遂至鍋鑪炸裂此外鍋鑪之磔裂有由於水成珠形 Spheroidal state. 者如下所論

來定非羅司脫 Leidenfrost. 水點卽水成珠形者　傾流質少許於極熱金類板上則不能沸當爲點滴形而旋轉後乃卒然化汽欲實驗此現象則取平扁之金類器燒至紅熱而置水或他易散流質少

許於內則其點滴不遽沸而爲扁球形狀旋轉跳躍是由大熱使流質之一分急變爲汽其汽包圍點滴使與金類不相切且因汽不易傳熱故點滴之熱度當在沸度以下一二度但金類稍冷則汽層之漲力減弱不能包圍點滴其點滴與金類相切熱遽昇至沸度則卒然散汽也

此類之現象若發於鍋鑪中而甚烈則易致礫裂如鍋鑪中之水過少則鑪旁無水處已至紅熱而添水於內則初爲珠形至鑪體稍冷而多量之水一時化汽遂致礫裂也溼手驟插入鎔化之鐵鉛中又裸足行鎔或白熱之鐵上亦無火傷之患想因皮膚上生汽能免與烈熱之金類相切故可畧避火燒之患也

以上所說之現象乃一千七百六十五年來定非羅司脫 Leidenfrost· 氏之所考得也

七散時之隱熱　此隱熱與鎔時之隱熱相同其隱熱之最大者亦水也水之散爲汽其隱熱爲五百三十六卡路利故一百度之水一啟羅格變等數之汽所需之熱與使零度之水五百三十六啟羅格昇高百度表一度之熱同

實驗

一　如第二百二十八圖所示取一玻璃瓶子內置零度之水一百零八格玻璃筒寅中亦置水一百零八格而以長曲玻璃管丑使兩器通連其一端由輭木塞通至子中他一端達寅之底今在玻璃瓶下置火加熱而細察一百零八格之水沸所需之時刻其後加熱不止至寅中之水亦沸則知自初加熱至子瓶水沸之時刻(卽子瓶之水自零度至沸所需之時刻)與自子瓶水沸至寅筒水沸之時刻(卽寅筒之水自零度至沸所需之時刻)正屬相等於是秤子瓶中之水則知其沸散成汽者爲二十格然則使一百零八格零度之水熱至百度所需之時刻內恰能使二十格百度之水沸散成汽也而同大之燈火在同時內放熱必相等故一百零八格零度之水熱至百度與二十格百度之水變爲百度之汽所需之熱必相同也卽水一百零八格爲○·一○八啟羅格自零度熱至百度須熱一○八(○·一○八乘一○○等一○八)卡路利而一百度之水二十格因之變汽然則使水一啟羅格(卽五○乘二○格)化汽必須熱五四○(五○乘一○八爲四五○○)卡路利但精密試驗則較此稍小卽爲五百三十六卡路利也

第二百二十八圖

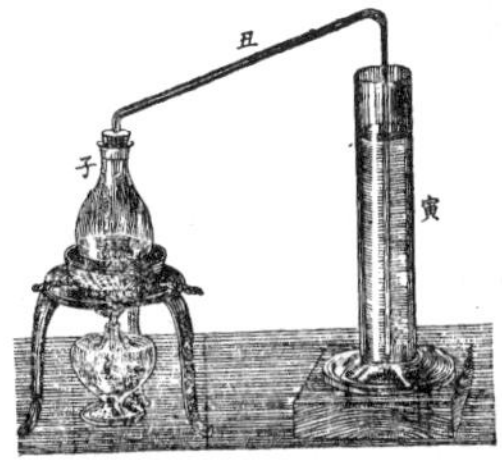

二　散時之隱熱亦可由凝時之現熱測得之蓋此二者亦猶鎔時之隱熱與結時之現熱互相等也可卽用蒸甑試驗之先細秤其水重例如水為五百格盛入一玻璃瓶令沸而使其汽通過螺管此螺管在冷器中其冷器中亦有水先測知其重與熱度例如重五啟羅格其熱四十六度今水汽通過其中而凝則此器中水之熱度必上昇而由此可推得其現熱卽其五啟羅格之冷水熱度上昇五十四度而達百度則其冷水得二七〇（卽五乘五四）卡路利之熱而此熱因五百格之水沸汽復凝水而生則半啟羅格水沸散之隱熱為二百七十卡路利而一啟羅格水之隱熱當為五百四十（精細言之為五百三十六）卡路利明也

第二百二十八圖

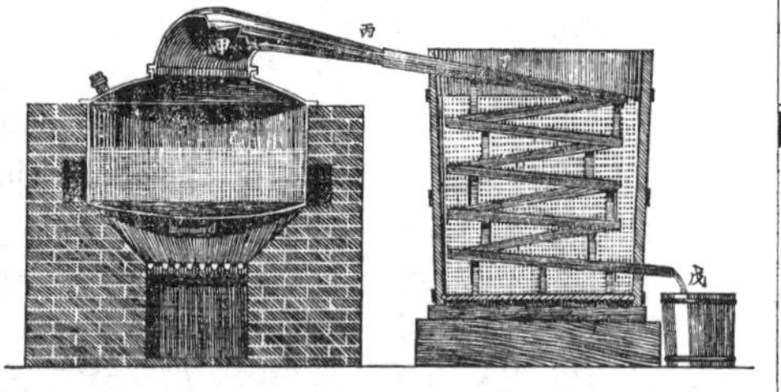

第二百二十九圖所示者蒸甑之一也卽以流質盛入銅製之甑乙中此甑上置蓋甲而此蓋連丙管丙管之口接於冷管丁中其冷管為螺旋狀而在冷水桶中汽在冷管中所凝之流質自口戊流出於桶中

又最簡之蒸甑如二百三十圖所示者是也卽以流質盛入曲頸瓶子內而加熱之則其汽至冷器丑而復凝

第二百三十圖

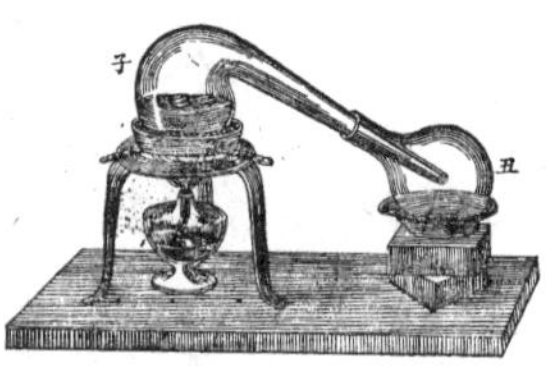

例　散時之隱熱在各物體各異沸度（七十八度）之醕其隱熱為二百十三卡路利沸度（三十五度）之以脫其隱熱為九十卡路利又同一流質之隱熱亦從其散時所有熱度之昇而減少卽零度之水為六百零六卡路利在百度為五百三十六卡路利在一百五十度為五百卡路利在二百度唯四百六十四卡路利而已

效用　水散之隱熱最大如冰鎔之隱熱亦造化之妙用也水若當其化散之際須熱不多則地面之水易化散而人常憂旱也

節五節　汽性

一擴充性　汽有擴充之性卽汽常欲漲大而加壓力於阻已之物體

實驗　如第二百三十一圖所示取玻璃管三箇丑

第二百三十一圖

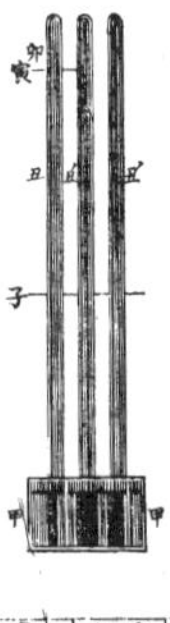

丑丑、俱長八十生的邁當、內置滿水銀、而倒立於盛水銀之器甲中、同脫兒切利之試驗則管中之水銀當降至七十六生的邁當之高、如卯、今以滴管、使水少許上昇於丑管中、則其水銀稍降、例如至寅、若使以脫少許、昇至丑管中、則低降幾至管之半、例如子、是因空氣壓力所壓上之水銀、至管中生汽則顯漲力而抵下也、

二飽足汽　無論在何處、其熱度與壓力、若俱爲一定者、則該處所含之汽、亦必有一定之數、某處在某熱度、含汽已足、則謂之含汽飽足、而名此汽曰飽足汽、Saturated vapor. 卽其汽在此熱度、而漲力與密率、俱爲最大之際也、

實驗　行前之實驗卽第二百三十一圖所示之際注視之、則見流質至某定點而忽停止、水銀亦不下降、是因其中之汽已飽足、而化散遂止也、

三一處含汽之多少　一處含汽之飽足界、關於其熱度、卽熱度上昇、則含汽愈增、熱度下降則含汽減少、而汽之漲力與密率、亦與此同增減、

實驗

一　前所論之管中、第二百三十一圖流質化散後、尙餘若干、以火熱其管、則化汽不止、而流質減少、此際水銀降下、故知汽之漲力亦增大也、

二　以溼海綿使前所論之管加冷、則流質再增、而汽減少、此際水銀上昇、故知其漲力減少也、

四受過熱之汽　在局閉之處、所含之汽、若未至其熱度所應含汽之限、則此中所存之汽、名曰不飽足汽、或曰受過熱之汽、蓋此際汽受過熱、在其飽足熱度以上也、凡在飽足界附近之受過熱汽、從摩利凹脫 Mariotte. 及該老殺克 Gay-Lussac. 之定律、與平常氣之性同、

在同熱度、飽足汽之漲力及密率、較受過熱汽皆大、而漲力相等、則受過熱汽之熱度、必較飽足汽爲高、

五飽足汽之漲力　飽足汽漲力之大小、只關於熱度、蓋其漲力、不因壓緊而增大、亦不因放鬆而減少、就其汽之下、尙有流質存留者而言、唯隨熱度之昇而增大、是因質點之儲蓄力加增、且自流質更生汽故也、而在沸度飽足汽之漲力、與外壓力爲相等也、

實驗　不改熱度、而加壓力於飽足汽、則其一分凝爲流質、故密率與漲力、皆仍不變、又飽足汽在同熱度而放大其體積、則其所餘之流質變爲汽、故密率

與漲力亦俱不變第二百三十二圖所示之法可實

第二百三十二圖

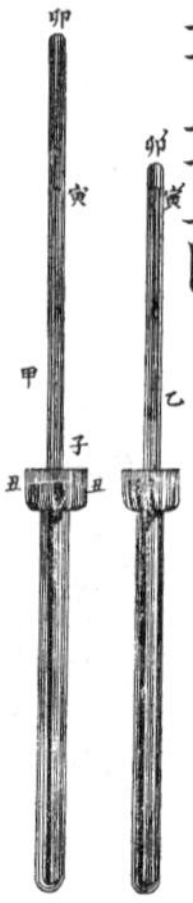

驗之甲爲脫而切利管而比常用者稍長丑杯之下接長圓筒以增其深也今水銀之高爲子寅而管中含有飽足汽則增子卯之長或減子卯之長如乙而子寅之長短俱不變只變卯寅之長耳如在乙

第二百三十三圖

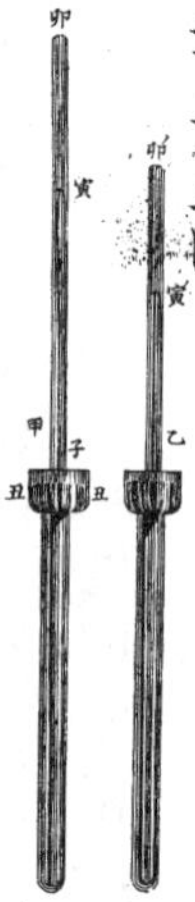

之長爲卯寅也管中之汽若爲未飽足者則其現象全相反而當呈第二百三十三圖所示之狀汽在沸度其漲力與外氣壓力相同故此際脫而切利管之水銀當降至與杯中之水銀同高

測定漲力法　第二百三十四圖所示之管用以測

第二百三十四圖

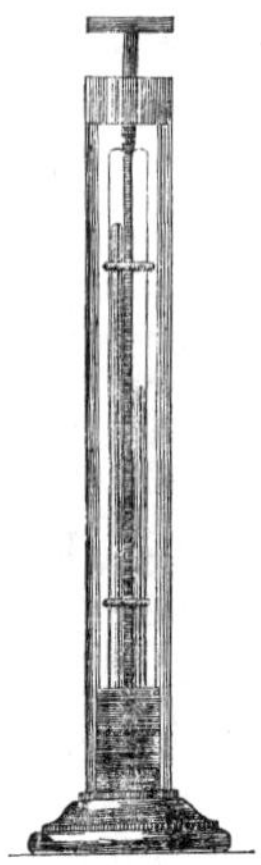

定飽足汽在沸度下各度之漲力但其在左之管不令生汽用以與彼管之水銀較高低者也

又測定飽足汽在沸度以上（卽百度以上）之漲力其法如

第二百三十五圖

下卽第二百三十五圖所示取長璃管末端鎔一圓柱而彎向上狀如虹吸形風雨表（上編第二百十六圖）之管長玻璃管與短圓柱其初兩端俱開而置水銀於內則其水銀面在兩管中必同高今以某流質（如水）置於圓柱中而熱之使沸至空氣悉逸出則在子鎔封之故圓柱中水銀之上只留水與汽而其器冷時汽當凝而爲水今以此器之圓柱沒入熱百度以上之油中則生汽而壓圓柱中之水銀使昇於長管中而可以水銀所昇之高低定汽之漲力例如其油熱至一百二十一度則管中水銀之昇高於圓柱中之水銀面爲七十六生的邁當然則圓柱中之汽其漲力與七十六生的邁當之水銀柱中其上之氣壓力相等卽汽在一百二十一度之漲力等於二倍氣壓力也

左表從利乃特 Regnault 所定以水銀柱（其長短以密里邁當計算）及空氣壓力表汽之漲力也

熱度
丅三二
丅三〇
丅二五
丅二〇
丅一五
丅一〇
丅九
丅八
丅七
丅六
丅五
丅四
丅三
丅二
丅一
〇
一
二
三
四
五

漲率比水銀柱之重	熱度	漲率比水銀柱之重
〇•三二〇	六	六•九九八
〇•三八六	七	七•四九二
〇•六〇五	八	八•〇一七
〇•九二七	九	八•五七四
一•四〇〇	一〇	九•一九五
二•〇九三	一五	一二•七〇
二•二六七	二〇	一七•三九
二•四五五	二五	二一•五五
二•六五八	三〇	三三•五五
二•八七六	三五	四一•三三
三•一一三	四〇	五四•九一
三•三六八	四五	七一•三九
三•六四四	五〇	九一•九八
三•九四一	五五	一一七•五
四•二六三	六〇	一四八•八
四•六〇〇	六五	一八六•九
四•九四〇	七〇	二三三•一
五•三〇二	七五	二八八•五
五•六八七	八〇	三五四•六
六•〇六七	八五	四三三•〇
六•五三四	九〇	五二五•四

熱度	漲力比水銀柱之重	等於空氣壓力之倍數
九五	七•三三六	
一〇〇	〇•〇六七	一
一〇二	一•六一八	
一〇四	四•五七八	
一〇六	五•八三九	
一〇八	一〇〇三	
一一〇	一〇七五	一•五
一一五	一二六九	
一二〇	一四九一	二
一二五	一七四四	
一三〇	二〇三〇	
一三五	二三五四	三
一四〇	二七一八	
一四五	三一二六	四
一五〇	三五八一	
一六〇	四六五二	
一七〇	五九六二	八
一八〇	七五四六	一〇
一九〇	九四四三	
二〇〇	一一六八九	一六

六各汽之漲力　各種流質之汽在同熱度其漲力各異大抵流質之沸度愈低則各汽之漲力在同熱度而愈大而各汽在沸度之漲力與氣壓力等已如上文所述以脫汽之漲力在三十五度其沸度與氣壓力等在一百二十度與十倍氣壓力等酯汽在七十八度即其沸度與氣壓力等至一百五十二度與十倍氣壓力等水汽在百度與氣壓力等在一百八十度與十倍氣壓力等水銀汽之漲力在三百六十度即其沸度與氣壓力等在五百十四度有十倍氣壓力之漲力

七汽之密率　汽之密率即其較重謂某汽一體積較同漲力同熱度之空氣一體積其重幾倍也水汽之密率在各熱度較空氣大約為八分之五細測之為〇•六二二五也

百度之汽在尋常氣壓力較同熱度之水其重約為一千七百分之一細測之為一千六百八十九分之一也

八在有空氣之處所有汽之漲力與密率　有空氣之處所含之汽與等熱度等體積之真空處即無空氣處相等故汽在兩處其密率及漲力亦為相同一千八百二年阤兒頓 Dalton. 所發明之定律也

但汽在兩處有一不相同者即在無空氣處水頃刻成汽有空氣處則徐徐而成也從阤兒頓之定律氣汽相和之處之密率及漲力與二者之密率及漲力並計之數相等惟指封閉之處言之此現象之原由蓋空氣質

第二百三十六圖

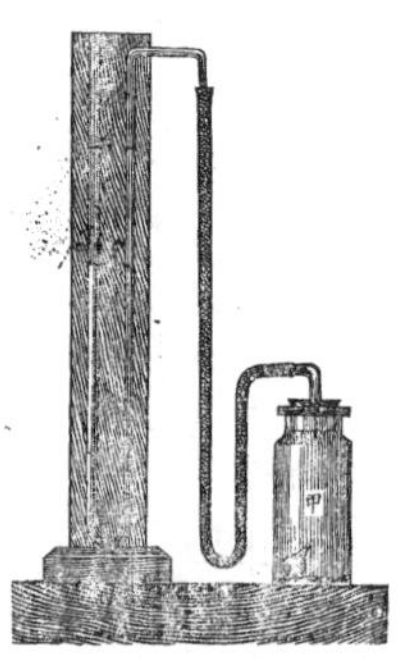

點之間具有空隙足容汽之質點而在有空氣處所生之汽質點屢為空氣質點所反撥復歸於流質中故使化汽為徐徐也

實驗　第二百三十六圖所示乃彼並Papin.用以確證右之定律者即薄玻璃球徑一至一·五生的邁當置以脫後鎔封其尖端內置以脫而置於玻璃瓶甲中其瓶高一〇生的邁當以輭木塞其廣口此玻璃瓶甲之內部由插入輭木塞中之短玻璃曲管及象皮管而與氣質漲力表相通則當見表之兩管中之水銀面為同高蓋因玻璃瓶中之空氣與外氣漲力相同故也然搖盪玻璃瓶使盛以脫之玻璃球破裂則甲中遽發以脫汽其漲力與甲中所有空氣之漲力相加故氣質漲力表左管中之水銀當上昇右管中當下降此兩管中所有水銀高低之差即甲中所有以脫汽之漲力數也而其一管中水銀上昇他管下降決非遽然之事必經一二時後始見表中之水銀高至極度而不動也

九不等熱度之處所有汽之漲力　盛汽之器其各處之熱度不相等則其汽之密率與漲力俱依最低熱度而不能更大此為一千七百六十年瓦特Watt.所發明故盛汽器之一處遇冷則汽之漲力減少與其全汽遇冷相同汽機之凝水櫃即本此理以製者也

第二百三十七圖

實驗　如第二百三十七圖所示之法可以驗之即於二小玻璃瓶子及丑中置以脫少許二瓶由寅玻璃管通連而丑瓶塞中再插第二管卯巳此管向下曲今加熱使子及丑中之以脫沸則其汽自卯管出其中所有空氣亦俱自管中避出於是以卯巳管之下端插入盛水銀之杯辰中而兩瓶中以脫既沸之後若去其熱源則子及丑當冷而與外氣之熱度同其時兩瓶中所有汽之漲力均減弱至一定限界因之水銀在卯巳管中昇至一定之高而其高低關於外氣之熱度今若一玻璃瓶仍加熱而使一玻璃瓶沒於雪中或冷水中則水銀亦直昇管中其高與兩玻璃瓶同遇寒冷時相同蓋以脫汽雖只在冷瓶中者凝為流質然在熱瓶內者因能不絕流入冷瓶中故其減漲力亦與凝者相等而其漲力在

兩瓶中自相同也。

第六節 論凝

一定義 氣質變流質之現象謂之凝 Condensation. 卽與散爲相反之現象也。凡物體之凝或由遇冷或由壓力或由兩者所成。

二汽凝之定律 分說爲左四項。

第一現象 化散及沸散之際流質所生之氣質卽汽也。此氣質若遇冷或逢若干大之壓力則仍爲流質卽汽在流質沸度以上雖爲無色透明之氣然及其冷則爲白霧（卽極薄小水泡其內包有空氣）再冷則其水泡遂合而成水點是謂之凝。

實驗及觀察。

一 煮水之器上置乾且冷之玻璃則忽有濃霧覆之其濃霧漸聚而成水點。

二 以冷水盛玻璃器中置暖室內則其外有濃霧覆之。

三 在天寒之候人獸呼出之氣如霧而鬚及衣服常溼或其上生水滴

四 水上或野外晚間空氣寒冷則見生霧

致用 汽凝之致用中最重要者爲蒸取流質（已詳前節）

第二凝度 汽凝之熱度名曰凝度而凝度從汽上所受壓力之異而變猶如沸度從沸時所受壓力之異而變也。

第三凝時之現熱 凝時所生之熱亦名曰現熱現熱之多與此物體散時之隱熱全相等現熱最大者爲水汽其熱量爲五百三十六卡路利卽百度之水汽一啟羅格若變百度之水一啟羅格當生熱五百三十六卡路利也。

說明 流質變氣質之際所以隱熱者質點之儲蓄力變爲漲力故也而凝時所以現熱者質點之漲力（卽儲蓄力）變爲熱故也。

二氣凝之定律 分說如左二項。

第一要因 氣之凝由左狀而成。

一 平常氣壓力之際逢極烈之寒冷則凝例如炭養在常氣壓力下而遇負七十九度之冷則凝。

二 平常熱度之際受大壓力則凝例如炭養在十三度熱之際受四十九倍氣壓力則凝。

三大壓力與寒冷二者並見亦凝例如炭養在零度受三十五倍氣壓力能凝又在負二十八度受十倍氣壓力能凝。

由是觀之某氣之熱度愈降則凝時所需之壓力亦愈減熱度若極低則氣在常氣壓力下亦能凝

第二極期熱度　各氣之凝熱度各有定限熱度過此定限雖受極大壓力亦不能凝此熱度名曰極期熱度 Critical temperature. 在此熱度使凝所需之壓力名之曰極期壓力

例　炭養氣之極期熱度爲三十一度而其極期壓力爲七十三倍氣壓力即炭養之熱度爲三十一度須七十三倍氣壓力始凝流質而炭養之熱度若爲三十二度或更高則雖加極大之壓力亦不能凝否

則在十三度則四十九倍氣壓力在零度則三十五倍氣壓力在負七十九度則常氣壓力俱可使之凝矣

備考　法辣待 Faraday. 用寒冷與壓力不但能使各種氣凝且可變爲定質然如養氣輕氣淡氣炭養米以脫里及淡養雖加以三千倍氣壓力亦不能凝故此等氣人稱之曰恆氣 Permanent Gases. 而能凝者名曰強制氣 Coërcible Gases. 然一千八百七十年安得利斯 Andrews. 考得極期熱度以後一千八百七十七年瑞士人皆克的 Pict-et 與法人開愛的 Cailletet. 用五百至六百倍之氣壓力及負一百四十度其後更至負二百度以下之極寒使恆氣亦化爲流質是故恆氣與強制氣之分別不宜有焉

第七節　汽機

水汽之漲力不但有大小隨意之利更有不擇其處之便故用以運動機器最爲便利是即機器之所由起也

一汽機種類　汽機中水汽之漲力不過二倍氣壓力者名曰小抵力汽機 Low-pressure-engine. 又曰凝水汽機水汽之漲力大至八倍氣壓力以運動者名曰大抵

力汽機 High-pressure-engine.

二汽機諸部　如左先就大抵力汽機示其諸部

第一　鍋鑪也即在此中將水加熱而使發汽者爲五要部所成如左

一　汽管 Conduct-pipe. 也此管使汽自汽櫃鍋鑪中無水之處名曰汽櫃至汽筒者也

二　添水管 Feed-tube. 也由此管添水於鍋鑪中以補沸散所減之水者其水乃吸水筒所吸上

三　進人孔 Man-hole. 也此孔大小略可一人出入當洗鍋鑪時使人自此出入故名進人孔平時蓋

以金類板而用螺旋旋固之，
四　萍門 Safety-valve. 也所以防汽之漲力過大而致鍋鑪炸裂者，
五　驗水平器 Water-level. 也所以視鍋鑪中所有水之高低者，

第二百三十八圖

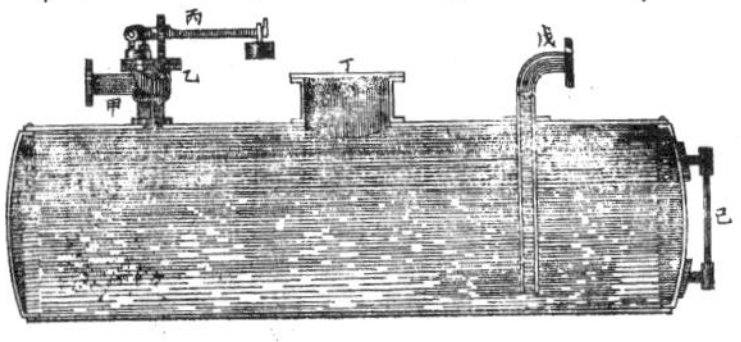

第二百三十八圖所示之鍋鑪乃極簡者甲為汽管戊為添水管丙為萍門丁為進入孔已為驗水平器此驗水平器造法甚多茲所示者為一玻璃管由兩橫生之黃銅小管通連鍋鑪內水面之上與下，使其玻璃管中之水，與鍋鑪內之水，常在同高者也，

鍋鑪之徑愈大，且其中所有汽之漲力愈強，則鍋鑪之壁須愈堅固，故文明各國製造鍋鑪，俱守定章，以防炸裂之虞，即鍋鑪之厚薄，與其徑，及汽漲力之大小，設有一定之例，如法國律例，鐵與銅製之鍋鑪，其徑如為半邁當，則用於二倍氣壓力者，須厚三．九密里邁當，用於四倍氣壓力者，須厚五．七密里邁當，用於八倍氣壓力者，須厚九．三密里邁當，又鍋鑪之徑為一邁當，則用於二倍氣力壓者，須厚四．八密里邁當，用於四倍氣壓力者，須厚八．四密里邁當，用於八倍氣壓力者，須厚一五．八密里邁當，又生鐵之鍋鑪

第二百三十九圖

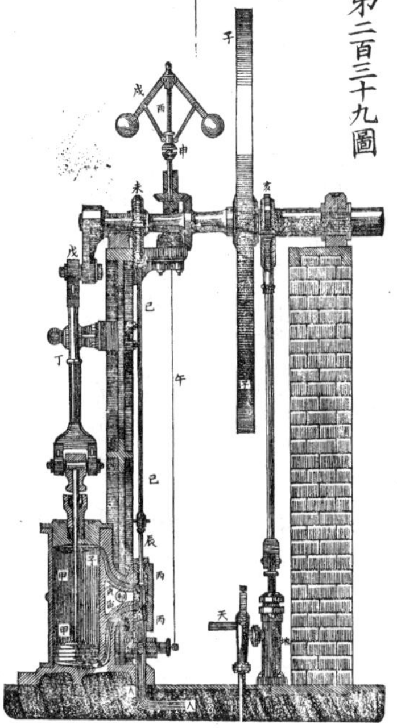

各國俱禁用之，

第二　汽筒　也汽筒內有韝韝乙與筒密合，而由汽力使韝韝往復運動，以下俱見第二百三十九圖，

汽筒以金類為之，取其堅固，徑自三十至一百生的邁當，不等，長約一邁當，而韝韝厚扁圓體嵌緊於汽筒中，雖往返運動，而不洩汽，韝韝連挺桿，挺桿與汽筒之蓋密切處，墊以革，而常潤油，使不洩汽，令使汽忽至韝韝之上，又忽至韝韝之下，則推韝韝而使起往返之運動也，

第三　連搖杆丁之曲拐戊也，曲拐一端固接飛輪之

軸而一端連搖桿丁搖桿又連挺桿俱爲樞軸而可旋轉因此乃成挺桿與韝韝之直線運動爲旋轉運動者也

韝韝之運動不能均勻蓋在推路之兩端必須臾停止而後起反動故韝韝惟經過汽筩中央之際其行最速愈近汽筩之上端或下端則愈遲而曲拐之運動則常屬均勻者是故曲拐向垂綫之運動甚易改變蓋惟韝韝正行至汽筩中央之際曲拐在水平之位置則其運動方向爲垂綫也而韝韝若在最上或最下點則曲拐運動之方向爲水平而曲拐之運動方向爲垂綫則其運動方向全與韝韝同曲拐之運動方向愈近水平則其運動方向愈與韝韝異而韝韝之運動當愈緩惟曲拐之旋轉不因之而遲也

曲拐運動所畫之圜徑與汽筩之高減去韝韝之厚相等故曲拐長短與韝韝推路之半相等

第四　飛輪也此輪與曲拐同軸重而且大以使汽機之轉爲均勻

設水汽之壓力均勻加於韝韝而不變化則其力加於曲拐而使旋轉決不能常均勻而自搖桿丁加於曲拐上之力可分解爲二力其方向互成直角卽與曲拐同方向之一力乃壓於軸上而歸耗失決不使曲拐旋轉而他一力則在曲拐運動所畫圜綫之切綫方向卽使曲拐旋轉之力也此二分力之大小乃無一息不變者曲拐若向垂綫則自韝韝所生之力只壓曲拐之軸而不能使之旋轉故在此位置汽機若靜止則韝韝上雖有極大抵力亦不能轉動汽機然汽機到此位置而不靜止者何也是由汽機各部有永動性故轉動尚不遽止但韝韝經過汽筩中央時則汽機之轉動自當加速韝韝若近汽筩之底或蓋時則其轉動自當減速今有飛輪則不勻之旋轉爲飛輪所節制而其飛輪愈重及徑愈大則節制之力亦愈大也

第五　汽罨也卽使汽忽入韝韝之上面又忽入韝韝之下面並使已用過之汽能透出者皆此汽罨之功用也

鍋鑪中所生之汽經汽管人先至罨匣丙中罨匣附於汽筩之側而具有三孔其兩孔與汽筩相通卽一通汽筩之上端子一通汽筩之下端丑也其中央之一孔通於汽筩外之空室寅寅汽已全用過則自此空室通過卯管而透出此三孔之前有汽罨運動其形

第二百四十圖

狀如第二百四十圖而如第二百三十九圖所示則其通汽筒之兩孔俱爲汽罨所閉汽毫不入汽筒中蓋此際鞲鞴在最下點而曲拐之力正用於死點也至鞲鞴上昇汽罨亦上昇而鞲鞴在汽筒之中央卽運動最速之際其汽罨當至最高點此時下孔全開如第二百四十一圖所示之狀汽能以全力入汽筒之下其時鞲鞴上用過之汽當自子孔（第二百三十九圖）經罨腹至空室寅寅而自卯管出也

第二百四十一圖

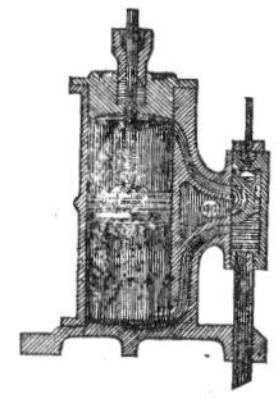

鞲鞴若漸減其速率而近汽筒之上端則汽罨再徐徐下降至鞲鞴行至最高點則汽罨復將兩孔全閉後鞲鞴再下降則汽罨亦下降至鞲鞴再至汽筒中央之際則上孔全開而汽之流入不已其時下端用過之汽則自丑孔經罨腹至空室而透出（狀如第二百四十二圖所示）

第二百四十二圖

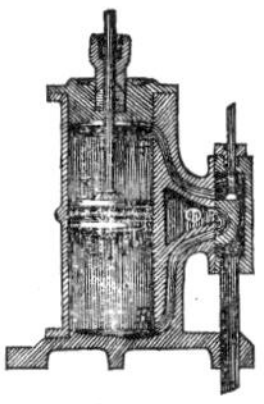

以上所言汽罨亦由汽機帶動卽兩心輪 Eccentric sheaves. 所運動也如第二百三十九圖之末乃見其側面而第二百四十三圖第二百四十四

第二百四十三圖

第二百四十四圖

第二百四十五圖

圖第二百四十五圖均視其前面之形而示汽罨在最高點與中央與最下點之形也兩心輪者乃輪形之扁圓體貫於汽機之大軸（卽飛輪軸）而其輪之心與軸之心不在一處故大軸每轉一周兩心輪之心當畫一小圓而其小圓之徑與汽罨上下運動之路相等兩心輪之外有一環圍之此環連推引杆如子推引杆之狀與汽筒之搖桿相似其下連汽罨之挺桿卽罨桿如丑而大軸之旋轉使兩心輪之心自下至上則引汽罨亦向上行又兩心輪之心自上向下則推汽罨亦向下行自易明也

鞲鞴若向上運動經過汽筒之中央時則曲拐橫臥如第二百四十三圖之狀而兩心輪之中心在最高點曲拐若向上直立則兩心輪之中心與軸之中心

同高汽鼉當正在鼉匣之中央而上下兩孔皆閉如第二百四十四圖之狀是也鞲鞴向下行經過汽筒之中央時則曲拐再横臥兩心輪之心在最下點如第二百四十五圖所示之狀汽自上孔入汽筒中毫不受阻礙

欲使汽機轉動則鍋鑪中之水沸不可稍有間斷故欲使汽機之轉動不息常須加新水於鍋鑪中使無缺少明也供此用者爲第二百三十九圖所示之吸水筒地與管天而地筒中之鞲鞴由兩心輪亥使之上下者也吸水筒之式已於上編第二百十三圖詳

解之

第六　汽制也即與飛輪同使汽機之旋轉常匀也汽機程功之時所受之抵力常忽大忽小則汽機之旋轉當忽速忽遲雖有飛輪使汽機之轉動歸於均匀然在外之抵力或所任之重減少之際汽入汽筒之多少若不改變則汽機之轉動當漸加速令欲使其加速不越定限則須於汽管中設一活塞如旋轉之則能使通汽之路或廣或狹即其活塞之孔與汽管成直綫則其路全開漸近正交則漸狹至爲正交則其通汽之路全閉而活塞之旋轉亦由汽機帶動

即汽制 Regulator. 所使之然也

大軸之旋轉自齒輪傳至立軸酉第二百三十九圖此酉軸具斜垂之二重錘戌其重錘爲二球連於二桿所成二桿之下更有二短桿支之而貫於酉軸之下端酉軸若旋轉過速則因離心力而兩球相離過遠而二短桿所連貫於酉軸之管申遂上昇而牽鐵條午亦上昇因此連繫於鐵條之活塞柄略旋轉而閉其通汽之路少許汽機之旋轉若愈速則活塞旋轉之度愈大而通汽之路愈狹

以下略論小抵力汽機小抵力汽機與大抵力汽機之

異前已言之但更有相異之處即小抵力汽機中有凝

第二百四十六圖

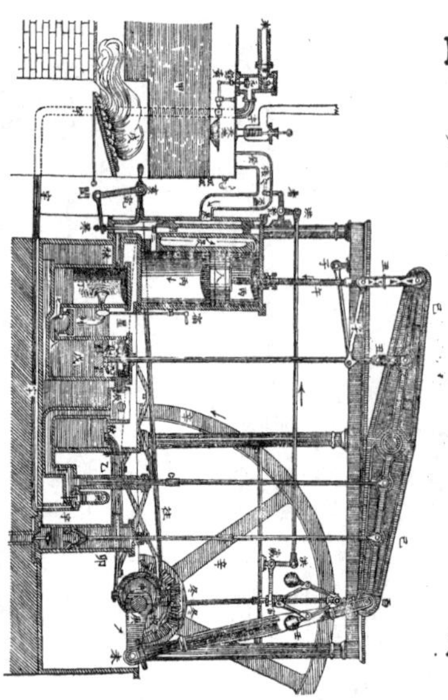

水櫃故又有凝水汽機之名

第二百四十六圖所示即凝水汽機火櫃戊中所生之熱傳於甲鍋中之水而生汽此汽通過汽管癸而至罨匣昃昃之內罨匣包圍汽罨月月汽罨之罨杆寒與曲槓杆乾相連而由大軸帶動此汽罨之上下雖俱不閉然汽罨密切於罨匣昃昃之內面毫無間隙故汽罨兩端之上下絕不與昃昃相通而出汽孔三四通凝水櫃丁當汽罨如本圖之狀時汽自昃昃經過汽筒之上孔一入汽筒丙中而使鞲鞴人下行同時鞲鞴以下用過之汽則經過汽筒之下孔二及出汽孔三四而至凝水櫃丁中又如由曲槓杆乾及罨杆寒引下汽罨月月至罨匣昃昃與孔二通連則汽入鞲鞴之下而使鞲鞴人向上行同時鞲鞴以上用過之汽則經孔一及月月上端之口過汽罨月月及出汽孔三四而入凝水櫃凡熱為百度則汽之漲力與氣壓力相等故汽過孔二而入鞲鞴下者有等空氣之壓力而鞲鞴人之上下運動由挺杆午傳於槓杆 Working beam. 巳巳及搖杆酉未遂使曲拐庚未旋轉而飛輪辛辛旋轉之力可以供諸用也凝水櫃丁由恆升車戊而成真空而丁與戊俱在冷水中其水面之高為秋秋而噴水管列有活塞星及柄宿可隨意開閉今開其活塞而鞲鞴人降下則其鞲鞴下所有之空氣當由孔二三四及列管而外出又閉其活塞而鞲鞴人上昇則因戊中之起水盤亦上昇故丁中所有之空氣當由孔七八入戊中而其空氣為稀薄及戊中之起水盤下降其空氣因七八兩孔之間所有合頁已閉不能歸入丁中故當開盤上之兩舌門九九而出恆升車如此上下數次則丁中遂為真空乃更開活塞星則因外氣之壓力令冷水流入其中既而汽筒內用過之汽亦行入此則凝而與其冷水混和遂成溫水而此溫水亦為起水盤所引出與空氣同溫水自戊出後至熱井辰中至此則一分通過圓孔而外流其一分為吸水筒乙壓入寅之空氣櫃下自此經過長管宇宇宇而至鍋鑪上之一室日元中水至此後或經管來來而流水於外或經孔餘而入鍋鑪中即鍋鑪中之水減少而水面低下則浮標地亦低下槓杆地黃之他端黃乃上昇而餘孔上之元舌門開日舌門閉故宇宇中之水過餘孔而入鍋鑪也若鍋鑪中之水已足則水面加高地亦從而上昇黃端低下是故元舌門閉餘孔而

日舌門開、宇宇中之水、遂經來來而外出矣、又圜凝水櫃之冷水、由吸水筒卯使之不絕更換、若水面過高、則自一孔流出、又汽罨月月之上下運動、亦用兩心輪、如庚爲飛輪與軸之中心、申爲兩心輪之中心、此兩心輪之外、有環套於輪上、而環連推引桿往亥、故推引桿往亥、當左右移動、而曲槓桿乾與往亥相連、閏爲此曲槓桿之倚點、故推引桿移動、能使罨桿寒及汽罨月月上下、推引桿與罨桿、若在亥分離、則乾及月月靜止、而汽機全停矣、Valve-rod. 大軸旋轉、則申點旋轉於庚之周圍、

飛輪之軸、尚俱齒輪收接有圓錐小齒輪冬冬、小齒輪之軸甚長、而直立、上有兩球壬與立軸同轉、而旋轉愈速、則兩球離開愈遠、且下之套管宙沿此立軸而上昇、亦愈高、而宙管上昇、則使曲槓桿洪藏宙之洪端推向左、因之洪洪長桿、向箭所示之方運動、而壓曲槓桿洪荒暑下之暑點、及盈點稍向下、而使汽管中所具之張舌門阻止汽之流通、於是汽機轉動漸緩、兩球俱下降、而再開張舌門、以此法節制汽機之轉動、亦與大抵力汽機同也、又鍋鑪上天有小孔、此孔有舌門向上開、而常載重物壓之、使閉、卽萍門

也、汽之漲力若過大、則頂開萍門、而自其側之管中洩出、汽機若暫時、不須旋轉、則可以柄舉起萍門、而使汽盡洩出、此萍門之外、常更設一舌門、向內而開、名曰反萍門、汽之漲力、若大減、則外氣壓力、能壓壞鍋鑪、故有反萍門、則外氣能入鍋鑪中、而此弊可免也、又圖之丑丑乃使汽筒之挺桿、及恆升車之挺桿、常爲直行者、故名曰平行動桿、此平行動桿、卽使諸桿互連、成四角形丑丑、如本圖所示、蓋槓桿低下、則推挺桿上之短桿向左、而挺桿午之上端、亦易推向左、今有平行動桿、一端連於挺桿之上、一端定於子、

則槓桿推午向左之際、子桿推午向右、故使挺桿午常行直綫也、鍋鑪前面具二活塞、開其上者、則使汽出、開其下者、則使水出、爲察水面高低之用、此兩活塞之上面、設縮表漲力表、以知鍋鑪中所有汽之漲力、又此漲力表之側、概設曲玻璃管、通連鍋鑪之上下、可以自外知水面之高低也、

三汽車　汽車 Locomotive. 乃大抵力汽機、而其汽筒常爲橫臥者、是也、

第二百四十七圖所示卽汽車、汽車之大半、爲圓柱形橫臥之鍋鑪所占、鍋鑪中所生之汽、自汽櫃乙經

第二百四十七圖

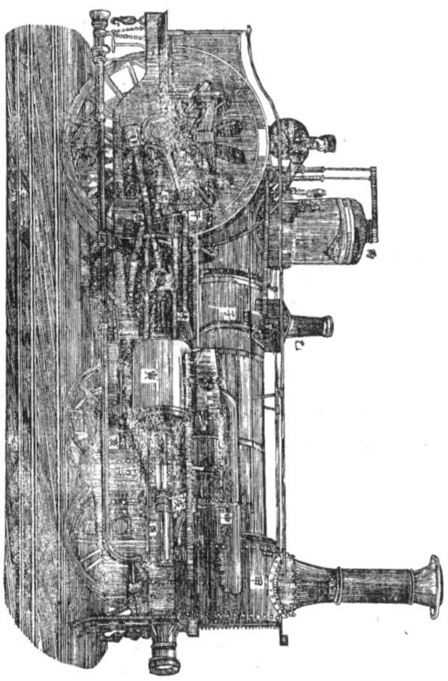

汽管子至鍋鑪兩旁之罨匣丑罨匣之底稍斜置汽罨見上使汽進汽筒之此端或彼端是故汽筒中之韛韛能左右運動而傳之於曲拐上與尋常汽機無異但其與尋常汽機所異唯汽筒爲橫卧故韛韛及挺桿俱係左右運動寅汽筒左蓋外之挺桿與搖桿及曲拐視本圖自易明此曲拐之軸與行輪 Driver Wheel. 之旋轉軸爲一此行輪之旋轉所以使全汽車前進之機也

汽罨之運動亦如尋常大抵力汽機爲兩心輪所帶動而本圖所示有二箇兩心輪內外並列而二輪旋轉之路適差一百八十度故此一輪之心向左正彼一輪之心向右今如本圖所示則在外之兩心輪其心在最左點在內者其心在最右點而外輪之環所連之桿接橫桿卯辰之卯內輪之環所連之桿接橫桿卯辰之辰而巳點爲橫桿卯辰之倚點也是故汽機轉動之際橫桿卯辰之辰行至最右點時則其卯當行至最左點如本圖所示及曲拐軸行過半周之時則卯當至最右點辰當至最左點而橫桿卯辰之上連推引桿午未之午推引桿之未連罨桿故如本圖所示之際卯在最左點而午接於卯故推引桿及

物理學中編四

汽罨均在最左點而汽自右面入汽筒中故韛韛向左而行曲拐與行輪旋轉之方向恰如時辰表中之指針則汽車爲前進也若欲後退則別有一小橫桿用以壓下推引桿之午端使移至橫桿卯辰之辰端而使汽罨由在內之兩心輪運動則曲拐即反行而車後退矣寅汽筒中左右運動之韛韛其右面亦有一挺桿此桿通過汽筒之底而連繫一黃銅圓柱即酉吸水筒之韛韛也此吸水筒通亥管而自煤水車 Tender. 吸取水通過短管戌而壓入鍋鑪中以補沸散減少之水也又用過之汽通過第二百四十八

第二百四十八圖

圖所示之巳管而自煙囱中透出此圖示汽車鍋鑪之直剖面甲為火櫃周圍以水圍之丙為火門自此加入煤炭平時以戶閉之甲火櫃中之熱氣經鍋鑪中所有黃銅細管（卽煙管）到煙櫃乙而自此在煙囱中透出煙櫃乙兩旁之管巳在中央有一孔汽巳用過則自此孔透出煙囱中其勢甚急故能助煙櫃乙中所有之空氣上昇而

火櫃甲中熱氣之流動因之亦速遂使火櫃中之焚燒更盛與在煙櫃上設極高煙囱相同

鍋鑪中發生之汽先聚於圓櫃丁中自此經閥管至小櫃戊中後自其兩旁通過汽管而入於汽筒其汽筒之孔亦可由汽罨使之開閉司機者可由前圖所示之小槓桿閉之以阻汽入汽筒故易使車停也

四程工數　凡汽機之程工數以鞲鞴上所受壓力與一秒時內之動路相乘則得之

卽汽之壓力與鞲鞴兩面所受壓力之差相等例如鞲鞴上之壓力為二倍氣壓力而通凝水櫃之反對

壓力為半氣壓力則實際程功之壓力為一倍半氣壓力也（大抵力汽機其反對壓力為空氣壓力故減一等氣壓力可矣）等氣壓力之際鞲鞴面一平方生的邁當上之壓力為一啟羅格故一倍半氣壓力之際為一·五啟羅格今鞲鞴面若為一平方得夕邁當則當受一百五十啟羅格之壓力若鞲鞴之推路為一邁當一分時上下八十次則其程工數為二萬四千邁啟格（卽一六○邁乘一五○啟格得二四○○○邁啟格）其中百分之二十五因摩阻力等消失故其程工數每一分時為一萬八千邁啟格卽每秒時為三百邁啟格而一馬力為七十五邁啟格故此汽機之

程工數等於四馬力也

第四章　熱之第三功用卽物體之熱度

第一節　容熱

一定義　取二同類同重同熱之物體加之以同熱量則其熱上昇至同度而在異類物體則不然取二異類同重同熱之物體加以同熱量則其熱度之上昇不同而取二異類同重之物體欲使其熱上昇至同度則所需之熱量各異例如取鐵與水一啟羅格使其熱各加一度鐵所需之熱量較水九分之一而已凡使一啟羅格之物體加熱一度所需之卡路利數名曰物體之容熱又曰受熱能力

除輕氣外，水之容熱最大，

實驗

一　取二玻璃器，盛同熱度之水，各若干，（例如各一啟格）置於沸水或熱油中，則少頃後兩器中所有水之熱度增加相等

二　取一器盛水一啟格，又取一器盛水銀一啟格，熱度相等，（例如俱為零度）而置之於沸水或熱油中，視其熱度上昇，則見水之熱度上昇為一度，二度，或三度，同時水銀之熱度上昇為三十度，六十度，或九十度，

說明　使水一啟格，加熱一度，須熱量一卡路利，加熱二度或三度，需二或三卡路利，而水銀一啟格，在同時內，必受同熱量，而上昇之度，卻不同，然則一卡路利之熱量，在水銀中，能使其熱上昇三十度也，故使水銀一啟格之熱上昇一度，僅需熱量三十分卡路利之一也，即水銀之容熱較水為三十分之一也，故實驗之際，水銀一啟格之熱度，在水一啟格增熱三十分度之一之際，已能上昇一度，

例　水之容熱定為一，則冰之容熱為二分之一，地土之容熱為四分之一，玻璃之容熱為五分之一，鋅及銅之容熱為十分之一，鐵之容熱為九分之一，錫及銀之容熱為二十分之一，鉛金鉑水銀之容熱為三十分之一也，

二混和物之熱度及其算式　以同重同類不等熱度之二物體相混，則得二熱度之和折半之熱度，即低熱度之物體所加熱度，與高熱度之物體所減熱度正相等，以同重異類不等熱度之二物體相混，則其熱度亦合為一，但其混和物之熱度，非兩物體原有熱度之和折半之數也，

實驗

一　三十度之水一啟格，與七十度之水一啟格相混，則得五十度之水二啟格，即冷水之熱加二十度熱水之熱減二十度也，故三十度之水一啟格，與七十度之水一啟格相混，則有熱量一〇〇（三〇加七〇，得一〇〇，）卡路利，而混和水一啟格有熱量五〇（二除一〇〇，得五〇，）卡路利，即混和水之熱度為五十度也

二　以二十度之水六啟格，與六十度之水四啟格，相混則混和水之熱度為

$$\frac{二〇\times六+六〇\times四}{六+四}=\frac{一二〇+二四〇}{一〇}=\frac{三六〇}{一〇}=三六$$

故（呷）度之水（叱）啟格，則當含熱量（呷×叱）卡路利，而（呷）度

之水$𠮙$啟格則當含熱量$呷𠮙$卡路利今相混則當含熱量$呷𠮙丄呷𠮙$卡路利混和後之熱度命為$甲$則為$𠮙丄𠮙$啟格之水含熱量$(𠮙丄𠮙)甲$卡路利而得$(𠮙丄𠮙)甲=呷𠮙丄呷𠮙$之方程式故$甲=\frac{𠮙丄𠮙}{𠮙呷丄𠮙呷}$卽此

而利鉠門 Richmann. 推算法

三 以二十度之水一啟格與四十度之鐵屑一啟格相混則得二十二度之混和熱度卽水一啟格加熱二度鐵屑一啟格減熱十八度由是觀之水自鐵屑受熱量二卡路利其際鐵之熱度減十八度也又以四十度之水一啟格與二十度之鐵屑一啟格相混則得三十八度之混和熱度然則水僅失熱量二卡路利鐵屑受之而加熱十八度也故使鐵屑之熱加一度只須$\frac{十八}{二}$卽$\frac{九}{一}$卡路利故鐵之容熱為九分之一也

推算混和熱度之法 如左

第一法 水一啟格含熱量二十卡路利鐵屑一啟格含熱量$\frac{九}{四〇}$卡路利故未混和之前兩者共含熱量$二〇丄\frac{九}{四〇}$卡路利今命混和熱度為$甲$則混和之後其混和物共含熱量$(一丄\frac{九}{一})甲$卡路利鐵屑一啟格所含熱量與水九分啟格之一所含熱量相等故鐵之熱量為九分之一而得

$$(一丄\tfrac{九}{一})甲=二〇丄\tfrac{九}{四〇}$$

故

$$甲=\frac{(一丄\frac{九}{一})}{(二〇丄\frac{九}{四〇})}=\frac{(\frac{九}{一〇})}{(\frac{九}{二二〇})}=\frac{一〇}{二二〇}=二二度$$

也

第二法 四十度之水一啟格與二十度之鐵屑一啟格未混和之前兩者含熱量$四〇丄\frac{九}{二〇}$卡路利今命混和熱度為$甲$則混和之後其混和物含熱量$(一丄\frac{九}{一})甲$卡路利故得

$$(一丄\tfrac{九}{一})甲=四〇丄\tfrac{九}{二〇}$$

故

$$甲=\frac{(一丄\frac{九}{一})}{(四〇丄\frac{九}{二〇})}=\frac{(\frac{九}{一〇})}{(\frac{九}{三八〇})}=\frac{一〇}{三八〇}=三八度$$

也

故以$容$為第一物質之容熱$容$為第二物質之容熱$𠮙$與$𠮙$為其重$呷$與$呷$為其熱度則混和熱度$甲$如下式

$$甲=\frac{𠮙容丄𠮙容}{𠮙呷容丄𠮙呷容}$$

三測定定流二質之容熱法 分說如左三項

第一 一千八百四十年列尼脫 Regnault. 所設之混和法也卽有物體欲知其容熱先精測其重後熱之至某熱度又別測水之若干重與熱度以其物體投水中而算其體與水重之比更由水熱之增減算得其

物體之容熱。

實驗　參看二之三項。

公式如次。卽(呷)度之水(𠮙)啓格。則當含熱量 𠮙呷 卡路利。而(容)容熱(呷)熱度之物質(𠮙)啓格。則當含熱量 𠮙呷容 卡路利。而混和之後。混和熱度爲(甲)。則當含熱量 甲(𠮙丄𠮙容) 卡路利。兩者所含卡路利數之和。在混合之前後必相等。故得

$(𠮙丄𠮙容)甲=𠮙呷丄𠮙呷容$

故

$容=\frac{𠮙(甲丅呷)}{𠮙(呷丅甲)}$

或

$容=\frac{𠮙(呷丅甲)}{𠮙(甲丅呷)}$

第二　鎔冰法也。一千七百八十九年。辣伏雪 Lavoisier 辣布辣斯 Laplace 兩人之所創。一千八百七十年。本生 Bunsen. 所改良。卽先知若干重之物體之熱度。而測其可鎔之冰若干。其法。穿孔於冰上。其中置熱體。更以冰片速蓋其孔口。第二百四十九圖。待物體冷至零度。乃秤其所鎔化之冰。由鎔冰之多少。及冰之隱熱。算得物體所放之熱量。

第二百四十九圖

實驗　因四十度之鐵九啓格。能鎔冰半啓格。而得鐵之容熱爲$\frac{一}{九}$。卽因鐵九啓格冷下四十度。而所生之熱爲四十卡路利。故知其一啓格冷四十度。則放熱$\frac{四〇}{九}$卡路利。而冷下一度。則生$\frac{一}{九}$卡路利之熱。是故鐵之容熱爲九分之一也。

故(容)容熱(呷)熱度之物質(𠮙)啓格。當含熱量 𠮙呷容 卡路利。而鎔化冰(𠮙)啓格。當須熱 八〇𠮙 卡路利。此兩者互相等。則得

$𠮙呷容=八〇𠮙$

故

$容=\frac{𠮙呷}{八〇𠮙}$

第三　使冷法也。卽欲求物體之容熱。則納之於一小瓶中。抽去其空氣。而令其冷。由同重之物體。冷至同度所須之時刻之不同。以定容熱。蓋物體所散出之熱量。必與時候爲正比例也。

有二物體。其容熱爲(容)及(容)。其重爲(𠮙)及(𠮙)啓格。經(呐)及(呐)秒時。而同冷至某度。則前者冷而失 𠮙呷容 卡路利之熱。後者冷而失 𠮙呷容 卡路利之熱。今所散出之熱量與時候爲比例。故得

$\frac{𠮙呷容}{𠮙呷容}=\frac{呐}{呐}$

故

$容=\frac{𠮙呐}{𠮙容呐}$

四　水之容熱最大。於氣候大有關係。當參考下編氣候學氣候之條。

第五章　熱之傳達

第一節　傳熱

一定義　熱傳者。謂二物體相切。熱自此一物體移於彼一物體。及熱在一物體。而分布於其內也。

釋明　物體一處若較他處熱則自熱處分其熱於隣接之處蓋熱爲質點之運動故傳其運動於鄰接之處也

實驗　如左

一　手執方燃之木片或紙至其火近指尚可持之而不燙手

二　針及金類線則不然一端受熱彼端手不能持

二易傳熱體及難傳熱體　物體傳熱之能力各不同某物體受熱易分布於其內及鄰接之物體則曰易傳體不然而其分布甚緩則曰難傳體

例　定質中金類最易傳熱而其中銀與銅尤易鑛物中如土石傳熱之力甚小炭木柴綿羽毛綢亦然流質亦俱難傳熱氣質之傳熱力最小棉羽毛柴等輕疏之物所以難傳熱者亦因其含有氣質故也

今以銀之傳熱力定爲一百則如左表

銀	一〇〇	銅	七四	金	五三	黃銅	二三
鋅	一九	錫	一五	鐵	一二	鉛	九
鉑	八	汞	一·五	水	〇·一		

實驗及觀察

一　參看一下之實驗一二

二　用因近好司 ingenhause. 之器實驗之如第二百五十圖所示先以金類板製長方箱以欲比較傳熱力之物質造短桿（其徑俱相同）塗蠟而連於其箱之側如本圖所示次以沸水或沸油盛於箱中則其熱稍移於短桿使其蠟鎔今假定第一桿爲銅第二鐵第三鉛第四玻璃第五木則第一桿銅上所塗之蠟至末全鎔之際其他桿所塗之蠟俱尚未鎔盡然則五物中銅最傳熱也鐵桿所塗之蠟比鉛桿先鎔銅桿所塗之蠟鎔盡之際玻璃桿所塗之蠟僅漸鎔至木桿所塗之蠟則尚絕未鎔也

第二百五十圖

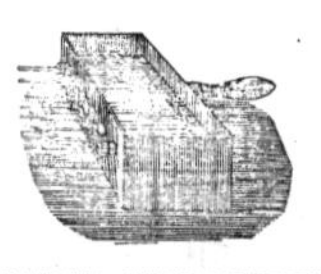

三　如第二百五十一圖所示以金類板製方箱其一壁開孔而以輭木塞之塞中插一寒暑表後置水於其中至寒暑表之球距水面約二密里邁當今在其水面置熱油或酒醕而燃火則非歷時甚久寒暑表不上昇此以見水之不易傳熱也

第二百五十一圖

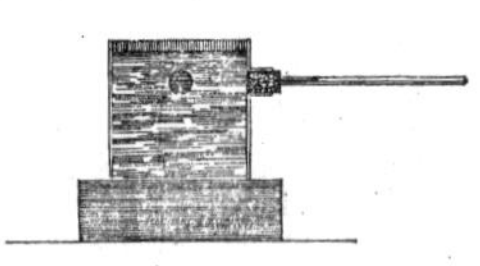

又如第二百五十二圖所示試筒中置冷水取冰一片上繞金類絲以增其重使之沈於水底而夾其筒於活夾丑寅之間以子螺旋定之於某

第二百五十二圖

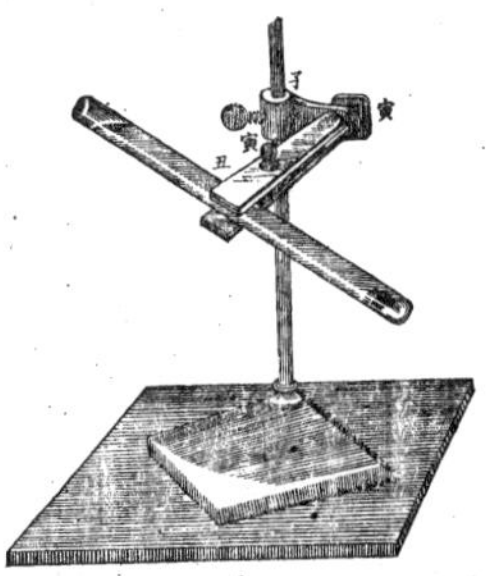

高以寅螺旋使試筒稍欹斜然後用酒燈使試筒上半之水沸而其底所有之冰尚不見鎔

辨別　易傳體在高熱度較難傳體似熱在低熱度則似冷蓋在高熱度速分熱於人體故覺熱在低熱度速奪人體之熱故覺冷也

物體傳熱力不等之實用

第一易傳熱體用以使熱急速分布例如鍋鑊鐵製煖室爐用汽煖室之鐵管等是也

第二難傳熱體用以阻物體之熱使不易布開

一　火匙之木柄

二　人在冬日以毛絨等難傳熱體包裹身體

三　冬日以柴覆草木防其凍死

四　夏日之冰室中防熱侵入以柴或鋸屑包蓋之

五　防火箱（即鐵甲萬）二重鐵壁之間以灰充之

第二節　熱之對流

一定義　物體各分之熱度異則已受熱者離熱源而較冷者來代之由是交換其熱名曰熱之對流 Convection of the heat. 其現象唯於流質及氣質見之

實驗及觀察

一　水中混鋸屑或炭末而置於玻璃瓶中置之火上則由定質之運動見流質在中央向上流在側向下流如第二百五十三圖所示

第二百五十三圖

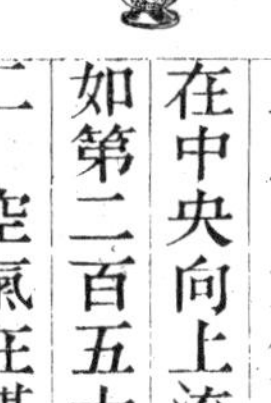

二　空氣在煤油燈或煙囱中受熱則向上流（前漲大致用節有數例）

說明　流質或空氣已受熱則增其體積而較輕故向上昇其冷者較重故向下降所以有此現象也

二致用　煖爐等煖室器皆熱對流之致用也

第三節　熱之散射

一定義　熱之散射 Radiation of the heat. 謂熱不傳於其間所有之處而自一物體射至他物體也故熱之射散猶光之傳播俱以脫之橫震動也所異者以脫浪之震動數熱較光小是也

實驗及觀察

一　甚熾之炭火近顏面則覺大熱如刺然置扇於其間或面向他處則其熱當立消失是空氣並不熱而熱自炭火射至顏面之證也

二　太陽距地球數百萬里能分其熱至地而其熱非空氣所傳也

說明　物體中皆含以脫且其外亦爲以脫所包圍而物體之熱由於質點運動而以脫亦震動此以脫之震動傳布極速故其震動傳至某物體中或只起以脫浪而不熱其物體則其熱爲透過或在物體中而使其質點起震動卽爲熱其物體

二暗熱線之直線前射及回射　熱不但自發光體散射亦自暗體散射故明熱線外有暗熱線此暗熱線速率極大沿直線而射向四方與光線同而熱線射至某物體上

則必一分被吸收一分透過一分回射其回射之際從回光定律原射角與回射角相等

實驗

一　炭火與顏面之間置紙則可遮顏面使不受熱熱線之沿直線前射自明也

二　取金類製凹回光鏡二箇隔二三邁當相對而立使其軸在一直線上而其聚光點在同高如第二百五十四圖所示今在其一聚光點子置熾熱之鐵球或熾炭火則熱線自熱源射至鏡面上回射而成並行線至他鏡更回射而聚於其聚光點丑在丑點置火絨燐等易燃之物體則能發火又在此置寒暑

第二百五十四圖

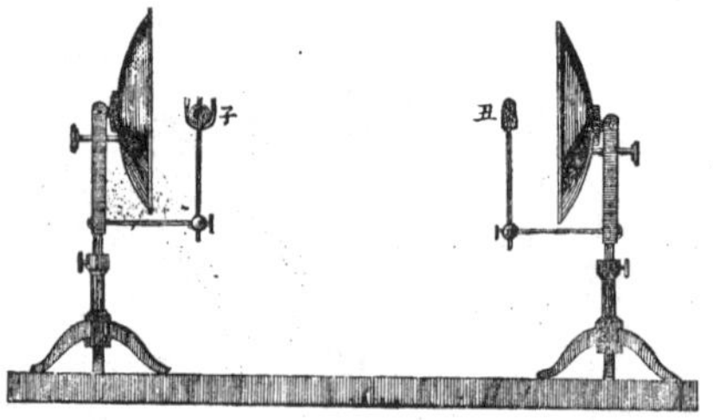

表則水銀上昇甚速至二鏡間之他處則無之行此實驗用第二百二圖所示之示差寒暑表最便利也

三散熱力　物體散熱之力從其熱度而增在同熱度則關於其面之密率暗黑而粗糙之面較明亮而平滑之面散熱爲多卽煙炱散熱最多

而平滑磨光之金類面散熱最少

實驗及觀察

一　以黃銅製正方空箱其第一側面平滑第二側面粗糙第三側面蓋玻璃板第四側面塗煙炱中盛熱水而置寒暑表於各面與箱之相距俱等則能證上文定律今以熱電堆及量電表之（詳見下編流動電學）相連合者代寒暑表則在

第二百五十五圖

低熱度亦可證明之，卽第二百五十五圖所示是也。甲爲正方空箱，乙爲量電表，子丑爲包熱電堆之金類筒，未申爲熱電堆之兩極，寅及卯俱銅絲，通連熱電堆之兩極與量電表。第二百五十六圖所示者，卽熱電堆，其制須參看下編。

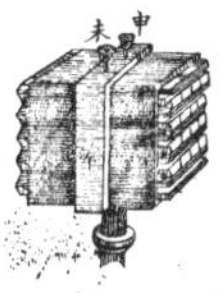

第二百五十六圖

二　用黃銅製兩箱，大小相同，一箱外面以煙炱塗黑，一箱外面磨光，俱置熱水而以綫懸之，則見黑箱中所插之寒暑表熱度較插彼箱中者降下爲速。

三　晴朗之夜，地土易冷而易生霜露，因散熱多故也。陰天無霜露者，以雲能阻熱故也。

四吸熱力　物體吸熱之力亦關於其面之狀，卽其面爲暗黑及粗糙較明亮及平滑者吸熱之力大，是故物體散熱力愈大，則其吸熱力亦愈大也。

實驗及觀察

一　取示差寒暑表，以煙炱塗黑其一球，於日光中曝之，則見其黑球所有之流質下降最著。

二　取兩粗試筒，以輭木塞其口，塞中插立玻璃管，狀與寒暑表相似，一以煙炱塗黑，一包錫箔，在距暗熱源相等之處置之，如第二百五十七圖，則黑者之熱度較黏錫箔者上昇頗速。然如兩者爲同熱度而使離熱源，則黑者之熱度較黏錫箔者下降亦速。

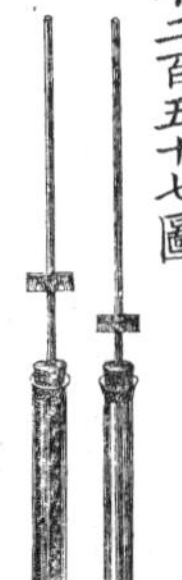
第二百五十七圖

三　人在夏日好服白衣。

四　雪上撒灰，則逢日光較他處易鎔。

射熱輪　一千八百七十四年英人克路克司 Crookes 據暗黑面較白亮面吸熱多之理，製射熱輪 Radiometer，亦曰量光力器，其形如第二百五十八圖所示，卽一卵形玻璃球，其中有鋁絲作十字形，而甚輕，此十字形鋁絲貫於一軸，軸之兩端爲尖針，使其易於旋轉，而鋁絲之各端有小雲母片，其小片一面暗黑，一面光亮，而玻璃球中之空氣爲甚薄者，今使此器遇暗熱或明熱，則十字形旋轉而向光亮面前進，蓋空氣質點在暗黑面受熱多而漲力大，在彼端之光亮面受熱少而漲力小，故起旋轉也。

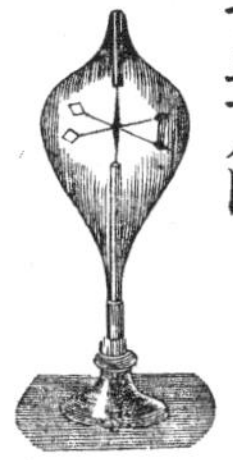
第二百五十八圖

五熱線之透過及折　物體使光透過與否，則區別爲透光體、不透光體。在熱亦有此類之現象，卽某物體能使熱

線透過某物體不能使熱線透過而吸收之故有透熱體不透熱體之名

例 物體之遇光線與遇熱線不同例如玻璃石膏白礬冰及水雖透光而能使明熱線透過然暗熱線不能使透過而吸收之又如石鹽及乾空氣光熱俱能透過如黑玻璃黑雲母雖不透光然暗熱透過頗多熱線若自一物體移他物體時其折行與光同

實驗及觀察

一 右所述用第二百五十九圖所示之熱電堆與量電表證明甚易如左

第二百五十九圖

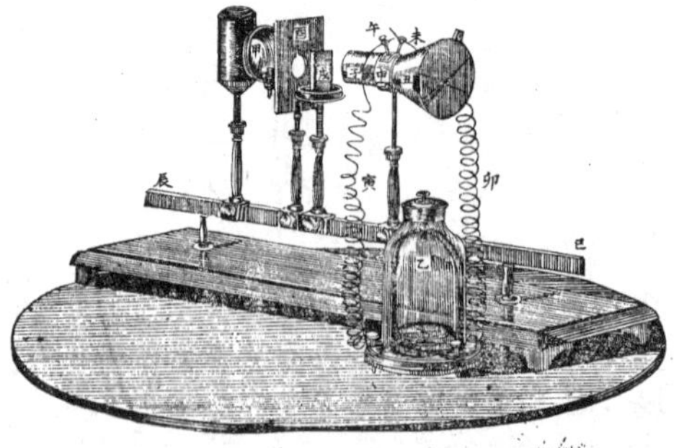

用小油燈或用黃銅製之方箱中置熱水第一面塗煙炱令易散熱而為熱源其位置須使熱線通過酉板之圓孔而後射至熱電堆則其力能使磁針偏三十度今將物體之薄片定於戌以受酉板孔中射來之熱綫隨其物質之異磁針之偏度各不同由是觀之則各種物體所製同厚且同形之板透過之熱線不等自明也例如磁針直受自熱源所散射之熱線則磁針偏三十度然在戌置厚三至四密里邁當之石鹽片則其偏度減為二十八度又置同厚之水晶片則減為十五至十六度然則石鹽之使熱綫透過遠勝水晶也有數種不全透光之物體其透熱較全透光之物體多例如全透光之白礬片使磁針偏三度至四度然煙色之黃玉石雖較白礬片厚而使磁針偏十四度至十五度且如黑色雲母為全不透光之物體亦能使熱線透過也若使熱線透過玻璃片後射至白礬片上則其熱線全被吸收然使熱線先透過檸檬酸片則能全透過白礬片此現象與透過有色物體之光線酷似即透過綠色玻璃之光線易再透過他綠色玻璃而其光線若射至紅色玻璃板上則全被吸收也由是觀之熱線有別無異光線中有各色之別也

又欲確證熱線之折行則在戌置三稜石鹽便見之

二 玻璃窗最能使日光之明線射入室內而能防暖室爐之暗熱線外出

三 空氣在高山上不關有日光與否俱為寒冷是

因其爲透熱體故也

四　日光透玻璃屋背入暖室內暖植物之後變爲暗熱不能透過玻璃故得留煖氣於室內

上海曹永清繪圖

吳縣王季點校字

物理學中編附圖

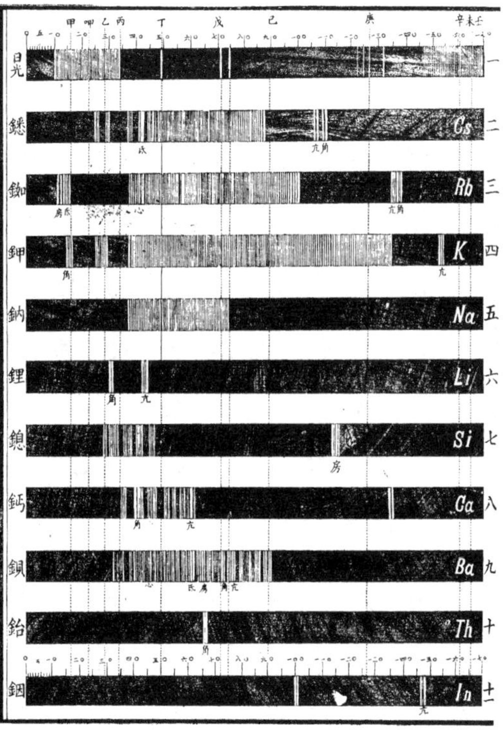

物理學下篇

歲在癸卯之夏
江南製造局刊

物理學下編目錄

物理學下編卷一　磁性學

日本飯盛挺造編纂　日本藤田豐八譯
丹波敬三　柴田承桂　校補　長洲王季烈重編

第一節　磁性之定義及其種類

一定義　某質之鐵能引他鐵使之附接於己，又此鐵如能旋轉無阻，則其所向必一定，具此特異之性者，名曰磁鐵，西名摩格乃脫 Magnet. 名此性質曰磁性，Magnetism.

磁鐵之有吸鐵性，古代希臘人已知之，其名摩格乃脫者，因在小亞細亞之摩格乃西亞 Magnesia. 地方尋獲磁鐵鑛，故有是名也。

二種類　磁鐵即鐵三養四為各處鐵鑛中所產，自然具吸鐵性，故名曰天然磁鐵 Natural magnet. 而由人工使鐵具此特性，則其鐵名曰人工磁鐵 Artificial magnet. 人工磁鐵因其形狀不同而別為磁鐵針、磁鐵條及馬掌磁鐵三種。

第二節　磁鐵之吸引力及指向力

一磁鐵吸引力之性質　分說如左五項。

第一　磁鐵與鐵所有吸引力，乃互引之力也。

實驗

一取鐵一片或鐵絲一條以綫懸垂之使能旋轉無阻以磁鐵近之則其鐵忽被吸引

二以絲懸垂磁鐵以鐵近之則其被吸引亦同前

第二　磁鐵之吸引不獨與鐵相切之時有之空氣既不能阻隔卽紙或木板玻璃板等磁鐵之力亦能透過之但隔鐵則不能引

實驗

一如前條之一實驗其能旋轉之鐵片必向其所近之磁鐵而行反之亦然

二於紙上或玻璃板上或木板上置鐵屑或縫針而於其下移動磁鐵則鐵隨磁鐵而動

第三　磁鐵之吸引力非於一磁鐵之各處俱同也常例於其兩端最大漸近中央則漸弱至中央則全無如此毫無吸引力之處名曰中帶 Indifferent zone. 其吸引力最强之處名曰極 Poles. 連繫兩極之直線名曰磁鐵之軸 Axis of the magnet.

實驗

一取磁鐵條沒入鐵屑中而取出之則鐵屑之附於兩極者最多漸近中央子丑則漸少如第一圖

以第一圖觀之則取磁鐵一段自中央截斷之人必疑其各段已非完全之磁鐵只於其一端引鐵而他端不引矣然實驗之則不然各段皆有兩極與中帶仍屬完全之磁鐵也更逐段截之亦無不然如第二圖理詳第六節

第一圖

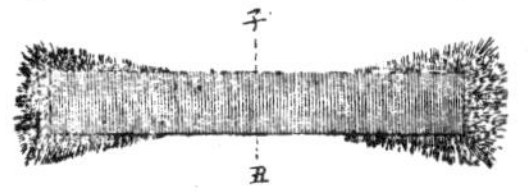

第二圖

二以絲繫小鐵丸使磁鐵近之而逐次以磁鐵條上之各處向鐵丸惟移動之際宜使二者之相距約三生的邁當毫無變異則見丸對兩極被引最强

第四　小力之磁鐵僅能引鐵質而大力者則鎳鈷亦能吸引但不及吸鐵力之大至力最大之磁鐵則鉻錳鉑鈣弗石木炭亦俱能吸引如此磁鐵能引之物質名曰親磁性體 Paramagnetic bodies. 否則如鉍銻鋅金銀銅錫玻璃木水等最大力之磁鐵不但不能引之且為兩極所推拒如此之物體名曰反磁性體 Diamagnetic bodies.

實驗

取某物體製小杆懸之於細絲而以大力馬掌磁鐵之兩極間移向小杆此杆若為親磁性體則其杆止於軸綫卽連兩極之直綫上倘為反磁性體則杆之停止與

第三圖

第四圖

軸綫成正交但實驗之際因有空氣流動不無小誤故須如第三圖以小杆懸於玻璃箱內且如第四圖取軟鐵片置於馬掌磁鐵之兩極上而後以小杆移向其間則可無誤因此而親磁性體又名直吸鐵質反磁性體又名橫吸鐵質

第五　磁鐵之吸引力於相距之自乘爲反比例如命相距爲一所有之吸引力爲(力)則於相距爲(未)所有之吸引力命爲(亥)當得 $亥=\frac{未^{2}}{力}$ 即 $力=未^{2}\cdot亥$

解明及實驗上之確証　茲有磁鐵與某物體例如鐵鎳鈷或錳錛等質在相距若干處則以某力或推或吸宜參觀次節今其相距增爲二倍則其推吸之力即亥減爲四分之一相距增三倍則減爲九分之一相距增四倍則減爲十六分之一又其相距減爲半則其推吸之力即亥增至四倍相距爲三分之一則增至九倍相距爲四分之一則增至十六倍

就第三節之一所述磁鐵之性質試實用之則磁鐵力與相距之關係如何可實驗以確証其定律焉今分說如左三項

一由擺動法即克勒姆Coulomb法蓋凡力使懸擺擺動其力之強弱與擺動數之自乘爲比例克勒姆因此理而如第五圖取一小磁鍼繫以蠶絲而垂之使於水平面先獨自擺動與他磁鐵毫無涉則其一分時內擺動數爲若干次可代以(卯一)今若於距懸擺中央點一得夕邁當之處置磁鐵條卯坤與磁針異極相對此磁鐵長約一邁當有餘而更使懸擺擺動則同時內之擺動數可代以(卯二)則(卯一)者唯由地球之磁性所成(卯二)者於(卯一)內加磁鐵條之力所成也今以(力一)代地球磁性之力以(力二)代二者之合力則其比爲 $\frac{卯_一^2}{卯_二^2}=\frac{力_一}{力_二}$ 更使其相距爲二得夕邁當而後使之擺動則同時內擺動數可命爲(卯三)今以(力三)代其合力則得 $\frac{卯_一^2}{卯_三^2}=\frac{力_一}{力_三}$ 是故磁鐵棹在一與二之相距其力之比乃爲(力二−力一)與(力三−力一)也今以一分時內之(卯一)爲一五(卯二)爲四一(卯三)爲二四則得

$$\frac{力_三}{力_二}=\frac{二四^2-一五^2}{四一^2-一五^2}=\frac{三五一}{一四五六}$$

第五圖

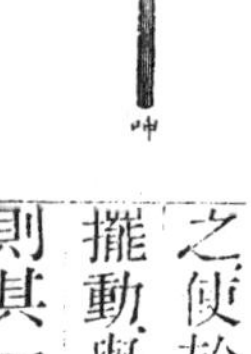

精算之約爲四與一故在一與二之相距其磁鐵之力與其自乘一之與四爲反比例益自明也

二由磁鐵鍼偏倚法卽如第六圖取一木桿長十四至二十得夕邁當中鑿凹溝面上劃度數而其位置使與磁鐵之子午線詳第八節磁鐵偏倚條下成正交乃於其中央置小羅針詳第八節磁鐵偏倚條下則其鍼恰指盤上所劃之零度今於其側卽木桿之凹溝中置一細長之磁鐵條子丑向此磁針則磁鍼當由子午線偏倚此磁

第六圖

鐵條子丑之長如在一邁當以上則其丑極之功用當已絶不達於鍼上故此偏倚可作爲單由磁鐵條之子極所生也今以戌代磁鍼之偏度而以亥代子極所現之推引力則亥等於戌之正切其式爲

亥＝正切戌

其所以等於正切者參考後編流動電學正切測電表節下自明

今更舉其例如取一磁鐵條長一邁當厚一·五密里邁當以試驗之其偏度戌若爲二度或四度與八度而在各度時其磁鍼中央至子極之相距命爲未當如左表

偏度卽戌	正切卽推引力亥	相距卽未	亥未相乘
二度	○·○三四九	三·一二得邁	○·三三九
四度	○·○六九九	二·二一得邁	○·三四一
八度	○·一四○五	一·五四得邁	○·三三二

就此表觀之則各度所有亥與未之相乘俱屬相近故磁鐵之推引力與相距之自乘爲反比例固自明也

三威衰 Weber. 所設之法非由磁鐵單極之功用而就相距甚遠之磁鐵測其兩極全功用以確証上文定律卽磁鐵之單極功用旣與相距之自乘爲反比例則比相距短之磁鐵條所有兩極之全功用必於相距之三乘爲反比例也今如第七圖取磁鐵條卯申其長爲一得夕邁當其中點距小磁鍼啣呻之中點爲一○得夕邁當而啣呻小磁鍼甚短申呻之長與自申至小磁針中點之相距所差甚微則申呻之相距可作爲九·五得夕邁當而卯呻之相距可作爲一○·五得夕邁當也故在相距一得夕邁當所有申極與呻極相推之力今定爲一而兩極功用若於相距之自乘爲反比例則在申呻所有

第七圖

之推力當爲$\frac{九五^{二}}{一}=\frac{九〇二五}{一}$而此際卯極與呻極所有吸力當爲$\frac{一〇五^{二}}{一}=\frac{一一〇二五}{一}$故磁鐵條卯申施於呻上之全功用當爲$\frac{九〇二五}{一}\top\frac{一一〇二五}{一}=\frac{九九五〇}{二〇}$

今若使磁鐵條卯申距鍼卯呻二倍於前卽申呻相距一九·五得夕邁當卯呻相距二〇·五得夕邁當則

卯申施於呻極上之全功用必爲$\frac{一九五^{二}}{一}\top\frac{二〇五^{二}}{一}=\frac{三八〇二五}{一}\top\frac{四二〇二五}{一}=\frac{一五九八〇〇}{四〇}$是故磁鐵條之中點與磁針之相距自一〇得夕邁當移至二〇得夕邁當則其所減之功用必爲$\frac{九九五〇}{二〇}$與$\frac{一五九八〇〇}{四〇}$之比卽爲八與一之比其比例式爲$\frac{九九五〇}{二〇}:\frac{一五九八〇〇}{四〇}::一五九八:一九九$卽八與一也然則磁鐵條之全功用距磁針二倍則減八倍卽與二之三乘爲反比例自明也

凡磁鐵條之全功用必於距磁鍼之三乘方爲反比例如右所示今於相距爲一所有磁鐵條之全功用以天代之於相距爲未所有之功用以地代之則得

第八圖

$地=\frac{未^{三}}{天}$ 或 $天=地未^{三}$

如此故在一磁鐵條其地未相乘之數決不變但未較磁鐵條之長須爲極大此定例用第八圖所示之器易實驗之此器畧如第六圖唯彼用長磁鐵條而此用一短條如卯申爲相異耳今如所用短磁鐵條之長爲一得夕邁當厚與闊俱一生的邁當則所得之積如左表

相距(即未)	偏度	正切(即推引力之全功用地)(地未相乘)
六得邁	二·一度	○·○三六七七·九三
五	三·八	○·○六六四八·○五
四	七·二	○·一二六三八·○八

由是觀之在距磁針極遠之磁鐵條其全功用必與相距之三乘爲反比例自明也

二磁鐵指向力之性質　分說如左四項

第一　旋轉無阻之磁鐵其一極常指北而一極常向南故名曰北極與南極

欲使磁鐵旋轉無阻或如第九圖所示以小磁鐵條南北懸於蠶絲或由軟木片浮於水面之磁鍼或如第十圖所示以尖桿向上直立而磁鍼南北之間重心之處有黃銅或瑪瑙所製之小帽以頂於杆之尖端俱是也如此之磁鐵雖使向他方必欲歸於原位擺動數次後仍向南北如常

第九圖

第十圖

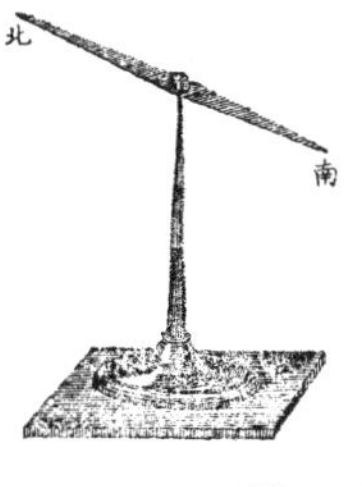

第二　旋轉無阻之磁鐵非指正北故其所指北極在日本稍偏於西而此磁鐵與子午線之差角名曰磁鐵之偏倚在東京大約四度

故第十圖所示之磁鍼名曰偏倚針

第三　取磁鐵而懸之使在水平面與垂線面均能旋轉無阻則此磁鐵非但對某方必有一定而所指之上下亦必一定如在日本北極常向下即與水平面不並行也而此磁鍼與水平面之差角名曰磁鍼之傾斜在東京大約四十九度

第十一圖

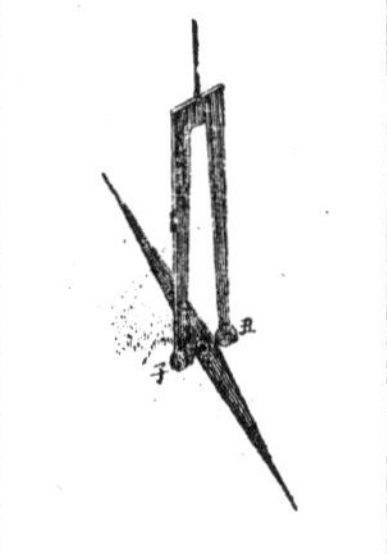

凡磁鍼能現前象者名曰傾斜鍼第十一圖所示者其一也即以黃銅製之叉上繫以絲下端設有橫軸子丑而磁鍼之重心適貫於軸上則此磁鍼能沿橫軸而上下旋轉更因全器懸於絲故能向某方而爲水平旋轉焉

第四　磁鐵之偏倚及傾斜雖在同地而不恒同蓋各時各異也而在同時則因各地之異而各有不同

磁鐵之指向力中國在三千年前人已知之陸路遠行者似均用羅盤(詳後偏倚節)也在歐洲則至紀元後一千二百年始得之而阿馬爾飛 Amalfi (意大利之一鎮)之商人始用羅盤以航海云

第三節　磁鐵互現之功用

一磁鐵兩極功用之定律　磁鐵不獨引鐵遇他磁鐵亦能互施其功用即同極北極與北極相推異極北極與南極相引是也此理當一千五百五十年德國紐龍堡 Nürnberg 人哈脫曼 Hartmann 所發明云

實驗

取磁鐵條以其北極向他磁鐵之北極他磁鐵若能旋轉無阻者則必爲磁鐵條之北極所推其南極與南極亦然以磁鐵條之南極向他磁鐵之北極則互相吸引此等實驗雖僅用偏倚鍼二枚其現像亦可顯露

磁鐵含二種磁性　由前觀之北極與南極異是凡磁鐵必含有二種異性之力正相反對蓋各磁鐵其一半能引其一半能推也此兩磁性從北極南極之名而名曰北極磁性南極磁性

定律之致用　知此定律則遇某磁鐵難分其兩極之南北即可借此以審定之即以所欲試驗之磁鐵取某端以向旋轉磁鍼之某極假如向鍼之北極而推即其端含有北極磁性之徵若推南極即含有南極磁性之徵也又如有鐵片能引磁鍼之一極則尚未能定其鐵之爲磁鐵否蓋鐵與磁鐵亦能互相引也而如於鍼之此極以鐵之他端近之設能推逐則知其鐵爲磁鐵若仍吸引則非磁鐵也

二磁鐵極之互功用　凡兩磁鐵條之同極使相疊則其力互助而强若其異極相疊則其兩極之力全消去或其力之一分消去即其兩極之力若相等則全消去一極力强一極力弱則其弱極之力爲强極所消去强極之力爲弱極所減而不盡失蓋僅一分爲弱極所奪故也

實驗

一有重鐵片以一磁鐵之北極或南極吸之則不能任其重然以二磁鐵之北極或南極相併而吸之則能任其重而吸住也

第十二圖

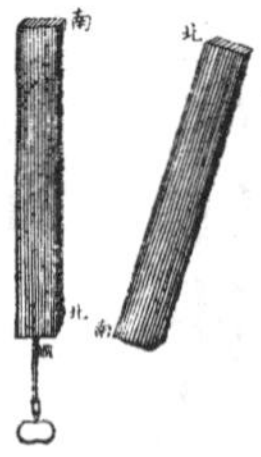

二一磁鐵之某極所吸住之鐵片以他磁鐵之異極近之若兩極之力相等則鐵片必落下如第十二圖是也

第四節　磁鐵之感應

一定義　凡鐵片在磁鐵之傍即成磁鐵此現象名曰磁鐵之感應 Magnetic Influence.

實驗

一如第十三圖有全無磁性之軟鐵片子用架夾住

第十三圖

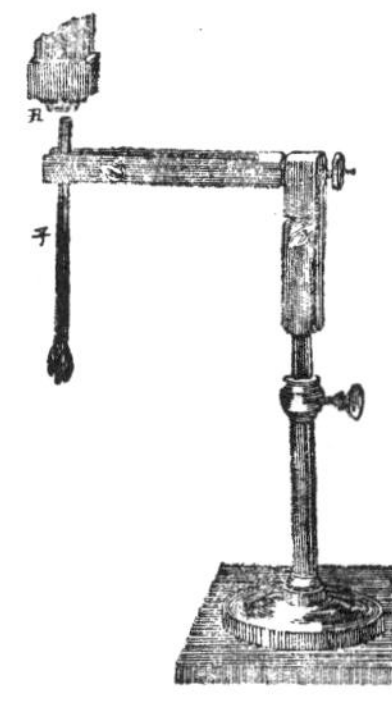

其下端沒入鐵屑中而上端以大力之磁鐵極丑近之則忽然吸引鐵屑至去磁鐵則鐵屑忽復脫落是

第十四圖

此軟鐵片暫時有磁性也

二以磁鐵條吸住軟鐵一片則可更使軟鐵吸第二片第三第四片以次聯接亦甚容易如第十四圖是也然將第一片與磁鐵分離則各片驟然自落蓋因各片已失磁性也

三如第二實驗而以鋼（例如縫鍼）代軟鐵則雖與磁鐵分開尚留磁性例如此第一片係懸於磁鐵之北極則其接磁鐵之一端現南極性他端現北極性其他各片與第一片同俱上端為南極下端為北極

二感應之定律　分說之如左三項

第一凡在尋常鐵質之體中所有兩種磁性各處相等故相消而不現

第二無磁性之鐵以磁鐵極近之則其鐵體亦變為磁鐵而其近於磁鐵之端得異極磁性遠磁鐵之端得同極磁性

原由　就上文定義之實驗第一條觀之則鐵在磁鐵之傍已成磁鐵更就實驗之二三兩條觀之則鐵因與磁鐵相切而成磁鐵然如第一實驗之鐵與磁鐵僅相近而未相切已能如此則磁性之在鐵非由磁鐵所分出也又如第一二兩實驗鐵一離磁鐵而即失磁性試之數次而磁鐵之力毫無所失且如第三實驗切於磁鐵之鐵不但現一種磁性亦現相反之兩磁性而相切之端則現異極之磁性以是觀之其非分出者愈明也磁性既非由磁鐵分以與鐵則必本存於鐵質中然而毫不現出者是必如第三節之二所言由相反之磁性力相等而互相消去也蓋凡鐵質之體於其最小之各質點皆含有兩種磁性而相等故其鐵所近之磁鐵極設為北極則因其有引南極推北極之性故鐵之南極磁性被吸而全向此一端其北極磁性被推而全向彼一端則兩性在各處不相等而鐵為磁鐵矣故此現象名曰磁鐵之感應也

三軟鐵及鋼之關係　軟鐵遇磁鐵而亦為磁鐵甚易且速然惟受磁鐵功用之際能有磁性而已故用軟鐵僅可

製暫磁鐵 Temporary magnets. 若鋼則能阻磁性之分離而難成磁鐵然已成磁鐵後則永為磁鐵不易失其性故用鋼可製恒磁鐵 Permanente magnets. 鋼成磁鐵之際似阻磁性之分極而既成磁鐵之後亦能阻磁性之相和如此阻抗之性名曰頑性 Coercitive force.

鋼之有頑性其原由想因其含炭較軟鐵多耳（鋼含炭約百分之一至一·五軟鐵約百分之○·二五至○·五）但軟鐵亦稍含炭故受磁鐵之感應後亦必稍留磁鐵之痕跡

四磁鐵感應他鐵所有現象之解釋 分說如左數項

一磁鐵之吸引 尋常之鐵移近磁鐵之傍或與之相切則鐵在近磁鐵之一端成異磁性於他一端成同磁性故其磁鐵在相對之極上施引力於相背之極上施推力然施引力之處較施推力之處近引力能勝推力惟現其吸引之功用也

二中帶 磁鐵力在外端最强漸近中央則漸弱至中央則全無是因在中央則兩極所有相反之功用相等而全消去也

三吸引力愈近極則愈增 凡磁鐵愈近中帶則北半截之各部引南半截各部之異磁性以使均匀之力愈大愈近極則此力愈減故其吸引力愈大也

四撒鐵屑於磁鐵之極上則現毛刷之形 例如懸於北極之各鐵屑則先由聯接之各鐵屑異極相引而成一線惟各線之鐵屑其向磁鐵之端皆為南極

第十五圖

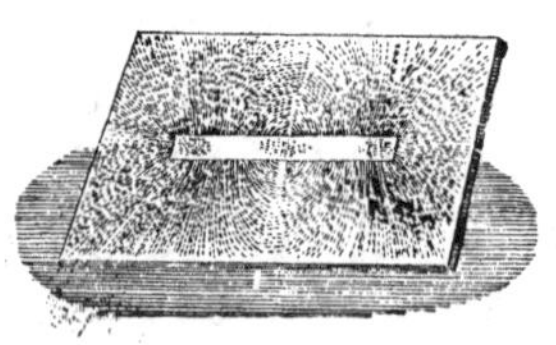

其背磁鐵之端皆為北極而同極相推則此線與彼線自必相推而分離故成毛刷之狀也如第一圖

五磁鐵曲線 取磁鐵條橫置於水平面覆紙一頁而以鐵屑撒其上則其分布之狀如第十五圖所示其在兩極之傍聚積甚多且成正形之曲線名曰磁鐵曲線凡親磁性體在磁鐵之傍而磁鐵對此體所施引力推力分布之狀觀此可自明也

第五節 製磁鐵法及其引重力

一製法 軟鐵因近磁鐵則成暫磁鐵鋼則成恒磁鐵既如前節所述然鋼僅賴接近磁鐵尚未能成有力之磁鐵也故必以大力之磁鐵摩之方可而其法別為二單摩法及雙摩法是也其法之大要及所成磁鐵之力分說如左五項

一單摩法 Method of the simple touch.

使鋼成磁鐵則先以磁鐵之北極自其中央恆向一端摩之再以磁鐵之南極自其中央恆向他一端摩之如此反復至三十或四十次則北極所摩之一半得南極之磁性南極所摩之一半得北極之磁性

第十六圖

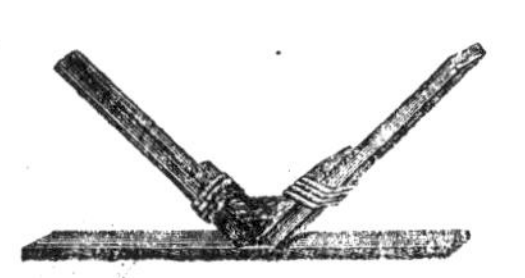

二雙摩法　Methode of double touch. 此法以兩極同時摩之即取磁鐵二條以三角木隔之使不相切而以兩異極斜向（大約二十度）鋼條之中央狀如第十六圖今以其兩極各向一端同時往返摩鐵上而不舉起道自中央至兩端已有三十或四十次而後於中央舉起則成矣此法用之馬掌磁鐵尤為便利即於鋼條之中央置馬掌磁鐵如前法向兩端摩之而後於中央舉起

三製馬掌磁鐵法　製之法與磁鐵條同以同大馬掌磁鐵之兩極自頂上向末端摩之為最便

四製大力磁鐵法　如上所言雖有數法然不能得最大力之磁鐵故欲得大力磁鐵須以電氣磁鐵（詳流動電學）之極摩堅鋼方能得之蓋電氣磁鐵較常磁鐵之力甚大故也但不論用何法以製磁鐵無不由感應所成

五磁鐵力之大小　所製之磁鐵其力之大小關於所用磁鐵之力與鋼之性質（硬及所含之炭）及摩之次數固不待言然已達一定之極度則雖更摩亦無效即一時稍增而不久仍減至一定之度始終不變此力最大而不變之度名曰磁鐵之飽足界　Magnetic saturation.

二引重力　分說如左五項

第一　馬掌磁鐵其兩極同一方向且相距不遠可以協力舉重物故最適於引重今先以軟鐵一片子為銜鐵令吸住於極如第十七圖而以重物懸於此今欲測

第十七圖

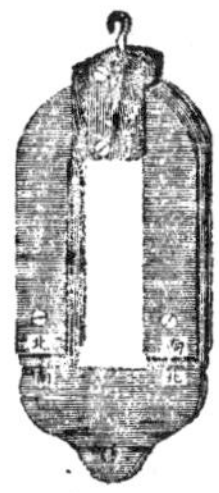

此磁鐵之引重力則懸秤盤於銜鐵盤中加以銅碼使至脫落凡馬掌磁鐵上銜鐵之引重力較兩極各引一鐵之引重力之和為大蓋兩極同時施感應於銜鐵而互施其功用故也

磁鐵之北極於相切銜鐵之一端引起南極性且銜鐵於此有為磁鐵南極所推之南極磁性自彼端來加以增其力又磁鐵之南極於相切銜鐵之一端上引起北極性且銜鐵於此有為磁鐵北極所推之北

極磁性自彼端來加以增其力如此銜鐵兩極之力乃較接磁鐵一極所有之力之倍爲更大。

第二磁鐵之貯蓄　以薄鋼製磁鐵其力亦可與厚者同故若欲所製磁鐵之力大則製薄磁鐵數片同極並列用螺旋而束緊之是名曰磁鐵之貯蓄 Magnetic storage. 如第十七圖之馬掌磁鐵即其一例第十八圖所示者亦其一也（即於其兩極加軟鐵而束緊者）凡並列之同極互相感應而於其所接之極上必欲引起異極之磁性故由貯蓄所得之

第十八圖

總加力與各力之和不同。

第三包甲　以天然磁鐵舉引重物則必用包甲 Armature. 即如第十九圖及二十圖是也其法取天然磁鐵磨平其兩極而鑲以軟鐵板此軟鐵板之下端分歧如丑丑其分歧處吸銜鐵如馬掌磁鐵然。

第十九圖

第二十圖

第四小磁鐵較大磁鐵引重之多　例如磁鐵重半啟羅格能引其十二倍之重一啟羅格者則僅能引其十倍二十啟羅格者僅能引其四倍而已。

第五欲引重力永存不減須常加載重物　凡磁鐵之引重力漸加載重物則能以次而增不加重物或生鏽或受熱則必致引重力漸減蓋磁性因熾熱而全失及冷始稍復舊也又鐵受震盪則甚易感應磁性故受鎚擊或銼磨因而使鋼器成爲磁鐵者甚多。

第二十一圖

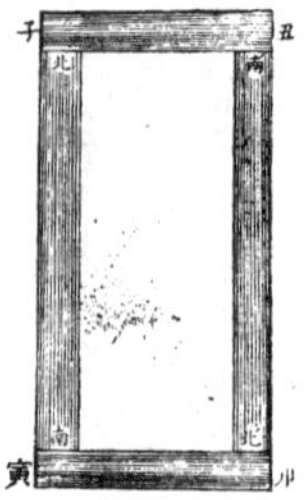

若欲磁鐵條之磁性不至減弱則宜如第二十一圖使其極相反而並行附以軟鐵片子丑及寅卯合成長方形如是則兩鐵片之功用與馬掌磁鐵之銜鐵無異。

第六節　磁鐵之排列

就磁鐵中所有磁性論之則似每一磁鐵其一半唯含北極性一半唯含南極性然今以一縫鍼爲磁鐵而折斷之則依然兩極完全之磁鐵而非一半具南極性一半具北極性也且折爲多段而各段無不兩極具備已如第二圖之狀以此觀之則必磁鐵之每質點皆具有兩種磁性而爲完全之磁鐵也且在折斷之處其北極仍向原時之北極其南極仍向原時之南極則以意度之磁鐵條之內凡質點之北極卯必俱向鐵條之北極卯質點之南極呻必

俱向鐵條之南極申。如第二十二圖也。

第二十二圖

說明　從感應之第一定律。雖非磁性之鐵或軟鐵。亦於其各小分。含有兩種磁性。特相等而消去。則其各質點之磁性。必雜亂向各方。以意測之。或如第二十三圖黑白所表之狀。即各質點之北極。因鄰接他質點之南極故相等而消滅耳。而在其近傍置大力磁鐵之北極。則質點必旋轉。而其各南極俱向磁鐵。其各北極俱背磁鐵。遂亦成磁鐵。如第二十四圖所示。然則製磁鐵者。不過使質點磁鐵旋轉而已。其

第二十三圖

第二十四圖

旋轉。在軟鐵則易而速。在鋼則較難。(見第四節之二)蓋須先勝其頑性故也。此頑性者。即質點磁性。阻其旋轉之力也。

據烈斯 Rees. 之實驗。與前說相符。烈斯嘗用玻璃管滿盛鋼屑塞以軟木。而與常鋼同法。則亦成磁鐵。然試震盪之。以變其鋼屑排列之狀。則其磁性全失云。

第七節　地球之磁性

一以地球為磁鐵　欲說明磁鐵諸現象(即偏倚及傾斜)則必以

地球本體為一大磁鐵。即地球之北半球南極磁性偏勝而在亞美利加之北。巴節阿非立克司 Bothia Felix.(從英國綠林 Greenwich. 天文台起算)島相近處之北緯七十度五分。西經九十七度為地球之磁鐵南極。又地球之南半球北極磁性偏勝。而在澳大利亞及新西蘭 New Zealand. 之南愛列蒲斯 Erebus. 及推羅 Terror. 兩火山相近處之南緯七十五度東經一百五十四度。為地球之磁鐵北極。然以地球為磁鐵。卻無中帶與吸鐵之力。維向磁鐵而現指引力耳。

在北半球之磁鐵極(即南極)當一千八百三十一年吉

航羅斯 John Ross. 航海中。始知之。蓋行至磁鐵極之北。而見偏倚鍼全無指向力。迨相距一里許。而後指向力復舊。又在極之傾斜鍼恰直立。而北極向下云云。至南半球之地球磁鐵極(即北極)雖其地未經人到。然自考得地球之磁性南極十年後(即千八百四十一年)閻姆司羅斯 James Ross.(吉航之姪)至傾斜八十八度三十七分之處。以測算之。

實驗及觀察　如左三項

一取許多旋轉無阻之磁鍼。對大力磁鐵之北極。則鍼之南極。悉皆向之。若使鍼對其南極。則鍼之北極

悉皆向之今將磁鐵離開道之遠處而磁鍼照常安放則在北半球者其北極悉向北方在南半球者其南極悉向南方靜止不動由是觀之必地球強此磁鍼使之指此方向也卽地球之北方必具磁鐵之南極其南方必具磁鐵之北極也

二非磁性之鐵傍遇磁鐵則相接之端得異極磁性相背之端得同極磁性遂亦成磁鐵故凡非磁性之鐵成磁鐵必皆由於磁鐵所使也而其鐵之北極性一端所對向之處必磁鐵之含南極性者也今據吾人經驗凡向垂綫直立之鐵桿每成磁鐵在地之北

物理學二編一

半球則鐵之下端成北極上端成南極然則鐵所對向之地球乃一磁鐵而在北半球必含有南極磁性者也又若在南半球則現象與前相反故知其必含北極磁性也

三地球磁鐵祇現指向力之理　地球施於磁鍼之功用唯定其方向而已毫不吸引之蓋若吸引則一磁鐵較不現磁性以前其重必增又浮軟木片於水面上載磁鍼亦唯指南北而已絕不向北前進是因磁鍼之兩極距地球之磁鐵極殆相等一極所受之引力與他極所受之推力全相等故也

今如第二十五圖所示之呷𠮙為一磁鍼呷其一極

第二十五圖

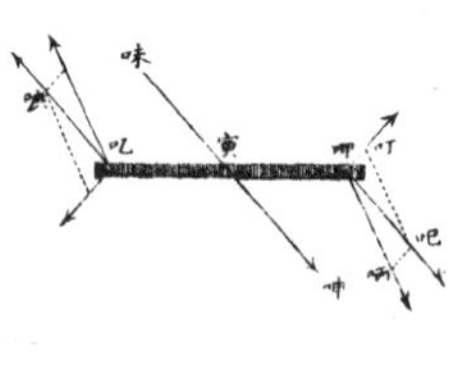

𠮙其他一極地球之北方引呷極其力之大小以呷呐線示之地球之南方必推呷極其力之大小以呷叮示之乃從力之定律平行四角定律得合力呷吧又磁鍼之𠮙極地球北方推之其力之大小與其引呷極相同地球之南方引之其力之大小與其推呷極相同故得對角線𠮙嗔然則𠮙嗔與呷𠮙為平行且相等但其方向正相反故磁鍼必以偶力自其重心寅旋轉向味呻之方向味呻者

物理學二編一

卽與呷𠮙及𠮙嗔平行之線也

注意　在北半球之磁鐵極名曰北極在南半球之磁鐵極名曰南極則磁鐵指北方之端必名曰南極指南方之端必名曰北極法國人以此命名為常規而與前之名稱不同云

二地球磁力之大小　地球磁力之大小各處不同自赤道以至兩極逐漸加大

此力可用懸擺之定律以觀測之法取傾斜鍼於甲乙兩地使之擺動以其擺動數自乘卽可得其力之比

今以壬及壬為甲乙兩地所有地球之磁力，以卯及卯為若干時內所有磁鍼之擺動數，則得

$壬_{一}:壬_{二}::卯_{一}^{二}:卯_{二}^{二}$

如一分時內卯為二五，卯為二四，則其力之比為

$壬_{一}:壬_{二}::二五^{二}:二四^{二}::六二五:五七六$

約之得一·○八六也。

但僅觀傾斜鍼之擺動所得之成蹟，決不甚精，何則鍼與旋轉軸之間，不免稍有摩阻力也。故用蠶絲繫磁鍼，使在水平面為最良，蓋使偏倚磁鍼擺動之力，為傾斜鍼之方向所有地球磁力之水平分力，故知水平分力之大小與傾斜度之大小，則全力自易算出。卽第二十六圖甲乙乃地球磁力之大小及其方向，以壬代之，其傾斜度之大小，卽地球磁力之方向與水平面所成之角，以旺示之，而又以天代水平分力，則得

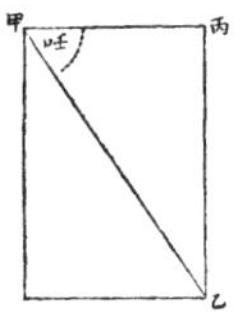

第二十六圖

$\frac{甲丙}{甲乙}=\frac{天}{壬}$

卽

$壬=\frac{天}{\left(\frac{甲丙}{甲乙}\right)}$

而 $\frac{甲丙}{甲乙}$ 依三角理為旺角之餘弦，故

$壬=\frac{天}{餘弦旺}$

第八節　磁鐵之偏倚

一定義　依第二節之二，凡水平磁鍼與子午線之間所生之角，名曰磁鐵之偏倚，Magnetic declination. 故別為磁鐵之北極與地理之北極，凡通過偏倚鍼之兩極與地球之中心所有垂綫平面，卽磁鐵之子午線 Magnetic meridian. 也。而磁鐵之偏倚度，卽為地理子午線與磁鐵子午線所成之角，凡此偏倚有在西者，有在東者。

解說　例如第二十七圖之北南，乃地理之子午線，丑子乃乙甲磁鐵之子午線，此兩子午線所成之角，卽其地磁鐵之偏倚度，故該處之偏倚為西也。而磁鐵所以必向東或西偏倚者，蓋地球為一大磁鐵，則地球之內部當作為一大力之磁鐵條乙甲，其軸非與地球之自轉軸（圖中南北）之同在一綫者，卽如第二十八圖所示。今引長此

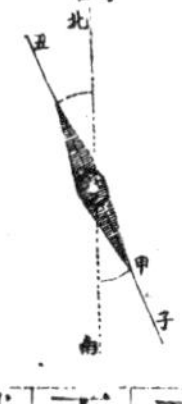

第二十七圖

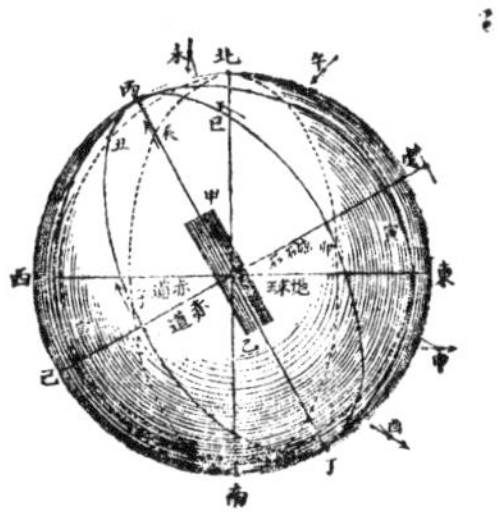

第二十八圖

磁鐵軸之端則達於地球面之二點丙及丁此兩點卽地面之兩磁鐵極丙爲其南極丁爲其北極也今於地面之某一點（例如子或丑或寅或卯）置一偏倚鍼則磁鍼之方向必指某一點（如子或丑或寅或卯）與地球之兩磁鐵極所成之平面然則經過某一點（如子或丑或寅或卯）與丙丁兩極所劃之最大圈卽某點上之磁鐵子午線也此線與地理子午線所成角度（地理子午線如圖中虛線所示北子南或北丑南或北寅南）卽其傾斜度也就本圖言之地球之前半面上磁鐵之偏倚在西而如在經過地球軸南北與磁鐵軸丙丁所劃之最大圈（卽東西南北）上則磁鐵子午線與地理子午線同在一線上故磁石之偏倚度爲零卽磁鐵鍼之北端指眞北極也若在本圖地球之後半面卽與前相對之處其偏倚自必在東也

第二十九圖

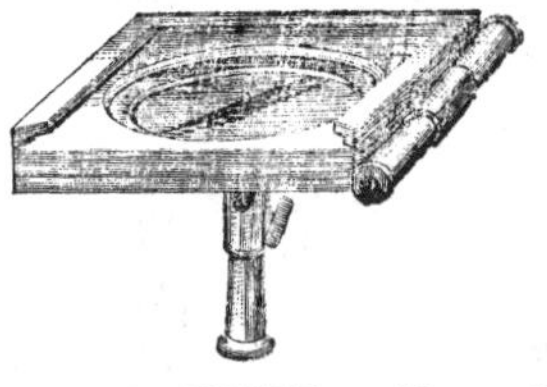

觀測　磁鐵之偏倚用磁鐵偏倚表（Declination compass.）可以測之如第二十九圖乃此器單一之形其頂磁鍼之尖杆在水平輪之中心其輪劃有度數能沿垂線軸而旋轉於水平面上而其側設一遠鏡又自輪之零點劃一直線使過中心而至百八十度上而使遠鏡之軸與此直線並行今輪在水平面旋轉則隨旋轉之度而磁鍼之端當移向他度今磁鐵鍼恰指其零度則遠鏡之軸與磁鍼爲並行而亦與磁鐵子午線同在一線上否則磁鍼之方向與遠鏡軸成某角度而磁鍼指輪之某度卽表鏡軸與磁鐵子午線所成角之度數也故使遠鏡恰對地理子午線所成角度可觀其度數而知之也

今欲知地理子午線有一簡法取一平板上劃一圓線而置於有日光處之水平面上更於圓綫中心直

第三十圖

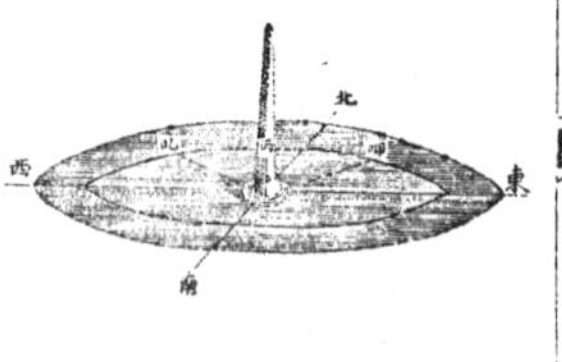

立一鍼丙如第三十圖先於午前某時（如正午前二小時）記其鍼影遇圓線之一點（如本圖之吒點）則因太陽至正午後二小時亦與午前同高故鍼影亦必等長而其遇圓線之處當爲呷點今將呷吒二點間之弧線折半而自折半點至圓心畫一直線其南北卽該處之子午線也

二因地與時之異偏倚不同　分說如左二項

第一偏倚在地球上之各處雖在同一時內而各不同例之在歐洲著名之都府現在之偏倚俱在西在維

也納Wien約十度伯林Berlin約十一度巴黎Paris.約十七度而在日本爲四度十七分.

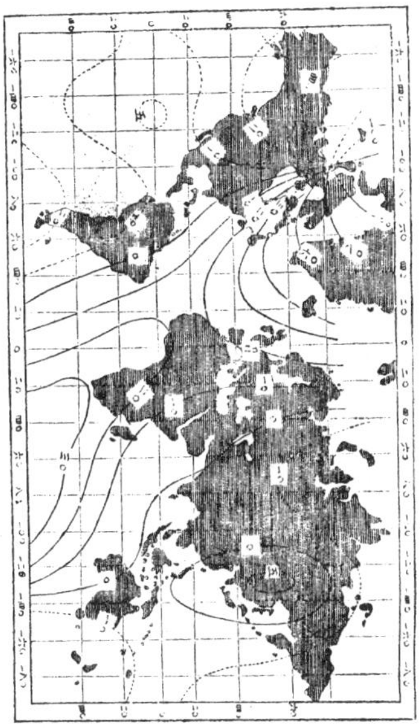

第三十一圖

凡地球上各著名之地偏倚度相等者連結爲線而畫於地圖上是名曰等偏倚度線Isogonic lines.如第三十一圖所示地圖卽其一例圖乃示經過北緯八十度與南緯六十度之間所有之線也其實線以示向西之偏倚虛線以示向東方之偏倚而○所示之曲線卽偏倚鍼恰指正北之處也

第二偏倚雖在同地而異時亦各不同卽偏倚有因時之變異Variations.也

例之在法都巴黎當一千五百八十年其偏東爲十一度三十分後漸減其度至一千六百六十三年遂達於零自後更偏向西逐年增加至一千八百十四年爲二十二度三十四分以後向西之度又漸減至一千八百六十四年爲十八度五十七分今尙以次減少約爲十七度

以此一例觀之凡地球各地其偏倚無不變化在歐洲約六百年而變異六十度此變異因閱數世紀百年爲紀而始顯故名曰世紀變異Secular variations.其餘尙有每年每日及不定之變異其不定者名曰驟變Perturbation.卽雷電地震之際所生現象也

三偏倚鍼之致用　人若知各地之偏倚則陸行海行卽可借鍼以指導而求得地理子午線又或在地穴內測定方向亦必用之

第三十二圖

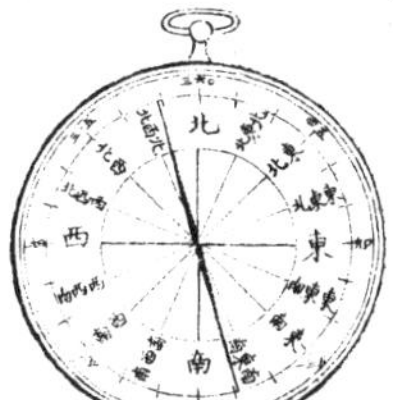

第三十三圖

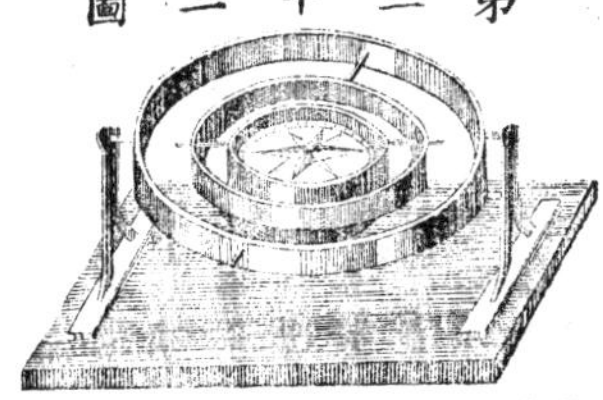

供實用之偏倚鍼卽羅盤Compass.由二者而成一劃方位之圓板一在中央水平旋轉之磁鍼如第三十二

圖所示但若航海所用之海上羅盤 Mariner's compass. 因船有搖動故構造畧異如第三十三圖所示與上篇第八十圖所示船用懸燈之架同式也

第九節　磁石之傾斜

一定義　如第二節所述凡水平面與磁鍼所成之角名曰磁鐵之傾斜 Magnetic inclination.

就實驗及觀測以解此現象　取一小磁鍼於其重心懸之（例如磁性之縱鍼）別用磁鐵條橫置於水平面上今以鍼移至鐵條中央之上（觀第三十四圖）擺動二三次後乃定於水平而與鐵條並行但必相反之極互對耳若移鍼使近磁鐵條之北極或南極則鍼必斜蓋因一極被引一極被推也若更使其鍼至磁鐵條之極上則當以異極相對而鍼直立

第三十四圖

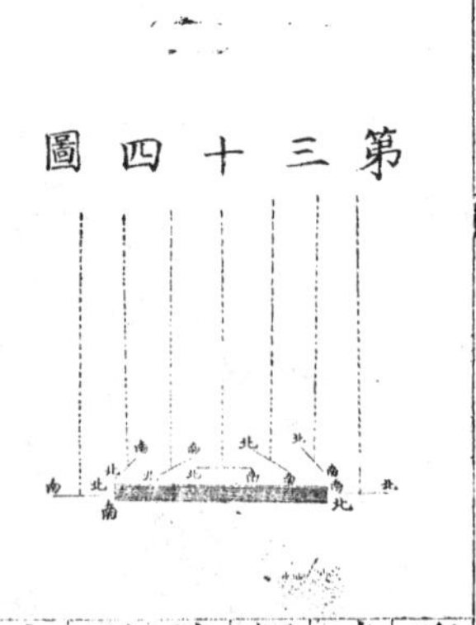

地球磁鐵之有傾斜鍼想亦如第二十八圖戊者傾斜鍼定於水平面之處也自戊向北則鍼之傾斜必如午未等箭自戊向南則針之傾斜必如申酉等箭至極上則必定於垂綫也測磁鐵傾斜之器名曰磁鐵傾斜表 Inclination compass. 第三十五圖所示即其一令使傾斜鍼在垂線面圓輪內此圓輪上劃有度數而與鍼旋轉所成之面在一平面上則視鍼指圓輪之某度即其地之傾斜度也但其圓輪之面須在磁鐵子午線之上

第三十五圖

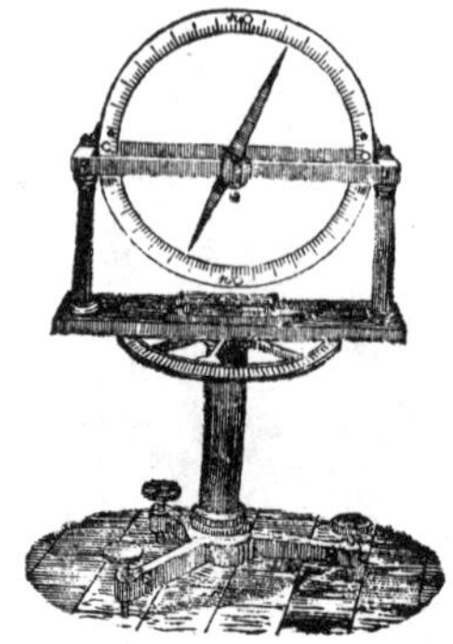

二因地與時之異傾斜不同　分說如左二項

第一傾斜在地球上之各處雖在同一時內而各不同例之在里薩本 Lissabon. 爲六十一度在巴黎 Paris. 爲六十六度在伯林爲六十七度在莫斯科 Moskau. 爲六十八度在聖彼得堡 St Petersburg. 爲七十一度而在日本東京爲四十九度十分

凡地球上各著名之地傾斜度相等者連結爲線而

畫於地圖上是名曰等傾斜度線Isoclinic lines
如第三十六圖所示之地圖即其一例○所示之曲

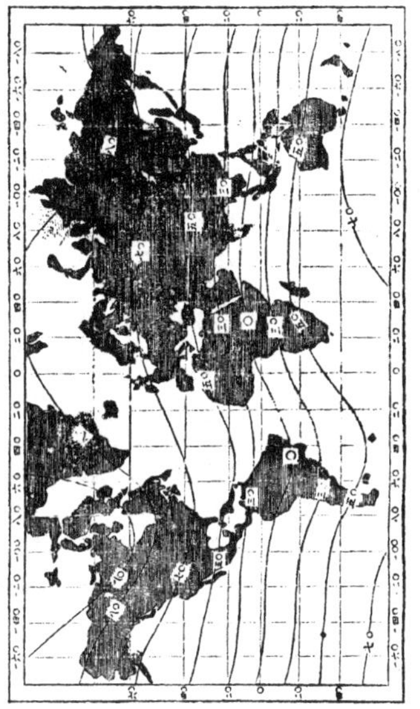

第三十六圖

線即傾斜鍼恰在水平面之處也此線名曰磁鐵之赤道Magnetic equator.

第二傾斜雖在同地而異時亦各不同例之在英國倫敦一千五百七十六年爲七十一度五十分後漸增其度至一千七百二十三年爲七十四度四十二分至是漸減其度至一千八百七十四年爲六十七度四十三分今向陸續遞減

上海范熙庸校字

物理學下編卷二　電學上靜電氣

日本飯盛挺造編纂　日本藤田豐八譯
日本丹波敬三 柴田承桂 校補　長洲王季烈重編

第一節　電氣之現象

凡物體近紙或軟木片樹心球等輕物而能吸引及相切之後則推之且以指近此物體則簌簌發聲或覺如刺而放火光能在暗處見之者則其物體爲有電氣Electricity. 有許多物體摩之而現電氣者如玻璃桿以綢及塗水銀膏Amalgam.之革摩之則現電氣又取火漆松香硬象皮等作條以皮或絨布摩之亦顯電氣凡欲驗物體之有電氣與否所需之器名曰顯電器Electroscope. 如下第三十九圖及第四十圖

當紀元六百年前希臘人已知電氣之現象然唯就琥珀知之耳琥珀希臘語爲愛立克脫倫Elektron.故後人即名電氣爲愛立克脫立雪台脫Elektricität至紀元後一千六百年倫敦之醫士冉白得Gilbert.始知物體如松香玻璃硫黃等亦能由摩而顯電氣在今日則知凡物體皆能令現電氣矣

所謂水銀膏者即金類與水銀之合質也而常用以生電氣者爲汞二分錫一分鋅一分所成或汞二分鋅一

分所成

實驗

一取小樹心球放於桌上則用摩有電氣之玻璃持至

第三十七圖

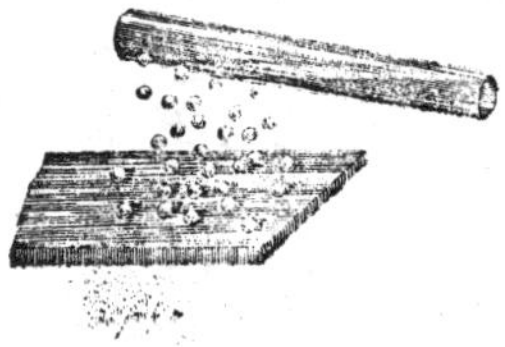

第三十八圖

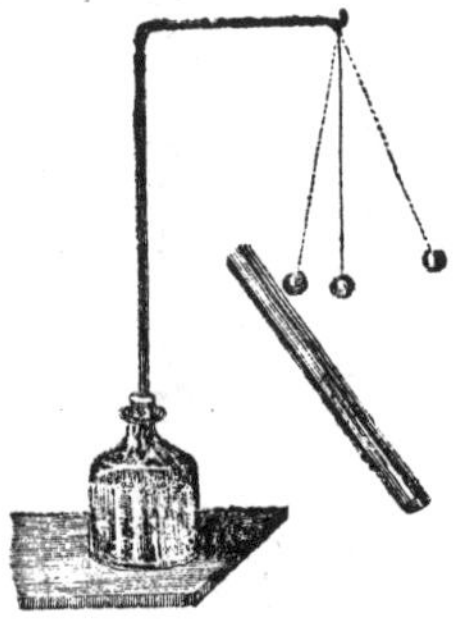

桌上則樹心球上下跳躍如第三十七圖所示

二欲驗電氣之推引以用電擺 Electrio Pendulum. 為最便其法繫一絲綫於架上下端懸樹心球或紙片即成懸擺如第三十八圖取火漆或玻璃桿摩後近此球則一引一推甚活

三以雙擺代單擺更便此擺用短棉紗或金箔製之狹

第三十九圖

帶二條懸於黃銅絲或紅銅絲之下端而兩擺相切其下半封於玻璃瓶中以

第四十圖

防空氣之流通及濕氣其上端挺出瓶外末具金類之球或圓板如三十九圖及第四十圖所示今以電氣體近其上端或切之則兩擺忽離開

第二節　電氣之分與及易傳體難傳體

一電氣之分與　凡物體除摩之外或與有電氣之物體相切或相近至能放火光之處則亦受有電氣此電氣乃從有電氣之物體所分出者故名曰電氣之分與 Com-munication of electricity.

例如玻璃桿摩後近電擺之小球則推之而其小球能引未受電氣之第二電擺而復推之即第一電擺為受有玻璃桿所分與之電氣也

二易傳體及難傳體　分與電氣於各物體其物體各呈異性即諸物體有能速受電氣且能速分布其電氣於全體之面上在此物體之一處以他物體切之不但失其一處之電氣全體之電氣皆失此等物體名曰易傳電氣體或略言易傳體又有物體其受電氣甚緩其切於電氣物體之際只相切之一處有電氣而此物體所有之電氣若接他物體亦只其相切之處失之是為難傳電氣體或略

言難傳體。

例如金類，易傳電之體也。但銀及銅爲最易傳之體，而鉑及鐵則畧難傳電。其他炭類、水、動植物體之未枯燥者、帶濕之土地、帶濕之空氣及稀薄之氣，亦俱屬易傳電體。各種松香類、硬像皮、琥珀、火漆、硫黃、絲、毛髮、羽毛、乾空氣、玻璃，皆難傳電體也。有數種物體，其性能在易傳與難傳之間，謂之半傳體，如酒精、木、石、紙是也。

易傳體與難傳體之區別，英人格來 Gray. 於一千七百二十七年始考見之。先是人皆謂唯一定物體

卽難傳體能發電也。

實驗　如左三項。

第四十一圖

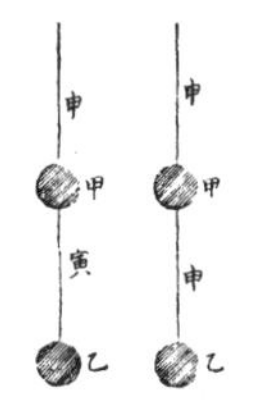

一　如第四十一圖所示，以一絲線串繫圓紙甲，而以金類線寅繫第二圓紙乙於甲之下。若以電氣分與於一圓紙上，則他一紙亦受有電氣，而其兩紙中以指切於其一，則他一紙及金類線俱已無電氣。或指切於金類線上亦然。是卽金類線易傳電氣之証也。

二　如前圖，以絲線串懸圓紙甲，而復以第二絲線串懸圓紙乙，則以電氣體切其一圓紙而有電氣，然他一圓紙及絲線毫不受電氣。若以電氣分與於兩圓紙，使皆有電氣，而以指切於其一，則只其一紙失電氣。然則絲線固毫不傳電者也。

三　以指切已受電氣之電擺小球，則忽失其電氣。然則指易傳電明矣。

三　絕緣　欲使傳電體之電氣常存，必以難傳體包隔之，以絕其緣附之路，名曰絕緣。故難傳電之物體，又名絕緣體。Insulator.

例如金類體下設玻璃足或硬像皮足，又金類體上設玻璃柄或硬像皮柄，皆絕緣也。然欲使電氣全絕

緣，亦所不能。蓋雖極難傳電之物體，皆畧具傳電之性，而能漸散其電氣於周圍。又濕空氣中物體易失其電氣者，因其易傳電故也。

因此而實驗電氣，須在乾燥空氣中，更須溫熱其所用之器具，則能得良績。冬日之玻璃、金類等物體，自寒室移煖室中，則濕氣凝其上，故不可用以實驗。

凡玻璃等因此而失其絕緣性，欲去其弊，當先塗以舍雷克，而器具之各處，在實驗前當以煖布拭之。

第三節　陽電氣陰電氣

一　電氣之種類及根原　電氣有二種，名曰玻璃電氣、松

香電氣猶磁性有二種互相反對且互相消滅也蓋凡電氣體其性或如摩過之玻璃或如摩過之松香故有此名而又名之曰陽電氣陰電氣或正電氣負電氣此兩種電氣遇無電氣之物體其功用雖全同然二電互見之際現象全相反其定律即如左

第一　同性電氣相推異性電氣相引

第二　異性電氣在一物體中強弱相同則相消而滅

電氣有二種及其相關之律法人兌飛 Du Fay. 於一千七百三十三年考得之而名曰玻璃電氣及松香電氣一千七百四十七年弗蘭克令 Flanklin.

改名曰陽電氣及陰電氣

實驗

一　電擺之小球未受電氣則摩過之玻璃與摩過之松香皆能引之即兩種電氣皆能引非電氣體

二　摩過之玻璃一與電擺之小球相切後則其小球即為摩過之玻璃所推而為摩過之松香所引

三　摩過之松香一與電擺之小球相切後則其小球即為摩過之松香所推而為摩過之玻璃所引

四　取電擺二個而以摩過之玻璃與之相切則兩擺俱受有陽電氣互相推

五　在前試驗易摩過之玻璃為摩過之松香則兩擺俱受有陰電氣互相推

六　以摩過之玻璃與一擺相切又以摩過之松香與他擺相切則一受有陽電氣一受有陰電氣而互相引而兩擺相切之後不再引亦不推而垂下如故即由相切之後二電相消而失去也

推引定律之致用　異性電氣相引同性電氣相推用此定律以驗某物體之含何種電氣為極便其最優者為單電擺也即以摩過之玻璃桿使一擺有陽電氣而以摩過之松香使他一擺有陰電氣今有某

物體兩擺近之俱引則其物體為無電氣蓋因電氣體與非電氣體相引也物體若引陽電氣之擺而推陰電氣之擺則為有陰電氣之微若引陰電氣之擺而推陽電氣之擺則其物體為有陽電氣之微也

二電氣功用之增強及減弱　同極之磁性增其功用異極之磁性減其功用電之功用亦與此同由同性電氣而增強異性電氣而減弱

實驗

一　以電氣桿即摩過之玻璃桿或松香桿以下同近電擺則小球稍離開更以第二同性電氣桿近此電擺則其小球愈

離開而其第二桿若爲異性電氣則小球離開之度當比前減少

二　在顯電器第三十九圖及第四十圖之金類球或圓板上以電氣玻璃桿或松香桿近之則擺互相離開今更以第二同性之電氣桿近之則增其離開之度而第二桿若爲異性電氣則其離開之度減少而兩異性電氣若同大則其擺下垂葢以同大相反之電氣互相消滅故也

致用　由上所記可知某物體有電氣與否且可知其爲何種電氣今取雙擺之顯電器試一物體有電氣與否則以其物體切於顯電器之頭卽金類球或圓板其擺若毫無異狀則其物體無電氣也而其擺若離開則其物體爲有電氣也今又欲知其電氣爲何種則以玻璃電氣桿與顯電器之頭相切使擺受陽電氣而離開再以其電氣物體近顯電器頭則擺離開之度或增或減而因以知其電氣之爲陽爲陰也

二兩電氣同時發現　以二物體互相摩擦則必有兩電氣同時發現可由顯電器確証之卽一物體有陽電氣他物體有陰電氣而必發現同量之正負電氣但一物體如玻璃杆所發電氣不能限其爲何種葢從與之相摩物體之異而或爲陽電氣或爲陰電氣以左表內之二物相摩則前者爲陽電氣後者爲陰電氣

貓皮　佛蘭絨　象牙　水晶　玻璃　棉花

絲巾　人手　木質　金類　火漆　松香

硫黃　格搭伯查

例如以絲巾摩玻璃則玻璃爲陽電氣絲巾爲陰電氣而以貓皮代絲巾則玻璃爲陰電氣貓皮爲陽電氣也

第四節　電氣之感應卽附電

一定義　以電氣物體近無電氣之易傳體而不相切則其體亦有電氣在若干之相距內能如此者名曰電氣之感應 Electric influence. 又曰附電氣

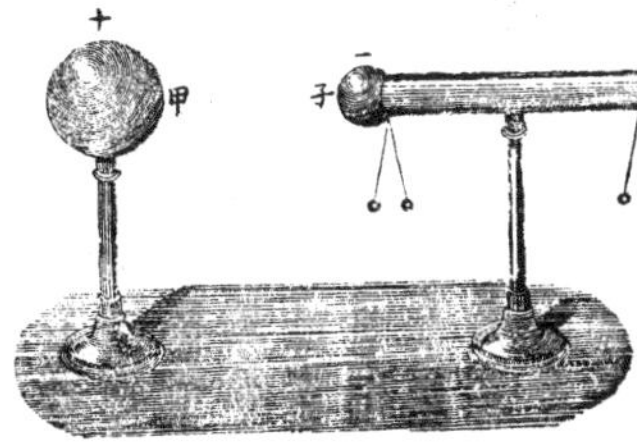

第四十二圖

實驗

一　以顯電器也以摩過之玻璃桿或松香桿近顯電器之頭則其擺已離開而去其電氣體則擺下垂如故

二　以顯附電器也卽如第四十二圖所示黃銅製之圓柱子丑其下絕緣而其左右各懸電

擺二箇更取黃銅球甲與圓柱對立亦絕緣與圓柱同今由玻璃桿或發電機詳後節使此球容電氣則圓柱上之擺互相離開而球若容陽電氣則左擺爲陰電氣而右擺爲陽電氣也設令甲子間置玻璃板或硬像皮等難傳體亦無妨也

二定律 如左二項

第一 凡無電氣之物體非無電氣也因其各部有兩性電氣相等而互隱故電氣不顯而此無電氣體可名之曰中立體

第二 以電氣體近中立體則中立體向電氣體之一半容電氣體所引之異性電氣彼一半容電氣體所推之同性電氣

論定律之原由 由前項之兩實驗觀之則無電氣體只須近於電氣體已含有電氣且據實驗二兩體間置難傳體如玻璃等亦無妨礙則非由電氣體之電氣之分與於無電氣體明也而所近電氣物體雖反復幾次其電氣毫無所失且其無電氣體雖一時含有電氣而如離開電氣體則復無電氣且此無電氣體非但現同性電氣更能現兩種電氣即在其相對之一端現相反之電氣也由是則知電氣非由分與而物體之中本含有之但所以不現電氣者必因相等相反之電氣互相消滅故能如此也

第二定律可由前實驗二得其証且可証此定律由第一定律與陽電氣陰電氣之定律相合而成也今從第一定律則無電氣體之各部含兩種電氣同大互相消隱故以陽電氣體置無電氣體之近傍則必引其陰電氣而推其陽電氣於是其無電之體一半現陰電氣他一半現陽電氣矣蓋由電氣感應而陰陽如此分解故名此現象曰電氣之感應也

三電氣感應與磁鐵感應之別 電氣感應與磁鐵感應雖似無別然磁性在物體兩種常併存而無自一物體移入他物體之事電氣則易傳體所生之附電氣與他物體相通或相切即能使其所推之電氣逸去而惟原電氣體所引之異性電氣在物體中留存及既離原電氣體則附電氣物體上之電氣能自運動而其物體爲含異性之電氣也

實驗 於第四十二圖所示以手指切圓柱則右擺下垂是被推之同性電氣爲指傳去之徵而後去其指更去原電氣體則異性電氣布滿於圓柱全體而下垂之右擺復離開

四由電氣感應所現之諸象

一電氣吸物也。電氣體之近傍置中立體，則其中立體於向電氣體之一半存異性電氣，他一半存同性電氣。蓋卽異性電氣被吸，同性電氣被推也。惟因電氣之力相距愈遠則愈弱，故吸力常勝於推力，而能成互吸之功用。

二電氣之分與也。若電氣體與中立體相切，則中立體中之均和電氣因感應而分解，其異性電氣與電氣體中之電氣相均和，電氣留於中立體中，故呈電氣自此體移於彼體之狀，但實則電氣並非彼此移

動，故實言之，不可謂之電氣分與也。

三尖端之吸收功用也。傳電體受電氣之感應，若其向原電體之端為尖者，則其異性電氣被吸而自尖端向原電體而流，以與相反之電氣均和，然其同性電氣因被推而仍留於本體之上，故原電體於此當失其電氣，而受感應之物體反現某種電氣，遂呈某物體之電氣由尖端移於他物體之狀，故人謂有尖端之物體能吸收他物體之電氣也。此功用在感應現象中最為重要，各種發電機、避雷鍼等皆依此功用而成，後節詳論之。

四顯電器之容電及驗知電氣也。以手切於顯電器之頭，而器旁置摩過之松香條，則器之頭上所有陽電氣當存留，而陰電氣自手傳去。今先使手離開顯電器，而後將電氣杆離開，則其擺因陽電氣（卽反對電氣）而互相離開。蓋因電氣能自頭通過黃銅管而移於擺中故也。今以含同性電氣之物體近其頭，則其擺愈離開；以含反對電氣者近之，則擺之離開當減。如上文所說。

五摩擦發電亦由於感應第一定律也。卽各處均和之電氣由摩擦分解，一種聚於受摩之物體，一種聚

於所摩之物體上。

第五節　物體上所有電氣之排列

一電氣所在　物體所具之電氣只在其表，而內部不見其跡，是由同性電氣相推拒，而其際電氣之移動雖稍有障礙，然在易傳體則甚微弱。

實驗

第四十三圖

一　如四十三圖所示，以金類實球絕緣，使為電氣體，而更取金類半空球二個與金類球須密合者，以之包圍實球片時除去，則其電

氣已在兩半球而原電體之實球已無電氣

二　如四十四圖所示以金類製短圓筒在其內外各設懸擺二箇而立於發電機上使發電氣則在外之擺互相離開而在內者無離開之事又如第四十五圖所示金類片所製之二輪以細長金類片四條子丑寅卯與金類絲二十四條互連之（但本圖欲其明晰唯示左面之二絲其餘悉省之）而細長金類片子丑寅卯之上端內外各垂細長紙片又於上輪之中徑所具金類板於其中央（即輪之中心）亦貼紙片二張密切下垂今以木桿立此器於發電機上而發電則外面所垂之紙片俱離開而內部所垂者絕不離開

第四十四圖

第四十五圖

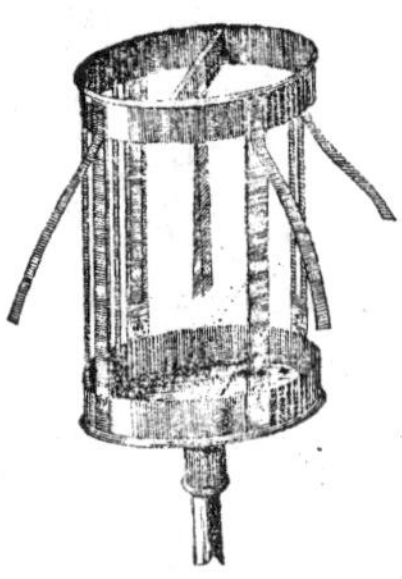

二電氣之壓力　電氣有欲自所處之物體離開之勢而在易傳體爲尤甚電氣如此向其周圍之阻電體上（例如空氣）上所施之壓力名曰電氣之壓力是可由推引他物體而顯之也

壓力之定律　某物體面上所有之電壓力關於其物體所含電氣之疏密即與其電氣量爲正比例與其體之面積爲反比例物體形狀亦於其電氣之壓力頗有關係在平面爲最小在球面爲隨處相等在卵形物體（第四十六圖）則因同電氣之相推而於彎度大處（即子端）爲最大於丑處最小也凡在物體之稜角及尖端亦爲最大又電氣在壓力最大之處傳過空氣最易故電氣每自稜角及尖端傳於周圍而電氣體若爲易傳體而其面又粗而不平則其電氣愈易散失在尖端則電氣流出更無休止

第四十六圖

說明　以面積相等之二金類球絕緣而其第二球較其第一球含電氣爲二倍或三倍則第二球上所有之壓力亦比第一球上所有者爲二倍或三倍又有二球其面積不等者含電氣同量而第二球面積較第一球面積爲二倍或三倍則第一球較第二球其電氣壓力亦爲二倍或三倍

三電氣推引力之强弱　磁力重力等皆從相距之遠近爲强弱其定律在電氣亦可通用即如左

二箇電氣體之間其推引之力與相距之自乘爲反比例

証明　確証有二法

一　擺動法 Mothod of oscillations. 也如第四十七圖所示以絲橫懸一舍雷克之小鍼子其一端連金類之小空球丑其旁置絕緣之球甲今若甲球並小球丑俱容有電氣則可由甲球而使舍雷克之小鍼擺動丑球及甲球之電氣若爲相反則其小鍼之位置如本圖所示甲丑兩球若含同性電氣則互相反對今使其鍼稍斜但仍

第四十七圖

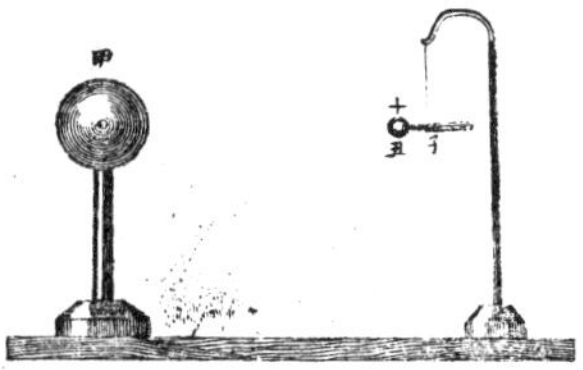

在水平面則水平懸擺當沿垂綫軸而擺動故可由其擺動測定甲球電氣所受丑球上電力之強弱今以酉代甲丑兩球在某相距之擺動時刻則兩球相距若爲二倍三倍或卯倍時其擺動時刻大約當爲二酉三酉或卯酉但懸擺之擺動時刻常與起動力之平方根爲反比例故今在相距爲一之際擺上所受之力以亥代之而甲丑二球相距爲卯之際所受之力以亥代之則得

$$\frac{卯酉}{酉}=\frac{\sqrt{亥^2}}{\sqrt{亥^2}}$$

約之得

$$亥=\frac{卯^2}{亥}$$

故甲丑兩球間所有之

電力與其相距自乘爲反比例

二　由扭力測器 Torsion balance. 此器係果倫白 Coulomb. 所創一千七百八十七年第四十八圖所示者是也今先說之甲爲玻璃筒上有蓋蓋之中央有孔此孔內容玻璃管寅管內懸金類絲下垂至筒中銀絲或鉑絲金類絲之上端繫於圓板丑之中心而丑板之周圍劃度數而可旋轉由寅管上所具之劃線測得其圓板旋轉之度又金類絲之下端繫一金類小柱未而橫貫一舍雷

第四十八圖

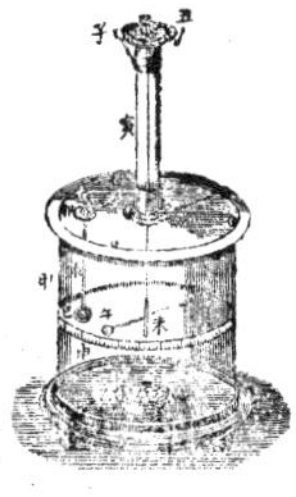

克鍼使爲水平形此鍼之一端連樹心小球午其小球常對劃度之圈申小圓板丑若旋轉至某度數則舍雷克鍼亦變位至同度數上蓋中更有一孔卯懸垂舍雷克桿辰其一端連有軟木小球巳使劃度之零度與此小球互相對又在圓筒底置小皿乙以盛鈣綠使器內之空氣乾燥也

果倫白用此器試驗如下即於小球巳容電氣而插之於卯孔中午球與巳球相切之後午球亦受與巳球同性之電氣而被巳球所推成三十六度之角乃旋轉圓板丑而使鍼之偏斜角減至十八度則其圓

板所須旋轉之度爲百二十六而午球之距巳球初爲三十六度今爲十八度卽爲二與一之比而含雷克鋮所繫之金類絲其旋扭之度初爲三十六度後爲百四十四度卽一八加一二六爲一與四之比故推力正與相距之自乘爲反比例也由此觀之則電氣之推引力必與相距之自乘爲反比例明矣

第六節　電發火光及雙感應

一電火光　含相反電氣之二物體互相近至電氣能抵過空氣之度則發光與爆聲此現象名曰電發火光由於相反之電氣通過空氣而均和也

實驗

第四十九圖

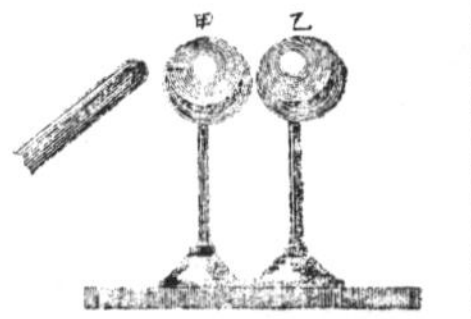

一　取玻璃柱絕緣之金類球二箇第四十九圖相向對立以摩過之玻璃桿近其一球甲則其球爲陰電性他一球乙爲陽電性今先將乙球離開後再去含電氣之玻璃桿則兩球中含有相反之電氣而後使兩球相近至相距極小則其間有火光飛出而兩球之電氣俱失以此觀之則兩性之電氣爲通過空氣而均和也

二　以某易傳體例如指或連金類桿之金類球見第五十圖近電氣體甲則亦發火光卽其

第五十圖

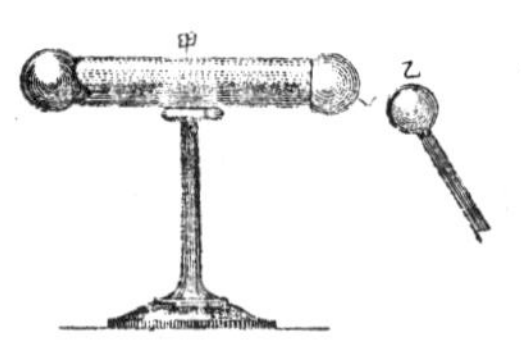

物體受電氣體之感應而兩性分解異性電氣被引同性電氣被推故相對之兩電氣能勝空氣之力至極强則兩電氣通過空氣而均和以發火光

第五十一圖

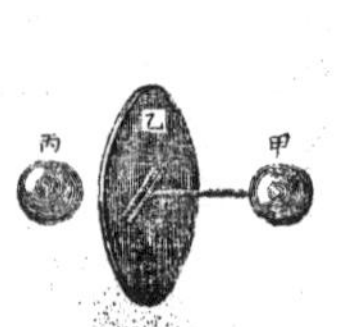

二雙感應　電氣體與中立體之間置絕緣體尙有感應之力卽第五十一圖所示之丙爲陽電性之易傳體乙爲玻璃板或硬像皮板甲爲易傳

體而其梳形對乙板則丙之陽電力加於乙及甲上而甲乙二體向丙之面俱爲陰電性背丙之面俱爲陽電性惟金類爲易傳體故由梳之尖端移於板上之陰電氣較板上因丙所生之陽電氣其量爲多故陽電氣既消失而餘賸之陰電氣尙流布於板上如第五十二圖所示如此由丙傳電體與甲物體而板上發生電氣故里斯Riess.氏名此現象曰雙感應後節所論各種感應發電機皆基於此理者也

第五十二圖

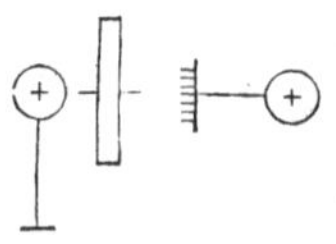

第七節　附增電器

第五十三圖

第五十四圖

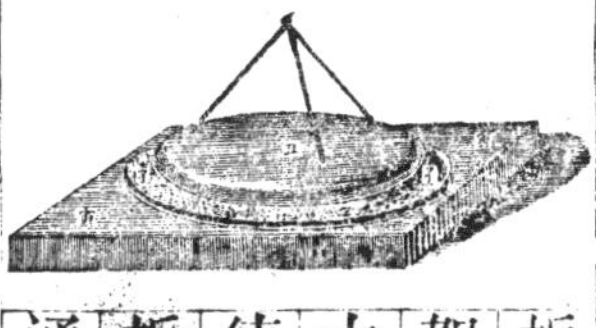

附增電器 Electrophorus. 乃一千七百六十二年衛耳起 Wilcke. 所創一千七百七十五年弗打 Volta. 所改良法以不含氣泡之松香或硬像皮板第五十三圖之乙嵌入金類製之淺盆中或如第五十四圖所示松香板子置於較大之金類板或糊錫箔之木板寅上而使之發電氣以金類板丑蓋於其上丑板上有玻璃柄或絲線可以提起而不通電

一現象　附增電器於欲用之前稍温之後以絨布摩擦松香板或以狐尾及猫皮撲擊之則含陰電氣而其所現之像如左四項

一　松香板上蓋金類板丑而不使與他物相切即舉起之則其金類板上無電氣

二　以手指按金類板然後舉起則其金類板含陽電氣以指頭近之則爆爆放光

三　將金類板蓋於松香板上而以指頭按金類板同時更以他指頭按金類盆則覺電氣之擊人而抽搐也

四　金類板蓋於松香板上雖置之一月之久尚可存有電氣又松香板不須屢屢摩擦以生電氣雖連用數次亦不失其力

二前現象可就電氣感應說明之如左四項

第五十五圖

一　陰電性之松香板引金類板之陽電氣至下面而推其陰電氣於上面當如五十五圖所示令舉起金類板則其板上分解之電氣復均和而無電氣

金類板之上面存陰電氣可用易傳電之雙擺置於其上以証明之即其擺能離開而知電氣未均和且驗之知為陰電氣也及舉起金類板則其雙擺忽然下垂

二　舉起金類板之前以指按之則陰電氣由身體而入於地中陽電氣因松香板上之陰電氣而留存然後去指再舉起金類板則板上獨留陽電氣以指頭近之爆爆發光

三　金類盆若不絕緣則當因松香板之陰電氣而為陽電氣而金類板之上面為陰電氣令以指同時按盆與板則陽電氣自盆向板陰電氣自板向盆兩

者其由手過故其際必覺抽搐在一傳電體中兩性電氣如此之反對行動名曰電行其行動只在一瞬者名曰電擊

四　松香板之所以能久存其電氣者因兩電氣能互相保守而又不能均和也加金類板者不過防空氣傳去其電氣爲稍有益耳而盆中之陽電氣對松香板上之陰電氣亦與上板相同

第八節　發電機

欲得電氣多量以發電機 Electric machines 爲最便凡發電機略別爲三種即如左

一摩發電機　自三要部成即受摩者摩之者及聚電者是也

第一　受摩者爲玻璃板或玻璃製之圓柱

第二　摩之者爲塗汞膏之布或皮革皮塗汞膏之法先敷以蠟或脂油次傾水銀於其上而摩之

第三　聚電者即積聚電氣處爲黃銅製之空球或圓筒而用玻璃足絕緣

一尋常摩電機之構造　第五十六圖所示者摩電機之一也受摩者爲玻璃圓板而其旋轉軸卯寅亦玻璃所製其一端用玻璃足中支撐他端貫於木柱中摩之

第五十六圖

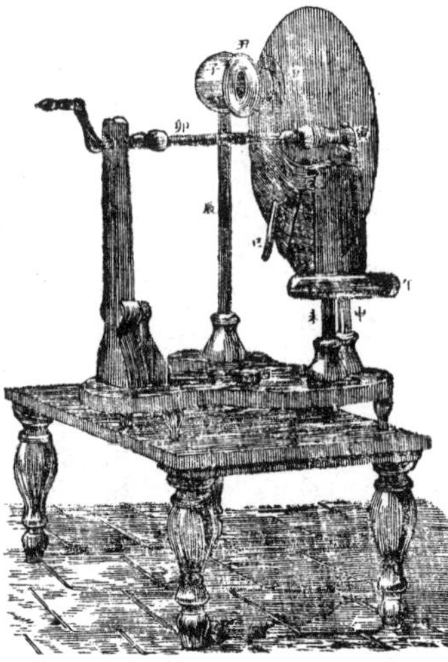

汞膏布嵌於木匡中其木匡用玻璃足未支之聚電部子 Conductor. 有收電器丑 Sucker 此收電器之向玻璃板處設金類製之鍼數箇排列成梳而其尖端須極近玻璃板摩處之匡下亦具一聚電部午

二摩電機發電之理　旋轉玻璃板則與塗汞膏之皮革相摩擦而玻璃板爲陽電性摩過之處轉至收電器前則聚電部感應其陽電氣而其陰電氣爲玻璃板所引由收電器之尖端而移於玻璃板上與其陽電氣相均和於是聚電部子只留陽電氣

三用摩電機時當留意之端　玻璃兩面須遮蠟布以防自摩處至收電器之間玻璃板上之電氣逸入空氣中也然此蠟布有易離開之患故須如圖中所示之巳持之用此機時欲發電甚盛則當玻璃板未轉之前須

先以煖布温煖玻璃板並玻璃足等且須細心拭之若欲其發電更盛則當在温室內用之且須於其機之近傍置火以除水濕氣編者云余在德國留學於夏時試摩電諸機發電甚盛然在本邦從余所經驗夏季試驗摩電機絕不顯電是關於空氣中水滊氣之多少而然也

因欲使摩處所生陰電氣易於移開故須用傳電線通其聚電部午於地中卽摩過而已發電之處欲再摩擦之而發電則其所發之電氣必須急傳去之塗汞膏者亦因此也

若將摩處之聚電部午絕緣而通聚電部子於地中則於摩處之聚電部午上積聚陰電氣而可放陰電之火光以行諸他實驗

第五十七圖

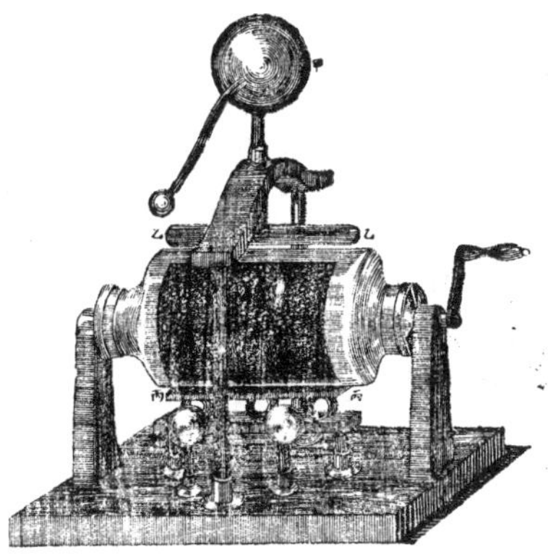

第五十七圖所示者爲玻璃圓柱所造之發電機全形也甲爲聚電部丙乙乙爲收電器丙丙爲摩之處丁丁爲此摩處之聚電部其玻璃圓柱旋轉而受摩之狀不俟更言而明矣

摩電機係一千七百四十四年德國物理學家好孫 Hausen. 活因克留 Winkler. 部司 Bose. 等所創現所廣行者乃一千八百五十年活因偷 Winter. 所創也諸物理學書中或以此發電機爲蛙脫文搿列克 Otto von Guerike. 所創者非也蓋當時尙未經格來 Gray. 考得物體之傳電與不傳電故也

二吹汽發電機　此發電機一千八百四十年英人阿姆斯脫郞 Armstrong. 所創使水汽自鍋爐經細木管而吹出則汽及其稍凝之水點摩擦木管內壁而汽爲陽電性鍋爐及木管爲陰電性

第五十八圖

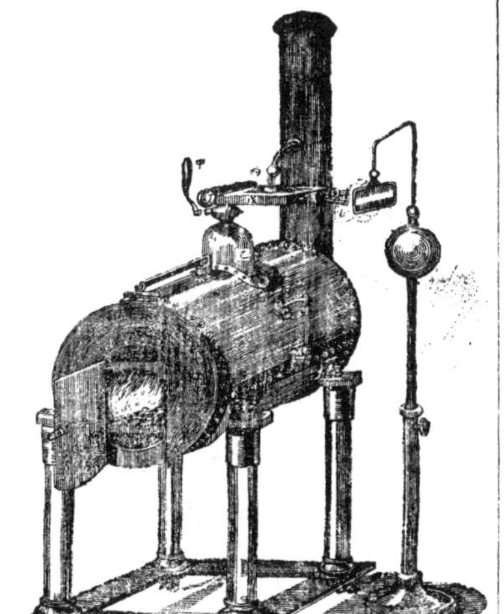

第五十八圖所示乃吹汽發電機其大小爲中等而其鍋爐徑四十四生的邁當長九十六生的邁當下

具玻璃足四個此鍋爐與輪船所用相似在爐中加熱視本圖自能解之

此鍋爐之上有帽形如乙在此連黃銅短管其管可由活塞（活塞由柄甲而旋轉）開閉其短管上端有螺旋可旋吹汽口於其上

第五十九圖

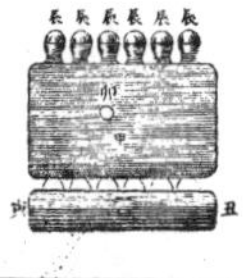

第五十九圖乃具吹汽口之全器自上面視之形而汽先至生鐵管丑寅（即第五十八圖之丙丁）中其後至橫列之六管辰辰而吹出其六管在黃銅製之箱甲中此中盛冷水使管中吹出之汽稍凝成水點而增其功用

甲箱上蓋之孔卯上設黃銅製之管以與煙囱相通（就五十八圖觀之）由此使甲中所生之汽能逸出

第六十圖

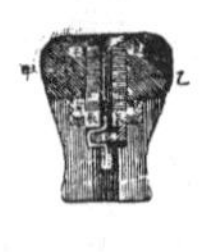

第六十圖乃吹汽口之直剖面而其大小為實物之半管之末端旋定黃銅管甲乙其管中嵌木管子丑寅卯此木管為吹汽管之末端由黃銅短圓管辰辰嵌住而此短圓管又為黃銅管甲乙所具螺旋旋定之又圓管辰之前置黃銅板巳一片是汽至吹出口中必沿圖中所示之曲路而行也

今取五十九圖所示之器旋定於鍋爐之上至汽之漲力已足則以五十八圖所示之柄甲開活塞汽乃因漲力而自六孔吹出鍋爐忽為電氣性而其逸出之汽所容之電氣與鍋爐相反此際欲電氣強盛則務使汽所含之電氣散去為最要法於水汽吹出之路上置銳尖金類片數條而其金類片連於黃銅製之聚電部以導入地中如欲驗汽中所含之電氣實與鍋爐中之電氣相反與否則須以玻璃足使此聚電部絕緣而令鍋爐通地

吹汽發電機能在三十秒時內使有三十平方得夕邁當面積之電池（即多來頓瓶相連）含足電氣所以能發如斯強盛之電氣者實因含有水點之汽急速吹出之際摩木管之壁而生決非僅由汽而發也人若開鍋爐之萍門雖發汽不絕而僅一瞬內電氣已盡失可以知其然也

欲發電氣必使凝成之水點與汽之逸出者同自管中吹出故須用凝水器第五十九圖之甲是也但吹出之管若極長則不用凝水器亦可

三感應發電機　此發電機之發電非由摩擦而由雙感應之理反復感應其發電之盛遠非摩電機之所及也凡感應發電機就其創造與改良變形之次序別為三種

第六十一圖

第一　呵此（一譯候氏）Holtz. 之感應發電機也。此器於一千八百六十五年呵此所造，如第六十一圖所示，為其全形。以圓形薄玻璃片兩塊，徑約四十生的邁當，於相距極近處對向並立。其一片比他一片稍大（於本圖其後一片稍大），其大者定連於厚像皮板巳上。前面一片，可由曲拐午及絲索而沿横軸卯卯′旋轉，向箭所示之方。又定連之圓玻璃上，在子及子′有相對之二缺口，於其後面貼紙片丑及丑′。又有金類尖齒梳寅及寅′（即收電器），與紙片相向，且與旋轉之圓玻璃相切，是為聚電部。其下以松香圓桿或玻璃圓桿支之，其旁又分枝，而一端為球，二球有木柄卯及卯′，能使之遠近隨意。

今欲使此機器旋轉而發電氣，當先使定連之圓玻璃上所貼兩紙片之一，具電氣性（法用猫皮摩松香板，而傳於所貼紙上），而後用曲柄午，使彼一圓玻璃旋轉，於是使聚電部之球相離（但其相距須不甚遠），則在兩球間見火光爆爆飛過。今假定紙片丑初所得之電氣為陰性，則因雙感應而旋轉之圓玻璃之一分，其前面與後面俱發陽電氣，而同時前面推陰電氣，使移於聚電部之尖端寅，而圓玻璃之一分旋轉至不對紙片丑，則其兩面所有電氣由感應之理，使後面定連之圓玻璃上起陰電氣，而與之相結合。然再旋而此一分對缺口子′，則變其陰陽，即前面所有陽電氣移於聚電部之尖端寅，後面所有陽電氣移於紙片丑′上所有鈎缺口突出之尖端，而其紙片為陽電性，其電氣性與丑相反，於是紙片丑′所有之陽電氣使旋轉之圓玻璃上起電氣，全與紙片丑同，即由雙感應之法，於旋轉之圓玻璃之兩面發陰電氣，而推陽電氣移於聚電部之尖端寅′，遂在兩聚電部寅及寅′中積聚相反之電氣，且因圓玻璃旋轉無間斷，故在聚電部之兩球之間起反對電氣交換無間斷也。又於兩球間置易傳體，則電氣互欲和合，當通過無間斷，但兩聚電部寅及寅′若不相通，則其電行雖不連續，而兩球相距不甚遠，則在其間頻見火光飛過，如上所記。此際若使其相距較遠，或增聚電部之面積，則放火光之數雖減，然其電力當增盛。欲增聚電部之面積，宜在金類柱辰及辰連來頓瓶。以其內面連聚電部寅及寅'。發電甚盛之際。此機之功用能猝然中止。而後生相反之功用。卽聚電部上之電壓力。較相對之紙片上之電壓力大。則其電氣不從旋轉之圓玻璃。移於聚電部。而反從聚電部移於圓玻璃。旋轉至半周之後。更移於他紙片上。使其紙片蓄有相反電氣。故其功用全反。今若欲防止其相反之功用。當在此機上。更置一聚電部寅'。則電氣自聚電部寅及寅'移於圓玻璃上之際。其相反之電氣。不待到次紙片。而能直相和合也。

第二 土披流 Töpler. 之機也。其創造與呵此同時。若使此機旋轉。電氣自發。不必先使電氣通入。惟其理與第三機同。故省之。

第六十二圖

第三 威姆夏斯脫 Wimshurst 之發電機也。是亦就呵此之機改良者。發電時不須通入電氣。但旋轉之。已能發電。且不必甚防水濕氣。故現今大小學堂講電學時。多用此器。

第六十二圖卽威姆夏斯脫發電機。甲爲圓玻璃片。甲之背又有圓玻璃片乙。（在甲背後。圖中不見。）其大小與甲同。與甲相距半生的邁當。並行對立。由木架丙上所載之橫軸。互反其方向。沿垂線面而旋轉者也。但其木架後面有與丙相同之二足。由二橫桿在下互連之。故其兩玻璃片置於二丙足與在後面二足之間。又兩玻璃片。其兩面均塗舍雷克漆。且其外面之近邊處。貼錫箔或薄黃銅之片十六條。但其各片相距俱等。角度亦相同。丙之頂點。連有玻璃圓桿。橫置於水平面上。此圓桿之兩端接黃銅桿成聚電部。已已'卽是也。黃銅桿一端具收電器子。卽沿兩玻璃片之外面而挺出者。又具放電球。此球設有絕緣之柄辛。

庚庚'爲黃銅條。與所連之帚。而其中央由丙內面所設之黃銅環支之。而向玻璃片漸彎。對錫箔之中央。其兩末端爲極細之黃銅絲所成之帚。稍切於錫箔。但庚庚'與己己'須斜四十五度。他一玻璃板之外面。亦具有與庚庚'相同之帚。與庚庚'成直角。

使此兩玻璃片相反旋轉者。爲二帶。（一爲直帶。一爲十字帶。）此二帶自輪戊及與戊平行而同軸之輪。繞至兩玻璃片之

旋轉軸上所設之小輪但兩玻璃片雖如定於同軸然所以互相反向而旋轉者與後所改頁之器大同小異故不細述之

今欲使此機發電則先使在辛他端之球相切由曲柄丁使玻璃片旋轉後使其球徐徐相離則爆爆放火光人之所盡知也

此機自能發電之理今據後藤牧太之研究述其大要因欲便於圖解故改威姆夏斯脫發電機爲二玻璃圓筒所成其旋轉之軸同而方向相反其面貼有無數錫箔條如第六十三圖所示爲其剖面而甲及

第六十三圖

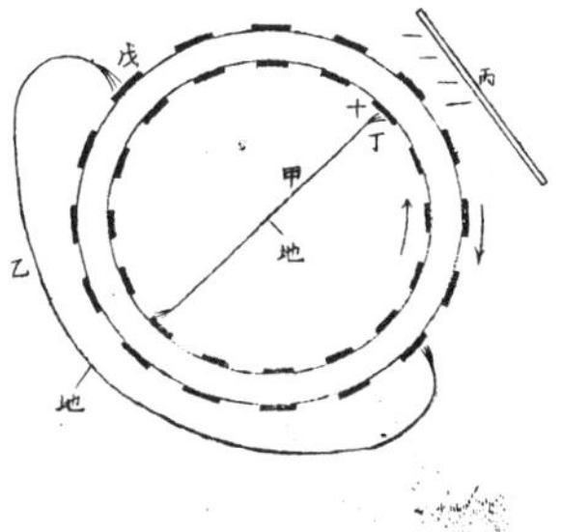

第六十四圖

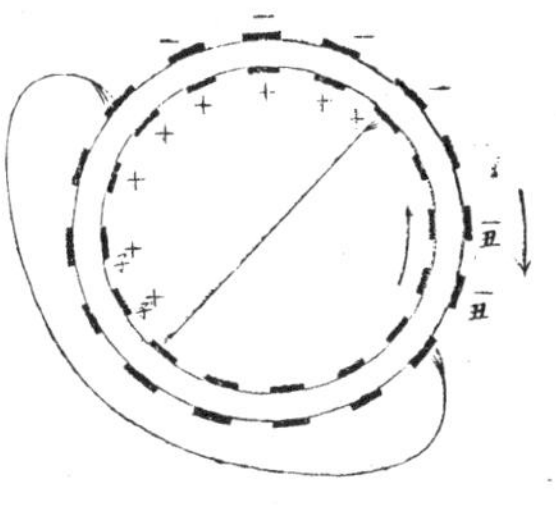

乙卽黃銅棒位置成十字形以接連相對之錫箔條今以貓皮摩過之松香桿近之如丙而旋轉機器向箭所示之方則丁處感應松香上之陰電氣內圓筒

之錫箔發陽電氣又各轉一象限後則戊處感應其陽電氣外圓筒之錫箔發陰電氣當如第六十四圖所示既如此而再轉則由子子及丑丑感應發電如

第六十五圖

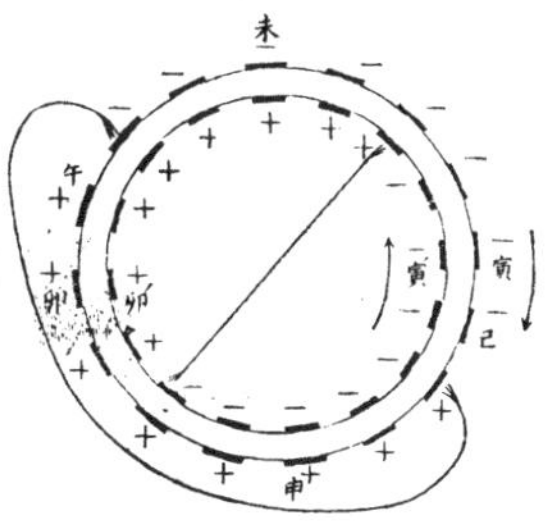

六十五圖明矣

其發電既如六十五圖則電氣當從旋轉而益强其理如左卽發電既如本圖之狀其機恒欲起與箭所示方向相反之旋轉而成如第六十六圖所示之形今使其依箭而

第六十六圖

旋轉則是反此性也故此機雖全無摩阻力而此際向箭轉動不能依恒性之定律不再加力但所費之力當變爲分離電氣中之位置儲畜力故其電氣益强若此機之摩阻力極小而將巳與午(第六十五圖)連於他發電機之聚電部在巳傳陰電氣在午傳陽電氣(於寅寅傳陰電氣卯卯傳陽電氣亦可)而發電不絕則此機當自旋轉是卽使分離之電氣爲工作以轉動機器也此機若向箭所示之方旋轉則寅寅及卯卯置收電器而反旋轉之則須移其器於巳及午

以上欲易理會故設用松香桿以說明之用此機之際實不必須之只須甚微之原電氣此機已能起動據數次試驗空氣在室內發電似已能爲松香桿之用法於試驗之際點煤油燈

第六十七圖

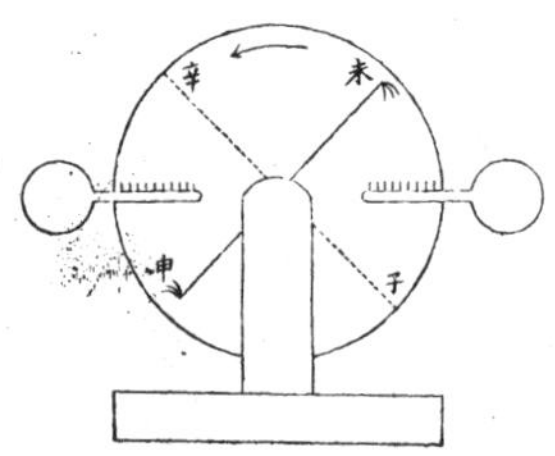

使室內之空氣起陰電氣或用摩電機起陽電氣則能在此機聚電部之一（例如在右面者）使發陰電氣或陽電氣而生電不絕云

第六十七圖所示者爲威姆夏斯脫器之略圖未申爲在前面之十字形之通電桿而前面之玻璃片旋轉向箭所示則發電之空氣即原電氣在通電桿未端之裏面爲最多何則申及子俱在下面而辛之前面近於旋轉此機之人（無論露天與室內原電氣距地面或與地面通之物體愈遠則愈强）故發電之空氣在未之裏面爲發電松香桿之用

威姆夏斯脫近就以上之發電機改良變形而愈便即如左

第六十八圖示此器之全形第六十九圖示過圓玻璃中心之直剖面第七十圖示沿聚電部之横剖面

第六十八圖

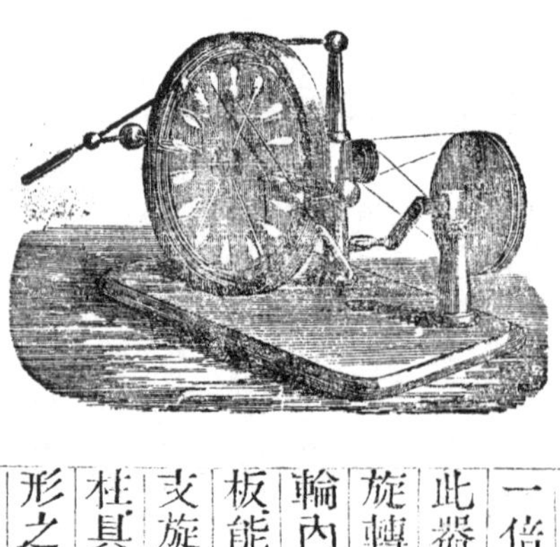

之一半而較前圖放大一倍

此器與前者所異因其旋轉之圓玻璃在一圈輪內且兩面有玻璃蓋板能遮塵埃及濕氣

支旋轉之圓玻璃之木柱具横圓孔其中容管形之圓桿此圓桿之一端於二環之間嵌定圓

第六十九圖

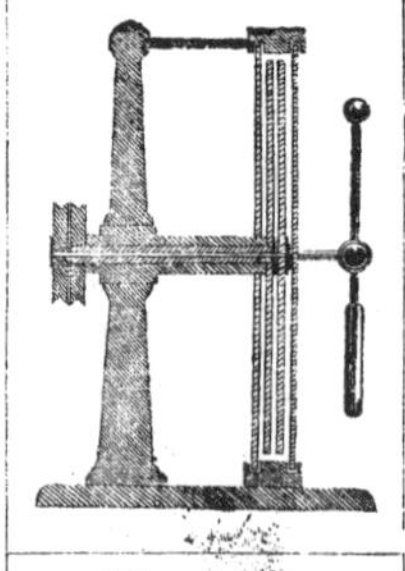

第七十圖

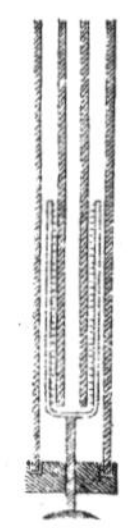

玻璃即旋轉圓玻璃此玻璃中有孔可插圓桿而以外環螺定於此

管形圓桿之他端具有一小溝輪而管形圓桿內所容之實體圓桿挺出於兩端之外此實體圓桿一端亦爲旋轉之圓玻璃他一端亦爲小溝輪與前者無異以上兩圓玻璃相距約半生的邁當俱塗含雷克

淥近邊處貼錫箔或薄黃銅片各六條各條之相距俱同且其所成之角亦俱同如前機

此兩圓玻璃以貼有金類薄片之面向外各嵌任於圓桿之一端而四周有像皮板之圈輪周繞圈輪之內面有凹溝以容玻璃葢板卽葢旋轉兩圓玻璃之不動玻璃此像皮圈輪因欲嵌合於玻璃葢板故自其頂與底剖開後面之玻璃葢板於其中央穿孔而容管形圓桿像皮圈輪在頂及底之分開處具像皮片而在底者定於臺板在頂者定於木柱上端挺出之小木桿故能支之而不活動

在像皮圈輪徑上相對之側面與圓玻璃旋轉軸成正交之處橫置一黃銅桿其內端爲金類之叉叉之兩分枝沿旋轉圓玻璃之側面而具細針尖以爲聚電之用如第六十八圖黃銅桿之外端插放電桿卽通電器之枝桿此放電桿有像皮柄能使此桿運動隨意

不動之圓玻璃各在其內面之徑上附塗塞門德土之金類小短管其內有錫箔或極細黃銅絲一束切於旋轉圓玻璃以與玻璃上所貼錫箔相通而不動之圓玻璃能在像皮圈輪中移動使黃銅絲之束在適宜之角度須與聚電叉之面成四十五度之角也

旋轉之圓玻璃一由直帶一由十字帶旋轉之而由雙溝輪使兩帶進退此輪定於木柱所貫之圓桿上而此圓桿有柄以供旋轉之用

欲其試驗之蹟靈準故連小來頓瓶於通電部如第七十一圖所示

第七十一圖

此發電機自能發電固不俟論而因空氣之狀態其所發之光能長四分旋轉圓玻璃徑之一至二分之一

第七十二圖

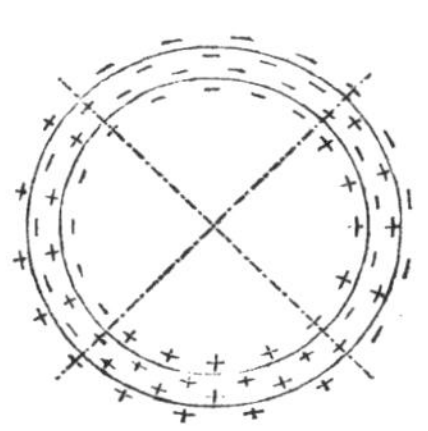

威姆夏斯脫設第七十二圖所示之簡明圖以明此機發電極盛時其玻璃面上所有電氣分布之狀以正負號所成之內圈示二圓玻璃前面之電氣二黑圈中所有二正負號圈示二圓玻璃間之電氣其外面之正負號圈示二圓玻璃後面之電氣者也

第九節 聚電器

一定義 附增電器及發電機唯能於某電體上發生電

氣至一定之度而已而其傳電體之電壓力若與電源之壓力相等則已達其度也今欲在並行而隔開之二傳電體中收聚多量之兩種電氣則須所謂增電器 Electric Collecting apparatus 卽一傳電體與地通其一絕緣體而自一球通於電源其前者名凝電體 Condenser 後者名聚電體 Collector.

二首要之增電器 其首要者如左

第一 係一千七百八十二年弗打 Volta. 所設之增電器用以聚電氣至能測極微電氣之壓力爲度

此增電器爲增電及聚電之二板所成兩板俱爲黃銅所製而其相對之面塗漆或以薄玻璃中隔之聚電板定於絕緣之臺上或旋於金箔顯電器之上端如第七十三

第七十三圖

第七十四圖

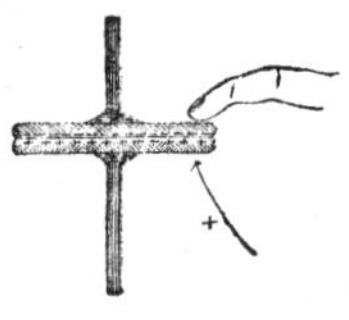

圖所示而上板卽增電用之板具絕緣之柄今使此兩板相疊如第七十四圖所示以弱陽電性之物體切於下板卽聚電板則上板之

陰電氣被引而其被推之陽電氣若切以手指則可傳去今因兩金類板上相反電氣之交互功用而其聚於下板者當加增而舉起增電板則兩金箔擺離開卽如第七十三圖

第二 來頓瓶又號克來斯脫瓶用以聚多量之電氣者卽玻璃瓶內外糊錫箔約至瓶高三分之二內面之錫箔名內銜器 Internal coating. 在外面者名外銜器 External coating. 其他處皆敷漆上有木塞或木蓋蓋之中央直立一金類桿桿之上端爲球下端有鏈垂下切於瓶底第七十五圖及七十六圖所示卽是也

第七十五圖

第七十六圖

來頓瓶係一千七百四十五年德人克來斯脫 Kleist. 所造明年和蘭國來頓府人肯諾斯 Cunäus. 亦造此瓶故一取造者之名一取造者之府名以名此瓶焉

來頓瓶中聚電之法及其放電之法分說如左數項惟世稱某聚電器之聚電氣曰容電故以下往往用此語

一容電法　欲容電氣於來頓瓶法以其球切於某發電機之聚電部或如第七十七圖所示置瓶於桌上而以金類線與發電器相連或以球近發電器至其間火光能飛過爲度或又使其球與附增電器已容電者之金類板反復相切相離此際瓶之外衛器須與地相通只須人手持瓶已可與地相通也今球所近之聚電部若爲陽電則內衛器同爲陽電性而外衛器爲陰電性於是內衛器爲聚電之用外衛器爲

第七十七圖

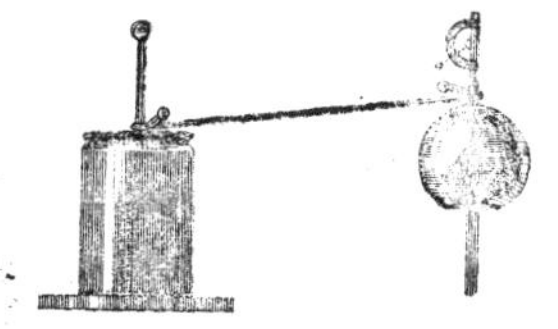

增電之用球及與球相連之內衛器先受陽電氣則外衛器受其感應而吸引陰電氣推陽電氣使之逸去地中外衛器之陰電氣引內衛器之陽電氣務欲相近故陽電氣經過球及金類桿而至向玻璃之錫箔面上因此球及金類桿中所有之壓力減少則陽電氣又能自聚電部行向玻璃之錫箔上其陽電氣亦引外衛器之陰電氣而推陽電氣而其陰電氣又引內衛之陽電氣如第七十八圖兩電氣之交互功用如此故來頓瓶所

第七十八圖

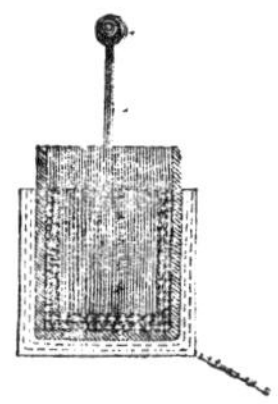

得電氣較單獨電體所能現之電氣其量更多但至內衛器之獨存電氣（卽不由外衛之陰電而留存者）與發電體（如聚電器）之陽電氣壓力相等則爲容電最多之度而電行遂止

二放電法　內外衛器之間相連而能傳電則此瓶卽將電放去此時兩電氣互相對行而均和其電氣之移動謂之電行其電行乃少時卽止故謂之電擊二電對行同時通相距甚短之空氣中則放火光且發爆爆之聲放電之際以一手握外衛器以他手切球則兩電氣自人身通過故手腕之骨節覺痛刺而搐搦若欲避此不快則須用放電器放電器乃相連之二金類桿其末端俱有球且有阻電之柄者如第七十九圖所示卽其一也二金類桿上連子丑之球下俱連於寅活節而連玻璃桿卯又第八十圖所示爲最簡之放電器乃像皮管中穿金類絲其兩端各具一球放電之際若欲使其電擊過某物體則用亨利Henley.之放電器此器如第

第七十九圖

第八十圖

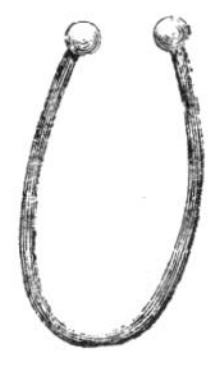

第八十一圖

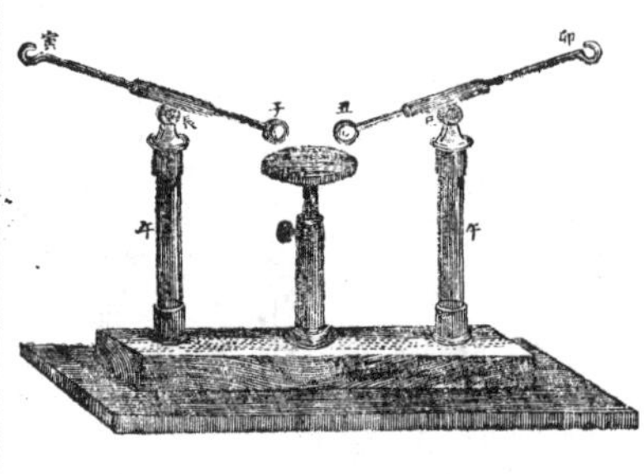

八十一圖所示爲二黃銅桿子寅丑卯能在辰及巳處進退與旋轉而由玻璃桿未未支之中爲置受繫物體之臺

三餘存電氣及漸放之電　如左二項

一　來頓瓶放電後再以放電器近之能生第二次電擊惟其力較微間有能生電擊三四次者此即第一次放電後所餘存之電氣也解此現象當視作在內外衛器兩錫箔上之電氣稍侵入玻璃中而其一分於第一次放電後始返錫箔上故能生第二次電擊也第八十二圖所示之分列瓶可解明此理此瓶造法極簡即瓶之內外衛器俱爲金類筒而中有玻璃隔之今以電氣容入此瓶後分列三處而放去兩金類筒上之電氣其後再將三者連合則此瓶尚見有弱電氣存

第八十二圖

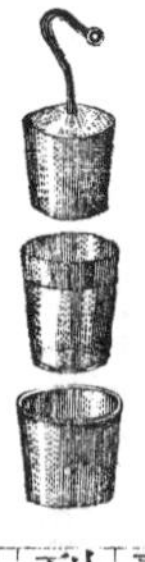

二　來頓瓶在絕緣之臺上而以指迭更近其球與外衛器則發小火光而其電漸漸放去即內衛器之陽電氣量雖較外衛器之陰電氣稍大然因手指近之而奪去球上之陽電氣若干則其所餘之陽電氣力已不能留住外衛器之總陰電氣故能令陰電氣放光其後內衛器之陽電氣再較外衛器之陰電氣多故可使球上之陽電氣更放火光如此反復可放小火光至於無數惟行此實驗用後所論弗蘭克令板爲最便

四來頓瓶之功用　分說如左四項

一　瓶上含有陰陽兩電氣

二　兩電氣較聚電部上之電氣强

三　兩電氣之互功用爲至易顯蓋因兩者唯以薄絕緣體中隔故也

四　兩電氣互相留住故能久存

五多連來頓瓶　欲來頓瓶之電氣功用比一瓶更强則宜從第五節所論電壓力之定律與本節一所述之理數瓶相連而成所謂多連來頓瓶又名電池Electric Battery.是也法糊錫箔於一箱內以總聯其外衛器中置數瓶而由各金類桿連球以使其各內衛器相連如第八十三圖

第八十三圖

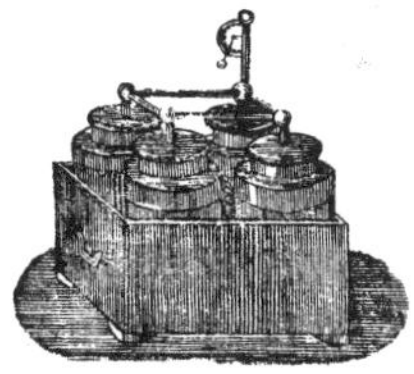

第八十四圖

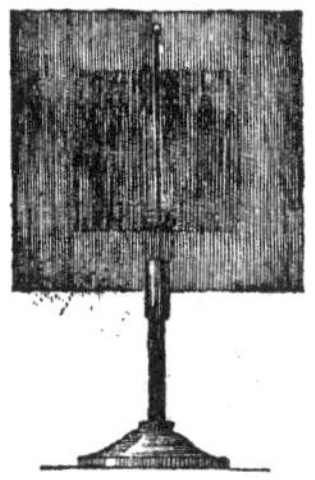

第三弗蘭克令板　弗蘭克令Franklin板即來頓瓶之變形也。

此板爲四方玻璃板所成周圍留澗六生的邁當許敷漆而中央糊錫箔立於臺上如第八十四圖所示其容電與放電之法與來頓瓶毫無所異。

弗蘭克令板實驗第三條之二所言之現象爲極便行此試驗須於兩面俱設電擺例如以手指切其後面而以聚電部近其前面則陽電氣布滿於其錫箔上而於後面引異性電氣推同性電氣則惟異性電氣留於後面明矣故前面之陽電氣稍有多餘而其電擺離開如八十五圖所示今以指切其前面則其電擺垂下而後面之電擺當離如此反復數次則當見電擺亦反復離開與垂下若干次。

第八十五圖

兩面之異性電氣量所以不均者觀下文所述自易明之如以(戊)代傳於前面之陽電氣量則在後面被引而留存之陰電氣量當不與(戊)相等而必較(戊)稍小即爲$\frac{戊}{卯}$卯爲正分數蓋因兩者之間有玻璃板其厚薄即爲其相距故也故$\frac{戊}{卯}$所引而留於前面之陽電氣量$\frac{戊}{卯}\div卯$即$\frac{戊}{卯^2}$今以(甲)代前面之餘電氣量則當得$戊\left(1-\frac{1}{卯^2}\right)=戊-\frac{戊}{卯^2}=甲$由是觀之則雖增電器亦不能容電氣至無限而至其(甲)即獨存電氣之壓力與電源之壓力相等則止矣。

第十節　摩電氣之功用

一器具上功用　即聚電部中之電氣所有推引功用及電火之破物功用是也而其一於發電機能成之二以單來頓瓶或多連來頓瓶能成之

實驗　分說如左數項。

一　在金類桿之上端連圓板而於其周圍垂紙片如第八十六圖其下端甲立於聚電部上則其紙片互相離開張開如傘又在此處置電擺見第八十七圖並立象限測電表見第八十八圖或置垂髮之土偶則皆由同理而現同象。

第八十六圖

第八十七圖

第八十八圖

第八十九圖

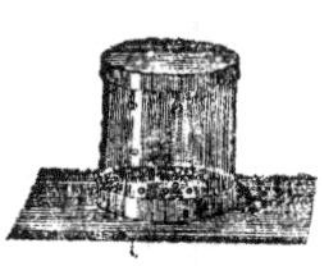

二 短玻璃圓筒上下兩端俱以金類板蓋之而下板通地筒中置小樹心球上板通聚電部則每發電時小球必跳躍甚活如第八十九圖所示

第九十圖

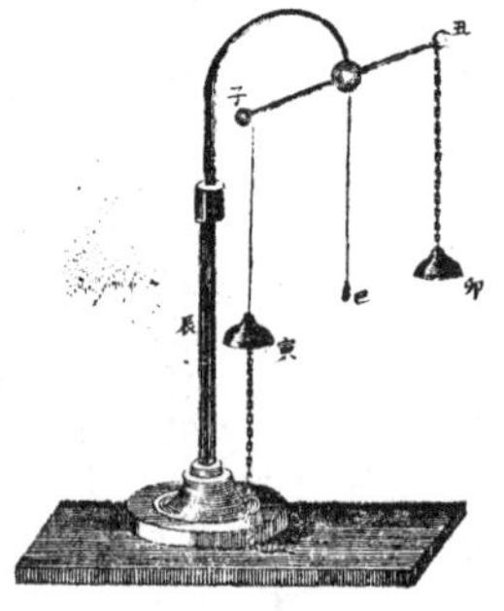

三 電氣鳴鐘也如第九十圖所示以玻璃柱辰使金類桿子丑之電氣絕緣此桿懸二小鐘寅及卯寅繫於絲線卯繫於鏈而兩鐘之間以絲線懸小球巳更以一鏈條使小鐘寅通地令使子丑通聚電部而令發電氣則巳為卯所引一觸即推更為寅所引乃失自卯所受之電氣而再為卯所引如此撞擊兩鐘而發聲如以木槌擊鐘

第九十一圖

四 電氣輪也如第九十一圖所示尖桿之末端頂一金類絲之小輪此輪在水平面旋轉甚易而其金類絲之尖端自中心視之皆向一面彎今將此器立之於聚電部上而使發電則其小輪忽旋轉其方向與排口換水車同上編第一百七十八圖是由在小輪尖端之空氣為電氣性互相推故也

五 聚電部上設尖頭以燈光例如燭光對之而後令發電則其火焰為之斜如第九十二圖是與小輪旋轉之理同

第九十二圖

六 電擊若通過薄阻電體如紙木片玻璃等則能穿微孔其孔之邊端兩面俱凸起可以知兩電氣之方向也

二發光功用 分說如左二項

第一電光 來頓瓶放電之際或以傳電體近聚電部而放電之際皆發電光而在感應發電機之兩聚電部間尤屢見之又將含有電氣之傳電體絕緣亦能使發光如人身在絕緣之臺上絕緣臺乃臺之有玻璃足者第九十三圖所示者即其一也則能發電光凡電光之關係有四曰放電之相距即長短謂電光之長短與形狀與色及繼續謂放電時候之長短是也

第九十三圖

一電光之長短與形狀及色 凡電壓力愈強與空

氣愈薄則放電之相距（即電光之長短）愈大，而火光之長短不同，即形狀因之而異，故短光為直線，長光為鋸齒形，是由電光壓縮在前之空氣而減其傳電之力，故變其所行之路也。其色則與電光所經過之氣質與其厚薄之度及所用金類（即用以傳電而電光自其端發者）皆有極大關係。在常空氣中為白色，在薄空氣中似青而白，在輕氣中為猩紅色。Karmirrot 在淡氣中為紫色，在炭養中為綠色。蓋電火之有光輝，皆因氣質及離本體之金類微點熾熱，即電氣變為光與熱也。

二電光之繼續　依一千八百三十四年，麾脫斯頓 Wheatstone. 所說電光之繼續，比百萬分秒時之一尚短。其推測之法如下：即凡旋轉極速之輪，以日光或燈光照之，雖不能分其各輪輻，而將此輪置於暗室，猝然以電光照之，則其輪宛似靜止，而能明見各輪輻，是即電光繼續時刻甚短之徵也。麾脫斯頓欲測此繼續時刻之長短，其試驗之法如九十四圖所示：子為一光點，設為遠處之燭光；甲為金類平面鏡，能繞水平軸乙丙而旋轉；丑為試驗者之眼。此鏡若止而不旋轉，則眼丑當在鏡中之一點見光點子之像，及其鏡旋轉，則其點必移。若鏡之旋轉極速，則不見燭光之像，而只見光帶，是本中編光學眼目條下所述，因燭光之像逐次經過眼網筋上，其感覺能繼續，光像雖已至他點，而此點之感覺尚未消失故也。今若以電光代燭光，則當其鏡旋轉極速之時，電光之繼續雖極短，亦當現光帶。麾脫斯頓行此試驗，初使其鏡於一秒時旋轉至五十次，則鏡過弧線一度須歷時一八〇〇〇分（即三六〇乘五〇之數）秒之一，而過弧線半度須歷時三六〇〇〇分秒之一。今依回光定律，則像行之速率當倍鏡行之速率（當參考中編光學論鏡節），是故像於七二〇〇〇分秒之一，能過半度之弧線，故電光之繼續雖僅為七二〇〇〇分秒之一，而其像在旋轉之鏡中亦當現長為半度之光帶。

第九十四圖

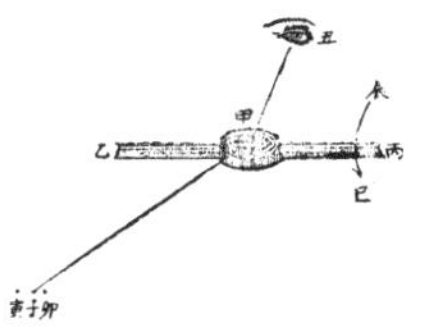

今麾脫斯頓在距鏡三邁當處使發電機發長十生的邁當之電光，與使來頓瓶放電發光，並以長一邁當之電光管（詳後節）放電光，此外更以各法令發電光，俱不能見回射光像之變化，而與自靜止之鏡面回射之光無異，故可知此種電光之繼續尚比七二〇〇〇分秒之一短也。但使鏡之旋轉加速至一秒時

八○○次則見電光現長形但其長不及半度然則其繼續之時刻不及一一五二○○○即八八○乘七二○○○乘二分秒之一明矣據以上之試驗則電光之繼續實爲極短可知也

三附識 麾脫斯頓 Wheatstone. 本上文之理以甚長之傳電線精測電行之速率其所用設於旋轉鏡面之器畧如第九十五圖即於長八生的邁當之火光板 Spark card. 上

第九十五圖

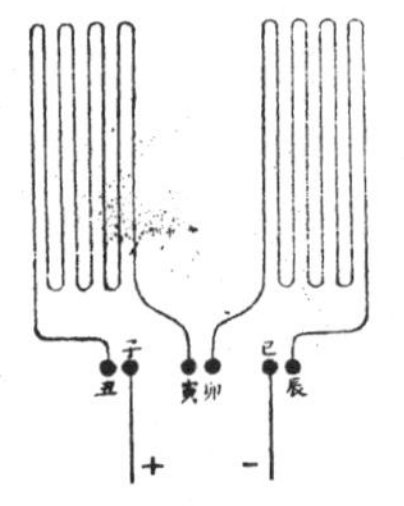

定連六球俱各絕緣如圖內之子丑寅卯辰巳於子球繫傳電線與來頓瓶內衛器相通丑球距子球約三密里邁當有傳電線一條自此球曲折數次而通寅球卯球距寅球亦約三密里邁當亦有一傳電線自此球曲折數次而通辰球辰球距巳球亦約三密里邁當亦有一傳電線自此球通來頓瓶之外面今其傳電線若切於蓄有電氣之來頓瓶之外面則因繫於子球之傳電線之他端連於瓶上之球即當在子與丑之間發第一光在寅與卯之間發第二光在辰與巳之間發第三光

此三光若其傳電線甚長則當不能同時並發麾脫斯頓試驗之時丑寅間之傳電線其長四分英里之一而卯辰間之傳電線亦長四分英里之一故自內衛器至外衛器電氣必經過半英里

火光板上所有六球在一水平線上而第九十四圖所示之旋轉鏡與火光板高低適平相距約三邁當其鏡若靜止則眼丑在寅子卯見三光像如第九十六圖所示三光點在一水平線上鏡若旋轉極速而一秒至八百次則三光點均現光帶而在中央之點比邊二點位置稍異

第九十六圖

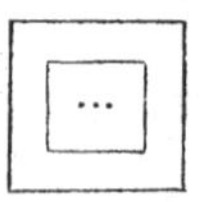

鏡若向箭辰巳所示之方而旋轉則其狀如第九十七圖所示外邊之二光既同在一直線如第九十七圖則電氣自瓶之內外衛器同時向傳電線之中央流行明矣而中央之一光較此二光後現故中央一光比外邊之二光不能不變其位置而其所差之大小率爲半度是即中央之一光比外邊之二光大約後現一一五二○○○分秒之一也而可知在此時中電氣經過四分英里之一是故電氣在一秒時當經過四分一一五二○○○之一即二八

第九十七圖

八〇〇〇英里也。

第二電氣之叢光及電氣之微點光　在全暗之室內。發電機之陽聚電部上設金類之尖端則於其上見紫色光線所成之叢光如第九十八圖所示而其尖端如設於陰聚電部上則單現光點耳。此兩現象如在尖端上對以手掌則甚顯明若以金類尖端對陽或陰聚電部則其現象正相反而在感應發電機之收電器上尤美麗也。

第九十八圖

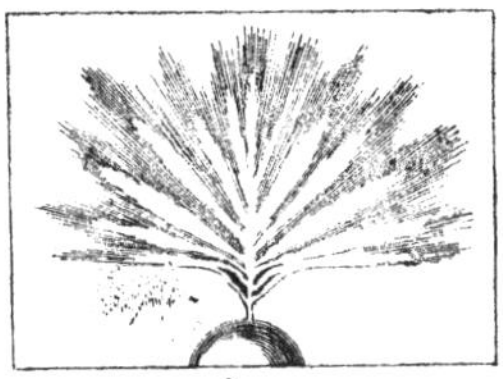

第九十九圖

第百圖

關發光功用之現象

一　電光管也即如第九十九圖所示以斜方形錫箔片許多並列斜貼於玻璃管之內面為螺旋狀（第一百圖）而手持其一端以他端呷近聚電部而使發電則於各斜方形錫箔間現光點在暗處視之頗呈美觀。

二　電光板也以斜方形錫箔片貼於弗蘭克令板如第一百一圖所示則其現象頗似電光管。

第百一圖

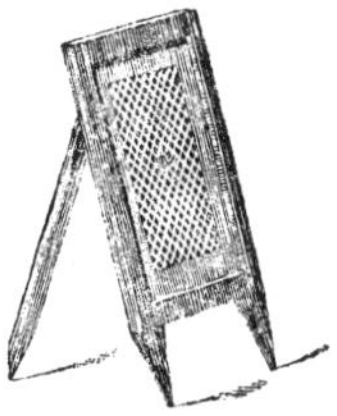

第百二圖

三　電氣卵也如第一百二圖所示為卵形之玻璃瓶而其上下有金類所製之柄。下端之柄有活塞寅。且與玻璃瓶中之球子相連而可將此器旋定於抽氣機之臺上使玻璃瓶內之空氣稀薄上端之柄為黃銅桿此桿上終於圈卯下終於球丑而插緊於軟木塞中此桿可上下使子球與丑球相距若干隨意。卯中之空氣已除則閉活塞寅而使下柄與地相通。其後自聚電部傳電氣於卯圈上則在兩球間發電光而卯形之玻璃瓶內見有淡紫色之光滿之其後漸使空氣流入則見電光漸次減小而似常電光。

四　蓋斯拉 Geissler 管也即空氣甚薄之玻璃管其電光美麗非常惟須用感應發電機（蓋斯拉管於動電氣學感應節詳論之）

五　糖白粉筆鉛鈣弗石等易發燐光之物質一通電光則其後在暗處能自發光

三發熱功用　電光之熱不但能爇氣體及細小金類尚能燃火於以脫温醕燐及松香末等易發火之物質

實驗

一　以上之物質置於金類盆內而近聚電部能使電光飛過或以一紙片洸於以上之流質中亦能使火光飛過

二　在感應發電機之兩聚電部間通煤氣或輕氣則必忽燃

第百三圖

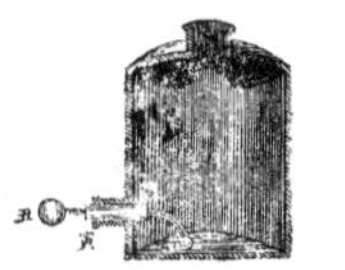

三　電氣短鎗也如第一百三圖爲其直剖面係黃銅所製之小瓶在下端之側設一嘴於此緊嵌玻璃管寅寅而貫以金類小桿其兩端終於子與丑管與小桿之間務須密切今欲實驗之瓶內先盛輕養二氣而以軟木塞上口再使鎗之頸與來頓瓶之外面相通丑球與瓶之內面相通以發强電氣則忽發爆炸而軟木塞射出其勢與鎗彈相同是因自頸上傳來之陰電氣與自丑傳來之陽電氣於子球及底之間發光遂燃輕養氣而化合爲水故也

如用發電機行此試驗則可使火光自聚電部飛至丑球上

四　欲燃火藥當在木片上穿一溝其中置火藥兩端以金類絲與來頓瓶之內外相通當用鉀綠養與銻硫相混則尤易於燃火

四生理上功用　使電擊人身則刺腦筋甚烈筋肉搐搦而覺痛放電極烈則起麻痺且有至死者

實驗　如左五項

一　容電之來頓瓶一手握其外面而後以他手之指近其球則於手節覺痛而搐搦放電若强則其搐搦自腕及胸如多人互執手而環立第一人握外面末一人觸球則許多之人同時感此功用

二　使一火光飛至身體之一處或以傳電體近絕緣臺上之人而使放火光則其人覺痛如刺

三　聚電部容電太多人若立於其傍雖不觸電而其放電之際尚覺搐搦是即後所謂電氣之反擊也

四　用一來頓瓶能斃小獸用多連來頓瓶則能斃大獸

五　放電之際所有之爆聲能感聽官而所生電臭氣能感嗅官

五化物功用　如左二項所說

第一　生電臭氣 Ozon. 電氣若自尖端流出不絕或空氣中屢發電光則聞異臭如燐是由養氣變爲電臭氣也

第二　電光一面起化合一面起化分

例如在電氣短路中輕氣與養氣化合而爲水綠氣與輕氣化合而爲輕綠氣雷電之際養氣與淡氣在空氣中化合而成淡養[五]又鉀碘化分爲鉀與碘即小粉中加鉀碘水少許使紙片吸收之而令電氣由尖端移於此紙片則小粉忽現青色蓋因小粉遇碘而變色然則碘與鉀相分開明矣強電氣通過消化鉀硫養[四]之水亦能化分但摩電氣之化物功用較化電氣甚弱

第百四圖

六磁鐵上功用　如左二項

第一　鐵桿及鋼桿電擊之能成磁性

以絲線繞銅線而將其線繞玻璃管如第一百四圖所示管中插一縫衣鍼而使其銅線受電其針即成磁性

第二　極強之電擊若與磁鐵鍼並行經過則磁鍼傾斜

七電氣上功用　聚電部已容電氣傳電體人身亦然若在其傍則感應其電氣而異性電被引同性電被推今若忽然放去聚電部之電氣則傳電體中所分之電氣猝然均和而吾人覺搐搦此現象名曰電氣之反擊 Electric back stroke

化電氣之磁鐵及電氣上功用亦較摩電氣爲大與化物功用同

第十一節　電氣之本態

一玻璃杆或一玻璃圓板即摩電機之摩擦毫不消費其物質而能發電不絕以此觀之則電氣是必爲物體質點或以脫質點之運動也是故電氣之生爲可視之運動即器械上動作變爲物體質點或以脫質點不可視之運動故也

第十二節　空氣中電氣現象

一雷雨中之電氣　雷雨爲最強之電氣現象常由電光與雷聲起濃雲與大雨又間有降雹之事其電光即電火光雷聲即爆聲也盎迦明弗蘭克令 Benjamin Franklin 曾因電光與電氣火光相似以爲雷雨之現象應由電氣至一千七百五十二年放紙鳶試驗之得其確證

弗蘭克令在飛拉台而飛阿 Philadelphia. 地方於雷雨將起之際試放紙鳶其紙鳶糊絹上有金類

尖而用麻線放之在麻線之下端接鐵鍵及絲線用絲線者取其阻電僅於手握也雷雨旣近則見麻線之細毛皆豎起導線被雨濕成易傳體則見近鍵之指頭發電光又脫羅馬斯 de Romas 曾於絲線中加細金類絲其下端繫於聚電部在雷雨中得長三邁當之火光由此現象則知此種試驗實非常危險一千七百五十三年聖彼德堡之碩學里知門 Richmann 殉于其學蓋里知門欲觀自屋頂通至研究室中之驗電器而於雷雨中以身近驗電器忽發爆聲如放短鎗而有大如拳之青色火球自驗電器之金類桿飛至頭上遂爾震死

二空氣中之電氣　諸家試驗之法與弗蘭克令畧同其所察得之成蹟如下即空氣中常有電氣在晴天則恒含陽電而此時地上含陰電而雷雲則時爲陽電時爲陰電此電氣在冬日較强於夏日空氣中有電氣之原由尚未得確說大約因水汽忽凝甚速故激盪而生電但以人工使水汽凝縮毫無發電之事又或以爲由濕空氣摩擦地面或空氣中小氷鹹而發電氣云

空氣中之電氣往時觀察之法設有尖端之高金類桿以驗電器近其下端則與空中異性之電氣由尖端散流故驗電器即指示空中所有之電氣今設一有小球之絕緣金類桿而先通於地少時之後與驗電器連接則其驗電器上指明與空中相反之電氣

三電光及雷聲閃電愛爾姆司光　如左四項

第一　電光者由二雲或一雲與地上一物中之異性電氣相和而成即含有電氣之雷雲若近於無電氣之雲或地上之高物體塔樹木等則由感應功用引異性電氣而推同性電氣如第一百五圖所示兩異性電氣之壓力若十分强盛則生電光其電光或自雲移至雲或自雲移至地上其移至地上者即所謂雷擊也

第百五圖

凡電光分爲三種曰鋸齒形電光即線電光 Zigzag lightning 曰面形電光 Sheet lightning 曰球形電光 Globular lightning 是也其第一種成鋸齒形線甚明且銳間有長至十啟羅邁當者面形電光者幾亘雲之

發明本於以上摩電氣第五節四項內所述尖體之收電功用而造者以防禦雷電之射擊或不能防則有引電至濕地之能電性之雷雲浮遊於設避雷針之屋上則避雷針與房屋受雲之感應推同性電氣入傳線中而引異性電氣自尖端流出故空氣中電氣依次均和也若空氣中之電壓力較尖體所能均和者尚大則電能移至受電柱上經易傳體而入地內不致損壞房屋

避雷針自三者成即受電柱及傳電綫及地中之板是也受電柱立於屋上之最高處見第一百六圖為鐵所作其尖端須易引電故當厚鍍金或以銀或鉑作之而

第百六圖

常燦然放金類光大廈之上必設受電柱數具互相連叠推測一受電柱所能防衛者不過一圓圈之範圍內其半徑為其長之半至二倍故也傳電線者乃選相絞之銅絲自受電柱越屋頂而引至下面其下端連於方數邁當平方之大金類板而深埋於地中是欲使其四時常潛濕也若沈其板於井中或河中則更佳

六雷雨之際所當用意者　雷電常向易傳體且就最高之物體故雷雨之際立於高物體之近傍及近金類物皆為危險凡在屋傍首當用意不以身體聯接於通電物之斷絕處在室內當居於極中央處新鮮空氣無害故宜開窗戶雖有電射擊亦當透生氣也又煤及煙為易傳體故勿立於煙囱下又不宜於竈下焚火在野中當避高樹木而又當用意勿以身體為周圍物體中之最高者又勿疾走蓋因發汗則令身體濕而成易傳體故也

七極光　兩極處屢現北曉或南曉總稱極光想亦係電氣之現象無風界中幾每日有雷雨而極光甚少然中等緯度之地雷雨較無風界少而極光屢見之兩極之地雷雨極

第百七圖

稀而極光殆每夜相照可以確知極光本於電氣即無雷以放電之處以微點光或叢光代之故現出極光也極光現出之時磁鍼受諸變動故夫姆薄爾特稱之曰磁鐵之颶風

北曉見於北天南曉見於南天現黃或紅或紫之光弧其頂點在磁鐵子午線

之方向其光弧在傾斜磁針所指之點上現許多半徑線見第一百七圖由是觀之則極光與磁氣必極有相關者也

上海范熙庸校字

物理學下編卷三　電學下動電氣

日本　飯盛挺造編纂　日本藤田豐八譯

丹波敬三　柴田承桂　校補　長洲王季烈重編

第一章　動電氣之生起及強弱

第一節　切電氣又名賈法尼電氣

物體之成電氣性除摩之外世人久不知有他法至前世紀之終弗打Volta.由賈法尼Galvani.之觀察創知異種之二物體僅由相切已能成電氣性是由二金類相切或金類與含酸性之物體相切而成此法所發之電氣名之曰切電氣又曰賈法尼電氣Contact electricity, Galvanism or galvanic electricity.

切電氣之發明意大利國步路捺Dologna.府之敎習賈法尼實啟之一千七百八十九年賈法尼偶取鮮蛙之腿剝去其皮以銅鉤懸之於窗牖之鐵欄上偶爲風所動而其一處與鐵相切則見搐搦劇烈賈法尼以爲是由筋及腦筋中有相反之電氣其電氣爲金類所放而均和至一千七百九十四年意國巴維亞Pavia.府之敎習亞歷山得弗打Alexander Volta.始知其搐搦只用異種兩金類亦能見之以爲發電之原由在兩金類之相切也故弗打名其電

氣爲切電氣然世以賈法尼啟其端故又名此電氣曰賈法尼電氣

第百八圖

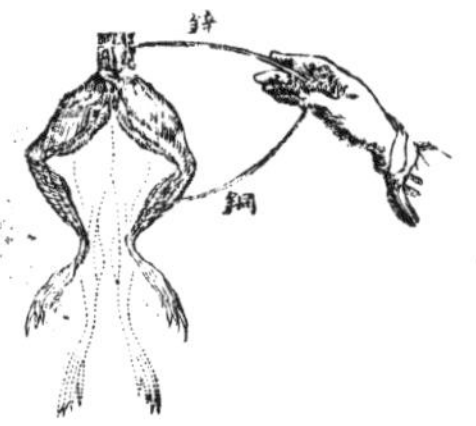

賈氏所觀之象如第一百八圖所示以二異金類桿例如銅與鋅之一端互相切各以他端切蛙腿則無論何時必現抽搐之象

實驗

一 取磨平之銅板與鋅板俱有絕緣柄者互相切其分離之後以精良之增電器驗各板則見銅板有

陰電氣鋅板有陽電氣

或增電器之上下兩板皆以銅製之其上板切以手

第百九圖

指下板切以鋅條如第一百九圖所示少頃之後手指離開上板鋅離下板而後舉起上板則黃金箔能離開且驗之爲陰電性今兩板皆以鋅製而以銅桿切下板則見下板爲陽電性

以上所說者因其爲弗打所論之基故世稱之曰弗打之基試驗 Volta's fundamental experiment.

二 精細驗電器之金類板上置極淨之薄玻璃板而其板上置淡硫强水所潤之紙片而以同金類所成之線同時切金類板與紙則舉起玻璃板後驗電器必離開

或又以濕紙片代第一百九圖所示之鋅條則見金類板亦有電氣

第二節 發動電氣之定律

從弗打之說別發動電氣體爲二類其第一類爲一切金

類及炭第二類爲水及消化酸類鹽類等之流質

一關第一類發電體之定律 如左四項

第一 異種之二金類互相切則其分離之後一種爲陽電性他一種爲陰電性然則兩性電氣之分布已由相切而成明矣而相切之時分均和之電氣使兩金類含相反之電氣性者名曰發電力

第二 第一類之發電體二個相切則必一成陽電性一成陰電性其次序可豫定即弗打之動電排列表 Electromotive series. 是也其中重要者之排列如左

陽鋅鉛錫鐵銅銀金鉑炭陰

第三 發電力(即電壓力)之差於此表中二者相距愈遠則愈大故於鋅與炭之間或鋅與鉑之間為最大也

第四 二板或其全面相切或其一點相切其壓力之差相等故僅由一線聯通二板亦可發電

二關流質與金類相切之定律 如左三項

第一 某金類若插入某流質中則其在流質外者成陰電性而在流質中者成陽電性

第二 前之試驗在金類排列表中愈近鋅之質其發電力愈大而在各種淡酸類流質中上表之各金類鋅成陰電性為最強鉑成陰電性為最弱

第三 使二金類(例如銅與鋅)插入某流質中而不相切則發電力強者即鋅之在流質外者現陰電氣發電力弱者即銅現陽電氣

第百十圖

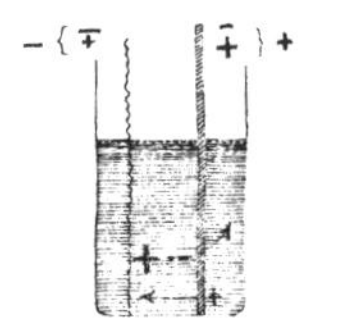

說明 鋅之在流質外者為強陰電性在流質中者為陽電性於銅所得之電氣亦然但甚微耳今酸流質及沈在流質中之鋅其陽電氣甚強則以大速率布於全銅板上以與其陰電氣均和尚有剩餘故銅板之在流質外者為陽電性銅板之於鋅板亦如此故鋅板之在流質外者餘有陰電氣如第一百十圖所示也

三發動電氣之原由 弗打由其所研究之蹟極力斥當時之陋見而定發動電氣之原為單由二金類相切其說似甚確爾來學問日進說其原由者紛紛百出未知歸宿茲雖不暇枚舉然大要不外左二說

第一 弗打之相切說 Volta's contact theory 謂發動電氣因二異物體之相切是也

第二 化學電氣說 Electro-chemical theory 為兌辣利飛 Delarive. 及法拉待 Faraday. 兩人所創從此說則發電由於化學功用而發電之各電源中化學之功用愈盛則發電氣亦愈強如無化學功用則毫不起電流在金類與流質相切之際其化學功用易於知之在兩金類板相切之際則必有氣層或水汽層蓋之因此氣層而生化學功用後至一千八百八十年維也納 Wien. 大學之教授愛克斯納 Exner. 亦確證切發電氣之原由為化學功用蓋愛克斯納考知使二異種金類發動電氣若用良法不必使之相切只須互相近已足其說云凡金類可與養氣化合者在空氣中必速有與養氣化合之薄層(其薄為人所不能見)蓋之而其化合

之際卽發動電氣金類爲陰電性化成之薄層爲陽電性也陰電氣通於地陽電氣因化成之薄層爲阻電體而得留存今若以他金類板近此由化合功用所成之電氣體則由感應功用而其板上發動電氣

發動電氣之原由未必一定如斯然其原由世名之曰發電力 Electromotive force. 今若假定其力爲能發電氣且能使已發之反對電氣其力之大小不變換則易說明各種現象

第百十一圖

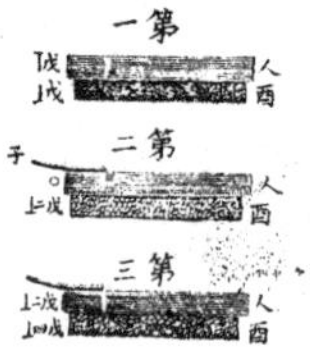

例如第一百十一圖之第一所示以淡硫强水飽浸入絨布圓片酉而絕緣其上置鋅板人二片則絨布片爲陽電性鋅板爲陰電性此際示絨布片上所有陽電氣之壓力以上戊則鋅板上所有陰電氣之壓力當等於丁戊卽兩板電氣壓力之差等於二戊卽鋅板陰電氣偏勝之力等於二戊卽鋅之陽電氣比絨布片恰少二戊也而此兩種圓片雖自外再加電氣若干而此差之大小不變且自外加之電氣當悉在兩圓板之全體擴布而不均和

今若自外加陽電氣至上戊則鋅板上之容電爲下戊上戊=0 絨布片之容電爲上戊上戊=二戊

又如第一百十一圖之第二所示以子通鋅板於地傳去其陰電氣其成蹟亦相同卽鋅板之容電爲零而絨布片之容電爲二戊此際絨布片有陽電氣亦較鋅板恰多二戊也

又第一之兩板中自外加以陽電氣上二戊則鋅板之容電等於上戊絨布之容電等於上四戊如本圖之第三所示約而言之兩板電壓力之差常相等也

第三節　單箇切電源

一定律　切電源卽發化電器而單箇之切電源爲第一類發電體二箇與第二類發電體一種相聯合者例如玻璃器中盛淡硫强水而以一鋅板與一銅板插入而此兩板不使之互相切則卽成一發切電之電源也見一百十二圖此際在流質外之銅呈陽性電氣鋅呈陰性電氣本於前節之定律可由艮驗電器得其確證故名銅在流質外之端曰陰極今以傳電線卽所謂閉線聯繫兩極則陽電氣自銅向鋅而流通陰電氣自鋅向銅而流通而續生兩電氣不絕其兩電氣

第百十二圖

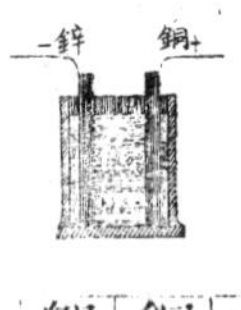

能反向流通而均和之際謂之電源閉即此電氣環行路通也閉線若斷而相離即其兩線之端互相遠謂之電源開即電路斷絕不能環行也

二動電氣之功用及其確證　在以上所記（本節一項下）之切電源起反對電氣之流行所謂電流是即在傳電體中兩種相反之電氣相向流動不絕而均和也但電流不但存於閉線中流質中亦有之蓋沈於流質中之金板上其兩電氣互自流質中行過而均和特與閉線上之電流方向相反耳故電流之路爲循環無疑凡示電流之方向因欲其簡明只以陽性電氣之方向爲定例凡已閉之電源所示電流之路即陽電路在閉線中自銅向鋅在流質中自鋅向銅欲驗在閉線中有電流否可使其閉線經過磁鍼之近傍而得其確證即磁鍼自其位置（即磁鐵之子午線）而偏或以傳電線之一端壓於粗刺之銼刀上而以他一端在銼刀上往反擦過則放火光

第四節　多連切電源

一定義　多連切電源又名電池 Galvanic battery. 乃數箇切電源所聯而成其相聯之法如下即以第一電源之陰極與第二電源之陽極相聯第二電源之陰極與第三電源之陽極相聯以下俱如此而末一電源之陰極與第一電源之陽極相聯也

二種類　分說如左四項

第一　一千八百年弗打所創造之電池即電堆也

此電堆取鋅與銅相疊之板許多片於其各箇間置濕絨布而疊成一堆見第一百十三圖電堆之下端若以銅始則其上端必以鋅終又其底蓋二木板之間旁置直立之玻璃桿三條以嵌住電堆令最上端之鋅板爲陰極而下端第一銅板爲陽極此兩極由傳電線相聯結故電堆之路爲閉

第百十三圖

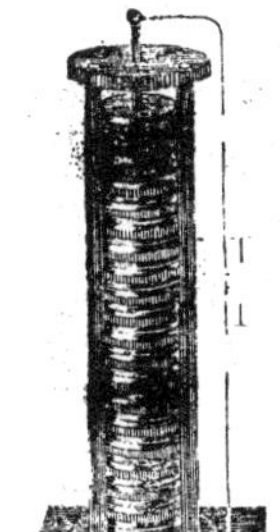

電堆之路方開時兩極所聚之電氣其濃度約與電源數爲比例今使兩傳電線相切而電池之路閉則在傳電線中陽電氣自陽極（即銅）行向陰極（即鋅）陰電氣所行之方向反之然在電堆體中則陽電氣不絕行向陽極陰電氣不絕行向陰極凡弗打電堆之功用新疊時最强未幾即減弱欲再得强盛之功用則須解開其電堆洗淨各板而更疊之有此不便之處故弗打電堆近世無用之者

第一百十四圖

電堆所有電氣之濃度與電源數為比
例今當解明此理即第一百十四圖所
示子為銅板酉為濕潤之絨布片疊於
板上而其銅板由線甲通於地則其銅
板當為無電氣性只絨布上存有一定電氣今以戊
示銅與流質（絨布所吸收之流質）上所有電壓力之差則絨布
上所存之電氣量為戊丄若於絨布上疊鋅板人則其
板上之電氣量為丁九戊蓋在鋅與流質上所有電壓力
之差較銅與流質上所有電壓力之差其大為十倍
而丁〇戊與戊丄相均和故也

第一百十五圖

今如第一百十五圖所示第一電源
上置第二電源其次序相同則人上
之電力丁九戊當進移於子假定人與子
之間毫無發電之功用則子與酉電
力之差與子與酉電力之差相同故酉上之容電為
丁九戊丄戊＝丁八戊
而酉與人電力之差與酉與人電力之差等故人
上之容電必為丁八戊丁〇戊＝丁八戊是故電源二個相聯則其容電量
比單電源正為二倍由此法而以同次序疊電源至
三個四個五個則容電量當增大至三倍四倍五倍
也

第一百十六圖

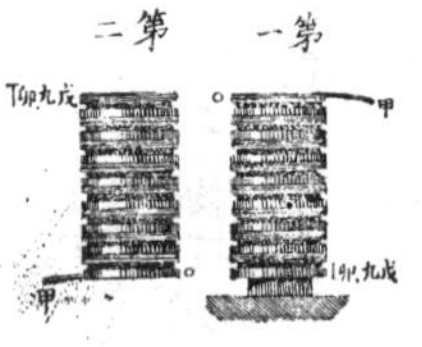

第一百十六圖所示乃弗打電
堆二個俱電源若干個所成而
其數相同今以第二堆最下之
銅板通於地故其電壓力為零
今命其堆之電源數為卯則其
堆之上端之電壓力等丁卯九戊也將第一堆最下之銅板
絕緣（例如置之玻璃板上）而將其最上鋅板通於地則其上端
之電壓力為零其下端丄卯九戊故今以第二堆疊於第
堆上使第二堆通於地之銅板在第一堆通於地之
鋅板上其通於地之線甲甲俱除去之則所得電堆
之力恰與電源數為二卯而全
絕緣者同故其鋅端有丁卯九戊之
電壓力在他端有丄卯九戊之電壓
力不待言也

第二　電瓶也電源各個俱
在玻璃瓶器中（視第一百十七圖）

第一百十七圖

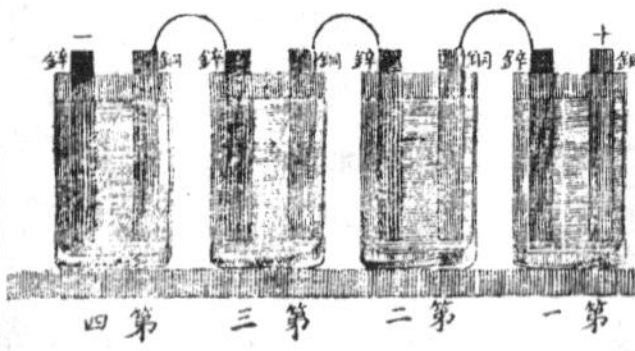

此電池由下法相聯即銅與鋅

所成之電源用粗而短之銅線以次將第一電源之鋅與第二電源之銅相聯其第二電源之鋅與第三電源

第百十八圖

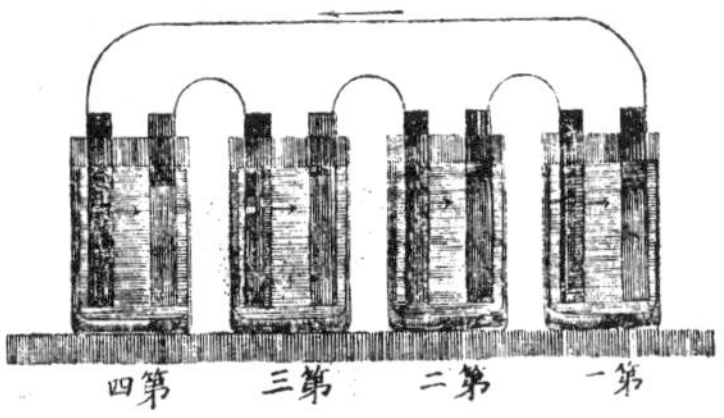

之銅相連則第一電源之銅爲電池之陽極而末一電源之鋅爲其陰極也今使兩極所連之閉線互相切則電路通（視第一百十八圖）此種電池多實用之

第三 俄辣斯頓Wollaston.之電槽也 法將各對偶板相聯定於一橫桿令欲用電池則以酸流質盛於槽中而將對偶板沈下用畢則舉起之

第一百十九圖所示乃以俄辣斯頓之電槽改良者

第百十九圖

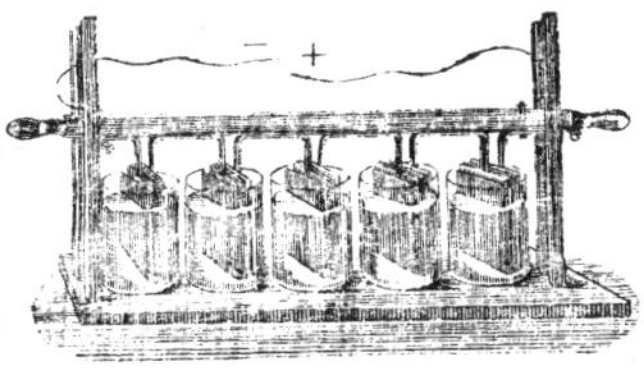

也其對偶板不沈入一槽中而使各對偶板沈入各器（例如玻璃瓶）者也

造對偶板之大要如第一百二十圖乙爲鋅板而有狹長片向上伸出寅處銲連狹長銅片子以與次對偶板相聯

第百二十圖

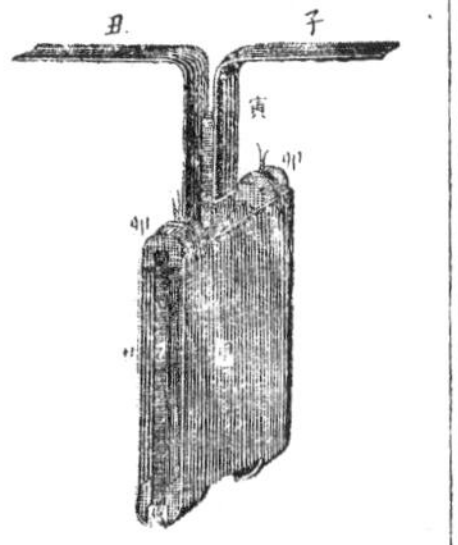

鋅板之兩面爲彎曲之銅板甲而使乙之兩面俱向銅面由木片卯辰防銅與鋅相切而銅板亦有狹長片伸出如丑以與次對偶板相聯

第四 一千八百十二年山步尼Zamboni.所造之乾電堆卽山步尼電堆爲許多金銀紙之小圓片所成

一造成 所謂金銀紙者卽一紙之兩面糊貼僞金箔（用銅）與僞銀箔（用錫）剪爲小圓板而納之玻璃管中法將銅面悉向一方錫面悉向一方以銅面之末端爲陽極以錫面之末端爲陰極而與弗打電堆相同其銅面卽爲銅板錫面卽代其鋅板而濕潤絨布以濕糊之紙代之也但所異者乾電堆之功用甚微弱耳

第百二十一圖

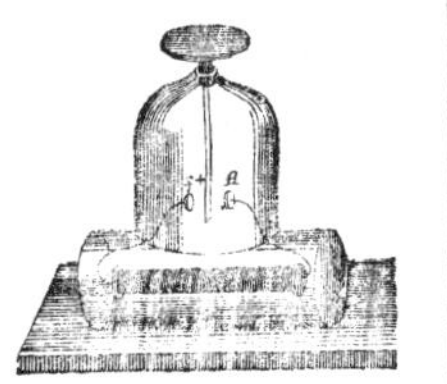

二致用 彼念白格Bohnenberger. 用此器製精細之顯電器卽如第一百二十一圖所示使兩極所聯之傳電線末連金類圓板子丑以玻

璃罩罩之頂有孔以金類桿貫之其下端垂黃金箔一葉令在子丑之中間上端之末爲金類球或金類圓板與尋常顯電器同則黃金箔爲電堆之兩極所引其力之强弱相同故恒在距兩極相等之處靜止然於球之上端近以陽電性之體則黃金箔偏向陰極若近以陰電性體則反偏向陽極此顯電器用於玳打之基試驗最便利且其所得之蹟最確實

第五節 不變電源

一不變電源 凡電源自第一類發電體二箇與第二類之一箇所合成者發强電行力只暫時而止蓋因金類與流質受化學功用也

今述其原因與其防之之法大要如下即酸流質中所有之水由電流之循環而化分爲養與輕其養與流質中所有陽性之鋅化合而生成難傳體之鋅養其輕附於陰性之銅而生氣層包蓋之以阻金類與酸流質之相切今其電源設爲鋅銅及輕$_{二}$硫養$_{二}$所成則由輕$_{二}$硫養$_{四}$消化鋅養而生成鋅硫養$_{四}$而酸流質與鋅之間固能相切今欲銅與酸流質亦能相切則須使輕不能爲礙即加易放養氣之物質使與輕化合而爲水所常用者爲輕淡養$_{三}$或輕$_{二}$鉻養$_{四}$或銅硫養$_{四}$之流質等而二種流質由鬆疎之器如泥漏筒隔開之此器雖能阻流質之交互混合然濕潤之後氣可自微隙交通如此之電源能長時發電而不改變故有不變電源之名

二種類 分說如左六項

第百二十二圖

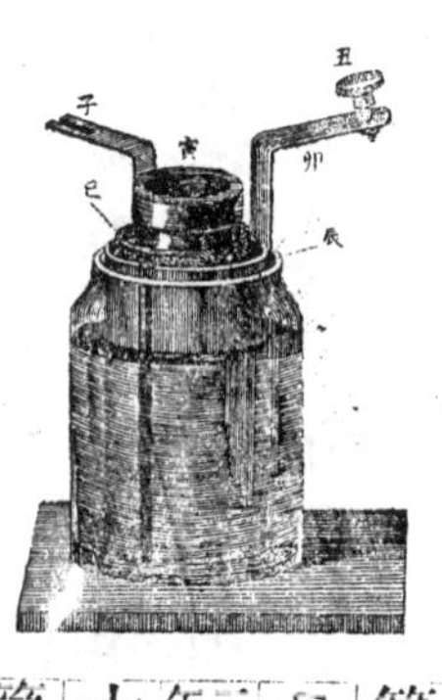

第一 但尼利Daniell之鋅銅電源一千八百三十六年所創也如第一百二十二圖所示於玻璃圓筒中置泥漏筒巳而玻璃筒中盛淡硫强水即輕$_{二}$硫養$_{四}$而插入鋅板之圈辰泥漏筒中盛膽礬水即銅硫養$_{四}$而插入銅板之圈寅其銅板上連狹長之金類片子此片上有缺口鋅板上亦連金類片卯且其片上設螺旋丑以便與連結次一電源之狹長片之缺口與子相同者相連

今說電源功用不變之理如次即電氣由鋅而來則水化分爲輕$_{二}$與養養與鋅化合而爲鋅養再消化流質中而成鋅硫養$_{四}$又因輕$_{二}$欲至銅上故過泥漏筒而至膽礬水中此際由輕$_{二}$之力化分其膽礬水銅分離而粘於銅板上其輕$_{二}$與硫養$_{四}$化合而成硫强水即輕$_{二}$

硫養$_{四}$式爲銅硫養$_{四}$丄輕$_{二}$‖輕$_{二}$硫養$_{四}$丄銅或如下所說亦相同即電氣由鋅而來則自硫强水即輕$_{二}$硫養$_{四}$中析出輕$_{二}$其餘質硫養$_{四}$與鋅化合式爲鋅丄輕$_{二}$硫養$_{四}$‖鋅硫養$_{四}$丄輕$_{二}$而所分出之輕$_{二}$必欲過泥漏筒而至銅於是膽礬水化分而成硫强水即輕$_{二}$硫養$_{四}$故能使銅分出也式爲輕$_{二}$丄銅硫養$_{四}$‖輕$_{二}$硫養$_{四}$丄銅

第二　格羅弗 Grove. 之鋅鉑電源一千八百三十九年所創也於玻璃筒中置泥漏筒亦如第一種其外面盛淡硫强水而將鋅圈插入其內面盛濃硝强水即輕淡養$_{三}$而將卷成S字形之鉑片插入其發電力大約二倍於但尼利電源

此電源不變之理如左即電源閉則生鋅硫養$_{四}$其輕過泥漏筒而向鉑其際必過輕淡養$_{三}$中而輕淡養$_{三}$易化分而放養氣此養與輕化成水而同時生赤褐色之淡養$_{二}$氣式爲輕$_{二}$丄輕淡養$_{三}$‖輕$_{二}$養丄淡養$_{二}$此電源所發電力極强諸發動電法內此最便於實用但其所生淡養$_{二}$頗害人之呼吸故宜以瓷器蓋之而防淡養$_{二}$至空氣中

第三　本生 Bunsen. 之鋅炭電源一千八百四十二年所創也此電源與第二種大同小異其區別只在以炭代輕淡養$_{三}$中之鉑耳

第百二十三圖

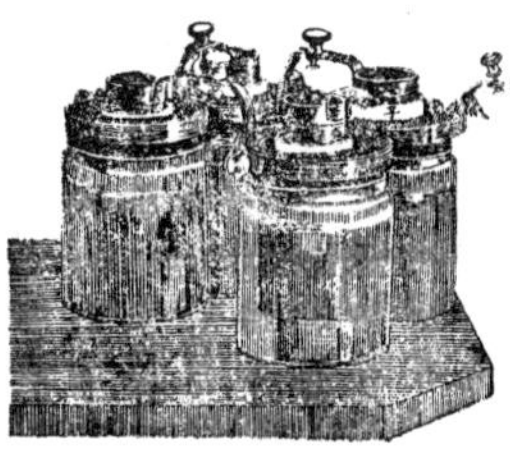

第一百二十三圖爲本生電源四個連續之狀子乃其陽極丑即其陰極也

但此所用之炭爲煆過之炭二分與枯煤一分相和入鐵模中加熱所成者也

第四　本生之鋅炭鉻養$_{三}$電源也爲避本生電源所用之硝强水故用鉻養$_{三}$且可省中隔之泥漏筒也而其供實用者爲紅礬即鉀$_{二}$鉻$_{二}$養$_{七}$一分硫强水即輕$_{二}$硫養$_{四}$一分與水九分相和之流質

此電源不變之理如左即在流質中分出鉻養$_{三}$酸即輕$_{二}$鉻養$_{四}$此酸易放養氣如輕淡養$_{三}$而使輕氣爲無害

此電源之功用雖强烈然不及輕淡養$_{三}$但其力若減可更加紅礬少許而復舊爲此電源之爲便處也

第五　墨輕搿歐 Meidinger. 之電源一千八百五十九年所創也即將但尼利電源改良者也

此電源如第一百二十四圖所示其玻璃筒甲下端稍狹如子子之底盛膽礬即銅硫養$_{四}$之水而小玻璃筒寅中

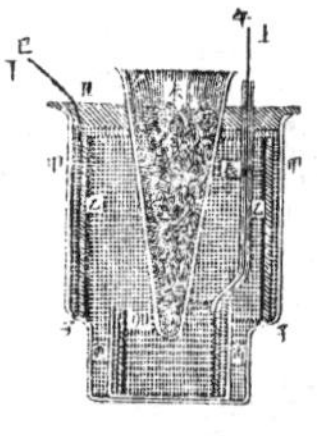

第百二十四圖

插入銅圓管卯而立於甲器之底其上端廣處置鋅管乙而以洋朴硝即鎂硫養四之水圍之此兩種流質因其重率不同故洋朴硝水輕而恆浮於膽礬水之上可以不用泥漏筒隔之而電源若靜止兩流質之相混極緩又有漏斗形玻璃器未爲甲玻璃器之蓋所支中盛以膽礬顆粒此器上口閉下有小口沈入膽礬水中是使甲器之底所有膽礬水之濃淡常相同也鋅管之傳電線經丑而終於巳銅管之傳電線辰爲阻電之玻璃管所圍而上出於午此電源不特發電甚強且電力甚平勻而耐久故特用於電報機電源若靜置不須時時加藥品而其功用能一年之久

第六　路克蘭雪 Leclanché. 之錳養二電源一千六百六十八年所創也

此電源爲鋅與炭所成而鋅在硇砂即淡輕四綠水內炭在泥漏筒中其中又有錳養之碎粉如穀大而濕之則自錳養放出養氣而與輕化合惟其水能漸化散故須時時加之則能持久室內電報機等多用之

注意　凡電源之鋅板須擦水銀令不發電之際不受酸力之消化是爲最要又用多連電源數箇而成電池則其相接處須極密若以含養氣之層隔之則電行力減弱或至絕無

第六節　蓄電池

欲稍蓄電行力而至異日或他處用之則須所謂蓄電池或名次發化電器 Secondary element or accumulator.

種類

一　一千八百六十年布蘭的 Plantés. 所造之蓄電池也取二鉛板中以像皮板隔開而共捲之插入加十倍水之硫強水中而自常電源通電約二十四小時則因水化分而生養與輕養氣與陽極板化合生鉛養爲褐色皮蓋其板上輕氣附於陰極板於是兩鉛板分爲兩極即與養氣化合之板爲陰電氣性受輕氣之板爲陽電氣性是即蓄電池已容有電也今仍置於淡硫強水中而由傳電線聯其兩板則起電行其方向與前相反此動電初雖甚強然維鉛養放養氣之際能生電耳至兩板俱成鉛養而電遂止但其功用與尋常化電器相同不俟論也

二　一千八百八十一年福挨 Faure. 所造之蓄電池也此器於兩鉛板上覆以鉛丹卽鉛$_三$養$_四$之厚層陽極板由電力與養氣化合爲鉛養陰板遇附來之輕氣與鉛$_三$養$_四$之養氣化合而爲水而鉛分出

第七節　熱電氣

一熱電源　發動電氣不但由化學功用能之更可由熱度之差而發動電氣今取異類之金二片於其一處或其兩處銲連之則成熱電源 Thermo-element. 在其銲連之一處加熱或加冷則發生電氣是可由倍力電表（詳後節）確證之由熱度之差所發電氣係一千八百二十一年惹倍克 Seebeck. 之所發明而名曰熱電氣 Thermo-Electricity. 而電行力之強弱關於銲連處熱度之差不俟論也

第一百二十五圖

實驗

一　如第一百二十五圖所示以異類之金二片物（例如鉍）與甲（例如銻）銲連而在其兩端各銲連銅線子及丑其兩線之端使之通倍力電表之線端而在物與甲之銲連處加熱（如用一酒燈）則當見倍力電表之磁鍼傾斜今其物爲鉍而甲爲銻則由磁鍼傾斜之方向從後節所述安培之定律而知所加熱處之陽性電自鉍向銻而流其方向如箭所示

第一百二十六圖

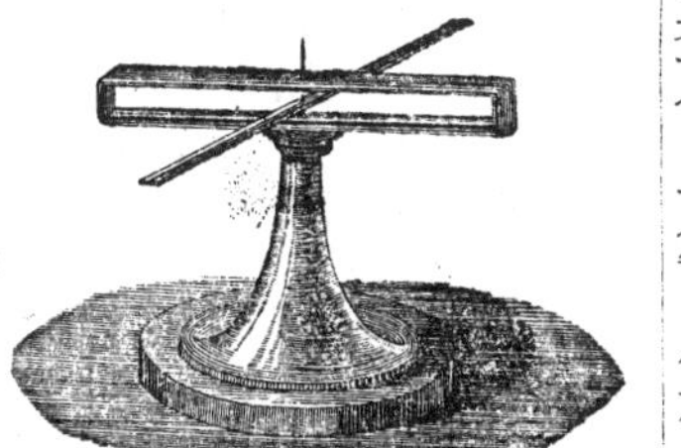

二　如第一百二十六圖所示以屈曲之銅板與一鉍板銲連而作方匡形中設鍼尖以置磁鍼而使其磁鍼在方匡中而不外向卽使其方匡與磁鍼之子午線爲並行後在一銲連處加熱則磁鍼自其方向傾斜若又在其銲連處加冷則磁鍼亦傾斜其方向與前相反兩銲連處之熱度復舊則磁鍼當歸故位今以磁鍼之傾斜方向照安培之定律則可知陽電氣在加熱處自鉍向銅在加冷處自銅向鉍

二發電力之次序　上記之熱電氣由將二金類之相接處加熱或加冷而生

此亦可就各種金類之性作次序表卽在表所示金類中以其二種作熱電源而熱其銲連處則電源中之陽電氣恒自在下之金類至在上之金類但此表

僅示其重要者耳

陽銻鐵鋅銀金錫銅鉑鉍陰

於此表中之二金類發動電氣其位次相距愈遠則愈强故用鉍與銻發電最强

三熱電堆 欲得强電力當聯熱電源許多而作所謂熱電堆

例如第一百二十七圖所示乃熱電源二箇在圖中之二爲相銲連之處今以同度之熱加於此電堆之銲連處一及二則毫不發動電蓋熱在二所發之動電力與熱

第一百二十七圖

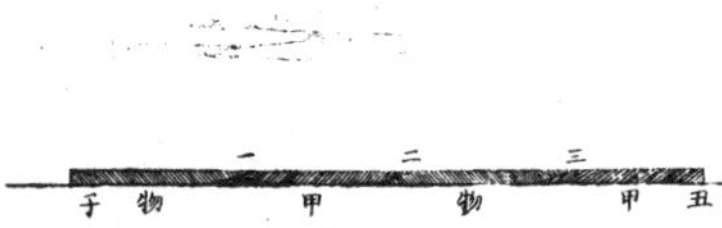

在一所發之動電力相等而其方向相反故也在其一及三加熱而不熱其他處則因在一及三所發之動電氣電流方向相同而電力增故欲聯熱電源數箇而成熱電堆以發動電氣則須熱其一三五七等處或熱其二四六等處

一千八百三十四年諾比利 Nobili 將此種熱電堆與倍力電表相聯而成熱倍力電表以察極微熱度之差見中編第二百五十四圖及第二百五十五圖第一百二十八圖即其一而爲鉍條及銻條二十

第一百二十八圖

五至三十箇所成每條長約三生的邁當至四生的邁當而其銲連之法如第一百二十九圖所示須爲偶數之銲連處悉向一方奇數之銲連處悉向他方而在各條之間以阻電物隔開之其後如第一百二十八圖所示總包其全器而電堆末端之兩半電源一連於小桿子一連於小桿丑則其兩桿即爲電堆之兩極第一百二十九圖所示之子端若爲陽極則他端爲陰極也故於此連倍力電表兩線之端今於此器一面之銲連處增熱極微例如以手近之倍力電表之磁鍼亦能著傾斜

第一百二十九圖

四熱電力之强弱 熱電氣力之强弱第一關於金類之種類即在鉍與銻爲最大也第二關於電源之數即與其多少爲比例第三關於所受熱度之差

要之熱電源之電力頗爲微小此一電源發電之力最强亦僅抵一但尼利電源之十分之一耳

第八節 電行力强弱及傳電體之阻力

一測定電行力之法 欲測電行力須就動電氣之化物功用章詳後並磁鐵上功用章詳後而定之

欲考化物功用宜依約哥比 Jacobi 之法凡電行力於熱爲零度氣壓力爲七百六十密里邁當之際

能化分水成輕養兩氣一立方生的適當者定為單位欲考磁鐵上功用當依電行力能使正切測電盤(詳後節)之磁鍼自其原位傾四十五度者定為單位

二電行力　電行力之强弱關於電源或電池與閉線之性質此相關之法從歐姆 *Ohm.* 之定律(一千八百二十七年所定)如左

電行力之强弱於電源之發電力為正比例而於電行路即傳電體之阻力為反比例

一基因　凡動電氣其電池之發電力愈大則電行力愈强例如一格羅弗電源較一但尼利電源强一但尼利電源較一墨輕猻歐電源强而電行力更從所聯電源之數而增加即若干電源所成之電池其發電力較一電源為若干倍也例如一但尼利電源一分時內若生十立方生的適當之輕養二氣則其五箇或十箇或二十箇當生五十或一百或二百立方生的適當之輕養二氣也然則五倍十倍二十倍之發電力使電行力增强五倍十倍二十倍即電行力於發電力為正比例也是故今以申與申為二電行力以戊與戊為其發電力則得比例式為(申∶申∷戊∶戊)但電行力不獨關於電池之發電力即電源之良否及多少且於電流所經過之閉線即傳電體之性質亦頗有關凡傳電之物體必有阻力故能使電行力減弱也是故有電池雖不變其發電力而電行力亦不常同葢發電力雖相同而此次逢若干阻力彼次逢五倍若干之阻力則彼次之電行力必比此次弱五倍即電行力與傳電體阻力為反比例也電行力所以由阻力而減弱者葢電氣行過其所經之路不得不失其操作力之若干分猶鎗彈經過水中不能如鎗彈之經過空中也今以申與申示二電行力以物及物為其傳電體之阻力則得比例式為(申∶申∷物∶物)從此知電行力於發電力為正比例於傳電體之阻力為反比例故求實電行力須以傳電體之阻力除發電力也今以申示電行力戊示發電力物示傳電體之阻力則此定律之算式為($申=\frac{物}{戊}$)

三傳電體之阻力　電行不特經過閉線且須經過發電之流質中故亦須勝流質內之阻電力而此阻力或比在閉線中更大此阻力名曰內部之阻力而名閉線中之阻力曰外部之阻力凡阻力之大小關於傳電物質與其長

短及剖面積之大小歐姆之定律如左

電行路之阻力於其物質之阻電性及其長短爲正比例而與其剖面積之大小爲反比例

一基因

一　取同長同粗之各種金類線逐條置於電行路中而連於測電器（詳後章）或正切測電盤則見傾斜度之大小各異卽用銀線比用銅線者大用銅線比用鐵線者大也銀銅皆易傳電之金類阻電之力極微故置於電行路中則電行力現强盛之功用凡阻力關於傳電物質如此故名之曰阻電力較 Specific resistance of conduct. 今以物與物爲二體之阻電力以未與未爲二體之阻電力較則得比例式爲

$物:物_{一}::未:未_{一}$

凡金類俱爲易傳體就中銀與銅爲最易傳者也今就重要之金類表示其阻電力較如左但一以銅之阻力爲單位一以汞之阻力爲單位

	以汞爲單位
銀	○.○一五四
銅	○.○一八二
黃銅	○.○七二○
鋅	○.○八五七
鐵	○.一一七六
鉑	○.一三一四
白銅	○.三五二七
汞	一.○○○○

	以銅爲單位
銀	○.八四七
銅	一.○○○
黃銅	三.九六○
鋅	四.七一三
鐵	六.四六三
鉑	七.二二七
白銅	一九.三九八
汞	五五.○○○

二　取同粗異長同種之二金類線置電行路中則測電表之傾斜在長線者較在短線者微而其長爲二倍三倍四倍五倍則阻力亦爲二倍三倍四倍五倍卽阻力與線之長短爲正比例今以物與物爲二電行路所有阻力而丑與丑爲同種金類傳電線之長則得比例式爲

$物:物_{一}::丑:丑_{一}$

三　等長同種之二金類線而其剖面之積不等置之電行路中則其線愈細測電表之傾斜愈小卽阻力愈大也傳電線之剖面積若爲二倍三倍四倍則其阻力爲二分之一三分之一四分之一卽阻力於剖面積爲反比例今以物與物爲二線之阻力午與午爲其剖面積則得比例式爲

$物:物_{一}::午_{一}:午$

今由以上三式得 $物=\frac{未丑}{午}$ 卽以剖面積之數除長與阻力較相乘之數而得其實阻力也

二電氣之度量　測定阻力發電力及電行力三者有

一定之度量即阻力之單位曰歐姆 Ohm. 即汞之剖面積爲一平方密里邁當長爲一·〇六邁當之阻力也發電力之單位曰弗打 Volt. 即畧一但尼利電源之發電力此單位與阻力之單位相合而爲電行力之單位此電行力之單位往時用約哥比之單位參照本節之一近用安培 Ampére. 即其電行力在一分時內畧生輕養二氣一〇·五立方生的邁當於熱度爲零氣壓力爲七百六十密里邁當之際今安培弗打及歐姆三單位所有相關之式依歐姆之定律得式爲

$$安培=\frac{歐姆}{弗打}$$

即以歐姆之阻力除弗打之發電力則得安培之電行力也

第三章 動電氣之功用

第一節 動電氣功用之種類

動電氣之功用不但施於在電行路中之物體上即電氣所經過之物體亦能施於電行路外相近之物體上故區別其功用爲二一爲電行路中之功用一爲外部之功用而更別電行路中之功用爲四曰生理上功用曰發熱功用曰發光功用曰化物功用是也外部之功用亦別爲三曰運動功用曰磁石上功用曰附電氣功用即感應是也

甲 電行路中之功用

第二節 生理上功用

一肌肉運動 使動電氣之電行路經過人體或禽獸體中則其電行路乍通乍斷之際該動物體覺痛如刺而一種肌肉隨之運動其電路若係恒通則只於强盛之電氣覺有震顫電力若爲微弱毫無所覺但在外皮損傷之處則覺其如燒即知覺腦筋受電力之刺擊而覺痛也而肌肉不隨意之運動蓋由運動腦筋受電力之刺擊而然也

實驗 欲實驗之以淡硫强水濕手指而握兩極線可矣欲考此强盛之功用則於兩傳電線之端聯黃銅柄而握之或以兩傳電線之端各插入盛酸水之玻璃器中而將兩手亦各插入器中則其相切面更大更須注意使電流乍通乍斷即在前法則於傳電線之中間斷之而兩端俱插入盛汞之小皿中使其一端忽出忽入在後法則使一手在水中忽出忽入可也

急速通斷電行路之器 欲使電行路之通斷爲迅速且連續則宜用涅夫 Neef. 所造一千八百三十五年之通斷輪其圖見後即依此器則電流必經過金類之齒輪而其齒緊切鋼簧今齒輪由曲柄旋轉則鋼簧迭更遇各齒之隙故其電行路忽通忽斷此極線之端須接

於金類握柄上

生理上功用之實用　通斷電時所有之搐搦並恒通電時所有之震顫醫家俱用之其前者多用以治麻痺及痛風後者用以治腦筋痛近今醫家又屢用附電氣章詳後治此種病

二在眼耳舌上之功用　手持一極線以他一極線切於眼傍但須濕其相近之處則雖閉眼而在電行路通斷之際能覺有光又以一極線置於耳或舌上則在耳聞濁音在舌覺有味如爲陽極線則因口津之化分舌上覺酸味陰極線覺鹼味此功用之銳猶在舌上舌下含鋅板與銅板而其間

所覺之味也

第三節　發熱功用

使動電氣經過短細金類線則該金類線受熱而白熾或鎔化或全燃燒蓋發熱者由傳電線之阻力阻電行之經過而成者也即電行之運動變爲他種質點之運動即熱也故傳電線之阻電力愈大則電行經過所須之時刻愈長而該傳電線之受熱亦愈大

第一橋兒 Joule. 李司 Riess. 及法弗 Faure. 之定律　橋兒定律者乃一千八百四十一年橋兒所捌之定律即電流於若干時內在傳電線中所現之熱於電行力之自乘及傳電線之阻力爲正比例今以寅與寅示熱量申與申示二電行力而以物與物示阻力則得寅∶寅∷申∶申及寅∶寅∷物∶物之二比例式

李司法弗亦捌一定律即由動電氣所生之熱量於所失之鋅爲正比例即失鋅若干而動電氣之電行路中所生之熱量等於同量之鋅化爲鋅硫養之際所生之熱是也

第二實驗

一以細且短之鐵線鉛線錫線鋅線等置於五六

箇電源所成電池之閉線中則受熱而白熾而鎔化或燃燒

二鉑線若細而不過長則亦能使白熱

第三致用　由動電氣之熾熱醫家多用之如用以烙炙身體各處之毒瘡此外用於熾電燈參看第八節或燃地雷水雷及燃炸藥以破壞岩石等事

第四節　發光功用

一動電氣光　以一電源或一電池之兩極線相切而後稍離之則生動電氣光是非由兩電氣之通過空氣而均和如靜電氣之發光而實爲無聲之熱熾也蓋兩線相切

末端之微分由電氣發熱而成熱熾之短傳電線此際各微分為電流所帶去而燃燒

實驗

一　以電池之一線插入汞中而以他一線反覆切其面則每次生一火光

二　置一極線於銼刀上而以他一極線往來擦其刺上則亦生光

二動電氣之弧光　聯強力電源十箇至十二箇以上為一電池而於其兩極線端各繫有尖端之炭桿（第一百三十圖之呷吒）及先使之相切而後稍相離則發生動電氣之弧光此弧

第百三十圖

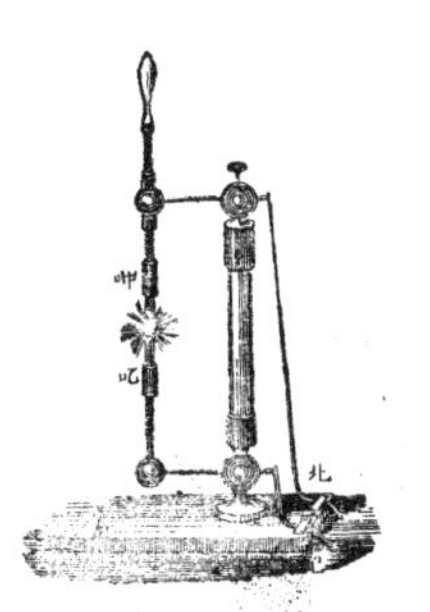

光甚明白色眩人目是由兩炭尖間炭之微分白熾陸續移飛成弧線形也

弧光之強及致用　動電氣之弧光即電氣之炭光為人工所成最強之光而用本生電源五十至六十箇則使其光之強為四分日光之一較獨門得之輕養明燈光為四十倍較單位燭光為一千至二千倍但生此電光近時已不用電池而用磁鐵發電機或代那麼發電機（俱詳後章）以此電光代日光其用甚多即用以照日光顯微鏡燈塔公園大工場軍艦等人所共知也

弧光燈　炭尖端由熱熾之微分飛散無間斷（在陽極較陰極更速而其景象如第一百三十一圖所示凸起如丙丙及小球如庚庚等由外物鎔化混和而生者也）必致漸短故其相距漸大終至其光盡滅蓋已至電氣不能行過之度故也故須別以機器整之現今所常用者為黑弗耨阿吞內克斯 Hefenr-Altenecks. 之節差燈是也此器不唯使兩光端相距常

第百三十一圖

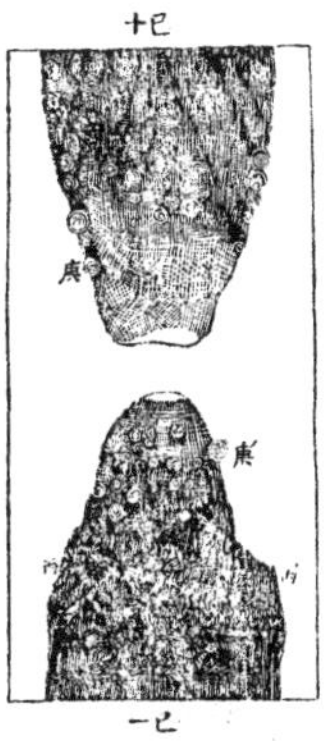

第百三十二圖

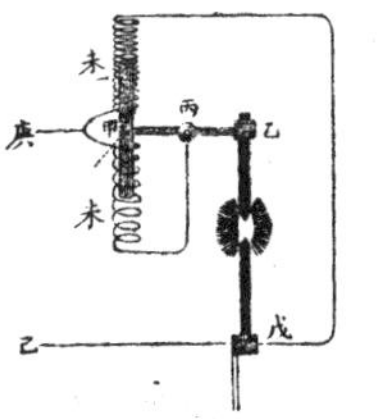

等且可以一個發電源連燃數燈節差燈如第一百三十二圖所示其傳電線有二分為幹線與枝線俱有圈為螺旋狀之處但幹線粗而圈數少枝線細而圈數多其上炭尖定於甲乙槓桿之乙臂此槓桿在丙點可旋轉而他一臂端甲載直垂之鐵桿丁而鐵桿之下端插入幹線之螺旋圈末中上端插入枝線之螺旋圈末中俱不緊切尋常電流經過阻力小之幹線庚末丙乙戊己因之丁鐵桿稍為幹線之螺旋

圈所吸而丙甲槓桿臂低下他一臂丙乙即舉炭尖端上昇至能生弧光之度令炭尖端相距過遠至燈光當滅之度則全電氣取道於庚未戊己此時丁鐵桿之上端稍爲枝線之螺旋圈未所吸而丙乙槓桿臂與上炭尖再下至兩炭尖端再相切而能熱熾之度於是電氣之大半復取道於幹線由上所說之原由使兩炭尖相距恰好而再生成弧光枝線在燈滅時能使電流並不受阻礙而至他燈故可以一發電源燃數燈也如上所述燈之節制器由於鐵桿上所有電氣吸引功用故名此燈曰節差燈

三電氣熱熾光　此光乃使電流經過小剖面積之阻電體生熱白熾而成但可燒之物體在空氣中熾熱則即燃燒金類熾熱則即鎔化故須將熾熱之物體存於玻璃泡中抽去其空氣而後可常用以爲熾熱體者爲紙製之炭

第百三十三圖

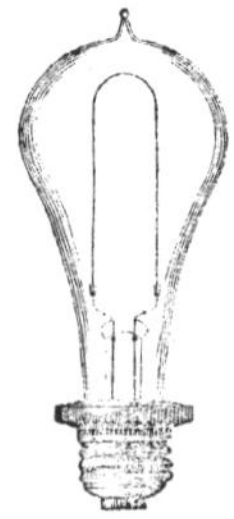

絲而用白金線使與兩極線聯接第一百三十三圖示其全形名曰殷煥燈凡此種電燈所放之光度自十至五十燭光

第五節　化物功用

使動電氣經過化合物之流質中則化分爲二質其一聚於陽極他一聚於陰極而其聚於陽極者名陰電性聚於陰極者名陽電性凡物體由動電氣而化分名曰電氣化分 Electrolysis. 而名其所化分之物體曰電氣化分物 Electrolyte. 在流質中之傳電線之末端名曰導電端又曰愛列克脫路脫 Electrode. 其自陽極來者曰進電路又曰阿諾特 Anode. 自陰極來者曰出電路又曰卡脫特 Kathode.

第一水之電氣化分　動電氣能化分水是係一千八百年卡來兒 Carlisle. 尼古遜 Nicholson. 兩人

所考得者即如第一百三十四圖所示於玻璃器甲中

第百三十四圖

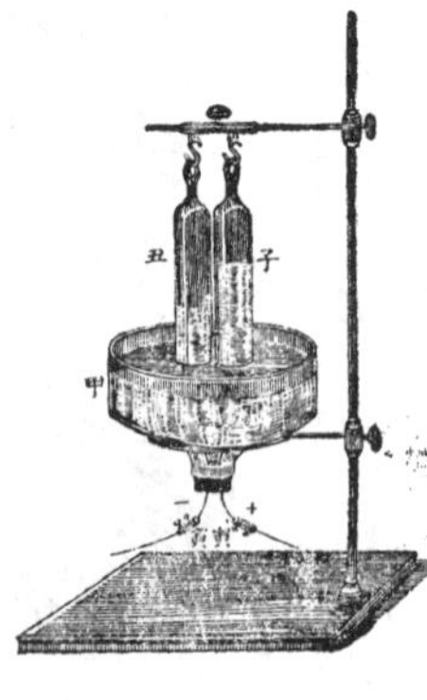

盛微爲酸性之水其中有鉑片二塊於此聯以傳電線寅與寅而其上覆以盛水之小圓筒子丑今用强力電源四箇以上所成之電池則見氣質發生而養氣出自陽極輕氣出自陰極而輕之體積二倍於養此事能確證水之分劑爲輕養之不誤又於輕氣

燃火則發淡青色之光故能確證其爲輕於養氣插入僅留微火之木片則忽發光而燃故能確證其爲養也極淨之水通過強電氣或不能化分或不過稍化分故欲化分水多量須略加硫強水而使爲易傳性又須於極線之端聯一濶鉑片且互相近

一弗打邁當　用電氣化分水如第一百三十四圖之器謂之弗打邁當 Voltameter. 蓋能就所聚輕氣養氣之多寡測電力之大小如前節所述故也若輕養二質不必分開取之則用第一百三十五圖所示之器爲便利也

第一百三十五圖

二格路脫夫斯之說　水由電氣化分之際於兩導電端氣質之發生雖甚速然於兩板間毫不見氣泡故不能無疑然由格路脫夫斯 Grotthuss. 之說則其疑團可釋凡輕與養之化合而成水其質點相密切之際養之質點爲陰電氣性輕之質點爲陽電氣性但在該化合質此兩性之質點均勻分配故全不現電氣性然水若在電池之兩極間則與陽極之端相切之水質點受動電氣之力而引水之陰性質

第一百三十六圖

養卽推其陽性質又如第一百三十六圖所示水之第一質點施其力於第二質點上亦如鉑板之施其力於水之第一質點上第二質點之於第三質點亦然而逐次施其力於下一質點然則凡在兩極間之水質點其養當悉向陽極端輕當悉向陰極端恰如圖所示此圖所示之小球示各水質點其黑色之半球示輕白色之半球示養也今陽極端之引力施於水之第一質點之養上而甚大則其養當與輕相離於是其輕與第二質點之養化合第二質點之輕再與第三質點之養化合逐次如此在兩極間水之化分與化合不絕只在接兩極處分爲輕與養耳

三電氣減弱之原由卽分極電氣　凡用動電氣化分水雖用不變電池亦只少時發氣質甚速而歷時漸久漸漸減弱恰如電行力減弱者然其原由決不在電行力蓋電行力雖不變而輕養二氣層之集於導電處者在流質中有發電之性恰似金類二種如蓄電池條下所述卽輕氣層可比鋅板養氣層可比銅板也是故在化分水之器中必有反對之動電氣

雖比原電行力甚爲微弱而當減其力可無容疑卽電行力之實數當等於二電行力之較是卽化分水之際電行力減弱之原因也

爲輕養二氣層所蓋之兩極板名曰分極導電端稱其所發之動電氣曰分極動電氣 Polarized current.

第百三十七圖

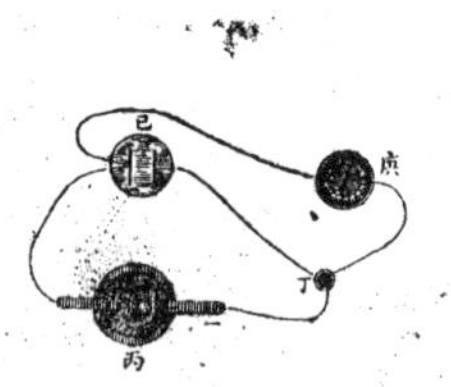

四分極電氣實驗之確證　確證分極電氣之生否當用後節所說之倍力電表卽如第一百三十七圖所示於某不變電池丙之閉線間置弗打邁當已通電少時之後開之而使弗打邁當之兩板速與倍力電表庚之兩傳電線端相連則當見有電氣其方向正反於前電氣卽自丙電池至己弗打邁當之電氣惟如此之分極電氣失之甚易若蓋於弗打邁當板上之氣質消失則電氣亦必同消滅本圖之丁爲盛汞之小器此中置傳電線之端以通電源與弗打邁當或通倍力電表與弗打邁當則彼此易於調換是卽前節所謂通斷器之一也

兄巴因 Schönbein. 嘗設法證所覆之氣能起反對電氣否卽第一百三十八圖所示之子及丑爲盛汞之小器而與倍力電表之兩端相通今以洗淨鉑

第百三十八圖

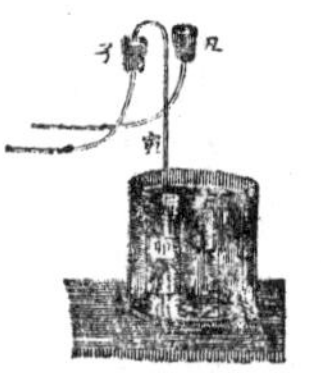

板卯自子器垂之於圓筒中此圓筒盛有微加酸之水更取一鉑板與卯相同者假定爲卯沈於盛輕氣之瓶中少時使輕氣覆之後再沈於置卯鉑板之流質中後將卯上所設之鈎置盛汞器丑中則卽時於倍力電表上現有電氣陽性電氣當自卯經流質而行至卯是可知輕氣所覆之鉑板與潔淨之鉑板其功用與鋅之於銅無異

第二雜類及雜土類之電氣化分　此係一千八百七年兌飛 Davy. 所剏卽於電池陽極線之端聯鉑板其上置濕雜類一片如鉀輕養而後置陰極線之端於其中則於陰極線端鉀之小球分出而養聚於陽極然因鉀最易與養化合故復忽與輕養化合而爲鉀輕養此外鈉輕養鈣二輕養可由同法化分之

取鉀法　如上所說鉀雖分出而卽與養化合故欲得鉀須用別法依慈培克 Seebeck. 法則得鉀甚易卽取鉀輕養一片其上穿凹窪而盛汞置之於鉑板上以鉑板與電池之陽極線相聯以陰極線之端沒入其汞中則鉀輕養忽化分而其養分離於白金

板上鉀逢汞而合成水銀膏今在煤油汽中蒸其水銀膏則汞與汽同飛散只留鉀

第三養氣鹽及養氣酸之電氣化分　如左二項

一以養氣鹽例如取消化銅硫養四或鋅硫養四或鉛硫養四之水盛於瓶中而置電池之兩導電端於其內則其鹽類化分金類之銅或鋅或鉛聚於陰極之導電端卽卡脫特鹽類之餘質硫養四卽無輕氣之硫養四聚於阿諾特然因硫養四不能獨存故與水之輕氣化合而爲硫强水卽輕硫養四使養氣之一質點分離但因其輕硫養四與養氣之生成毫不關電氣之功用而由硫養四之性質故名此現象曰續發功用 Secondary action. 阿諾特若爲能消化於硫强水中之金類所成例如銅所成則與硫養四化合爲銅硫養四而消化於水中而因附於卡脫特之銅數與阿諾特消化之銅數相等故其銅硫養四之水之濃度始終不變

由電氣化分所成之金類如鉀鈉等易與養化合者其續發功用比前者更繁雜如以電氣化分鈉硫養四則其鈉聚於陰極硫養四聚於陽極而硫養四變爲輕硫養四與養氣如上所說鈉自水之輕養中取輕養而成鈉輕養與輕氣如斯則於阿諾特成輕硫養四與養於卡脫特成鈉輕養及輕故呈鹽類化分爲酸與本質之觀

欲實驗此現象則如第一百三十九圖所示於V字形之玻璃管中盛加錦葵花（西名勺耳其乃花）顏料之紫色鈉硫養四水而於其管之一端將阿諾特沈入他端將卡脫特沈入則其水當於阿諾特現紅色於卡脫特現綠色也

第一百三十九圖

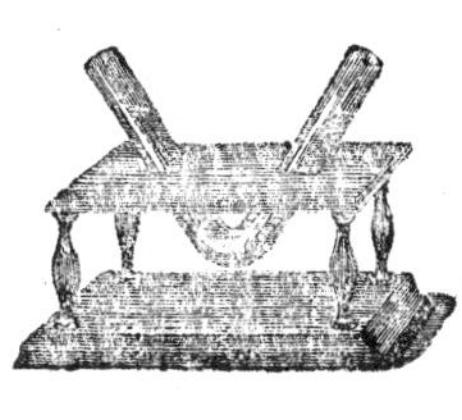

二以養氣酸例如硫强水卽輕二硫養四則先化分爲輕與硫養四輕聚於陰極硫養四聚於陽極其硫養四與水之輕氣化合而放養氣又說如下亦同卽酸化分爲輕與硫養及養其輕二聚於陰極硫養三卽無水硫養三忽與水化合而爲輕二硫養四其時養聚於陽極據此理則以電氣化分微加酸之水實非水之化分如前所說而謂將所含之硫强水化分亦無妨也

第四輕氣鹽及輕氣酸之電氣化分　以食鹽卽鈉綠或鹽强水卽輕綠用電氣化分則鈉或輕聚於陰極綠聚於陽極綠不但可由其臭知之若豫在其流質中加生物顏料則可由其色之消滅知之

第六節　電氣化分之致用

一分出結顆粒性之金類　於消化某金類鹽之水中沈入陽性之他金類則其一分先與水中之物質代換而生化合質因之自水中所分出之金類少許附於陽性金類上又因二種金類同置一鹽類水中即成一電源故其鹽類水能續受化分而所分出之金類小分即以前所分出者為卡脫特附於其面其狀頗奇此現象謂之金類化分

實驗

一　於鉛養醋酸之水中插一小鋅條則生鉛條

二　於銀淡養三之水中注汞一滴則生銀粒

三　以磨光之小刀沒入銅硫養四之水中則刀上忽有薄銅層包之而現赤色

二電氣鍍銀鍍金鍍銅 Galvanic silvering golding coppering. 等　以某電源之兩導電端置於某銀鹽之水中而於陰極繫某金類所製之器於陽極繫銀一片則其鹽類水由電氣化分而分出之銀附於為卡脫特之金類器上而於阿諾特所消化之銀與在陰極分出者同量故銀鹽水之濃淡始終不變

最便之法如第一百四十圖所示於兩傳電線之端各繫以金類桿而橫於器上其後以欲鍍銀之物體

第百四十圖

繫於陰極之金類桿以銀片繫於陽極之金類桿是也惟電氣分出之物質有結顆粒性而不固附故須用續發功用為良是以鍍銀者不用銀淡養而用鉀衰與銀衰之合質則鉀衰化分為衰與鉀其鉀分銀衰而銀乃固附於欲鍍銀之物體上而衰在阿諾特更與銀化合再生銀衰消化於水中復為鍍銀之用凡於金類器鍍金鍍銀鍍

銅鍍鎳鍍鋅皆用同法

三電氣雕鏤術 Galvanoplastic.　此法為一千八百三十八年聖彼得堡 St. Petersburg. 之約哥比 Jacobi. 所創又同時利法浦 Liverpool. 之斯邊撒 Spencer. 亦得斯術即由電氣化分而將不拘何形之器面上覆以金類層或模造貨幣及銅與木所雕刻物之術也但導電端之間所用之流質即可受化分者通常用銅硫養四水

行此法須先以蠟或司替阿里尼或石膏或格搭伯查等製所欲模造之物之模此模於原物之凸處反凹凹處反凸與原物全相反不俟論也今以筆鉛之

極細末撒於模上令能傳電後繫於陰極線而於陽
極線繫一銅板而同插入銅硫養四之水中則不久而
模上爲銅所蓋經一二日則銅層甚厚而可剝下其
剝下之面上即成之紋極精而以顯微鏡驗之與原
物無毫髮之差由銅硫養四化分而所生之硫養四使阿
諾特之銅消化與在陰極分離之銅同量故水之濃
淡常不變凡在雕鏤術所用之發電力只須甚弱之
但尼利電源一箇已足但電源之外不須別設分隔
器當受分出金類之物體(即模)自可代但利器之陰極
性金類板也第一百四十一圖所示者即供此用之

第百四十一圖

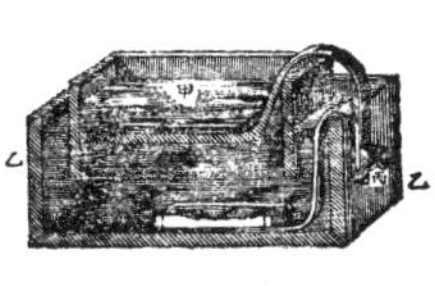

器甲爲玻璃器其上面開其下
以豬或牛之膀胱閉之以此器
沈於玻璃器乙中甲器之底須
離乙器之底約五生的邁當許
甲器中盛極淡之硫強水(約合硫養四分之一者)乙器盛銅硫養四之濃水
而後將塗汞之鋅板浸入上器之水中將模沈於下
器之水中此兩者之他端互相切如圖丙所示而上
器中之鋅板當設法使其離底之膀胱常不甚遠又
膀胱上宜以麻布蓋之防污物及鋅板上所剝落之

金類屑與膀胱相接也
四電氣冶金 Galvanic metallurgy. 近今自鑛石或
自他化合質採取金類用電氣化分者頗多
行此法所用之電氣非由電池得之而用後章所示
之代那摩發電機

乙外部之功用

第七節 運動功用

一定義 動電氣之運動功用爲使二箇電源所發之動
電其電行路相鄰而在其間互現或引或推之功用是也
二互現之功用四則 爲一千八百二十年安培Ampère
所考得者如左
第一 並行之兩電流若其方向相同則互相引
第二 並行之兩電流若其方向相反則互相推
第三 不並行之電流即交叉電流若同向一點(即交點)
而行或俱已過其交點而向外行則互相引
第四 不並行之電流即交叉電流如其一向交點而
行他已過交點則互相推
由第三則及第四則觀之則交叉電流有欲同方向而
並行之勢
一實驗 行此實驗用所謂安培架如第一百四十

第百四十二圖第百四十三圖

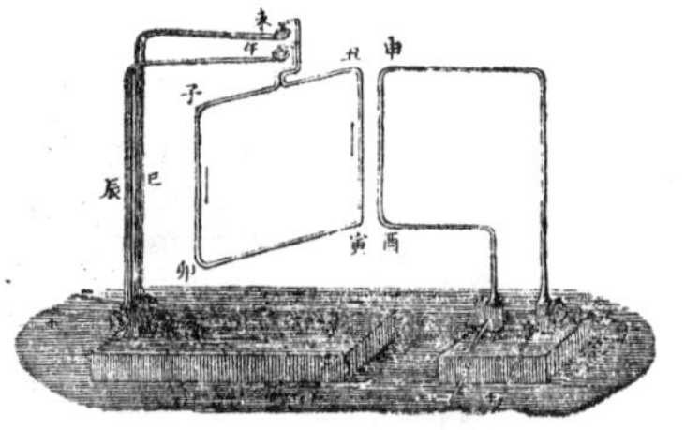

三圖與一百四十三圖即爲二阻電之座所成，一立曲成方形之傳電線申酉一載能旋轉之傳電線子丑寅卯此線在兩曲桿辰巳之端支之其尖端插入盛汞之二小杯未午中，故能通電而且旋轉也，今一電流通過方圈線之際於其兩垂線邊之一（例如子丑寅卯之丑寅邊）以方通電之第二箇方圈線近之如第一則及第二則所言或於其水平面邊上以兩者相近，如第三則及第四則所言則由方圈線之旋轉可見有四式之推引，又可見兩電流欲並行且同方向

行此實驗之際以如第一百四十四圖之傳電線廓，代第一百四十二圖所示之傳電線則推引甚烈，（本圖子丑代第一百四十二圖之申酉）此傳電線廓即以絲線纏銅線，（徑至二密里邁當）以此銅線繞成方圈，至二十或三十次者也

第百四十四圖

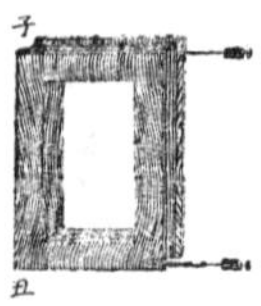

又欲使交叉電流之現象爲着明，則當用第一百四十五圖所示之傳電線廓，即甲乙爲定住之傳電線廓，其製法與前同，而由子與丑通於電池之兩極，而其內有能旋轉之小傳電線廓置於鋼尖上，（其要部見第一百四十六圖）其兩線之端沈入盛汞之器中，但其器有隔電之板分開爲二，而子丑

第百四十五圖

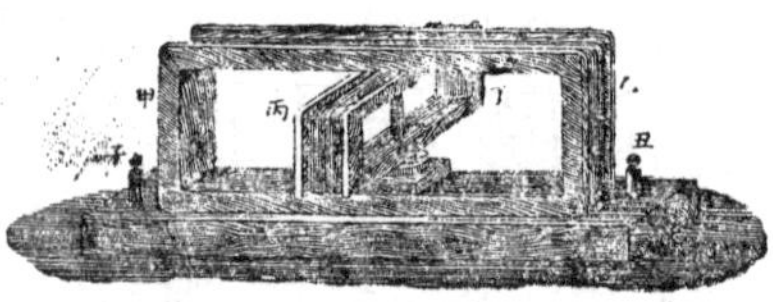

爲與電池之兩極線相連之處，各通入汞中，故能與丙丁通電也，

二解明　交叉電流之欲並行，

第百四十六圖

就第一百四十七圖易解明之，即在象限一內，兩電流俱向丁點，故從第三則互相引，今傳線丙丁戊定住，而甲丁能繞丁點而旋轉，則其甲丁之旋轉如己箭所示，以與丙丁戊爲平行，又在象限

第百四十七圖

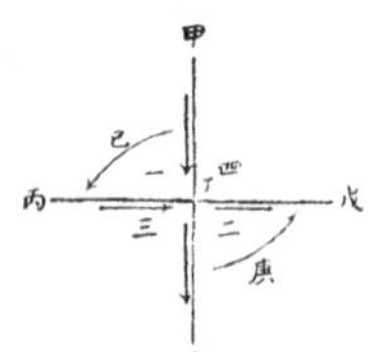

二丙則兩電流均自丁點而進行相引亦與前同故傳電線丁乙之旋轉如庚箭所示又如在象限三丙丙丁電流向丁點而丁乙電流自丁點進行則從第四則兩相推但丙丁線定住而丁乙線能旋轉故其丁乙之旋轉如庚箭所示又在象限四則甲丁為丁戊所推如已箭所示然則在四箇象限內俱有欲並行且同方向之勢也

第一百四十八圖

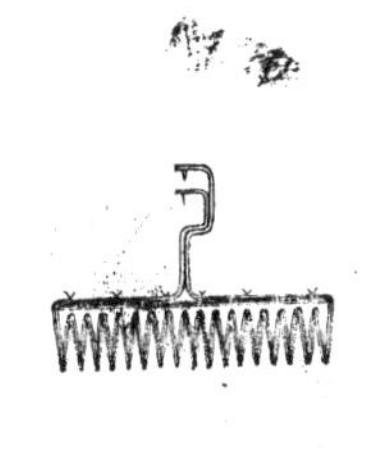

三蘇倫諾之性質　以銅製之螺旋線可旋轉自如者名曰蘇倫諾 Solénoid. 第一百四十八圖 懸之使電流經過則悉現磁鐵性即如左四項所示

第一　其方向與偏倚鍼同

第二　其兩端與磁鐵極之性同即具兩極

第三　二箇蘇倫諾其同極之端相推而異極之端相引

第四　以磁鐵近蘇倫諾則同極相推異極相引與磁鐵無異

證明

一第一之證明　取蘇倫諾其兩鋼尖懸於安培架上之盛汞盃中而使電流經過則即時一端指北方一端指南方而定於磁鐵之子午線上

二第二之證明　自蘇倫諾之向南之端視之則電氣旋轉與時辰表之針行方向相同自向北之端望之則其旋轉與前方向正相反當參考炎節之一是故名向南之端曰南極向北之端曰北極

三第三之證明　於安培架上懸一蘇倫諾而手持已通電之第二蘇倫諾以其極近第一箇之極則易見其推引

四第四之證明　安培架上所懸之蘇倫諾以磁鐵之極近之則見其推引

第一百四十九圖

第一百五十圖

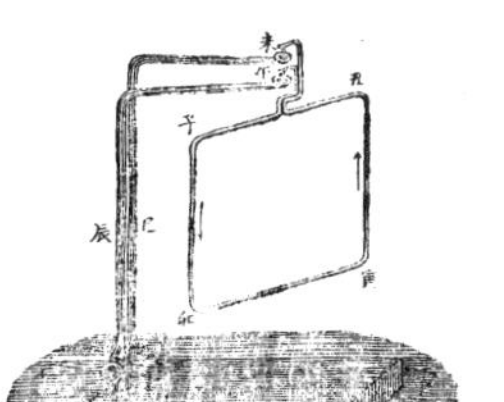

非獨螺旋圈之傳電線即蘇倫諾能定於一方向而靜止凡單圈線如第一百四十九圖所示或方形線如第一百五十圖本圖與第一百四十三圖同所示者亦現同象但重方圈線如

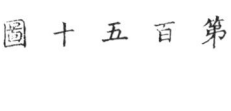

第一百五十一圖

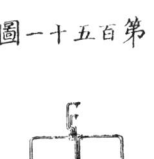

第一百五十一圖所示者無定位與次節所記之無定位磁鍼同

四安培之磁性說　蘇倫諾與磁鐵其性毫無異如上所示於是安培於一千八百二十六年以爲磁性與電氣本無二致

從此說凡磁鐵卽其鐵之各質點上常有並行之電流環行經過其狀當如第一百五十二圖所示由此電流（卽質點上之電流）之相互功用則磁鐵現象悉易解之在磁鐵之一端其電氣環行與

第百五十二圖

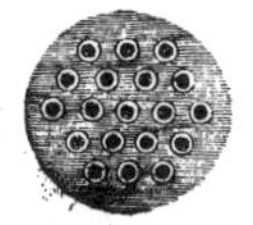

第百五十三圖

時辰表指針方向同者爲南極而方向反者爲北極也（如第一百五十三圖）於無磁性之鐵其質點上亦有電氣環行然在各質點之電流方向不同故互消其功用質點上之電流若皆並行且方向相同悉與磁鐵軸成直角則軟鐵與鋼亦變爲磁鐵矣且磁鐵上之電流亦可不視爲質點間之電氣環行於磁鐵之各小分上而可視爲一總電流環行於全磁鐵上如第一百五十三圖從此說則地球之磁性可視以爲有一電流與磁鐵赤道並行而自東向西環流者也

第八節　磁鐵上功用

動電氣之磁鐵上功用有二種一卽使磁鐵鍼自其方向傾斜一卽使非磁性之鐵變爲磁性鐵

一磁鐵鍼上所有動電氣之功用　分說如左三項

第一單磁鐵鍼　動電氣若通過磁鐵鍼之近傍則磁鐵鍼自其方位（卽磁鐵之子午線）傾斜而有欲與電流方向成直角之勢是爲一千八百二十年尤斯特Oersted所考得而其磁鐵極位置之定律亦爲是年安培Ampère所考得卽如下

假如有人在電流線中而其電流自足入自頭出而此人之面對磁鍼則磁鍼之北極必傾於其左而自針之南極視電流之方向與時辰表之指鍼相同

實驗　欲見此傾斜只須使動電氣向某方而在磁鐵鍼之上或下經過之電流若過鍼之上而自南向北則其北極偏往西自北向南則北極偏往東電流若過鍼之下則俱與前相反第一百五十四圖所示之器爲供此用者卽子丑寅卯辰爲方

第百五十四圖

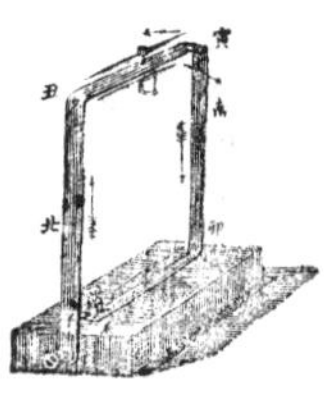

圈之傳電線而於其水平部之上下設鋼尖尖上置磁鐵而可使電流經過箭所示之方向或反其方向例如電流經過如本圖所示則磁鍼之南極傾於無羽箭所示之方向也

第二無定位鍼　電流通過磁鐵鍼之近傍時受二力之功用卽地球磁性欲使磁鍼在其子午線中而電行力欲傾之使與電流之方向爲直角故鍼不唯受一力而當受兩力之合力而居其中間也凡欲知磁鍼單受電行力而所處之位置如何則必須除去地球磁性之功用一千八百三十年諾比利 Nobili. 用無定位鍼解此疑題

此鍼卽自二磁鍼平列而成使其異極相對但其力須相等（如第一百五十五圖）兩鍼之力若果全相等則鍼當毫不受地球之磁力蓋因兩鍼受地球磁力正相反而相等故不拘何方俱能靜止也然實同力之二磁鍼實際殆不能得故實無定位鍼亦不能有只有定位性極微之鍼耳卽不能全除地球磁力之功用而其鍼上所有

第一百五十五圖

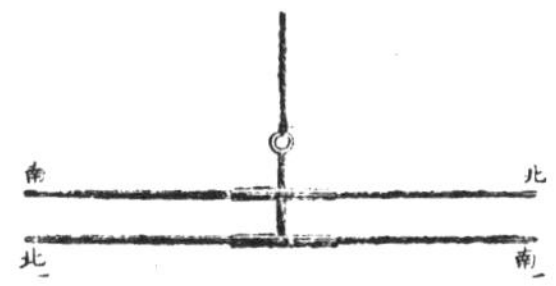

之功用爲極微者也

第三顯動電器測電表倍力電表　由磁鍼傾斜而確證動電有無者名曰顯動電器 Galvanoscope. 而由劃度能測其傾斜度之大小卽電行力之强弱者名曰測電表 Galvanometer.

第一百五十六圖

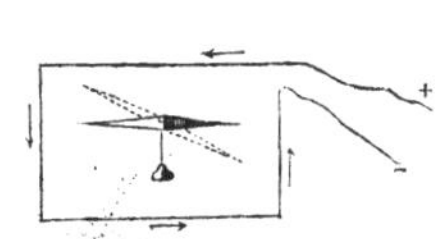

一　最單簡之顯動電器取粗銅線屈曲如第一百五十六圖所示而其內置一磁鐵鍼卽成令使電流通過其線則磁鍼當從安培之定律傾於一定方向此際注意則知屈曲者較單線傾斜之度當大蓋在屈曲線其各處協力而變磁鍼之方向故也

第一百五十七圖

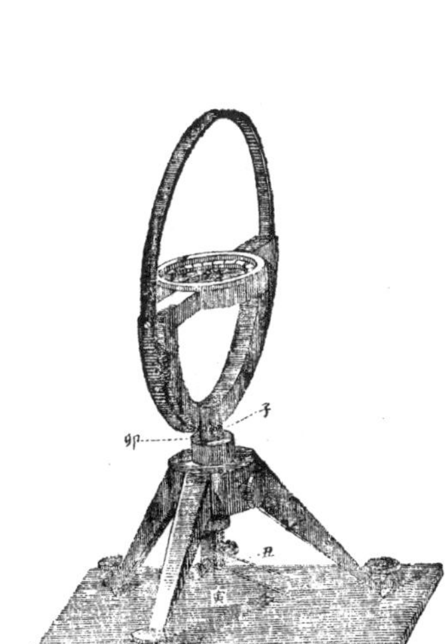

二　測大力電流所用之測電表名正切測電盤 Tangent-galvanometer. 第一百五十七圖所示即正切測電盤而自圈形之狹長銅板所成其下爲子丑與寅卯之兩直立板此處具螺旋以便與兩極線相連但於兩直立板間置木片或象牙以隔開電氣而中央所具之盤上劃有度數而其心置磁鍼以供測傾斜角之用者也

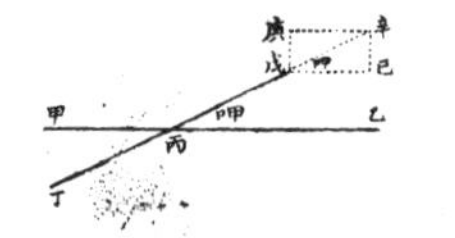

第百五十八圖

所以名正切測電盤者如下即第一百五十八圖所示之甲乙爲於磁鐵子午線之面上所經過電流之方向而丁戊示磁鍼同時受此電行力與地球磁力之功用而靜止之方向然則此二力之合力戊辛與丁戊同方向且爲並行四角形戊已辛庚之對角線但此平行四角形內與甲乙平行之邊戊已爲地球磁力之功用垂線邊戊庚爲磁鍼上所有電行力之功用是故以未代地球磁鐵力以申代電行力則得比例式爲 戊已∶已辛∷戊已∶戊庚∷未∶申 今已辛與戊已其大小之比可由表所測得之角度辛戊已而知之故辛戊已角若增大則示地球磁力之戊已邊當不變而只係已辛邊增大故已辛與戊已之比亦當增大在三角術直角三角形辛已戊上對銳角辛戊已之邊已辛與戊已邊之比名曰此角之正切 Tangent. 今欲簡約故以（呷）代辛戊已角從三角術之例以正切（呷）爲呷角之正切則從前比例式得 $\frac{申}{未}=正切呷$ 故 $申=未\times正切呷$ 若更有第二電流其力爲（申）其距磁鍼與前電流相等而其使磁鍼之傾斜度大小爲（呷）則得 $申=未\times正切呷$ 今以此式除前式則 申∶申∷正切呷∶正切呷 也即二電行力之強弱與傾斜角度之正切爲比例

三　代單圈之線以絕緣之傳電線而在一磁鍼之周圍繞之數次如第一百五十九圖子丑爲懸垂之磁鍼則其各圈恰如若干單線之合功用

第百五十九圖

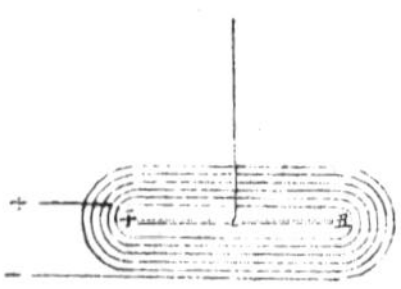

其電流之强弱依其線之數而加若干倍故名此磁鐵鍼曰倍力電表是一千八百二十年徐貝稱 Schweigger之所創造者也

四　以無定位鍼代單磁鍼則倍力電表顯電之力更爲極大卽一磁鍼在圈之內他一磁鍼在其外使電流能協力以傾斜兩磁鍼如第一百六十圖所示更因欲測定其傾斜度之大小故下有分度之圓板全器在三螺旋足之臺上故能使常在水平面而磁鍼用絲懸於蓋全器之玻璃罩之頂上其形如第一百六十一圖所示

第百六十圖

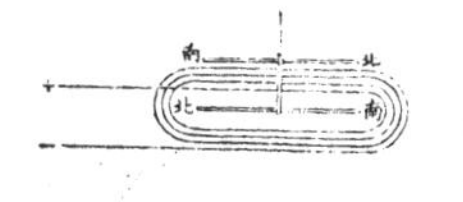

第百六十一圖

五　倍力電表能用以考極微之電力又能由鍼所傾之方向確定電流之方向且能由所傾角度之大小測定電力之强弱者也

二非磁性鐵上所有動電氣之功用　動電氣能使非磁性之鐵卽軟鐵與鋼有磁性爲一千八百二十五年阿拉哥 Arago. 之所發明其法在軟鐵上卷絕緣之粗銅線許多周而由此銅線通電或在木及厚紙所製之圓筒上卷銅線如第一百六十二圖所示而於其筒中插鐵桿後使電氣環行則其鐵卽爲磁性如此由動電氣所得之磁鐵名曰電氣磁鐵 Electro-magnet.而由此所生之磁性名曰電氣磁性 Electro-magnetism.然電氣磁性只電流環行其鐵之際有之電流既斷則磁性卽消失存者甚微耳使電氣環行於鋼之周圍則其鋼爲恒久磁鐵凡電氣磁鐵之極從安培之定律易定之卽電行如時辰表指鍼之旋轉者爲南極反是爲北極如第一百六十三圖所示

第百六十二圖

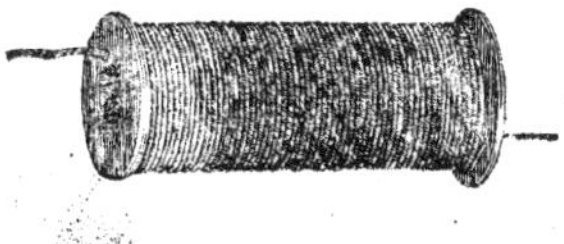

第百六十三圖

第一實驗

一　如第一百六十四圖所示以軟鐵所

第一百六十四圖

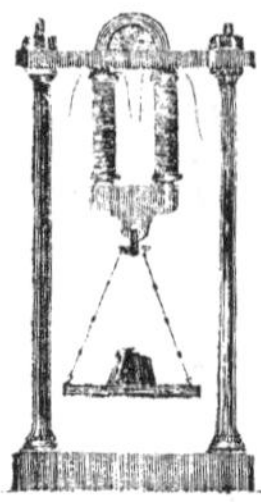

製之馬掌形鐵定於架上而使電氣在其外所卷之線中通過則鐵之兩端成南北極今以他軟鐵近其極則吸之之力甚強從電力之大小能使其軟鐵所任之重或小或大可至千啟羅格蘭姆惟電行路若斷絕則其重物忽落而極輕之物有時不即落是由磁性尚稍存如上所述若互換其電流之方向則其存者亦忽落

欲試驗磁性學第二節所述之親磁性體及反磁性體則用第一百六十五圖所示之電氣磁鐵為便卽於其向上之兩極上

第一百六十五圖

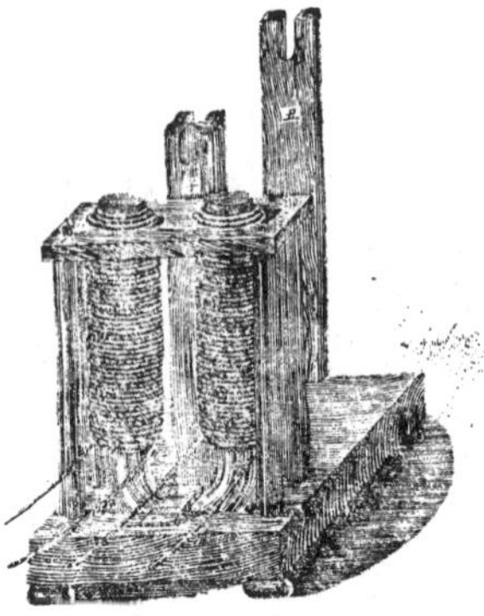

置第四圖所示之軟鐵片使相距適為合宜

又欲試上所記之負重力則如第一百六十六圖所

第一百六十六圖

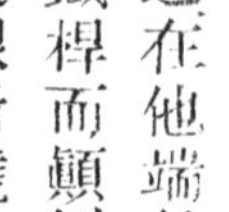

示置軟鐵一片在其耳部貫鐵桿以子柱支之在他端負重但欲防軟鐵片猝離鐵桿而顛倒故具丑柱支之二

螺旋線所繞之筒中若插鋼桿如第一百六十二圖所示而其周圍使電氣通過則雖當現磁性然因其有頑性故磁性較在軟鐵者甚弱但電行路已斷後所尚存之磁性則比之軟鐵為大卽所得磁鐵為恆久磁鐵也凡最強之磁鐵皆由動電氣製之其法或單用螺旋圈筒如上所說或以電氣磁鐵之極設法摩鋼又馬掌形磁鐵可使其鐵之兩端與同形之電氣磁鐵相切經少時而斷電已成磁鐵

第二致用　電氣磁性由通電而生因其斷而消故於電報機附電圈電氣磁鐵發電機磁鐵發電機等致用最廣又電氣磁鐵用以製極強之鋼磁鐵且供研究親磁性體及反磁性體之用

第九節　附電氣功用卽感應電氣

定義　動電氣之附電功用由電氣起行而顯而此附電氣亦可由磁鐵而成凡此現象名曰感應電氣 Induc-tion又曰附電氣而此附電氣其由電氣而生者謂之電

氣之附電氣 Electro-induction. 或單稱附電氣其由磁鐵而生者名曰磁鐵之附電氣 Magnetoinduction. 凡其所起之電流名曰附電流 Current of induction.

動電之附電氣乃一千八百三十一年法辣待 Faraday. 所考得又次項所說之愛克斯脫辣電流亦法氏所考得也考得磁鐵附電氣其功極偉創代那麼發電機亦本於此也

一附電氣 有六種類如左

第一 以他電流近閉合之傳電線則於傳電線中起方向相反之附電氣

第二 將閉合之傳電線遠開他電流則於傳電線中起方向相同之附電氣

第三 於閉合傳電線之近傍閉他電路則其傳電線中起方向相反之附電氣

第四 於閉合傳電體之近傍斷他電路則其傳電線中起方向相同之附電氣

第五 於閉合傳電線之近傍將他電路之電力加强則其傳電線中起方向相反之附電氣

第六 於閉合傳電線之近傍將他電路之電力減弱則其傳電線中起方向相同之附電氣

連子之定律 連子 Lenz. 於一千八百三十四年總括此六項現象而論感應電流之方向如左

有閉合之通電線二條互相近其一含有電流他一任其自然兩者以異方向運動則後者之內生附電氣而原附兩電流所欲行之方向務與其附電氣所由發生之運動爲相反者也

名稱 自電源所起之第一電流名曰原電流 Primary current. 於他閉合之傳電線中所起之附電流名曰次電流 Secondary current.

證明 行此試驗用所謂附電器如第一百六十七

第百六十七圖

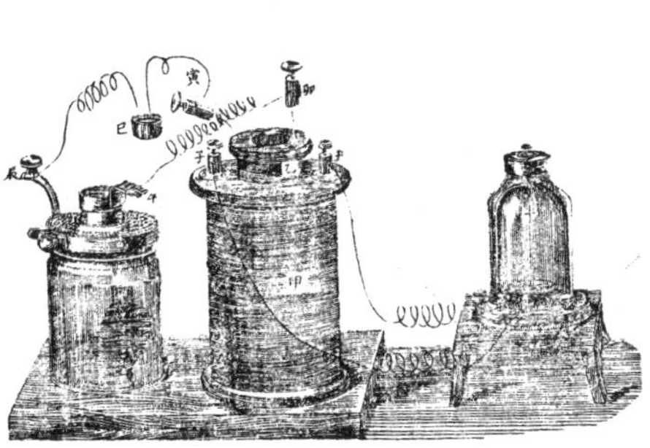

圖所示以粗傳電線卷成圈數少之小螺旋圈名曰原電圈如乙以細傳電線卷成圈數多之大螺旋圈名曰次電圈如甲原圈之兩線端由卯與寅連於電源之兩極午與辰次圈之兩線端由子與丑連於測

電表丁惟原圈乙能自次圈甲中取出而已爲盛汞之小杯以供隨意通斷原電路之用

第一及第二之證明　先閉原圈之電路而插入次圈中則磁鍼即時傾斜是次圈之螺旋線中生電氣之證也而原圈若止於次圈中則磁鍼即復本位是無電氣之証若將原圈自次圈中取出則磁鍼忽復傾斜但其方向與前次正相反而亦即復本位因此而其電流之方向可從安培定律所記之傾斜方向而決定之

第三及第四之證明　此兩現象須先將原圈插入次圈中而後通原圈之電路則能證明之蓋於通電路之時見磁鍼即傾斜其方向與以原圈近次圈同若又斷其電路其傾斜方向正相反即與將原圈遠次圈時相同但因欲隨意通斷故用通斷器即盛汞之小杯已也

第五及第六之證明　原圈與電源相連之傳電線若甚長而可伸縮自如則能隨意自電源之流質中取出鋅與炭而再沈入之若使鋅與炭之沈在流質中僅一二生的邁當之深則在原圈之螺旋線中微起電流而測電表之磁鍼忽偏知次圈已生附電若原圈中之電力強弱不變則磁鍼復歸本位而知次圈中已無附電今如使鋅與炭沈入流質中更深即原電流之力加強則測電表之鍼再傾而知次圈復生附電若自流質中將鋅與炭稍提起即原電流之力減弱則磁鍼亦傾斜其方向與前相反而知次圈生相反之附電也

二磁鐵附電氣　恒久磁鐵或電氣磁鐵俱能於閉合之傳電線中起附電其法與動電相同亦有六種即如左

第一　以磁鐵近閉合之傳電線傍則於傳電線中起附電氣其方向與磁鐵質點之電流相反

第二　將磁鐵自閉合之傳電線旁離開則於傳電線中起附電氣其方向與磁鐵質點之電流相同

第三　使閉合傳電線近傍之鐵起磁性則傳電線中生附電氣其方向與磁鐵質點電流相反

第四　使閉合傳電線近傍之磁鐵失去磁性則傳電線中生附電氣其方向與磁鐵質點電流相同

第五　使閉合傳電線近傍之磁鐵磁性加強則傳電線中生附電氣其方向與磁鐵質點電流相反

第六　使閉合傳電線近傍之磁鐵磁性減弱則傳電線中生附電氣其方向與磁鐵質點電流相同

說明　此現象由安培研究蘇倫諾所得之理可說明之甚各磁鐵爲有與其體成直角之質點電流之鐵也

第百六十八圖

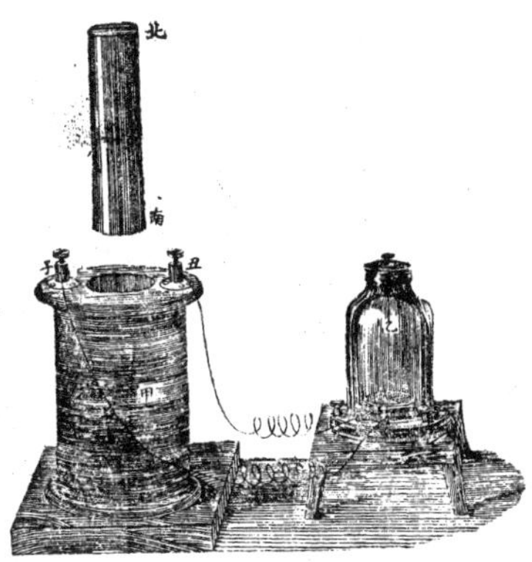

證明　是亦如第一百六十八圖所示用倍力電表即電表乙在子及丑連附電圈甲而原圈與電池則以一强力磁桿北南代之

第一及第二之證明　插磁鐵桿於附電圈中則磁針即傾斜後再歸於磁鐵子午線上今將磁鐵離開附電圈則磁鍼亦傾斜其方向正與前相反但當留意使倍力電表不過近而其磁鍼不直受磁鐵桿之功用也

第三及第四之證明　現此兩象須於附電圈中置軟鐵條之心今在其近傍置强力磁鐵則軟鐵條忽具磁性而於附電圈中生附電氣取去磁鐵則軟鐵條忽失磁性而起方向與前相反之附電氣是俱由磁鍼傾斜之方向可確知之也

附電氣如此由磁性之起滅而生故用電氣成附電之際在原圈中插軟鐵桿一條或軟鐵絲一束則其功用甚强盛於原電路通之時軟鐵即爲磁性而其功用之在附電圈上與原電流同

第五及第六之證明　改變第三及第四之試驗法而代非磁性鐵以微帶磁性之鐵條更近以磁鐵之異極則見電表磁鍼傾斜取開磁鐵則磁鍼傾斜之方向與前相反即在前者鐵條之磁性加强在後者其磁性減弱也磁性之加强及減弱將在非磁性鐵條近傍之磁鐵移近移遠亦可成之

三愛克斯脫辣電氣　電路通斷之際由電氣所生之附電氣不獨在其近傍之傳電線中有之即其原電路之螺旋線中亦有之名此電氣曰愛克斯脫辣電氣 Extra-current. 電路乍閉之時所起之電氣其方向與原電氣相反電路乍斷之時所起之電氣其方向與原電氣相同愛克斯脫辣電氣之功用與原電氣所生之附電氣毫無區別者也

原圈之螺旋線可分而爲二一係電氣經過者一係

電氣不經過者而於不經過之線中起愛克斯脫辣電氣凡閉電路之際所起之電氣其方向與原電氣相反故原電氣之力減弱反此而原電路開之際所起之電氣能使原電氣增强蓋因兩者同方向故也

四附電氣與電池所發原電氣之比較　分說如左三項

第一　附電氣與原電氣異蓋附電氣之繼續僅在轉瞬間也

第二　附電氣比原電氣之電行力易勝傳電體之阻力故附電氣易通過長且細之傳電線或不甚易傳之體例如人身等

第三　附電氣不但具動電氣之功用且能生摩電氣之現象卽附電氣與摩電氣其性質大相似也

五附電氣之功用　附電氣於生理上物理上光及熱之功用俱甚顯著也

一　附電之生理上功用異常强烈蓋附電氣由電路之通斷而起正能於人之肌肉上起强烈搐搦之際也

二　附電之化物功用與動電之功用相似而甚强

三　附電之生熱功用亦甚著在附電圈之線端連亨利之放電器於其黃銅小桿之間置短且細之鐵絲則鎔而且燃又兩極間所發之火光易燃火於以脫火絨等易燃之物體又燃火之料若銻硫細末與鉀綠養則能以附電氣燃火於礦井中

四　附電生光之功用甚强其光所射之遠在小器雖不過數生的邁當而在大器能至四十或五十生的邁當

在薄氣質中如蓋斯拉 Geissler 管用羅密貢弗之附電機（詳後文）發光頗呈美觀其最簡者如第一百六十九圖所示乃諸形玻璃管中盛薄氣質或汽而其兩端鎔插鉑絲或鋁絲以與附電圈之極相連但

第百六十九圖

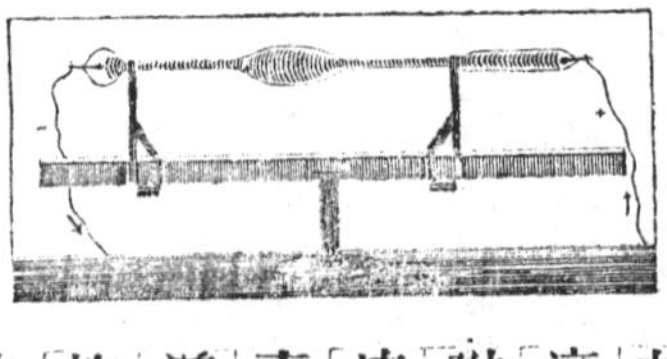

其外端之末爲小環此管若含適度（例如三百分之一）之薄空氣而與附電圈或感應靜電機之極相連則其陰極導電端（卽出電路）有深青色之幽光圈繞之而自陽極導電端（卽進電端）以至全管中幾俱放桃紅色之光束以圍繞陰極之深青色光但其兩光之間爲黑暗處所遮斷管中若含有松香醇與炭硫汽或其他可燃之氣則其光束變爲與管軸成正交之暗明

二層迭更互顯而此二層爲浪動之狀自陽極行向陰極又其陽極光束近以電流或磁鐵恰如可旋轉之傳電線其光束爲之傾斜而與可旋轉之傳電線同其定律

蓋斯拉管有放幽光而不間斷之觀然其光決非不斷者乃自一行各放電光所成而各光之繼續時刻非常短小故人視爲一點而已若設法使管繞其一端而速急旋轉則自一點所放之各電光因其時不同而感筋網上之各異點故在管之各處現美麗之星光

陽極光之色依管中所有氣質之性而各異例如在輕氣中之光爲猩紅而在炭養中爲綠色但不問其爲何色常多紫色線與紫色線外之光而令玻璃現其同光閃色也管之各處若爲現同光閃色之玻璃所成例如淡綠色之含鈾玻璃則其美觀無可比者

五附電發光功用之附識即陰極光線及通物光線

一陰極光線　管中之空氣若較蓋斯拉管中更薄則青色之陰極光與遮斷陽極光之暗處愈大而陽極光收縮以至於全滅尋常蓋斯拉管中所有之陽極光線恒與陰導電端相連恰如可旋轉之傳電線

而常向其處管中若有屈曲之處亦從而屈曲然管中所含之空氣至僅百萬分氣壓力之一則陰極光即出電路光 Kathodenlicht. 自陰極即出電路與其面成正交而射出即陰極光線而與陽極即進電路所在之處毫無相涉此陰極光之特性係一千八百六十九年黑脫夫 Hittorf. 之所考得而至一千八百七十九年

第百七十圖

克路克斯 Crookes. 確證之如第一百七十圖所示於V字形之管中鎔插呷叱呐三金類線此三線之末端皆具小金類圓板而以

呷連於附電圈之陰極叱連於陽極則陰極光爲直線達於呐在其角不折今以呷連於陽極呐連於陰極則陰極光與呐所具之極板成正交而向叱射出爲一直線與在呷之陽極導電端毫無相涉又在稍

第百七十一圖

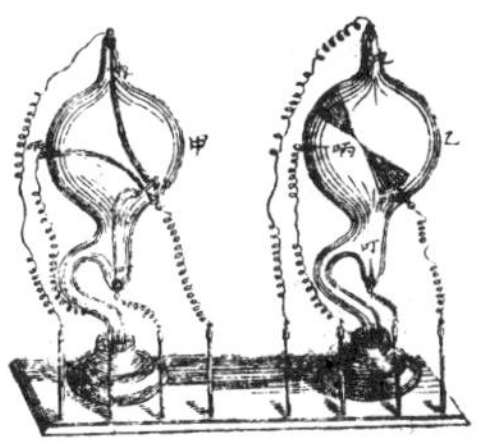

薄之空氣中與在極薄之空氣中放電有大異用同式球形玻璃泡如第一百七十一圖所示甲乙二箇則可知之甲所含空氣爲二密里邁

當水銀柱之壓力乙則抽氣至百萬分空氣壓力之一令以其微凹之電極呷連於附電圈之陰極而以電極叱呐叮逐次連於陽極則在甲泡中自陽極導電端放紅色光射向陰極導電端而其陰極導電端有青色之光圍之在乙泡中則雖毫不放陽極光然因凹面陰極所放之陰極光線在其聚光點而相交而自此點再分離爲圓錐形而至其相對之面上現回光閃色之綠點於此覺熱但叱呐叮中不論以何者爲陽極而陰極光線常直行毫不變其方向也

陰極光線與玻璃面相遇能使玻璃自發光即回光

閃色及燐光甚活潑其泡若爲常玻璃所作則放鮮明之平果綠色光含鉛玻璃則放暗綠色光英國玻璃則放青色光又欲由陰極線之功用而觀他物質之燐光當封其物質於第一百七十二圖所示之泡中即紅寶石及丐克司巴耳放甚朗之紅色光金剛石放鮮明之綠色光

第百七十二圖

凡陰極光線遇物體而能遮去可由第一百七十三圖所示之器證明之即在生梨形之玻璃泡內其陽極即進電路上立十字形之鋁板則自陰極即出電路呷所發之光線其未被十字形板所遮去者如呷呐呷叮行至相對之玻璃面上而使玻璃現回光閃色而在綠色之中現十字形之陰影惟此鋁板之下有鉸鏈令若微震其器而使鋁板倒下則直行之陰極光線不受遮礙而得全至相對之玻璃面上故前之十字形陰影今忽明而前之明處反稍暗其故因前受陰極光線處之玻璃已受温熱稍失其感受此光線之性能而前爲陰影處毫不失

第百七十三圖

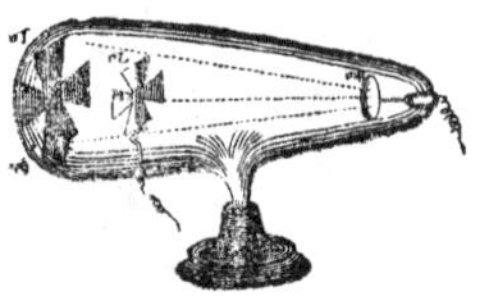

此性能故也

陰極光線在所遇之物體上有撞擊之勢爲克路克斯所發明而能使生物理功用即如第一百七十四圖所示於盍斯拉管中設玻璃條二根上架一輕輪其輪輻爲雲母片所成而能在玻璃條上旋轉今以兩導電端連於附電圈之極則輪自陰極行向陽極恰似有氣吹上面輪輻之狀

第百七十四圖

陰極光線受磁鐵之功用恰如以一端繫於陰極而

毫不彎屈之導電端至陽極光線則如兩端俱連繫而能彎屈之導電端凡兩個陰極光線並行者互相推

凡陰極光線所遇之物體常生熱今舉一例於第一百七十一圖所示乙球內出電路呷之聚光心上置鉑一片則其鉑片因光線集合而來能白熱且鎔化陰極光之現象在氣質薄至某一定之度發之最盛而其度約爲百萬分空氣壓力之一過此度則愈弱若爲眞空則電氣毫不能通過是可由下試驗明之即如第一百七十五圖所示以盛有鉀養之小管鎔

第百七十五圖

連於蓋斯拉管之一端而盛炭養二於管中後熱鉀養且抽出空氣使爲眞空而後封之則抽氣機所不能除之炭養爲鉀養之復冷者所吸收今若通電則因兩導電端卯巳之間無傳電氣之物質而電氣不通過管爲暗黑若微熱鉀養使微發水汽則初呈陰極光更熱之則亦能見陽極光

二倫脫更之通物光線　現今學術中最著名而將來頗有望者爲倫脫更 Röntgen. 所創得之通物光線而與上文所記發陰極光線之管大有關係今

當就通物光線記其概要即取眞空之管其氣質之薄度能發陰極光線而使强力之電擊通過則雖有厚黑紙所包之物體遮隔其光而亦能在塗有鋇鉑衰水 Bariumplatincyanür. 即鋇鉑衰四丄四輕養 而立於其前之物體上生回光閃色 Fluorescenz. 此事爲日光電光炭光並尋常紫色以外之光所不能有而此新得之光質 Agens. 更取黑紙以外之物體試驗之而知凡物體無不爲此光質所透過惟其多少之度甚有差異即千頁厚之書籍二三生的邁當厚之木板數生的邁當厚之硬像皮板在其背後亦能

於鋇鉑衰水上現回光閃色金類中之鋁此光最易透過鉛及鉑則惟甚薄之板能透之耳凡金類所成之鹽類不問其爲定質與流質透此光之性與金類同厚薄相同之玻璃板因其含鉛與否而透此光之度大異即含鉛者透過之度小又水及炭硫俱易透之

倫脫更名此新光爲愛克司光線 X-Strahlen. 蓋以西國字母之愛克司代數中用以代未知之數而以此爲未知之光線也今譯者就此光之性質名曰通物光取其易喻今若於眞空管與放回光閃色之

第百七十六圖

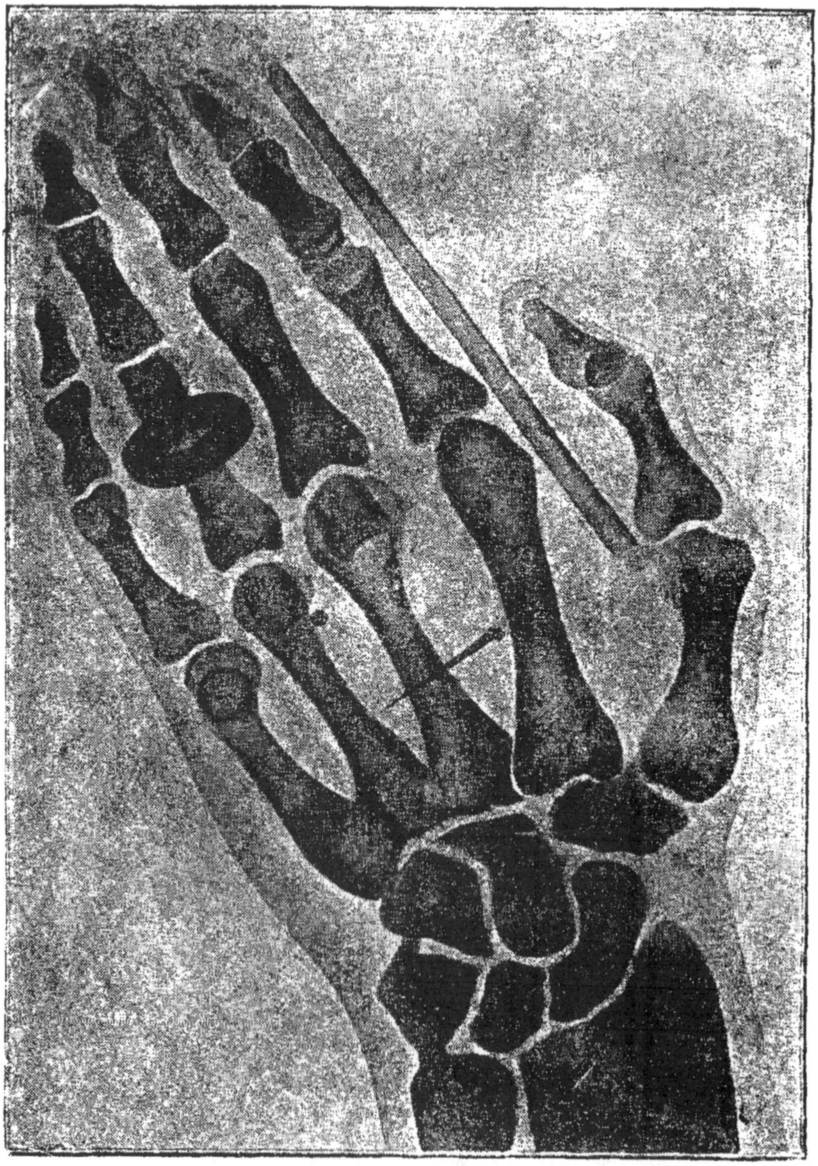

物體之間置稍透此光線之物體，則得見其正影之像，而其影能照於乾片也。

通物光線之透過力，大半關於物質之密率，然在各異之二種金類，雖其厚薄與密率之乘積爲相等，而其透過之力不相等。

通物光線不獨在鋇鉑衰水能生回光閃色，亦能於含鈾玻璃、平常玻璃、丐克司巴耳及屬燐光之含鈣物質上現回光閃色。此光線能於乾片上照像，卽將乾片置於木箱中而密閉之，或以黑紙包之，乃以此光在明室照物影之像，而得各種不能見之物影之像，則極有興味。例如照手之影，則得手骨之像。第一百七十六圖卽其像，拇指間所有黑且長之物爲玻璃管，黑圈爲金戒指，他黑物爲鈹及鉛粒也。照封閉砝碼箱之影，則得砝碼之像。此光遇含銀鹽類，是否直起化物功用，尚無確據，或在玻璃板或直鍊的尼層發回光閃色，而生化物力，亦未可知也。

人類筋網不能感覺此光線，雖以目密近電擊器，亦無絲毫感覺。以雲母製空三稜柱，中盛以水或炭硫及他細粉而試驗之，則知此光線透過物質之際，無折行之事，或只微折行，故此光不能以鏡束聚之也。其於回光亦如之，而在其前面所立之物體上所現回光閃色之强弱，與自電擊器至其物體之相距自乘數爲反比例，畧如尋常光。此光線雖或與黑脫夫 Kathodenstrahl. 之陰極光線相似，然此二者截然有別，卽如上所記陰極光線磁鐵能折之，通物光線則否也。故試驗之際，宜視泡之內面現回光閃色最强之處爲通物光線發起之點，卽通物光線爲陰極光線遇泡之玻璃面而發，而陰極光線之爲磁鐵所折之時，通物光線乃自其他點卽陰極光線之末點而發。由此觀之，則此新光線決非與陰極光線相同者明矣。通物光線若爲紫光線或紫色外之光線，則其光線與現時人所知之紅色外之光線明線及紫色外之光線，其性質必全相異也。倫脫更以爲通物光線或由以脫之直浪動所成。

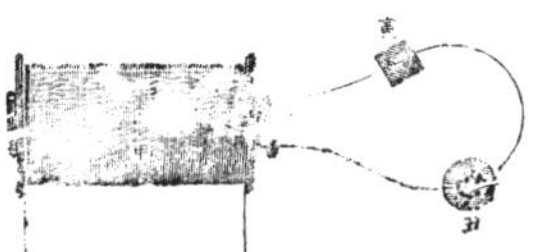

第百七十七圖

六　發附電氣之器　欲發附電氣而成各種功用，須用特造之附電機。

第一　尋常附電機之造法

附電機如第一百七十七圖所示，分爲四部：一曰發化電源，如丑；二曰原電圈，如乙；三曰附電圈如甲而子子爲附電圈兩極之金類柄於其間置物體以通附電路四曰急速開閉電流器即通斷器此四者之外又於原圈中插軟鐵線一束以增此器之功用

第百七十八圖

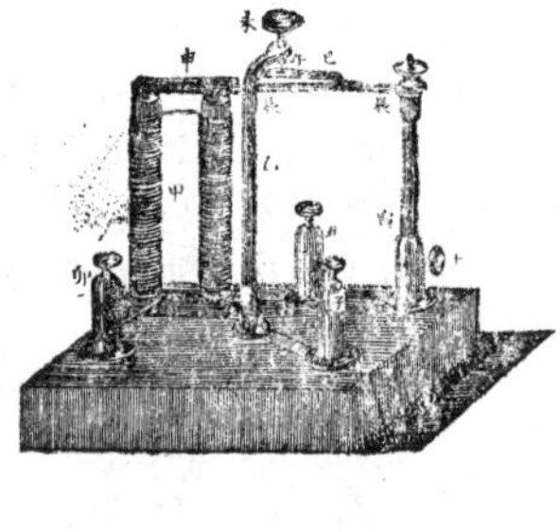

凡通斷器有二種一自動通斷器名曰胡掰耨槌 Wagner's hammer. 係一千八百三十九年所造一齒輪通斷器 Interruption wheel.

第一百七十八圖所示者爲自動通斷器之一而電源之一極線（例如陽極）旋定於黃銅小柱子他一極線旋定於卯而附電機之原圈其一端旋定於寅他端旋定於丑令原電流自小柱子而經橫臥於木座上之黃銅板以至黃銅柱乙而後過鉑尖午以達於銅簧巳上之小鉑片自此經過寅而至原電圈之螺旋線中更自螺旋線中過小柱丑至繞電氣磁鐵之螺旋線甲乃自小柱卯歸於電源之彼極令電流通過電氣磁鐵上之螺旋線之際其鐵甲忽成磁性而吸連於銅簧辰辰上之鐵片申而其鐵片向下之際其小鉑片之巳板亦受吸向下因之其小鉑片與鉑尖至不相切而使通過原電圈及繞電氣磁鐵之線中之電流斷絕故其電氣磁鐵甲亦當失其磁性而銅簧辰之力使鐵片申復歸向上因之再切於午更起運動如前以此法使電流通斷甚迅疾而銅簧之往返震動不能確視只聞其鳴聲無間斷且當在午見小火光

鉑尖午之上爲螺旋故旋轉之能使鐵片申與電氣磁鐵之極之相距爲合宜且因之能使通斷功用或緩或急

第百七十九圖

第一百七十九圖所示者爲齒輪通斷器之一即於木臺上立二黃銅柱而其柱貫黃銅齒輪甲之金類軸其一柱之下聯銅線子而更有一銅簧丑切於齒輪令將附電機原圈之一極線中斷之而一端連於寅他端聯於卯而以柄旋轉甲輪則由銅簧丑自此齒移於他齒而電流得忽通忽斷也

第百八十圖

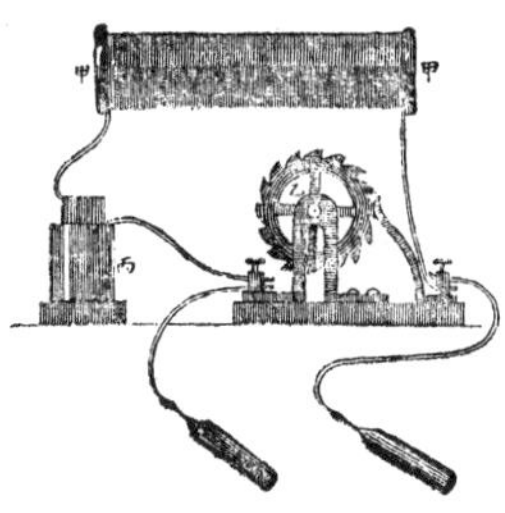

用此齒輪斷絕器則易使生愛克斯脫辣電流卽如第一百八十圖所示將原圈甲通斷輪乙及電源丙三者相連更於甲與丙之間置導電端二箇於其間置人體而使齒輪旋轉則從其旋轉之緩急而覺其電擊或强或弱是蓋由乙旋轉而斷絕之際起愛克斯脫辣電流於此經過故也

第二　特別附電機之形狀　如左二項

一　進退附電機　係一千八百四十八年杜巴列門 *Dubois-Reymond.* 所創造而用以試驗生理上功用此機之螺旋線俱平臥其附電圈在可進退之臺上能進退若干以增減其功用使之或强或弱

二　羅密貫弗 *Ruhmkorff.* 之發光附電機　此附電機係一千八百五十一年羅密貫弗所創造欲使附電現光熱二功用以此機爲最優如第一百八十一圖所示此機除電源外爲三要部所成

第百八十一圖

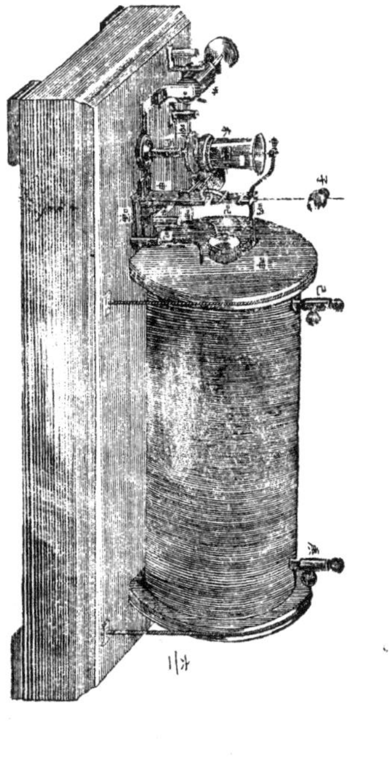

一　發附電氣之部 *Inductor.* 卽爲銅絲所成之筒形螺旋圈二層其筒之長自三十五至六十五生的邁當徑自十六至二十四生的邁當二層相密切而在內層者爲原電圈原電圈之中爲厚紙所成之圓筒其中置受熱一次之鐵絲一束此原電圈之銅絲共繞一〇〇次至三〇〇次其兩端通至呷叱二柱外層之螺旋圈爲附電圈卽在其中起附電流者爲如髮之細銅絲繞於套在原電圈外之玻璃圓筒之周圍所成其末端爲已及庚其銅絲之長二〇至一〇〇啟羅邁當此原附兩圈欲其絕緣甚密故不

但於兩圈之線上包絲及塗漆且螺圈所成之兩圓筒其各圈之間俱加含雷克之薄層或用格搭伯查之薄片隔開之此二層螺圈所成圓筒之全體定於二厚玻璃板上而玻璃之中央穿有孔使鐵絲束之兩端凸出於外

二調換機 Commutator. 卽使原電流能隨意斷絕且反其方向之器爲硬像皮所製之圓柱所成有柄而能使之在黃銅支柱上之兩鋼片間旋轉此圓柱之上附有相對之半月形銅板二塊而其二板各與一鋼片相通又有相對之銅簧二片壓於圓柱之側此簧片定於螺釘上而與電池之極線相連今使支圓柱之黃銅支柱二箇連於原電圈之兩端呷及叱則原電流經兩螺旋釘之一及定於此之銅簧片而入一半月形之銅板中過相通之鋼片及支柱而自此入原圈中而後過他支柱及連於此之半月形銅板經他銅簧片螺旋釘而歸電池圓柱旋轉若至九○度則兩銅簧片已與半月形板不相切而原電流斷絕然圓柱若旋轉至一八○度則原電流復通而仍達銅簧片上惟其所切之半月形銅板及支柱乃連於原圈之他端者故反其方向也

三 通斷機 Apparatus for interruption. 由此機之自動力將原電路通之斷之卽胡搿槈槌之變形其式如左於能上下之齒桿上接直立之銅簧吧而其上之呐處以螺旋連一三臂之金類橫桿其一臂爲直立而貫一黃銅球吁能在其臂上上下推移而依其推移之高低能變銅簧擺動之遲速他二橫桿爲橫置其一如呐呻對原電圈心所具鐵絲束之凸出處而連軟鐵一塊呻他一橫桿臂呐咦連有直垂之小鉑桿哼而此桿之一端達於盛汞之玻璃器未此玻璃器之底穿有孔於其孔中插一鉑鋮以使汞與載玻璃器之黃銅臺酉能通電也

以上三要部相連通電之法如下卽調換機之一支柱圖中不見由銅板咖咖與原電圈之一端呷相通他端叱亦由銅板嗊而與載齒桿之柱申此齒桿連通斷機相通而載玻璃器之柱酉由銅板味與調換機之他支柱見圖中相通今以電池之兩極線定於調換機之螺釘下而使簧片切於半月形銅板則自調換機而由呷入原圈之電流經通斷機之銅簧鉑鋮汞及調換機而復歸於電池是故由其電流使圈心之鐵絲束具磁性而吸通斷機之軟鐵而鉑鋮當自汞中舉起因

之電流斷絕鐵絲束失去磁性通斷機之銅簧因其凹凸性使軟鐵復歸故位鉑鍼再沈入汞中因之電流再通而通斷機之運動更如前如此迭更一通一斷則於附圖中起附電流其通斷之際所有之電氣極稠爲用他種發電機所不可得也

第三章　電氣之磁性及附電所有工藝中致用

第一節　電報機

一定義　電報機 Electric telegraph. 者以通信於遠處之機器也是因金類線中所有之電流雖相距甚大猶能顯其功用（如使軟鐵爲磁性或使磁鍼傾斜）故可顯記號於遠隔之地也凡電報機爲四要部所成曰發電器曰傳電線曰發報器曰收報器是也

二完全之電報機及其種類　發電器通常用墨輕搿歐 Meidinger. 之電源而從相距之遠近異其數約每一百啟羅邁當須電源二十箇所以用墨輕搿歐電源者因其力雖微弱而能起電流無改變故也其傳線或在地上或在地下

其在地上通電者皆用鐵線而以上連絕緣磁鐘之木柱或鐵柱支之在地下通電者用銅線或鐵線以塗他爾之麻布與格搭伯查包之使其絕緣而外加鉛管或鐵管以庇護之在水中通電之線亦以麻布與阻電之物包之並圍鐵絲以庇護之如此地下通電之線名電纜又曰開孛而 Cable. 電報初創時用傳電線二條至一千八百三十七年德國們享府之斯他印海兒 Steinheil. 於兩局所有傳電線之末端連以銅板而埋於濕地中則一線已足但在地非如傳電體之使電氣環行達於起點而爲使其電氣散流也例如在起點之陰電氣流入地中陽電氣由傳電線至彼局之收報器印所需之記號後亦入地中因之能續生新電氣而散流無間斷也歐洲與北美洲之間自一千八百六十六年以後設有電纜數條其電纜如第一百八十二圖所示先以相密

第百八十二圖

切之格搭伯查四層如庚包銅線七條如丙其外爲黄麻絲一層又其外有鐵線已包之此鐵線用塗他爾之麻布卷之者也切電流之速率雖較摩電氣小然每杪猶約有二萬五千啟羅邁當之速率云設發報機及收報機之法有數種從其相異別電報機爲數種類

第一項　馬兒斯氏之點畫電報機

一發報器　馬兒斯Morse.電報機之發報器如第一百八十三圖所示爲金類製之兩臂槓桿辰辰能繞金類柱上所具之軸丑點而旋轉其用爲能使電池所發之電流午通而復斷其通電由加壓力於午球上其斷電由去壓力槓桿尋常之位置因簧片巳之力而其右端卯恒切於金類小柱未之巔而電池與傳電線雖不相接惟自次局來之電氣能達於受信器而印出點畫至加壓力於午上則凸出處寅切金類之小柱申而電路遂通故一種電氣由傳電線達於次局他一種電氣經

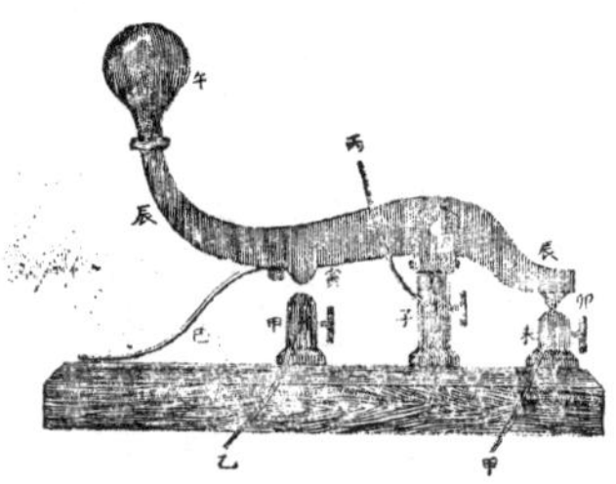

第一百八十三圖

第一百八十四圖

本局之收報器印點畫而遞去地中也

二收報器即印點畫器　收報器如第一百八十四圖所示爲電氣磁鐵丑丑即立於軟鐵板子子之上者及槓桿卯卯此槓桿之右臂具軟鐵片寅寅左臂之端具鋼尖當鋼尖之左傍有二圓柱午與未互相切而有卷於滑車本圖省之之狹長紙至其間而通過之圓柱未由發條之力而旋轉圓柱午則由圓柱未之摩阻力而反其向以旋轉者也今電路通則電氣環行於電氣磁鐵之周圍而使生磁性軟鐵片寅受吸因之槓桿之右端下降其左端與鋼尖俱上昇切於紙條上因之從通電時候之久暫而於紙條上印一點或一畫電路既斷絕螺簧辰使槓桿復歸舊位然恐電氣磁鐵上有餘剩磁性尚引軟鐵片故其軟鐵片須有巳柱上端所設之螺旋釘支之不使與電氣磁鐵相切此法所印於紙上之點畫以代文字之記號如左表

A	·—	U	··—
B	—···	V	···—
C	—·—·	W	·——
D	—··	X	—··—
E	·	Y	—·——
F	··—·	Z	——··
G	——·	一	·—
H	····	二	··—
I	··	三	···—
J	·———	四	····—
K	—·—	五	·····
L	·—··	六	—····
M	——	七	—···
N	—·	八	—··
O	———	九	—·
P	·——·	○	—
Q	——·—		
R	·—·		
S	···		
T	—		

三補力器　相距若極遠則電流不免因阻電力而減其力遂至鋼尖不能壓於圓柱故用韋脫斯頓

第百八十五圖

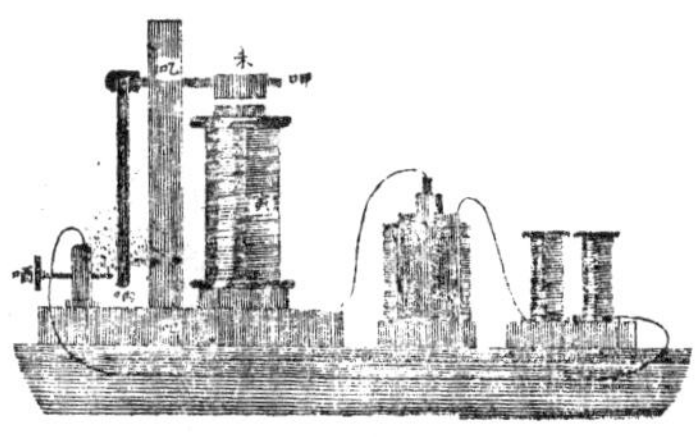

Wheatstone所創之補力器 Releis. 補之如第一百八十五圖所示於金類板叱上立金類柱在叱處具黃銅曲横桿呷叱㕧但此横桿須易運動而一端載軟鐵片未更在叱板上立電氣磁鐵寅叉有螺旋釘哂以連電池此螺旋釘之下與叱爲絕緣今未受他局來電所成電磁鐵之吸引則㕧臂舉起而切於螺釘因之在別一電行路中之收信器其電行路通而顯印點畫之功用蓋自他局之來電流唯引補力器之軟鐵片而收報器之電氣磁鐵由別設之電池運動之也

四二電報局間所有交通電報之狀況　如第一百八十六圖所示發報器丑丑收報器寅寅及電池子子三者在兩局之發報器丑若壓下則此局之電池即入電行路中故經過傳電線之電流使兩局之收

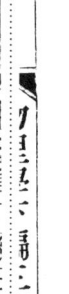

第百八十六圖

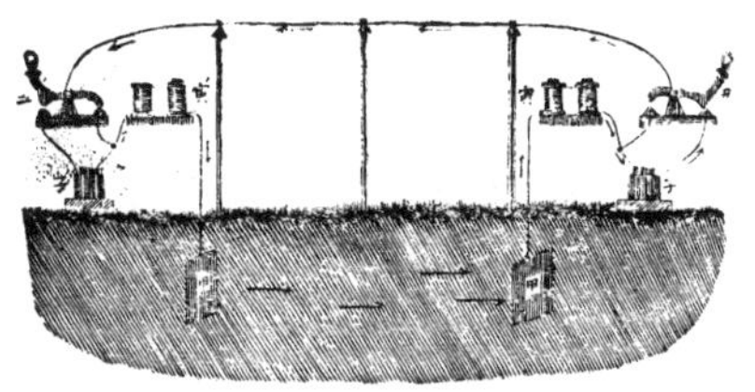

報器起運動

濕地非實可代一傳電線然可視作一傳電線其蹟相同故以爲電氣環行如圖中所記之多箭亦無妨甲與甲爲埋於地中之銅板也

第二項指鍼電報機

一發報器　如第一百八十七圖爲發報器之

第百八十七圖

一即直立黃銅板甲之前面具通斷電氣之圓板貫於金類軸乙其圓板爲黃銅所製其邊之周圍分爲二十四分與收報器之文字圈輪相同於其各分上每隔一分而定以象牙片故其圓板之邊爲十二金類片與十二象牙片互隔而成通斷圓板之上邊有金類滑車丙所謂通電滑車此滑車常切於二十四分中之一且由金類彎簧之助通至達他

局之金類線丁惟滑車之內面為空處彎簧之內面為小木板戊傳電線之周圍為阻電體故此三者俱與直立板甲隔絕而電流除通斷圓板外不能自甲板至滑車及彎簧及傳電線也次在已處旋定電池之通電線他一線通於埋藏地中之銅板其滑車切象牙上若如本圖所示則電流必為斷絕即其電流至直立板甲自此經金類軸而達於通直立板之通斷圓板則不能復行蓋斷絕之處在通斷圓板與通電滑車間之象牙片也今使圓板旋轉過其一分則通電滑車與圓板上之金類片相切電流乃通即自已經直立板甲而至通斷圓板歷經通電滑車金類彎簧及傳電線而至他局也故使通斷圓板旋轉一周則電流能通十二次與斷十二次也

但通斷圓板不須發報之人旋轉之而以重力發動之輪器旋轉之此器之旋轉或停止可隨意本圖唯示一重錘即以絲線纏於通斷圓板之軸而使圓板向右方旋轉者也

通斷圓板之前有大圈而於此設手按之器 Touch-work. 其器其二十四箇前面記文字後面之末端為一釘其釘因套於其上之螺簧壓向前面而唯在最上位標星形之手按器上無螺簧且能除去之通斷圓板上旋定一指鍼庚此指鍼與圓板同旋轉電報機靜止則此鍼能止其旋轉且指在標星形之釘前令除去此釘則通斷圓板與指鍼起旋轉今欲用A字則手按記A字之器而阻止指鍼此時通電滑車切於通斷圓板上所有第一分之金類片而通電流他局收報之指鍼當止於A上又欲用H字則手按記H字之器此時通斷圓板之指鍼乃止於此但其至此處之際通電滑車當經過四箇金類片四箇象牙片故當通電四次斷電四次而使他局收報機之指鍼到H上

二收報器　是亦由電氣磁鐵與螺簧合成其功用而於記文字之板上使一指鍼旋轉者也即如第一百八十八圖所示直立之電氣磁鐵甲為其要處於本圖中惟見其半其極上有鐵板內而此鐵板為中央有支點之橫槓桿乙所載於槓桿之右臂連螺簧丁常有引下槓

第百八十八圖

桿右臂之力令他局所發來之電流環行於電氣磁鐵之周圍則其磁鐵引鐵板故槓桿之左臂向下若電流斷則電氣磁鐵之引力消失而槓桿之右臂由螺簧之力復引向下而鐵板離開電氣磁鐵而向上如此由電氣磁鐵與螺簧之力合成功用故能上下運動使指鍼旋轉

槓桿之旋轉軸下連有三齒之鉤此鉤隨槓桿而上下運動而其二齒迭更嵌入下方齒輪之十二齒間且其鉤之兩齒不能不全經過此十二齒故齒輪旋轉一次則兩鉤須運動二十四次然則兩鉤運動一次爲使其齒輪旋轉半齒明矣（卽二十四分齒輪之全輪之一）齒輪之軸上設指鍼與齒輪軸同時運動此指鍼旋轉於分爲二十四分之圈上其圈之二十三分各記字母之一其一分記一箇星形者也

未通電之時指鍼常指星形之處是卽指鍼之靜止處也令他電局發起電流而通過電氣磁鐵周圍所有之線則其電氣磁鐵當引鐵板此時鉤之左齒嵌於齒輪之一齒壓其齒向前故指鍼當自靜止處達A字上後他局之電流斷絕則電氣磁鐵因失其力故螺簧引槓桿與鉤其向下而鉤之右齒在左齒向下之際嵌於前來之齒間更壓齒輪使前行故指鍼至B字上如此電氣流通則電氣磁鐵現其功用電流斷絕則螺簧現其功用故電流之通與斷每次能使指鍼行過一字母卽二十四分圈之一也由此法一一指示報語之字母自各字母而綴成語惟指鍼僅能前進故其電信中所不用之某字須令指鍼急過所欲用之某字須令指鍼暫留是爲緊要若一句之內須連用某字二次必令指鍼再旋一轉然後再指某字爲要或爲從速起見將其齒輪改作三十齒記文字之圈分爲六十分將信內常用之字重複載之法較便也

第三項　磁鍼電報機

磁鍼電報機者藉電流之力以使磁鍼傾斜也其發報器所以改電流之方向其收報器爲具無定位鍼之倍力電表而以磁鍼之斜左斜右爲電流之記號如以左左右右右左左右左右右右右左等代文字之用是也

第四項　尤斯 Hughes. 之印字電報機

此電報機能將寫在尋常紙上之文字在他處印出卽甲局按某字而乙局卽印出其字也

第五項　海底電報機

海底電線所用之電流若強盛則包圍電纜之水能生反對之附電氣而線中之電行力恐致減速故海底線只能用弱電流而不能用通常之電報機也其收報器須用脫姆孫 Thomson. 之回光鏡電表此器爲卷數周之傳電線而由倍力電表所成此倍力電表具有長一五生的邁當之小磁鍼與一小回光鏡距小鏡約一邁當處設一屏障之屏上穿小孔屏外置一煤油燈使光自孔射注鏡上因而使其光回射至刻度之表上以所指之度爲電報之記號此刻度之表與屏相對而橫置者也

畧歷　一千八百零九年蘇美林 Sömmering. 創一法由水之化分以通報但所用器須三十五條傳電線後減至二十七條挨司代特 Oersted. 考得新法以後安培謂磁鍼可以通信其第一次實用爲在固汀更 Göttingen. 府之格午斯 Gauss. 惠貝 Weber. 兩人於該處大學之物理科講堂與天文臺之間安置其器爲磁鍼電報機實用之始至一千八百三十七年司他音哈爾韋脫斯頓 Steinheil Wheatstone. 兩人更造可資實用之磁鍼電報器又韋脫斯頓於一千八百四十年作指鍼電報機西們士 Siemens. 改良之一千八百三十七年馬兒斯 Morse. 創點畫電報機一千八百六十一年尤斯 Hughes. 創印字電報機

第百八十九圖

第二節　電氣鈴及電氣時辰表

一電氣鈴　狀如第一百八十九圖丙爲電氣磁鐵其前面與丁丁所具軟鐵片相對丁丁之末端子爲槌電路一通則擊庚鈴使之鳴已爲螺簧有此則電路斷後能使丁丁仍復舊位申乃螺旋切於乙能使電路通

今傳電線自電源而經螺釘甲過電氣磁鐵丙更由丁以移於申遂由螺釘乙復歸電源之他極故電路一通其丙卽具磁性以吸丁丁之軟鐵子槌遂擊庚鈴而有聲是時丁與申離電路中斷丙失磁性而因丁之上端有螺簧已能使之仍復故位而丁又與申接故電路再通丁復起動如初如此電路自能通斷之器卽上文附電器條下所謂胡猢搿槌是也

今欲於某處通信則於傳電路內設一按器第一百九

第一百九十圖

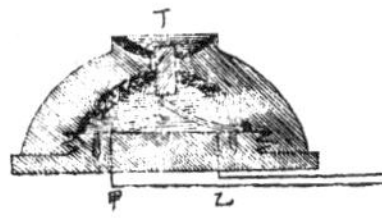

十圖即其例也此器乃木製中空內有小金類片二對向而相距不遠一端俱定連而傳電線之端之甲乙繫於此又丁爲阻電體之小柱例如象牙今以手按乙上則金類之兩小片互相切於是電路通而鈴聲鳴矣

二電氣時辰表　此器造法不一藉動電氣之力使一準時辰表（即懸擺之時辰表）之轉動傳達於各工塲或塔上或公會中所有之各時辰表其準時辰表恰如發報器電氣時辰表恰如收報器

將準時辰表之轉動傳達他處其法不一今示一例其準時辰表之秒輪軸上有一圓板板有凸起處每旋轉一次即每一分時與一金類槓桿相切一次因之電路

第一百九十一圖

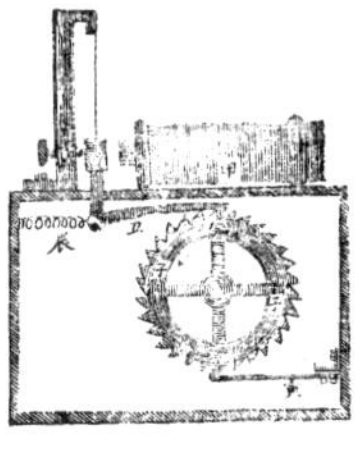

通遂傳於電氣時辰表者狀如第一百九十一圖所示以電氣磁鐵甲代懸擺與重錘隨電路之通斷以引前面之軟鐵片又復放之而由辰螺簧引之使返準時辰表之秒輪每轉一次其丑鉤使子輪前行一齒而寅鉤則阻子輪之逆行者子輪有六十齒上設指分之鍼而更由二齒輪以傳達於指時鍼焉

第三節　電氣原動機

一定義　由電氣磁鐵之力以使器械運動之器名曰電氣原動機先是約哥比 Jaoobi.（即創電氣鏤術之人）於一千八三十九年用電氣磁鐵十六箇使乘十四人之小艇航行於乃哇 Newa. 河中（在俄國）而因用大電氣原動機供諸實用所有電池之費甚巨故當時未能久行

二種類　由電氣原動機以起運動其法有二一由電氣磁鐵直起旋轉之運動二使往復之運動變爲旋轉之運動二法各舉一例以解明之

一里起 Ritchie. 之器狀如第一百九十二圖乃有

第一百九十二圖

馬掌形之恆磁鐵直立而定於臺上其上相距不遠處有軟鐵片此鐵片之外繞傳電線而爲電氣磁鐵其中心有軸而能旋轉又其電氣磁鐵之上面有變向器緊附於軸變向器者乃阻電體之木輪外連金類半輪二片互相對立而不互通電電氣磁鐵上之傳電

線至此半輪而終而有金類簧片與之相切而摩過金類簧片乃與自電池來之傳電線相連者也由是其電氣磁鐵每旋轉半周輒變其極蓋電路通則電氣磁鐵即生北極與南極遂爲恒磁鐵所有相反之極所引至相反之兩極相對之際電路遂斷次又變其方向而兩者爲同極相對故又互相推而電氣磁鐵能轉動不已也然則電氣磁鐵乃由兩極之吸力推力以生旋轉也在電路斷絕之點即死點上則其電氣磁鐵乃由旋轉時所得之儲蓄力即永動性以進行者也

二狀如第一百九十三圖亦是發動機之一乃馬掌形之電氣磁鐵戊其極之前有鐵片甲沿卯軸而旋轉其甲傳其運動於乙丙搖桿因而借曲拐之助使飛輪旋轉每轉一周必使電流斷一次故飛輪之軸上有黃銅製之半圈以銅簧片與之相切而磨過今半圈切銅簧之際則電路通至離開銅簧則電路斷電路通則鐵片甲受吸電路斷則鐵片復其原位由鐵片進退而飛輪因以旋轉如上所述是也

第百九十三圖

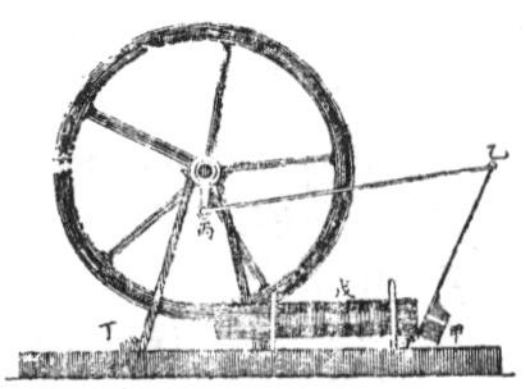

注意　當創電氣原動機之際以費用過鉅不能滿其所望今者有代那麼電氣發動機以生電氣多量遂能變之爲器械上工業矣參觀下文第五節

第四節　電語機及顯微聲機

一電語機　電語機又名德律風 Telephon. 能使人之言語在遠處聞之蓋由磁鐵所生附電氣之力以達於遠處也

一畧歷　電語機者一千八百六十五年飛利布來司 Philipp Reiss. 已先造之但須用電氣且僅相距不遠處可用耳今各處通用之電語機乃一千八百七十七年因拉哈母培爾 Graham Bell. 所剏而漸次改良者也

第百九十四圖

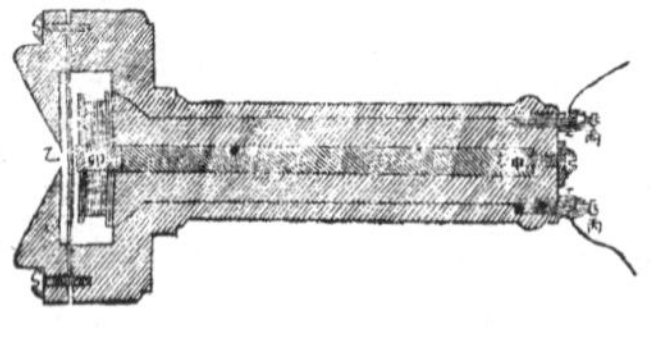

二造法　語器與聽器造式相同其縱剖面形如第一百九十四圖乃木或硬像皮所製之筒作漏斗形中具磁鐵條卯申二極用螺旋旋定於筒底如申他極有包絲之金類線繞之即爲附電圈圈之前有凹凸性鐵片乙相距一隙鐵片上薄塗以非

第百九十五圖

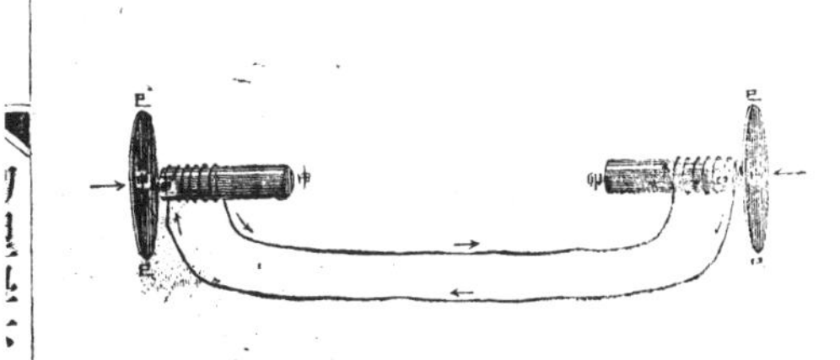

尼斯覆以漏斗形之蓋令其定固附電線之終端爲傳電線丙丙以與在他處者相聯

三用法　用電語機若爲語器則切於口若爲聽器則切於耳今向乙發言語或唱歌則其凹凸性鐵片生勻整之微震動因此微震動而他處得聞其聲今據第一百九十五圖說明其理卯申與卯申乃兩處之磁鐵條巳巳與巳巳乃其凹凸性圓鐵片由卯與卯之感應而鐵片上之呻與呻亦成兩南極今如圖中之箭所指向巳巳加以衝擊則其南極呻移近附電圈而從連子 Lenz. 之定律所生附電氣之方向欲離開南極申即與磁鐵質點電流之方向相反者如圖中小箭所指而由傳電線繞行於卯申之上以增其北極之力因之巳巳鐵片之南極呻受其吸力則此鐵片之中央呻每向卯之時彼鐵片之中央呻亦同時受吸而向卯又鐵片自極離開亦同此理則此圓鐵片左右震動之時他圓鐵片亦同時震動此圓鐵片巳巳之震動成某形之聲浪他圓鐵片巳巳之震動亦必成同形之聲浪但較微弱耳依聲學凡言語與樂器之音皆由各種整齊與不整齊之微震動反覆接續而成是以此地之人聲樂聲能於遠處聽之也

四電語機之改良　近時之電語機乃西門司 Siemens 所改良而用馬掌形之電氣磁鐵雖入耳與聽器不相切亦能聞其聲

二顯微聲機　此器乃一千八百七十八年尤斯 Hughes 所造雖其聲極微相距又遠而亦能聽得耳之於顯微聲機猶目之於顯微鏡也

一造法　第一百九十六圖即顯微聲機之一造法極簡兩端銳尖之小炭條甲輕置於二炭架之間如圖中之乙乙此炭架固接於薄木板丙板立於增音臺上臺乃木製圖中之丁是也又由螺旋釘及傳電線而使與電源戊及通至遠處之電語機己相連而通電焉

第百九十六圖

二用法　由微細之聲音而兩架與炭條其相切之度改變因而阻電之力與電力之強弱亦從而改變電力改變則電語機之磁鐵力亦改變鐵片遂生同式之震

動故其先由聲浪之震動所生電力之變化經過電語機之鐵片而再生震動以入人耳今增音臺上有蠅飛過或以軟筆輕擦或一小鈪墜落或小表之音在遠處電語機中亦能聽之若向增音臺說話唱歌則其入耳甚明更不待言也

第五節　電氣發動機

一定義　使磁鐵所生多量之附電氣發生甚勻以資實用則須用電氣發動機此器爲絕緣之軟鐵柱其周圍繞以螺旋圈狀各不一而以大速度使之轉動經過磁鐵或電氣磁鐵前因之在附電圈即螺旋圈 Inductor. 中生電氣以代其所耗之工作焉

二種類　電氣發動機種類不一其所用之磁鐵或電氣磁鐵始終同強者名曰磁鐵電氣發動機若所用電氣磁鐵其初爲磁性而其後僅有餘剩之磁性者名曰代那麼電氣發動機

第一項　磁鐵電氣發動機

一司脫勒 Stöhrer.　磁鐵電氣發動機　狀如第一百九十七圖乃大力之馬掌形磁鐵於其兩極前有繞螺旋圈之二軟鐵柱中甲定於一鐵板上而由輪與皮帶能使鐵柱繞一軸而旋轉且在磁鐵前經過極速

第百九十七圖

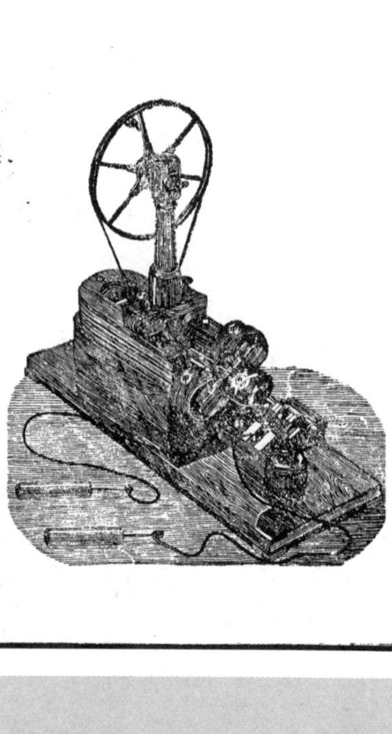

此際螺旋圈中所生附電氣各於旋轉半周之後換其方向蓋其移遠之時與移近之時附電氣之方向相反也於是附電氣因爲像皮層所隔絕而傳至接於軸之二輪上別有金類簧條二與輪相切以傳電氣而至傳電線此簧條之外若無他器則傳電路中所得之電氣方向迭更變易欲使得同方向之電氣則須於螺旋線之末與傳電線之末相接之間加一調換機 Commutator. 以調換其電氣之方向焉

第百九十八圖

第百九十九圖

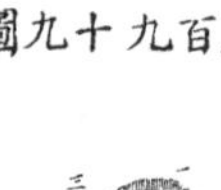

第一百九十八圖與一百九十九圖即司脫勒之調換機也子子爲黃銅管其兩端銲連鋼製

之半環二枚如圖中之二及三互相對向末端稍挺出子子管內更套有黃銅管丑丑而二管之間以薄而堅之像皮管隔之使不通電丑丑管之兩端稍令凸出而成套連於丑丑管之黃銅圈二個此圈之外徑與子管之孔大小相同圈上有兩個鋼製半環一及四銲連之

第二百圖

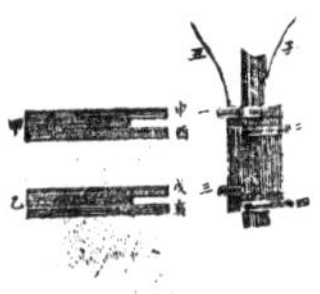

與三及二同形如第二百圖而此全器定於旋轉軸上本圖所示螺旋線之一端子與半環二通他端丑與半環一通且用薄而平之鋼簧條定於此機之臺上簧之前面即有缺口之端緊切於鋼製之半環而可由螺旋以增減其簧力本圖特全繪二簧條以取明晰甲簧分為申酉二枝乙簧分為戌亥二枝甲與第一百九十七圖之螺旋釘子相通乙與其丑相通乃取欲使電流經過之物體置於甲乙之間若其時機器之狀如第二百圖則酉切於二亥切於四申與戌則無所切而二自子得陽極電氣四與陰極電氣丑通則陽極電氣當環行於此器之中其路自子經二及酉以達於第一百九十七圖之螺旋釘子次經兩線間所置之物體以達於螺旋釘丑過亥與四而歸於螺旋圈之陰極丑假如有人立此機之前視之而軸之旋轉如時辰表之指鍼則二之與酉四之與亥忽相脫離而申切於一戌切於三調換機遂於此一瞬內忽改其位置而電流之方向至此亦已忽變即丑為陽極線子為陰極線也故陽極電氣自丑以至一上過申而達於第一百九十七圖之子逐次進行與前無異故其陽極電氣通過傳電線間所置物體而仍為由子向丑而行也由是觀之螺旋圈中之電流雖在旋轉半周之後反其方向而用司脫勒之調換機能使其附電氣通過子丑間所置物體始終同一方向也

二搿拉姆 Gramm. 之磁鐵電氣發動機　是器乃一千八百七十一年搿拉姆所發明不用調換機而能使所生電氣始終同一方向

搿拉姆輪形機之原理　其特異處乃輪形機今欲明其造法與功用如何宜先設一傳電體例如銅絲所製之圈能套於磁鐵條上而移進移出者今將此圈移近磁鐵條其圈中當生如何之電流自易知之即如第二百一圖卯申為磁鐵條申其南極卯其北極

第二百一圖

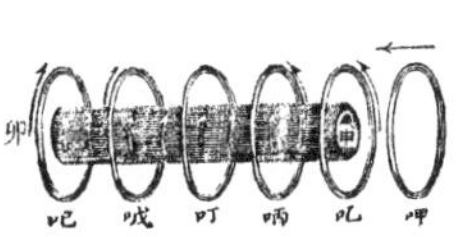

則環繞磁鐵條之電行方向從安培之定律必如圖中之箭所指今使在南極之前之呷圈移至極上叱則圈中所生附電氣其方向與磁鐵上之電流相反如圖上所附之箭所指蓋爲將磁鐵之全體移近其圈所有之電流也今將其圈更移進而至他端則當其經過吶之時其圈於吶右之磁鐵電流爲移遠而吶左之磁鐵電流爲移近此圈於電氣移遠之際所生附電流與電氣移近之際所生附電流方向互相反然在吶左之磁鐵電氣較在右者其數多故因移近之電氣所生之附電流必較因移遠之電氣所生之附電流盛也故此時圈

中之附電流方向仍與移近之電氣所生者同如吶圈上所附之箭但其數爲兩種附電流之較而已及其圈行至磁鐵條之中央叮則在左之磁鐵電流卽移近者較在右之磁鐵電流卽移遠者其數相等故兩種電流之强弱自必相等而在此位置附電流毫不發現迨旣過中央更進而至於㖕則在右之磁鐵電流較在左者多故所起之附電流與磁鐵之實點電流同其方向與在叱吶所發者反其方向圈若至北極上吧則其附電流亦必最强蓋圈在此處爲與磁鐵全體之電流離開也

今圈運行之際旣經過南極則移近之電流卽漸次少而移遠之電流卽漸次多蓋圈移近之際起一附電流其方向與磁鐵電氣相反而圈至極上叱之際此附電氣爲最强過此復漸次減弱至中央叮則全消失而過中央後則電流方向與前相反愈近於吧則其力愈增至北極上則其力最强

犴拉姆輪形機之造法及功用　今依第二百二圖及上文所云畧論犴拉姆輪形機之造法及功用卯申爲二磁鐵極而軟鐵所製之輪繞呷軸而旋轉於其間此輪之全周爲無數螺線所繞排列極密（但本圖爲易視起見僅示螺線十二條每條僅繞二次而相離開）且其纏繞軟鐵心（卽軟鐵所製之輪）所之方向皆同而每相鄰之二條螺圈線之末端例如呋呭同銲連於一銅片叺上以使之相通電而各銅片之間與銅片與呷軸之間俱有阻電體隔之於是無數螺圈線合爲一條閉合之傳電線而以同一方向圍繞軟鐵心者因欲易解故假作軟鐵輪爲靜止軸爲旋轉而銅片及

第二百二圖

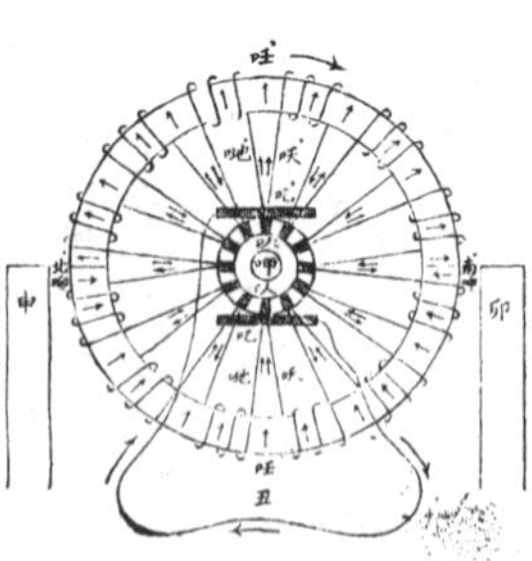

螺圈俱在輪上移動者。

今輪於對磁鐵兩極卯及申之處生南極呷及北極吚。由此所成之輪形磁鐵其吚及呷兩處之功用恰如二個半圓形之磁鐵條其同極互相對以成二複極者此磁鐵之一條爲下半輪他一條爲上半輪其不偏帶Indifferent zone在吐及吐故依安培所考之理則上半輪之環行電流在輪之前面爲自內向外而下輪之環行電流其方向與上半輪正相反即在前面自外向內其形如圖中之各小箭。

今設其螺圈線僅有繞輪之最高處即吐點之一條令其向箭所示之方而轉動則其螺圈爲將上半輪之許多電流移遠故在螺圈線中當生與上半輪之磁鐵電流同方向之附電流然該螺線同時亦移近下半輪之電流故必發與下半輪之磁鐵電流方向相反之電流而下半輪之磁鐵電流與上半輪之磁鐵電流其方向正相反故螺圈於此時所生之兩種附電流方向卻相同是故於螺圈上合成相增而加强之一電流其方向在前面爲自內向外與所附之箭同此螺圈自吐點起行向複極呷之方愈進則上半輪移遠之電流愈多其時愈近於下半輪之全電流故螺圈自吐至呷之際其附電流當漸加强及其過呷南極後則螺圈離上半輪之全電流漸遠而下半輪移近之電流亦漸少故螺圈自呷至吐之際其附電流當漸減弱至其達吐點之時則在右移遠之電流與在左移近之電流其數相等故毫不生附電流。

螺線既過吐上則依上文之理所生附電流與自吐經呷向吐之際所生者方向相反故螺圈上所有附電流在前面則自外向內如箭所表之方向而此電流於螺圈行向複極吚之際爲漸增强過吚之後爲漸減弱及達吐點則全歸消滅。

由以上所論觀之則輪上所有螺圈線中之附電流依不偏帶而分爲相反之二分即輪之二半周螺圈在其一分內運動之時其附電氣之强弱雖各不同而方向恒相同而在彼一分內運動之時其附電方向正與在此一分內運動之時所生附電方向相反故螺圈至吐及吐不偏帶上之際其一方向之附電在此消失他一方向之附電在此發起而在呷及吚複極之際附電力爲最强今衆螺圈線同時運行於輪上則其在右半周上之各螺圈線附電之强弱雖不同然方向始終相同而爲環行又在左半周上之各螺圈線附電之强弱雖

亦不同然方向亦互相同而為環行特與右半周上之附電方向全相反故在右半周上之附電因各螺圈線由前述之銅片互連為一傳電體而當全經吒點之線端呋而傳入叺銅片中而同時在左半周上之附電亦全經線端咃而傳入叺銅片中

上文所記祇為陽極之附電流然據電氣必兩類並發之理則必有與前者同數同强而方向相反之陰極電流發生無待言矣即在輪右半周之陰極電流經吒點之線端呋而傳入吹銅片中而在左半周者經線端咃而亦傳入吹銅片中

夫全螺圈線因相連為一傳電體故所發之附電流若非由叺及吹銅片傳去之則於螺圈線中應為中和但因軸上向不偏帶之二分有二金類絲束叱及叱對之而與銅片叺吹相切故能傳去也此金類絲束若用傳電線連之則陽極電流由叱經過傳電線而至叱陰極電流反之

今由軸之旋轉各銅片以次與金類絲束相切不絕螺圈線亦以次至各位置然其中所生之陽極電氣常向不偏帶吒而行以入與金類絲束叱相切之銅片中又陰極電氣常向不偏帶吒而行以入與金類絲束叱相切之銅片中此各螺圈線電流之强弱雖各異然傳至金類絲束中之電氣數常為相等蓋無一刻不有螺圈線在呻及咖之極上故也是故使此機均勻旋轉則分流之電氣其强弱常不變而叱及叱之金類絲束如動電池之兩極

上文所言為欲簡明故假定軟鐵製之輪為靜止者今在實際其輪與軸同旋轉亦與前所述者無異蓋輪雖旋轉而軟鐵由感應所成之兩極呻及咖常與靜止之極卯及申相對故輪之位置雖常換而呻咖之位置決不移故可作靜止觀也

第二百三圖

第二百三圖為羿拉姆之小機由人力轉動者在大力蹄形磁鐵之兩極間有能旋轉之鐵輪喻以螺圈線三十條繞之極密圖中欲其螺線著明而錯綜明暗以顯之而輪之本體為鐵絲束所成蓋磁性在鐵絲束較在鐵之實心者易生起又易消失也於

輪前面之軸上有與線相連之銅片各銅片之間及銅片與軸之間均有阻電性之物質隔之對此銅片與阻電物質相間所成之圓柱之上下有叱及叱之銅絲束相切其銅絲束各固連於黃銅柱呷及呐而連傳電線以通電氣至所需之處而軸由曲拐呼及齒輪叺而旋轉

第二項　代那麼電氣發動機

此以機器動作而增功用之電氣磁鐵代尋常強弱恒同之鋼磁鐵或電氣磁鐵其造法本於一千八百六十六年西門司 Siemens. 韋脫斯頓 Wheatsone. 兩人

同時所發明之代那麼電氣原理 Dynamoelectric principle. 而此原理本於電氣磁鐵中有留遺之磁性及其磁性能與附電氣互相增強今若於卷繞弓形電氣磁鐵之粗傳電線中一通電氣則弓形磁鐵中微留磁性足可使旋轉於兩弓形磁鐵間之附電線中生微弱之附電流者也今將附電線與卷繞電氣磁鐵之線相通電則附電流通過電氣磁鐵之周圍而增其磁性因之附電線起較前更強之附電氣而此附電氣又再使電氣磁鐵加強如此而磁性與附電流互相增強而旋轉之速愈增附電氣亦愈強能達於最大之度凡

大附電氣發動機用汽機及水力而始能轉動者亦本於此理也

三致用　磁鐵電氣發動機及代那麼電氣發動機其用甚廣卽用以得生理上光熱化物及磁鐵上之諸功用與電池相同而所費比電池較少卻能生強大之電流且時刻可長久

生理上功用　醫院療病時常用小磁鐵發電機

光及熱功用　用於各種電燈且能燃火於各種物質

化物功用　用於鍍金及冶金最多

磁鐵上功用　在尋常電報用不變電池之磁鐵上功

物理學下編三

用已足然如戰陣之際欲隨地通信則用小磁鐵電氣發動機爲最便

輸工業於遠處　中汽力或氣力水力所生器具上之工作以發起電氣無窮則其電氣能在遠隔之地用以燃電燈或鍍金等事但其所生之電氣亦能使之變爲器具工之工作卽使電氣通過第二電氣運動機則能旋轉其機器以成工作此第二電氣運動機不必與第一電氣運動機直相接相距甚遠而以傳電線通之亦無不可故能於電氣運動機輸送器具上之工作至遙遠處近今將盛行之電氣鐵路卽本此也停止之汽機

使其近側之代那麽電氣發動機中生起電氣此電氣傳於鐵路所設電車上之第二機即由沿於鐵路上之二平行線(其形如電報線)與第二機相連故入傳電線中之電氣由小車通入第二機即工作機無有間斷而原動機之運動爲輸送於電車之輪也

電學附錄

動物電氣

凡動物之腦筋及肌肉皆微有發電氣性而能生電流以感動物即呈生理上功用也

一例　如地中海所產之電鰩魚 Tolpedo. 南亞米利加湖水所生之電鰻 Gymnotus electricus. 及北亞弗利加河中所生之電鯆魚 Malapterus electricus. 等電氣之現象甚爲顯著人若觸此魚類當覺强烈之電擊電鰻(見第二百四圖)所生電擊之烈不特能殺小動物雖大如牛馬亦能震死此等動物之體中特具發電氣之機爲數百小柱所成其小柱中爲粘液層及重疊之薄膜互相合(第二百五圖所示者爲其横剖面第二百六圖示其縱剖面)而各以韌膜包之電鰩魚(第二百七圖其一半示剖面形)發電之機在體之上部即自脊至腹之間電鰻體中之小柱與其體爲並行此等魚類雖能隨意施電擊然多施電擊後機官衰弱更集新力須稍費時

第二百四圖

第二百五圖

第二百六圖

第二百七圖

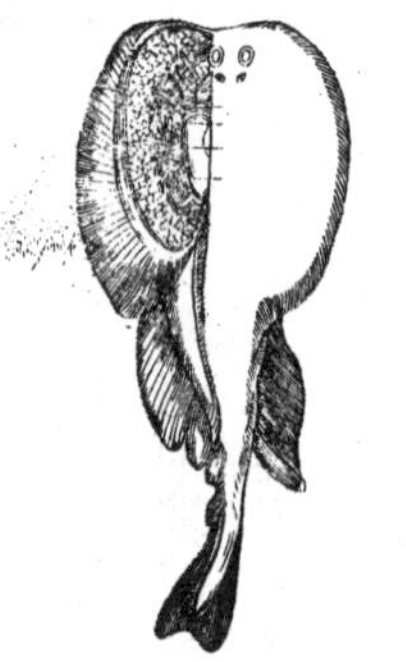

二證明　以連於傳電線之金類板切於上記之魚體則呈電氣現象即可令發火光現鐵磁上功用及化物功用

他種動物及人之腦筋中所有電流頗爲微弱惟以甚靈之測電表亦能證明之示其二例如左

第一將靈細倍力電表之兩極線端各連於白金板插入盛酸性水之兩玻璃器中器内各以一指沈入而屈其一指若甚强則磁鍼傾斜

第二以蛙股之腦筋及肌肉與靈細之倍力電表相連則磁鍼當傾斜

一千七百八十九年賈法尼雖已考得動物之有電氣然一千八百二十七年諾比利始證明之至一千八百

四十三年杜北亞列門 Du-Bois-Reymond. 始就腦筋及肌肉之電氣詳加研究

上海范熙庸校字

物理學下編卷四　氣候學

日本飯盛挺造編纂　日本藤田豐八譯
丹波敬三　柴田承桂　校補　長洲王季烈重編

第一章　包圍地球之氣質（即空氣）

第一節　空氣壓力

一空氣之大概　地球之面至若干高處有氣質包圍之是名空氣（參考上編氣質重學第一章第二節）

二空氣壓力及因高而減小　詳上編氣質重學第一章第四節

三在一定之處空氣壓力之改變　氣壓力在各處常改變其改變分爲有定期（即有一定之例者）無定期（即無一定之例者）二種

第一有定期之改變　此改變有顯於每日者有顯於每年者故更分爲每日之改變及每年之改變二種氣壓力每日之定期改變於風雨表顯最高之數者日有二次卽午前與午後之第十小時顯最低之數者亦日有二次卽午前與午後之第四小時是也每年之定期改變卽在冬日則陸地氣壓力大海上氣壓力小在夏日則反此是也

每日之改變在熱帶中甚依定例且較顯明其差有水銀柱三密里邁當向兩極則漸小至緯度四十五度處

則僅差水銀柱半密里邁當杜威 Dove 解此現象由每日所增減之熱度與空氣所含水汽之量而殊從此說則因晝間空氣受熱而輕故於午後第四小時顯最低數由此而後空氣漸冷而重故於午後第十小時顯最高數清晨水汽增加甚速因而加增空氣壓力故午前第十小時顯最高數午前第四小時所以最低者因水汽經過夜間而復凝為水則氣壓力輕故也蓋水汽初生而漸漸與空氣相混之際能加增氣壓力至水汽若已與空氣相混而驅開其一分則空氣因含水汽而反輕

於陸地冬日空氣寒冷故氣壓力增夏日甚熱故氣壓力減在西伯利亞冬日之最高數得水銀柱七百八十密里邁當夏日之最低數得水銀柱七百四十密里邁當也

第二無定期之改變　此改變關於風與天氣即在日本及歐洲皆南風氣壓力小北風氣壓力大此氣壓力之改變常在天氣改變之前故可以豫知天氣但不甚確耳風雨表下降則常為多雨之陰天夏涼冬暖風雨表上升則常為乾燥之晴天夏熱冬寒

說明　南風自海面之暖處來而送熱且溼之空氣北風自寒處來而送乾且冷之空氣熱且溼之空氣較乾且冷之空氣輕故前者氣壓力必小後者氣壓力必大即前者風雨表水銀柱降至七百二十密里邁當後者風雨表水銀柱升至七百八十密里邁當

四氣壓力改變之原由　此原由在空氣之熱度與含水汽之量及運動其定例分三項如左

第一空氣熱度增則氣壓力減小（風雨表降）空氣熱度減則氣壓力增加（風雨表升）

說明　空氣極能收地面之熱故最下層之空氣先受熱此時空氣漲大而向下面及側面皆不能漲故僅向上面而漲大於是氣向上升但全氣柱漸漸受熱而上漲設至極高時仍有同量之空氣載於其面上則氣壓力當無改變然因升高之空氣終有向側面熱少處散流之候是以氣壓力在熱空氣中必減小而風雨表降又空氣冷則其氣柱必縮短於是周圍之空氣因比此氣柱較高故流入而填滿之使其面相平而此處之空氣遂加重故氣壓力必增風雨表必升也

第二空氣帶濕則氣壓力減小（風雨表降）空氣乾燥則氣壓力增加（風雨表升）

說明　水汽之重率較同熱度同漲力之空氣重率僅得其八分之五故空氣與水汽混和所成之溼空氣必較乾燥空氣輕猶水與醕相和之流質較淨水輕也所以空氣中含水汽愈多則其輕必愈甚故在溼空氣其壓力較乾空氣小而風雨表必降但此僅水汽已侵入空氣中而驅開空氣之一分者如此若水汽初生而尚未驅開空氣則轉加增氣壓力也又空氣含水汽愈少則愈重故空氣乾燥則令風雨表上升

第三水汽凝而沈降則氣壓力減小（風雨表降）

第二百八圖

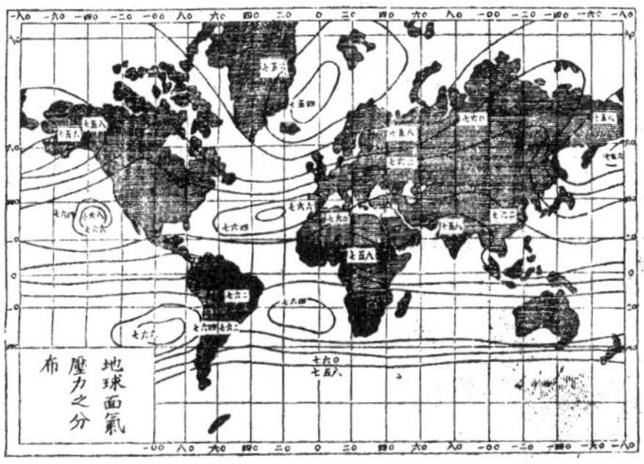

原由　水汽凝而爲雲或雨而沈降則生凝時之復熱空氣受熱而上升且當其未凝以前爲汽時所有之壓力至此忽自空氣中除去因此二原由而風雨表必降

五地球面氣壓力之分布　地球面上之氣壓力因其大小之不同而區畫爲五帶如第二百八圖即氣壓力小之三帶與氣壓力大之二帶是也氣壓力小約爲七百六十密里邁當水銀柱者爲一廣帶沿赤道而環繞地球爲七百五十四密里邁當水銀柱者爲二帶俱向兩極又氣壓力大爲七百六十五密里邁當水銀柱者爲二帶在赤道與兩極所有小氣壓力帶之間抑自赤道向兩極氣壓力之增減地球全周各處不相等氣壓力大之兩帶尤甚即在海上四季殆相等顯七百六十五密里邁當水銀柱之壓力在陸地則其壓力冬季較海上大夏季較海上小也

原由　空氣在赤道受熱甚大且由水之化散與降下不絕而常飽含水汽故氣恆上升然因氣柱之面當較其兩傍爲高故上升之空氣必向南與北流行此時其空氣受冷水汽凝即成雨而降下於是空氣乃乾且冷故增其重而因地球之形狀在兩極之空氣不十分有空缺故僅行至緯度南北三四十度處而降下而在此處成七百六十五密里邁當水銀柱之大氣壓力帶此處陸地一年間之氣壓力若有不等可由氣壓力每年之定期改變而得其解（參照本節之三）

六等氣壓力線最大氣壓力最小氣壓力　凡以線連氣壓力相等之各處畫於地圖上以便比較各處氣壓力之

大小者名曰等氣壓力線 Isobar. 而四圍之氣壓力俱比之小則其地為最大氣壓力四圍之氣壓力俱比之大則其地為最小氣壓力此等氣壓力線常為曲線圈以示其氣壓力自此向外而漸加或漸減最大氣壓力為連晴之徵而常久住一地移行甚緩其時晴且乾燥夏日則熱冬日則寒最小氣壓力為天氣易變之徵夏日則凉冬日則溫雨雪與烈風隨之不久住於一處移行甚速一日能移數百里大抵皆自西向東

等氣壓力線之種類　等氣壓力線有聯多年所顯氣壓力之折中數相等之地者每年之等氣壓力線有聯一月內所顯氣壓力之折中數相等之地者每月之等氣壓力線有聯一日中某時刻例如午前第八小時或午後第八小時所顯氣壓力相等之地者一時之等氣壓力線此一時之等氣壓力線為預報天氣所必需故各國中常使其中央觀象臺每日示之於天氣地圖

最大氣壓力及最小氣壓力生成之理　此理尚有未十分詳明之處然其生成之理於特著之熱差大有關係也最大氣壓力多生於較四圍各地受熱少之處熱少則空氣加重漸漸下降而其上面有空氣自四圍流入故令氣壓力增大且自上面流下之空氣因其遇冷而已失水氣故乾燥而下降也最大氣壓力界之內因空氣之運動甚緩而率無風故此帶內連日為乾燥之晴天而此天氣在夏日熱蓋因其地久被太陽所照而夜短則散熱甚少故也冬日則因反是而寒

最小氣壓力多生於較四圍各地受熱大之處蓋受熱之空氣因輕而升而在上而散流至氣壓力大之處而再降下此上升之空氣因遇冷而其水汽離開空氣而為雲或雨雪而下降故最小氣壓力每成潮濕易變之陰天而在夏日為凉蓋日光被雲遮住至地面者少故也又在冬為溫暖蓋冬季夜長天空被雲掩覆阻地面散熱故也經過歐洲之最小氣壓力大半在大西洋之熱潮流上生成又在亞細亞於日本海及中國海上常生最小氣壓力

空氣在上面恆自最小氣壓力處向最大氣壓力處而流動不絕在下面則恆自最大氣壓力處向最小氣壓力處而流動不絕故大氣壓力處與小氣壓力處之間空氣之變換不絕也

第二節　空氣之流動 即風

一定義　風者空氣自大氣壓力處行向小氣壓力處之流動也蓋風之生由於氣壓力之差而氣壓力之差由於

熱度之異。

地球上氣壓力若各處相等則各處皆當無風然因各地之氣壓力各有差異故必令空氣流動也

二風之方向　風之方向由氣壓力之一最小處與一最大處相對之方向而定即在下面則空氣自壓力最大處行向周圍壓力較小之處在上面則空氣自壓力最小處行向周圍壓力較大之處但此空氣自壓力最大處行向壓力最小處其所行之路不沿直線蓋因地球向東旋轉故在北半球者偏曲而向右在南半球者偏曲而向左在北半球則在下之空氣自壓力最大處流向周圍其所行之曲線方向與時辰表之針行同而其自周圍流至壓力最小處所行之曲線方向與時辰表之針行相反（見第二百九圖）

第二百九圖

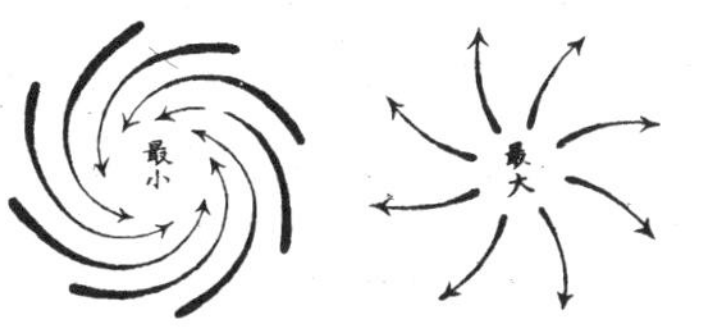

故空氣流動在氣壓力最小處之周圍則為大旋風 Cyclone. 在氣壓力最大處之周圍則為相反之大旋風一千八百五十七年卑司拔樂脫 Buys-Ballot. 所定之風則與此適合即在北半球所測者如背風行之方向而立則氣壓力最小處在其前之左面氣壓力最大處在後之右面凡風行方向之偏曲隨緯度與風之速率而增加在最大之風即颶風其方向殆與等氣壓力線相同而於氣壓力最小處之中心生上升之氣流在氣壓力最大處之中心生下降之氣流故皆全無風也風之方向常從其吹來之方位而命名由測風器或觀雲之飛行而知之

風行方向偏曲之解　地球若靜止不動則自赤道向北極流動之風當為正南而自北極向赤道流動之風當為正北然地球與其包圍之氣質皆自西向東旋轉因之自赤道向北行之空氣本具有一定之東行速率（一抄時四百六十四密里邁當）而其速率隨恆性之定律運動之間終不失去但因此空氣既向北行必漸至東行速率較緩之地上即經線圈較小之處而風之東行較地漸速故必離先時流動方向所指之子午線而稍向東偏是以在北半球南風之方向必變為西南風也於北風則反之蓋北風起初東行之速率甚小故其漸近赤道必漸後於原行方向所指之子午線是以在北半球則北風變而為東北風即兩風皆由地球自轉故偏曲於右邊在南半球亦因此原由而此兩風偏曲於左邊也往時以為僅北風及南風有此偏曲之事然至近時知凡風皆有之如在北半球則北風為東北風東風為東南風

之類。

三風之強弱　其強弱關於與等氣壓力線成正交之一線上所有兩處氣壓力之差凡兩條等氣壓力線相距一度即十五地理里而氣壓力差若干密里邁當水銀柱者名若干搿拉騰脫 Gradient. 搿拉騰脫之數愈大則風愈烈。

四風之種類　分說如左四項

第一常風　常風者謂一處所吹之風常相同如熱帶所吹不斷之貿易風 Trade wind. 是也自赤道至北緯三十度常吹東北貿易風自赤道至南緯三十度常吹東南貿易風此兩風間有無風帶介之見第二百十圖貿易風所吹之處其上面之空氣自赤道向南北兩極而流動所謂反對貿易風 Antitrade wind. 即在北半球吹西南風在南半球吹西北風。

說明　在赤道常有七百六十密里邁當水銀柱之小氣壓力在南北緯三十度常有七百六十五密里邁當水銀柱之大氣壓力是即起貿易風之原因也。空氣自南北之兩大氣壓力帶向赤道而流行常無間斷故在北半球則起北風在南半球則起南風但因地球之旋轉而其南風變為東南風北風變為東北風在此兩風之間空氣僅向上升而不橫動之處名曰無風帶蓋因熱度大水汽之化散多故空氣只向上升也而上升之空氣在上面散開或向南或向

第二百十圖

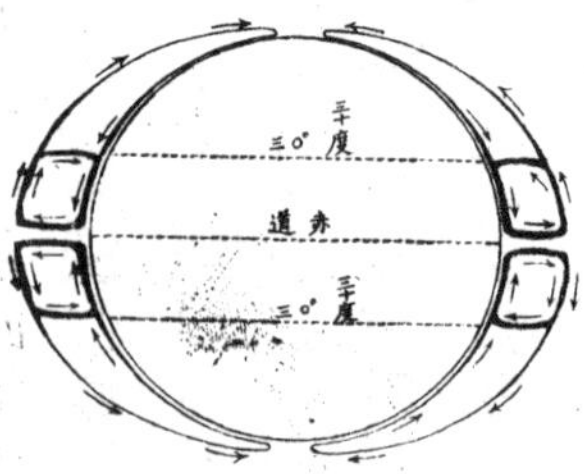

北而為南風及北風又因地球旋轉而偏曲在赤道以北之南風為西南風赤道以南之北風為西北風而兩風皆於緯度三十度處下降故在此處生大氣壓力復至下面反流向赤道如上所說故在熱帶中自北緯三十度至南緯三十度空氣之環流無間斷也如第二百十圖。

貿易風為科倫布 Columbus. 所考知蓋科倫布航海至亞美利加始知其有東北貿易風而後人遂知此東北貿易風能使歐洲至伯西利 Brasilien. 之舟行為之快捷。

吹貿易風之處其上面確有反對貿易風可由高雲詳後章之飛行火山高噴之煙柱火山所噴之灰砂吹向東北方及吹貿易風處之高山巔常吹西南風不絕而知之即如在胎尼力法島 Teneriffa. 之披克山 Pik. 高三千七百邁當及在散特惑契島 Sandwichsinseln. 山）檀香之火山買那樂阿（高四千二百邁當）Mauna-Loa.與買那開阿 Mauna Kea.（高四千二百五十邁當）其山麓有東北風不絕而山巔則常吹西南風。

第二定期風　定期風者吹於一定之某時或某季而互相更換之風也分爲左二種

一時期風（即陸風及海風）在熱帶之海岸每於晝間有自海面吹向陸地之風此名海風而夜間有自陸地吹向海面之風此名陸風

說明　陸地容熱小故晝間較海面熱度大而生上升之氣流其上升之空氣在上面向海面散流而下降故陸地氣壓力減小海面氣壓力加增而在下面之空氣自海面向陸地流行在夜間則陸地較海面易冷而陸地氣壓力較海面大故生陸風也但此際在上面亦有相反方向之氣流固不待言

二季期風　在印度洋之北夏季半年間（西四月至西十月）有風恆自西南（即自海面吹至陸地）冬季半年間（西十月至西四月）有風恆自東北（即自陸地向海上）季期風者即所謂孟森是也

說明　此風可由與陸風海風相似之理而說明之即夏季之間如阿剌伯波斯印度等亞細亞南部之諸國受烈熱而生上升之氣流因之空氣自海面向

陸地流行而其方向初爲南風因地球自轉故向右偏曲而成西南風冬季間陸地甚冷其氣壓力大故空氣自陸地向海面流而又因地球旋轉之故北風變爲東北風與東北貿易風相混

第三變易之風及颶　分說如左三項

一在温帶之風及颶　在貿易風界外即南緯及北緯三十度至四十度處所起之風是爲温帶之風其界由温帶中之氣壓力最大處與最小處定之此變易風所吹之處亦在最小氣壓力所移行之界內而其搿拉騰脫數大則爲起颶之原由

第二百十一圖

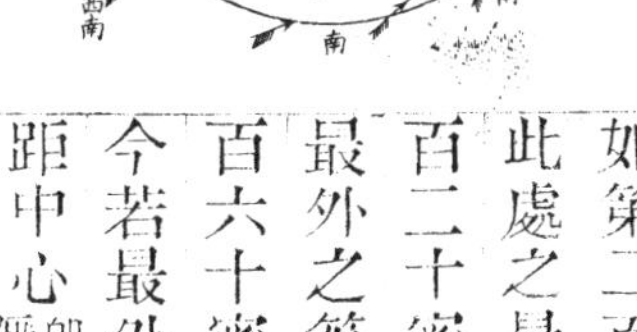

如第二百十一圖說已知此處之最小氣壓力爲七百二十密里邁當水銀柱最外之等氣壓力線爲七百六十密里邁當水銀柱今若最外之等氣壓力線距中心（即最小氣壓力處）爲一百里（地理里）則其氣壓力之差甚大蓋每一里所有之搿拉騰脫爲〇.四密里邁當水銀柱即每一度爲六密里邁當水銀柱故也然兩處相距若爲二百里則搿拉騰脫

只得上所言之一半。卽一里〇.二密里適當一度三密里適當而氣壓力之差較小。故在第一處則已爲烈颶之搿拉騰脫。而在第二處。則僅爲弱颶之搿拉騰脫也。凡氣壓力最小處之空氣運動。有二式。卽旋轉運動。及進行運動是也。旋轉運動者。由空氣自周圍逆時辰表之針行方向。以流入氣壓力最小處而成。此單指在北半球者言若其搿拉騰脫愈大。卽與等氣壓力線相距愈近也。則愈烈。且其路愈近圓線也。至進行運動。則爲氣壓力最小處與風。全皆進移而成。常有一日行百餘里者。第二百十一圖示進行不絕之最小氣壓力。以大箭標其方向。乃係自西南吹向東北者。其各小箭。示該處所吹風之方向。人面若與此各小箭同方向。則氣壓力最小處必在其前面之左。最小氣壓力若停而不動。則在其東之地。當吹東南風。在其西之地。當吹西北風。然因最小氣壓力常進行。故在各處之風向。必改變。卽在最小氣壓力東之地。其後必變而在最小氣壓力之東南。與南。與西南。與西。則該處之風原向東南者。亦必逐次變而爲南。與西南。與西。與西北也。該地若爲最小氣壓力中心所經之路。則先吹東風。至最小氣壓力之中心適過其地之時。則變無風。至離其地後則風轉西。

與歐洲天氣大有關係之最小氣壓力。多生於大西洋。平常經其東。至陸地。惟在冬季則恆爲東北風越北極而進。或至德國之北。夏季則向芬蘭特 Finnland. 而經過東海。在春季則自英國經法國而進地中海。是故最小氣壓力。大抵在歐洲北方。而自西向東進行。故其風常如太陽之旋繞。自東經南。向西而及於北。此旋風之定律。乃一千八百三十七年。杜威 Dove. 所創定也。但此定律。在最小氣壓力所經過之處。則能適合。若其地在所經路之左。則其旋風正反其方向。

二熱帶內之颶　在熱帶中氣壓力之差較溫帶內爲大。每一里成一密里適當水銀柱之搿拉騰脫者甚多。所以其等氣壓力線甚相近。故在氣壓力最小處之中心。成大旋風。其勢甚猛。此等大旋風速率。每杪有三十至五十邁當。其烈固不足怪也。颶之暴猛者。起於中國海之太分 Teifune. 西印度海之夫里康斯。Hurri-kanes. 及阿非利加之西岸。及西印度之土耳那杜斯 Tornados. 等處。

颶起時漸漸移行之路。在北半球與南半球。各不相同。其在北半球熱帶者。自東南進至西北。屈曲於旋轉線。而進向東北方。見第二百十二圖在南半球之熱帶者。

第二百十二圖

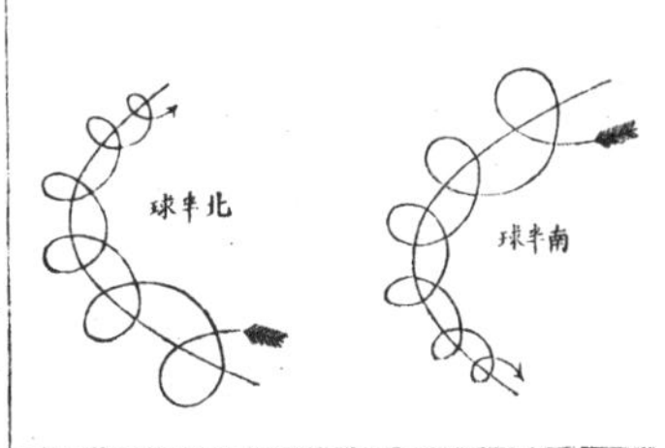

自東北進西南屈曲於旋轉線而進向東南方（圖見上）明悉颶經行之路爲航海家最要之事

三脫倫竇　脫倫竇（卽龍挂）之起於陸上者名陸袴起於水上者名水袴狹小界中之旋風也其猛烈實可駭如第二百十三圖所繪卽水袴之一也

第四土地風　土地風者某處在各異之時所吹能預定之風也其種類如左

第二百十三圖

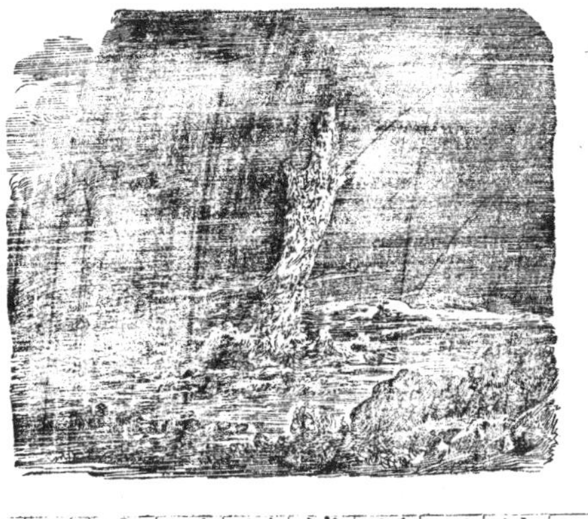

一於瑞士之北常忽然起燥風其勢甚猛烈其熱能鎔冰雪名福亨 Föhn.

據盎痕 Hann 之說則福亨乃由阿兒伯山脈 Alpen. 北之氣壓力較其南之氣壓力弱而起此南風越阿兒伯山而以大速率降於阿兒伯山北之溪谷蓋空氣在阿兒伯山之南上升因受大冷故其所含水汽凝成雨雪迨空氣至山頂高處則頗燥且重而因山北溪谷之氣壓力小卽被吸下而此空氣由有凝時之復熱與體積減少故具多熱而能速鎔冰雪也凡福亨風皆起於高山脈而有似颶而多含水汽之風所經過之處阿兒伯山之南側有北福亨

二薄拉 Bora. 卽在阿兒伯山脈之南向阿特利亞海上所吹之風是也

三昔路誇 Sirokko. 卽在阿特利亞海上及意大利所吹熱且燥之東南風是也

四在阿剌伯之撒木姆 Samum. 及在埃及之迦姆新 Chamsin. 乃阿剌伯與阿非利加沙漠所起多塵而乾燥之風也

第二章　地球上之熱

第一節　空氣之熱

一空氣之熱　地面之熱皆本於太陽然空氣遇太陽光線直受之熱甚少僅不過其四分之一而其餘俱由太陽先照於地上變爲暗熱而由地面之散熱及氣之對流而熱至空氣中也

原因　空氣遇日光直受之熱甚少者因淡氣養氣皆爲透熱體而在高處之稀薄空氣不含塵埃水汽及炭養氣故太陽光線悉能透過惟在下面之空氣中常含水汽及炭養氣故稍能吸收太陽之熱但自地面放出之暗熱則不唯水汽及炭養氣能吸收卽空氣亦能吸收又空氣爲阻熱之體故在上之空氣受傳來之熱甚少而大半由與熱地相切而受熱上升更有冷空氣來代之卽由對流而得熱者也故空氣所得之熱以自地面散出者爲最多

二空氣熱度減少　空氣之熱愈在高處則愈減少

原由　此現象可由空氣每自下面受熱而說明之蓋下層空氣受地面散出之熱固較上層爲大而空氣下層所含水汽及炭養氣又較上層爲多如上文所述且受熱之空氣上升時以氣壓力小而漲大因此熱更變爲工作故必愈高愈減也熱度在空中每高一百邁當約減〇.九度於連山上則〇.六度

因此可明高山四時積雪之理但永雪界愈近熱帶則愈高左表示其界之高下

諾威海岸……七二〇邁當

喜馬拉耶山……四五〇〇邁當

第二百十四圖

愛司蘭特……九三六邁當

墨西哥……四五〇〇邁當

阿兒伯山……二七〇八邁當

克以託（在南美洲）……四八〇〇邁當

愛脫那山（在意大利）……二九〇五邁當

第二百十四圖所示爲地球各處永雪界之高低一二三爲南亞美利加之以利麥尼與阿艮揩迦及新薄辣沙四五六爲亞細亞之瀉麥辣里與達辣齊里及高加索山七爲披來尼山八爲阿兒伯山九爲諾威國之助利胎麥十爲麥艾隆島

本圖經過頂點六所引之虛線示其地之高爲平常氣壓力之一半卽氣壓力爲三百八十密里邁當水銀柱之處也

三測空氣之熱度　欲測空氣之熱度所置寒暑表非特不能使之直受太陽所照之光並須不受自太陽所照之物體上所發出之光故必須懸之於陰地與他物最無關係處且必納之於匣中而令常爲乾燥

此等各事具備殊非容易然如下法則與本旨稍相近

卽置寒暑表於側面穿孔如篩之匣中懸於向北而不熱之室中之窗前而寒暑表之離壁至少須三十生的邁當高約離地面數邁當而寒暑表之前面爲空地則尤佳若只欲測知其若干時內之最大與最小熱度則可用自記大熱小熱寒暑表 Maximum and minimum thermometer.

此寒暑表如第二百十五圖一盛水銀與一盛酒醋者所成俱平放於木板或玻璃板上自記大熱寒暑表者在其水銀柱之前有小鋼針水銀上升則能推此針而水銀降下則仍留於其處故此小針能指示某時內所

第二百十五圖

達之最大熱度其酒醋寒暑表之中有一小玻璃條其兩端較中央稍粗令酒醋若縮則因醋與玻璃之間有粘附力而小玻璃條亦同退然酒醋漲則其流質能通過小條之間而小條仍留此處所以小條能示最小熱度此大熱小熱寒暑表之度數看過後當注意搖動之令兩小桿各至其流質柱之上

第二節　每日熱度與每年熱度之差異

一每日及每年之最大熱度與最小熱度　太陽光線之力每準其光線遇地面或水面所成之斜角而分强弱故地球之面無論水陸其熱關於太陽所在之高低而無論一日之間或一年之間其熱度不能常均勻而必有增減也但一日中熱度最大時非在太陽居最高處之時蓋每日之最大熱度約在午後二點鐘最小熱度在日出前又一年中最大熱度在六月最小熱度在十二月皆在太陽居最高最低處少時之後

原由　此現象由於地球受太陽照下之熱與當時散至空中之暗熱不相等故也晝間太陽之熱照下與地面之熱放散雖行於同時而太陽升上之時下照之熱

勝於放散者故地面及空氣之熱度皆增太陽下落之時放散之熱勝於下照者故地面及空氣之熱度皆降但太陽光線下照之角度於太陽已至最高處少時之後仍幾在相等之度而下照與放散之熱亦仍皆相等故一日之最大熱度在太陽至最高處一二小時之後也夜間僅有熱放散故熱度必降至日出乃止也又在一處每年熱度之增減亦與上同理而可由太陽在正午時之高低與一日長短之增減說明之

二平熱度　一全晝夜每小時記其寒暑表之度數而依其二十四次測驗所得取其中數則得一晝夜之平熱度

但若依午前六點鐘及午後六點鐘十點鐘三次測驗所得取其平數則與此數殆相等今於一月內以其日日之平熱度總相加而以日數除之則得一月之平熱度再自此熱度十二個而取其中數則得一年之平熱度但此一年之平熱度若取三百六十五日之每日平熱度而以三百六十五除其相加之總數則更精確也八若在一地測知其多年間之平熱度則其中數爲該地之平熱度於許多年中測定其同日內之平熱度則其中數可爲某日之準熱度

三熱度之改變　某一日內最大熱度與最小熱度之差名熱度之日改變在最暑月與最寒月所有熱度之差名熱度之年改變日改變熱帶最大溫帶次之寒帶殆無而年改變則全相反即熱帶改變甚少緯度愈升則改變愈大至寒帶則最大

原因　在赤道太陽至午時升至甚高雖在冬夏至之居最低點時其距頂點亦僅二十三度半故晝間熱度亦甚大但其夜間有十二小時之長且多晴天故散出之熱多熱度因之下降甚顯在溫帶晝夜熱度之相反稍少是因太陽之升不如熱帶之高而太陽在最高點之時候夜正短之故也在近極處二十四小時常僅晝片時與僅夜片時故熱度改變甚微也又在赤道上太陽之高下一年間無大差因之晝夜長短殆相同故一年內熱之改變亦不甚著然其改變因緯度增加而益顯蓋太陽位置之高低及晝夜之長短俱變更故也

第三節　地球上熱度之分受

一等溫線　等溫線者Isothermal line.聯結每年平熱度相等之各地爲一線而繪於地圖上者是也如第二百十六圖等溫線皆自西向東周繞地球如緯線然絕無與緯線平行者蓋因地球面冷熱之關係不獨在緯度其餘更由水陸之形及風向潮流等方能確定也等溫線

地圖以表地球之面所有熱度之關係而便於觀覽其定律如左三項

第二百十六圖

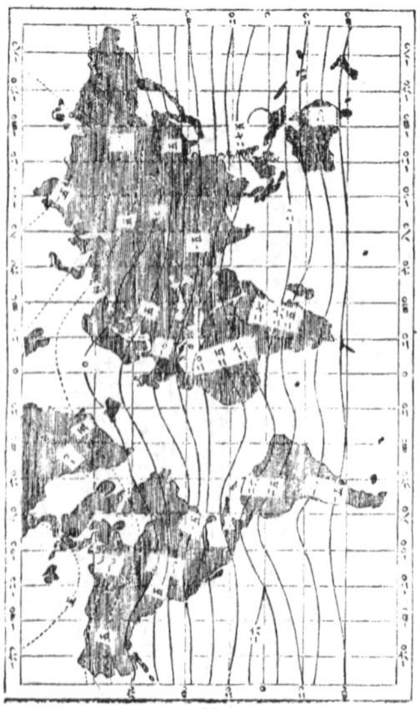

第一　一地之熱皆距赤道而向南或向北愈遠則愈小設在距赤道相等之處其熱度大約相等然亦有等緯度而熱度甚不同之處又有等熱度而緯度不等之處

拉破蘭特 Lappland 與北西伯利亞 Nordsibirien 約在同緯度然拉破蘭特在零度之等温線上北西伯利亞在負十五度之等温線上又北峽 Nordcap 與西伯利亞之伊黎科司克 Irkutsk 俱在零度之等温線上然伊黎科司克在北峽之南二十度達勃林 Dublin 與北京俱在十度之等温線上然達勃林在北緯五十度北京在四十度

第二　南半球之等温線與緯度圈相差較少在北半球則較大

此原由蓋因南半球多水北半球多陸地陸地受熱較速然其復冷亦速故空氣熱度顯生高低之差而水因能容熱故受熱較緩且其面上化散為汽不絕故能微消去其已受之熱然其復冷亦與受熱相同較陸地遲而為漸漸放熱不絕蓋所受許多之熱能存於水中而上層已冷之水則沈於水底温暖者不絕升至面上故也又此外浮於海面之許多水汽亦能阻熱之放散因此諸由故海面空氣之熱度較陸地變遷少而南緯四十度南之等温線則與緯度圈幾成平行也

第三　北半球之西岸較大陸之內部及東岸温暖南半球之西岸較東岸寒冷故西半球之等温線每較東半球者彎向兩極此在北歐羅巴之西岸為顯著

原由

一潮流　北亞美利加及北亞細亞之東岸適遇自北極向南及西南而行之冷潮流而北亞美利加及歐羅巴之東岸則有發源於熱帶之暖潮流自南而來即赤道潮流至亞細亞及亞美利加之東岸因地球旋轉而向北及南偏斜也太平洋有黑潮流大西洋有灣潮達於亞美利加及歐羅巴之西岸因之海水加熱且令空氣層亦加熱以令歐羅巴之氣候為温和此灣潮越北峽而達於司撇慈培根 Spitzbergen 及諸滑乾歲姆迦 Nowaja Semlja 反此而在南半球則冷潮流在西岸暖潮流在東岸

二所吹之西南風與東北風　西南風自南方帶温暖之空氣而來其內之許多水氣凝降則生凝時之復熱故更加其熱度至自極來之東北風則常運冷

空氣至東岸然因在夏季則其風爲自温熱之大陸吹來故熱度升而在西方諸國送温熱之風以成歐羅巴夏日之暑期

二夏季等温線冬季等温線及各月等温線　夏季平熱度相等之各處以線連之則爲夏季等温線Isothermal lines. 各季平熱度相等之各處以線連之則爲冬季等温線Isochimenal lines. 而以同法將所有各月平熱度相等之處連以線而繪於地圖上者則爲各月之等温線Isothermal lines for months

等温線示地面所分受之熱度然仍不足定其地上氣候之關係蓋此等平熱度之地有夏季酷熱冬季寒冷之處有冬季温和夏季涼爽之處故也例如愛蘭土與德國中部每年熱度相等然拉因州德國中部葡萄能秋熟愛蘭土則太陽光不足故不能熟又在愛蘭土則冬季温和之時椿樹及老利兒樹Lorbe—er能耐其室外之寒在拉因則有冰雪而不能欲詳表此氣候則須作夏季等温線與冬季等温線而更欲令觀氣候者格外明晰則作各月等温線其中之西正月等温線見第二百十七圖以明冬季等温線西七月等温線見第二百十八圖以明夏季等温線其冬季等温線

第二百十七圖

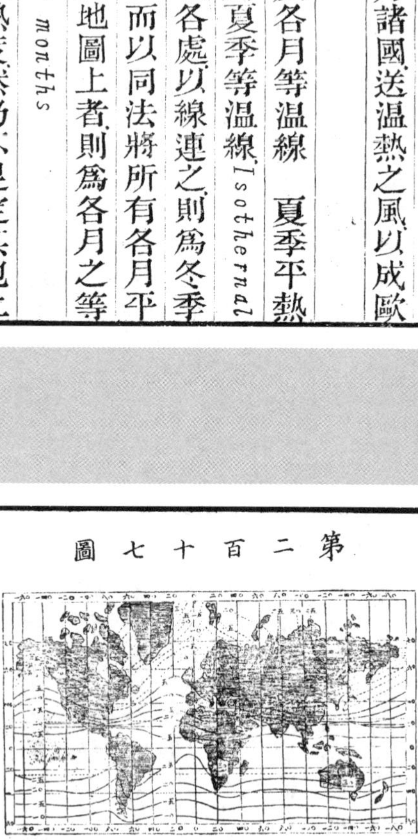

較年等温線距赤道近夏季等温線反之即距赤道較遠此推移在陸地者較在海上者大觀西正月之等温線與西七月之等温線而得左定律

第一　每年熱度之變改在熱帶甚少在温帶及寒帶甚著

原由　參看前節第二項下

第二百十八圖

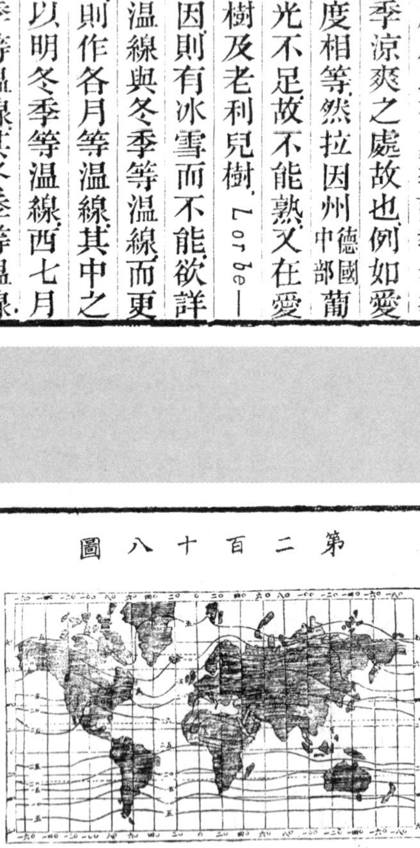

第二　在温帶內則其大陸皆夏暑酷烈冬寒沍冽所謂大陸氣候而其海面及沿海各處夏季涼爽冬季温和所謂海上氣候大陸氣候在北半球較著而在南半球則海面氣候居多

原由　凡陸地在夏季有令熱度加增之力在冬季有令熱度低降之力海面在夏季

有收熱之力冬季有放熱之功參看本節一項下第二說明在南半球海面氣候所以多於大陸氣候者因此處海洋較陸地多故也

第三 夏季最熱至三十度及三十五度之處爲北亞美加利 Nordafrika. 阿剌伯 Arabine. 及美沙薄太民 Mesopotamien. 之砂漠及噴茶浦 Pendschab. 中此等處在赤道之北三十度又西正月最寒者在相隔之二地一在北緯六十與七十度間西伯利亞之約克德 Jakutzk 一在北緯八十度亞美利加北方之派利島 Parry-Inseln. 兩地西正月之平熱度皆負四十度也

阿剌伯之麥司卡脫 Maskat. 熱至五十度以上撒哈拉 Sahara. 之磨司克 Mursuk. 驗得有五十六度之熱最小之熱度在西伯利亞之衞而誇養司克 Werchojansk. 依一千八百七十一年西十二月所測得負六十三度之冷

一千八百十七年阿歷山得呼姆薄脫 Humboldt. 創製年等温線其後又試製夏季等温線冬季等温線而各月等温線乃一千八百六十四年杜威 Dove. 所創製也

第三章 空氣之濕度

第一節 空氣中之水汽

一空氣所含之水汽及飽足界 空氣與各處地面之水相接則不問其爲何熱度俱能使水漸化散故空氣中常含若干水汽此汽雖係無色而不能見之氣質然其復成流質之狀可以見之空氣若在一定之熱度而含水汽至不能再加之度則其空氣爲含汽飽足者其所含之水汽未達此度則其空氣爲含汽未飽足者也空氣能含汽之量隨熱度而加減含汽未飽足之空氣中或加增其汽或減其熱度俱能令其變爲含汽飽足者即因其熱度減則空氣中所存之汽已達其爲飽足之某度此熱度名飽足界又名凝露界蓋因空氣微冷而析出所含水汽之一分爲露形故也

空氣若含水汽已飽足則水之化散當停止而於此時則其所有熱度即爲凝露界凡一立方邁當之空氣含汽飽足之數於零度時爲四·八格蘭姆於十度時爲九·三格蘭姆於十五度時爲一二·六格蘭姆於二十度時爲一七格蘭姆於三十度時爲三〇格蘭姆設有空氣在三十度之熱而含汽至飽足今其熱若降至二十度則每立方邁當之空氣只能含汽十

七格蘭姆故必多餘汽十三格蘭姆而此多餘之汽必分離而成流質例如凝成露珠其熱度若再自二十度降至十五度則一立方邁當之空氣必再放出其汽四四格蘭姆

二實濕度及比較濕度　實濕度者謂某時之空氣所實含之汽之數此數或從其重而測定之或從水汽所生之壓力而測定之即依前法則知一立方邁當之空氣內含若干格蘭姆之水汽依後法則由水汽與水銀相等之壓力而測定之參看中編熱學第三章第五節之表比較濕度者謂就空氣在該熱度所能含之水汽數除去現時所實含之水氣數而所得之數也平常以百分之幾示之空氣濕潤則近飽足界空氣乾燥則離其界愈遠

中編熱學第三章第五節所示之表以水銀柱之密里邁當數示汽之漲力於負十度至三十度時所示汽之漲力與空氣含汽之飽足數殆相同此數自八度至三十度之間與熱度之增加數無大差今有熱三十度之空氣一立方邁當假定其比較溼度為百分之五十則其所含水汽為飽足界三十格蘭姆之半即十五格蘭姆此水汽之數即在十八度而一立方邁當之空氣含之則為飽足界者故十八度即其凝露界之熱度也

第二節　驗濕器及濕度表

一定義　能示空氣中濕度之增減而不能詳示其數者是名驗濕器Hygroscope.其能詳示其數者名濕度表又名燥濕表Hygrometer

此器具本於生物體之性質其一分吸收水汽則或捲或不捲因而吸收之後或縮短或伸長此類之質稱易濕物即弦線及去油之人髮等是也

二種類　分為左四種

第一驗濕器即速休而Saussure.人髮濕度表　此濕度表係一千七百八十三年速休而所造本於人髮易濕之性

第二百十九圖

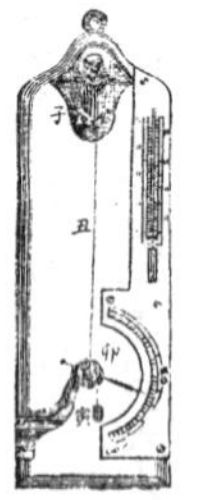

如第二百十九圖以人髮丑之下端繞於一指針之橫軸卯上其上端繫於小螺旋子子之下端其軸上卷一絲線挂小重錘今由濕氣之增減而人髮伸縮則此絲線所懸之重錘能令劃度板上之指鍼移動以示空氣所含水汽之數

第二但尼利Daniell.之濕度表　此濕度表係一千

八百二十年但尼利所造用以測定凝露界
如第二百二十圖此濕度表爲U字形之玻璃管所

第二百二十圖

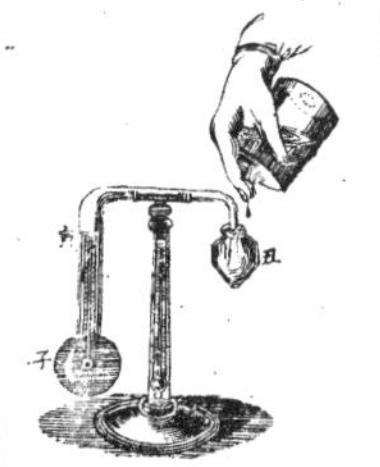

成其兩端俱有空球子丑長端之球子中有以脫與寒暑表其高至寅而外面之若干分鍍以金或銀其丑球外包以薄綢(如紗或綢之類)其架上亦有一寒暑表以示空氣之熱度用此濕度表時以以脫濕其丑球上之綢則以脫急化散因之丑球中所存以脫汽受冷而凝遂令他球子中之以脫速化散而子球及內貯之物皆甚冷至球外所鍍之金類面上凝露球此際球內寒暑表所示之度卽爲凝露界而藉汽漲力表之輔助可自此凝露界之熱度與空氣之熱度而測定實濕度及比較濕度假如球內之寒暑表爲九度而同時在球外者爲十五度則依汽漲力表十五度之漲力爲一二·七密里邁當在九度爲八·五七密里邁當故空氣之比較濕度爲 $\frac{八·五七}{一二·七}=〇·六七$ 卽百分之六十七也

第三阿搿司脫 August. 之普西克路邁當　普西克路邁當 Psychrometer. 係一千八百二十五年阿搿司脫所造

此亦如第二種濕度表本於化散耗熱之理如第二百二十一圖爲同式之二寒暑表甲甲所成其上所刻度數須爲五分度之一或十分度之一其一寒暑

第二百二十一圖

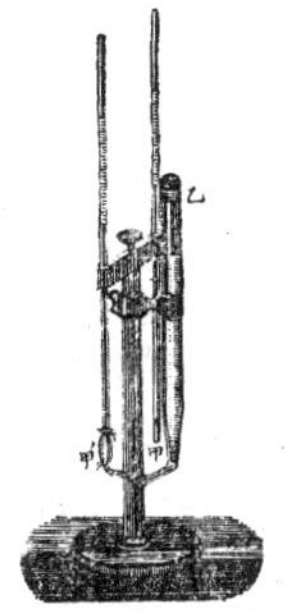

表之球甲(設如)以薄綢包之而繫一洋燈心其燈心之彼端聯於其傍之盛水玻璃管乙以令甲球常濕而因其水有化散故此寒暑表所示之熱度較他寒暑表低空氣愈乾則兩寒暑表之差愈大另立一表能由此差與濕寒暑表所有之熱度以測定空氣之凝露界與含汽之數

第三節　空氣中沈降物

一定義及要因　空氣若受冷至凝露界以下則其所含之水不能全爲汽形其一分必分離而成流質或定質之形因之生空氣中之沈降物 Atmospheric sediments. 露霜霧雲雪雨雹等是也此現象由含汽之空氣遇冷而成而其所以遇冷者由左三項所說

第一　由冷物體與空氣相切

第二 由熱度各異之空氣相混和。
第三 由空氣之上升流動。
第一之觀察 冬日溫暖室內之玻璃窗生露珠又其室內如有光滑而寒冷之物例如鏡漆器等則其面皆稍濕又乾玻璃片上呼氣則濕潤
第二之觀察 冷空氣中能見自己所呼出之氣如煙又冬日浴室中能見熱汽之發生如煙
第三之觀察 汽自釜中出成煙之形而上升又寒氣酷烈之晨多湖池沼澤中皆見熱汽之上升
二種類 如左四項
第一露及霜 天氣晴朗之夜因散熱多而地面冷若冷至露點以下則空氣中所有水汽之一分成沈降物而附於各物體上此際熱度若在零度以上則沈降物爲流質此名爲露其熱度若在冰度以下則成細冰之顆粒即霜也
凡物體散熱力愈大傳熱力愈小則成露愈多故露每成於天晴風靜之時熱帶內近洋海之地如秘魯 Peru. 及智利 Chili. 等降露多大陸之內部降露少凡陰雲蓋天及有物覆地皆能阻露之生成
第二霧及雲 水氣凝於空氣中而無定質可附則於下際成霧於上際成雲霧雲皆極細而輕之水質點浮遊於空氣中者
一生成 水汽自河海湖池沼澤及濕潤之地上升而此各地之熱度若較其上所有空氣之熱度大則能成霧又濕潤空氣受寒冷之地之冷亦能成霧雲則每由濕潤空氣升至甚高而成又濕潤之風行至寒冷之地又溫暖空氣與寒冷空氣混合俱能成雲
二雲之原形 如左三項
積雲 Cumulus. 此雲自上升之氣流所成其形如遠山相連而邊端有時爲輝明者如第二百二十二圖有三箇鳥飛之處及其近傍皆是也
層雲 Stratus. 此雲由溫暖空氣層與寒冷空氣層混合而成即在低處現暗灰色之雲帶如圖中一箇鳥之處是也
羽毛雲 Cirrus. 此雲在空中甚高之處形似白羽毛片圖中二箇鳥飛

第二百二十二圖

處之上及左右皆是也
三變形雲　如左三項
羽毛形積雲 Cirro-cumulus. 又名小羊　羽毛雲
若分爲圓形之小堆則成此雲
羽毛形層雲 Cirro-stratus. 此雲皆在甚高處掩滿天空其狀恰如白紗而爲日暈月暈之原由
層積雲 Cumulo-stratus. 此爲暗黑而在低處之雲卽成雨雲者也圖中四箇烏飛之處是也

第三雨及雪　於零度以上之熱度因雲遇冷而水之各小分聚爲點滴以其所具之重力下降是卽雨也然其凝時若熱度在冰度以下則成雪雪乃自六出之冰針湊成者又其冰針聚合爲大團者亦頗不少雪片之形如第二百二十三圖及第二百二十四圖

第二百二十三圖

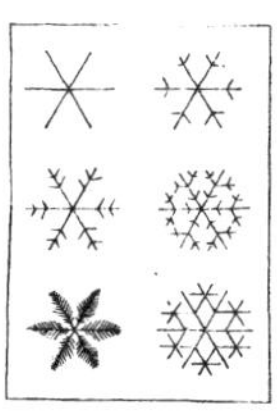

第二百二十四圖

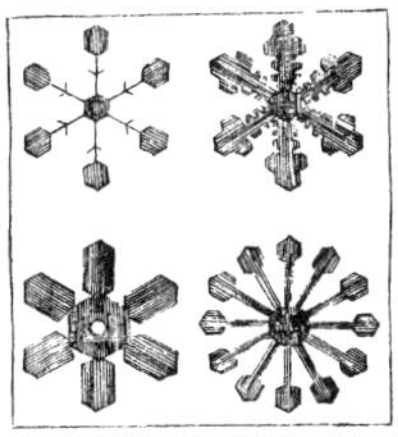

一雨水　由雨及雪降於地上之水若無化散無散流又不滲入地中則每年應能蓄至一定之高而此高低可由特設之器測定之以生的邁當或密里邁當示其數
其器具卽所謂測雨器 Rain guage.

如第二百二十五圖爲其旋筒便者上口卽鉛板製漏斗甲其面積爲五百平方生的邁當雨落其中而水通過徑一生的邁當之口入於乙圓筒中其甲載於乙筒之上而易除去之其乙中所聚蓄之雨水每日於午後第二小時開丙活塞令流出而受之於刻度之圓筒如第二百二十六圖所示其所刻度每度所盛之水與廣五〇〇平方生的邁當深十分密里邁當之一水層其數適等故某時刻內降下之雨適滿其刻度之若干度則可知此時刻內降下之雨蓋於地面爲高若干十分密里邁當之一

第二百二十五圖

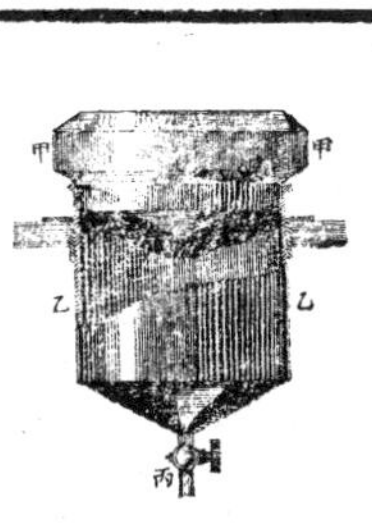

第二百二十六圖

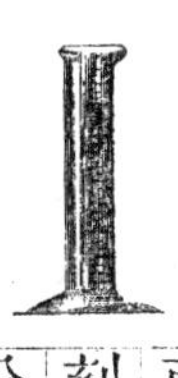

二雨量　一地之雨量最關於該地所吹風之方向與距洋海之遠近其風自洋海吹來則多降雨而該處如在連山之前面則降雨尤多在後面則頗少今畧舉數處之雨量如左表

律撒奔 Lissabon.	六七生的邁當
杜威而 Dover.	一一九生的邁當
倫敦 London.	六三生的邁當

巴黎 Paris. 五七生的邁當
利根斯堡 Regensburg. 五七生的邁當
彼而根 Bergen. 二二四生的邁當
司篤誇而姆 Stockholm. 五一生的邁當
彼得堡 Petersburg. 四六生的邁當
熱拿挨 Genua. 一二生的邁當
羅馬 Rome. 七九生的邁當
東京 Tokio. 一三二生的邁當

第四霰及雹　淨遊空氣中之細小冰針若因熱度忽加增而濕潤之後空氣復急冷則能團結爲如小豆大之雪球是卽爲霰又名雪珠而所降下之冰粒較此大者名爲雹雹乃自不透光之冰類似於霰外包許多層透光之冰而成

雹生成之理未詳然依世人所推想應由空氣之螺旋形運動故小霰粒爲圓球形惟此際水尙未凍繼因經過冷至冰度下之雲層其水始忽然結冰而成雹雹唯於夏季酷暑之日降下常有電光及雷聲伴之

第四章　空氣中光學之現象

第一節　朝夕之朦氣光

朝夕之朦氣光參考中編第二章第一節乃自夜暗至晝明自晝明至夜暗漸次變更之微明所成卽存於日未出前旣沒後者也朦氣分爲二一曰世俗所見之朦氣光一曰星學中之朦氣光前者謂日出前日沒後尙能讀書之時後者謂光極淡之星初現出或消失之時

第二節　天空之靑色

一天空靑色　天空所現靑色世之說者以爲因空氣之小分易回射靑色故也遠樹林及連山等俱能顯靑色湖池等亦能現靑色其原由皆相同空氣若全爲透光則空氣之小分毫無回射之光線而天空當成暗黑色

空氣中所含水汽若爲淨者則天空當深靑然空氣中之水汽如有若干凝爲水之微點則天空成淡靑色故在寒帶及溫帶之冬季北方現靑色極稀而南方則天空現靑色甚美

二曉紅及晚紅　曉紅及晚紅乃太陽出沒時顯紅光所成因空氣中所含許多之水氣其成小點或小水泡者透過紅光較他光線容易

旭日及落日之光線透過空氣下層其中所含塵埃及煙炱應亦有成此象之力此可以一事證之設隔一塗煙炱之玻璃片而視燭光則現紅色晚紅與朝

靄爲天氣晴朗之徵曉紅與夕靄爲天氣陰雨之徵

第二百二十七圖

第三節　日暈月暈及副日

月之周圍屢屢現有色圈此名月暈日之周圍亦現之名日暈若又有橫過之光帶經日或月與此圈則於其相交處生鮮明之點此卽副日及副月也見第二百二十七圖

此現象由空氣上層所有之折光或由最高之雲所成細冰針而成於高緯度之地及嚴寒之候常現出此象是與由小冰針而成之理相符合也取一玻璃片向之微呵氣令帶濕而於其面上散布石松子粉或細明礬顆粒一薄層隔此玻璃而望燭火或月則亦見有色圈圍繞之

第四節　虹霓

虹霓者於吾人前面有方降雨之雲而太陽適在吾人後面之時所成而爲七色之圓弧形太陽愈低則其圓弧愈大設自太陽中心至觀者之眼中作一直線而引長之至

虹霓則適經過其中心然則日出及日沒之際其中心當在水平面而虹霓爲半圓形虹霓之半徑約四十一度故太陽若在水平面上四十一度則已不能成虹霓虹霓之弧寬二度二十分其色爲光帶之色而紅色在外紫色在內虹霓上往往現第二虹霓是稱副虹其色彩較淡半徑五十二度弧寬三度四十五分色之排列與正虹相反其正副兩虹間有寬八度半之暗黑處隔之

說明　虹霓之生成可就日光由水滴而回射折行及色之分列以說明之正虹如第二百二十八圖由折光二次與回光一次所成當太陽光線自水滴上面射入其中之時爲近正交線之折行達於後面則回射而再自前面之下部射出其射出之際或第二次折光爲離正交線之折行此光之折行之時白光分列而爲各單色故於各雨滴中成紫色在上紅色在下之光

第二百二十八圖

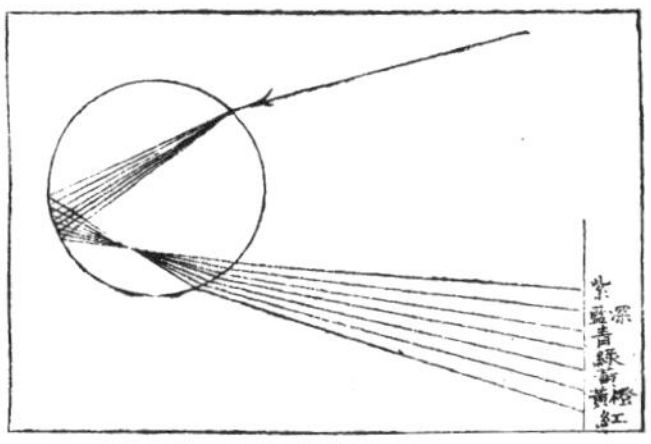

帶因此色已分列故各雨滴只送某一色入人目就中最上雨滴唯送紅光入人目其他色則在人目之上面經過而最下雨滴惟送紫色入人目他色則在

入目之下面經過故紅在外紫在內其他在此二者間之雨滴以次而顯橙黃黃綠青深藍等各色唯此現象之著明必行入人目之各色光線極多而同色光線之能自雨滴入人目者必須爲平行或幾成平行也如此相同之光線唯於射光角或折光角相等者始有之卽射至雨滴上之太陽光線與自雨滴射入人目之各光線其色相同則其光線必成相等之角今有一圓圈其中心在自太陽至人目所引長之一直線上則其圓圈上所有之各雨滴所射來之光線合乎上記之理者也其折光角在紅光線爲四十

二度紫光線爲四十度然則在中央之光線必爲四十一度矣由是觀之各色帶爲圓弧而其半徑當爲四十一度之紅霓卽其圓弧之一分也如第二百二

第二百二十九圖

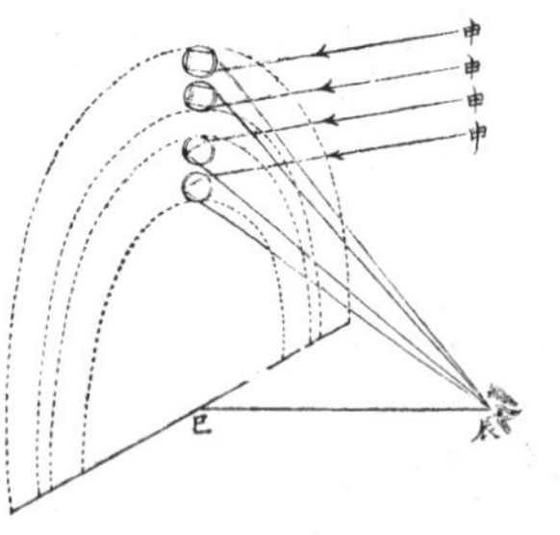

第二百三十圖

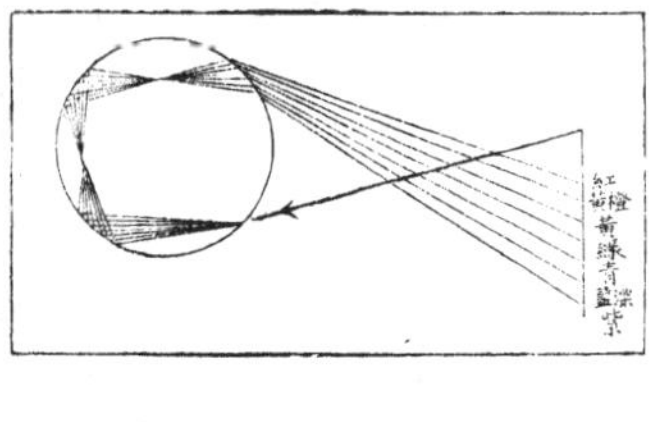

十九圖所示圖中巳爲中心辰爲人目甲爲平行之日光更據上理則知觀者各隨其地而因位置不同見變改之虹霓也

副虹如第二百三十圖及前圖所示由雨滴中所有之太陽光線折光二次與回光二次而成凡光線射在雨滴之下面則射入時折光一次回光二次而射出時更折光一次因之紅光線射至上面紫光線射至下面故紫光線在外而紅光線在內此虹霓因回射二次故其色彩較正虹霓淡

虹霓於瀑布噴泉等處之細水珠中亦生成之又登船桅之頂及山巔能見成整圓形之虹

上海曹永清繪圖
上海范熙庸校字

江南製造局科技譯著集成

物理學卷

第壹分冊

聲學

《聲學》提要

《聲學》八卷，英國田大里（John Tyndall, 1820–1893, 今譯爲丁鐸爾）著，英國傅蘭雅（John Fryer, 1839–1928）口譯，無錫徐建寅筆述，同治十三年（1874年）刊行。底本爲丁鐸爾之《Sound: A Course of Lectures Delivered at the Royal Institution of Great Britain》，1869年第2版。

此書是中國最早出版的聲學譯著，對近代聲學知識在中國的傳播起到重要作用。第一卷主要闡述聲的産生和傳播，聲的大小與振幅和頻率有關，聲速取决於傳聲介質的性質和狀態。第二卷主要闡述音的形成，樂器成音及其頻率的測量，聲頻，多普勒效應。第三卷主要闡述弦振動，弦的振動頻率與弦的長度和直徑以及密度的平方根成反比，與其所受張力的平方根成正比，弦的基音與泛音振動。第四卷主要闡述板振動，有固定點的板振動的頻率與板的長度或半徑的平方成反比，克拉尼圖形，板的基音與泛音振動。第五卷主要闡述管内空氣柱與簧片的振動，聲共振現象，管内空氣柱的振動頻率與管長成反比，開口管和閉口管振動情况的異同。第六卷主要闡述摩擦産生聲音，管内空氣摩擦生本音及附音等。第七卷主要闡述聲波的疊加，聲的干涉現象。第八卷主要闡述音律相和，振動的合成，利薩如圖形等等。

此書内容如下：

卷一　總論發聲傳聲

卷二　論成音之理

卷三　論弦音

聲學卷一

英國　田大里著

英國　傅蘭雅　口譯
無錫　徐建寅　筆述

此卷總論發聲傳聲

人身之知覺運動全賴腦髓以主之尤藉腦筋之分縷貫通徧佈百體而傳達焉設偶傷手指即感動指內之腦筋腦筋即傳其動於腦髓而知痛舌之知味鼻之知香目之知光莫不皆由腦筋傳達腦髓而使腦髓知之也而耳之知聲亦然聲至耳內即動耳內之腦筋腦筋即傳其動於腦髓而知爲聲此各種之動各不同皆與五官專用之腦

筋相配而莫能相易嘗味之腦筋不能傳光之動視光之腦筋不能傳香氣之動覺香之腦筋不能傳聲之動也此所謂動非是全腦筋牽掣也祇是腦筋內之質點遞相往復盪動而已其傳動之速業已試知每秒九十三尺

空氣生動傳動而成聲之理如開放火鎗人耳覺有聲者因空氣之質點盪動而撞耳底之膜也但空氣之質點非如鎗彈爲噴力衝出而一直透過也因鎗口前之空氣受力雖必速動然爲更前之空氣所阻不能直透祇能傳其動於相近之空氣而即自停相近之空氣又傳其動於稍遠之空氣而亦自停如此層層遞傳佈散以至各人之耳

耳即覺其聲矣其各層空氣傳動之勢實同於海浪之狀故名曰聲浪空氣冷至冰度聲浪傳動之速每秒一千零九十尺

聲浪之傳動藉空氣各層之點稍有來往盪動成浪而前行並非直透各層而過也如第一圖用玻璃球數箇列成一行另用一球擊之則第一球所受之動傳於第二球第二球傳於第三球各球以次遞傳而自停至末球則無所傳而拋去甚遠此即空氣之點傳聲之理也空氣各點相傳其動至耳中空氣之點亦動而衝撞耳底之膜使之震動膜即傳其動於司聽之腦筋腦筋傳至腦髓而覺其爲

第一圖

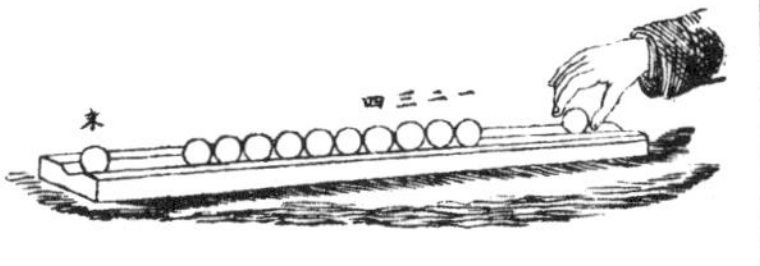

第二圖

聲欲問腦筋傳其動於腦髓腦髓如何能覺爲聲其理尚無有解之者又如第二圖以甲乙丙丁戊五童魚貫成列各童之手伸直而搭於前童之肩設有人忽推甲童之背甲童必推乙童乙童推丙童丙童推丁童丁童推戊童戊童因前無所推必向前而仆設前有大鼓其手必擊

動鼓面而作聲雖有百童亦必如此聲過空氣而動耳內之膜與此同理此二事可明空氣各點皆僅一小盪而卽停之狀甲童受推力卽動向前而推乙童力已傳盡仍自後退如此各童遞傳其力以至戊童焉其傳而復退卽同於氣點傳聲時之狀氣點因有凹凸力聲浪經過之時空氣各層向前擊其鄰層經過之後仍自後退氣點之凹凸力愈大盪動愈速傳聲亦愈速

傳聲憑賴空氣若無空氣不能有聲以自鳴鐘置於玻璃罩內如第三圖用輕氣入罩頂而驅出在內之空氣試按上柄使其機轉動雖見其椎叩鐘不甚近之不能聞其音

第三圖

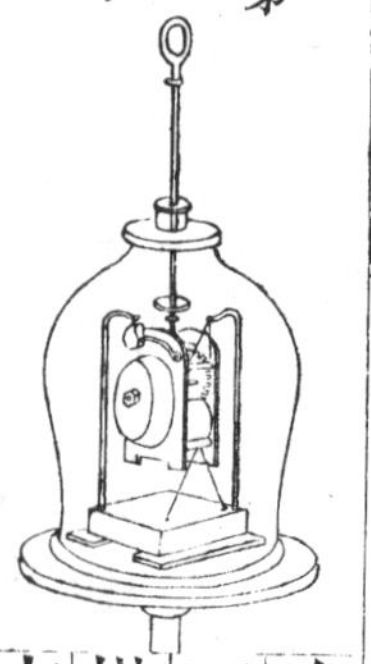

次再取去輕氣雖極近之亦不聞有音惟其鐘必用絲線掛之否則聲自底傳至桌而亦至人耳矣

高處之空氣漸鬆傳聲漸難或云登至高之山巔而放槍其聲甚小略如開荷蘭水瓶塞之聲蓋聲自輕物傳至重物聲卽減小猶之鐘在鬆氣之罩內其聲亦小又如人純吸輕氣入肺內發聲亦甚小因輕氣之重爲空氣十四分之一故會厭雖動盪其聲不能大也

聲之大小依發聲處氣之緊鬆不在聽聲處氣之緊鬆如登高山之巔放礮而人或在山巔氣鬆之處聽之或在山下氣緊之處聽之其遠若同其聽得聲之大小亦同或用同大之二礮一在山巔放之人在山下聽之其聲甚小一在山下放之人在山巔聽之其聲甚大卽此理也

聲浪之發也上下周圍散開而前行故距發聲處愈遠其聲愈小如發聲之物其周圍相距一尺之皮積爲一周圍相距二尺之皮積必爲四以至三尺爲九四尺爲十六聲浪散開前行所動空氣之皮積與距發聲點之平方數有正比例其聲之大小與距發聲點之平方數有反比例

開放火礮其礮彈打的之力一依彈體之重二依彈行之

速故其力與彈重有比例與行速之平方亦有比例此事詳於重學礮彈之打的與氣點傳聲衝撞耳內之膜其理一也聲浪經過每氣點其氣點卽前向鄰點其速初小而漸大繼而又漸小至遇於鄰點而退回其事相同其速既由小而漸大繼而漸小必有一極大之時而聲之大小與此極大速之平方有比例聲浪經過時各氣點往復路之長謂之動路聲之大小亦與動路之平方有比例聲之大者因其氣點之行速大而動路大撞衝耳膜之力亦大也聲之愈遠愈小者因周圍散開故也若聲入內面極光滑之管中則僅能前行不能周圍散開可以傳至極遠而不

第四圖

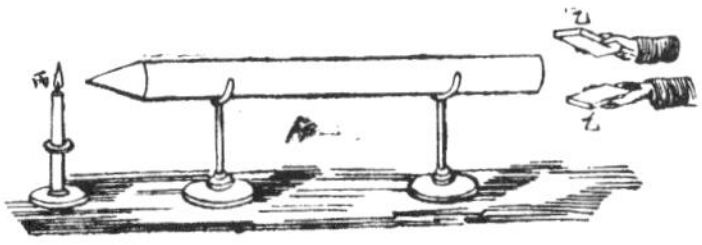

甚減小如第四圖用銅管長十餘尺一人對管之此口小語雖相近者不能聞又一人以耳在管之彼口能聞其語甚清或置一表於此口在彼口能聞其擺動之聲同於卽在彼口者又以燭火對彼口如丙而對此口合掌一拍燭火盪動至將滅將二書如乙乙向此口對拍燭火卽熄然其熄非因拍書所生之風乃因聲浪之動盪也欲証之將管內滿盛濃煙如前法一拍燭火亦熄其煙不衝出必少待而漸漸散出可知吹熄燭火非因所拍之風

而因聲浪之傳過也又將象皮管內徑一寸長數百尺一端傍口如漏斗人對此傍口小語彼端之人亦聞之人若遠距傍口雖大聲呼喚彼端之人不能聞也法國之士名比何者在法國京都試過路下通水之鐵管長三千一百二十尺在彼口小語此口亦能聞之在彼口放一手鎗此口可熄燭火

聲之行光之行熱之行其理相同俱盪動如浪散開而力漸減經過光滑之管中則力皆不甚減

光學回光之理與聲學回聲之理可以同法證之在大房之內此壁置大回光凹鏡彼壁置時辰鐘又相近處置燭

第五圖

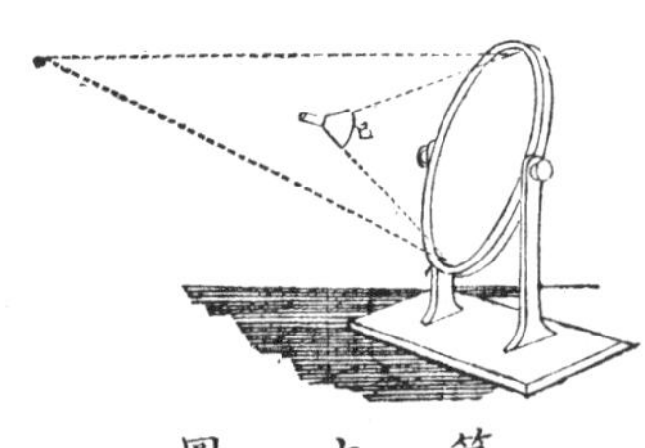

第六圖

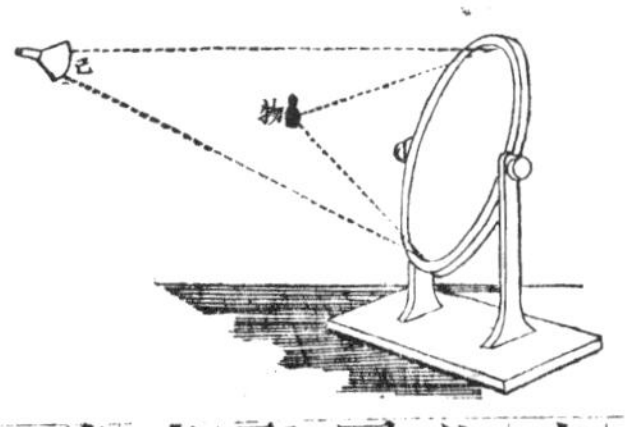

火如第五圖其光射至鏡面而返回而光線成圓錐形細察其聚光點所在之處以耳在此處聽之其鐘聲甚大非自鐘直行而來乃自鏡返回而來也若以表易鐘如物仍在原處聽之擺聲甚清將漏斗插入耳內如己其聲更清光學之理

實體與虛形可更換聲學亦然試將表與人耳互易其處如第六圖其所聽之聲與前無異又用橢圓凹回光鏡二面如第七圖寅寅卯卯其一仰置於桌上其一覆懸於屋頂相距二十五尺安一電氣燈於橢圓之心甲點其光先至下鏡返回成柱形而至上鏡又返回而聚成光點若掛一表於此光點如物則他處不聞有聲惟在甲點其聲甚清與執在手中者同聽其聲非自

第七圖

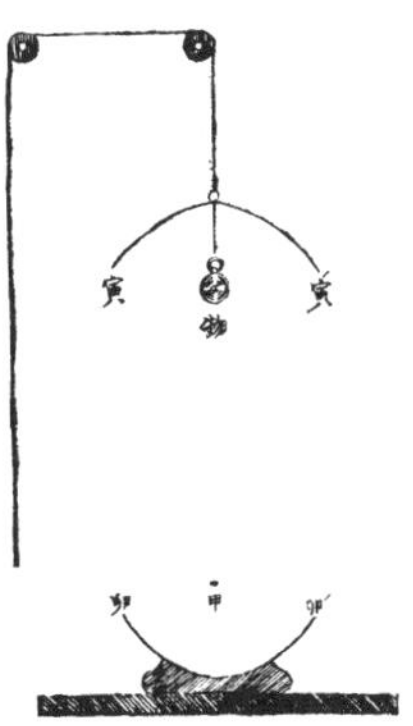

上而下似乎自下而上也丹國左近有海島欲掛一大鐘於高處使通衢來往之人俱能聞其聲詎知安置之後雖大撞之行人俱不能聞後有深明聲學之士以撱圓凹回聲器置於鐘後正對通衢始得皆聞其聲又西國有大院數處其頂內皆作撱圓形自下仰視如覆碗在其下所發之聲遇此而返回有聚心若尋得其處則人在此處可聽得房內各處極微之聲天文士侯失勒記云西失海島有天主堂有人知其認罪房之聚聲點者日同友人往竊聽諸人認罪之語以取笑樂一日其妻往認罪而不知也一切家中不可告人之言盡爲諸人所聞甚是慚愧

聲出而遇相近之面因其往返之路俱短略無間時故不覺有回聲如聲出而遇稍遠之面則其往返必有少頃之時故能聞有回聲回聲之行速等於直聲之行速冰界之空氣每秒傳行一千零九十尺若前有極大之平面相距一千零九十尺試將洋鎗開放適待二秒聽得回聲

光能回折數次每次漸淡聲亦如此西國有數山曲折紆迴是以內多回聲必先有大回聲數次繼則減小以至於無如聲漸遠者然又大講堂之內人少之時人在此邊不能聞彼邊之語因回聲甚多而混直聲也人多之時一人言語諸人皆能聞之因有所阻而不能有回聲也雲亦能

回聲天晴之時在平原之處放大礮其聲速息若有雲之時則聲甚長不息又聲之遠者與微者日間不能聞而夜間俱能聞因日曬地面之空氣各層之冷熱不同而盪動生波故聲浪不能直行必隨波紆行夜中則空氣靜而聲浪能直行故雖遠猶近雖微猶大也光學所論用粗沙磨擦透明之水晶面光即難過與此同理因明面經粗沙磨擦即成粒形光若射之必隨其各粒之面返迴曲折不能一直透過所以水晶研爲粉海面聚小泡其色俱白因光不能透過而僅見其本色也

侯失勒又記數處奇異之回聲英國囿內有一處日間在

彼連說十七音說畢之後能聽回音亦有十七夜間在彼可以連說二十音畢後亦能聽回音二十意大利國湖岸有一處能有回音十五又有井深二百十尺徑十二尺內面光滑落一針於水面回聲甚大或對井口咳嗽回聲亦甚長

光學透光之理與聲學透聲之理亦有同法可證之如燭火之前置以透光凸鏡光透鏡之後必折而聚於一點其光之不直透者因玻璃之光差折之使然也聲亦如此惟須用別物以代玻璃之鏡如第八圖以極薄之象皮作球內盛重於空氣之氣（如炭氣）懸於架上如乙丹於相近處懸

一表如物其所發之聲浪遇氣球亦透過而折聚一點與光相同又在球之對面置一漏斗相距數尺如已其管對人耳左右遠近漸移以試其聲最大之處即爲聚聲點漏斗若不對聚聲點即不聞其聲取去氣球雖有聲而甚小可見甚小之聲其聚聲點之聲亦甚大也

第八圖

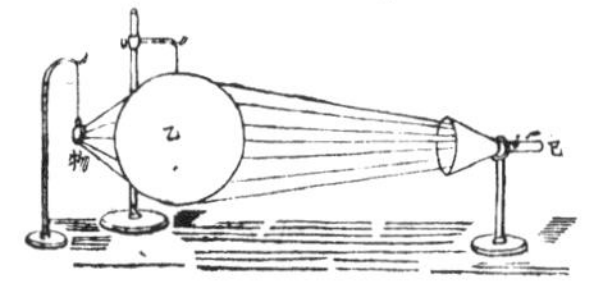

聲線透氣球而能曲折之理如第九圖寅卯爲球之剖面甲乙爲聲浪之一層前行向球面而切其中點辰透入其中因炭氣質重而行遲故僅至辰點其兩端甲乙在空氣

第九圖

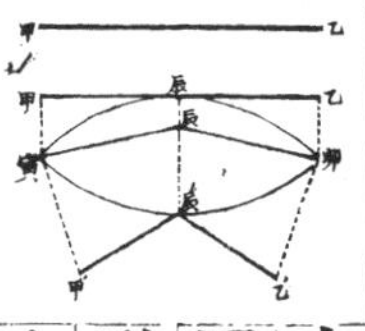

之中而行速故已至寅卯而聲浪已曲因辰點尚在炭氣之中其行仍遲至辰點時其寅卯二點已至甲乙二點因一入炭氣即出而行仍速也故甲乙直層折成甲辰乙曲層再以此方向而前行必聚於一點矣即所謂聚聲點也惟聲浪甲乙過球之後實成弧線圖作直線者欲其易明也

長浪橫激海中孤島必先遇其凸處而疊聚高聳浪之兩端依次循石而過聲浪之遇物與此相同如有物限於聲浪之前則物後之聲必稍小同於光之成影故隔山有聲

正對聽之其聲小偏過聽之其聲大也然此乃謂平常之聲耳若聲之極猛者似又難分大小數年前英國以里得地火藥庫失火聲若迅雷鄉村房屋距庫數里者對庫之玻璃窗俱碎背庫之玻璃窗亦碎講堂之窗用青鉛皮三摺以鑲玻璃四面內彎而玻璃未碎因聲浪先撞對面即循兩旁而往後面其抵力俱甚大也

聲浪傳行之遲速依經過之質凹凸力之大小並其質重率之大小空氣之凹凸力與所任之壓力有比壓力恆以海平面之高水銀柱三十寸準之極高之山巔水銀柱之高有半於在海面之數者空氣質點之凹凸力亦必半於

海面之空氣矣

空氣之凹凸力加大而不改其重率聲浪傳行能加速空氣之凹凸力如常而減其重率聲浪傳行亦加速試將空氣密閉於器內而加熱則其凹凸力加大而重率不改聲浪傳過此氣必速於更冷之空氣若空氣不密閉而加熱則其重率減而凹凸力如常故聲浪傳過此氣亦必速於更冷之空氣日曬空氣傳聲即速職是故也聲浪行速每秒謂一千零九十尺者冰界之空氣也以冰界爲定率者易取準也西國格致家考得百度寒暑表空氣熱半度每秒聲浪行速一千零八十九尺熱二度一每秒聲浪行速

一千零九十一尺熱八度半每秒聲浪行速一千一百零九尺熱十二度每秒聲浪行速一千一百十三尺熱二十六度六每秒聲浪行速一千一百四十尺可知加熱二十六度加速五十一尺核計加熱一度略加速二尺

輕氣之凹凸力同於空氣而重率則小故聲浪傳過輕氣之中必速於空氣之中炭氣之凹凸力亦同於空氣而重率則大故聲浪傳過炭氣之中必遲於空氣之中惟同一氣質則重率與凹凸力有反比例故氣若熱度同而重率異者亦與凹凸力相消而傳聲之速相同所以高山之巔與深谷之底熱度若同傳聲之速亦同惟高處之空氣必

冷於低處之空氣故高處之傳聲必遲於低處也傳聲之速與空氣凹凸力之平方有比例又與空氣重率之平方有反比例故改其重率而不改其熱度傳聲之速亦不改也

聲浪傳過空氣之速西國格致家之攷究者以法蘭西與荷蘭爲最精因已加減風之行動空氣之凹凸力熱度與燥溼等事也嘗置一礮於遠處相距三千二百七十尺燃放之時即見火光至聞聲之時約得三秒因知每秒聲之傳行約爲一千零九十尺既定此數則放見光至聞聲所歷之時即知發聲處與本處之相距如見電光後停幾秒

而聞雷聲即知發電之處相距幾千尺也

英國格致之士奈端云冰界空氣傳聲之速每秒九百十六尺惟其數但用空算而未經實測故與實數差至六分之一其意以爲聲浪自氣點之此面行過氣點之內而至彼面略無間時再自氣點之彼面行過空處而至又一氣點之此面則有間時所差六分之一者即氣點爲空處六分之一也嗣有法國算學家拉不拉司攷得實理用玻璃

第十圖

壓氣筩如第十圖轄轄之內端粘以火絨筩內盛漬硫之棉花急按其挺桿棉花即燒

而延燒火絨可知空氣擠緊即能加熱又用一器以空氣壓緊於其內待多時之後旁開小孔而使其氣噴射於寒暑表之水銀球立見水銀下降可知空氣放鬆即能減熱

聲浪經過空氣其氣點各自相擊即生二事相擊而加緊必同時加其凹凸力一也相擊加熱亦必同時加其凹凸力二也奈端之推算未及第二事是以有差欲得實數必兼二事

相擊而氣點加熱與全氣之加熱者大異是宜詳辨聲浪經過空氣雖各點彼此加熱減熱而全氣之熱度不改也每一聲浪前有緊層後必有鬆層此層之加緊而加熱等

於彼層之減鬆而減熱故逐浪傳過空氣即一緊一鬆一熱一冷彼此相消而全氣毫不改變

拉不拉司即以此理算得速數多於奈端之速數六分之一蓋空氣有凹力故壓之而體積減小有凸力故去其壓力而自漲大外加壓力使氣點相擠氣點即現凸力而各自相推此二力恆相平而相等故外加之壓力即可謂空氣之凸力率設有氣點三行如第十一圖中行爲相定之氣點若將甲點忽動向左因有凹凸力必各點俱動而擠緊如下行之式甲點起動之時則甲乙間之凹凸力加大故能動乙點乙點既動則乙丙間之凹凸力亦加大故能

第十一圖

動丙點其力俱爲氣點兩邊凹凸力之較也餘倣此若中行之甲點動至如下行甲點之時其動已傳至辰點而甲點之動力爲甲辰間各點之凹凸力所消盡而自停甲辰間之各點皆爲甲點之動力所擠緊甲辰之相距依氣點之凹凸力凹凸力大則動能速而動之氣點自多氣點擠緊即加熱加之即加凹凸力加凹凸力則氣點前行加速而傳聲亦加速此即聲浪緊層之理也

設將甲點忽動向右因有凹凸力亦必各點俱動而散鬆如上行之式甲點起動之時甲乙間之凹凸力減小乙點與丙點間之凹凸力即推乙點隨甲點乙點既動乙丙間之凹凸力亦減小丙點與丁點間之凹凸力即推丙點隨乙點其動力亦爲氣點兩邊凹凸力之較也餘倣此設甲點動至上行甲點之時其動已傳至辰點因有別點所阻而自停甲辰間之各點皆爲甲點之動力所散鬆甲辰之相距亦依氣點之凹凸力凹凸力小則動能速而動之氣點自多氣點散鬆即減熱減熱即凹凸力減小凹凸力小則氣點返回加速而傳聲亦即加速此即聲浪鬆層之理

也可知擠緊成熱加緊層之速而散鬆成冷亦加鬆層之速所以每聲浪因一擠一散加熱減熱而加其速矣

甲點移動至甲點其路之短僅爲數百分寸之一然其動傳至辰點竟有數十尺之長

將冰界之空氣盛於不能漲大之堅器內封密而加熱一度另將冰界之空氣盛於能漲大之軟器內亦封密而加熱一度漲大之時器外空氣之壓力不改此二器之內雖同加熱一度而所容之熱則不同其容熱之數一爲空氣未漲大之熱率一爲空氣漲大所加之熱率將聲浪計算與試驗二者之速率攷核可知此二熱率之比例以計算

與試驗二者之速率各自乘而將小者除大者卽得二者熱率之比例設空氣未漲大之熱率爲丙空氣漲大所加之熱率爲丙′奈端算得聲行之速率爲亥試得之速率爲亥′則得

$$\frac{亥'^2}{亥^2}=\frac{丙+丙'}{丙}$$

若以實數代亥與亥′卽得

$$\frac{丙+丙'}{丙}=1.42$$

拉不拉司雖不知未漲大之熱率與漲大所加之熱率然亦依此法攷得二數之比若一·四二與一之比依前式將算得之速率與比例數之平方根相乘卽得試驗之速率

比例之實數必反覆詳論庶可定之設聲浪擠緊所生之熱盡存於緊層之內而無少散出則凹凸力必加若其熱不能存於緊層而散其大半於鬆層則鬆層與緊層之熱必幾相等如此者拉不拉司所得聲浪實行之速率可廢矣

比例數之確否在緊層之熱有無散出無則確有則否也是以比例數確知其熱必不散出知比例數之確者有西人名美約克攷得氣質漲大所加熱率之數多於未漲大者熱率之數〇·四二卽氣質漲大多容之熱數也將空氣盛於器內上面空露在其底加熱則漲大而抵力恆與空氣之壓力等其漲大之數與容熱之數有比例昔人之意

固亦如此惟其攷核而推算之數尙有小差嗣有周利者推算所得之數更確能明氣質漲大而抵力不改者其漲大之數與容熱之數有定比例故前之比例數可無疑義而聲浪必無散熱與收熱也

昔從事於格致者以爲各種氣質皆稍能散熱今而知其不然惟淡輕氣水氣硫養氣等極能散熱故聲浪傳過必與傳過空氣不同欲知聲浪傳過此等氣質其容熱之比例數與前合否須以前比例數之平方根與算得之速率相乘再與試得之速率相比而知之也依此法得此等氣質容熱之比例數與前不合因知其必能散熱故其聲浪無有緊層生熱鬆層生冷而緊層必稍鬆鬆層必稍緊其試得之速率必與拉不拉司試得之數不合而與奈端算得之數相合

各氣傳聲速率表以冰界爲準

空氣	每秒一千零九十二尺
養氣	一千零四十尺
輕氣	四千一百六十四尺
炭養氣	八百五十八尺
炭養氣	一千一百零七尺
淡養氣	八百五十九尺

炭$_{四}$輕$_{四}$氣、　一千零三十尺

格致家攷得養氣與輕氣傳聲之速率與二氣重率之平方根有反比例前表各數俱試驗而得者養氣重於輕氣十六倍故輕氣傳聲速於養氣四倍養氣每秒傳聲一千零四十尺輕氣每秒傳聲四千一百六十尺與試得實行之數無大差

流質傳聲之速率可以推算而得與柰端推算空氣傳聲之速率同理因流質之重率可以推算而得其壓力可量而得又試驗各水傳聲之速率數知試驗與推算之數所差甚微因知聲浪傳過水內有鬆緊而改熱不能改其速率前者格拉頓與司打麻二人在京尼法湖攷得淡水傳聲之速率每秒四千七百零八尺後有人攷得各種雜水傳聲之速率如左表

各水傳聲速率表

	百度表之熱度	每秒傳聲之速率
河水	十五度	四千七百十四尺
河水	三十度	五千零十三尺
河水	六十度	五千六百五十七尺
海水（用海水之料消化而成者）	二十度	四千七百六十八尺
食鹽水	十八度	五千一百三十二尺
鈉養硫養$_{三}$水	二十度	五千一百九十四尺
鈉養硫養水	二十二度	五千二百三十尺
鈉養淡養$_{五}$水	二十一度	五千四百七十七尺
鈣綠水	二十三度	六千四百九十三尺
酒	二十度	四千二百十八尺
醕	二十三度	三千八百零四尺
松香油	二十四度	三千九百七十六尺
以脫	零度	三千八百零一尺

各水傳聲之速率不同消化鹽類速率即大消化鈣綠爲尤大水之熱度大傳聲之速率亦大與空氣相同

自各流質能壓小之數可知傳聲之速率自傳聲之速率亦可知能壓小之數有活底末與格拉西二人攷究此事之數如左表

	活底末攷得流質能壓小之數	格拉西攷得流質能壓小之數
海水	○、○○○○四六七	○、○○○○四三六
食鹽水	○、○○○○三四九	○、○○○○三二一
鈉養炭養$_{二}$水	○、○○○○三三七	○、○○○○二九七
鈉養淡養$_{五}$水	○、○○○○三○一	○、○○○○二九五
醕	○、○○○○九四七	○、○○○○九九一
以脫	○、○○○一○○二	○、○○○一一一○

流質能任壓力愈大則凹凸力愈大故急去其壓力而凹出愈速所以傳聲亦愈速。定質之凹凸力與重率之相比更大於流質故定質之傳聲更速活底末攷得各金類傳聲之速率如左表

金類傳聲速率表

	百分表二十度每秒之速率	百分表一百度每秒之速率	百分表二百度每秒之速率
鉛	四千零三十六尺	三千九百五十一尺	
金	五千七百十七尺	五千六百四十尺	五千六百九十一尺
銀	八千五百五十三尺	八千六百五十八尺	八千一百二十七尺
銅	一萬一千六百八十六尺	一萬零八百零二尺	九千六百九十一尺
鉑	八千八百二十五尺	八千四百三十七尺	八千零七十九尺
鐵	一萬六千八百二十二尺	一萬七千三百八十六尺	一萬五千四百八十三尺
鐵絲	一萬六千一百三十尺	一萬六千七百十八尺	
鑄鋼	一萬六千三百五十尺	一萬六千一百五十三尺	一萬五千七百零九尺
英國鋼絲	一萬五千四百七十尺	一萬七千三百零一尺	一萬七千三百九十四尺
鋼絲	一萬六千零十二尺	一萬六千四百四十二尺	

金類之熱度不同傳聲之速率大異熱度加而速數減也惟鐵與銀則不然鐵熱二十度速率一萬六千八百二十二尺熱一百度速率反加至一萬七千三百八十六尺熱二百度速率減至一萬五千四百八十三尺蓋熱度至其定限速率最大或過或不及速率俱小也銀亦如此試驗鐵質傳聲與空氣傳聲速率之相較用鐵條長數千尺一人以耳切於鐵條之此端另使人以椎擊其彼端則二耳各聽一聲因一自鐵傳來一自氣傳來也

各質傳聲之速率亦藉質點之位置質點亂列者縱橫傳聲速率咸同質點位置有定狀者如地質之顆粒生質之樹木六面傳聲之速率各不相同不特傳聲如此傳熱傳攝鐵氣傳電氣亦如此也以木球隔於攝鐵與指南針之間攝鐵氣順其紋理而傳過其推開速橫其紋理而傳過其推開遲木球傳熱與此相同凡木之傳聲其速率有三順木之直紋最大橫木之圓紋次也順木之圓紋又次也其數如左表

各木傳聲每秒速率表

	順木之直紋	橫木之圓紋	順木之圓紋
阿客西牙木	一萬五千四百六十八尺	四千八百四十尺	四千四百二十六尺
杉木	一萬六千一百二十八尺	四千三百八十二尺	二千五百七十二尺
樺木	一萬零九百十五尺	六千零二十六尺	四千六百四十二尺
椽木	一萬三千六百二十二尺	五千零二十六尺	四千三百二十九尺
松木	一萬零九百尺	四千六百十一尺	二千六百零五尺
榆木	一萬三千五百二十六尺	四千六百八十五尺	三千三百二十四尺

楓木	萬四千六百三十九尺	四千六百十一尺	三千七百二十八尺
槐木	萬五千三百十四尺	四千五百六十七尺	四千一百四十二尺
阿辣打木	萬五千三百零八尺	四千四百九十一尺	三千四百二十三尺
阿司丙木	萬六千六百七十七尺	五千二百九十七尺	三千九百八十七尺
另種楓木	萬三千四百七十二尺	五千零四十七尺	三千四百零五尺
柳木	萬四千零五十尺	四千六百尺	三千四百四十四尺

第十二圖

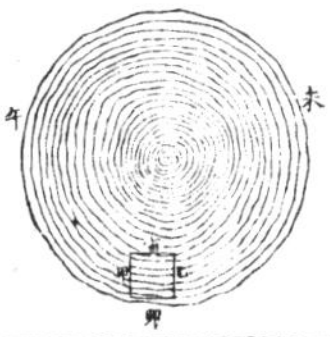

用大樹之外面鋸出方塊可以試此三事如第十二圖午未爲樹之橫剖面甲寅乙卯爲鋸出方塊之橫剖面傳聲自寅至卯速於自甲至乙各木皆然可知質點位置不同傳聲之速率亦不同也西國醫士以木之善於傳聲也用作一器名曰聞症筩切人胸前能聽心肺之病

聲學一　三二

聲學卷一提綱

一空氣之傳聲猶水之傳浪也聲往而空氣未往浪往而水亦未往也皆僅質點往來盪動也

二聲浪盪動之質點擊撞耳底之膜膜即震動傳於司聽之腦筋再傳於腦髓而覺爲聲

三聲浪有二層一爲緊層一爲鬆層緊層同於水浪之凸鬆層同於水浪之凹

四聲之傳行非直透空氣而過也祇使其質點往復小動以成聲浪而聲已行過矣

五空氣質點每往復行路之長名曰動路

聲學一　三一

六眞空不能傳聲

七聲之回聲與光之回光相同故亦可用凹凸之面收濃放淡又可用氣球收聲使濃與用透光凸鏡收光使濃相同也

八聲浪遇物能附之前行背面有聲影與光影相同

九聲浪遇物而回者名曰回聲

十聲與傳聲之物其性有四一曰大小二曰遲速三曰凹凸力四曰重率

十一聲之大小與空氣質點往復動路之平方數有比例

十二聲之大小亦與空氣質點往復最速之率之平方數

有比例

十三空氣無風無熱無壓力加之自發聲點周圍向外聲之減小與距遠之平方數有反比例

十四聲過光滑之管內可以極遠而不減小

十五物質傳聲之速率依質之凹凸力與重率之相比凹凸力若大速率亦大重率若大速率反小

十六物質傳聲之速率與質凹凸力之平方根有正比例與質重率之平方根有反比例

十七物質凹凸力與重率依比例而同減聲之速率不改

十八凹凸力與重率之比例已有確據故空氣傳聲之速

率與空氣之緊鬆不相關

十九空氣之熱度不同則速率亦不同

二十聲之大小在發聲處氣質之鬆緊不在聽聲處氣質之鬆緊

二十一空氣傳聲之速率準冰界之空氣每秒一千零九十尺每加百分表一度之熱則每秒加速二尺

二十二已知空氣傳聲之速數可求空氣之熱度

二十三遠處放礮或發雷細辨其見光至聞聲之秒數可得其相距之尺數

二十四衆兵列成圓圈而各兵同時放鎗在圓心之人祗

聞一聲因半徑之長相等也

二十五衆兵列成雁行而各兵同時放鎗在行端之人能聞多聲因遠近之路有別也

二十六雷電之時雲若甚長雷聲亦甚長雲能回聲之故也

二十七聲行之歷時人所常見者遠望砍樹必先見斧下少待而後聞聲

二十八聲浪緊層熱度增大聲浪鬆層熱度減小

二十九聲浪經過加減空氣各層之熱度同加其凹凸力故其速率多於熱度不變者六分之一

三十奈端推算聲行速率未計空氣熱度之加減故所得之數每秒九百十六尺

三十一拉不拉司攷得空氣體積不改容熱之數與壓力不改容熱之數二者平方根之相比數與奈端之速率相乘可得其實速率

三十二由奈端算得之速率與實速率之相比數可知二者容熱之相比數

三十三由此可算得熱力之數與試得之數相同

三十四確知空氣不能散熱實試不謬

三十五淡水傳聲之速率為空氣傳聲速率之四倍

三十六鐵質傳聲之速率爲空氣傳聲速率之十七倍

三十七松木順其直紋傳聲之速率爲空氣傳聲速率之十倍

三十八流質定質傳聲速率大於空氣傳聲速率者因流質定質凹凸力與重率之相比大於空氣凹凸力與重率之相比也

三十九物質傳聲之速率亦依其質點之位置木質傳聲之速六面各不相同

聲學卷二

英國　田大里著

英國　傅蘭雅　口譯

無錫　徐建寅　筆述

此卷論成音之理

多聲連續而平勻即能成音聲之與音聽之易辨而其理難明是須詳論也聲之傳行專藉氣點之盪動故氣點如何盪動即傳如何之聲而人即聞之如何矣韶武之樂鄭衛之音無非藉氣點之盪動者也二人隔牆對語其音之喜怒哀樂些微畢辨傳音之理微矣妙矣設以斧斤雜器之箱舉而搖之箱內器具各自相擊撞即生靇霝不和之聲設以大胡琴彈而揩之琴上之弦平勻震動即生咏咏和洽之音此因箱內器具之動亂而不勻空氣即成亂浪傳入耳內亦不平勻是以不能成音胡琴絲弦之動平勻連續空氣亦成平勻之浪傳入耳內亦平勻連續是以能成和洽之音也蓋空氣成一浪即成一聲而使耳膜一動各浪之歷時能相等如擺動則能平勻動耳底之膜而覺爲音否則成亂聲也惟各浪之歷時不致太久而過限始能成音否則雖能平勻亦不成音也

多聲平勻連續而能成音者因耳底之膜受第一聲浪之撞即起動而繼受第二第三等諸聲浪之撞其諸浪平勻

故膜即平勻震動而覺爲和音矣多聲亂而不勻不能成音者耳底之膜受諸浪各有大小又不平勻膜之震動亦不平勻而覺爲亂聲也亂聲與和音猶諸市井之亂語與節奏之佳歌也耳之間聲同於目之視光光若忽大忽小目不喜視聲若忽大忽小耳亦不喜聽也

無論何物發多聲平勻而速至其限皆能成音速已至限而再速則愈速而音愈高如表擺與鴿飛其搖動與振翅之聲每秒至一百皆能成音又如南亞墨利加有鳥飛時振翅極速而成音秋蟲翅或胸振動極速而亦成音汽機出汽其匉匉之聲每秒至五六十亦成大音刀頭刮銀錢

甚速亦能成音試用一器如第十三圖丁爲重銅輪物爲齒輪其連於鋼軸軸之兩端入於外環易於轉動以繩繞於軸外數匝急引此繩軸與輪同轉甚速以堅紙切於輪之齒如丙即能生音轉速則音高轉遲則音低

第十三圖

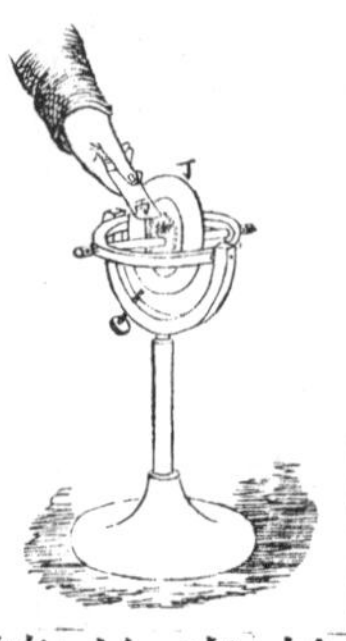

此證音之高低依多聲連續之速遲也輪轉若甚慢則僅有滴滴之聲即證多聲連續而速未至限不能成音也又法將鉛皮二片中夾木一片相離四分寸之一夾於老虎鉗中如第十四圖先以銅棍一條擱於其上使其二端上

下擺動必不久而自停若將棍加熱則能久動不停因銅遇鉛時鉛受其熱而速漲能將銅棍一端彈上已上而速落下彼鉛亦將銅棍又一端彈上如是二端迭更上下至冷而止若以銅錘擱於鉛上亦能擺動如前又

第十四圖

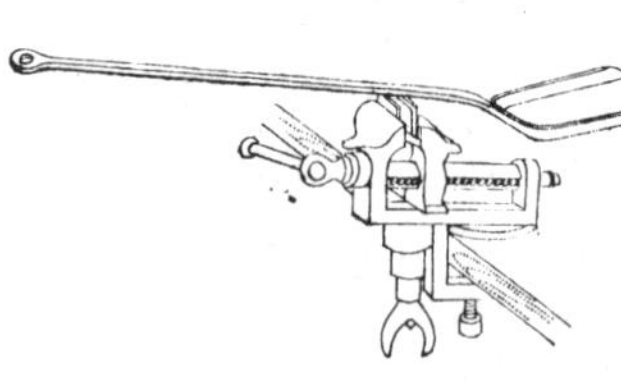

第十五圖

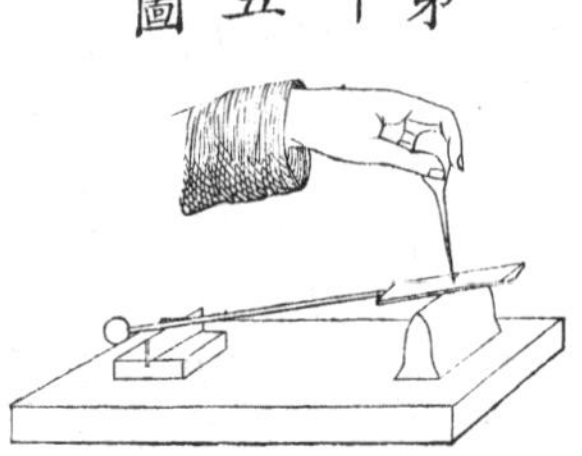

將銅錘擱於鉛上如第十五圖擺動能更速將磋指於銅錘上擺動甚速能成低音指之更下成音更高又有於管口作扇門能旋轉開闔每秒七百二十次以風箱緩緩吹氣入管氣爲門所或阻或放即成上尺之音如女人之歌唱門之旋轉若每秒三百六十次亦成上尺之音而低於前一調如男人之歌唱而稍濁再改其門之制使闔時仍通三分之一則每秒或轉七百二十次或轉三百六十次音皆更平和而耐聽惟扇門之轉難至如此之速故更設一便用之法如第十六圖甲乙用厚紙圓片中作定心近邊作多孔勻列極準背連薄鐵片外箍薄鐵環而成圓輪

第十六圖

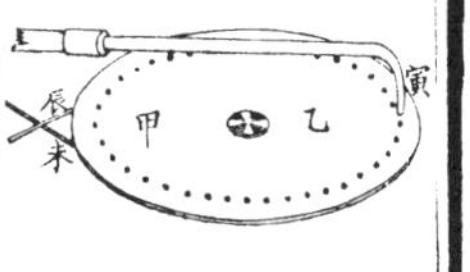

第十七圖

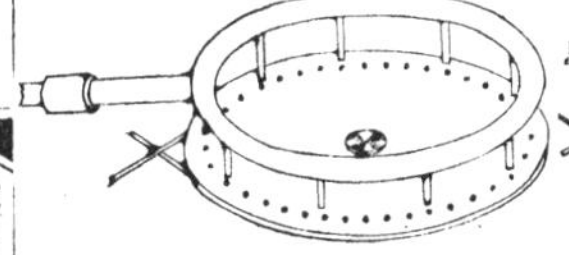

再外有線辰未可帶於別機轉極速另用玻璃彎管在圓輪之上如寅管通吹風之器管口正對一孔之時風能自管口吹出圓輪稍轉過管口卽塞再轉管口正對一孔風又能吹出輪轉不速則有哱哱之聲如吹紙煤及其轉速則多聲連續而成低音轉至甚速則成高音若用二玻璃管各對一孔管口同有氣吹出輪轉不速二管同有哱哱之聲轉至與用一管時同速則成音同高而更

大若用九管管口各對一孔如第十七圖管口同有氣吹出成音甚大矣

第十八圖

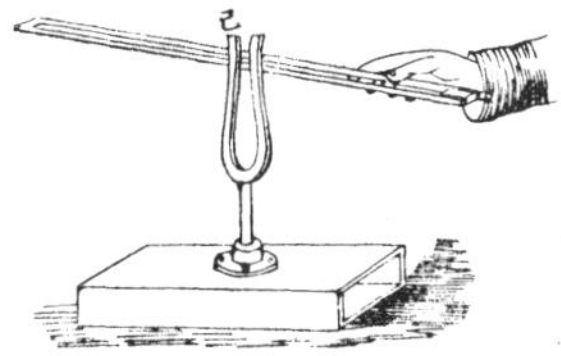

諸樂器發音之理與此盡同俱使空氣之質點平勻往復而動成多浪也如第十八圖用馬椶作弓弦椶粘松香切於準音叉之端而移動如已則叉動而生音蓋馬椶粘之松香能將叉端勾過而使彎彎至其限叉以簧力而返回回至限時又爲松香所勾過如此往復而成平勻之動每動推空氣成一浪多浪連續而

成音細視之能見叉之搖動將指近於叉而不相切又能覺空氣之震動若相切於叉叉卽停音卽息矣

第十九圖

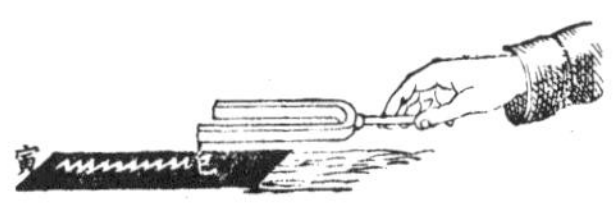

音叉之發音初大而後漸小者叉之動路初大而後漸小也惟大小雖有不同而高低無少改因動路雖漸小而同時中之動數未改也音之有高低與大小迥不相同當詳辨之其大小在乎叉之動路高低在乎叉之動數也二者可自畫成曲線以顯之如第十九圖在音叉之端連銅尖如已用

玻璃片如寅覆於燭火之上熏黑之以音叉端之銅尖輕切於玻璃之黑面而移過卽能畫成直線若使音叉發音而如法相切平勻速移卽能畫成曲線其曲初大而漸小卽叉之動路初大而漸小也至末而成直線叉動已停也再以此玻璃片置於電氣燈之前而觀其影則曲線益明而易見

準音叉之動又有妙法可顯之其器如第二十圖叉之一端連金類小回光鏡一端連金類小塊使重相稱如已叉後有電氣燈旁有人雙手執回光鏡叉前稍遠有白屏將電氣燈之光放出透過凸鏡射於叉端之回光鏡返回至

人手所執之回光鏡再回至白屏能成圓光點使叉振動則屏面之光點成光線而上下直立初長漸短若將手中

第二十圖

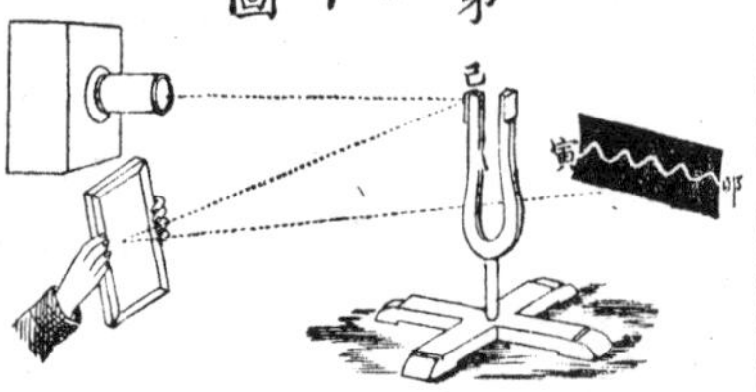

第二十一圖

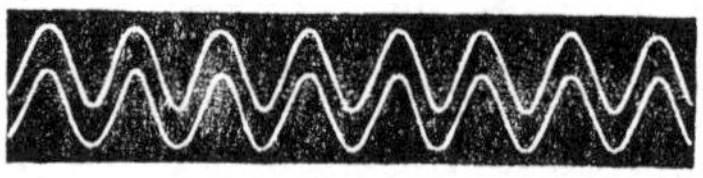

第二十二圖

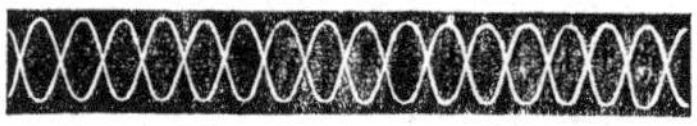

之回光鏡忽然橫轉則成長曲線如寅卯能見成長曲線者因光在目中能存留十分秒之一故十分秒之一內光點橫行之

路所成曲線能全見也若用二燈上下直列相距約半寸則成二光曲線如第二十一圖若二燈左右橫列亦成二光曲線如第二十二圖

第二十三圖

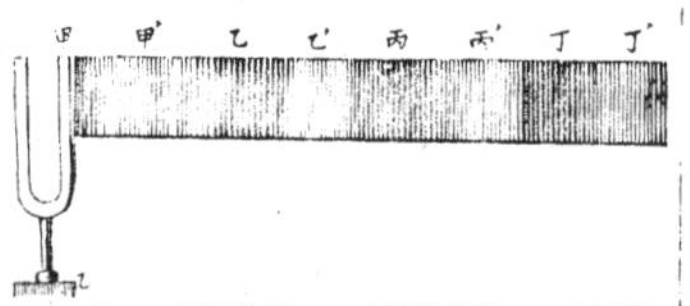

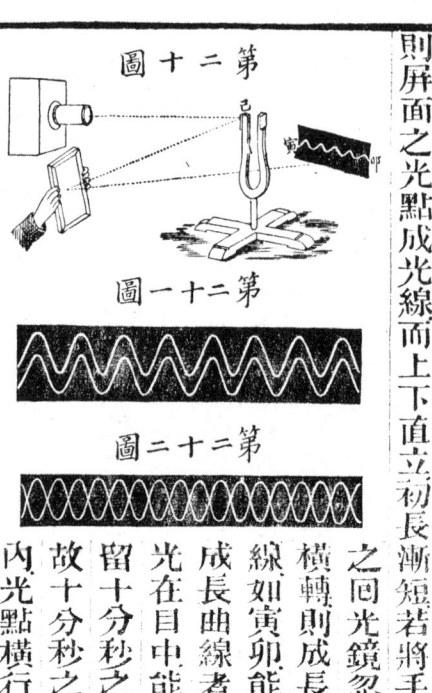

空氣傳音所成聲浪多而且微音叉震動之一往一復使空氣成一鬆層一緊層空氣一鬆層一緊層即為一聲浪二緊層之最緊處之相距等於一聲浪之長緊層比水浪之凸鬆層比水浪之凹也如第二十三圖甲乙丙丁黑處為音叉所生多聲浪之緊

層甲乙丙丁白處為音叉所生多聲浪之鬆層自甲至乙自乙至丙自丙至丁各為聲浪之長

音之高低依每秒震動之數設有二音各自一處而來其高若同則每秒震動之數必同如彈二弦其音之高相同即二弦之動數相同也音叉能與笙簧之音同高亦因其動數相同也各音同高即相和而耐聽實測各音每秒動數之法如左每秒之動數省文曰動數

實測各音每秒之動數所用之器略同前言厚紙圓輪之理而製作精妙能自記每秒之動數名為記音器係西人達夫所捌其發音之件如第二十四圖有銅箱丙底連進

氣管酉口連銅圓板甲乙丙作多孔列成四圈內圈八孔

第二十五圖

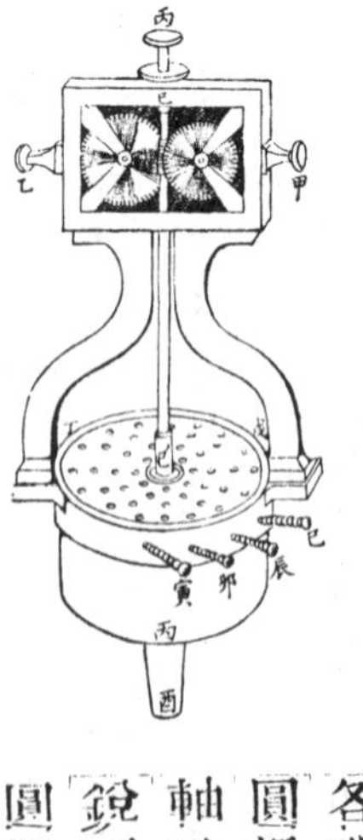

第二十四圖

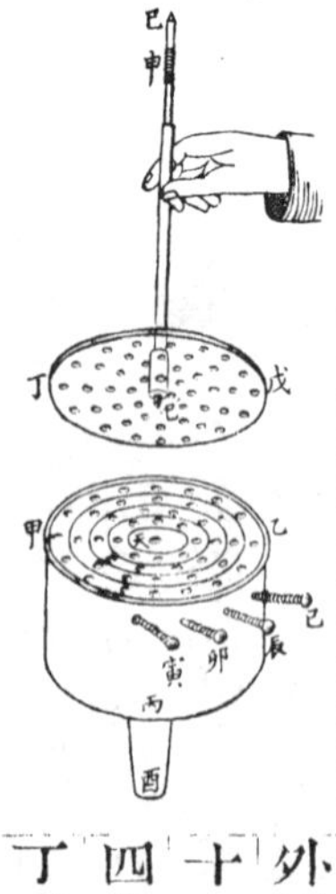

外圈十孔再外十二孔再外十四孔另用銅板丁戊其外徑與各孔並同甲乙圓板中心有鋼軸巳巳其端尖銳而光滑甲乙圓板中心有孔

如天能與鋼軸之下端已相配二圓板之面極平極滑相切而易於旋轉其全形如第二十五圖有螺釘丙以接鋼軸之上端圓板各孔俱順圓圈而與板面斜交上下二板之斜又相反故吹氣於酉管而上板自能旋轉各孔或對或不對而氣或吹或塞則成哼哼之聲轉速而連續成音

第二十六圖

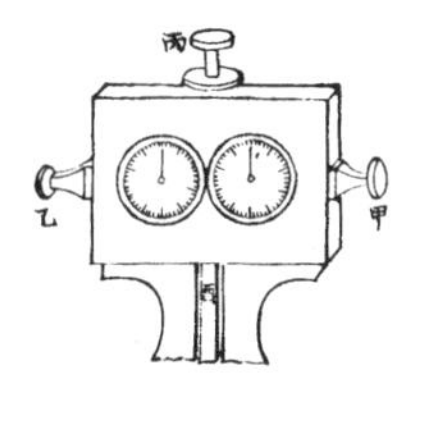

矣鋼軸之上端作螺絲如申酉旁各接一齒輪能與鋼軸同轉輪心各有橫軸端套針指前面之度分如第二十六圖以顯圓板之轉數兩旁各有柄如甲乙

按入之針卽不轉銅簫之旁有寅卯辰巳四釘各制一圈之孔按入何釘其圈之孔卽通引出之其圈之孔卽塞按入寅釘而用風箱鼓氣入酉管卽自一圈之孔內吹出而使丁戊圓板旋轉其轉尚慢聽有哼哼之聲吹力稍大則圓板之旋轉稍速而成低音吹力再漸大旋轉漸速而音漸高吹力極大則音極高耳不能聞音極高而耳不聞者如物極微而目不見也

欲知音叉所生音之動數將氣吹入此器又將弓切叉端而移過二器同時出音再以吹力之大小遷就之使其音與音叉之音同高觀時表之秒針指六十秒急按左柄則

器面之針卽動待秒針轉一周仍至六十秒急按右柄則器面之針卽停觀針所指若在一千四百四十而板之孔十六則十六乘一千四百四十得二萬三千零四十卽一分時叉之動數以六十約之得三百八十四爲一秒時叉之動數已知動數卽可求聲浪之長矣空氣有百度表十五度之熱則傳聲之速每秒一千一百二十尺今有三百八十四動卽一千一百二十尺內有三百八十四聲浪也故以三百八十四約一千一百二十尺略得三尺卽一聲浪之長也男人言語之音聲浪之長八尺至十二尺女人言語之音聲浪之長二尺至四尺可知女人之低音高於

男人之高音一調女人之高音高於男人之高音二調也發音之器往復一次卽使空氣成一鬆層與一緊層至耳中而撞耳膜亦使往復一次英國與日耳曼俱以一往復爲一動法國則以一往或一復爲一動也

每聲浪傳過空氣空氣各質點必成一往復遇緊層而往前遇鬆層卽復後也設聲浪長八尺每秒聲行一千一百二十尺則空氣質點每一往復歷時一百四十分秒之一卽等於聲前行八尺所歷之時也

氣質之重率與凹凸力若各處相同則各聲浪之長相同而氣點之動速亦相同重率與凹凸力若各處有不同如

自冷處至熱處則聲浪必變長而氣點之動亦加速音之高低可不改若氣質之重率減小則聲浪之長雖同而音則加高故輕氣之聲浪若亦長八尺音必高於空氣聲浪長八尺者二調因輕氣之傳聲速於空氣四倍故同時中傳之聲浪爲空氣之四倍也

試將記音器之八孔與十六孔同開而使同出二音其音相和而可分辨十六孔所出之音高於八孔所出之音一調因同時中八孔者出一浪十六孔者出二浪一爲一動一爲二動也凡音加高一調其動數爲二倍加高二調動數爲四倍加高三調動數爲八倍動數一百之音若加高五調得動數三千二百各調之動數如左

一〇〇爲原音動數
二
二〇〇爲加高一調之動數
二
四〇〇爲加高二調之動數
二
八〇〇爲加高三調之動數
二
一六〇〇爲加高四調之動數
二
三二〇〇爲加高五調之動數

音之極高者耳不能聞音之極低者亦不能聞西士測定最低之音人耳能聞之限每秒八動但必甚大否則不能連續最高之音人耳能聞之限每秒二萬四千動或云低

限每秒十六動高限每秒二萬八千動設以每秒十六動起音高一調動數加倍高至十一調得三萬二千七百六十八動卽人耳能聞之音約有十一調也然尋常樂器之音不有十一調而約僅七調卽每秒四十動至四千動也然而最低與最高之音能聞與否各人不同如風琴最高之音蝙蝠蟋蟀麻雀小蟲之鳴或能聞或不能聞也

人耳膜後空處之內有小骨多件又有小管與喉相通管內有門關閉隔絕膜後空處之空氣不與外通外氣若緊於內氣必抵膜向內內氣若緊於外氣必抵膜向外皆使耳覺疼痛不安人登高山耳內必痛因外空氣減鬆也忽嚥口涎其門或能開而內外之氣均平痛卽速止又人閉塞其口鼻將肺一張空氣過其門而入膜內將膜外抵卽不能聞低音

光分各色亦因其動數不同與聲同理惟耳之功用比目甚靈耳能聽十一調之音目僅見一調之色耳辨音之動數最多與最少爲二千與一之比目辨色之動數最多與最少僅二與一之比也

光浪之最短而動數最多者爲青蓮色最長而動數最少者爲正紅色

有人仿前記音器稍爲改變而另作一器如第二十七圖

第二十七圖

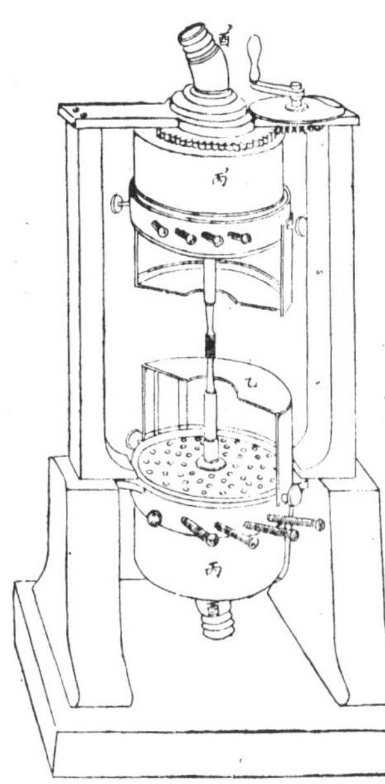

作二筩上下相對如丙丙制度與前無異將空氣同吹入酉酉二管則丙丙二管同時出音上筩有齒輪與接輪可以搖使旋轉有針以指旋轉之度

用象皮管自風箱通氣至酉管吹入丙筩之內孔圓輪即自轉動而成音與前相同若逆搖其柄使筩旋轉則圓輪之孔與筩面之孔相移加速而音加高若順搖其柄使筩旋轉則圓輪之孔與筩面之孔相移減速而音低音之或高或低依柄轉之或順或逆也人立於鐵路之旁有汽車自遠而來其吹號之音必高於停時因其聲浪爲所擠短而動加速也有汽車自近而往其吹號之音必低於停時因其聲浪爲所引長而動減速也此與前同理西士獨布勒云星光之色不同亦因此理各星之光原皆白色其行向地球者則光浪爲所擠短而色變藍綠行離地球者則光浪爲所引長而色變紅亦其說甚巧然無確據

流質定質之傳聲與氣質同理而更易將音叉遠離人耳而生音人無所聞用玻璃杯滿盛以水置於桌上將音叉之柄旋入小木塊而浮於水杯之面與人離雖遠能聞其音或如第二十八圖用寅卯管長約三尺立於木板甲乙之中心管之上端修口如漏斗滿盛以水或水銀將叉柄之木塊浮於其內音亦遠聞因叉之動傳於水水傳於木板木板傳於空氣也耳內腦筋傳音於腦髓與此同理

第二十八圖

將記音器浸於水中用噴水器噴水入酉管亦能出音與在空氣之內相同

試驗定質之傳音用小木桿長約三十餘尺下端連木板上端出於樓板之上與音叉之柄相連叉若出音樓下之木板亦出音與叉音相同即自木桿所傳也另易音叉木板之音叉與此叉之音相同雖易至數十叉木桿長至數百尺亦盡如此因木桿所傳之動必同於所受之動也

設於層樓內之下層置鐵弦琴用小木桿連於琴之出音

板而通至上層桿外有馬口鐵管徑二寸半內有象皮圈使不與桿相切鼓其下層之鐵弦琴上層之內不聞其音若將胡琴或琵琶連於木桿之上端使其弦與鐵弦琴之弦相和則胡琴即自出音因椎擊鐵弦琴之弦弦即動而傳於出音板出音板傳於木桿木桿傳於胡琴胡琴即自出音也木桿之端雖削至極尖而切於出音板十指齊鼓琴弦上層樓內聽之音節和洽毫無錯亂豈非傳音奇妙耶

聲學卷二提綱

一多聲平勻連續相隨動數至限即能成音

二多聲連續不平勻不能成音

三擊聲咯咯平勻連續動數至限即能成音如用厚紙切齒輪之齒而速轉也

四吹聲哼哼平勻連續動數至限即能成音如記音器是也

五音之高低專藉多聲連續動數之多少動數愈多音愈高也

六用記音器測各樂器所出音之動數法使記音器之音與樂器之音同高待一分時視其針所指即知其動數樂器之動數與此相等

七樂器出音之理因器之震動將周圍之空氣成多聲浪每浪有緊層與鬆層其一浪之長以二緊層之相距計之或以二鬆層之相距計之

八聲浪長之尺數等於一秒傳聲之尺數以記音器一秒之動數約之

九聲浪長四尺四寸準音乂一秒動三百二十次聲浪長三尺六寸一秒動三百八十次聲浪長二尺十一寸一秒動二百五十次空氣百分表十五度之熱一秒傳聲

一千一百二十尺

十、英國日耳曼國以一往復爲一動法國以一往或一復爲一動

十一、空氣質點每一往復所歷之時即是聲傳過浪長之路所歷之時故同時中之動數若相等空氣熱度愈大其聲浪亦必愈長所以已知聲浪之長與動數可求空氣之熱度

十二、每秒內少於十六聲浪聽之爲聲而不成音每秒內多於三萬八千聲浪聽之無聲無音此爲人能聽音之二限人耳之極靈者能聽十一調次者八九調次者五六調尋常樂器最低之音一秒四十動最高之音一秒四千動約共七調耳之功力大於目之功力數倍目見各色之動僅約一調而已

十三、耳內通喉小管有門吞嚥之時能開耳內與外面空氣之壓力能相平若不相平則不能聞低音

十四、人立於鐵路之旁汽車漸近其吹號之音高於停時汽車漸遠其吹號之音低於停時

十五、流質定質皆能傳音木桿能將樂器之音傳過樓房數層

聲學卷二終

聲學卷三

英國 田大里 著

英國 傅蘭雅 口譯

無錫 徐建寅 筆述

此卷論弦音

弦之能生音以其往復橫動而平勻也凡用器緊繫弦之兩端而彈之弦即往復盪動與簧相似盪動之時弦之兩端即將所繫之處推引往復而使空氣成多聲浪平勻連續傳至耳內即覺爲音弦若繫於不能凹凸之質則成音甚小因弦雖往復而體小所動之空氣不多也如第二十九圖名爲準弦器將弦加於乙乙二柱之上一端繫固於

第二十九圖

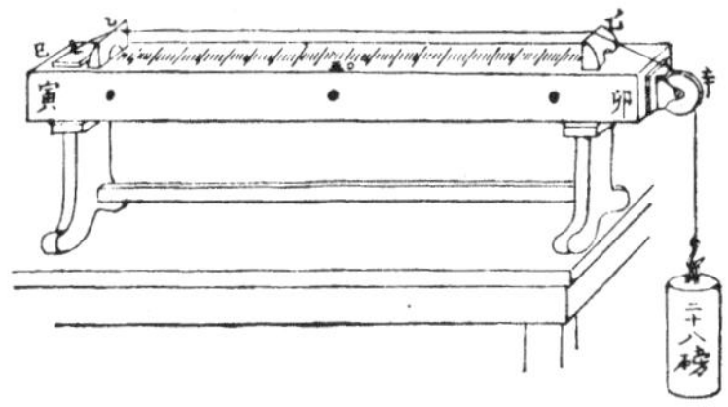

釘如巳一端過滑輪辛而折下繫以錘重二十八磅乙乙二柱定於寅卯長木箱之上木箱之下有足置於桌上忽勾弦之乙乙二柱之間而忽放之弦即往復盪動目可見其動之界耳可聞其生之音其音即是弦動傳於柱柱傳於箱箱傳於空氣所成也蓋必如此而所動之空氣乃多而成之音始大否則音小而稍遠即不聞之矣

第三十圖

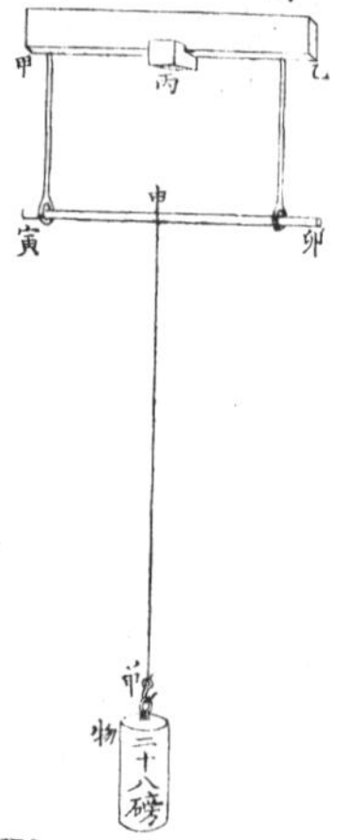

第三十一圖

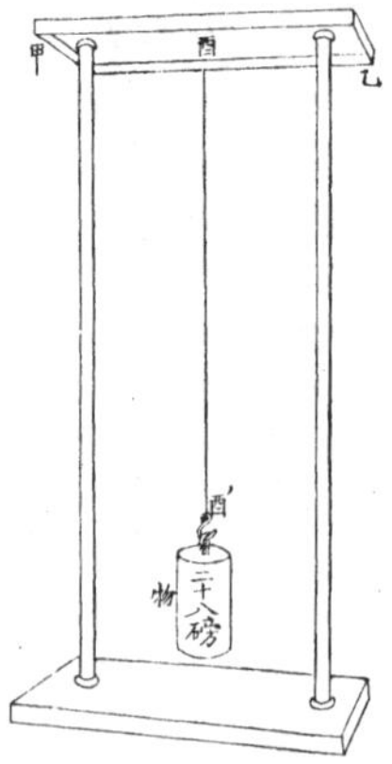

弦動徑傳於空氣成音甚小可用法以證之如第三十圖甲乙為木條橫架於壁面伸出之木梁如丙木條兩端各繫一繩繩之下端有小圈可以橫貫鐵條如寅卯鐵條之中繫以鋼

絲如申申下端挂以鐵錘重二十八磅如物用此法者使鋼絲之動不能傳於大面而多動空氣也鋼絲受彈雖見震動甚速而近聽之亦無所聞又如第三十一圖用鋼絲酉酉其長其徑其質皆與前申申鋼絲相同上端繫於木板如甲乙下端挂鐵錘重亦二十八磅如物因連於大面故受彈之後其動傳於木板木板能多動空氣而成音相離稍遠亦能聞之也

是以樂器之用弦者其發音之板及發音諸處必有定制焉如古琴胡琴洋琴琵琶等樂器其所有之音皆由與弦相連之大面之震動使空氣生多聲浪而成之也故其優

劣專賴發音板之材料形式方位三者之合法與否而已樂器之音盡自發音板所出亦有法證之用厚絨單包裹八音匣數層使其音不能外聞用木桿一根通過各層絨單而其端切於發音板另用薄木板切於木桿之外端其動即外傳至木板木板傳動空氣成多聲浪而成音樂與徑自匣中出者無異焉

西國胡琴之發音板必用凹凸力最大之木質木質之凹凸力若不大則動時質點自相磨擦而生熱其動即減而出音不大矣西國胡琴之制用絲弦繫於其鼓之下邊向上過馬而繞於其柄之針針可旋轉使弦或寬或急其馬

有二足著於二出音孔之間欲其易動也一足之內適對挺條一足內虛弦之動大半自此足傳至音板音板傳動於內外空氣成多聲浪至入耳之內而為音弦與弓相切而移動之處距端為全弦十分之一其發音板之木用舊者良舊則質點變改而傳音佳也摩擦玻璃而生電氣各年不同亦因玻璃舊而內質改變也

弦動成音有一定之例收弦愈短動數愈多如彈準弦器（如前第十九圖）二弦之中點則所生之音為全弦最低之音若用柱墊於全弦中點之下將弦平分為二分而彈其一分段之中點其所生之音高於全弦之音一調任何樂器音高

一調動數皆為二倍故半弦之動數必為全弦動數之二倍用記音器可測之又平分全弦為三分其短分之動數為全弦動數之三倍所生之音高於全弦之音一調又五律若平分全弦為四分其短分之動數為全弦動數之四倍所生之音高於全弦之音二調例曰弦之動數與弦之長數有反比例

弦徑愈小動數愈多如準弦器易以徑二分之一之弦其每秒之動數必為原弦之二倍易以徑三分之一之弦其每秒之動數必為原弦之三倍例曰弦之動數與弦之徑數有反比例

引弦愈急動數愈多如準弦器加其弦端之重物其音即加高弦端挂以一磅之重物用記音器測得其每秒之動數弦端挂以四磅之重物再測其每秒之動數必二倍於前弦端挂以九磅之重物再測其每秒之動數必三倍於初次例曰弦之動數與挂重之平方根有比例

弦質愈輕動數愈多如準弦器先以重率甚大之弦測其每秒動數易以重率四分之一之弦而徑相同測其每秒之動數必為原弦之二倍易以重率九分之一之弦其每秒之動數必為原弦之三倍例曰弦之動數與弦質重率之平方根有反比例

弦徑與重率相合則弦之動數與弦重之平方根有反比例

以上四例皆與弦之動數相關後論深奧之理欲明弦器宜詳審之

用象皮管長二十八尺管內滿盛以沙使體重而動能緩目能見也上端繫於屋梁如第三十二圖下端挂重而人手執之用力一引管即往復震動其各動之歷時俱相同依弦之長弦之徑弦質之重率弦端之挂重四

第三十二圖

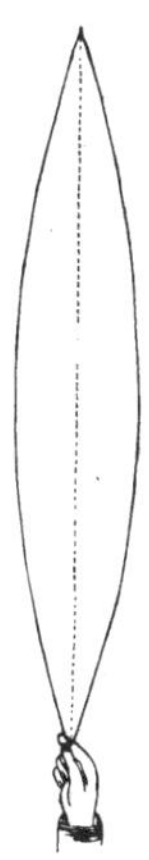

事人手每動之歷時若等於與管相配每動之歷時則管動可不亂人手每動之歷時不等於管相配每動之歷時管即紆曲如蛇其每曲名謂弓彎人手一動即生一弓彎向上前行行至端時弓彎之方向立即改變而向下回行如第三十三圖第一線為弓彎向上前行時之式第二線為弓彎向下回行時之式其行動之方向用箭指之每弓彎自手至頂自頂回至手往復一次所歷之時等於全管成一彎而震動往復一次所歷之時全管成一

第三十三圖

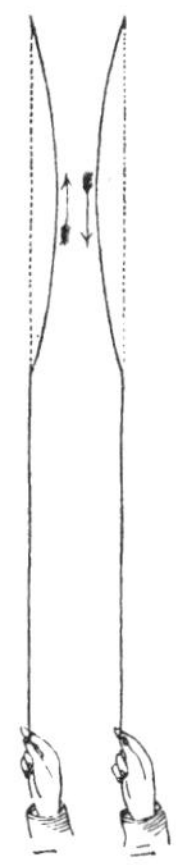

彎同於無數小彎合成也手若忽動多次則管生多小彎自手至頂自頂至手各彎之動歷時亦必相等設一秒時中其所成之彎自手至頂一次彎長為二分管長之一則手起動之後歷半秒時弓彎之前端必至管之中點如第三十四圖

第三十四圖

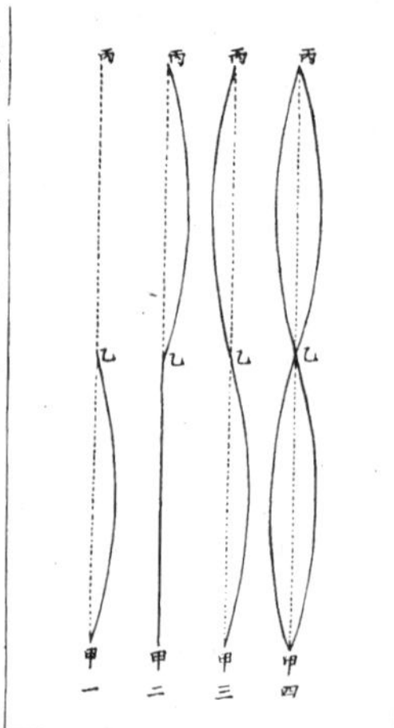

第一線甲乙手起動之後歷一秒時弓彎之前端必至管頂如第二線乙丙弓彎至管頂丙而將回之際人手再將甲端忽動則又生一彎前行必與回行之彎同時至乙如第三線甲乙丙而相反之二彎相遇其向上之彎甲乙欲使乙點離中線而向右其向下之彎丙乙欲使乙點離中線而向左因此乙點同時受對面相等之力適能相定不動也而兩彎之動與不連續者相同如第四線甲乙丙管內相定之點名為交點弓彎又名為浪惟與別種之浪不同別種以一高一低為一浪此以一高或一低為一浪必合二浪方成別種之一浪也

忽動管端使彎長為三分管長之一手起動之後歷時三分秒之一弓彎前端必至管之三分之一點如第三十五圖第一線甲乙手起動之後歷時三分秒之二彎之前端必至管之三分之二點如第二線乙乙此時搖動管之甲端使再生一彎至歷一秒時之後全管能有二彎如第三線甲乙乙丙上彎至丙端而回行時下彎同時前行而相遇於乙點

第三十五圖

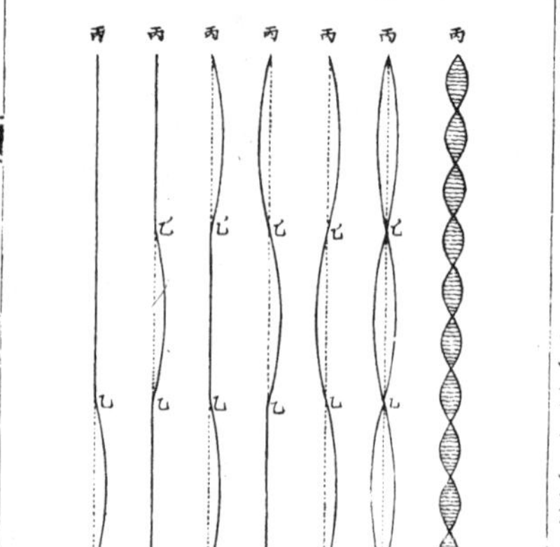

如第四線乙乙丙其乙點因同時受對面相等之力適相定而不動下彎前端至乙點時即同行向下與至頂點者相同其上彎必往復左右盪動同於獨自一弦者若乙乙彎自乙點初回行時又搖動管之甲端而使生一彎必與回行之彎遇於乙如第五線甲乙乙丙其乙點亦同時受對面相等之力而相定不動其二彎亦俱同於獨自一弦者初相消而後成相反之彎如第六線甲乙乙丙若再搖動管之甲端可成彎更多累動甲端可成甚多之彎如第七線其式似多紗綻相連也全管所有弓彎之數與手動甲端之次數有比例如使全管成二彎三彎四彎等其動

數必爲全弦成一彎之動數二倍三倍四倍等也。入手之動不能極準故設器代之更能平勻用大鋼條下端夾緊於老虎鉗上端與前之象皮管相接鋼條有簧力而搖動平勻其在鉗口上之長可改變而與管之成一彎二彎三彎等相配

欲知彈弦之生音必明定彎之理用象皮管長十尺至十二尺如第三十六圖兩端繫定管外加黑色背映白屏使其動易見將左手食指鉤其二分之一點如乙用右手大食二指夾甲乙中之管而一彈則全管分上下二段俱左右盪動如第一線放脫左手之食指其動仍不改如第二

線左手食指鉤其三分之一點如乙右手大食二指夾甲乙中之管而一彈則全管分上中下三段左右盪動如第三線放脫左手之食指其動亦仍不改如第四線左手食指鉤其四分之一點如乙右手大食二指夾甲乙中之管而一彈則全管分上中中下四段左右盪動如第五線放脫左手之食指其動亦仍不改如第六線再分多段可類推也

第三十六圖

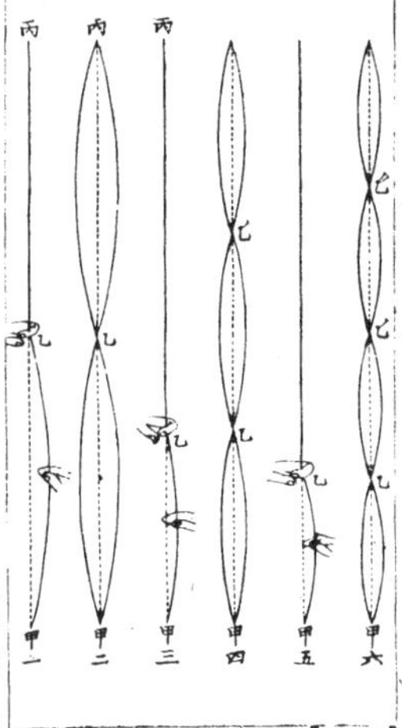

管之上節能自分多段而盪動似乎無甚意義而實有奇理存焉其理與前搖動象皮管之端而使成多彎相同也搖動象皮管之時入手之動僅寸許而管彎之動乃有尺許此因入手順管而動故管動愈積愈大也手動甚少略似定點繫定之端亦是定點動彎之動路與彎之長及管之徑有比若全管成二彎而以手指圍其二彎間之定點使能有一寸之往復則下彎卽使此點動而上彎亦由此而動與手執此而動者相同全管成三彎四彎者類推是以彈其彎中或搖動其定點其所成之事無所異也其能成多彎之故不過因前行之彎與回行之彎相合而已可

知雖謂定點實有微動若竟不動則各彎之動不能相傳必不能有動也

第三十七圖

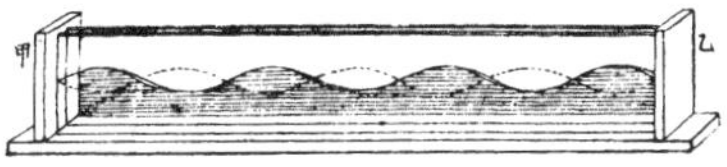

象皮管之動而成彎與各種流質浪動之理相同凡水面亦有回行與前行之浪相交可試而知之用長窄之箱兩旁鑲以玻璃片如第三十七圖內盛有色之水滿至甲乙將箱之甲端忽然提起水面卽生浪前行至遇箱之乙端而回行順其浪之行而將甲端再忽然提起又生浪前行而有定浪二三浪之間有定點推之成三浪四

浪以至多浪皆然。挑水之人行走之時，桶內水面恆成定浪，久而浪漸大，激出桶外。挑水之人覺之，必改其行走之動狀，使其浪不能增大。

第三十八圖

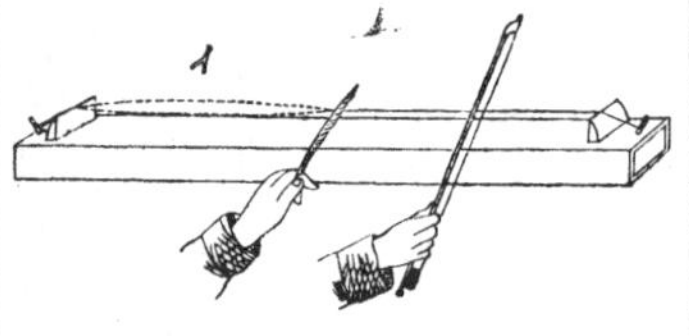

彈弦生音之動法，皆同於前理。用鋼絲為弦，張於長箱之上。如第三十八圖，將鵝翎切於弦之二分之一點，以弓切其一段之中而移動，弦即生音，高於全弦之音一調。生音之時，鵝翎為定點，其兩邊之弦皆動而各成弓彎。取去鵝翎，其音仍不變。此與前用手圍象皮管相同之理也。試用紅紙作燕尾騎於弦彼段之中，能見跳躍，可知二段俱動焉。

第三十九圖

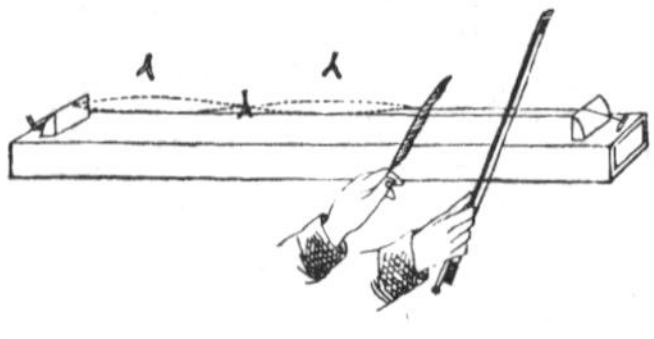

仍用前器，將鵝翎切於弦之三分之一點，如第三十九圖，以弓切其短段之中而移動，弦即生音，高於全弦之音一調又五律。生音之時，其鵝翎為定點，而長段分二彎而動，另有一定點在其中。試用藍紙作燕尾騎於定點，紅紙作燕尾騎於動彎之中，可見紅紙燕尾跳躍，藍紙燕尾不動。取去鵝翎，音仍不變，而燕尾之跳躍亦不異也。

仍用前器，將鵝翎切於弦之四分之一點，如第四十圖，以弓切其短段之中而移動，則長段分三彎而動，有二定點在其間。亦用紅藍紙之燕尾騎於弦上，可辨之。

第四十圖

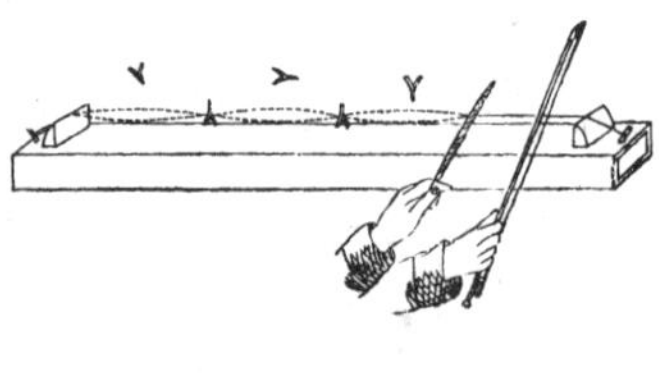

第四十一圖

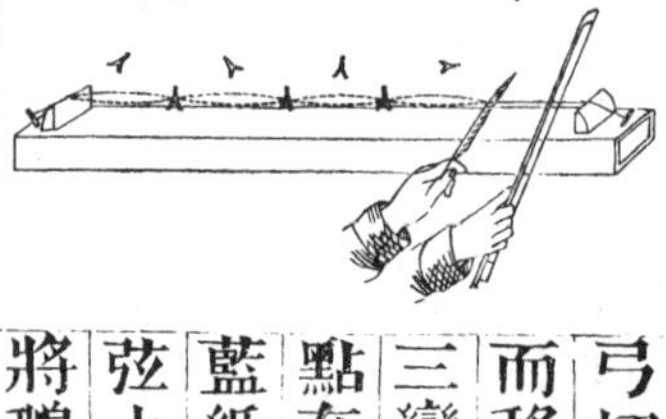

將鵝翎切於弦之五分之一點，如第四十一圖，以弓切其短段之中而移動，則長段分四彎而動，亦用燕尾騎於其上以辨之。

前器不大，目不能見其動。欲見其動，可用長鋼絲兩端繫定於對面之牆，甚緊。用手指切其二分之一點，以大紙片挂於彼段之中，而彈於此段之中，紙片能跳躍甚遠。手指切其三分之一點、四分之一點、五分之一點，各用大紙片認其動彎之中而挂之，均能跳躍。鋼絲大而長，目能見其動，更無疑義也。

以上各試法，其動彎雖分至甚多，皆與前彈象皮管之理相同。

引弦之端所生之動法，與前引象皮管所生之動法相同可用器以試之其器係馬白而白之人末而特所刱如第四十二圖酉為準音叉叉柄定於一足如戊弦之一端連於叉支之小孔一端連於定架之小螺釘如巳可以收放弦之寬急乃使其叉支震動弦必亂動旋轉其螺而收放以遷就之至見弦動成橄欖之形弦甚光亮者動時有似連珠後襯黑屏尤能清晰

第四十二圖

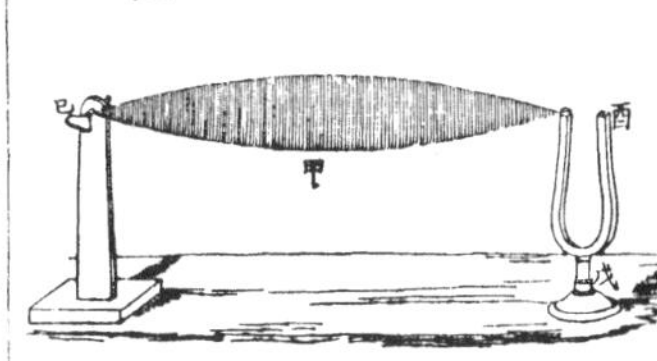

稍旋螺釘將弦漸漸放寬初見亂動而後忽成二彎有定點在二分之一點再漸漸放寬忽成三彎再寬而忽成四

彎以至多彎皆同理

用白絲之弦弦外散出之毛動時成上下之直線有似實體如第四十三圖其一二三四形為弦漸放寬所成一彎二彎三彎四彎之式馬氏所用之準音叉其鋼條長六十二寸闊一寸半厚半寸彎至兩支平行相距二寸連於甚重之足所用之弦長九尺徑四分寸之一用雙手各執鉛塊對擊叉之兩支叉支即向左右而動弦即向上下而動一擊之後弦可數次改其寬急不必再擊其弦之動非特向上下且繞行成圓軌故上下視之同於左右視之也初次試時用此器後又用小弦小叉試之與此器無異

第四十三圖

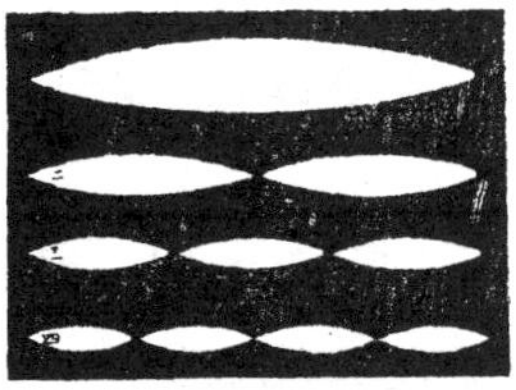

叉動必甚平勻其各彎始能久動不亂叉動若不平勻則各彎雖暫成而即亂惟前器如第四十二圖音叉引弦之動與弦平行叉支向弦一動弦端即成彎其彎漸移向前至彼端不能過而回行可知弦有前後與左右之動也此事亦可用前之象皮以見之如第四十四圖一端繫於鐵鉤一端執於人手人手向鉤一動管即向下成彎人手最近鉤之時即管彎最大之時也弦動上下一次手動必往復二次手之動數恆二倍於象皮

第四十四圖

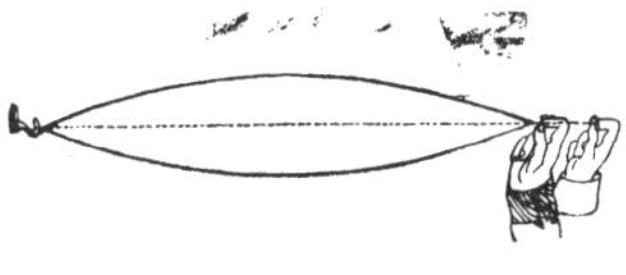

管之動數用音叉之動法亦與此同故叉生之音必高於弦生之音一調也手動與象皮管正交者如第三十二圖則手動一次而管亦動一次手之動數與管之動相同故用音叉之試法叉生之音其高等弦生之音也

同用一弦以叉支之動與弦平行而其弦成一彎者以叉支之動與弦正交其弦必成二彎即其動數二倍於成一彎者也可用器以證之如第四十五圖任意用一弦一端繫於音叉支端如甲以叉支之動與弦平行一端過滑輪如乙而掛以重物可以加減使弦恰成二彎而有一定點如丁次將叉轉過而以叉支之動與弦正交弦動即成四

彎如第四十六圖

第四十五圖

第四十六圖

有永氏者設法令人能見弦之各點行動之路用方銀絲砑至極光亮而扭成螺絲繫於音叉如前法用電光射於

銀絲之面即見其面成多亮點令叉動後銀絲亦動而各亮點成爲亮線其光如日將銀絲稍寬而使其所寬者不足多成一彎銀絲即亂動成無數小彎各彎之式不同且常改變不能作圖用絲弦浸透嗎哪濃水內而晾乾以電氣之光射之如前法使動則弦之定點能發藍綠色之光

以電氣傳過鉑絲使生熱而自發光其法更妙用鉑絲一端繫於音叉支端一端過銅柱而繞於螺釘其銅柱與音叉銅絲電氣之正負二線相接用弓切叉支而移動使鉑絲動成二彎其定點最亮向其彎之中點漸暗至中點而最暗因中點之動路大而其熱在空氣內傳去也令鉑絲漸寬成三彎四彎等其各彎之定點俱比成二彎時之定點更亮而各彎之中點亦俱最暗此因成多彎者其弦之動速於二彎者故中點更冷而電氣傳過冷體其速大於熱體故電氣之傳過全絲益速而定點傳過之電氣自是益多而更熱也叉未動時絲已紅熱者動後定點必至熱極而鎔也

證第一動例動數與弦長有反比例之據用甲乙丙丁音叉四箇其動數之比例爲一二四八各連於同徑同質之弦挂以相同之重配其弦之長短使弦動俱成一彎則得各弦之長爲八四二一之比將乙叉易於甲叉之弦即

動成二彎此因乙叉之動數多而弦太長若仍成一彎弦之動數不及叉之動數也再將丙叉易之必成四彎再以丁叉易之必成八彎也又將音叉二箇其音高低七律各連於同徑同長同質之弦挂以相同之重若低音叉之弦成二彎則高音叉之弦必成三彎因知音高低七律者其動數爲二與三之比又將音叉二箇其音高低五律同法試之若低音叉之弦成三彎則高音叉之弦必成四彎因知音高低五律者其動數爲三與四之比

證第二動例動數與弦徑有反比例之據用音叉二箇其動數爲一與二之比各連同長之弦挂以相同之重而弦

之徑爲二與一之比大者連於動數多之叉小者連於動數少之叉必俱動成一彎若將二叉動數爲三與一而弦徑爲一與三亦必動成一彎餘類推叉用大弦徑爲二而長爲一小弦徑爲一而長爲二兩弦相續連於音叉挂以重物而遷就之使弦動成二彎則定點必在大小相續之處

證第三動例動數與挂重之平方根有比例之據用音叉二箇其動數爲一與二之比各連同長同徑之弦試以十兩之重挂於動數少者之叉相連之弦以四十兩之重挂於動數多者之叉相連之弦二弦必俱動成一彎若二叉

動數爲一與三則挂重必爲九與一亦必動成一彎餘可類推

第四十七圖

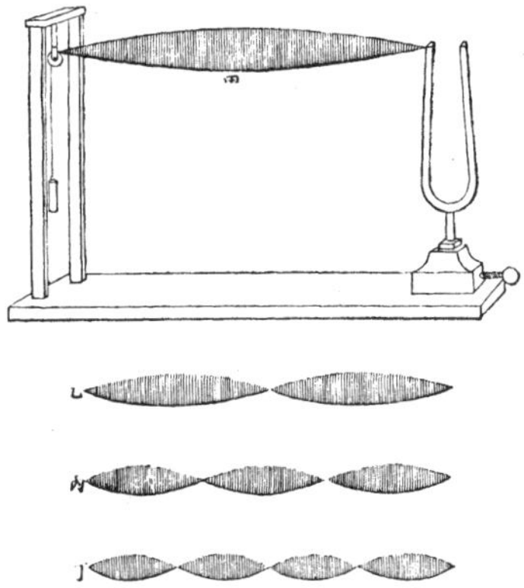

用絲弦一端連於音叉如第四十七圖一端過滑輪而挂重十六兩動成一彎如甲若挂重九兩必成二彎如乙挂重四兩必成三彎如丙挂重一兩必成四彎如丁

證第四動例動數與弦質重率之平方根有反比例之據用鉛絲銀絲銅絲各一長與徑各相同分連於動數相同之三叉挂以重物而遷就之使俱成一彎其挂之重數必與其重率有比

凡金類之能抽成絲者可依此得其重率因知格致之理可由數路而造其境也

附音　由前各試法知全弦可動成一彎可動成平分之多彎各彎之動其理與一彎之動相同故諸種樂器之弦全弦動成一彎時一彎之內亦有多分彎附之其一彎成本音分彎即成附音無論何種樂器皆同有此理其附音

之大小高低與多少所以分辨音之屬焉諸種樂器之音並人畜禽蟲之音雖高低大小相同而人耳一聽能辨者專藉乎此如胡琴與嗩吶之音雖使其高低大小相同（即本音之高低大小相同也）然而易辨其爲胡琴與嗩吶之音即因其附音之不同也可知本音相同而附音不相同其全音之屬亦不同矣用準弦器（如第十九圖）彈其弦之二分之一點其音濁而空彈其弦之三分之一點其音稍清稍實彈其弦之四分之一點其音更清更實即附音之理也

永氏云彈弦之某處則不能有以彈處爲定點之附音故彈於準音器之五十點則生之音內不能有平分二彎而

以五十點爲定點之第一附音試將鵝翎切此點其音卽停若有此附音者將鵝翎切此點本音雖停此附音必更清也不特無二彎之附音且凡有偶數彎之附音皆無之因成偶數之彎皆必以五十點爲定點也彈於二十五點則生之音內能有平分二彎而以五十點爲定點之第一附音試將鵝翎切此點其本音雖停而能留此附音獨甚清因此點雖被鵝翎所阻而全弦固已不能動成一彎然仍可以此點爲定點而動成二彎故仍能有高一調之第一附音也彈於三十三點則生之音內不能有平分三彎而以三十三點爲定點之第二附音試將鵝翎切此點其

音卽停不特無三彎之附音且凡以三爲根數彎之附音皆無之因成此各彎之附音皆必以三十三點爲定點也彈於二十點則生之音內能有平分三彎而以三十三點爲定點之第二附音試將鵝翎切此點其本音雖停而能留此附音獨甚清與前同理彈於二十五點則生之音內不能有平分四彎而以二十五點爲定點之第三附音試將鵝翎切此點其音卽停彈於十二五點則生之音內能有平分四彎而以二十五點爲定點之第三附音試將鵝翎切此點其本音雖停而能留此附音獨甚清也

全音內之各附音與全音之大小及清濁大有相關每生一音必有多附音在其內常人未聽慣者不能分辨必用心久聽始能辨之彈弦生音而欲聽得其附音可用小弦在相近處生音等於欲聽之附音聽之數次俾耳習慣卽能聽大弦之附音矣將鵝翎切弦之二分之一點或三分之一點或四分之一點俱能使本音停而附音獨留也若將鵝翎一切於弦而速離則本音能減小再一切而速離本音能更小附音則獨留人耳易辨也

本音可使小於附音而附音亦可使小於本音用堅物擊弦其附音大用輭物擊弦其本音大一擊急退其附音大一擊緩退其本音大用鐵絲琴等樂器則椎之重數與凹

凸力及相連之處俱與附音之大小有相涉椎擊於弦之中點其附音小椎擊於弦之近端其附音大故鐵絲琴之椎恆擊於弦之七分之一點或九分之一點欲其附音大而清也有里麥胡次者推算弦成附音彈動之力以本音之力爲一百彈於弦七分之一點得第一附音之力爲五十六鐵椎擊於弦七分之一點椎與弦相切之時等於弦一動之時七分之三得第一附音之力爲九將椎一擊急退椎與弦相切之時等於弦一動之時二十分之三得第一附音之力爲三百五十七用堅椎大力一擊急退得第一附音之力爲五百零五略爲本音之五倍

造鐵絲琴之人恆使椎擊於弦七分之一點意欲其所生之各附音無與本音不相和也附音與本音無不相和則耐聽矣各附音內惟有第六附音第八附音二者與本音不相和椎擊於弦之七分之一點則近於成第六第八附音之定點故不能再有此二附音

弦之盪動其動法繁多汞氏曾將鐵絲琴置於黑暗之房內穴牆以透日光照於鐵絲之上擊弦之後弦上有光之點所行之路各不相同依擊其弦之法而異視光點之動即知其弦之動光點行成各曲線其式甚多且在弦之處其動法亦各不同如第四十八圖爲光點所行路之各式既有如此之不同則弦之動法亦有如此之不同音浪之動法亦有如此之不同是以人耳聽此不同可辨其音之屬也

第四十八圖

聲學卷三提綱

一獨彈一弦弦所撼動周圍之空氣極微人耳距弦稍遠即無所聞然乃成音之本也

二用弦之樂器弦端必連於大板板受弦動而撼動多空氣乃能成音而人耳可聞

三用弦之樂器如琴瑟鐵弦琴琵琶胡琴等其音皆自發音之板所發

四弦之動法有四例一動數與弦長有反比例二動數與弦徑有反比例三動數與挂重之平方根有比例四動數與弦質重率之平方根有反比例

五弦之重率與徑各不同者其動數與弦重之平方根有反比例

六象皮管內實以沙一端繫定一端執於人手而一動管即成一小彎漸移向前恰至彼端速即回行漸至人手

七小彎自人手至彼端自彼端至人手一次之時等於全弦成一彎者往復一次之時

八人手累動管端則前彎未回後彎又起與前彎相連故全管平分成多彎各彎之間名爲定點

九全管所有之彎數與管端之動數有比例

十人手之動雖僅寸許而彎中之動可至數寸數尺依管

端之動力。

十一象皮管兩端繫定左手大食二指圍其中點右手彈其一段之中二段皆動而成彎。

十二手指圍管三分之一點四分之一點等而彈其短段則長段依其分數而動成各彎。

十三全管所有之彎數與手指所圍之點之動數有比例。

十四手指所圍之點之動雖僅寸許而彎中之動可至數寸數尺。

十五將鵝翎切於準弦器弦之二分之一點三分之一點四分之一點彈其短段則長段能平分數彎與象皮管相同用紙燕尾騎於彎中能跳躍騎於定點則不動。

十六全弦平分多彎各彎所生之音名爲附音。

十七全弦動成一彎一彎之內能再成相屬之多小彎一彎成本音而多彎成附音與本音相和未聽慣者不能辨。

十八附音所以辨音之屬

十九各樂器之音不同者因附音之不同也如胡琴與嗩吶二器雖音之高低大小相同仍可分辨爲二器之音若使其附音停而獨生本音即不能分辨矣。

二十象皮管與人手若易以絲弦與音叉其動有數法可憑之。

二十一彈弦或弓切弦而移動不能有當以彈點爲定點之附音。

二十二鐵弦琴之弦椎打之點宜距端七分之一或九分之一欲其不能有以此點爲定點之附音也此點爲定點之附音與本音不相和若有之則音不淸而不耐聽

聲學卷三終

聲學卷四

英國 田大里著
英國 傅蘭雅 口譯
無錫 徐建寅 筆述

此卷論鐘磬之音

鐘磬簧板之能生音亦因其橫動也與弦之生音大同而小異以兩端固定之簧亦可動成一彎二彎三彎以至多彎惟所生各附音之高低與弦之各附音則大異耳全弦平分成二彎者其動數爲全弦成一彎者之二倍全簧平分成二彎者其動數略爲全簧成一彎者之三倍詳言之爲九與二十五比即三之平方與五之平方比也兩端固

定之簧動成一彎二彎三彎四彎之形如第四十九圖甲甲乙乙丙丙丁丁其彎間定點之數與動數相比如左

第四十九圖

定點之數	○	一	二	一
動數	九	二十五	四十九	八十三

可知其各動數爲各奇數三五七九等之平方數

弦之能動藉外加之牽力簧之能動藉本體之凹凸力其

生動之力不同故簧動分彎之法雖與弦相同而動數不能無異也

一端固定之簧其動亦不藉外加之牽力而專藉本體之凹凸力先用粗大之器以試之用長鐵一條緊夾於老虎鉗如第五十圖彈其上端而視之可見其往復之動若用電光照其影於屏則見其往復之路更清如巳巳若用手指夾甲點而用椎打於甲

第五十圖

第五十一圖

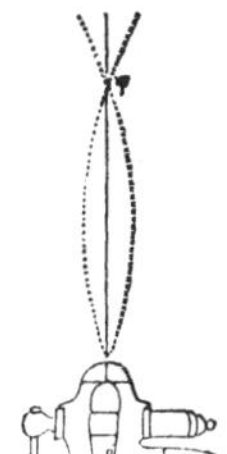

辰之間則鐵條動成二彎如第五十一圖其定點爲甲若不用手指夾於甲點而仍用椎打於甲辰之間亦能動成二彎而甲點亦微動似乎全條成一彎二彎相合也若緩打甲辰之間則動成一彎之路大於動成二彎之路若急打甲辰之間則動成二彎之路大於動成一彎之路其條若能生音者則動成一彎即生本音動成多彎即生各附音一彎與各多彎相合則所生之本音與附音相和聽之同於一音也

第五十二圖

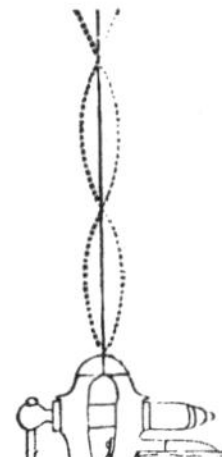

使鐵條有二定點三動

彎亦同法爲之如第五十二圖

簧作愈短動路愈小而動數愈多如用簧長四寸以弓切其上端移動而使生音將簧減短則音加高而其動理則仍同

音之高低與簧之長短有一定之比例卽動數與簧長之平方有反比例也用黃銅片長二寸者以弓切其端而移動使生某高之音再用長一寸者同法使生音則高於前音二調而動數爲四倍用長四寸者則動數四分之一用長六寸者則動數九分之一用長八寸者則動數十六分之一長再加則動數極少至目能見其往復若用黃銅片

長三十六寸者每秒成一動則長十二寸者每秒必成九動長六寸者每秒必成三十六動長三寸者每秒必一百四十四動長一寸者每秒必成一千二百九十六動此爲英國人古辣尼之說

用長短多鐵絲插於木盆之內列成半圈以弓橫切各鐵絲之外而移動則所生音之高低依其鐵絲之短長若使其各音合節奏則能成最妙之樂法國曾造此器名曰簧琴是也常有之八音匣用多鋼簧連於銅板各簧之長短輕重與所欲生之音相配卽此理也

英國人有惠得司登者剏法令簧之動可見用金類作長

短各簧簧端連玻璃小空球球之內面鋪錫使光亮以大燈光射於球外初見爲光亮之小點後使簧搖動則其光亮小點引長成光線光線之長卽簧端動路之長也惟光線每成紆曲各種之形而未必恆是直線

用電光射於球外則光亮之點目不敢視若以回光鏡返照其光於屏面而使簧搖動則在屏面初見直線次見中段漸張而成橢圓次成正圓再成橢圓再成直線而輪流改變此因簧端小球之動不特順彈簧之方向而又橫彈簧之方向全簧不特成一彎且可成多彎是以各動相合而成各式光線也惟其動數太少故但見光而不聞音再

用小鐵絲如前法用弓切其中而移動使成一彎則生本音而見屏面之光線爲圓線若成二彎則生第一附音其動數爲本音之動數六倍又四分倍之一見屏面之光線成多小彎如第五十三圖若成三彎則生第二附音其動數爲本音之動數十七倍又三十六分倍之十三見屏面之光線成彎更多如第五十四圖

第五十三圖

第五十四圖

一彎之動數與二彎之動數之比若二之平方數與五之平方數之比卽四與二十五之比從第一分彎起上推所

得各動數，又可與三·五·七·九·十一之平方數略有比，即全簧一彎之動數爲三十六，則第一分彎之動數略爲二百二十五，第三分彎之動數略爲六百二十五，第四分彎之動數略爲一千二百五十，第五分彎之動數略爲二千零二十五，餘可類推。

第五十五圖

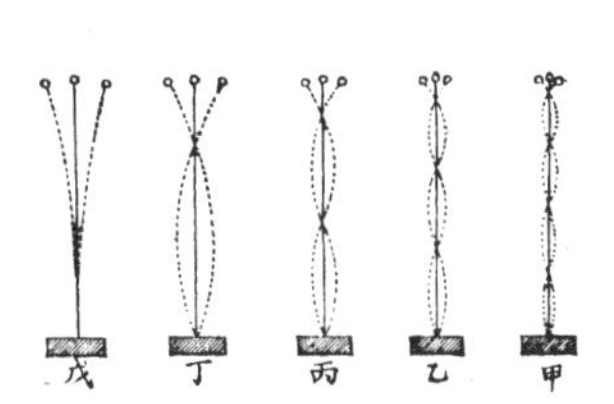

簧動依前五數分彎之式，如第五十五圖甲乙丙丁戊，可知簧之附音其變高速於弦之附音也。

用手指擊簧之近根，以電光照於屏面，可得各形之光線，

第五十六圖

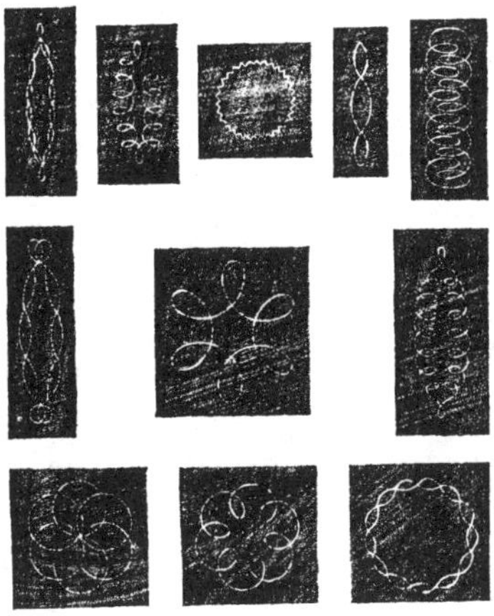

如第五十六圖，乃惠得司登所試得者。若無電光，可用日光或燈光代之。惟燈光而相距不遠，則在屏面有雙光線。

兩端不定之簧，其動亦專藉本體之凹凸力，亦用粗大之

器以試之。用黃楊木片長六尺，兩手執之，距端各一尺，或

第五十七圖

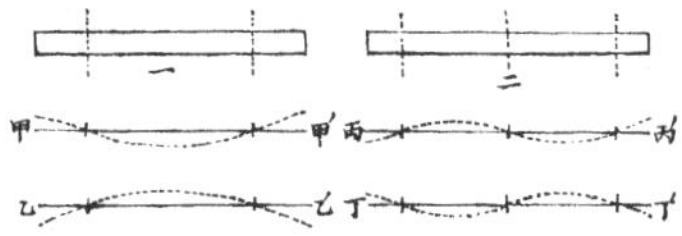

橫擱之，或打其中點，則中段成彎，而兩端如扇，如第五十七圖，克來得尼攷得其第一動法有二定點與三動彎，其定點距端爲二定點相距四分之一，如第一式之虛線甲甲乙乙；其第二動法有三定點四動彎，如第二式之虛線丙丙丁丁。設同用一木片，則兩端固定之動數與一端固定者之動數若二十五與四之比。兩端不定之簧，定點之數與動數之相比如左。

定點之數	二	三	四	五	六	七
動數	三二	五二	七二	九二	十一二	十三二

此動數之漸增亦甚速，與前二法相同。

用木片多塊，其長短厚薄闊狹各不相同，以繩穿過其二

第五十八圖

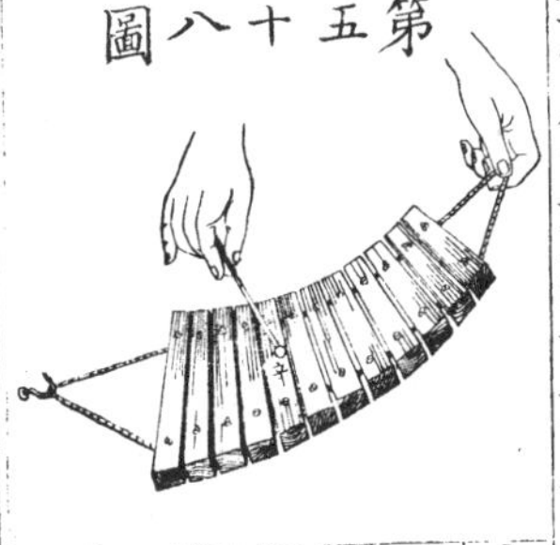

定點之處，繩之一端繫於定鉤，一端執於左手，右手執小椎打木片之中，如辛，即能生音。法國有用此爲樂器者，或將木片置於稻草織成空管之上，或用玻璃片代木片，其音更佳。

準音义之理與兩端不定之簧相同即將直簧彎曲而定

第五十九圖　第六十圖

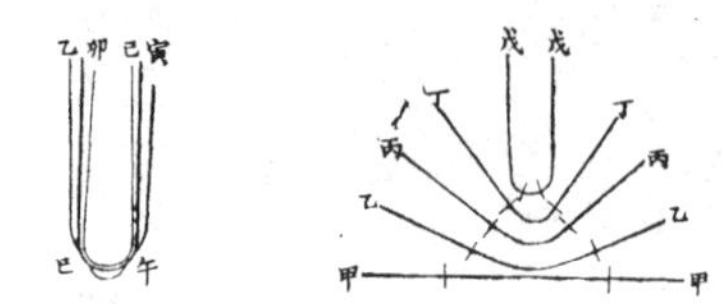

其中點也如第五十九圖甲甲爲長鋼簧其虛線爲第一動法之兩定點將簧漸彎如乙乙丙丙丁丁則定點漸近而音漸低彎至二支平行如戊戊即成音义而定點極近其音極低音义生本音其兩支之動法如第六十圖其生各附音之動法無三定點與兩端不定之直簧不同而與永氏試得彈弦之動法相同故欲使獨生

本音而不生附音亦必將弓切於附音之定點而移動也音义第一動法兩支無定點底有一點第二動法兩支各有一定點底有二定點第三動法兩支各有二定點底有一定點第四動法兩支各有二定點底有二定點第五動法兩支各有三定點底有一定點

克來得尼攷得音义之本音易與附音相分其第一附音之動數爲本音動之六倍又四分倍之一設有音义之本音每秒二百五十八動則第一附音每秒一千六百動又有音义之本音每秒三百二十動則第一附音每秒二千動又有音义之本音每秒三百八十四動則第一附音每秒二千四百動又有音义之本音每秒五百十二動則第一附音每秒三千二百動由此各數可知音义之本音與弦相同者則第一附音甚高於弦之第一附音也但此各數僅爲大略若詳試之尚必有差故取音义二箇其本音相和者其附音或有不和用蠟塗於义支之端使附音相和則本音又不和矣若使二音义之第一附音之動數皆恰爲本音動數之六倍又四分倍之一則本音若和附音必和也曾有多人攷驗音义而知第一附音之動數爲本音之動數五倍又十分倍之八至六倍又十分倍之六不等

音义各附音之略可謂自第一附音以上各附音之動數與三五七九等奇數之平方數有比例也如同時中成第一附音動九次則成第二附音必動二十五次成第三附音必動四十九次成第四附音必動八十一次等是也可知音义附音之變高甚速於弦附音之變高也

克來得尼設法令人能見音义之動路其法由於博物士立典白格攷電氣之理也立氏以松香餅生電氣用細粉撒於其面觀此細粉之狀即知電氣之狀克氏見而仿之錄克氏之說云幼時未知音樂迨十九齡初習樂器因知世人尚未深知聲音之理也爰乃有志於斯講求焉

時乾隆五十年也，凡敲擊玻璃片金類片之各處其音各不相同，夫人而知之，未有能言其理者，曾見一書載云意大利國有用弓切大小各鐘而移動使生音者，故仿其法，用弓切玻璃圓菌邊之各處而使生高低各音，知各音之動數與二三四五等之平方數有比，然尚未明其理也，後見立典白格用松香餅試電氣之說，乃仿用沙撒鋪於玻璃圓菌之面，將弓切其邊而移動，見沙聚成各半徑線湊於中心，俱爲偶數，愈多而音愈高，其成音之動數與半徑線數之平方數有比例。

用克來得尼之法，將玻璃方板固定其中點，板面撒細沙

以指甲切其一邊之中，將弓切其近角之處而移動，沙即忽聚成二徑線，平分方面爲四小方，如第六十一圖，其二徑線即爲定線，如此動法能得玻璃板之本音，圖內丄丅兩號指小方對面之動也，丄號向上時，丅號向下，丅號向上時，丄號向下，其定線即此對面二動之界也，因此處不動，故動處之沙向此而積聚，再將沙鋪勻，以弓切其一邊之中而移之，沙即忽聚成二對角線，如第六十二圖，其所生之音高於前七律，即第一附音也，再將大

第六十一圖

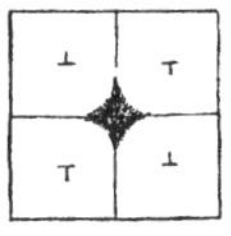

第六十二圖

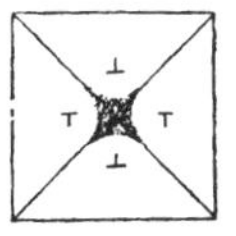

食兩指甲切於方板之甲乙二點，如第六十三圖，以弓切其對邊之中而移動，其所生之音更高於前，其沙聚之形如圖，又將金類板方十二寸代前之玻璃板，以架托其中點，左手二指甲切其一邊，將弓切其對邊之中而移動，如第六十四圖，其沙聚成更繁之形，克來得尼所試方板各動法，得沙聚成之各式，如第六十五圖，得此各式，必將弓忽然一移，使之立

第六十三圖

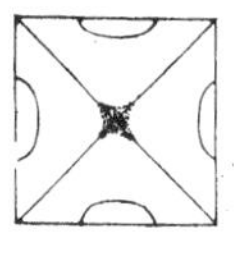

第六十四圖

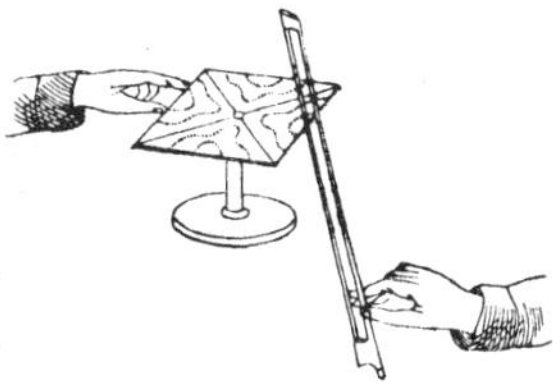

第六十五圖

刻而成否則不善

金類方板橫動分成定線之理與簧及長板兩端不定者

第六十六圖

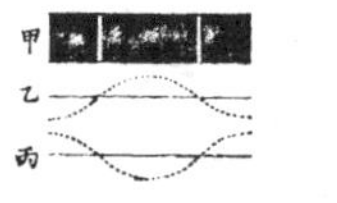

橫動之理相同如第六十六圖甲爲長板其二白線爲本音之定線乙丙爲側視形可見彎向上下之式圖內所彎過多欲其易見也凡速動各物均可彷此作圖（此圖自韋思敦聲學錄出但其定線實當更近於兩端且兩端直而不曲第六十七圖第六十八圖亦然）

將長板加闊至成正方則其定線當與何邊平行不能預知試用玻璃方板二塊各畫二定線如在長方板之處一板用白粉線一板用黑墨線如第六十七圖甲與申以二

第六十七圖

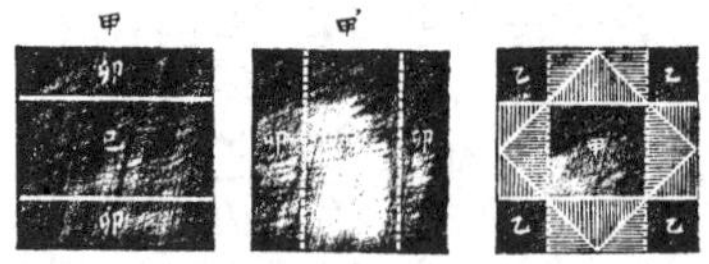

板相疊而定線相對則心內設想二板若同動而其動相同則板之動路必大於獨用一板者二板若同動而其動相反則板之動必相滅再以二板相疊而定線正交如圖巳與卯爲其動相反之號使二板甲與申相同而動如巳與卯之號心內設想二板相疊而使其動相傳則其中方申與四角之小方乙乙乙乙之動路必二倍於一板自動之路其四邊之長方四動相反而在動路相同之點其動彼此相

滅即爲定點此在四邊之中若作線連此四點而成方形即定線也

用玻璃方板（宜用體質平勻者）定其一邊之中以弓切其旁角而移動其所有之定線與前相同因玻璃有二動法與前同理也

再使二板甲與申相同而動如以第六十八圖巳與卯之

第六十八圖

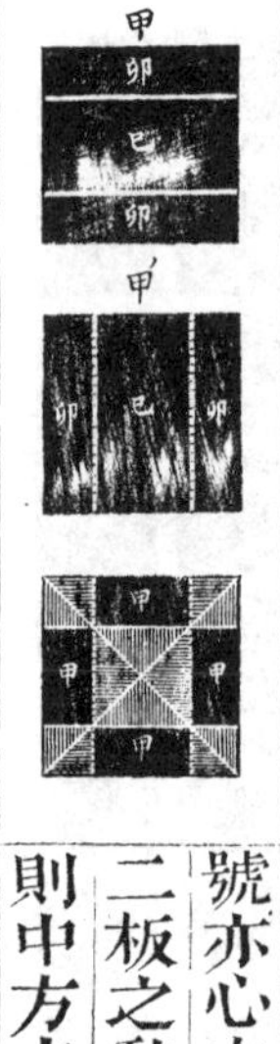

號亦心中設想二板之動相傳則中方之中點與四角俱動路相同而其動相反故彼此相滅而爲定點

二板定線相交之點亦爲定點若作對角線即定線也

用玻璃方板定其中心與一角以弓切其一邊之中而移動則所有之定線與前相同以上俱爲韋思敦試驗玻璃方板之法

金類圓板橫動成定線之理亦與前同用黃銅圓板面敷黑色定其中心上鋪細白沙以指甲切其邊之某點以弓

第六十九圖

切邊距此四十五度之點即生本音即最低之音其沙聚成二徑線分圓板爲四象限如第六十九圖甲

將沙鋪勻以弓切邊距指甲三十度之點而移動即生第一附音其沙聚成三徑線如乙仍將沙鋪勻用弓切其邊距指甲二十二度之點而移動即生第二附音其沙聚成四徑線如丙依此法可成五徑線六徑線七徑線八徑線等徑線愈多動數亦愈多生音亦愈高成八徑線者其音極高至不堪聽如定圓板別點而指甲切於板面之任何點以弓切其邊移動其沙有成圓圈者有各式曲線者

圓板之動數與其徑有反比例與厚之平方數有比例設有三圓板第二與第一同厚而半徑第三與第一同徑而倍厚則三圓板動數之比如一二四之比而第二板之音高於第一板之音一調第三板之音高於第一板之音二調

方板生音而沙聚往各定線亦用前法其沙所積聚之狀如第七十圖甲乙丙三形此圖自脫而克之書錄出

第七十圖

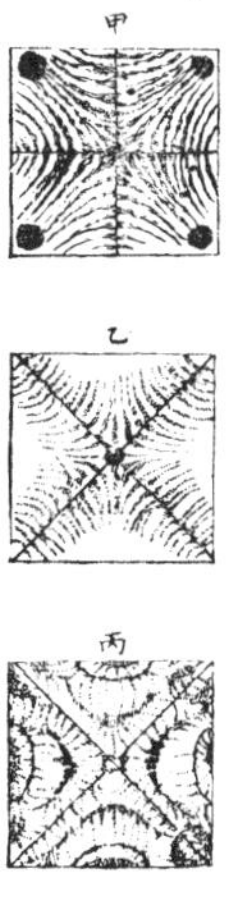

用細沙與背陰草子和勻而鋪平於方板之上如前法使板生音則沙重而聚往定線背陰草子甚輕而聚往多動之處成小堆聚在四角者如第七十一圖聚在四邊之中者如第七十二圖聚在各定線之間者如第七十三圖此三板之動法與前第六十一圖第六十二圖第六十三圖相同以上之理昔時未能詳知近時法辣待細究之始知因板動而使面上之空氣成旋風背陰草子質輕而能順風飄至多動之處細沙質重而風不能飄仍往定線之處也試將其板置於罩內抽去空氣使板動生音背陰草子與細沙俱聚往定線之處矣

第七十一圖　第七十二圖　第七十三圖

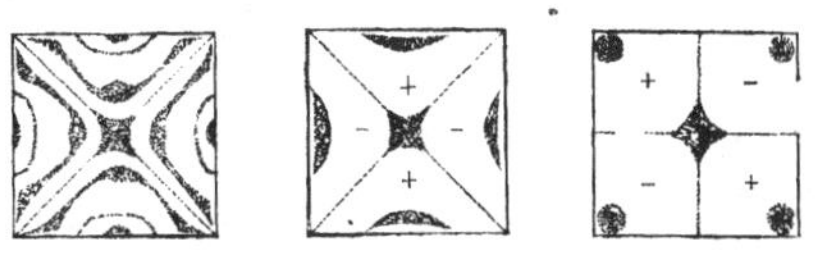

擊鐘生音其所成之定線及動處與圓板相同鐘生本音其動亦平分四分有四定線與四動處俱自口至頂椎擊之點爲動處之中其對面之點亦爲動處之中如第七十四圖粗線之圈爲鐘不動時之周椎擊於甲乙丙丁四點之任何一點則四點俱迭更向內向外盪動而合橢圓線如圖內之虛線先以甲乙爲長徑次以丙丁爲長徑再以甲乙爲長徑如比迭更而動焉其卯卯卯卯爲二橢圓線相交之點即定點也

第七十四圖

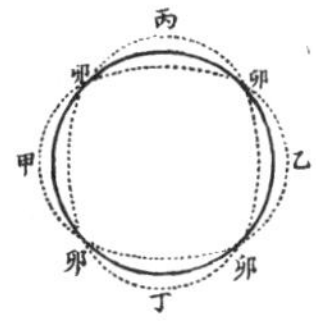

擊鐘所生之動數與圓板所生動數之例相同卽動數與徑有反比例與厚之平方數有比例也其分成定線與動處俱爲偶數而不能有奇數所有定線之數與動數之相比如左

定線之數	四	六	八	十	十二
動數	二^{二}	三^{二}	四^{二}	五^{二}	六^{二}

由右之比例知鐘之本音若爲四十動則第一附音得九十動第二附音得一百六十動第三附音得二百五十動第四附音得三百六十動也鐘體甚薄者所生之附音甚多不能使獨生本音用有柄大茶杯以弓切其口而移動

亦成定點及動處與鐘相同如弓切柄之對面或切距柄九十度則所生之音皆低因其柄俱在動處之中而加重故動數減少也如弓切距柄四十五度則所生之音甚高於前因其柄在定線之處而動處減輕故動數多而音高也平常之鐘或製作厚薄不稱或體質之疏密不勻故擊其鐘口之各處所生之音各不相同音將停時其音不協卽因各處之動數不同也

擊鐘生音之時約略言之雖以爲有定線若詳攷之知各附音之定線不相同而與本音之定線亦不相同因此而各處俱動實不可謂有定線也但鐘之本音若大於附音

則鐘周動處之動路大於定線處之動路試將一鐘仰置

第七十五圖

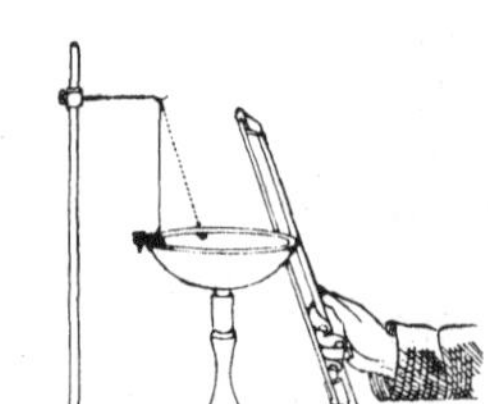

如第七十五圖挂火漆小球以切於鐘之內面使鐘生音球卽盪動若切在動處其動路大於切在定線處也有人用線挂象牙球切於大鐘之動處其球抛開距鐘五寸切於定線其球抛開距鐘二寸又四分寸之三

仰置大鐘滿盛以水撞其外邊水面卽成浪如花紋以小

鐘或玻璃杯仰置而內滿以水擊其外邊亦成小浪紋用玻璃半球形大鐘能生大而低之音者仰置而滿水以弓切其邊而移動水面成極小浪紋弓若急移則四動處之中各有水滴飛出用電光射於水面使其光回入透光凸鏡而映於屏面可見其影錯綜奇幻之狀

鐘內若盛流質而使速化散如用銀杯燒紅傾清水入其內不能立刻化汽而成小滴輥動或用以脫傾於熱水之面不能與水相合不能立刻化散亦成小滴輥動俱與水在鐘內成滴飛出有相同之狀以弓切其邊而急移則其小滴聚往定線與平板上之沙相同如第七十六圖如第

第七十六圖　第七十七圖

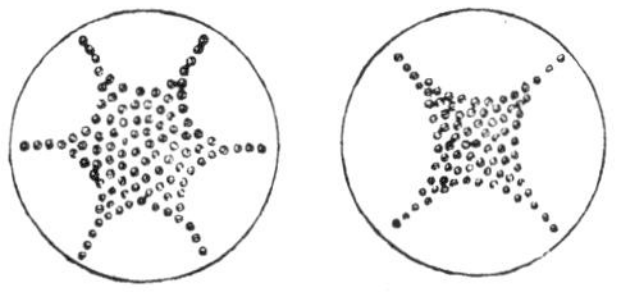

七十七圖爲鐘動成四定點與六定點睒於屏面之狀

玻璃鐘有裂縫不能生音鐘內所盛之水與鐘同動若有不勻亦不能生音用玻璃小鐘仰盛鈉養二炭養水擊鐘使生音再以果酸水傾入其內音即忽亂而漸滅少頃而炭氣發畢音仍復原

潮水退時水留於沙泥之面有小浪之狀生音所成之浪與此相同用玻璃大板傾水於其面而使生音其水即成小浪若乘此時而加以油則音畢而小浪不滅如第七十八圖

第七十八圖

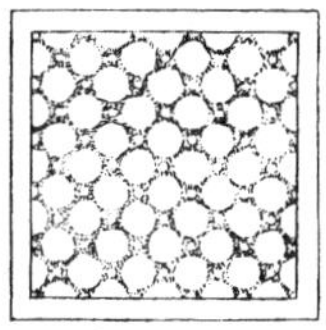

聲學卷四提綱

一兩端固定之簧橫動之理與兩端緊急之弦橫動之理相同

二兩端固定之簧其附音與弦之附音不相同簧成本音及各附音之動數與三五七九等奇數之平方數有比例弦成本音及各附音之動數與一二三四五等數有比例

三一端固定之簧橫動之理與兩端固定之簧橫動之理亦相同

四一端固定之簧本音之動數與第一附音動數之比若四與二十五之比即二之平方數與五之平方數之比第一附音之動數與各附音動數之比若五七九等各奇數之平方數之比

五各簧成一彎之動數與簧長之平方數有反比例

六用回光玻璃小球連於簧端以烈光射之使光回於屏面簧動之時其光點成各種曲線

七鐵簧樂器與八音匣俱是一端固定之簧

八兩端不定之簧成本音之時有二定點與三動處成各附音時有三四五等定點其本音及各附音動數比若三五七九等奇數之平方數比

九木片玻璃片等樂器俱是兩端不定之簧
十直簧漸彎其中則成本音之二定點漸相近彎至二支
平行即成音叉而其二定點甚近其二支各成動彎
十一音叉無三定點之附音
十二音叉成第一附音有四定點每支各二
十三音叉本音之動數與第一附音動數之比若二之平
方數與五之平方數之比即一與六又四分之一之比
第一附音之動數與各附音動數之比若五七九等奇
數之平方數之比
十四以上各理俱是克來得尼攷得用玻璃各式之板上

鋪以沙用弓切其邊移動沙即聚往定線而證其理
十五用方板定其中心而使生音其動處平分四箇小方
其定線過心而與板平行則成本音
十六其動處若平分四箇三角其定線合對角線則成第
一附音高於本音七律
十七方板又可分成多小動處其沙聚成各式花紋分愈
多音愈高其各式花紋因各動并合而成也
十八用圓板定其中點而使生音其動處平分四分有四
定線合半徑線則成本音
十九動處平分六分則成第一附音動處平分八分則成

第二附音其定線俱合半徑線
二十圓板之動數與動處分數之平方數有比
二十一擊鐘生音平分四動處有四定線自口至頂即成
本音
二十二擊鐘所分各動處與圓板相同其各附音之次序
亦與圓板相同

聲學卷四終

聲學卷五

英國　田大里著

英國　傅蘭雅　口譯
無錫　徐建寅　筆述

此卷論管音

管能生音者管內空氣以其質點之凹凸力順管直動而成浪也弦與直條皆能以其質點之凹凸力直動成浪而生音非若弦之橫動專藉引急之力也惟質點之凹凸力甚大於引急之力故直動必甚大於橫動焉茲先將弦與直條之直動詳解之則管音之理自易明矣用胡琴之弓略與弦平行相切而移動或將呢沾松香包於弦之外而

捋之或手指醮松香夾弦而捋之俱能生直動之音橫彈準音器如前第十九圖二之弦弦即橫動而生音以皮沾松香切其弦而順移弦即直動而生音甚高於橫動之音也用大鐵絲長二十餘尺一端繫於固定之木箱一端繫於地板收之甚急以皮沾松香包於其外而捋之能生極大之音若切定鐵絲二分之一點而捋其一段則所生之音高於全弦之音一調若切定鐵絲三分之一點而捋其短段則所生之音高於全弦之音一調又七律若切定四分之一點而捋其短段則所生之音高於全弦之音二調而動數則四倍此與橫動之理相同亦是動數與弦長有反比

切定鐵絲之分數更小捋之更速則生音更高更大至末而耳不可當其音亦非自鐵絲所生乃自鐵絲傳動木箱木箱傳動空氣所生鐵絲雖是直動然與箱面正交能使箱面橫動故雖直動而仍變爲橫動也

直動之理因鐵絲捋過之後其質成鬆段與緊段而成浪前行至彼端之時即將箱面一推浪即回行而箱面還推鐵絲浪回行至此端之時又即前行至彼端而再推箱面如此迭更相推其浪在鐵絲內一往復時箱面亦成一往復而使空氣成一聲浪

捋鐵絲而使生音後再收急之而或放寬之其音咸無改

變若用同徑同長之銅絲以代鐵絲而捋之則所生之音低於鐵絲所生之音因銅絲內成浪移行之速不及鐵絲內成浪移行之速也

黃銅絲傳聲速率與鐵絲傳聲速率相比之數可由上理而得之其法將黃銅絲漸漸減短使其所生之音與鐵絲所生之音相合則鐵絲之長若二十三尺黃銅絲之長必十五尺半略得十七與十一之比即鐵絲與黃銅絲傳聲速率之比也有人實測知鐵絲傳聲每秒一萬七千尺黃銅絲傳聲每秒一萬一千尺與前比例相合

鐵絲或黃銅絲動浪往復直抵兩端而中無定點則生直

動最低之音若切定其中點則兩段各成一動浪而彼此相向或相背以切點爲定點兩浪相向則此點之質受擠力擠緊之後因其質之凸力而推其兩段使相背則此點之質受牽力如此動法其動數爲全弦成一浪者之二倍而所生之音高於全弦成一浪者所生之一調如第七十九圖甲乙爲全弦成一浪之動法丙丁爲成二浪之動法戊己爲成三浪之動法其定點作虛線指之浪動之方向用箭指之所生各音之動數比爲一·二·三·四·五·六等比與

第七十九圖

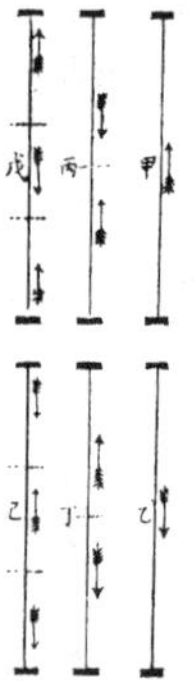

橫動之弦相同

各質或木或金類之條或方或圓固定兩端而使直動亦分成各定點與動浪與直動之弦相同

各質之條固定一端而使直動其法用光滑之條一端夾於老虎鉗以手指沾松香夾於條外而捋之即生最低之音其條忽長忽短此長短目不能見而其中不能有定點若用長短多條試之知其音之高低與條之長短有反比例因無論條之長短其每動之時均須動浪在條內往復二次也一端固定直動之條第一附音之定點距定端爲三分條長之二第二附音之一定點距定端爲五分條長之四又一定點距定端爲五分條長之二此三種動法之式如第八十圖甲乙丙丁戊己亦以虛線指其定點以箭指其浪動之方向

第八十圖

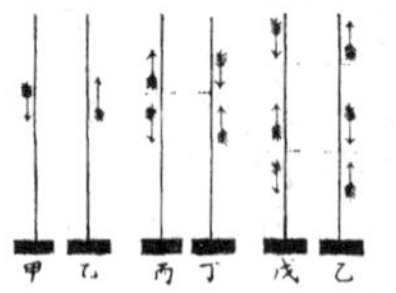

一端固定之條直動而生之本音及各附音之動數亦與一·三·五·七等之奇數有比因丙丁二條成第一附音一動之時必等於虛線上一段長之條成本音一動之時其虛線上段之長爲全條三分長之一故其動數必爲三倍戊己二條成第二附音一動之時亦等於虛線上一段長之條成本音一動之時其虛線上段之長爲全條五分長之一故其動數必爲五倍是以本音與各附音動數與各奇數有比也

用杉木條多根長短不同可作直動之樂器如第八十一圖以手指沾松香粉夾各木條之外而捋之能生高低各音習練多時能使所生音有節奏而成樂

第八十一圖

各質之條固定中點而直動其法用玻璃長管左手執其中右手執濕呢一塊包於管外而捋之音所生之高等於半長之條固定一端所生音之高此因其中點爲定點而兩段分成動浪也又可用器以證之如第八十二圖甲乙爲黃銅條以螺絲甲夾其中點用二線懸象牙小球於架切於條之端如乙以皮一塊沾松香粉包於甲段之外而捋之則見小球往復擺動可知乙段亦動

第八十二圖

而中點必爲定點也

用濕呢包於玻璃管外能見水留於管而震動成多圈西人名撒勿而得者用大力捋之玻璃管能斷碎如第八十三圖玻璃管長六尺徑二寸左手執其中如丙右手用呢緊包其上段而速捋之則下段斷成多圈各圈尚有多直裂

第八十三圖

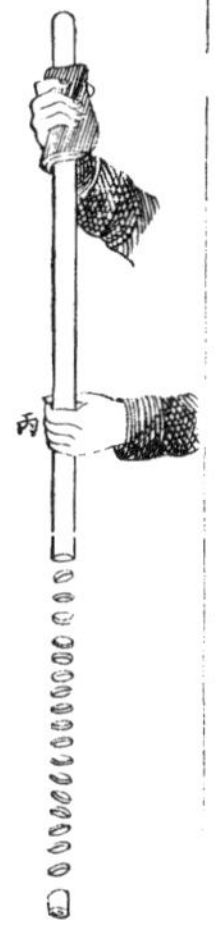

中點固定之條直動而生音之動數與條之長數有反比例條長二分之一則動數二倍條長三分之一則動數三倍固定其中點所生者爲本音固定其各點卽生各附音如第八十四圖甲戊爲玻璃管執其四分之一點如乙用布包其短分而捋之則乙點爲一定點而下端四分之一處丁點亦爲一定點而成三動浪甲乙乙丁丁戊所生之音卽第一附音也其條所成第一附音之高必等於半長之條所成本音之高因第一附音高於本音一調而半長之管亦高於全長之管之音一調也

第八十四圖

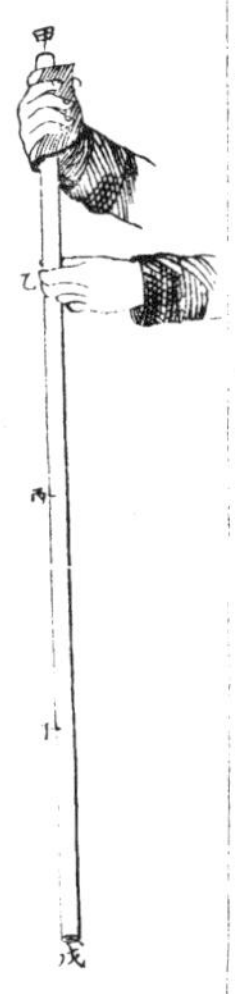

兩端不定之條直動所生本音與各附音之動法如第八十五圖甲乙丙丁戊已亦以虛線指其定點而以箭指其浪動之方向其本音與各附音之動數與一二三四等數有比

第八十五圖

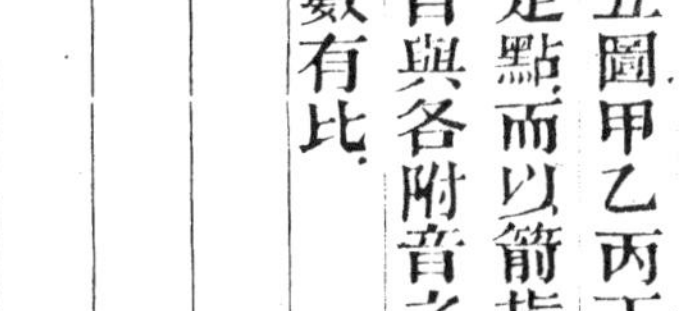

各條直動而生本音之時條內質點動浪最大之處其質點動路最大而不受力漸近定點則動路漸小而質點受

力漸大適至定點則質點不動而受力極大動浪相向定點受擠力動浪相背定點受牽力故兩端動浪一往一復而定點之質則一鬆一緊也

格至之士名比屋者用法見玻璃條之直動今倣其法而更詳之用透光鏡二層其鏡名爲透歧光鏡以電氣之光射之光能透第一鏡而不透第二鏡再以玻璃條置二鏡間而折之則條之兩邊受牽力與擠力之處所透之光兼能透第二鏡條之中線不受力處所透之光仍不能透第二鏡

能見玻璃直動之器如第八十六圖丑爲電氣燈乙爲第

第八十六圖

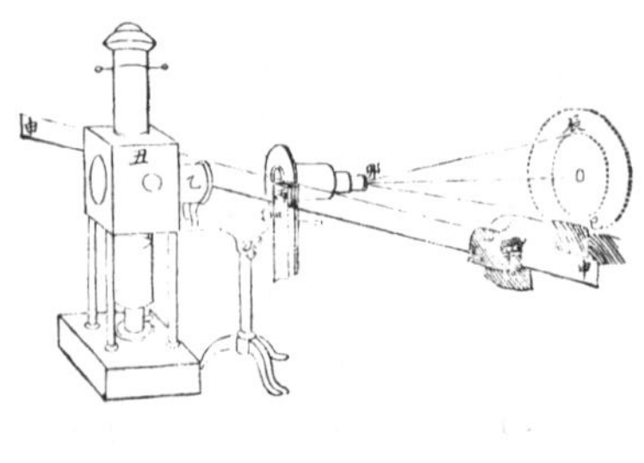

一歧光鏡卯爲第二歧光鏡用玻璃片長六尺闊二寸厚二分寸之一如申申中點夾定於鉗内如内置於二鏡之間中點極近光線用呢一塊包於玻璃片之一段而捋之如辛則玻璃片之兩段成浪動而使中點受牽力與擠力則電氣燈之光能透二鏡而至屏面成

圓形如辰巳玻璃片之直動若停屏面即無光屏面之光雖若恆存實是忽有忽無惟因其改變甚速目不及分耳蓋每動一次玻璃片受牽力與擠力必有不受力之時也再用別法易此二鏡使玻璃片不受力時光能透第二鏡而受力之時光不透第二鏡則玻璃片直動生音之時屏面即無光直動若停屏面即有光與前相反再移玻璃片以申點對光線則玻璃片或直動而生音或動停而不生音屏面之光圓形均不改變以上諸事可爲玻璃片直動之時中段受牽力與擠力而不動兩端往復直動而不受力之證也

木條或金類條欲使直動而生音必用皮沾松香粉包於其外而捋之其動理與玻璃條相同而生音之高低依其質傳聲之速率試將輭硬二種木條其長相同直動而生音其高必不同因輭木傳聲之速大於硬木也將硬木漸漸減短至其生音之高與輭木條生音之高相同則兩木條長之比若兩木質傳聲速率之比

空氣傳聲之速率可擇數十里空曠之地考測而得之木與金類則不能有數十里之長者以便人之考測故定質傳聲之速率非用前法以得各定質之相比再用法以一定質與空氣之實數相比不能得也

放音　用音叉數件以記音器各考其動數先擇一叉每秒二百五十六動者執叉柄於手中而擊之因無所倚傍而音甚小若將叉支對於玻璃筩口之上如第八十七圖

第八十七圖

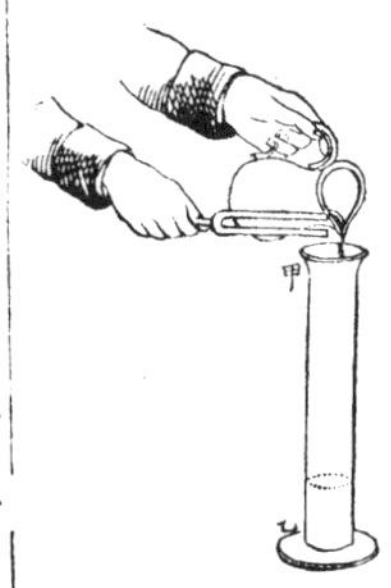

筩深約十八寸如甲乙用壺盛水漸傾於筩內使內之空氣柱漸短音即漸大至空氣柱得相配之長而音極大繼而空氣柱漸漸過短音又漸小至末而甚小可知微音遇相配長之空氣柱則能成極大之音此即名爲放音也後將各叉以同法

試之得音極大之時其筩內空氣柱之長各不相同而與音叉動數相配數愈多而柱愈短如第八十八圖有筩四

第八十八圖

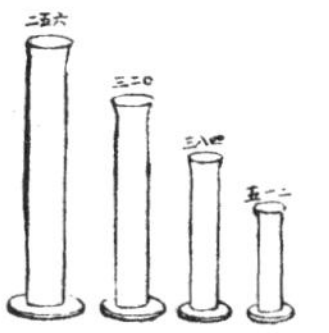

箇各有相配之動數第一筩配二百五十六動第二筩配三百二十動第三筩配三百八十四動第四筩配五百十二動是也

放音之理因空氣質點之動路加大則傳動耳膜之動路亦加大而所覺之音自必大也音叉之盪動與所生聲浪盪動之相關如第八十九圖用每秒二百五十六動之叉

叉之一支自甲點動至乙點時使空氣成聲浪之半故其撼動已至丙此全浪之長爲五十二寸故丙點距音叉約

第八十九圖

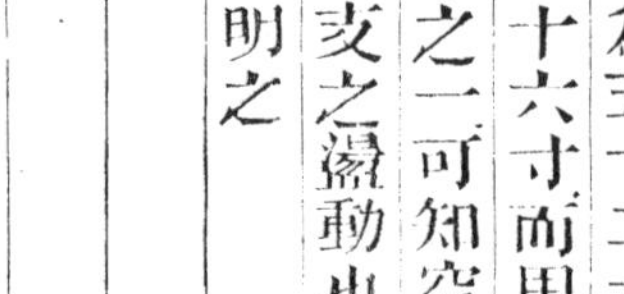

二十六寸而甲之距乙僅二十分寸之一可知空氣之浪動甚大於叉支之盪動也放音之理可以由此明之

放音之空氣柱其長爲聲浪之長四分之一試將前叉與筩乘其生極大音之時停止加水量其筩口至水面之距

必得十三寸即四分聲浪之長五十二寸之一也此爲定例無論何叉屢試不爽

放音之理又可用實事以明之如第九十圖甲乙爲玻璃

第九十圖

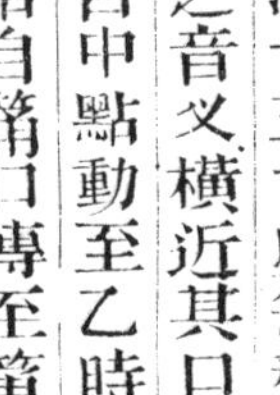

筩深十三寸以每秒二百五十六動之音叉橫近其口而使生音叉支自中點動至乙時壓緊之空氣點恰自筩口傳至筩底此時叉支又自乙動至中點空氣點以凹凸力回行恰至筩口緊鬆適中此即成聲浪之緊層筩深十三寸空氣傳動前行至筩底而回行至筩口必爲二十六寸即聲浪之半長也此

後叉支自中點動至甲時引鬆空氣點以凹凸力恰自筩口傳至筩底此時叉支又自甲動至中點空氣點回行又恰至筩口仍緊鬆適中可知叉之動數與空氣柱之長相配者其動必同時故筩內空氣點之動路愈動而愈大叉之微音因此能放成大音焉

用別種氣質盛於筩內以代空氣其氣質傳聲之速與空氣傳聲之速不同則其筩內氣質柱之長亦必與空氣柱之長不同煤氣傳聲之速與空氣傳聲之速比若八與五比故筩內盛煤氣而同放一音叉之音其筩必深於盛空氣者故以深十八寸之筩仍用前叉近其口音不能放大

也因筩過深五寸若使筩口對出煤氣之口開其塞門令煤氣漸入筩內則音漸大繼而極大已不覺其過深矣至筩內彌滿煤氣而音反小因筩尚嫌淺也再將筩口忽仰則稍有空氣和入而音又大（筩口仰時煤氣之升出甚速每不及覺其音之漸大若用輕氣則更善）

第九十一圖

沙法得刱造妙法以證上理仰置半球形之鐘如第九十一圖以胡琴弓切其邊而移動雖有音而不大次以大筩之口漸近鐘之動處其音即漸大極近而音極大將鐘忽遠忽近則其音忽大忽小而甚奇至後鐘音已甚小而筩近之時放音仍大再用兩端皆通之管而可以伸縮長短如遠鏡之式縮時其長如前筩仍近鐘之動處稍能將鐘音放大再使管漸伸長則音漸大至限而音極大再長而音又漸小在其放音極大之時細量其管知二倍於有底筩之深也

前論手執象皮管而搖動能使管成多彎手若依其彎而動則手所用之力必甚大於不依其彎而亂動者用深杯盛水至半手執而搖動之使手之動依其水之動則覺其杯甚重於亂動之時音叉有放音與此相同音叉之動數

與管之長相配者叉支所受之力甚大於不相配者故叉已動後置於別處或置於不相配之管口可久動不停若叉近於相配之管之口則其動不久即停矣（音叉之動小分成音大分爲體內之摩力所滅而變爲熱）由前各事可得推測氣質傳聲速率之簡法其器有二一爲準音叉二爲記音器先以記音器測得音叉每秒之動數再以音叉求放音極大所配管之深將此深數以四乘之得每聲浪之長再以音叉每秒之動數乘之即得管內氣質每秒時傳聲之遠是以不至曠遠之地亦可知空氣傳聲之速率焉

直動之理及放音之理既明乃知管之所以生音矣蓋管

內空氣成柱直動與定質之直動相同而其所以能直動者乃因放音之理也用音叉二件同時生音其近於與此叉相配之管口其管獨放此叉之音再其近於與彼叉相配之管口其叉獨放彼叉之音無論有多音叉近管口其管仍能擇多音叉中相配之音而放之與其餘各音叉之音不相涉雖用音叉二十件其音各不相同其近於管口管亦能擇相配音叉之音而放之

試用一管內徑四分寸之三人口平對管口而吹之如第九十二圖管口之空氣即成多動浪雖高低各不相同然管必擇其相配之動浪而放之使之成音與多音叉近於管口同理也久之管內空氣之動浪能強使管口吹成之動浪順已而動焉

第九十二圖

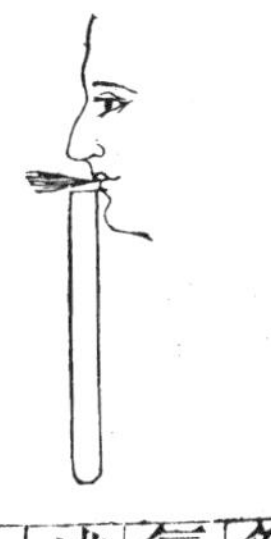

用記音器考測各管所生音之動數知動數與管長有反比例先用二十四寸長之管吹其口使生本音次用十二寸長之管亦吹其口使生本音必高於前一調再用六寸長之管亦吹其口使生本音必高於二十四寸者二調而高於十二寸者一調此其證也

空氣之性輕流柔輭易於順管之長短而往復浪動其動浪之長等於管長然其回行之浪之力必與管口之吹力相關吹力之大小與弦之寬急同意引弦急生音高引弦寬生音低輕吹管口生音甚低者即是本音管內空氣成一動浪而無定點吹力漸大其音初亂而忽清高於本音而為第一附音管內空氣成二動浪而中有一定點吹力再漸大其音又亂而後忽清更高於第一附音而謂之第二附音管內空氣成三動浪而其間有二定點

有底之管成本音與第一第二附音管內空氣動浪與定點之式如第九十三圖甲乙二管成本音管內空氣成一動浪其動如箭之向定點在管底丙丁二管成第一附音管內空氣成二動浪其動亦如箭之向動浪之間有一定點距底三分管長之二戊己二管成第二附音管內空氣成三動浪其動亦如箭之向動浪之間有二定點其一距底五分管長之二其二距底五分管長之四

第九十三圖

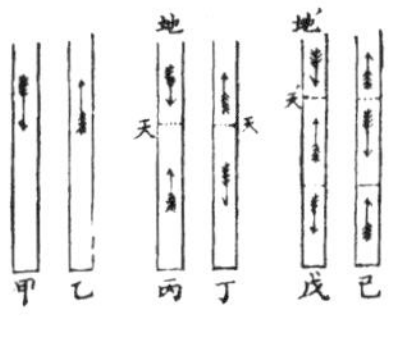

有底之管本音與各附音動數之比可由前例而得之凡動浪以定點為界故動浪之中至定點謂之半浪箇內生音之動數與管內空氣半浪之數有比例生本音時管內

空氣有半浪一管底爲定點管口爲動浪之中生第一附音時管內空氣有半浪三生第二附音時管內有半浪五故其動數即與一。三。五等奇數有比例也

申論其理如前圖空氣在丙丁管內浪動之數必等於有底管如天地二點間長浪動之數天地之長爲三分全管長之一因動數與管長有反比例故其動數必三倍於甲乙管內空氣之動數也空氣在戊已管內浪動之數必等於有底管如天地二點間長浪動之數天地之長爲五分全管長之一故其動數必五倍於甲乙管內空氣之動數也如此推之可知各附音之動數與各奇數有比無疑義

焉

實試其據用二管其長爲一與三先吹長管使生本音再用大力吹成第一附音另使一人吹短管使生本音必與長管之第一附音相合此爲長管之本音與第一附音之動數爲一與三之比之證也古時用多管成樂器如第九十四圖略同於排簫之制

第九十四圖

一端固定之條本音與各附音動數之比例同於有底之管本音與各附音動數之比例

無底之管吹成本音必高於等長有底管之本音一調若無底之管其長二倍於有底之管則生本音其高適同因無底之管其長爲本音動浪之長二分之一而有底之管其長爲本音動浪之長四分之一是以有底之管半長於無底之管其音同高也

使管內空氣成浪動其法不一風琴管之生音因空氣吹出其窄孔之時遇孔口之薄片而震動成多浪各不相同其與管長相配之浪即被管內空氣放大而成音

西國風琴之管法如第九十五圖爲其對中直剖面形風箱吹空氣由酉管至丙處再由其窄孔放出遇薄片即震

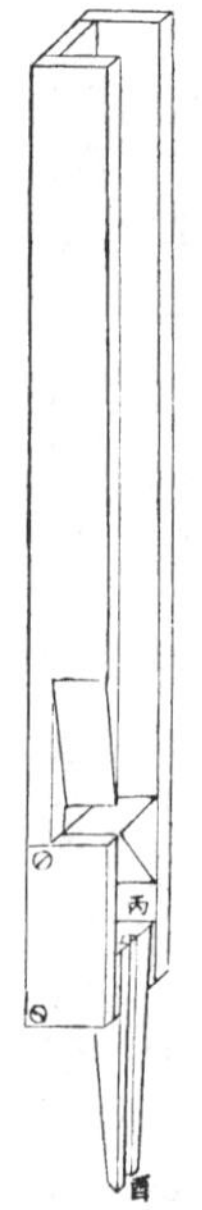

第九十五圖

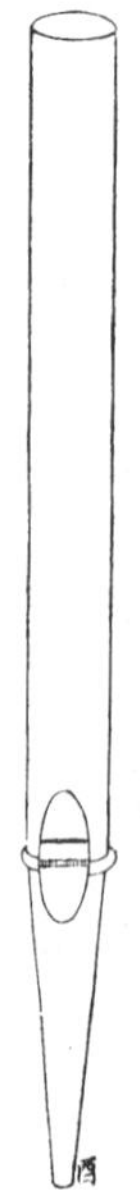

第九十六圖

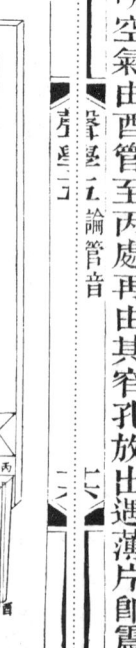

動成多浪而有嘶嘶之音其與管長相配之浪即爲管所放大而成音其管之有底者如第九十六圖與前者等長所生之音低於前者一調

用風琴管相配之音叉近於風琴管窄孔之前如第九十

第九十七圖

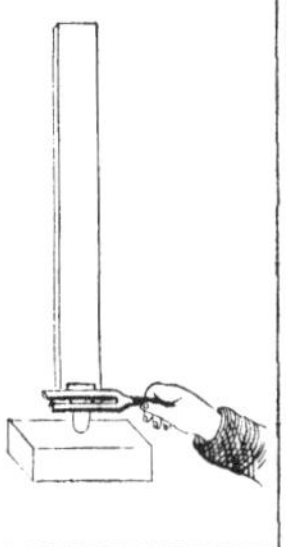

七圖使叉生動雖不吹風入管管內亦生佳音取去音叉而吹管使生音亦與前音叉近之時所生之音相同若用不同之數叉與前叉共近此管之窄孔而俱使生動則管獨擇相配音叉之動浪而放之成音其餘諸叉之動浪近於孔口有嘶嘶之聲而不能成音雖用數百音叉近於管口管內亦止擇其相配一叉之動浪而放之也

音叉之動不能順管內之動浪故音叉與管長不配者管不能放其音惟吹氣入管內遇薄片而成多浪管內初雖獨放其相配之浪然其外出之氣之諸餘浪不久亦為所感而成與管內相同之動浪盡為管所放而成音與音叉有異

無底風琴管生本音之時管內空氣之動法與兩端不定之條直動而生本音之動相同其兩端為動浪正中有定點可以用法證之將薄膜如膜留一層幪於小圈之口置於管內可以上下連以小繩如第九十八圖寅圈外等於管內管之前面鑲以玻璃片使可見其內將膜圈提至上

第九十八圖

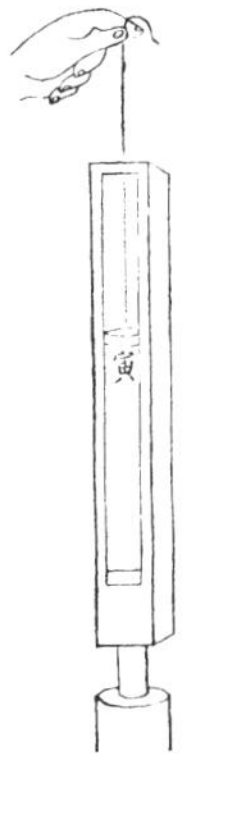

口而吹管使之生音其膜即震動而有小聲可知膜在動浪之內也再將膜圈漸漸放下則膜之震動漸小至管之正中則無震動矣可知在定點之內也再漸放下則膜之震動又漸大可知又在動浪之內也膜上若撒細沙則膜在管之兩端時其沙跳躍而膜在管之正中時其沙不動如此可知管內之空氣在兩端則移動多而鬆緊不改在中點則鬆緊改而不移動試在管之中點作孔用薄膜蒙之內氣緊時抵膜向外內氣鬆時吸膜向內膜動等於管內空氣之動用風琴之管勻作三孔如第九十九圖各蒙以薄膜用煤氣燈之口下連凹蓋而密蓋於膜上如甲乙丙以煤氣自酉管通至戊丁箱而分由小曲管入三凹蓋之內點其三燈火初不動若輕吹空氣入風琴管使生本音則三火俱動而中火最甚煤氣若少則中火自熄二端之火不熄若重吹空氣入管使生第一附音則管內乙處為動浪而甲丙二處各為定點故二端之火大動而熄中火安然不動

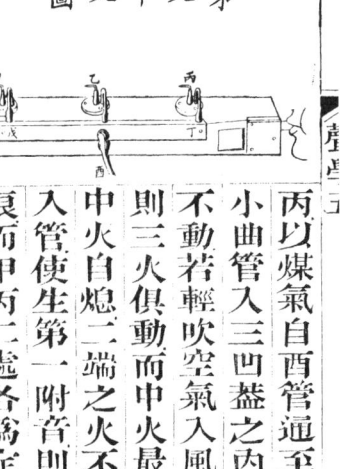

第九十九圖

風琴之管能分之動浪可以多至無窮有底之管有半動浪一半動浪三半動浪五半動浪七等其動數與所分動

浪之數有比例設其本音每秒一百動則第一附音每秒三百動第二附音每秒五百動不能有二百動與四百動也無底之管有半動浪二半動浪四半動浪六半浪八等其動數亦與所分動浪之數有比例設本音每秒一百動第一附音每秒二百動第二附音每秒三百動也故有底之管第一附音又高於本音一調七律無底之管第一附音高於本音一調

無底之管與有底之管各成本音其每秒之動數與管長有反比例

無底之管其內空氣分動浪之法如第一百圖甲乙爲成

第一百圖

本音之動法寅卯半浪之長爲管長二分之一丙丁爲成第一附音之動法辰巳半浪之長爲管長四分之一戊己爲成第二附音動法申酉半浪之長爲管長六分之一此三種半浪之長若一二三之比惟甲乙本音之高等於寅卯長有底管所生本音之高丙丁第一附音之高等於辰巳長有底之管所生本音之高戊己第二附音之高等於申酉長有底之管所生本音之高此三式半動浪之長與一二三有比故

其動數亦必與一二三有比也又知有底之管半長於無底之管各生本音其高相同蓋無底之管生本音之動同於兩箇有底之管相連而正中之定點是其公底也

前言定質傳聲之速率可從其直動生音而考得之再與空氣相比即可得定質每秒傳聲速率之尺數又因無底管內空氣之動法與定質之條二端不定者之動法相同故管與條同長而生音之動數不同即知其傳聲之速率不同也用松木條與風琴管遷就其長短使生同高之音設木條十倍於管長即知松木傳聲速率十倍於空氣傳聲速率也空氣每秒傳聲一千零九十尺松木每秒傳聲

一萬零九百尺卷一定質傳速率表即用此法而得之此法剏自克辣得尼

用諸風琴管各滿盛不同之氣質遷就其長短使生同高之音其諸管長之比例即諸氣質傳聲速率之比例也如輕氣管長爲養氣管四倍而音同高即輕氣傳聲之速爲養氣之四倍卷一氣質傳聲速率之表即用此法而得之

用諸管各盛流質而如前法可得流質傳聲之速率卷一流質傳聲速率表即用此法而得之

用同長之管可依其音之高低定其傳聲之速蓋其生音之動數必與傳聲之速有比如輕氣之音高於養氣之音

二調者輕氣傳聲之速四倍於養氣傳聲之速而動數亦四倍故也
無底管之長等於所生聲浪之半長故用記音器得其所生音每秒時之動數與管長相乘再以二乘之即得管內氣質每秒傳聲之尺數設無底管之長二一六寸內盛空氣二乘之得聲浪之長五十二寸再與每秒時動數二百五十六相乘得一千一百二十尺即空氣傳聲之速管內若盛炭養氣則動數必少管內若盛輕氣則動數必多同法可求得其傳聲之速
定質流質與前理相同亦可用同法得其傳聲之速可知

克辣得尼之理奇妙可貴也
簧管　記音器生音之理因空氣吹過而為所截斷成哼哼之聲甚速此哼哼之聲平勻連續而成音矣簧管之生音與此相同亦因所吹之氣為簧所截斷甚速也
用簧蓋於管之出音孔其簧強者其動能制管內空氣之動浪其簧弱者其動能為管內空氣之動浪所制簧動能制管內空氣之動浪者簧之動數必與管成本音或諸附音之長相配始能生音
風琴管內之長簧如第一百一圖甲為其視形乙為其直剖面形亥亥為長而韌之黃銅簧釘於甲板之長方孔上

第一百一圖

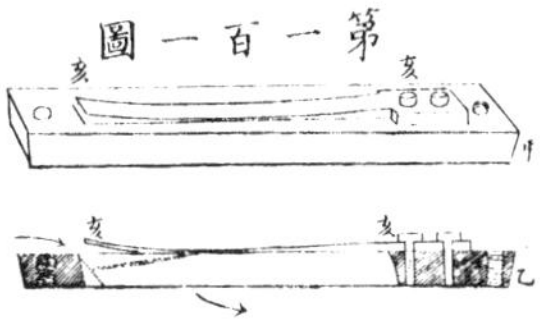

第一百二圖

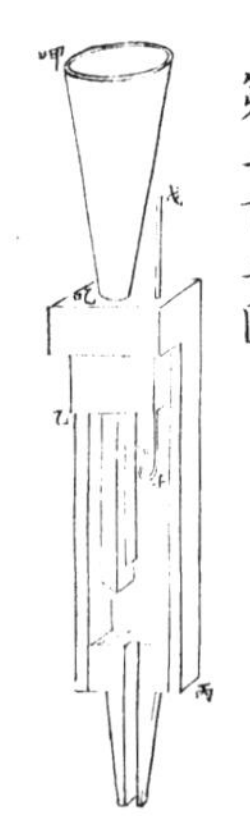

此板與簧在管內之位如第一百二圖前面乙丙鑲玻璃片以見其內簧之動法管之上端有圓錐形管如呷叱有鐵絲一條靠於簧之根如戊壬鐵絲能上下所以改變簧

動處之長短舊法之簧大於板孔故動時每次擊孔邊而生之音濁繼加輭皮於孔邊以受簧擊生音稍清近時作板孔稍大於簧使動時不相擊則所生之音甚佳矣簧之動數與管相配者則音大而且佳然稍有差亦無妨惟差甚多則但有簧音而管不能放之與無簧者同矣
風琴之管若用木簧則弱於銅簧而能順管內之空氣盪動用麥稭一根長約八寸如第一百三圖以小刀距節約一寸劃入再向節削過至近節而止其削出一片可當簧之用麥稭之管能放其音口啣其管而吹之能有低

第一百三圖

音將管割去二寸而留六寸其音加高再去二寸而留四寸其音更高再去二寸僅長二寸其音尤高一簧而能生此四音可知簧能順管內之空氣而動也

嗉吶亦是簧管口有闊簧下有長管人脣夾簧使簧與木間之孔得應當之大吹之則簧動而生音惟此器之附音與筩之附音不同筩為無底之管其本音與各附音動數之相比為一二三四等嗉吶為有底之管其本音與各附音動數之相比為一三五七等放開嗉吶管旁之各孔可得各律之音

有二樂器一名和攏一名巴生俱有二簧相斜而相對空

氣自後吹入和攏之管為圓錐形其各附音同於無底之管又喇叭一類之器以人之口脣代簧之用亦有圓錐形長管其本音與各附音亦同於無底之管古時此種樂器僅以吹力之大小與口脣之鬆緊得其各音喇叭之頸甚小不能吹得本音所起者即為第一附音也近時用進退之各活管使其原管長短改變而能得各律之音

簧管之最妙者為人喉之胃掩胃掩居肺管之上口質為大凹力之薄皮數層能開能閤肺氣吹出胃掩若稍開而急逼即震動生音矣音之高低在此薄皮之寬急而與口張之大小不甚相關惟音之屬則略依口張之大小人喉

出音而此薄皮能閉急則音清越若出音而閉時仍留小孔或皮邊如鋸齒則音濁矣假如喉內能置小回光鏡則說話唱歌咳嗽之時皆可見胃掩之震動其不動時之式

第一百四圖

如第一百四圖人有傷風之病而出音粗啞因有痰粘於管口而不能切也音高之人因皮下無有輭層也有此輭層則皮稍重而動數少故音能低肺管口二皮之妙用其寬急形式中孔之闊窄俱能順人意而改變極速且極準是能極諸音之變而為樂器之最妙者也

昔有莫勒者精究人能出音之理於是剏一器用玻璃管代肺管用象皮二片蒙於管口中留小隙以代胃掩吹氣入管象皮即震動而生音略似人之喉音嗣後黑馬茲亦剏一器如第一百五圖用玻璃管而

第一百五圖

口作兩斜剖面用薄象皮繞於管口之外用線縛緊留象皮一寸出管口之外將指夾象皮以引使張開則得長窄之孔吹氣即能生音音之高低依引其象皮之寬急焉

人口所生喉音之法西國久已考究之乾隆四十年俄國

京都博物會中命題云人之各喉音高低大小相同而仍能分別各音其理安在能解之者贈以財貨有顧辣曾司丁者用數器生音能同於人之喉音而得其贈焉同時奧國京都及嗣後英國皆有人造器而益精其推黑馬玆爲最

用板作孔而蓋以簧吹風過之能生大音次以圓錐形管覆於簧上其音速即大改將手掌平掩管口其音似乎人語若手掌拍管口二次其音如小孩所喚媽媽之音若易短管而同法爲之則似小孩塞鼻而喚媽媽之音可知用簧與管能得似乎人音之音

人之喉管以口內爲管而胃掩爲簧也口內形式最便改變易得簧之本音與各附音所以口可成各式而能得各字之音也將口內空而脣撮自吹喉管而生音即成烏音口式不改以音叉近口前能放一相配音叉之音將口內空而脣稍開喉內生與前同高之音即成奧音口式不改能放又一相配音叉之音而與前音叉不同將口大開而喉內仍生與前同高之音即成阿音口式不改又能放別一相配音叉之音與前音叉亦不同此三叉之動數各不相同可知口內之式各與音叉相配故喉內所生之音高低不改而經過口內則所放者不同矣皆因口內之式不同而或多放其本音或多放其附音不同也惟雖有多放本音或多放附音之不同然所以全音之高低則俱相等人音之高低相同而仍可分別各字者職是故也或本音大於附音或附音大於本音或一附音大於本音與諸附音或數附音大於本音與諸附音或本音與數附音大於諸附音其全音之高低俱未改而音之屬則有不同故全音可分別矣黑馬玆實測此理知人語無論何音必有本音暨諸附音其第一附音動數爲本音之二倍其第二附音動數爲本音之三倍餘類推

成烏音時脣外伸而撮口內因此而長故所放喉內之音本音大而諸附音甚小若無若能稍有第二附音則烏音更清成奧音時脣必侈開故所放喉內之音第一附音大而餘諸音甚小若無若能稍有第二附音與第三附音則音亦更清

成愛音時口內空處稍收小而脣稍侈開故所放喉內之音第二附音大第一附音次之或稍有第四第五附音

成衣音時口內空處更小於前故所放喉內之音第三附音極大第二附音極小第一附音稍大第四附音甚微第四第二附音雖無仍同

成阿音時口脣大開故所放喉內之音第四第六附音極

大第二附音小第一附音或無
由此可知人音之理略與光之三色能配成諸間色之理相同青色合紅色成紫色青色合黃色成綠色各音配合而成諸屬之音亦此理也黑馬茲倣此理而用多音叉合成各屬之音能同於人之諸喉音
人聽一音而難分別其本音者因有極高之附音和於其內也試用大音叉在相配之空箱上生音其音極大人立其旁而出烏音使其高與叉音相同則音相和高若稍改音即混亂而不和人音自烏音改至奧音聽之覺高於烏音其實未有少改而仍能與叉音相和不過因其第一附音加大也再自奧音改至衣音聽之亦覺甚高而實未改僅因其別附音加大而已歌者唱極高之調甚難出烏音又先出甚高之烏音嗣出衣音又能更高因此理也
玻璃管兩端不定而直動如生本音則兩端之動浪將中點相擠相牽若玻璃管內盛空氣封其兩端而直動管內空氣亦必成動浪設空氣傳音之速等於玻璃傳音之速則管內空氣與管體必成同式之動浪惟空氣傳音之速小於玻璃傳音之速所以管內空氣必分成相配之多動浪布國京都博物士根德者使人可見管內空氣之動浪用玻璃管長六尺內盛背陰草子而搖動之使粘於管之內面成一層將管之兩端封塞人手或器夾定管之中點以濕布包管外而捋之則管內細粉間斷落下其式如一百零六圖其各圈為定點條紋之黑處為動浪

第一百六圖

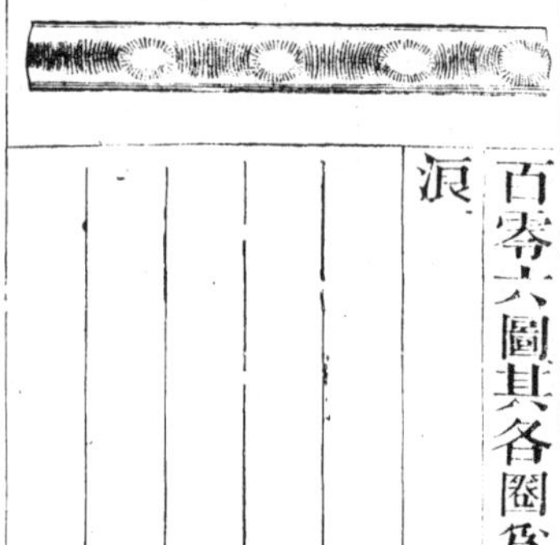

管內空氣分成多動浪與弦連於音叉端而分成多動彎相同弦之分成多動彎者因若依叉之動數而成一彎則弦太長也空氣之分成多動浪亦因若依玻璃管之動數而成一浪則管內空氣太長也其空氣動浪之數與玻璃管動浪之數比若空氣傳音之速與玻璃傳音之速反比凡動浪二定點之相距即聲浪之半長凡音傳過半浪之長無論何質其時相等玻璃管成一動浪而管內空氣成十六動浪（圖內為全管四分長之一）則空氣動浪之長必為玻璃管動浪之長十六分之一因知玻璃傳音之速必十六倍於空氣也玻璃管內盛諸種氣質皆可得氣質傳聲之速與玻璃傳聲之速之相比管盛輕氣所成動浪必少管盛炭氣

動浪必多
已知空氣傳音之速與細粉動浪之長可以反求空氣每秒之動數設細粉動浪之長三寸則聲浪之長必六寸尋常熱度空氣傳聲之速每秒一千一百二十八尺可容聲浪二千二百四十六即每秒時之動數也

執定管之四分之一點以布包而捋之管即成三動處與二定點其所生之音必高於執定中點所生之音一調而動數為二倍故管內細粉必成三十二動浪管內用別種氣質其理相同試用玻璃管四箇各長六尺一盛空氣二盛炭氣三盛煤氣四盛輕氣管內各加細粉一層用布包

而捋之使成二定點則管內細粉所成動浪之數如左

空氣	三十二	炭氣	四十
煤氣	二十	輕氣	九

諸氣質傳音之速與其動浪之數有反比設以空氣之速為一得餘三氣之速如左

炭氣為四十分之三十二等於〇八
煤氣為二十分之三十二等於一六
輕氣為九分之三十二等於三五六

卷一氣質傳聲速率表係杜那用風琴管盛諸氣質以放音法而得其數以炭氣為〇九七輕氣為三八與此稍不

同惟其法繁難不如此法之簡便用多玻璃管盛諸氣質與細粉兩端密封可以久存多試得數自更確也

即法得見管直動時其定點之線成螺絲後有西倍克考其說之證知其螺絲緣隨管直動之小橫動而成細粉成螺絲則不清楚故又設法以免之用一管成直動而另一管盛氣質與細粉直動之管入於此管之內如第一百零七圖盛氣質之外管長七尺內徑二寸一端有活塞如乙

第一百七圖

一端有輭木塞如子子塞中有孔內管呷甲由此插入甚緊其甲端有冒在外管之內相配而稍鬆使震動而往復時無有磨力外管甲乙之間盛空氣與細粉以濕布包內管在外之段而捋之則內管直動而使外管甲乙間之空氣成動浪細粉在定點處聚成橫線因空氣柱甲乙之長半於甲呷玻璃管之長故玻璃管成一動浪空氣必成八動浪如空氣柱與玻璃管等長則空氣柱成十六動浪與前相同以或木或金類之條易內管而用布粘松香粉包其外而捋之可以求得其質與空氣傳聲速率之相比闢德用此法試驗黃銅鋼玻璃紅銅而得甚準之數先用黃

銅試三次以空氣傳聲之速爲一得黃銅傳聲之速如左

第一次十〇八七　第二次十〇八七

第三次十〇八六

後歷試二十七次每次詳測細粉橫條之相距得二十五分寸之四十三至二十五分寸之四十黃銅條長與橫條相距之相比即黃銅傳聲之速與空氣傳聲之速之反比也

試驗鋼條得其與空氣相比之數如左

第一次十五三四　第二次十五三三

第三次十五三三

試驗玻璃得其與空氣相比之數如左

十五·二五（玻璃傳聲之速各種有不同此爲一種玻璃之數也）

試驗紅銅得其與空氣相比之數如左

十一·九六

此法所得之各數略同別法之各數活添試得鋼條傳聲之速與空氣傳聲之速之相比爲十五·一八紅銅爲十一·一七與前數有微差然其差恐因同是一物而質性亦微有不同也

空氣柱之長不可以聲浪之長度之者則空氣亂動而細粉聚成之形如第一百八圖惟管之活塞可移動而遷就空氣柱之長短故可使空氣成動浪與空氣柱之長相配而細粉能聚於諸定點如第一百九圖其活塞乙（如前第一百七圖）爲定點而成細粉一堆於此內條之端甲亦成細粉一堆可知生動之點亦似不動者其理甚奇

第一百八圖

第一百九圖

生動之點似乎不動闞德僅言其所見而未論其理然以前說可解之凡動浪之間雖謂之定點實有微動（見卷三）惟

其微動能使動處之質點成極大之動闞德所試之管亦即此理其兩端雖爲定點亦有甚微之動能使動浪中氣點之動加大即能成甚長之動浪又使前行之浪與回行之浪在其間再有定點若所成動浪之長可度空氣柱之長者則使動浪內氣點之動更大而其力能將細粉盡聚於定點也密而德用音叉放音之法音叉爲生動之點亦爲定點與此同理

黑馬茲又剏一試法用每秒五百十二動之音叉以其根切於準音器（第二十九圖）之弦上初不生音次漸移至三十分之點忽生大音可知弦之寬急長短恰與音叉之動數相

配故音叉之動可自弦傳至準音器箱之木板而傳至空氣也再將其弦收急而叉柄仍在原處音即不生因弦收急則與音叉相配之動彎必更長也故將叉柄移至三十六分點而又生大音弦再收急則移至四十分點而生大音弦或放寬則叉柄或移至二十五分點而生大音惟其放寬收急必依定限再將叉柄移至三十五分點又不生音弦若漸收至與音叉之動數相合即生大音但將合未合時音小而另生交音其交音之理另詳於後

音叉之柄所切弦之點恆在弦內動彎間之定點此與前象皮管同理亦與前言管內之空氣同理其所謂之定點俱有微動而生動處之動也

附記放音　山內石洞並周圍有大石之坎必有放音人盡知之愛司蘭地之山洞其口之左近有噴熱水與氣之孔噴時洞內有音如雷瑞士國之瀑布水近於石坎之旁坎內放其音亦甚大如雷凡以螺殼覆於耳能放空氣內之微動成音如海浪又人耳外管亦能放音用線繫鐵條以線端入耳管內提鐵條以撞別物其音如撞大鐘黑馬茲云人耳外管不塞管口可放每秒三千動之音日耳曼國女士西拉考知狗聽作樂而叫而跳者因樂音合其耳管而放至甚大也

聲學卷五提要

一銅絲鐵絲兩端緊繫以布包其外而捋之絲內質點即順其長而直動可成一動浪或成多動浪動浪間有定點

二銅絲兩端緊繫直動而生音其本音與諸附音動數之比若一·二·三·四等之比

三直條兩端固定者其直動之例與兩端繫緊之銅絲相同因其生動之力均賴體質之凹凸力也

四直條一端固定而直動條內質點亦可成一動浪或多動浪動浪間有定點其本音與諸附音動數之比若一·三·五·七等之比

五直條兩端不定而直動其生本音之時成二動浪而中有一定點其生諸附音時有成二·三·四等動浪其本音與諸附音動數之比若一·二·三·四等之比

六一端固定之條其諸音動數之比若一·三·五·七等之比兩端不定之條其諸音動數之比若一·二·三·四等之比

七條內質點動路最大之處其質之疏密改變最小其質之疏密改變最多之處（即定點之處）其質點動路最小以透過岐光之法證之

八音叉生小音其動數與相近處有底管內空氣之長相

配者則管內之氣能將乂之小音放至甚大此名放音
九有底管內放音極大者空氣柱之長爲音乂所成聲浪之長四分之一
十管之能放音因乂之動數與空氣柱之長相配而乂之每動能與空氣柱之每動同時故也
十一橫吹有底管之口管口空氣動成不同之多浪管內空氣柱能於多浪中擇得相配之浪而放之成音
十二其所成之音與前所放音乂之音相同
十三有底管內空氣柱之生本音與諸附音其所分之動浪與一端固定之條相同其動數之比亦若一·三·五七等之比
十四風琴管之生音以空氣自窄孔吹出遇薄片而成多浪管內空氣擇其相配之浪放大而成音
十五不用氣吹而以音乂對管口亦能生音因吹氣與音乂俱不過使成動浪故管內空氣柱放大之而成音無相異也
十六無底之管其長等於有底之管則無底之管所生之音高於有底之管所生之音一調二種管口空氣之動法不同故也
十七有底風琴管生本音時管內空氣柱無有定點無底

風琴管生本音時在正中有定點故無底之管如二箇有底之管相對而正中爲公底也是以無底管所生之音必與半長之有底管所生之音同高
十八有底管之長等於所生聲浪之長四分之一無底管之長等於所生聲浪之長二分之一
十九無底管內生本音與諸附音其空氣所分之動浪與兩端不定之條相同其動數之比亦若一·二·三·四等之比
二十有底管無底管生音之動數皆與管長有反比例
二十一管內空氣質點動路最大之處其質之疏密改變最小其質之疏密改變最多之處（即定點之處）其質點動路最小
二十二氣質流質定質諸種傳音之速可自同長之柱以生音高低之比例得之或自同高之音以柱之長短之比例得之
二十三管孔或用甚薄而有凹凸力之簧蓋之空氣吹過其簧即震動而將空氣截斷成撲撲之聲與記音器同理
二十四簧之柔者能順管內空氣柱長而動故無論如何俱能生音簧之剛者不能順管內空氣柱而動故其簧

之動數必與管長相配者方能生音
二十五以簧加於管口可使生音同於人之喉音
二十六人喉生音之器即是簧管之理以有凹凸力之皮爲其簧以口爲其管其皮在肺管之口名爲胃掩成長窄之孔且能開闔以配所欲生之音
二十七喉內胃掩之動數雖不能順口內之式改變而改變然口內之式改變則可任意放大胃掩所生之本音或某附音
二十八各人言語其音之高低雖同而仍可分別某人之音因口內所放之本音與附音配搭不同也

二十九人之各喉音之不同因口內所放之本音與附音配搭之法不同也
三十一端封塞之管或兩端皆塞之管內盛空氣而使直動則管內空氣亦震動預用細粉鋪於管之內面動後易見動浪分成之各定點由各定點之數可知管體傳音之速與空氣傳音之速之相比
三十一管內盛各種氣質可得此氣質傳音之速與管體傳音之速之相比
三十二以定質之條入於管內幾分之一使條直動管內空氣亦成動浪而分成各定點亦可由細粉而見之由此各定點之數可知空氣傳音之速與條體傳音之速之相比故凡定質可成條而能直動者皆可用此得其傳音之速矣

聲學卷六

英國　田大里譔

英國　傅蘭雅　口譯
無錫　徐建寅　筆述

此卷論摩盪生音

兩物相摩必生動其每動之歷時必相等而平勻如馬棕沾以松香與引急之弦相切而移動卽生平勻之動而成音手指沾水切於玻璃大杯之口而移摩亦生平勻之動而成音溢流質於器內使之由小孔放出亦摩孔口成平勻之動而生音撤乏

第一百十圖

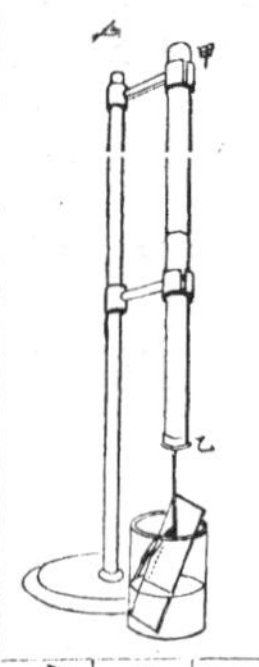

得剏造一器如第一百十圖甲乙爲玻璃管下端有銅底底中有圓孔徑等於底厚固塞之滿盛以水拔去其塞使水流出能生佳音此因水流出孔口之小動爲管內水柱所放大而然也茶壺傾茶煙通發煙其所出之茶與煙之柱形亦將摩口之小動放大而成大震動是以煙之發出成勻列之諸圈也轉動之機器添油缺少而生音亦因相摩迭收放而成平勻之動也

氣質相摩其理亦同礮彈穿空氣而有音大風吹摩樹林之枝而生音瀑布急流摩空氣而生音燭火忽移摩空氣而生音口氣輕吹燭火亦相摩而生音凡此數者俱是有

平勻之動故也管口有多動浪管內氣柱能擇其相配之動浪而放之成大音因此理而管能放燈火之動成音也化學內之輕氣燈上罩長管內之空氣柱能擇其相配之動浪而放成大音其別動浪漸滅而燈火乃順此動浪而震動久之而其動甚大致火爲所滅

煤氣燈上罩以長管亦能生音用空心煤氣燈燈嘴之周有小孔二十八煤氣由此吹出點著之後用薄鐵管長五尺徑二寸半罩於火上其火初時亂動少頃卽順管而動管內放其動而成甚清之音其動數略依火之大小試漸關其進氣塞門音初漸亂而停繼而另生一音高於前音

一調卽管之第一附音也

再用更大之管試之如第一百十一圖甲乙爲管長十五

第一百十一圖

尺徑四寸申申爲下架所以扶管使直立空心煤氣火入於長管下端之內丙爲空心氣煤燈放大之形欲其易明也稍放煤氣而點著之則初時亂動少頃而火順管內之

動而成大音。多放煤氣使火漸加大則動漸大而管內所生之音亦漸大。繼而極大久之而火忽熄此因至此時而火之動再不能强順管內之動。是以火爲管內之氣所吸而熄也少放煤氣而點著之則成甚小之火而另生一音高於前音一調。爲第一附音使火再小則又另生一音爲第二附音使火忽大則復生本音。而本音內兼有此二附音如煤氣之火極大則管內生極大之音能使房屋振動。火再大至爲管內之氣所吸熄之時聲如放鎗高煙通之下生火而有音。即此理也。

設用八管長短不同管下各點相配之煤氣燈使之生音。其管長者其音低其管短者其音高。各管之長若與各律之音相配則成樂器用紙作管。套於玻璃管上端如第一百十二圖紙管上時其音低紙管下時其音高可制火順管內氣質之動數而管內氣質之動數皆順管之長也。

第一百十二圖

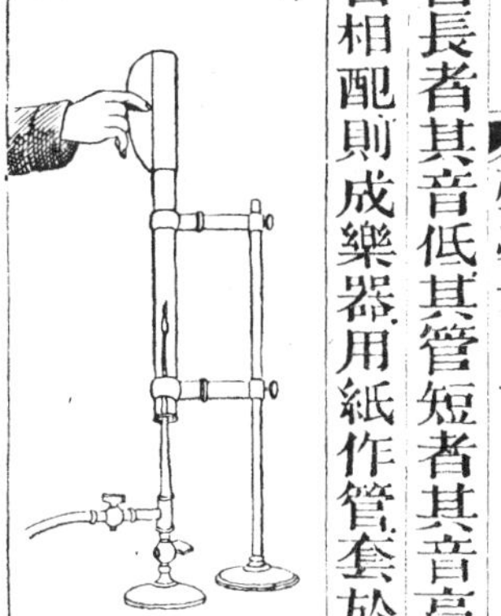

仰觀恆星之光常覺其盪動。星卑者更甚有時色亦有異。登高山而觀之每見大恆星之光忽變紅色忽變綠色甚濤以平面回光鏡對星而忽然旋轉則見鏡內有光帶而斷續如貫珠。又用雙遠鏡觀星而搖動之所見亦然可知星光之來也非相連而有斷處光珠間之黑節即光之斷處也用管放煤氣燈之動浪而生音之時以回光鏡或遠鏡對其燈火移動而觀之所見與星光相同。回得司頓初試此事用輕氣燈其式如第一百十三圖。

第一百十三圖

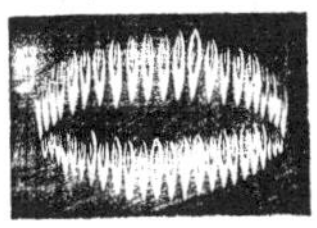

再用動數少而更大之火試之光暗尤爲明晰其器如第一百十四圖甲乙爲玻璃管長六尺徑二寸己爲煤氣火在管下端之內管外有黑皮包裹使不透光獨於火處作孔孔前置回光凹鏡可以回其孔內所出之光於屏面鏡之架柱可以旋轉極速若管內不生音之時將鏡轉移則見屏面有光帶而無斷處若管生低

第一百十四圖

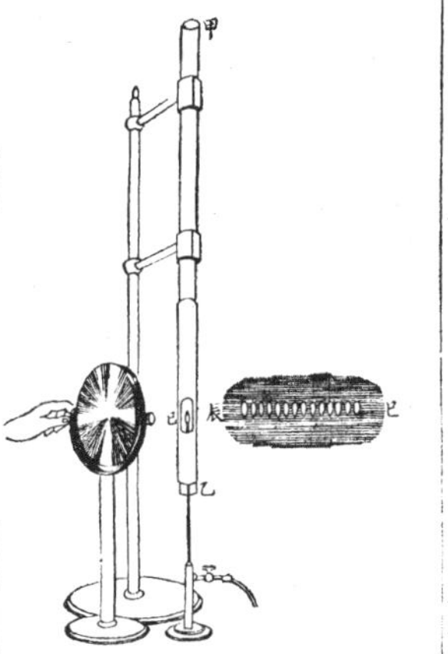

音而將鏡轉移則見屏面有多光點如辰巳鏡轉更速各光點相距更遠其故因煤氣火爲管內空氣忽推而忽熄忽燒也已熄而復能燒者因當時相近之空氣尚熱也用記音器可以考此火之每秒時熄若干次使記音器生音與管內之音同高歷一分時計其器內轉過之孔數卽火熄之次數

燈火雖能强順其管而動然火之大小與管之長若甚不相配則管內空氣或反順火而成別音或不順火而不生音如前言火初減小而音停再減而生附音是也若火在管內生本音後易以半長之管卽不生音因火不能順管

而動也將塞門漸關使火減小則生音高於前音一調仍易長管則生第一附音與短管之音同高用輕氣燈試之更好

以火生音昔已有之惟不及今之精前九十四年喜更士以輕氣之火生音前六十九年克辣得尼以火生音知音高與管長相比又生第一附音與第二附音是年的辣利天以有泡之玻璃管如寒暑表之式而管稍大泡內盛水一滴加熱而使水化汽其汽忽漲至管而忽凝凝時忽縮而能生音故誤爲火之生音亦因忽漲忽縮也前五十三年法辣待以火生音其管內之熱大於二百十二度又用炭養氣之火

亦能生音炭養氣之火內毫無水氣以此證的氏說之誤也

布魯斯國京都人沙夫告處以小管在煤氣火之外生音人唱與火音同高之音見其火盪動再使管生附音人唱與前高之音而忽大則火忽滅

咸豐八年田大里聞此而依法試之另得數新事當時沙氏亦得數新事彼此不謀而合知火之盪動因人音與管音之高微有不同也可用記音器證之以器置於管旁初生低音而漸高火卽盪動再高而動慢至同高而不動再高而火又動愈高而愈動速

用音叉生音與管音同高其火不動稍以蠟粘於叉支其音必減低而與管音有停留之狀將叉近火火卽盪動其每分時盪動之數與二音之停留相同將此音叉近於相配有底管之口可見其火之盪動與所聽音之停留相同蠟若加多減少則其盪動每次不同惟所見與所聽者必相同

有時火在管內不生音人唱與管長相配之音而管卽生音用長十二寸之管套於火外下端距火約一寸半人唱與管長相配之音其火搖動而管不生音將管放下至下端距火約三寸管卽自生音將管起上至下端距火二寸

又四分寸之一管不生音人唱與管長相配之音其管卽生音可知此管與火原能生音惟不能自起有人引之卽隨而生音矣用記音器或樂器亦可引之又用數管長短相同可以互相引起而生音

煤氣火外不套管圍抱者亦順別音而能變改英國汽車有魚形之煤氣火者車停之時火之上端平齊車行之時火中有尖伸車停時而輕擊火之玻璃罩火中亦有尖伸知其尖伸因有音也

美國人立根得初以煤氣魚尾形火能因外音而改變之事印於書中其略云夜中在有煤氣燈之房內作樂見魚

尾形之火變動與樂音相關大胡琴出大音或吟鬧時其變動更甚至後別處之燈減少此房燈煤氣之噴力加大其變動亦更甚故知火之順音而變動因煤氣有不燒盡也（此事前十三年印出）由此可以推廣之在燭火之旁大聲叫喚或雙手重拍火不變動以吹火筩吹燭火使火減小使所生之氣不燒盡而在火旁有大聲火卽跳動或熄化學內之煤氣吹火燈不吹空氣時雖近處有大音不能變動稍吹空氣使火之形如第一百十

第一百十五圖

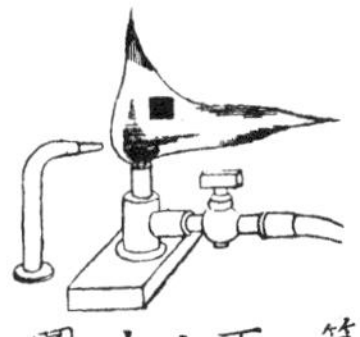

第一百十六圖

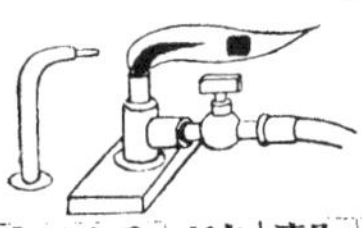

五圖則近處久有音火卽盡向前如第一百十六圖音停而仍還原形

第一百十七圖

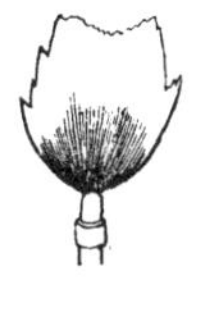

第一百十八圖

用煤氣燈魚尾形火其火亮而不動如一百十七圖旁有大音火仍不動用吹火筩向其平面而吹之使火成二半旁有一音火卽一跳拍桌一聲火之二半忽并而暫復原形

仍用魚尾形火初不能因別音而變形漸開塞門多放煤氣至不能燒盡在近處有音火甚盪動成多

刺而有音如第一百十八圖音停而火還原形則火音亦停

用煤氣燈蝠翅形火如第一百十九圖雖近處有甚大之音毫不變動多放煤氣使加大而近處有大音火稍變動再多加壓力（煤氣之壓力不足可另盛於大袋內而加大力壓出之）相近處有音則火成多刺而有大音如第一百二十圖別音停後其火仍還原形

第一百十九圖

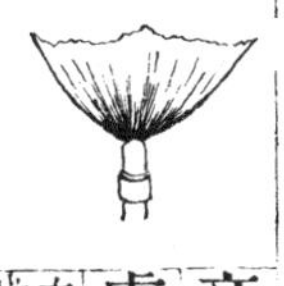

第一百二十圖

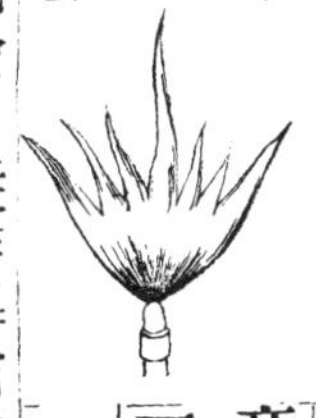

惟試驗之時難得前言之狀昔曾在一房內有煤氣燈二

其一能動其一不能動次關彼燈之塞門使其煤氣并於此燈則不能燒盡而能動又能生音將此燈之塞門漸關使火如常旁有別音而火不動再將塞門開之使煤氣多而不能燒盡其火亦不動再點彼燈仍是一能動而一不能動此理不可解後又將燈管與孔改大二燈俱能應相近之別音而動

田大里門人巴里得見煤氣舊燈管口僅有一孔其火甚高而尖擊銅圓板而生音時其火忽低倣式作數燈而管與塞門加大則各燈之火能應各音而動其火長至十八寸頂上多發濃煙旁有一大音火即忽短至九寸且無濃

煙而光益亮火之長者可在旁有音而使減短火之短者可在旁有音而使加長用兩大管通煤氣以生火其一長

第一百二十一圖

第一百二十二圖

第一百二十三圖

第一百二十四圖

第一百二十五圖

而直頂發濃煙如第一百二十一圖其一短而叉發光甚大如第一百二十二圖在近燈之處生一音則長而直者變成短而叉如第一百二十三圖短而叉者變成長而直如第一百二十四圖又第一百二十五圖第一百二十六圖亦是此

第一百二十六圖

理

煤氣之火被別音感動之時亦能旋轉氣孔甚薄者其火成薄片高十寸闊三寸頂上有多刺近處有吹音時火片旋轉九十度音畢而復原形

用洋鎗火門之最小者爲煤氣燈之口可試其火初不順音盪動後能順音盪動煤氣之壓力愈大火愈能盪動大極而火自能生音火高四寸不能順別音而盪動火高六寸仍不能順別音而盪動火高十二寸稍能順別吹音而

盪動火高十六寸能順別吹音而大盪動火高二十寸無有別音而火自能盪動即自欲生音也再稍加壓力使火稍高則忽自生音而忽減至高八寸再稍減壓力使火仍高二十寸而自盪動若旁有吹音火即忽生音而忽減短與稍加壓力相同

煤氣火生音之時燈口內之煤氣必盪動反之燈口內之煤氣盪火必生音因空氣內聲浪之動能使燈口之煤氣盪動故與加其壓力相同由此可知尋常煤氣燈之能生音俱因其壓力過大也蓋壓力大則在燈口內之摩力亦大摩力大至其限則生音而火盪動至將自生音之際空

氣稍盪動,則火亦順之盪動而生音也此理昔未有人言之者

音之動數必與煤氣在管口內面相摩之動數相同其火始能順之而盪動甚細而高之火管口內面摩力所生之動數必極多故欲使火能盪動其音必甚高也用生音大而清之音叉四箇為每秒二百五十六動三百二十動三百八十四動五百十二動者火毫不動若使此四叉各生附音而得每秒一千六百動二千動二千四百動三千二百動則火即能順其音而動音高者火之動大

椎擊於銅板其火微動擊於鐵砧火動更速更猛鐵砧能

多生高附音故也

用鐘與管如第九十一圖生音其火不動以錢切於鐘面則生之音高而火能盪動錢每切鐘面火即短而生音以發跳之法使椎急擊小鈴生高音距火雖稍遠其火自二十寸忽低至八寸而上下甚速

從此可知空氣傳音之速每擊鈴成一音火即立刻同動也音若相連甚速則火之兩旁生多尖而其高與廣形似不改如第一百二十七圖鈴生音時火之形如第一百二十八

第一百二十七圖

第一百二十八圖

圖有音之時其火實伸長縮短觀之似不動者其動甚速而目不及分也

用司低亞兒特料作單孔燈其火可長二十四寸旁有小音火亦變動以椎擊鐵砧火減至七寸以鎖匙一串搖動火即盪動生大音人在房內行走或裂帛或雀鳴火俱減短人在相距百尺之處唱小音火即減短而生音然其火之應別音而動各有不同有不動者有稍動者有大動而似有知覺者

甚高甚直甚亮之火如第一百二十九圖在相近處以鎖匙一串搖動火忽減去甲乙一段而所餘之火如第一百

第一百二十九圖

第一百三十圖

三十圖其光亮減至甚淡

此火名曰喉音火人唱各喉音火所減之長短不同準前說見卷五各喉音之不同因本音及諸附音之大小不同而此火所減之長短不同即此故也人出烏音雖大其火不動人出奧音其火稍動人出衣音其火大動人出阿音其火動尤大設未知喉音之理則見此形狀不能解釋既知喉音則可知阿之附音高於衣衣之附音高於奧奧之附音高於烏因其火甚長故音愈高而變動愈多也是以雖

遠離其火而出司音火亦大變動因煤氣出口生之音略
同司音故也如空氣在別器內噴出而生司音其火亦能
減短

用諸種氣質在小孔內噴出其事亦相同惟不能見若欲
見之必用別法將玻璃大漏斗以薄皮緊蒙其大口而盛
白煙擊其薄皮則內煙成圈因空氣盪動所成也用極濃
之煙自煤氣之燈小孔噴出則依相近處音之高低而其
煙成叉形或柱形其法用藏氣罩內有小杯二一盛鹽强
水一盛淡輕水則多發淡輕氣存於罩內其色濃白可與
煤氣或炭氣或輕氣相和而自司低亞兒特料之煤氣燈

聲學六

孔噴出在其旁吹管生低音或高音或椎擊鐵砧其氣皆
不動另用一管生不高不低之音其氣即減短而加闊可
知能感動此氣之音必低於感動煤氣之音也且氣之減
短能多於煤氣火其氣柱長十八寸者為音所感動能忽
減短至長一寸若在作樂之時則其氣柱依各音之高低而長短不同如第一百三十一圖之式惟試此氣時須毫無風吹若試煤氣火時則稍有風亦無妨也

第一百三十一圖

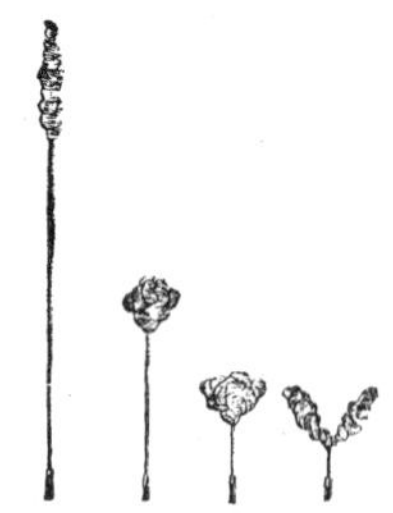

司伐得試知水之自小孔流出非相連而斷續成多小球
用大器盛水置於高處底穴小圓孔使水流出見之成柱
形而分為二分上分直如玻璃條下分之徑則有大小其

第一百三十二圖

形如第一百三十二圖甲為出水之孔自甲至卯水柱之
大小相同自卯以下則大小不同觀之若相連實是成多
球下墜而不相連以指屢次速過其內有時溼有時不溼
所以上分不透光而下分透光也用水銀代水亦相同其
下分之能透光者因小球間有空處也各球落下甚速上

聲學六

球落至下球處之時不及十分秒之一故目不及分而似
乎相連也若目視卯點而身忽低則見下分為多小球或
水柱在黑房內用電燈忽發閃光則每發一閃見各小球
停而不落其式如第一百三十三圖可知其下分之大小

第一百三十三圖

不同者因其小球之形改變也蓋流質之性初成長球必
自變成圓球已變而有永動性必再變成扁球扁極而仍
回成圓球與擺同理也又云各球之間尚恆有小滴隨之
水柱分球之故大略亦因水在孔內相摩而生動所成故

近處有音能使上分變長變短在城鎮之內則音多而上分不能長如前第一百三十二圖在安靜之處上分能甚長如第一百三十四圖水球之分成小球原自孔內而生故上分內亦可見凸出之各圈也噴出之壓力若大則各球相隨成音若落於蒙緊之薄皮上可定其音之高低因可知水柱火柱氣柱之相關矣

第一百三十四圖

司伐得又以水橫噴或斜噴其噴水小圓孔在薄板之內同於司低亞兌特之煤氣燈用管通於盛水之大器引其

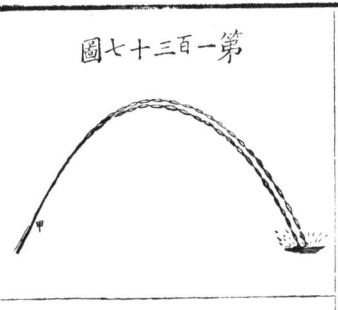

受大壓力之水噴出有二支或三支若向上斜噴則水成拋物線如第一百三十五圖距孔不遠水已分成多長球

第一百三十五圖

第一百三十六圖

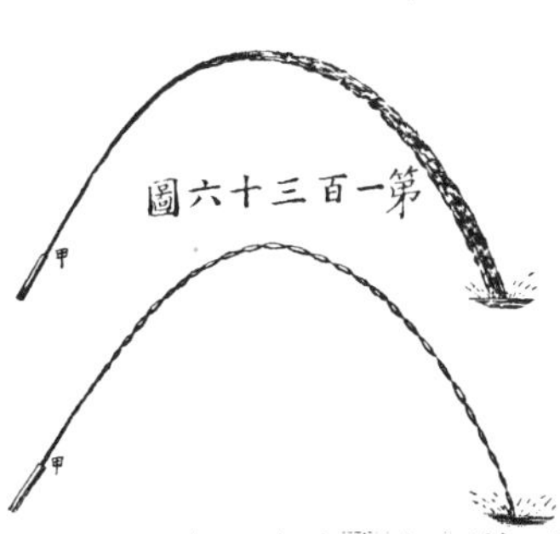

其行尚不速而自能分之在拋物線頂各球散開至一寸之闊再遠而更闊若以音叉生音或吹管生音或唱高音距水至百尺之遠其生之音俱為每秒五百十二動者則水內各球收成一條如第一百三十六圖音停之時水仍散開復原形

音內若有交音浪其水條亦變動用音叉二其一每秒五百十二動其一每秒五百零八動依後理（見卷七）此二叉每秒當有四交音浪每有交音浪而水條散合一次將叉安於遠處之桌上且使交音浪小至耳不能覺其水條仍散合可知水條之知覺更靈於人耳也（此二音叉若置於噴水器上耳不聽叉音水條亦有變動）

附電氣器以銅絲連於積電氣瓶使發甚速之電閃安於極黑之房內以此電閃照於水條則各球散開之時成甚亮之小球收聚之時成串如貫球若稍搖動其通水之管

則貫珠彼此相繞

使水噴出成二支如第一百三十七圖再分成多支亦與此同例用電閃以觀之甚善

第一百三十七圖

聲學卷六提綱

一用管套於煤氣火之外則管內空氣成動浪而生音

二此音之動數減去若干數爲管內之熱等則於等長無底管生音之動數

三生音之時煤氣火平勻盪動火或減小或熄二動之間其火如常

四煤氣平勻盪動可用回光凹鏡反照於屏面將鏡旋轉則屏面成多火其黑處爲火熄之時也

五火在管內不特能使管內空氣成本音亦能使成諸附音與吹無底管相同

六近火之音與管長略相配火即生盪動若火在管內之處適宜者即亦生音

七近火之音若與火生之音高低稍差則生交音浪其火即依交音浪跳動火在管內之處雖不相配火亦跳動

八煤氣有大抵力火必增大抵力甚大火即生音

九煤氣火之能生音因煤氣與孔內相摩而生盪動

十近火若有音則抵力稍小燈孔內亦能生盪動與加大抵力相同

十一煤氣有大抵力則出孔時生平勻之動近火之音之動數必與煤氣生音之動數相同

十二火將生音時近處有人唱同高之音火能辨其各音

十三鳥雀距火百尺之遠而鳴叫火亦盪動

十四煤氣炭氣輕氣空氣自管孔噴出所得之事與前盡同氣若和濃煙則可目見較火益顯

十五以煤氣火在房內而擊小鈴鈴音與火相配者每擊一次火忽熄一次

十六司伐得用水自煤氣孔內噴出其事與氣質相同

聲學卷七

英國　田大里著

英國　傅蘭雅　口譯
無錫　徐建寅　筆述

此卷論交音浪與較音

人乘小船行於水面觀水內所有大船桅繩等物之影盡成多彎可知水面有凹凸之浪也大彎之內又有小彎即大浪之上更有小浪也小船划槳成之小浪亦能散至大浪之上

大浪之上加疊小浪其水質點同時受二力若同向上則向上之動必等二力之和若一向上一向下則其動必等

二力之較

擲兩石於靜水之池內至水面時兩石之相距約三十尺石之周圍必各成浪圈少傾而二浪圈相遇則生多斷浪而凹凸加大因二浪圈之凸處與凸處相合則高二倍凹處與凹處相合則深二倍凸處與凹處相合則相消而適平也如此相增與相減雖有數十百力相合目不能見而理則無不同

正浪與回浪相遇其理亦同可試而觀之用黑漆圓盤盛水使動而成浪置於日光之下使返照於屏面可見各浪相交之狀如第一百三十八圖其圓心與圓周間之小圈

為起動之點也

第一百三十八圖

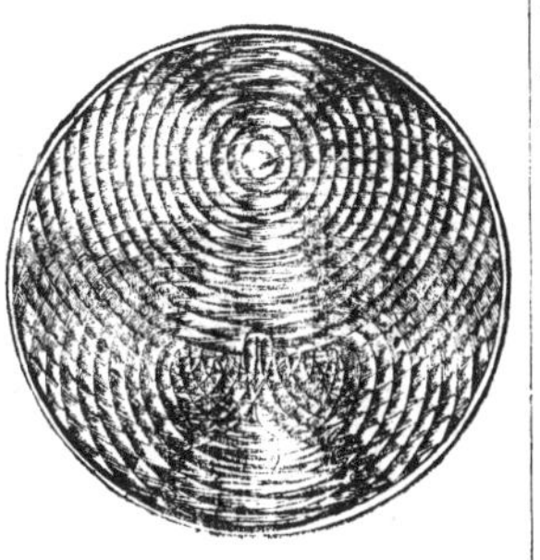

空氣傳音所成之動浪與前略同而更妙水面之諸浪人目略能見而意想所能到空氣傳千百種之樂音所成之動浪不但目不見而意想亦所不到也惟耳能分辨清晰

無少混亂豈不奇妙哉

以動數相同之二音叉如第一百三十九圖甲乙使之同時生音而二叉之相距等於其聲浪之長其二叉之動勢相同則乙叉所生浪之緊層必過甲叉所生浪之緊層即相助而使緊層更緊鬆層更鬆故其音必加大

第一百三十九圖

仍以前之二叉使之同時生音而二叉之相距等於其聲

第一百四十圖

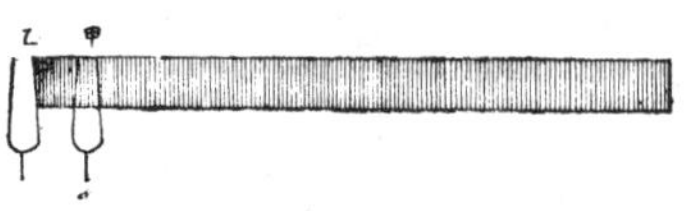

浪之半長如第一百四十圖其二叉支之搖動仍同勢則乙叉所生浪之緊層過甲叉所生浪之鬆層卽乙叉使空氣質點進而甲叉使空氣質點退若二力相等則空氣質點必靜而不動相消而音滅無論各質凡成浪動者皆同此理二音相遇而滅二光相遇則暗由此而知成光亦因浪動也

侯失勒設法使一音分成二支其長不同再使二支相合

則彼此相消而音滅嗣有哥臬格者仿此而更精之其器

第一百四十一圖

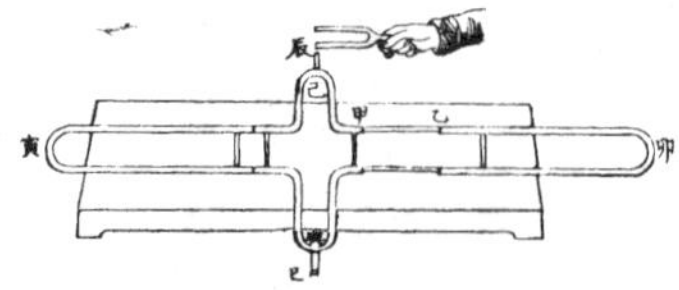

如第一百四十一圖辰爲進音之管音至巳點而分爲二支一支向卯一支向寅回至庚點而復合由巳管外出其卯管在甲乙之間作內外相套可以伸長縮短使二支之音所行之路長短不同次將音叉生音而近於辰管之口入耳在巳管之口聽之寅卯二管同長之時則二支之音浪其鬆層或緊層同至耳內而有音將卯管伸長則音漸亂而至滅滅時卽停而不

再伸則所伸長之數甲乙必等於四分音浪長之一卽卯管長于寅管二分音浪長之一也繼將卯管再伸長則音由亂漸淸而復舊此時再停而不伸則卯管長於寅管必爲一浪之長也總之寅卯二管長之較爲一浪之長則音相助爲半浪之長則音相滅惟辰管與巳管宜作甚長使在巳管之口不能聽音叉之音由管外所來者

音浪之長旣可用此器以測之故知其音叉之動數亦可得空氣傳音之速

以每秒二百五十六動之音叉二其一叉之支粘以小蠟塊使之每秒少一動而令二叉同時生音則二音浪逐動

漸差過一百二十八動而差半浪卽一生緊層一生鬆層故相消而音滅小再過一百二十八動而差一浪卽二者同生緊層或同生鬆層故相助而音加大

凡二音略合而不合聽之甚不平勻卽此故也此所謂交音浪也

叉支之端若粘以小錢則二音之相助與相消更速而交音浪之數亦更多前二叉每秒差一動而每秒有一交音浪此二叉每秒或差至五六動則每秒必有五六交音浪可知二音每秒差一動卽成一交音浪也

任何生音之器皆能生交音浪用大風琴管二其長短稍

差同時生音則有交音浪甚淸或用同長之二管同時生音其高相等而相合次以手指掩一管出音孔之幾分如

第一百四十二圖

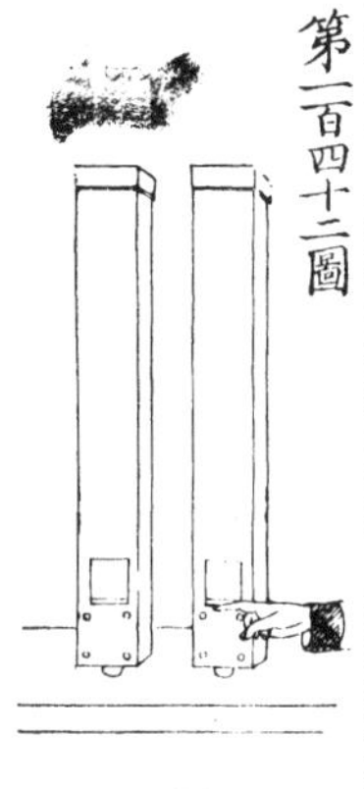

第一百四十二圖則動數減少而成交音浪甚多手指若掩密管之上口則交音浪更多若所進二管之風力加大使二管俱生第一附音如前掩之所生交音浪更多

同點兩火火外各罩一管使之同時生音其管可伸縮如遠鏡之筩初時其二管之音高低甚多無有交音浪次將

短管漸漸拔長至二音將近相合則有交音浪甚多更近相合而交音浪減少至二音適相合而交音浪無矣再長則又生交音浪初不甚多繼而漸多至耳不能分在當時觀其火可聽得一交音浪而同見得火一跳也管內若不自生音者人在其旁唱一音其高與管音相近至能有交音浪則其火能使管內生音試前法之時若用甚大之火及甚大之薄鐵管則得交音浪亦甚大

交音浪又可用煤氣火以證之用風琴管二在中段各有孔蒙以薄皮（此與第九十九圖同理）如第一百四十三圖丙丙爲薄皮外之罩以小管過其中而通煤氣小管之端點一火如

己風琴管之上端有閘門如申申此門或起或落可使管音或高或低而二管之音不相合寅爲回光鏡立於架中

第一百四十三圖

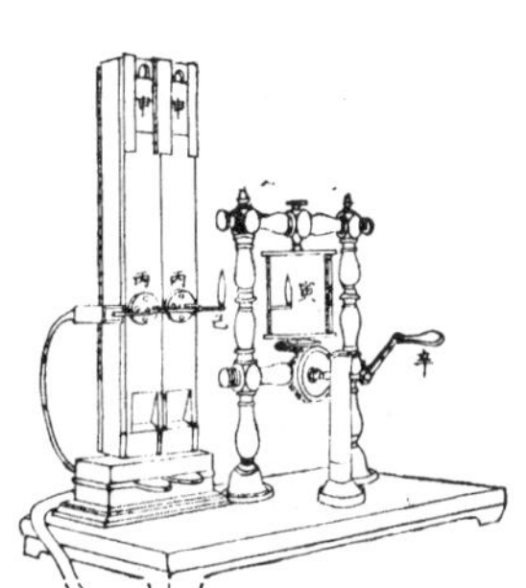

下有齒輪可使旋轉甚速使二管生音其二音高低若多則交音浪多再移管上之閘門使二音近於相合則交音浪少每一交音浪見火忽光忽暗其火由回光鏡回至屏面若將其鏡旋轉則見屏面之火成貫珠之狀而有間斷之處其間

斷之處即火暗之時也

用前器稍爲改變使其煤氣管在二風琴管各有一火其二火俱在鏡面之正交線內二管同時生相合之音速旋轉其鏡則在屏面見一串火珠但此火珠係其二火相間而成因一火亮時在一火暗時也可知二管相近而同時生等高之音則其浪動彼此相反而相消其音減小故造風琴其音等高諸管不可相近相近則音減小也

二音成交音浪者聲浪內空氣點之動路必由大而漸小又由小而漸大里司由設法使人能見之器如第一百四十四圖酉酉爲直立之大小二音叉丑爲電氣燈燈光先

照於兩叉端之回光鏡而回至兩叉端之回光鏡再回至

第一百四十四圖

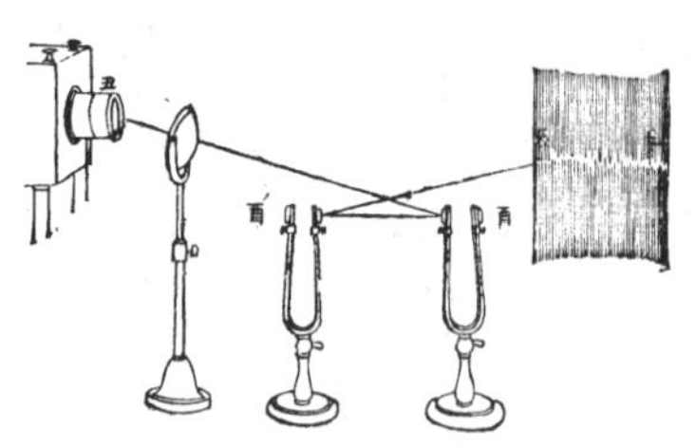

屏面先獨使兩叉生音則在屏而見紆曲光線（式如第二十圖）其闊或有三尺再使兩叉生音則二叉之動或相助或相阻而見屏面之光線或闊或狹即其音之或大或小也二叉之音若等高每秒各六十四動則二叉之動相助而光線加長或相阻而光線減短其叉支之動路久而漸小

則漸短停則見圓點

後用火漆粘小重物於叉支之端則叉之動數稍減而生交音浪尚少至有交音浪時其屏面光線增長約至長四尺二交音浪之間其光線減長成圓點易以稍大之重物粘於叉端則交音浪更多而其光線之長增減更速

光線極長至極短之歷時即是二叉相較多一動之歷時設每秒多一動則每秒有一交音浪

兩叉若稍旋轉則屏面之光線成紆曲音大之時其曲多音小之時其曲少（此與卷二第二十圖同理）如前圖辰巳此紆曲光線放大之式如第一百四十五圖其紆曲最多之處即有交

第一百四十五圖

音浪之時（屏面之光線闊二寸其紆曲最大處有三尺）

可知兩器各自生音音若等高則彼此相減音已相減而使一器不動則一器之音復有用二音叉其動數相等近於相配之管其音不大取去一叉其音加大或以相配之管近於鐘（見卷七第四十五圖）之定線雖有音而小若管近於動處則音甚大因定線之左右其動彼此相反而相阻故雖有管不能放成大音在動處則無所相阻而管放其動能成大音若以玻璃片在鐘餘動處之前而隔之其音更大

用金類圓板試此理更明凡圓板震動其動處以徑線相

間而其動相反（見卷三）英國人耗布京斯因造器以明此理

第一百四十六圖

如一百四十六圖甲乙爲管在乙點分爲二支在甲點用薄皮蒙之以二支管之口對圓板相鄰之二動處以細沙散於管口之薄皮上其沙不動因其動彼此相反而相減也以二支管之口對間一之二動處則薄皮上之沙忽跳因其動彼此相正而相助也

里司由之法用黃銅圓板如第一百四十七圖分爲六動處以手虛掩其一動處之上以隔其使空氣盪動則音加

第一百四十七圖

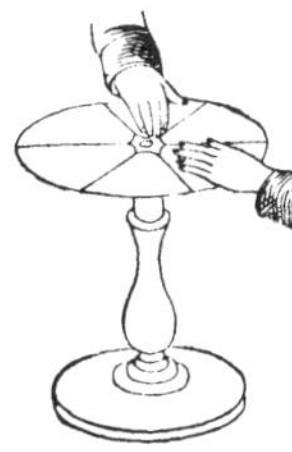

大兩手虛掩其相鄰之二動處之上則音叉減小而同於前若兩手共虛掩間一分動處之上則音更大手若移動或近板或遠板則音或大或小因手近板時阻二動處上之空氣使不動故餘動處上空氣之動無所消之而更大也光與熱皆有此理有時二光同生而光減小去其一而光加大二熱同生而冷去其一而熱反加大也

音叉執於手中而生音其音甚小因叉之二支其動相對而空氣之動相消也若用紙作管套於一支之外以阻此

支所動之空氣不使消彼支所動之空氣則動即加大而生音亦大準此理叉之周圍其音之大小各不同不待解而明矣

將音叉一擊近於耳而旋轉至叉旁對耳時有音至叉角對耳時無音至叉面對耳時亦有音周圍有音無音之處各四如第一百四十八圖申申為兩支端之平視形在甲乙丙丁四處皆有音在四角之虛線處皆無音即空氣之動相消故也維巴測之知為雙曲線於理

第一百四十八圖

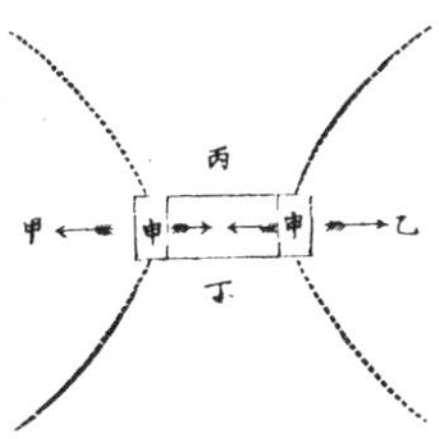

相合

前理又有法可顯之用放音管與相配之音叉如第一百四十九圖使叉生音而橫於管口之上旋轉則在四面對管口時有大音而四稜對管口時無音叉屢旋而音忽大忽無又以紙管套於一支外則音甚大若叉之二支平置則必對於管口之中始有大音若側置者雖對管口之一邊仍有大音

第一百四十九圖

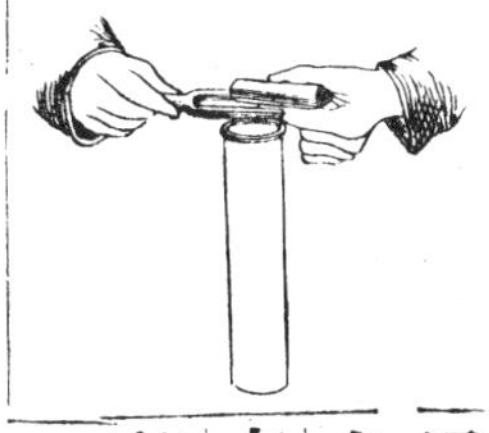

生交音浪之理即是二音相消相助也相消之時其音小

相助之時其音大二大一小即謂之一交音浪也再用器以證之用音叉之柄連於相配之扁方管上如第一百五十圖使叉生音則管內空氣生音甚大另用一音叉動數與前音叉相同而支端稍粘火漆近於方管之口則音忽減小繼而忽增大即交音浪也有時鐘音將畢亦有交音浪者鐘體周圍厚薄不勻所成諸動處之動數有不同之故也

第一百五十圖

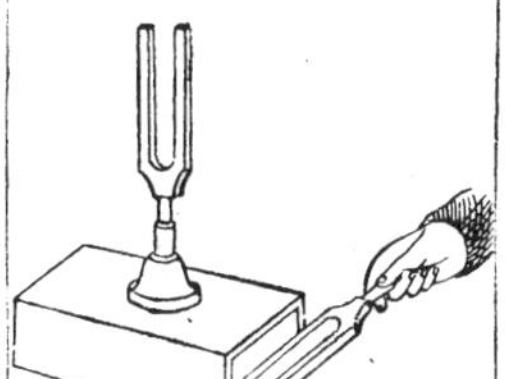

較音　較音者同時有高低二音所生而與其二音之高

皆不同前一百二十六年日耳曼樂師蘇而治考得此音著書流佈人多不信前一百十七年以大利樂師大底尼更爲詳考故後人名爲大底尼音此年自同治十年上推

欲生較音必有高低二本音甚大然於二人音之內欲分別較音亦尚甚難非聽慣之人不能也黑馬茲常用記音器爲之將記音器上層開八孔之圈下層開十二孔之圈吹氣而使生音初時其轉尚慢初無較音再使轉速乃得較音低於原二音而能相和轉更速而較音更清知其高等於開四孔之圈四孔即十二與八之較故所謂較音也所生音之高而低於八孔圈之音一調若上層開十二孔之圈下層開十六孔之圈吹氣而速轉亦有較音其高亦等於開四孔之圈所生音之高而低於十二孔者之音二調上層開十孔之圈下層開十六孔之圈則所生較音之高等於六孔之圈所生音之高凡較音之動數恆等於二音動數之較也

成較音雖有別法而不及用記音器之易其法用煤氣火二各罩玻璃管一長十寸又八分寸之三一長十一寸又五分寸之二則二音之內有較音而甚低因二管之長其較不大故動數之較亦不大也在長管之外套以紙管使管加長則較音亦加高

考二管所生較音之動數用記音器求其二管音之動數其二數之較即較音之動數也

用音叉其動數與二管較音動數稍差者連於放音箱而生音則有交音浪叉上若粘火漆則其交音浪之數能或加或減

或用煤氣火外套管與記音器或用煤氣火外套管與吹管皆能成較音人若聽之恆以爲自己所出

同時生二音所得較音列表如左

二音高低律數	二音動數之比	二音動數相比之較	較音低於原音之律數
十二律	一與二	一	
七律	二與三	一	十二律
十五律	三與四	一	十七律
四律	四與五	一	二十四律
三律	五與六	一	二十八律
九律	三與五	二	七律
八律	五與八	三	八律

永氏以爲較音因交音浪極多相連而成蓋引交音浪數與較音之動數皆等於二音動數之較爲證也其實不然凡二音能生交音浪者其交音浪必甚大於其原音惟成之較音則甚小於其原音又成交音浪之二音若同大則

聲浪內空氣點之動或相消至無或相加至二倍至二倍時耳覺其音必大四倍也使較音因交音浪而成則亦必大於原音今乃甚小於原音是知其必不然也

黑馬玆詳考成較音之理云諸音同時傳過一處之空氣其空氣點傳各音之動各不相關與獨傳一音者相同但空氣點所成之動路極微至無窮方能如此若二音頗大則空氣點之動路大過其限而多音之本聲浪相較而成附聲浪此附聲浪卽成較音也既得較音之理因思本聲浪相和必有和音後細考之而果然

又知凡獨生本音之一器生音若極大而使空氣點之動

路過其限亦必生附聲浪與其諸附音相配第四卷載音叉之第一附音之動數爲本音之動數六倍又四分之一黑馬玆云用大力擊音叉於堅物則生音高於其本音一調此因本音外之附浪所成也

準前說可知同時有多音空氣點傳音之動法繁累之至大作樂時各種喇叭各種簫笛各種弦器所成諸本音諸附音諸較音諸和音皆自一處之空氣傳至耳內其空氣動法之繁豈意料所能到耶古今有名樂師造作樂器與曲調之妙不過使人聞其音而不覺其亂心中喜悅而忘憂也惟能如此其理安在固所未知今以格至之理考之

知古人雖未知其理而所立之法亦暗合於理焉

聲學卷七提綱

一在水面之二處生浪其浪相遇時水質之動路爲二浪之相和或相較

二二浪之凸相遇則相和而加高

三二浪之凹相遇則相和而加深

四二浪之凸凹相遇則相較而減高或減深

五空氣內之聲浪與此同理二音之浪緊層與緊層相遇鬆層與鬆層相遇音即加大緊層與鬆層相遇音即減小

六用同音之風琴管二同安於風箱上相距甚近則空氣

進此管之出音口出彼管之出音口故此管聲浪之鬆層與彼管聲浪之緊層相遇所以二音彼此相消

七同時有二音而高低稍差則生交音浪

八交音浪因二音之聲浪迭更相助相消而生也其二音若同大者則相助時加大四倍而相消時減小至無

九交音浪之數等於二音動數之相較

十鐘或圓板生音之時其定線二邊動處所使空氣之動彼此相消而音減小音叉之二叉亦然故阻隔其一動處空氣之動則音反加大

十一以二音叉同時生音用電氣光返照於屏面可見其

動相阻相助而光線或長或短

十二空氣傳聲而成一鬆層一緊層之聲浪必空氣點之行路不大於其定限方能如此若音甚大而空氣點之動浪大過其限則本聲浪之內生附聲浪此附聲浪與生音之器當有之附音相配

十三同時有二音甚大則合成附聲浪而成較音

十四較音之動數等於其二音動數之較另有和音其動數等於其二音動數之和

聲學卷八

英國　田大里著

英國　傅蘭雅　口譯
無錫　徐建寅　筆述

此卷論音律相和

多音齊出有相和有不相和相和者耳悅不和者耳憎詳論其理如左

以動數相同之二音叉並近於相配之放音管之口各使生音則二音必相和而相合為一因其二叉之動數為一與一之比也

以動數不同之二音叉其一每秒五百十二動其一每秒

二百五十六動各使生音則知二音相和雖次於前而悅耳因二叉之音高低一調而一叉生一浪之時一叉生二浪而其動數為一與二之比也

以每秒五百十二動之音叉與每秒三百八十四動之音叉同時生音則知二音之相和更次於前而亦悅耳因二叉之音高低七律而一叉生二浪一叉生三浪而其動數為二與三之比也

以每秒五百十二動之音叉與每秒三百四十動之音叉同時生音則二音之相和更次於前而悅耳亦次於前因二叉之音高低五律而一叉生三浪一叉生四浪而動數為三與四之比也

以每秒五百十動之音叉與每秒四百零八動之音叉同時生音則二音之相和更次於前而悅耳亦更次因二叉之音高低四律而一叉生四浪一叉生五浪其動數為四與五之比也

以每秒五百十動之音叉與每秒四百二十動之音叉同時生音其音之相和尤次於前而覺憎耳因二叉之音高低三律而其動數為五與六之比也

二叉動數之相比若再相近則其音極憎耳若二叉之動數為十三與十四之比者耳憎而難當惟音之能和與不

能和昔時已以耳辨而定之非依今時格致之理而始定也

二千餘年前希臘國有博物士秘達果拉司剏法考求音能相和之理用弦一條引之甚急以柱切定其三分之一點分弦成二段其長段與短段為二與一之比使二段同時生本音則聽得短段之音高於長段之音一調而極相和再切定弦之五分之二點則弦長段與短段為二與三之比其短段之音高於長段之音七律再切定弦之各分點試之知所分之比例其數愈簡則愈相和而愈悅耳惟當時不知生音之高低由於動數之多少故未能解釋其

理也有人名由拉者謂比例數簡而悅耳無甚別故特因人性之喜簡數也

第一百五十一圖

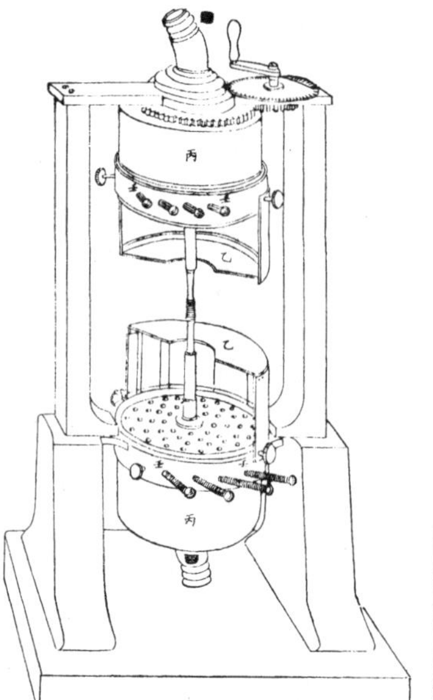

雙層記音器如第一百五十一圖可以同時生兩音試其相和之悅耳與否其兩音之動數可自兩層所開之孔數而知之不必藉音叉也

雙層記器之每層圓板各有孔四圈

第一圈　上層十六孔　下層十八孔
第二圈　上層十五孔　下層十二孔
第三圈　上層十二孔　下層十孔
第四圈　上層九孔　下層八孔

上下兩層同有十二孔之圈開此兩圈之孔而以風箱之氣吹過使其圓板之轉無論或速或遲則兩層所生之音必同高相和而爲一將上層所連之柄漸搖則其音能稍高或稍低而與下層之音成交音浪柄搖愈速交音浪亦愈速將其柄搖過四十五度惟因齒輪爲一與三之比故圓板轉過十五度即爲二十四分周之一則上層之孔開而下層之孔塞下層之孔開而上層之孔塞上層使空氣成鬆層之時下層必使空氣成緊層而聲浪彼此相消其音必相滅然所滅者本音也其上下兩層之動數爲適相間故能相加而成高一調之音即成第一附音也

黑馬茲之記音器上下兩層皆有薄銅殼如前圖乙乙與放音管同用能使其音易於分辨也但其放音器轉必極

速始可得極大之本音再轉上柄又能成極大之交音浪在交音浪之間無有本音而有高一調之附音故用記音器求別音之動數必慎此事如用記音器求煤氣小火各音之動數能見火跳動而同時聽有交音浪即知兩音已近同高可觀器所記之動數有時爲其音之動數之半緣器生之高一調之附音與火生之音同高也

記音器初生之音常爲附音而無本音者風力小而轉動慢也若風力大而轉動慢則本音大於附音矣

黑馬茲用簧抵器之圓板使風力大而轉動仍慢則本音大於附音又知搖動上層之柄一周所得各交音浪之數

不依其音之高低如上下兩層各開十二孔之圈將柄搖轉四十五度則兩層之本音相阻再搖轉四十五度則兩本音相助其柄搖轉三百六十度則本音必有四交音浪然記音器初動之時本音每秒三十動柄搖轉三百六十度有十二交音浪此爲第二附音之交音浪因此附音獨大而其動數三倍於本音之動數也其本音每秒在四十動至八十動之間則柄搖轉三百六十度有八交音浪因第一附音獨大也其本音每秒過八十動則轉柄一周有四交音浪因本音獨大也

能得記音器之本音可使上下兩層同時生音設上層開八孔之圈下層開十六孔之圈其動數爲一與二之比則所生之兩音高低一調上層開九孔之圈下層開十八孔之圈其動數亦爲一與二比而所生之兩音亦高低一調若上層開十孔之圈下層開十五孔之圈其動數爲二與三之比則兩音高低七律若上層開十二孔之圈下層開十八孔之圈其動數仍爲二與三之比其兩音高低仍是七律若上層開十二孔之圈下層開十六孔之圈其動數爲三與四之比則兩音高低五律若上層開八孔之圈下層開十孔之圈或上層開十二孔之圈下層開十五孔之圈其動數俱是四與五之比其兩音高低四律若上層開十孔之圈下層開十二孔之圈或上層開十五孔之圈下層開十八孔之圈其動數俱是五與六之比其兩音之高低三律

由前事可得二理其一兩音高低之律數不在兩音動數之多少而在兩音動數之相比其二兩音動數相比愈小則兩音之相和愈緊如動數至一與一之比則兩音相合爲一動數爲一與二之比則兩音相和稍鬆動數爲二與三之比三與四之比四與五之比五與六之比等其相和以次而漸更鬆若爲八與九之比則兩音高低二律已不相和若爲十五與十六之比則兩音高低一律極不相和憎耳之甚

兩音相和之故並相和而能悅耳之理古人雖有言之者然而謬誤無據也秘達果拉司之說謂諸音之高低合太虛之數則相和而悅耳其門徒深信之更謂七音相比之數等於七行星（七行星者五星與日月也）距中火之路是以七行星行動亦成相和之音此音惟有秘氏能聞之他人不能聞也近時尚有算學士由拉之說亦與此略同謂相和之音能悅耳由於人性之憎亂而喜整也已整矣則彌簡而彌悅焉故動數之比例小而相和更好也

惟由拉試音之時尚未知動數之理近時雖有此理而平

常樂士亦未知者多然而音之相和與否悅耳與否一聽即知也由拉之為此說者其未之思也乎

黑馬茲考明諸音相和其據確切可無疑義前數卷已略言其理茲再詳之凡同長之管以火生音必同高而相合一管稍長則生交音浪而尚少再長而交音浪更多其音中似有盪動之狀則耳極憎而謂二音不合也惟交音浪以每秒三十三為限過此則耳難於分別而音漸合再多則音又相合也

二音不合因此之故久未知之者蓋因來氏誤謂交音浪極多能合成較音也來氏之意謂交音浪極多必能成較音與聲浪極多而成音相同且第一較音之動數為二本音動數之較適與交音浪之數相同云其實非是交音浪之動耳不與聲浪之動耳相同聲浪撞耳底之膜其力由大漸小由小漸大相連平勻交音浪則忽有忽無耳膜憎其忽擊也且較音每秒有三十三動者耳甚悅之見前卷交音浪若每秒有三十三浪耳必甚憎愈少於三十三浪耳愈不憎愈多於三十三浪則耳愈難分而亦愈不覺其憎然每秒有一百浪耳亦尚稍能分黑馬茲云必至每秒一百三十二浪始不能分而音相和可知較音之動數甚少於交音浪不能分別之數而亦成平勻之音是以較音必

非交音浪所生也

再用音叉證前理準前說多音叉同生本音而甚小則無較音動數之較為○亦無交音浪而音相合每秒動數之較為三十三則有三十三交音浪而音極不合愈多於三十三則漸不可分而音又漸相和至一百三十二而絕不能分而音甚和試用音叉二其一每秒五百十二動其一每秒二百五十六動同時生音因其二音動數之較二百五十六甚大於一百三十二故絕無交音浪而二音相和如一甚是悅耳再用音叉二其一每秒三百八十四動其一每秒二百五十六動同時生音因其二音動數之較一百二十八稍小於一百三十二動故二音雖相和而稍次再用音叉二其一每秒三百八十四動其一每秒三百十二動同時生音因二音動數之較七十二甚小於一百三十二故其二音稍有不和再用音叉二其一每秒三百二十動其一每秒二百五十六動同時生音其動數之較六十四更近三十三故二音略不相和矣

二音高低一調或七律者其動數必恰是一與二之比或二與三之比方可不生交音浪用二音叉其動數恰是一與二之比則生音相和而無交音浪若在一叉之端稍粘火漆則生音即有交音浪而稍不相和

前言但論二本音之相和黑馬茲又考知一音之內各附音和音較音與本音之或和或否於其全音大有相關凡樂器之生音其內必有各附音等隨之不若音叉之能獨生本音也樂器若無附音則如淡水之無味不耐久聽大風琴之大管不生附音故另用相配之多小管添其附音使多音相和如濃厚之味焉胡琴之音內自有附音甚多有與本音相和者亦有與本音不和者

再考附音與前諸音相和之理相比以鐵絲琴言之琴中甲調諸音其甲音每秒四百四十動其低丙音每秒二百六十四動高丙音每秒五百二十八動即是高低一調也

茲將低丙與高丙音所有九附音之動數列表於左以相比

本音動數		附音次序	第一	第二	第三	第四	第五	第六	第七	第八	第九
二	五二八		一〇五六	一五八四	二一一二	三六四〇	三一六八	三六九六	四二二四	四七五二	五二八〇
與											
一	二六四		五二八	七九二	一〇五六	一三二〇	一五八四	一八四八	二一一二	二三七六	二六四〇

右表諸附音動數之較無有小於二百六十四者自與不能覺交音浪之數每秒一百三十二大相懸殊所以諸音之內絕無交音浪而極相和也

再將高低七律之音所有九附音之動數列表以相比

本音動數		附音次序	第一	第二	第三	第四	第五	第六	第七	第八	第九
三	三九六		七九二	一一八八	一五八四	一九八〇	二三七六	二七七二	三一六八	三五六四	三九六七
與											
二	二六四		五二八	七九二	一〇五六	一三二〇	一五八四	一八四八	二一一二	二三七六	二六四〇

右表諸音動數之較無有小於一百三十二者故亦無交

音浪而亦相和

再將高低五律之音所有九附音之動數列表以相比

本音動數		附音次序	第一	第二	第三	第四	第五	第六	第七	第八	第九
四	三五二		七〇四	一〇五六	一四〇八	一七六〇	二一一二	二四六四	二八一一	三一六八	三五二〇
與											
三	二六四		五二八	七九二	一〇五六	一三二〇	一五八四	一八四八	二一一二	二三七六	二六四〇

右表諸音動數之較有八十八者已小於一百三十二故

稍覺有交音浪雖尚相和而稍遜於前。再將高低四律之音所有九附音之動數列表以相比。

本音動數									
五 三三〇	六六〇	九九〇	一三二〇	一六五〇	一九八〇	二三一〇	二六四〇	二九七〇	三三〇〇
與									
四 二六四	五二八	七九二	一〇五六	一三二〇	一五八四	一八四八	二一一二	二三七六	二六四〇
附音次序	第一	第二	第三	第四	第五	第六	第七	第八	第九

右表諸音動數之較有六十六者已將近於三十三故更

覺有交音浪而相和更遜於前矣。再將高低三律之音所有九附音之動數列表以相比。

本音動數									
六 三一六八	四三三六	九五〇四	一二六七二	一五八四〇	一九〇〇八	二二一七六	二五三四四	二八五一二	三一六八〇
與									
五 二六四	五二八	七九二	一〇五六	一三二〇	一五八四	一八四八	二一一二	二三七六	二六四〇
附音次序	第一	第二	第三	第四	第五	第六	第七	第八	第九

右表諸音動數之較有五十三益近於三十三故交音浪

更顯而其相和又更遜也。可知動數之比例愈大則交音浪愈顯二音愈不相和自高低三律以上更不相和故音之不和由於交音浪無疑也。

黑馬兹作一曲線以明諸音之相和與不和如第一百五十二圖以曲線與底直線相距之多少為二音相和之少多其二音相和最少者為每秒生三十六交音浪即曲線與直線相距最多今用胡琴之二弦以明此理其一弦恆生丙音一弦初生亦丙音而相合嗣後將弦漸短使生音漸高如在圖內直底線自丙向丙漸移至丙而二音高低

一調則又相和初時二音同為丙音而相合曲線在丙點

第一百五十二圖

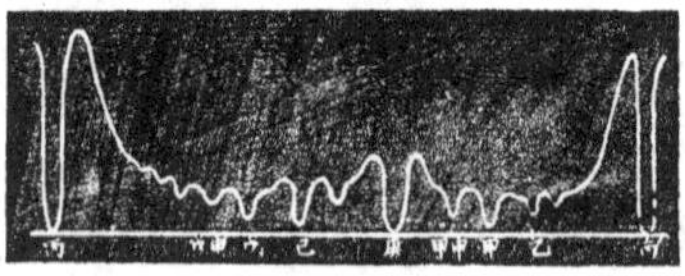

與直線相切一音稍高則大不合而曲線上曲距直線甚多再高則又漸和而曲線漸近直線至戊申而為二音高低三律至戊為二音高低四律至已為二音高低五律至庚為二音高低七律至甲申為二音高低八律至甲為二音高低九律至乙為二音高低十律至丙為二音高低十二律即一調也其一音漸高而與又一音

之或和或不和咸如曲線之與直線相距之大小也。二音若皆爲丙音，一音漸高至爲丙音，則其間之相合或不相合，如第一百五十三圖之曲線。

第一百五十三圖

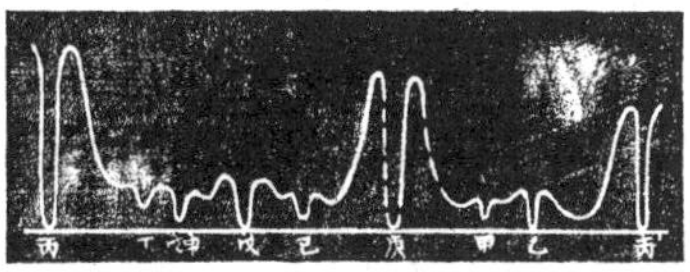

造作樂器定其諸相和之音，即用前理，惟此書非所專論，故不詳及，而僅言其略焉。凡一調內之音，可以兩兩相和者，其動數之比爲一、$\frac{5}{4}$、$\frac{4}{3}$、$\frac{3}{2}$、$\frac{5}{3}$、二，惟此諸數之中，一與$\frac{5}{4}$並$\frac{5}{3}$與二之較，大於別數之較，故其二者之間必各加一音以補之，所以另擇動數$\frac{9}{8}$及$\frac{15}{8}$之二音，能與一音不相和，而與$\frac{3}{2}$音相和者，補入其間。乃得一調中之八音之動數如左。

中音號	合	四	乙	上	尺	工	凡	六
西音號	丙	丁	戊	己	庚	甲	乙	丙
高低之號	一	二	三	四	五	六	七	八
高低之律	一	二	四	五	七	九	十一	十二

動數之比 一 $\frac{9}{8}$ $\frac{5}{4}$ $\frac{4}{3}$ $\frac{3}{2}$ $\frac{5}{3}$ $\frac{15}{8}$ 二

以二十四徧乘前動數之相比數，而化去其分母，得一調內各音之動數爲

二十四 二十七 三十 三十二 三十六 四十 四十五 四十八

同時生相和多音，其法動甚繁，亦可用燈光由回光鏡回於屏面（見卷二卷七）以見之，惟必先明擺之動法，故特詳論之如左。

用鐵絲一條，上繫於屋梁，下繫銅球，重十磅，即成爲擺。將銅球移向一邊而放之，銅球即自往復擺動，其行迹初動時必合直線，久之必漸合橢圓線。昔人用擺徵地爲球形。

即以擺之不能久行直線見之也。擺之行迹，如第一百五十四圖，擺停之時在中點丁，移至乙點而放之，則復回至丁，再以永動性至甲，再以地攝力自甲回至丁，而後至乙，其行迹爲甲乙直線。若擺在乙點時加以甲乙線正交方向之力而推之，則合二動而改其行迹。設擺自乙至甲，歷時一秒，則自乙至丁，必歷時半秒。若其正交方向之力能使擺自乙行至丙，而歷時亦半秒，其乙丙爲與乙丙相等，則球以并力必至戊，而其行迹爲圓線四分之一，以後必恆循圓線而行，如第一百五十五圖，又在乙

第一百五十四圖

點所加之力若能使擺在半秒時內行路大於丙乙則其行迹成撱圓線而甲乙為短徑若在乙點所加之力能

第一百五十五圖

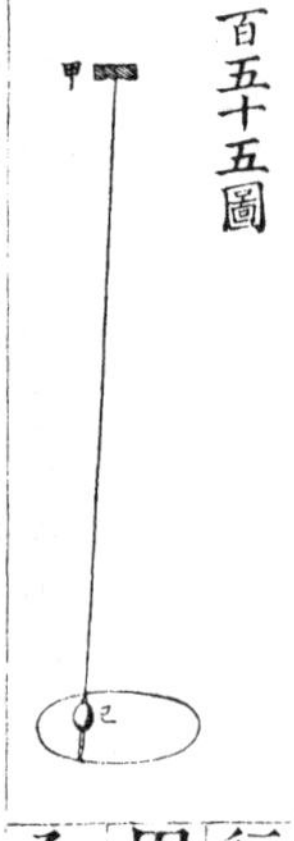

使擺在半秒時內行路小於乙丙則其行迹亦成撱圓而甲乙為長徑

擺自甲至丁時受正交方向之力如第一百五十六圖其

第一百五十六圖

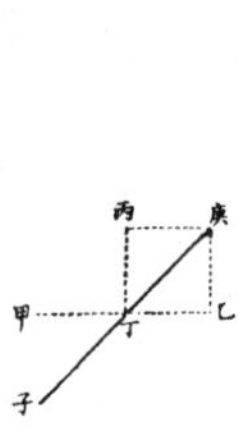

力能使擺在半秒時內至丙則二力相并必行至庚至庚而回至辛其行迹成直線與原行迹成四十五度若擺自乙至丁時受正交方向之力如第一

第一百五十七圖

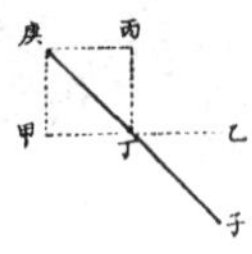

百五十七圖其力與前相等則二力相并亦行至庚行迹亦為直線惟斜勢與前相反

第一百五十八圖

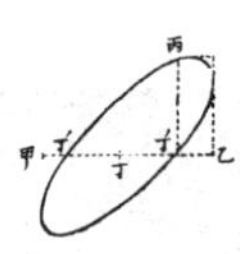

第一百五十九圖

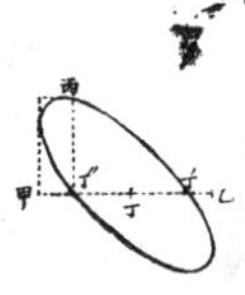

擺自甲過丁而在丁與乙之中丁點受正交方向之力如第一百五十八圖其力能在半秒時內使擺至丙則二力相并而擺之行迹成撱圓而斜交若自乙過丁而在丁與甲之中丁受正交方向之力如第一百五十九圖其事盡與前

第一百六十圖

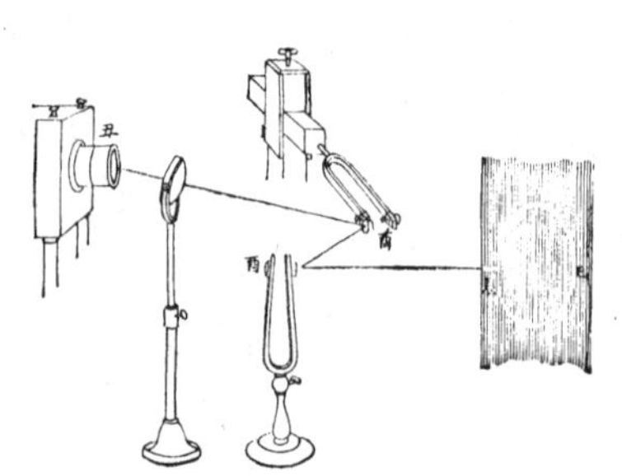

同惟斜勢相反

前論擺之動法可以顯明二音同生之動法如第一百六十圖用二音叉其位置正交如酉酉叉端各連回光小鏡有聚光燈如丑其光先至酉叉受橫動而再至酉叉受立動其二動正交同於擺之受正交二動也故光自酉叉回至屏面若二叉之動數相同而一叉動至極一叉動至中則屏面光線成圓環如辰巳若其二叉之動參差則屏面之光線成橢圓或直線而其方向或斜或正與擺行迹之各形盡同

其二音叉之動數若不同者則屏面之光線其形次第漸改試加火漆於其一叉之端其光線或正圓或橢圓或直線次第漸改若加之火漆更多其改更速

再以酉音叉旋轉使其光線引長若二叉之動數相同而屏面之光線為定形者則光線引長之後如第一百六十一圖若二叉之動數為十五與十六之比而屏面之光線

爲改形者則光線引長之後如第一百六十二圖

第一百六十一圖

第一百六十二圖

仍用前擺使其正交二方向之動爲一與二之比以覩其行迹欲其如此之動必另設法如第一百六十三圖以

第一百六十三圖

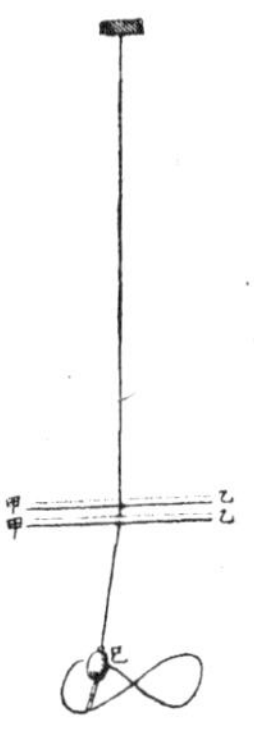

二玻璃條如甲乙甲乙夾於擺外距球四分全長之一其二條相距約一寸各固定於別處則擺在二條間與條正交而動者爲全長與條平行而動者四分之一擺長四分之一其每動之歷時必爲二分之一也球下連毛筆安玻璃片片上鋪白沙而襯黑紙若使擺動與二條平行則筆掃於玻璃面如第一百六十四圖甲乙直線若擺至乙時加以正交方向之力因被玻璃條所阻而動加速故平行之動回至丁時此正交之動已至丙而復回至原處所以二動相並而行迹成相交曲線如圖若擺至丁時而受正交

第一百六十四圖

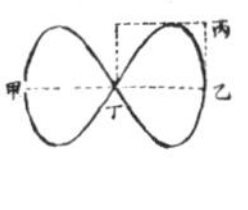

之力其行迹亦相同

擺球若自甲至乙歷時一秒而自甲起動後歷四分秒之三而受正交之力則行成抛物線如第一百六十五圖自甲起動歷四分秒之三至丁而受正交之力則二動相並必行至丙至丙而在原行迹內回至丁自丁再前行又歷時四分秒之一而至戊過戊而在對面行成相等之曲線

第一百六十五圖

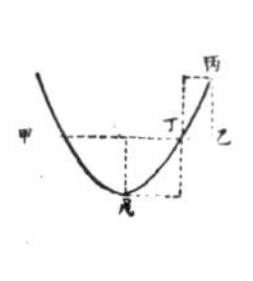

擺球若自乙行過四分秒之一而受正交之動其行迹亦成抛物線而與前相反如第一百六十六圖

第一百六十六圖

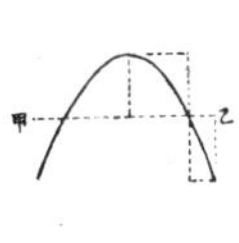

擺球若不在前所言之點而在任何別點時加以正交之力則其行迹略如前第一百六十四圖惟斜而似無法之形

再以前論擺之各動法顯明高低一調之二音同生之動法仍用正交二音叉與聚光燈其二叉之動數爲一與二之比而極準則屏面之光線成抛物線或交曲線或斜交曲線而不改若稍有差則光線迭更漸改差更多而改變更速

屏面之光線成交曲線如第一百六十四圖而將音叉旋轉則屏面光線引長如第一百六十七圖

第一百六十七圖

其二音叉之動數若為二與三之比三與四之比四與五之比五與六之比其光線之形以次漸繁必光線甚細始能分別然其形雖繁而正交二方向之彎數可指正交二叉之動數如二音叉之動數為一與二之比則其形二方向之彎數亦為一與二之比動數為二與三之比彎數亦為二與三之比是也

第一百六十八圖

二叉之動數若為八與九之比則其光線如第一百六十八圖

二叉之動數自一與一之比至五與六之比所成光線之諸形如第一百六十九圖中行為正形其動數若稍差則

第一百六十九圖

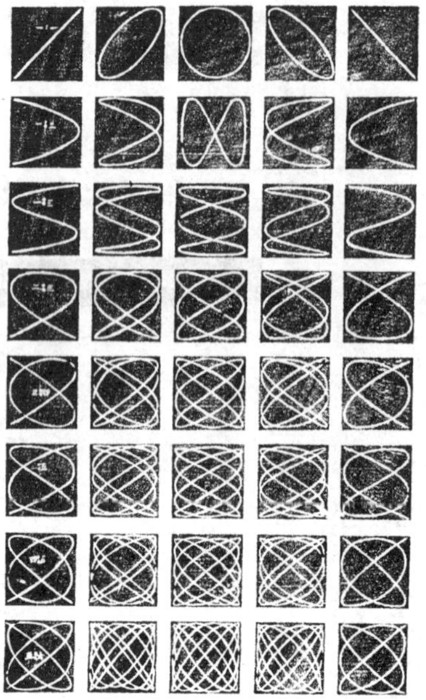

次第改變成左右之變形此各形在屏面猝然見之每疑為用白熱之鐵絲所成者

用一端固定之條代其二音叉亦可得前諸形條體為長方使其二方向動數之比如一與二比條之上端連以銀球下端夾定於鉗中以聚光燈照其上而回於屏面成一光點若將條一彈則在屏面成光線之諸形與二音叉動數為一與二比而與方向正交者成之諸形相同若其動數稍有差則光線之形亦次第漸改與二音叉者亦相同

弦器生音之時分成諸動彎見卷三之理茲再申明之以顯諸音同動相增之理沙夫爾捌法用準音器見第二十九圖繫弦

二條平行相距約三寸將弦收放使二音相合用紙燕尾騎於此弦之中點而使彼弦生音則其動能自所切之柱傳至此弦因二弦之音相合故其動漸能增大久而紙燕尾跳出若此弦騎紅藍二種燕尾於定點與動處而用鵝翎切彼弦四分之一點彈其短段使生音久之而彼弦之動處之紙尾俱跳出若二弦之音稍有不合則彼弦雖大動而此弦毫不動

叉法可明諸音同動相增之理用二音叉其音相合各連於相配之放音箱其二叉相距約十八寸使此叉生音則彼叉雖不使動而自生音再停此叉不使生音而彼叉仍

自生音雖相距數尺亦能如此此因此叉木箱內空氣之動傳至彼叉也若以火漆少許粘於此叉之端使其動數微差再使此叉生音即不能感動彼叉使之生音矣又二叉相合者不必各連於放音箱而各執於手中以叉之背相對亦能感動而生音

日常之事亦有同動相增者如有時辰鐘二其擺每秒時之動數相同而二鐘同連於一牆使一鐘走而一鐘停其擺動之聲能由牆傳至停之鐘使其擺漸動惟初動甚微久積而動至亦能走焉又人音久與玻璃杯相配杯內亦自生音又大風琴之音能使玻璃窗破裂

由前論可明空氣內聲浪傳音至耳膜而感動腦髓之理人耳諸件最外為外管管底有膜如鼓謂之耳膜膜後有四小骨一名槌連於耳膜之後二名砧與槌有節相連三名珠連於砧四名馬鐙連於珠骨後有二孔一撱圓一正圓鐙之底成撱圓形而蓋於撱圓孔底邊有薄而窄之膜與孔邊相連骨後有螺紋紋內滿水而分為多小房腦筋之微絲列於螺紋之外傳音之時耳膜受動即傳過各骨至內膜內膜傳動至螺紋之水水傳動於腦筋

螺紋內水之傳動尚不直至腦筋有毛為書者考得螺紋內有簧力之小毛毛端甚銳生於腦筋各微絲之間各毛

能擇其相配之動而自動再傳動於腦筋之微絲微絲傳動之腦髓而覺為音螺紋內又有晶粒名阿拖里得亦在腦筋微絲之間想此晶粒之用與毛不同粒體動而能將動極微而時極短之音放長而使腦筋能覺之毛體輕而能將長而不斷之音使腦筋覺之果而的又考得螺紋內有一最奇之物其形如有弦之樂器各弦之寬急合於受之各動克利開推算此器之弦其有三千條人耳之內有此奇妙之樂器能受外來之諸音而達於腦髓各弦受各音相配之動其空氣之動雖極繁此小弦皆能分別之

右說乃近時格致之士所論人耳聽音之理然無確據未敢斷其是否當俟後之格致士再為詳考云

江南製造局科技譯著集成

物理學卷

第壹分册

光學

《光學》提要

《光學》上下卷，英國田大里（John Tyndall, 1820—1893, 今譯爲丁鐸爾）輯，美國金楷理（Carl Traugott Kreyer, 1839—1914）口譯，新陽趙元益筆述，長洲沙英繪圖，桐鄉沈善蒸校字，光緒五年（1879年）刊行。底本爲丁鐸爾之《Notes of a Course of Nine Lectures on Light》，1870年版。附《視學諸器圖說》一卷，未署著者姓名，美國金楷理口譯，新陽趙元益筆述，上海曹鍾秀繪圖，底本爲《Silliman's Optics》。

此書共分五百零二節，系統全面地介紹了西方近代光學知識。其中，上卷主要介紹光的性質、光速、光的折射、光的反射等幾何光學內容，下卷主要介紹波動光學，比如光的衍射、干涉、偏振等，以及它們產生的實驗方法、原理及應用等。所附之《視學諸器圖說》，介紹了棱鏡片、透鏡、弧面反射鏡、顯微鏡、望遠鏡等光學儀器的原理。

此書內容如下：

卷上

論光發必順直線而行（第一節至第七節）

論光線透過小孔之形（第八節至第十一節）

論影（第十二節至第十九節）

論光之濃淡有平方反比例（第二十節至第二十六節）

論比較光之濃淡（第二十七節至第三十二節）

論明（第三十三節至第三十六節）

論光行之速率（第三十七節至第四十一節）

論光行差（第四十二節至第四十七節）

卷下

論色（第二百五十五節至第二百六十四節）
論光色差并去光色差之法（第二百六十五節至第二百七十三節）
論人目覺色之異（第二百七十四節至第二百七十九節）
論光色分原（第二百八十節至第二百八十九節）
論發光與受光之事（第二百九十節至第二百九十七節）
論清光帶與發郎胡發線（第二百九十八節至第三百節）
論發光與熱并噏光與熱有交互之事（第三百零一節至第三百一十二節）
論太陽化學（第三百一十三節至第三百一十六節）
論行星化學（第三百一十七節至第三百二十一節）
論恒星化學（第三百二十二節至第三百二十五節）
論星氣化學（第三百二十六節至第三百二十七節）
論日體外有紅凸之形（第三百二十八節至第三百三十三節）
論虹霓（第三百三十四節至第三百四十一節）
論光浪彼此相阻之理（第三百四十二節至第三百五十二節）
論光浪環繞之理（第三百五十三節至第三百七十三節）
論量光浪之長（第三百七十四節至第三百八十三節）
論透光片之色（第三百八十四節至第四百零四節）
論歧光（第四百零五節至第四百一十五節）
論試驗愛而倫刻斯罷之法（第四百一十六節至第四百二十四節）
論極光（第四百二十五節至第四百三十三節）
論用回光法成極光（第四百三十四節至第四百四十節）
論用折光法成極光（第四百四十一節至第四百四十三節）
論用歧光法成極光（第四百四十四節至第四百四十七節）
論光線透過愛而倫刻斯罷之事（第四百四十八節至第四百六十節）

序

百餘年來格致家究心光理所著之書卷帙浩繁體用兼備矣去夏余於書院中講論光學從游者衆恐其人之隨得而隨忘也故筆記之以備觀覽並無求傳於各國之意好學之士見此書而樂其簡且明也屢索於余乃託坊友印行以公同好西歷紀歲一千八百七十年夏五月田大里識

光學卷上

英國田大里輯
布國金楷理口譯
新陽趙元益筆述

論光發必順直線而行

第一節　古時未知光理皆言人所見之光不自目外而至目中即以目之視力辨別近今格致之士考究光理知所見之光自目外而至目内其中奧妙之理下卷詳論之

第二節　太陽恒星與火皆爲發光之體能生此光又能發此光不受別種發光體之光即光之原也

第三節　假如視一物而其所有之光不發於本體而得於發光之體則謂之受光體如房屋樹木人畜等物皆可以受光而散於各方向有至人目中者即能見此受光之體也

第四節　此受光之體或回光或不回光頗有分别散光甚多則能回光散光甚少則不能回光　假如晴天見白雲此爲散光甚多之故如在白雲之下看樹木甚暗此爲散光甚少之故也

第五節　任看某物之一點從此點起至目中順直線而行此各直線名曰光線凡光線至眼中成圓錐形其頂

與點相合其底與瞳人相合人目看此點在圓錐形各光線成交點之處若細考之不過彷彿在交點之處耳此彷彿之理後詳之

第六節　光順直線至目中不能於線之斷界後見其光設有發光體一點自目中至此點有隔光之物則此物必在目與光點相連之直線內　假如房屋關閉甚暗而窗上有一孔移時太陽之光透過此孔即見其所照之飛塵成一直線之形

第七節　令窗上之孔漸小至一點則太陽光過此點之時暗室中所有之光成極細一條即光線也

論光線透過小孔之形

第八節　設不令日光透過此孔另將一物所散之光透過此孔於暗室中置一白屏對準此孔即於屏上見此物顛倒之形此顛倒之理因物上各點所散之光色過小孔而射至白屏必於小孔處成交點也

第九節　設於箱中置一燭火箱之旁有一小孔而箱外置一白屏此燭火之形在屏上有顛倒之形若箱與屏相離愈遠則所見之形愈大愈近則所見之形愈小

第十節　設從物之各點起過小孔而至白屏作直線則物之各界合於直線過屏之點可知光線順直線而行之理

第十一節　凡物質能讓光線透過者名曰透光質又有一種質能滅入質之光線名曰阻光質然質之透光與阻光不過人見之以為如是耳若云透者皆透阻者皆阻必無是理極精之玻璃與水晶亦能稍減光線無論何種金類之箔亦少有透過之光線即如英國京城內天晴之時觀太陽之光有紅色此因大城內燒爐之煙浮於空中此煙亦近乎透光之質故能讓紅光線透過此煙也水之清而深者其色甚藍因水能滅此紅光線也歐羅巴極大冰山（山名阿兒不斯）所結之冰其顏色甚藍宛

如水色蓋所積之冰極厚也

論影

第十二節　光順直線而行所以阻光之質能成影若光之原為一點則影之界限詳細分明若光之原為一面則影之界限不甚清楚必有闇處

第十三節　一點之光原照於球形之體此球體之影形如圓錐其頂對準光之一點有影之界觀之頗能分明

第十四節　若光之原亦為球體而照於同大之球體上所成之影形如圓柱而界外必有闇處

第十五節　若光之原為一球體而照於更小之球體上

所成之影形如圓錐其底合於更小之球體而其頂在更小球體之後影之周圍必有闇虛日體大於地球與月體所以地球與月體之影亦如是焉

第十六節　人目在圓錐形之月影內則太陽之光遮蔽不見在闇虛內太陽之形亦如殘月或在圓錐形之後望太陽宛如拱璧中暗無光觀日食之時此三種形像俱有之

第十七節　有人用一扁發光體如火油燈之類試驗光理任用一物如鐵條之類以光之側面向物則物影在牆看甚清楚以光之平面向物則物影在牆必有闇虛

第十八節　此物離牆愈遠則闇虛大而物影愈小可漸遠漸小至但有闇虛而無暗影

第十九節　日體甚大所以從地面看日光內所成之物影界外必有闇虛不能清楚　假如日光內有髮一根與他物之面相離近則有影遠則無影若在電氣光內有髮一根離白牆數尺能見極清楚之髮影此因電氣光原小如一點也

論光之濃淡有平方反比例

第二十節　離光原愈遠則光力愈淡如光原爲一點其力減少之比若相距數平方之比　假如離光原一碼三尺爲一碼受光之力爲一離光原二碼受光之力爲四分之一離光原三碼受光之力爲九分之一若離光原十碼受光之力爲百分之一餘類推此爲平方反比例

第二十一節　用燭火爲光之原卽可明上所言之理蓋上所言者爲一點之光原若光原大於一點則此說略不合於理以燭火爲光原置於白屏前相離九尺再用一方板離燭二尺又四分尺之一卽爲燭離白屏尺數之四分之一此方板必有一影在白屏上

第二十二節　此屏上之影爲方板之十六倍不明幾何學者不信此理可用尺量之又可用方紙一頁摺爲四

方再摺之成十六小方此一小方卽可代成影之體離燭火二尺又四分尺之一若白屏仍離九尺則此摺成之紙在白屏所得之影大如全方之紙所以光力在白屏成影爲紙上之光力十六分之一可知某物離光原之遠近如爲四倍物上所受之光力爲十六分之一

第二十三節　設此方紙離燭火三尺離白屏六尺則燭離白屏爲九尺方紙之影大九倍方紙所受之光力大於白屏所受之光力亦九倍所以白屏之面其大與方紙同所受光力爲方紙所受光力九分之一

第二十四節　設以方紙離燭火四尺半則其影在白屏

比方紙大四倍所以白屏之面其大與方紙同所受光力爲方紙所受光力四分之一設方紙離光原加遠一倍則減少光力爲四倍第二十二節言方紙離光原二尺又四分尺之一在白屏之影大於方紙十六倍離光原加遠二尺又四分尺之一即爲四尺半所以方紙之影大四倍

第二十五節　設此方紙不以離二尺又四分尺之一爲準祇以一尺爲準若白屏仍離九尺此方紙離光原一尺時之影大八十一倍所以白屏之面其大與方紙同所受光力爲方紙所受光力八十一分之一

第二十六節　凡物離光原一倍受光之力爲一離二倍受光之力爲四分之一離三倍受光之力爲九分之一離四倍受光之力爲十六分之一離五倍受光之力爲二十五分之一離六倍受光之力爲三十六分之一離七倍受光之力爲四十九分之一離八倍受光之力爲六十四分之一離九倍受光之力爲八十一分之一等此爲平方反比例

論比較光之濃淡

第二十七節　上所言之理可設法以比兩種光之濃淡

第二十八節　光之力愈濃所成之影愈暗由此可知受光之面較之未受光之面明暗之差數甚大也

第二十九節　其法於白屏之前豎立一竿於竿之前置一燭火即於白屏上見竿之影

第三十節　可於燭火之傍再置一燭火白屏之上即另加一影設此兩燭火相離甚近兩影在屏上亦相離甚近也欲比燭火所成之影而知其光力近則易於相比此兩燭火離白屏之遠近同成影之暗亦同則兩燭火之光力亦無不同矣

第三十一節　設一影暗而一影更暗即可知成更暗之影之燭火其光更濃若以更濃之燭火移之與白屏漸

遠即於白屏上見兩影之暗亦漸至相同又可知白屏受兩燭火所發之光力亦無不同也

第三十二節　從此可量各光原離屏遠近若干而得其平方數此平方數即爲光原之力假如此光原離白屏三尺彼光原離白屏五尺則其光力之比若九與二十五之比

論明

第三十三節　上言之理固不謬也或問曰燭火離眼一碼之光力較之離眼十碼之光力平方數大百倍何以廣廈之內離十碼之燭光與離一碼之燭光明相等也

第三十四節　答曰眼底有腦氣筋其密如網能受外物之形像與白屏無異此理在後論眼之數節內詳言之夫眼所見者光原之形像與光力之濃淡無涉也眼離光愈遠眼內之形像愈小此理亦合於平方之反比例若空氣內明淨無雜質凡能見之光其明相同但其光原大小與遠近有相關即平方之反比例也

第三十五節　假如我之眼可於他人筋網之後觀其形像即能分辨而知眼外之物相離遠者形像小相離近者形像大然我之眼斷不能在他人筋網後觀之祇可借一器以講明此理其法用一馬口鐵礶長三尺至四

尺寬亦如之用錫箔封其一端又一端用白玻璃紙封之用針刺一小孔於錫箔上即以此孔對準燭光可於玻璃紙之一端見燭火倒置之形像此器初近燭火其形像甚大後漸離燭火其形像漸小燭火之光或遠或近明同而大小不同即瞳人之理也

第三十六節　若於暗室之窗開任何形之小孔日光射入壁上所成之光必成圓形假如日體大如一點所成之光必同於小孔之形今日體既甚大其面上各點發光射入壁上形與孔同多點發光過小孔而相聚必成圓形又日光射於樹葉之上成影於地皆為圓形亦此

理也

論光行之速率

第三十七節　一百九十四年前有丹國人名六麻即初造水銀寒暑表者在法國都城內測望木星小月之食木星離日四萬七千五百六十九萬三千英里有四小月繞木星而行六麻測望離木星最近之小月見其在木星之前面行過苑如入於木星之形內即不能見小月又望木星小月在形之對面而出即能見之此人推算小月周繞木星之時為四十二小時二十八分三十五秒

第三十八節　六麻測望之時極準所以能算此小月出

木星形之時起至周繞木星百回再出木星之形其時刻與四十二小時二十八分三十五秒以百乘之之數同

第三十九節　六麻測望之時地球在黃道與木星相距最近過六箇月地球在黃道與木星相距最遠再測望此小月出木星形一百次則遲十五分

第四十節　六麻推求其故以為設地球仍在黃道與木星相距最近所算得一定之時刻小月可從木星之形而出今此處與木星相距最遠可知光從最近之處至最遠之處所行之時為十五分

第四十一節　此推求之理甚妙而六麻又有一妙理謂上理既有確據則地球旋轉於黃道與木星相距漸近此十五分光行之時亦必漸減而至於無此十五分之遲差此事亦依上理而推算之所以六麻又得一據光行過空處有一定之時算得光行速率爲每秒十九萬二千五百英里

論光行差

第四十二節　一百四十七年前西士白拉里測算光行差而知六麻算得光行之速率不差

第四十三節　無風時之雨順垂線而下設有人速向前

行所遇雨點若不順垂線宛如斜雨而著速行之人日星之光線因地球在黃道移動極速故光線亦如斜行謂之光行差

第四十四節　若已知人行過雨點速率又知此人遇雨點角度卽可算雨點垂下速率所以已知地球行於黃道速率又知光行差角度卽可算光行速率

第四十五節　英國天文士用此法推算光行速率每秒爲十九萬一千五百十五英里與六麻算得之數所差甚微

第四十六節　有人曾試驗光行速率又有格致士名飛續算光行速率每秒十九萬四千六百七十七英里自後又有格致士名傅珂算光行速率每秒十八萬五千一百七十七英里

傅珂測算光行速率器之圖說（從他書移附於此）

如圖甲爲暗室之牆辰爲方孔此方孔內豎一白金條暗室外用一回光鏡令光條透過方孔而至室內則白金條分光條爲二吜爲無光色差之透光鏡其頂距甚大離白金條不及頂距之二倍故白金條之形像成於透光鏡首軸線之處略加大焉光條透過此鏡之後射至寅平回光鏡此回光鏡旋轉之速率

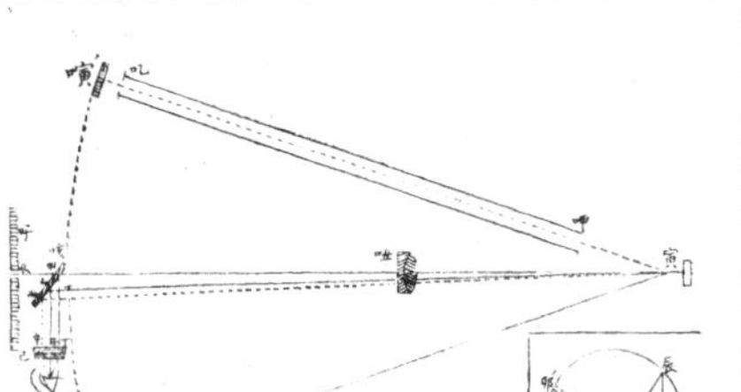

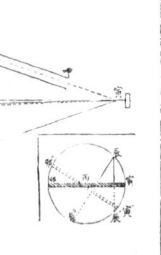

甚大且其回射之形像成於空中此形像在空中之行速率爲回光鏡速率之加倍（如圖寅卯爲旋轉之回光鏡辰爲發光點其點之形像在辰因回光鏡旋轉至寅卯故形像在辰其辰辰角等於寅丙寅角因成角之線互爲垂線也但寅寅弧爲辰辰弧之半因寅丙寅角爲分圓角辰辰角爲負圓角故辰辰弧倍大於寅寅弧所以形像在空中之行速率爲旋轉速率之加倍）此形像射至噴回光鏡此鏡面之中心合於寅鏡旋轉之軸線從噴鏡回射之光復至寅鏡再從此

鏡回射而過丑鏡而成一白金絲之形像寅鏡旋轉不速所成之形像合於白金絲咳爲平行面之玻璃片在白金絲與透光鏡之間所以從寅鏡回射之形至玻璃片而回射則透過已目鏡設寅鏡或不動或旋轉甚遲噴寅兩鏡回射之光線射於寅鏡上其形像與原回射之形像相合後從寅鏡回射至咳玻璃片之甲點從此處有幾分回射至目鏡之丁點成一形像甲丁等於甲辰其形像用已目鏡觀之

寅鏡每旋轉一周在丁點成一形像若旋轉爲平速率則不改其形像之所在若速率不過於每秒三十周卽可分別形像之有無

寅鏡旋轉之速率稍大則形像常留於目中若寅鏡旋轉之速率極大則光從寅至噴從噴回射至寅光行之時回光鏡已改其方向所以從寅透過丑鏡不至甲而至乙而成寅乙之方向從乙回射至壬在此處成一形像所以人目觀白金絲之形像自丁至壬爲其差數若寅鏡旋轉之速率不大原有差數目力不能分別故必令寅鏡旋轉甚速能分辨差數或令寅噴兩鏡相距甚遠亦可傅珂用丁壬兩處形像之差數與每秒旋轉之速率而推算光從寅至噴而回再自噴至寅之時其算式內噴寅以丑代之丑寅以丑代之辰丑以未代之每秒旋轉之速率以卯代之丁壬兩形相距之數以叮代之每秒光行速率以咳代之則得式

$$咳=\frac{叮(丑丑')}{八周丑'卯未}$$

此器寅噴之相距四碼寅鏡旋轉之速率每秒六百周或八百周相距之差數爲百分寸之八或百分寸之十二旋轉之時有極大之速率故略有震動所得光行速率不能極準也

又用此器量光行於流質內之差數其法用一長管如呷吆長三碼置於寅噴兩回光鏡之間而噴與噴兩回光鏡作法相同光線二次透過管內之流質從寅回射透過丑鏡至丙自丙回射而成形像於辛相距之差數流質大於空氣質故知流質內光行之速率小於空氣內光行之速率

傅珂算得光行速率空氣內每秒十九萬二千英里水內十四萬四千英里玻璃內十二萬八千英里金剛石內七萬七千英里

第四十七節　英國天文士侯失勒言礮彈離地行極速

須十七年而至日處日光至地祗八分時耳速飛之鳥行地球一周須二十一日而日光繞地球一周祗一舉翮之時耳最近之恒星其光至地亦須五年

論回光

第四十八節　凡物發光而至他物必有幾分回射之光

第四十九節　磨光之鏡其回射之光必有一定之法未磨光之物其回射之光無一定之法蓋其光四散也

第五十節　設以白紙一張置於室內日光照於紙上室中照燿甚明若置一鏡於紙上光線回於一處此處甚明他處甚暗也

第五十一節　假如鏡之背面極好則回光必依一定之理而目不能見鏡祗能視鏡之回光處若室內無塵卽在空氣中之光條亦不能見也然回光之鏡必不能依回光一定之理故目能見鏡且房內空氣中安得無塵而塵亦散光故空氣中能見光條也

第五十二節　若光線遇回光面為其面之垂線則光線回射之方向同於光線射至回光面之方向若光線斜遇回光面則回射之光線亦斜

第五十三節　若於光線遇回光面之點測其回光面之垂線則光線與垂線所成之角為射光角回射之光線

與垂線所成之角為回光角

第五十四節　射光角必與回光角相等此為光學之要理

論試驗回光之事幷平回光鏡

第五十五節　貯黑水於盆中以線一根其一端繫一錢懸於水中水本為平回光面所懸之線為垂線此垂線可繫於表尺上此表尺之懸點為○點左右各有分寸數垂線之傍置一燭火其對面則為試驗人之目

第五十六節　若燭火之光點在表尺某分點上人目欲見燭火點之回光在垂線遇水面之處必自懸點一邊

相對之分點而觀之此分點與垂線遇水面之處成一直線此事可明上所言回光之理

第五十七節　用水銀之類為借地平之法測日星之高弧此度數大於眞高弧一倍因所測之角度為回光角與射光角餘度數相加之角度半之而得射光角之餘度數卽高弧之度數也

第五十八節　此射光線與回光線為至近至短之線

第五十九節　回光之面不平則回光面發出光線之處離目遠近不同假如立於河邊而觀物之形像在水中回光或變為長條之形因風吹水面成浪也

第六十節　各物回射之光不同若射光線爲回光面之垂線以光線一千分而論水回射之光線十八玻璃回射之光線二十五水銀回射之光線六百六十六

第六十一節　若射光線不爲回光面之垂線水與玻璃回射之光線則多於爲垂線時之數假如射角四十度以光線一千而論水回射光線二十二射角六十度則光線一千水回射光線六十五射角八十度則光線一千水回射光線三百三十三射角八十九度半（光線略近於水面）則光線一千水回射光線七百二十一此時水銀回射之光線與水同

第六十二節　此事可試驗之其法用水一盆并一燭火而仔細看其從水面回射之光其明如何然後燭低而目亦低將近水面燭光更明

第六十三節　或用平面回光鏡試驗之其法置燭火於鏡與目之間目與燭火相連之直線亦爲鏡面之垂線祇能見燭火不能見鏡中燭光之形像也

第六十四節　稍移動之即可見數燭光之形皆相連而蔽其少半更移動之則目在於傍而玻璃厚者即能見燭光分列之形像

第六十五節　所見燭光之第一形像爲鏡之前面玻璃回射之形像

第六十六節　所見燭光之第二形像爲鏡之後面擺錫回射之形像此形像較前面者更明可知金類回射光線多於玻璃也

第六十七節　金類回射之光線有幾分抵玻璃之前面不離玻璃即回射至金類面而成形像又有幾分光線不離玻璃但回射至金類面而再成一形像如此遞生遞暗而目不能見矣

第六十八節　若以鏡一面又用燭火一枝而令目與燭漸近鏡面即可見玻璃面回射之形像明於金類回射之形像

第六十九節　凡觀平面鏡內之形像若不在鏡面而在鏡後形像與鏡之相距等於物與鏡之相距此與射光角回光角相等之理有相關假如作一直線而代剖鏡之圖在其線之前面作一點從此點至鏡面之射光線自鏡面回射而抵人目之瞳人此瞳人爲圓錐形光線之底若引長圓錐各線至鏡後必成交點而人目觀鏡前面之點若在此交點也（案此交點即圓錐形之頂也）

第七十節　初學之人必習練此事而知物之形像在鏡後何處應從物點起作鏡面之垂線若引長此線過鏡

面而至圓錐形之頂其相距必等可知鏡內之形像大與物同不過左右相反耳

第七十一節　由上所言之理可將已刻字之板用鏡照之其字與書同

第七十二節　若人身照於鏡中右面爲左面右手爲左手之類是也

第七十三節　鏡高於物之半能回射物之全形

第七十四節　凡移動平面鏡而不改鏡面之原方向卽可見鏡內形像移動之速率大於鏡面移動之速率一倍

第七十五節　若將平面鏡旋轉卽可見鏡內形像所成之角大於鏡面旋轉之角一倍

第七十六節　凡平面鏡與地平成四十五度之角卽可見鏡內豎物之形爲平而平物之形爲豎

第七十七節　兩平面鏡相遇成角設置一物於角之間卽見鏡內有數物之形像兩鏡所成之角度愈少則物之形像愈多如欲求得其形像之數卽以三百六十度爲實兩鏡所成之角度爲法除之得數若無分數爲形像數加一西洋鏡亦以此法作之

第七十八節　若兩鏡平行而所成角度爲○其間有一物卽見鏡回射此物之形像數無窮觀兩平行鏡回光物之形像依次漸暗至於目不能分

論凹面回光鏡

第七十九節　順直線而行之光線其行法不同或漸散或平行或漸近

第八十節　地上各物所發之光線皆漸散者日星所發光線俱爲平行因離地甚遠也

第八十一節　地上各物所發之光線可射至凹鏡上而合其光線或變爲漸近或爲平行

第八十二節　凡光線射至凹鏡面而回光必合於上所言回光之理

第八十三節　回光之理射光角與回光角相等如圖嗔咖爲圓周之弧線其中心爲喉假如甲天軸線過中心喉分嗔咖弧爲兩平分若嗔咖弧繞甲天軸線一周卽爲球之截弧面凹面透光鏡背有擺錫卽爲凹回光鏡以下講明凹鏡回光之理

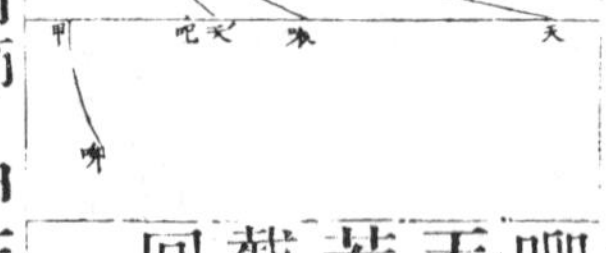

第八十四節　甲天軸線爲凹鏡之首軸線

第八十五節　假如有發光點在喉其光線射至凹鏡面

必爲其垂線所以回射至㖒.

第八十六節　設發光點不在㖒點而在天點其光線射至凹鏡面成一圓錐形故所發光線必漸相離而從凹鏡回射之光線必漸近又成一圓錐形其頂在首軸線㖒點與凹鏡面之間如前圖天寅爲射光線寅天爲回光線㖒寅爲凹鏡之半徑射光線與半徑所成之角等於回光線與半徑所成之角.

第八十七節　設發光之天點離凹鏡面甚遠或竟離無窮之遠則射光線俱爲平行而回光線成圓錐形其頂在凹鏡面與中心㖒兩界之中.

第八十八節　前圖之吧點爲兩界之中點卽凹鏡之聚光頂凡平行射光線回射之光頂皆謂之聚光頂（案聚光頂本名爲聚光點因此點爲圓錐形之頂故改名爲聚光頂）

第八十九節　凹鏡面與聚光頂相距若干謂之頂距.

第九十節　發光之物在凹鏡前能成一形像亦可置此物於形像之處而其形像還於原有之物之處若此物在中心㖒與凹鏡之間則中心㖒必在凹鏡與形像之間若置此發光點於聚光頂其光線自凹鏡回射而平行.

第九十一節　若發光之點在聚光頂吧與凹鏡之間光

線自凹鏡面回射必漸離不能有實光頂也.

第九十二節　若以漸離之線引長至凹鏡之背成一圓錐形其頂謂之虛光頂.

第九十三節　知以上所言之理卽可知發光點從無窮之遠漸近至凹鏡之中心當此時發光點之形像自聚光頂移至凹鏡之中心有相迎之勢更易之亦同此理所以發光點從中心移動至聚光頂之時形像亦同時移動從凹鏡中心而至無窮之遠.

第九十四節　發光點之所在與其形像之所在皆謂之互光頂若已知互光頂之理卽可知移動之時其方向

必相反且二箇互光頂必在凹鏡之中心相合.

第九十五節　若置一物於凹鏡中心以外卽於凹鏡中心與聚光頂之間成物顚倒之形像但較之實形稍小耳.

第九十六節　若以此物置於凹鏡中心與聚光頂之間卽在中心以外亦成物顚倒之形像但較之實形稍大耳.

第九十七節　以上兩節所言之理物之形像仍在凹鏡之前此種形像謂之實形像設此物置於聚光頂與凹鏡之間卽成一形像於凹鏡之後而其形像爲正且大

於物件也此種形像謂之虛形像非實有於凹鏡之後也不過光線射至人目似從凹鏡之後面而來

第九十八節　平常鏡中所見之形像皆虛形像也

第九十九節　前言各光線在一箇光頂相合此凹鏡必爲弧面之一小分若大分則不然尚有別理也

論回光之燃面

第一百節　設回光鏡爲弧面之大分則回射之光線不聚於一點各光線彼此相交處成一極明之面論光學之理者謂之燃曲面

第一百一節　圓玻璃杯可代圓柱形之凹回光鏡若以

牛乳滿於玻璃杯內至八九分置一燭火於玻璃杯之旁即於牛乳之面顯一燃曲線若將全玻璃杯鍍錫汞又成燃曲面球形回光鏡之聚光頂謂之燃曲面之燃頂

第一百二節　若光線不合於燃頂此差數亦謂之光行差球形回光鏡不能聚各光線成一光頂此差數謂之球形差

第一百三節　前第九十七節言物在凹鏡之前即成一實形像於凹鏡之前設人目在物之外與漸離光線之間即可見物之形像若於此處置白紙一張其形像即

現於紙上人目在紙前無論何處皆能見之設所置之物半屬透光如雲母石玻璃紙之類則人目無論前後皆能見之亦可用此法成大小活動之形像

凹面回光鏡可取明火於日設鏡之半徑爲三尺頂距爲一尺即可用日光線以燃物光頂之熱可令水沸可令紙焚若將銅塊或鐵塊置於光頂間燒成紅色不啻投入冶爐中也

論球形鏡之燃面從他書移附於此

回光鏡與透光鏡所成燃面爲光線或兩根或多根在某點成交點若置一物於交點處其物之明爲兩

根或多根光線相加之明球形回光鏡能合回射光線聚成數光頂若此數光頂切近於煙或切近於紙或切近於水面則各光頂在其面成明點此各明點相連成曲線謂之燃曲線若漸離之光線射於大於半球形之凹回光鏡其光線回射之形頗有可觀如圖甲丙乙爲大於半球形之凹回光鏡戊爲球心己爲聚光頂未爲光原發漸離光線未甲丙射於回光鏡之上半甲丙即是未一未二未三等各射光線一一二二三三等各回光線若從戊至一二三等各點作半徑線即分其角爲二平分一分爲射光角一分

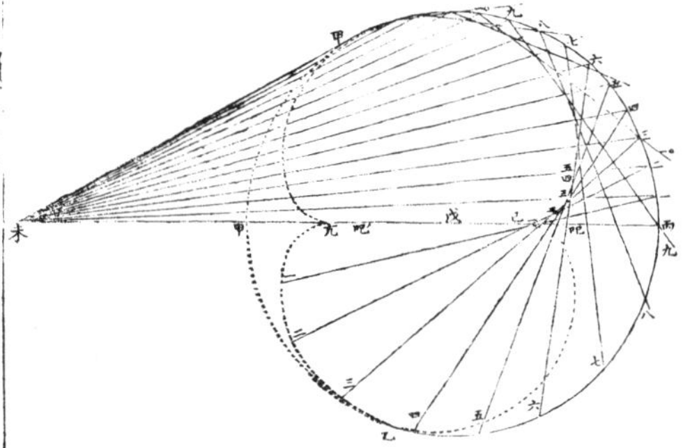

為回光角十十光線不遇首軸線未丙而遇回光鏡之第三點故又有回射之光線九九光線遇首軸線於丙即為凹鏡面之心故亦有回射之光線十一十二兩光線亦為兩次回射

八八等各光線皆與首軸線成交點而漸近於首光頂已未一為中光線其回光線與首軸線成交點合於首光頂發光點射於凹鏡丙乙之光線圖未顯明亦可如上法分為未一未二等其回射之光線亦與首軸線成交點自丙至已且下半鏡之回光線一遇上半鏡之回光線一成交點其餘光線亦與上半鏡回光線成交點

各光線回射之時未至首軸線彼此已成交點此各交點相連則成甲已燃曲線射於下半鏡之各光線回射時彼此成交點亦成燃曲線已為燃頂丙已為燃曲線之切線

若有小光條之二光線從未甲漸移至未乙即先射至九後至八至七至六等點果如此則兩光線之交點順甲已曲線而漸移但其回光線與首軸線所成之交點亦從丙漸移至已

設此甲丙乙為凸面回光鏡之圖即置未光原於丙點之右其相距等於在丙點之左如上圖即可令回射光線引長至鏡背之後而與首軸線成交點則有一虛燃曲線其形與燃曲線同

設光原仍在未點射至甲申乙凸鏡上即成一虛燃曲線為甲亢乙而小於甲已乙且兩種曲線相遇於甲乙二點此兩種曲線大小不同者因光原近於凸鏡遠於凹鏡也

設未點光原漸離甲丙乙凹回光鏡則燃頂之已點漸移至吧且燃曲線之切線丙已漸短若未點光原離凹鏡無窮之遠則已點與吧點相合即平行光線之聚光頂也設此甲丙乙為凸回光鏡而未點光原居於圖右亦有是理甲申乙為凸回光鏡而光原漸離凸面則虛燃角亢點漸移至吧若未點光原離無窮之遠則光線平行亢點與吧點相合

設未點光原漸近甲丙乙凹回光鏡之中心則已點漸近於戊點而燃曲線漸變爲直線未點與戊點相合卽無燃曲線因各光線回射至中心且各光頂并各線之交點皆合於戊點

前言甲亢乙爲虛燃曲線若未點光原漸近於申亢亦漸近於申且燃曲線漸改其形與甲申弧線相等若未光原已至申點亢亦至申點無燃曲線矣

以上所論據鏡之剖面圖而言任方向剖之其理皆同若用回光鏡試驗此事卽能見其燃曲面圖中甲己乙燃曲線繞丙已本軸線一周卽爲燃曲面且回射各光線爲燃曲面之切線

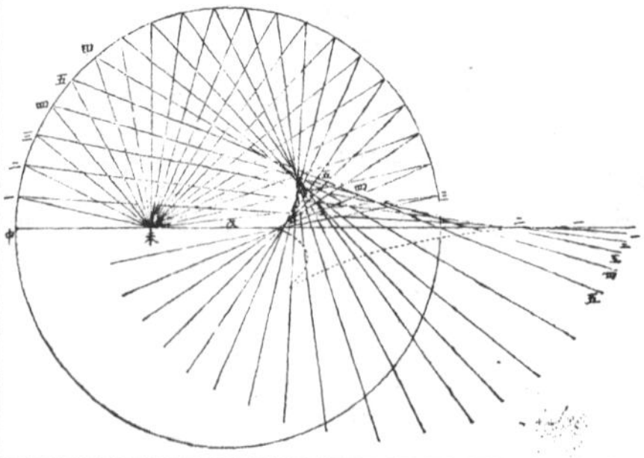

光原在凹回光鏡之內面者如圖未戊相距近於未申卽有兩箇燃曲面一爲短者與前圖同一如本圖有兩長曲線如一·二·三·四·五曲線與申戊軸線下虛曲線相對此兩長曲線在鏡後成交點設未光原近於申而遠於戊則兩長曲線在鏡後漸離且其虛光頂在凹鏡之內若未光原在戊與申之平分點則曲線改爲平行線若未光原漸近於戊則一·二·三等兩長曲線漸短且短燃曲面亦同時漸短但本圖漸短之速率小於前圖漸短之速率未光原已至戊點卽無燃曲面其故前已詳言之

昔有瑞士國人德半理物考究燃曲面之理云由平行光線所成之燃曲面而得燃曲線作此線之法球之中心爲圓周心又有一圓周其兩心相合中間圓周之外有一移動之圓周移動時成一曲線其動周半徑倍於定周半徑後有司密得依法推算而知光原在申動周半徑爲鏡球半徑三分之二定周半徑爲鏡球半徑三分之一若未光原向前行過戊點而更近於鏡面此兩種燃曲線觀前兩圖皆過戊點而向外行且與上所言之理合

回光之奇理可解明之如圖光原在吧點與聚光頂幾欲相切甲丙乙爲凹回光鏡光原在聚光頂以內相去不過一點否則吧一·吧一·兩光線不能自一至一·依平行方向回射其故因光線射至鏡面已在首

軸線之旁吔二吔二兩光線射至鏡面離首軸線已遠其回射光線卽於巳二成交點吔三吔三兩光線射至鏡面離首軸線更遠其回射光線卽於巳三成交點吔點光原所發光線射至鏡面之點在一丙與一丙之間者其回射光線必漸離此鏡面光線回射平行漸近漸離二種光線俱有之

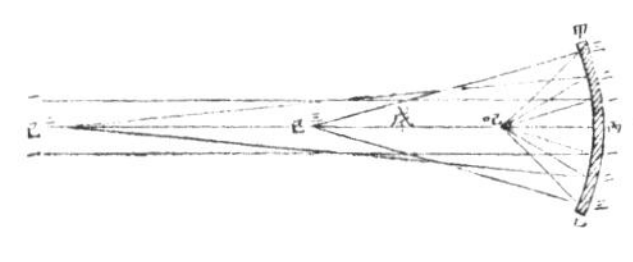

柱形凹回光鏡亦有燃曲面卽可用此鏡試驗其理

其法用瓷料所作之柱形鏡而觀其內面若日光照

於內或燭火之光照於內卽可見其燃曲面於底但因其器甚深且日光斜射而入必用淺器試驗方可或用乳或用白紙或白粉貯於器內令其底甚淺則可觀矣如欲置發光點於器內卽用白紙板浮於其面點一小燈於紙板上卽可見紙上有燃曲線所見之燃曲線與前圖同所置發光點卽在圖之未點也有人用鋼條一段置於白紙上或用日光或用燭光射於鋼條上卽於紙上能見燃曲線此白紙面與發光之點在一直線內若移動光原或遠於鋼條或近於鋼條卽改其燃曲線之形若改鋼條之形亦卽改

其燃曲線之形故可令甲乙鋼條依各形而立卽於寅卯紙上見燃曲線改變各種曲線之形最爲可觀別種回光之面如銀片雲母石等物亦可成極明之燃曲線若用回光之圈亦可成凹凸二種燃曲線形

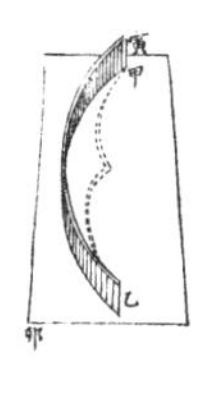

已明回光鏡之燃曲線則知透光鏡亦有燃曲線若以漸離光線射於球形透光鏡之面如圖丁乙丁爲球面丙爲中心未爲發光點未丁未丁兩光線爲球形之切線透過球體之方向爲丁吔與丁吔未乙未

乙兩光線近於首軸線透過球體之方向爲乙巳與乙巳若自丙至丁作兩直線相連而作丁戊丙與丁戊丙兩半周又作丙戊丙戊兩直線其長若干與丙丁之比若一與折光指之比其燃曲線從戊與戊起成戊巳戊巳兩曲線而漸近未丙軸線至首光頂巳卽合於軸線

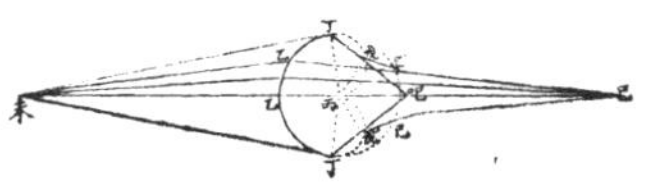

光線透過透光鏡與鏡之樞線成正角有燃曲線如圖甲丙乙爲柱形透光鏡剖面圖戊爲圓周之心未

為發光點末六爲圓周之切線從第一面折光爲六六之方向從第二面折光爲六之方向末五末四等各光線皆依數號而折光觀圖自明透過之後光線交點成一燃曲線爲六四三二一·吧每線末與首軸線成交點之時先成一交點最近軸線之射光線透過後與軸線成交點於吧所成燃曲面甚明面已內

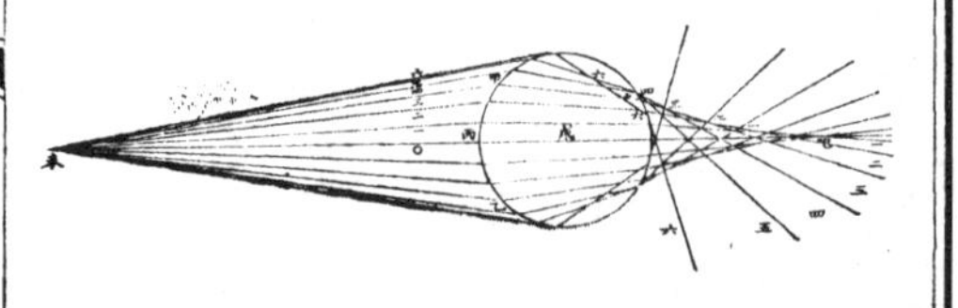

因有光線成交點亦明面之外因光線不成交點故不甚明也

若有平行光線射至甲丙乙圓周上其曲線之起點在與樞線成正角半徑之末點自此處起至首光頂止此曲線繞本軸一周即成燃曲面與上圖同光時無異吧爲極明之點其後界有一極明之圓周

德牢理物之書內有一法可依圓周之徑定其透光質之折光指折光指愈大圓周之徑愈小若將玻璃球內容淸水置於日中即可見燃曲面若將玻璃圓管內容淸水令日光透過玻璃管後用一白紙其面與水面平行即於紙面見其燃曲線

論凸面回光鏡

第一百四節　用凸面回光鏡而試驗光理即可知各光頂幷各形像之所在與凹鏡同不過各光頂與各形像俱爲虛者耳

第一百五節　設欲定凸鏡聚光頂之所在即應用平行光線射至鏡面此各平行光線與鏡面各相對半徑所成之角與回射光線與各相對半徑所成之角等此回射光線俱爲漸離之光線若引長之至鏡背之後即相合成一點亦謂之首光頂

第一百六節　設欲定凸面回光鏡內之形像幷兩箇交互形像之所在即自物件作次軸線過鏡中心再自物件至鏡面作一線爲射光線後從鏡中心至鏡面作一線（即半徑）與射光線相遇成角即射光角又作相等之回光角以此回光線引長與次軸線作交點即形像之所在也用此法可任取物之一點而定其形像之所在又可知凸鏡內之形像小於物之眞形而非倒置也

第一百七節　拋物線形之回光鏡各平行射光線回射之後其聚光頂必在拋物線之心設於此心置一發光點其回射之各光線俱爲平行而無光行差若橢圓形

之回光鏡則此心所發之光線回射之後必聚於彼心橢圓有二心故云彼此二心海岸有大燈以便行船皆用抛物線形之回光鏡回射之各光線皆平行而至遠處但回射之光線不合於眞平行線因其光原大如一點也

論折光之理

第一百八節　凡光線射至物上非盡回射也必有幾分透入物質之中阻光之質必速滅入質之光線透光之質必讓入質之光線透過也詳見第十一節

第一百九節　以射光線一千而論爲水面之垂線祇有十八光線自水面回射其餘九百八十二光線透入水

質之中詳見第六十節

第一百十節　凡射光線一千爲水銀面之垂線祇有三百三十四光線透入水銀質中不存而滅

以下講明各光線入透光質之理可借水以爲喻焉

第一百十一節　設有一光條爲水面之垂線其透入水質之方向同於射至水面之方向若光條射至水面不爲垂線則於入水之後改其原方向

第一百十二節　光條入水改其原方向有如折形故謂之折光此折光之角各質不同

第一百十三節　學者必知折光之理有一定之故如圖

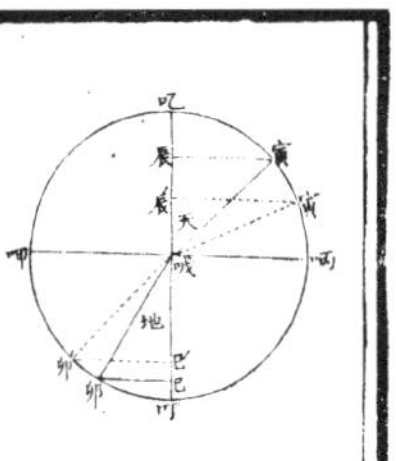

呷叱哂叮爲器之直剖面形水滿至器之半呷哂爲水面戌爲中心叱叮爲水面之垂線與水面成交點於戌點　設此器不透光即於叱點作一小孔則有小光條射至水面此光條遇水於戌點透過水而至叮不改其方向

第一百十四節　設於寅點作一小孔而有小光條斜射至水面之戌點透入水質中即改其方向爲戌卯

第一百十五節　作寅辰線爲叱叮之垂線又作卯巳線亦爲叱叮之垂線若以寅辰線爲實以卯巳線爲法約

之所得之數必爲恆數無論射光角若干其數不變也

第一百十六節　水面上之天角爲射光角水面下之地角爲折光角以呷叱哂叮圓周之半徑爲一則寅辰線爲射光角之正弦卯巳線爲折光角之正弦

第一百十七節　前言射光角之正弦爲實折光角之正弦爲法約之得數爲恆數乃光學中之要理此兩角不論其大小所得之數恆同設此角減小彼角亦減小此角加大彼角亦加大所以射光線順寅戌虛線則折光線必順戌卯虛線寅辰與卯巳之比若寅辰與卯巳之比由上理而推廣之其比例必同也

第一百十八節　此恆數謂之折光指卽光差也。

第一百十九節　上言用比例之法與前所言法除實之理無異假如一爲實二爲法卽得二分之一此與一與二之比相同也若以二爲實一爲法得數爲二此與二與一之比相同也又如十二爲實三爲法得數爲四此與十二與三之比相同也若以三爲實十二爲法卽得四分之一此與三與十二之比相同也。

第一百二十節　凡直角三角形求句與弦之比必以句爲實弦爲法約之而得所求此直角三角形無論大小求得之數與句所對之角之正弦同如前圖戊辰寅三角形天角正弦與辰寅與戊寅之比相等可用算式明之 正弦天 $=\frac{戊寅}{辰寅}$ 地角正弦亦與卯巳與戊卯之比相等則 正弦地 $=\frac{戊卯}{卯巳}$ 此戊寅與戊卯無論若干數角之正弦必相等因半徑爲一所以 $\frac{戊寅}{寅辰}=\frac{一}{寅辰}$ 而 $\frac{戊卯}{卯巳}=\frac{一}{卯巳}$ 學者已知此理可明下數節所言之理矣。

第一百二十一節　如圖寅丑癸子爲長方玻璃器各邊平行惟寅丑之一邊不用玻璃透光若有光原在甲點光線射至玻璃器內卽於寅丑不透光之一面成一影

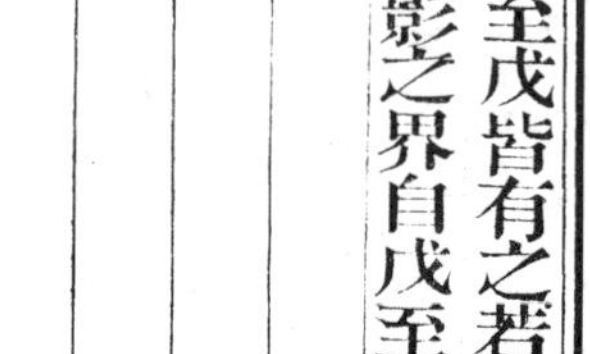

自丑至戊皆有之若將水傾滿於玻璃器內其影之界自戊至辛此因水能折光之故也。

第一百二十二節　寅戊與寅丑兩線所成之角等於天角卽射光角也（詳見第一百二十節）此 正弦天 $=\frac{寅戊}{丑戊}$ 而 正弦地 $=\frac{寅辛}{丑辛}$ 此線可量其長數亦可算其長數而知合於上所言之理卽 $\frac{寅戊}{丑戊}$ 得數與 $\frac{寅辛}{丑辛}$ 得數必有一恒比例水中折光之比例爲三與四之比卽是一.三三三（此數詳言之應爲一.三三六）

第一百二十三節　凡光線自空氣射入水中則折光線稍近於垂線蓋空氣之質淡於水質凡光線自淡質入濃質中大約有此情形也。

第一百二十四節　凡光線自水中射入空氣內則折光線更遠於垂線。如圖甲爲水中發光點其射光線透出水面而入空氣中卽更遠於垂線若射光線之度數加多則出光線之度數亦加多如有出光線與水面平行則其射光線更斜不透出水面而從水面回射於水

中矣

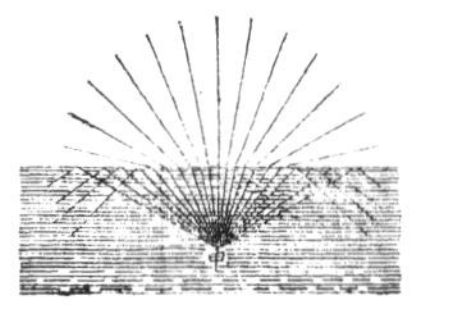

第一百二十五節　設玻璃器內用醋則折光指為一·三四四用罷蘭地酒則折光指為一·三六〇用以脫里克醋則折光指為一·三七二用杏仁油或橄欖油則折光指為一·四七〇用松漆油則折光指為一·六〇五用八角油則折光指為一·五三八用苦杏仁油則折光指為一·四七一用炭硫則折光指為一·六七八用燐則折光指為二·二二四

第一百二十六節　上所記各物折光指之數皆大於水之折光指之數除醋不能燒外其餘可用火燒之令至於無其理甚奇

第一百二十七節　前二百年英國士奈端言油質之折光指甚大可用火燒之至無今金剛石量其折光指得二·四三九金剛石之折光指既甚大必能燒之至無也奈端此時實未知燒金剛石之法近時講求化學之理此事亦易易耳

第一百二十八節　折光之中又有一奇理松漆油之折光指大於水而其質點不如水之緊密與水之質點相比若八百七十四與一千之比凡斜光線從松漆油入水即自淡質入濃質而其折光線更遠於垂線或以斜光線自水入松漆油而其折光線更近於垂線觀此可知前言光線從淡質入濃質折光線更近於垂線不能為一定之理也詳見第一百二十三節

第一百二十九節　凡光線或從空氣或從他質斜射平行面透光質而仍入空氣或他質此光線即依原方向而行前言光線從此質而透過彼質或濃或淡以後折光線仍入前質再折光而得原方向即此理也

第一百三十節　光線過透光質之時必有最速之時設已知光線透過某質之速率則折光線所行之方向為光線透過某質最速之方向

第一百三十一節　因折光之故觀水更淺觀玻璃更薄更淺更薄皆指本體而言

第一百三十二節　人在水面而看水底光線自水面至目成垂線必無光差其餘至目之光線必有光差若以有光差之光線引長至水中而與垂線作交點必不在水底因光線自水中射入空氣內光線更遠於垂線也

第一百三十三節　人目斜視水底較之直視水底必稍淺亦因折光之故

第一百三十四節　若將竿一根插入水中此竿之形若折斷而更遠於垂線設太陽之光線斜入水中則入水之後其光線更近於垂線．

第一百三十五節　若用一空盆置一物於盆底離人略遠至僅見其半然後傾水於盆中即可見其全此亦因折光之故．

論透光質有時能不透光

第一百三十六節　折光與回光有相關之理若無折光則亦無回光也假如以一定質浸於流質內而流質與定質之折光指相等即不能見此定質於流質之內矣

第一百三十七節　凡光線從此質而入彼質此質折光指與彼質折光指不同必有回光若光線回射多次則二種透光之質皆不透光．水面之白沫不透光因其內有水與空氣兩質光線透入回光多次漸不透光黑色之雲不能透光設黑雲而有回光其色不黑而白皆因此故若以透光之質搗碎研爲細粉其粉各點透光．多點聚於一處即從各點之面屢次回射其光甚多故光不能透入粉內而爲白色亦此故也．

第一百三十八節　食鹽與紙皆爲白色．鹽之質點與紙之質紋皆能透光而竟不透光者因聚於一處有屢次回射之光而光不能透過也．

第一百三十九節　若於紙之質紋間加入透光之質而其折光指與質紋之折光指相等即無屢次回射之光而紙能透光矣玻璃紙用此法造之紙之質紋間所加之油即透光質也．紙浸於水內則紙能透光白布浸於水內其白色稍減因濕布透光多於乾布也回射之光少於乾布也然紙與布浸濕之後尚不能全透光因水之折光指太小又有數種石類乾時不能透光浸於水中即能透光．

第一百四十節　折光指愈大回射之光愈多水折光指爲一．三三六玻璃折光指爲一．五所以光線順垂線而透過玻璃而其回射之光多於從水面回射之光金剛石折光指甚大故極明淨也．詳見第六十節

論全回光

第一百四十一節　學者既知第一百二十三與一百二十四兩節所言之理即可知以下所言之理矣．凡射光線與水面所成之射光角近於九十度即略與水面平行有折光角四十八度半反言之光線自水中而入

空氣設光線遇水面所成之射光角四十八度半光線在空氣中卽略與水面平行

第一百四十二節　若水內光線與水面成角過於四十八度半則光線不射入空氣中卽從水面回射於水中此謂之全回光

第一百四十三節　定全回射光界之角謂之界角水之界角爲四十八度二十七分平常玻璃之界角爲三十八度四十一分金剛石之界角爲二十三度四十二分

第一百四十四節　若各光線射於水面而滿一直角則入水之後卽改爲四十八度二十七分之角設用金剛

石卽改爲二十三度四十二分之角

第一百四十五節　於靜水中觀水邊之物必覺更高假如魚在水內向上而看空中圓界其目爲圓心其視半徑略近於九十七度（卽四十八度二十七分之倍數）則魚目在水中能見此處地平一切之物但近地平之物看之略短其高在空中圓界以外魚目能見水底之物與人視鏡中回射之光無異也

第一百四十六節　日月近地平之時而無雲遮蔽則觀之略似橢圓形亦與上理同

第一百四十七節　試驗上理可將一銀錢置於玻璃杯

內然後傾水於杯內高一寸以杯稍斜入目於杯底觀之能見此錢回射之形像甚明因其光是全回射之光也

第一百四十八節　或用一有底玻璃管以其一端置於水內而斜之待與水平行之光全回射於水面之下然後從上而觀此玻璃管似磨光之銀若傾水於玻璃管內與管外之水平卽無全回射之光矣

第一百四十九節　凡有三稜玻璃其兩腰面相等又相遇成正角若有一光線爲其腰面之垂線透過玻璃後必與其底面成四十五度之角此角大於本體之界角

所以光線全回射而射光線與回光線成正角凡欲改射光線爲九十度方向之回光線卽用此兩等面三稜玻璃

第一百五十節　若射光線與正角三稜玻璃之底面平行則折光線遇底面成角大於界角故光線全回射設受光之體大於一點則物之兩端所發光線在稜體內成正交線透過稜體觀此物有顛倒之形測天之遠鏡亦有顛倒之形用正角三稜玻璃更顛倒之則得其正矣

第一百五十一節　砂漠之地有時能見極遠之物似在

目前并能見空中海市蜃樓之類皆因全回光之故也日光射於砂漠之地砂極熱時其相近之一層空氣亦甚熱且輕於以上之空氣故上升所以遠物之光線遇一層更輕之空氣其上面甚斜而光線全回射與物之光線自水面回射無異昔法國與噎國交戰之時行過砂漠軍士口渴見泉水甚近而喜然相去實甚遠也

第一百五十二節　氣質與流質定質同可回光亦可折光因氣質之折光指甚小故回光與折光甚微但測望之時必須知蒙氣差即空氣折光之故也用三角法測地亦須知蒙氣差日未出地平之時已能見日日入地平之後仍能見日亦因有蒙氣差也

第一百五十三節　若由熱物上而觀對面之物有抖動之勢此因空氣冷熱不勻故折光不同遠望各曜之光有抖動之狀亦此故也測望家深惡此事因多一差耳

第一百五十四節　可從燭火上熱氣中而觀一物或從極熱鐵條上升熱氣中而觀一物或以炭養氣自上墜下或輕氣升上此氣在極大光力與白屏之間即於屏上能見此氣升上成浪形亦因空氣中折光之故也

論透光鏡

第一百五十五節　透光鏡亦爲弧面之一小分若不合於弧面之一小分即爲球形透光鏡

第一百五十六節　透光鏡分爲二種一合平行光線透過鏡後而漸聚二合平行光線透過鏡後而漸離每一種透光鏡有三式其名如左

漸聚透光鏡　一爲雙凸鏡　二爲平凸鏡　三爲凹凸鏡（此鏡凸面之半徑大於凹面之半徑）

漸離透光鏡　一爲雙凹鏡　二爲平凹鏡　三爲凸凹鏡（此鏡凹面之半徑大於凸面之半徑）

第一百五十七節　凡光線過透光鏡之中心爲雙凸面之垂線此線亦謂之首軸線

第一百五十八節　凡光條射於凸鏡上與其首軸線平行既過凸鏡之後其各光線即於軸線上成交點此交點亦謂之聚光頂

第一百五十九節　在聚光頂之外置一發光點其各光線在凸鏡之彼邊成交點而發光點之形即在此交點若發光點漸近聚光頂彼邊之形即漸離凸鏡設發光點已合於聚光頂則其形離凸鏡之遠爲無窮矣

第一百六十節　若發光點在聚光頂與凸鏡之間其各光線透過凸鏡之後必漸離以此各線引長成交點則與發光點相近而在凸鏡之後面其點爲虛光頂若散

光之體大於一點。卽於虛光頂成一虛形像。

第一百六十一節　置一物於聚光頂之外。卽於凸鏡之彼邊成實形像。或大於物。或小於物。必成顛倒之形。

第一百六十二節　前論囘光鏡發光點與形像有互光頂。凸面透光鏡亦如是也。

第一百六十三節　凹面透光鏡之各形像。必爲虛者。

第一百六十四節　球形透光鏡。不能聚各光線成一光頂。在鏡周透過之各光線。較之鏡中透過之各光線折光更多。所以鏡周各光線之頂距小。鏡中各光線之頂距大。若將球形透光鏡以各光線合爲一光頂。不過能用鏡中之各光線。而不能用鏡周之各光線也。

第一百六十五節　過鏡中之光線與過鏡周之光線。兩種光線之頂距不同。亦謂之球形差。凡弧面透光鏡。令各光線成一光頂。則謂無差之透光鏡。球形透光鏡非無差也。

第一百六十六節　球形透光鏡。同於球形囘光鏡。亦有燃曲面與燃曲線。發於光線之各交點也。

論眼能透光之理

第一百六十七節　人眼能見各物。亦可謂透光鏡也。內有三質。前後房水一也。睛珠二也。大房水三也。

第一百六十八節　前後房水在眼之前面。有明凸如表蓋者。名曰明角罩。前後房水之後。睛珠之前。有眼簾在瞳人圓周以外。睛珠之後。有大房水。居眼之太半。人眼全徑一〇九分（十二分卽英國之一寸）

第一百六十九節　腦筋從眼後而入。分爲數支。於目底成形。其密如網。卽謂之筋網。其底有黑油衣。目內囘光甚少。因黑色之故也。

第一百七十節　眼簾功用能或舒或縮。令瞳人縮小展大。設光力不濃。則眼簾將瞳人展大。光力甚濃。則眼簾將瞳人縮小。看近物則眼簾合而瞳人縮小。看遠物則眼簾開而瞳人展大。

第一百七十一節　瞳人色黑。因眼內有黑油衣。設能發光射至筋網上。卽能見瞳人之色甚明。但射至筋網之光。卽囘射於發光之體。故欲觀他人目中囘射之光。其目必在發光體與筋網之間。既在此間。又遮去射至筋網之光。必另設一法以試驗之。其法用一擺錫鏡而去其一點。鏡光射至筋網上。卽於此點後觀他人目中。可見受光之筋網。且瞳人之色紅如熾炭。西國醫士依此理而造一器。可觀他人眼內之病。其狀若何。

第一百七十二節　白兔之瞳人其色甚紅。因目內無黑油衣光內之紅光線透過眼白殼卽從眼內回射故見其瞳人爲紅色也此種目人亦有之俗名社日生設遮去紅光線而不令透過其瞳人亦是黑色也　有一種獸其目內無黑油衣祇有回光皮代黑油衣故暗中能見猶眼內之光此光非從眼內發出乃回射之光耳設令猫眼在極暗之處其眼內亦無光矣

第一百七十三節　西法照像所用暗箱內有糙玻璃外物之光線透過暗箱之透光鏡而射於糙玻璃上若形像不甚清楚可進退以準合之必令形像在糙玻璃上甚清楚也

第一百七十四節　人目宛如暗箱之有透光鏡也且有筋網代糙玻璃若欲仔細觀一物其物形必收聚於筋網上極清楚卽是物上各點光影聚於筋網上一點方能清楚也

第一百七十五節　筋網上物形與物體相反

論目視物分遠近與眼鏡之功用

第一百七十六節　假如於目前稍遠處置字一幅於字與目之間懸一紗簾若目能從紗簾中見字卽不能見紗簾若能見紗簾卽不能見字蓋物之離目近遠不同者不能同時於筋網上成形像也

第一百七十七節　設目爲定質與玻璃水晶無異卽不能於忽遠忽近間見物之形像必有一定之界限方能見之若在定界之內外卽不能見也然目之視物稍分遠近皆能見者此因睛珠可略改其弧面之平凸而視物也

第一百七十八節　在透光鏡之或前或後觀燭光回射之形若漸近透光鏡卽見鏡中回射之形像漸小故可知觀近物睛珠之弧稍凸觀遠物睛珠之弧稍平

第一百七十九節　光線自空氣中入目先透過明角罩而折光因折光之故此各光線應過筋網後半寸成交

點卽光聚頂然因透過明角罩後之各光線再透過睛珠所以光頂聚於筋網也

第一百八十節　過明角罩中心至筋網作一直線此直線名曰視軸有人視軸太短筋網與明角罩太近之故各光線之光頂不聚於筋網而在於筋網之後高年人明角罩稍平光頂在筋網之後視物有昏花之象矣

第一百八十一節　高年人視物喜遠而不喜近因遠處光線略平行而入目可用凸透光鏡爲眼鏡令光線漸近則光頂聚於筋網而視物清楚矣

第一百八十二節　有人視軸太長明角罩與筋網太遠之故各光線

之光頂在筋網之前必近而視物則光頂可合於筋網。故短視之人可用凹透光鏡為眼鏡。

第一百八十三節　設有平直二物相離同遠人目不能於同時內而詳見此二物若欲詳見平物必略遠欲詳見直物必略近假如用墨水作平直兩線看一線清楚餘一線必略淡若看此略淡之線為黑線則前看之黑線必略淡有人看同遠之平直二物其差甚多可用圓柱形之透光鏡為眼鏡。

論瞎點

第一百八十四節　腦筋入目而分成筋網其不能見之

處為瞎點凡物之光線在此瞎點成光頂即不能見矣。

第一百八十五節　可試驗其事而用白水漆（西國封信用此水漆）二點置於黑紙上或用黑水漆二點置於白紙上相距三寸然後合右目對準左邊之漆點或十寸或十一寸之遠兩目相連之直線與二點水漆相連之直線平行。閉左目而以右目視左邊漆點則右邊漆點即不能見因漆點之形合於右目之瞎點若動目向右或向左或離紙遠於十一寸或近於十寸則右邊漆點亦能見之物件大小與離目遠近之比若漆點大小與離目十寸或十一寸之比故有極大物件其光線之光頂在瞎點

即不能見之也。

論物形在目中之時

第一百八十六節　筋網能覺光光雖離而仍覺有光也如電光之來不過瞬息耳然光已過而目中尚覺有光覺光之時各人不同一秒中有若干差數。

第一百八十七節　電光連發而入人目其停而未發之時少於光在目中之時所以各光點相合成連光假如一光點旋轉一周甚速人目視之宛如一光點成一周矣又如一輪旋轉一周甚速人目視之此各輻相合成一暗面矣有人依此理作戲翫之具其法畫人形或物

形各形之式不同旋轉成圓周甚速人目於窄縫中觀之見其相連成活動之形。

第一百八十八節　凡水從壺口而出看似相連且分為上清而下濁若於暗室中忽有電光一閃即見下段之水如圓珠墜下之狀有光之處即見墜珠之狀成水一條因水滴下極速故看似相連觀此益明上節所言光點停而未發之時少於光在目中之時之理。速率極大之礮彈於暗空中打過忽發電光即見礮彈在空中若有不動之狀。

第一百八十九節　目之視物不能極準亦有球形差所

視物形外發多光因此所見物形較之實體略大尋常之光不甚濃所視物形未必大於物體若物外發光甚濃且物甚小所視物形即大於物體也假如用白金細線引電光而成白熱視之甚粗又如看新月可見其含無光之月體看有光之半月其半徑大於無光之半徑也海岸燈塔有燈甚多發平行之光從遠處望各燈成一大燈球又如觀火其中白熱之炭質點升上甚速而火成浪紋入目觀此浪紋過大故觀火亦略大於實體也

凡所視物形大於實體者謂之假肥形

論眼中小質

第一百九十節　凡目之各質內皆有不透光小質有人目內有黑點有黑圈有似水浪紋之質因瞳人不甚小故筋網上無小質之影設瞳人大如一點而目內有此不透光之質大約不能視物也若此小質近於筋網即能成影（詳見第十八第十九兩節）用針刺小孔於紙上而觀天即可見已目中之小質

第一百九十一節　筋脉之影又在筋網後面但有此影之處易於覺光故與無影同尋常時目不能見此筋脉之影然筋脉之影在筋網別處而此處不能易於覺光即可見筋脉之影

第一百九十二節　欲令筋脉之影在筋網別處即於暗房內用一小透光鏡光頂離鏡不遠斜射於眼白殼上成一太陽之小形像或成一電氣光之小形像但光切不可過瞳人後略動透光鏡即於目內覺有筋脉之影亦在筋網上移動且於目前無光之處能見筋脉之形像

第一百九十三節　人目視黑暗之處而於睛旁移動燭光令其光線斜射瞳人內即能見筋脉之影有人之目極易見筋脉之影

第一百九十四節　又有一法刺小孔於黑紙上而觀天空若將此紙略移動之即能見筋脉之形像

論西畫鏡

第一百九十五節　假如開一目而視手邊不過見一指之邊若開兩目視之即見各指之面由此知兩目所受形像不同

第一百九十六節　兩目見物之時兩箇形像在筋網上若有兩幅相同之畫在目前猶兩物在兩目之前成不同之形像也用透光鏡存之不爲平畫而有渾成之像西國所作畫鏡用此法也

第一百九十七節　英國士韋子頓初造此法用兩幅相同之畫兩目視之各對其一用兩箇透光鏡觀之兩目各有相對之畫因兩畫相同而看似渾成

第一百九十八節　人目觀兩畫相合之形像與觀物之眞形無異觀時不過細視其物之一點耳物之各點離目遠近不同而觀此近點則兩目視軸所成之角大於觀遠點之角觀遠點時視軸略爲平行所成之角甚小凡觀兩畫相對之點二視軸必成一角與觀物之眞點無異故有渾成之形

第一百九十九節　假如以兩幅相同之畫量其兩對各相合之點此一對之相距大於彼一對之相距如此離目有近遠之別故兩目觀此一對點視軸之角大觀彼一對點視軸之角小

第二百節　明以上之理亦可觀平面畫有渾成之形假如作畫於兩箇圓錐體左右眼各看其一而兩畫之離目相等然後令右目看左畫左目看右畫兩目之視軸成交點用筆作識於圓錐體之相對點令兩點相合而仍觀之不過見一圓錐體在空中有渾成之形卽在視軸交點處

圓錐體上所作之畫不過是界線耳且上半一對相合之點近於下半一對相合之點

第二百一節　韋子頓初作西畫鏡用同光之法然又有他法可試驗其理近時常用之法爲普兒斯登之法所用之透光鏡薄邊在中厚邊在旁此法能加大其畫之形又能令其渾成也

第二百二節　前第一百九十八節所言觀物體之一點愈近之則視軸所成之角愈大愈遠之則視軸所成之角愈小如用正角三稜玻璃觀兩合點一遠一近所發之光線過此玻璃體其光線未至目前已成交點故從遠點發光線至兩目內所成之角大於從近點發光線至兩目內所成之角用此法作一鏡卽可觀凹面爲凸形凸面爲凹形格致家謂之假鏡焉

長洲沙　英繪圖

桐鄉沈善蒸校字

光學卷下

英國田大里輯　布國　金楷理　口譯
新陽　趙元益　筆述

論光之性情并同光折光之性情

第二百三節　以下諸節光理之奥妙以及感動人目之故皆詳述之大抵人能知覺之故因他物感動其腦氣筋也假如手按一物而人覺之此因物感動其手內之腦氣筋以達於腦而人覺之也香氣至鼻而人覺之此因香氣感動其鼻內之腦氣筋以達於腦而人覺之也音聲至耳而人覺之此因空氣中聲浪感動其耳內之腦氣筋以達於腦而人覺之也惟光亦然

論發光體發無數質點而成光

第二百四節　奈端論光之說以爲發光體所發無數光質點因甚細微故不能見之此種質點能過透光質并能過目內之透光質而射至筋網故目能見物也

第二百五節　光發質點之理此舊說也

第二百六節　光行之速率甚大則光質點應小至無窮設此光質點稍有重率若干再加之以速率必傷人目尋常之質有一軋倫（軋倫英國乾物量名也等於〇·一六立方尺）其動速率同於光行之速率則一軋倫質之重可等於一礮彈之重即與重一百五十磅之礮彈每秒速率一千尺者無異

第二百七節　設光質點果有之可用透光鏡合數兆光質點過此透光鏡而射於小天平此小天平以蛛絲懸之而旋轉一萬八千周然而數兆光質點著於天平竟未回旋也可知光質點必無重率（此駁奈端之說也）

第二百八節　若光質點竟小至無窮則空中各曜發出之光質點其速率皆同因各曜之吸力不同而光質點分重輕則發出之時應不同也然而未有不同者可知光質點竟無重率（此亦駁奈端之說也）

第二百九節　說有一恆星其質之疎密同於日質之疎密又此恆星之全徑二百五十倍於日之全徑因其吸力甚大可阻所發之光質點不令其甚速更小之恆星吸力更小阻光質點發出之力亦更小則大恆星發光之速率應小於小恆星發光之速率然而各曜發光之速率無有不同者可知光非質點也

觀上所言之理可知光爲質點之說甚謬再以同光折光之理證之亦與質點之理不符可知光爲質點之說更不足信也

第二百十節　光條射於同光鏡面成直角此同光鏡光

阻住光條之質點而後依原方向回射

第二百十一節　回光鏡面令光質點回射幾分其餘幾分讓其透入回光鏡內

第二百十二節　凡光質點斜射於透光體之面可喻之質點漸喻入透光質內與空中礟彈飛擊有地心力喻之無異所以光質點被喻之速率大於尋常之速率已喻入透光質內者仍有極大之速率且在質內時不加不減也

第二百十三節　已上為奈端所言之理且奈端又言光線折時與垂線所成之角更小此時光行之速率加大依此理則光在水內之速率大於空氣中之速率在玻璃內之速率大於水內之速率在金剛石內之速率大於玻璃內之速率折光指愈大光行之速率亦愈大

第二百十四節　不信光為質點之理者試驗此事即知有相反之理折光指愈大速率愈小也

論光浪

第二百十五節　昔時天文家海更士算學家阿勒此二人者始不信奈端之說以為光與聲同亦有成浪之性情然此時之格致家拉不拉司畢亞普見斯登馬勒斯皆信奈端之說而不復悉心考究待至脫麥斯養論司農二人出而考究光理得其確據各國之人方知光發質點之說之謬

第二百十六節　脫麥斯養論而司農之言曰若光發質點之理不謬則光學之理不能解釋者甚多若光浪之理不謬則依此理光學中事事可以解明於是思出多據而顯明光學各事與成浪之理有相關即以余歷年所得之新理證之二人之說亦暗相吻合

第二百十七節　余著聲學一書已解明某質凹凸力愈大聲行之速率亦愈大又某質之質點愈鬆聲行之速率亦愈大光理亦然其傳光之質凹凸力甚大且甚鬆而淡可借名曰傳光氣

第二百十八節　傳光氣散滿於空中無微不至即真空中亦有之各質點包於傳光氣內人目為透光質處處有傳光氣與目外之傳光氣相連發光體之質點盪動時傳光氣亦盪動所以成浪而行激於筋網上故目覺有光

第二百十九節　空氣傳聲之時其質點順聲行之方向前後盪動傳光氣傳光之時左右盪動或上下盪動故聲浪為直行光浪為橫動也

第二百二十節　傳光氣盪動之路有大小名曰變度光

之濃淡與此有相關變度與光明之比若變度平方之比又光明之比若傳光氣質點盪動最大速率平方之比

第二百二十一節　離發光體愈遠此變度減小之比若發光體相距更遠之比且光之明與變度有平方比例所以光明減少之比若與發光體相距數平方反比例此事與光爲浪之理相合

第二百二十二節　傳光氣浪回行之理與光回射之理亦合所以射光角與回光角相等

第二百二十三節　折光之理如左

各曜之光浪爲一周其浪之一小段已成直線設此光浪之一小段過平面玻璃片而盪動之方向與玻璃面平行則光浪透過玻璃而不改其方向

第二百二十四節　光浪在玻璃內之行速率小於空氣內之行速率故玻璃內之光浪不能追及空氣內之光浪也

第二百二十五節　假如此光浪行至玻璃片之前斜過玻璃面則光浪之先入者速率減小而阻住在後之光浪故光浪改其方向而過玻璃即有折光之事

第二百二十六節　若玻璃片之兩面平行則先入之光

浪亦必先從對面而出既出玻璃面速率加大未出者速率未加故光浪改爲原方向而行此事與浪之性情亦合

第二百二十七節　透光鏡合光線或漸近或漸離與上理亦合蓋光浪各點過透光鏡之面其時不同且透光質又分厚薄故光浪各處改其方向而不同也

第二百二十八節　傳光氣質點之緊密在定質流質氣質之內依次遞減且氣質內傳光氣之質點其緊密過於眞空中傳光氣之質點所以各物之質點能合傳光氣之質點擠緊若傳光氣之凹凸力與緊密有正比例

即不能減光行之速率折光指極大之質能減光行速率其質內傳光氣之凹凸力更小而緊密更甚眞空中傳光氣之凹凸力更大而緊密更減此理由試驗光學各事而得之

第二百二十九節　聲音在空氣中亦然不能從西士邁兒越脫所試得之定法凡氣質點相擠之時加凹凸力之比不合於加緊密之比所以聲行之速率減小

第二百三十節　折光質與光行速率有相關之理可更詳言之假如第一百十三節之圖有寅辰井卯巳兩線可爲氣水兩質內光行速率氣質內光速率當射光角

之正弦。水質內光速率當折光角之正弦。折光指即兩質內光速率之比例。設水折光指爲三分之四。氣質中光速率與水質中光速率之比若四與三之比。玻璃折光指爲二分之三。氣質中光速率與玻璃質中光速率之比若三與二之比。故空氣中光速率爲水內光速率一又三分之一。爲玻璃內光速率一又二分之一。爲金剛石內光速率二又二分之一。且空氣中光速率爲客羅科雖脫（其合質爲鉛養鉻養）之質內之三倍。因此物之折光指最大。若欲詳考之。則折光指不可以空氣爲主。必從眞空中而射於折光質內。以眞空中光速率爲實。以某折光質內光速率爲法。除之得數即爲其折光指

第二百三十一節　光線與傳光氣浪盪動之方向成正交。若詳論之。祗有光浪而無光線。不過光浪順一方向前行。故爲光線耳。

論透光三稜體

第二百三十二節　前一百二十九節內已言有光線斜射平行而透光質內。透過之後。光線之方向仍合於原射之方向。設透光質之兩面不平行。即不合於原射之方向也。

第二百三十三節　假如光線射於透光三稜體而與其

稜體之一面成正交線。則光線透過後不合於原射之方向。此稜體兩等面所成之稜名曰稜體折光角

第二百三十四節　稜體折光角愈大。則光線透過之後與原方向差之愈多。且同一光線射於稜體。若改其所入之方向。則所出之方向亦改變也。

第二百三十五節　若稜體內之光線與稜體兩面相遇成角而等。則射出兩光線方向之差數爲最小。且射光線與稜體外面相遇成角。等於出光線與稜體外面相遇成角。此事可用算理明之。且能定某質之折光指若干。

定透光質折光指之法（從他書移增於此）

如圖甲乙丙爲透光三稜體橫剖面。丑卯爲射光線與卯巳出光線差數爲最小。即作辛乙線與丑卯線平行。又作未乙辰線與卯巳線平行。設未乙辛角以叮代之。即爲射出兩光線之差角。辛乙卯角以丁代之。即爲射光角之餘角。甲乙丙角以庚代之。卯乙辰角以午代之。即爲出光角之餘角。等於丙卯巳角。射光角以壬代之。即有

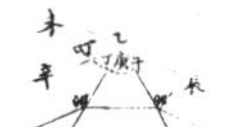

式。（丁丄午二九叮壬）又（叮二一入叮庚斷）若以此式之丁與午用上式代入。即（叮二二壬庚）故

壬＝三(可丨庚)。

又如圖。三稜體加垂線辰卯申與辰卯申。其內

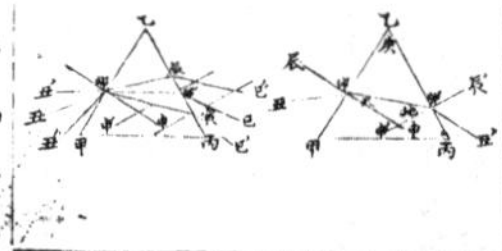

光線與此兩垂線所成之角。一爲天。一爲地。而天角加地角等於庚角。若射光角與出光角相等。卽天角與地角亦等。折光指以卯代之。卽有式

$卯=\frac{天正弦}{壬正弦}$。卽 $卯=\frac{三庚正弦}{三(可丨庚)正弦}$。

觀以上之式。可量射出兩光線最小之差角。又用此式算得其折光指。

第二百三十六節　平行面之透光質。旣不改其光線之

方向。可用之而作空三稜體。以明流質盛滿於其中。

論光分各色

第二百三十七節　奈端嘗言日光可分之爲各光線。此各光線折光角各不同。設日光透過三稜體。其各光線分爲各色之光線。名曰分列光色。

第二百三十八節　發光體所成之光浪。其長不同。光浪透過折光質。短浪減小之速率。過於長浪減小之速率。所以短浪之折光角大於長浪之折光角。因此而成分列光色。

第二百三十九節　假如有白光條透過三稜體。卽分列

各色成光帶。若合日光透過三稜體。卽爲日光帶。

第二百四十節　此日光帶分爲數行明色。若合各色相合。仍爲白光。正紅之折光角最小。次金黃。次正黃。次正綠。次正藍。次深藍。淡紫爲最大。

第二百四十一節　光之色與其浪之長短有相關。傳光氣浪紅色者爲最長。以後每色遞減。至紫色者爲最短。一箇紅光浪之長爲三萬九千分寸之一。紫光浪之長爲五萬七千五百分寸之一。其餘各色光浪之長在紅紫兩數之間。

第二百四十二節　光行速率每秒十九萬二千英里。以

此數與三萬九千相乘。卽得十九萬二千里內之紅光浪爲四七四四三九六八〇〇〇〇〇〇〇。此數與每秒光浪入目之數相等。紫光浪每秒入目之數爲六九〇〇〇〇〇〇〇〇〇〇〇〇〇。

第二百四十三節　光之有顏色。猶聲之有高下也。聲學中言每秒有若干聲浪激動耳內之腦筋。可定聲之高下。光色亦依每秒有若干光浪激動目內之腦筋可定光之顏色。故每秒有紅光浪之數入目。卽能見紅色。每秒有紫光浪之數入目。卽能見紫色。前所言光發質點之理。亦可有此大數。且依質點之理。應有一定之力激

動目內之腦筋.

論不能見之光線

第二百四十四節　光帶七色以外有目不能見之光線.紅色外之光線目不能見而熱度甚大紫色外亦有光線目不能見而熱度不甚大可以燒鎔物質.

第二百四十五節　假如有電氣光即有炭點發出無色而熱之光線其熱度等於能見光線聚合時熱度之八倍日光所發無色而熱之光線其熱度過於能見光線之熱度數倍可用法阻住有色之光線而讓無色之光線透過也.

第二百四十六節　如此可得無色之光頂目不能見之.在此光頂可燒鎔物質又可令不能鎔之物質燒成白色則令無色之光線現光帶之色且不能化之物質阻住無色之光線則無色之光線變爲有色之光線譯曰幻火.

第二百四十七節　紫色外不能見之光線亦可變爲能見之光線設用雞哪一分硫養二分加於其上則甚爲光明目能見之也譯曰變火.

第二百四十八節　幻火之處有不易鎔之物質其質點盪動更速於光浪之盪動且光浪過此質點盪動更速.

故光線之折光角加大.變火之處此光浪能令物之質點盪動稍遲於光浪之盪動故光線之折光角減小.由此而知紅色外光線折光角加大紫色外光線折光角減小不能見之光線即能見之.

第二百四十九節　此紅紫兩色外之各光線名曰不能見之光線原不應有是名因所能見者非光線不過爲光線所照之物也天空中有各曜之光線往來空而不見空中之傳光氣亦不能見也.

論光浪盪動與筋網盪動有相關

第二百五十節　假如有一弦彈之必知其有一定之音.

設用一琴令口唱之音激動其各弦若各弦內有一弦之音與口唱之音同則此弦盪動而出音若各弦之音與唱音不同則唱音雖有極大之力不能令弦盪動而出音禮拜堂內風琴之某音與玻璃窗盪動之音同則風琴盪動之音有時能令玻璃窗碎裂.

第二百五十一節　由此而知小力之音可成大力之音所不能成之事因大力之音盪動之數與他物盪動之數不合也.

第二百五十二節　已知聲學之各事亦可知目內筋網之故人目之筋網其盪動有一定之數若光浪盪動之

數不合於筋網盪動之數或大或小目不能覺有光光浪之力雖極大盪動之數不合目總不能見也

第二百五十三節　夜間一燭之光離人目一里因光浪盪動之數與筋網盪動之數合故目能見之若用日光帶紅色外之光線或電氣光紅色外之光線目不能見也此兩種光線之力大於燭光之力數萬倍而竟不能見者因光浪盪動之數與筋網盪動之數不合也

第二百五十四節　聲學中言二音可分為八音第一音與第八音有和音第一音盪動之數為第八音之半可同時而止前二百四十一節言紅光浪之長為三萬九千分寸之一紫光浪之長為五萬七千五百分寸之一此數為紅浪中等之長亦為紫浪中等之長然一紫浪之長為一紅浪長之半人耳約能分十一箇八音而目祇能分一箇八音也

論色

第二百五十五節　凡光線入各質內或減其光或噏其光然各體所減之光線不同故能顯出各種顏色

第二百五十六節　設全減其入質之光線則為黑色平減其入質之各光線而未至全減者則為灰色若減其數種光線而賸其一種則光浪感動目內筋網即見此一種顏色

第二百五十七節　任以一種顏色之物白光照之其物回射之光必為白色若物上有光浪透過略深即於質內減去光色幾種而從質內回行之光浪即為物之顏色

第二百五十八節　設於三稜玻璃與光帶之間隔一紅玻璃則光線自稜體透過紅玻璃光帶失去各色而祇存一紅色因紅玻璃已減去其餘之色也所用玻璃之色必與光帶之色無異方能如是否則餘色亦現數分玻璃之色與光帶上之色欲求其無異甚難不過得其近似耳正黃色玻璃造之甚難故光帶上必現金黃色與綠色不能減去正藍色玻璃造之亦難故光帶上亦現正綠色與深藍色不能減去也

第二百五十九節　設令白光色透過正黃色玻璃又透過正藍色玻璃即現正綠色故以正藍色粉與正黃色粉研和亦得正綠色此因白光入粉內減去其黃與藍所現者為綠色也

第二百六十節　若不以藍黃兩色之粉研和而以藍黃兩光色幷合即為白色因黃色與藍色彼此配全也

第二百六十一節　凡兩色可合之而成白色者名曰交

五色（亦名曰相合色）光帶之中有四對交互色。一·紅色與正綠正藍之和色。二金黃色與哀安擺眞（譯曰藍册）正藍之和色。三正黃色與深藍正藍之和色。四正綠正黃之和色與淡紫色。

第二百六十二節　假如置一物於光內而此物不能有回射之色則成黑色用紅火漆置於光帶之正綠色內即看此漆爲黑色或用紅色水置於光帶正綠色內亦看此水爲黑色若合光帶照於紅布上即於正綠色內見紅布之色甚黑惟光帶之紅處仍紅也。

第二百六十三節　以上爲分光成各色之事其各顏色亦可合之而成白光色。

第二百六十四節　光帶上分列光色爲長方形若用一圓柱形之透光鏡即合各色合爲白光又可合各種光帶合之而知其光從何來入目分別各色色雖離而仍覺有色也故可設數種顏色於物上旋轉於目前甚速即成白色也。

論光色差并去光色差之法

第二百六十五節　各光色之折光角不同故不能用單透光鏡合各光色合於一箇聚光頂正藍色光線折光角大於正紅色光線折光角故藍色各光線之交點離透光鏡略近紅色各光線之交點離透光鏡略遠。

第二百六十六節　凡有一白色光條形如圓錐而漸離透過一凸透光鏡而漸近即在透光鏡與聚光頂之間亦有圓錐形之光條外周皆包紅光色自聚光頂以外又有圓錐形之光條外周皆包藍光色若置白屏於聚光頂與透光鏡之間即見屏上有白圓而外周包紅邊若置白屏於聚光頂以外亦見屏上有白圓而外周包藍邊故白屏上總不能成無光色之形像也。

第二百六十七節　透光鏡不能合各光色線合爲公聚光頂此爲透光鏡之光色差。

第二百六十八節　奈端以爲此光色差不可去之因無論何種透光鏡分列光色若干與折光指若干有比例若去其分列光色即去其折光指矣然此說不確也。

第二百六十九節　凡兩箇透光三稜體平分折光指若干必有相等者然其分列光色若干可不同若減大分列三稜體之角即可合其分列若干等於小分列三稜體分列若干又可合一箇三稜體之分列減去兩箇三稜體之分列而不減其折光指

第二百七十節　假如以清水貯於三稜體內與火石玻璃三稜體相合則水之分列小而可減而其折光指未

滅也設用冕號玻璃代水亦然此因火石玻璃未滅折光指若干之前已滅去分列若干

第二百七十一節　透光鏡與三稜體有同理若用一火石玻璃凹透光鏡并一冕號玻璃凸透光鏡合其相合卽可滅去其光色差折光指不過稍減數分仍可用此合鏡以觀形像

第二百七十二節　凡用數透光鏡合之滅去其分列光色而不全滅其折光指此種合鏡謂之無光色差之透光鏡

第二百七十三節　人目有光色差亦有球形差

論人目覺色之異

第二百七十四節　目內腦筋遇甚濃之光卽滅其覺光之功用設從極明之處而至稍不明之處卽覺甚暗因滅其覺光之功用也

第二百七十五節　目之視色亦然若有甚濃之色射入目中卽滅其覺色之功用

第二百七十六節　假如以小紅圓置於白紙上而視之良久卽見紅圓之外周包綠色之邊後去其小紅圓而仍視之卽於此處見正綠色

第二百七十七節　此理可解明之人目久視紅色卽滅其覺紅色之功用旣去小紅圓之後卽有紙之白光入目內因已滅覺紅色之功用故祇能覺紅色之交互色（見前二百六十一節）且人目有球形差故筋網上紅色形像之外尙有紅色之光因已滅覺紅色之功用則形像外紅色之光變爲交互色故見紅圓之外周包綠色

第二百七十八節　有色之影亦然假如有極濃之紅光照於白屏上置一物於屏與光之間卽有一影設另用白光射至影上卽變爲綠色亦此理也假如用藍光照於白屏上有影之處另用白光照之卽變爲黃色用綠光照於白屏上有影之處另用白光照之卽變爲紅色此因目久視屏上之色已滅其覺色之功用故白光所照影內之色不能覺之影內回射於人目之白光能覺其色之交互色

第二百七十九節　此交互色爲人目所覺之色影之色實爲白色也

論光色分原

第二百八十節　化學家以各金類并金類雜質吹火試之因其火色之改變而分別其原質不爽毫釐西士本生所造之燈幾無別種顏色若用鈉燒於本生燈內其火色爲黃色與鈉配合之雜質可化爲氣質者燒於本

生燈內其色亦爲黃色用尋常之鹽（即綠鈉）燒於本生燈內其色甚黃紅銅燒之則燈光變爲綠色鋅燒之則燈光變爲紅藍色鎴燒之則燈光變爲紅色

第二百八十一節　金類之質在燈火內發出之氣能令燈光之色改變

第二百八十二節　若用三稜體而觀金類質發氣時之光色不能成光帶非如日光帶各色相連其色之間必有數行黑色間之各質發氣之光色皆有黑色間之

第二百八十三節　假如燒鈉於火內發出之光用三稜體觀之在日光帶金黃正黃兩色之處有黃色明線其餘光帶之色不能發出仔細視之此黃色亦分列兩行若用最好之顯微鏡視之此兩行黃色中有黑色間之燒銅於火內如上法視之即見一行綠色中有黑色間之燒鋅於火內亦如上法視之即見藍色與紅色兩行中亦有黑色間之

第二百八十四節　燒金類質發出之氣用三稜體視之其光甚濃因一切之光合成數明線而無分列也

第二百八十五節　此明線之所在并其數與色各質不同若已知此三事即可知此是何氣所成之明線而無所疑矣

第二百八十六節　若將兩種金類質在火內燒之用三稜體視之即每一種金類氣成其相配之色因其所在不同可觀而分之若有合數種金類之土在火內燒之用三稜體視之即每一種金類氣能知其三事亦可辨別之

第二百八十七節　化學家已知各金類氣發出之三事而視所燒之金類三事各不同則知此是新得之金類昔所未知者西士各出弗與本生用光色分原之法而得昔人未知之金類鏭與鉫後有西士克路克司亦用此法而得新金類鉈有綠色明線

第二百八十八節　定質不能變化氣質者用電氣合其甚熱亦有一定之明線故無論離若干遠之氣如恒星然可以分辨之

第二百八十九節　觀明線之色分金類之原質爲化學中詳細考究之法有人不能辨光帶上之各色又有人不能辨紅綠兩色者皆目病也（昔有西士到而吞不能辨熟櫻桃色與樹葉色不過想其圓形而辨之故人有不能辨紅綠兩色者謂之色瞎又謂之到而吞病近時司火輪汽機之事不用色瞎者恐其不能分辨旗色以致誤事也）

論發光與受光之事

第二百九十節　昔人未知光浪之理已立光線發光線

噏光線等名目此等名目現仍用之以解明光浪之理焉。

第二百九十一節　各體或有光或無光或爲發光線之體或爲發熱線之體。

第二百九十二節　考究光理者必當知光線卽熱線且傳光氣之浪感動寒暑表卽傳熱於寒暑表若光浪遇目內筋網卽覺有光但其最大熱度之光浪在目能見之光帶之外。

第二百九十三節　若光原之質點盪動必令包質點之傳光氣盪動成浪卽發光浪與熱浪若此光原質點與傳光氣盪動之後而光浪激動某體之質點此質點卽噏此光與熱而亦盪動矣。

第二百九十四節　凡光線與熱線透過一體而減少其光與熱則其體必爲透光體此理亦可用他說以解之曰傳光氣之浪過某體質點外包之傳光氣而不激動其質點此體爲透光體若傳光氣之浪又感動某體之質點感動愈甚則體之透光愈少。

第二百九十五節　若某體噏光與熱則加其體之熱若不噏其光與熱則光與熱無論若干大力透過其體而不加其熱。

第二百九十六節　前第二百四十六節言不能見之聚光頂或用極大力燃鏡得其聚光頂此處空氣可冷如冰因空氣不噏其熱故不能加其熱度若置石鹽於聚光頂卽稍加其熱因石鹽噏熱之力不甚也若置玻璃於聚光頂玻璃卽碎因玻璃噏熱之力不少也若置漆黑之白金於聚光頂卽加其熱而至白熱度因白金噏熱之力極大也。

第二百九十七節　有人推算彗星之熱度此熱度余以爲不確因日光透過彗星不能加彗星之熱所以彗星近日之時大約亦冷與離日最遠時無異因彗星不噏日光也。

論清光帶與發郎胡發線

第二百九十八節　設有白光條透過一縫再透過三稜體則光帶上必排列縫形數行若縫甚闊則光帶上彼此遮蔽幾分若欲觀極清光帶不可有遮蔽之形也。

第二百九十九節　如欲觀極清光帶則所用之縫須甚窄令光條透過數箇三稜體則光帶之分列甚大。

第三百節　若用此法得一日光帶必有多黑線間之考究此黑線者始於英人華刺司脫後有普曾斯人發郎胡發聰慧異常用法考究黑線而畫其圖每線定其記

號後人即名之曰發郎胡發線

論發光與熱并喻光與熱有交互之事

第三百一節　發郎胡發線無光浪格致家極意考求不知其故後有各由弗心思靈敏試驗發郎胡發線而得其實據從此知日光為何質之氣所成又可知恒星與星氣為何質之氣所成後又有格致家依各由弗之理而求得新理甚多

第三百二節　各由弗解發郎胡發線之理云每一體白熱之時能自然發出何等之光線其同體喻之不合光線透過則有此黑線

第三百三節　炭養氣化合生光即發出甚熱之炭養氣其光線大半不能透過炭養氣之光因炭養氣自能發光也燒鉀所發之光線大半不能透過鉀氣之光燒鉛所發之光線不能透過鉛氣之光燒鋰所發之光線不能透過鋰氣之光燒他質亦然

第三百四節　若某質點盪動之數合於傳光氣盪動之數則質點極易隨傳光氣浪盪動亦可用他說以解之曰某體所發之光線其同體必喻之不合透過也

第三百五節　設有白光條透過極黃之鈉光此白光內之黃光被鈉光喻去祇透過其餘之光線

第三百六節　設用電氣之光透過三稜體而射至白屏則成電光帶若於電氣光條內燒鈉成光則電光帶上無黃光且電光帶本有黃光處成暗影

第三百七節　依此法又置一別光於光條內若燒金類之氣已濃即可去光帶上之各色若燒數金類之氣置於光條內即滅去光帶上金類氣自有之光色

第三百八節　假如代電氣光用一球大如日體且球外包燒金類之氣此金類氣能自然發其光線球體所發之光線不能透過金類氣故有發郎胡發線

第三百九節　日體似鎔化之球球外包發光之氣若發

光氣之光與球所發之光同其氣必喻去球內發出相同之光線故日光帶上有發郎胡發線

第三百十節　此發郎胡發線微細之甚且似黑者日體外包之氣所發之光合發郎胡發線明然此線之明與光帶上之餘光相比差之甚遠故視之若黑也

第三百十一節　假如滅去日體內球而留其外包發光之氣合發郎胡發線照於黑屏上即為有光之線目能見之且此線之形與金類氣光之明線無異此發郎胡發線可云日之明線也

第三百十二節　日體外包發光之氣約有質點攙和若

雲氣然且地面受日之光大約從如雲之質點而來然成發郎胡發線之氣在如雲質點之外也

論太陽化學

第三百十三節　視發郎胡發線即可知日體外之氣是何種金類之氣

第三百十四節　設用一縫以透光若合燒鈉之光與日之白光同時透過此縫又透過同式三稜體即於白屏上能見日光帶又能見鈉光所成之黃色明線此黃色明線合於日光帶上丁號之發郎胡發線

第三百十五節　假如日體無內球祇有外包發光之氣則光帶上有丁號發郎胡發線不為暗而為明考其性情與其線之所在自鈉光發出故可知日體外包發光之氣有鈉前二百八十三節已言仔細看鈉光黃色明線即分數行明線此日光帶丁號發郎胡發線亦分數行明線因有黑色間之也

第三百十六節　又以成明線之各種金類考之愈無所疑若觀日光帶上發郎胡發線亦與金類明線之所在與數相合不過黑色耳故可知日體外包發光之氣內有鐵鈣鎂鈉鉻（此金類元質也詳見化學諸書）并他種金類質後有西士海更士依此法考究行星之光并恒星星氣之光

論行星化學

第三百十七節　月與行星借日之光以為光若回射之光與外包之氣無涉即月與行星光帶上之發郎胡發線與日無異

第三百十八節　月光帶之發郎胡發線同於日故可知月外無氣包之

第三百十九節　觀木星之光帶可知有空氣包木星之體且氣之噏光不少又知木星外之空氣與包地球之氣有數種相同土星之光帶內無極清之發郎胡發線內有數線與木星之發郎胡發線相同

第三百二十節　土星與木星光帶上所有之發郎胡發線火星之光帶無之火星光帶上藍色之處大半被噏蓋因火星紅色故也

第三百二十一節　金星光帶上有日光帶所有極清之發郎胡發線餘無線也

論恒星化學

第三百二十二節　畢宿大星外有氣包之其氣中有輕氣鉀鎂鈣鐵鉍碲碲汞參四星外亦有氣包之其氣中有鉀鎂鈣鐵鉍（此亦元質也詳見化學諸書中）

第三百二十三節　設某恒星能成一星光帶光帶內即

有發郎胡發線且恒星之發郎胡發線各自不同故可知某恒星爲何種金類氣所成

第三百二十四節　紅黃兩色之恒星有極淸之發郎胡發線白色之星發郎胡發線亦甚多其色甚淡也

第三百二十五節　若以各色恒星之光帶比較之卽可知所現光帶由星體外包各氣故得此發郎胡發線於光帶中甚多此色已被星外之氣蝕去其餘之色可射至人目西士率起在羅馬城時試驗數百恒星之光帶後依發郎胡發線分恒星爲四種

論星氣化學

第三百二十六節　星氣有明線而無明光帶又有一種星氣有明光帶大約有明光帶之星氣非氣質所成有明線之星氣其光從極大熱度之質而來且必爲氣質所成故光不甚濃也

第三百二十七節　氣質之星氣中以意度之必有輕氣與淡氣

論日體外有紅凸之形

第三百二十八節　天文家於日食既時測見圓周外有凸出之形色似玫瑰此凸處從日體伸入天空有數千里之遙尋常時目不能見因日體之光甚濃也

第三百二十九節　若月在地與日之間月體能掩日之濃光故自地球上能見日體紅凸之形

第三百三十節　西士究郎圓考究日體紅凸之形言日體外有無數紅質包之後有西士六刻六兒考究此事云日體外有紅質全包之

第三百三十一節　若用斯必得倫鏡觀紅凸形之光帶卽知此凸形爲火燒輕氣而成此輕氣內有鉀鎂二氣合之

第三百三十二節　昔有西士楊斯姆在印度測量時有六刻六兒亦在英國測量其時日食未既亦見紅凸之形此事與二百八十四節內所言之理有相關蓋明線之光甚濃因無分列之光帶也

第三百三十三節　若合成輕氣明線之光透過數箇三稜體卽合其分列而淡若已淡而不能再分列則燒輕氣之光在光帶上可蝕去其輕氣相配之色用此法測日體外包之輕氣而得其實據故六刻六兒能知日體有輕氣全包之又以明線之長短分輕氣之厚薄而得其中數有五千里且云日體外之輕氣若大海然淺則明線短深則明線長紅凸處爲輕氣之大浪此大浪有時高七萬里也

論虹霓

第三百三十四節　日之光線斜射至雨點內卽折光而回射於雨點之後面旣出雨點之後而入空氣中又有折光.

第三百三十五節　光線旣被折兩次白光條卽分爲各顏色從此處回射於人目其觀虹之人必背日也.

第三百三十六節　日光線出雨點之後必漸離而甚淡.人目幾不能見之然角度甚高處之射光線已兩次被折屢次回射此處光線出雨點時幾爲平行所以光濃而目能見之此種濃光線與拋物線鏡回射之光線無

異上言角度甚高處之射光線後變爲平行光線與折光之度有相關且大小不同也.

第三百三十七節　假如自日體至人目作一直線而引長之再自人目起作一線與第一線成四十二度三十分之角此線引長至雨點此雨點所發平行光線之紅光條至人目以後一切雨點之紅光條至人目內皆有四十二度三十分之角卽有紅色之虹自日體過人目引長之線爲圓錐形之軸線圓錐形之底爲一虹周卽紅虹也圓錐形之頂爲兩倍四十二度三十分之角頂爲人目日徑約爲半度故紅色之虹約闊半度.

第三百三十八節　若從人目作一線與第一線（卽自日體過人目之線引長）成四十度三十分之角此線引長至雨點此雨點所發平行光線之紫光條至人目凡與軸線成四十度三十分角之線引長至雨點必爲紫色平行光線至人目內人目旣爲圓錐形之頂若頂角爲兩倍四十度三十分之角卽在圓錐形之底周有紫色之虹紅紫兩色之內有其餘各色之虹.

第三百三十九節　虹之在空中亦一光帶也雨點卽透光三稜體也虹之闊約二度虹之大小與日高於地平若干有相關日出沒地平時之虹爲最大斯時人立於

曠野間能見虹之半周若立於高山之頂能見虹大於半周.

第三百四十節　以上言正虹之理其外又有副虹（亦名分映虹）其色稍淡而色之次序與正虹相反正虹之紅帶在上副虹之紅帶在下也.

第三百四十一節　副虹之各光線在雨點內有兩次回光兩次折光因兩次回光故副虹之光更淡成正虹之各光線自雨點之上半射入由雨點之下半而出成副虹之各光線自雨點之下半射入由雨點之上半而出.則射光線與回光線成交點而射至人目副虹濶三度

半較之正虹高七度半正虹與副虹間雨點內之光不回射於人目故兩虹之間不甚明也.

論光浪彼此相阻之理

第三百四十二節　凡欲知浪行必當分別其兩事.一爲浪之動一爲浪內各質點之動蓋浪之動向前甚急.而浪內之各質點不過盪動也假如海面有水鳥浮於其上浪行甚速浪面之水鳥不過隨其高低不致移往他處也.

第三百四十三節　水浪內各水點之升降若干或浪比水鳥高低若干即變度也.

第三百四十四節　若有兩光原盪動傳光氣而成光浪.則必彼此相阻或彼此相撞此種形狀可以水浪譬之.

第三百四十五節　假如水面本無浪同時投兩石於水內此兩石遇水面之處各有漸大漸近之浪圈設仔細看兩石中點見兩浪相遇之處爲兩浪之凸處即兩浪之總高數也.

第三百四十六節　兩浪之凹處相遇即兩浪之總低數也.

第三百四十七節　第一對浪圈相遇之處其續來之浪亦於此處相遇或凹或凸爲二浪高低之總數.

第三百四十八節　自任一浪凸處至續來之第二浪凸處爲浪之長自任一浪凹處至續來之第二浪凹處亦爲浪之長設所視之處不在兩石之中間而離中間一浪長之處亦能見其相遇凹凸之狀所不同者兩石分遠近能見遠處之第一浪遇近處之第二浪也.

第三百四十九節　人目所視之處或離數浪及數十浪之長均無不同也.

第三百五十節　設所視之處離兩石中間奇數半浪之長(如一半浪三半浪等是也)半浪爲凹處則一凸浪至此處有一凹浪遇之如此則一浪之力欲降一浪之力欲升兩浪之

力彼此相減而爲平.凡所視之處離奇半浪之長可見其如是也.

第三百五十一節　浪之彼此相減而爲平猶聲浪之彼此相減而無音也猶熱浪之彼此相減而成冷也亦猶光浪之彼此相減而生暗也光學家知光有浪之性情.故謂之光浪焉.

第三百五十二節　此浪與彼浪相遇或更高或更低或彼此高低而爲平此謂光浪或加或減之理.

論光浪環繞之理

第三百五十三節　奈端已知氣理有數種格致之事用

氣理解明之惟光浪之理奈端駁之曰光果爲氣浪必當環繞體外而不能有影也近時光學家信光浪之理者曰光浪確有環繞之事惟因彼此相滅而生暗也

第三百五十四節　光浪環繞各體之後名曰轉浪茲詳述轉浪之理如左

第三百五十五節　欲詳察轉浪之理必當用一點或一線爲光原若用一大面或大體爲光原則轉浪之理因其發光點之浪彼此相減不能顯也

第三百五十六節　以一點爲光原之法在暗室中用一短頂距之透光鏡令日之平行光線由窗戶之小孔透

過此鏡在聚光頂有日之小形像或用鍍銀小球或將表面玻璃漆黑皆可得日之小形像即一點之光原也

第三百五十七節　又可於暗室之壁開一細縫令日光由此縫透過圓柱形透光鏡於其光頂成一線即光原也亦可用內面漆黑之玻璃管令回光而成一線又有數種試驗之法不必用透光鏡回光鏡之法而令日光透過暗室小孔或小縫以明轉浪之理

第三百五十八節　下數節講明試驗之法用一可狹可濶之縫置一紅玻璃於縫間以取有色之光再置電氣光於縫外令透過紅玻璃而入暗室室內稍遠處亦用

可狹可濶之縫以望對面之縫

第三百五十九節　設兩縫在一直線內而望電光燈所燒之炭點即見前面之縫爲長方形其光甚濃長方形之左右又有數長方形其光之濃依次漸減各長方形分隔之處其色甚黑

第三百六十節　長方形濶若干與近目之縫相反若以近目之縫加濶長方形必狹且各長方形之相距更近若以近目之縫變狹長方形必濶且各長方形之相距更遠矣

第三百六十一節　長方形濶若干與近目之縫濶若干

有反比例

第三百六十二節　若不改以上之法祇用藍玻璃代紅玻璃或用膽礬水阿摩尼阿水而令光透過此水如前法望之即見藍色數長方形較紅色者更狹其相距亦更近

第三百六十三節　設用光帶上紅藍兩色間之色則各長方形之濶狹與相距之數亦在紅藍兩色之間若令白光透過此縫即有一光帶而無單色之長方形每光帶內折光角最大之色近於縫折光角最小之色遠於縫

第三百六十四節　設用燭火爲光原亦能如是不過長方形之色更淡不及電氣光之濃也.

第三百六十五節　試驗之後尚不知左右有長方形之故若以奈端發質點之理解之必致扞格不通矣若以光浪之理解之則事事皆有確據而無所疑矣.

第三百六十六節　凡解明深奥之理簡則易明故先解單色之長方形自透光之縫有光浪行動至近目之縫而滿之已透過近目之縫一光浪直行至人目之筋網.又有轉浪令縫後傳光氣盪動成浪已過縫之光浪其每一點又爲轉浪之中心其轉浪向縫後各方向而行.

以下講明轉浪彼此相加相減之理.

第三百六十七節　先論中長方形　直過縫之光浪至人目其浪之各點同時至人目之筋網故直行之光浪成一箇中長方形.

第三百六十八節　轉浪在縫後向兩旁而行其浪自縫之左右至人目遠近不同因左右至目之路與中路分遠近也假如此遠近之差數爲一箇紅浪之長筋網究如何能覺之也.

第三百六十九節　先詳察過縫中界至目之光線中界之光浪與縫旁之兩光浪差半浪之長自縫左右所發

之光浪在縫之中間各遇一浪既有半浪之差數所以彼此相減而無光中界之旁各有黑處故可知浪行向旁而合左右之浪相遇處差全浪即成黑處.

第三百七十節　若旁浪之差數爲半浪即不全滅其光此種光之明爲直行浪十分之四.

第三百七十一節　若左右之浪差三半浪之長而光條分爲三平分即有二平分彼此相滅而第三平分之光條甚明也所以轉浪之斜度成三半浪之差數即成長方形之光然較之直行之光條甚淡耳.

第三百七十二節　若左右之浪差四半浪（即二浪）之長即有第二箇分隔處其色甚黑故可知偶半浪差數即有無光之處奇半浪差數不過減光數分也.

第三百七十三節　已知以上之理又可知浪之變度愈小旁行之變度亦愈小成無光處更易故極濃極淡之藍光離中心甚近極濃極淡之紅光離中心甚遠其餘之色由此而推此解明三百五十九節之理言光有浪之性情也觀時若用一遠鏡更覺詳細.

論量光浪之長

第三百七十四節　已知上所言之理即可知量光浪之長之法.

第三百七十五節　上言中長方形之左右第一分隔處應差一浪之長第二分隔處應差二浪之長第三分隔處應差三浪之長等昔有西士賽特試驗此事所用之縫濶一·三五密理邁當寸一密理邁當等於英寸約二十五分之一量第一分隔處相距角度一分三十八秒第二分隔處相距角度加一倍第三分隔處相距角度加三倍等

第三百七十六節　假如畫縫之圖其濶爲哂戌有一斜光條與縫之一邊相遇成角等於第一分隔處之角度從戌點作光條之垂線而遇光條於丁則哂丁爲光浪之長後以戌爲中心以一·三五爲半徑即哂戌作一半周則哂丁直線爲弧之一小分即爲一分三十八秒角度之弧此半周之長等於四·二四八密理邁當故半周之長與哂丁光浪長之比若一百八十度與一分三十八秒之比即六十四萬八千秒與九十八秒之比故有比例式

丙丁：四·二四八：：九八：六四八○○○

用此比例式即得哂丁之長○·○○○六四三密理邁當或爲○·○○○○二六英寸即紅光浪之長也

第三百七十七節　又可令有色之長方形射至白屏上而觀之其法用大力之透光鏡從第一縫來之光令成一聚光頂後置第二縫於光頂與白屏之間如用此法其光似不從燈來似從聚光頂而來

第三百七十八節　若置一刀口於光條內與縫平行則刀口成影於白屏上在刀口影之外有平行之條其色不同所用之光不過單色即平行之條明暗相間無論用刀之背或用他物均能如是故可知與刀口平行之條不係於刀質爲何種也實因光轉浪於刀口之後而彼此有相減者

第三百七十九節　若置一粗鐵絲於光條內則鐵絲成影於白屏兩邊皆有明暗相間之平行條若用一細鐵絲或髮一根即無影然有影之處之平行條可名之曰外色紋無影之處之平行條可名之曰內色紋可顯光浪彼此相加相減之理

第三百八十節　上所言之縫有似兩刀口所成所以在聚光頂與白屏間置一有縫之物即在白屏上縫界之間有色紋滿於白屏

第三百八十一節　若用一小圓孔而觀遠處一光點即見發光點之處有光帶色之圈若用單色之光即見發光點之處有一紅一黑相間之圈

第三百八十二節　設改其孔之形或增其孔之數亦能如是不過改其形像耳夜間觀街市之燈光而用手巾遮於目前亦可顯光有轉浪之理昔時賽特用羽毛看光而知光之形狀甚有可觀因轉浪之故也瑞士國高山之雲其色如虹亦因轉浪之故也

第三百八十三節　昔有法國人潘雙意言若用一不透光之圓片其圓影之中心有光之濃淡若干與無此圓片無異其後有人試驗之確有此事亦轉浪之理也此為一點之光原而言若光原大於一點即不能如是也

論透光片之色

第三百八十四節　設用一紅色光條射至透光薄片上如雲母石之類即從上面回射幾分後光入內面亦回射幾分

第三百八十五節　內面回射之光較之上面回射之光必稍遲此與三百四十五節內所言兩石投水離中界不同遠之理無異

第三百八十六節　透光片之厚若干能合內面回射之光與上面回射之光有偶半浪差數則從此兩面回射之光浪彼此相加故回射之光較之一面者更明猶之水面兩浪相激非更高即更低也

第三百八十七節　設從上面回射之光與從內面回射之光有奇半浪差數則從此兩面回射之光浪彼此相滅故上面回射之光與內面回射之光相併即內面之光浪滅去上面之光浪如此透光薄片暗而無光

第三百八十八節　若透光片各處厚薄不同即有或明或暗之處亦依光浪奇偶相遇之理而生

第三百八十九節　各色之光浪其長不同故光帶中各色之光線射於透光片上紅光浪準合則他色之光浪不準合紅光明者藍光必不明藍光明者紅光必不明光浪愈長透光片宜加厚設如有一透光片其厚若干可滅某色之光浪不能滅他色之光浪者因他色之光浪適準合也若透光片各處厚薄不同而有白光射於其面即現數色

第三百九十節　以上講明透光片之色

第三百九十一節　肥皂水泡浮於空中油浮於水面未鍾打之鋼鎔化之鉛皮均有各顏色西人那皮利所造之漆有金類之光飛蟲之翼亦有金類之色無論何種透光片皆能現此各色高山之下所成冰溪有暗色之冰剖析而成薄片亦能現此各色

第三百九十二節　昔時奈端置一大徑之弧面透光鏡於玻璃片上兩物之間必有空氣離中愈遠空氣愈厚

故成一厚薄不同之空氣片然後用單色之光照於透光鏡上則成一明暗相間之圈此圈之所在與光浪奇偶差數有相關

第三百九十三節　紫色之圈小於紅色之圈其餘色之圈在紅與紫之間若用白光照於空氣片上卽成七色之圈若用單色之光則見光圈之數甚多若用白色之光而合數圈相合則圈少而爲白色矣

第三百九十四節　奈端所用之器雖不甚精而量光圈之徑固未差也用透光鏡之頂距并用其質之折光指推算透光鏡之全徑又算得光圈之全徑而知其徑之平方若一二三四之比例又知全徑相對空氣片之厚薄若一與二二與三三與四之比例

第三百九十五節　奈端推算空氣片厚薄若干所用之光以金黃與正黃兩界中之色爲最明所以算得第一圈空氣之厚爲十七萬八千分寸之一

第三百九十六節　所算各光圈空氣片之厚如左

一圈十七萬八千分寸之一

二圈十七萬八千分寸之三

三圈十七萬八千分寸之五等

光圈所間之暗圈其空氣片之厚如左

一圈十七萬八千分寸之二

二圈十七萬八千分寸之四

三圈十七萬八千分寸之六等

第三百九十七節　奈端因不信光浪之理故立一說曰易透光易回光相合之時故成此圈也蓋奈端之言光發質點也其動有二一周繞本軸而動一透過空氣及透光質而動大約發出之光質點如電氣之噏鐵然雖極細微亦有陽極與陰極

第三百九十八節　由上所言之理推之尋常回光折光之理與電氣噏推之理同（回光是推折光是噏）

第三百九十九節　試依奈端所言之理而論透光鏡與玻璃片所成之光圈如左

噏極遇此面卽噏入空氣薄片內若質點已自轉一周則噏極遇下面之玻璃片仍噏入而無回光卽有暗圈

第四百節　若質點已能自轉二周或三周等亦能噏入玻璃片內而不回光且空氣片愈厚光質點自轉之數愈多也

第四百一節　若質點不過自轉半周或一周又半或二周又半等則不能噏入必推而回光則成一明圈

第四百二節　觀上所言之理可知奈端之意與光浪之

理相反也據奈端之意明暗相間之圈關乎內面回光之事而信光爲浪之理者則曰內外兩面回光之浪相加更明相減更暗余於前數節已解明光浪之理可無疑矣若用極光之事即可去其一面回射之光而臆其一面回射之光如此則無相加與相減亦不能有光圈矣如用法試驗之即知光浪之說不謬也

第四百三節　奈端所設之法實創從前未有之奇可謂神妙矣且亦有幾分確據試觀透過幾分之光成淡色之圈此淡色之圈對準無色之圈

第四百四節　此淡色之圈亦可用光浪之理解之前三百八十四節內言光條透過幾分此幾分透過之光浪與兩次回射之光浪成此淡圈

前三百九十六節內言第一圈空氣厚十七萬八千分寸之一此數爲奈端所用之光浪（即金黃與正黃兩界中之色）長四分之一所以從第二面回射之浪與第一面回射之浪差半浪因透過空氣有四分之一後回射有四分之一故有半浪之差數當有暗圈不當有明圈然則厚十七萬八千分寸之三與厚十七萬八千分寸之五等皆爲奇半浪之差數亦當有暗圈不當有明圈論暗圈之所在關乎此處空氣之厚薄若此處之浪爲偶半浪之差數必當有明圈不當有暗圈此必有別故可解說之

第一面光浪從濃傳光氣至淡傳光氣內（空氣中傳光氣淡玻璃內傳光氣濃）第二面光浪從淡傳光氣至濃傳光氣內此兩面之較數等於半光浪所以回射之時應加此半浪即與上所言之數奇偶相反矣奚疑夫明者爲暗暗者爲明耶觀前三百四十八節至三百五十節所言之理亦無不合

論歧光

第四百五節　水與空氣以及緩冷之玻璃此種質內其凹凸力各處平勻故質點化合之性不傷傳光氣之凹凸力

第四百六節　水成顆粒（即結冰）其凹凸力不能處處皆勻蓋結冰之時質點有一定之排列於是一方向之顆粒更緊一方向之顆粒更鬆包質點之傳光氣亦變其凹凸力之方向而各處不同

第四百七節　一片冰內其上下兩面之凹凸力不等於左右平行之凹凸力

第四百八節　愛而倫刻斯罷（其合質爲鈣養炭養即冰地海島之灰石）內傳光氣之凹凸力不勻故透過此物之光浪分爲二股一股浪依其凹凸力之大者而行速一股浪依其凹凸力

之小者而行遲

第四百九節　光浪之行速率最大則折光角最小光浪之行速率最小則折光角最大愛而倫刻斯罷內二股浪之速率不同故有兩折光線而成歧光

第四百十節　成顆粒之物有歧光者甚多若成顆粒之各質點排列不勻而各方向之凹凸力不同即包質點傳光氣各方向之凹凸力亦不同故成歧光

第四百十一節　石鹽明礬等成顆粒之物其各質點之凹凸力平勻故此類之顆粒與玻璃水空氣無異不成歧光

第四百十二節　又有幾種顆粒其內質點依一定之方向排列若故一方向其排列即不同假如冰顆粒若順冰面垂線之方向其質點之排列甚勻

第四百十三節　愛而倫刻斯罷最短之對角線即爲顆粒之樞線此樞線周圍各質點相和緊密排列平勻而愛倫刻斯罷內有三箇方向易剖析之其剖析之面彼此成斜角石鹽亦有三箇方向易剖析之其顆粒成立方形愛而倫刻斯罷其顆粒成斜立方形又有顆粒其剖析之難易各方向不同如冰糖顆粒剖析之方向難易不同也

第四百十四節　若日光線順冰面之垂線而透過之即無歧光順愛而倫刻斯罷之樞線而透過之亦無歧光

無論何質光線順一方向透過此方向之周圍質點排列平勻即無歧光

第四百十五節　無歧光之樞線名曰視樞線

傳光氣內光浪盪動之方向與光線之方向成正交故知某質內傳光氣與光線成正交之凹凸力可定光行之遲速愛而倫刻斯罷順其視樞線之光速率最小故與視樞線成直角傳光氣之凹凸力亦小若光浪盪動之方向合於視樞線之方向則光速率最大凡一物內之各質點緊密平勻則傳光氣凹凸力之面譬如一圓球而凹凸力爲其半徑也愛而倫刻斯罷內凹凸力之面譬如一橢圓體其大徑合於顆粒之視樞線

論試驗愛而倫刻斯罷之法

第四百十六節　設有一光條透過愛而倫刻斯罷內而分爲二光條理各不同其一合於尋常折光之理無論射光角大小如何其射光角與折光角必有一恒比例謂之常折常折光線射光角正弦與折光角正弦之比若一·六五四與一之比亦可云空氣中光速率與愛而倫刻斯罷內常折光線速率之比若一·六五四與一之比此爲愛而倫刻斯罷之常折光指

第四百十七節　其二不合於尋常折光之理折光指亦

不爲恒比例且折光線與射光線大約不在一平面內謂之歧折設用愛而倫刻斯罷爲三稜體合其稜與視樞線平行若光線透過三稜體之時與視樞線成正交則常折與歧折之差數最大如用此法順視樞線之凹凸力與視樞線成正交之凹凸力二者可以相較故愛而倫刻斯罷阻當歧折光線之力最小光速率最大其歧折光指爲一·四八三

第四百十八節　愛而倫刻斯罷內之歧折光指一·四八三至一·六五四因射光角與折光角正弦比例最小者爲一·四八三故以此數爲歧折光指

第四百十九節　設於暗室中用一愛而倫刻斯罷觀一透光小孔卽見兩孔於白紙上作一黑點觀之卽見兩點若以視樞線旋轉之卽見其一點定而其又一點繞之而動

第四百二十節　此動點由歧折光線而來故謂之歧點

第四百二十一節　所見之二點離目一近一遠折光角愈大點離目愈近故近點由常折光線而來謂之常點前一百三十一·一百三十二兩節內言深水視之若淺水若用炭硫質視之其器之底似更淺因其有甚大之折光指也愛而倫刻斯罷之常折光指與歧折光指之比若炭硫折光指與水折光指之比此爲略數故常點之形更近於歧點之形

第四百二十二節　西士普見斯登考究顆粒之理而知有多種顆粒有雙視樞線光條順此雙視樞線之方向透過卽不分爲歧光如冰糖雲母石合肥斯罷（其合質爲鋇養硫養）石膏（其合質爲鈣養硫養）土不爾斯（其合質爲鋁養矽養內去養氣數分弗氣代之）皆有雙視樞線

第四百二十三節　依分別視樞線之法各顆粒可分爲二大類一爲常折之顆粒如石鹽明礬夫羅而斯罷（其合質爲弗氣鈣養）是也一爲歧折之顆粒又分爲二類一爲單視樞線顆粒如愛而倫刻斯罷水精普墨林（其色有數種其合質亦不同詳於金石識別中）是也一爲雙視樞線顆粒如哀來果奈脫（其合質爲鈣養炭養）非而斯罷（其合質爲鋁養鉀養矽養）及上節所言之顆粒是也

第四百二十四節　若將愛而倫刻斯罷剖開與視樞線成正交後有一光條斜射於其面卽見其常折光線之角度大於歧折光線之角度且常折光線之離視樞線近於歧折光線之離視樞線有如視樞線將此歧折光線推而去之也昔有法國人畢亞考究顆粒之理而知有多種顆粒其內視樞線驗此歧折光線故歧折光線

之離視樞線近於常折光線之離視樞線故顆粒又分二類不喻者如愛而倫刻斯罷露佩有紅色者出於巴西國其合質不同以鋁養鎂養爲要質薩非阿其合質爲鋁養曷密兒愛兒其合質有鋊養鋁養矽養鉻養普墨其色甚綠由鉻養而得倍里爾其綠色稍淡其合質與曷密兒愛兒同惟鉻養甚少耳林是也喻者如水精冰入爾康其合質爲鋯矽養是也

論極光

第四百二十五節　愛而倫刻斯罷有歧光之性情此爲丹國人伯脫離奈斯所考知於一千六百六十九年著書遍告於格致之士以後海更士用光浪之理解說之

第四百二十六節　海更士試驗之時用愛而倫刻斯罷二塊先將一光條透過第一塊若不順其視樞線即分常歧兩光線其明相等後以透過之常光線再透過第二塊又分爲常歧兩光線其明或不相等海更士又試得二方向可令第二塊祇有一光線其餘方向皆有二光線也

第四百二十七節　已置第二塊之方向祇有一光線然後旋轉之即見又一光線漸加其明其原有之一光線漸減其明如是兩光線必有等明之時設仍旋轉之原有之光線仍漸減其明其又一光線仍漸加其明如是原有之光線已隱其又一光線甚明

第四百二十八節　奈端知此事而論之曰光線透過第一塊愛而倫刻斯罷已分爲歧光之後有兩箇面似喻鐵之二極故光質點遇第二塊愛而倫刻斯罷或透過或滅去也後人因奈端論此兩面似陰陽二極即名之曰極光

第四百二十九節　西士馬勒司於一千八百零八年在法國都城內王宫偶見玻璃窗上所嵌透明石類有歧光後旋轉玻璃窗即見常折光線所成之形像若無又旋轉玻璃窗即見歧折光線所成之形像若無此人已知昔有海更士考究愛而倫刻斯罷極光之事故欲從玻璃回射之光改其光線旋轉之時有一方向不能見常折光線又一方向不能見歧折光線

第四百三十節　欲試驗極光之事用普墨林爲最便因其有歧光之性情即內分射光線爲二又因普墨林質點排列之法可令傳光氣凹凸力各方向不同故一光線極易透過一光線幾似滅去也

第四百三十一節　欲明極光之理者不可遺忘傳光氣質點盪動之方向與光行之方向成正角且尋常光條其質點盪動之浪周圍皆有之詳見第二百十九節

第四百三十二節　若此普墨林厚薄適中而一切光浪

其傳光氣質點盪動之方向合於視樞線之方向則光條極易透過其餘各方向之盪動幾似滅去故光浪難於透過也此易透過之一光條其質點盪動合於同平面名曰平面極光之光條

第四百三十三節　設有一圓柱形之光條其傳光氣盪動合於平面若順其正交線而觀之可見傳光氣質點盪動之狀若順其盪動之方向而觀之第見質點而已不能見其盪動之狀也此不過言其應有之理質點小甚烏能見之耶依光浪之理亦有此兩面之事此事海更士已言之奈端又以質點之理解此兩面之性情

論用回光法成極光

第四百三十四節　回射之光亦有兩個面之性情此爲馬勒司偶然試得之事凡光條射至玻璃面不論射角之大小其回光有幾分極光差即光浪之盪動幾分順同平面也各質皆有一定之射光角或大或小其光條回射之後盪動之方向順同平面此一定之射光角名曰極光射角

第四百三十五節　普兒斯登考究顆粒之理亦試知極光射角與透光質之折光指有相關所以知某質之折光指等於極光射角之正切凡一光條射至透光質上

幾分回光幾分折光若回光線與折光線成正角則射光角爲極光射角

第四百三十六節　透光質之折光指愈大極光射角亦愈大水之極光射角五十三度玻璃極光射角五十八度金剛石極光射角六十八度

第四百三十七節　尋常光條內傳光氣質點向各方向盪動若光條射至某質之角爲極光射角而傳光氣質點盪動之方向與其質面平行其面名曰極光面

第四百三十八節　設已有極光之光條從玻璃面回射於第二塊玻璃面上且光條與第二面所成之角亦爲極光射角此第二面依第一法置之則光條自其面回射之光最多依第二法置之竟無回射之光全透過玻璃也用此兩法不可改其極光射角祇可改其回射光條之面

第四百三十九節　傳光氣質點盪動之向與玻璃面平行則回射之光甚多與玻璃面成極光射角則全透過玻璃也用此法即成四百二節內所言之事其法合傳光氣質點盪動之向與第一面成極光射角則光條全透過玻璃面而無回射之光線也且奈端所言明暗相間之圈亦不能見矣

第四百四十節　凡光條與平行面玻璃片所成之角為極光射角透到第二面亦為極光射角故兩光條皆有極光差而從第二面回射之極光差是全也若用數玻璃片令光條從其面回射即得極光差之光條其最後回射極光差之光條濃於用一面者

論用折光法成極光

第四百四十一節　上所言者回射光條之極光透過玻璃之折光條亦有數分極光此兩極光差相等

第四百四十二節　折光條內傳光氣質點盪動之面與回光條內傳光氣質點盪動之面成正角

第四百四十三節　若用數玻璃片平行置之令射光條與玻璃片成極光射角即於每面回射幾分有極光差且每面亦有等極光差透過而不回射也若多用玻璃片即有一界以後玻璃面無回射之光一切之光皆透過玻璃面此種光條有全極光差

論用歧光法成極光

第四百四十四節　上數節所言之極光不過用尋常折光之法四百三十二四百三十三兩節內已言及用歧光而成極光之事所用者為普墨林以下言用兩片普墨林考究極光之事

第四百四十五節　用兩片普墨林令光條射於其上若此兩片普墨林之視樞線平行則光條透過兩片若不平行而成正交則光條透過第一片而不能透過第二片且兩片相合之處甚暗因第二片喻滅第一片之光也

第四百四十六節　若兩片之視樞線成斜交則光條有數分透過兩片而成暈因有盪動之斜光滾也用并力之理分斜光滾為兩箇方向（一與視樞線成正交一與視樞線平行）平行盪動者滅去正交之盪動也

第四百四十七節　假如兩片普墨林之視樞線成正交

再以一片普墨林置於其間令其視樞線成斜交即不全滅其光因第一片與中片已成斜交中片又與第二片成斜交也

論光線透過愛而倫刻斯龍之事

第四百四十八節　可用普墨林試驗已透過愛而倫刻斯龍之光線又分為二光線（即常折光線與歧折光線）

第四百四十九節　先考究其一光線而知普墨林有一定安排之方向則光線易透過若安排之方向轉過一象限則光線不能透過故可知透過愛而倫刻斯龍之一光線有極光

第四百五十節　既知置普墨林之方向則透過愛而倫刻斯罷之極光亦可知其傳光氣質點盪動之方向設置普墨林視樞線與地平成正交則極光過普墨林時盪動之方向與視樞線之方向同若置普墨林視樞線與地平平行則極光過普墨林時盪動之方向亦與視樞線之方向同用此法試驗又一光線而知亦有極光

第四百五十一節　透過愛而倫刻斯罷之二光線其傳光氣質點盪動成正交之方向何故解之曰普墨林之視樞線與地平成正交即減去一光線而讓又一光線過之普墨林之視樞線與地平平行即減去又一光線而讓一光線過之

第四百五十二節　設用電光燈而前面置一普墨林片其視樞線與地平成正交用一透光鏡合普墨林之形像射至白屏再用一愛而倫刻斯罷片合其一光線之盪動方向與地平平行又一光線之盪動方向與地平正交置此愛而倫刻斯罷片於透光鏡之前白屏上有兩箇普墨林形像一明一暗電氣光透過普墨林以後其光線之盪動方向亦與地平成正交故順愛而倫刻斯罷樞線之方向透過而成明形像其不與地平成正交者成暗形像也

第四百五十三節　若透過普墨林之光條在豎立之玻璃片上成極光射角其回射之極光在白屏上之形像甚暗若透過普墨林之光條在平置之玻璃片上成極光射角其回射之極光在白屏上之形像甚明此事即上所言用回光法成極光之理也

第四百五十四節　成顆粒之物固有歧光極光之性情若一切物件之質點其排列不勻合傳光氣凹凸力各方向不同亦有歧光極光之性情

第四百五十五節　動物植物類之透光質有歧光之性情者亦多若將火石玻璃或用牽力與擠力合其質點排列不勻即有歧光若玻璃之熱度此處與彼處不同亦有歧光速冷玻璃有歧光之性情若將火石玻璃一塊合其一處之熱度甚大則此處之周圍漲力亦大故有歧光若用此種透光質置於兩片普墨林之間（兩片普墨林之視樞線須成正交）即合不透光之處稍能透光

第四百五十六節　用兩片普墨林另置一透光片於其間即成一極光鏡普墨林之第一片名曰極光片第二片名曰分光片

第四百五十七節　普墨林欲得明淨無色而極大者甚難故用普墨林不能成最濃之極光若能設法滅去愛

一而倫刻斯罷之一光線則又一光線爲最濃之極光因愛而倫刻斯罷明淨無色其光濃於普壘林也

第四百五十八節　西士匿可想得一法用長斜方體愛而倫刻斯罷斜分爲兩片摩平其面再用加拿大寶森（此物與松香同類其樹產乎北亞美理駕之加拿大地方以是得名）與兩片愛而倫刻斯罷黏合此加拿大寶森之折光指在愛而倫刻斯罷常歧兩折光指之間小於常折光指大於歧折光指也有一光條透過愛而倫刻斯罷其常折光線透過加拿大寶森之時即從濃質入淡質故有全回光若推去此常折光線也然歧折光線透過加拿大寶森之時即從淡質入濃質故不回射而透過愛而倫刻斯罷則有最濃之極光欲明此理須先知一百二十三·一百四十一·一百四十二·三節所言之理也

第四百五十九節　上所言長斜方體名曰匿可稜體

第四百六十節　考究極光之理用此匿可稜體爲最便因是最妙之極光鏡也除此法以外尚可用別法爲極光鏡設用回光法之極光鏡以玻璃片兩塊一用回光法成極光一考究已有極光之光（即分別光浪之兩面）此法之極光片合光回射於分光片若二片平行則分光片亦有回射之極光若成九十度之角則分光片減去極光片回射之極光

論用極光射至歧光顆粒成色之理

第四百六十一節　歧光顆粒之色最易考究之法用薄而明之石膏置於極光鏡兩片之間即可詳考其成色之理

第四百六十二節　石膏顆粒西名絕不斯恩有三箇易剖析之方向一方向最易剖析其餘兩方向亦可剖析不過稍難耳然此兩方向亦分難易也

第四百六十三節　若用此三箇易剖析之面即可成長斜方薄片

第四百六十四節　石膏顆粒有歧光之性情尋常光條射至易剖析之面成垂線未入之時光浪按周圍之方向盪動而前行既入之後光浪按兩方向盪動（此兩方向成正交即光浪之兩面也）而前行

第四百六十五節　石膏顆粒內傳光氣之凹凸力不同故光浪按兩方向盪動而光行分遲速

第四百六十六節　凡折光之質能減光行速率者因減少光浪之長每一秒時光浪盪動之數未減也假如聲浪自水中入空氣內即減聲行之速率爲四分之一因減聲浪之長四分之一也（水中聲浪長於空氣中聲浪）聲之高下水

內與空氣中相同因每一秒時聲浪盪動之數不減也

第四百六十七節　石膏中光浪之理亦然因傳光氣之凹凸力不同故光浪按兩方向盪動而分其短長

第四百六十八節　以下詳論透過石膏片之光理故用愛而倫刻斯罷爲極光片有一隔片去其一光條再用匿可稜體爲分光片

第四百六十九節　愛而倫刻斯罷與匿可稜體兩片內之光浪按二方向盪動則光線從此兩片透過射至白屏若兩片內之光浪按兩方向盪動則從愛而倫刻斯罷透過之光線被匿可稜體滅去而屏上無光

第四百七十節　若用透明石膏西名雖利能愛脫置於極光片與分光片之間其極光面或準對極光片之極光面或準對分光片之極光面卽不能改變屏上之光故雖利能愛脫與尋常玻璃片無異

第四百七十一節　設屏上本無光而用絕不斯恩厚片置於極光片與分光片之間其極光面或與極光片之極光面斜交或與分光片之極光面斜交卽有白光射至白屏若用絕不斯恩薄片卽有光色射至白屏若其片厚薄平勻則屏上之色甚純若厚薄不勻則屏上之色亦不同

第四百七十二節　設用絕不斯恩厚片而以各色之光合之卽成白色

第四百七十三節　若絕不斯恩片與極光片與分光片各成四十五度之角則屏上之光甚濃

第四百七十四節　若絕不斯恩片之形如劈且用紅色光原或爲他色光原則屏上有其色并有黑色之條間隔之

第四百七十五節　若用藍色之光則屏上之藍光由絕不斯恩片最薄處透過用紅色之光由絕不斯恩片最厚處透過其餘各色在紅與藍之間若用白光則屏上

有各色之光帶其形如虹且有黑色間隔之

第四百七十六節　若用絕不斯恩爲凸透光鏡以代劈形片而以白光透過之則屏上無平行之光帶祇有七色之圈

第四百七十七節　以上考究顆粒成色之事詳細分論之　先有平面極光之光條射至雖利能愛脫卽分爲兩光條其盪動之方向彼此成正交而分遲速

第四百七十八節　兩極光之方向成正交不能彼此相激更明相滅更暗因光浪盪動之方向不在同面內也

第四百七十九節　如有兩箇面之光條射至分光片合

其在同面內則可相激更明相滅更暗

第四百八十節　若極光片與分光片內之兩浪面平行而雖利能愛脫片之厚能阻住光浪而有奇半浪差數則光浪不能透過分光片而屏上無光

第四百八十一節　若極光片與分光片中之兩箇面正交而差數爲奇半浪則屏上有光如差數爲偶半浪則屏上無光此事爲光浪盪動并力之理

第四百八十二節　極光片與分光片內之兩浪面平行之時或成正交之時卽彼此有交互相反之事若成正交時屏上無光則平行時屏上有光反之亦然若成正交時屏上有綠色卽平行時屏上有紅色若成正交時屏上有黃色卽平行時屏上有藍色此爲成交互而相反之事故有九十度角之差數卽得交互之色

第四百八十三節　若不用匿可稜體而用愛而倫刻斯罷之三稜體後有極光透過絕不斯恩片卽成兩浪面之極光條又成交互色此兩種交互色合在一處卽成白光如用他種有歧光之質或爲顆粒或爲動物或用鬆緊不勻之玻璃後用極光透過之與用絕不斯恩片無異

第四百八十四節　尋常之光條透過之事若兩浪面成正交而不在同面內也故尋常光條不能彼此相加更明相滅更暗亦不能成雖利能愛脫之光

論用極光透過顆粒視樞線而分別其光圈

第四百八十五節　凡光條順愛而倫刻斯罷視樞線透過卽不分常折與歧折若光條透過愛而倫刻斯罷之方向與視樞線成角無論其小至若何卽有常折與歧折且此兩光條之浪面彼此成正交而光行分遲速

第四百八十六節　若用極光爲射光條而透過愛而倫刻斯罷之方向與視樞線成斜角則光之性情與透過絕不斯恩片無異詳見四百七十八四百七十九兩節若彼此成正交之兩浪面而變爲平行卽有相激更明相滅更暗之事

第四百八十七節　相激更明相滅更暗之事與愛而倫刻斯罷阻住兩浪面之若干有相關而此阻住之事又與常歧兩光條透過愛而倫刻斯罷厚薄有相關若其厚數足使兩浪面相激於同面內再加其厚之倍數如一二三四五六等仍相激更明此各相激之處有相滅處間之

第四百八十八節　設用圓錐形之光條順愛而倫刻斯罷視樞線透過則相激之處其視樞線周圍甚勻此種光條合愛而倫刻斯罷甚明後用單色之極光試驗其顆粒卽於視樞線周圍有明暗相間之圈

第四百八十九節　設用紅色之光其圈大於用藍色光之圈某色之光浪愈短其圈愈小若不用單色之光而用白光即無明暗相間之圈祇有虹色之圈

若以極光片與分光片彼此成正交則圈內有黑色之十字形此十字形與極光分光兩片內之兩浪面平行其故因顆粒內光浪盪動之面或合於極光片光浪盪動之面或合於分光片光浪盪動之面不能透過極光分光兩片也光浪盪動之面與極光分光兩片內之兩浪面成四十五度之角則彼此相激而甚明此種角度光圈甚明或大於此角度小於此角度則光圈漸暗至成黑色十字形

第四百九十節　設旋轉其一片成九十度之角即成相反交互之事黑色十字形變爲白色十字形光圈之色變其交互色

第四百九十一節　凡有兩視樞線之顆粒有極光透過即於其視樞線之周圍有虹色之雙圈其形相連最初考究之人爲西士卑受諾立

論橢圓與球形之極光

第四百九十二節　凡兩浪面彼此成正交無論其光行分遲速不能彼此相激更明或相減更暗

第四百九十三節　雖不改其明而光浪彼此有并力若兩光浪已有半浪之差數奇不論偶數則兩光浪并力而順一直線而行若其差數非爲半浪之差則兩光浪并力爲橢圓形若兩光浪之差數甫爲四分浪之一即成圓形之極光

第四百九十四節　傳光氣盪動成浪之并力似尋常鐘擺之動又似聲學中所用準音叉盪動之并力詳見聲學第八卷第十五頁

第四百九十五節　尋常極光并力之形總爲橢圓形自金類面回射之光有橢圓形且透光質之有大折光指者其回射之極光亦成橢圓形西士石曼考究回射之極光云無論何質回射之光皆爲橢圓形非爲橢圓形者絕少

論旋轉之極光

第四百九十六節　凡用單色之極光順愛而倫刻斯罷之視樞線透過即不改變其性情此理前已詳論之

第四百九十七節　如用極光順水精之視樞線透過即先旋轉其極光面若極光片與分光片已成九十度之角即無光而暗再以水精夾在兩片之間其光即能透過兩片故欲滅其光即當旋轉極光片若干度此旋轉

之度數名曰極光面之旋度。

第四百九十八節　有數種水精極光面之旋度不同向左旋者幾種名曰左顆粒向右旋者幾種名曰右顆粒依西士侯失勒之意既知光學之理而觀此顆粒當知左右之旋度不同。

第四百九十九節　西士化學家法勒特試驗極光左右旋度之事將與水較重之玻璃條用噏鐵電氣之一股而旋轉極光面其旋度與噏鐵陰陽二極有相關且與電氣股有相關。

第五百節　西士畢亞考究極光面之旋度而詳論其理云其理有二款。

一款　旋度若干與水精片之厚薄有比例。

二款　旋度與光帶內之各色光線有比例紫色之折光角愈大旋度亦愈大。

試驗之時用水精一片厚一密理邁當用光帶內各色光線依次透過而得各色之旋度正紅色十九度金黃色二十一度正黃色二十三度正綠色二十八度正藍色三十二度深藍色三十六度淡紫色四十一度又用水精一片厚二密理邁當得正紅色之旋度三十八度淡紫色之旋度八十二度

第五百一節　各色之光條出水精片之時其盪動成浪面各色不同若透過之光射至分光片上與分光片之面相合卽能透過若以分光片緩旋之卽不能透過之光條可依次透過矣。

第五百二節　旋度之理其故因有二箇極光條爲圓形者彼此相激其光條順顆粒之視樞線速率不同一光條旋轉自左向右又一光條旋轉自右向左故有旋轉之事也。

長洲沙　英繪圖

桐鄉沈善蒸校字

原跋

此書述著名格致家論光之形性令人知空中及各質內俱有傳光氣此傳光氣能傳光亦能傳熱若不信傳光氣之說而用質點之說則光理必扞格不通光浪與熱浪從日至地歷時八分此八分時內在空氣中必減少其光與熱設有空處一立方里一剎那間得光與熱試問此光與熱究爲何物則必念光與熱之徵驗而分其體用體不見而用可見也此一立方里內光熱已滿究有何事可知光與熱之性情能令物動能起重物動輪車放礮彈（不用火藥）等俱屬光與熱之作爲既能動物則必有自動之性矣

一立方里之光熱能動各物人第知動之一事屬於物而不知動物之物爲何物解之曰是以脫類也此氣與尋常氣不同所以不同之故未可詳解其氣動時感動別質能令別質盪動蓋此氣具有物質之性若無質安能感動他物耶格致家知其動法有二一光順直線而行二盪動成浪而行奈端先創光順直線發質點之說後有拉不拉司畢亞普兒斯登馬勒司皆信發質點之理由是光學之不能解者甚多其言不足徵惟用傳光氣浪之說始可解光學一切之事本書所言者是也一事合推之萬事亦無不合光浪之理可解明回光折光歧光性情厚顆粒片薄顆

光學 一

粒片之色各體之色極光之理極光透過顆粒之疊色此理在光學中開無數法門學者由是有從入之路不然若夜行之無燭也近時著名格致家云傳光氣亦無永動之性且依定理傳其本體之盪動於他體他體盪動亦類是熱學中言熱有力而令物動日光之熱射至地面其能力甚大若無傳光傳熱之氣質必不能至地面也

脫麥司養未見聲浪之象設想聲浪之形既設想聲浪之形又考傳光氣之浪以爲傳光氣不與地球之空氣同動苟同動即不能解說光行差之理又言傳光氣浪行過地球若一陣風吹過樹林之狀後有英人思多刻思云可用

以脫與有凹凸力之實質相比以解說光行差之理不必用風吹樹林之說取譬也此二人者皆極信傳光氣成浪之說也

法人飛續曾試驗一體動時能令包其本體質點之傳光氣同動若引動之有帶動也然同去與否尚未能定惟著名之人試此事可知近時格致名家俱信傳光氣之理

余言光浪之理雖爲準確然聞是說者不必信之而無所疑百年前用奈端光爲質點之說近時無人能信之近時光浪之說以後或欲改易亦未可定昔有希臘人多祿某以爲地居中心日與行星俱繞之而動奈端之徒信喻力

光學 二

之理而多氏之說始顯其謬不意光爲質點之說至今亦顯其謬然噏力之理萬難改易天文之故藉噏力之理事事解明今光浪之理亦已事事解明毫無疑義解光浪之理較難解於噏力之理解噏力者云天空測海王星之法爲噏力之確証昔有天文士亞但史力佛理亞兩人測天王星有無法之小動而用噏力之理算得別有一行星加噏力於天王星而生差數於是作書寄伯靈（布國京城名）天文士嘉勒詳述其算理嘉勒亦信此理用遠鏡測得一行星名曰海王星其徑約三萬六千英里故噏力之理至今無疑矣

發明光浪之理其功與測得海王星略同昔有福而司農得兩視樞線之顆粒內光浪面大小之算式尚未知除歧光以外此種顆粒又有他折光後有算學家海没見脫云光浪面有四箇點在此四點光線不分爲兩祇分爲無窮之數且在此四點不成兩形像但成一圓錐形之包海没見脫以前人未知有圓錐形之包也力佛理亞告嘉勒云依噏力之理必可測得未知之行星嘉勒測之果有海王星海没見脫告六意脫云必有圓錐形之包六意脫將哀來果奈脫顆粒依算理試驗果有圓錐形之包故圓錐形折光爲光浪之確據與測得海王星爲噏力之確據無異

也

視學諸器圖說

布國 金楷理 口譯
新陽 趙元益 筆述

論透光三稜體

凡有無數光線聚為光條其形或如圓錐或如圓柱其圓錐或圓柱之軸線即為光條之軸線若用一透光三稜體則兩等面所成之角謂之稜體折光角稜體之稜必與射光線之軸線成正交光線出稜體之後雖改其方向而尚在同面內若稜體之質較稜體外之質更緊密則光條之軸線入稜體後必有折光線稜體能分白光為數色此各色光線出稜體時所成角度各不同故成數色長條形名曰光帶 凡用透光三稜體視一物即知二要理一稜在下而觀一物即更低於物之實形稜在上而觀一物即更高於物之實形二所觀之物其界之四周必有紅暈如圖

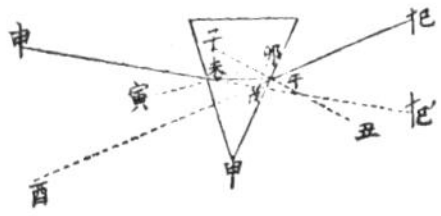

為透光三稜體剖面圖其面即為光線射過之面而射光線與稜線成正交巳午為光條之軸線光原在巳點甲為兩等面之交角故午甲未為稜體折光角巳酉為空氣中射光線之方向既至稜體則折光線之方向為午未此因稜體之質較之空氣之質更緊密丑午子為稜體面之正交線與射光線遇於午所以稜體內午未折光線更近此正交線折光線午未既出稜體其方向為未申而寅未卯亦為稜體面之正交線與出光線遇於未光線在稜體內近於正交線出稜體後即更遠也人目在申即見巳點在巳故觀其物較在原處更低射光線與出光線兩方向所成之角謂之光差角如酉戊申角與巳戊巳角是也

光線從一質而入他質內折光角度與射光角度有比例故折光角正弦與射光角正弦有定比例每質內比例不同即每質之折光指也光線過一稜體其光差角與射光角同比例若射光角與出光角相等之時光差角為最小設欲定某質之折光指可於暗室中持一透光三稜體稜線向下穴牆作小孔光條射入透過稜體而折光至壁後將稜體繞本軸一周而不改稜線之原方向則可改射光角又可改壁上光點之所在若稜體周繞本軸時見壁上之光忽不動則為光差角最小之時此光差角等於日高於地平之角度與出光線與地平所成角度相合之數設最小光差角以申代之稜體折光角以甲代之折光指若干以亢代之則得式

$$亢=\frac{正弦\frac{1}{2}(申+甲)}{正弦\frac{1}{2}甲}$$

論透光鏡

透光鏡或以兩弧面爲界或以一平面一弧面爲界茲論透光鏡分十種依光線自左而右列之如圖甲爲凸凹鏡乙爲凹凹鏡丙爲雙凸鏡丁爲雙凹鏡戊爲平凸鏡己爲凹平鏡庚爲平凹鏡辛爲凹平鏡壬爲小凹凸鏡癸爲大凸凹鏡

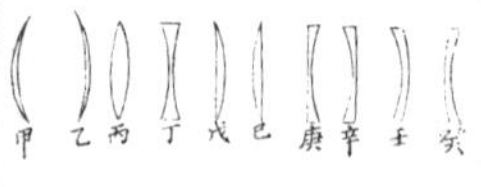

凡光條之各光線或漸離或漸近或平行若一光條透過一凸鏡（透光鏡中厚於邊者即爲凸鏡如甲乙丙戊己是也）則光線必漸近所以漸近光線透過之後其相近之速率更大平行光線透過之後必漸近漸離光線透過之後或漸近或平行或相離之速率小於未透過之時　若光條透過一凹鏡（透光鏡中薄於邊者即爲凹鏡如丁庚辛壬癸是也）其行法即與凸鏡相反所以漸近光線透過之後其相近速率更小或平行或漸離平行光線透過之後必漸離漸離光線透過之後其相離之速率更大

凡所觀之物其各點或發平行光線而入人目或發漸離光線而入人目天空諸曜雖相距甚遠因發平行光線故能見之某物近目而人欲視之極清者其物離目若干各人不同此事與目內之透光體有相關設有一物離目甚近視之反不能清楚因其物所發光線漸離之速率甚大

若用一凸鏡則光線漸離之速率可小即可視之甚清也欲詳視一物又必知應用光若干方能詳視若光不及應用之數雖竭目力亦不能詳視假如開窗能詳見室中之物若將窗漸閉則視室中之物漸不能清光少故也又有一要理凡欲詳視一物其物所發之光線成角方能見之蓋目爲中心物之四周光線射至目中物愈遠者角愈小至後最小之時視之即不能清楚設用一透光鏡即令物來光線透過之後漸相近目觀物之四周光線相成之角甚大故能見之

設光原之一處發一光條透過透光鏡其各光線之過透光鏡離其中心遠近不同故透過後之光條各光線不聚於一點因此點之形像不能清楚謂之光行差若用數箇透光鏡合之即能令一箇透光鏡之光行差與他透光鏡之光行差相消即得極清楚之形像

凡光條透過第一箇透光鏡其光條之軸線必透過透光鏡中心然透過之後改其方向入第二箇透光鏡則各光條之光線遇第二箇透光鏡之點離中心之軸有遠近之別故離中心最遠之光線與視軸所成交點近於透光鏡離中心最近之光線與視軸所成交點遠於透光鏡所以發光之體能詳視其中而不能詳視其邊也謂之球形差

光線能分爲七色各色光線過透光鏡之後折光角各不同謂之光色差因此周圍有色暈如虹所覩形像之差較之光行差球形差更多

凡平行光條透過透光鏡之後其光線或漸離或漸近其漸離各光線可引長成交點漸近各光線能聚合成交點此兩種交點與透光鏡之面相距若干謂之頂距

欲定凹鏡頂距若干法用一直尺一端置一燭火尺上安置一透光鏡其軸線必與尺平行此透光鏡在尺上略退後再將白紙板豎起則透光鏡在燭火與紙板之間然後試看紙板上燭火之形像最近而最清之時量得紙板與燭火相距若干則爲頂距之四倍

如欲去透光鏡近心之光色差即可用兩種玻璃（一名砂養玻璃）（一名鏡號玻璃）合成一透光鏡彼此相消其光色差離鏡中心更遠之光線可用數箇透光鏡依頂距而令其相離則可去離心更遠之光色差依此法用數箇透光鏡相合則爲無光色差之目鏡

假如有物離凹鏡若干遠於凹鏡之頂距其物所發漸離之光線過透光鏡後即漸相近以後彷彿成一點成顛倒之形像推算其數可用代數式以明之

以戊代物與透光鏡之相距已代頂距亥代物形像與透光鏡之相距所以 $\frac{1}{亥}=\frac{1}{已}-\frac{1}{戊}$ 此形像與物大小之比若亥與戊之比

此形像之某點與相對物之某點有不同之處物點向各方向發出光線形像上之點因發光之方向與透光鏡有相關而發光之大小亦與透光鏡有相關故與原點異設於形像之處置一白屏即於白屏上見其顛倒之形像自像之各點向各方向發出光線同於物之各點向各方向發出光線但物能觀之甚清者因發無數光線而所成之形像光線無多若其形像大於物體而物體不發極多之光線則形像不明且透光鏡亦能稍滅物體之光線

論回光鏡

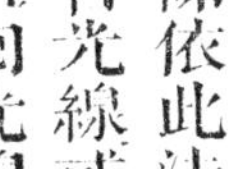

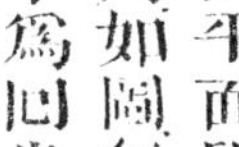

凡豎面內之光線射至平面上其回射光線必在同面內且射光線與平面所成之角等於回光線與平面所成之角如圖午甲爲射光線未未爲平面回光鏡甲午爲回光線午甲未角與午甲未角相等凡光條依此法射於平面回光鏡回光之後其光條各光線或漸近或漸離其速率與射光線相等且回光線之方向若由回光鏡之後

面而來如圖巳爲發光點其光線漸離寅未爲回光鏡射光線至未即回射於戊人目在戊即能見巳之形像在巳此爲回光鏡後面之虛像其離寅未後面若干與實像離回光鏡前面若干相等所以巳寅等於巳寅造測量之儀器即用平面回光鏡改光線之方向也

設有光線在兩箇平面回光鏡內兩次回射則第二次回

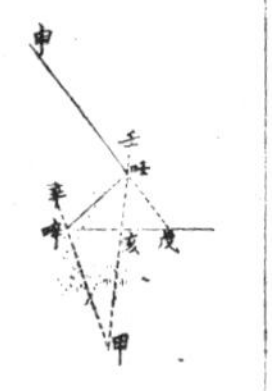

光線與射光線所成之差角等於兩箇回光鏡引長成角加一倍如圖吒壬啐辛爲兩箇回光鏡申吒爲射光線吒啐爲回光線回射之後光線與吒壬鏡所成之啐吒甲角等

於呻吒壬角後自啐點回射成啐戊之方向此第二次回射光線與啐辛回光鏡所成之角戊啐甲等於吒啐辛但甲啐亥角等於吒啐辛外角即等於啐吒甲角與啐甲吒角之和且甲亥啐角等於吒亥戊角所以亥吒戊角加申戊啐角等於甲啐亥角加啐甲吒角又啐吒甲角等於啐甲吒角之二倍（此因甲啐亥角必等於啐吒甲角與啐甲吒角之和）但亥吒戊角等於申吒壬角亦等於啐吒甲角所以去其兩箇等角餘申戊啐角等於啐甲吒角之二倍

論弧面回光鏡

弧面回光鏡與弧面透光鏡其理相同惟有一相反之事

凹回光鏡回射之光線相近之速率更大其功用與凸透光鏡相同凹回光鏡回射之光線相離之速率較大於射光線漸離之速率其功用與凹透光鏡相同凡凸回光鏡有光行差球形差而無光色差天文家所用之回光鏡因各曜之射光線皆爲平行其去球形差之法再用一拋物線形回光鏡凡凸回光鏡欲去其球形差則必用比圓界更凸之回光鏡

用矽養玻璃造極大之透光鏡難得佳者近時欲造無光色差之物鏡（又名象鏡）尚未得他法所以大遠鏡皆用球形或拋物線形之回光鏡天文家侯失勒造極大之遠

鏡長四十尺其回光鏡之全徑四尺西士羅斯伯造極大之遠鏡長五十六尺回光鏡之全徑六尺

所用之回光鏡用金類爲之造此回光鏡者欲去其散光之差甚難茲將造拋物線形回光鏡之法述之如左

用淨銀六兩淨銅十六兩此二質皆成長方形體厚與闊各三寸用金類絲縛之置於火爐鎔化內加硼砂與火硝在爐中調和之濃如牛乳油成一大塊傾出置軋輪中軋數次後置於火爐內令其稍軟而不脆已成之後爲一方片每邊長二十八寸去其四角成一圓片擊時須留意不致損其邊置於凹形木塊上將銀多之面

向上銅多之面向下鎔時銀重於銅故銀常在下用堅木作錘兩頭皆圓如圖丙丁先擊其邊徐從邊旁而至中心已擊成凹形卽將此物置於機器上銀多之面向下合於鋼作之凸頭如圖之甲旋轉於上轉時用木錘擊銅多之一面後用外模試之合於拋物線否如圖之寅

〇每通擊一次再令其稍軟其法先用水令稍濕後用炭粉一升硝一兩兩物相合置於濕面相黏安置金類片於木炭火上烘之待其所黏之粉已化氣而離散卽知其熱已足後將此物浸於礬水內此礬水用銅養硫養二升又用清水五斗或六斗沖入令淡再置於淨水內洗之用細砂磨光然後置此物於鐵架內在其頂作一小孔卽爲回光鏡之中心用有佛逆之規定其一尖於中心而以一尖劃成圓周而或剪或銼之置此鏡於鋼作凸頭上如甲擊之後用一輕木錘外包洋皮紙擊之再用外模試之如寅合於拋物線否如有不合之處作一記號仍用木錘外包洋皮紙擊之待各處皆合可置一燭火於拋物線之光頂若處處明亮則可知此鏡全合於拋物線而無差若不能處處明亮則知不全合於拋物線仍用外模試之而擊其不合之處以後置燭火而各處光勻卽爲無差然後加折邊與背帶用銲金銲之

如物物庚庚兩圖已銲之後可以磨光其法先用硬木炭一塊磨之後用橄欖油幷極細爛石粉置於一細布

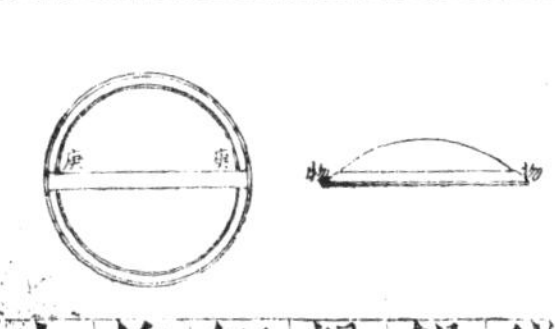

袋內擦之用細絨布醮橄欖油揩擦令淨用鉛粉同水洗之用軟布揩之用手醮水與紅粉揩之用鹿皮擦之此事非尋常人所能須知揩擦四周必合於拋物線之軸線

羅斯伯造大遠鏡之回光鏡用紅銅一千二百六十四分錫五百八十九分造此鏡時用一範模其底有極細之眼熱氣從底而出鎔汁不致流出令其速冷此器特造一機器磨光不用人工鏡已磨成而欲試其究準與否卽用一時辰表置於桅竿上與回光鏡相距九十尺設回光鏡能回射一極準之形像卽可謂無差

論顯微鏡

顯微鏡之用能令近處之小物放大而可觀凡凸透光鏡皆可爲顯微鏡前已言透光鏡有光行光色球形三差透光鏡之力愈大差亦愈多如所觀之物祇欲其稍大卽用一凸鏡亦可設欲觀一大而不差之形像卽用數箇凸鏡合而成之去其差數小玻璃球可代大力之顯微鏡如用光差極大之質造一薄透光鏡更妙因玻璃球之頂距離

其中心爲一箇半徑。又二分之一。此小物離球面爲半徑之二分之一。若此玻璃球周圍作一縫。以不透光之黑質置於縫內。則玻璃球之折光更大。

金剛石之光差甚大。可作顯微鏡。又可用光差極大之寶石作顯微鏡。如此則光行差較少於玻璃。又可用加拿大所產波勒殺末一滴。置於薄玻璃平面上。令極勻。若此漆類上不沾微塵。可代極好之凸鏡。

無光色差之顯微鏡。有四箇透光鏡。并一隔邊物鏡在外。次隔邊次放大鏡。次內鏡。次目鏡。造相合之顯微鏡。依各透光鏡之頂距。而定其相距若干。除去光色光行球形三

差內鏡與目鏡相合。總名曰目鏡。物鏡與放大之鏡相合成一大形像。與目鏡之光頂相合。人目用目鏡觀此光頂處之大形像。凡相合之目鏡。其光頂在放大鏡與內鏡之間者。爲實目鏡。若光頂在內鏡與目鏡之間者。爲負目鏡。所以實目鏡之形像。在放大鏡與內鏡之間。負目鏡之形像。在內鏡與目鏡之間。

顯微鏡之最精者。其物鏡用兩透光鏡相合。去光色光行球形三差。所以配成上等之鏡。須用砂養玻璃爲凹透光鏡。中置兩種凸透光鏡。一用瓷號玻璃造成。又一種用荷蘭國玻璃片造成。

遠鏡或顯微鏡可試知放大之力有幾倍。即將物鏡對準燭火。而在近目鏡處安置一白屏。待屏上之物形已清楚。則物鏡半徑與形像全徑之比。若物體與遠鏡或顯微鏡放大力之比。

凡用顯微鏡詳視一物。必加多光於物上。此因物小如一點。加大之則光少而不足也。且光點透過顯微鏡。亦稍能減去其光線。故必有多光。方能詳細見之。

顯微鏡亦有用回光之法者。此器內用一凹回光鏡代透光物鏡。惟頂距不長。此物鏡置於器內視軸之傍。與視軸相距若干。即垂線同自垂線過視軸之點至鏡心若干。稍大

於頂距。然後在垂線過軸線之點。置一小平回光鏡。其面與軸線成四十五度之角。而垂線並軸線過平回光鏡之面。須爲平線。後用多光照於物上。從物發出之光。條在平回光鏡並凹回光鏡回射之後。成一大形像。用一無光色差之負合目鏡觀之。所用負合目鏡。爲荷蘭人海更士之法。

凡用一顯微鏡詳視小物。若微有震動。則看之不能清楚。故用轉動之螺絲。必用平速力而動。且顯微鏡之合用者。在乎造法之精良。得者不可不慎擇之。凡校準目鏡。必當用螺線形之法條。加緩動之夾螺絲法條抵力。不令其震

動最精顯微鏡爲德倫敵之法購時亦必以小物試觀

論遠鏡

用透光之法作遠鏡有一凸物鏡與一目鏡此目鏡或單或雙依用處相配尋常遠鏡有兩箇凸鏡如圖辰爲物鏡其頂距甚長所以放大之力不多其頂距必在遠鏡管內

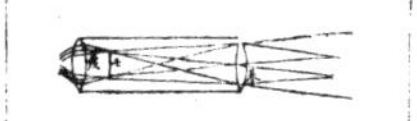

戊爲目鏡頂距甚短所以放大之力甚多凡欲詳視遠物此兩箇透光鏡相距若干等於兩頂距之和數所觀之物其顛倒之像在壬爲兩頂距相合之處此形像所發光條透過目鏡之後爲平行光線故人目易見之天空諸曜可用此遠鏡觀之也

此法遠鏡放大之力之比若物鏡頂距與目鏡頂距之比所以加物鏡頂距之長即減目鏡放大之力若減目鏡頂距之長即加物鏡放大之力昔時尚未知去光色球形兩差故即用上法此時測天者用一長竿置物鏡於長竿上目鏡在近地之處海更士所用之長竿長一百二十三尺意大里人西客新實所用之長竿長一百五十尺

如欲得極明之物像必知物鏡所成之形像其光線透過目鏡之後不可過於眼之瞳人其光力與物鏡全徑平方有比例又與放大之力之平方有反比例又透光鏡亦能稍減其光線故用透光鏡愈少愈妙近時測望家所用透光遠鏡有一無光色差之物鏡以兩箇透光鏡合爲目鏡造此目鏡法有數種述之如左

海根士法之合目鏡用兩箇凸平透光鏡其平面向人目兩透光鏡頂距爲三與一之比其兩鏡之相距爲二如圖己爲長頂距之透光鏡即內目鏡與物鏡最近如用此遠鏡詳觀一物內目鏡在物鏡與其光頂之間且此內目鏡與物鏡光頂之相距等於內目鏡之半頂距透過物鏡之光條成一形像於內目鏡以後即在兩箇目鏡之間與內目鏡之相距等於兩目鏡相距之四分之三又因光條透

過內目鏡聚合之速率更大故成形像之處在合目鏡之間如壬丙爲外目鏡其光頂在壬此法之合目鏡令各光線之折光在兩鏡平分故能減少光行差與球形差且兩鏡頂距與相距之比例又去光色差此爲最佳負合目鏡其形像最明若用凹光鏡而又用此種合目鏡較勝

於他法設於成形像之處置十字線或用分微線即不可用此法之合目鏡

蝟浪斯登法之合目鏡爲正合目鏡用分微線與十字線必用此蝟浪斯登之法如圖其合目鏡爲兩箇透光鏡其

頂距相等一爲平凸一爲凸平兩凸面相對相距之數得

頂距三分之二欲詳觀一物內目鏡巳距物鏡辰若干等於物鏡之頂距又加本頂距四分之一則物鏡之光頂與合目鏡之光頂相合且從壬形像發出之光線離外目鏡戊而平行此種合目鏡非無光色差但其光行差較少於海更之法

凡用一合目鏡無論爲負爲正必用一隔邊於成形像之處可去形像外之散光也

上所言合目鏡其發至人目內之光線成顛倒之形像測望天空諸曜亦屬可用凡欲觀天頂諸星可用透光三稜體或用一平面回光鏡回射光線至合目鏡上則合目鏡之軸線與此器之軸線成正角此法之合目鏡謂之對角線目鏡

凡欲觀地面之物必不可有顛倒之形像所以物鏡中顛倒之形像必用一目鏡再顛倒之此法之目鏡與顯微鏡有同理即爲一物鏡一隔邊一加大之鏡一內鏡一目鏡此內鏡與目鏡相合或爲負或爲正此法多用一透光鏡而稍減光線測望家所用之合目鏡須極明夜間觀星不宜減少光線故宜用觀天之合目鏡

觀天之遠鏡內用一凹目鏡代凸目鏡其頂距相同此爲意大里人割裏留之法如用此遠鏡詳觀一物物鏡與目

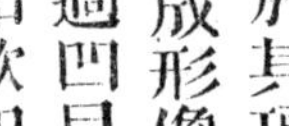

鏡之相距等於其頂距如圖辰爲物鏡物體光線透過之後成形像於兩筒透光鏡相合之光頂但光線透過凹目鏡戊之後俱爲平行所以能詳觀一物如欲知觀天遠鏡放大之力有幾則當知物體與形像之比若物鏡頂距與目鏡頂距之比

用回光之法作遠鏡　近時能造無光色差與球形差之物鏡故可成極大力之透光遠鏡然造極大之矽養玻璃甚難故透光遠鏡無有極大者有人用回光鏡代物鏡回光鏡無光色差依法而造成極大之遠鏡造此回光鏡有四法一爲奈端之法一爲格而格倫之法一爲恰惜格倫之法一爲候失勒之法

奈端回光遠鏡之法如圖申爲凹回光鏡物之光線回射

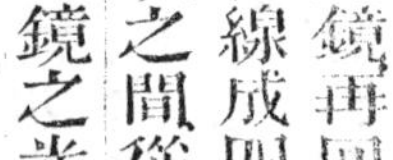

至寅平回光鏡再回射至合目鏡內此平回光鏡與遠鏡軸線成四十五度之角且在凹回光鏡與其光頂之間從寅鏡回射之光條成形像於壬此爲目鏡之光頂

格而格倫回光遠鏡之法如圖申爲凹回光鏡未爲小凹回光鏡未鏡之頂距小於申鏡之頂距而未鏡之光頂近

於中鏡之光頂但稍遠於中鏡光頂之離中鏡另加一合

目鏡遠物光條射至中回光鏡回射之後其光頂在辛即成顛倒之形像此形像從未回光鏡回射成一正形像在目鏡之光頂壬如觀地面之物此法之回光鏡較勝於奈端之法因其形甚準但奈端之法形像更明而光行差較少凡造此大小兩回光鏡欲其相合而彼此相消其光行差非易事也恰惜格倫回光遠鏡之法有二箇回光鏡與目鏡與格而格倫之法同惟用凸回光鏡代其凹回光鏡此凸回光鏡在中處凹回光鏡與其光頂之間與光頂相距略短於木

頂距之長然其目鏡內之形像不正與格而格倫之法相比光行差較少管亦稍短然測天用此不及奈端鏡之清楚且有顛倒之形像觀地面之物亦不便也

候失勒回光遠鏡之法如圖此遠鏡之軸線與中凹回光鏡之軸線成一極小之角所以遠物光線射於回光鏡上回射至已合目鏡內所成之形像在壬此法祇用以作極大之遠鏡

前法用凹回光鏡平回光鏡兩次回射減散之光不少故候失勒設此一法令減散之光甚少也

透光遠鏡校準并試驗之法　假如有透光遠鏡頂距長三尺半徑三寸又四分寸之一欲試驗其物鏡即置管甚平取一張有字之紙貼於牆上離遠鏡三十或四十碼之遠若所用之目鏡爲觀天之用必以字紙倒置之所用之目鏡爲觀地面物之用必以字紙正置之晴天之光照於紙上再用螺絲校準遠鏡觀紙上字黑而無他色與模糊之象即知此物鏡甚佳如看字紙上有細點即知此遠鏡看地面上之物甚佳余意欲用遠鏡觀天可於離遠鏡三十或四十碼之遠貼一黑紙於牆上此黑紙上黏一白色圓片徑四分寸之一或更少亦可後用遠鏡觀此圓片至

極清楚則用筆於管上作識以後觀天不必移動設將遠鏡之管或推進或抽出即見黑紙上圓片漸大界亦不清此不清楚之大圓界與圓片之邊同心即知物鏡在管之中若不清楚之大圓界與圓片之邊不同心即知物鏡之心不合於管之軸線必旋轉物鏡架之螺絲用一圓銼略如鼠尾形銼令螺絲眼更長再安置物鏡於管內用木錘輕擊遠鏡筩之邊試看其心偏於何處而擊正之令其兩心相合仍將遠鏡或推進或抽出觀其兩心已合與否抽出鏡筩而觀圓片周圍有白光即可旋其螺絲令架與遠鏡之管相合而牢固

前事已定卽可試合物鏡之弧面彼此相對與否此三尺半頂距之遠鏡已得觀物清楚之識然後以管或推進或抽出十分寸之一而看圓片之邊有模糊之象卽可知物鏡彼此相合而無差設進退俱能如此卽可知物鏡甚合可無球形差與光行差設管之進退過於十分寸之一而圓片之邊仍能清楚則知合物鏡不甚佳光行差未能彼此相消也設抽出管時觀圓片之邊更大且無別色祇有白光卽可知合物鏡無球形差與光色差

凡物鏡無球形光行兩差則此遠鏡觀地面之物甚佳設欲驗此遠鏡能否爲觀天之遠鏡可觀月與木星得其清楚之象而作識後略推進鏡管看四圍有褐色之圈再抽出鏡管看四圍有淡綠色之圈卽知七色之二界色（卽紅紫二）色已去設所用之物鏡其折光之力有一處不勻若用以觀一等或二等之大恆星必有不圓之形卽是物鏡折光之力不勻也

試驗物鏡又有一法先以白圓片黏於物鏡中心圓片之全徑等於物鏡之半徑後將鏡管或推進或抽出而觀一物已清卽去圓片於其周圍黏一紙圈而觀之如亦清卽無折光不勻之弊若須抽動而觀之方清卽有不勻之弊又可用上法觀第一等恆星卽知所觀恆星有不圓之形在用圓片時有之抑在用外圈時有之可定其不勻之處或在邊或在中再用紙糊其半圓而轉動遠鏡試看不圓形之所在卽可得其不勻之處用紙糊其一處雖稍減其明而已去其不勻之差數矣

凡用遠鏡觀恆星之形愈小卽知合物鏡之弧面甚準然觀恆星之形雖大尚不足爲物鏡之弊設有不圓之形卽知此合物鏡不能甚準凡試驗一觀天之遠鏡可掛一玻璃球於日光中離遠鏡四十碼代一恆星而觀之試驗此合物鏡時所觀之玻璃球應對準物鏡之中心依上法試驗合物鏡其相連之目鏡須用負合目鏡

凡看黑紙上之白圓片甫清楚之時見有黃色或紅色之圓周卽知合目鏡尚有光行差若合目鏡之兩弧面彼此相合卽可略改其相距而去光行差然測天之事總須用一甚準之物鏡也

回光遠鏡校準并試驗之法　凡欲定恰情格倫或格而格倫法之兩箇回光鏡相距卽用喝浪斯登法之正合目鏡能見兩鏡光頂相合處之形像後再用此正合目鏡置於海更士法負合目鏡之外（此合目鏡已在遠鏡管內）而由此正合目鏡試觀負合目鏡從此得大回光鏡之形像若於大回光鏡中心能見小回光鏡之形像卽可知兩回光鏡之相距

不差設有差必用螺絲轉動小回光鏡或前或後或左或右若大回光鏡之面與管之軸線成正角即已配準不可再動設未成正角即當修好而後改小回光鏡之差

凡欲試驗兩回光鏡果否彼此相合而無差必用此遠鏡觀恆星或觀黑紙上之白圓片俱如上法既觀恆星先看恆星之環清楚與否或已清楚而有凸處則推進小回光鏡離大回光鏡稍遠又抽出小回光鏡離大回光鏡更近兩次進出離前所定清楚之識其遠近相等又觀恆星之環未改變即知彼此相合而無差　凡欲試驗大回光鏡合用與否可於管口之中心置一圓片待形像業已清楚

然後去中心之圓片易一外圓圈若仍能清楚即可知大回光鏡甚合而不必推動設不清楚則知此大回光鏡不合詳測天文之事不能用之當圓片或圓圈在管口時不清楚而如霧質此爲一回光鏡或兩回光鏡有光行差不能彼此相消凡遠鏡開全管口觀物不能清楚可用一蓋其徑等於管口全徑之半如此其孔已減一切之光線從開處一邊而進

論太陽顯微鏡

此顯微鏡所成之形像在白屏上其理如圖末爲平回光鏡太陽之光線由此鏡回射入管內與管之軸線平行丙

爲凸透光鏡聚光線於辰點即頂光已爲加大透光鏡與辰點相距遠於加大合鏡之頂距此頂距等於巳鏡頂距四分之一巳與寅爲加大合透光鏡其頂距相等其相距等於公頂距三分之二此與喝浪斯登目鏡之法無異丁爲隔邊與寅透光鏡相距等於加大合鏡之頂距此頂距等於巳鏡或寅鏡頂距四分之一此加大合鏡一應平凸一應凸凹兩鏡半徑之比若一與十五之比用此法形像在白屏爲平形喝浪斯登之法亦此意也　欲成平形其形像應在辰點與巳鏡相距遠於加大合鏡之頂距所以物上光

條過兩透光鏡之後光線稍相離成顛倒之形物之形像離巳鏡若干與屏離隔邊若干有相關

論收景暗鏡

此器上有平回光鏡山水樹木之各光線射至平回光鏡有回射之光線先過隔邊再透過一平凸鏡而各光線漸相近即於暗箱內屏上成一形像其隔邊與平凸鏡在一管中管通暗箱管外之光不能至暗箱內隔邊與平凸鏡之相距應試定而成清楚之形於暗箱內屏上其屏之形爲拋物線周繞本軸所成之面此拋物線頂之半徑爲亢與巳相乘之數亢代透光質之折光指巳代透光鏡之頂

距依此法用石膏作一弧面之屏與透光鏡之相距稍遠於鏡之頂距後試觀各物形像清楚與否與屏離透光鏡若干有相關山水樹木近遠不同設將收景鏡安置於人居稠密之處即可見屏上有各物活動之形

論收景明鏡

此器用一透光四稜體如圖甲乙丙丁爲横剖面形此透

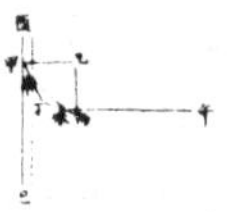

光四稜體用夾軸可任意轉動又可任意上下離桌或遠或近甲乙與乙丙相等乙角爲正角甲丁與丙丁相等丁角爲鈍角得一百三十五度甲丙兩角各得六十七度三十分用金類片蓋於甲乙面上其邊凸過甲稜片有長縫可透光而甲稜適當長縫之間午爲物件午未爲物體所發光條之軸線此線過乙丙面成直角射至丁丙面成二十二度三十分之角從此面回射之光線爲未申至甲丁面亦成二十二度三十分之角故射至甲乙面其出方向爲申酉與甲乙面成直角故無折光人目從金類片之長縫觀之即見午物之形像在巳（即在桌上）與甲乙面之相距等於午物與乙丙面之相距若令稜體升降與桌面之相距等於物與稜體之相距可於桌上置一紙面畫其圖若午物離乙丙面甚遠必將凹透光鏡置於乙丙面前則光線透過凹鏡可令物形漸近紙上之形與甲乙面之相距亦等於物形與乙丙面之相距

上海曹鍾秀繪圖